Materials Processing during Casting

Hasse Fredriksson
Ulla Åkerlind

WILEY

Materials Processing during Casting

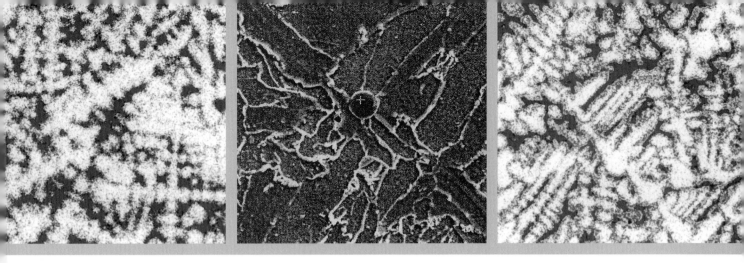

주조공학 개론 및 응용

Materials Processing during Casting

Hasse Fredriksson · Ulla Åkerlind 지음

오경식 · 권해욱 · 김동규 · 김영직 · 조인성 옮김

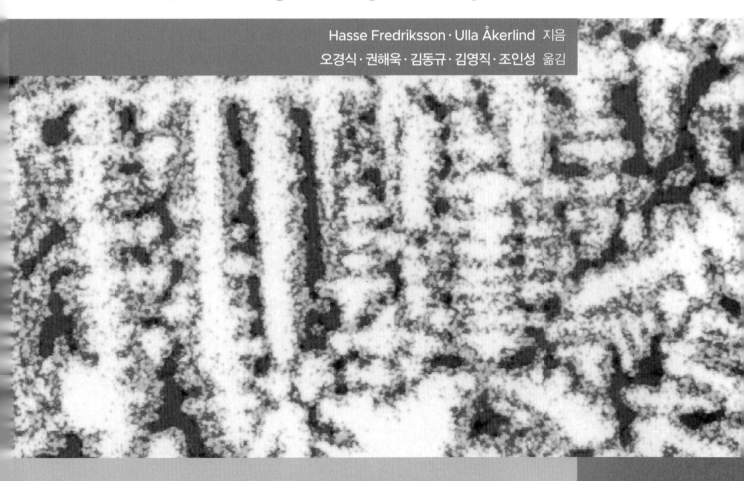

WILEY

(주)한티에듀

번역진

오경식 공학박사, 한국철강응용문화연구소(KISAC) 회장, 한국주조공학회 부회장
권해욱 공학박사, 영남대 명예교수, 한국주조공학회 전회장
김동규 공학박사, 동아대 교수, 한국주조공학회 회장
김영직 공학박사, 성균관대 교수, 한국 다이캐스팅학회 회장
조인성 공학박사, 한국생산기술연구원 수석연구원

기획

(사)한국주조공학회

주조공학 개론 및 응용

발 행 일 2022년 03월 21일 초판 1쇄
저   자 Hasse Fredriksson · Ulla Åkerlind
역   자 오경식 · 권해욱 · 김동규 · 김영직 · 조인성
기   획 (사)한국주조공학회
펴 낸 이 김준호
펴 낸 곳 (주)한티에듀 ｜ 서울시 마포구 동교로 23길 67 Y빌딩 3층
등   록 제2018-000145호 2018년 5월 15일
전   화 02) 332-7993~4 ｜ **팩 스** 02) 332-7995
I S B N 979-11-90017-13-8 (93580)
가   격 29,000원

마 케 팅 노호근 박재인 최상욱 김원국 김택성
편   집 김은수 유채원
관   리 김지영 문지희
디 자 인 **내지** 우일미디어 **표지** 유채원
인 쇄 소 우일미디어

이 책에 대한 의견이나 잘못된 내용에 대한 수정정보는 아래의 홈페이지나 이메일로 알려주십시오.
독자님의 의견을 충분히 반영하도록 늘 노력하겠습니다.

홈페이지 www.hanteemedia.co.kr ｜ **이메일** hantee@hanteemedia.co.kr

머리글

주형 안에서 이루어지는 용융 금속의 주조, 응고 및 냉각 과정은 크게 복잡해 보이지 않는다. 주조가 아주 단순한 작업이라고 가정하는 것은 타당성이 있다. 하지만 이런 결론은 현실과 전혀 들어맞지 않는다. 현 시대의 요구에 맞는 유용한 완성품을 제공하기 위해서는 신중한 관리 및 통제하에 주조 작업이 이루어져야 한다.

이 책은 주조에 대한 대부분의 내용을 다루며, 이론 전체에 걸쳐서 응용 분야가 비철금속 및 철금속에 통합이 된 현대 주조의 배경 원리를 취급한다. 이 책은 11개의 장으로 구성되어 있는데 각 장에 대한 주요 내용은 아래와 같다.

- 1장과 2장에서는 주조법과 주조 장비에 대해 짧게 입문용 조사가 이루어진다.
- 3장부터 6장까지는 현재 주조법의 배경이 되는 이론적 토대에 대해 설명을 한다.
- 7장부터 11장까지는 여러 가지 금속의 주조에 대해 좀 더 실질적인 접근을 한다. 3장부터 6장까지는 유도된 원리를 적용해서, 주조 과학의 현존 지식에 의거하여 독자들에게 다양한 문제를 처리하는 방법과 최적으로 주조법을 설계하는 방법에 대해 지도한다. 강 합금과 철 합금이 중요하기 때문에 본문의 상당 부분을 이들 합금에 할애했지만, 그 원리 및 현상은 전반적으로 일반적 사항에 속한다.

본문에 있는 대부분의 장에는 풀이와 함께 예들이 나와 있다. 3장부터 11장까지 각 장의 끝에는 많은 연습문제가 실려 있으며, 책의 마지막 부분에는 이들 문제에 대한 답이 나와 있다. 하지만 본문에 나와 있는 해결된 사례에 대해 수동적 연구로부터 능동적 문제 해결까지의 단계가 초기에는 매우 어려울 수 있으며, 이 책의 뒷부분에 있는 별도의 연습문제 안내서*를 통해 이 어려움을 이겨내고자 한다.

- 모든 연습문제에 대한 완전한 해가 연습문제 안내서에 단계별로 나와 있는데, 해당 해들은 본문에 나와 있는 해결된 사례에 대해 직접적이고도 완전한 해와는 거리가 멀다. 본 안내서의 해는 학생들이 스스로 학습을 하도록 동기 부여를 하기 위해 제작되었으며, 자기주도적으로 스스로의 이

해도를 높이는 데 도움을 제공하고자 한다.

본 확장서는 다양한 주제와 관련된 여러 가지 과정에 대해 자료를 제공하며, 어느 정도까지는 과정의 수준을 변경하는 것도 가능하다.

일부 미분식은 본문과 관련이 없으며 박스로 처리가 되어 있다. 내용들은 본문의 흐름이 끊어지지 않도록 생략이 되어 있고 선택은 구독자의 몫이다.

미국과 영국의 명명법 사이에는 차이가 존재한다. 다량의 반제품을 생산하는 장소를 가리키는 경우에는 주조장(*cast house*)을 사용하였으며, 부품의 생산 장소를 위해서는 주조 공장(*foundry*)을 사용하고자 한다.

이 책에 최신의 과학 기술 정보를 담기 위해 금속 및 합금 주조 분야의 세계적인 연구 발전을 따르고 활용하는 것이 우리의 포부이다. 지난 30년 동안에 세계적 잡지에 수록된 논문과 스톡홀름 왕립 기술 연구소(KTH)의 금속주조학부에서 발표된 논문에 실린 다수의 연구 결과도 수록했으며, 요한 스테른달(Johan Stjerndal), 안더스 올슨(Anders Olsson), 보 로그베르그(Bo Rogberg), 로저 웨스트(Roger West), 칼 엠 라일러(Carl M. Raihle), 닐 제이콥슨(Nils Jacobson), 페르올로브 멜베르그(Per-Olov Mellberg) 및 제니 크론(Jenny Kron)이 수행한 연구도 특별하게 인용을 하고 있다. 이분들이 다양한 분야에서 이룩한 새로운 지식들을 이 책에 실을 수 있도록 허락해 주신 데 대해 감사를 표하며, 맷스 힐러트(Mats Hillert)에게 과거에 미세편석에 대해 알찬 토론을 해준 것에 대해서도 감사의 말을 전한다.

또한 스톡홀름 왕립 기술 연구소(KTH) 금속주조학부의 조나스 오베르그(Jonas Åberg)와 토마스 안톤슨(Tomas Antonsson), 스톡홀름대학교의 토마스 베르그스트롬(Thomas Bergström), 에릭 프레드릭슨(Erik Fredriksson)과 구나 에드빈슨(Gunnar Edvinsson)에게 컴퓨터 문제 및 특별 컴퓨터 프로그램의 적용과 같은 실질적인 문제에 있어서 소중한 지원을 해준 데 대해서도 감사를 표한다. 1장과 2장에 수록된 현대식 주조 공장에 대해 자문을 해준 알릭 오스트베르그(Alrik Östberg)에게 특별한 감사를 전한다. 더불어 성실한 지원과 끊임없는 보살핌을 통해 커다란 안전과 위안을 제공해 준 엘리자베스 램펜(Elisabeth Lampeén)에게도 따뜻한 감사의 말

*www.wiley.com에서 참고 가능

을 전한다.

스웨덴 소재 철전문가협회(The Iron Masters Association)와 '스벤과 아스트리드 토레슨스재단기금(Stiftelsen Sven och Astrid Toressons Fond)'의 재정 지원에 대해 감사를 전한다.

마지막으로 카린 프레드릭슨(Karin Fredriksson)과 라스 아케린드(Lars Åkerlind)에게 특별한 감사의 말을 전하는데, 오랜 기간에 걸쳐서 이분들이 보여준 지원과 인내가 없었다면 이 책이 발간되기는 결코 쉽지 않았을 것이다.

하세 프레드릭슨(Hasse Fredriksson)
울라 아케린드(Ulla Åkerlind)

스톡홀름, 2005년 9월

발간사

한국주조공학회가 태동한 지도 어느덧 반세기를 앞둔 시점에서 주조 분야에서 보기 드문 역작인 Fredriksson 교수의 "Materials Processing During Casting"의 번역서를 접할 수 있게 되어서 기쁜 마음을 금할 수 없습니다.

금속 및 재료 분야의 학과에서 주조 및 응고 분야의 강의가 사라져가는 안타까운 현실과 주조 공정 자체 및 관련 이론적 체계에 대한 균형 잡힌 내용을 다룬 적절한 교재조차 구하기가 어려웠던 사실을 고려하면, 모든 소재의 거시적인 형상화는 물론 미세조직을 형성하는 가장 기본적인 단계이면서, 후속 열기계적 가공 공정의 응답성에 큰 영향을 미치게 되는 주조 및 응고 공정을 체계적으로 다룬 번역서의 출간은 한국주조공학회의 입장에서 매우 가치 있는 일이 아닐 수 없습니다.

이 책은 원저의 제목에서도 짐작할 수 있듯이, 주조공정에서 고려해야 할 거의 대부분의 주제를 폭넓게 다루고 있으며, 기본적인 개념의 도입, 이론의 전개, 응용, 그리고 실공정에의 적용 등에 대하여 체계적이고도 다양한 각도에서의 접근을 시도하고 있습니다. 뿐만 아니라, 풍부하고도 다양한 예제와 사례 연구는 주조 및 응고 분야에서 Fredriksson 교수가 지닌 놀라운 학문적 깊이를 확인하게 해주는 훌륭한 저작이라고 할 수 있습니다.

독자의 축적된 지식에 따라 이 책의 활용도는 다양할 것으로 판단됩니다. 재료공학을 전공하는 학부 및 대학원생에게는 주조와 응고는 물론 원소 편석, 열처리, 소성 가공, 그리고 이들 공정의 컴퓨터 응용 등의 기본적인 재료공정에 대한 지식의 함양을 도울 수 있을 것입니다. 또한 해당 주제에 대한 깊이 있는 해석은, 관련 연구를 지속적으로 수행하고 있는 연구자들에게나 현장 기술자들에게도 새로운 통찰력을 제시하는 계기로 작용할 것으로 기대합니다.

한국주조공학회는 2022년 10월에 제74차 세계주조대회(WFC)를 준비하고 있습니다. 이러한 뜻깊은 해에 이 책이 탄생할 수 있게 노력해 주신 영남대학교 권해욱 교수님, 성균관대학교 김영직 교수님, 한국생산기술연구원 조인성 박사님, 그리고 이 책의 번역 기획과 진행을 총괄해 주신 한국철강응용문화연구소(KISAC) 오경식 회장님께 큰 감사를 드립니다. 이 책의 번역진 이외에도 한국주조공학회에서 수십 년을 이 분야에 종사하면서 기술적, 학문적 업적을 후배들에게 물려주신 역대 회장님들과 주조산업 현장의 생산자, 연구자, 그리고 전문경영인들의 너무나 큰 희생과 노력이 있었기에, 지금의 주조공학회가 존재할 수 있다고 생각합니다.

이 책을 그분들께 바칠 수 있음에 감사드립니다.

2022년 1월

한국주조공학회 회장
동아대학교 신소재공학과 교수

休園　김동규

추천사

기원전 3500년경에 인류가 동광석을 정련하고 주조 기술을 습득한 이래, 주조는 인류와 함께 발전하여 현재에 이르렀으며 주조의 역사는 인류 문명의 역사이기도 하다. 기원전 800~700년경 중국인들이 주철을 성공적으로 생산하였으며, 서기 8세기경 스페인의 카탈랑 제철소(Catalan Forge)에서 최초의 용광로로 볼 수 있는 제련로를 개발하였다. 1730년경에 코크스가 개발되고 증기기관의 발명과 더불어 1794년 최초의 큐폴라 조업을 한 바 있다. 1810년경 페로실리콘이 개발되고, 19세기에 전기 아아크로가, 그리고 1910년경에 유도 용해로가 개발되어 1960년대에 널리 채택되어 주조공장의 주 용해 기술이 되었다.

우리나라는 기원전 3~4세기경 사암제 주형으로 청동제 칼이나 구리거울을 제조하였으며 삼국시대 말부터 통일신라시대에 이르는 6~8세기에 여러 불상과 범종을 주조하였다. 그러나 현대적 주조 기술 및 산업은 6·25 전쟁 휴전 이후 기계산업의 복구와 더불어 활기를 되찾기 시작하였으며 1950년대 말부터 외국의 주조 기술을 도입하여 현재에 이르렀다.

물리학 분야에서 이론이 먼저 제시되고 1950년대에 이르러 금속공학자들이 규소의 정련기술(zone refining)을 개발하여 현실화된 반도체 산업과는 달리, 응고 이론을 기초로 하는 주조공학 분야는 실제 현장이나 실험실에서 얻은 기술이나 경험의 원인을 규명하여 제어할 수 있는 기술을 습득하기 위하여 연구 및 발전하였다. 따라서 본 번역서는 주조공학 기술 분야의 여러 가지 현상을 열전달, 유체역학 및 응고 기구 등의 이론을 근거로 해석하고, 전산모사하여 새로운 주조 제품의 개발 시 그 결과를 미리 예측하여, 제어하기 위하여 필요한 지식을 제공하는 데 큰 의의가 있다고 생각한다.

특히 21세기의 시작과 더불어 중국이 급속히 산업화하고, 중국 주조산업이 빠르게 성장하였으며 국내시장에서의 제품 가격 경쟁력 약화로 어려움을 겪었다. 또한, COVID-19의 어려운 시기를 맞이하여 경기 위축, 그동안의 과도한 설비 투자, 공급 과잉, 탄소 절감을 요구하는 환경대응, 그리고 주 52시간 근무제, 최저임금 인상 및 인력수급 문제 등으로 인하여 우리나라 주조산업 분야는 더욱 어려운 상황에 처해 있는 것이 현실이다. 따라서 우리나라 주조산업 분야의 엔지니어 및 연구자는 기술 습득 및 연구 개발 능력을 갖추어 높은 특성과 성능이 요구되는 신제품 개발을 통하여 기술 경쟁력과 가격 경쟁력을 확보하여 이와 같은 어려운 시기를 대처할 필요가 있다. 이 책은 그런 면에서 많은 도움이 될 것으로 기대하며 많은 독자에게 실질적인 도움이 되었으면 한다.

본 번역서 발간의 기초를 마련해 주신 삼천리 금속 대표 조현익 전 회장님과 번역을 주도하고 자료를 제공해 주신 POSCO 오경식 상무님께 감사드린다. 번역을 담당해 주신 분들과 감수에 동참해 주신 동아대학교 교수이신 김동규 회장님, 성균관대학교 교수님이신 김영직 부회장님 그리고 한국생산기술연구원의 조인성 박사님의 노고에 감사 말씀을 드린다.

2021년 4월

영남대학교 신소재공학부 명예교수

권해욱

번역책임자 서문

금속의 주조공정은 기원전 4000년경 도예공의 기술로부터 생긴 자연적 부산물인 동 주물로부터 시작하여 기원전 3000년경 lost-wax process가 메소포타미아에서 개발되었으며, 기원전 1600년경 중국에서 섬세한 청동 주물(대표적인 예로 다뉴세문 동거울, 고조선유물로 추정됨)이 등장하였다. 유럽에서는 18세기 산업혁명 때 출현한 철 주물이 기원전 500년경 중국에서 시작되었다. 근동에서 시작한 주물기술은 극동까지 와서 전성기를 누렸으며 근대에는 독일, 폴란드, 미국, 일본 등에서 크게 발달하였다. 주조는 응고 현상을 활용하여 변형저항이 큰 고체금속을 용융하여 변형이 자유로운 액체금속 상태에서 목표하는 형상을 단번에 가공하는 방법으로서 응고가 물리적인 데 비해서 주조는 공학적인 면으로 보면 쉽게 이해가 될 수 있을 것이다. 따라서 주조와 응고는 서로 뗄 수 없는 관계에 있다. 응고는 액상의 물질이 온도 하강에 의해서 고상으로 변하는 물리적 상변태 현상으로서 금속의 응고도 그중의 한 가지 예이다. 20세기에 들어와서는 E. Scheil, B. Chalmers, W.A. Tiller, D. Termbull, M.C. Flemings, J.D. Hunt, M.E. Glicksmann, H. Fredriksson, W. Kurz 등이 응고이론을 체계적으로 정립하여 주조기술을 비약적으로 발전시켰다.

금속과 합금은 응고에 의해서 탄생하며 단조, 압연, 프레스, 열처리 등 가공에 의하여 성장하는데 탄생 시 좋은 성질을 가지는 것이 재료의 최종 성질에 결정적으로 중요하다. 반도체 재료의 경우 반도체물리학의 요구로 고품위 Si결정 제작의 필요성 때문에 주조분야는 기술 및 경험적 차원에서 과학적 차원의 응고이론으로 발전하게 되었다. 철강재료의 경우 비교적 형태가 단순하고 복잡하지 않는 연속 주조 기술의 등장으로 주조기술을 한층 더 체계적이고 공학적으로 발전시킬 수 있었으며 예측 가능한 수준까지 올려놓았다.

포스코에서 철강의 연속 주조 분야 연구에 약 40년간 종사하여 오면서 응고이론을 기초로 한 주조공정을 이해하기 쉽게 저술한 책이 나오면 정말 좋겠다고 생각하였다. 그러던 차에 스웨덴 왕립대학교 교수 H. Fredriksson과 U. Åkerlind의 "Materials Processing during Casting"이라는 저서를 접하게 되었다. 그동안 바라던 책이 바로 이 책임을 알고 후배들이 쉽게 접할 수 있고 주조 시 활용한다면 더 이상 바랄 게 없다고 판단하게 되었다. 마침 이러한 의견을 한국주조공학회 전임 회장이신 영남대 신소재공학과 권해욱 교수님께 전해드렸더니 흔쾌히 수락하여 주셨다. 그리고 조현익 당시 한국주조공학회 회장께서 변역서를 학회에서 주관하여 발간하여 주시겠다고 하셨다. 두 분의 혜안에 심심한 존경과 감사의 마음을 전한다.

각 Chapter별 변역 및 수정 감수는, Ch.1, Ch.4, Ch.5는 권해욱 교수님, Ch.6, Ch.9는 동아대 김동규 교수님, Ch.2, Ch.7, Ch.11은 포스코 상무이사 오경식 박사, Ch.3, Ch.10은 한국생산기술연구원 조인성 박사님, Ch.8과 연습문제 해답은 성균관대 김영직 교수님께서 수고를 해주셨다. 모든 분께 큰 감사의 마음을 전해드린다. 나날이 발전해 가고 있는 한국 공학기술을 보면 저자가 대학에 입학할 당시와 비교하게 되는데 강산이 네 번이나 바뀐다는 옛말에 견주어도 훨씬 더 많이 발전하였음을 느낄 수 있다. 모두가 학계·산업계 공학자들의 헌신적인 노력 덕분이며, 이분들께 무한한 감사를 드린다.

2021년 10월

한국 철강응용 문화연구소장(KISAC 회장)/
(전)포스코 상무이사

工學博士 古蒼 曉山 오경식

차례

1 주조의 역사와 공정
Component Casting

1.1 머리말

1.1.1 주조의 역사

일찍이 기원전 4,000년경부터 주조에 의한 금속 성형 기술은 알려져 있었다. 청동기 시대(기원전 약 2,000년경부터 기원전 400~500년까지), 철기 시대(기원전 약 1,100~400년경부터 서기 800~1,050년경의 바이킹 시대까지), 전체 중세 시대 그리고 19세기 중엽의 르네상스 시대까지, 그 후의 수천 년 동안 주조 공정은 실질적으로 크게 달라지지 않았다. 완전한 주조품을 제조하여, 더 어떤 소성 가공도 하지 않고 바로 사용하였

다. 몇 가지의 매우 오래된 주조품은 그림 1.1, 1.2 및 1.3에서 보이는 바와 같다.

그림 1.2 그림 1.1에서 보이는 바와 같은 형태의 석재주형에서 주조한, 순동 칼과 두 개의 도끼.

그림 1.1 기원전 3,000년경의, 도끼를 주조하기 위한 석재 주형.

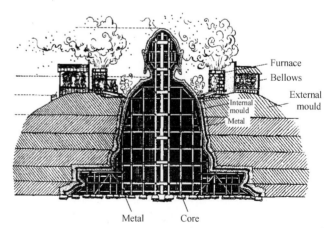

그림 1.3 높이가 20 m 이상인, 청동 주조 불상의 그림. 이 불상은 8세기에 주조되었다. 중량은 780톤이다. 조형과 주조를 동시에 하는 매우 독특한 주조 기술을 이용하였다. 바닥의 기초부터 8단으로 조형하여 쌓고 주조하였다. 나무와 대나무 막대로 만든 구조물 위에 주형을 쌓았다. 각각의 로에서 시간당 1톤의 청동을 용해할 수 있었다. Giesserei-Verlag GmbH사의 허락을 얻어 인용함.

Materials Processing during Casting H. Fredriksson and U. Å kerlind Copyright © 2006 John Wiley & Sons, Ltd.

알려져 있는 주조용 금속을 용해 및 정련하는 방법을 개선함과 더불어, 19세기에 새로운 다양한 주조법을 개발하였다. 많은 부품뿐만 아니라, 빌레트, 블룸 및 슬래브와 같은, 중간 제품도 생산하였다. 생산한 재료의 품질을 소성 가공, 단조 및 압연에 의하여 개선하였다. 1차 주조 시 좋지 않은 결과는 그 뒤의 생산 공정에서 보정하거나 보수할 수 없다.

강 빌레트, 블룸 및 슬래브류는 초기에 잉곳 주조하여 생산하였다. 그리고 20세기 중반부터, 연속 주조하여 생산하기도 하였다. 150년 이상의 기간 동안 개발이 지속되었으며 이와 같은 경향은 지금도 계속되고 있다. 가능한 한 최종 치수에 가까운 크기의 주조 부품을 생산하는 방법과 함께, 새로운 방법이 지금도 개발되고 있다.

1.1.2 공업용 부품 주조 공정

주조 공정의 한 과정으로서 금속을 용기 내에서 녹인다. 용탕을, 내부를 내화 벽돌로 라이닝한 금속 용기인, 래들로 출탕한다. 생산 라인에서 더 정교하게 성형하기 위하여 용탕 응고가 일어나게 할 것이다. 용탕을 래들에서 사형이나, 칠 몰드라고 하는, 수냉식 주형에 주입하여 그렇게 한다. 용탕을 주형이나 칠 몰드 속에서 응고가 일어나게 한다.

이 장에서는 부품 주조를 위한 가장 일반적이고 가장 중요한 공업적 공정을 훑어본다. 여러 가지 방법에 관련된 문제를 각각의 방법을 설명할 때 논의할 것이다. 이와 같은 문제들은 일반적으로 일어나며 뒤의 여러 장에서 광범위하게 분석할 것이다. 제2장에서는 주조 공장에서 이용하는 방법을 설명할 것이다. 아래에서는 주조 공장에서 부품을 생산하기 위한 방법에 대하여 거론할 것이다.

1.2 부품의 주조

1.2.1 조형(주형의 제조)

주조 금속 부품 또는 주조품은 주형 속에서 용탕의 응고가 일어나게 하여 생산하는 물건이다. 주형 내에는 부품의 모든 상세한 모양과 동일한, 주형 공간이라고 하는 빈 공간이 있다.

원하는 부품을 제조하기 위하여, 부품의 복제품을 나무, 플라스틱, 금속 또는 다른 적당한 재료로 만든다.

이 복제품을 모형이라 한다. 주형을 제조하는 동안, 모형을 플라스크 또는 주형 상자라고 하는, 주형의 프레임(틀)에 위치시킨다. 그리고 이 주형 상자를 조형용 혼합물로 채우고 압착하거나(기계에 의하여) 다진다(손 조형용 공구를 이용하여).

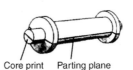

그림 1.4 (a) 보통 나무로 만드는, 모형은 두 개의 반쪽으로 준비한다. 양쪽 끝에 맞춤 못으로 이른바 코어 프린트를 설치한다. Gjuteri-historiska Sallskapet의 허락을 얻어 인용함.

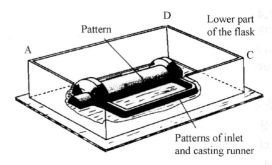

그림 1.4 (b) 주형 상자 반쪽 안에 있는 나무 판 위에 모형의 반과 용탕의 입구(인게이트)와 주조용 탕도를 설치한다. 예를 들면 석동자 분말(lycopodium power)이나 활석 같은, 미세한 입자의 분말을 모형 위에 뿌려서 그 뒤의 형발을 용이하게 한다. [그림 1.4 (d) 참조] Gjuterihistoriska Sallskapet의 허락을 얻어 인용함.

조형용 혼합물은 보통 모래, 점결제 및 물로 이루어져 있다.

주형 상자 내의 주물사 압착이 끝났을 때 모형을 제거(형발)한다. 그 과정은 그림 1.4 (a-d)에서 보이는 바와 같다. 이 경우에 제조할 부품은 관(튜브)이다.

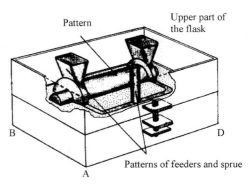

그림 1.4 (c) 상부의 반 모형과 주형 상자의 상부를 아랫부분의 일치하는 자리에 위치하게 한다. 미세한 입자의 건조한 모래, 이른바 분할 모래(parting sand)로 접촉면을 덮는다. 뒤에 탕구와 급탕 장치(압탕)를 관 플랜지의 아랫부분의 용탕 입구(인게이트) 위에 정확하게 위치하게 한다. Gjuterihistoriska Sallskapet의 허락을 얻어 인용함.

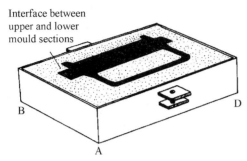

그림 1.4 (d) 주형을 분리하고 형발한다. 즉 주형의 상부를 들어 올려 하부와 분리한다. 용탕의 입구(인게이트), 탕구 및 급탕 장치(압탕)도 같이 제거한다. 형발을 한 후 하부 주형은 그림에서 보이는 바와 같다. Gjuterihistoriska Sallskapet의 허락을 얻어 인용함.

1단계: 강관을 제조하기 위한 조형

주형 상자 벽과 모형 사이의 공간을 주형 혼련사로 채우고 손으로 다지거나 기계로 압착한다. 잉여의 주형 혼련사를 상부 표면에서 제거하면 하부 주형이 완성된다. 상부 주형도 같은 방법으로 조형한다.

　주조하여 제조하는 부품이 전체가 채워진 견고한 고체 한 덩어리인 경우는 드물다. 부품 내에는 공간이 있고 이 공간은 주형 설계에 영향을 미친다. 부품 내의 빈 공간은 그 공간과 동일한 모양을 가지는, 코어라고 하는, 사형 몸체와 일치한다. 이 사형 몸체(코어)를, 내부가 코어의 모양인, 특별히 만든 코어 박스(core box)를 이용하여 만든다. 코어 샌드(core sand)라고 하는 내화물을 충진하고 다지는, 코어 박스는 코어를 방출시키기 용이하게 하기 위하여 두 부분으로 분리되어 있다. 코어는 보통 오븐에서 굽는 동안 또는 고분자 점결제의 경화가 일어나는 동안 충분한 강도를 얻는다. 관의 빈 공간과 일치하는, 코어의 제조 공정은 그림 1.4 (e) 및 (f)에서 보이는 바와 같다.

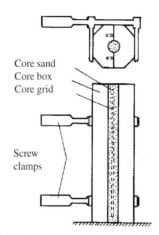

그림 1.4 (e) 관이 될 공간은, 코어 박스를 이용하여 제조한, 사형 코어에 의하여 형성한다. 혼련사를 주형 속으로 다지는 동안 두 개의 반쪽 코어 상자를 나선 클램프로 조립한다. 코어의 길이 방향으로 코어 그리드로 원주형 강봉을 설치하여 코어를 강화시킨다. Gjuterihistoriska Sallskapet의 허락을 얻어 인용함.

그림 1.4 (f) 분리된 반쪽 코어 박스로부터 코어를 들어 방출시킨다. 코어를 흔히 오븐에서 구워 충분한 강도를 가지게 한다. Gjuterihistoriska Sallskapet의 허락을 얻어 인용함.

2단계: 강관이 되게 할 내부 코어의 제조

주형에 용탕을 주입할 준비가 되었을 때 코어를 필요한 위치에 장착한다. 코어의 내화 모래 조성은 주물사의 조성과 다소 차이가 나기 때문에, 보통 코어 모래와 주물사를 구분할 수 있다. 잘 조형한 주형의 필요 조건은, 원하는 주조 금속 부품 모

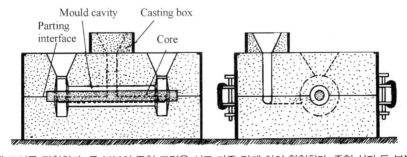

그림 1.4 (g) 하부 주형에 코어를 장착한다. 두 부분의 주형 표면을 서로 마주 닿게 하여 합형한다. 주형 상자 두 부분의 외벽에 있는 구멍에 맞춤못(dowel)을 끼워넣어 상부 및 하부 주형 내의 주형 공간을 확실히 정확하게 맞도록 한다. 용탕의 상부의 방열을 막아 너무 일찍이 응고가 일어나는 것을 방지하는, 이른바 상부 주형 상자를 탕구 위에 정확하게 위치시키고 나선 클램프를 조여서 주형을 유지시킨다. 그러면 주형에 주입할 준비가 되었다. Gjuterihistoriska Sallskapet의 허락을 얻어 인용함.

양과 정확하게 일치하는, 주형 공간뿐만 아니라 용탕을 공급하기 위한 통로(채널)를 갖추고 있어야 한다는 것이다. 이것을 주조용 게이트 또는 탕구계(Gating system)[그림 1.4 (c)]라고 한다. 급탕 장치(압탕)라고 하는, 주조하는 동안 용탕의 저장소 역할을 하는 다른 주형 공간도 또한 필요하다[그림 1.4 (c) 및 (g)]. 급탕 장치를 설치하는 목적은 금속 내의 응고 수축을 보상하는 것이다. 급탕 장치(압탕)가 없으면 최종 주조 금속 부품 내에 바람직하지 못한 기포나, 이른바 파이프라고 하는, 수축공이 생길 것이다. 이와 같은 현상에 대하여는 제10장에서 다룰 것이다. 주조용 게이트와 압탕을 주형에 부착하면, 주입용으로 사용할 준비가 다 된 것이다.

3단계: 강관의 주조
주조 공정은 그림 1.4 (g), (h) 및 (i)에서 보이는 바와 같다.

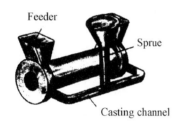

그림 1.4 (h)   주조 후 주조품의 응고가 일어나고 냉각되었을 때 주형을 탈사한다. 주조품 표면의 잔사를 제거한다. 압탕과 탕구계를 자르거나 산소 절단하여 제거한다. 단면을 연마하여 평활하게 한다. Gjuterihistoriska Sallskapet의 허락을 얻어 인용함.

그림 1.4 (i)   완성된 강관.

1.2.2   주형과 코어에 미치는 용탕 압력

주조하는 동안, 주형과 코어는 용탕의 온도가 높고 용탕이 주형과 코어의 표면에 가한 압력으로 인하여 변형이 일어날 수 있는 심각한 조건에 노출된다.

파괴가 일어나는 것을 방지하기 위하여, 주형 벽에 미치는 압력, 상부 주형을 들어 올릴 가능성, 그리고 전부 또는 일부가 용탕에 둘러싸이는, 코어에 미치는 부력을 계산해야 한다. 이와 같은 계산 결과를 근거로 위치에 따라 다르도록 주형에 압착 중량을 걸고, 주형 내에 코어를 고정시키며, 상부 주형에

압착 중량을 걸거나 클램핑하는 것과 같이 서로 다른 방법으로 견고하게 합형한다.

그와 같은 계산의 근거가 되는 법칙은 아래에서 보이는 바와 같다. 특별히 주조에 적용하기 위하여 이들 법칙의 용어를 채택하였다.

연결 배관의 법칙
두 개 이상의 공간이 서로 연결되면, 용탕의 중량은 모든 공간에서 용탕의 높이가 같을 것이다.

파스칼의 원리
밀폐된 공간 내에 있는 용탕에 걸리는 압력은 모든 부분의 주형 벽에 달라지지 않고 전달된다.

액체압력과 변형
$$p = \rho g h \qquad\qquad F = pA$$

정수학상의 패러독스(hydrostatic paradox)
표면 요소에 미치는 압력은 보편적으로 그 요소의 수직으로 걸리며 $\rho g h$와 같다. 여기에서 h는, 그 요소의 방향과는 관계없이, 표면 요소의 용탕의 자유 표면 아래의 깊이이다.

측면에 걸리는 압력 = 기준 표면을 가지는 컬름(calumm)의 중량과 질량 중심의 깊이와 같은 높이의 곱이다.

아르키메테스 원리
침적된 물체(코어)는 외관상으로 그 물체에 의하여 밀려난 용탕의 무게와 같은 양의 무게를 잃는다(가벼워진다).

위에서 언급한 법칙은 정적인 계에 대하여 타당하다. 주조를 하는 동안 용탕은 이동하며 동적 힘을 추가해야 한다. 이 힘은 계산하기 어렵다. 이에 대한 문제에 대한 해답은 일반적으로 현실적이다. 주어진 계는 정적인 것으로 간주하고 계산하고 결과 값을 25~50% 증가시킨다. 다음의 예제는 단계적으로 보여주고 있다. 압력에 의한 힘은 상대적으로 크므로 주형은 뚜렷한 변형이 일어나지 않고 견딜 수 있게 설계하여야 한다.

예제 1.1

수평으로 놓인 원주형 관으로 된 공간이 있다. 길이는 L이고 외경과 내경은 각각 D와 d이다. 원주의 내부에는 사형 코어로 채워져 있다. 사형 코어의 비중은 ρ_S이다. 원주의 축은 용탕의 자유 표면 아래의 깊이 h에 놓여 있다. 용탕의 비중은 ρ_L이다.

다음을 계산하라.

(a) 상부 주형에 걸리는 부력

(b) 주형 공간이 용탕으로 찼을 때 사형 코어에 걸리는 전체 부력, 그리고

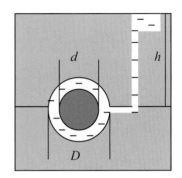

(c) $d = 50$ mm, $D = 100$ mm, $h = 200$ mm 그리고 $L = 300$ mm일 때, 부력을 보상하기 위하여 주형 위에 놓아야 하는 중량(또는 질량).

용탕과 모래의 비중은 각각 6.90×10^3 kg/m³ 그리고 1.40×10^3 kg/m³이다.

풀이

(a): 탕구에 의하여 용탕은 상부 주형 표면 요소의 바깥쪽으로 압력을 건다. 이 압력은 그림에서 각 표면 요소에 걸리는 압력과 같으나 이 경우에는 용탕이 주형 쪽으로 힘을 작용하기 때문에 반대 방향으로 걸린다. 따라서 바람직한 부력은 이와 같이 반대 방향이기는 하나 용탕이 작용한 힘의 결과로 생기는 압력과 같다. 우리는 이 압력을 계산할 것이다.

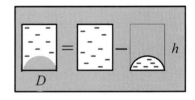

$$F_{\text{total}} = F_{\text{box}} - F_{\text{cylinder}}$$

주형에 미치는 압력은 높이에 따라 달라진다. 이와 같은 이유로 결과적인 힘을 직접 계산하기 어렵다. 우리는 그것을 계산하기 쉬운, 두 가지 압력의 차이로 계산하는 것을 선호한다.

$$F = LD\,h\rho_{\text{L}}g - \frac{1}{2}\left(\frac{\pi D^2}{4}\right)L\rho_{\text{L}}g = LD\rho_{\text{L}}g\left(h - \frac{\pi D}{8}\right) \quad (1')$$

(b): 부력은, 사형 코어에 의하여 대체된, 용탕의 무게 빼기 코어의 무게와 같다. 이 힘은 코어 프린트에 작용한다[그림

1.4 (a)].

$$F_{\text{lift}} = \left(\frac{\pi d^2}{4}\right)L\rho_{\text{L}}g - \left(\frac{\pi d^2}{4}\right)L\rho_{\text{s}}g = \left(\frac{\pi d^2}{4}\right)Lg(\rho_{\text{L}} - \rho_{\text{s}})$$

$$(2')$$

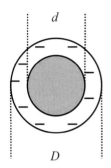

(c): 위로 향하여 상부 주형에 작용하는, 힘은 코어에 미치는 부력은, 코어 프린트에 의하여, 또한 상부

$$F_{\text{total}} = LD\rho_{\text{L}}g\left(h - \frac{\pi D}{8}\right) + \left(\frac{\pi d^2}{4}\right)Lg(\rho_{\text{L}} - \rho_{\text{s}}) \quad (3')$$

$$F_{\text{total}} = 0.300 \times 0.100 \times (6.90 \times 10^3)g$$
$$\left(0.200 - \frac{\pi \times 0.100}{8}\right) + \left(\frac{\pi \times 0.050^2}{4}\right)0.300$$
$$\times g(6.90 - 1.40) \times 10^3 \text{ N}$$
$$= 40.57\,g + 3.24\,g = 43.81\,g$$

위쪽으로 걸리는, 이 힘은 질량 M의 무게와 같으며 다음의 결과를 얻는다.

주형에 작용하기 때문에 식 (1') 및 (2')의 힘의 합과 같다.

$$M = \frac{F_{\text{total}}}{g} = 40.57\,\text{kg} + 3.24\,\text{kg} = 43.81\,\text{kg}$$

답

(a) 주형의 상부 표면으로 작용하는 힘은 $LD\rho_{\text{L}}g\left(h - \frac{\pi D}{8}\right)$ 이다.

(b) 부력은 $\left(\frac{\pi d^2}{4}\right)Lg(\rho_{\text{L}} - \rho_{\text{s}})$이다.

(c) 44 kg.

1.2.3 소모성 주형 주조법

사형 주조법

사형 주조법은 모든 주조 방법 중 가장 일반적인 공정이다.

0.1 kg 크기의 질량으로부터 10^5 kg 이상의 모든 주조품을 제조하는 데 이용할 수 있다. 생산 규모가 큰 주조품뿐만 아니라 한 개의 주조품 생산에도 적용할 수 있다. 전자의 경우에는 조형기를 이용한다. 엔진 블록을 제조하는 것이 좋은 예이다.

사형 주조에서는 주조할 부품의 모형으로 조형한다.

수 조형과 대량 생산용 기계 조형과 같은, 두 종류의 새로 다른 조형 방법이 있다.

수 조형은 앞에서 설명한 목형을 이용하여 수작업으로 조형하는 오래전부터 검증된 방법이다. 이 방법은 상·하부 주형의 탈사와 동시에 기계로 압착을 하는 대량의 기계 조형으로 바뀌었다. 기계 조형에서는 주형을 두 부분 이상으로 분리할 수 있어야 한다. 대량으로 제조한 주형은 수 조형 주형에 비하여 강도가 더 균일하고, 따라서 치수 정밀도가 더 좋다.

사형 주조법의 장단점은 표 1.1에서 보이는 바와 같다.

표 1.1 사형 주조법

장점	단점
모든 금속을 주조할 수 있음	치수 정밀도 비교적 떨어짐
비교적 복잡한 부품을 주조할 수 있음 한 개의 부품을 초기경비를 크게 들이지 않고 제조할 수 있음	표면 평활도가 나쁨

사형 주조법의 단점을 최근에 고압 성형으로 최소화하였다. 즉 주물사를 고압의 영향하에서 컴팩션한다. 이 방법을 사형의 기계 조형법의 개발로 간주할 수 있다. 고압 조형기는 $(10{\sim}20) \times 10^6$ Pa $(10{\sim}20$ kp/cm$^2)$까지의 압력에서 작동하는 데 반하여 보통의 조형기는 4×10^6 Pa$(4$ kp/cm$^2)$까지의 압력에서 작동한다. 압력이 높을수록 주형의 안정성이 더 좋

아서, 저압 조형기에 비하여 더 나은 치수 정밀도를 얻을 수 있다. 사형 주조 공장에서는 점점 더 고압 기술을 이용하는 방향으로 개발을 진행하고 있다.

셸 주형 조형법

셸 주형 주조법은, 주형의 반인, 이른바 가열된 *브림 플레이트* (brim plate) 위에 미세한 입자의 주물사와 수지 점결제의 건조 상태 혼합물을 퍼지게 하는 방법을 의미한다. 수지 점결제가 녹아 주물사 입자에 달라붙어서 모형표면으로부터 6~10 mm 두께의 셸(껍질)이 형성한다. 셸을 모형 판으로부터 제거하기 전에 오븐에서 경화시킨다. 이 주조법은 그림 1.5에서 보이는 바와 같다.

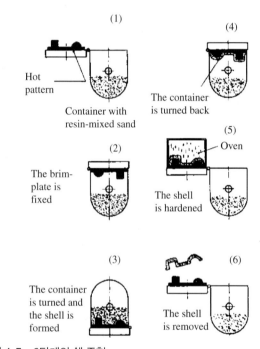

그림 1.5 6단계의 셸 주형

표 1.2 셸 주형 주조법

장점	단점
치수 정밀도가 높음 부품 형상의 재현성이 좋음 표면 평활도(조도)가 좋음	주철로 만들어야 하는, 모형설비의 초기 경비가 비쌈
부품의 표현 후처리가 쉬움 표면에 붙에 탄 모래가 달라붙지 않음 모래 불순물 주조 결함이 없음 얇은 두께의 부품을 주조할 수 있음 복잡한 코어 계를 사용할 수 있음	수익성이 좋은 0.1~1 kg 범위의 질량에 대한 일련의 크기 부품의 수가 적어도 50,000~100,000개가 되어야 함 주형이 부스러지기 쉬워서, 부품의 최대 질량이 작음 최대 질량은 60~70 kg임

두 개의 반 셸 주형을 만든다. 경화시킨 후 이 두 개를 붙인다. 주조하기 전에, 주형을 모래, 자갈 또는 다른 물질로 채운 용기 안에 넣어서 주조하는 동안 주형의 안정성을 유지한다.

이와 같은 방법으로, 표면이 매끈하고 통기성이 좋은 셸을 얻을 수 있으며 대부분의 주조용 금속에 적용할 수 있다. 장점과 단점은 표 1.2에서 보이는 바와 같다.

정밀 주조법 또는 쇼 주조법

쇼 주조법(Shaw process)에서는, 부분 주형을 규산을 점결제로 사용한 내화 재료로 만든다. 주형을 노 내에서 약 1,000℃로 가열한다. 이 방법으로 대체로 셸 주형 주조법과 같은 정도의 정밀도를 얻으나 주형의 모형을 나무나 석고로 만들 수 있기 때문에 개수가 적은 계열과 단일 주조품에 적용하여도 수익성이 있다. 쇼 주조법은 특히 주강에 편리하다.

인베스트먼트 주조법

인베스트먼트 주조법도 또한 부품을 주조하기 위한 일종의 정밀 주조법이다. 이 방법에서는 주조하고자 하는 부품을 복제한 왁스(또는 밀납) 형 위에 내화 재료 주형을 만든다.

이 방법의 더 오래된 명칭은 '로스트 왁스 용해 주조법'이다. 그 공정은 그림 1.6 (a-f)에서 보이는 바와 같다.

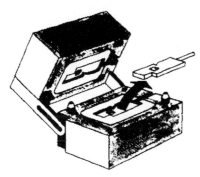

그림 1.6 (a) 목적에 맞게 제조한 특수한 공구를 이용하여 왁스 형을 성형한다. TPC Components AB의 허락을 얻어 인용함.

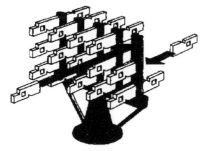

그림 1.6 (b) 왁스 형의 이른바 클러스터(Cluster)를 만든다. 줄기와 가지는 주입구이다. TPC Components AB의 허락을 얻어 인용함.

인베스트 주조법에서는 부품의 왁스 형을 만들어야 한다. 그다음 왁스 형을 세라믹 재료와 점결적 역할을 하는 규산의 혼합물 슬러리(혼탁액)에 담근다. 주형 껍질이 충분히 두꺼워졌을 때 건조시키고 왁스를 녹이거나 태워 없앤다. 그다음 주형을 소성한 뒤에 주조할 수 있다.

그림 1.6 (c) 클러스터를 세라믹 슬러리에 담그고, 세라믹 분말을 뿌리고 다시 담근다. 이 방법을 원하는 두께를 얻을 때까지 반복한다. TPC Components AB의 허락을 얻어 인용함.

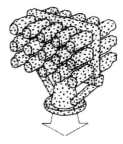

그림 1.6 (d) 왁스를 녹여 내고 주형을 오븐에서 태운다. 왁스는 한 번만 사용할 수 있다. TPC Components AB의 허락을 얻어 인용함.

그림 1.6 (e) 가열된 주형에 용탕을 바로 주입한다. TPC Components AB의 허락을 얻어 인용함.

인베스트먼트 주조법은 모든 주조용 금속에 적용할 수 있다. 주조품의 질량은 최대는 100 kg 이상이며 일반적으로 1~300 g이다. 장점과 단점은 표 1.3에서 보이는 바와 같다.

인베스트먼트 주조법으로 매우 좋은 치수 정밀도를 얻을 수 있다. 주조한 후 적당하게 열처리하여 부품은 단조 또는 압연 재료에 버금가는 인장 및 파괴 강도를 가지게 할 수 있다.

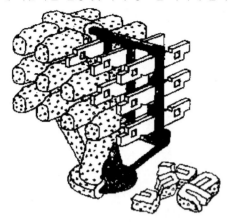

그림 1.6. (f) 주입하고 응고가 일어난 뒤 세라믹 주형을 제거하여 완성된 부품을 얻는다.

표 1.3   인베스트먼트 주조법

장점	단점
정밀도가 좋음	조형 경비가 비쌈
기계적 성질이 좋음	크기의 한계가 있음
표면 마무리가 좋음	
박육 부품도 주조할 수 있음	
형상의 제한은 없음	
모든 주조용 금속을 주조할 수 있음	

인베스트먼트 주조법과 쇼 주조법은 한편으로는 서로 보완적이다. 쇼 주조법은 주조품이 인베스트먼트 주조법으로 하기에는 너무 크거나 인베스트먼트 주조법으로 수익성을 얻기에는 수가 너무 적을 때 적용한다.

1.2.4   영구 주형 주조

중력 금형(다이) 주조법

중력 금형 주조법에서는 금형을 이용한다. 주철이나 내열성(반대 성질을 **열적 피로**(thermal fatigue)라 한다)이 좋은 특수 합금강으로 금형을 만든다. 중력 다이 주조법을 아연과 알루미늄 합금 주조에 자주 적용한다. 주형의 마모와 열적 피로에 의하여 발생하는, 균열로 인하여 융점이 높은 금속을 주조하기는 어렵다.

강 또는 사형 코어를 사용할 수 있다. 예를 들어, 베어링, 부싱 및 자석용 주조 금속 이외의 재료에 자세한 모양을 가지게 할 수 있다. 이 방법의 장점과 단점은 표 1.4에서 보이는 바와 같다.

주형 경비가 비싸기 때문에, 1,000개 미만의 부품을 생산하

표 1.4   중력 금형 주조법

장점	단점
기계적 성질이 좋음	주형 경비가 높음
치수 정밀도가 좋음	저 융점 금속에만 적용할 수 있음
표면 평활도가 좋음	

는 경우에는 수익성이 없다. 그런 경우에는 다른 주조법을 선택하여야 한다. 주형의 열적 피로에 의하여 결정되는, 위쪽 부품 수도 또한 제한된다. 알루미늄 주조에서 부품의 최댓수는 약 40,000개이다.

고압 다이캐스팅

공정의 명칭이 암시하는 바와 같이 높은 압력으로 용탕을 주형 속으로 밀어 넣는다. 그림 1.7이 이 방법을 설명하고 있다.

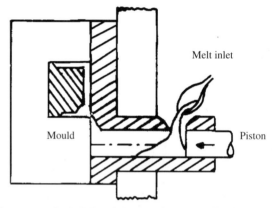

그림 1.7   고압 다이캐스팅기. 주조하는 동안, 용탕을 샷 실린더(Shot cylinder)에 부어 넣는다. 그러면 피스톤이 용탕을 안쪽으로 밀어서 강제로 주형으로 들어가게 한다.

금형은 강으로 만들고 강력한 유압 프레스로 두 개의 반쪽 주형을 유지시킨다. 이 방법은, 예를 들면 아연, 알루미늄 및 마그네슘 합금과 같은, 융점이 낮은 금속에만 적용할 수 있다.

이 방법으로 얻은 부품의 기계적 성질은 좋고, 중력 금형 주조로 얻은 것보다 더 낫다. 그러나, 용탕이 금형을 채우는 동안 용탕의 난류로 인하여 취약한 부위가 생길 수 있다.

장비와 금형비가 비싸기 때문에, 고압 다이캐스팅은 주조 부품의 수가 5,000~10,000개를 넘을 때만 수익성이 있을 것이다. 이 방법은, 예를 들면 자동차 산업에서와 같이, 부품의 대량 생산에 유리하다.

고압 다이캐스팅기의 '수명'은 황동인 경우의 약 8,000개로부터 아연 합금인 경우의 800,000개의 부품에 이르기까지 다

표 1.5 고압 다이캐스팅법

장점	단점
공정이 빠름	압력이 높고 열적 피로가 커서 작업장 비용이 매우 높음
매우 얇고 복잡한 부품을 주조할 수 있음	빠르게 충전하는 공정이므로 난류가 매우 크고 용탕은 많은 양의 가스를 흡수함
일반 주조법에 비하여 정밀도가 매우 높음	
주조 후 후처리가 별로 없음	코어가 있는 부품은 보통 주조할 수 없음
베어링과 볼트와 같은 삽입 부품을 초기에 넣을 수 있음	융점이 낮은 금속만 주조할 수 있음

양하다. 이 방법의 장점과 단점은 표 1.5에서 보이는 바와 같다.

저압 주조법

이 방법의 원리는 그림 1.8에서 보이는 바와 같다. 고압 다이캐스팅기와는 반대로, 저압 주조기에는 용탕을 밀어 넣는 장치와 피스톤이 없다. 주조 공정의 말기에, 고압 다이캐스팅법에서는 필요한, 높은 압력을 걸어줄 필요도 없다.

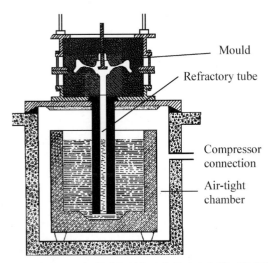

Mould

Refractory tube

Compressor connection

Air-tight chamber

그림 1.8 저압 주조기, 용탕은 압축기에 연결되어 있는 밀폐된 챔버에 들어 있다. 챔버 내의 압력을 증가시켜, 용탕이 내화물 관을 통과하여 주형 속으로 밀어 올린다. Addison-Wesley Publishing Co. Inc., Pearson의 허락을 얻어 인용함.

공기, 또는 다른 기체를 용탕 위의 공간에 인입시킨다. 가스는 용탕에 압력을 걸고 용탕이 가운데에 있는 채널 속으로 비교적 천천히 올라가서 주형 속으로 들어가게 한다. 주형을 계속 가열하여 공정의 너무 이른 초기에 응고가 일어나는 것을 방지한다. 이것은, 작은 돌출부가 있는, 주조하고자 하는 부품이 작을 때 큰 장점이 된다. 이와 같은 방법으로 작은 부품이 주형의 다른 부분보다 더 빨리 응고하는 것을 방지할 수 있다. 이것은 이 주조법의 가장 중요한 장점이다.

주조하고자 하는 부품의 벽을 더 작게 만들 수 있다. 용탕의 유속이 낮으면 주형을 충전하는 동안 난류가 거의 일어나지 않고 공기와 산화물 혼입이 거의 없다. 주조품이 응고되었을 때 압력을 낮추면 잔탕은 가운데의 관 속에서 낙하하여 노중 용탕으로 돌아간다.

이 주조법의 장점과 단점은 표 1.6에서 보이는 바와 같다.

용탕 단조법(Squeege Casting)

용탕 단조법은 주조와 단조를 조합한 주조법이다. 그림 1.9 (a-c)가 잘 설명하고 있다.

금형에 용탕을 채우고, 높은 압력을 가했을 때 응고가 일어나기 시작한다. 응고가 끝날 때까지 압력이 걸려서, 소성 변형을 야기시키는, 기포의 형성이 방지되고 일반적 주조품에 비하여 주조품의 기계적 성질이 크게 개선된다.

표 1.6 저압 주조법

장점	단점
높은 용탕 회수율을 얻음	고압 다이캐스팅보다 생산성이 낮음
후처리 작업이 거의 없음	일반 사형 주조에서보다 주형 경비가 더 비쌈
코어를 사용할 수 있음	융점이 낮은 금속만 주조할 수 있음
칠 주형 주조법과 고압 다이캐스팅법에 비하여, 밀집한 구조의 부품	
고압 다이캐스팅법에서보다 작업장 비용이 더 낮음	
일반 사형 주조법에서보다 기계적 성질이 더 좋음	

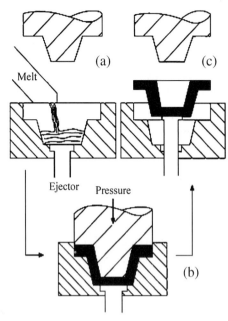

그림 1.9   용탕 단조법. (a) 하부 주형 부분에 용탕을 주입한다. (b) 상부 주형 부분으로부터 용탕에 높은 압력이 걸린다. (c) 응고가 끝난 후 상부 주형 부분을 상승시키고 이젝터(Ejector, 방출기)를 작동시켜 주조품을 방출시킨다. The metals society의 허락을 얻어 인용함.

원심 주조법

원심 주조법에서는 중력과 더불어 원심력을 이용한다. 원심력은 부분적으로는 용탕을 주형 공간으로 이동시키고 용탕에 압축력을 가하는 데 이용되고, 어떤 경우에는, 부분적으로는 압력을 증가시켜서, 더 얇고 상세한 부분을 주조하고 금속 주조 부품의 상세한 표면을 더 두드러지게 하는 데 이용된다.

원심 주조법은, 주형의 모양과 구조 그리고 주조법의 목적에 따라, 다음과 같은 세 가지 형태가 있다.

- 진 원심 주조법
- 반 원심 주조법 또는 원심 주형 주조법
- 원심 다이캐스팅

세 가지 방법의 주된 차이는 표 1.7에서 보이는 바와 같다.

진 원심 주조법(True centrifugal casting)

이 방법의 특징은 코어가 없는 단순한 주형을 이용한다는 것이다. 따라서 주조품의 내부 형상은 완전히 주형과 원심력에 의하여 형성한다. 이와 같은 방법으로 생산한 전형적인 제품은 관류와 환형(ring-shaped) 부품류이다. 질량의 관점에서

표 1.7   여러 가지 원심주조법의 도해적 설명

특징	진 원심 주조	반 원심 주조법	원심 다이캐스팅
수평 회전축			
수직 회전축			
기울어진 회전축			

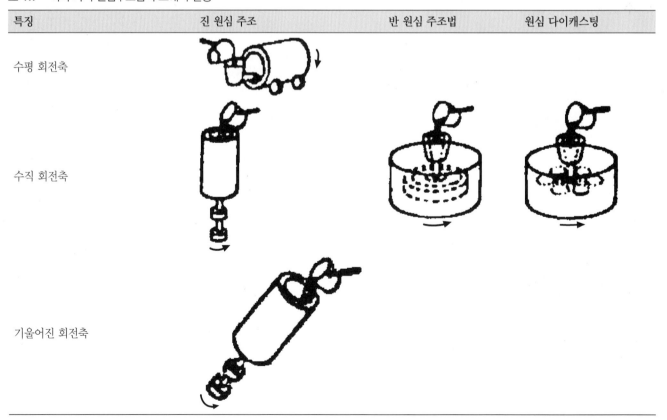

우세한 제품은 주철관이다.

금형, 즉 주형은 보통 원주형이며, 수평이거나, 수직이거나 기울어져 있는, 중심 축 주위를 회전한다. 가장 일반적인 관을 제조하기 위한 주조기는 그림 1.10에서 보이는 바와 같다.

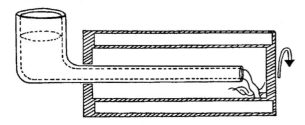

그림 1.10 진 원심 주조법의 원리에 따라 작동하는 관을 제조하기 위한 주조기.

반 원심 주조법(Semicentrifugal Casting)

반 원심 주조하는 동안(그림 1.11) 주형은 대칭축을 중심으로 회전한다. 주형은 대부분의 경우 복잡하며 코어가 들어 있는 경우도 있다. 회전하는 주형의 형상에 의하여 주조품의 자세한 모양을 얻는다. 슬래그를 분리하고, 용탕을 재충전하고 박육 부품을 주조하기 위하여 충전력을 증가시키기 위하여 원심력을 이용한다. 물림 기어류(Cogwheels)가 이 방법으로 주조할 수 있는 주조품의 한 사례이다.

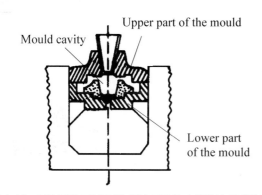

그림 1.11 2중 물림 기어를 반 원심 주조하기 위하여 설계한 장치.

원심 다이캐스팅(centrifugal die casting)

원심 다이캐스팅의 원리는 그림 1.12에서 보이는 바와 같다. 주형 공간을 가운데 주입구 둘레를 기준으로 대칭이 되게 배치한다. 가운데 주입구로부터 용탕을 바깥쪽으로 강제로 이동시켜 압력이 걸린 상태에서 주형 공간으로 들어가게 하며 효과적으로 모든 외형을 충전시킨다. 원심력은 주형의 모든 부분으로 용탕을 이동시키는 데 필요한 압력이 걸리게 한다. 인베스트먼트 주형법(또는 로스트왁스 주형법)으로 조형한 주형

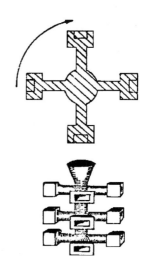

그림 1.12 원심 다이캐스팅 주형. Karlebo의 허락을 얻어 인용함.

속에서 주조하기 위하여 광범위하게 활용한다. 이의 금 크라운을 주조하기 위한 치과 산업계에서 자주 이용한다.

1.2.5 띡소 몰딩(Thixomoulding)

띡소 몰딩은 1.2.4절의 '비소모성 주형'이란 제목하에서 다루었어야 했다. 적절한 위치로 분리한 이유는 모든 다른 주조법과는 급격하게 다르고 특별히 주목할 만한 가치가 있기 때문이다. 띡소 몰딩은 다양한 크기의 주조 부품에 대하여 매우 유망한 방법이다. 원래 미국의 MIT에서 플레밍이 1976년에 개발하여 반고체 금속 가공법(Semi-solid metal processing, SSM)이라는 이름으로 도입했으며, 1990년대 후반에 이 방법은 산업계 규모로 마그네슘의 주조에 일차적으로 적용되었다.

띡소 몰딩은 많은 합금을 주조하기 위하여 적용할 수 있다. 이 방법은 매우 유망한 새로운 방법이며, 아마도 빠르게 개발되어 산업계에서 널리 그리고 성공적으로 적용할 것으로 기대한다. 마그네슘 다음으로 아연과 알루미늄 합금이 산업 규모의 띡소 몰딩에 적합한 것으로 나타났다. 아연과 알루미늄 합금의 띡소 몰딩이 상업화되었으며 그 뒤로 다른 형태의 합금이 상업화될 것이다.

띡소 몰딩의 원리

일반적인 주형 주조법에서는 합금을 용해하고 융점보다 높은 온도로 용탕을 과열할 필요가 있다. 충분한 열이 결정화 과정을 지연시켜야 하고, 즉 이른바 덴드라이트의 형성을 감소시켜야 하고, 주형을 완전히 충전시킬 때까지 용탕의 유동도를 충분하게 유지시켜야 한다. 덴드라이트와 덴드라이트 성장은 제6장에서 논의할 것이다.

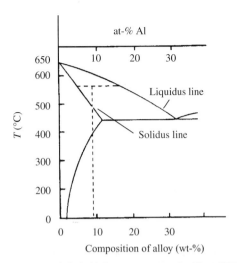

그림 1.13 Mg-Al계의 상태도. 560~580℃ 온도 범위에서 약 90~89% Mg와 약 9~10% Al 합금이 띡소 몰딩 다이캐스팅을 위한 적당한 혼합물임을 나타낸다. ASM의 허락을 얻어 인용함.

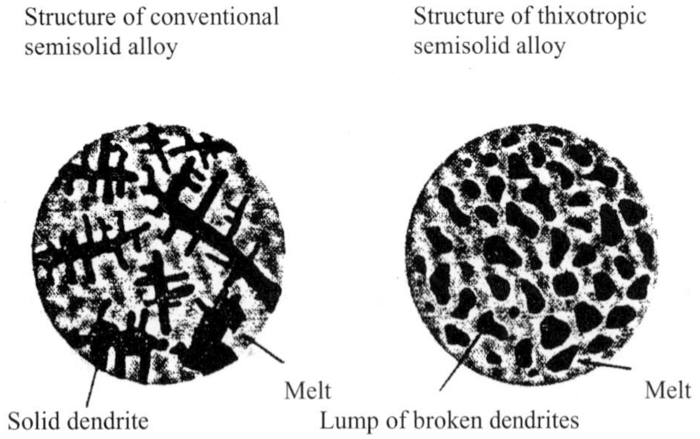

Structure of conventional semisolid alloy

Structure of thixotropic semisolid alloy

Solid dendrite

Melt

Lump of broken dendrites

Melt

그림 1.14 기계적 처리 전과 후의 부분 용융된 Mg-Al 합금의 조직. 미국 미시간주 앤아버의 Thixomat.Inc.의 허락을 얻어 인용됨.

일반적인 주형 주조법에 대하여 필요한 과열과 대비하여, 합금의 액상선과 고상선 온도 사이의 온도에서 띡소 몰딩을 실행한다(그림 1.13). 이 온도에서 합금은 성장하는 덴드라이트의 고상과 액상의 점성이 큰 혼합물로 되어 있다. 이것은, 합금의 조성을 온도의 함수로 나타낸, 상태도로부터 알 수 있다(그림 1.13).

응고하고 있는 금속에 진단 응력을 걸면, 덴드라이트를 여러 조각으로 깨고 꽤 균질한 혼합물이 형성한다. 응고하는 금속은 액상의 기지 내에 구형의 고체 입자로 되어 있다. 부분적으로 응고한 합금의 기계적 처리 전과 후에 나타나는 조직은 그림 1.14에서 보이는 바와 같다.

균질하고 점성이 큰 응고하고 있는 금속이 주조용 재료이다.

띡소 몰딩(Thixomoulding) 설비

마그네슘 합금의 띡소 몰딩을 위하여 설계한 기계는 그림 1.15에서 보이는 바와 같다.

합금의 상온 펠레트(pellet)를 기계의 뒤쪽 끝으로 공급한다. 고온에서 산화를 방지하기 위하여 아르곤 분위기를 사용한다. 펠레트를 배럴(barrel) 부분으로 보내어 합금의 융점 아래 최적 온도로 가열한다. 강력한 나사가 축을 그 중심으로 회전할 때 응고가 일어나고 있는 금속을 앞쪽으로 이동시키고 동시에 강한 전단 응력이 걸리게 된다.

응고가 일어나고 있는 금속을 체크 밸브(역류 방지 밸브)를 통과하여 축적 존(Accwmulation zone)으로 들어가게 한다. 필요한 양의 응고하고 있는 금속이 체크 밸브 앞쪽에 있을 때, 나사가 예열된 금형 속으로 응고하고 있는 금속을 강제로 밀어 넣어서 원하는 모양의 제품으로 성형한다. 압력이 걸린 상태에서 응고하고 있는 금속을 금형 속으로 밀어 넣는다(인

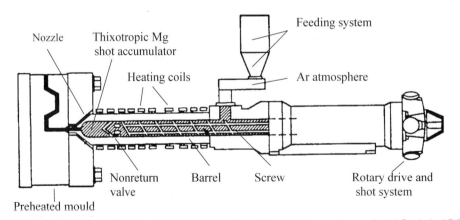

그림 1.15 마그네슘 합금 부품을 제조하기 위한 띡소 몰딩기. 미국 미시간주 앤아버의 Thixomat Inc.의 허락을 얻어 인용함.

표 1.8 일반 주형 주조법과 비교한 띄소 몰딩법

장점	단점
이동 공정이 필요 없음 치수 안정성이 좋음, 즉 제품의 치수 정밀도가 좋음 용탕경비를 감소시키는, 저온으로 인하여 부식이 낮고 제품의 기포 발생이 적음 대부분의 경우 제품의 기계적 성질이 좋음 아르곤 분위로 인하여 산화가 거의 없고, 부식을 낮추는 데 기여함 주조 부품의 2차가공과 열처리가 필요 없음 친환경적인 공정임	설비비가 비쌈 2단계 공정임 산화물 및 다른 개재물이 형성할 위함이 있음 어떤 경우에는 조직이 조대할수록 기계적 성질이 더 나쁨

젝션한다.) 이 공정은, 앞에서 설명한 용탕 단조 공정을 회상하게 한다. 장점과 단점은 표 1.8에서 보이는 바와 같다.

2 철강제조공정의 주조법
Cast House Processes

2.1 머리말

부품의 주조법에 대한 1장의 간단한 조사에 이어 2장에서도 주조법에 대해서 설명을 하지만 여기에서는 판재, 스트립, 와이어 및 기타 기본 제품의 생산과 관련된 주조법에 집중하고자 하며 특히 강, 철 합금, 구리, 알루미늄처럼 가장 널리 사용되고 있는 금속의 주조법에 대해 언급할 것이다.

강과 철의 생산은 다른 금속의 생산과 비교할 수 없을 정도로 규모가 크다. 또한 강과 철의 주조 과정에서 발생하는 문제는 구리와 알루미늄과 같은 기타 금속으로 인해 발생하는 문제에 비해 훨씬 심각하다. 그 이유는 강이 기타 금속에 비해 용융점이 높고 열전도성이 떨어지기 때문이다. 그러므로 이 절과 이 책에서는 기타 금속의 주조법보다 전기로 잉곳과 제철소 관련하여 지면을 더 할애하는 것이 합리적이다. 그렇지만 언급된 내용의 대부분은 철과 강 합금뿐만 아니라 대부분의 기타 금속에도 해당된다.

2.2 잉곳 주조

잉곳 주조에서는 래들을 이용해서 용융 금속을 1개 이상의 주형에 주입하거나 부어서 응고한다. 강 주조에서는 통상적으로 주형을 주철로 만든다. 이 절에서는 강의 잉곳 주조를 사례로 선택하였으며 다른 금속에도 적용이 된다.

측면에 나타나는 파형의 유무와 관계없이 냉간 주형의 형태는 직사각형에서 원형까지 변할 수 있다. 아래 그림 2.1 (a) 및 (b)는 두 가지의 일반적인 유형의 주형을 보여준다.

주형에 주입하는 작업은 두 가지 상이한 방법으로 진행될 수 있다. 여기에는 하향식 주조[그림 2.2 (a)]처럼 용융 금속을 위에서 주형 속으로 붓는 하주법과, 상향식 주조[그림 2.2 (b)]처럼 아래에서 금속을 주입하는 상주법이 있다.

응고 수축 과정에서 발생하는 기공이나 파이프, 즉 기공이나 수축공을 감소시키기 위해서 통상적으로 소위 핫 탑이라고 불리는 단열층을 주조 잉곳 위에 만든다. 이 주제는 10장에서 다루도록 하겠다.

2.2.1 하주법

하주법에 있어서 한 가지 과제는 우수한 잉곳 표면의 생산이다. 표면의 품질은 주조 전 주형의 준비 상황에 따라 달라진다. 표면의 품질을 개선하기 위해서 통상적으로 타르가 주원료인 주형용 도형제를 잉곳 주형에 바른다.

하향식 주조의 통상적인 표면 결함은 용융 금속을 주형 내부에 주입할 때에 금속 방울이 튀어서 작은 입자의 형태로 주형 벽에 붙을 때에 발생한다.

그림 2.1 (a)　상단이 하단에 비해 더 넓은 형태의 냉간 주형.

그림 2.1 (b)　하단이 상단에 비해 더 넓은 형태의 냉간 주형.

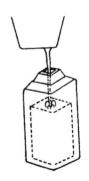

그림 2.2 (a)　하향식 주조.

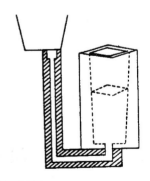

그림 2.2 (b)　상향식 주조.

이 입자들은 용융 금속이 해당 수위에 도달하기 전에 응고되고 산화된다. 이런 문제 및 물결 발생을 최소화하기 위해서 용강제트류의 중심을 잘 맞추는 것이 중요하다.

용융 금속이 흐를 때에 넓은 범위에 걸쳐서 공기와 접촉이 이루어지며 용융 금속의 산소와 질소 흡수 위험성이 증가한다. 이 가스들은 강에서 존재할 수 있는 Al, Ti 및 Ce과 같은 용융 금속 내의 원소와 화학적으로 반응하여 산화물의 생성을 유도한다. 주형용 도형제를 사용하면 용융 금속과 공기의 화학 반응이 감소한다. 도형제는 용융 금속으로부터 발생하는 열로 인해서 부분적으로 증발하여 주형을 이동시키고 공기와의 접촉을 차단하거나 산소와 반응하여 불활성 대기를 생성한다.

2.2.2 상주법

상향식 주조에서는 용융 금속이 탕구계로 주입되어 기저부의 잉곳 주형 밑판 탕도를 거쳐서 주형 안으로 들어간다(그림 2.3).

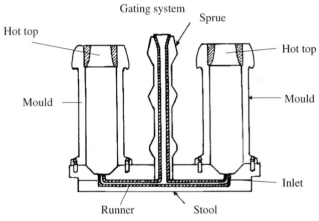

그림 2.3　상주법 주조의 설비.

보통 잉곳 주형 밑판 위에는 4~6개의 주형이 있다. 상향식 주조의 목적은 스캡(scab)과 주름 흠의 생성을 방지함으로써 하향식 주조보다 우수한 품질의 표면을 얻는 데에 있다.

상향식 주조는 오랫동안 표면이 민감한 강의 품질 보장을 위해서 사용되어 왔다. 초기에는 품질이 조악하였고 표면 품질이 개선되더라도 주조공장의 비용 상승을 보상해 줄 수 있을지 여부에 대해 의구심이 있었다.

주조용 분말은 1960년대 초기에 도입되었으며 상향식 주조 기술 발전에 커다란 공헌을 하였다. 주조용 분말이 없는 상향식 주조의 일반적인 단점은 윗면이 산화된 점성막으로 덮이는 것이다. 이 막은 강 탕면이나 주형 벽에 쉽게 들러붙어 있을 수 있으며 상승하는 용융 금속 면이 지나가게 된다. 이런 현상이 발생하면 응고된 잉곳 셸에는 약한 부위가 만들어져서 쉽게 균열이 발생할 수 있다.

주형 내부에서 용강 위에 있는 주조용 분말이 녹으면 용융 슬래그층이 생성되고 이에 따라 세 가지 주요 장점이 만들어진다.

- 윗면의 열 손실이 감소하고 강 탕면의 응고를 예방한다.
- 강의 산화를 방지하고 용강에 석출된 또는 존재하는 산화물을 흡수하는 용제 역할을 한다.
- 주형과 잉곳 사이에 얇은 단열층을 만들고 냉각 속도 감소와 잉곳 표면의 주형 대비 상대적인 움직임 감소 등 두 가지 이유로 인해서 수축 변형이 감소하기 때문에 표면 균열이 줄어드는데, 표면 균열을 피하기 위해서는 이것이 중요하다.

주조 과정에서 연속적으로 잘 녹은 주조 분말이 일반적으로 사용된다. 처음에는 화력 발전소의 비산재가 사용되었으나 오늘날에는 흑연, 불화 칼슘, 알루미늄 산화물, 규산 나트륨과 같은 이종 분말 성분을 기계적으로 혼합하여 분말을 생산한다. 그림 2.4는 상주법 주조에서 발생하는 내용을 정확하게 보여주고 있다.

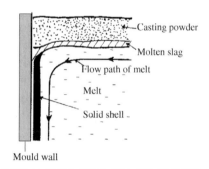

그림 2.4 주형에서 상주법 주조의 상부 용융 면 단면도.

그림 2.4는 강 표면 주변에 있는 용융 주조용 분말의 얇은 층에 대한 유동 패턴과 존재를 보여준다. 용융강의 응고는 주

형 벽에 가까우면서, 제거되는 열량이 최대인 주형 벽에 수직으로 강의 표면에서 시작한다.

철정압, 즉 용강이 응고층에 가하는 압력 때문에 응고층이 펴지고 주형의 벽 모양과 같아진다. 주형의 벽은 약 0.5 mm 두께의 용융 주조 분말층으로 덮인다.

품질적인 면에서 주조용 분말에 필요한 것은 분말의 용융점이 용융 금속의 온도보다 200여 도 낮아야 하고 주조 공정시 변화가 없어야 한다는 점이다. 또한 주조용 분말은 점성이 낮고 흑연 함유량이 작아야 한다. 흑연은 용융 슬래그층과 주조용 분말 사이에서 층을 생성하며 주조용 분말의 용융 속도를 조절한다.

2.2.3 하주법 주조와 상주법 주조의 비교

하주법 주조와 상주법 주조 모두 산업계에서 사용되며 상주법 주조의 질적인 장점과 높은 비용 사이의 균형에 의거해서 하주법 주조와 비교하여 선택한다. 두 방법이 갖고 있는 장단점은 표 2.1에 나와 있다.

2.2.4 비철금속의 잉곳 주조

지금까지 잉곳 주조는 주로 강 주조에 관한 것이었으며 강 이외의 금속에도 잉곳 주조가 쓰인다. 강 이외의 금속에 대한 잉곳 주조는 강 주조만큼 복잡하지 않다. Al, Cu, Mg, Pb, Sn, Zn과 같은 금속을 나중에 다시 녹이려면 먼저 구리, 철, 모래로 만든 상자형 주형에서 주조를 한다[그림 2.5 (a)]. 와이어 압연용 대형 구리 잉곳과 인발용 구리 잉곳 역시 유사한 방법으로 주조 가능하다. 그런 구리 주물을 위해서는 그림 2.5 (b)에 나온 유형의 주형을 사용한다.

연삭 과정을 거쳐야 하는 슬래그와 파이프로 인해 윗면의 형상이 매끄럽지 않아서 잉곳을 즉시 기계 가공해야 하는 경우에는 위와 같은 주형을 사용할 수 없다. 이런 경우에는 공기와 접촉이 이루어지는 윗면을 가급적 작게 하기 위해서 수직축이 긴 주형을 사용하는 것이 바람직하다.

표 2.1 강의 상주법 주조와 하주법 주조의 장점과 단점

주조용 분말을 사용한 상주법 주조	하주법 주조
− 유동 통로의 석재, 탕구계, 주형 밑판에 소재의 추가 필요	+ 주조 저렴
− 주형 밑판 탕도 작업, 주형 정치, 청소와 같은 작업 공정에 단계 추가	
+ 보다 우수한 표면 품질. 용융 주조용 분말로 내부 균열 막음	− 스캡과 주름으로 표면 흠 생성
주조 공정 동안에 산화물 입자가 상향 유동 및 주조용 분말에 의한 포집	
+ 작은 크기의 미세 개재물 및 거시 개재물이 적다(7장과 11장).	− 강 품질 조악
+ 보다 빠른 주조. 동시에 여러 개의 잉곳 주조 가능	− 주조 늦음
+ 용강을 중앙에 집중해야 하는 문제 해소	− 주형 마모(균열) 증가

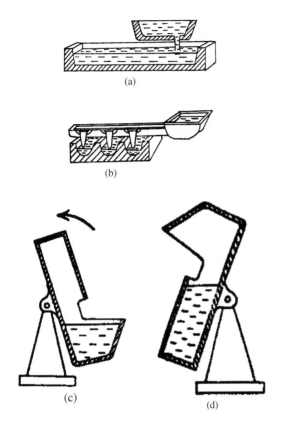

그림 2.5　상자형 주형 (a)와 (b)에서의 주조. 경도법. (c)의 위치에 있는 용기 내부로 용융 금속이 주입된다. 그다음에 용기를 (d)의 위치로 서서히 기울인다. M.I.T.의 허락을 얻어 인용함.

산화되기가 쉽고 응고 과정에서 대규모 편석의 영향이 나타나는 금속과 합금(7장과 11장의 합금 요소의 불균등 분포 참고)은 종종 주조 공정에서 문제를 야기한다. 금속을 주입하는 과정에서 난류의 발생과 공기와의 접촉을 줄이기 위해서 이런 금속과 합금용으로 특별한 유형의 냉간 주형이 개발되었다. 이 작업은 그림 2.5 (c)에 나와 있는 것처럼 수평축을 중심으로 2.5 (d)의 위치로 약 180° 천천히 기울임으로써 가능하다. 그다음으로는 긴 수직축을 갖춘 주형의 다른 쪽 끝단으로 용융 금속을 천천히 흘려보낸다. 주형을 천천히 기울이는 경우의 또 다른 장점은 용기를 천천히 기울일 때에 슬래그 개재물이 용기 안에 잔류한다는 점이다.

용융 금속이 최단 시간 안에 응고될 수 있도록 주조 온도를 가능한 한 낮게 유지하는 시도가 이루어지고 있다. 응고 공정을 촉진하기 위해서 그림 2.6처럼 긴 수직축이 있는 주형을 냉간 주형으로 설계할 수 있으며 물을 흐르게 해서 냉각할 수도 있다.

2.3　연속 주조

잉곳 주조법이 갖고 있는 한계는 일정 수준 이상으로 생산 용량을 늘릴 수 없다는 것이다.

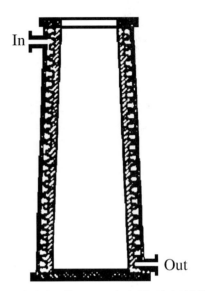

그림 2.6　수냉식 냉간 주형. M.I.T.의 허락을 얻어 인용함.

잉곳 안의 용융 금속량이 증가하면 냉각 속도는 줄어들고 물성이 나빠지며 최종 생산품을 처리하는 것에 어려움이 생기는데 대부분의 경우에는 잉곳이 커지게 된다.

이런 이유 때문에 과학자와 기술자는 **연속 주조법**(continuous casting) 개발의 성공에 막대한 시간과 노력을 들였으며, 초기에 커다란 어려움이 있었음에도 불구하고 마침내 성공하였다. 이 주조법은 새로운 용융 금속이 위에서부터 지속적으로 공급되는 상황에서 한 줄의 고형 금속을 지속적으로 뽑아내는 작업이다. 완전 연속 주조와 반 연속 주조 사이에는 차이가 있으며 반 연속 주조에는 주편의 길이에 제한이 있다.

2.3.1　연속 주조의 개발

일찍이 1856년에 헨리 베서머(Henry Bessemer)에 의해서 그림 2.7에 나와 있는 연속 주조법이 제안되었다. 베서머의 생각은 2개의 수냉 롤 사이에서 용융 금속을 주조하는 것이었다. 이 공정은 제어하기가 아주 어려운 것으로 밝혀졌고 매우 조악한 품질의 자그마한 판재 몇몇을 생산하는 것에 그치게 되었다. 하지만 이 공정은 그 이후의 개발에 있어서 중요하다는 점이 밝혀졌다. 당시에는 금속 분야의 지식이 실질적인 문제점을 극복할 수 있을 정도까지 발달하지 못했다.

1800년대 말에 그의 생각이 다시 받아들여지기 시작하여

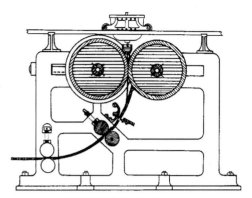

그림 2.7 1856년의 베서머 연속 주조기. Pergamon Press, Elsevier Science의 허락을 얻어 인용함.

비철금속에 적용할 수 있는 다수의 신공정이 개발되었다. 20년~30년 동안의 연구를 거쳐서 커다란 진전이 있었고 산업계에 실질적으로 적용할 수 있는 수준에 이르렀다. 1930년대와 1940년대에는 비철금속의 연속 주조가 일반적인 생산 방식이 되었다.

이 성공에 고무되어 철강 연속 주조에 대한 새로운 실험이 이루어졌다. 1943년에는 독일의 과학자인 융한스(Junghans)가 수직 연주기를 사용해서 실험실 규모의 철강 연속 주조에 대한 신공정 개발을 입증해 보였다. 그가 진행한 입증 실험의 뒤를 이어서 10년 동안 광범위한 개발이 진행되었고 다수의 실험용 공장이 설립되었다.

오늘날 철강 연속 주조법은 아주 체계화되어 있다. 이런 주조법의 개발을 통해 연속 주조는 지배적인 철강 주조법이 되었고 세계적으로 매년 90% 이상의 생산이 이 방식을 통해 이루어지고 있으며 오늘날 다양한 품질의 철강이 아주 광범위하게 주조되고 있다.

2.3.2 연속 주조

연속 주조법의 원리는 간단하며 아주 초기의 연주기 중 한 가지 연주기가 그림 2.8에 나와 있다.

용강은 래들에서 중간 용기인 소위 턴디쉬 안으로 흘러 들어간다. 중앙에 용융 금속이 있는 고상 금속 셀이 냉간 주형의 기저부에 있는 더미바와 응고셀이 용강을 저장한 채로 추출되는 상황에서 용융 금속은 턴디쉬에서 수직 수냉식의 구리 냉간 주형으로 계속해서 주입된다. 구리의 열전도성이 우수하므로 구리로 냉간 주형을 제작한다. 금속이 연속적으로 냉간 주형으로부터 수직 추출되는 동안에 그 형상이 변하지 않을 만큼 충분히 안정성이 있는 고상 금속 셀이 만들어져야 한다.

금속 셀이 냉간 주형에서 빠져나온 후에 일련의 냉각부로

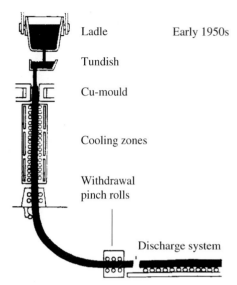

그림 2.8 연속 주조기의 구형 모델. Pergamon Press, Elsevier Science의 허락을 얻어 인용함.

들어간다. 물이 냉매이며 주조 스트랜드의 전체 주변부에 직접적으로 분사된다. 냉간 주형 가까이 그리고 주형 아래에는 다량의 물이 분사되는 짧은 구역이 있다. 이 첫째 냉각 구역은 foot roll 구역 냉각존이며 이어서 냉각 구역이 추가되며 통상적으로 냉각 구역에서의 단위 시간당 물의 양은 냉간 주형에서 멀어질수록 줄어든다.

냉각 구역을 지나게 되면 주편이 **핀치 롤**(pinch roll)이라고 불리는 구동용 롤러와 guide roll에 이르게 되고 이들은 배출 속도를 제어한다. 그런 다음에는 불출 시스템에서 TCM으로 주편을 필요한 길이로 절단하며 절단 후에는 후처리 작업을 위해 주편을 멀리 이송한다.

수직 연속 주조기와 관련된 난제 중 한 가지는 냉간 주형 간의 주조 속도, 거리 및 방출 시스템의 제약이다. 주편이 절단되면 어떤 용융 강도 내부에 남아 있지 않아야 한다. 주편 내부의 용강 기둥의 길이는 주조 속도가 빠를수록 증가한다.

냉간 주형 간의 거리 설정과 짧은 방출 시스템의 필요성은 무게중심이 높은 수직 연주기와 고비용의 높은 빌딩 공사 어려움의 증가 정도에 따라 달라진다. 더불어 다량의 용융 강을 안전하게 이송하는 것은 어렵다. 심각한 사고 발생의 위험성을 줄이기 위해서 주조기 하부를 지하에 설치하고 주조를 지상에서 이루어지도록 한다. 하지만 이 대체 방안은 고비용의 지하공사 때문에 지상부가 높은 공장을 설치하는 것에 비해서 비용이 훨씬 많이 든다고 밝혀졌다.

수직 주조기 설치의 경우 주조 속도가 낮아서 생산성이 낮

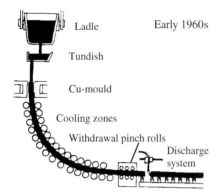

그림 2.9　냉간 주형 아래에 주 곡선부가 있는 현대식 만곡형 연주기. Pergamon Press, Elsevier Science의 허락을 얻어 인용함.

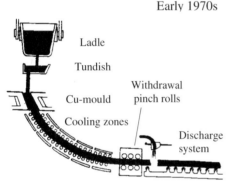

그림 2.10　낮은 높이의 현대식 만곡형 주조기. Pergamon Press, Elsevier Science의 허락을 얻어 인용함.

아지고 높은 투자비를 정당화하는 것이 어렵다. 이런 복잡한 상황을 피하기 위하여 만곡 연주기가 만들어졌으며 그림 2.8, 2.9 및 2.10는 세 가지의 상이한 개발 단계를 보여주고 있다. 높이가 줄어든 기계가 갖고 있는 장점에 덧붙여서 주편을 기계에서 수평 방향으로 빼내는 것이 바람직하다.

연속 주조를 시작하기 위해서 **더미 바**(starting bar)라고 불리는 체인 기구를 사용하며 핀치롤에서 냉간 주형 사이에서 움직이게 된다. 더미 바의 한쪽 끝에는 냉간 주형 바닥 역할을 하며 초기 단계에 냉간 주형으로부터 주편을 추출해 주는 **시작용 헤드**(starting head)가 있다. 더미 바를 적절한 위치로 가져오는 것은 쉬우며 일직선형 기계보다는 굽은 형 기계에서 사용하기 위하여 준비가 된다.

2.3.3 잉곳 주조와 연속 주조의 비교

잉곳 주조 대비 연속 주조의 장점은 다음과 같다.

• strand의 일부만을 절단하고 잉곳의 경우 파이프 형성과 다른 요인으로 스크랩으로 재용융을 해야 하기 때문에 금

속 실수율이 연주의 경우가 전반적으로 높다.

• 잉곳 압연과 같은 공정이 없이 작은 치수의 주편을 직접 주조할 수 있다.

• 주조 작업에서 더 많은 작업을 기계화할 수 있다.

• 잉곳 주조에 비해 더욱 균일한 성분의 주물을 얻을 수 있다.

2.3.4 알루미늄과 구리의 반 연속 주조

구리와 알루미늄을 주조하기 위해서 주조길이 10~15 m를 가진 반 연속 주조공정을 대부분 사용한다. 이 주조 방법의 원리는 그림 2.11에 예시되어 있다.

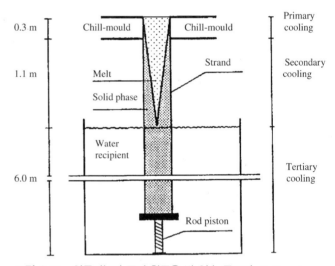

그림 2.11　알루미늄과 구리 합금용 반 연속 주조기. P. Sivertsson 의 허락을 얻어 인용함.

그림 2.11의 주조기에는 0.3 m의 수냉식 냉간 주형이 있으며 완전한 직선형이다. 주물이 냉간 주형을 통과하면 물이 주편에 분무됨으로써 2차 냉각이 시작된다. 냉각 구역의 길이는 1미터 이상은 된다. 2차 냉각 후에는 주편이 수조 방향으로 하향 이동한다. 물속의 피스톤 바가 주편 전체를 움직이며 피스톤 바가 주조 속도를 제어하는 데 정상적으로는 0.2 m/min에 이른다.

2.4 강의 연속 주조에 있어서 래들과 냉간 주형

잉곳과 연속 주조법에 대한 검토에 이어서, 용융로로부터 주형까지 주조기 안에서 용융 금속의 이송 및 주조의 선행 작업이기도 한 이 부분에 대한 주조법의 최적화에 대해 설명할 예정이다. 연속 주조에서 하위 공정을 제어하는 것은 특히 중요

하며 이런 이유로 인해서 우리는 연속 주조와 관련된 내용에 집중한다.

연속 주조의 원리에 대한 설명은 2.3.2절에 나와 있으며, 그림 2.8~2.10은 래들 스탠드에 설치되어 있는 래들에서 턴디쉬로 용융 금속이 하향 이동하는 방법을 보여준다. 턴디쉬에 도착한 용융 금속은 스토퍼 또는 슬라이딩 게이트와 접촉하고 있는 상부 침지 노즐을 통해서 냉간 주형으로 흘러 들어간다.

2.4.1 래들의 제작

용융 및 주입 과정을 거친 후에 용융 금속이 준비되면, 래들 내에서 냉간 주형 또는 연주기 내 래들 터렛으로 이송된다. 래들은 큰 양동이와 맞먹는 크기이며, 높은 온도에 견딜 수 있도록 내부가 세라믹 소재로 처리되어 있다. 래들은 보통 비어 있거나 바닥에 있는 구멍을 통해 주입이 이루어진다. 그림 2.12는 래들의 개폐 방법을 보여준다.

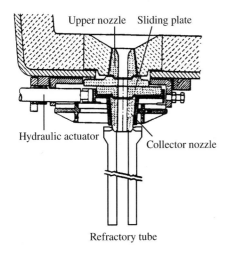

그림 2.12 바닥이 빈 래들. 래들 슬라이딩 게이트 밸브의 상세도. 콜렉터 노즐, 밀판, 유압 작동기, 내열관을 포함하고 있는 래들 슬라이딩 게이트 밸브는 옆으로 이동 가능. 본 그림에서는 현재 주입 위치에 있음. the Institute of Materials의 허락을 얻어 인용함.

주입 과정에서 래들은 소위 래들 터렛 또는 스탠드에 설치된다. 2개의 디스크로 구성된 슬라이드 디스크 시스템이 래들을 통한 주입을 제어하며 디스크 두 개의 상대적 위치는 유압 시스템이나 공압 시스템을 통해 조정된다. 아래쪽 디스크는 래들의 외부에 있기 때문에 필요 시에 쉽게 교체할 수 있다.

2.4.2 턴디쉬의 설계와 용도

그림 2.13은 턴디쉬가 어떻게 설계되었는지를 보여주고 있는데 래들과 연속 주조의 냉간 주형을 연결해 주는 중요한 장치

이다.

턴디쉬의 역할은 다음과 같다.

- 냉간 주형 안쪽으로의 흐름 제어(단위 시간당 용융 금속량)
- 주입류가 냉간 주형 내부에서 적절한 곳에 위치하도록 만들어 줌
- 복수의 스트랜드를 가진 연주기에서 각각의 스트랜드 내부로 용융 금속의 배분
- 슬래그 분리기로서 역할

만족스러운 슬래그 분리 결과를 얻으려면 용융 금속을 가능한 한 오랫동안 턴디쉬에 두어야 한다. 턴디쉬가 클수록, 슬래그 분리 결과가 우수해진다. 하지만 너무 큰 턴디쉬를 제작하는 것은 비현실적이다. 좋은 결과를 얻기에 적당한 시간인 약 4분 동안 용융 금속이 턴디쉬에 있을 수 있는 방법을 통해서 턴디쉬 크기를 선택해야 한다.

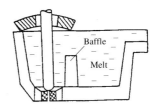

그림 2.13 열차단막을 갖춘 턴디쉬. Pergamon Press, Elsevier Science의 허락을 얻어 인용함.

실험을 통해서 턴디쉬가 크면 슬래그 분리 결과가 아주 우수하다는 것을 알 수 있다. 턱(thresholds)과 용강흐름 차단막(baffle)을 사용한다고 분리 결과가 향상되지는 않는다. 턴디쉬가 작은 경우에는 용강흐름 차단막을 사용하면 슬래그 분리가 상당히 좋아진다. 출구 공간이 비교적 크도록 용강흐름 차단막이 설치되면 슬래그 분리가 아주 좋아진다.

턴디쉬에 있는 용융 금속의 높이도 아주 중요하다. 용융 금속이 턴디쉬에서 머무르는 시간이 턴디쉬 내 잔류 용융 금속의 양을 증가시키지는 않더라도 용융 금속의 깊이가 커질수록 머무르는 시간은 증가한다. 주조 과정이 끝날 때에 턴디쉬에 남아 있는 용융 금속의 양은 같게 된다. 용융 금속의 깊이가 낮으면 이미 분리된 슬래그가 턴디쉬로 다시 돌아갈 위험성이 커지며 출구에서 소용돌이가 만들어질 때에 이런 위험성은 특히 커진다(세면대에서 하수가 빠져나가는 것과 비교). 이런 소용돌이는 턴디쉬의 깊이가 슬라이드 디스크 지름의 4배보다 작을 때에 흐르는 용융 금속에서 나타난다. 용융 금속이 입구

에서 출구로 직접적으로 이동할 수 없도록 강제로 우회하게 하고, 턴디쉬 전체를 사용하도록 턴디쉬의 모양을 만드는 것이 바람직하며 특히 그 크기가 작을 때에는 더욱더 이것이 필요하다. (i) 턴디쉬의 출구부에 난류가 덜 생김 (ii) 턴디쉬 벽면과 용융 금속 간의 접촉 효과성 증가의 두 가지 이유 때문에 후자의 경우가 전자의 경우보다 슬래그 분리에 있어서 우수하다. 슬래그 분리는 이런 접촉면에서 발생한다.

턴디쉬의 출구 구멍에는 슬라이드 디스크가 설치되어 있으며 대형 주조기와 함께 사용되는 경우에는 슬라이드 디스크에 침지 노즐이 연결되어 용융 금속이 턴디쉬에서 냉간 주형으로 흐르도록 만들어준다. 슬라이드 디스크와 침지 노즐에 있는 내화물은 용강으로 인해 주조 진행 과정에서 상당한 부식의 위험에 노출된다. 상황에 따라서는 노즐막힘현상이 발생할 수도 있다.

즉 금속산화물이 슬라이드 디스크와 침지 노즐 내벽에 부착되어 이들이 용강을 차단하는 상황이 발생할 수도 있는데 이런 경우에는 주조 작업이 불가능해진다.

부식과 차단을 일으킬 수 있는 개별 요소는 다음과 같다.

- 내화물
- 강종
- 슬래그 혼입 유형

내화물에 따라서 혼입 경향은 달라진다. 연속 주조에서는 주입 용강흐름이 일정하게 유지되는 것이 바람직한데 턴디쉬 내부의 용강의 깊이를 조절함으로써 이것이 가능하며, 주조 공정에서 슬라이드 디스크, 침지 노즐의 지름을 일정하게 유지함으로써 조절 작업이 더 쉬워지고 침지 노즐의 용손과 막힘을 피할 수 있게 된다.

2.4.3 열 손실

연속 주조에 있어서 생산 관련된 문제의 발생을 제거하고 고품질의 주편을 얻으려면 온도 조절이 매우 중요하다. 성공적인 주조 여부는 상당 부분 강의 주조 온도에 달려 있다. 주조 공정에 있어서 온도는 가급적 낮으면서도 일정하게 유지하여야 하며 강의 액상 온도보다 30℃ 이상 높아서는 안 된다.

온도가 너무 높으면 주물의 품질이 나빠지며 내화물 소비량과 고장 횟수도 증가한다. 온도가 너무 낮으면 강이 슬라이드 디스크 위에서 응고되기 때문에 슬라이드 디스크 막힘의 원인이 되며 최악의 경우에는 주조 공정을 멈춰야 한다.

래들의 온도는 계산 값보다 약간 높게 조정하며 가스 분출을 통해서 적정 수준으로 내린다. 너무 낮은 온도로 인하여 종

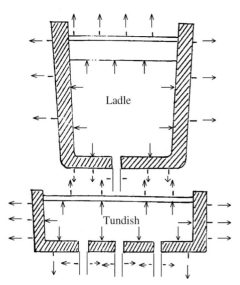

그림 2.14 래들과 턴디쉬의 열 손실.

종 문제가 발생하는데 특히 주조 공정의 시작과 끝 지점에서 나타난다. 전체 주조 공정에 걸쳐서 온도가 너무 낮은 것보다는 다소 높은 것이 바람직하다.

용강의 열 손실은 래들과 턴디쉬의 벽 내화물에 대한 열전도, 대류, 윗면에서의 복사, 용융 강의 맨틀로 인해 발생한다. 그림 2.14는 쇳물목, 턴디쉬, 주조 스트랜드의 주변에 대한 열 손실을 보여준다.

용강의 온도에 영향을 끼치는 요소는 다음과 같다.

- 용해로 작업 및 가스 분출 후 강의 온도
- 가스 분출 후 벽 내화물의 온도 기울기
- 열전도에 의한 벽 내화물 내부로의 열 손실
- 래들 내부의 용융 금속 표면으로부터 열 손실
- 턴디쉬에 주입 시 용융 금속의 온도
- 래들 내부에서의 온도 기울기
- 주조 속도, 즉 용융 금속이 턴디쉬를 통해 흘러 들어가는 속도
- 턴디쉬 벽 내화물로의 열전도 및 벽 내화물로부터의 대류, 복사에 의한 열 손실
- 턴디쉬 내부의 용융 금속 표면으로부터 열 손실

주조 스트랜드에서는 주로 복사에 의해 열 손실이 발생하며, 턴디쉬의 경우 벽 내화물의 마모 정도와 예열도가 벽 내화물을 통한 열 손실에 영향을 끼친다. 턴디쉬의 대류 및 복사열 손실은 주조용 분말과 턴디쉬 보온커버의 사용 여부에 따라 달라진다.

주조용 분말이 강의 온도에 미치는 영향은 강력하다. 주조용 분말을 많이 추가함으로써 표면으로부터 열 손실을 거의 완벽하게 막을 수 있다. 턴디쉬 내 용강의 표면에 분말을 덮으면 표면 아래는 그렇지 않은 경우보다 온도가 약 10~15°C 높아지며 주조 공정의 초기에 그 영향이 가장 크다.

턴디쉬 상부에 있는 보온커버는 용융 금속 표면의 열이 벽과 뚜껑 사이에 분산되어 흐르도록 만드는 원인이다. 열의 일부는 벽 내열재로 흡수된 후에 전도되어 없어진다. 나머지 열은 용융 금속 안으로 반사된다. 보온커버의 소재가 열 손실의 크기에 광범위하게 영향을 미치며 보온커버의 소재가 절연 세라믹이면 열 손실 가능성이 가장 낮아진다.

예제 2.1

슬래브 주조를 하는 철강 공장에서 냉간 주형 내 강 온도를 시간 함수로 측정하였으며 측정 결과는 아래 그림에 함수로 나와 있다. T_L: 강의 액상 온도

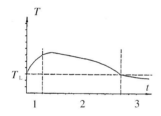

시간 축은 3개 구역으로 구분되어 있다. 각 구역별 온도 곡선의 모양을 설명하고, 시간에 따라 그 연장 곡선에 영향을 미치는 주조 변수에 대해 협의하라.

풀이와 답

제1 구역

온도가 올라가는 이유는 다음과 같다: 턴디쉬 안에 소위 따뜻한 벽 내화물이나 차가운 벽 내화물이 있다. 이름에서 알 수 있듯이 첫째 경우에는 예열이 반드시 필요하며 두 가지 경우 모두 벽 내화물의 온도가 용융강보다 낮다. 주조 공정 초기에는 열이 용융 금속에서 빠져나가며 주조 기간의 초기 온도가 나중의 온도보다 낮다.

예열 처리된 턴디쉬의 용적과 온도가 제1 구역에 대한 시간 간격을 결정한다.

제2 구역

상대적으로 안정된 조건에서 주조가 진행되기 때문에 온도가 균일하다. 온도 저하의 완만성은 주위로 빠져나가는 열 손실에 따라 달라진다.

래들의 크기, 래들과 턴디쉬 사이에 있는 침지 노즐의 길이, 턴디쉬의 용량에 따라 시간 간격이 결정된다.

주위로 빠져나가는 열 손실 때문에 액상 온도에 도달할 때까지 온도는 지속적으로 완만하게 낮아진다.

제3 구역

온도가 액상 온도로 떨어지면 곡선 모양이 갑자기 바뀐다. 제3 구역은 제2 구역에 비해 온도가 훨씬 완만하게 하강하며 아래 내용으로 설명이 된다: 측정 온도는 액상 온도보다 약간 낮은 값을 가지며 이는 용융 금속 내부에 자유 결정체가 형성됨을 의미하며 응고열이 방출되어 추가적인 온도 저하를 줄여준다.

래들과 턴디쉬의 온도 조절이 얼마나 잘되는지 그리고 냉간 주형의 교반에 의해서 시간 간격이 결정된다. 경우에 따라서는 냉간 주형에서 인공적인 교반이 진행되는데 정상 상황에서 만들어지는 결정체보다 좀 더 미세한 결정체가 만들어진다.

2.4.4 주조용 분말

주조용 분말 사용에 대한 내용은 상주법 주조와 연계해서 이 장의 앞에서 다루었다. 주조용 분말은 연속 주조에서도 사용되며 냉간 주형에서 용융 금속의 표면을 단열하는 역할을 한다; 예를 들어 용융 금속의 표면에 떠오르는 산화물과 같은 비금속성 입자를 흡수하고 냉간 주형과 주물 사이에서 윤활유의 역할을 한다. 연속 주조에서 사용하려는 주조용 분말은 확실하게 특별한 특성을 가져야 한다.

주조 공정 진행 중에 용강이 냉간 주형에 들러붙지 않는 것이 매우 중요하며 냉간 주형과 강 주물 사이의 슬래그는 윤활 효과를 준다. 따라서 슬래그를 생성하는 분말은 응고 중인 용강을 완벽하게 둘러싸야 하고, 슬래그는 냉간 주형과 주물 사이의 공간을 항상 채워야 하며 두께가 균일한 층을 만들기 위해서 슬래그가 강 밑층을 적셔야 한다.

주조용 분말은 균일하게 녹아야 하기 때문에 조립 분말을 사용한다. 냉간 주형과 주편 간 슬래그의 이송을 충분하게 하려면 슬래그의 점성을 주조 공정에 맞춰야 한다. 분말이 불필요하게 많이 쓰이는 것을 막기 위해서 분말의 과도한 자유 유동을 막아야 한다. 뿐만 아니라 슬래그를 유체로 유지하려면 분말이 우수한 단열 성능을 갖추어야 한다. 분말의 전체 층이 녹으면 안 되는데 녹게 되면 단열 효과가 줄어들게 되고 용융 과정에서 다수의 층이 필요하기 때문이다. 또한 분말은 충분

히 낮은 온도에서 녹아야 하고 넓은 용해 범위를 가져야 한다. 고체 상태의 분말은 우수한 유동성을 가져야 하고(다음 장의 3.4절 참고) 용강과 화학 반응을 하지 않아야 한다.

주조용 분말은 열 발전소에서 방출되는 비산재나 다양한 고운 가루 성분 예를 들어, 흑연, SiO_2, CaF_2, Al_2O_3, Na_2SiO_3 와 같은 성분의 기계적 혼합물로 구성될 수 있으며 이 성분들은 종종 비산재의 성분이기도 하다. 흑연의 비율은 약 5 wt-%이며 흑연이 용융 속도와 슬래그 층의 유동성을 결정한다.

2.5 최종 형상 근접 주조

최종 형상 근접 주조(near net shape casting)는 연속 주조의 한 가지 변형으로 정의되며 얇은 스트립과 와이어처럼 가능한 한 최종 제품과 가장 유사하게 만들어진다.

현대 사회에서는 원료와 에너지를 최적의 방법으로 사용하는 것이 점점 더 중요해지고 있다. 필요한 중간 단계의 숫자를 최소화한 제품을 생산하는 방법에 많은 관심이 쏠리고 있다. 최종 형상 근접 주조법을 최적화해서 사용하면 소재와 에너지를 많이 절약할 수 있다.

판재, 스트립, 와이어, 파이프 생산에 이용되는 전통적인 방법은 연속 주조 또는 잉곳 주조이다. 원하는 형상과 특성을 제품에 부여하려면 응고와 냉각 후에 후처리 작업을 진행하는 것이 필요하며 이 과정에 많은 시간, 작업, 에너지가 필요하다.

강의 잉곳 주조 대신에 연속 주조를 사용했다면 이미 상당한 에너지와 소재가 절약되었다. 연속 주조는 전통적인 잉곳 주조에 비해 강 1킬로그램당 우수한 수율의 유용한 주편을 만들어낸다. 더불어 연속 주조를 통해서 후처리 작업 전에 보다 우수한 형상의 주편을 만들게 되며 이와 같은 두 가지 특성으로 인해 에너지 절약이 가능하다. 하지만 두 가지 모두 후처리 공정은 필요하다.

최종 형상 근접 주조에서는 후처리 공정을 생략할 수 있다. 후처리 공정을 생략하기 위해서는 주조 공정 진행 중에 주편이 원하는 물성치를 얻어야 하며 용융 금속의 냉각 속도가 아주 빠른 경우에만 이런 물성치 획득이 가능하다.

합금의 조성과 냉각 속도에 따라서 다양한 조직 변경이 가능하다. 예를 들어, 편석 억제, 응고조직 미세화, 고체상에서 합금 원소 용해도의 획기적인 개선, 새로운 준안정상 형성이 가능하다.

냉각 속도가 충분히 높으면 결정화의 완벽한 억제와 비정질 상이라고 불리는 비정질 금속상의 형성의 가능성을 열어준

다. 이런 모든 조직의 변경 때문에 아주 독특한 특성을 갖는 신소재급의 개발이 가능하게 되었다.

2.5.1   최종 형상 근접 주조 방법

두 가지 방법의 박판주조, 즉 1개의 롤러(단일롤)와 2개의 롤러(이중롤)를 사용하는 주조가 활용되며 각각의 경우에 응고 양상이 다른데 이는 주조 속도와 금속조직이 다르다는 것을 의미한다.

단일 롤 공정의 원리는 그림 2.15에 나와 있다. 단일 롤 공정에서는 주조 스트립과 롤 사이의 접촉 시간을 늘려서 응고 공정을 제어하는 것이 어렵다. 스트립은 오목한 면에서부터 응고되며 이로 인해 스트립을 따라서 불규칙적 구조, 거침 및 이방성(특성 이방성)과 같은 볼록한 면에서의 문제가 발생한다.

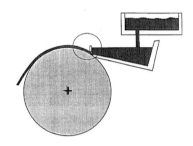

그림 2.15   단일 롤 주조기의 원리도. The Scandinavian Journal of Metallurgy, Blackwell의 허락을 얻어 인용함.

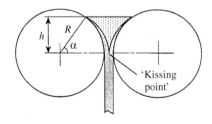

그림 2.16   이중 롤러 주조기의 원리도: h 용융 금속 높이의 1/4; R 롤러 반지름의 1/4; α 접촉 각도의 1/4. Scandinavian Journal of Metallurgy, Blackwell의 허락을 얻어 인용함.

위에서 언급된 문제들은 이중 롤 공정(그림 2.16)에서는 줄어들지만 다른 문제들이 발생하며 응고 계면이 '접촉 점'에서 만나야 한다. 그렇지 않으면 내부에서 공동부가 나타나거나 셸이 터져서 용융 금속이 유출될 수 있다.

주조 공정 진행 중에 안정성을 얻으려면 평행 롤러 사이의 거리를 조심스럽게 조정해야 한다(그림 2.17).

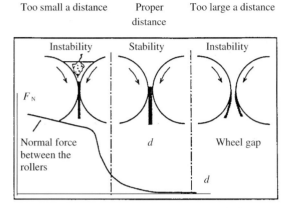

그림 2.17   최종 형상 근접 주조용 이중 롤 주조기의 기능적 조건. 롤러 아래의 곡선은 롤러 간 거리의 함수로서 롤러 사이의 수직력을 나타낸다. Jean-Pierre Birat의 허락을 얻어 인용함.

2.5.2 박판 스트립 캐스팅

판재와 와이어의 생산에 있어서 여러 가지 다른 방법들이 사용되며 주편을 동시에 주조해서 압연한다. 주편 표면은 주조 후에 연마 작업이 없이, 열간 압연이 직접 이루어질 수 있는 품질을 유지해야 한다. 몇 년에 걸쳐서 여러 가지 다른 종류의 주조기가 개발되었는데 예를 들면 2 cm 정도의 두께를 갖는 주물을 생산하는 기계가 있다. 헤이즐넛 헌터 더글러스(Hazelett's and Hunter-Douglas's)의 기계가 여기에 해당하는 대표적인 사례이다.

헤이즐넛 방식은 냉간 주형의 벽 역할을 하며 용융 금속이 액상에서 고상으로 변하는 과정에 걸쳐 용융 금속을 따라가는 2개의 수냉식 강 구동벨트 사이로 주조하는 방식이다(그림 2.18). 이런 형태의 정렬을 통해 응고 소재에 대해 가장 균일한 냉각 작업이 이루어지며 균열 형성을 피할 수 있다.

냉각된 냉간 주형 벽의 적합성 개선을 위하여 강 벨트 대신

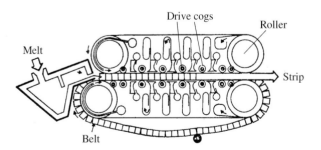

그림 2.18   Hazelett's 주조기의 단면도. 2개의 금속 벨트가 펼쳐져 있고 두 쌍의 평행 롤러에 의해 구동됨. 수냉식 벨트는 평행이고 용융 금속용 냉간 주형의 벽을 만드는데 용융 금속은 벨트 사이를 통과한다. Pergamon Press, Elsevier Science의 허락을 얻어 인용함.

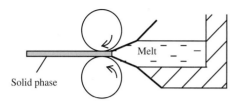

그림 2.19   강의 수평 주조용 하비 공정.

에 섬유 소재 벨트의 사용을 시도하였다. 주물 소재가 응고 과정에서 수축하면, 섬유 벨트 수축 과정에서 따라갈 수 있으며 그 결과 섬유 벨트의 적합성 특성은 강 벨트에 비해 우수하다. 따라서 섬유 벨트는 강 벨트보다 냉각 특성이 우수하다.

헌터 더글러스 방식과 헤이즐넛 방식은 원리가 같다. 헌터 더글러스 방식에서는 강 벨트 대신에 강 박스 단면을 쓴다는 점이 유일한 차이점이다. 헌터 더글러스 '벨트'는 캐터필러 궤도를 연상시킨다.

보다 두꺼운 주편 생산용 주조기도 있으며 이런 경우에는 용융 금속과 수냉식 롤의 접촉이 이루어지며 이들 사이에서 응고가 진행된다. 이런 종류의 공정에 대한 사례로는 헌터 엔지니어링과 하비 공정(Harvey process)이 있다. 헌터 엔지니어링 주조기에서는 냉각된 롤이 사용되며 용융 금속은 압력이 가해진 상태에서 이 롤을 통과한다.

마지막 2개 공정은 위와 아래에서 언급한 최종 형상 근접 주조법과 아주 유사하며 헌터 엔지니어링과 하비 공정을 통해 생산되는 주편은 최종 형상 근접 주조보다 두꺼우며 후처리 작업을 필요로 한다.

하비 주조 방식(그림 2.19)의 작동법은 헌터 엔지니어링 방식과 원칙적으로 동일하며 주조는 수평적으로 이루어진다.

2.5.3 가는 선재 주조

금속 와이어 생산에는 최종 형상 근접 주조가 압도적으로 많이 이용된다. 가장 많이 생산되는 제품은 알루미늄 와이어, 구리 와이어, 이들 금속의 합금 와이어이다.

와이어 생산에는 여러 가지 방식이 있으며 가장 일반적인 방식은 프로펠치 공정(Properzi process)과 사우스와이어 공정(Southwire process)이다.

이동식 강 밴드와 회전 수냉식 바퀴가 주조기의 핵심 구성품이다. 주조기 외곽 둘레에는 1개 이상의 홈이 파여 있다. 강 벨트는 홈 위로 지나가며 용융 금속은 벨트와 홈 사이로 통과해서 응고된다(그림 2.20).

이 두 가지 유형의 기계는 거의 비슷하게 작동하며 강 벨트 루프의 설계가 주요 차이점이다.

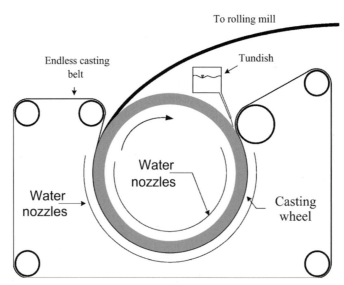

그림 2.20 가는 와이어 생산용인 프로펠치 및 사우스와이어(Properzi and the Southwire machines) 기계의 원리도. 강 벨트 구동을 위해 평행 축이 장착된 롤러. 작은 원들은 수냉을 개략적으로 보여줌.

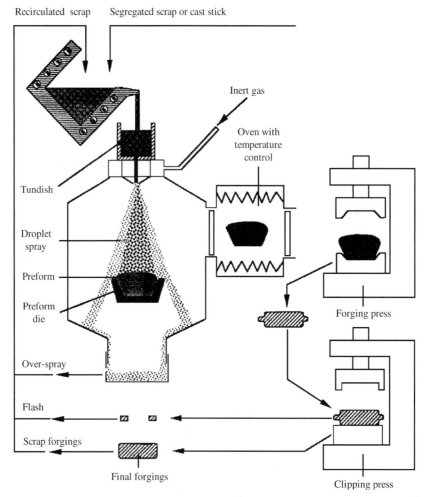

그림 2.21 오스프레이 공정도(Osprey process). 그림에서는 스크랩 공급부터 최종 단조까지의 전체 공정을 보여주고 있다. John Wiley & Sons, Ltd의 허락을 얻어 인용함.

2.5.4 분무 주조

거대 편석(11장, 용융 금속의 흐름으로 인해 불균형한 합금의 조성)의 위험을 줄이기 위해서 20세기에 분말 합금의 주물을 만드는 방법이 개발되었다. 용융 금속은 미립자화가 되어서 방울들이 재빠르게 응고된다. 그 후에 높은 압력과 온도에서 분말이 압축된다(HIP 처리).

비용을 줄이기 위하여 분말 생산 공정에서 분말을 직접 압축하는 방법이 개발되었다. 이 공정은 영국에 있는 오스프레이 메탈사(Osprey Metals Ltd.)에 의해 개발되었다. 이 공정은 유도로에 있는 스크랩 금속물의 용융으로부터 시작된다. 용융 금속은 질소 가스를 사용해서 약 150 μm의 지름을 갖는 입자로 미립자화된다. 그다음에 냉간 주형 주편이 만들어지는 (그림 2.21) 냉간 주형으로 분무된 후에 납작한 입자를 냉간 주형에서 결합시키면 매우 조밀한 소재가 얻어진다.

주편은 예비 성형 단조물로 사용되는데 건조로에서 열처리한 후에 단조 프레스 그리고 전단 장치로 최종 이송된다. 이 처리 공정에서 소재의 일부가 스크랩으로 분리되어 외부 스크랩 및 냉간 주형에 붙지 않은 분무물과 함께 용융 금속으로 되돌아간다. 질소 대기 때문에 분무 입자가 산화되지 않으며 또한 예비 성형 주편에 개재물이 생기는 것으로부터 소재를 보호한다.

압연 금속 스트립 생산은 연속 작업이 아주 중요한 공정이며, 웨일즈 소재 스완지대학교의 A. R. E. Singer는 금속 분무로부터 금속 스트립 연속 생산 공정을 개발하였다.

이 공정은 분말 제조법을 부분적으로 연상시키며, 소결 작업 전에 압축 작업을 거치고 분말을 사용하는 비교적 광범위한 방식 대신에 **분무 압연**(spray rolling)(그림 2.22)이라고 불리는 방식이 사용된다.

분무 압연에서는 질소 가스를 이용하여 용융 금속을 미립자화하고 나서 밑층 위에 직접 분무한다. 직접 압연(immediate rolling)에서는 분무된 소재의 기존 열에너지를 최적으로 사용하고 약 100 μm의 지름으로 분무된 입자는 고속으로 밑층과 충돌하며 납작해진 후에 겹치는 박판이 만들어진다(그림 2.23).

2.6 ESR법

전극 재용해법 즉 일반적으로 알려진 대로 ESR은 엄격하게 말해서 주조법이 아니고 재용해 공정, 다시 말하면 잉곳의 물성치 개선을 위해서 제련하는 공정이며 주편의 품질이 좋아지기 때문에 품질경쟁력으로 비싼 가격을 정당화하고 있다.

일찍이 1930년대에 미국의 금속학자인 홉킨스(Hopkins)는 그 이전에 있었던 용접 공정을 강 제련법으로 변형시켰다. 그는 어떤 면에서 불편할 수 있는 직류를 사용하였다. 이런 이유 때문에 이 방법은 1950년대까지 알려지지 않다가 러시아가 교류를 사용하기 시작하였으며 이 방법을 통해서 불량한 직류 효과를 제거하는 것이 가능해졌고 ESR은 산업 공정에서 돌파구가 되었다.

2.6.1 ESR법에 대한 설명

ESR의 원리는 매우 간단하다. 잉곳 및 슬래그욕과 접촉하고 있는 냉간 주형과 전극 사이를 교류 전압으로 이어준다(그림 2.24). 용융 슬래그의 밀도는 용융 금속에 비해 아주 낮기 때

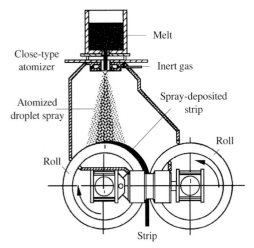

그림 2.22 '분무 압연'의 사례–후판 금속 제품의 제조를 위한 실험 환경도. John Wiley & Sons, Ltd의 허락을 얻어 인용함.

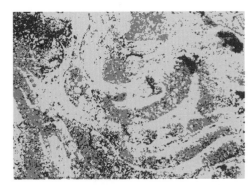

그림 2.23 '분무 압연'을 통해 제조된 판재의 구조 사진. 그림 아랫부분에는 얇은 물결 모양을 띤 판재의 단면이 보이며 납작해진 방울로 이루어진다. 판재 사이에 있는 검은 선은 응고 조직과 관련이 있다.

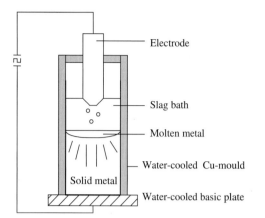

그림 2.24 ESR법의 원리. 용융 금속 아래의 선은 결정 성장 방향이다.

문에, 용융 금속 위에 층이 생성된다.

슬래그의 저항률은 금속에 비해 약 10^{16}배 높다. 슬래그욕은 교류가 폐회로를 통과할 때에 커다란 저항으로 작용하며 따라서 발생된 열은 슬래그에 모이게 된다. 그 결과 슬래그의 온도는 금속의 용융 온도보다 300~400°C까지 초과하게 되고 슬래그와 접촉하고 있는 금속 전극이 녹기 시작하며 용융 금속은 전극 상단 위에 박막을 만든다. 용융 금속 방울들이 슬래그욕을 통과하여 천천히 금속욕에 떨어지며 아래에서부터 응고가 된다. 금속욕 내부의 용융 영역은 위로 천천히 움직여서 성공적으로 정련 잉곳이 만들어지게 된다.

냉간 주형에서는 보통 냉간 주형과 잉곳 사이에서 응고하는 슬래그 박막에 의해 주형과의 단열이 이루어진다. 얇은 슬래그 층에 의해 잉곳의 표면이 매우 부드러워지며 소위 잉곳 형발을 통해 슬래그 층을 제거하는 것이 용이하다.

2.6.2 슬래그의 기능과 중요성

슬래그는 열원의 역할 및 잉곳 정련의 두 가지 기능을 갖고 있다.

슬래그가 갖고 있는 가장 중요한 특성은 저항과 FeO의 농도(산소 함유량)이다. 슬래그의 용융점은 금속의 용융점보다 낮아야 하는데, 강 합금의 경우에 대부분 1500°C 이하로서 안정적인 용융이 가능하다. CaF_2/CaO 기반에 Al_2O_3를 일부 첨가한 불소 산화물 복합체가 보통 슬래그 소재로 사용된다.

슬래그의 존재, 슬래그/금속 계면 간의 유리한 비율, 용융 금속량에 따라 보다 양질의 정련이 가능해진다. 무엇보다도 슬래그 개재물의 뛰어난 분리, 특히 대형 개재물의 분리가 확보된다.

3

주조 유체역학
Casting Hydrodynamics

3.1 머리말

주조공정에서 응고가 진행될 때 용탕 내에서 일어나는 현상은 주조 제품의 기계적 성질을 개선하고 심각한 주조 결함을 줄이는 데 있어서 중요하다. 용탕이 주형에 주입될 때 탕구계를 통과하게 되며, 탕구로부터 주형까지의 주입 공정에서 용탕의 흐름 현상이 발생한다.

주입래들과 탕구계의 게이트 등의 방안설계가 잘못되면 탕경 및 슬래그 같은 개재물에 의한 심각한 결함이 발생할 수 있다.

또한 응고 과정 중에 용융 금속 내부의 온도나 농도 차이로 인해, 용탕 내 자연 대류 현상도 나타나게 된다. 이 흐름은 소재의 구조와 물리적 특성에 영향을 미친다. 이번 장에서는 주형과 금형에서의 충전 현상을 다루며, 다양한 탕구계의 유형과 설계방안을 알아보고 유동성의 개념을 폭넓게 토의하고자 한다.

3.2 기초 유체역학

수모델 실험은 유체 역학의 일반 법칙이 다른 유체, 예를 들어 물뿐만 아니라 용융 금속에도 유효하다는 것을 보여주었으며 그 실험의 결과는 유체역학의 법칙이 금속의 주조에도 적용될 수 있다는 것을 알려주었다. 용탕의 흐름은 유체역학에서 아주 중요한 두 가지 법칙인 연속성의 원리와 베르누이 방정식을 적용 가능하며 이에 대하여 알아보고자 한다.

3.2.1 연속성의 원리

연속성의 원리는 비압축성 액체의 흐름 해석에 사용되며 흐르는 유체는 중간에 유체의 생성도 소멸도 없다는 것을 전제한다. 양쪽 단면이 A_1과 A_2인 유체의 일부를 생각해 보기로 하자(그림 3.1). 시간 간격인 dt 후에 해당 액체 요소는 점선 지역으로 이동하였다.

A_1 면에서의 유체 속도가 v_1, A_2 면에서의 유체 속도가 v_2라고 가정하면, 연속성의 원리에 의거하여 $A_1 v_1\, dt = A_2 v_2\, dt$를 얻게 된다. 이를 dt로 나누면

$$A_1 v_1 = A_2 v_2 \tag{3.1}$$

를 얻게 되며 이것이 연속성의 원리이다.

3.2.2 베르누이 방정식

액체의 흐름은 액체 압력 p에 의해 진행된다. 유체의 어떤 지점, 여기에서는 1과 2라는 임의의 두 점에서 전체 에너지를 고려하면, 아래의 식으로 나타낼 수 있다.

$$p_1 + \rho g h_1 + \left(\frac{\rho v_1^2}{2}\right) = p_2 + \rho g h_2 + \left(\frac{\rho v_2^2}{2}\right) \tag{3.2}$$

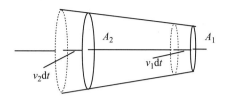

그림 3.1 단면이 다른 경우에 유체 흐름에서 연속성의 원리를 보여 주는 그림.

$p_1 =$ 점 1에서의 유체 압력

$p_2 =$ 점 2에서의 유체 압력

$\rho \ \ =$ 유체 농도

$h_1 =$ 특정 0레벨과 관련된 점 1의 높이

$h_2 =$ 특정 0레벨과 관련된 점 2의 높이

$v_1 =$ 점 1에서의 유속

$v_2 =$ 점 2에서의 유속

식 (3.2)는 베르누이 방정식이며, 흐름이 난류가 아닌 층류일 때 적용 가능하다. 베르누이 방정식의 상세한 유도식을 원하는 사람들을 위해 아래 박스에 그 유도 방법을 소개하였다.

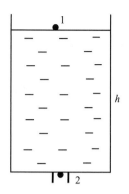

그림 3.2 주입래들로부터 용융 금속의 주입.

와 비교하여 무시할 수 있다.

용기의 바닥 면 높이를 0으로 선택하면 $h_2 = 0$, $h_1 = h$가 된다. 또한 $p_1 = p_2 = p$를 얻게 되는데 p는 대기 압력이다. 이 값들이 베르누이 방정식에 입력되면 $v_1 \approx 0$을 가정하여 아래의 식으로 나타낼 수 있다.

베르누이 방정식의 유도

흐름이 층류라고 가정하고 그림 3.1에 있는 2개의 작은 부피 요소 1과 2를 고려해 보자. 압력 차이로 인해 흐름이 발생하며 압력 차이가 없으면 흐름이 발생하지 않는다.

액체의 A_1 면에 압력이 작용하고 있다고 하자. 에너지 법칙에 의하면 1의 지점에 작용하는 압력은 A_2 면에 가하는 압력에 운동에너지, 위치에너지의 변화를 합한 것과 같아야 한다.

$$p_1 A_1 v_1 \, dt = p_2 A_2 v_2 \, dt + (\rho A_2 v_2 \, dt \times gh_2 - \rho A_1 v_1 \, dt \times gh_1) + \left[\rho A_2 v_2 \, dt \left(\frac{v_2^2}{2} \right) - \rho A_1 v_1 \, dt \left(\frac{v_1^2}{2} \right) \right]$$

pressure work   increase of potential energy   increase of kinetic energy

연속성의 원리에 의하면 $A_1 v_1 = A_2 v_2 = Av$이 성립한다. 이 식은 위의 방정식에 대입하여 $Av\,dt$로 나눌 수 있다. 지수 1과 2로 항을 분리하면 아래의 식을 얻게 된다.

$$p_1 + \rho g h_1 + \left(\frac{\rho v_1^2}{2} \right) = p_2 + \rho g h_2 + \left(\frac{\rho v_2^2}{2} \right) = \text{const}$$

베르누이 방정식은 주입래들을 통해 용탕을 주입할 때에 적용할 수 있으며, 주입래들은 탕구(sprue)를 통해서 용탕이 하단으로 흐르게 해주는 개방형 용기라고 할 수 있다(그림 3.2).

우리는 용탕 내부에 있는 1과 2의 지점을 비교하고자 한다. 1은 용탕의 자유 표면의 지점이고 2는 주입래들과 탕구의 경계이다. 이 경계에서의 단면적은 용융 금속의 자유 표면 면적에 비해 작으며 해당 지점에서의 속도인 v_1은 배출 속도인 v_2

$$p + \rho g h + 0 = p + 0 + \left(\frac{\rho v_2^2}{2} \right)$$

그리고 출구 속도는 아래와 같다.

$$v = \sqrt{2gh} \tag{3.3}$$

즉, 주입래들에서 용탕의 높이가 줄어들면 출구 속도도 줄어든다.

예제 3.1

단면(지름 2.0 m)이 원형인 주입래들에 2.7×10^3 kg의 용강이 담겨 있다. 이 용강은 주입래들 바닥에 있는 원형 탕구(sprue)를 통해 주입된다. 탕구의 지름은 3.0 cm이다. 이 경우에 탕구가 비워질 때까지 소요되는 시간을 계산해 보자.

풀이

연속성의 원리에 의하면 $A_1 v_1 = A_2 v_2$이다. 즉

$$v_1 = v_2\left(\frac{A_2}{A_1}\right) = v_2\left(\frac{\pi \times 0.015^2}{\pi \times 1.0^2}\right) = 2.25 \times 10^{-4} v_2 \quad (1')$$

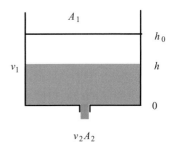

이 경우에 베르누이 방정식에서 속도 v_1을 v_2와 비교해 보면 v_1 값을 무시할 수 있다. 위 방정식 (3.3)을 적용할 수 있으며 방정식 (1')를 통해 v_2를 구한 후에 방정식 (3.3)에 대입한다.

$$v_2 = \left(\frac{A_1}{A_2}\right)v_1 = \sqrt{2gh} \quad (2')$$

속도 v_1은 단위 시간당 높이 h의 감소와 동일하다.

$$v_1 = -\frac{dh}{dt} \quad (3')$$

(2')와 (3')의 방정식을 합하면 아래의 식을 얻는다

$$\left(\frac{A_1}{A_2}\right) \times \frac{-dh}{dt} = \sqrt{2gh} \quad (4')$$

변수 h와 t를 분리하여 식 (4')의 적분식을 구하면 다음과 같다.

$$\frac{A_1}{A_2}\int_{h_0}^{h}\frac{-dh}{\sqrt{2gh}} = \int_{0}^{t}dt \quad (5')$$

여기에서 h의 함수로 시간 t를 구한다.

$$t = \frac{A_1}{A_2} \times \left[\frac{2\left(\sqrt{h_0} - \sqrt{h}\right)}{\sqrt{2g}}\right] \quad (6')$$

식 (6')에서 $h = 0$을 대입하면 주입래들이 비워질 때까지 소요되는 시간을 구할 수 있으며 이 시간을 계산하려면 주입래들에서의 용탕의 원래 높이 h_0의 값을 알아야 한다.

$$h_0 = \frac{m}{\rho A_1} = \frac{70 \times 10^3}{(7.8 \times 10^3)(\pi \times 1.0^2)} = 2.86 \text{ m} \quad (7')$$

식 (6')에 h_0의 값을 입력하면 아래의 값을 얻는다.

$$t = \left[\frac{\pi \times 1.0^2}{\pi(1.5 \times 10^{-2})^2}\right]\left[\frac{\sqrt{2}(\sqrt{2.86} - 0)}{\sqrt{g}}\right] \approx 3391 \ s = 56.5 \text{ min}$$

답

주입래들을 비우는 데 소요되는 시간은 약 1시간이다.

예제 3.2

주입래들과 연속 주조 주형 사이에서 턴디쉬의 중요성을 강조하기 위해서 다음의 가상 실험을 수행하고자 한다.

턴디쉬가 없는 연속 주조기의 주입래들에서 높이 h의 함수로서 추출 속도 u가 어떻게 변해야 하는지 계산해 보자. 주입래들에서 흘러 나가는 용탕의 출구 속도 v_2를 제어할 수 있는 장치는 없다.

배출 속도 u는 h, 주입래들 바닥에 있는 구멍의 면적 A, 주물의 단면 치수인 a와 b의 함수로 표현된다.

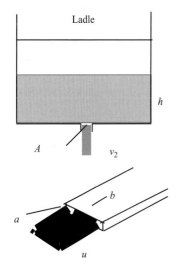

풀이

주형에는 어떤 용탕도 머무르지 않는다. 주입 용탕의 단위 시간당 질량은 인출 용탕의 단위 시간당 질량과 동일해야 하며 이 조건하에서 아래의 관계가 성립한다.

$$v_2 A \rho_m = u\,ab\,\rho_s \qquad (1')$$

여기에서 ρ_m과 ρ_s는 각각 용탕과 주물의 밀도를 뜻한다.

식 (3.3)에 의해 다음의 식을 얻게 된다.

$$v_2 = \sqrt{2gh} \qquad (2')$$

식 (1')과 (2')를 통해 아래의 식을 얻는다.

$$u = \left(\frac{A\rho_m}{ab\rho_s}\right)v_2 = \left(\frac{A\rho_m}{ab\rho_s}\right)\sqrt{2gh}$$

답

원하는 식은 다음과 같다.

$$u = \left(\frac{A\rho_m}{ab\rho_s}\right)\sqrt{2gh} \quad \text{또는} \quad u = \text{const}\,\sqrt{h}$$

예제 3.2에서는 턴디쉬가 없는 연속 주조에서의 필요 조건인 지속적인 주조 속도의 확보가 어렵다는 2장의 내용을 확인하고 있다.

3.3   부품 주조의 탕구계

우리는 2장에서 주입래들의 구조와 주조에서 턴디쉬의 용도에 대해 알아보았다. 이 절에서는 탕구계의 다양한 형태와 각각의 경우에 있어서 유효성을 갖는 정확한 조건을 파악하고자 한다.

탕구계의 용도는 불필요한 온도 손실, 원하지 않는 가스나 슬래그 개재물의 혼입 없이 적절한 속도로 주형에 용융 금속을 공급하는 것이다. 이용할 수 있는 이론적이면서 실험적인 자료를 기초로 해서 금속, 주형 소재, 주조법의 주어진 조건을 위한 최적의 탕구계를 선택하는 것이 필수적이다. 그림 3.3은 부품 주조용 일반적인 탕구계이며 탕구계의 설계에 있어서 중요한 매개변수는 주조 시간과 탕구계의 면적이다.

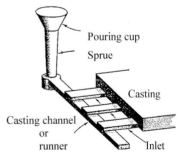

그림 3.3 부품 주조용 탕구계. MIT의 허락을 얻어 인용함.

주입 시간

주입 시간을 잘못 선택하면 여러 가지 문제가 발생한다. 주입 시간이 너무 길면 주탕 불량, 가스 기공, 슬래그 개재의 위험이 있고, 사형에서는 모래의 팽창으로 인해 문제가 발생할 위험도 있다.

주입 시간이 너무 짧으면 주형 소재의 기계적 변형이 지나치게 강해진다. 급속 주조가 진행되는 동안에 주형 소재는 용탕의 팽창을 견디낼 수 있어야 하고 또한 가스가 쉽게 통과할 수 있어야 한다. 주입 시간은 용탕의 점성에 따라 달라지고 점성은 온도, 응고 패턴과 용탕의 성분에 따라 크게 달라진다. 최적의 주입 시간을 찾는 도구로서 소위 최대 유동성 길이의 측정이 사용될 수 있다. 최대 유동성 길이에 대해서는 3.7절에서 알아볼 예정이다.

최적의 주입 시간을 찾는 것은 매우 어렵다. 경험에 의하면 주물의 질량과 유형별 주입 시간 간에 다음의 관계가 있다는 것이 알려져 있다.

$$t = A m_{\text{casting}}^{n} \qquad (3.4)$$

A와 n은 상수, t = 시간, m_{casting} = 주입 질량.

상수 A와 n은 실험을 통해 결정되고 선택한 주조법, 점결제, 모래의 거칠기, 사형 안에서 모래의 굳힘 정도에 따라 달라진다.

탕구계의 면적

용탕은 비압축성 액체로 간주할 수 있다. 난류와 발생할 수 있는 마찰로 인한 열 손실에도 불구하고, 탕구계가 채워지고 주형 벽을 통과하지 못하는 한 비압축성 액체에 대한 방정식은 유효하다. 그리고 탕구계 임의의 지점에서의 총 유속은 연속성의 원리[식 (3.1)]에 의해 주어지게 된다. 하지만 이 가정이 항상 적용되는 것은 아니다. 사형은 공기의 투과성이 있는데 이는 유체역학의 법칙이 완전하게 적용되지는 않는다는 것을 뜻한다.

탕구계 분석은 이론적인 어려움이 존재한다. 그럼에도 불구하고, 유체역학의 기본 법칙을 활용하여 아래와 같이 탕구계 설계 내용을 살펴볼 예정이다. 물론 탕구계 설계에 대해 용탕 흐름의 정확한 정보전달을 위한 다수의 컴퓨터 프로그램이 나와 있다. 하지만 이 경우에도, 계산은 단지 참고용으로 사용될 수 있다는 점을 기억해야 한다.

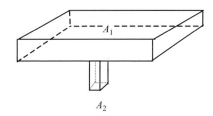

그림 3.4 비투과성 벽을 갖춘 탕구계.

$$p = 1\text{과 } 3 \text{ 지점에서 } 1\text{기압}$$

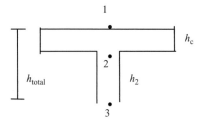

그림 3.5 그림 3.4의 탕구계 단면도.

3.3.1 하향주입식 주조의 탕구계−비투과성 및 투과성 주형

비투과성 주형

가장 간단한 사례인 비투과성 주형과 직선형 탕구를 알아보자. 이들은 주형의 일부를 구성한다(그림 3.4). 이 주형은 가스에 대해 비투과성을 갖는다고 가정한다.

단순화를 위해 높이 h_c는 전체 주입 시간에 걸쳐서 일정하다고 가정한다. 그림 3.5의 1과 3 지점에서 베르누이 방정식을 적용하고 3번의 높이를 0으로 한다. 식 (3.3)에 의하면 배출속도 v_3는 아래와 같다.

$$v_3 = \sqrt{2gh_{\text{total}}} \tag{3.5}$$

우리는 또한 그림 3.5의 2와 3 지점에서 베르누이 방정식을 적용한다.

$$p_2 + \rho gh_2 + \left(\frac{\rho v_2^2}{2}\right) = p_3 + \rho gh_3 + \left(\frac{\rho v_3^2}{2}\right) = \text{const}$$

연속성의 원리에 의하면, 단면 면적 A_2와 A_3는 동일하기 때문에 속도 v_2와 v_3는 동일해야 한다. h_3가 0과 같도록 높이를 0으로 하면 아래의 식을 얻을 수 있다.

$$p_2 = p_3 - \rho gh_2 \tag{3.6}$$

여기에서 p_3는 대기 압력 p이다. 유체역학에 의하면 2 지점에서의 압력은 결과적으로 대기 압력보다 낮다. 이는 주형이 비투과성일 때만 적용된다.

하지만 정수압 p_2보다 높은 압력을 발생시킬 수 있는 다른 영향들이 있다. 벽 가까이에서 용탕과 주형 간의 화학 반응으로 인해 다른 유형의 주형 가스가 생성될 수 있고 벽이 비투과성이기 때문에 주형 가스가 용융 금속에 의해 가열되며 가스 압력이 증가한다. 가스는 용탕 안에서 부분적으로 용해되고, 용해 가스와 용탕의 반응 여부에 관계없이 용해 가스의 양은 주형 가스의 부분 압력에 따라 달라진다.

주형 가스가 용탕과 반응하지 않으면 가스의 총 부분 압력이 p_2보다 높은 총 압력을 생성한다. 이런 경우에 가스 기공이 주물 안에 포집될 수 있다. 이런 문제를 줄이기 위해서는 주조 작업 중에 가스가 빠져나갈 수 있는 통로가 주형 안에 만들어져야 한다. 주형 가스가 용탕 및 산소와 반응하면 수소나 탄소가 용융 금속에 용해되고, 냉각과 응고 과정에서 산화물, 기공이나 탄화물 발생이 촉진된다.

이러한 모든 결과는 바람직하지 않지만 일부 금속에서는 더 적절하게 적용될 수 있다.

투과성 주형

위에서 언급한 비투과성 주형으로 가스 투과성이 있는 주형(사형인 경우)을 설계하면 안 된다. 이유는 주형에 투과성이 있으므로 공기가 용탕 안으로 들어가서 압력 p_2가 1기압 미만으로 작용하기 때문이다. 주형 가스와 관련된 복잡성도 동일하게 적용된다. 탕구계의 모든 벽 가까이에서 발생하는 총 압력은 공기와 주형 가스를 포함하며 대기압과 같게 된다.

투과성 주형의 탕구를 위의 경우보다 더 우수하게 설계할 수 있는 방법을 찾기 위하여 탕구계 벽이 완전한 가스 투과성을 갖고 있다고 가정한다. 그림 3.6을 통해 탕구계의 형상을 살펴볼 것이다.

$$p = 1\text{ atm in the points } 1, 2 \text{ and } 3$$

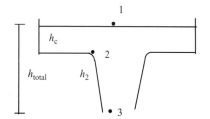

그림 3.6 투과성 벽과 가변 단면의 탕구를 갖고 있는 주형의 탕구계.

외부 면에서의 압력이 대기 압력 p와 동일한 2와 3의 지점을 선택하고 1 지점과 2 지점, 1 지점과 3 지점에 베르누이 방정식을 각각 적용하면 앞서 나온 동일한 가정을 적용 가능하며 아래의 식을 얻게 된다.

$$v_2 = \sqrt{2gh_c} \qquad (3.7)$$

$$v_3 = \sqrt{2gh_{\text{total}}} \qquad (3.5)$$

연속성의 원리에 의하면 유체 흐름량은 동일하다.

$$A_2 v_2 = A_3 v_3 \qquad (3.8)$$

식 (3.5), (3.7), (3.8)을 결합하면 아래의 식을 얻는다.

$$\frac{A_3}{A_2} = \frac{v_2}{v_3} = \sqrt{\frac{h_c}{h_{\text{total}}}} \qquad (3.9)$$

투과성 벽을 갖고 있는 주형의 탕구계는 식 (3.9)에 따라서 탕구의 단면적이 감소하는 방법으로 설계되어야 한다.

2 지점과 3 지점 간의 면적비 역시 식 (3.9)를 따르나, 2 지점과 3 지점 간에 근사적인 직선 보간을 사용할 수 있고 이 계산치에 따라서 탕구를 설계할 수 있다.

3.3.2 상향주입식 주조의 탕구계 – 투과성 주형

지금까지는 주입래들이 대기 압력을 갖고 있는 수직 탕구계만을 고려하였다. 많은 경우에 있어서 주형 하단에서 탕구를 찾는 것은 어렵지 않으며 이런 방식을 상향주입식 주조(1장)라고 부르기로 하자. 이 경우에는 주입 시간 계산법을 수정해야 한다.

여기에서는 그림 3.7에 있는 것처럼 가스를 흡수하지 않는 탕구를 고려하고자 한다. 나아가서는 탕도에 수평 벽이 있고 여기에서의 마찰 손실은 무시할 수 있을 정도라고 가정한다. 다음에 있는 각각의 정의를 참고하기 바란다.

t = 주입 시작 후의 시간 간격

h_{total} = 주조방안 포함 총 주물 높이

h = 주형에서 용탕의 높이

A_{mould} = 용탕 윗면의 면적

A_{runner} = 탕도의 단면적

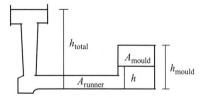

그림 3.7 주형 하단에 위치한 탕구계.

시간 간격 dt 동안에 높이 h는 dh, 주물량은 A_{mould} dh만큼

증가한다. 탕도 시간 간격 dt 동안에 탕도를 지나간 용융 금속량은 $A_{\text{runner}} v$ dt인데, 여기에서 v는 시간 t에서 탕도의 용융 금속 이동 속도이다. 주형에 투과성이 있기 때문에 탕도에서의 속도는 다음의 식으로 표현된다.

$$v = \sqrt{2g(h_{\text{total}} - h)} \qquad (3.10)$$

시간 dt 동안에 잉곳의 증가량은 동일 시간 간격 동안에 주입구를 통과한 유량과 동일하다.

$$A_{\text{mould}} dh = A_{\text{sprue}} \sqrt{2g(h_{\text{total}} - h)} dt \qquad (3.11)$$

변수 t와 h를 분리하면 다음과 같은 적분 방정식이 만들어진다.

$$\left(\frac{A_{\text{sprue}}}{A_{\text{mould}}}\right) \int_0^{t_{\text{fill}}} dt = \left(\frac{1}{\sqrt{2g}}\right) \int_0^{h_{\text{mould}}} \left(\frac{dh}{\sqrt{(h_{\text{total}} - h)}}\right) \qquad (3.12)$$

여기에서 t_{fill} = 충전 소요 시간, h_{mould} = 주형 높이를 뜻한다.

식 (3.13)으로부터 충전 시간을 계산할 수 있다.

$$t_{\text{fill}} = \left(\frac{2A_{\text{mould}}}{A_{\text{sprue}}\sqrt{2g}}\right)\left(\sqrt{h_{\text{total}}} - \sqrt{h_{\text{total}} - h_{\text{mould}}}\right) \qquad (3.13)$$

상향식 부품 주조는 산화막이 쉽게 형성되는 금속에 종종 사용된다. 알루미늄 합금이 그 일반적인 예이다.

하향주입식 주조법과 상향주입식 주조법의 장단점은 2장에서 다루고 있다. 이 방법들은 부품 주조와 잉곳 주조 모두에서 사용되고, 잉곳 주조는 3.4절에서 다루게 된다.

3.3.3 측면 탕구의 탕구계

측면 탕구가 있는 탕구계는 상향식과 하향식 주조법의 장점을 결합하기 위해서 시도된 것이다.

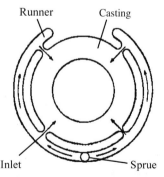

그림 3.8 (a) 여러 개의 주입구가 있는 주형의 설계. Butterworth Group, Elsevier Science의 허락을 얻어 인용함.

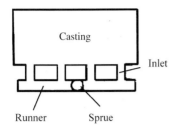

그림 3.8 (b)   3.8 (a)에서 탕구의 위치. Butterworth Group, Elsevier Science의 허락을 얻어 인용함.

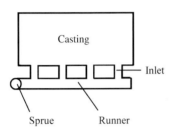

그림 3.8 (c)   3.8 (a)에서 탕구의 대체적 위치. Butterworth Group, Elsevier Science의 허락을 얻어 인용함.

작은 주물에는 1개씩의 탕구, 탕도, 주입구만 필요하다. 주물의 치수가 커짐에 따라 더 많은 양의 용탕의 이동이 이루어지고 이에 따라 주형의 기계적 응력이 강해져 탕구 근처에서 주형의 과열에 따른 파열 가능성이 증가한다. 문제의 해결을 위해 다수의 주입구가 있는 탕도에서 용융 금속을 분산하는 것이다. 주형이 충전되는 동안에 주입구는 같은 수평면에 있거나 연속적으로 더 높은 평면 위에 자리 잡게 된다.

이와 같은 분기 시스템에서는 다른 주입구 간에 용탕 분배를 제어하고 균등 분배를 이루기 위하여 흐름을 조정하는 것이 필수이다. 그림 3.8 (a)-(c)에 그 사례들이 나와 있다. 탕구에서 멀어질수록 용융 금속의 마찰력 때문에 흐름 속도가 줄어드는 경향을 보인다.

탕도 내부의 압력을 가능한 한 균등하게 만들기 위해 쓰는 수단은 다음과 같다.

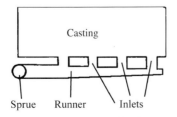

그림 3.9   면적이 줄어드는 탕도가 있는 탕구계. Butterworth Group, Elsevier Science의 허락을 얻어 인용함.

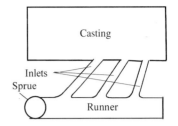

그림 3.10   경사 주입구 탕구계. Butterworth Group, Elsevier Science의 허락을 얻어 인용함.

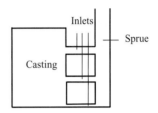

그림 3.11   큰 부품용 탕구계. Butterworth Group, Elsevier Science의 허락을 얻어 인용함.

- 주입구의 면적은 다르게 설계할 수 있다. 주로 탕구에서 가까운 곳은 먼 곳보다 크게 설계되어 있다.
- 속도와 압력이 거의 유사한 모든 주입구에서의 주입 속도 및 압력과 비슷하게 탕도의 흐름 속도를 만들기 위해 주입구는 탕도에 비례하여 줄어든다.
- 탕도는 각각의 주입구 후방에서 점점 더 좁아진다(그림 3.9).
- 주입구는 탕도와 다른 각도를 이루도록 설계된다. 탕구에서 탕도를 따라 유동 속도가 감소하므로 모든 주입구에서 동일한 유동 속도가 되도록 각도를 정한다(그림 3.10).

실제적으로는 위에서 언급한 수단들이 조합되어 사용이 된다.

주물이 큰 경우에는(그림 3.11) 최적의 온도 분포, 하향주입식 주조의 특성, 좀 더 조용하고 튀는 용탕이 없게 설치 높이가 다른 여러 개의 주입구가 필요하며, 이는 상향주입식 주조에서 대표적인 점이다. 이 경우에도 원하는 용탕의 흐름을 얻기 위한 수단이 필요하며 높이는 증가하는데 주입구는 점점 더 좁아지는 방안설계가 이 경우에 해당된다.

3.3.4   가압 다이캐스팅의 탕구계

3.3.1, 3.3.2, 3.3.3절에서 알아본 탕구계는 모두 자연적으로 흐르는 용탕에 적합하며 해당 주조법에서의 용탕흐름의 원동력은 용탕에 작용하는 중력이다. 이 탕구계는 1장에서 소개한 대부분의 부품 주조 방법에 어울린다.

하지만 가압 다이캐스팅의 탕구계는 전혀 다르다. 가압 다이캐스팅 설비의 경우 생산성이 높다. 이름이 말해주듯이 주형에 가해지는 용탕의 원동력은 높은 압력이다. 냉각 속도를 빠르게 하기 위해서 사출할 합금보다 용융점이 높은 금속으로 주형이 제작되며 이런 주형을 다이(금형)라고 부른다.

고압 다이캐스팅법과 저압 다이캐스팅법을 간단하게 알아보기로 하자(1장 참조).

1) 이후 고압 다이캐스팅류 기계의 탕구계, 주물 빼기, 개방 메커니즘에 대해 나중에 알아볼 예정이다.

대부분의 가압 다이캐스팅은 아연 또는 알루미늄 합금이 소재가 된다. 소위 열가압실식(핫 챔버) 시스템과 냉가압실식(콜드 챔버) 시스템의 두 가지 사출 시스템 유형이 사용되며 두 가지 모두 몇 초 만에 주물 생산이 가능하다.

냉가압실 주조기의 탕구계

열가압실 주조기에서 합금은 해당 합금의 용융점보다 높은 온도에서 용탕 보온로에 보관된다. 용탕은 높은 공기압(> 20 × 10^6 N/m²)으로 금형에 직접 사출된다. 열가압실 주조기는 아연 합금에 폭넓게 사용되고, 알루미늄 합금이나 용융점이 높은 기타 합금에는 부적당하고 쓸모가 없다. 용융 합금과 가압실 간에 접촉이 발생하는 과정에서 이 합금은 금형에 의한 철 오염을 유발한다. 더불어 사출 단계에서 금속에 상당량의 기공 및 산화 개재물이 발생한다.

알루미늄 합금은 냉가압실 주조기에서 사출되며 그림 3.12에는 해당 주조기의 원리가 나와 있다. 냉가압실 주조기 안의 용융 금속은 가까이에 있는 보온로에서 전기 가열을 통해 일정한 온도로 보관된다. 단일 사출용 금속이 원통형 가압실인 A 사출 실린더에 충전된다.

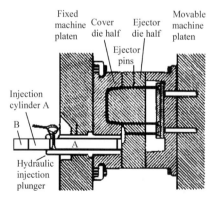

그림 3.12 냉가압실 가압 다이캐스팅. Butterworth Group, Elsevier Science의 허락을 얻어 인용함.

B 피스톤은 높은 압력(크기 (70−140) × 10^6 N/m²)에서 용탕을 다이 속으로 밀어 넣으며, 전체 사출 작업은 몇 초 안

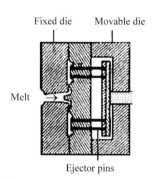

그림 3.13 (a) 밀폐형 다이, 용융 금속 사출 대기. Butterworth Group, Elsevier Science의 허락을 얻어 인용함.

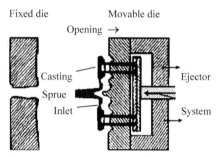

그림 3.13 (b) 개방형 다이, 주조기의 취출 메커니즘 그림. Butterworth Group, Elsevier Science의 허락을 얻어 인용함.

에 마무리되어서 철 성분이 다이로부터 용해될 가능성은 대폭적으로 줄어든다.

개공과 취출 메커니즘

그림 3.13 (a)는 높은 압력에서 용탕을 다이 속으로 사출하는 것을 보여주며 압력은 일정하지 않고 나중에 설명할 내용처럼 공정 과정에서 변하게 된다.

그림 3.13 (b)는 주조 후의 개방형 다이와 취출핀이 주물을 다이에서 밀어내는 방법을 보여주고 있다.

사출 기술

현대식 냉가압실 주조기는 정밀한 제어, 압력의 변화, 플런저의 속도를 위하여 설계되었으며 그림 3.14는 압력과 속도 사이클에 대해 보여주고 있다.

탕구계는 상대적으로 낮은 속도로 충전되는데 이를 통해 용탕 안에 공기가 혼입되는 것을 최소화해 준다. 캐비티의 충전 작업 중에 속도가 높고 플런저 행정의 끝부분에서는 다이 캐비티를 완전하게 충전하기 위해서 압력이 최대 수준으로 상승한다. 기공과 응고 수축 과정으로부터의 기공을 최소화하기 위해서 응고 과정에서 높은 압력이 유지된다.

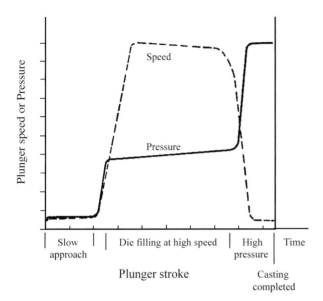

그림 3.14 시간의 함수로서 가압 다이캐스팅에서 사출 사이클 동안 플런저의 속도와 압력. British Foundrymen, IBF Publications, Foundryman 제공.

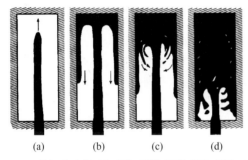

그림 3.15 가압 다이캐스팅 사출 진행 중의 용탕 흐름. Butterworth Group, Elsevier Science의 허락을 얻어 인용함.

다이 캐비티 충전

다이캐스팅에서의 사출 거동은 폭넓게 연구되어 왔으며, 바튼 (Barton)이 1990년대에 가압 다이캐스팅에 대한 책을 저술하였다. 가압 다이캐스팅에서의 충전 공성은 주로 2단계로 진행된다고 일반적으로 받아들여지고 있다(그림 3.15).

1단계는 그림 3.15 (a)와 (b)에 해당하며 금속이 분사되어 탕도를 거쳐서 주입구에 도달하면 탕구 반대편에 있는 다이 캐비티의 한 점과 충돌한 후에 캐비티의 벽을 따라 측면으로 퍼지게 된다. 이 순간이 주물의 표면 품질에 매우 중요하다.

2단계는 그림 3.15 (c)와 (d)에 나와 있는 방법으로 캐비티를 난류로 충전하게 된다. 충전은 주로 캐비티 상단에서 시작하여 탕구 쪽으로 되돌아가는 방향으로 진행된다.

포집된 공기를 최대한 배출하기 위해서 공기 배출 벤트가

설치되어야 하고 통상 지름 1~2 mm의 좁은 통로를 사용하여 공기 배출 작업이 진행된다. 또한 공기의 배출과 캐비티 충전을 촉진하기 위해서 대칭축을 따라서 작은 캐비티들을 만들 수 있으나 기공을 완벽하게 없앨 수는 없다. 아직은 포집공기로부터 기공 결함이 만들어지는 것을 다이캐스팅의 자연스러운 현상으로 받아들여야 한다.

기공 감소를 위해 여러 가지 방법이 쓰이고 있는데 그중의 한 가지 방법은 충전 공정 중에 다이 캐비티를 진공으로 만드는 것이다. 또 다른 방법은 다이 캐비티의 공기를 질소로 교체하는 것이다. 질소가 주조 금속에 녹거나 질화물을 만들어 기공의 생성을 막게 된다.

3.4 잉곳 주조의 탕구계

잉곳 주조는 부품 주조와 아주 유사하다. 잉곳과 부품의 차이는 단순히 크기의 차이이다. 잉곳의 질량은 톤 단위의 무게이므로 잉곳 주조에서 쓰이는 주입래들, 탕구계, 주형의 크기는 일반 주물의 경우에 비해 훨씬 크다. 잉곳 주조의 응고 시간은 부품 주조에 비해 훨씬 길며 초나 분 단위가 아니라 몇 시간 혹은 며칠 단위로 필요하다.

일반 주물 주조에서 쓰이는 탕구계는 3.3절에서 폭넓게 다루고 있다. 탕구계의 원리, 방식, 위치는 일반 주물 주조와 잉곳 주조 모두 동일하며 탕구계의 변경 시 크기 차이를 감안하면 된다.

따라서 잉곳 주조의 탕구계에 대해 알아볼 내용은 3.3절의 참고 사항에 비해 적고 약간의 추가 사항을 아래에 적어놓았다.

상향주입식 주조(상주법) 탕구계의 치수

잉곳 주조에서는 하향주입식과 상향주입식 주조 모두 사용되고 있다. 이 두 가지 방법의 장점과 단점을 포함해서 관련 설명을 2장에서 소개하고 있다.

아래에 있는 예제 3.3에 소개된 대로, 특정 주입 시간을 달성하기 위하여 식 (3.13)을 이용하여 상향주입식 주조에서 충전 소요 시간을 계산하거나 탕구를 설계한다.

주입래들의 용탕 배출량을 통해 탕도에서 용융 금속의 높이를 조절하며 주조공정 전체에 걸쳐 용탕을 탕구와 탕도에 채워서 주조 시간을 가능한 한 짧게 만들 수 있다.

예제 3.3
어떤 철강 회사가 예전에는 잉곳 생산을 위해 하향주입식 주

조를 사용했으나 상향주입식 주조로 변경하기로 결정했다. 이 회사에서는 중앙 집중형 탕구를 사용하고 탕구 주위에 6개의 주형을 대칭적으로 배열하는 것을 원하고 있다. 원칙적으로 탕구의 치수가 6개 잉곳의 주조 시간을 결정하며 주입 시간은 10분을 넘지 않는다. 탕구와 탕도는 주조공정 전체에 걸쳐 충전 상태를 유지한다.

적절한 탕구 설계 방안을 제시하고 가능한 탕구의 최소 지름을 계산해 보라. 잉곳 높이는 10 cm, 잉곳 면적은 20 cm × 20 cm이다. 탕구의 자유 표면 높이는 잉곳 상단보다 10 cm 높다.

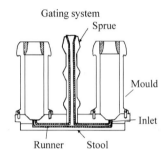

Gating system
Sprue
Mould
Inlet
Runner Stool

풀이

상향식 주조에서 용탕은 중앙형 탕구계에 충전되어 계단식 면을 거쳐 주형 바닥부에 들어간다. 높이가 같은 계단식 평면에는 보통 2~6개의 주형이 배치되며 현 예제에는 6개의 주형이 있다.

탕구의 지름 d는 식 (3.13)을 이용해서 계산할 수 있다.

$$t_{\text{fill}} = \left(\frac{2A_{\text{mould}}}{A_{\text{sprue}}\sqrt{2g}} \right) \left(\sqrt{h_{\text{total}}} - \sqrt{h_{\text{total}} - h_{\text{mould}}} \right)$$

이 식에서

$t_{\text{fill}} = 600 \text{ s}$
$A_{\text{mould}} = 6 \times 0.2 \times 0.2 = 0.24 \text{ m}^2$
$A_{\text{sprue}} = \pi d^2/4$
$h_{\text{total}} = 1.10 \text{ m}$
$h_{\text{mould}} = 1.00 \text{ m}.$

위의 값을 식 (3.13)에 대입하여 지름 d를 얻는다. 얻어지는 d 값:

$$d^2 = \left[\frac{2A_{\text{mould}}}{(\frac{\pi}{4})t_{\text{fill}}\sqrt{2g}} \right] \left(\sqrt{h_{\text{total}}} - \sqrt{h_{\text{total}} - h_{\text{mould}}} \right)$$

$$= \left[\frac{2 \times 0.24}{(\frac{\pi}{4})600 \times \sqrt{2g}} \right] \left[\sqrt{1.10} - \sqrt{(1.10 - 1.00)} \right]$$

$$d \geq 2.2 \times 10^{-2} \text{ m}$$

답

탕구의 지름은 최소 22 mm는 되어야 한다.

3.5 연속 주조의 탕구계

연속 주조의 원리는 2장에서 다루었다. 잉곳 주조와 부품 주조를 하나로 묶어서 이를 연속 주조와 비교했을 때에 주요 차이점은 아래와 같다. 아래는 연속 주조의 특징이다.

- 소위 연속 주조 주형이라고 불리는 수냉식 금속 주형은 주편(strand)의 냉각을 강하고 효과적으로 진행하기 위해 사용된다. 응고된 주편의 응고층(셸)은 냉간 주형 안에 있을 때에 안정성과 강도를 충분히 갖게 된다.

- 턴디쉬라고 불리는 중간 주조 상자는 주입래들과 금형 사이에 위치하며, 그 목적은 주조 속도를 일정하게 만드는 것이다. 턴디쉬가 없는 경우에 발생하는 부정적 효과는 예제 3.2에 나와 있다.

3.5.1 침지 노즐

연속 주조에서는 가장 균일한 주조 속도를 확보하는 것이 바람직하다. 턴디쉬를 주입래들과 연속 주조 주형 사이의 중간 용기로 사용함으로써(2장 2.4.2절) 주입래들에 있는 용탕의 높이에 따라 변하는 용탕 속도(예제 3.2)의 단점이 없어지고 턴디쉬는 충전 상태를 유지하며 턴디쉬와 연속 주조 주형의 거리는 일정해진다. 턴디쉬에서 나오는 용탕의 흐름은 슬라이딩 게이트나 마개봉을 이용해서 조절한다(그림 3.16). 아르곤 가스를 이용해서 공기 개재나 노즐이 막히는 것을 예방한다.

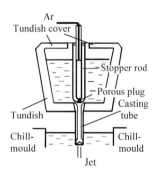

Ar
Tundish cover
Stopper rod
Porous plug
Casting tube
Tundish
Chill-mould   Chill-mould
Jet

그림 3.16 턴디쉬, 주조관 및 연속 주조 주형. Institute of Materials의 허락을 얻어 인용함.

또 다른 문제점은 슬래그 개재물의 위험성이다. 연속 주조 공정에서 거시 슬래그의 문제점을 줄이기 위해서 용융 금속의 윗면을 주조용 분말과 침지 노즐(SEN) 또는 주조관을 거쳐서 턴디쉬로부터 주형에 공급되는 용융 금속으로 덮는다.

주조관은 작은 빌렛처럼 크기가 작은 주물에는 사용할 수 없으며 다른 모든 경우에는 사용이 가능하다.

유동은 노즐 출구의 기하학 형상, 깊이, 크기 및 분사 시 흐름 속도에 따라 달라진다(그림 3.16). 용탕은 응고 과정 중에 항상 발생하는 자연 대류 이외에 연속 주조 주형 내부에서 강제 대류를 일으킨다. 응고 과정에서 전면에 슬래그가 생성되는 것을 막기 위해서 침투 깊이는 적당해야 한다. 그래서 노즐은 수직축을 기준으로 0°와 90° 사이의 각도를 갖는 측면에 출구가 만들어지도록 설계된다(그림 3.16).

주조관은 알루미늄, 황, 망간과 같은 강철 합금 원소의 화학적 공격을 견뎌낼 수 있는 소재로 제작되어야 하며 종종 Al_2O_3와 흑연을 혼합해서 만든다.

용탕의 흐름

주형에서 용탕의 흐름은 주조관에서 이루어지는 분사에 의해 크게 영향을 받는다. 약 30°C만큼 더 가열이 이루어진 과열 용탕이 노즐에서 토출되면 주형의 측면과 부딪혀서 위 방향과 아래 방향으로 2개의 강력한 순환 흐름을 만든다. 그림 3.17은 주형의 패턴을 보여주고 있으며 용탕의 격렬한 이동은 균일 유체의 형성에 강력한 영향을 미친다.

그림 3.17 연속 주조 주형 내 주조관 근처에서 일어나는 용탕의 흐름 패턴.

3.5.2 연속 주조

오늘날에는 광범위한 철강 제품이 사용되고 있고 약간의 성분 차이가 있는 제품들을 쓰고자 하는 경우도 종종 있다. 아래에

나와 있는 것처럼 1등급과 2등급이라 부르는 두 가지 품질의 제품을 주조하는 가장 간단한 방법은 각각을 따로 주조한 후에 주조기를 정지시키는 것인데 1등급의 주조를 끝낸 후에 2등급 주조를 다시 시작하는 경우이다.

연속 주조 시 주조 속도가 증가함으로써 생산성이 증가했지만 생산 효율성을 증가시키려면 중단과 주조기의 재시작 없이 주입래들 공정을 길게 가져가는 것이 필요하다. 그러므로 같은 성분의 금속을 연속적으로 주조하고 약간 성분이 다른 금속을 중간에 멈추지 말고 2개의 주입래들을 통해 순차적으로 주조하는 것이 바람직하다.

한 가지 방법이자 약간 다른 조성의 용강을 연속적으로 주조하는 가장 일반적인 방법은 온라인 주입래들 교환이다. 두 가지 품질의 철강을 턴디쉬에서 혼합하여 금형으로 옮긴 후에 다시 한번 섞는다. 주요 관점은 용탕이 서로 섞이는 영역을 최소화하는 것인데 두 가지의 용강이 섞이면 다른 성분을 갖게 되며 소재 낭비로 인해서 주입래들 교환은 비용 추가를 야기한다.

다른 방법은 주입래들과 턴디쉬 모두 동시에 교환이 이루어지는 플라잉 턴디쉬 교환(flying tundish exchange)이다. 이 경우에는 최종 제품인 주편에서만 혼합 작업이 이루어진다. 혼합 영역을 최소화하기 위해서 '등급 분리기'라고 불리는 판이 금형 안으로 삽입된다. 이 판은 용융 금속에 비투과성을 보이고 금형을 통과하는 용탕을 따라가며 주편을 2개 부분으로 나눈다.

턴디쉬에서 등급 전환 시 용강의 성분 변화

순차 주조에서 대표적인 주입래들의 교환과 등급 전환 작업 동안에, 주조 속도, 총 턴디쉬 용량, 턴디쉬 방향으로의 흐름 속도는 그림 3.18 (a) – (c)에 나온 대로 시간에 따라 달라진다. 새로운 주입래들이 열려서 새로운 등급의 용강이 턴디쉬로 흘러 들어올 때에 혼합이 시작되는데, 이를 $t = 0$으로 정의한다. $t < 0$에서의 곡선은 새로운 주입래들이 열리기 전의 상태를 의미한다.

주입래들 교환을 준비할 때에는 일반적으로 주조 속도가 감소하며 이로 인해 흐름 속도가 일시적으로 낮아진다. 동시에 턴디쉬 내부의 용탕량도 줄어든다. 새로운 주입래들이 개방되는 시간인 $t = 0$에서의 턴디쉬 용량은 언제나 거의 최저 턴디쉬 용량 높이에 맞춰진다.

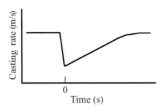

그림 3.18 (a)   시간 함수로서의 주조 속도. 새로운 주입래들이 개방되는 시간이기 때문에 $t = 0$이 선택된다.

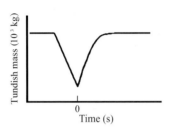

그림 3.18 (b)   시간 함수로서의 턴디쉬 질량. 새로운 주입래들이 개방되는 시간이기 때문에 $t = 0$이 선택된다.

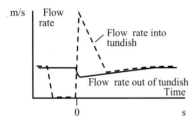

그림 3.18 (c)   시간에 따른 턴디쉬 양방향의 흐름 속도. 새로운 주입래들이 개방되는 시간이기 때문에 $t = 0$이 선택된다.

새로운 주입래들이 개방되면, 주입구 흐름 속도 및 주조 속도와 평형을 이루면서 턴디쉬의 작동 필요 높이로 용탕이 재충전된다. $t = 0$일 때에 두 가지 합금의 혼합이 턴디쉬에서 진행되는데, 충전 속도와 주조 속도에 따라 달라지며 두 가지 값 모두 증가하다가 정지값에 도달한다.

용용 금속이 턴디쉬에서 나오게 되면 금형에서 부분적으로 응고된다. 혼합 영역에서 주물의 성분은 1등급에서 2등급까지 점차적으로 변한다.

아래의 예제 3.4는 순차 주조에서 합금강 성분의 농도가 시간에 따라 어떻게 달라지는지를 단순화하여 보여준다. 주조 속도는 떨어지지 않았으며[그림 3.18 (a)] 턴디쉬의 용융 금속량이 주입래들 교환 과정에서 줄어들고 있지 않다[그림 3.18 (b)]. 아래 계산은 이 단계를 거치는 것이 얼마나 필요한지를 명백하게 보여주고 있다.

예제 3.4

연속 주조에서 주입래들을 이용하여 두 가지의 스테인리스 강을 순차적으로 주조한다. 주입래들 교환이 이루어지는 시점과 동시에 등급 분리기 판이 연속 주조 주형 안으로 삽입된다. 주입래들의 급속 교체 시점에 주조 속도는 일정하다고 가정한다.

합금 1에는 2.00 wt-% 몰리브덴이 함유되어 있는 반면에 합금 2의 몰리브덴 농도는 0.50 wt-%이다. 턴디쉬에서 1등급과 2등급 합금의 혼합은 짧은 시간에 완전하게 이루어진다고 가정하며 턴디쉬 용량은 1.0 m³이다. 슬래브의 크기는 0.20 m × 0.90 m이며 주조 속도는 0.60 m/min이다. 턴디쉬에서 금형으로 이어지는 탕구는 직선형이라고 가정하고 턴디쉬 안의 용탕량은 일정하다.

(a) 주조 속도 v_{cast}를 아는 경우에 시간 t의 함수로서 연속 주조 주형 출구에서부터 거리 z를 구하는 방법은 무엇인가?
(b) 연속 주조 주형 출구에서부터 거리의 함수로서 주형을 벗어나는 주편의 몰리브덴 농도를 계산하고 해당 함수를 그래프를 통해 설명하라. 새로운 주입래들이 개방되는 시간은 $t = 0$으로 정의한다.
(c) 주편 간의 혼합 영역을 줄이기 위해 동원할 수 있는 수단은 무엇인가?
(d) (b)와 같은 질문이지만 단지 차이점은 등급 분리기를 사용하지 않는다는 것이다. 턴디쉬와 연속 주조 주형 양쪽 모두에서 1등급과 2등급 합금의 혼합은 짧은 시간에 완전하게 이루어진다고 가정하며 금형의 높이는 0.70 m이다.

풀이

(a) 주조 속도는 주편의 속도와 동일하다.

$$z = v_{strand}\, t = v_{cast}\, t \qquad (1')$$

여기에서 $v_{cast} = 0.60$ m/min $= 0.010$ m/s이다.

(b) 턴디쉬에서의 몰리브덴 균형:
등급 분리기 판을 사용하면 턴디쉬와 금형에서의 용탕 조성이 동일해지게 된다. 금형 안에 있는 오래된 용탕과의 혼합은 불가능하다. 경과 동안에 용탕은 dt 시간 동안만 이동하므로 시간 t에서 턴디쉬 안의 몰리브덴 성분의 수지를 분석한다. 명칭은 그림에 표시되어 있다.

시간 t에서 턴디쉬 안의 균일 용탕의 조성은 c_{out}이다.

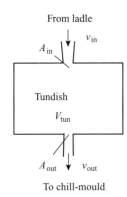

From ladle

A_{in} v_{in}

Tundish

V_{tun}

A_{out} v_{out}

To chill-mould

$$V_{tun}\,dc_{out} \quad = A_{in}v_{in}dt\,c_{in} \quad - A_{out}v_{out}dt\,c_{out} \quad (2')$$

Increase of the amount Mo in the tundish during the time dt	Added amount of Mo coming from the ladle during time dt	Lost amount of Mo due to the outflow from the tundish during time dt

여기에서 $t \geq 0$일 때 $c_{in} = c_2$

연속성의 원리에 따라 아래의 식이 성립한다.

$$A_{in}v_{in} = A_{out}v_{out} \qquad (3')$$

식 (2')와 (3')를 통해 아래 식이 주어진다.

$$V_{tun}\,dc_{out} = A_{out}v_{out}\,(c_{in} - c_{out})\,dt \qquad (4')$$

이로부터 아래의 적분식이 만들어진다.

$$\int_{c_1}^{c_{out}} \frac{dc_{out}}{(c_{in} - c_{out})} = \frac{A_{out}v_{out}}{V_{tun}} \int_0^t dt \qquad (5')$$

위 적분식의 하한은 $t = 0$일 때 $c_{out} = c_1$이고 해는 아래와 같다.

$$-\ln\frac{(c_{in} - c_{out})}{(c_{in} - c_1)} = \frac{A_{out}v_{out}}{V_{tun}}\,t$$

또는

$$\ln\frac{(c_{out} - c_{in})}{(c_1 - c_{in})} = -\left(\frac{A_{out}v_{out}}{V_{tun}}\right)t \qquad (6')$$

At $t \geq 0$일 때 $c_{in} = c_2$를 식 (6')에 대입하면 아래 식이 된다.

$$c_{out} = c_2 + (c_1 - c_2)\exp\left(-\frac{A_{out}v_{out}}{V_{tun}}\right)t \qquad (7')$$

c_{out}은 레벨 분리판이 있을 때 연속 주조 주형의 주입구와 출구에서의 몰리브덴 농도이기도 하다.

연속성의 원리 $v_{out}A_{out} = v_{strand}A_{strand} = v_{cast}A_{strand}$와 $z = v_{cast}t$ 관계를 식 (7')에 대입하면 아래의 식이 구해진다.

$$c_{out} = c_2 + (c_1 - c_2)\exp\left(-\frac{A_{strand}v_{cast}\,t}{V_{tun}}\right)$$

$$= c_2 + (c_1 - c_2)\exp\left(-\frac{A_{strand}\,z}{V_{tun}}\right) \qquad (8')$$

아는 값을 대입하면 아래의 식으로 변환된다.

$$c_{out} = [0.50 + 1.50\exp(-0.18\,z)]\ \text{wt-}\%$$

이 함수는 이 예제의 답란에 제시되어 있다.

(c) 식 (8')는 ($t = \infty$일 때 $c_{out} = c_2$)이기 때문에 혼합 영역이 무한대임을 보여준다. 실제로 v_{tun}이 작고 v_{out}이 크면 이 식은 짧아진다. v_{out}은 일정하다. 턴디쉬가 새로운 조성의 용탕으로 충전이 될 때에 턴디쉬 안의 용탕량은 주입래들 교환 전에 가능한 한 많이 줄어들어야 한다.

(d) 연속 주조 주형에서의 몰리브덴 물질 수지

레벨 분리판이 없다면 식 (8')는 더 이상 주편 내부의 조성을 계산할 수 없다. c_{out}의 조성을 갖고 턴디쉬에서 나오는 혼합 용탕은 연속 주조 주형 안의 용탕과 혼합되어 새로운 조성 c_{strand}를 생성한다.

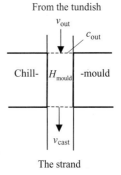

From the tundish

v_{out} c_{out}

Chill- H_{mould} -mould

v_{cast}

The strand

시간의 함수로서 연속 주조 주형 안의 몰리브덴 농도에 대한 미분 방정식은 아래의 내용처럼 바꿔서 도출할 수 있다.

식 (4')의 V_{tun}을 V_{mould}로
식 (4')의 A_{out}을 A_{strand}로
식 (4')의 v_{out}을 v_{cast}로
식 (4')의 c_{in}을 c_{out}으로
식 (4')의 c_{out}을 c_{strand}로

연속성의 원리에 의하면 아래의 식을 얻게 된다.

$$v_{out}A_{out} = v_{strand}A_{strand} = v_{cast}A_{strand}$$

이 모든 것을 대입하면 아래의 관계식을 얻게 된다.

$$V_{mould}dc_{strand} = A_{strand}(c_{out} - c_{strand})v_{cast}dt \qquad (9')$$

(8') 방정식에 의하면 c_{out}은 z의 함수이다. 이 함수를 미분 방정식 (9')에 대입하면 아래 식을 얻게 된다.

$$V_{mould}dc_{strand}$$
$$= A_{strand}\left(c_2 + (c_1 - c_2)\exp\left(-\frac{A_{strand}z}{V_{tun}}\right) - c_{strand}\right)dz \qquad (10')$$

$V_{mould} = A_{strand}H_{mould}$의 관계식을 이용하면 아래처럼 바꿀 수 있다.

$$\frac{dc_{strand}}{dz} = \frac{1}{H_{mould}}\left(c_2 + (c_1 - c_2)\exp\left(-\frac{A_{strand}z}{V_{tun}}\right) - c_{strand}\right) \qquad (11')$$

식 (11')의 해는 아래와 같다.

경제 조건: $z = 0$일 때 $c_{strand} = 2.0$ wt-%

답

(a) $z = v_{cast}t$

(b) $c_{out} = c_2 + (c_1 - c_2)\exp\left(-\frac{A_{strand}z}{V_{tun}}\right)$

(c) 턴디쉬 안의 용탕량은 주입래들 교환 전에 가능한 한 많이 줄어들어야 한다. 다른 품질의 용탕을 바꾸기 전에 턴디쉬 안의 용탕량을 줄이는 것이 중요하다.

(d) z의 함수로서 c_{strand}는 알고 있는 수치 값을 위의 방정식에 입력해서 구할 수 있으며 아래에 도식화되어 있다. 레벨 분리판이 없어지면 몰리브덴 농도가 약간 높아진다.

아래쪽 곡선:

$$c_{out} = [0.50 + 1.50\exp(-0.18z)]\text{ wt-\%}$$

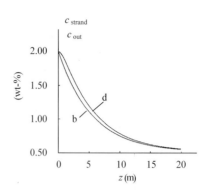

위쪽 곡선:

$$c_{strand} = [0.50 + 1.716\exp(-0.18z) - 2.16\exp(-1.43z)]\text{wt-\%}$$

3.6   탕구계에서의 개재물 제어-세라믹 필터

주조 공정에서는 용탕이 주형 캐비티에 들어가기 이전에 슬래

$$c_{strand} = c_2 + \frac{(c_1 - c_2)\exp\left(\dfrac{A_{strand}z}{V_{tun}}\right)}{1 - \left(\dfrac{A_{strand}H_{mould}}{V_{tun}}\right)} + \left((c_1 - c_2) - \frac{c_1 - c_2}{1 - \left(\dfrac{A_{strand}H_{mould}}{V_{tun}}\right)}\right)\exp\left(-\frac{z}{H_{mould}}\right) \qquad (12')$$

그 개재물, 주형 침식물 및 용탕에서 나오는 불필요한 입자를 분리하는 것이 필요하다. 용탕과 불순물 간에 농도 차이가 충분히 있는 경우에는 가벼운 불순물 입자가 떠다닐 수 있고 용탕(그림 3.19)으로부터 분리되어 있을 수 있는 주입구의 위쪽 가압실에서 분리 작업을 간단하게 진행할 수 있다. 다른 방법으로는 원심분리법이 있다.

불순물과 용탕 간의 농도 차이가 작은 금속인 경우에는 필터링을 할 수 있다.

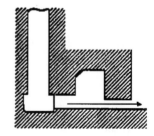

그림 3.19 기계적 불순물 포집. Butterworth Group, Elsevier Science의 허락을 얻어 인용함.

선회 포집

고품질 주물의 생산에 있어서 기본적인 요구 사항은 슬래그 개재물와 드로스(dross) 결함을 최소화하는 것이며 두 가지 다른 방법을 통해 달성할 수 있다.

- 모든 부위에서 용탕의 흐름이 가능한 한 층류가 되도록 탕구계를 설계할 수 있다. 층류는 금속과 주형/공기 사이에서 일어날 수 있는 반응을 최대한 낮은 수준으로 유지해 주고 그럼으로써 슬래그 형성이 최소화된다.
- 주형 안으로 들어가는 모든 종류의 비금속 개재물을 방지하기 위해 몇 가지 추가 장비를 탕구계 안에 설치할 수 있다.

두 번째 방법을 소위 '선회 포집'이라고 하며 금속성 시스템의 용탕으로부터 개재물을 분리하기 위해 사용할 수 있다. 용탕보다 가벼운 개재물을 원심 분리하기 위해 설계된 것이 선회 포집이다. 입자는 함께 모여서 떠다니는 트랩 중앙부로 향하게 된다. 그림 3.20 (a)와 (b)는 선회 포집의 원리를 보여준다.

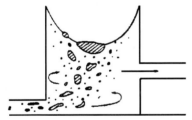

그림 3.20 (a) 작동 중인 선회 포집. 가벼운 슬래그와 드로스가 트랩 중앙부에 모아지고 있다. Elsevier Science의 허락을 얻어 인용함.

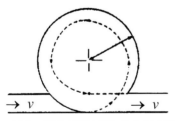

그림 3.20 (b) 선회 포집의 청정 작업 후에 앞으로 움직이는 용융 금속. Elsevier Science의 허락을 얻어 인용함.

알루미늄 및 마그네슘과 같은 금속의 산화물은 해당 금속 자체보다 농도가 높기 때문에 선회 포집 기술은 이런 금속에는 사용할 수가 없으며 이런 금속에는 세라믹 필터를 사용할 수 있다.

탕도 연장

탕도는 종종 마지막에 있는 주입구를 넘어 약간 연장되기도 하며(그림 3.21) 이것을 탕도 연장이라고 부르는데 첫 번째로 탕구계에 충전되는 금속을 그 이후에 충전되는 금속과 분리하기 위한 용도이다. 첫 번째로 충전되는 주입래들의 금속에는 불순물이 포함되어 있고 표면에 떠다니기 때문에 질이 가장 떨어진다. 게다가 동시에 앞에 있는 차가운 용탕을 멀리 우회시킨다. 그래서 예열이 된 탕구계에 충전을 할 때에만 주형 제작에 도움이 된다.

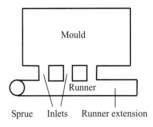

그림 3.21 연장 탕도가 있는 탕구계.

연장 부위에서 순환이 일어나지 않도록 탕도 연장이 설계되는데 첫 번째로 충전되는 용탕이 주형 안으로 들어가지 않도록 해준다.

세라믹 필터

세라믹 필터는 주물 순도 개선 및 주물 생산 가격 절감을 위해 주조 산업에서 폭넓게 사용되고 있다. 세라믹 필터는 탕구계에 속하며 주물의 물리적 특성과 모양을 심각하게 손상시킬 수 있는 슬래그 개재물, 드로스, 기타 비금속 입자를 제거한다. 입자에 자주 포함되는 것들은 아래와 같다.

- 용해, 금속 이동 및 주입 과정에서 생기는 산화물
- 용해로와 래들에서 오는 내화성 입자
- 탕구계에 있는 내화성 입자
- 야금 작업으로부터의 반응 생성물
- 미세구조 변경을 위해 용용 금속에 추가되는 융해성 금속 및 비금속 입자

이런 입자 또는 개재물은 주물의 금속 기지조직에 불연속성으로 작용하고 아래와 같은 여러 가지 불필요한 영향을 미친다.

- 인장 강도의 감소
- 가공 공정상의 문제점
- 표면 품질의 감소
- 후속 표면 처리에 영향

전통적인 방법에서는 선회 포집이나 원심분리법으로 용융 금속에서 불순물을 분리하기 위해서 탕구계를 설계한다. 세라믹 필터는 다른 분리법의 우수한 대체 방법이며 불순물과 용탕 간에 농도 차이가 작을 때에 유용한 유일한 방법이다.

장점
세라믹 필터가 올바르게 설치되면 원하지 않는 입자가 주형 공동부에 들어가기 전에 잘 포집되고 아래의 장점을 제공한다.

- 용탕 내 개재물의 감소
- 주물 가공성 개선
- 주물의 물리적 특성 개선
- 주조법에 대한 보다 높은 신뢰성

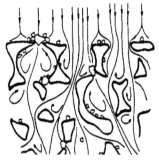

그림 3.22   세라믹 필터에서 용탕의 흐름.

필터링(그림 3.22)은 다음의 두 가지 메커니즘을 기반으로 한다. (i) 물리적 여과 (ii) 화학적 친화력.

세라믹 필터가 적절하게 설치되면 용탕의 흐름을 크게 방해하지 않는다. 탕구계는 특히 세라믹 필터를 포함하여 설계가 된 경우에는 전통적인 분리 장치보다 더 효과적이다.

필터의 유형
세라믹 소재는 용탕의 온도를 견뎌낼 수 있는 유일한 소재로서 아주 다양한 형태로 이용할 수 있다(그림 3.23). 대부분의 세라믹 필터에서 정면의 개방 영역은 단면적의 60~85%를 차지한다. 필터[그림 3.23 (c)와 (d)]를 쓰게 되면 스트레너를 쓸 때보다 흐름에 있어서 난류가 훨씬 줄어든다[그림 3.23 (a)].

세라믹 필터의 구조에는 다음처럼 두 가지가 있다. (i) 긴 직선형 수평 구멍이 있는 압출 형태 (ii) 개기공 발포제.

개기공 발포재는 대략 0.5~2 mm의 평균 기공 크기를 갖고 있으며 세라믹 슬러리로 플라스틱 발포재를 함침하여 만들어지는데, 세라믹의 강도 개선을 위해서 남는 슬러리를 짜내고

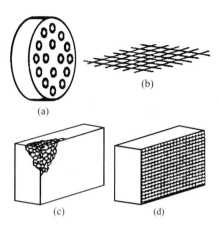

그림 3.23   필터 유형: (a) 스트레너, (b) 부직포, (c) 세라믹 거품, (d) 압출 블록. Elsevier Science의 허락을 얻어 인용함.

플라스틱을 제거한다.

탕구계에서 세라믹 필터의 설치
내장형 세라믹 필터가 내장되는 최적의 탕구계 설계는 아래에 열거된 원리를 따른다.

- 필터는 최적의 위치에 설치되어야 한다.
- 주형 충전 시간은 일정해야 하며 필터로 인해 영향을 받지 않아야 한다.
- 필터 유형은 해당 작업에 최적이어야 한다.
- 용탕이 필터를 통과할 때와 공동부 안에서 난류가 최소화 되도록 탕구계가 설계되어야 한다.
- 탕구계 크기는 가능한 한 작아야 한다.

필터 유무에 관계없이 충전 시간을 일정하게 유지하려는 경우에는 탕도 면적을 크게 하거나 탕구 높이를 키우는 두 가지 방법이 있다. 두 번째 방법은 마모도가 커지고 탕구계에서 모래가 더 많이 필요하기 때문에 나쁜 방법이 될 수 있다.

첫 번째 방법은 슬래그 개재물 제거에 유리하다. 탕구계에 필터가 설치되면 탕도 면적은 종종 $\sqrt{2}$배만큼 커진다. 그림 3.24는 적절한 배치 사례를 보여주고 있다. 만약 필터가 거칠면 탕도 면적을 $\sqrt{2}$배보다 적게 키워야 하고, 고우면 $\sqrt{2}$배 이상으로 키워야 한다.

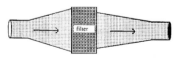

그림 3.24   세라믹 필터의 적절한 위치와 탕도 내 세라믹 필터의 형태.

통상적으로 용탕이 세라믹 필터를 적시지는 않는다. 만약 필터가 지나치게 미세하면 용탕과 초기 상태의 필터 사이에 작용하는 표면장력으로 인해서 처음의 용탕이 통과하는 데 문제가 발생할 수 있다. 거친 필터는 작은 개재물을 제거할 때에 덜 효과적이지만 커다란 산화물 막의 양을 줄인다.

3.7 최대 유동성 길이

3.7.1 최대 유동성 길이의 정의

양산을 고려한 주조 공정에서는 최적의 방법으로 주조법을 설계하는 것이 가장 중요하다. 용탕은 주형을 신속하고 안전하게 충전해야 하고 가능한 한 빠르게 응고되어야 한다.

용탕에 적절한 온도를 선택하는 수단으로서, 주형을 완전하고 신속하게 충전하기 위한 용탕의 기능을 아는 것이 유용하다. 이런 특성의 실질적인 수단으로서 최대 유동성 길이라는 개념이 도입되었다.

이 개념은 결코 잘 정의된 것이 아니고 최대 유동성 길이를 측정하는 방법은 크게 논란이 되고 있다. 주조공장의 작업자는 이 특성에 가장 관심이 많은데, 최대 유동성 길이라고 하기보다는 주형 충전 성능이라고 부르는 것이 보다 정확하다.

이 책에서는 다음의 방법으로 최대 유동성 길이를 정의하기로 선택하였다.

최대 유동성 길이 L_f는 용탕이 응고되기 이전에 주어진 단면 면적의 관이나 탕로를 흘러가는 길이를 의미한다.

최대 유동성 길이는 용탕의 수많은 물성치와 상당 부분 용탕 온도에 따라 달라지며, 아래에 나와 있는 용탕 특성에 주로 의존한다.

- 온도
- 응고 모드
- 점성
- 조성
- 흐름속도
- 열전도성
- 융해열
- 표면장력

주물 구조도 역시 이에 영향을 미치는데 각각이 어떤 영향을 미치는지는 아래에서 알아보겠다.

3.7.2 최대 유동성 길이의 측정

위에서 설명한 정의와 밀접하게 연결되어 있으면서 최대 유동성 길이를 세심하게 측정하기 위해 이용하는 장비는 그림 3.25에 나와 있다.

긴 직선형 수정이나 금속관의 구부러진 끝단을 용탕 안으로 집어넣는다. 그리고 다른 끝단을 진공 펌프와 연결해서 용탕을 금속관 속으로 빨아들인다. 용탕이 관에서 응고가 되면 최대 유동성 길이 L_f를 직접 읽을 수 있다.

간단하지만 개략적으로 최대 유동성 길이를 측정하기 위해 현장에서는 나선형 사형을 쓰는 것이 일반화되어 있다. '압력 높이' h와 그로 인해 주입구에서 발생하는 용탕의 속도도 제어하기 위해서 주입 컵의 바닥에 필터를 설치한다.

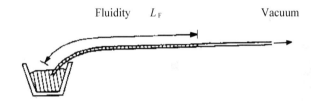

그림 3.25 최대 유동성 길이 측정용 실험실 장비. Elsevier Science의 허락을 얻어 인용함.

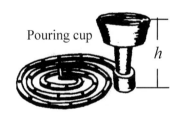

그림 3.26 간단하게 최대 유동성 길이를 측정하기 위한 나선.

$$v = \text{const} \sqrt{h} \tag{3.14}$$

여기에서 v는 나선 입구에서 배출되는 용탕의 속도, h는 나선보다 높은 위치에 있는 용탕 윗면까지의 높이를 의미한다.

용탕은 v의 속도로 나선에 흘러 들어가며 응고로 인해 정지한다. 최대 유동성 길이는 탕구로부터 응고된 용탕 정지점까지의 총 길이이며 나선의 뒷부분에 50 mm 간격으로 설치되는 물체를 통해서 길이를 쉽게 읽을 수 있다(그림 3.26). 측정값의 불확실성은 나선에 흘러 들어가는 용탕 흐름으로부터 주로 시작된다.

3.7.3 탕도를 거치는 용탕의 온도 감소

최대 유동성 길이에 가장 큰 영향을 주는 것은 흘러 들어오는 금속의 온도이며 주형의 냉각 능력도 강력하게 작용한다.

　냉각과 응고 과정에서 용탕에 발생하는 열전달과 온도 감소는 4장에서 폭넓게 다루고 있다. 여기에서는 탕도를 관통해서 흐르는 용탕의 온도에 대해 짧게 다루려고 한다. 용탕의 온도는 탕구 입구에서 떨어진 거리에 따라 대략 선형적으로 감소한다.

　그림 3.27의 윗부분에 소개된 내용은 탕구의 단면도이며 해당 온도의 특성은 아래 목록에 나온 온도에 따라서 분류된다.

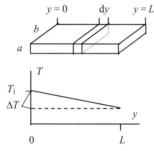

그림 3.27　탕구에서의 온도 감소 도해.

T_i : $y = 0$인 탕구 입구에서의 용탕 온도

T : 탕구 입구에서 y 거리만큼 떨어진 곳에서의 용탕 온도

T_0 : 주형의 온도(그림에 미표시)

예제 3.5

상기 그림 3.27에 의거해서 탕도의 온도 감소에 대한 수식을 유도하라. 용융 금속 농도 ρ_L과 비열 c_p^L는 알고 있다. 용탕과 주형 사이의 접촉면에서 단위 시간당 열전도는 소위 열전달 계수 h로 표현하며 이때 A는 단면적을 의미한다.

$$\frac{dQ}{dt} = hA\,(T - T_0)$$

풀이

입구로부터 y만큼 거리가 떨어져 있는 용탕의 얇은 층을 고려하고 부피 요소에 대한 열수지를 계산해 보자. x와 z 방향으로의 열전달은 무시해도 되며 부피 요소 표면과 수직인 y 방향으로 방출되는 열만을 고려한다.

　dt 시간 동안 온도가 dT만큼 떨어질 때에 부피 요소가 방출하는 열량은 주형이 흡수하는 열량과 동일하다. 기본 식인 $cm\,dt = hA(T - T_0)dt$을 사용해서 열수지에 대해 아래의 식을 얻게 된다.

$$c_p^L\,(\rho_L ab\,dy)\;dT = h\,[(2a + 2b)\;dy]\;(T - T_0)\;dt \qquad (1')$$

식 (1')로부터 아래처럼 시간에 대한 온도의 미분식을 얻을 수 있다.

$$\frac{dT}{dt} = \frac{2h(a + b)(T - T_0)}{\rho_L c_p^L ab} \qquad (2')$$

온도는 식 (2')를 적분해서 계산이 가능하다.

$$\int_{T_i}^{T} \frac{dT}{(T - T_0)} = \frac{2h(a + b)}{\rho_L c_p^L ab} \int_0^t dt \qquad (3')$$

얇은 층이 $y = 0$로부터 $y = L$까지 이동하는 데 걸리는 시간은 아래와 같다.

$$t_L = \frac{L}{v} \qquad (4')$$

여기에서 v는 용탕의 속도이다.

　그림 3.27에 나온 것처럼 온도 곡선은 종종 직선으로 근사화될 수 있는데 이 경우에는 적분을 할 필요가 없다. dt를 t_L로 dT를 ΔT로 바꿀 수 있고 그러면 아래의 식을 얻게 된다.

$$\Delta T = \frac{2h\,(a + b)\,(T - T_0)\,L}{\rho_L c_p^L ab\,v} \qquad (5')$$

답

탕도에서의 온도 감소는 아래의 식처럼 대략적으로 결정된다.

$$\Delta T = \frac{2h\,(a + b)\,(T - T_0)\,L}{\rho_L c_p^L ab\,v}$$

명칭 내용은 45쪽에 나와 있다.

3.7.4 액상 금속의 구조

주물 소재의 특성과 결정 격자 내부의 원자와 이온 사이에 작용하는 힘은 열전도성, 융해열, 점성, 표면장력과 같은 거시적 특성의 기반이다.

　이 절에서는 앞에서 언급한 물성치에 대한 배경으로서 용융 금속의 원자 구조에 대해 알아보려고 하는데 이것은 최대 유동성 길이와 관련하여 중요한 사항이다.

　소재 구조를 조사하는 데 있어서 가장 중요하고 흔하게 쓰이는 방법은 엑스레이 회절이다. 실질적인 야금법에서는 디바이-셰러 분말법(Debye-Scherrer powder method)이 자주 사용된다.

　모든 결정성 물질, 그중에서도 고체 금속은 해당 요소에 특

표 **3.1** 배위수와 원자 간 거리

요소	고체 상태		액체 상태	
	배위수	가장 가까운 거리(nm)	배위수	가장 가까운 거리(nm)
Na	8	0.372	9.5	0.370
Mg	12	0.320	10.0	0.335
Al	12	0.286	10.6	0.296
Ge	4	0.245	8.0	0.270
Sn	4	0.303 0.318	8.5	0.327
	2	0.350	8.5	0.270
Pb	12	0.309	8.0	0.340
Bi	3.3	0.353	7.8	0.332
	3.3	0.356	7.8	0.332
Cu	12	0.289	11.5	0.257
Ag	12	0.286	10.0	0.286
Au	12		8.5	0.285

유하고 구체적이기도 한 다수의 예리하고 좁으며 단색선으로 이루어진 엑스레이 분광을 갖고 있다. 이 선들의 파장과 강도로부터 아래 내용을 계산할 수 있다.

- 소재의 결정 구조
- 가까운 원자와의 거리
- 가장 가까운 이웃 원소, 즉 원소의 배위수

고체 금속의 결정 구조는 광범위한 연구 주제가 되어왔다. 용융 금속의 구조에 대한 조사를 통해 기대하지 않은 결과도 파악했다.

금속 용융에 있어서의 대체적인 생각은 결정 격자 내 금속 양이온 사이의 강력하고 영구적인 결합이 완전하게 끊어지고 액상 금속 내부에서 이온 상호 간에 자유롭게 이동할 수 있다는 것이다. 액상 금속은 특유의 엑스레이 회절 분광도 갖고 있다. 예리한 선 대신에 금속의 구조와 관련하여 결론을 도출할 수 있는 여러 가지 다양한 최댓값을 얻을 수 있으며 이 결과는 액상 금속 구조에 대한 관념을 바꿀 수 있다.

액상 금속 안에서조차 확실한 단거리 순서가 존재한다. 각각의 금속 이온은 결정 격자와 마찬가지로 '가장 가까운 이웃 원소', 즉 원소의 배위수를 갖고 있다. 또한 액상 금속 안에서 가장 가까운 이웃 원소까지의 거리를 계산하는 것도 가능한 상황이다. 액상 금속은 전자 플라스마에서 쉽게 이동하는 이온으로 묘사할 수 있다.

가까운 이웃 원소까지의 거리 수치와 배위수(첫 번째 셀에서 가까운 이웃 원소까지의 수치)는 표 3.1에 어느 정도 상세

하게 설명되어 있다.

- 조밀하게 채워진 구조를 가지고 있으며(가까운 이웃 원소까지의 짧은 거리) 용융 시점에서 높은 배위수 변화가 비교적 적은 금속
- 구조가 복잡하며 융합 시점에서 낮은 배위수가 구조를 강력하게 바꿔주는 금속. 배위수가 크게 증가한다.

조밀하게 채워진 구조를 가진 금속은 용융 시점에서 부피가 3~5%만큼 증가한다. 반면에 결정 구조가 복잡한 금속은 용해 시점에서 수축할 수도 있다. 해당 금속은 일상적이며 조밀하게 채워진 구조를 가진 금속과 유사한 구조와 특성을 획득한다.

3.7.5 온도와 성분 함수로서의 점성과 최대 유동성 길이

용탕 최대 유동성 길이는 용탕의 점성이나 흐름의 용이성에 크게 의존한다. 두 번째로 용탕의 점성은 그 온도와 성분에 강하게 의존한다. 이런 문제들을 알아보기 전에 점성의 개념을 정의하고 나중에 필요할 몇몇 관계를 유도할 것이다.

점성

넓은 두 평행판 사이의 유체 흐름
넓은 두 평행판 사이의 중간 거리는 평평한 수평층 내부를 흐르는 유체로 채워진다. 가장 하부에 있는 판에서의 속도는 0이고 그림 3.28에 있는 것처럼 선형적으로 증가한다. 각 층에 있는 유체 입자는 동일한 속도로 움직인다.

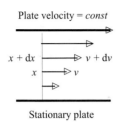

그림 3.28 넓은 두 개 평행 판 사이의 층류. 한 개는 고정판이고 다른 한 개는 일정한 속도로 움직이는 판.

서로 다른 속도로 움직이는 층에 있는 원자들 간의 인력은 해당 층 간에 마찰력을 일으킨다. 마찰력 F는 접촉면의 넓이 A와 속도 기울기 dv/dx에 비례한다.

$$F = \eta A \frac{dv}{dx} \qquad (3.15)$$

이는 점성을 정의하는 방정식이며 η은 동적 점성 상수라고 부른다[1](SI 단위=1 poise = 0.1 N s/m^2).

점성 상수 η이 커질수록 유체는 더 천천히 흐른다. 유체에 있는 원자 간의 힘이 약해질수록 점성은 작아진다. 유체의 내부 마찰은 점성으로 간주할 수 있다.

관에서의 유체 흐름 – 유속의 계산

관 속을 흐르는 모든 유체가 같은 속도를 갖는 것은 아니다. 유체가 관의 벽과 접촉하는 부위에서는 속도가 0이며 중앙의 속도가 가장 크다. 우리는 반지름과 관 속을 흐르는 유체의 흐름 함수로서 입자 속도를 결정하고 단위 면적당 평균 유속식을 유도하려고 한다.

우리는 유체가 관 속에서 난류를 일으키지 않고 흐른다고 가정한다. 이것은 위에서 설명한 것처럼 서로 간에 관련되면서 미끄러지는 층을 갖고 있다는 것을 뜻한다. 우리는 이 경우에 원통형 셀을 부피 입자로 선택한다. 그런 셀 안에서 모든 입자는 같은 속도로 움직이며 위처럼 셀 간의 원자는 서로를 끌어당김으로써 외부면을 따라 마찰력이 작용한다. 그림 3.29는 관 단면에서의 정상류 패턴을 보여준다.

흐름이 유동적이고 마찰이 발생하기 때문에 이를 유지하기 위한 구동력이 있어야 한다. 마찰 손실을 보상하기 위해 관의 양쪽 끝 사이에는 필요한 작업을 공급해 주는 압력 차이가 있어야 한다(그림 3.30). 관의 양쪽 끝 사이의 압력차는 유체가 흐르는 방향으로 작동하는 net force F_p의 원천이다.

---

[1] 동적 점성 계수는 η/ρ로 정의한다.

그림 3.29 관 단면에서의 정상류 패턴.

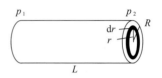

그림 3.30 실린더 요소 양쪽 끝에서 압력.

$$F_p = (p_1 - p_2)\, \pi r^2 \qquad (3.16)$$

p_1 = 실린더 왼쪽 끝에서의 유체 압력
p_2 = 실린더 오른쪽 끝에서의 유체 압력
r = 실린더 요소의 반지름

점성에 의해 만들어지는 저지 마찰력 F_η은 실린더 요소의 외부면을 따라 마찰력이 작용한다.

$$F_\eta = -\eta \frac{dv}{dr}\, 2\pi rL \qquad (3.17)$$

흐름이 유동적이기 때문에 이 두 가지 힘의 벡터합은 0이어야 하고 그들의 크기는 동일하며 방향은 반대여서 다음의 식을 얻는다.

$$(p_1 - p_2)\, \pi r^2 = -\eta\, 2\pi rL \frac{dv}{dr}$$

이 식은 아래처럼 단순화될 수 있다.

$$\frac{dv}{dr} = -\frac{\Delta p r}{2\eta L} \quad \text{or} \quad \int_0^v dv = -\frac{\Delta p}{2\eta L} \int_R^r r\, dr$$

여기에서 R은 관의 반지름이며 아래의 식을 얻는다.

$$v = \frac{\Delta p}{4\eta L}\, (R^2 - r^2) \qquad (3.18)$$

dt 시간 동안에 실린더 요소를 통해서 흐르는 부피 dV는 아래의 식으로 표현된다.

$$dV = 2\pi\, dr\, vdt$$

모든 실린더 요소의 합계는 단위 시간에 각 단면을 통과하는 총 유속, 즉 유체의 부피를 제공한다.

$$\frac{dV}{dt} = \int_0^R 2\pi \, vrdr = \frac{2\pi \, \Delta p}{4\eta L} \int_0^R r \left(R^2 - r^2\right) dr$$

그리고 아래 식은 총 유속의 식이다.

$$\frac{dV}{dt} = \frac{\pi R^4 \Delta p}{8\eta L} \qquad \text{Hagen−Poiseuille law} \qquad (3.19)$$

Hagen-Poiseulle 식을 통해서 πR^2으로 나눈 단위 면적당 평균 유속을 얻는다. 평균 유속은 아래와 같다.

$$\left(\frac{1}{\pi R^2}\right)\left(\frac{dV}{dt}\right) = \frac{R^2 \, \Delta p}{8\eta L} \qquad (3.20)$$

온도 함수로서의 액상 금속의 점성

점성 및 이로 인한 최대 유동성 길이는 용탕 온도에 크게 의존한다. 순금속에게 점성 상수 η_M는 절대 용융점 온도 T_M, 원자의 무게 M 그리고 몰 부피 V_m (m³/kmole)의 함수이다. 모든 수량을 SI 단위로 표현하면 다음의 식이 얻어진다.

$$\eta_M = 0.612 \sqrt{(T_M M)} \; V_m^{-2/3} \qquad (3.21)$$

표 3.2에 나와 있듯이 실험값과 이론값은 서로 잘 일치되고 있다.

표 3.2 점성 계수의 실험값과 계산값 사이의 비교

Melt	$\eta_{exp}(\times 10^{-3})$	η_{theor} (N s/m²)
Li	0.60	0.56
Na	0.69	0.62
Sn	2.1	2.1
Cu	4.1	4.2
Ag	3.9	3.9
Fe	5.0	4.9
Ni	4.6	5.0

일정한 압력과 여러 가지 온도값 T에서 점성 측정을 통해 η을 계산하고, 여러 가지 금속을 상대로 $1/T$에 대해 $\ln \eta$을 표시하며 각 금속에 대해 직선을 얻게 된다. η과 T의 관계는 수학적으로 아래처럼 표기할 수 있다.

$$\eta = \eta_0 \exp\left(-\frac{Q_\eta}{RT}\right) \qquad (3.22)$$

이 식에서 Q_η은 일정하고 각 액상 금속에 대한 고윳값을 갖는다(표 3.3의 내용 참조). 온도가 올라갈수록 점성 상수는 떨어

진다. 용융 금속이 쉽게 흐를수록 최대 유동성 길이는 길어지게 된다.

표 3.3 몇 가지 일반 금속의 몰 에너지

Metal	Q_η
Hg	5.27×10^7
Na	1.02×10^7
Sn	1.22×10^7
Ag	3.14×10^7
Fe + 2.5 % Cu	7.12×10^7

조성 함수로서의 이원 합금 점성과 최대 유동성 길이

용탕이 쉽게 흐를수록 점성이 낮아지고 최대 유동성 길이는 길어진다. 금속 간 화합물을 생성하는 합금은 종종 금속간화합물의 일정 비율에 해당하는 조성에서 최대치의 점성을 보여주는데 이런 경우에 원자 간의 힘이 특히 강해지는 것으로 설명이 가능하다. 한 가지 사례로서 Mg‐Sn 시스템을 언급할 수 있다(그림 3.31). 이것은 높은 온도에서도 Mg₂Sn 조성에서

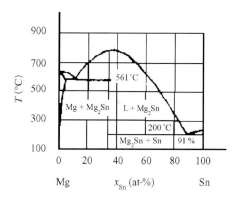

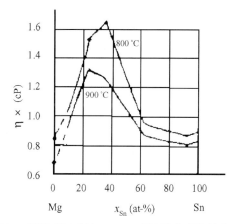

그림 3.31 다양한 온도에서 Mg‐Sn 시스템에 대한 상태도와 점성 등온선. Mg₂Sn 조성에서 최대 점성 발생. 공용 조성 91 wt-% Sn에서 최저 점성 발생. Elsevier Science의 허락을 얻어 인용함.

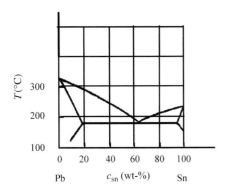

그림 3.32 (a)   Pb－Sn 상태도. 그림 3.32 (a)와 (b)를 비교해 보면 공정조성에서 최대 유동성 길이를 보여준다. Merton C. Flemings의 허락을 얻어 인용함.

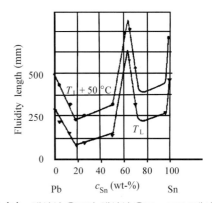

그림 3.32 (b)   액상선 온도와 액상선 온도 +50°C에서 Pb－Sn계의 최대 유동성 길이 등온선. Merton C. Flemings의 허락을 얻어 인용함.

최대의 점성을 갖는다. 공정조성(91 wt-% Sn)에서 이 시스템의 점성이 최대가 된다.

그림 3.32는 Sn 함량의 함수로서 다양한 온도에서 Pb－Sn에 대해 최대 유동성 길이를 보여준다. 최대 유동성 길이가 공정 조성에서 최고점을 보인다는 것을 그림 3.32 (b)를 통해 알 수가 있다. 모든 2원 합금에 대해 점성과 최대 유동성 길이를 측정하면 공정 합금에 대해 낮은 점성과 높은 최대 유동성 길이를 보여준다.

순금속처럼 응고 온도와 동일하게 하나의 융점을 갖고 있다는 것이 공정 합금의 특징이다.

다른 금속의 혼합물을 보면 고상과 액상이 다른 조성을 갖고 있으며 이는 응고 과정에서 액상선의 점진적 변화를 야기한다. 즉 액상선－고상선 간격이 커질수록 점성이 높아지고 최대 유동성 길이는 낮아진다는 것을 보여준다.

탄소 함유량의 함수로서 철 및 강철 합금의 최대 유동성 길이
합금 원소의 첨가물은 초기에 용탕의 최대 유동성 길이를 감소시키고 그 후에는 다시 증가한다. 이에 대한 대표적 예로는 서로 다른 탄소 함유량을 갖고 있는 다양한 용철과 용강이다.

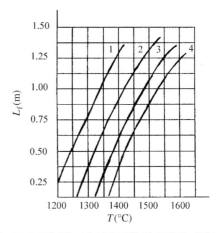

그림 3.33   표 3.4에 있는 네 가지 주철 및 주강에 대해 온도의 함수로서 최대 유동성 길이. Addison-Wesley Publishing Co. Inc.의 허락을 얻어 인용함.

그림 3.33는 네 가지의 상이한 철 및 강철 합금에 대한 몇몇 대표적인 최대 유동성 길이 곡선을 보여주고 있으며 이에 대한 자료는 표 3.4에 나와 있다.

그림 3.33에서 온도의 함수로서 용융 금속 1－4의 최대 유

표 3.4   용철 및 용강 합금 관련 자료

곡선 번호	아래 첨가물 포함 순철		주조 온도 (°C)	1299°C 이상에서의 온도 차이 (°C)	액상선 온도 (°C)	1177°C 이상에서의 액상선 온도 차이 (°C)
	% C	% Si				
1	3.6	2.08	1299	0	1177	0
2	3.04	2.10	1342	43	1226	49
3	2.52	2.00	1415	116	1276	99
4	2.13	2.07	1444	145	1312	135

동성 길이를 표시하였고 이 모든 금속에 대한 내용은 아래와 같다.

- 최대 유동성 길이는 온도에 따라 강력하면서 실질적으로 선형 증가한다.
- 주어진 온도에서 주철 1과 2는 주강 3과 4에 비해 긴 최대 유동성 길이를 갖는다.
- 곡선을 T축(최대 유동성 길이는 0)까지 외삽을 하면 곡선과 T축 사이에서 교차점이 만들어지며 이 교차점은 각 곡선의 액상선 온도와 동일하게 된다.

따라서 적절한 용탕 온도를 선택함으로써 각 합금에 대해 필요한 최대 유동성 길이를 확보할 수 있다.

3.7.6 최대 유동성 길이의 모델－임계 길이

최대 유동성 길이의 모델

실험 결과에 의하면 순금속 및 응고 구간이 작은 공정 조성과 응고 간격이 상대적으로 넓은 합금 조성 사이에는 응고 메커니즘에 있어서 틀림없이 깊은 차이가 있다는 것을 알게 된다(4장과 6장).

주어진 온도에서 용탕을 유동성 측정 주형에 주입하면 탕도의 벽을 통해 냉각된다. 이 열은 방사상으로 전도되고 온도가 액상선 온도 이하로 되면 주입구에 가까운 탕도의 벽에서 응고가 시작된다. 그다음에 응고열이 멀리 전도되는 열 평형 제어를 통해 응고 과정이 지속되는 반면에 용탕은 계속 흘러가게 된다. 탕도의 벽에서는 주상(columnar) 결정(6장)이 생기며 중심 쪽으로 커지게 된다. 용탕은 중간에 있는 보다 좁은 탕도를 향해서 움직인다(그림 3.34). 용탕이 100% 응고되면 탕도 내에서의 최종 완전 정지가 최대 유동성 길이를 결정한다.

I 모델

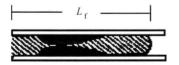

그림 3.34 I 모델 － 순금속과 공정 조성 합금의 응고 과정. Elsevier Science의 허락을 얻어 인용함.

응고 과정에 의해 I 모델(그림 3.34)은 순금속과 금속의 공정 조성 합금에 유효하며 용탕의 평균 속도가 v와 응고 시간 t_f에 의해 지정되면 아래의 식을 얻게 된다.

$$L_f = vt_f \qquad (3.23)$$

II 모델

넓은 액상선－고상선 간격(4장과 6장)을 가진 합금의 응고 과정은 순금속의 경우와 아주 다르다. 용융 금속의 온도가 떨어지면 응고 과정은 용탕 전체에 걸쳐서 수지상정 형성으로 시작된다. 조그만 수지상정이 둥글게 돌고 용탕은 점점 느리게 흐른다.

용탕 가장 앞쪽 면에서의 표면장력도 용탕의 전진을 방해한다(그림 3.35). 용탕의 약 50%가 수지상정으로 이루어지면 용탕의 전방 흐름이 중지된다는 것이 실험을 통해 밝혀졌다. 이 현상은 응고 시간의 절반에 걸쳐 발생한다.

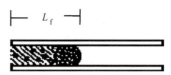

그림 3.35 II 모델 － 넓은 액상선－고상선 간격을 가진 합금의 응고 과정. Elsevier Science의 허락을 얻어 인용함.

용탕의 평균 속도가 v라고 하면 아래의 식이 구해진다.

$$L_f = \frac{vt_f}{2} \qquad (3.24)$$

임계 길이

유동성 길이 탕도의 순금속 응고 과정이 그림 3.36에 나와 있다. 탕도의 길이가 특정 임계 길이를 넘지 못하면 용탕은 고상을 녹여 자유스럽게 흐르게 되며 이 과정은 그림 3.37에 나와 있다.

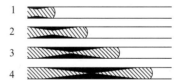

그림 3.36 순금속 또는 공정조성 합금의 응고 과정. Elsevier Science의 허락을 얻어 인용함.

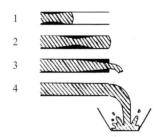

그림 3.37 탕도 길이가 임계 길이보다 작을 때의 순금속 흐름. Elsevier Science의 허락을 얻어 인용함.

넓은 액상선–고상선 간격을 가진 합금의 경우에 동일 온도에서의 임계 길이는 최대 유동성 길이보다 약간 짧을 뿐인데 해당 응고 과정이 순금속의 과정과 다르기 때문이다.

임계 길이보다 짧은 탕도의 경우에 수시상정 침전은 탕도에서 완전 정지를 야기하게 되는 50%를 결코 도달하지 않는다. 용탕은 지속적으로 자유롭게 흐르는데 그림 3.38에 그 과정이 나와 있다.

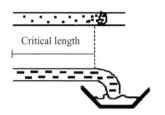

그림 3.38　넓은 응고 구간을 가진 합금의 임계 유동성 길이.

3.7.7　표면장력과 최대 유동성 길이

평형이 이루어질 때까지 유체 내부에 있는 원자(이온)의 인력으로 인해 유체 표면의 원자(이온)는 약간 안쪽으로 변위하며 해당 표면은 원자(이온)가 유체 내부보다 어느 정도 보다 촘촘하게 쌓이는 막으로 간주할 수 있다.

표면 증가를 위해 에너지 추가가 필요하다.

표면장력 = 단위 면적당 표면 에너지

그렇지 않으면 표면장력은 단위 길이당 힘으로 간주할 수 있다.

표면장력 = 단위 길이당 힘

유체 표면에서 가상의 절단이 이루어지면 표면장력과 동일한 단위 길이당 힘을 절단면의 양쪽에 가함으로써 힘을 함께 유지하는 것이 필요하다(그림 3.39). 표면장력의 두 가지 모델 모두 매우 유용하다. 용탕이 관 안에서 흐르는 현재 사례에서는 둘 중 하나를 사용할 수 있다.

그림 3.39　가상의 직선형 절단 후에 표면의 양 면을 함께 유지하기 위해 적용이 필요한 단위 길이당 힘. 해당 힘은 표면장력과 일치한다.

우리는 표면을 가능한 한 작게 유지하려 하고 커지는 것을 막으려는 경향이 있다는 견해에 집중할 수 있다. 그렇지 않으면 관의 외곽선을 따라 표면장력의 왕관 형태를 고려할 수 있다(예제 3.6의 그림 참조). 이 표면장력은 용융 금속의 진행을 방해하며 유동성 길이 탕도에서 용융 금속에 대한 장애를 의미한다. 이로 인해 늦게 발생하는 영향은 예제 3.6에 나와 있다.

예제 3.6

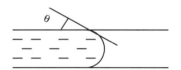

용탕이 폐쇄된 원형 탕도를 통해 흐른다. 표면장력 σ, 탕도 반지름 r, 용탕과 탕도 사이의 각도 θ의 함수로서의 표면장력으로 인한 지연력을 계산하라.

풀이

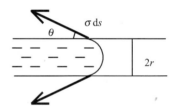

표면장력은 용탕의 자유 표면과 탕도 사이의 원형의 접선을 따라 작용한다. 표면장력은 자유 표면의 접평면에 있으며 그림에서 나온 것처럼 여러 방향으로 작용하고 이 그림에서 부분적으로 본 것처럼 뿔면 위에서 왕관 형태를 만든다. 길이 요소 ds에 작용하는 표면장력은 $\sigma\,ds$이다.

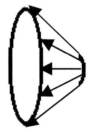

이 모든 힘들은 다른 방향을 갖고 있기 때문에 합력을 계산할 때에 벡터합을 사용하는 것이 필요하다. 가장 간단한 방법은 힘의 성분을 탕도의 방향으로 더하는 것이다. 대칭성 때문에 반경 방향 힘의 합력은 0이다.

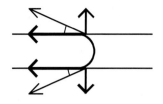

길이 요소 ds에 작용하는 해당 힘의 수평 성분은 아래와 같다.

$$dF_\sigma = \sigma \cos\theta\, ds$$

모든 표면장력의 벡터합은 선적분으로 기술할 수 있다.

$$F_\sigma = \oint ds = \sigma\, 2\pi r \cos\theta$$

답

지연력은 $2\pi r\sigma \cos\theta$이며 각도 θ가 작으면 $2\pi r\sigma$가 된다.

3.7.8 최대 유동성 길이와 주조

주조법은 빠르고 경쟁력이 있게 생산할 수 있는 방법이다. 이 주조법으로 생산할 수 있는 제품은 선박용 프로펠러 날개, 자동차 엔진 블록, 프라이팬과 재봉틀 같은 크고 작은 각종 일반 용도의 제품이다.

주물을 양산해야 하는 경우에 소재 엔지니어의 지상 과제는 최적의 공정 설계 방법이다. 고객의 요구, 제품의 적용 범위, 경제적 제약을 기초로 엔지니어는 소재의 성분, 용융 금속의 온도, 주형 소재 및 기타 다른 요소들을 선택해야 한다. 이것은 항상 장점과 단점 사이에서 절충하는 고민이 있다.

엔지니어는 담당 분야에서 열 특성, 농도, 점성, 표면장력, 상이한 소재들의 기계적, 화학적 특성 이외에 최대 유동성 길이 곡선과 상태도에 대한 자료의 형태로 전문가로서의 지식을 쌓게 된다.

소재의 선택

강보다 주철을 월등하게 많이 쓰는 이유는 주철이 Fe-C의 공정조성에 가까운 성분을 갖고 있기 때문이다. 동일 온도에서 주철은 강에 비해 훨씬 큰 최대 유동성 길이를 갖고 있다(그림 3.40). 게다가 그림 3.41과 그림 3.33으로부터 결론을 도출할 수 있는 것처럼, 주철은 강에 비해 훨씬 낮은 온도에서 생산할 수 있다.

알루미늄-구리 합금은 기계적 강도가 우수하지만 최대 유동 길이가 매우 짧아서 주조하기가 어렵다. 알루미늄-실리콘 합금은 공정점과 그 근처에서 주조하기 쉽지만 기계적 강도는

열악하다. 마그네슘이나 구리를 첨가하면 소재의 강도가 증가하나 최대 유동성 길이는 감소한다.

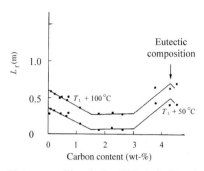

그림 3.40 일부 Fe-C 합금의 탄소 함유량에 따른 최대 유동성. 그림 3.41에도 수록. 과열도는 100°C와 50°C. Elsevier Science의 허락을 얻어 인용함.

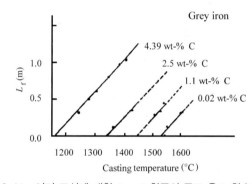

그림 3.41 여러 조성에 대한 Fe-C 합금의 주조 온도 함수와 최대 유동성의 관계. 최대 유동성 길이를 확보하려면 고탄소 합금(주철)보다 저탄소 합금(주강)에 훨씬 높은 온도가 필요하다. Elsevier Science의 허락을 얻어 인용함.

주입 온도의 선택

용탕 온도의 선택, 즉 액상선 온도 이상의 온도 선택은 제품의 품질에 가장 중요하다. 온도가 너무 낮으면 주형이 완전하게 충전되지 않을 위험성이 있으며 최종 제품에 탕주름(미스런)이 있을 수 있다. 온도가 너무 높으면 주형의 벽이 화학적으로 크게 영향을 받는다. 고체, 액체, 가스 등 반응 작용에 따라 생성되는 물질이 주물에 포함될 수 있고 주물 표면은 거칠면서 울퉁불퉁할 수 있다.

전체 주조 공정에서 유지해야 할 주입 온도의 온도 간격을 구체화하는 것이 필요하며 이 간격이 좁을수록 표면의 마감이나 균일성 측면에서 보다 우수한 주물이 얻어지게 된다.

얇고 작은 제품을 주조하는 경우에는 주조 온도가 액상선 온도보다 175°C 내지 275°C 높게 맞춰지고, 기계 부품처럼

크고 무거운 제품의 경우에는 액상선 온도보다 50°C 내지 175°C 낮게 맞춰지는 것이 좋다. 용탕의 온도를 높이는 것 이외의 주조 공정 중에 최대 유동성 길이를 크게 유지할 수 있는 방안들이 있다.

예를 들어 사형에서 도형제(흑연 또는 세라믹)를 통해 열전도율을 낮추면, 용융 금속은 좀 더 천천히 냉각이 되어 이 경우에 최대 유동성 길이는 2배나 3배만큼 증가할 수도 있다.

요약

기본 유체역학

연속성의 원리:
$$A_1\,v_1 = A_2\,v_2$$

층류에서의 베르누이 법칙

용융 금속의 층류에서 마찰 손실을 무시하면 베르누이 법칙이 유효하다.

$$p_1 + \rho g h_1 + \left(\frac{\rho v_1^2}{2}\right) = p_2 + \rho g h_2 + \left(\frac{\rho v_2^2}{2}\right) = \text{const}$$

특별상황: 용융 금속의 배출 속도는 쇳물목 바닥 구멍 위의 자유 표면 높이에 의해 결정된다.

$$v = \sqrt{2gh}$$

하향주입식 주조

주조 속도

주조 속도는 유체역학의 기본 법칙을 이용해서 계산할 수 있으며 계산 결과는 탕구계의 유형과 설계에 따라 달라진다.

투과성 주형	비투과성 주형
$v_2 = \sqrt{2gh_c}$	$p_2 = p_3 - \rho g h_2$
$v_3 = \sqrt{2gh_{total}}$	$v_3 = \sqrt{2gh_{total}}$
$\dfrac{A_3}{A_2} = \dfrac{v_2}{v_3} = \sqrt{\dfrac{h_c}{h_{total}}}$	

작은 주물에는 1개의 주입구만 있어도 되지만 큰 주물에는 여러 개가 필요하다.

주입구의 위치에 따라서 주조법은 상향식 주조, 하향식 주조, 측면 탕구 주조로 구분되며 측면 탕구 주조에서는 모든 주입구에서 압력을 동일하게 유지하기 위해서 특별한 방안을 고려해야 한다.

주조 시간

간단한 경우에는 유체역학의 법칙을 각각의 특수 경우에 적용하여 주입래들을 비울 때에 소요되는 시간과 주조 시간을 계산할 수 있다.

주조 시간과 부품 질량 또는 잉곳 주조와의 실증적 관계는 아래처럼 표현된다.

$$t = A m_{casting}^n$$

상주법

투과성 주형:

$$v = \sqrt{2g(h_{total} - h)}$$

$$t_{fill} = \left(\frac{2A_{mould}}{A_{sprue}\sqrt{2g}}\right)\left(\sqrt{h_{total}} - \sqrt{h_{total} - h_{mould}}\right)$$

잉곳 주조의 탕구계

탕구계의 원리, 방식, 위치 및 개재물 제어는 크기 차이 때문에 예약 수정을 하는 부품 주조, 잉곳 주조와 동일하다.

$$\text{주조 시간}: t = A m_{casting}^n$$

연속 주조의 탕구계

턴디쉬는 금형의 입구에서 일정한 압력의 용융 금속을 얻기 위해서 항상 주입래들과 금형 사이에서 사용된다. 턴디쉬와 금형 사이에 있는 직선형 수직 탕구, 소위 주조관 또는 침지 노즐은 연속 주조에서 사용되며 주조관은 거시 슬래그 개재물과 같은 주조 결함을 줄인다.

탕구계의 개재물 제어

세 가지 방법이 개재물 제어에 사용된다. (i) 선회 포집 (ii) 탕도 연장 (iii) 세라믹 필터

점성

정의식:
$$F = \eta A \frac{dv}{dx}$$

Hagen-Poiseulle 식:

$$\frac{dQ}{dt} = \frac{\pi R^4\,\Delta p}{8\eta L} \quad (\text{m}^3/\text{s})$$

단위 면적당 평균 유속:

$$\left(\frac{1}{\pi R^2}\right)\left(\frac{dV}{dt}\right) = \frac{R^2\,\Delta p}{8\eta L} \quad (\text{m/s})$$

점성은 온도에 따라 크게 달라지며 온도가 높아지면 점성

은 낮아진다.

$$\eta = \eta_0 \exp\left(-\frac{Q_\eta}{RT}\right)$$

점성은 용탕의 성분에 따라 크게 달라진다.

합금은 금속간화합물을 형성하고 이런 조성에서 최대의 점성을 갖으며 용융점에서는 점성이 최소가 된다.

용탕의 최대 유동성 길이

최대 유동성 길이 L_f는 용탕이 응고되기 이전에 관이나 주어진 단면적을 갖고 있는 캐비티 내부를 흐르게 되는 거리를 의미한다.

최대 유동성 길이에 영향을 주는 외부 요인

점도가 최대 유동성 길이에 직접적으로 영향을 주고 온도, 조직, 조성, 흐름 속도, 열전도율, 잠열, 표면장력은 간접적인 영향을 끼치며 최대 유동성 길이가 커진다는 것은 점성이 낮다는 것을 뜻한다.

최대 유동성 길이 모델

그림 3.34와 3.35를 참고하기 바란다.

I 모델	II 모델
$L_f = v \, t_f$	$L_f = \dfrac{v \, t_f}{2}$
순금속과 공정합금	넓은 액상선-고상선 간격을 갖는 합금

유동 탕도가 특정 임계 길이보다 짧으면 용탕이 탕도에서 응고되지 않는다. 순금속과 공정합금의 경우에는 임계 길이가 최대 유동성 길이보다 훨씬 짧으며 넓은 액상선-고상선 간격을 갖는 합금의 경우에는 아주 근소하게 짧다.

연습문제

3.1 주조 공장에서 높은 정확도와 우수한 표면 마감이 필요한 작은 부품을 주조하려고 한다. 적절한 주조법을 제안하고 장단점을 토의하라.

힌트 A1

3.2 사형을 통해 주철을 주조하는 경우에 주조 시간(단위: 초)은 다음의 관계를 갖는다고 알려지고 있다.

$$t = 3.4 \, (m_{casting})^{0.42}$$

여기에서 $m_{casting}$은 주물 질량(단위: 킬로그램)이다.

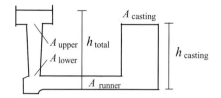

지름 10 cm, 높이 23 cm, 총 높이 h_{total}이 28 cm인 원통형 주물에 맞는 탕구(원형 단면의 상부 및 하부 지름)의 크기를 구하라. 상향주입식 주조가 사용된다.

힌트 A10

3.3 귀하는 철강 회사의 주조 현장에서 근무하고 있고 주강의 상향주입식 주조를 할 예정이다. 생산 부서장이 중앙형 탕구계와 연결된 6개 주형(아래 그림은 그중 1개)의 충전 시간을 물어보고 있는데 충전 시간을 계산하라.

힌트 A35

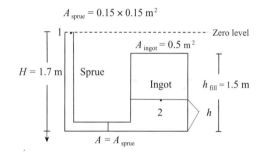

3.4 6개의 주편을 동시에 주조할 수 있는 연속 주조기가 제철소에 설치되어 있으며 그림에는 하나가 소개되어 있다. 빌렛 주물의 크기는 140 mm × 140 mm이며 기계에는 출구 속도가 조절되지 않는 대형 턴디쉬가 장착되어 있다. 턴디쉬에 있는 6개 출구 구멍 각각의 지름은 10 mm이며, 턴디쉬에 있는 용융 금속 높이의 함수로서 주조 속도를 계산하라.

힌트 A20

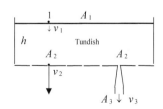

3.5 아래 그림은 주강의 연속 주조에 대한 설정 원리를 보여준다. 주강 공장에는 단면 크기가 20 cm × 150 cm 인 주물 제작용 기계가 2개의 라인과 연결되어 설치되어 있으며 각각의 용융 용량이 70×10^3 kg/h인 2개의 전기로가 설치되어 있고 턴디쉬의 강철욕 높이는 50 cm, 용강의 밀도는 7.2×10^3 kg/m³이다.

설비의 주조 속도와 턴디쉬의 외부 지름을 계산하라.

힌트 *A53*

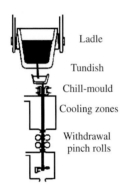

3.6 잉곳의 ESR 재용융 동안에 일정량의 황이 FeS의 형태로 냉각 영역에 추가되며 그림에서는 이 과정 이후에 황의 분포를 보여준다. 시간 경과에 따른 황의 농도 감소는 아래에 따라 달라진다.

(i) 황과 금속 간의 화학적 반응에 따른 슬래그의 형성
(ii) 전극에서 나오는 방울로 인한 희석

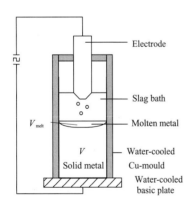

FeS가 공급된 후에 S의 농도가 반이 되는 거리 $y_{1/2}$를 구하라. 형성되는 슬래그는 무시할 수 있다.

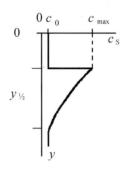

용융 금속의 부피 V_{melt}는 130 cm³이다. FeS가 공급되기 전에 잉곳의 S 농도 c_0는 0.030 wt-%이고 공급 직후에 용융 금속 안의 S 농도 c_{max}는 0.37 wt-%이다. 잉곳의 지름 D는 100 mm이다.

힌트 *A50*

3.7 주조 공정에서는 여러 요인이 용융 금속의 최대 유동성 길이에 영향을 준다.

(a) 주형의 냉각 성능, 표면장력, 합금의 조성, 용융 금속의 점성이 어떻게 최대 유동성 길이에 영향을 주는지 서술하라.

힌트 *A212*

(b) 최대 유동성 길이에 영향을 주는 다른 요인들이 있는가? 있다면 무엇이며 어떻게 영향을 주는가?

힌트 *A300*

3.8 초과 온도, 즉 액상선 온도 T_L보다 높은 온도는 용탕의 최대 유동성 길이에 강력한 영향을 미치며 용탕을 석영관 안으로 빨아들여서 최대 유동성 길이를 측정할 수 있다.

초기 온도가 T_i인 용강의 시간 함수로서 용탕 과열도 $T - T_L$의 식을 유도하라. 내경이 R인 석영관으로 용탕을 빨아들이며 모든 열은 복사열로 주변에 배출된다고 가정한다.

힌트 *A133*

3.9 원하는 주조 합금의 적합성에 있어서 매우 중요한 요소는 용융될 때의 최대 유동성 길이이다. 최대 유동성 길이의 개념은 하나로만 정의되지 않을 수 있으나 실질적으로 주조 엔지니어는 원하는 주조 금속의 주형 충전 능력과 관련된 정보에 관심이 많다. 아래 그림에 설명된 실험 방법은 이런 목적에 적합하다.

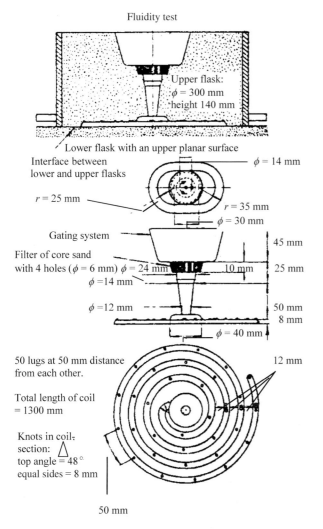

Fluidity test

Upper flask:
$\phi = 300$ mm
height 140 mm

Lower flask with an upper planar surface

Interface between lower and upper flasks

$\phi = 14$ mm
$r = 25$ mm
$r = 35$ mm
$\phi = 30$ mm

Gating system

Filter of core sand with 4 holes ($\phi = 6$ mm) $\phi = 24$ mm

45 mm
10 mm   25 mm
$\phi = 14$ mm
$\phi = 12$ mm
50 mm
8 mm
$\phi = 40$ mm

50 lugs at 50 mm distance from each other.

12 mm

Total length of coil = 1300 mm

Knots in coil section:
top angle = 48°
equal sides = 8 mm

50 mm

용탕은 주조 공정 진행 중에 가장 아래 그림에서 나온 탕로에서 응고된다. 탕로의 주입구가 완전하게 응고되면 금속 공급이 멈추고 금속으로 충전이 된 나선의 길이는 최대 유동성 길이의 척도이다. 나선의 단면은 2개의 동일 단면을 갖고 있고 상단 각도가 48°인 삼각형이다. 등변의 길이는 88 mm이다.

용탕과 코일 사이의 접속면을 통한 열전달에 의해 열전달이 진행된다고 가정한다(예제 3.5 참조). 계산을 위

해서 용탕의 속도는 주입구가 완전히 냉각될 때까지 일정하다고 가정해도 된다.

(a) 용탕의 초기 과열도의 함수로서 금속의 최대 유동성 길이를 유도하라.

힌트 A23

(b) 초기 과열도가 30°C이고 $h = 300$ W/m²K일 때 알루미늄의 최대 유동성 길이를 계산하라. 주변 온도는 20°C이고 알루미늄에 대한 소재 자료를 표준 표에서 얻을 수 있다.

힌트 A85

3.10 공기와 금속 사이의 표면장력은 금속에 따라 크게 달라진다. 알루미늄 합금의 경우 표면장력은 1.5 J/m², 주철은 약 0.50 J/m²이다. 알루미늄 합금은 표면장력이 크기 때문에 날카로운 모서리가 생성되기 어렵다.

3개의 접점에서 수직 모서리 평면에 닿으면서 구의 일부로서 직사각형의 바닥 면을 갖고 있는 상자 모서리의 금속 표면을 평가하라. 모서리의 반지름 R은 모서리의 '구형' 용탕 표면과 응고된 제품의 곡률 반경으로 정의된다.

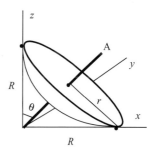

(a) 구형 용탕의 표면으로부터 용탕 상단의 자유 표면(그림에서 보이지 않음)까지의 거리인 h의 함수로서 알루미늄 모서리의 반지름을 추정하라.

힌트 A68

(b) 알루미늄 모서리의 반지름을 주철의 반지름과 비교하라.

힌트 A233

4 부품 주조 시 열전달

Heat Transport during Component Casting

4.1 머리말

금속의 주조는 응고와 냉각이 일어나는 동안 열 방출 및 열전달과 밀접한 관계가 있다. 열 제거 속도는 주조품의 응고 시간과 재료 내의 온도 분포를 결정하기 때문에 매우 중요하다. 이것들은 직접 또는 간접적으로 재료의 조직(제6장), 기공과 슬래그 개재물의 정출(제9장) 그리고 수축공의 분포와 모양(제10장), 따라서 주조품의 품질과 특성을 제어한다.

주조에서의 열전달 분야는 매우 넓고 중요하다. 이와 같은 이유로 열전달을 두 개의 장으로 나누어서 다루었다. 본 제4장에서는 주조 시 열전달의 일반적인 이론과 부품 주조에의 응용을 다룬다. 제5장에서는 금속 공장의 주조 공장 공정 중 열전달을 논의할 것이다.

주조 분야의 열전달 법칙과 그 응용에 관한 진정한 지식은 따라서 공정과 제조 산업 분야의 엔지니어를 위하여 특히 중요하다. 이와 같은 지식은 주어진 목적을 달성하기 위하여 주조법을 이해하고 주조하기 위한 기본 원리이다. 오늘날 이와 같은 작업의 보조로서 전산모사 프로그램이 있다. 이와 같은 현대의 보조 자료는 사용자가 열전달 법칙에 관한 넓은 지식을 가지고 있다는 것을 전제로 한다.

여러 가지 주조 공정에서 열전달과 응고 과정은 흔히 매우 복잡하다. 이 문제의 복잡성은 그림 4.1에서 보이는 바와 같다.

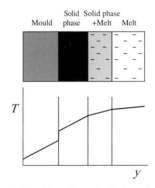

그림 4.1 주조하여 응고하는 있는 금속 용탕 중 온도의 분포.

변수는 상당히 많다. 첫째, 시간의 함수로서 응고 면(Solidification front)의 위치 그리고 둘째, 위치의 함수로서 온도 분포와 온도 구배의 계산을 용이하게 하기 위해서, 4개의 층을 통과하는 열전달을 생각할 필요가 있다. 용탕, 고체+용탕의 2상 영역, 고체 그리고 주형(그림 4.1).

일반적으로 2상 영역 층에서의 응고 상태에 대하여 아는 것이 거의 없기 때문에, 이 층을 통과하는 열전달을 다루는 것이 가장 어렵다. 더욱이, 주형과 고체 주조품 사이의 열전달과 주형의 외부 표면에서의 열 방출을 고려할 필요가 있다.

이 문제는 물리적으로 그리고 수학적으로 매우 복잡하다. 실제로 많은 경우에 정확한 답을 찾기 어렵다. 컴퓨터 계산으로 수용할 수 있는 근사치는 얻을 수 있다. 다행히 경우에 따라서 합리적으로 가정하여 단순화할 수 있으며 이와 같은 방법으로 비교적 좋은 분석적 근사치를 얻을 수 있다. 이와 같이 단순화하는 것은 보통, 연속적으로 연결된, 일련의 하위 공정 (subprocess) 중 가장 느린 단계가 전체 열전달 속도를 결정한다는 것을 의미한다. 각각의 경우에 이와 같은 단계를 확인하기 위한 노력을 한다.

이 장에서는 열전달의 기본 법칙을 광범위하게 논의하고 제1장에 있는 여러 가지 형태의 부품 주조에 적용한다. 위에서 언급한 몇 가지 단순화를 다루고 해답의 근사치를 제시한다.

4.2   열전달의 기본 개념과 법칙

세 종류의 열전달 기구가 있다. 전도, 복사 그리고 대류

응고하고 있는 금속 용탕 내에서는 열전도가 가장 중요한 열전달 방법일 것이다. 주조와 금속 및 합금의 응고에 대한 열전달을 다루는 데 필요한 '툴(Tool, 방법)'을 얻기 위하여, 타당한 일반 법칙을 개략적으로 훑어보고 언제 적용할 수 있는가를 언급할 것이다.

4.2.1   열전도

정지 상태 조건하에서의 열전도 기본 법칙

시간 Δt 동안 단면적인 A인 봉을 통과하는 열량 ΔQ는 단면적과 단위 길이당 온도 차이에 비례한다(그림 4.2). 따라서 정지 상태 조건에서 열전도의 기본 법칙은 다음과 같이 쓸 수 있다.

$$\frac{\Delta Q}{\Delta t} = -kA\frac{T_L - T_0}{L} \tag{4.1}$$

여기에서,

$$Q = 열량$$
$$t = 시간$$
$$k = 열전도도$$
$$A = 봉의 단면적$$
$$L = 봉의 길이$$
$$T_L - T_0 = 봉 양단 사이의 온도 차$$

원래는 열전도도 k를 열전도 계수라고 했었다. 단위 길이당 온도 대신에 온도 구배를 도입하면 방정식은 더 일반적인 형태가 된다.

$$\frac{dQ}{dt} = -kA\frac{dT}{dy} \tag{4.2}$$

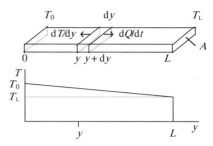

그림 4.2   금속 봉 중 열전도. 온도는 시간의 함수가 아니고 위치의 함수(정지 상태 조건 하에서)이다.

k의 SI 단위는 J/m s K 또는 W/m K이다.

식 (4.1) 및 (4.2)는 정상 상태의 온도 분포에 대해서 맞다. 즉, T는 위치의 함수이고 시간의 함수는 아니다.

온도 구배

어떤 스칼라 양(여기에서는 온도 T)은 다음과 같은 관계식으로 정의되는 벡터이다.

$$\text{grad } T = \frac{\partial T}{\partial x}\hat{x} + \frac{\partial T}{\partial y}\hat{y} + \frac{\partial T}{\partial z}\hat{z} \tag{1'}$$

여기에서 일반적인 경우 T는 x, y 및 z의 함수이다.

구배는 온도가 증가하는 방향 그리고 등온면에 수직 방향으로 존재한다. 그 크기는

$$|\text{grad } T| = \sqrt{\left(\frac{\partial T}{\partial x}\right)^2 + \left(\frac{\partial T}{\partial y}\right)^2 + \left(\frac{\partial T}{\partial z}\right)^2} \tag{2'}$$

온도 구배가 양의 y-방향으로 놓이는 특별한 경우에는 온도 구배가 다음과 같이 단순화될 것이다.

$$\text{grad } T = \frac{\partial T}{\partial y}\hat{y} \quad 및 \quad |\text{grad } T| = \frac{\partial T}{\partial y} \tag{3'}$$

---

y가 증가할 때 선형 온도가 감소하는 방법으로 좌표계를 선택하였다. 온도 구배는 그 선의 기울기와 같다(그림 4.3). 이 경우에는 구배가 음이다. 즉, y축의 음의 방향으로 향한다. 열은 항상 높은 온도에서 더 낮은 온도로, 즉 y-축의 양의 방향으로 흐른다. 이와 같은 이유로 위의 식 (4.1) 및 (4.2)에서 음의 부호를 붙여야 한다.

식 (4.2)의 Q 대신에 단위 면적당의 열량 q를 도입하면 이 식을 다음과 같은 더 일반적인 형태로 쓸 수 있다.

$$\frac{dq}{dt} = -k\left(\frac{dT}{dy}\right) \quad \text{Fourier의 제1법칙} \tag{4.3}$$

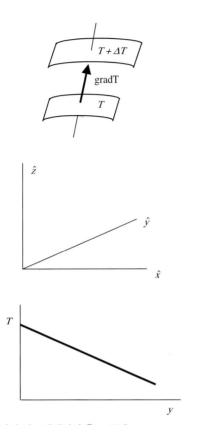

그림 4.3 주어진 좌표계에서의 온도 구배.

여기에서 q = 단위 면적당 열량 = Q/A

몇 가지 다른 원소의 k 값은 표 4.1에서 보이는 바와 같다.

표 4.1 몇 가지 원소와 합금의 열전도도

재료 20°C에서	k (W/m k)
Cu	390
Cu (s, 1083°C)	334
Al	237
Al (s, 600°C)	218
Fe	83
Fe (s, 1535°C)	31
Fe-0.85%C	45
Fe-18%Cr-8%Ni	~15
물	0.60
공기 (0°C)	0.024

정지 상태 조건하에서 두 재료(또는 물질) 사이의 계면을 통과하는 열전달

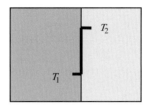

그림 4.4 온도가 서로 다른 두 재료 사이의 계면을 가로지를 때의 온도 강하.

경험을 통하여 두 가지 서로 다른 재료 사이를 가로지를 때 온도 차이가 있다는 것을 알고 있다. 이 온도 차이가 클수록 더 따뜻한 쪽에서 더 차가운 쪽으로 단위 시간당 더 많은 열이 전달된다.

$$\frac{dQ}{dt} = -h\,A\,(T_2 - T_1) \tag{4.4}$$

여기에서 h = 열전달 상수, 열전달 계수 또는 열전달 수(heat transfer number).

h의 SI 단위는 J/m²s K 또는 W/m² K이다. 만약 단위 면적당 열전달을 고려하여 Q/A를 q로 대체하면 다음과 같은 식을 얻는다.

$$\frac{dq}{dt} = -h(T_2 - T_1) \tag{4.5}$$

두 재료 사이의 접촉이 나쁘면 그 사이에 얇은 공기 층이 생긴다. 공기는 좋지 않은 열전도체이며 공기 층이 생기면 열전달은 크게 떨어질 것이다.

우리는 Fourier 법칙[식 (4.3)]과 열전달 방정식 (4.5)를 적용한다. 이 두 식을 같게 놓으면 다음과 같은 관계식을 얻는다.

$$h = \frac{k}{\delta} \tag{4.6}$$

여기에서,

  h = 공기의 열전달 계수

  k = 공기의 열전도도

  δ = 공기 층의 두께

정지 상태 조건하에서, 한 계열로 연결된, 여러 층을 통과하고 여러 계면을 가로지르는 열전달

열전도 층을 통과하거나 계면을 가로지르는 열의 흐름은 저항을 통과하는 전기 전류에 비유할 수 있다.

$$\frac{dQ}{dt} = -\frac{kA}{L}(T_L - T_0) \quad \text{또는} \quad \frac{dQ}{dt} = -hA(T_2 - T_1)$$

이 식은 다음 식과 비유된다.

$$I = \frac{U}{R}$$

열 흐름 dQ/dt는 전기 전류 I와 일치한다. 열 흐름의 원인이 되는 온도 차이는 전위차 U와 일치한다.

'열 저항' L/kA 또는 I/hA는 전기 저항 R과 일치한다.

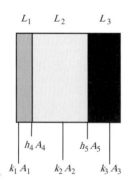

그림 4.5   계열로 연결된, 열전도 층과 계면. 간단하게 하기 위하여 각 단면적은 그림에서 보이는 바와 같게 그렸다.

여러 층이 서로 접촉하고 있으면(그림 4.5) 한 계열로 연결된 것으로 간주할 수 있으며 전체 '열 저항'은 다음과 같을 것이다.

$$\frac{L}{kA} = \frac{L_1}{k_1 A_1} + \frac{L_2}{k_2 A_2} + \frac{L_3}{k_3 A_3} + \cdots + \frac{1}{h_4 A_4} + \frac{1}{h_5 A_5} + \cdots \quad (4.7)$$

열전달의 일반 법칙-비정지 상태 조건

만약 열전도가 변하기 쉬우면, 즉, 온도가 위치와 시간 모두의 함수이면, 열전도의 기본 방정식 (4.3)은 더 이상 맞지 않고 더 일반적인 방정식으로 대체하여야 한다.

그림 4.6에서 보이는 바와 같은 부피 요소를 생각하자. 시간 Δt 동안 열량 dQ_y가 면 A_y를 통하여 그 부피 요소로 흘러

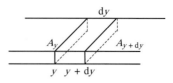

그림 4.6   부피 요소(volume element).

들어간다. 그와 동시에 열량 dQ_{y+dy}가 면 A_{y+dy}를 통하여 부피 요소를 빠져나간다. 그 차이만큼이 부피 요소 내에 남고 온도를 dT만큼 증가하게 한다. 에너지 보존의 법칙에 의하면:

$$dQ_y - dQ_{y+dy} = -\left[k\rho A_y\left(\frac{\partial T}{\partial y}\right)_y - k\rho A_{y+dy}\left(\frac{\partial T}{\partial y}\right)_{y+dy}\right]dt + c_p \rho A dy\, dT \quad (4.8)$$

그리고 $A = A_y = A_{y+dy}$를 단순화시켜 재배열하면 방정식을 다음과 같이 쓸 수 있다.

$$\frac{\left(\frac{\partial T}{\partial y}\right)_{y+dy} - \left(\frac{\partial T}{\partial y}\right)_y}{dy} = \left(\frac{\rho c_p}{k}\right)\left(\frac{\partial T}{\partial t}\right) \quad (4.9)$$

dy의 극한치가 0에 접근함에 따라서:

$$\frac{\partial T}{\partial t} = \alpha \frac{\partial^2 T}{\partial y^2} \quad \text{Fourier의 제2법칙} \quad (4.10)$$

여기에서 α는 열 확산 계수이다. T가 y와 t의 함수이기 때문에 도함수는 부분 도함수로 써야 한다.

식 (4.10)은 일차원의 열전도에 대한 일반 방정식이다. 정상 상태뿐만 아니라 변하는(비정상) 상태의 열전도 과정에 대해서도 맞는다. 식 (4.3)은 식 (4.10)의 온도의 부분 도함수가 0인 특수한 경우이다.

식 (4.9)와 (4.10)을 같게 놓으면 다음과 같은 열 확산 계수 α에 관한 식을 얻는다.

$$\alpha = \frac{k}{\rho c_p} \quad (4.11)$$

여기에서,

α = 열 확산 계수

k = 열전도도

ρ = 밀도

c_p = 정압하에서의 열용량

α의 SI 단위는 $m^2\,s^{-1}$이다.

4.2.2 열 복사

모든 물체는 그 주위로 전자기파 방사선 또는 복사열을 방출한다. 그와 동시에 그 물체는 주위로부터 그와 같은 방사선을 흡수한다. 완전한 흑체(black body)로부터 단위 시간 및 단위 면적당, 파장의 함수로 나타낸 에너지 방사선은 그림 4.7에서 보이는 바와 같다(플랑크의 방사 법칙). 온도가 높을수록, 단위 시간 및 단위 면적당 더 많은 에너지가 방출되고 더 많은 최대 복사 에너지가 더 짧은 파장 쪽으로 이동한다.

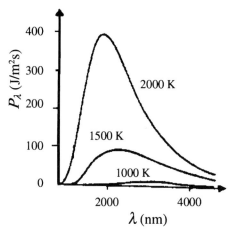

그림 4.7 여러 가지 온도에서 파장 λ의 함수로 나타낸 파장 간격 λ와 λ+dλ 내에서 단위 시간 및 단위 면적당 방출 에너지.

$T = 1000 \text{ K} - 1100 \text{ K} (700°C - 800°C)$에서 최대 강도는 가시광선 영역으로 떨어진다. 우리의 눈이 짙은 적색광을 감지하고 물체가 빛을 내기(발광하기) 시작한다고 한다. 주철 용탕의 온도는 흔히 1800 K가 된다. 이 용탕으로부터 방출되는 복사는 눈에 밝은 적색광으로 인식된다.

그림 4.7에서 보이는 함수를 그림으로 나타내어 적분할 수 있다. 즉, 곡선 아래의 면적을 계산할 수 있다. 그 결과는 물체로부터 단위 시간에 단위 면적당 전체 복사 에너지 값이다.

볼츠만(Boltzmann)이 이론적으로 계산하여 Stefan-Boltzmann 법칙을 얻었다. $\mathrm{d}t$의 시간 동안 온도가 T이며 면적이 A인 완전한 흑체(black body)는 다음과 같은 양의 에너지를 방출한다.

$$\mathrm{d}Q_{\text{rad}} = \sigma_B A T^4 \mathrm{d}t \qquad \text{Boltzmann 법칙} \qquad (4.12)$$

여기에서 σ_B는 Boltzmann 상수이고 T의 단위는 Kelvin이다. 모든 실제의 표면은 완전한 흑체보다 적게 방사한다. 이것을 복사율(emissivity)이라고 하는 무차원의 계수 ε (<1)을 식 (4.12)에 도입하여 평가한다. 표면이 빛날수록, ε 값은 더 낮다. 몇

표 4.2 여러 가지 표면의 복사율(방사율)

재료	$T(°C)$	ε
Al 필름	100	0.09
산화된 Al	150~500	0.20~0.30
세연마한 강	100	0.066
주철	22	0.44
주철	880~990	0.60~0.70
저탄소강	230~1065	0.20~0.32
고탄소강	100	0.074

가지 서로 다른 표면의 ε-값은 표 4.2에서 보이는 바와 같다.

물체는 온도 T_0에서 주위로부터 복사열을 흡수한다. 그러면 시간 dt 동안 방사되는 알짜 에너지(net energy)는 다음과 같을 것이다.

$$\mathrm{d}Q_{\text{rad}}^{\text{total}} = \varepsilon \sigma_B A (T^4 - T_0^4) \mathrm{d}t \qquad (4.13)$$

만약 T_0가 상온(~300 K)과 같고 T가 금속 용탕의 온도(~1,800 K)이면 흡수 복사열은 $T^4 \gg T_0^4$이기 때문에 무시할 수 있다. 이것은 예를 들어, 그 차이를 계산해 보면 명백해진다.

$$(T^4 - T_0^4) = (1800^4 - 300^4) = 300^4 (6^4 - 1)$$
$$= 300^4 (1296 - 1) \text{ K}^4$$

반면에, 만약 두 온도가 너무 크게 차이 나지 않으면, 예를 들어, $(T^4 - T_0^4) \approx (T - T_0) T_0^3$ 과 같이, 다른 근사치가 합리적이며 편리할 수 있다.

열전달에 대한 계수 h와 마찬가지로 복사에 대한 유효 열전달 계수 h_{rad}를 도입할 수 있다. 이것은 예제 1.4.1에서 보이는 바와 같이 명백하다.

예제 4.1

용강이 채워져 있는 열린 턴디쉬의 면적은 1.0 m × 1.0 m이고 높이는 0.6 m이다. 용탕의 온도는 1500°C이다. 이 온도에서 용탕의 비중은 $7.8 \times 10^3 \text{ kg/m}^3$이다. 용탕의 열용량은 830 J/kg K이다. 용탕은 턴디쉬 내에 약 10분 동안 채류한다.

(a) 만약 주위의 온도가 20°C이면 턴디쉬로부터 복사에 의한 열손실 속도(전체 열손실 속도의 한 부분)를 계산하라. 그리고 용강의 복사율은 0.28이다. 용강이 턴디쉬에 채류하는 동안 복사에 기인하는 열손실에 의하여 야기되는 온도 강하를 계산하라.

(b) 전도에 의한 열전달 계수와 유사한 방법으로 복사에 의한 열전달 계수 h_{rad}를 정의하고 주어진 경우에 대하여 그 값을 계산하라.

풀이

(a) 시간 dt 동안 턴디쉬의 상부 표면으로부터의 열 손실 dQ_{rad}는 다음과 같이 쓸 수 있다[식 (4.13)]:

$$\frac{dQ_{rad}}{dt} = \varepsilon \sigma_B A \left(T^4 - T_0^4\right) \tag{1'}$$

문제에서 준 값과 $\sigma = 5.65 \times 10^{-8}$ W/m^2 K^{4}으로부터 다음을 얻는다.

$$\frac{dQ_{rad}}{dt} = 0.28 \times 5.67 \times 10^{-8} \times 1.0 \times 0.30 \left[(1500+273)^4 - (20+273)^4\right] = 4.7 \times 10^4 \text{ W}$$

온도 강하는 물질 밸런스(material balance)에 의하여 계산할 수 있다.

$$\frac{dQ_{rad}}{dt} = \frac{dT_{rad}}{dt} \rho c_p V \text{이며 따라서}$$

$$\Delta T_{rad} = \frac{dQ_{rad}/dt}{\rho c_p V} \Delta t = \frac{4.7 \times 10^4}{7.8 \times 10^3 \times 830 \times 1.0 \times 0.30 \times 0.60} 10 \times 60 = 24 \text{ K}$$

(b) 열전달 계수를 정의하는 식은 다음과 같을 것이다.

$$\frac{dQ_{rad}}{dt} = -h_{rad} A (T_2 - T_1)$$

식 (1')의 우변은 다음과 같이 인수 분해할 수 있다.

$$\frac{dQ_{rad}}{dt} = \varepsilon \sigma A \left(T^4 - T_0^4\right) = \varepsilon \sigma A \left(T^2 + T_0^2\right)(T + T_0)(T - T_0) \tag{2'}$$

식 (1')와 (2')는 같다. 따라서;

$$h_{rad} = \varepsilon \sigma_B \left(T^2 + T_0^2\right)(T + T_0)$$
$$h_{rad} = 0.28 \times 5.67 \times 10^{-8} \left(1773^2 + 293^2\right)(1773 + 293)$$
$$= 105 \text{ W/m}^2 \text{ K}$$

답

(a) 복사에 의한 열손실 속도는 4.7×10^4 W이다. 복사에 의하여 야기되는 용탕의 온도 강하는 24 K이다.

(b) $h_{rad} = \varepsilon \sigma_B \left(T^2 + T_0^2\right)(T + T_0) = 1.0 \times 10^2$ W/m^2 K.

4.2.3 대류

열전도와 열 복사로 에너지 전달은 일어나나 물질 전달은 일어나지 않는다. 대류는 물질의 열함량과 더불어 물질 전달이 일어나는 것을 의미한다.

용탕의 주조 시 일어나는 한 가지 형태의 대류는 응고된 금속의 표면이나 물이 있는 주형의 표면 냉각에 의하여 야기된다. 금속 표면의 주변에서 가열 매체가 사라지고 주형은 찬 공기나 찬 냉각수에 의하여 계속 변할 것이다.

강제 대류와 자유 대류 사이에는 뚜렷한 차이가 있다. 강제 대류는 냉매 이동의 제어와 관련이 있다. 강제 대류의 한 예로 흐르는 물로 주형을 냉각하는 경우가 있다. 물의 유속은 임의로 변화시킬 수 있다.

유체의 자유 또는 자연 대류는 외부로부터 어떤 영향도 없는 유체 내에 존재하는 밀도 차이에 의하여 일어난다. 자연 대류의 한 예로, 공기 순환이 일어나게 하는 어떤 수단도 없이, 공기와 접촉하고 있는 금속 표면의 냉각이 있다.

dt 시간 간격 동안 금속과 주형의 표면으로부터 냉매가 흐르고 있는 주위로 전달되는, 단위 면적당 에너지 dq는 다음과 같이 쓸 수 있다.

$$\frac{dq}{dt} = h_{con}(T - T_0) \tag{4.14}$$

여기에서,

h_{com} = 대류의 열전달 계수
T = 금속 표면의 온도
T_0 = 냉매의 온도

h_{com}의 SI 단위는 W/m^2 K이다. 대류의 열전달 계수는 흐르는 냉매의 속력, 채널의 기하학적 모양 그리고 주조품 표면의 모양과 크기에 따라서 달라진다.

표 4.3 몇 가지 특수한 경우의 열전달 수(번호)

사양	h_{com} (W/m²K)
자유대류	
공기 중에 있는 반경 2.5 cm인 수평 원기둥	6.5
공기 중에 있는 반경 1.0 cm인 수평 원기둥	890
강제 대류	
정사각형 판(0.2 m²) 위를 2 m/s의 속도로 지나가는	
공기 빔	12
직경 2.5 cm인 관 속을 0.5 kg/s의 속도로 흐르는 물	3500

유체역학에서 열전달 계수는 자연 대류의 경우에는 Prandtl 수와 Grashof 수의 관계 그리고 강제 대류의 경우에는 Prandtl 수와 Reynold 수를 포함하는 관계로 자주 나타낸다. 후자는 두 금형 내에서의 수냉을 취급하는 경우에 관하여 제5장의 5.4.2절에서 정의할 것이다. 두 가지 형태의 대류에 대한 몇 가지 실례는 표 4.3에서 보이는 바와 같다. 자연 대류뿐만 아니라 강제 대류도 많은 주조 공정에서 매우 중요하고 제품의 품질에 영향을 미친다.

식 (4.14)는 경험을 바탕으로 얻은 식이다. 그러나 대류에 관한 현대의 이론과도 또한 일치한다. 이른바 자연 대류의 경계층 이론(boundary layer theory)을 제5장의 5.2.1절에서 설명하고 있으며 5.3.2절에서 잉곳 주조에 적용한다. 강제 대류에 맞는 이론을 이 책에서 다루지는 않을 것이나 스트립 캐스팅에서의 열전달에 관하여 5.4.2 및 5.4.7절에서 적용한다.

4.3 금속과 합금의 주조 시 열전달 이론

주조하는 동안 금속 용탕의 온도는 일반적으로 융점이나 액상선 온도보다 높다. 주조한 후 용탕은 주로 주위를 둘러싸고 있는 주형 재료가 주조 금속을 냉각하기 때문에 응고가 일어나고 점점 냉각된다. 용탕은 주형과 접촉하고 있는 표면에서 가장 **빠르게** 냉각된다. 결과적으로 응고는 표면에서 일어나기 시작하고 응고 면(solidification front), 즉 고체 금속과 용탕 사이의 계면은 용탕 속으로 이동한다.

4.3.1 응고 모드(mode)

응고 선단의 형상과 속도

응고 선단부의 속도는 주위로부터의 냉각에 따라 달라진다. 냉각이 강력할수록, 응고 면이 더 빠르게 이동한다. 온도 구배는 주형의 열적 특성, 주위의 냉각 능력 그리고 주로 합금의

열전도도에 의하여 결정된다.

응고 면의 형상은 주위로부터의 냉각에 의해서뿐만 아니라 주조 합금의 조성과 재료 특성에 의하여 영향을 받는다.

그림 4.1에서 보이는 바와 같이 액상과 고체상 사이에 2-상 층으로 된 영역이 있다. 이 2상 영역의 폭은 이 영역 내에서의 온도 구배에 의하여 그리고 합금의 응고 범위(또는 간격)에 의하여 영향을 받는다. 평형 법칙을 따라서 응고하는, 2성분계 합금의 응고 범위는 상태도로부터 분명히 알 수 있다(그림 4.8).

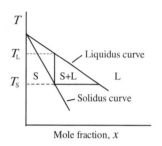

그림 4.8 2성분계 합금의 상태도. 응고 범위 = $T_L - T_S$.

대부분의 합금은 응고 범위가 넓은 반면에, 순금속과 공정 조성의 합금은 응고 범위가 매우 좁다. 이 두 가지의 경우 응고 면은 그림 4.9와 4.10에서 보이는 바와 같이 매우 다르다.

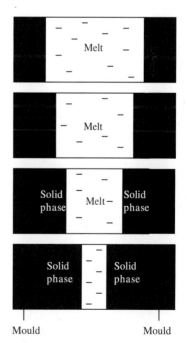

그림 4.9 강력한 냉각의 영향하에 있는 순금속이나, 좁은 응고 범위를 가지는 합금 또는 공정 합금의 응고 과정. Elsevier Science의 Pergamon Press의 허락을 얻어 인용함.

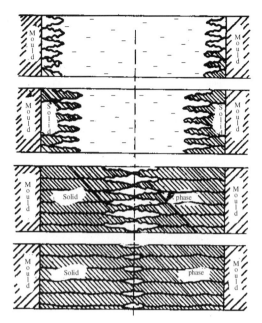

그림 4.10 응고 범위가 넓은 합금 또는 불충분한 냉각의 영향하에 있는 합금의 응고 과정. 짙은 평행선으로 고체 상을 표시하였다. 밝은 부분은 액체 상을 나타낸다. Elsevier Science의 Pergamon Press 의 허락을 얻어 인용함.

강력하게 냉각되는 주형 내에서 좁은 응고 범위를 가리는 순금속과 합금의 응고 과정

순금속과 공정 합금의 응고 과정은 그림 4.9에서 보이는 바와 같다. 순금속과 공정 합금의 응고 면은 평면이며 뚜렷하게 형성된다. 2상 영역이 존재하지 않는다.

강력하게 냉각되는 주형 내에서 넓은 응고 범위를 가지는 합금의 응고 과정

합금은 크게 다른 폭의 응고 범위를 가지고 결과적으로 그런 합금을 주조한 후의 응고 과정은 뚜렷한 융점이 있는 순금속의 응고 과정과는 크게 다르다(그림 4.9).

응고는, 합금의 액상선 온도에 해당하는 응고 면이 형성하여 시작한다(그림 4.8). 응고 면은 표면으로부터 용탕의 가운데로 이동한다(그림 4.10). 시간이 어느 정도 경과한 후, 대략 고상선 온도에서 100%의 액상이 응고한 것을 나타내는 두 번째 응고 면이 뒤따른다. 이 두 응고 면 사이에 그림 4.10에서 대략적으로 보이는 바와 같이 고상과 액상이 동시에 존재하는 2상 영역이 있다.

따라서 재료 내에는, 액상만 있는 영역, 고상과 액상이 섞여 있는 영역, 그리고 고상만 있는 영역의, 세 가지 영역이 있다. 2상 영역을 사선으로 표시하였다. 2상 영역의 범위는 응

고하는 재료 내의 온도 구배를 증가시키는 인자에 의하여 감소한다. 뒤에서 논의할 그와 같은 인자는 다음과 같다.

- 높은 용탕 응고 온도
- 나쁜 주조 금속의 열전도도
- 높은 주형의 열전도도

응고 범위가 넓은, 즉 주형의 냉각 능력이 나쁘고 또는 주조 금속의 열전도도가 높은 그런 경우에 응고 과정을 묘사할 수 있는 방법은 그림 4.11에서 보이는 바와 같다. 이와 같은 조건은 응고 범위가 넓은 합금에 대하여 그리고 사형에 주입한 합금의 경우에 나타난다. 이와 같은 점에 대하여는 4.4절에서 다시 논의할 것이다.

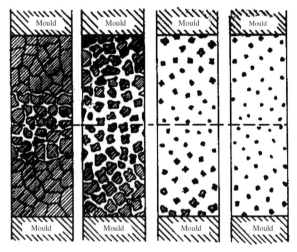

그림 4.11 응고 범위가 넓은 합금 그리고/또는 사형에서 응고하는 합금 응고의 여러 단계. Elsevier Science의 Pergamon Press의 허락을 얻어 인용함.

응고 과정이 주조 재료의 특성을 결정하고 따라서 매우 중요하다. 아래에서 응고 과정을 분석할 것이며 이상적 냉각이 일어나는 경우에 재료 내의 온도 분포와 응고 시간을 계산하는 예를 들 것이다.

4.3.2 금속과 주형이 이상적 접촉을 하고 있는 주조에서의 열전달 이론

열 방정식의 풀이

주조한 후 응고하고 있는 합금 용탕에서 위치와 시간의 함수로서 온도와 온도의 변화를 이론적으로 계산하는 것은 특수한 경우에 열전도 일반 법칙의 해답을 찾을 필요가 있다는 것을 의미한다.

$$\frac{\partial T}{\partial t} = \alpha \frac{\partial^2 T}{\partial y^2} \qquad (4.10)$$

여기에서 α는 열 확산 계수이다.

이 2차 편미분 방정식의 해는 위치 y와 시간 t의 함수로 주어지는 온도 T이다. 이와 같은 해에는 경계 조건을 써서 결정할 수 있는 두 개의 임의의 상수가 있다.

에러 함수

만약 무한히 큰 물체 내에 작은 양의 열이 분산되면 식 (4.10)의 해는 다음과 같을 것이다.

$$T = A_0 + \frac{B_0}{\sqrt{t}} \exp\left(-\frac{y^2}{4\alpha t}\right) \qquad (4.15)$$

많은 근사 해의 경우 지수 함수를 y에 대하여 적분할 필요가 있다. 그 적분 함수는 이른바 정규 분포 함수 또는 에러 함수(error function)와 같을 것이다. 그 함수를 응고 과정과 온도 분포에 대한 다음과 같은 이론적인 계산을 할 때 사용할 것이다.

정규 분포 함수(Normal Distribution Function)

정규 분포 함수는 많은 경우에 응용하고 예를 들면, 에러 분포와 같은, 통계적 특성의 문제와 흔히 관련이 있다. 이와 같은 이유로 약자로 'erf'로 쓰고 '에러 함수'라고 한다 (그림 4.12).

정의 : $\quad \mathrm{erf}(z) = \frac{2}{\sqrt{\pi}} \int_0^z \exp^{(-y^2)} \mathrm{d}y \qquad (4.16)$

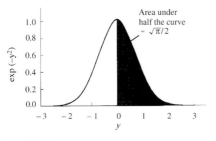

그림 4.12 에러 함수.

에러 함수를 그림으로 나타내기 위해서는, 수치가 필요하다. 수치는 표 4.4에서 보이는 바와 같다.

표 4.4 에러 함수

z	erf (z)	z	erf (z)	z	erf (z)	z	erf (z)
0.00	0.0000	0.40	0.4284	0.80	0.7421	1.40	0.9523
0.05	0.0564	0.45	0.4755	0.85	0.7707	1.50	0.9661
0.10	0.1125	0.50	0.5205	0.90	0.7969	1.60	0.9763
0.15	0.1680	0.55	0.5633	0.95	0.8209	1.70	0.9838
0.20	0.2227	0.60	0.6039	1.00	0.8427	1.80	0.9891
0.25	0.2763	0.65	0.6420	1.10	0.8802	1.90	0.9928
0.30	0.3286	0.70	0.6778	1.20	0.9103	2.00	0.9953
0.35	0.3794	0.75	0.7112	1.30	0.9340	∞	1.0000

표 4.5 에러 함수의 몇 가지 특성

1. erf (z) = the area under the curve within the interval $z = 0$ to $z = z$ (part of black area in Figure 4.12).
2. $\dfrac{\mathrm{d}\,\mathrm{erf}(z)}{\mathrm{d}z} = \dfrac{2}{\sqrt{\pi}} \exp^{(-z^2)}$
3. erf $(0) = 0$ and erf $(\infty) = 1$
4. erf $(-z) = -$ erf (z) and erf $(-\infty) = -1$
5. $\mathrm{erf}(z) = \dfrac{2}{\sqrt{\pi}} \left(z - \dfrac{z^3}{3} + \dfrac{z^5}{5} \cdots \right)$ for small values of z

에러 함수의 특성은 표 4.5에서 보이는 바와 같다.

첫 번째 예제로서 일방향 급랭 응고하여 생산하는 금속의 얇은 필름을 선택하였다.

예제 4.2

합금 용탕을 매우 빠른 속도로 냉각시키기 위하여 작은 금속 방울을 구리 판에 쏜다. 이와 같은 방법으로 구리 판과 용탕을 매우 잘 접촉하게 할 수 있다. 금속은 100분의 2마이크로미터 정도로 얇은 필름으로 퍼진다.

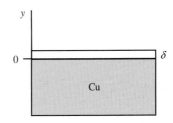

그림에서 금속 층의 두께를 구리 판의 상대적인 두께로 확대하였다.

다음과 같이 알고 있는 자료로 써서 전체 응고 시간, 즉, 금속이 완전히 응고하는 데 필요한 시간을 계산하라.

금속의 주조 온도 $= T_{\mathrm{cast}}$
금속의 고상선 온도 $= T_s$

금속의 액상선 온도 = T_L
구리 판의 온도 = T_0
액체 층의 두께 = δ
액체의 열 용량 = c_p
액체의 용융(또는 응고) 잠열 = ΔH
액체의 열 확산 계수 = α

풀이
구리 판으로 전달되는 열은 일반 열 방정식 (4.10)으로 결정한다.

$$\frac{\partial T}{\partial t} = \alpha \frac{\partial^2 T}{\partial y^2} \tag{1'}$$

응고 면(고상선 온도에 있는)은 구리 판에서 시작하여 위로 이동하는 수평 면이다. 응고 시간은 응고 면이 층의 상부 표면에 도달하는 시간이다.

모든 열 에너지는 큰 구리 판 쪽으로 전달된다. 그 층이 얇기 때문에, 구리 판은 작은 양의 열만 받는다. 이와 같은 경우에 식 (1')의 해는 식 (4.15)와 같다.

$$T = A_0 + \frac{B_0}{\sqrt{t}} \exp\left(-\frac{y^2}{4\alpha t}\right) \tag{2'}$$

시간의 함수로서 금속 용탕 중의 온도 분포를 알면 그 층의 상부 표면의 온도가 고상선 온도에 도달하는 시간을 계산할 수 있다.

제일 먼저 해야 할 것은, 경계 조건으로부터, 이 경우에 해당하는, 상수 A_0와 B_0를 구하는 것이다.

경계 조건 1
시간 $t = 0$에서 그 층과 구리판 사이의 접촉이 매우 좋기 때문에 y = 0에서 $T = T_0$이다. $y \neq 0$인 모든 값에 대하여 $T = T_0$ 또한 타당하다. 식 (2')에 y ≠ 0에 대하여 $T = T_0$를 대입한다. 분모의 제곱근보다 분자의 지수 항이 더 빠르게 0에 접근하기 때문에 우변의 두 번째 항은 0개 되며, $A_0 = T_0$의 결과를 얻는다.

경계 조건 2
구리 판으로 전달되는 전체 열량에 관한 2개의 식이 있다. 이 두 식은 동일하고 두 번째 경계 조건을 부여한다.

전체 금속 층은 주조 온도 T_{cast}로부터 액상선 온도 T_L로 냉각되고, T_L로부터 완전히 응고하는 고상선 온도 T_S로 동시에 냉각된다. 구리 판으로 전달되는 단위 면적당 전체 열량은 층의 온도가 T_{cast}에서 T_S까지 떨어질 때 냉각 열과 응고 잠열

$(-\Delta H)$의 합이다.

$$q = c_p \rho \delta (T_{cast} - T_s) + \rho \delta (-\Delta H) \tag{3'}$$

단위 면적당 전체 열량은 또한 그 층에 축적된 전체 잉여 열(excess heat)과 같다. 온도는 구리 판으로부터의 거리 y에 따라 달라지는 사실을 고려하고 많은 미소 층의 잉여 열을 적분하여야 한다.

$$q = \int_0^{\delta} c_p \, \rho \, 1 \, dy (T - T_0) \approx \int_0^{\infty} c_p \, \rho \left(\frac{B_0}{\sqrt{t}} \exp\left(-\frac{y^2}{4\alpha t}\right)\right) dy$$

$$= c_p \rho B_0 \int_0^{\infty} \frac{1}{\sqrt{t}} \exp\left(-\frac{y^2}{4\alpha t}\right) dy$$

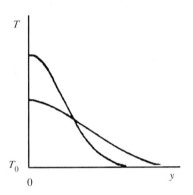

두 개의 서로 다른 시간 t_1과 t_2에서의 층 내의 온도 분포. 명확하게 하기 위하여, 층 두께를 크게 확대하였다.

$A_0 = T_0$이기 때문에 $T - T_0 = \frac{B_0}{\sqrt{t}} \exp\left(-\frac{y^2}{4\alpha t}\right)$ 이다. 이것을 적분에 대입하였다. 이 구간에서 $T = T_0$이고 적분 값에 미치는 영향이 0이기 때문에 적분의 상한을 δ에서 ∞로 확장하는 것은 문제가 되지 않는다.

변수를 변환 $\left(z = \frac{y}{\sqrt{4\alpha t}}\right)$ 하면 $\left(dz = \frac{dy}{\sqrt{4\alpha t}}\right)$

$$q = \frac{c_p \rho B_0}{\sqrt{t}} \int_0^{\infty} \exp\left(-\frac{y^2}{4\alpha t}\right) dy = \frac{c_p \rho B_0}{\sqrt{t}} \int_0^{\infty} \exp^{(-z^2)} \sqrt{4\alpha t} \, dz \tag{4'}$$

$$q = \frac{c_p \rho B_0}{\sqrt{t}} \sqrt{4\alpha t} \int_0^{\infty} \exp^{(-z^2)} dz = c_p \rho B_0 \sqrt{4\alpha} \left(\frac{\sqrt{\pi}}{2}\right)$$
$$= c_p \rho B_0 \sqrt{\pi \alpha} \tag{5'}$$

제곱근 식은 적분 기호 앞으로 이동시킬 수 있고 그림 4.12에

서 적분 값을 얻는다.

식 (3′)와 (5′)를 결합시키면 상수 B_0의 값을 얻는다.

$$B_0 = \frac{\left\lfloor -\Delta H + c_p(T_{cast} - T_s) \right\rfloor \delta}{c_p \sqrt{\pi \alpha}} \qquad (6')$$

열 방정식의 해답

결정한 B_0 [식 6′]와 $A_0(A_0 = T_0)$ 값을 식 (2′)에 대입하여 다음과 같은 결과를 얻는다.

$$T = T_0 + \frac{\left[-\Delta H + c_p(T_{cast} - T_S) \right] \delta}{c_p \sqrt{\pi \alpha} \sqrt{t}} \exp\left(-\frac{y^2}{4\alpha t} \right) \qquad (7')$$

합금의 두 번째 응고 면은 맨 끝에 있는 금속 층의 상부 표면에 도달한다. 식 (7′)에 $y = \delta$와 $T = T_s$를 대입하여 원하는 응고 시간을 얻는다. 층이 매우 얇기 때문에 지수를 약 0으로 둘 수 있다. 그러면 지수 인자는 1이 되고 t에 대하여 풀어서 정답을 얻을 수 있다.

답

합금의 응고 시간은 다음과 같다.

$$t = \left(\frac{-\Delta H + c_p(T_{cast} - T_S)}{c_p(T_S - T_0)} \right)^2 \frac{\delta^2}{\pi \alpha}$$

금형 속의 금속 용탕의 온도 분포

예제 4.2에서와 같은 방법으로 얇은 금속 필름을 생산하는 것은 이례적이다. 보통의 경우에는 주형뿐만 아니라 금속 용탕이 커진다. 응고 초기의 온도 분포는 근본적으로 그림 4.13에서 보이는 바와 같다.

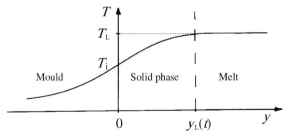

그림 4.13 금형 속에서 과열하지 않은 금속 용탕이 응고하는 동안의 대략적 온도 분포.

이 경우에 Fourier의 제2법칙의 해답[식 (4.10)]은 중첩의

원리에 따라 식 (4.15)와 같은 수많은 하위 해답을 합하여 구할 수 있다. 각 미세층 dy가 기여하고 다음과 같은 결과를 얻는다.

$$T - T_L = \int_{-\infty}^{\infty} \frac{B_0}{\sqrt{t}} \exp\left(-\frac{y^2}{4\alpha t} \right) dy \qquad (4.17)$$

이와 같은 방법을 다음과 같은 가정하에, 금형과 접촉하고 있는 금속 용탕의 응고 과정에 적용할 것이다.

- 용탕과 주형 사이의 접촉은 좋다. 이것은 주형/금속 계면을 통과하는 열전달에 대한 저항이 없다는 것을 의미한다.
- 금속 용탕은 과열되지 않는다.
- 금속 용탕의 응고 범위는 좁다.
- 주형의 부피는, 무한대로, 매우 크다.

그림 4.13에서 보이는 바와 같은 온도의 분포를 나타내는 그림은 이와 같은 가정을 근거로 그렸다. 금속과 주형의 온도는, 온도가 같은, 계면에서 평형 상태가 될 것이다.

응고가 일어나는 동안 금속과 용탕 내의 온도 분포는 y와 t의 함수로 계산할 수 있을 것이다. 시간 $t = 0$에서 용탕을 주형에 주입한다. 그림 4.13에서 보이는 바와 같이 y-축의 위치는 금속과 주형의 계면에서 0, 금속 내에서는 양 그리고 주형 내에서는 음이다.

금속과 주형은 서로 다른 특성을 가지는 서로 다른 물질로 구성되기 때문에, 미분 방정식 (4.10)은 각 변수에 대하여 분리하여 풀어야 한다. 주형과 금속에 대한 미분 방정식은 다음과 같을 것이다.

$$\frac{\partial T_{mould}}{\partial t} = \alpha_{mould} \left(\frac{\partial^2 T_{mould}}{\partial y^2} \right) \qquad (4.18_{mould})$$

$$\frac{\partial T_{metal}}{\partial t} = \alpha_{metal} \left(\frac{\partial^2 T_{metal}}{\partial y^2} \right) \qquad (4.18_{metal})$$

여기에서,

$$T_i = \text{금속/주형 계면에서의 온도}$$
$$T_L = \text{용탕의 온도}$$
$$T_0 = \text{상온}$$
$$T_{mould}(t, y) = \text{주형의 온도}$$
$$T_{metal}(t, y) = \text{고체 금속의 온도}$$
$$\alpha_{mould} = \text{주형의 확산 계수}$$
$$\alpha_{metal} = \text{금속의 확산 계수}$$
$$k_{mould} = \text{주형의 열전도도}$$
$$k_{metal} = \text{금속의 열전도도}$$

일반 열전달 방정식의 해(solution)

위의 방정식 (4.18)의 해는 방정식 (4.17)과 같은 모양이다. 모든 dy층의 기여를 합하기 위하여 적분을 해야 한다[방정식 (4.17)과 비교할 것]. 이 경우에 해를 구하기 위하여 방정식 (4.17)의 변수 y를 by $y = \sqrt{4\alpha t}$로 변환한다. 이와 같은 변수 변환으로 인하여, 두 번째 항의 분모 중 $\sqrt{t}$가 없어지고 따라서 두 방정식 (4.18)의 해에서도 없어진다[식 (4′)와 (5′)를 비교할 것]. 에러 함수(erf 함수)를 해에 도입할 수 있고, 다음과 같이 쓸 수 있다;

$$T_{\text{mould}} = A_{\text{mould}} + B_{\text{mould}} \, \text{erf}\left(\frac{y}{\sqrt{4\alpha_{\text{mould}}t}}\right) \qquad (4.19_{\text{mould}})$$

$$T_{\text{metal}} = A_{\text{metal}} + B_{\text{metal}} \, \text{erf}\left(\frac{y}{\sqrt{4\alpha_{\text{metal}}t}}\right) \qquad (4.19_{\text{metal}})$$

해 (4.19)의 네 가지 임의의 상수는 다음과 같이, 이 경우에 해당하는, 경계 조건을 도입하여 결정할 것이다.

(1) 주형에 대한 경계 조건

$$T(t, -\infty) = T_0 \qquad (4.20)$$

(2) 주형/금속 계면에 대한 경계 조건

$$T(t, 0) = T_{\text{i}} \qquad (4.21)$$

관계식 $\frac{\partial q}{\partial t} = -k\left(\frac{\partial T}{\partial y}\right)$[식 (4.3)과 비교할 것]을 주형과 금속 사이 계면에서 에너지 보존 법칙을 적용하기 위하여 사용할 수 있다. 고상에서 주형으로의 열 유동(heat flux)은 주형이 흡수한 열 유동과 같고, 이 사실로부터 다음과 같은, 세 번째, 경계 조건을 얻는다[식 (4.22)].

(3) 주형/금속 계면에 대한 경계 조건

$$k_{\text{mould}} \frac{\partial T_{\text{mould}}}{\partial y} = k_{\text{metal}} \frac{\partial T_{\text{metal}}}{\partial y} \qquad (4.22)$$

응고 면에서 온도는 일정하며, 즉, 시간에 관계없고, 액상선 온도 T_{L}과 같다. 응고 면은 이동한다. 즉, 그 위치는 시간의 함수이다. 이것을 함수 $y = y_{\text{L}}(t)$로 쓸 수 있고 네 번째 경계 조건, 식 (4.23)을 얻는다.

(4) 응고 면에 대한 경계 조건

$$T(t, y_{\text{L}}(t)) = T_{\text{L}} \qquad (4.23)$$

응고한 금속은, 온도가 용탕의 온도보다 낮기 때문에, 응고 면에서 발생하는 응고 잠열을 흡수한다. 응고 면의 이동 속도는 $y_{\text{L}}(t)$의 시간에 대한 도함수와 같고 열 유동은 다음과 같이 쓸 수 있다.

$$\frac{dq}{dt} = (-\Delta H)\rho \frac{dy_{\text{L}}(t)}{dt}$$

그리고 식 (4.24)와 같은 다섯 번째 경계 조건을 얻는다.

(5) 금속에 대한 경계 조건

$$k_{\text{metal}}\left(\frac{\partial T_{\text{metal}}}{\partial y}\right)_{y=y_{\text{L}}(t)} = (-\Delta H)\rho \frac{dy_{\text{L}}(t)}{dt} \qquad (4.24)$$

(4.20)에서 (4.24)까지의 식이 경계 조건 세트이다. 이 세트를 식 (4.19)의 네 상수를 결정하는 데 사용할 것이다. 4개의 상수와 5개의 조건이 있다. 따라서 이 계가 과대 평가되는 것처럼 보인다. 그러나, 아래에서 주어진 바와 같이, 다섯 번째 상수를 결정할 필요가 있기 때문에 그렇지 않다.

응고 면에서 다음의 관계 [식 (4.19$_{\text{metal}}$)]가 있다.

$$T_{\text{L}} = A_{\text{metal}} + B_{\text{metal}} \, \text{erf}\left(\frac{y_{\text{L}}}{\sqrt{4\alpha_{\text{metal}}\,t}}\right) \qquad (4.25)$$

A_{metal}, B_{metal} 그리고 T_{L}은 상수이기 때문에 에러 함수도 또한, t와 관계없는, 상수임에 틀림이 없다. 결론은 함수의 변수도 또한 상수일 것이며, 다음과 같은 조건을 얻는다.

$$y_{\text{L}}(t) = \lambda \sqrt{4\alpha_{\text{metal}}\,t} \qquad (4.26)$$

λ는 다섯 번째 상수이며 다섯 번째 경계 조건으로부터 결정될 것이다. λ 값을 알면 성장 속도 또는 응고 속도는 $y_{\text{L}}(t)$를 t에 대하여 미분하여 쉽게 구할 수 있다.

$$\frac{dy_{\text{L}}(t)}{dt} = \lambda \sqrt{\frac{\alpha_{\text{metal}}}{t}} \qquad (4.27)$$

경계 조건으로부터 상수의 결정

식 (4.26) 중 $y_{\text{L}}(t)$에 관한 식을 식 (4.25)에 대입하면, 다음의 결과를 얻는다.

$$T_{\text{L}} = A_{\text{metal}} + B_{\text{metal}} \, \text{erf} \, \lambda \qquad (4.28)$$

식 (4.20)은 주형에 대하여 맞는다. 다음과 같이 쓸 수 있다.

$$T_0 = A_{\text{mould}} + B_{\text{mould}} \, \text{erf}(-\infty)$$

혹은, 경계 조건 4를 사용하여 다음을 얻는다.

$$A_{\text{mould}} = T_0 + B_{\text{mould}} \qquad (4.29)$$

계면 ($y = 0$)에서 금속과 주형의 온도는 같다[식 (4.21)]. 즉

응고 속도

그림 4.17에서 보이는 바와 같은 응고 과정은 매우 일반적이다. 금속은 먼저 금속과 주형 사이의 계면에서 응고한다. 초기에 형성한 얇은 금속 껍질은 용탕의 압력에 의하여 좋은 접촉 상태가 유지된다.

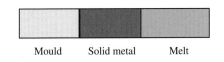

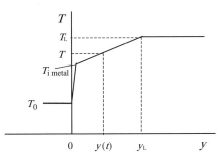

그림 4.17 주조 후 응고가 일어나는 동안 금속 내의 온도 분포.

어느 정도 시간이 지난 후 응고하는 금속 껍질은 용탕의 압력에 견딜 만큼 충분히 두꺼워진다. 이와 동시에 금속 껍질은 냉각 및 수축하고 갑자기 주형 벽과 떨어진다. 이 순간, 열전도도는 급격히 떨어진다.

우리는 이와 같은 응고 과정을 분석할 것이다. 즉, 우리는 위치와 시간의 함수인 온도를 원한다. 온도가 두 변수의 함수이기 때문에 편미분을 이용하여야 한다.

주형과 고체 금속 사이의 계면에서 열 유동에 수직인 단면적을 통과하는 단위 면적당 열량은 다음과 같이 쓸 수 있다(그림 4.17 참조).

$$-\frac{\partial q}{\partial t} = \rho\,(-\Delta H)\,\frac{dy_L(t)}{dt} + \rho c_p \int_0^{y_L(t)} -\frac{\partial T}{\partial t}\,dy \quad (4.37)$$

우변의 항은 주위로 잃는 열 유동이다. 이와 같은 이유로 "−" 부호를 붙여야 한다.

우변의 첫째 항은 응고 면이 $dy_L(t)/dt$의 속도로 이동할 때 위치 y_L에서 단위 면적당 단위 시간에 방출되는 열량을 나타낸다. 이 열은 열전도도 고체/주형 계면을 통과하여 밖으로 전달된다.

둘째 항은 단위 면적당 단위 시간에 고체 내의 냉각 열량을 나타낸다. 이 열량은 고체/주형 계면을 통과하여 열전도의 도

움으로 밖으로 전달된다. 불행하게도 $(-\Delta H)$와 c_p는 모든 금속과 모든 주조 공정에 대하여 일정하지 않다. 이 논제는 4.3.4절에서 논의한다. 식 (4.37)에서 그리고 다음의 계산 과정에서 우리는 이 두 가지를 상수로 가정하였다.

고체/주형 계면을 통과하는 전체 열전달은 일반적인 법칙으로 설명된다.

$$\frac{\partial q}{\partial t} = -k\left(\frac{\partial T}{\partial y}\right) \quad 0 < y < y_L\text{의 구간에서} \quad (4.38)$$

이 식을 식 (4.37)에 대입하여 다음과 같은 결과를 얻는다.

$$k\frac{\partial T}{\partial y} = \rho(-\Delta H)\frac{dy_L(t)}{dt} + \rho c_p \int_0^{y_L(t)} -\frac{\partial T}{\partial t}\,dy \quad (4.39)$$

미분 dT는 dy뿐만 아니라 dt 모두의 함수이다.

$$dT = \frac{\partial T}{\partial y}\,dy + \frac{\partial T}{\partial t}\,dt \quad (4.40)$$

$\partial T/\partial t$가 작으면 식 (4.37), (4.39) 그리고 (4.40)의 둘째 항을 무시할 수 있고 식 (4.39)의 나머지를 적분할 수 있다. 식 (4.39)의 간단한 근사 해답을 얻기 위하여 우리는 초기에는 일정하고 y와는 무관하다고 가정한다. 이 가정의 결과로 그리고 식 (4.37)로부터 우리는 $dy_L(t)/dt$도 또한 대체로 y와 무관하다는 결론을 얻는다. 만약 이와 같은 가정이 합당하면 우리는 다음과 같은 결과를 얻는다.

$$\int_{T_{i\,metal}}^{T_L} k\,dT = \int_0^{y_L(t)} \rho(-\Delta H)\frac{dy_L(t)}{dt}\,dy \quad (4.41)$$

만약 응고 잠열 $(-\Delta H)$가 일정하면 다음의 결과를 얻는다.

$$k(T_L - T_{i\,metal}) = \rho(-\Delta H)\frac{dy_L(t)}{dt}y_L(t) \quad (4.42)$$

식 (4.42)에서 온도 T_L은 상수이다. 응고 속도, 즉, 응고 면의 속도, $dy_L(t)/dt$를 계산할 수 있게 되기 위해서는, 단위 면적당 단위 시간에 계면을 통과하여 전달되는 열량, 또는 열 유동(heat flux) dq/dt를 알아야 한다. 이 열 유동은 식 (4.5)로 나타내고, 여기에서 적용할 수 있다.

$$\frac{dq}{dt} = h(T_{i\,metal} - T_0) \quad (4.43)$$

여기에서 h는 열전달 계수이다. 이 계수는 많은 양에 따라 달라지고 이론적으로 계산하기 어렵다. 보편적으로 실험적 방법

으로 결정한다.

우리는 식 (4.38)과 (4.43)에 있는 두 가지 열 유동에 대한
식이 있다. 만약 식 (4.38)의 도함수를 선형 함수로 바꾸면 다
음의 결과를 얻는다.

$$h(T_{i\,metal} - T_0) = k\frac{T_L - T_{i\,metal}}{y_L(t)} \qquad (4.44)$$

$T_{i\,metal}$은 식 (4.44)로부터 풀 수 있다.

$$T_{i\,metal} = \left[\frac{T_L - T_0}{1 + \left(\dfrac{h}{k}\right)y_L(t)}\right] + T_0 \qquad (4.45)$$

$T_{i\,metal}$에 대한 이 식을 식 (4.42)에 대입하고 식 (4.44)와 결합
하여 다음과 같은 응고 면의 속도를 얻는다.

$$\frac{dy_L}{dt} = \left[\frac{T_L - T_0}{\rho\,(-\Delta H)}\right]\left[\frac{h}{1 + \left(\dfrac{h}{k}\right)y_L}\right] \qquad (4.46)$$

이것이, $(-\Delta H)$가 상수인 조건에서, 응고 속도에 대한 원하는
식이다.

응고 시간

응고 시간을 알기 위하여 식 (4.46)을 변수 분리하고 적분하는
형태로 변환한다.

$$\int_0^t dt = \int_0^{y_L} \frac{\rho\,(-\Delta H)}{h\,(T_L - T_0)}\left(1 + \left(\frac{h}{k}\right)y_L\right)dy_L \qquad (4.47)$$

그러면 다음과 같은 두께 y_L의 껍질이 형성하는 데 걸리는 시
간을 얻는다.

$$t = \frac{\rho\,(-\Delta H)}{(T_L - T_0)}\left(\frac{y_L}{h}\right)\left(1 + \left(\frac{h}{2k}\right)y_L\right) \qquad (4.48)$$

식 (4.48)을 써서 금속 용탕의 크기를 알고 $(-\Delta H)$가 상수일
때 전체 응고 시간을 계산할 수 있다.

이론과 실제

4.3.1~4.3.3절에서 주조품에서의 열전달 이론을 다루었다. 금
속과 주형 내의 온도 분포, 응고 면의 위치, 응고 속도 및 응고
시간, 금속의 응고 잠열, 용탕의 온도는 재료 상수의 함수로
계산할 수 있는 양이다.

그와 같은 계산을 하는 목적은 고품질의 주조품을 얻기 위

하여 최적의 주조 공정을 설계하는 데 있다. 주조 공정을 설계
하기 위하여 신뢰성 있는 계산을 하기 위해서는 다음과 같은
두 가지 선행 조건이 필요하다.

- 서로 다른 형태의 주조 공정에 대한 신뢰성 있는 모델
- 재료 상수의 신뢰성 있는 값

냉각(Cooling)이 주조품 설계에서 중요한 변수이다. 냉각
이 강력하면 온도 구배가 증가하고, 열전달을 촉진하며 그 반
대도 성립한다. 위에서 여러 차례 언급한 바와 같이, $(-\Delta H)$
와 c_p는 모든 금속과 합금에 대하여 일정하지 않은 것을 기억
하고 염두에 두어야 한다. 이 문제는 4.3.4절에서 논의한다.

주로 주위로의 열 손실로 인하여, 열을 정확하게 측정하는
것은 어렵다는 것은 잘 알려져 있다. 20세기 말에 장치가 크게
발전하여 열 측정을 새롭고 매우 정확하게 할 수 있게 되었
다. 이와 같은 방법의 공통 명칭은 **열 해석**(thermal analysis)
이다.

주위로 일어나는 열 손실에 관한 문제는 마이크로스케일
(microscale)의 새로운 기술 덕분에 거의 해결되었다. 장치를
이용하여, 예를 들면, 시편과 노 속에서 동일한 가열 과정에
노출시킨, 동일한 "열 질량"의 기준 사이의 온도 차이를 측정
한다. 두 가지의 경우 모두 주위로 일어나는 열 손실은 거의
같을 것이다.

4.3.4 응고 속도의 함수로서의 용융 잠열과 열용량

응고 및 냉각 과정은 주조한 금속의 조직에 크게 영향을 미친
다. 그와 같은 과정은 주조 시 시간의 함수로 온도를 기록하여
실험적으로 연구할 수 있다. 그 결과는 그림 4.18에서 보이는
바와 같은 형태의 이른바 냉각 곡선이다. 세 가지 변수가 곡선
의 모양을 결정한다. 과열된 용탕과 금속의 열용량, 그리고 금
속의 용융 잠열(응고 잠열). 열 흐름을 알면 이들 변수의 값을
냉각 곡선으로부터 결정할 수 있다(제6장의 156쪽).

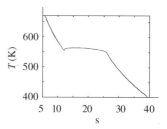

그림 4.18 c_p^L 및 c_p^S를 곡선 중 직선 부분의 기울기로부터 얻을 수 있
다. $-\Delta H$는 곡선의 수평 부분(등온선 부분)으로부터 얻을 수 있다.

이와 같은 문제는 제6장에서 더 논의할 것이다. 여기에서는, 대부분의 경우 주어진 온도에서 재료의 상수인, 용융 열과 열용량은 때때로 응고 속도, 즉, 응고 면의 성장 속도에 따라서 달라진다는 실험적 사실에 집중하여 설명할 것이다.

응고가 일어나는 동안 응고 과정 전(c_p^l)과 후(c_p^S) 주조품으로부터 열 흐름은 다음과 같이 쓸 수 있다.

$$\frac{dQ}{dt} = -V\rho c_p\left(\frac{dT}{dt}\right) \qquad (4.49)$$

여기에서 V는 주조품의 부피이다. 그림 4.18로부터 온도가 일정할 때 냉각 속도는 대충 평행하다. 이것은 주조품으로부터의 열 흐름 dQ/dt는 응고가 일어나는 동안에조차 대충 일정하다는 것을 의미한다. 이것으로부터 냉각 속도 dT/dt 그리고 응고 속도 dV/dt 사이의 다음과 같은 관계를 얻는다.

$$\frac{dQ}{dt} = -V\rho c_p\frac{dT}{dt} = \rho(-\Delta H)\frac{dV}{dt} \qquad (4.50)$$

| 열 흐름 | 냉각되는 | 응고가 일어나는 |
| 속도 | 동안의 열 흐름 | 동안의 열 흐름 |

일차원 응고의 경우에는, 응고 면이 평면이다. 이것은 4.3.1~4.3.3절에서 광범위하게 다룬 일반적인 경우이다. 일차원 응고의 경우, $dV = Ady_L$. 여기에서 A는 주조품의 단면적 그리고 y_L은 응고 면의 위치이다. 이 경우에, 식 (4.50)은 다음과 같이 쓸 수 있다.

$$\frac{dQ}{dt} = -V\rho c_p\frac{dT}{dt} = \rho(-\Delta H)A\frac{dy_L}{dt}$$

또는

$$-\frac{dT}{dt} = \frac{-\Delta H}{Vc_p}A\frac{dy_L}{dt} \qquad (4.51)$$

우변의 첫째 인자는 대략적으로 상수이다. 따라서 일차원 응고에 대하여:

냉각 속도와 성장 속도 dy_L/dt는 비례한다.

실질적인 양을 연구하기 원하면, 예를 들면 응고 속도의 함수로서 용융 잠열 또는 열용량, 응고 속도 대신 냉각 속도의 함수로 그 양을 그림(도표)으로 나타내어 결론을 얻을 수 있다. 이 사실을 아래에서 그리고 제6 및 7장에서 이용할 것이다.

용융열에 미치는 응고 속도의 영향

격자 결함
실험적으로 관찰한 냉각 속도의 함수로서 응고 잠열의 변화를 설명하기 위하여, 다음과 같은 사실이 제안되었다.

응고 잠열/용융 잠열의 변화는 금속 또는 합금 내 격자 결함의 존재와 관련이 있다.

결정격자 내의 격자 결함 또는 격자 불규칙은 $T = 0$ K 위의 모든 온도에서 모든 결정에 존재한다. 격자 결함의 수는 온도가 상승함에 따라 크게 증가한다. 여기에서 우리는, 금속과 합금 내에서 우세한, 베이컨시에 국한하여 논의할 것이다. 베이컨시는 결정 격자 내에서 원자가 없는 자리이다. 베이컨시는 결정 내부에서 이동할 수 있다.

용융 잠열에 미치는 베이컨시의 영향
주어진 온도에서 고체와 액체 상태 금속과 합금의 평형 베이컨시 농도가 있다. 베이컨시 농도는 고상 내에서보다 액상 내에서 더 높다. 용탕의 응고 시 평형에 도달할 시간적 여유가 없으며 과잉의 베이컨시가 용탕과 고상 사이의 계면에 남게 된다고 가정한다.

응고 속도가 낮을 때(느린 냉각 = 낮은 냉각 속도) 응고 면은 천천히 이동하고 단위 시간당 계면에 비교적 적은 수의 베이컨시가 남는다. 응고 속도가 높을 때(빠른 냉각 = 높은 냉각 속도)에는 사실 그 반대이며 단위 시간당 많은 수의 베이컨시가 남는다.

베이컨시와 다른 격자 결함이 형성할 때에는 에너지가 필요하다. 1 kmol의 베이컨시를 형성하는 데 필요한 에너지를 여기에서는 $-\Delta H_m^{vac}$로 표시할 것이다. $-\Delta H_m^{vac}$는 재료에 따라 달라지고 따라서 재료 상수로 간주할 수 있다는 것을 주목하여야 한다.

응고 면에서, 단위 질량당 응고 에너지($-\Delta H^e$)가 방출된다. 이 에너지의 일부는 고상 내의 베어컨시를 형성하는 데 내부적으로 쓰인다. 나머지는 밖으로 이동하고 관찰할 수 있으며 $-\Delta H^{eff}$로 외부에서 측정할 수 있다. 만약 1 kg 대신 단위 질량 = 1 kmol의 용탕을 고려하면 몰 당량을 얻는다.

$$-\Delta H_m^e = (x_{vac} - x_{vac}^e)(-\Delta H_m^{vac}) + (-\Delta H_m^{eff}) \qquad (4.52)$$

또는

$$-\Delta H_m^{eff} = (-\Delta H_m^e) - (x_{vac} - x_{vac}^e)(-\Delta H_m^{vac})$$

여기에서,

$-\Delta H_m^e$ = 평형 베이컨시 농도일 때 몰(kmol)당 응고 잠열. 이것은 보통 표로 나타낸 값이다.

x_{vac} = 결정 내 베이컨시의 몰 분률

x_{vac}^e = 베이컨시의 평형 농도

$-\Delta H_m^{vac}$ = 결정 내 1 kmol 베이컨시의 응고 잠열

$-\Delta H_m^{eff}$ = 주어진 응고 속도에서 측정한, 몰(kmol)당 유효 응고 잠열

$-\Delta H_m^e$ = 금속 또는 합금의 특성인, 재료 상수이다.

$x_{vac} > x_{vac}^e$이기 때문에, 식 (4.52)로부터 유효 응고 잠열이 해당 평형 값보다 더 작다는 결론을 얻을 수 있다. 위에서 언급한 바와 같이, $-\Delta H_m^{vac}$ 또한 재료 상수이다.

열용량에 미치는 베이컨시의 영향

응고 면에 남아 있는 과잉의 베이컨시는, 예를 들면, 재료 내부의 디스로케이션이나 결정립계에서 점차 소멸되거나 응집한다. 따라서, 잡힌 베이컨시의 응집에 기인하는 열은 응고가 일어나는 동안 또는 응고가 끝난 후에 방출된다. 이 열 방출이 유효 열용량에 기여한다. 반면에, 온도가 상승할 때 베이컨시를 형성하고 이때 에너지가 필요하다. 온도가 상승함에 따라 베이컨시 농도는 크게 증가한다.

온도에 따른 베이컨시 농도의 C_p에의 기여

온도 T에서 베이컨시 농도가 x_{vac}인 1 kmol의 금속을 생각하자. 온도가 dT만큼 상승할 때 베이컨시 농도는 dx_{vac}만큼 증가한다. 더 높은 열 에너지 수준으로 금속을 일반적으로 가열하는 것보다 더 많은 에너지가 필요하다. 이와 같은 부가 에너지는 베이컨시의 형성 에너지이다. 따라서 유효 몰 열용량 즉, kmol당 단위 온도당 에너지는 다음과 같이 쓸 수 있다.

$$C_p^{eff} = C_p^e + \frac{dx_{vac}}{dT}\left(-\Delta H_m^{vac}\right) \qquad (4.53)$$

여기에서,

C_p^{eff} = 온도 T에서 베이컨시 농도가 x_{vac}일 때 금속의 유효 몰(kmol) 열용량

C_p^e = 온도 T에서 베이컨시 농도가 x_{vac}^e일 때 금속의 몰(kmol) 열용량

주조품이 냉각하는 동안, 온도의 변화는 음(negative)이다. 일정한 부피 분률 x_{vac}의 베이컨시가 고체 상 내에 남아 있다. 이 값은 평형 값 x_{vac}^e보다 더 크다.

이미 형성한 고체가 계속 냉각하는 동안, 계는 평형 상태에 도달하려고 하고, 결과적으로 온도가 떨어짐에 따라 베이컨시 농도가 감소한다. 이것은 과포화된 베이컨시의 응집이 일어나고 응집 에너지가 방출된다. 이의 열용량에 대한 기여는 식 (4.53)의 마지막 항에 해당한다.

베이컨시 응집의 C_p에의 기여

베이컨시의 응집은 응고 면이 형성되자마자 얇은 고체 껍질 속에서 즉시 일어나기 시작한다. 그리고 계는 평형에 도달하려고 한다. 잉여 베이컨시의 응집은, 온도가 일정한, 응고 시간 및 냉각 기간 동안 그리고 그 이후까지도 계속 일어난다.

만약 냉각 시간 동안 온도 대신에 시간의 함수로 베이컨시 농도를 알면, 유효 열용량에 대한 다른 식을 쓸 수 있다. 열용량에 대한 기여는 베이컨시 응집 속도 dx_{vac}/dt와 냉각 속도 dT/dt의 함수이다. 식 (4.53)에서 베이컨시 농도의 온도에 대한 도함수, dx_{vac}/dT를 다음 식으로 바꿀 수 있다.

$$\frac{dx_{vac}}{dT} = \frac{dx_{vac}}{dt}\frac{1}{(dT/dt)} \qquad (4.54)$$

여기에서 dT/dt는 냉각 속도이다. 만약 우리가 1 kmol의 재료에 대하여 고려하면 유효 몰 열용량은 식 (4.53) 또는 다음 식 둘 중 하나로 나타낼 수 있다.

$$C_p^{eff} = C_p^e + \frac{dx_{vac}}{dt}\left(-\Delta H_m^{vac}\right)\frac{1}{(dT/dt)} \qquad (4.55)$$

식 (4.55) 끝 항의 첫째와 셋째 인자는 냉각함에 따라 모두 음이다. 따라서 끝 항은 냉각 시간 동안 유효 몰 열용량에 양의 기여를 한다. 베이컨시 응집이 끝날 때 0이 된다.

주조 중 응고 해석 모델의 개선

많은 응고 과정에서 위에서 논의한 효과는 무시할 수 있다. 예를 들면, 순수 알루미늄에서 응고 잠열을 3%만 감소시키기 위해서도 베이컨시 농도는, 평형 값에 비하여, 5배의 증가가 요구된다.

다른 경우에, 예를 들면 실루민(silumin, 제6장의 예제 6.2) 같은 알루미늄 합금의 경우, 응고 과정에서 형성한 베이컨시와 다른 격자 결함의 영향을 무시할 수 없다.

열 해석 실험으로부터 얻은 결과는 그림 4.19에서 보이는 바와 같다. 실루민에 대하여 측정한 단위 질량당 응고 잠열을 응고 속도의 함수로 나타냈다. 이 그림으로부터 냉각 속도가 증가함에 따라 잠열은 크게 감소한다는 것을 알 수 있다. 이와 같은 경우에 응고 잠열과 열용량의 변화 그리고 해석 모델을

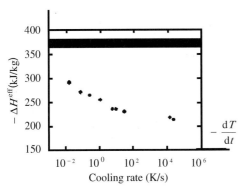

그림 4.19 냉각 속도의 함수로서 실루민의 유효 응고 잠열. 많은 독립적인 다른 측정으로부터 얻은 값. 평형 값[냉각 속도 = 0일 때 $(-\Delta H^{\text{eff}})$]은 검은 영역에 놓인다.

수정하여야 한다. 한 가지 예로써, 식 (4.37)을 검토할 것이다. 이 식:

$$-\frac{\partial q}{\partial t} = \rho\,(-\Delta H)\,\frac{dy_L(t)}{dt} + \rho c_p \int_0^{y_L(t)} -\frac{\partial T}{\partial t}\,dy \quad (4.37)$$

을 다음 식으로 바꾸어야 한다.

$$\frac{dq}{dt}_y = \rho\left[(-\Delta H^e) - (x_{\text{vac}} - x_{\text{vac}}^e)(-\Delta H^{\text{vac}})\right]\frac{dy_L(t)}{dt} + \rho \int_0^{y_L(t)} -\left(c_p^e + \frac{dx_{\text{vac}}}{dT}(-\Delta H^{\text{vac}})\right)\frac{\partial T}{\partial t}\,dy \quad (4.56)$$

응고 잠열과 열용량이 포함된, 모든 다른 식을, 예를 들면 식 (4.46) 및 (4.48)을, 유사하게 개량하여야 한다. 그러나, 이것은 몇 가지 경우에만 필요하다. 이 장의 나머지 부분에서 우리는 용융 잠열과 열용량은 일정하다고 가정할 것이다. 제5장에서, 우리가 급속 응고 공정을 논의할 때, 베이컨시의 영향을 고려할 필요가 있다.

4.4 부품 주조 시 열전달

4.4.1 사형 주조 시의 온도 분포

앞 절에서 우리는 이상적으로 냉각되는 주형과 금속 내의 온도 분포를 다루었다. 그러나 실제로는 용탕과 주형 사이의 접촉이 이상적인 경우는 극히 드물다. 사형에서 주조하는 동안, 3.4.2절에서, 주형과 용탕 사이의 접촉이 좋은 것으로 가정한, 열전달의 일반 법칙의 해를, 비록 이 조건을 충족시키지 않는다 하더라도, 적용할 수 있다. 그 이유는 주물사의 열전도도가 나쁘기 때문이다. 아래에서는 주형과 금속 사이 계면에서의 온도 T_i가 주형 재료 특성의 함수로서 어떻게 달라지는가를 논의할 것이다.

사형과 금속 사이의 온도 T_i의 계산

금속과 사형 사이의 접촉은 이상적이지 않다. 그러나, 사형의 나쁜 열전도도(1 W/mk 크기의) 때문에, 온도 분포는 냉각이 이상적이었던 경우와 대체로 같다.

4.3절에서 우리는 주형과 용탕 사이의 접촉이 이상적인 경우 주조하는 동안 주형과 금속 내의 온도 분포를 계산하였다. 이와 같은 계산 결과는 식 (4.33)~(4.35)를 조합한 식 (4.19)에 의하여 얻는다. 식 (4.33), (4.34) 그리고 (4.35)에는, 식 (4.36)으로부터 결정되는 공통 상수 λ가 들어 있다.

$$T_{\text{mould}} = A_{\text{mould}} + B_{\text{mould}}\,\text{erf}\left(\frac{y}{\sqrt{4\alpha_{\text{mould}}\,t}}\right) \quad (4.19_{\text{mould}})$$

$$T_{\text{metal}} = A_{\text{metal}} + B_{\text{metal}}\,\text{erf}\left(\frac{y}{\sqrt{4\alpha_{\text{metal}}\,t}}\right) \quad (4.19_{\text{metal}})$$

여기에서 A_{mould}, B_{mould} 및 B_{metal}은 모두 상수이다.

$$B_{\text{metal}} = \frac{T_L - T_0}{\left(\frac{k_{\text{metal}}\sqrt{\alpha_{\text{mould}}}}{k_{\text{mould}}\sqrt{\alpha_{\text{metal}}}}\right) + \text{erf}\,\lambda} \quad (4.33)$$

$$B_{\text{mould}} = \frac{T_L - T_0}{\left(\frac{k_{\text{metal}}\sqrt{\alpha_{\text{mould}}}}{k_{\text{mould}}\sqrt{\alpha_{\text{metal}}}}\right) + \text{erf}\,\lambda}\frac{k_{\text{metal}}\sqrt{\alpha_{\text{mould}}}}{k_{\text{mould}}\sqrt{\alpha_{\text{metal}}}} \quad (4.34)$$

$$A_{\text{mould}} = A_{\text{metal}}$$
$$= T_0 + \frac{T_L - T_0}{\frac{k_{\text{metal}}\sqrt{\alpha_{\text{mould}}}}{k_{\text{mould}}\sqrt{\alpha_{\text{metal}}}} + \text{erf}\,\lambda}\frac{k_{\text{metal}}\sqrt{\alpha_{\text{mould}}}}{k_{\text{mould}}\sqrt{\alpha_{\text{metal}}}} \quad (4.35)$$

$$\frac{c_p^{\text{metal}}(T_L - T_0)}{-\Delta H} =$$
$$\sqrt{\pi}\,\lambda\,\exp^{(\lambda^2)}\left(\sqrt{\frac{k_{\text{metal}}\rho_{\text{metal}}c_p^{\text{metal}}}{k_{\text{mould}}\rho_{\text{mould}}c_p^{\text{mould}}}} + \text{erf}\,\lambda\right) \quad (4.36)$$

이들 식을 적용할 것이다. 사형과 금속 사이 계면에서 온도는 다음과 같다.

$$T_{\mathrm{i}} = A_{\mathrm{mould}} = A_{\mathrm{metal}} \qquad (4.57)$$

여기에서 T_{i}는 계면에서의 온도이다. 이들 관계는 식 (4.19_{mould})와 (4.19_{metal})에서 y에 0을 대입하여 얻는다. 식 (4.35)는 다음과 같이 변환할 수 있다.

$$
\begin{aligned}
A_{\mathrm{mould}} &= A_{\mathrm{metal}} = T_{\mathrm{i}} \\
&= T_0 + \frac{T_{\mathrm{L}} - T_0}{1 + \dfrac{\mathrm{erf}\,\lambda}{\left(k_{\mathrm{metal}}\sqrt{\alpha_{\mathrm{mould}}}/k_{\mathrm{mould}}\sqrt{\alpha_{\mathrm{metal}}}\right)}}
\end{aligned} \qquad (4.58)
$$

주물사는 금속에 비하여 열전도도가 나쁘고, 이것은 $k_{\mathrm{metal}} \gg k_{\mathrm{mould}}$를 의미한다.

$\alpha = k/\rho c_{\mathrm{p}}$[식 (4.11)]이기 때문에 다음의 식을 얻는다.

$$
\begin{aligned}
&\frac{k_{\mathrm{metal}}\sqrt{\alpha_{\mathrm{mould}}}}{k_{\mathrm{mould}}\sqrt{\alpha_{\mathrm{metal}}}} \\
&= \frac{k_{\mathrm{metal}}\sqrt{\dfrac{k_{\mathrm{mould}}}{\rho_{\mathrm{mould}}c_{\mathrm{p}}^{\mathrm{mould}}}}}{k_{\mathrm{mould}}\sqrt{\dfrac{k_{\mathrm{metal}}}{\rho_{\mathrm{metal}}c_{\mathrm{p}}^{\mathrm{metal}}}}} = \frac{\sqrt{k_{\mathrm{metal}}\rho_{\mathrm{metal}}c_{\mathrm{p}}^{\mathrm{metal}}}}{\sqrt{k_{\mathrm{mould}}\rho_{\mathrm{mould}}c_{\mathrm{p}}^{\mathrm{mould}}}} \gg 1
\end{aligned} \qquad (4.59)
$$

식 (4.58) 중 erf λ의 값은 0와 1 사이이다. 식 (4.58)의 둘째 항의 분모는 따라서 매우 작고 약 1이다. 이 경우에 우리는 다음과 같은 결과를 얻는다.

$$T_{\mathrm{i}} = T_{\mathrm{i\,metal}} = T_{\mathrm{i\,mould}} \approx T_{\mathrm{L}} \qquad (4.60)$$

사형에서 주조하는 동안 금속과 주형 사이 계면에서의 온도는 대체로 용탕의 액상선 온도와 같다.

4.4.2 사형 주조 시 응고 속도와 응고 시간 – Chvorinov 법칙

건조형

위에서 얻은 식 (4.60)의 $T_{\mathrm{i}} = T_{\mathrm{i\,metal}} = T_{\mathrm{i\,mould}} \approx T_{\mathrm{L}}$의 결과는 매우 중요하고 사형 주조에 대하여 흔하게 쓰인다. 응고 과정은 주로 그림 4.10에서 보이는 바와 같은 방법으로 일어난다. 사형 내 그리고 금속 내의 온도 분포는 그림 4.20에서 보이는 바와 같다.

주물사의 열전도도는 나쁘기 때문에, 사형을 통한 열전달이 '병목(bottle neck)'이다. 사형을 통한 열전도가 응고 과정을 완전히 제어한다.

다음과 같은 가정을 하고 시작한다.

- 금속의 열전도도는 사형에 비하여 매우 크다.

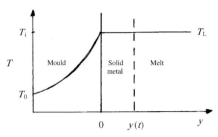

그림 4.20   사형에서 주조하는 동안의 온도 분포.

- 주조하는 동안 주형 벽의 온도는 바로 용탕의 온도 T_{L}과 같아지고 이 온도는 전체 응고 과정이 진행되는 동안 유지된다.
- 계면에서 먼 위치의 주형 온도는 상온 T_0와 같다.

이 경우의 금속 내 온도 분포는 단순하고 다음과 같다.

$$T_{\mathrm{metal}} = T_{\mathrm{L}} \qquad (4.61)$$

이 경우에는 금속의 두께가 매우 크고/또는 주형이 상대적으로 작지 않는 한 금속 내 온도를 알기 위하여 어떤 방정식도 풀 필요가 없다. 대신 우리는 계산을 주형 내 열전도로 국한시킬 수 있다.

열전도 일반 법칙의 해:

$$\frac{\partial T_{\mathrm{mould}}}{\partial t} = \alpha_{\mathrm{mould}}\frac{\partial^2 T_{\mathrm{mould}}}{\partial y^2} \qquad (4.62)$$

식 (4.62)는 관례적으로 쓰는 표현에 의하여, 다음과 같이 쓸 수 있다.

$$T_{\mathrm{mould}} = A_{\mathrm{mould}} + B_{\mathrm{mould}}\,\mathrm{erf}\left(\frac{y}{\sqrt{4\alpha_{\mathrm{mould}}t}}\right) \qquad (4.63)$$

상수 A_{mould}와 B_{mould}를 결정하기 위하여 우리는, 그렇게 되어야 하는, 알고 있는 경계 조건을 적용할 것이다.

경계 조건 1:
계면에서 $\qquad y = 0 \qquad T(0, t) = T_{\mathrm{i}}$
경계 조건 2:
주형 내에서 $y = -\infty \qquad T(-\infty, t) = T_0$
이 두 값을 식 (4.63)에 대입한다.

$$T_{\mathrm{i}} = A_{\mathrm{mould}} + B_{\mathrm{mould}}\,\mathrm{erf}(0) = A_{\mathrm{mould}} \qquad (4.64)$$
$$T_0 = A_{\mathrm{mould}} + B_{\mathrm{mould}}\,\mathrm{erf}(-\infty) = A_{\mathrm{mould}} - B_{\mathrm{mould}} \qquad (4.65)$$

이 두 방정식으로부터 A_{mould}와 B_{mould}를 풀 수 있다.

$$A_{\text{mould}} = T_i$$
$$B_{\text{mould}} = T_i - T_0 \qquad (4.66)$$

이 두 값을 식 (4.63)에 대입하면 열전도의 일반 법칙의 해, 즉 위치와 시간의 함수로서 주형 내의 온도 분포를 얻는다.

$$T_{\text{mould}}(y,t) = T_i + (T_i - T_0)\,\text{erf}\left(\frac{y}{\sqrt{4\alpha_{\text{mould}}\,t}}\right) \quad (4.67)$$

주형과 금속 사이 계면을 통하여 음의 방향으로 단위 시간당 전달되는, 단위 면적당 열량은 식 (4.3)에 의하여 얻는다.

$$\frac{\partial q(0,t)}{\partial t} = -k_{\text{mould}}\,\frac{\partial T_{\text{mould}}(0,t)}{\partial y} \qquad (4.68)$$

식 (4.67)을 y에 대하여 유도하고 도함수를 식 (4.68)에 대입하면

$$\frac{\partial q}{\partial t} = -k_{\text{mould}}(T_i - T_0)\,\frac{2}{\sqrt{\pi}}\exp\left(-\frac{y^2}{4\alpha_{\text{mould}}\,t}\right)\frac{1}{\sqrt{4\alpha_{\text{mould}}\,t}}$$

$y = 0$을 대입하면 지수 인자는 1과 같고 다음과 같은 결과를 얻는다.

$$\frac{\partial q}{\partial t} = -k_{\text{mould}}(T_i - T_0)\,\frac{1}{\sqrt{\pi\alpha_{\text{mould}}\,t}} \qquad (4.69)$$

$\alpha_{\text{mould}} = k_{\text{mould}}/\rho_{\text{mould}}\,c_p^{\text{mould}}$ 관계식을 식 (4.69)에 대입하면 다음과 같은 결과를 얻는다.

$$\frac{\partial q}{\partial t} = -\sqrt{\frac{k_{\text{mould}}\,\rho_{\text{mould}}\,c_p^{\text{mould}}}{\pi t}}\,(T_i - T_0) \qquad (4.70)$$

음의 방향인 주형 속으로 단위 면적당 단위 시간에 계면을 통과하는 열량은 고상 내와 용탕의 온도(T_L)가 일정하기 때문에 응고 잠열뿐이다. 단위 면적당 그리고 단위 시간당 응고 잠열은 다음과 같을 것이다.

$$\frac{\partial q}{\partial t} = -\rho_{\text{metal}}(-\Delta H)\,\frac{dy_L}{dt} \qquad (4.71)$$

여기에서 dy_L/dt은 응고 속도, 즉 용탕 내 응고 면의 이동 속도이다. q[식 (4.70)]의 시간에 대한 편도함수를 식 (4.71)에 대입하고, 응고 속도에 대하여 풀고 적분하여 시간의 함수로서 응고 층의 두께를 알 수 있다.

$$y_L(t) = \int_0^t \frac{T_i - T_0}{\rho_{\text{metal}}(-\Delta H)}\sqrt{\frac{k_{\text{mould}}\,\rho_{\text{mould}}\,c_p^{\text{mould}}}{\pi}}\,\frac{dt}{\sqrt{t}}$$

또는

$$y_L(t) = \frac{2}{\sqrt{\pi}}\,\frac{T_i - T_0}{\rho_{\text{metal}}(-\Delta H)}\sqrt{k_{\text{mould}}\rho_{\text{mould}}c_p^{\text{mould}}}\,\sqrt{t} \quad (4.72)$$

둘째 인자는 금속에 대한 자료가 그리고 셋째 인자에는 주형에 대한 자료가 들어 있는 것을 주목할 필요가 있다.

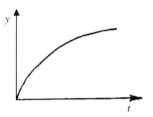

그림 4.21 사형에서 주조하는 동안 시간의 함수로서 응고 껍질(solidifying shell)의 두께.

식 (4.72)로부터 응고 층의 두께는 시간의 포물선 함수라는 것을 알 수 있다. 응고 과정 초기에 응고 속도는 빠르나 응고 층의 두께가 두꺼워짐에 따라 점점 감소한다는 것을 알 수 있다.

주형의 기하학적 모양 또한 주형의 열 흡수 능력에 영향을 미친다. 열은 평면인 경우보다 오목한 주형 면에서 더 빠르게 전달된다. 이것은 열이 평면인 경우보다 더 큰 부피로 퍼지기 때문이다. 볼록한 면에 대해서는 그 반대이다. 열이 평면인 경우보다 더 작은 부피 속으로 퍼지기 때문에 열은 볼록한 주형/주조품 면적 속으로 더 천천히 전달된다. 비록 그렇더라도, 더 단순한 주형에 대해서는 그 차이가 오히려 작다. 아래에서 두 가지의 예를 논의할 것이다.

예리한 모퉁이에서의 열전도

주조 부품에는 매우 불규칙한 모양과 다소 예리한 모퉁이가 있다. 용탕으로부터 봐서 볼록한 모퉁이(외부 모퉁이) 부근 그리고 모퉁이에서 주형 내 등온선은 그림 4.22 (a)에서 보이는 바와 같다. 주조품 벽으로부터 열은 온도 구배의 방향, 즉 등온선의 수직 방향으로만 전달된다. 단위 면적 그리고 단위 시간당 열전달은 온도 구배에 비례한다.

등온선 간격이 더 가까울수록, 온도 구배가 더 크다. 그림 4.22 (a)로부터 평면에서보다 외부 모퉁이에서 대각선 방향으로 열전달이 더 많다는 것을 알 수 있다.

용탕으로부터 봐서, 오목한 모퉁이(내부 모퉁이) 부근 그리고 그 모퉁이에서 주형 내부의 등온선은 그림 4.22 (b)에서 보이는 바와 같다. 등온선 사이의 간격이 크면 클수록, 온도 구배가 더 작고 주조품으로부터의 열유동이 더 작다. 그림 4.22 (b)

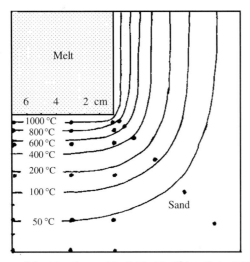

그림 4.22 (a) 주조하고 15분 뒤 주조품 외부 모퉁이 바깥의 사형 내 등온선. 주조한 금속은 주철이다. 내부 표면의 온도는 1083°C이다. 그림 중 점은 열전 소자의 위치를 나타낸다. 그림 중 길이의 척도는 모퉁이로부터의 거리와 같다.

는 대각선 방향으로 등온선 사이의 간격이 평면에 수직인 방향에서보다 대각선 방향으로 더 큰 것을 보여주고 있다. 따라서 열전도는 내부 모퉁이에서 대각선 방향으로가 평면에서보다 더 작다.

Chvorinov 법칙

쓸모 있는 근사치를 얻는 방법은 주형 벽의 모든 단위 면적은 기하학적 모양과 주조품 표면상 위치에 관계없이 열을 흡수하는 능력이 일정하다고(같다고) 가정하는 것이다. 이와 같은 가정을 하면 우리는 식 (4.72) 중 $y_L(t)$를 V_{metal}/A로 바꿀 수 있고 다음과 같은 결과를 얻는다.

$$\frac{V_{metal}}{A} = \frac{2}{\sqrt{\pi}} \frac{T_i - T_0}{\rho_{metal}} \frac{1}{-\Delta H} \sqrt{k_{mould}\rho_{mould}c_p^{mould}} \sqrt{t_{total}} \quad (4.73)$$

여기에서,

V_{metal} = 응고하는 주조품의 전체 부피
A = 주형과 금속 사이 전체 계면의 면적
t_{total} = 전체 응고 시간

식 (4.73)을 다음과 같이 더 간단하게 쓸 수 있다.

$$t_{total} = C \left(\frac{V_{metal}}{A}\right)^2 \quad \text{Chvorinov's rule} \quad (4.74\ a)$$

주조품의 전체 응고 시간은 주조품 부피의 제곱에 비례하고

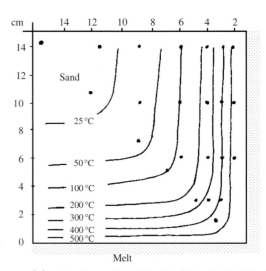

그림 4.22 (b) 주조하고 15분 뒤 주조품 내부 모퉁이 안쪽 사형 내의 등온선. 주조 금속은 알루미늄 합금이다. 내부 표면의 온도는 548°C이다. 그림 중 점은 열전 소자의 위치를 나타낸다. 그림 중 길이 척도는 모퉁이로부터의 거리와 같다.

사형과 주조품 사이 접촉 면적의 제곱에 반비례한다.

상수 C는 식 (4.73)과 (4.74 a)를 확인하여 재료 상수로 얻는다.

$$C = \frac{\pi}{4} \frac{\rho_{metal}^2 (-\Delta H)^2}{(T_i - T_0)^2 k_{mould}\rho_{mould}c_p^{mould}} \quad (4.74\ b)$$

식 (4.74a)는 매우 잘 알려져 있고 동일한 재료로 만든 주조품의 응고 시간을 상대적으로 비교하는 데 매우 쓸모가 있다.

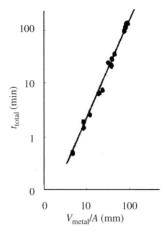

그림 4.23 Chvorinov의 부피/면적 비의 함수로서 주조품의 응고 시간 실험 결과. 두 축 모두 로그 스케일이고 직선의 기울기는 2이다. Pergamon Press사 Elsevier Science의 허가를 얻어 인용함.

Chvorinov는 10 mm 주조품으로부터 65톤 잉곳에 이르기까지, 다양한 모양과 크기의 사형 주조품에 대한 실험에 의하여 이 법칙을 증명하였다(그림 4.23). 그 후에 비슷한 법칙이, 몇 가지(그러나 전부는 아닌) 잉곳 주조품과 같은, 다른 주조품에 대해서 맞다는 것이 밝혀졌다. 이와 같은 문제는 제5장 96쪽에서 더 논의할 것이다.

예제 4.4

주조 공장에서 박육 주조품을 생산한다. 주철의 두께는 백주철 응고를 방지하기에 충분한 정도이다. 주형 내에 주물사를 더 밀도가 높게 충진하는, 새로운 조형법을 도입하였다. 이 경우, 주조품 품질을 나쁘게 하는, 백주철 응고의 위험성이 증가한다. 주형 재료의 밀도는 20% 증가하고 주물사의 열전도도는 10% 증가한다.

이전에는 주조 공정 마지막 단계에서 주형 내의 용탕 온도를 고상선 온도와 정확하게 같도록 하는 방법으로 주조하였다. 만약 이전과 마찬가지의 백주철 응고 최대 위험성을 허용한다면 주조 온도를 몇 도 증가시켜야 하는가? 이 조건은 두 가지 경우에 응고 시간은 모두 같아야 한다는 것을 의미한다.

$$-\Delta H = 170 \text{ kJ/kg} \quad \text{그리고} \quad c_p^{\text{metal}} = 0.42 \text{ kJ/kg K.}$$

풀이

주조 온도를 T만큼 증가시켜야 한다고 가정하자. 새로운 주조 방법 때문에 열용량이 변하지는 않을 것이다. 우리는 과거의 방법(인덱스 1) 그리고 새로운 방법(인덱스 2)에 따라서 응고 시간을 계산하기 위하여 Chvorinov 법칙을 적용한다.

$$t_1 = \left(\frac{\sqrt{\pi}}{2} \frac{\rho_{\text{metal}}(-\Delta H)}{T_i - T_0} \frac{1}{\sqrt{k_{\text{mould1}}\rho_{\text{mould1}}c_p^{\text{mould1}}}} \right)^2 \left(\frac{V_{\text{metal}}}{A} \right)^2 \tag{1'}$$

$$t_2 = \left(\frac{\sqrt{\pi}}{2} \left(\frac{\rho_{\text{metal}}\left(-\Delta H + c_p^{\text{metal}}\Delta T\right)}{T_i - T_0} \right) \frac{1}{\sqrt{k_{\text{mould2}}\rho_{\text{mould2}}c_p^{\text{mould2}}}} \right)^2 \left(\frac{V_{\text{metal}}}{A} \right)^2 \tag{2'}$$

두 가지 경우 모두, 백주철 응고의 위험성이 증가하는 것을 방지하기 위해서는, 응고 시간이 같아야 한다. 즉 $t_1 = t_2$. 이것으로부터 다음과 같은 등식을 얻는다.

$$\frac{-\Delta H}{\sqrt{k_{\text{mould1}}\rho_{\text{mould1}}}} = \frac{-\Delta H + c_p^{\text{metal}}\Delta T}{\sqrt{k_{\text{mould2}}\rho_{\text{mould2}}}} \tag{3'}$$

또는

$$\frac{-\Delta H + c_p^{\text{metal}}\Delta T}{-\Delta H} = \frac{\sqrt{k_{\text{mould2}}\rho_{\text{mould2}}}}{\sqrt{k_{\text{mould1}}\rho_{\text{mould1}}}} = \sqrt{1.10 \times 1.20} \tag{4'}$$

문제에 주어진 값을 대입하여 우리는 $\Delta T = 60°C$를 얻는다.

답

주조 온도를 60°C 증가시켜야 한다.

구형 및 원주형 주형에 대한 응고 시간과 V/A 비 사이의 관계

구형 및 원주형 주형에 대하여 Chvorinov 법칙보다, 응고 시간과 V/A 비 사이의 상관관계를 나타내는, 더 정확한 식을 유도할 수 있다. 이 두 가지 경우에 열전도에 대한 편미분 방정식을 다음과 같이 쓸 수 있다.

$$\frac{\partial T}{\partial t} = \alpha_{\text{mould}} \left(\frac{\partial^2 T}{\partial r^2} + \frac{n}{r}\frac{\partial T}{\partial r} \right) \tag{4.75}$$

여기에서,

$r =$ 주조품의 반경

$n =$ 원주형에 대해서는 1

$n =$ 주형에 대해서는 2

식 (4.73)을 얻는 과정과 마찬가지 방법으로 유도하면, 다음과 같은 결과를 얻을 것이다.

$$\frac{V_{\text{metal}}}{A} = \left(\frac{T_i - T_0}{\rho_{\text{metal}}(-\Delta H)} \right) \times$$

$$\left(\frac{2}{\sqrt{\pi}} \sqrt{k_{\text{mould}}\rho_{\text{mould}}c_p^{\text{mould}}} \sqrt{t_{\text{total}}} + \frac{nk_{\text{mould}}t_{\text{total}}}{2r} \right) \tag{4.76}$$

식 (4.76)과 (4.74)를 비교해 보면 k_{mould}가 더 감소하고 r이 더 증가할수록, Chvorinov의 간단한 근삿값이 더 잘 맞을 것이다. 구형의 경우보다는 원주형이 더 잘 맞을 것이다. 주어진 V/A 비에 대하여 구형은, 판형보다 더 빠르게 응고하는, 원주형보다 더 빨리 응고한다.

예제 4.5

사형에서 주조하는 직경 15 cm의 원주형 주강에 대한 응고 시간을 구하라. 원주의 높이는 직경에 비하여 매우 더 크다. 사형과 주강의 재료 상수는 다음과 같다.

주물사의 열전도도 $k_{mould} = 0.63 \ \text{J/m K s}$

주물사의 밀도 $\rho_{mould} = 1.61 \times 10^3 \ \text{kg/m}^3$

주물사의 열용량 $c_p^{mould} = 1.05 \times 10^3 \ \text{J/kg K}$

주강의 응고 온도 $T_L = T_i = 14{:}90 \ ^\circ\text{C}$

주위의 온도 $T_0 = 23 \ ^\circ\text{C}$

주강의 응고 잠열 $-\Delta H = 272 \ \text{kJ/kg}.$

풀이

식 (4.76)을 적용한다.

$$\frac{V_{metal}}{A} = \frac{T_i - T_0}{\rho_{metal}(-\Delta H)}\left(\frac{2}{\sqrt{\pi}}\left(\sqrt{k_{mould}\rho_{mould}c_p^{mould}}\right)\sqrt{t_{total}} + \frac{nk_{mould}t_{total}}{2r}\right) \qquad (1')$$

주어진 값과 원주의 길이 L을 대입한다.

$$\frac{T_i - T_0}{\rho_{metal}(-\Delta H)} = \frac{1490 - 23}{(7.8 \times 10^3) \times (272 \times 10^3)} = 0.691 \times 10^{-6} \ \text{K m}^3/\text{J} \qquad (1')$$

$$\frac{2}{\sqrt{\pi}}\sqrt{k_{mould}\rho_{mould}c_p^{mould}} = \frac{2}{\sqrt{\pi}}\sqrt{0.63 \times (1.61 \times 10^3) \times (1.05 \times 10^3)} = 1.16 \times 10^3 \ \text{J/m}^2 \text{ K s}^{0.5}$$

$$\frac{V_{metal}}{A} = \frac{\pi r^2 L}{2\pi r L} = \frac{r}{2} = \frac{7.5}{2} = 3.75 \times 10^{-2} \ \text{m}$$

그리고

$$\frac{nk_{mould}}{2r} = \frac{1 \times 0.63}{2 \times 0.075} = 4.2 \ \text{J/m}^2\text{s K}$$

차원을 확인하면 잘 일치한다. 계산한 값과 알고 있는 값을 식 (4.76)에 대입하면:

$$3.75 \times 10^{-2} = 0.691 \times 10^{-6}\left(1.16 \times 10^3 \sqrt{t_{total}} + 4.2 \ t_{total}\right) \qquad (1')$$

이것은 다음과 같이 쓸 수 있는 $\sqrt{t_{total}}$의 2차 방정식이다.

$$t_{total} + 276 \sqrt{t_{total}} - 12921 = 0 \qquad (2')$$

이 방정식은 다음과 같은 근을 가진다.

$$\sqrt{t_{total}} = -138 \pm \sqrt{138^2 + 12921} \qquad (3')$$

응고 시간은 양의 근이다.

$$\sqrt{t_{total}} = -138 + 179 = 41; \ t_{total} = 1681 \ \text{s} = 28 \ \text{min}$$

답

원주형 주강은 약 28분 뒤에 응고가 끝난다.

고 수분 사형 내의 온도 분포 – 증발 면(evaporation front)/ 수분 면(waterfront)

사형은 흔히 수분을 함유하고, 이 수분은 사형이 용탕에 의하여 가열될 때 증발한다. 이와 같은 증발 현상은 수분의 기화열이 높기 때문에 냉각에 기여하며 따라서 응고 과정에 영향을 미친다.

수증기는 온도가 100°C 아래인 주형 내 위치에 도달할 때 응축될 것이다. 주형 속으로 이동하는, 수분 면이 형성한다.

이와 같은 경우 주형 내의 온도 분포는 그림 4.24에서 그림으로 보여주는 바와 같다. 증발 면과 수분 면은 일치한다. 이와 같은 경우에조차, 온도 분포를 열전도 법칙 형태의 방정식에 대한 해답으로 나타낼 수 있다(간단하게 하기 위하여 주형을 나타내는 부호를 생략하였다).

$$T = A + B \ \text{erf}\left(\frac{y}{\sqrt{4\alpha t}}\right) \qquad (4.77)$$

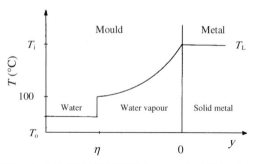

그림 4.24 고 수분 사형 내의 온도 분포. η = 수분 면의 좌표.

경계 조건:

(1) $y = 0$에서 주형과 금속 경계 면 온도는 다음과 같을 것이다.

$$T = T_i \tag{4.78}$$

(2) $y = \eta(\eta$는 항상 음수이다. 그림 4.24 참조)인 수분 면에서의 온도는 다음과 같을 것이다.

$$T = 100\,^{\circ}\mathrm{C} \tag{4.79}$$

첫째 경계 조건으로부터 상수 $A = T_i$를 얻는다. 둘째 경계 조건으로부터 상수 B를 계산할 수 있다.

$$100 = A + B\,\mathrm{erf}\left(\frac{\eta}{\sqrt{4\alpha t}}\right) \tag{4.80}$$

앞(70쪽)에서와 같은 이유로 $\eta/\sqrt{4\alpha t}$ 비는 시간에 무관할 것이다.

$$\eta = -\lambda\sqrt{4\alpha t} \tag{4.81}$$

여기에서 λ는, 다음과 같은 관계로부터, 결정되는 양의 상수 [식 (4.36)과 비교하여]이다.

$$\sqrt{\pi}\,\lambda \exp^{(\lambda^2)} \mathrm{erf}\lambda = \frac{c_p\,(T_i - 100)}{(-\Delta H^{\mathrm{vapour}})\,(\text{fraction of moisture})} \tag{4.82}$$

여기에서 수분 분율(moisture fraction)은 주형 중량에 대한 수분의 중량 백분율(%)이다. 이들 상수의 값은 다음과 같다.

$$A = T_i \quad \text{and} \quad B = \frac{T_i - 100}{\mathrm{erf}\lambda}$$

λ는 그림 4.14와 4.15를 써서 반복법이나 그림에 의하여 결정할 수 있다.

λ는 주형 내 수분 면의 속도를 결정한다. 이 속도에 대한 식은 식 (4.81)을 t에 대하여 유도하여 얻는다[식 (4.27)과 비교하라].

$$\frac{\mathrm{d}\eta}{\mathrm{d}t} = -\lambda\sqrt{\frac{\alpha}{t}} \tag{4.83}$$

여기에서 $\mathrm{d}\eta/\mathrm{d}t$는 수분 면의 속도이다. $\mathrm{d}\eta/\mathrm{d}t$는 모든 t 값에 대하여 음의 값이다. 수분 면의 위치는 식 (4.81)에 의하여 결정된다. 수분 면은 식 (4.83)에 의하여 정해지는 속도로 y-방향의 음의 방향으로 이동한다. 식 (4.81) 및 식 (4.83)은 식 (4.26) 및 (4.27)과 유사하다.

82쪽에서 언급한 바와 마찬가지로 앞쪽(또는 전방)으로 이동하는, 수분 함량이 많은 사형에서 형성한다. 수분 면에서 물의 함량은 연속적으로 증가하며, 이것은 주형의 기계적 성질에 나쁜 영향을 미친다. 수분 면이 형성하여 나타나는, 두 가지 주조 결함의 사례는 그림 4.25에서 보이는 바와 같다.

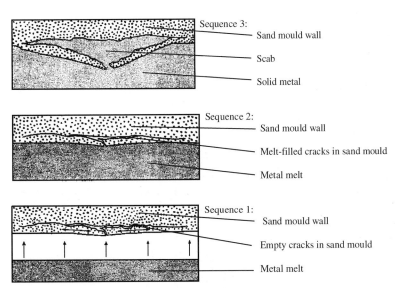

그림 4.25 (a) 용탕이 사형 내 균열 속으로 침투하고, 균열을 확장하며 균열 속을 채운다. 이른바 스캡(scab)이 형성된다. Butterworth Group, Elsevier Science의 허락을 얻어 인용함.

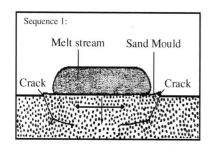

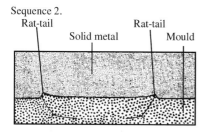

그림 4.25 (b) 용탕이 매우 좁은 균열 속으로는 침투할 수 없다. 대신에 이른바 래트테일(rat tail)이 형성된다. Butterworth Group, Elsevier Science의 허락을 얻어 인용함.

그림 4.25 (a)는 상부 주형 벽이 주입(주형 충전) 과정에서 용탕에 의하여 가열되고 벽 내부에 수분 면이 형성한 경우를 보여주고 있다. 사형 내의 고 수분 주물사의 기계적 성질은 수분 면이 있는 층에서 매우 나쁘다. 가열되는 동안 이 층 내의 주물사가 팽창할 때 열 응력이 그 층을 분리되게 한다(1단계). 그 뒤 주물사 내 균열에 용탕이 차고(2단계) 균열이 커진다. 응고가 끝난(3단계) 후 거친 표면이 나타나는 것은 스캡과 관련이 있다.

그림 4.25 (b)는 유사한 경우를 보여주고 있다. 여기에서는 주형 충진 과정에서 주형의 하부 표면을 따라서 용탕이 흘러갈 때 사형이 불균질하게 가열된다. 이 경우에 수분 면 층의 기계적 성질이 나빠서 좁은 균열이 발생한다(1단계). 주조품 내에 거울 면 대칭의 얇은 균열이 발생한다. 이런 양상이 래트테일을 생기게 한다(2단계).

4.4.3 금형 주조 시 열전달

가장 중요한 금형 주조 공정은, 용탕을 주형 속으로 주입하는 용탕 단조, 압력 다이캐스팅 및 중력 다이캐스팅이다. 이와 같은 모든 방법은 제1장에서 설명하였다. 금형 주조는 주로 주조용 금속이 알루미늄인, 다양한 주조 부품을 생산하기 위하여 쓰인다.

금속으로 만든, 금형은 주조용 금속의 형태에 따라서 수천 또는 수백만 회 사용할 수 있는 한편, 사형은 한 번만 사용할

수 있다. 이와 같은 주형은 사형보다 열전도도가 30~50배 더 좋고 고속 냉각과 금속 냉각을 가능하게 한다. 이런 주형은 얇은 부품 주조품 생산에 가장 유리하다.

주형/금속 계면에서의 열전달

금형 주조에서 열전달은 주형과 주조 금속 사이의 계면에 따라서 주로 달라진다. 뜨거운 주조품에서 더 차가운 금형으로의 열 유동은 시간과 온도에 따라서 달라진다. 열 유동은 다음과 같은 인자에 따라서 달라진다.

- 주형과 주조품 사이의 공기 갭(air gap)
- 표면 조도와 계면의 공기 또는 가스 필름
- 주형 도포제

공기 갭(air gap)은 응고 수축과 주조품이 냉각되는 동안 열 수축에 의하여 생긴다. 4.3절에서 논의하였으며 연속 주조와 관련하여 그리고, 열 수축을 논의하는, 제10장에서 더 논의할 것이다.

주형뿐만 아니라 응고하는 금속의 표면 조도는 두 표면 사이에 매우 고르지 못한 접촉이 생기게 한다. 빈 공간에는 공기 또는 특별한 경우 다른 기체가 차 있다. 이 두 가지 효과 모두 계면 열전달을 방해하는 기여를 한다.

주형을 자주 어떤 얇은 필름의 세라믹 분말로 덮고, 보통 물 유리(나트륨의 규산염)인, 점결제로 결합시킨다. 보통 도형제 분산수를 뜨거운(~200°C) 주형에 분사한다. 분산수가 주형 표면에 닿는 순간 물은 즉시 증발하고, 도형층 내부에 큰 빈 공간이 남는다(그림 4.26).

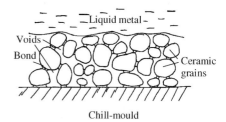

그림 4.26 세라믹 주형 도포층. 이 층의 두께는 보통 1~0.1 mm 크기이다.

도형 층은 주로 약 50%의 빈 공간으로 인하여, 열전도도가 낮고 얇은 절연층을 형성한다. 도형층은 여러 가지 기능을 제공한다. 응고가 일어나기 시작하기 전에 주형을 완전히 충전하도록 도와주는, 열적 절연 기능을 제공하고 주조품의 응고가 너무 일찍 일어나는 것을 방지하며 콜드 셔트(cold shot)

형성을 억제한다. 도형층은 개재물을 흡수하고 주조품에서 주형으로의 열전달을 제어한다. 또한 주형 표면의 마모와 열 피로를 방지하여 주형의 수명을 증가시킨다.

4.4.4. 다이캐스팅 시 수냉

최적의 방법으로 다이캐스팅 머신을 설계하기 위하여 여러 가지 대책을 강구하여야 했다. 예를 들면, 주형 충전 시 공기 결함을 방지하기 위하여 벤드와 드로 포케트(draw pocket)가 필요하다.

일정하지 않은 많은 주조품의 경우에는 모든 부위에서 일정한 최적 수준의 온도를 유지시키기 위하여 특별한 대비를 할 필요가 있다. 어떤 부분, 예를 들면, 주입 금속의 속도에 의하여 온도가 상승하는 게이트 설치 부분은 정확한 온도를 유지하기 위하여 수냉하여야 한다. 냉각수는, 다이 블록 내부를 뚫은, 특별한 수관을 통하여 흐른다. 어떤 경우에는 블록 전체를 관통하도록 뚫는다. 때에 따라서는 선택적 냉각을 한다. 냉각수가 한 짧은 파이프를 통해 들어와서 냉각하고자 하는 부위 주위를 돌고 다른 짧은 파이프나 니플(nipple)을 통하여 배출된다.

적정한 수냉을 하기 위한 설계에 대해서는 제5장의 5.4절에서 광범위하게 논의할 것이다. 이것은 수냉을 포함하는 모든 주조법에 대하여 공통적으로 적용된다.

4.4.5 Nussel 수-Nussel 수가 낮은 값일 때 온도 분포

73쪽에서 우리는 금속/주형 계면을 통과하는 열전달은 고체 금속이 주형 벽과 접촉하지 못했을 때 급격하게 떨어진다는 것을 알았다. 응고 과정을 분석하였는데, 그중에서도 특히, h, k 그리고 계면으로부터 응고 면의 거리 y_L의 함수로서 계면에서 금속의 온도를 나타내는 식을 얻었다. 그 식은 식 (4.45)이다.

$$T_{i \text{ metal}} = \frac{T_L - T_0}{1 + \frac{h}{k} y_L(t)} + T_0 \qquad (4.45)$$

우리는 여기에서 이 관계식을 더 자세하게 분석할 것이다. 만약 금속과 주형 사이의 계면에서 열전달이 매우 느리고/또는 고체 주조 금속의 열전도도가 크면(매우 큰 k), 분모의 둘째 항은 작을 것이다.

응고가 끝났을 때, y_L은, 우리가 s라고 할 것인, 최댓값에 도달한다. 식 (4.45)에서 용탕과 주위의 온도가 일정할 때, 응고하고 있는 층(껍질)의 온도 구배는 이른바, 다음과 같이 정의하는, Nussel 수에 의하여 결정된다.

$$\text{Nu} = \frac{hs}{k} \qquad (4.84)$$

여기에서,

h = 주형과 금속 사이 계면의 열전달 수
s = 응고가 끝났을 때 y_L의 값
k = 금속의 열전도도

Nussel 수는 온도 분포 모델 선택을 위한 기준으로 자주 쓴다. 만약 Nu $\ll$ 1이면, 그림 4.27에서 보이는 바와 같은, 간단한 온도 분포가 맞고 안전하게 쓸 수 있다.

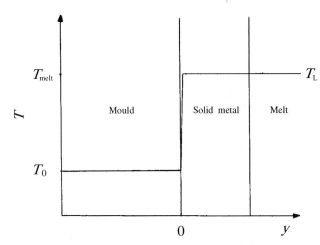

그림 4.27 Nussel 수가 낮을 때 주형과 금속 내의 온도 분포.

만약 Nu $\ll$ 1이면 식 (4.48)은 다음과 같이 간단하게 쓸 수 있다.

$$t = \frac{\rho(-\Delta H)}{T_L - T_0} \frac{y_L}{h} \qquad (4.85)$$

만약 식 (4.85)의 y_L을 일방향 냉각이 일어난 주조품의 두께로 바꾸면 전체 응고 시간을 얻는다. 식 (4.85)를 양면으로 냉각되는 주조품에도 또한 적용할 수 있다. 이 경우에 s는 주조품 두께의 반이다.

위에서 설명한 응고 과정은 금형 주조한 얇은 주조품에 대하여, 즉 Nu $\ll$ 1일 때 맞다.

예제 4.6

우리는 압력 다이캐스팅으로 얇은 자동차 부품을 생산할 것이다. 생산 가격을 싸게 하기 위하여, 제품을 가능한 한 **빠르게** 주조하여야 한다. 우리는 제품을 마그네슘 합금이나 알루미늄 합금으로 주조할 수 있다. 어느 것을 사용하여야 하는가? 열전달 상수는 두 가지 경우에 모두 동일하다고 간주할 수 있다. 두 금속의 재료 상수는 표준 참고 표에서 찾는다.

풀이
각각의 경우에 식 (4.85)를 적용하여 응고 시간을 계산하기 위하여, 우리는 표준 참고 표에서 얻은, Mg와 Al의 재료 상수를 써야 한다.

$$-\Delta H_{Al} = 354 \times 10^3\,\text{J/kg} \qquad -\Delta H_{Mg} = 208 \times 10^3\,\text{J/kg}$$
$$\rho_{Al} = 2.69 \times 10^3\,\text{kg/m}^3 \qquad \rho_{Mg} = 1.74 \times 10^3\,\text{kg/m}^3$$

용탕의 온도는 금속의 융점과 거의 같다.

$$T_M^{Al} \approx 658\,^\circ\text{C} \qquad T_M^{Mg} \approx 651\,^\circ\text{C}.$$

y_L은 두 경우 모두 같다. 위의 값과 $T_0 = 20^\circ\text{C}$를 식 (4.85)에 대입하면, 다음과 같은 결과를 얻는다.

$$\frac{t_{Al}}{t_{Mg}} = \frac{\left(\dfrac{\rho_{metal}(-\Delta H)}{T_M - T_0}\right)_{Al}}{\left(\dfrac{\rho_{metal}(-\Delta H)}{T_M - T_0}\right)_{Mg}}$$
$$= \frac{(2.69 \times 10^3)(354 \times 10^3)}{658 - 20} \times \frac{651 - 20}{(1.74 \times 10^3)\cdot(208 \times 10^3)} = 2.6$$

답
Mg 합금을 선택해야 한다. Mg 합금의 응고 시간이 더 짧다.

요약

■ **열 에너지는 전도, 복사 그리고 대류의 방법으로 전달된다.**

■ **열전달**
한 층 내의 열전도 – 정적 조건

$$\frac{dq}{dt} = -k\,\frac{dT}{dx} \qquad \text{Fourier의 제1법칙}$$

두 개의 서로 다른 재료 사이 계면에서의 열전달 – 정적 조건

$$\frac{dQ}{dt} = -hA(T_2 - T_1) \quad \text{또는} \quad \frac{dq}{dt} = -h(T_2 - T_1)$$

h = 열전달 계수

$$\frac{L}{kA} = \frac{L_1}{k_1 A_1} + \frac{L_2}{k_2 A_2} + \frac{L_3}{k_3 A_3} + \cdots \frac{1}{h_4 A_4} + \frac{1}{h_5 A_5} \cdots$$

여러 개의 층과 한 시리즈(series)의 계면을 통과하는 열전도 – 정지 조건
공기 갭에서 h와 k 사이의 관계

$$h = \frac{k}{\delta}$$

■ **열전도의 일반 법칙 – 비정지 조건**

$$\frac{\partial T}{\partial t} = \alpha\,\frac{\partial^2 T}{\partial y^2} \qquad \text{Fourier의 제2법칙}$$

상수 $\left(\alpha = \dfrac{k}{\rho c_p}\right)$를 열 확산 계수라 한다.

■ **열 복사**

$$dW_{total} = \varepsilon \sigma A (T^4 - T_0^4)\,dt$$
$$\varepsilon = \text{무차원 인사인 복사율} < 1$$

■ **대류**
강제 대류의 한 가지 예로서의 수냉. 흐르는 물의 움직임은 제어할 수 있다.
　자연 또는 자유 대류는 외부의 영향을 받지 않고 중력의 영향으로 일어난다.

$$\frac{dq}{dt} = h_{con}(T - T_0)$$

■ **금속과 주형 사이의 접촉이 이상적인 주조품 내의 열전달**
열전도의 일반 법칙을 풀고 용탕, 주형/금속 계면 그리고 주위의 온도와 같은 경계 조건의 도움으로 상수를 결정하여 온도 분포를 계산한다.
　정답 안에 5개의 상수가 있다. 그중 한 개는 λ이다. 이것은 방정식으로부터 반복법으로 결정한다.

$$\frac{c_p^{metal}(T_L - T_0)}{-\Delta H} = \sqrt{\pi}\,\lambda\,\exp^{(\lambda^2)}\left(\sqrt{\frac{k_{metal}\rho_{metal}c_p^{metal}}{k_{mould}\rho_{mould}c_p^{mould}}} + \text{erf}\,\lambda\right)$$

λ를 알 때 몇 가지 중용한 양을 계산할 수 있다.

응고 면의 위치:　　　$y_L(t) = \lambda\sqrt{4\alpha_{metal}\,t}$

응고 속도:　　　$\dfrac{dy(t)}{dt} = \lambda\sqrt{\dfrac{\alpha_{metal}}{t}}$

■ **고체 금속과 주형 사이 접촉이 나쁜 주조품에서의 열전달**
주형과 금속 사이 접촉이 나쁠 때 계면에서 온도는 불연속이다. 이것은 매우 일반적인 경우이다. 응고하고 있는 층(껍질)이 응고 및 냉각될 때, 수축하여 주형 벽으로부터 분리된다.

주형과 금속 사이의 열적 접촉이 갑자기 나빠진다.

계면에 걸쳐서 온도 강하가 있는 응고 과정

용탕의 온도, 열전도도, 공기 틈의 열전달수 그리고 주위의 온도를 알 때, 다음 사항을 계산할 수 있다.

계면에서의 열 유동:

$$\frac{dq}{dt} = h\,(T_{i\,metal} - T_0)$$

금속/주형 계면에서 금속의 온도:

$$T_{i\,metal} = \frac{T_L - T_0}{1 + \dfrac{h}{k}\,y_L(t)} + T_0$$

응고 속도:

$$\frac{dy_L}{dt} = \frac{T_L - T_0}{\rho\,(-\Delta H)} \cdot \frac{h}{\left(1 + \dfrac{h}{k}\right)y_L}$$

응고 시간과 응고 층의 두께 사이의 관계:

$$t = \frac{\rho\,(-\Delta H)}{T_L - T_0}\,\frac{y_L}{h}\left(1 + \frac{h}{2k}\,y_L\right)$$

한쪽 방향으로만 냉각되는 경우 $y_L = s$이고, 시간 t는 전체 응고 시간과 같다.

양방향 대칭으로 냉각되는 경우 $y_L = s/2$이며, 응고 시간은 더 짧아진다.

용융 잠열과 열용량에 미치는 베이컨시와 다른 격자 결함의 영향

(i) 용융 잠열

용융 잠열이 항상 일정한 것은 아니고 응고 속도 또는 응고 과정에서의 냉각 속도에 따라서 달라진다는 것을 알았다. 몇 가지 합금의 경우 측정한 용융 잠열($-\Delta H^{eff}$)은 응고 속도가 증가함에 따라 감소한다.

$$-\Delta H_m^{eff} = \left(-\Delta H_m^e\right) - \left(x_{vac} - x_{vac}^e\right)\left(-\Delta H_m^{vac}\right)$$

(ii) 열용량

열용량에 미치는 베이컨시와 다른 격자 결함의 비슷한 영향을 관찰하였다.

$$C_p^{eff} = C_p^e + \frac{dx_{vac}}{dT}\left(-\Delta H_m^{vac}\right)$$
$$= C_p^e + \frac{dx_{vac}}{dt}\left(-\Delta H_m^{vac}\right)1/(dT/dt)$$

■ 부품 주조품 내의 열전달 – 사형 주조품

건조 사주형 내의 온도분포

사형과 금속 사이의 접촉은 나쁘다. 그러나, 사형의 열전도도가 나쁘기 때문에, 금속/주형 계면에서 온도의 불연속은 존재하지 않는다. 이와 같은 관점에서 이상적인 접촉인 것처럼 나타난다.

그래서 열전도 일반 법칙의 해답은 이상적 냉각의 경우와 유사하다. λ는 방정식으로부터 반복법으로 결정한다.

$$\frac{c_p^{metal}\,(T_L - T_0)}{-\Delta H} = \sqrt{\pi}\,\lambda\,\exp^{(\lambda^2)}\left(\sqrt{\frac{k_{metal}\rho_{metal}c_p^{metal}}{k_{mould}\rho_{mould}c_p^{mould}}} + \mathrm{erf}\,\lambda\right)$$

계산하면 $T_i = T_{i\,metal} = T_{i\,mould} \approx T_L$의 결과를 얻는다. 사형 주조를 할 때 금속과 주형 사이 계면에서의 온도는 용탕의 액상선 온도와 대체로 같다. 수분 함량이 높은 주형에서는 수분 면 또는 증발 면이 형성한다.

응고 층(껍질)의 두께

응고 층의 두께는 시간의 포물선형 함수이다.

$$y_L(t) = \frac{2}{\sqrt{\pi}}\,\frac{T_L - T_0}{\rho_{metal}\,(-\Delta H)}\sqrt{k_{mould}\rho_{mould}c_p^{mould}}\,\sqrt{t}$$

Chvorinov 법칙:

사형 주조할 때 응고 시간은 주조품의 부피/표면적 비의 제곱에 비례한다(Chvorinov 법칙):

$$t_{total} = C\left(\frac{V_{metal}}{A}\right)^2$$

여기에서

$$C = \frac{\pi}{4}\,\frac{\rho_{metal}^2\,(-\Delta H)^2}{(T_i - T_0)^2\,k_{mould}\rho_{mould}c_p^{mould}}$$

■ 금형 주조품 내의 열전달

금형은 금속으로 제조한다. 주조품의 응고가 일어날 때, 주형과 금속 사이에 공기 틈이 형성하고, 열전도가 나빠진다.

공기 틈이 존재하는 계면을 통과하는 열전달

Nussel 수의 정의: $Nu = hs/k$

만약 $Nu \ll 1$일때 금속/주형 계면의 온도:

$$T_{i\,metal} = \frac{T_L - T_0}{1 + \dfrac{h}{k}\,y_L(t)} + T_0$$

Nu ≪ 1일 때 응고 시간과 응고 층 두께의 관계:

$$t = \frac{\rho\,(-\Delta H)}{T_L - T_0}\frac{y_L}{h}$$

일방향 냉각의 경우 $y_L = s$이며 시간 t는 전체 응고 시간과 같다.

양방향 대칭 냉각의 경우 $y_L = s/2$이며, 전체 응고 시간은 더 짧아진다.

Nussel 수를 계산하는 것은 주어진 주조 공정에 대한 계산을 하기 위한 모델을 선정하는 데 매우 유리하다.

만약 Nu ≪ 1이면 단순화한 방정식이 맞는다. 만약 Nussel 기준이 적용되지 않으면 금속과 주형 사이의 접촉이 나쁜 주조품 내의 열전달에 대한 일반적인 방정식이 맞다.

연습문제

4.1   제트 엔진의 터빈 블레이드는 내열성이 큰 철기 및 니켈기 합금을 정밀주조하여 만든다. 블레이드의 성능과 수명을 주조품의 응고한 방향으로 일어나게 하고 결정이 블레이드의 길이 방향으로 향하게 하는 방법으로 응고가 일어나게 하여 증가시킬 수 있다. 이렇게 하는 한 가지 방법은 그림에서 보이는 바와 같다.

길이 10 cm인 블레이드의 응고 시간을 계산하라. 이 계산을 하기 위하여 순철의 재료 상수를 사용할 수 있다. 용탕을 과열하지는 않는다. 동판과 주조품 사이의 접촉은 이상적이라고 가정한다.

힌트 A2

재료 상수와 다른 자료는 다음의 표에서 보이는 바와 같다.

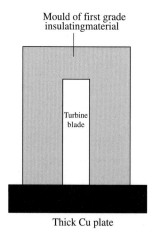

Thick Cu plate

Quantity	Fe (metal)	Cu (mould)
k	32 W/m K (700 °C)	350 W/m K (200 °C)
ρ_s	7.88×10^3 kg/m³ (25 °C)	8.94×10^3 kg/m³ (25 °C)
c_p^s	830 J/kg K (∼1100 °C)	397 J/kg K (∼400 °C)
$-\Delta H$	272 kJ/kg	
T	$T_L = 1808$ K	$T_0 = 373$ K
	(no excess temperature)	

4.2   스테인리스강관 주조품은 주로 동 칠주형으로 원심 주조한다. 주조품에 알맞게, 잘 평량한 양의 금속을 칠주형 내부 채널을 통하여 주입한다. 전 주조 과정에서 원심력이 용탕을 칠 주형 쪽으로 밀어붙인다. 스테인리스 주강 용탕의 응고는 칠 주형 표면으로부터 중심축 쪽의 내부로 일어난다. 용탕을 과열하지는 않는다. 두께 10 cm 주조관의 대략적 응고 시간을 계산하라. 재료 상수는 아래의 표에서 보이는 바와 같다.

힌트 A30

Quantity	Fe (stainless steel)	Cu (chill-mould)
k	30 W/m K (1325 °C)	398 W/m K (25 °C)
ρ_s	7.50×10^3 kg/m³ (25 °C)	8.94×10^3 kg/m³ (25 °C)
c_p^s	650 J/kg K (∼500 °C)	384 J/kg K (∼25 °C)
$-\Delta H$	300 kJ/kg °C	
T	$T_L = 1598$ K (1325 °C)	$T_0 = 298$ K (25 °C)
	(no excess temperature)	

4.3   (a) 순수한 알루미늄을 사형 주조할 때 응고 시간을 계산하라. 주조품의 크기는 900 × 100 × 900 mm이다. 용탕을 과열하지는 않는다. 사형에 대한 재료 상수는 아래의 표에서 보이는 바와 같다.

힌트 A137

Material constants
Aluminium:
T_L = 660 °C
ρ_{Al} = 2.7×10^3 kg/m³
$-\Delta H$ = 398 kJ/kg
Sand mould:
k_{mould} = 0.63 W/m K
ρ_{mould} = 1.61×10^3 kg/m³
c_p^{mould} = 1.05×10^3 J/kg K
Use the material constants for steel given in Exercise 4.1.

(b) 사형 주조하는, (a)에서의 크기와 같은 크기의, 주강에 대한 응고 시간을 계산하라. 두 가지 경우에

열전달의 구동력으로 (a)와 (b)에서 얻는 결과를 논의하고 비교해 보라. 주위의 온도는 25°C이다.

힌트 A327

4.4 한 변이 25 cm인 알루미늄 정육면체를 사형 주조한다. 열전대를 설치한, 정육면체 중심의 대략적인 냉각 곡선 (액상선 온도)에서부터 50°C 아래의 온도에 이르기까지를 그려보라. 용탕의 과열 온도는 50°C이다. 주위의 온도는 25°C이다.

힌트 A295

Material constants

Aluminium:
$c_p^L = 1.18$ kJ/kg K at 660 °C
$c_p^s = 1.25$ kJ/kg K at 660 °C
Other material constants for aluminium and constants for the sand mould are given in Exercise 4.3.

4.5 직경 30 cm 그리고 높이 60 cm의 직원주를 주철로 만들고자 한다. 원주를 사형 주조할 것이다. 주조(또는 주입) 온도가, 액상선 온도와 같은, 1160°C일 때 응고 시간을 계산하라. 재료 상수는 아래의 표에서 보이는 바와 같다.

힌트 A62

Material constants

ρ_{Fe}	$= 7.2 \times 10^3$ kg/m³
$-\Delta H_{Fe}$	$= 162$ kJ/kg
c_p^{Fe}	$= 420$ J/kg K
ρ_{sand}	$= 1.5 \times 10^3$ kg/m³
c_p^{sand}	$= 1.05$ kJ/kg K
k_{sand}	$= 0.63$ J/m s K

4.6 박육 알루미늄 주조품 생산 용량을 증가시키기 위하여, 주조 공장에서는 두께 5.0 mm의 제품을 사형 주조품에서 금형 주조품으로 바꾸기로 결정하였다. 주조 시 금속과 주형 사이의 열전달 계수는 900 W/m²K이다. 재료 관련 자료는 표에서 나열된 바와 같다. 상온은 20°C이다.

사형 주조할 때와 금형 주조할 때 제품의 응고 시간을 비교해 보라.

힌트 A40

Material constants

T_M^{Al}	$= 660$ °C
ρ_{Al}	$= 2.7 \times 10^3$ kg/m³
$-\Delta H_{Al}$	$= 398$ kJ/kg
k_{Al}	$= 0.23 \times 10^3$ W/m K
c_p^{Al}	$= 1.25$ kJ/kg K
ρ_{sand}	$= 1.6 \times 10^3$ kg/m³
c_p^{sand}	$= 1.05$ kJ/kg K
k_{sand}	$= 0.63$ J/ms K

4.7 쐐기 모양의 Al-Si 합금을 제조하여야 한다. 순환 주조 공정을 설계할 수 있게 하기 위하여 쐐기의 꼭대기로부터 거리의 함수로 응고 시간을 알아야 한다. 이 함수를 얻고 전체 응고 시간을 계산하라.

열은 쐐기의 길이 방향(그림에서 보이는 면에 수직 방향)으로 전달되고 바닥면을 통한 열전달은 무시할 수 있는 것으로 가정하라. 쐐기 면의 폭 OB는 10 cm이고 꼭대기 각도는 10°이다. 공기와 합금 사이의 열전달 계수는 2.0×10^3 W/m² K인 것으로 가정한다. 상온은 20°C이다.

힌트 A101

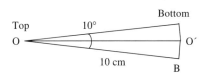

Material constants

ρ_s	$= 2.6 \times 10^3$ kg/m³
$-\Delta H$	$= 373$ kJ/kg
T_L	$= 853$ K
k	$= 1.84 \times 10^4$ W/m K

4.8 여러 가지 직경의 알루미늄 원주를 주조하고자 한다. 주형과 주조품 사이의 열전달 계수는 1.68 kW/m² K이다. 계산할 때 용탕의 과열 온도는 무시할 수 있다. 상온은 25°C이다. 알루미늄의 재료 상수는 표에서 보이는 바와 같다.

Material data for aluminium
T_L = 660 °C
k = 220 W/m K at T_L
$-\Delta H$ = 390 kJ/kg
ρ = 2.7 × 10³ kg/m³

(a) 응고 시간을 원주 반지름의 함수로 나타내는 식을 유도하고 그 함수를 그림으로 그려보라.

힌트 A135

(b) 직경 20 cm인 원주에 대하여 외부 표면으로부터 내부로 거리의 함수로서 응고 시간 곡선을 그려 보라.

힌트 A76

4.9 그림 4.1로부터 주조품의 응고 과정에서 열전달은, 시리즈로 연결된, 여러 개의 단계로 설명할 수 있다. 열전달 저항이 가장 큰 단계나 단계들이 전체 온도 분포를 결정할 것이다.

보통 열전달 저항이 가장 큰 단계는 주형과 주조품 사이의 공기 갭이다. 경우에 따라서, 온도 분포는 그림 4.17 또는 그림 4.27로 설명할 수 있다.

기술적으로 관심이 있는 주조 공정에서 열전달 계수 h는 2 × 10²에서 2 × 10³ W/m² K까지 달라진다. 합금의 선택에 따라서, 열전도도는 크게 달라진다.

(a) 그림 4.17과 4.27의 온도 분포에 대한 조건을 논의하라.

힌트 A49

(b) 응고 층(껍질) 두께 y_L의 함수로서 주강와 동 주조품의 표면 온도 $T_{i\,metal}$을 계산하라. 각각의 금속에 대하여, 각각 2 × 10² W/m² K와 2 × 10³ W/m² K의 두 값을 사용하라. 주강과 구리에 대한, 두 그래프로 나타낸 결과를 보여라. 주위의 온도는 20°C이다.

힌트 A268

Material constants
Steel:
T_L = 1530 °C
k = 30 W/m K
Copper:
T_L = 1083 °C
k = 398 W/m K

4.10 제4장에서 여러 가지 형태의 주조 공정에 대한 응고 속도를 논의하였다. 주철 주형에 주조할 때, 주강 용탕의 응고 속도를 측정하여, 그림에서 보이는 바와 같은, 시간의 함수로서 응고 층의 두께를 실험을 통하여 얻었다.

(a) 곡선의 모양을 설명하라.

힌트 A100

(b) 실험 데이터로부터 열전달 계수를 추정하라.

힌트 A48

상온은 25°C이다.

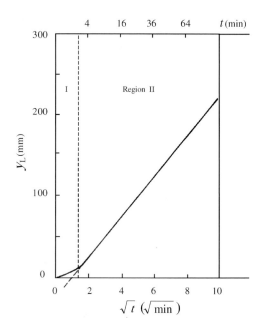

Material constants
ρ_{steel} = 7.9 × 10³ kg/m³
k_{steel} = 30 W/m K
$-\Delta H_{steel}$ = 270 kJ/kg
T_L ≈ 1500 °C

4.11 다음의 그림은 18 cm × 18 cm 크기의 정사각형 알루미늄 잉곳 내의 여러 위치와 시간에서 응고가 일어나는 동안 온도를 측정한 결과를 보여주고 있다. 주조한 후 여러 시간(0.25~3.5분)에서 위치의 함수로 온도 곡선을 그렸다. 매개변수인 시간에 따라 여러 개의 곡선을 얻었다.

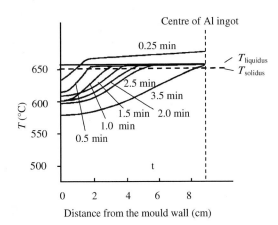

Material data for aluminium	
T_L	$= 660\ °C$
k	$= 220\ W/m\ K$ at T_L
$-\Delta H$	$= 390\ kJ/kg$
ρ	$= 2.7 \times 10^3\ kg/m^3$

(b) 실험치를 사용하여 시간 t의 함수로 y_L을 그리고 곡선의 불연속을 설명하라. 응고 말기에 응고 속도가 증가하는 이유를 설명해 보라.

힌트 A120

(a) 그림을 사용하여 주형/금속 계면으로부터 응고 면까지 거리의 함수로서, 주형과 금속 사이의 열전달 계수를 추정해 보라. 그 결과를 논의해 보라.

힌트 A331

계산하기 위하여 표 내의 알루미늄에 관한 데이터를 사용할 수 있다. 주위의 온도는 20°C이다.

5 주조 공장 공정에서의 열전달
Heat Transport in Cast House Processes

5.1 머리말

제4장에서는 주조 시 열전달의 기본 이론을 주로 다루고, 나머지는 부품 주조품에 대하여 적용하였다. 제5장에서 우리가 필요한, 주조 공장 공정의 열전달 이론은, 주로 자연 대류의 확장된 이론으로 이루어지는, 몇 가지 첨부와 더불어, 제4장에서의 이론과 동일하다.

잉곳 그리고 다른 주조품의 응고 과정을 여러 가지 물질을 통과하는 열전달로 그리고 열전달의 기본 법칙으로 제어한다. 이 장에서는 주로 주조 공장 공정에 대하여 열전달 법칙을 적용한다. 잉곳 주조에서는 용탕의 자연 대류가 강력하게 일어나며 매우 중요하다. 연속 주조에 있어서는 수냉이 필수적이다. 또한 여러 가지의 실 형상 주조법을 논의한다. 이 장에서는 끝으로 스프레이 주조법에 대하여 짧게 논의한다.

5.2 금속 용탕의 자연 대류

금형 주조와 관련하여 우리는, 대류의 한 예인 수냉을 간단하게 논의한 바 있다. 흐르는 물이 열 흐름을 흡수하여 밖으로 전달한다. 이와 같은 대류는 물 흐름을 외부에서 제어하기 때문에 강제 대류이다.

외부의 영향 없이 물질의 동시 이동에 의한 에너지 전달을 자연 대류 또는 자유 대류라고 한다. 자연 대류는, 온도와 조성 변화에 의하여 야기되는, 액체 내의 밀도 차이의 결과로 일어난다. 이 절에서 우리는 금속 용탕의 자연 대류를 공부할 것이다. 이 과정은 응고 과정에서 결정 형성에 중요하다. 제6장에서 이것을 적용할 것이다.

금속 용탕의 밀도는 온도가 증가함에 따라 용탕의 부피 팽창으로 인하여 감소한다. 잉곳이나 주조품이 응고할 때, 열이 주형을 통하여 방출됨에 따라 자연 대류가 일어난다. 응고 면이 냉각되고 거기에서 용탕의 냉각이 일어난다. 응고 면에 가까운 용탕의 밀도는 증가하고 따라서 자연 대류에 의하여 용탕은 아래로 이동할 것이다. 위로 이동하는, 온도가 더 높은 용탕으로 대체된다.

용탕 내에서 주기적인 링 형태의 이동이 일어나, 일정한 용탕의 이동이 일어나게 하여 용탕의 내부로부터 응고 면으로 열을 이동시킨다. 그 과정은 그림 5.1에서 보이는 바와 같다.

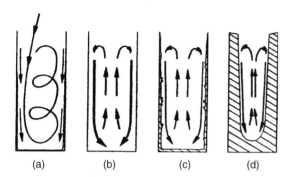

그림 5.1 잉곳 주조. (a) 주조 과정에서의 대류; (b)~(d) 응고 과정에서 잉곳 내의 자연 대류.

잉곳이 응고할 때, 주형 벽과 고체 상을 통하여 연결된, 응고 면에 가까운 용탕의 온도가 가장 낮다. 용탕이 응고 면을 따라서 아래로 흐르고, 바닥을 따라서 그리고 가운데에서 위로 상승하고 상부 표면을 따라서 반지름의 바깥쪽 방향으로 계속 흐른다. 높이가 높을수록, 흐름은 더 강력할 것이며 따라서 용탕 내에서 다소 난류성의 흐름이 일어난다. 상부 표면의 조건이 또한 그 흐름에 영향을 미친다. 상부 표면에서 강력한 냉각이 일어나 대류를 증가시킨다. 상부 표면이 가열되면 자연 대류가 감소하는 결과가 나타날 것이다.

용탕 내의 온도 분포가 용탕의 유속과, 따라서 열전달을 제어한다. 용탕 내부로 확장된 열전달 아이디어를 얻기 위해서는 용탕 중 온도 분포와 온도 차이로부터 얼어나는 유속을 알아야 한다.

5.2.1 금속 용탕의 자연 대류 이론

미국의 과학자인 Eckert와 Drake는, 과학 참고문헌에 따라, 실험적 연구 결과와 비교적 잘 맞는 자연 대류 이론을 개발하였다.

자연 대류는 대부분의 경우 중력의 영향하에서 일어난다. Eckert와 Drake는, 수직 평면, 두 개의 서로 평행한 평면 벽 사이 그리고 두 개의 서로 온도가 다른 동심원 실린더 사이의 자연 대류와 같은, 여러 가지 간단한 경우의 중력의 영향하에서 일어나는 자연 대류에 관하여 논의하였다.

응고가 일어나고 있는 잉곳 내에 자연 대류를 적용하기 위해서는 수직 평면(그림 5.2)에 대한 가장 간단한 수학적 모델이 가장 잘 맞는다. 그 이론에 의하면 수직 벽은, 기체 또는 액체가 될 수 있는, 이웃 매질보다 온도가 더 높을 수도 낮을 수도 있다. 우리는 아래에서 액체에 한하여 논의하고 Eckert와 Drake의 수학적 모델을 금속 용탕에 적용할 것이다.

자연 대류의 구동력은 용탕 내 온도 차이에 의하여 야기되는 밀도 차이이다. Eckert와 Drake는 얇은 경계층(Boundary later) 내의 온도는 $y = 0$인 수직 고체 상에 가까운 위치의 T_{solid}로부터 경계층 밖의 용탕 온도 T_{melt}까지 증가한다고 가정하였다. 경계층에 가까운, 고체의 온도 T_{solid}는 전체 수직 면을 따라서 일정한 것으로 가정하였다(그림 5.2).

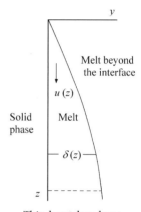

그림 5.2 용탕의 상부 표면으로부터의 거리 z의 함수로서, 수직 벽에 가까운, 얇은 자연 대류 경계층의 두께.

얇은 경계층 내부의 대략적인 온도 분포는 다음과 같은 함수로 나타낸다.

$$T = T_{melt} - (T_{melt} - T_{solid})\left(1 - \frac{y}{\delta}\right)^2 \qquad (5.1)$$

여기에서,

    $y =$ 얇은 경계층 내부에서 고체로부터의 거리
    $T =$ 고체로부터 거리 y에서 얇은 경계층 내부 온도
  $T_{melt} =$ 얇은 경계층에 가까운 용탕의 온도
  $T_{solid} =$ 얇은 경계층에 가까운 고체 상의 온도
    $\delta =$ 얇은 경계층의 두께

식 (5.1)로부터 이 함수는 다음과 같은 경계 조건에 맞는다는 것을 알 수 있다.

  $y = 0$일 때 $T = T_{solid}$ 그리고 $y = \delta$일 때 $T = T_{melt}$

함수 (5.1)은 그림 5.3에서 보이는 바와 같다. 이 그림으로부터 일정한 z에서의 온도는 수직인 고체 상으로부터 용탕 쪽으로 연속적으로 증가한다는 것을 알 수 있다.

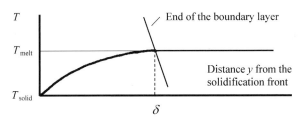

그림 5.3 고체 상에 가까운 액체의 자연 대류가 일어나는 동안 수직 고체/액체 계면으로부터의 거리 y의 함수로서 얇은 경계층의 온도.

식 (5.1)에서 주어진, 경계층의 내부 온도 분포를 근거로 Eckert와 Drake는 경계층 내부 점 (y, z)에서의 다음과 같은 유속 u에 대한 식을 유도할 수 있었다.

$$u = u_0(z)\frac{y}{\delta}\left(1 - \frac{y}{\delta}\right)^2 \tag{5.2}$$

여기에서 $u_0(z)$는 용탕의 상부 표면 아래 거리 z의 함수이다. 함수 (5.2)는 그림 5.4 (a)와 (b)에서 보이는 바와 같다. u의 방향은 그림 5.2에서 보이는 바와 같다.

유속은 간격 δ의 내부에서 최대임을 보여준다. 일반적인 최대/최소 판정법(주어진 z 값에서 $du/dy = 0$)에 의하여 유속이 최댓값인 좌표를 결정할 수 있다. 최대/최솟값의 계산 결과는 다음과 같다.

$$y = \frac{\delta(z)}{3} \tag{5.3}$$

$$u_{\max} = \frac{4}{27} \times u_0(z) \tag{5.4}$$

경계층의 최대 두께는 온도와 유속 방정식 (5.1)과 (5.2)에 대하여 같을 것이라고 가정한다. 이것은 실제로는 완전히 일치하지는 않는다. 그러나 이후의 계산을 크게 단순화하는, 기꺼이 받아들일 수 있는 근삿값이며 이론치와 실험치가 잘 일치한다.

유속 u뿐만 아니라 거리 δ도 수직 좌표 z의 함수이다(그림 5.2). 온도 방정식 (5.1)과 유속 방정식 (5.2)를 한 모멘텀 방정식(외력이 존재하지 않을 때 전체 모멘텀은 일정하다)과 한 열전달 방정식(에너지 보존의 법칙)에 결합한다. 관심이 작은 값을 제거한 후, 두 개의 미분 방정식을 얻고, 이 두 식을 써서 $u_{\max}$와 δ에 대하여 풀 수 있다. 이들 방정식은 풀이 과정과

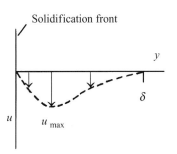

그림 5.4 (a) 주어진 z 값에 대하여 고체 상으로부터의 거리 y의 함수로서 유속 벡터.

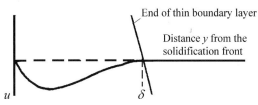

그림 5.4 (b) 자연 대류가 일어나는 동안 주어진 z 값에 대한 수직 고체 상으로부터 거리 y의 함수로서 얇은 경계층 내부의 유속 u.

함께 96쪽의 네모 안에서 보이는 바와 같다. 네모 안에 완전한 풀이가 상세하게 주어져 있지는 않으나 그 원리를 보여주고 있다.

$u_{\max}$의 식은 거의 쓰이지 않으며 여기에서도 주지는 않는다. 그러나 경계층의 최대 두께가 가장 유용한 개념이다.

$$\delta(z) = 3.93\left(\frac{\nu_{\mathrm{kin}}}{\alpha}\right)^{-\frac{1}{2}}\left(\frac{20}{21} + \frac{\nu_{\mathrm{kin}}}{\alpha}\right)^{\frac{1}{4}}\left[\frac{g\beta(T_{\mathrm{melt}} - T_{\mathrm{solid}})}{\nu_{\mathrm{kin}}{}^2}\right]^{-\frac{1}{4}}z^{\frac{1}{4}} \tag{5.5}$$

α, β 및 $\nu_{\mathrm{kin}}(= \eta/\rho)$는 재료 상수이다. 각 합금 용탕에 대하여, 경계층 최대 두께에 관한 식 (5.5)를 다음과 같이 쓸 수 있다.

$$\delta(z) = B\left[\frac{g}{z}(T_{\mathrm{melt}} - T_{\mathrm{solid}})\right]^{-\frac{1}{4}} \tag{5.6}$$

여기에서 B는 요약한 재료 상수이다. 몇 가지 일반적인 금속 용탕의 B 값에 대한 예는 표 5.1에서 보이는 바와 같다.

표 5.1 몇 가지 서로 다른 금속의 B 값

Metal	$B\,(\mathrm{m}^{3/4}\,\mathrm{K}^{1/4})$
Fe	5.2×10^{-2}
Al	11.9×10^{-2}
Cu	13.8×10^{-2}

u_{max}와 δ의 결정

여러 차례 변형시킨 후, 운동량과 에너지 방정식을 다음과 같이 쓴다.

$$\frac{1}{105}\frac{d}{dy}(u_{max}{}^2\delta) = \frac{1}{3}g\beta\delta(T_{melt} - T_{solid}) - v_{kin}\left(\frac{u_{max}}{\delta}\right)$$
$$(1')$$

$$\frac{1}{30}\frac{d}{dy}(u_{max}\delta) = \frac{2\alpha}{\delta} \qquad (2')$$

여기에서,

α = 열전도 일반 법칙 내의 상수

β = 용탕의 부피 팽창 계수

v_{kin} = 용탕의 운동학적 속도 계수 η/ρ

u_{max}와 δ를 풀기 위하여 다음과 같은 일반 해를 제시한다.

$$u_{max} = C_1 z^p \text{와 } \delta = C_2 z^q \qquad (3')\text{와 }(4')$$

식 $(3')$와 $(4')$를 방정식 $(1')$과 $(2')$의 방정식에 대입하여 상수 C_1, C_2, p 및 q를 결정한다.

p와 q의 값은 다음과 같음을 안다. $p = \frac{1}{2}$, 그리고 $q = \frac{1}{4}$

식 (5.5)에서 보이는 바와 같이 C_1과 C_2는 재료 상수 α, β 및 v_{kin}의 비교적 복잡한 함수이다.

5.3 잉곳 주조 시 열전달

5.3.1 열전달 실험

제2장에서 잉곳 주조에 대하여 간단하게 설명하였다. 잉곳이 응고하고 냉각될 때 수축이 일어나 잉곳과 주형 벽 사이에 공기 갭(air gap)이 생긴다. 이 공기 갭은 갑자기 그리고 급격하게 열전달 속도를 떨어뜨린다. 이와 같은 조건에서의 열전달을 제4장의 4.3절에서 이론적으로 다루었다.

사형 주조 시 주조품에서 열전달 과정을 잉곳의 응고 과정을 이해하기 위한 기본 원리로 쓸 수 있다. 제4장의 81쪽에서 Chvorinov 법칙을 잉곳에 대하여 실험하여 모든 경우는 아니나 몇 가지 경우에 맞는다는 것을 알았다. 다음과 같이 설명된다.

주형은 보통 주철로 제조한다. 만약 구리를 그와 같은 주형에서 주조하면 열전도도는 주철보다 금속 구리가 훨씬 더 좋

다. 따라서, 이 경우에는 상황이 금속이 사형 내에서 응고하는 조건과 비슷하기 때문에 Chvorinov 법칙이 잘 맞는다.

그러나 강 용탕을 주철 주형에서 주조할 때에 Chvorinov 법칙은 맞지 않는다. 주철보다 강의 열전도도가 더 낮고 따라서 응고 층을 통한 열전달은 느릴 것이다. 이 층이 응고 속도를 제어하는 단계가 될 것이다. 결과적으로 응고가 일어난 강 층에서 온도 구배가 크고, 사형 주조에 대하여 Chvorinov 법칙으로 예측하는 것보다 잉곳의 응고를 촉진한다. 더욱이, 주철 주형 내에 온도 구배가 또한 존재할 것이다. 강의 열전도도가 주물사의 열전도도보다 더 크기 때문에, 어떻든지 응고 속도는 Chvorinov 법칙이 제시하는 것보다 더 클 것이다.

잉곳의 응고 및 냉각 과정은 조직, 합금 원소의 분포와 슬래그 개재물, 기포 결함, 그리고 균열 발생 경향 같은, 주강의 품질에 영향을 미친다. 이와 같은 문제는 아래의 여러 장에서 광범위하게 논의할 것이다.

금속 용탕의 온도가 높기 때문에, 상당한 실질적 어려움에도 불구하고, 제강 공장에서 강 잉곳의 응고와 냉각에 관한 몇 개의 실험적 연구를 하였다. 이들 실험은 컴퓨터를 이용한 통상적인 이론적 계산에 대한 보완, 또는 오히려 검증이다. 특히, 두 가지 직접적인 방법을 이용하였다. (i) 열전대를 이용한 온도 측정, 그리고 (ii) 방사능 추적자 원소의 사용.

실험적 관찰

결합한 방법을 이용한 Jonsson이 한 실험은 그림 5.5에서 보이는 바와 같다. 고내열성 관으로 보호한, 세 개의 열전대를 2-톤 잉곳 내 바닥으로부터 절반 높이의 가운데 그리고 주형

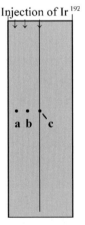

Injection of Ir[192]

a b c

그림 5.5 주형 벽으로부터 71, 154, 225 mm(가운데)에 열전대를 설치한 2-톤 잉곳. 이 잉곳의 전체 응고 시간은 응고 면이 가운데 열전대에 도달하는 데 걸리는 시간과 같다.

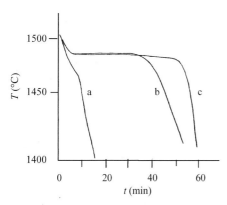

그림 5.6 (a) 그림 5.5에서 보이는 바와 같은 2-톤 잉곳 내 세 열전대 위치에 대한 냉각 곡선. Kjell-olof jonsson의 허락을 얻어 인용함.

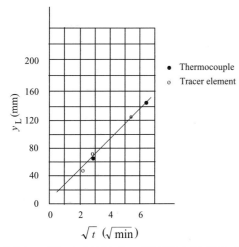

그림 5.6 (b) 그림 5.5에서 보이는 바와 같은 2-톤 잉곳 내 세 열전대 위치에 대한 시간의 제곱근의 함수로서 응고 면의 위치가 y_L 직선의 기울기는 $2.58 \times 10^{-2}\,\mathrm{m}/\sqrt{\min} \approx 1\,\mathrm{inch}/\sqrt{\min}$. Kjell-olof jonsson의 허락을 얻어 인용함.

벽으로부터 주어진 거리의 두 위치에 설치하였다. 세 위치에서 시간의 함수로서 온도를 측정하고 냉각 곡선을 그렸다. 이와 함께, 응고 시간의 제곱근의 함수로서 응고 면의 위치 y_L의 곡선을 그렸다. 그림 5.5에서 보이는 바와 같은 2-톤 잉곳에 대하여 측정한 결과는 그림 5.6 (a)와 (b)에서 보이는 바와 같다.

2-톤 잉곳 내 용탕의 이동 또한 주입 공정 말기에 용탕 표면 바로 아래로 방사능 추적자 원소(Ir^{192})를 세 차례 분사하여 기록하였다. 용탕의 경로를 추적하였다. 이동은 용탕이 응고한 위치에서 멈추었다. 냉각된 후 잉곳을 두 부분으로 절단하고 위치의 함수로서 방사능을 측정하였다. 세 y_L 위치를 나타낸 결과는 그림 5.6 (b)에서 보이는 바와 같다.

결과의 고찰과 해석
방사능 추적자 실험은 다음과 같은 사항을 보여주었다.

- 내부 열전달 기구는 자연 대류이다.
- 자연 대류로 인하여 온도가 급격히 떨어진 극히 초기를 제외하고는 응고가 일어나는 동안 액체 내의 온도 구배는 없거나 매우 작았다.
- 응고 면이 측정 점에 도달할 때 온도는 급격히 떨어진다. 이것은 응고 층(점결) 내의 온도 구배가 크다는 것을 나타낸다.

잉곳에 대한 경험 법칙

$$y_L = \sqrt{t}$$
inch   min

또는

$$y_L = 2.5\sqrt{t}$$
cm   min

- 두 위치에서 열전대 온도 측정 결과와 방사능 추적기 측정 결과는 매우 잘 일치하였다. 그림 5.6 (b)의 직선 식은 다음 식과 일치한다.

$$y_L = C\sqrt{t} + D$$

여기에서 D는 작고, 제4장의 식 (4.72)와 잘 일치한다.

- 이와 같은 사실은 초기에는 선형 성장 법칙으로 그리고 그 후에 포물선 성장으로 설명할 수 있다. 포물선 법칙이 맞을 때에는, 응고 층(껍질)을 통과하는 열전달이 응고 과정을 제어한다.

잉곳에 대한 직선 $y = \mathrm{const}\sqrt{t}$의 기울기는 종종 1 inch $/\sqrt{\min}$ 크기이다[그림 5.6 (b)와 비교할 것]. 이것은, 위의 네모 내에서 주어진, 간단한 '경험 법칙'이다.

5.3.2 응고하는 잉곳 내에서 자연 대류에 의한 열전달

5.2.1절에서 우리는 자연 대류 혹은 자유 대류에 관한 모델을 도입하여 경계층의 두께에 대한 식을 유도하였다. 그 결과들을 여기에서 잉곳 내의 대류에 의한 열전달을 훑어보고, 어느 것도 응고 과정에서 일정하지 않은, 고체/액체 계면과 용탕의 온도에 어떻게 영향을 미치는가를 설명하기 위하여 쓸 것이다.

용탕의 대류를 근거로 한, 아래의 모델을 제6장에서 쓸 것이다. 잉곳과 그 외의 주조 과정에서 응고가 일어나기 전에 과열이 소멸되는 것은 재료 내에 다양한 형태의 결정 조직이 형성되는 데 매우 중요하다.

단계 1: 열 유동 $\mathrm{d}q/\mathrm{d}t$의 계산

우리는 열전달 기본 방정식 $\frac{\mathrm{d}q}{\mathrm{d}t} = -k\frac{\mathrm{d}T}{\mathrm{d}y}$ 를 사용하고 식 (5.1)의 시간 t에 대한 도함수를 대입한다.

$$T = T_{\mathrm{melt}} - (T_{\mathrm{melt}} - T_{\mathrm{solid}})\left(1 - \frac{y}{\delta}\right)^2 \qquad (5.1)$$

식 (5.1)은 자연 대류가 일어나는 경계층 내부에서 맞는다. 이와 같은 과정을 거쳐서 우리는 응고 면으로부터 거리 y에서 열 유동을 얻는다.

$$\begin{aligned}
\frac{\mathrm{d}q}{\mathrm{d}t} &= -k\left[-(T_{\mathrm{melt}} - T_{\mathrm{solid}}) \times 2\left(1 - \frac{y}{\delta}\right)\frac{-1}{\delta}\right] \\
&= -2k\left(1 - \frac{y}{\delta}\right)\frac{T_{\mathrm{melt}} - T_{\mathrm{solid}}}{\delta}
\end{aligned}$$
$$(5.7)$$

유효 열전도도 k_y는 얇은 경계층 내부에서의 위치 y에 따라서 달라진다.

$$k_y = 2k\left(1 - \frac{y}{\delta}\right) \qquad (5.8)$$

만약 우리가 전체 경계층, 즉 $y = 0$에서 $y = \delta$ 사이 구간에서 평균 값을 사용하면, 우리는 $k_{\mathrm{av}} = k$를 얻는다.

이 경우에 우리는 고체/액체 계면에 대하여 합당한 조건에서 관심이 있고, $y = 0$에 대한 k 값을 사용하여야 한다.

$$k_{y=0} = 2k \qquad (5.9)$$

그러면 벽에서 열 유동에 대한 식은 다음과 같을 것이다.

$$\frac{\mathrm{d}q}{\mathrm{d}t} = -2k\frac{(T_{\mathrm{melt}} - T_{\mathrm{solid}})}{\delta} \qquad (5.10)$$

단계 2: 열 유동 $\mathrm{d}Q/\mathrm{d}t$의 계산

다음 단계는, 잉곳 내부로부터 전체 응고 면을 통과하여 이동하는, 전체 열 유동을 계산하는 것이다.

그림 5.7로부터 아래의 식을 얻는다.

$$\frac{\mathrm{d}Q}{\mathrm{d}t} = \iint_A \frac{\mathrm{d}q}{\mathrm{d}t}\mathrm{d}A = \int_0^{d_0}\frac{\mathrm{d}q}{\mathrm{d}t}a_0\mathrm{d}z \qquad (5.11)$$

여기에서 $a_0 = x$ 방향으로의 용탕 폭, 그리고 $d_0 = $ 용탕의

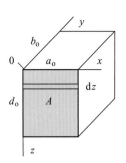

그림 5.7 잉곳의 크기.

높이.

$\mathrm{d}q/\mathrm{d}t$의 식[식 (5.10)]을 식 (5.11)에 대입하면 다음의 결과를 얻는다.

$$\frac{\mathrm{d}Q}{\mathrm{d}t} = \int_0^{d_0} -2k\frac{(T_{\mathrm{melt}} - T_{\mathrm{solid}})}{\delta}a_0\,\mathrm{d}z \qquad (5.12)$$

여기에서 δ는 z의 함수이다. δ의 식을 식 (5.6)으로부터 얻어 식 (5.12)에 대입하여 다음의 식을 얻는다.

$$\frac{\mathrm{d}Q}{\mathrm{d}t} = \int_0^d -2k(T_{\mathrm{melt}} - T_{\mathrm{solid}})\frac{a_0\,g^{\frac{1}{4}}z^{-\frac{1}{4}}}{B(T_{\mathrm{melt}} - T_{\mathrm{solid}})^{-\frac{1}{4}}}\mathrm{d}z \quad (5.13)$$

적분한 결과 값은 다음과 같다.

$$\frac{\mathrm{d}Q}{\mathrm{d}t} = -\frac{8k\,g^{\frac{1}{4}}}{3B}a_0\,d_0^{\frac{3}{4}}(T_{\mathrm{melt}} - T_{\mathrm{solid}})^{\frac{5}{4}} \qquad (5.14)$$

T_{melt}뿐만 아니라 T_{solid}도 t에 따라 달라지기 때문에 열 유동은 시간 t의 함수이다. 따라서 식 (5.14)를 사용할 수 있게 하기 위하여 시간의 함수로서 응고 면의 온도뿐만 아니라 용탕의 온도도 결정하여야 한다. T_{melt}와 T_{solid}는 그림 5.8 (a)에서 보이는 바와 같다.

단계 3: T_{solid}의 계산

금속의 응고를 위한 필요 조건은 **과냉**(undercooling)이다. 응고의 구동력은 보통 응고 면에서, 액상선 온도 T_{L}보다 낮은, 성장 온도 T_{solid}와 관계가 있다. 성장 속도가 빠르면 빠를수록, 성장 온도는 더 낮을 것이다. 응고 속도가 빠를수록 과냉이 더 크다. 성장 온도의 함수를 성장 속도를 나타내는, 가장 간단한 동역학적 관계는 다음과 같다.

$$\frac{\mathrm{d}y_{\mathrm{L}}}{\mathrm{d}t} = \mu(T_{\mathrm{L}} - T_{\mathrm{solid}})^n \qquad (5.15)$$

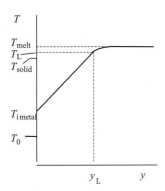

그림 5.8 (a) 잉곳의 온도 분포.

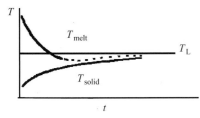

그림 5.8 (b) 시간의 함수로서, 온도 T_{solid}와 T_{melt}. T_{solid}는 고체/액체 계면에서의 온도이다. T_{melt}는 용탕 내부의 온도이다.

여기에서 μ는 각 합금의 특성 값인, 성장 상수이다. η는 종종 그 값이 2인, 무차원의 상수이다.

식 (5.6) (b)에 의하여 증명된, 제4장의 식 (4.72)에 따라, 응고 층의 두께와 시간 사이의 관계는 다음과 같이 쓸 수 있다.

$$y_L = C\sqrt{t} \tag{5.16}$$

여기에서 C는 성장 상수이다. 식 (5.16)을 시간에 대하여 미분하여 우리는 응고 속도 또는 성장 속도에 대한 식을 얻는다.

$$\frac{dy_L}{dt} = \frac{C}{2\sqrt{t}} \tag{5.17}$$

이 응고 속도 식을 $n = 2$와 함께 식 (5.15)에 대입한다. T_{solid}에 대하여 풀면 다음의 결과를 얻는다.

$$T_{solid} = T_L - \left(\frac{C}{2\mu\sqrt{t}}\right)^{\frac{1}{2}} = T_L - \frac{C}{\sqrt{2\mu y_L}} \tag{5.18}$$

그림 5.8 (b) 중 아래 곡선이 시간의 함수로 용탕에 가까운 고체 금속의 온도이다. 예측되는 바와 같이 t가 큰 값일 때 이 온도는 액상선 온도에 접근한다.

단계 4: T_{melt}의 계산

잉곳 중심에서의 온도 T_{melt}는 잉곳의 내부로부터 전체 열 흐름의 도움으로 결정할 수 있다. 재료 내의 열 공급원에서 온도 상승에 대한 기본 방정식 ($dQ = cmdT$)을 써서 다음의 결과를 얻는다.

$$\frac{dQ}{dt} = c_p\,\rho\,a_0\,b_0\,d_0\,\frac{dT_{melt}}{dt} \tag{5.19}$$

여기에서 b는 y 방향으로의 용탕의 연장이고 $a_0 b_0 d_0$는 용탕의 부피이다(그림 5.7). 식 (5.14), (5.16), (5.18) 그리고 (5.19)를 결합하여 다음을 얻는다.

$$\frac{dT_{melt}}{dt} = \frac{-8k\,g^{\frac{1}{4}}}{3B(b_0 - 2C\sqrt{t})(d_0 - C\sqrt{t})^{\frac{1}{4}}\rho c_p} \times$$
$$\left[(T_{melt} - T_L) + \left(\frac{C}{2\mu\sqrt{t}}\right)^{\frac{1}{2}}\right]^{\frac{5}{4}} \tag{5.20}$$

여기에서,

$\quad b_0$ = 주형의 y-방향으로의 폭
$\quad d_0$ = 주형의 높이
$\quad C$ = 성장 상수

식 (5.20)에서, 주형의 면과 바닥에서 응고 층(쉘) 성장에 대하여 고려하였다. 응고 층(쉘)의 성장은 식 (5.16)의 도움으로 계산하였다.

$$b = b_0 - 2C\sqrt{t} \quad \text{그리고} \quad d = d_0 - C\sqrt{t}$$

식 (5.20)은 간단한 해석적 해가 존재하지 않는 미분 방정식이다. T_{melt}는 가장 편리하게 수치적으로 풀어서, 시간의 함수로서 T_{melt}를 얻는다. 그와 같은 해는 위의 그림 5.8에서 보이는 바와 같다.

그림은 용탕의 온도가 초기에 급격하게 떨어지는 것을 보여준다(그림 5.6 (a)와 비교할 것). 계면 온도가 식 (5.15)에 일치하여 액상선 온도보다 낮기 때문에 액상선 온도 아래로 떨어진다.

용탕의 온도는 최소 온도를 지나 점선으로 상승한다. 온도 곡선 부분을 점선으로 표시한 이유는 더 이상 적분한 식 (5.20)에 의하여 나타나지 않기 때문이다. 그 이유는 용탕 내에서 새로운 결정이 형성되고 응고 감열이 방출되어 온도가 상승하기 때문이다. 이와 같은 현상은 제6장에서 더 논의할 것이다.

단계 2, 3, 4의 해를 결합하여, 자연 대류에 기인하는, 잉곳 내부로부터의 전체 열 흐름을 시간의 함수로 계산하는 문제를 풀었다.

예제 5.1

잉곳의 응고가 일어날 때 이른바 주상정으로부터 등축정으로의 변화는 응고 면 압쪽의 과열 온도가 소멸되는 속도가 결정한다. 용탕 내의 온도 강하는 자연 대류가 촉진시킨다. 주상정의 길이는 용탕 내의 과열 온도가 소멸되는 데 필요한 시간의 도움으로 결정될 수 있다.

　높이가 1.5 m이고 단면적이 1.0 m × 0.3 m인 강 잉곳에 대한 이 시간을 계산하라. 잉곳 용탕의 과열 온도는 20°C이다. 응고 면의 과냉 온도는 3°C이고 이 과냉은 전체 응고 과정에서 일정하다고 가정하라.

　해석적인 해를 얻기 위해서 과냉은 일정한 것으로 가정할 수 있다. 식 (5.15)에 따라 꼭 맞는 것은 아니다. 계산을 간단하게 하기 위하여 응고 면이 잉곳의 가운데 쪽으로 이동하는 데 기인하는 부피 수축을 또한 무시할 수 있다.

풀이

외부 교반을 적용하지 않는 조건하에서, 짧은 시간 뒤에, 대류 패턴은 자연 대류에 의하여 결정될 것이다. 자연 대류는 경계층 내부의 응고 면에서 고체 금속/용탕 접촉면을 따라 아래로 용탕이 흐르게 한다. δ의 최대 두께는 상부 표면으로부터 거리 z의 함수이다. 우리는 식 (5.5) 또는 식 (5.6)을 적용한다.

$$\delta(z) = 3.93 \times \left(\frac{v_{\text{kin}}}{\alpha}\right)^{-\frac{1}{2}} \left(\frac{20}{21} + \frac{v_{\text{kin}}}{\alpha}\right)^{\frac{1}{4}} \left[\frac{g\beta(T_{\text{melt}} - T_{\text{solid}})}{v_{\text{kin}}^2}\right]^{-\frac{1}{4}} z^{\frac{1}{4}} \tag{1'}$$

또는 [식 (5.6)]

$$\delta(z) = B\left[\frac{g}{z}(T_{\text{melt}} - T_{\text{solid}})\right]^{-\frac{1}{4}} \tag{2'}$$

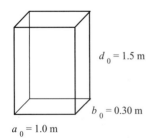

$d_0 = 1.5$ m
$b_0 = 0.30$ m
$a_0 = 1.0$ m

여기에서,

B = 재료 상수, 강 합금에 대한 특정 값(표 5.1)
T_{melt} = 응고 면으로부터 먼 위치에 있는 용탕의 온도
T_{solid} = 응고 면에서의 고체 금속 온도

용탕으로부터 응고 면을 통과하는 열 유동은 식 (5.10)과 식 (2')를 써서 다음과 같이 쓸 수 있다.

$$\frac{dq}{dt} = -\frac{2k(T_{\text{melt}} - T_{\text{solid}})}{\delta} = -\frac{2kg^{\frac{1}{4}}(T_{\text{melt}} - T_{\text{solid}})^{\frac{3}{4}}}{B} z^{-\frac{1}{4}} \tag{3'}$$

만약 위의 식 (3')를 z에 대하여, 즉, 전체 높이 d_0에 걸쳐서 적분함과 동시에 용탕의 폭 a_0를 곱하면, 우리는 응고 면을 통과하는 전체 열 흐름을 얻는다[식 (5.14)].

$$\frac{dQ}{dt} = -\left(\frac{8kg^{\frac{1}{4}}}{3B}\right) a_0 d_0^{\frac{3}{4}} (T_{\text{melt}} - T_{\text{solid}})^{\frac{5}{4}} \tag{4'}$$

용탕의 냉각 속도 dT_{melt}/dt를 전체 열 흐름으로부터 계산할 수 있다[식 (5.19)]:

$$\frac{dQ}{dt} = c_{\text{p}}\rho a_0 b_0 d_0 \left(\frac{dT_{\text{melt}}}{dt}\right) \tag{5'}$$

응고 면을 통과하는 열 흐름은 잉곳으로부터 전체 열 흐름과 같다. 따라서 식 (5.4')와 (5.5')의 두 우변이 같다. 본문에서 제안한 바와 같이 우리는 부피 변형을 무시하며 이것은 a_0, b_0 및 d_0가 일정하다고 간주하는 것을 의미한다. 우리는 또한 시간에 따른 T_{solid}의 변화를 무시하고 다음의 결과를 얻는다.

$$\frac{dT_{\text{melt}}}{dt} = -\frac{8kg^{\frac{1}{4}}}{3Bb_0d_0^{\frac{1}{4}}\rho c_{\text{p}}}(T_{\text{melt}} - T_{\text{solid}})^{\frac{5}{4}} \tag{6'}$$

표준 참고 표로부터 얻은, 합리적인 상수 값과 표 5.1로부터 $B = 5.2 \times 10^{-2}$ m$^{3/4}$ K$^{1/4}$을 사용하여 다음을 얻는다.

$$\text{const} = \frac{8kg^{\frac{1}{4}}}{3Bb_0d_0^{\frac{1}{4}}\rho c_{\text{p}}} \tag{7'}$$

$$\text{const} = \frac{8 \times 71 \times 9.81^{\frac{1}{4}}}{3 \times 5.2 \times 10^{-2} \times 0.30 \times (1.5)^{\frac{1}{4}} \times 7 \times 10^3 \times 750}$$
$$= 3.69 \times 10^{-3}$$

우리는 식 (6')를 적분한다. 두 쌍의 값이 적분 구간을 결정한다.

$t = t$에서 $T_{solid} = T_L -$ undercooling
$= 1453 \text{ K} - 3 \text{ K} = 1450 \text{ K}$

여기에서 T_L은 강의 액상선 온도이다.

$t = t$에서 $T_{melt} = T_L +$ excess temperature
$= 1453 \text{ K} + 20 \text{ K} = 1473 \text{ K}$

따라서:

$$\int_{T_{melt}}^{T_L} \frac{dT_{melt}}{(T_{melt}-1450)^{\frac{5}{4}}} = -\int_{1473}^{1453} \frac{dT_{melt}}{(T_{melt}-1450)^{\frac{5}{4}}} = \text{const} \int_0^t dt$$

그리고

$$\left[4(T_{melt}-1450)^{-\frac{1}{4}}\right]_{1453}^{1473} = 3.69 \times 10^{-3} t$$

또는

$$t = \frac{1.213}{3.69 \times 10^{-3}} = 329 \text{ s} = \frac{329 \text{ s}}{60} = 5.48 \text{ min}$$

답

과열 온도는 5~6분 크기의 구간 후에 소멸한다.

5.4 수냉

5.4.1 수냉의 설계

제4장에서 우리는, 좁은 응고 범위뿐만 아니라 넓은 응고 범위 합금의 완전 냉각 시 주조, 이상적 또는 나쁜 열전도도를 가지는 주형 주조, 그리고 금속과 주형 사이의 접촉이 나쁜 경우의 주조와 같은 여러 가지 조건하에서 고체 금속과 주형 사이의 열전달을 다루었다.

주조 금속과 주형 사이의 열 흐름은 전체 열전달의 한 부분일 뿐이다. 그림 5.9에서 알 수 있는 바와 같이 열전달은 여러 단계로 이루어진다.

여러 단계는 다음과 같다.

(1) 응고하는 금속 층(껍질)을 통한 열전달
(2) 응고하는 층(껍질)으로부터, 금속 층의 응고 및 냉각 수축으로부터 형성하는, 좁은 공기 갭을 통과하여, 냉각 주형

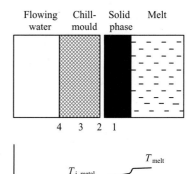

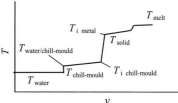

그림 5.9 주조 시 열전달이 일어나는 동안의 온도 분포. 그림에서 고체 상과 냉각 주형 사이의 공기 갭이 크게 과정되었다.

의 내부로의 열전달
(3) 냉각 주형을 통한 열전도
(4) 냉각 주형의 외부로부터 정체되거나 흐르는 물 또는 공기로의 열전달

아래 박스에서 전체 열전달 계수를 유도하였다.

$$\frac{1}{h_{total}} = \frac{l_{metal}}{k_{metal}} + \frac{\delta}{k_{air}} + \frac{l_{mould}}{k_{mould}} + \frac{1}{h_w} \tag{5.21}$$

여기에서,

$h = $ 열전달 계수($\text{W/m}^2\text{K}$)

$k = $ 열전도도(W/mK)

$\delta = $ 공기 갭의 폭

만약, 제4장의 4.3.3절에서 논의한, 단순화가 맞으면 금속/냉각 주형 계면에서 금속의 온도는 제4장의 식 (4.45)에 의하여 결정된다.

식 (5.21)로부터 얻은 결론은 열전달은 가장 느린 단계, 즉 분모가 가장 작은 항 혹은 열전달이 가장 나쁜 단계가 제어한다는 것이다. 제4장에서 우리는 (1)에서 (3)까지의 단계를 분석하였다. 아래에서 우리는, 주형으로부터 흐르는 물로의 열전달인, 네 번째 단계를 다룰 것이다.

냉각수의 기능은 주형을 너무 높은 온도에 노출시키지 않고 고체 금속으로부터 주형 내부 벽이 흡수한 열을 전달하는 것이다. 아래에서 주형 외벽과 흐르는 물 사이의 열전달을 분석한다. 얻은 결과를 근거로 우리는 주형 구성과 주형의 냉각

전체 열전달 계수의 계산

한 계열로 연결되고 그림 5.9에서 보이는 바와 같은, 4단계를 생각하라. 단위 시간당 동일한 양의 열이 정지된 조건에서 각 단계를 통과한다. 짧고 일반적인 기호를 사용하여 다음을 얻는다.

$$\frac{dQ}{dt} = k_{metal}A_1\left(\frac{T_{initial} - T_1}{l_{metal}}\right) = k_{air}A_2\left(\frac{T_1 - T_2}{\delta}\right) = k_{mould}A_3\left(\frac{T_2 - T_3}{l_{mould}}\right) = h_{H_2O}A_4(T_3 - T_{final}) = const \tag{1'}$$

유효 또는 전체 열전달 수(number)는 방정식의 도움으로 정의한다.

$$\frac{dQ}{dt} = h_{total}A_{total}(T_{initial} - T_{final}) = const \tag{2'}$$

식 (2′) 중 온도 차이는 다음과 같이 쓸 수 있다.

$$T_{initial} - T_{final} = (T_{initial} - T_1) + (T_1 - T_2) + (T_2 - T_3) + (T_3 - T_{final}) \tag{3'}$$

식 (1′)와 (2′)를 식 (3′)에 대입하면:

$$\frac{const}{h_{av}A_{total}} = \frac{const \times l_{metal}}{k_{metal}A_1} + \frac{const \times \delta}{k_{air}A_2} + \frac{const \times l_{mould}}{k_{mould}A_3} + \frac{const}{h_wA_4} \tag{4'}$$

우리는 $A_{total} = A_1 = A_2 = A_3 = A_4 = A$를 가정하고 식 (4′)를 공통 인수로 나누어서, 다음을 얻는다.

$$\frac{1}{h_{total}} = \frac{l_{metal}}{k_{metal}} + \frac{\delta}{k_{air}} + \frac{l_{mould}}{k_{mould}} + \frac{1}{h_w} \tag{5'}$$

식 (5′)는 쉽게 일반화할 수 있다.

계의 수치(정량)화를 제기한 것에 대한 결론을 내릴 것이다.

5.4.2 열 흐름이 느린 수냉 및 또는 강력 냉각

초기에 우리는 열 유동이 낮거나 수냉 주형이 강력하게 설계되어서 그 바깥이 물의 증발 온도보다 낮아지는 냉각계의 경우를 다룬다.

확실한 한 가지 예로써 우리는 긴 동심원의 공간을 수직으로 물이 흐르는 구조를 다룰 것이다(그림 5.10). 내부 및 외부 주형 벽 사이에 특별히 급하게 변화하는 부분은 존재하지 않는다.

레이놀즈 넘버(수)는 다음 관계 식으로 정의한다.

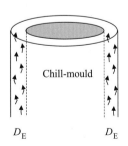

그림 5.10 원주형 냉각 주형의 수냉.

$$Re = \frac{MD_E}{\eta} \tag{5.22}$$

여기에서,

M = 물의 단위 면적당 질량 속도($kg/m^2\,s$)

D_E = 물 기둥의 두께

η = 물의 점도 계수(kgm/s)

대략적인 평가에 의하면 실제적인 형태의 모든 통상적으로 냉각되는 주형에 대하여 Re는, 완전한 난류 형성에 대한 기준인 10,000보다 크다. 그런 경우에, 유체 역학에 의하여, 물/냉각 주형 계면에서의 열전달 계수에 대한 다음과 같은 식이 맞는다.

$$h_w = \frac{k}{D_E} \times 0.023 \times \frac{u_w D_E^{0.8}}{v_{kin}} Pr^{0.33} \tag{5.23}$$

여기에서

h_w = 물/냉각 주형 계면에서의 열전달 계수

k = 물의 열전도도

v_{kin} = 물의 동적 점도 계수(η/ρ)

u_w = 물의 선형 속도

Pr = Prandle 수 = $c_p\eta/k$

표 **5.2** 공기–포화수의 물리적 데이터

Quantity (unit)	At 10 °C	At 40 °C
k (W/m K)	0.587	0.633
v (m²/s)	1.31×10^{-6}	6.86×10^{-7}
Pr	9.41	4.52

표 5.2의 값을 써서, 식 (5.23)은 물 온도 10°C에 대하여 식 (5.24) 처럼 쓸 수 있다.

$$h_\mathrm{w} = 81.3 \times u_\mathrm{w}^{0.8} D_\mathrm{E}^{-0.2} \quad \mathrm{W/m^2\,K} \tag{5.24}$$

물의 온도가 40°C일 때 식 (5.23)은 다음과 같을 것이다.

$$h_\mathrm{w} = 126 \times u_\mathrm{w}^{0.8} D_\mathrm{E}^{-0.2} \quad \mathrm{W/m^2\,K} \tag{5.25}$$

식 (5.24)와 (5.25)를 근거로, 10°C와 40°C에서 다양한 크기의 폭 D_E의 물 슬릿(slit, 틈)에 대하여 물 속도 u_w의 함수로서 열전달 계수를 계산하였다. 그 결과는 그림 5.11에서 보이는 바와 같다.

그림 5.11과 5.12를 근거로 다음과 같이 일반적으로 관찰하고 평가할 수 있다.

- 열전달 계수는 일차적으로 물의 선형 속도에 따라 달라진다. 물의 속도가 10배 증가하면 열전달 계수는 7배 증가한다.

- 냉각수의 온도 상승의 결과로 예측되는 바와 같이, 냉각이 나쁘면 강제 대류의 열전달 계수가 온도가 상승함에 따라 증가하는 사실로 인하여 반대로 작용한다. $h_\mathrm{w} = k/\delta_\mathrm{w}$, 여기에서 δ_w는 온도 경계층의 두께이다(그림 5.12). k는 수온에 따라 증가한다. 수온이 10°C에서 40°C로 증가하면 열전달 계수는 약 50% 증가한다.

- 물 슬릿의 폭이 증가하면 물의 선형 속도가 일정하게 유지될 때 냉각 효율은 미미하게 감소하는 결과를 초래한다. 물 슬릿의 폭이 증가할 때 선형 속도를 일정하게 유지시키기 위하여 물 흐름을 증가시켜야 한다.

만약에 완전히 발달한 난류가 있고[식 (5.25) 참조] 주형 벽에서의 온도가 물의 비등점보다 낮으면 위의 결론들이 옳다는 것을 주목하여야 한다.

주로 주형 표면의 특성이 열전달에 영향을 미치고, 이것을 무시하였기 때문에, 이들 계산 결과는 근사치라는 것을 또한 주목하여야 한다. 더 정확하게 분석하기 위해서는, 그림 5.11의 수온을 평균 수온이라기보다는 주형/냉각수 경계층 내부의 평균 온도로 이해하여야 한다.

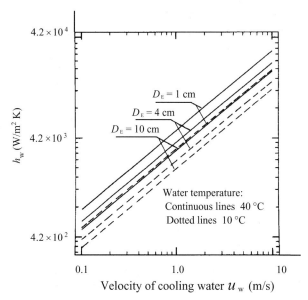

그림 5.11 서로 다른 물 온도와 물 슬릿의 폭에 대한 물의 선형 속도의 함수로서 주형 벽/냉각수에 대한 열전달 계수. P. O. Mellbery의 논문에서 인용함.

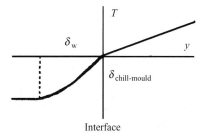

그림 5.12 계면에서 온도가 고정된 값에 도달하는 거리로 온도 경계층을 정의한다. 예를 들면, 속도와 같은, 다른 양에 대해서도 유사한 정의를 적용한다(95쪽의 자연 대류를 비교할 것).

이와 같은 일반적인 분석을 한 뒤에 우리는 냉각 주형의 냉각수의 수치화를 위한 요구 조건에 관한 더 정량적인 결론을 얻기 위하여 노력할 것이다. 수냉은 주로 세 가지 요구 조건을 충족하여야 한다.

(1) 보통 m³/mm 단위로 측정하는, 부피 흐름(속도)은 너무 큰 온도 상승이 일어나지 않게 하고 특정 양의 열을 흡수하기에 충분히 커야 한다.
(2) 방출되는 냉각수의 온도는 일반적인 압력에서 불의 비등점보다 낮아야 한다.
(3) 냉각계의 크기는 주형 표면의 각 점에서의 온도는 주형 재료의 기계적 강도에 대하여 너무 높지 않도록 하여야 한다.

뒤에 우리가 확인하는 바와 같이, 마지막 요구 조건이 보통 냉각의 정량화에 대한 결정적인 인자이다. 온도 계면 층 내부에서 국부적으로 물이 끓을 때의 열전달을 이 절의 후반에서 다룰 것이다. 우리는 이제 수온이 어느 위치에서나 비등점을 넘지 않아야 한다는 요구 조건에 대한 필요 조건을 분석할 것이다.

주형 내부의 최대 열 유동 dq/dt는 1.05×10^6 J/m²s라고 가정하자. 우리는 아래의 관계를 사용할 것이다.

$$\frac{dq}{dt} = -h_w \Delta T \qquad (5.26)$$

여기에서 ΔT는 주형 외벽 온도와 냉각수의 온도의 차이이다. 우리는 그림 5.11을 사용하여 냉각수 온도가 10°C 및 40°C일 때 물 속도의 함수로서 주형 벽의 온도를 계산할 수 있다. 물 슬릿의 폭이 5 mm, 즉 $D_E = 10$ mm에 대한 결과는 그림 5.13에서 보이는 바와 같다. 우리는 물의 비등점에 미치는 압력과 녹아 있는 공기의 영향을 무시하고 비등점은 100°C로 가정한다.

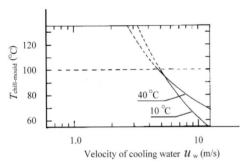

그림 5.13 $D_E = 1.0 \times 10^{-2}$ m, 열 유동 = 1.05×10^6 J/m² 그리고 표면 비등이 일어나지 않을 때 서로 다른 온도에서 물의 선형 속도의 함수로서 주형 외벽의 표면 온도. P. O. mellbery의 논문에서 인용함.

그림 5.13은 주형 벽의 온도를 비등점 아래로 유지하기 위해서는 물의 선형 속도는 적어도 5 m/s는 되어야 한다는 것을 보여주고 있다. 이 값은 10~40°C 간격 내 물의 평균 온도와는 실제로 상관이 없다.

5.4.3 표면 비등 시 열전달

여러 과학자들이 고체의 온도가 액체의 비등점과 같거나 거의 같을 때 고체로부터 액체로의 열전달을 연구하였다. 그들은 열전달이 고체의 표면 온도에 따라 크게 달라진다는 것을 발견하였다.

만약 고체의 표면 온도가 액체의 비등점보다 단지 몇 도만 높을 뿐이라면, 고체 표면에서 증기 방울이 핵 생성한다. 이들 방울은 성장하여 연속적으로 액체 표면으로 떠오른다. 이 온도 범위 내에서, 열전달 계수는 고체의 표면 온도가 증가함에 따라 크게 증가하고 동시에 비등은 더욱더 격렬해진다. 고체의 표면이 충분히 과열되었을 때, 연속적인 증기 필름을 형성하여, 고체 표면을 액체로부터 분리한다. 이 경우에 열전달은 급격히 떨어진다.

이와 같은 과정을 주형 냉각에 적용하기 위하여, 우리는 온도가 물의 비등점보다 더 높은, 고체 표면으로부터 비등점보다 매우 낮은 온도의 흐르는 냉각수로의 열전달을 고려할 것이다. 이런 과정을 통상 '과냉된 액체 내의 국부 비등' 또는 간단히 '표면 비등'이라 한다.

그런 경우에 방울은, 실제 압력하에서 비등점을 능가하는 온도의, 고체 표면에 가까운 온도 경계층(그림 5.12)의 일부에서만 성장하여 살아남을 수 있다. 방울은 찬 물속으로 이동하자마자 응축하여 사라진다. 이것 때문에 그리고, 방울에 의하여 야기되는, 계면 층 구조의 변화로 인하여, 표면 비등이 존재하지 않는 경우에 비하여, 매우 크게 열전달이 증가하기 시작한다.

표면 비등 시 열전달을 정량적으로 평가한 결과를 과학 문헌에서 찾을 수는 없었다. 관의 내부에서 알려지지 않은 속도로 강제 대류가 일어날 때 표면 비등에 대하여 얻은 데이터의 도움으로, 열 유동이 1.05×10^6 J/sm²일 때 주형의 온도는 물의 비등점보다 10~20°C 높은 것으로 추정할 수 있다. 이와 같은 값은 주형의 외부에서 측정한 온도와 매우 잘 일치한다.

이 추가 정보를 그림 5.13에 도입하였으며 그 결과는 그림 5.14에서 보이는 바와 같다. 수압이 2기압일 때 상응하는 값도 또한 포함시켰다. 이 압력 조건에서 물의 비등점은 약 120°C 이다. 이 그림에서 우리는 열전달은 냉각수의 속도에 따라 약간 달라진다는 것과 곡선은 연속적으로 끓지 않는 조건에 대한 곡선과 일치한다는 것을 가정하였다. 후자의 경우에 표면 비등이 일어날 때 온도와 물 속도 사이의 정확한 관계를 측정할 수는 없다.

만약 냉각수의 온도가 물의 비등점보다 아예 낮으면 수증기 층을 형성시키기 위하여 매우 더 높은 수준의 과열이 필요하다. 결과는 또한 냉각수의 선 속도에 따라서 달라진다. 만약 그러한 증기 층의 형성이 일어나면, 열전달은 급격히 떨어지고 주형 온도는 상승할 것이다. 이것은 확실히 사고의 원인이 된다. 즉, 응고 층이 매우 얇고 터져서 용탕이 흘러나올 것이다. 최악의 경우 주형이 녹을 것이다.

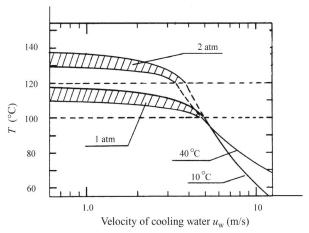

그림 5.14 물의 선 속도 함수로서 주형 외벽의 표면 온도. 점선 영역은 각각 1 및 2 기압의 수압에서의 표면 비등에 대하여 맞는다. $D_E =$ 10 mm. 열 유동 = 1.0×10^6 J/sm^2. P. O. Mellbery의 논문에서 인용함.

5.5 강의 연속 주조 시 열전달

연속 주조는 수직형 냉각 주형에 금속을 주조하는 것을 기본으로 한다. 용탕은 래들로부터 턴디쉬(tundish)를 거쳐, 아래쪽의 수직형 수냉식 동 주형으로 흘러 들어간다. 냉각 주형 속을 통과하는 동안 용탕의 응고가 일어나기 시작하고 고체 층(껍질)을 형성한다. 이 층은 연속적으로 냉각 주형 아래쪽 밖으로 그리고 완전히 응고되는 냉각대로 끌어당겨져서 내려간다. 응고 층의 하강 속도를 주조 속도라 한다.

연속 주조의 필요 조건은 응고 층이 냉각 주형 밖에서 견고하게 유지되도록 하는 기계적 성질을 가지는 것이다. 따라서 연속 주조에서는 수냉이 매우 중요하다(그림 5.15). 적합하게 설계하기 위해서는, 위의 5.4절에서 주어진, 일반적 원리를 적용한다. 연속 주조는 냉각 주형과 금속 사이의 접촉이 나쁜 경우 열전달의 전형적인 사례이다(제4장의 4.3.3절).

최대의 생산성을 얻기 위해서는 가능한 한 가장 높은 생산 속도가 요구된다. 이를 위해서는 냉각과 주조 조건을 세심하게 제어할 필요가 있다.

5.5.1 냉각 주형의 구조

냉각 주형과 냉각 주형 공정은 주조의 최종 결과에 대하여 매우 중요하다. 용탕이 냉각 주형에 채류하는 짧은 시간 동안 내부의 응고가 일어나게 하기 위하여 냉각 주형 밖으로 끌어당길 수 있도록 충분한 견고성을 갖게 하기 위하여 표면에서 빠르게 응고가 일어나야 한다. 냉각 주형의 이동, 마모 및 찢어지는 현상이 주조품 내부 균열 형성의 위험성에 영향을 미친다.

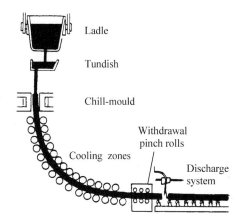

그림 5.15 냉각 주형 아래에 곡선의 경로가 있는 현대의 연속 주조기. Pergamon Press, Elsevier Saience의 허락을 얻어 인용함.

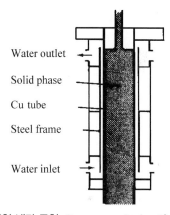

그림 5.16 관형 냉각 주형. Pergamon Press, Elsevier Saience의 허락을 얻어 인용함.

이 문제는 제10장에서 다룬다. 구리의 열전도도가 매우 좋기 때문에 거의 모든 냉각 주형은 순동이나 크롬을 합금 원소로 첨가하고 석출 경화한 합금으로 만든다. 주형 표면은 보통 내마모성을 증가시키기 위하여 얇은 층의 니켈을 전기 도금한다. 관형 냉각 주형과 블록 또는 판형 냉각 주형의 두 가지 형태가 있다.

관형 냉각 주형(그림 5.16)은 대부분의 경우, 예를 들면 100~200 cm^{2}의, 작은 정사각형 단면 제품 생산을 위하여 쓰인다.

블록형 냉각 주형(그림 5.17)을 큰 정사각형 단면 또는 직사각형 단면 제품을 주조하기 위하여 쓴다. 냉각 주형의 상부는, 예를 들면 하소한 벽돌이나 보호판과 같은, 어떤 보호용 재료를 덮어서 냉각 주형의 손상을 방지한다.

종종 냉각 주형을 약간 원추형으로 만들어서 주조 스트랜드의 응고 수축과 냉각에 의한 수축을 보상한다. 이 점은 5.5.2절과 제10장에서 더 논의할 것이다.

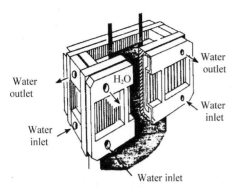

그림 5.17 블록형 냉각 주형 또는 판형 냉각 주형. Pergamon Press, Elsevier Science의 허락을 얻어 인용함.

5.5.2 냉각 주형 내의 응고 과정

냉각 주형을 이용하는 데에는 두 가지 목적이 있다. (i) *주조품의 모양과 단면을 명확히 하여야 한다.* (ii) *열을 제거하고 고체 층(껍질 또는 셀)이 쉽게 형성하게 하여야 한다.* 용탕이 냉각 주형을 통과할 때, 껍질 층은 내부 철 용탕의 정적 압력을 견딜 수 있는 무게가 되어야 한다. 응고 과정은 그림 5.18 및 5.19에서 보이는 바와 같다.

우리가 주조품을, 응고 속도 방향에 수직으로, 그리고 냉각 주형을 통과하여 얇은 슬라이스로 자른다고 생각하자. 시간 $t = 0$에서는 모든 금속은 액체이다. 용탕의 수직 표면 상부의 냉각 주형 가까이에서 응고가 일어나기 시작한다. 먼저 응고하고 있는 껍질 층의 두께는 빠르게 계속하여 성장한다. 응고 및 냉각 수축으로 인하여, 응고 층의 수축이 일어나고 냉각 주형 벽과 분리된다. 철 용탕의 정적 압력은 이 과정에서 반대로 작용하고 응고 층은 소성 변형이 일어난다. 시간이 경과함에 따라 응고 층이 연속적으로 성장하고 철 용탕의 정적 압력에 저항하는 힘은 증가한다.

응고 층의 두께가 충분히 두꺼워질 때 냉각 주형의 벽과 분리된다. 이런 현상은 초기에 가장 강력하게 냉각되는 모서리에서 일어난다. 최종적으로 응고 층과 주형 벽은 분리되고 공기 갭이 형성된다. 이 갭은 열전달을 갑자기 그리고 크게 떨어뜨린다. 열은 공기 갭이 생기기 이전과 같은 속도로 제거될 수 없기 때문에 응고 속도는 감소한다.

고체 금속과 용탕 사이의 계면인, 응고 면에서의 성장 속도는 그림 5.18에서 보이는 바와 같다. 이 그림은 다양한 위치와 시간에서 이동하는 슬라이스의 응고 층 두께를 보여주고 있다. 응고 과정은 3단계 또는 세 영역으로 분리할 수 있다는 것을 알 수 있다.

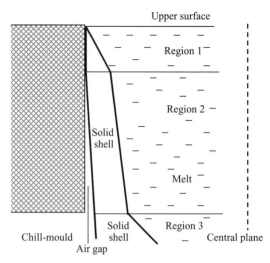

그림 5.18 연속 주조 시 냉각 주형에 가까운 용탕 내의 응고 층 성장. 냉각 주형 가까이에 공기 갭이 보인다. 영역 1의 응고 면은 금속이 여전히 냉각 주형과 접촉하고 있는 상태에서 형성하였다. 응고 층 성장은 영역 2에서 공기 갭을 통과하는 열전달이 나쁘기 때문에 느리다.

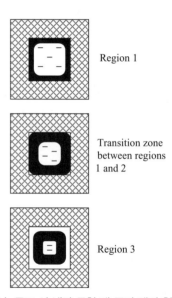

그림 5.19 연속 주조 시 냉각 주형 내 공기 갭의 형성. 주형을 위에서 보았다.

(1) 응고 층과 냉각 주형이 밀집 접촉하고 있는 영역 1
(2) 응고 층과 냉각 주형 사이에 공기 갭이 있는 영역 2
(3) 냉각 주형 외부에서 강력하게 수냉되고 있는 영역 3

영역 1 및 2에서의 온도 분포 차이는 그림 5.20 (a)에서 보이는 바와 같다.

열전달은 네 단계로 일어난다.

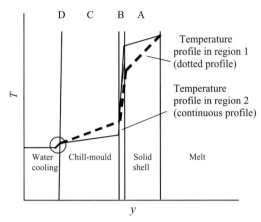

그림 5.20 (a) 연속 주조하는 동안 냉각 주형, 고체 금속과 용탕 내의 온도 분포.

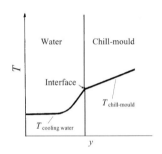

그림 5.20 (b) 그림 5.20 (a)의 원으로 표시한 부분을 확대한 그림.

(A) 응고층을 통과하는 열전달
(B) 응고 층과 냉각 주형 사이의 공기 갭을 통과하는 열전달
(C) 냉각 주형을 통과하는 열전달
(D) 냉각 주형과 냉각수 사이의 열전달

예제 5.2

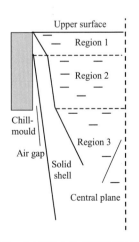

금속학회, 재료연구소의 허락을 얻어 인용함.

저 탄소강을 연속 주조할 때 응고 면의 모양을 대략적으로 계산하라. 주조 속도는 60 cm/min이고, 냉각 주형의 길이는 90 cm이며, 스트랜드(Strand)의 크기는 100 cm × 10 cm이다. 계산을 하기 위하여 주조 온도는 저 탄소강의 융점에 매우 가깝다고 가정하라.

세 영역의 시간과 거리를 결정하는 3단계로 계산하라.

(1) 강 스트랜드(steel strand)가 냉각 주형 벽과 접촉하고 있을 때 영역 1에서의 응고 면 형상
(2) 스트랜드가 냉각 주형 벽으로부터 떨어졌을 때 영역 2에서의 응고 면 형상
(3) 영역 3에서 완전히 응고가 끝날 때까지의 응고 면의 모양

스트랜드가 냉각 주형 벽으로부터 분리되었을 때 스트랜드의 응고 층 두께는 5.0 mm이다. 냉각 주형의 온도는 100°C인 것으로 가정하는 것이 온당하다.

세 영역에 대한 열전달 계수는 다음과 같다.

$$h_1 = 0.168 \times 10^4 \ \text{W/m}^2\text{K}$$
$$h_2 = 0.0042 \times 10^4 \ \text{W/m}^2\text{K}$$
$$h_3 = 0.042 \times 10^4 \ \text{W/m}^2\text{K}$$

Material constants of steel	
ρ	7.80×10^3 kg/m³
$-\Delta H$	280×10^3 J/kg
T_L	1520 °C
k	0.50×10^2 W/m K

풀이
우리는 제4장의 식 (4.48)을 각 영역에 적용할 것이다. 세 영역에서의 열전달 계수는 서로 다르다는 것을 고려하는 것이 중요하다. 위의 표에서 강에 대한 자료를 알 수 있다.

영역 1
응고층이 0으로부터 $d_1 = 5$ mm까지 성장하는 데 필요한 시간은 다음과 같다.

$$t_1 = \frac{\rho(-\Delta H)}{T_L - T_0} \frac{y_L}{h_1} \left(1 + \frac{h_1}{2k} y_L\right) \qquad (1')$$

$$t_1 = \frac{(7.8 \times 10^3)(280 \times 10^3)}{1520 - 100} \frac{(5 \times 10^{-3})}{0.168 \times 10^4} \left(1 + \frac{0.168 \times 10^4}{2 \times (0.50 \times 10^2)} \times 5 \times 10^{-3}\right) = 5.0\text{ s}$$

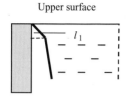

Upper surface

응고 층에 주형 벽과 분리되기 전 용탕의 상부 표면으로부터의 높이 l_1은 응고 속도와 시간 t_1을 곱하여 얻는다.

$$l_1 = \frac{0.60\text{ m}}{60\text{ s}} \times 5.0\text{ s} = 0.01\text{m/s} \times 5.0\text{ s} = 0.050\text{ m}$$

영역 2

응고 층이 냉각 주형으로부터 떨어진 후 냉각 주형을 통과하는 데 필요한 시간은 냉각 주형의 길이를 주조 속도로 나누고 영역 1을 통과하는 시간을 빼서 얻는다(아래 그림 참조).

$$t_2 = \frac{0.90\text{ m}}{0.01\text{ m/s}} - 5\text{ s} = 85\text{ s}$$

시간 t_2 동안에 응고 층 두께는 d_1에서 $d_1 + d_2$로 성장한다. 값 $t_2 = 85$ 그리고 $h_2 = 0.0042$ W/m^{2}K를 식 (1′)에 대입하고 y_L의 2차 방정식을 풀 때 $y_2 = d_2$를 얻는다. 그 결과는, 무시할 수 있는, $d_2 = 2 \times 10^{-7}$ m이다. 냉각 주형을 통과하였을 때 응고 층의 전체 두께는 다음과 같을 것이다.

$$d = d_1 + d_2 = 5 \times 10^{-3}\text{ m} + 2 \times 10^{-7}\text{ m} = 5 \times 10^{-3}\text{ m}$$

영역 3

영역 3 내부에서 응고 층 두께는 5 mm에서 5 cm로 성장한다. 45 mm 성장에 소요되는 시간을 $y_L = 45 \times 10^{-3}$ m를 식 (1′)에 대입하고 t_3의 값을 얻어서 계산할 수 있다.

$$t_3 = \frac{(7.80 \times 10^3)(280 \times 10^3)}{1520 - 100} \frac{0.045}{(0.042 \times 10^4)} \left(1 + \frac{0.042 \times 10^4}{2(0.50 \times 10^2)} \times 0.045\right) = 165\text{ s}$$

따라서 전체 시간은 다음과 같다.

$$t_{\text{total}} = t_1 + t_2 + t_3 = 5 + 85 + 165 = 255\text{ s}$$

금속공학적 깊이(the metallurgical depth, 113~114쪽 참

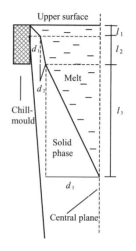

(This figure is not to scale)

조)라 하는, 전체 응고 길이(the total solidification length)는 다음과 같다.

$$l_{\text{total}} = v_{\text{cast}}\, t_{\text{total}} = \frac{0.60}{60}\text{ m/s} \times 255\text{ s} = 2.55\text{ m}$$

답

위의 그림을 참조 할 것.

$d_1 = 5$ mm	$l_1 = 0.05$ m	$t_1 = 5$ s
$d_2 = 0$ mm	$l_2 = 0.85$ m	$t_2 = 85$ s
$d_3 = 45$ mm	$l_3 = 1.65$ m	$t_3 = 165$ s

전체 응고 시간은 255 s이다. 주조품은 상부 표면 아래 약 2.5 m 위치에서 완전한 고체일 것이다.

냉각 주형 벽에 응고 층이 달라붙는 것을 방지하기 위하여 윤활 물질을 첨가한다. 윤활에 관해서는 제2장의 17쪽 및 23쪽에서 논의하였다. 게다가, 주조하는 동안 냉각 주형을 강제 진동시킨다. 이 진동은 주형과 응고층 사이의 마찰을 감소시킨다.

냉각 주형 내 주조품 중 공기 갭 형성

연속 주조에서 공기 갭의 영향은 예제 5.2에서 실례를 들어 설명하는 바와 같다. 공기 갭의 열전달 저항은 매우 크다. 제4장의 식 (4.6)에 따라 공기 갭의 열전달 계수는 다음과 같이 쓸수 있다.

$$h = \frac{k_{\text{air}}}{\delta} \qquad (5.27)$$

여기에서 h = 열전달 계수; k_{air} = 공기의 열전도도, 그리고 δ = 공기 갭의 폭이다.

제4장의 식 (4.45), (4.46) 및 (4.48)의 도움으로, 만약 우리가, 제4장의 4.33절에서 논의한 단순화가 합당하다고 가정하면 응고 층의 두께와 이 층의 외부 온도를 계산할 수 있다.

공기 갭이 넓으면 외부 온도가 높고 따라서 냉각 주형 내에서 응고 층의 두께 성장이 나쁘다. 이와 같은 단점을 감소시키기 위해서, 응고 및 냉각 수축을 고려하여 냉각 주형을 약간 원뿔형(뒤집은 원뿔)으로 만든다. 이것은 금속이 냉각 주형을 통과하여 지나가는 동안 냉각 수축을 보상한다. 이와 같은 방법으로 공기 갭이 커지지 않고 일정하게 한다.

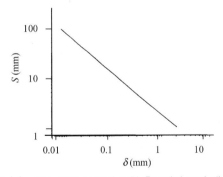

그림 5.21 (a) 연속 주조 시 냉각 주형 출구에서 공기 갭 폭의 함수로서 응고 층 두께 S.

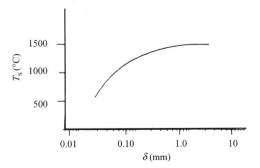

그림 5.21 (b) 연속 주조 시 냉각 주형 출구에서 공기 갭 폭의 함수로서 금속의 표면 온도.

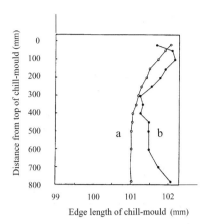

그림 5.22 빌레트 냉각 주형의 마모와 파손. (a) 새 냉각 주형의 윤곽 (b) 350차례 사용한 냉각 주형의 윤곽. Scandinavian Journal of metallurgy blackwell의 허락을 얻어 인용함.

공기 갭의 폭이 전체 냉각 주형 내에서 같다는 전제에서, 공기 갭 폭의 함수로서 응고 층 두께 s 그리고 금속의 표면 온도 T_s는 그림 5.21에서 보이는 바와 같다. 냉각 주형을 약간 원뿔형으로 만듦으로서 공기 갭의 폭을 같게 할 수 있다.

냉각 주형은 사용함에 따라 마모되고 결과적으로 공기 갭의 폭이 증가한다(그림 5.22). 그 결과 응고층의 외부 온도는 수 백 도 정도 증가하고 새 냉각 주형에 비하여 응고 층 성장이 감소한다.

응고 층과 냉각 주형 사이의 공기 갭이 고르지 않으면 응고 층의 성장이 고르지 않게 되고 응고 층의 표면 온도도 고르지 않다. 이것은 응고 층 내부에 열 응력이 생기게 하고, 심한 경우에는 응고 층의 파손이 일어날 수도 있으며 그 결과로 용탕이 쏟아져 나올 구멍이 생기기도 한다.

예제 5.3

스테인리스강을 슬래브 연속 주조기에서 주조하였다. 용탕의 온도는 1460°C였으며, 냉각 주형의 표면 온도는 100°C였고 주조 속도는 1.2 m/min였다. 응고 층이 파열되고 이를 조사하였다. 응고 층의 두께는 용탕의 상부 표면 아래 65 cm의 거리에서 19 mm인 것으로 나타났다.

주조 과정에서 응고 층과 냉각 주형 사이 공기 갭의 열전달 계수 h를 계산하라.

풀이

응고 층 두께 y_L과 이것을 달성하는 데 필요한 시간 사이의 관계는 제4장의 식 (4.48)에 의하여 주어진다.

$$t = \left(\frac{\rho(-\Delta H)}{T_{\mathrm{L}} - T_0}\right) \frac{y_{\mathrm{L}}}{h}\left[1 + \left(\frac{h}{2k}\right)y_{\mathrm{L}}\right] \qquad (1')$$

시간 t는 주조 속도(1.2/60 = 0.020 m/s)와 용탕 상부 표면 아래의 거리의 정보로부터 계산할 수 있다.

$$t = \frac{\text{상부 표면으로부터의 거리}}{\text{주조 속도}} = \frac{0.65}{0.020} = 32.5\,\mathrm{s} \qquad (2')$$

스테인리스강에 대한 재료 상수는 다음과 같다.

$$\rho = 7.8 \times 10^3\,\mathrm{kg/m^3} \quad -\Delta H = 276 \times 10^3\,\mathrm{J/kg} \quad k = 46\,\mathrm{W/mK}$$

이들 값을 식 (4.48)에 대입한다.

$$32.5 = \frac{(7.8 \times 10^3)(276 \times 10^3)}{(1460 - 100)} \times \frac{0.019}{h}\left(1 + \frac{h}{2 \times 46} \times 0.019\right) \qquad (3')$$

이 일차 방정식으로부터 h를 풀 수 있다.

답

원하는 열전달 계수 h는 약 $1.1 \times 10^3\,\mathrm{W/m^2\,K}$이다.

5.5.3 냉각 주형의 설계

연속 주조에서 적당하게 수냉을 치수화하기 위하여 전체 열전달의 각 단계를 논의하고(그림 5.23) 서로서로를 비교해 봐야 한다[식 (5.21)].

$$\frac{1}{h_{\text{total}}} = \frac{l_{\text{metal}}}{k_{\text{metal}}} + \frac{\delta}{k_{\text{air}}} + \frac{l_{\text{mould}}}{k_{\text{mould}}} + \frac{1}{h_{\text{w}}} \qquad (5.21)$$

연속 주조에서는 열전도도가 매우 좋은 구리로 만든 냉각 주형을 사용한다[큰 k_{mould}]. 실제적인 한 예로써 주조 금속이 강이라고 가정한다. 응고 층의 열전도도는, 강뿐만 아니라 다른 금속 합금에 대해서도 역시 좋은 편이다(k_{metal}은 상당히 크다). 반면에, 공기의 열전도도도는 그와 같은 금속에 비하여 매우 나쁘다.

다음으로 우리는 식 (5.21)의 우변 중 앞의 세 항을 비교한다. 냉각 주형의 벽 두께, 공기 갭 및 응고 층에 대하여 합당한 값으로 가정하고 합금, 공기 및 구리의 알고 있는 열전도도 값을 사용한다. 그러면 우리는, 냉각 주형과 금속 층에 대한 값을 나타내는, 두 항이 공기 갭에 대한 값을 나타내는 항에 비하여 상대적으로 작다는 것을 실감한다.

최적의 방법으로 수냉을 치수화하기 위해서는 먼저 냉각 주형 내에서 성장한 후의 전체 응고 층 두께 s_{steel}을 계산한다.

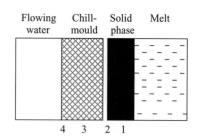

그림 5.23 용탕에서 수냉식 냉각 주형을 통하여 흐르는 물로의 열전달.

공기 갭의 폭이 계산에 있어서 매우 중요한 계수이다. 그리고 단위 시간당 냉각 주형을 통과해야 하는 물의 양을 계산하기 위하여 열적 균형(thermal balance)를 사용한다.

$$\frac{dq}{dt} = c_{\text{p}}^{\text{w}}\,\rho_{\text{w}}\,D_{\text{E}}\,a\,u_{\text{w}}\,\Delta T_{\text{w}} = \rho\,v_{\text{cast}}\,s_{\text{steel}}\,a\,(-\Delta H) \quad (5.28)$$

냉각수의 도움으로   주조 스트랜드로부터
제거되는 열 유동   방출되는 열 유동
(Heat flux)   (Heat flux)

여기에서,

D_{E} = 물 갭의 폭
$\quad a$ = 주형 쪽의 폭
$\quad \rho_{\text{w}}$ = 물의 비중
$\quad \rho$ = 강의 비중
$\quad c_{\text{p}}^{\text{w}}$ = 물의 열전도도
$\quad \Delta T_{\text{w}}$ = 칠–주형을 통과한 후의 냉각수 온도 증가
$\quad u_{\text{w}}$ = 냉각수의 속도
$\quad v_{\text{cast}}$ = 주조 속도 또는 주조 스트랜드의 속도
$\quad s_{\text{steel}}$ = 칠–주형 출구에서의 강 응고 층의 두께
$\quad -\Delta H$ = 강의 kg당 용융 잠열

재료 상수류와 v_{cast}는 알고 있다. 응고 층의 두께는 보통 1~ 1.5 cm의 크기이며, 주형 설계에 영향을 미친다. 세 개의 미지수가 남는다. D_{E}, u_{w} 및 ΔT_{w}.

제거된 열 유동을 다음과 같이 다르게 쓸 수 있다.

$$\frac{dq}{dt} = h_{\text{steel}}(T_{\text{steel surface}} - T_{\text{mould}}) = h_{\text{w}}(T_{\text{mould}}^{\text{w}} - T_{\text{w}}) \quad (5.29)$$

$T_{\text{steel surface}}$의 최댓값은 강의 융점과 같다. $T_{\text{mould}}^{\text{w}}$는, 앞에서 논의한 바와 같이(5.4.3절), 어디에서도 100°C를 넘지 않아야 한다. 최대 열전달은, h_{steel}이 $4 \times 10^3\,\mathrm{W/m^2\,K}$ 크기인, 용탕

의 메니스커스(meniscus) 근처에서 일어난다. 이 위치에서 냉각수 온도가 너무 높아질 위험성이 제일 크다. 따라서, 냉각수 흐름을 이 위치의 주형 벽에서 수온이 100°C를 넘을 수 없도록 하는 방법으로 설계하여야 한다. 물의 속도는 다음과 같이 계산한다.

(1) 온당한 온도 값과 $h_{steel} = 4 \times 10^3$ W/m² K를 식 (5.29)에 대입하고 h_w의 최솟값을 계산한다.

(2) 계산한 h_w값, D_E의 온당한 값 그리고 재료 상수를 식 (5.23)에 대입한다(102쪽).

$$h_w = \frac{k}{D_E} \times 0.023 \times \frac{u_w D_E^{0.8}}{v_{kin}} Pr^{0.33} \qquad (5.23)$$

그리고 h_w의 최솟값을 계산한다.

(3) 재료 상수와 함께, 계산한 h_w 값과 선택한 D_E 값을 식 (5.28)에 대입하고 ΔT_w 값을 얻는다. 냉각수의 온도 증가 ΔT_w는 불리하게 크지 않아야 한다(≤ 10°C). 만약 너무 크면, 새로운 D_E 값을 선택하고 만족스러운 값에 도달할 때까지 반복한다.

5.5.4 2차 냉각

2차 냉각의 기능
연속 주조에서 주조 속도를, 냉각 주형 내에서 형성한, 응고층이 용탕의 압력을 견디기에 충분히 두꺼워지게 하는 방법으로 선택한다. 2차 냉각이 필요하다. 세 가지의 목적이 있다.

(1) 핀치 롤을 지나가기 전에 심부가 응고하도록 하는 방법으로 주조 속도를 제어하기 위하여

(2) 심각한 균열 발생을 피하기 위한 표면 온도를 제어하기 위하여

(3) 설비의 기초를 냉각하기 위하여

냉각 주형을 통과한 후, 주조품은 이른바 캐스팅 바우(casting bow)로 들어가서 완전히 응고할 것이다. 이것은 다음과 같은 요소로 구성되어 있다.

(a) 전체 설비를 안정화시키는 프레임

(b) 주조품을 알맞은 위치로 향하게 하는 롤

(c) 주조품 표면에 냉각수를 뿌리는 캐스팅 바우 노즐

세 가지 서로 다른 노즐(그림 5.24)을 쓴다. (i) 완전 원뿔형 노즐, (ii) 평판형 노즐, 그리고 (iii) 공기 아토마이징 노즐.

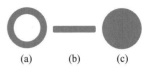

그림 5.24 (a) 완전 원뿔형 노즐, (b) 평판형 노즐, (c) 공기 아토마이징 노즐 내 물 빔(water beam)의 단면.

완전 원뿔형 노즐은 환형 스프레이를, 그리고 평판형 노즐은 직사각형 스프레이를 발생시킨다. 이들 중 어느 형태의 노즐도 주조품 표면 위에 물을 고르게 분산시키는 것은 없으며, 결과적인 주조품 표면의 온도는 변화할 것이다[그림 5.25 참조]. 완전 원뿔형 노즐과 평판형 노즐을 사용할 경우에는 특정한 최소 수압이 요구된다. 압력이 너무 낮으면, 노즐로부터 물 방울들만 나올 것이며 냉각되지 않는다. 공기 아토마이징 노즐은 냉각수 속으로 공기를 강제로 주입시키는 방법으로 작동하여, 물이 아토마이징되어 수많은 작은 물방울이 생기게 한다. 이 경우에는 물의 양을 감소시킬 수 있다.

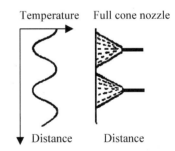

그림 5.25 (a) 냉각 챔버 내에 완전 원뿔형 노즐을 사용하는 동안의 스트랜드 표면 온도의 변화.

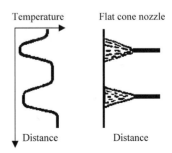

그림 5.25 (b) 냉각 챔버 내에 평판형 원뿔 노즐을 사용하는 동안의 스트랜드 표면 온도의 변화.

슬래브 2차 냉각의 치수화

강과 다른 금속을 연속 주조하는 동안 이들의 열전도도는 응고 과정에 영향을 미칠 것이다. 응고 층의 표면 온도는, 냉간 시간 동안 변화시켜야 하는, 냉각 조건에 매우 민감하다. 이와 같은 이유로 2차 냉각을 냉각 주형으로부터의 거리에 따라서 점진적으로 감소하는 냉각 용량에 따라 여러 개의 서로 다른 영역으로 나눈다(예제 5.4 참조).

2차 냉각을 잘 치수화하기 위하여, 큰 온도 변화를 피해야 하고 표면 온도를 가능한 한 일정하게 유지하여야 한다. 2차 냉각을 치수화할 때 각 영역을 분리하여 조사한다. 각 영역 내에서 냉각 조건은 가능한 한 균일하게 한다.

열전달 계수는 분리된 각 영역 내에서는 일정하고 (i) 영역 내에서 노즐을 통과하는 물 흐름, (ii) 영역의 길이, 그리고 (iii) 주조품의 크기의 함수라고 가정하는 것이 합리적이다.

수냉을 주조품이 인발용 핀치롤을 지나기 전에 심부(coer)가 완전히 응고하는 방법으로 치수화하여야 한다. 일반적으로 수냉만이 주조 과정에서 제어할 수 있는 유일한 인자이다. 주조품의 표면 온도와 응고 속도를 알고 있는 재료 상수와 주조품의 표면과 흐르는 물 사이의 열전달 계수 h_w를 써서 제4장의 식 (4.45), (4.46) 및 (4.48)로부터 계산할 수 있다.

열전달 계수 h_w는 물 흐름과 물의 온도에 따라서 달라진다. 과학 문헌에서 여러 개의 실험식을 찾을 수 있다. 여기에서 우리는 식 (5.30)을 사용할 것이다.

$$h_w = \frac{1.57 \times w^{0.55}[1 - (0.0075 \times T_w)]}{\alpha} \times 10^3 \quad (5.30)$$

여기에서

   h_w = 열전달 계수($W/m^2\,K$)

   w = 물 유동(리터/$m^2\,s$)

   T_w = 냉각수의 온도

   α = 설비 의존성 계수(크기 약 4).

설비 의존성 계수는 물론 설비에 따라서 서로 다르다. 여기에서는 모든 설비에 대하여 한 상수로 주어져 있다.

예제 5.4

연속 주조에서 스트랜드에 균열이 발생하지 않게 하기 위해서는 2차 냉각을 하는 동안 주조품 표면 온도를 일정하게 유지하는 것이 극히 중요하다. 표면 온도 조건을 만족시킬 때 주조 속도 v_{cast}와 냉각 주형으로부터의 거리의 함수로 열전달 계수

h_w를 구하라. 모든 재료 상수는 알고 있고 주조 속도는 일정하다고 가정한다.

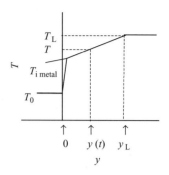

풀이

열전도와 열전달 기본 법칙을 써서 우리는, 단위 면적당 그리고 단위 시간당 주조품과의 무관한, 전개한 용융 잠열을 얻는다.

$$\frac{dq}{dt} = -h_w(T_{i\,metal} - T_o) = -k\frac{(T_L - T_{i\,metal})}{y} = -(-\Delta H)\rho\frac{dy}{dt} \tag{1'}$$

본문에 의하면 온도 $T_{i\,metal}$은 일정하다. 우리는 식 (1')의 마지막 항을 적분하고 새 방정식으로부터 y에 대하여 풀 수 있다.

$$y = \sqrt{\frac{2k(T_L - T_{i\,metal})t}{\rho(-\Delta H)}} \tag{2'}$$

우리는 첫 등식을 써서 식 (1')를 h_w에 대하여 푼다.

$$h_w = \frac{k(T_L - T_{i\,metal})}{y(T_{i\,metal} - T_0)} \tag{3'}$$

그리고 y 값[식 (2')]을 식 (3')에 대입한다.

$$\begin{aligned} h_w &= \frac{k(T_L - T_{i\,metal})}{T_{i\,metal} - T_0}\sqrt{\frac{\rho(-\Delta H)}{2k(T_L - T_{i\,metal})t}} \\ &= \frac{\sqrt{k(T_L - T_{i\,metal})\rho(-\Delta H)}}{\sqrt{2t}(T_{i\,metal} - T_0)} \end{aligned} \tag{4'}$$

또는

$$h_w = \frac{\sqrt{k(T_L - T_{i\,metal})\rho(-\Delta H)}}{\sqrt{2}(T_{i\,metal} - T_0)}\left(\frac{1}{\sqrt{t}}\right) = \frac{const}{\sqrt{t}} \tag{5'}$$

만약 우리가 $t = z/v_{cast}$ 관계를 쓰면 주조 속도가 일정하기 때문에 식 (5')의 시간 t를 거리 z로 바꿀 수 있다. 이 과정의 결

과는 다음과 같다.

$$h_{\mathrm{w}} = \frac{\sqrt{k(T_{\mathrm{L}} - T_{\mathrm{i\,metal}})\rho(-\Delta H)v_{\mathrm{cast}}}}{\sqrt{2}(T_{\mathrm{i\,metal}} - T_0)}\left(\frac{1}{\sqrt{z}}\right) = \frac{\mathrm{const}}{\sqrt{z}} \quad (6')$$

답
주조품의 표면 온도를 일정하게 유지하기 위해서는 열전달 계수가 냉각 주형으로부터 거리의 제곱근에 비례하여야 한다. 원하는 관계식은 식 (6')에 주어진 바와 같다.

예제 5.4의 식 (2')(식 5.31):

$$y = \sqrt{\frac{2k(T_{\mathrm{L}} - T_{\mathrm{i\,metal}})t}{\rho(-\Delta H)}} \quad (5.31)$$

이 식을 써서 시간의 함수로 응고 층의 두께를 계산할 수 있다. 스트랜드의 세 가지 서로 다른 표면 온도에 대한 저 탄소강의 함수는 그림 5.26에서 보이는 바와 같다. 함수의 계산을 위하여 우리는 2차 냉각하는 동안 표면 온도는 일정하게 유지되고 열전달 계수는 예제 5.4의 식 (6')에 따라서 감소하는 것을 가정하였다. 포물선형 함수는 제4장의 그림 4.21의 함수와 유사하다.

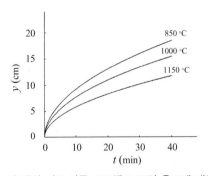

그림 5.26 세 개의 서로 다른 스트랜드 표면 온도에 대하여 주조가 시작된 후 시간의 함수로서 응고 층의 두께.

냉각수의 온도가 냉각 능력에 크게 영향을 미친다. 일부의 물은 냉각 챔버 내에서 고온의 스트랜드 표면에 부딪쳐서 증발한다. 수온이 높을수록, 냉각수 냉각 능력의 효율은 떨어진다(그림 5.27). 만약 물에 불순물과 기름이 들어 있으면 효율은 더 떨어진다.

연속 주조하는 동안 스트랜드 중 균열이 발생하는 것을 피하기 위해서는 전체 2차 냉각 과정에서 표면 온도를 일정하게

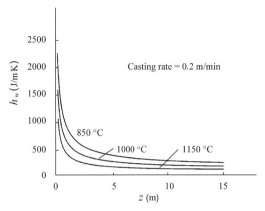

그림 5.27 세 가지 서로 다른 스트랜드 표면 온도에 대한 냉각 주형으로부터 거리의 함수로서 스트랜드 표면에서의 이상적 열전달 계수.

유지하는 것이 바람직하다. 이것은 실제로, 식 (5.32)와 식 (5.30)으로부터 계산한, 각각의 영역에 대하여 하나인, 여러 개의 서로 다른 열전달 계수를 써서 대체로 달성한다(또한 예제 5.4를 참조할 것).

$$h_{\mathrm{w}} = \left(\sqrt{\frac{k(T_{\mathrm{L}} - T_{\mathrm{i\,metal}})\rho(-\Delta H)v_{\mathrm{cast}}}{\sqrt{2}\cdot(T_{\mathrm{i\,metal}} - T_0)}}\right)\frac{1}{\sqrt{z}} = \frac{\mathrm{const}}{\sqrt{z}}$$
$$(5.32)$$

그리고 계산 결과에 따라 수냉계를 설계한다.

응고완료점 길이(metallurgical Length)
주조품이 인발 핀치 롤을 통과하기 전에 완전히 응고하도록 하는 방식으로 수냉을 제어하여야 한다. 식 (5.31)을 써서 슬래브 스트랜드의 응고 시간을 계산할 수 있다. 스트랜드의 모든 면을 수냉한다. 두 응고 면이 스트랜드의 가운데에서 만날 때, 즉, y가 두께 s의 반과 같을 때, 완전히 응고한다(그림 5.28). $y = s/2$ 값을, 응고 시간 t_{sol}을 두께 s의 함수로 나타내는, 식 (5.31)에 대입한다.

$$t_{\mathrm{sol}} = \frac{s^2 \rho(-\Delta H)}{8k(T_{\mathrm{L}} - T_{\mathrm{i\,metal}})} \quad (5.33)$$

응고가 끝나는 시간을 알면, 다음과 같이 정의하는, 금속공학적 깊이(metallurgical depth) 또는 응고완료점 길이를 계산하기 쉽다.

응고완료점 길이 L은 냉각 주형의 윗면에서 심부의 응고가 끝난 직후 주조품 내의 위치까지의 거리이다(그림 5.28).

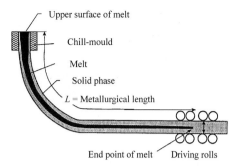

그림 5.28 필요 조건은 스트랜드가 하부 핀치 롤을 통과하기 전에 완전히 응고하는 것이다.

응고 속도가 일정한 조건에서 재료 상수, 주조 속도 그리고 표면 온도 $T_{i\,metal}$의 함수로 응고완료점 길이를 계산할 수 있다.

$$L = v_{cast}t_{sol} = \frac{v_{cast}\ s^2\ \rho(-\Delta H)}{8k(T_L - T_{i\,metal})} \qquad (5.34)$$

그림 5.29는 그림 5.26에서 사용한 세 가지 서로 다른 표면 온도에 대한 주조 속도의 함수로서 슬래브의 응고완료점 길이를 보여주고 있다.

정사각형 단면을 갖는 연주주편을 주조하는 데 걸리는 시간과 쉘 두께와의 관계

그림 5.26과 5.29의 배경이 되는 계산은 연주 슬래브의 경우에만 유효하다. 정사각형의 연속 주조의 경우 냉각 주형의 맨 윗부분으로부터의 거리 및 표면으로부터의 거리가 증가함에 따라 응고 계면의 면적은 감소한다. 그 결과 초기 응고 속도는 감소하다가 그다음 증가한다.

연속 주조 주편의 많은 부분이 정사각형 단면을 가지고 있

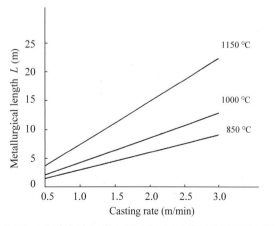

그림 5.29 세 개의 서로 다른 스트랜드 표면 온도에 대하여 주조 속도의 함수로서 응고완료점 길이.

다. 이 경우 응고 쉘 두께와 시간 사이의 단순한 관계를 도출하는 것이 중요하다. 이것이 예제 5.5에서 수행되며 어떻게 그러한 계산이 이루어지는지 상세하게 보여준다.

예제 5.5

연속 주조 공정에서 크기가 $a \times a$인 정사각형 주조품이 냉각 주형을 통과한 후 냉각 챔버 내에서 냉각된다.

(a) 응고 층의 두께 y의 함수 표면 온도 $T_{i\,metal}$을 결정하라. 용탕 온도 T_L과 물 온도 T_0를 알고 있다.
(b) 응고 속도와 응고 층 두께 사이의 관계식을 유도하라.
(c) 응고 층 두께와 시간의 관계식을 유도하라.
(d) 전체 응고 시간을 계산하라.

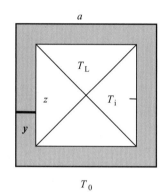

풀이

풀이를 위한 토대는 주조품의 정사각형 단면 그리고 그림에서 보이는 바와 같은 좌표계이다.

시간 $t = 0$에서 응고 면의 위치는 $y = 0$이다. 시간 t에서 응고 면은 중심을 향하여 이동하고 위치는 $y = y(t)$이다. 응고 면이 중심으로 가까워지면 가까워질수록 응고 면의 면적은 감소한다. 이것은 응고 속도가 시간에 따라 증가한다는 것을 의미한다. 우리는 이와 같은 속도 증가의 크기를 추정할 것이다.

정사각형 단면을 4개의 삼각형으로 나눌 수 있고 우리는 이것들이 서로서로 열 교환이 일어나지 않고 따로따로 응고한다고 가정한다. 우리는 또한 응고 층을 통과하는 열 유동 dq/dt는 응고 층의 각 수준에서 일정하다고 가정한다. 주조품 속으로 깊게 들어가면 들어갈수록 정사각형의 한 변 z는 점점 더 작아질 것이다.

우리는 그림으로부터, 한 변이 a인 큰 정사각형으로부터 거리 y에서, 작은 정사각형의 한 변 z는 다음과 같다는 결론을

얻을 수 있다.

$$z = a - 2y \qquad (1')$$

응고 면에서 dt 시간 동안 응고 잠열 dQ가 발생하고 다음과 같은 식을 얻는다.

$$\frac{dQ}{dt} = -A\rho(-\Delta H)\frac{dy}{dt} = -(a-2y)b\rho(-\Delta H)\frac{dy}{dt} \qquad (2')$$

여기에서 b는 주조품의 높이이다.

고체 층을 통과하는 열 유동을 다음과 같이 쓸 수 있다.

$$\frac{dQ}{dt} = -kA\frac{dT}{dy} = -k(a-2y)b\frac{dT}{dy} \qquad (3')$$

냉각 주형과 냉각수 사이의 열전달은 다음과 같이 쓸 수 있다.

$$\frac{dQ}{dt} = -h_w A(T_{i\,metal} - T_0) = -h_w ab(T_{i\,metal} - T_0) \qquad (4')$$

4개의 방정식이 있다. 미지수는 $T_{i\,metal}$, z, y의 시간에 대한 미분이다.

(a): 첫 단계는 y의 함수로 온도 T_i를 결정하는 것이다. 식 (3')의 좌변은 식 (2')의 좌변과 같다. 방정식의 우변들로 마찬가지로 같아야 한다.

$$(a-2y)bk\frac{dT}{dy} = (a-2y)b\rho(-\Delta H)\frac{dy}{dt}$$

이 관계식은 다음과 같이 간단하게 할 수 있다.

$$k\frac{dT}{dy} = \rho(-\Delta H)\frac{dy}{dt} \qquad (5')$$

만약 우리가 dy/dt는 비교적 시간에 무관하다고 가정하면, 식 (5')를 $y = 0$에서 임의의 y 값까지 적분할 수 있다. 적분 양단과 일치하는 온도 값은 원하는 온도 $T_{i\,metal}$과, 용탕 온도 T_L이다.

$$k\int_{T_{i\,metal}}^{T_L} dT = \rho(-\Delta H)\frac{dy}{dt}\int_0^{y(t)} dy \qquad (6')$$

이 식은 다음과 같이 쓸 수 있다.

$$T_L - T_{i\,metal} = \rho(-\Delta H)\frac{dy}{dt}\frac{y}{k} \qquad (7')$$

식 (3')를 다음과 같이 변환할 수 있다.

$$\frac{dQ}{dt}\frac{dy}{a-2y} = -bk\,dT \qquad (8')$$

식 (8')를 적분하고 간단하게 하면 다음과 같다.

$$\frac{dQ}{dt}\int_0^y \frac{dy}{a-2y} = -bk\int_{T_{i\,metal}}^{T_L} dT$$

$$\frac{dQ}{dt}\left(\frac{-1}{2}\right)\ln\frac{a-2y}{a} = -bk(T_L - T_{i\,metal})$$

또는

$$\frac{dQ}{dt} = \frac{-2bk(T_L - T_{i\,metal})}{\ln\left(\dfrac{a}{a-2y}\right)} \qquad (9')$$

식 (9')를 식 (4')에 대입한다.

$$\frac{-2bk(T_L - T_{i\,metal})}{\ln\left(\dfrac{a}{a-2y}\right)} = -h_w ab(T_{i\,metal} - T_0) \qquad (10')$$

식 (10')로부터 $T_{i\,metal}$을 풀면, 다음의 결과를 얻는다.

$$T_{i\,metal} = \frac{2kT_L + ah_w T_0 \ln\left(\dfrac{a}{a-2y}\right)}{2k + ah_w \ln\left(\dfrac{a}{a-2y}\right)} \qquad (11')$$

이 식이 필요한 관계식이다. 이 식은 성장 속도가 초기에는 일차원 주조품처럼 감소하나 y가 $a/2$에 접근하는 응고 말기에는 증가한다는 것을 보여준다.

(b): 다음 단계는 y의 함수로 dy/dt에 대한 식을 유도하는 것이다. 우리는 식 (2')와 식 (4')의 우변이 같아야 한다는 것을 알고 있다.

$$(a-2y)b\rho(-\Delta H)\frac{dy}{dt} = h_w ab(T_{i\,metal} - T_0) \qquad (12')$$

식 (12')를 인수 b로 나누고, $T_{i\,metal}$의 값[위의 식 (11')]을 대입하고 응고 속도 dy/dt를 푼다. 우리는 다음과 같은 결과를 얻는다.

$$\frac{dy}{dt} = \frac{ah_w}{(a-2y)\rho(-\Delta H)}\frac{2kT_L + ah_w T_0 \ln\left(\dfrac{a}{a-2y}\right) - T_0\left[2k + ah_w \ln\left(\dfrac{a}{a-2y}\right)\right]}{2k + ah_w \ln\left(\dfrac{a}{a-2y}\right)}$$

이 식은 다음과 같이 전환할 수 있다.

$$\frac{dy}{dt} = \frac{T_L - T_0}{\rho(-\Delta H)} \times \frac{a}{(a-2y)} \times \frac{h_w}{1 + \left(\dfrac{ah_w}{2k}\right) \times \ln\left(\dfrac{a}{a-2y}\right)} \quad (13')$$

이것이 원하는 식이다.

(c): y와 t 사이의 관계식이 필요하다. 그 식은 방정식 (3′)를 변수 분리하고 적분하여 얻는다.

$$\int_0^y (a-2y)\left[2k + ah_w \ln\left(\frac{a}{a-2y}\right)\right] dy$$
$$= \frac{2kah_w}{\rho(-\Delta H)}(T_L - T_0)\int_0^t dt$$

$$t = \frac{\rho(-\Delta H)}{2k(T_L - T_0)}\left[\left(\frac{2k}{ah_w} + \ln a\right)y(a-y) + \left(\frac{(a-2y)^2}{4}\ln(a-2y)\right) - \left(\frac{a^2}{4}\ln a + \frac{y(a-y)}{2}\right)\right] \quad (16')$$

이 식을 다음과 같이 변환할 수 있다.

$$t = \frac{\rho(-\Delta H)}{2k(T_L - T_0)}\int_0^y (a-2y)\left(\frac{2k}{ah_w} + \ln a - \ln(a-2y)\right)dy \quad (14')$$

그리고 두 적분으로 분리한다.

$$t = \frac{\rho(-\Delta H)}{2k(T_L - T_0)}(I_1 + I_2) \quad (15')$$

여기에서,

$$I_1 = \int_0^y (a-2y)\left(\frac{2k}{h_w} + \ln a\right)dy = \left(\frac{2k}{h_w} + \ln a\right)\int_0^y (a-2y)dy$$

적분하여 다음의 결과를 얻는다.

$$I_1 = \left(\frac{2k}{ah_w} + \ln a\right)\frac{(a-2y)^2 - a^2}{2(-2)} = \left(\frac{2k}{ah_w} + \ln a\right)y(a-y)$$

대수 함수가 들어 있는, 두 번째 적분은 부분 적분으로 푼다.

$$I_2 = \int_0^y -(a-2y)\ln(a-2y)dy$$

$$= -\left[\frac{(a-2y)^2}{2(-2)}\ln(a-2y)\right]_0^y - \int_0^y \frac{(a-2y)^2}{4}\left(\frac{-2}{a-2y}\right)dy$$

또는

$$I_2 = \left(\frac{(a-2y)^2}{4}\ln(a-2y) - \frac{a^2}{4}\ln a\right) - \left[\frac{(a-2y)^2}{(-2)2(-2)}\right]_0^y$$

더 계산하여 다음의 결과를 얻는다.

$$I_2 = \frac{(a-2y)^2}{4}\ln(a-2y) - \frac{a^2}{4}\ln a + \frac{y(a-y)}{2}$$

적분 결과를 t식[식 (15′)]에 대입하면 우리는 최종적으로 시간과 응고 층 두께 사이의 원하는 식을 얻는다.

(d): 식 (16′)에 $y = a/2$를 대입하면 원하는 시간을 얻는다.

답

원하는 관계식은 다음과 같다.

(a) 위의 식 (11′)
(b) 위의 식 (13′)
(c) 위의 식 (16′)
(d) 전체 응고 시간 $t = \frac{\rho(-\Delta H)}{(T_L - T_0)}\frac{a^2}{8k}\left(\frac{2k}{ah_w} + \frac{1}{2}\right)$.

식 (13′)와 제4장의 식 (4.46)을 비교해 보면, 1차원의 경우 응고 말기에 응고 속도는 감소하는 반면에, 이와 같은, 3차원의 경우에는 응고 말기에 응고 속도가 증가하는 것을 알 수 있다.

2차 냉각에서 온도 장(temperature field)

위의 예제 5.5는 정사각형 단면을 가지는 주조품에 대하여 대체로 맞다. 실제 조건은 종종 매우 복잡해서 다양한 시간과 다양한 냉각 조건에서 주조품 표면에서의 온도 장을 컴퓨터를 이용하여 세심하게 계산할 필요가 있다. 이와 같이 계산하여, 예를 들면 다음과 같은 다양한 형태의 결과를 유도할 수 있다.

- 응고완료점 길이
- 주조품 단면 내의 등온선
- 주조품 종단면 내의 등온선
- 전체 응고 과정에서 임의의 점에서의 온도

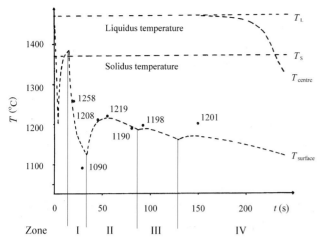

그림 5.30 연속 주조 시 시간의 함수로서 정사각형 단면 주조품의 중심부와 표면의 가운데의 온도. 주조 속도는 2.8 m/mm였다. Scandinavian Journal of Metallurgy Blackwell의 허락을 얻어 인용함.

● 응고 층 두께

구체적인 예는 그림 5.30에서 보이는 바와 같다. 다음과 같은 재료 상수를 가지는 크기 100 mm × 100 mm의 빌레트 주조품에 대하여 계산하였다.

액상선 온도 = 1470°C
고상선 온도 = 1370°C
탄소 함량 = 0.57 wt-%

맨 위의 곡선은 시간의 함수로 중심부의 온도를 보여주고 있다. 온도는 약 150초 뒤에 액상선 온도로부터 벗어났다는 것을 알 수 있다. 전체 주조품은 약 230초 뒤에 응고, 즉 고상선 온도에 도달하였다.

응고완료점 길이를 계산하여 다음과 같은 결과를 얻었다.

$$\left[\frac{2.8\,\text{m}}{60\,\text{s}} \times 230\,\text{s} \approx 11\,\text{m}\right]$$

아래의 곡선은 면 가운데의 표면 온도를 나타낸다. 이 경우에 2차 냉각은 그림 5.30에서 I에서 IV까지 지정하여 표시한 네 영역으로 나뉜다. 단위 시간당 냉각수의 양은 냉각 주형으로부터의 거리에 따라 감소한다. 거리가 클수록, 물 흐름은 더 작았다. 주조 과정 중 각 영역의 입구에서 주조품의 표면 온도를 측정하였다. 냉각수는 한 영역에서 다음 영역으로 이동함에 따라 감소하였기 때문에 표면 온도는 초기에 증가하였다.

영역 I 앞의 영역은 냉각 주형에 해당한다. 냉각 주형에 가장 가까운, 영역 I의 입구에서 측정한 온도는 1258°C였다. 수냉이 강력하였기 때문에 표면 온도는 크게 감소하였다. 열전달 계수는 컸다.

영역 II의 입구에서 측정한 온도는 1090°C였다. 영역 II에서는 1208°C, 1219°C 및 1190°C의 세 온도가 측정되었다. 영역 II의 입구에서 표면이 강력하게 재가열되는 결과를 얻었다. 영역 I에서보다 약간 더 작은 열전달 계수를 얻었다.

영역 III에서 1198°C의 온도가 기록되었다. 영역 III의 입구에서 표면이 작게 재가열되었으며 이것은 수냉이 영역 II에서보다 약간 더 약했으나 표면 온도는 계속해서 감소하였다는 것을 가리킨다. 열전달 계수는 영역 II에서보다 약간 더 낮았다.

영역 IV에서 열용량이 크게 감소하였다. 이와 같은 사실에도 불구하고 온도는 약간 감소하였다.

마지막 영역을 통과한 후 주조품은 공기에 의해서만 냉각된다. 매우 약하게 냉각되고 주조품 내부에 용탕이 남아 있음에도 불구하고 표면 온도는 계속 감소한다. 응고 속도는 매우 느려서 발생하는 응고 잠열을 상쇄하는 것보다 그 이상으로 표면이 약하게 냉각된다.

그림 5.30의 곡선은 컴퓨터 계산을 근거로 한다. 이들 곡선은 그림 5.30에서 점으로 표시한, 측정 온도 값과 잘 일치하는 것을 보여주고 있다.

5.6 ESR 공정의 열전달

제2장의 27~28쪽에서 잉곳의 정련을 위한 엘렉트로−슬래그 정련(ESR) 공정을 다루었다. 실제보다는 개요적이고 간단하

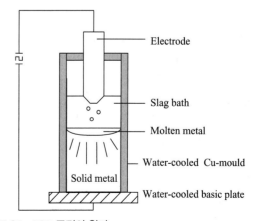

그림 5.31 ESR 공정의 원리.

기는 하나 ESR의 원리는 그림 5.31에서 보이는 바와 같다. 여기에서는 응고가 일어나는 동안의 열 흐름을 기본으로, 좀 더 실제적인 버전의 ESR 공정을 간단하게 훑어볼 것이다.

5.6.1 금속욕 내의 온도 분포

우리는 정련 잉곳 상부의 온도 분포에 집중할 것이며 응고 면의 모양을 조사할 것이다. 이로부터 잉곳 상부 내의 온도 분포의 징후를 얻을 것이다.

정련 용탕의 형상, 응고 면 그리고 고상 내 몇 개의 등온선은 그림 5.32에서 보이는 바와 같다. 응고 면은 T_L-등온선과 일치한다.

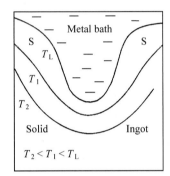

그림 5.32 ESR 공정으로 재용해할 때 용탕 욕의 형상과 몇 개의 욕 내 등온선. P.O. Mellberg의 논문에서 인용함.

실험적 증거로부터 다음과 같은 사실을 알 수 있다.

- 금속욕의 모양은 주로 슬래그의 양과 화학조성 그리고 보다 작게는 재용해 속도에 따라서 달라진다.
- 재용해 속도가 높으면 깊은 금속욕을 얻지만 슬래그 양이 충분히 작으면 재용해 속도가 낮을 때에도 또한 깊은 금속욕을 얻을 수 있다.

금속욕이 깊다는 것은 온도가 높고 용탕의 중심부에서 수직 방향으로의 온도 구배가 크다(조밀한 등온선)는 것을 시사한다. 그림 5.32에서 보이는 바와 같이 액상선 온도 아래의 온도에서 재용해 잉곳의 가운데에도 상당히 큰 온도 구배가 존재한다.

냉각 주형 벽에 가까운 위치의 슬래그욕과 금속욕의 모양은 그림 5.33에서 보이는 바와 같다. 이 그림으로부터 다음과 같은 사항을 알 수 있다.

- 금속욕은 냉각 주형 벽에 가까운 위치의 고체 잉곳 위의 어떤 높이만큼 형성하고 굳은 슬래그 층과 직접 접촉한 상태

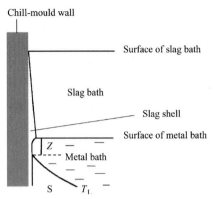

그림 5.33 냉각 주형 벽에 가까운 위치의 슬래그욕과 금속욕의 모양. P.O.Mellbery의 논문에서 인용함.

로 존재한다;

- 이 높이 Z는 중요하다. 높이가 직거나 전혀 없는 재용해 조건에서는 잉곳 표면이 매우 거칠어진다.

5.6.2 냉각 주형 벽 내부 및 외부의 온도 분포

직경 100 mm의 잉곳을 ESR 정련하기 위한, 냉각 주형 벽 내부와 외부에서 시리즈로 온도를 측정한 결과는 그림 5.34에서 보이는 바와 같다. 측정 점 사이의 수직 거리는 10 mm였다. 그림은 냉각 주형과 접촉하고 있는 서로 다른 영역 내에서 측정한 온도를 보여주고 있다.

반지름 방향의 열 유동은 다음과 같이 쓸 수 있다.

$$\frac{dq}{dt} = -k\frac{(T_{inner} - T_{outer})}{\Delta d} \qquad (5.35)$$

여기에서 Δd는 냉각 주형 벽의 일정한 두께이다. 냉각 주형의 내부 및 외부 벽 사이의 반지름 방향 열 유동은 두 위치 사이의 온도 차에 비례한다. 서로 다른 영역 내부의 열 유동, 즉 그림 내의 온도 차이는 다음과 같이 설명할 수 있다.

슬래그욕 위 영역 I 내 열 유동의 원천은 복사열이다. 높이가 낮을수록 열 유동은 서서히 증가한다. 슬래그욕 표면에서 빠르게 증가한다. 영역 II에서 슬래그욕으로부터 냉각 주형을 통과하는 열 유동은 높고 실제적으로 일정하다. 슬래그욕 내의 전기 저항은 높고 전기 저항 열(RI^2)이 발생한다.

영역 III에서의 평균 열 흐름은 영역 II에서의 열 흐름보다 약간 더 크다. 그것은 주형 가까이의, 굳은 슬래그 층은 금속욕과 접촉하고 있는 곳에서 슬래그욕과 접촉하고 있는 곳보다 더 얇기 때문이다. 이것은 금속 용탕으로부터의 열전달이 슬래그로부터보다 더 높은 결과이다. 금속 용탕은 슬래그욕보다 열전도도도가 더 높고 점도가 더 낮다.

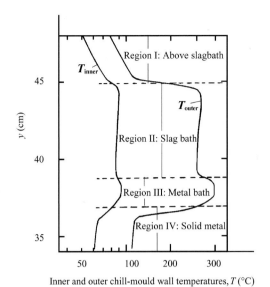

그림 5.34 강의 ESR에서 냉각 주형의 내부와 외부의 온도 분포. P.O.Mellbery의 논문에서 인용함.

영역 III에서 용탕으로부터 고체 금속으로 변화할 때 열 흐름은 좁은 높이 구간 내에서 크게 감소한다. 그 이유는 응고 수축으로 인하여 응고한 금속과 주형 사이에 공기 갭이 형성되기 때문이다. 응고 면과 응고 속도의 계산은 열이 슬래그욕으로부터 금속욕으로 이 두 액체 내의 강력한 대류의 도움으로 전달되기 때문에 매우 복잡하다. 이들에 대한 계산은 이 책에서 다루는 범위를 벗어난다.

5.7 실형상 주조에서의 열전달

1970년대와 1980년대에 많은 직접 주조법이 개발되었으며 파이버, 스트립 및 와이어를 연속 생산할 수 있을 정도로 정교해졌다. 이와 같은 방법은 작은 양의 용탕을 전도도가 매우 높은 재료와 치밀하게 접촉하게 하여 매우 빠른 냉각 속도에서 용탕이 빠르게 응고하는 사실을 근거로 하였다. 이와 같은 방법으로 대부분의 금속 합금의 조직은 급진적으로 변하고 재료의 특성이 개선된다. 좋은 예로, 제6장에서 논의하는 현대의 비정질 재료가 있다.

금속 합금에 대하여 보통 10^5 K/S 크기의, 냉각 속도가 충분히 빠를 때, 결정화가 억제되고 비결정 상, 즉 비정질 금속 합금이 형성한다. 각 재료에 대해서는 비정질 조직이 형성하게 하기 위하여 넘어야 하는 자체 임계 냉각 속도가 있다. 비정질 합금은 점성이 큰 액체로 간주할 수 있고 규칙적인 결정질 조직을 가지지는 않는다.

비정질 금속 합금은 뛰어난 특성을 가진다. 예를 들면, 부식 저항이 높고, 연질 자석 특성이 매우 좋고 특히 높은 연성과 기계적 강도와 같은, 문제 재료의 이론치에 가까운 좋은 기계적 성질을 가진다.

아래에서 우리는 스트립 캐스팅하는 동안 응고 과정에서 용탕의 대류를 고려하지 않는 경우(5.7.2절 및 5.7.3절)뿐만 아니라 고려하는 경우(5.7.4절에서 5.7.6절까지)의 열전달을 논의한다.

5.7.1 스트립 캐스팅 시 열전달

컴퓨터 계산의 도움으로 응고하는 스트립을 통과하는 열전달과 스트립 캐스팅하는 동안의 응고 과정을 상세하게 분석할 수 있다. 재료의 특성은 응고 속도에 따라서 크게 달라지기 때문에 응고 과정을 알고 제어할 수 있는 것이 중요하다. 스트립이 더 빠르게 응고할수록, 재료의 조직이 더 미세할 것이고 특성이 더 좋을 것이다.

만약 스트립이 얇고 열전달이 빠르면, 스트립은 매우 빠르게 그리고 합금 조성의 변동 없이 응고한다. 이와 같은 이상적 공정을 **급속 응고**(rapid solidification)라고 한다. 새로운 금속 응고법으로 두께가 수 mm인 스트립을 주조할 수 있고, 바로 사용하거나 냉간 압연할 것이다. 상당한 생산상 이점을 얻고 에너지를 절약하기 위하여 이와 같은 방법으로 박판을 주조하는 데 큰 관심이 있다.

용탕의 응고 속도는 Nussel 수에 따라 다른 여러 가지 인자에 의하여 제어한다(제4장의 85쪽). 만약 Nu $\ll$ 1이면 열전달의 스트립의 표면을 통과하는 열 유동에 의하여 제어된다. 그렇지 않으면 용탕 내의 대류 또한 응고하는 스트립을 통한 열전달과 응고 속도에 영향을 미친다. 5.7.4절에서 급속 응고 시 대류를 다시 다룰 것이다.

아래에서, 용탕 내의 대류를 고려하지 않고 응고하는 스트립을 통과하는 간단하나 실례가 되는 열전달 모델을 기술할 것이다. 우리는 또한 스트립 주조기의 생산 속도에 관하여 논의할 것이다.

5.7.2 응고하는 스트립 내의 열전도—응고 시간과 응고 길이

제1장에서 서로 다른 형태의 스트립 캐스팅 공정을 기술하였다. 이들의 응고 과정을 분석하기 위하여 우리는 가장 간단한 것, 그림 5.35에서 보이는 바와 같은 단일 스트립 캐스팅 장치의 모델로 시작할 것이다. 여기에서 우리는 Nu $\ll$ 1라고 가정할 것이다. 5.7.3절에서 우리는 Nussel 수에 제한이 없는 다른

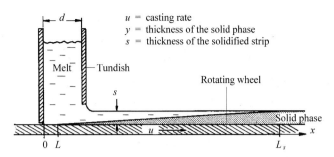

그림 5.35 스트립 캐스팅 장치의 간단한 모델. 회전하는 휠과 접촉한 갭이 있는 턴디쉬. N. Jacobsson의 허락을 얻어 인용함.

형태의 주조기에 대하여 논의할 것이다.

스트립 응고 시간- 대류는 없으며 Nu ≪ 1

다음의 유도 과정에서 우리는 용탕의 열전도도는 매우 크고 모든 가능한 온도 차이는 즉시 균등해질 것이기 때문에 어디에서나 온도는 같다는 것을 가정할 것이다. 용탕의 온도는 어디에서나 액상선 온도와 같다(그림 5.36). 더욱이 우리는 여기에서 응고 면의 온도는 액상선 온도에 가깝다고 가정할 것이다(Nu ≪ 1). 제6장에서 우리는 성장 속도에 따라서 응고 면 온도가 달라지는 경우에 대하여 논의할 것이다.

용탕과 스트립 사이 계면에서 응고하는 스트립으로부터의 열 유동은 4.4.5절에서 주어진 관계의 도움으로 설명할 수 있다. 만약, 스트립 캐스팅에서 일반적인 경우인, Nu ≪ 1이면, 제4장의 식 (4.85)를 적용할 수 있으며 $T_{i\,metal}$은 T_L과 같다고 놓는다. 이 경우에 응고 시간은 다음과 같을 것이다.

$$t = \frac{\rho_{\mathrm{metal}}(-\Delta H)}{(T_L - T_0)}\frac{y}{h}$$ (5.36)

여기에서

y = 응고 층의 두께
h = 용탕과 고체 상 사이의 열전달 계수
T_L = 용탕의 온도(= 액상선 온도)
T_i = 용탕/고체 스트립 계면의 온도
T_0 = 회전하는 휠의 표면 온도
t = 시간
ρ_{metal} = 고체 금속의 비중
$-\Delta H$ = 금속의 용융 잠열(J/kg)

두께 y가 스트립 두께가 s와 같을 때, 시간 t는 응고 시간 t_{total}과 같다.

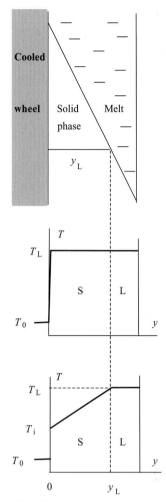

그림 5.36 상부; 응고하는 스트립; 중앙부; Nu ≪ 1인 경우의 스트립 내부 온도 분포; 하부; 일반적인 경우의 스트립 내부 온도 분포.

$$t_{\mathrm{total}} = \frac{\rho_{\mathrm{metal}}(-\Delta H)}{(T_L - T_0)}\frac{s}{h}$$ (5.37)

식 (5.37)은, Nu < 0.2까지의, 낮은 값의 Nussel 수에 대하여 맞는다. 만약 스트립의 양쪽에서 냉각되면 두께 s는 스트립 두께의 반과 같다.

스트립의 응고 대류가 없고 Nu ≪ 1

만약에 y가 선형으로 증가한다고 가정하면, 스트립이 완전히 응고한 위치의 거리 L_s는 계산하기 쉽다. 스트립은 속도 u로 이동하나, $x = ut$이기 때문에 우리는 다음과 같은 관계식을 얻는다.

$$L_s = u\frac{\rho_{\mathrm{metal}}(-\Delta H)}{(T_L - T_0)}\frac{s}{h}$$ (5.38)

휠의 온도가 200°C이고 스트립 두께가 달라질 때 열전달 계

수 h의 함수로서 함수 L_s 또는 스트립의 응고 길이는 강에 대한 그림 5.37 그리고 알루미늄에 대한 그림 5.38에서 보이는 바와 같다.

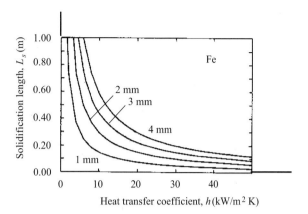

그림 5.37 다양한 두께의 강 스트립에 대한 열전달 계수의 함수로서 응고 길이. 주조 속도는 1 m/s이다. N.Jacobson의 허락을 얻어 인용함.

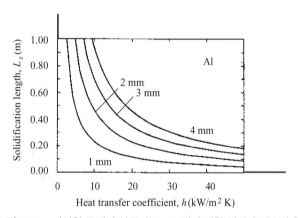

그림 5.38 다양한 두께의 알루미늄 스트립에 대한 열전달 계수의 함수로서 응고 길이. 주조 속도는 1 m/s이다. N.Jacobson의 허락을 얻어 인용함.

용탕의 온도는 두 경우 모두 관련 금속의 액상선 온도와 같았다. 만약 스트립 두께가 작고 열전달 계수가 낮으면 이와 같은 간단한 모델로부터 스트립 내부 열전도도 고려하는 세심한 컴퓨터 계산을 한 결과와 같은 결과를 얻는다. 0.2까지의 Nussel 수, 즉 Nu < 0.2까지에 대하여 식 (5.38)을 사용할 수 있다.

더 많은 경우에 용탕의 온도 T_{melt}는 액생선 온도보다 높다. 그러나 실험적 연구로부터 이와 같은 온도 증가는 응고 길이에 미치는 영향은 미미하다는 것을 알 수 있다. 그 이유는 응고 잠열의 영향이 열용량의 기여보다 매우 커서 열용량의 기여를 무시할 수 있기 때문이다.

이와 같은 사실을 그림 5.39와 5.40이 보여주고 있다. 그림 5.39와 5.40 그리고 그림 5.37과 5.39를 비교해 보면 이 경우 턴디쉬 외부에 미치는 초과 온도의 영향은 없다는 것을 알 수 있다.

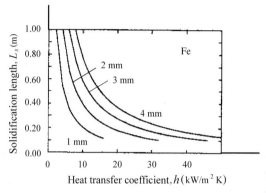

그림 5.39 여러 가지 두께의 강 스트립에 대한 열전달 계수의 함수로서 응고 길이. 초과 온도는 100°C이다. N.jacobson의 허락을 얻어 인용함.

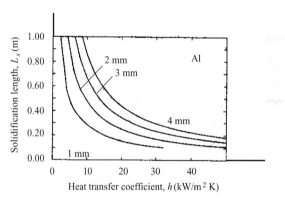

그림 5.40 여러 가지 두께의 알루미늄 스트립에 대한 열전달 계수의 함수로서 응고 길이. 용탕의 초과 온도는 100°C이다. N.jacobson의 허락을 얻어 인용함.

5.7.3 대류를 고려하지 않은 단롤 및 쌍롤 주조기에 대한 스트립 두께의 함수로서 주조 속도와 생산 용량

주조 속도

생산 용량에 미치는 인자를 판별하기 위하여 우리는 단롤 형태의 스트립 주조기를 논의할 것이다(그림 2.15).

쌍롤 공정에도 이와 같은 계산을 적용할 수 있다(그림 2.16 및 그림 5.41).

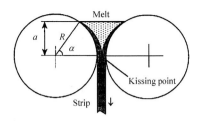

그림 5.41 쌍롤 형태의 스트립 주조기. Scandinavian Journal of metallurgy, Blackwell의 허락을 얻어 인용함.

응고 길이 L_s는 스트립이 완전히 응고하기 전에 주로 스트립이 이동하는 거리이다. 그림 5.42가 다음과 같은 간단한 기하학적 관계를 보여주고 있다.

$$\alpha = \frac{L_s}{R} \tag{5.39}$$

여기에서 접촉각 α는 라디안으로 나타낸다. 그림 5.42에 의하면, 우리는 또한 다음과 같은 관계가 있다는 것을 알 수 있다.

$$\sin \alpha = \frac{a}{R} \tag{5.40}$$

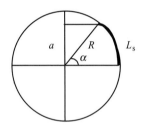

그림 5.42 a, R, α 및 L_s의 정의.

각 α는 식 (5.40)으로 풀고 도의 단위로 나타낸 식 (5.39)의 좌변에 대입한다.

$$\left(\arcsin \frac{a}{R} \right)^\circ = \frac{L_s}{R} \frac{180}{\pi} \tag{5.41}$$

그리고 다음의 관계를 얻는다.

$$L_s = \frac{\pi R}{180} \left(\arcsin \frac{a}{R} \right)^\circ \tag{5.42}$$

쌍롤 주조기에서 주로 스트립은 상부 및 하부 양면으로부터 모두 응고한다. 따라서 응고 시간은 스트립 두께의 반이 응고하는 데 걸리는 시간이다. 식 (4.48)을 쓰고 $y = s/2$를 대입하여 쌍롤 주조기에 대한 응고 시간을 얻는다.

$$t_{double} = \frac{\rho_{metal}(-\Delta H)}{(T_{metal} - T_0)} \frac{s}{2h} \left[1 + \frac{h}{2k} \frac{s}{2} \right] \tag{5.43}$$

단롤 주조기에 대해서는 응고 층 두께 y를 스트립 두께 s로 대체한다. 스트립의 응고 시간은 다음과 같을 것이다.

$$t_{single} = \frac{\rho_{metal}(-\Delta H)}{(T_{metal} - T_0)} \frac{s}{h} \left[1 + \frac{h}{2k} s \right] \tag{5.44}$$

여기 그리고 위에서

L_s = 응고 길이

α = 접촉각

R = 롤의 반경

a = 용탕 높이

$-\Delta H$ = 용융 잠열(J/kg)

ρ_{metal} = 고체 금속의 비중

h = 열전달 계수

k = 고체 금속의 열전도도

s = 스트립 두께

T_L = 액상선 온도

T_0 = 롤 온도

우리는 앞에서 단롤 주조기에 대한 응고 시간에 관한 식을 유도하였다[식 (5.37)]. 식 (5.37)과 (5.44) 두 식은 서로 다르다. 식 (5.44)는 일반적으로 즉 Nu > 0.2인 경우에 맞는 반면에, 식 (5.37)은 특수한 경우 Nu < 0.2인 경우에만 맞는다. 작은 값의 Nussel 수에 대해서는 식 (5.44)와 식 (5.37)은 같아진다.

응고 속도 u, 즉 쌍롤 주조기에서 주조 스트립의 속도는 응고 시간과 응고 길이를 알 때 계산할 수 있다. 식 (5.42)와 (5.43)을 사용하여 다음을 얻는다.

$$u_{double} = \frac{L_s}{t_{double}} = \frac{2h(T_L - T_0)}{\rho_{metal}(-\Delta H)s} \frac{1}{1 + \frac{hs}{4k}} \frac{\pi R}{180} \left(\arcsin \frac{a}{R} \right)^\circ \tag{5.45}$$

또는

$$u_{double} = \frac{2h(T_L - T_0)}{\rho_{metal}(-\Delta H)s} \frac{1}{1 + \frac{hs}{4k}} \frac{\pi R}{180} \left(\arcsin \frac{a}{R} \right)^\circ \tag{5.46}$$

단롤 주조기에 대하여 해당하는 식은 $s/2$를 s로 대체하여 얻는다.

$$u_{single} = \frac{h(T_L - T_0)}{\rho_{metal}(-\Delta H)s} \frac{1}{1 + \frac{hs}{2k}} \frac{\pi R}{180} \left(\arcsin \frac{a}{R} \right)^\circ \tag{5.47}$$

만약 주조 속도가 증가하면, 응고 길이가 일정하기 때문에 식 (5.34)에 따라서 스트립 두께 s는 감소한다. 여러 가지 서로 다른 스트립 주조 공정이 개발되었다. 알루미늄 포일을 직접 주조하는 데에는 Hunter 법을 흔히 이용한다.

예제 5.6

Hunter 법에 따라, 알루미늄 스트립을 생산할 때, 알루미늄 용탕을 스트립 두께에 맞춘 거리에 있는 두 개의 수냉식 롤 사이를 수직으로 위로 이동하게 한다. 알루미늄 금속은 각 수냉식 롤 위에서 응고하는 두 응고 층은 접촉면에서 압착되어 동시에 냉각된다. 이와 같은 방법으로 고밀도 조직의 완전한 스트립을 얻는다. 스트립은 수직으로 위로 이동하여 바로 압연하기 위하여 수평 위치로 방향을 바꾼다.

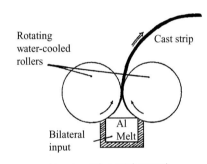

Hunter 법 스트립 주조기.

오른쪽 위 그림은 그렇게 얻은 알루미늄 스트립의 조직을 보여주고 있다. 두께는 6.0 mm이다. 주조 속도는 1.0 m/mm였다.

(a) 응고 면의 방향을 계산하고 그림으로 나타내라.
(b) 스트립과 냉각 롤 사이의 열전달 계수를 추정하라.

풀이

(a): $\mathrm{Nu} \ll 1$의 경우에 식 (4.46)을 적용한다. 이 경우 우리는 다음을 얻는다.

$$\frac{dy_\mathrm{L}}{dt} = \frac{h(T_\mathrm{L} - T_0)}{\rho_\mathrm{metal}(-\Delta H)} \tag{1'}$$

응고 속도와 주조 속도는 다음과 같은 관계가 있다.

$$\frac{dy_\mathrm{L}}{dt} = \frac{dy_\mathrm{L}}{dx}\frac{dx}{dt} \tag{2'}$$

여기에서 dy_L/dx는 응고 면의 기울기이다. 응고 면은 '조직'의 방향으로 이동하며 오른쪽 그림 중 밝은 조직에 수직이다. 조

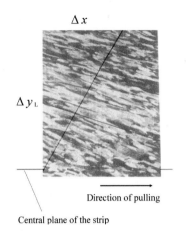

Direction of pulling

Central plane of the strip

알루미늄 스트립 조직. 수평 스트립 반쪽의 그림이다.

직에 수직이며 응고 면에 일치하는, 선은 윗 그림에 그려져 있다. 이 선의 기울기는 그림에서 측정하여 결정한다.

$$\frac{dy_\mathrm{L}}{dx} \approx 2 \quad \text{The casting rate} = \frac{dx}{dt} = 1.0\,\text{m/min} = \frac{1}{60}\,\text{m/s}.$$

(b): (a)에서의 값을 식 (2')에 대입하고 식 (1')와 (2')를 결합시켜 다음을 만든다.

$$\frac{dy_\mathrm{L}}{dt} = \frac{dy_\mathrm{L}}{dx}\frac{dx}{dt} \approx 2 \times \frac{1}{60} = h\frac{T_\mathrm{L} - T_0}{\rho_\mathrm{metal}(-\Delta H)}$$

$$= h\left[\frac{658 - 20}{(2.69 \times 10^3)(322 \times 10^3)}\right]$$

따라서 $h \approx 4.5 \times 10^4$ W/M² K를 얻는다.

답

(a) 응고 면의 모양은 위 그림에서 보이는 바와 같다.
(b) 4.5×10^4 W/m² K $< h < 5 \times 10^4$ W/m² K.

다른 매우 일반적인 구조법은 Hagelett 법(Process)이다. 아연, 알루미늄, 구리 그리고 이들의 합금을 주조하기 위하여 이 방법을 이용한다. 주조기를 이용하여 수 많은 그리고 다양한 단면의 봉재, 빌레트 그리고 슬래브를 주조할 수 있다. 얇고, 넓은 슬래브와 스트립을 대량으로 주조하는데 특히 편리하다.

예제 5.7

본 예제에서의 그림은 Hagelett 법을 위한 스트립 주조기를 보여주고 있다. 용탕을 두 개의 무한 강 벨트 사이에 주조하여 그 사이에서 응고가 일어나게 한다. 주조 스트립은 환형 벨트

를 지나가기 전에 완전히 응고하여야 한다. 구동 휠 사이의 거리는 1.0 m이고 강 벨트와 주조품 사이의 열전달 계수는 900 W/m² K이다.

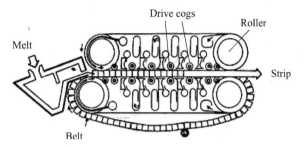

Pergamn Press, Elsevier Science의 허락을 얻어 인용함.

주조기에서 주조할 수 있는, 구리 합금의 최대 스트립 두께의 함수로 주조 속도(m/min)를 계산하라. 구리에 대한 재료 상수를 표준 문헌에서 찾을 수 있다.

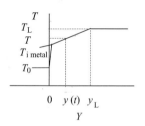

Mould Solid metal Metal melt

풀이

스트립이 구동 벨트를 지나가기 전에 완전히 고체가 되어야 한다는 조건을 주조 속도 곱하기 응고 시간 ≤ 구동 휠 사이의 거리로 나타낼 수 있다.

$$u t_s \leq l_{belt} \tag{1'}$$

스트립 두께 s의 함수로 주조 속도 u를 얻기 위해서는 스트립의 전체 응고 시간을 계산하여야 한다.

식 (4.48)을 써서

$$t = \frac{\rho(-\Delta H)}{T_L - T_0} \frac{y_L}{h} \left(1 + \frac{h}{2k} y_L \right)$$

우리는 전체 응고 시간을 계산한다.

$$t = t_s \quad \text{for} \quad y_L = \frac{s}{2} \quad \Rightarrow \quad t_s = \frac{\rho(-\Delta H)}{T_L - T_0} \frac{s}{2h} \left(1 + \frac{h s}{4 k} \right) \tag{2'}$$

T_s에 대한 식을 식 (1')에 대입하여 다음을 얻는다.

$$u = \frac{2 \, l_{belt} \, h \, (T_L - T_0)}{s \, \rho_{metal}(-\Delta H) \left(1 + \dfrac{hs}{4k} \right)} \tag{3'}$$

T_L	1083 °C (Cu)
T_0	100 °C
ρ_{Cu}	8.94×10^3 kg/m³
$-\Delta H$	206 kJ/kg
h	900 W/m² K
k_{Cu}	398 W/m K
L_{belt}	1.0 m
s	thickness of strip
y_L	$s/2$
u	casting rate

위의 표로부터 재료 상수와 다른 알고 있는 값을 대입하여, 우리는 다음의 결과를 얻는다.

$$u = \left[\frac{2 \times 1.0 \times 900 \times (1083 - 100)}{s(8.94 \times 10^3) \times 206 \times \left(1 + \dfrac{900s}{4 \times 398} \right)} \right] \times 60 \, \text{m/min}$$

답

u와 s 사이의 결과는 $u = \frac{57.7}{s(1+0.57\,s)}$ m/min이다(s의 단위는 m이다).

생산 용량

경제적으로 관심의 대상이 되는 양은 폭 1 m 스트립의 시간당 생산 용량 P이다. kg/hour의 단위로 측정하며 스트립의 주조 속도, 두께 그리고 비중으로부터 계산할 수 있다.

$$P = \rho \, u \, s \times 60 \times 60 \tag{5.48}$$

식 (5.46)과 (5.47)로부터 생산 용량은 롤 반경과 접촉각 α에 따라서 크게 달라진다는 것을 알 수 있다. 단롤뿐만 아니라 쌍롤 주조기 모두에 대하여 실제로 최대 접촉각은 90도이다. 스트립 두께와 함께, 이 값은 식 (5.45) 및 (5.47)에 따라서 최대 주조 속도를 결정한다. 식 (5.48)은 단롤뿐만 아니라 쌍롤 주조기에 대해서도 맞다. 두 응고 면이 '맞닿는 점'에서 만나야 하기 때문에 주조 속도가 증가하면 스트립 두께가 감소한다 (그림 5.41). 그렇지 않으면 롤을 지나가기 전에 스트립은 응고하지 않을 것이다.

두 가지 서로 다른 스트립 주조기에 대한 스트립 두께의 함

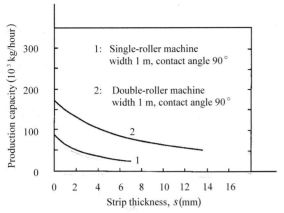

그림 5.43 단롤 공정 (1)과 쌍롤 공정 (2)에 대한 스트립 두께의 함수로서 생산 용량. Scandinavian journal of metals, blakwell의 허락을 얻어 인용함.

수로서 생산 용량은 그림 5.43에서 보이는 바와 같다. 이 그림으로부터 *쌍롤 주조기의 생산 용량이 단롤 주조기보다 더 높고, 생산 용량은 스트립 두께가 감소함에 따라 증가한다는 것을* 알 수 있다. 결론은 스트립 두께가 감소함에 따라 생산 용량은 증가한다는 것이고 얇은 스트립을 주조하는 것이 두꺼운 것보다 더 유리하다. 만약 적당한 최종 스트립 크기를 직접 주조하면 주조한 후 생산 단계의 수를 줄일 수 있다. 게다가 재료의 미세 조직은 스트립의 응고 속도가 더 빠를수록 더 미세해질 것이기 때문에 얇은 스트립 주조품이 품질 면에서도 더 낫다.

5.7.4 급속 스트립 응고 공정에서 대류 및 응고

스트립 주조 시 스트립 두께에 미치는 대류의 영향

5.7.3절에서 주조 속도 u와 스트립 두께 s 사이의 관계 그리고 스트립 주조 시 응고 시간과 응고 길이에 대한 식을 유도한 바 있다. 이와 같은 계산을 하기 위하여 전체 스트립에 걸쳐서 온도는 같고 열전달은 완전히 스트립의 표면을 통한 열 흐름에 의해서만 일어난다고 가정하였다(120쪽). 이와 같은 조건은 Nussel 수 Nu가 2보다 작을 때 맞는 것으로 보인다. 이 분석에서 우리는 스트립 두께 s는 주조기의 슬릿(slit) 폭에 의하여 결정된다고 가정하였다(그림 5.35).

많은 급속 응고법에서 주조 속도가 높아 주조 과정에서 용탕 중 대류를 고려하여야 한다. 우리는 아래에서 응고 과정에 미치는 대류의 영향을 분석할 것이다.

그림 5.44는 스트립 주조기의 원리를 보여주고 있다. 조절 장치(baffle)가 있는 턴디쉬 내의 용탕은 회전하고 있는 휠과 접촉한다. 휠이 회전할 때 휠에 용탕이 달라붙고 용탕이 휠에 딸려가면서 휠 위에서 급속 응고하여 얇은 금속 스트립이 형

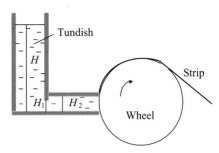

그림 5.44 스트립 주조기의 원리.

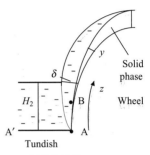

그림 5.45 그림 5.44의 부분 확대도.

성된다. 그림 5.45는 그림 5.44의 일부분을 확대하여 응고 과정을 더 자세하게 보여주고 있다.

휠이 회전함에 따라, 얇은 층 δ의 용탕이 위의 휠 쪽으로 딸려 올라가서 휠을 따라 이동한다. 이 층의 두께는 층상 대류의 경계층 이론에 의하여 얻는다(5.2.1절). 매우 빠른 냉각 속도로 효과적인 냉각이 일어나고 스트립은 급속으로 응고한다. 응고된 스트립 두께 s는 얇은 층의 두께와 확실하게 같다. 이 경우에 공정을 δ_{slit}가 출구에서의 두께와 같게 되도록 설계하는 것이 극히 중요하다. 그렇지 않으면 공정 제어가 어려울 것이며 원하는 두께를 얻지 못할 것이다.

5.7.5 대류를 고려한 턴디쉬 슬릿 폭과 휠의 원주 속도의 함수로서 스트립 두께

우리는 비압축성 액체의 연속성 원리를 턴디쉬 슬릿을 통과하는 용탕과 휠을 따라서 턴디쉬 밖으로 방출되는 용탕에 적용할 것이다. 그림 5.44와 5.45로부터 우리는 다음과 같은 관계를 얻는다.

$$A_1 u_1 = A u_{\text{wheel}} \qquad (5.49)$$

여기에서

A_1 = 슬릿의 단면적(높이 $H_1 \times$ 폭 l)

A = 스트립의 단면적 = $\delta \times$ 폭 l

u_1 = 턴디쉬로부터 용탕의 출구 속도

u_{wheel} = 휠의 주변 속도

턴디쉬와 휠의 폭이 같으므로 식 (5.49)를 다음과 같이 쓸 수 있다.

$$H_1 u_1 = \delta u_{wheel} \tag{5.50}$$

여기에서 H_1은 그림 5.44에서 정의하는 바와 같다. 이 경우에 높이는 액체의 자유 표면 사이의 수준 차이$(H - H_2)$와 같은 위치에서 유체 역학을 써서 출구 속도를 계산할 수 있다.

$$u_1 = \sqrt{2gh} = \sqrt{2g(H - H_2)} \tag{5.51}$$

H_1과 H_2는 그림 5.44와 5.45에 표시한 바와 같다.

용탕으로부터 쓸려 나가는 층의 두께 δ를 계산할 수 있기 위해서 우리는 용탕 내의 대류가 이 두께 δ를 결정한다고 가정한다. 대류 패턴은 용탕 또는 액상이 정지된 차가운 벽을 통과할 때 보이는 바와 비슷할 것이다. 속도 경계층은 94쪽에서 그리고 그림 5.46에서 나타내는 바와 비슷한 벽 표면의 용탕 속도가 0인 위치에서 형성된다. 지금의 경우에는 움직이는 것은 벽(휠)이고 액상이 정지 상태에 있다(그림 5.47). 두 가지 경우에 모두 동일한 유체 역학 법칙이 맞다.

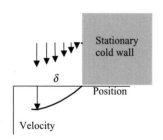

그림 5.46 수직의 차가운 정지 벽에 가까운 금속 용탕의 얇은 경계층 내에서 대류 때문에 야기되는 흐름의 양상.

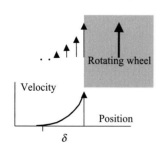

그림 5.47 회전하는 휠에 가까운 얇은 층 내 정지된 금속 용탕 중 강제 대류에 기인하는 흐름의 양상.

5.2.1절에서 용탕과 벽 사이, 계면에 가까운 속도 경계층 이론을 분석하였다. 대류 유동의 구동력은 용탕의 내부와 냉각된 벽 사이의 온도 차이에 기인하는 비중 차이였다(그림 5.46).

지금의 이 경우에는 속도 경계층이 휠의 회전에 의하여 생기기 때문에 휠에 가까운 턴디쉬 내 용탕의 대류가 강제적으로 일어난다. 어떻든지 끌려 나오는 용탕 층 또는 스트립 두께는 경계층의 두께와 같다고 가정하는 것이 합리적이다(그림 5.47). 대류 유동 이론으로부터 다음과 같은 미분 방정식의 임시 해를 얻는다. 96쪽 박스 안의 내용을 참조할 것($p = \frac{1}{2}$ 그리고 $q = \frac{1}{4}$)

$$u_{max} = C_1 z^{\frac{1}{2}} \tag{5.52}$$

$$\delta = C_2 z^{\frac{1}{4}} \tag{5.53}$$

$u_{max} \times \delta^2$을 구하면 다음을 얻는다.

$$u_{max} \delta^2 = C_1 z^{\frac{1}{2}} \left(C_2 z^{\frac{1}{4}}\right)^2 \tag{5.54}$$

이것을 다음과 같이 쓸 수 있다.

$$\delta = C_3 \left(\frac{z}{u_{max}}\right)^{\frac{1}{2}} \tag{5.55}$$

기본 공식 (5.51)을 지금 이 경우에 적용한다. 거리 z는 높이 H_2, 즉 층이 턴디쉬를 떠나는 턴디쉬 하부의 거리 $A'A$(그림 5.48과 5.45)와 같다. 대류 이론에 의하면 속도 u는 벽과 벽에 가까운 액체 사이의 상대 속도이다. 지금 이 경우에 슬릿 입구에서 용탕의 턴디쉬에 대한 수직 속도 성분은 없고 용탕과 휠 사이의 수직 상대 속도 u는 원주 속도 u_{wheel}과 같다. 원주 속도는 일정하기 때문에, u_{wheel}은 u와 u_{max} 두 가지 모두와 같다. $C_3 \approx 2(v_{kin})^{\frac{1}{2}}$인 것을 증명할 수 있다. 따라서 식 (5.55)를 다음과 같이 쓸 수 있다.

$$\delta = 2 v_{kin}^{\frac{1}{2}} \left(\frac{H_2}{u_{wheel}}\right)^{\frac{1}{2}} \tag{5.56}$$

여기에서,

δ = 속도 경계층 두께 및 스트립 두께

v_{kim} = 용탕의 동적 점도 계수

H_2 = 슬릿 입구에서의 용탕 높이

u_{wheel} = 휠의 원주 속도

식 (5.56)은 턴디쉬 내 슬릿 높이와 휠의 원주 속도의 함수로서 스트립 두께를 나타낸다. 이 관계로부터 휠의 속도가 스트립 두께를 결정한다는 것이 분명하다. 식 (5.56)은 이 경우 대류는 강제로 일어나기 때문에 식 (5.6)과는 크게 다르다.

식 (5.56)을 식 (5.50) 및 (5.51)과 결합시킨다. 식 (5.51) 중 u_1 식을 식 (5.50)에 대입하여 다음을 얻는다.

$$H_1\sqrt{2g(H - H_2)} = \delta\, u_{\text{wheel}} \qquad (5.57)$$

H_1과 H_2는 주조기의 설계에 따라 결정되나 용탕의 높이 H는 달라질 수 있다. 주조 공정을 적당하게 설계할 수 있게 하기 위하여 우리는 H를 계산하여야 한다. 식 (5.57) 중 δ의 식을 식 (5.56)에 대입하여, 다음의 관계식을 얻는다.

$$H_1\sqrt{2g(H - H_2)} = 2\, v_{\text{kin}}^{1/2} \left(\frac{H_2}{u_{\text{wheel}}}\right)^{\frac{1}{2}} u_{\text{wheel}} \qquad (5.58)$$

식 (5.58)로부터 H를 풀 수 있다.

$$H = H_2\left(1 + \frac{2 v_{\text{kin}}\, u_{\text{wheel}}}{g H_1^2}\right) \qquad (5.59)$$

턴디쉬 내 용탕의 높이 H는 휠의 원주 속도 u_{wheel}의 함수이다. 주조하는 동안 식 (5.59)를 따르게 하도록 휠의 원주 속도에 용탕의 높이를 맞추어야 한다.

5.7.6 대류에 대하여 주조하는 동안 스트립을 통한 열전달

대류는 액체 내에서만 일어난다. 응고하는 스트립의 경우에는 차가운 벽에 가까운 용탕 내에서 일어난다. 회전하는 휠에 가까운 딸려가는 용탕의 응고가 일어나기 시작하기 전에, 차가운 벽은 회전하는 휠이다. 스트립의 응고가 일어나는 동안, 찬 벽은 용탕에 가까운 고체 층이다. 턴디쉬로부터 스트립이 떨어질 때, 경계 조건과 온도 분포는 다시 달라질 것이다. 우리는 첫 번째 경우를 아래에서 그리고 나머지를 제6장에서 다룰 것이다.

응고가 일어나기 전 온도 분포

그림 5.45에서 보이는 스트립의 응고가 시작되기 전의 스트립 내의 온도 분포는 그림 5.48에서 보이는 바와 같다. 그림 5.45의 점 A에서 온도는 턴디쉬 내 용탕의 온도와 같다. 휠에 딸려간 용탕의 온도는 응고가 일어나기 시작하는 점 B에서의 액상선 온도로 연속적으로 떨어진다. 위에서 다룬 이론에 의하면, 스트립 두께는 용탕이 턴디쉬를 떠날 때, 즉 거리 z가 슬릿 높이 H_2와 같을 때 속도 경계층의 두께가 결정한다.

5.2절에서 자연 대류가 일어나는 동안의 온도 경계층을 논의하였으며 온도 경계층은 속도 경계층과는 다르다는 것을 지

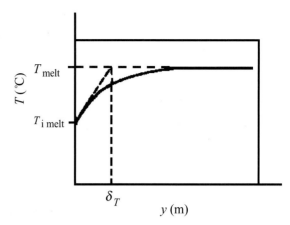

그림 5.48 응고가 일어나기 시작하기 전에 휠로부터 거리의 함수로서 온도 경계층 내의 온도 분포. y-축은 휠에 수직이며 그림에서 용탕 쪽으로 향하는 방향이다. 온도 경계층의 두께는 그림에서 보이는 바와 같이 결정한다.

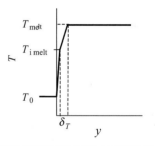

그림 5.49 스트립의 응고가 일어나기 시작되기 전 휠에 가까운, 턴디쉬 내 용탕 중 온도 분포.

적하였다. 아래에서 우리는 용탕이 턴디쉬를 떠나기 전에 용탕 내 온도 경계층 안의 온도 분포를 논의할 것이다. 이 경우에 자연 대류가 일어나는 동안과 강제 대류가 일어나는 동안의 온도 경계층 사이의 차이는 크다. 열은 경계층 밖의 액상으로부터 경계층을 통과하여 휠로 전달된다.

온도 경계층을 통과하는, 즉 휠에 딸려가는 얇은 층의 용탕을 통과하는 열전달은 열전도에 의하여 일어난다[그림 (5.48)과 (5.49)]. 열 유동은 대체로 다음과 같이 쓸 수 있다.

$$\frac{dq}{dt} = k\left(\frac{T_{\text{melt}} - T_{i\,\text{melt}}}{\delta_T}\right) \qquad (5.60)$$

여기에서,

T_{melt} = 턴디쉬 내의 온도 경계 밖 용탕의 온도

$T_{i\,\text{melt}}$ = 휠에 가까운 용탕의 온도

δ_T = 온도 경계층 두께

k = 용탕의 열전도도

용탕과 휠 사이 계면에서의 열 유동은 다음과 같이 쓸 수 있다.

$$\frac{\mathrm{d}q}{\mathrm{d}t} = h\left(T_{i\,\mathrm{melt}} - T_0\right) \qquad (5.61)$$

여기에서

h = 용탕/휠 계면에서의 열전달 계수
$T_{i\,\mathrm{melt}}$ = 휠에 가까운 용탕의 온도
T_0 = 휠의 온도

강제 대류 이론에 따라, 이 경우의 온도 경계층 두께는 다음과 같이 쓸 수 있다.

$$\delta_{\mathrm{T}} = 3.09(v_{\mathrm{kin}})^{\frac{1}{2}}\left(\frac{kc_\mathrm{p}v_{\mathrm{kin}}}{\rho}\right)^{\frac{1}{2}}\left(\frac{z}{u_{\mathrm{wheel}}}\right)^{\frac{1}{2}} \qquad (5.62)$$

여기에서

c_p = 용탕의 열용량
ρ = 용탕의 비중
v_{kin} = 용탕의 도적 점도 계수(η/ρ)
z = 턴디쉬 바닥으로부터의 거리

식 (5.62)를 다음과 같이 요약할 수 있다.

$$\delta_{\mathrm{T}} = \mathrm{const}\sqrt{t} \qquad (5.63)$$

여기에서 $t = z/u_{\mathrm{wheel}}$과 같다. 시간 $t = 0$는 그림 5.45의 A에서 시작하는 것을 나타낸다. 식 (5.63)은 응고가 일어나기 시작하지 않은 한, 즉 점 B에서, 맞는다.

식 (5.59), (5.60) 그리고 (5.61)을 결합하여 우리는 시간과 용탕 온도의 함수로서 $T_{i\,\mathrm{melt}}$를 계산할 수 있다. 우리는 다음을 얻는다.

$$T_{i\,\mathrm{melt}} = \left(\frac{k\,T_{\mathrm{melt}}}{\mathrm{const}\sqrt{t}} + hT_0\right) \Big/ \left(\frac{k}{\mathrm{const}\sqrt{t}} + h\right) \qquad (5.64)$$

명백하게 $T_{i\,\mathrm{melt}}$는 시간에 따라 달라진다. 용탕을 온도 $T_{i\,\mathrm{melt}}$로부터 액상선 온도 T_L로 냉각하는 데 필요한 시간 t_{cool}은 열평형에 의하여 계산할 수 있다. t_{cool}은 용탕 온도 T_{melt}, 전도도 k 그리고 열전달 계수의 함수이다.

계산은 다음의 박스 내에서 보이는 바와 같다.

냉각 시간의 계산

경계층은 대략 프리즘 모양이다.

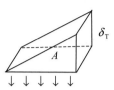

Direction of heat flow
면적 A는 열 유동에 수직이다.
$V = (A\,\delta_{\mathrm{T}}/2)$ 여기에서
V = 경계층 부피
A = 경계층 단면적

$$\frac{\mathrm{d}Q}{\mathrm{d}t} = -\frac{A\delta_{\mathrm{T}}}{2}\rho c_\mathrm{p}\frac{\mathrm{d}T_{i\,\mathrm{melt}}}{\mathrm{d}t} = Ah(T_{i\,\mathrm{melt}} - T_0) \qquad (1')$$

경계층으로부터의 　　　금속/주형 계면을 통과하여
냉각열 　　　　　　　　주형으로 이동하는 열

식 (1')를 식 (5.63)과 결합시키고 적분할 수 있다.

$$\frac{-\rho c_\mathrm{p}}{2h}\int_{T_{\mathrm{melt}}}^{T_\mathrm{L}}\frac{\mathrm{d}T_{i\,\mathrm{metal}}}{T_{i\,\mathrm{metal}} - T_0} = \int_0^{t_{\mathrm{cool}}}\frac{\mathrm{d}t}{\delta_{\mathrm{T}}} = \int_0^{t_{\mathrm{cool}}}\frac{\mathrm{d}t}{\mathrm{const}\sqrt{t}} \qquad (2')$$

환산한 후, 아래의 식 (3')를 얻는다.

$$\sqrt{t_{\mathrm{cool}}} = \frac{\rho c_\mathrm{p}\mathrm{const}}{4}\left(\ln\frac{T_{\mathrm{melt}} - T_0}{T_\mathrm{L} - T_0}\right)\frac{1}{h} \qquad (3')$$

액상선 온도가 1150°C이며 용탕 온도가 다양할 때 철기 합금에 대한 식 (3')는 그림 5.50에서 보이는 바와 같다. 용탕의 온도가 낮을수록 그리고 열전도도도 클수록, 용탕의 온도를 액

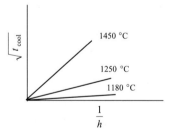

그림 5.50　휠에 가까운 용탕을 철기 합금의 액상선 온도 1150°C로 냉각시키는 데 필요한 시간의 제곱근[식 (3')] $1/h$의 함수로서, 여기에서 h는 열전달 계수. 세 가지 서로 다른 턴디쉬 내 용탕 온도에 대하여 곡선을 그렸다.

상선 온도까지 냉각시켜서 응고가 일어나기 시작하는 시간이 더 짧다.

응고가 일어나는 동안 스트립 내의 온도 분포

응고가 일어나는 동안 스트립 내의 온도는 고체 상에 밀접한 관계가 있고, 이것과 관련하여 논의할 것이다. 따라서 이 논제를 제6장 6.10절에서 다시 논의할 것이다.

5.8 스프레이 캐스팅에서의 열전달

스프레이 캐스팅(Spray casting) 방법은 2.5.4절에서 기술하였다. 과열한 금속 용탕을 보통 질소인, 추진 가스에 의하여 좁은 노즐 속에서 액적으로 분무한다. 액적은 빠르게 응고하고 고온과 고압에서 소형 주조품으로 압축시킨다. 짧은 응고가 일어나는 동안 액적으로부터 주의의 가스로 일어나는 열전달이 스프레이 캐스팅 공정을 설계하기 위하여 근본적으로 중요하다. 액적의 크기를 예측하기 위한 많은 이론적 모델이 제안되었으나, 단순하게 하기 위한 수많은 가정이 실제 공정에 대하여 적용을 상당히 제한한다.

5.8.1 액적의 크기

액적의 크기에 대하여 많은 수의 실험적 모델이 또한 발표되었다. Lubanska가, 가스-스프레이 링(gas-spray ring)을 이용하여 용융 주석, 철 및 저용점 합금을 미세하게 나누기 위한 실험을 근거로 하여, 잘 알려진 실험적 모델을 제안하였다. 금속 용탕의 수직 스트림(Stream) 둘레에 대층으로 분산시킨 링은 별개의 가스 노즐로 구성하였다.

Lubanska는 가스 스프레이 링 아토마이저를 이용하여 넓은 범위의 서로 다른 크기를 가지는 액적을 얻을 수 있다는 것을 발견하였다. 그는 주로 액적의 평균 직경과 이 값으로부터의 평균 분산인 두 개의 통계량을 써서 액적 크기를 나타냈다. 응고한 액적의 크기는 많은 변수에 따라 달라진다. Lubanska의 모델은 평균 질량 액적의 직경, 액적과 가스의 속도, 점도 계수, 그리고 열전달에 관련된 양을 포함한다. 그것을 다음과 같이 쓸 수 있다.

$$\frac{D_{\text{ave}}}{D_0} = C\left[\frac{v_{\text{melt}}}{v_{\text{gas}}\text{We}}\left(1 + \frac{J_{\text{melt}}}{J_{\text{gas}}}\right)\right]^{0.5} \tag{5.65}$$

여기에서,

v_{melt} =평균 질량 액적의 직경

D_0 =금속 용탕 스트림 직경

v_{melt} =용탕의 동적 점도 계수($\eta_{\text{melt}}/\rho_{\text{melt}}$)

v_{gas} =가스의 동적 점도 계수($\eta_{\text{gas}}/\rho_{\text{gas}}$)

We = Weber 수(아래 참고)

J_{melt} = 용탕의 질량 유동

J_{gas} = 노즐을 통과하는 가스의 전체 질량 유동

Weber 수는 유체역학의 많은 '수' 중 한 가지이다. 다음의 식으로 정의한다.

$$\text{We} = \frac{v_{\text{gas}}^2 \,\rho_{\text{melt}}\, D_0}{\sigma_{\text{melt}}} \tag{5.66}$$

여기에서 ρ_{melt} = 용탕의 비중, 그리고 σ_{melt} = 용탕의 표면장력이다.

Lubanska는 인자 $(1 + J_{\text{melt}}/J_{\text{gas}})$는 아토마이저의 설계와는 무관하고 일반적으로 여러 가지 용탕과 아토마이저 형태에 적용할 수 있다고 주장하였다. 여러 가지 금속 용탕과 아토마이저에 대한 많은 수의 실험 결과를 종합한 그림 5.51이 이 주장을 입증한다.

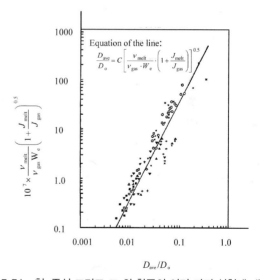

그림 5.51 철, 주석 그리고 그 외 합금의 여러 가지 실험에 대한 아토마이제이션 자료(다른 저자들이 발표하였으나, 여기에서 자세히 보고하지는 않았음). John Wiley & Sons, Ltd.의 허락을 얻어 인용함.

5.8.2 열전달

액적으로부터 주위 가스로의 열전달은 복사와 대류에 기인한다. 액적이 응고하고 냉각될 때 열이 방출되어 액적 표면/가스 계면을 통하여 전달된다.

열유동을 나타내기 위하여 우리는 전체 열전달 계수를 도입한다.

$$h = h_{con} + h_{rad} \qquad (5.67)$$

복사열 전달 계수

액적으로부터 주위 가스로의 복사열 유동(4.2.2절)은 두 가지 방법으로 쓸 수 있다.

$$\left(\frac{dq}{dt}\right)_{rad} = \varepsilon\,\sigma_B(T_{melt}^4 - T_{gas}^4) = h_{rad}(T_{melt} - T_{gas}) \quad (5.68)$$

여기에서 $\sigma_B^{(1)}$는 Stefan-Boltgmann의 복사 법칙 상수이다. 식 (5.68)의 좌변을 다음과 같이 쓸 수 있다.

$$\left(\frac{dq}{dt}\right)_{rad} = \sigma_B\varepsilon(T_{melt} - T_{gas})(T_{melt} + T_{gas})(T_{melt}^2 + T_{gas}^2)$$
$$(5.69)$$

식 (5.68)과 (5.69)는 같으므로

$$h_{rad} = \sigma_B\varepsilon(T_{melt} + T_{gas})(T_{melt}^2 + T_{gas}^2) \qquad (5.70)$$

복사열 전달 계수는 명백하게 관련된 온도에 따라 크게 달라진다.

대류 열전달 계수

대류의 열전달 계수 h_{con}은 4.2.3절에서 소개하였다. 이것은 아래에서 간단하게 논의할 몇 가지의 양에 따라서 달라진다.

대류의 열전달 계수에 대하여 편리한 식을 찾기 위하여 우리는, 유체역학에서 자주 쓰는, 두 개의 무차원 수를 정의할 필요가 있다. Nussel 수는 4.4.5절에서 소개한다. 여기에서는 다음과 같이 쓸 수 있다.

$$Nu = \frac{h_{con}D}{k_{gas}} \qquad (5.71)$$

여기에서 D = 액적의 직경, 그리고 k_{gas} = 가스의 열전도도이다.

Reymold 수는 다음과 같이 정의한다.

---

(1) 여기에서는 표면장력 σ와 확실하게 구분하기 위하여 상수를 σ_B로 표시하였다.

$$Re = \frac{(V_{gas} - V_{melt})D}{v_{gas}} \qquad (5.72)$$

여기에서,

$(V_{gas} - V_{melt})$ = 가스와 액적의 상대 속도

V_{gas} = 가스의 동적 점토 계수(η_{gas}/ρ_{gas})

Prandl 수는 다음과 같이 정의한다.

$$Pr = \frac{c_p^{gas}\eta_{gas}}{k_{gas}} \qquad (5.73)$$

여기에서,

c_p^{gas} = 분무 가스의 열용량

η_{gas} = 가스의 동적 점도 계수

액적/가스 계면을 통과하는 대류의 열전달 계수는 이른바 Ranz-Marshall 상관관계에 의하여 얻는다.

$$Nu = 2 + (0.6 \times Re^{1/2}Pr^{1/3}) \qquad (5.74)$$

대류의 열전달 계수는 식 (5.71)과 (5.74)로부터 얻는다.

$$h_{con} = \frac{k_{gas}}{D}\left[2 + \left(0.6 \times Re^{1/2}Pr^{1/3}\right)\right] \qquad (5.75)$$

또는

$$h_{con} = \frac{k_{gas}}{D}\left[2 + 0.6\left(\frac{(V_{gas} - V_{melt})D}{v_{gas}}\right)^{1/2}\left(\frac{c_p^{gas}\eta_{gas}}{k_{gas}}\right)^{1/3}\right]$$
$$(5.76)$$

전체 열전달 계수

식 (5.65), (5.68), 그리고 (5.74)를 결합하면, 우리는 전체 열전달 계수를 얻는다.

$$h = \sigma_B\varepsilon\left(T_{melt} + T_{gas}\right)\left(T_{melt}^2 + T_{gas}^2\right) + \frac{k_{gas}}{D}\left[2 + 0.6\left(\frac{(V_{gas} - V_{melt})d}{v_{gas}}\right)^{1/2}\left(\frac{c_p^{gas}\eta_{gas}}{k_{gas}}\right)^{1/3}\right] \qquad (5.77)$$

5.8.3 스프레이 캐스팅 재료의 생산

스프레이 캐스팅 설비는 그림 5.52에서 보이는 바와 같다. 액상 용탕의 분무와 작은 액적의 빠른 응고로 방울의 조직은 매우 미세하다. 액적은 응고가 일어나는 동안 서브 스트레이트 위에 눌어붙는다.

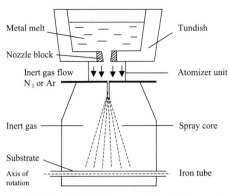

그림 5.52 회전하는 관형의 서브스트레이트 위에 스프레이–캐스트 재료의 제조.

이와 같은 방법으로 제조한 분말은 강도가 높고 뛰어난 기계적 성질을 가진 재료를 만들기 위하여 고온 및 고압에서 소결하여야 한다. 생산 속도가 매우 느리기 때문에 재료는 매우 비싸다. 스프레이 캐스트 재료로 만든 제품을 종종 복잡한 모양을 제조하기 위하여 쓰지만 특수 목적의 관재와 같이 단순한 모양 제품을 제조하기 위해서도 쓴다. 소결 공정을 응고 공정과 통합한다. 고온 및 고압에 노출시킨 반응고 액적을 층층으로 쌓아 최종 제품을 얻는다.

스프레이 캐스트 재료의 생산을 일반적인 분말 야금 공정 재료와 비교할 수 있다. 일반적인 분말 야금 공정은 공정 단계의 수가 더 적고 제품의 품질이 나빠지지만 생산 속도는 매우 더 빠르다. 스프레이 캐스트 재료의 조직은 제6장에서 간단하게 논의한다.

요약

■ 자연 대류

금속 용탕의 자연 대류

용탕 내의 온도 차이가 잉곳 내의 자연 대류를 야기한다. 응고 면에 가까운 얇은 층 내부에서 용탕은 아래로 이동한다.

온도 경계층: $T = T_{\text{melt}} - (T_{\text{melt}} - T_{\text{i metal}})\left(1 - \frac{y}{\delta}\right)^2$

속도 경계층: $u = u_0(z)\frac{y}{\delta}\left(1 - \frac{y}{\delta}\right)^2$

온도 경계층의 최대:

$$\delta(z) = 3.93\left(\frac{\nu_{\text{kin}}}{\alpha}\right)^{-\frac{1}{2}}\left(\frac{20}{21} + \frac{\nu_{\text{kin}}}{\alpha}\right)^{\frac{1}{4}}\left[\frac{g\beta(T_{\text{melt}} - T_{\text{i metal}})}{\nu_{\text{kin}}^2}\right]^{-\frac{1}{4}}z^{\frac{1}{4}}$$

또는

$$\delta(z) = B\left[\frac{g}{z}(T_{\text{melt}} - T_{\text{i metal}})\right]^{-\frac{1}{4}}$$

잉곳 주조품 내의 열전달

실험을 통하여 잉곳 주조품 내의 열전달 기구는 내부의 대류와 복사라는 것을 알았다. 잉곳 층의 두께와 시간 사이의 관계: $y_{\text{L}} = C\sqrt{t}$. 응고 속도:

$$u = \frac{dy_{\text{L}}}{dt} = \frac{C}{2\sqrt{t}}$$

잉곳의 응고 면 온도:

$$T_{\text{i melt}} = T_{\text{L}} - \frac{C}{\sqrt{2\mu y_{\text{L}}}}$$

잉곳 중심부 용탕의 냉각 속도:

$$\frac{dT_{\text{melt}}}{dt}$$

$$= \frac{-8kg^{\frac{1}{4}}}{3B\left(b_0 - 2C\sqrt{t}\right)\left(d_0 - C\sqrt{t}\right)^{\frac{1}{4}}\rho c_{\text{p}}}\left[T_{\text{melt}} - T_{\text{L}} + \left(\frac{C}{2\mu\sqrt{t}}\right)^{\frac{1}{2}}\right]^{\frac{5}{4}}$$

T_{melt}는 수치해석으로 계산한다.

■ 수냉

주조 중 수냉의 설계

열전달이 가장 나쁜 층이 열전달을 제어한다.

$$\text{열전달}: \frac{1}{h_{\text{total}}} = \frac{l_{\text{metal}}}{k_{\text{metal}}} + \frac{\delta}{k_{\text{air}}} + \frac{l_{\text{mould}}}{k_{\text{mould}}} + \frac{1}{h_{\text{w}}}$$

냉각 주형 벽/냉각수에 대한 열전달 계수는 주로 냉각수의 속도에 따라 달라지나 냉각수의 온도에 따라서도 또한 달라진다. 온도가 증가하는 것은 열전달 계수가 증가하기 때문에 냉각이 나빠진다는 것을 필연적으로 의미하는 것은 아니다.

냉각수의 흐름은 다음과 같은 방법으로 치수화하여야 한다.
(1) 온도 상승은 합리적이고 비등점의 매우 아래로 일어나야 한다.
(2) 어떤 위치에서도 주형 표면 온도는 재료의 강도를 염두에 두고 너무 높아지지 않아야 한다.

연속 주조 시 수냉

연속 주조를 위하여, 구리 냉각 주형을 쓴다(큰 k). 냉각 주형을 통과하는 유동

$$\frac{dq}{dt} = c_{\text{p}}^{\text{w}}\rho_{\text{w}}D_{\text{E}}\,a\,u_{\text{w}}\,\Delta T_{\text{w}} = \rho v_{\text{cast}}s_{\text{steel}}a(-\Delta H)$$

또는

$$h_{\text{steel}}\left(T_{\text{steel surface}} - T_{\text{mould}}\right) = h_{\text{w}}\left(T_{\text{mould}}^{\text{w}} - T_{\text{w}}\right)$$

이들 식을 h_{w}에 대한 실험식과 결합하여, 냉각수의 가장 낮은 가능한 속도와 냉각 주형을 통과한 후 온도 상승을 계산할 수 있다.

연속 주조 시 2차 냉각

2차 냉각은 세 가지 기능을 한다.

(1) 주조품이 끌어당기는 핀치 롤을 떠나기 전에 중심부가 응고하도록 하는 방법으로 응고 속도를 제어함.
(2) 불필요한 균열 방생을 피하도록 표면 온도를 제어함.
(3) 주조기 기초부를 냉각함.

실험적 관계를 활용하여 물 흐름과 수온의 함수로 열전달 계수 h를 결정할 수 있다. h는 주조품 표면 온도를 일정하게 유지하기 위하여 냉각 주형으로부터의 거리의 제곱근에 반비례하여야 한다.

응고완료점 길이

응고완료점 길이 L = 냉각 주형의 꼭대기로부터 주조품의 중심부가 응고하는 점까지의 거리이다.

응고완료점 길이에 대한 식을 본문 중에서 유도한다.

■ 실 형상 주조 시 열전달

스트립 캐스팅 시 대류를 고려하지 않은 열전달

만약 Nussel 수 $Nu \ll hs/k$이면 스트립의 표면을 통한 열 유동이 완전히 연 전달을 제어한다.

$$t_{\text{single}} = \frac{\rho_{\text{metal}}(-\Delta H)}{(T_{\text{L}} - T_{su})}\frac{s}{h} \qquad L_{\text{single}} = \frac{\rho_{\text{metal}}(-\Delta H)}{(T_{\text{L}} - T_{su})}\frac{s}{h}u$$

$\qquad$ 스트립의 응고 시간 $\qquad\qquad$ 스트립의 응고 길이

그렇지 않으면:

$$t_{\text{single}} = \frac{\rho_{\text{metal}}(-\Delta H)}{(T_{\text{metal}} - T_0)}\frac{s}{h}\left[1 + \left(\frac{h}{2k} \times s\right)\right] \quad L_s = \frac{\pi R}{180}\left(\arcsin\frac{a}{R}\right)^{\circ}$$

$$t_{\text{double}} = \frac{\rho_{\text{metal}}(-\Delta H)}{(T_{\text{metal}} - T_0)} \times \frac{s}{2}\ h \times \left[1 + \left(\frac{h}{2k} \times \frac{s}{2}\right)\right]$$

여기에서

$$L_s = \frac{\pi R}{180}\left(\arcsin\frac{a}{R}\right)^{\circ}$$

스트립 두께의 함수로서 주조 속도:

$$u_{\text{single}} = \frac{L_s}{t_{\text{single}}}^{\circ}$$

$$u_{\text{double}} = \frac{L_s}{t_{\text{double}}}^{\circ}$$

스트립 캐스팅 시 생산 용량

폭 1 m 스트립 시간당 생산 용량:

$$P = \rho u s \times 60 \times 60.$$

쌍롤 주조기의 생산 용량이 단롤 주조기보다 더 높다. 스트립 두께가 감소할 때 생산 용량은 증가한다. 따라서 두꺼운 것보다 얇은 스트립을 주조하는 것이 더 유리하다.

스트립 주조 시 대류를 고려한 열전달

주조 공정 시 높은 주조 속도에서는 대류를 고려하여야 한다.

스트립 두께는 경계층 두께와 같다.

용탕을 T_{melt}에서 T_{cool}로 냉각하는 시간:

$$\sqrt{t_{\text{cool}}} = \text{const}\left(\ln\frac{T_{\text{melt}} - T_0}{T_{\text{L}} - T_0}\right)\frac{1}{h}$$

속도 경계층

스트립 두께는 다음에 의하여 얻는다.

$$s = \delta = 2v_{\text{kin}}^{\frac{1}{2}}\left(\frac{H_2}{u_{\text{wheel}}}\right)^{\frac{1}{2}}$$

여기에서 다음에 의하여 H를 선택한다.

$$H = H_2\left(1 + \frac{2v_{\text{kin}}u_{\text{wheel}}}{gH_1^2}\right)$$

온도 경계층

$\delta = \text{const}\sqrt{t}$에 대하여 온도 경계층 두께를 얻는다. 여기에서

$$t = (Z/U_{\text{wheel}})^{\frac{1}{2}}$$

따라서:

$$\delta_{\text{T}} = 3.09(v_{\text{kin}})^{\frac{1}{2}}\left(\frac{kc_{\text{p}}v_{\text{kin}}}{\rho}\right)^{\frac{1}{2}}\left(\frac{z}{u_{\text{wheel}}}\right)^{\frac{1}{2}}$$

휠에 가까운 용탕 내 온도 분포
열 유동

$$\frac{dq}{dt} = k\left(\frac{T_{\text{melt}} - T_{\text{i melt}}}{\delta_{\text{T}}}\right) \quad \text{그리고} \quad \frac{dq}{dt} = h(T_{\text{i melt}} - T_0)$$

휠에 가까운 용탕의 온도:

$$T_{i\,melt} = \frac{\dfrac{kT_{melt}}{const\sqrt{t}} + hT_0}{\dfrac{k}{const\sqrt{t}} + h}$$

휠에 가까운 용탕을 T_{melt}로부터 T_L까지 냉각하는 데 걸리는 시간:

$$\sqrt{t_{cool}} = const\left(\ln\frac{T_{melt} - T_0}{T_L - T_0}\right)\frac{1}{h}$$

용탕 온도가 낮을수록 그리고 h가 더 높을수록, 액상선 온도까지 내려와서 응고가 일어나기 시작하는 데 걸리는 시간이 더 짧다.

■ 스프레이 캐스팅 시 열전달
과열한 금속 용탕을, 보통 질소인, 추진 가스의 도움으로 좁은 노즐 속에서 액적으로 분사한다. 액적은 빠르게 응고하고 고온 고압에서 압착하여 매우 치밀한 주조품을 얻는다. 액적 크기를 예측하기 위한 많은 이론적 모델이 제안되었으나, 단순화하기 위한 많은 가정으로 인하여 실제 공정에 적용하는 것은 상당히 제한된다.

열전달
액적에서 주위 가스로의 열전달은 복사와 대류에 기인한다. 액적이 응고하고 냉각할 때 열이 방출되고 액적 표면/가스 계면을 통과하는 열전달이 일어난다. $h = h_{con} + h_{rad}$

스프레이 주조 재료의 생산
액체 용탕의 분사와 작은 액적의 빠른 응고로 인하여 방울의 조직은 아주 미세하다. 응고가 일어나는 동안 액적은 서브 스트레이트에 눌어붙는다.

소결 공정을 응고 공정에 통합한다. 고온 및 고압에 노출된 반응고한 액적이, 층층으로 쌓여 최종 제품을 얻는다.

연습문제

5.1　400 mm × 1000 mm 단면적의 10톤 강 잉곳을 100°C의 과열 온도에서 주조한다. 과열은 10분 내에 사라진다.
　잉곳의 상부 표면을 차단하지 않으면, 대부분의 과열 부분과 뒤의 응고 잠열 부분이 상부 표면을 통한 복사열로 사라진다. 주철 주형 벽은 매우 두껍고 외부 표면의 온도는 상부 강 표면의 온도보다 매우 낮기 때문에 잉곳의 나머지 부분으로부터의 복사는 무시할 수 있다.

(a) 복사로 인하여 사라지는 전체 과열의 분률을 계산하라. 나머지의 열전달이 일어나게 하는 기구는 무엇인가?

힌트 A3

(b) 잉곳의 응고 과정에서 상부 강 표면에서 복사에 의한 손실 열량을 계산하라.

힌트 A73

(c) 응고가 일어나는 동안 잉곳의 차단하지 않은 상부 표면이 응고한다. 상부 표면에서 응고 잠열이 복사에 의하여 방출된다고 가정하고 응고 층의 최대 두께를 계산하라.

힌트 A87

(d) 이른바 파이프 형성을 피하기 위하여 상부 표면이 응고하기 전에 잉곳의 중심부가 응고하는 것이 바람직하기 때문에 종종 잉곳의 상부 표면을 절연한다. 응고 과정에 미치는 상부 표면의 절연 효과는 무엇인가?

힌트 A38

절연하지 않은 상부 강 용탕 표면의 복사 상수는 5.67×10^{-8} W/K^{4}m^{2}이다. 복사 법칙의 인자 ε은 0.2이다. 주위의 온도는 20°C이다. 강의 재료 상수는 $\rho = 7.88 \times 10^3$ kg/m^3; $-\Delta H = 272 \times 10^3$ J/kg; $c_p^s = 426$ J/kg K, 그리고 $T_L = 1450$°C이다.

5.2　이른바 Watt 강 슬래브 연주법은 다음 그림에서 보이는 바와 같다. 공정의 중요한 부분은 전체 주조 과정 동안 입구에서 충분히 큰 부분의 중심부 재료를 용융 상태로 유지시키는 것이다. 이것은 용탕의 과열 온도를 이용하여 제어할 수 있다. 채널을 연속적으로 열린 상태로 유지시키기 위하여 과열 온도가 필요하다.

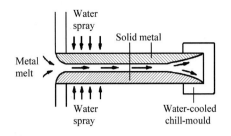

(a) 정지 조건에서 용탕의 과열 온도에 따라 응고 층 두께가 어떻게 달라지는가를 보여주는 관계식을 유도하라.

힌트 *A55*

(b) 주조기에서 만약 두께 20 cm의 슬래브를 주조하고자 한다면 유지시켜야 하는 용탕의 최소 과열 온도는 얼마인가?

힌트 *A129*

용탕과 응고하는 재료 사이의 열전달 계수는 일정하다고 가정하라. 주조품의 폭은 두께에 비하여 매우 크다. 강의 액상선 온도는 1450°C이다. 슬래브 표면과 냉각수 사이의 열전달 계수는 1.0 kW/m²K이고 강 용탕과 냉각수 사이의 열전달 계수는 0.80 kW/m²K이다. 강의 열전도도는 30 W/mK이다.

5.3 왼쪽에서 오른쪽으로 응고가 일어난 잉곳은 다음 그림에서 보이는 바와 같다. 수평의 한 방향으로 열이 흐른다. 주조 과정에서의 실험적 그리고 계산한 계면 윤곽은 그림에서 보이는 바와 같다. 응고 면의 모양에 대하여 설명하라.

힌트 *A12*

5.4 탄소 함량이 0.7 wt-%인 강 합금을 연속 주조할 때 냉각 주형 내 위치의 함수로서 열 유동은 다음 그림에서 보이는 바와 같다. 냉각 주형은 구리로 만들었다. 점선의 수직선은 용탕 상부 표면의 높이이다.

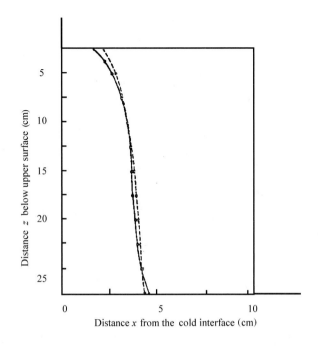

열 유동이 초기에는 작으나 최댓값으로 빠르게 증가한다(영역 1). 최댓값을 지난 후 열 유동은 연속적으로 감소한다(영역 2).

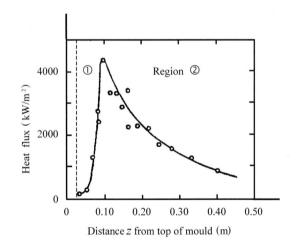

(a) 영역 1에서의 곡선 형상을 설명하라.

힌트 *A105*

(b) 곡선의 최댓값에서 냉각 주형 내 상황을 기술하라.

힌트 *A278*

(c) 영역 2에서의 곡선 형상을 설명하라.

힌트 *A235*

5.5 특히 강을 위하여 설계한, 연속 주조기의 스케치는 아래 그림에서 보이는 바와 같다. 주조품의 단면은 1500 mm × 290 mm이다. 주조기에서 3개의 2차 냉각대가 있다. 주조기를 이용한 강의 연속 주조에 대하여 다음을 계산하라.

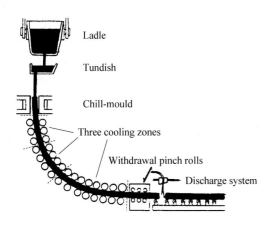

Ladle
Tundish
Chill-mould
Three cooling zones
Withdrawal pinch rolls
Discharge system

Cooling zone	Heat transfer numbers (W/m² K)	Zone length (m)
Chill-mould	1000	1.0
1	440	4.0
2	300	5.0
3	200	10.0

Material constants	
ρ	7.88×10^3 kg/m³
$-\Delta H$	272 kJ/kg
k	30 W/mK
T_L	1470 °C

(a) 전체 응고 시간:

힌트 *A104*

(b) 최대 주조 속도:

힌트 *A147*

냉각대와 재료 상수에 관한 정보는 표에서 보이는 바와 같다. 전체 주조기를 '부가한' 열전달 계수의 평균값을 계산하여 해답을 간단하게 할 수 있다.

5.6 어떤 연속 주조기에서 주조하는 동안 다음의 자료가 맞다.

주조품의 크기 $a \times a$: 100 mm × 100 mm
주조 속도: 3.0 m/min
냉각수 온도: 40°C

냉각대의 정보는 표에서 보이는 바와 같다. 각 냉각대에 대한 금속 표면과 냉각수 사이의 열전달 계수를 계산하라.

힌트 *A15*

Cooling zone	Length (mm)	Water flow (litre/min)
Spray zone	200	80
Zone 1	1280	175
Zone 2	1850	150
Zone 3	1900	175

5.7 알루미늄 스트립용 연속 주조법은 그림에서 보이는 바와 같다. 다음과 같은 방법으로 공정을 간단하게 기술할 수 있다.

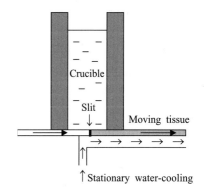

Crucible
Slit
Moving tissue
Stationary water-cooling

Material constants for aluminium	
T_L	660 °C
k	220 W/m K at T_L
$-\Delta H$	390 kJ/kg
ρ_s	2.7×10^3 kg/m³

약간만 과열한 알루미늄 용탕을 도가니에 담겨 있게 한다. 도가니의 바닥에 있는 직사각형 슬릿을 통하여 판과 접촉하고 있는 움직이는 유리 섬유망으로 용탕이

이동한다. 알루미늄 용탕이 도가니를 떠난 바로 직후 아래에서부터 판에 의하여 냉각되고 응고가 일어나기 시작한다. 알루미늄 용탕의 상부 표면을 통한 열 복사가 열전달에 기여한다.

6.0 mm 두께의 스트립을 주조하기 위하여 설비를 한 번 사용한 바 있다. 스트립의 윗면으로부터 두 응고 면이 만나는 면까지의 거리 Y_L을 계산하라.

힌트 A60

스트립과 판 사이의 열전달 계수는 1.0 kW/m² K이다. 냉각수와 공기의 온도는 20°C이다. 재료 상수는 표에서 보이는 바와 같다.

5.8 강에 대한 연속–스트립 주조 공정은 그림에서 보이는 바와 같다. 용탕은 노즐에서 아래의 롤러로 흐르고 용탕이 응고할 때 롤러 표면 위에 스트립이 형성된다. 스트립은 일정 거리 동안 롤러와 접촉하고 있다가 떨어진다.

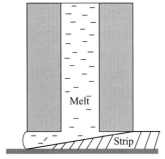

Water-cooled roller

이와 같은 스트립 캐스팅 설비를 이용하여 100 μm의 최종 두께의 스트립을 주조한다. 실질적으로 용탕을 과열하지는 않는다. 복사에 의한 열 손실을 무시할 수 있다. 응고 온도는 1400°C이다. 스트립과 롤러 사이의 열전달 계수는 2.0 kW/m² K이다. 강의 재료 상수는 $\rho = 7.8 \times 10^3$ kg/m³ 그리고 $c_p = 650$ J/kg K이다.

응고 온도에서 스트립의 냉각 속도에 관한 식을 유도하고 냉각 속도 값을 계산하라.

힌트 A110

5.9 이른바 Hunter 법으로 종종 알루미늄 포일을 주조한다. 이 방법에서는 용탕을 강제로 회전하고 있는 두 롤러

(위 그림) 사이로 들어가게 하고 동시에 위로 이동하는 동안 롤러 사이에서 응고가 일어나게 한다.

롤러 사이 용탕의 응고 과정은 아래 그림(위 그림에 대하여 상대적으로 90도 회전시킴)에서 보이는 바와 같다. 이 그림은 응고 면이 롤러 슬릿이 가장 얇은 곳에서 서로 만난다는 것을 보여주고 있다. 이와 같은 결과로 롤러 슬릿의 폭은 주조품 최대 두께와 같을 것이다.

Material constants for aluminium	
T_L	660 °C
k	220 W/m K at T_L
$-\Delta H$	398 kJ/kg
ρ_s	2.7×10^3 kg/m³

롤러는 매우 크다. 즉, 계산하는 데 롤러의 곡률을 고려할 필요는 없다. 주조품과 롤러 사이의 열전달 계수는 3.0 kW/m² K이다. 노즐의 출구와 응고 면이 만나는 점 사이의 거리는 50 mm이다.

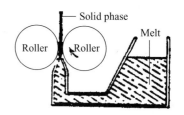

Hunter engineering

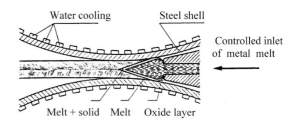

주조품 두께의 함수로서 최대 주조 속도(m/min)를 계산하고 함수를 그래프로 그려라.

힌트 A150

5.10 Properzi가 개발한 공정으로 선재를 생산하기 위하여 구리 주조품을 종종 주조한다. 이 공정은 다음 쪽(137쪽)의 그림에서 보이는 바와 같다.

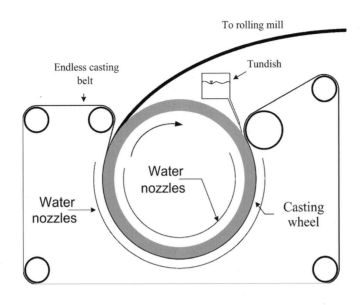

트랙이 있는 롤러 위에서 정사각형 주조품을 주조한다. 롤러 트랙은 냉각된 강 벨트로 덮힌다. 주조품은 원주의 반 이상을 따라서 롤러와 접촉하고 있다. 용탕을 과열하지는 않는다.

(a) 2.00 m 직경의 롤러가 있는 주조기에서 60 mm × 60 mm 크기의 주조품이 롤러를 떠나기 전에 완전히 응고할 수 있도록 확실하게 하기 위한 최대 주조 속도를 계산하라.

서로 다른 열전달 계수에 기인하는 열 흐름의 비대칭은 무시할 수 있다. 롤러/주조품 계면에서의 열전달 계수는1.0 kW/m² K이다. 스트립/캐스팅 계면에서 h = 0.70 kW/m² K이다. 계산을 간단히 하기 위하여 부가한 h의 평균값을 쓰는 것이 합리적이다. 재료 상수는 표에서 보이는 바와 같다.

힌트 A131

Material constants for copper	
ρ_s	8.94×10^3 kg/m³
k	398 W/mK
$-\Delta H$	206 kJ/kg
T_L	1083 °C

(b) 동일한 문제이기는 하나 열 흐름의 비대칭을 주목하여야 하는 차이가 있다.

힌트 A74

5.11 124쪽 예제 5.7의 그림은, Hazelett에 따른, 구리 슬래브를 주조하기 위한 연속 주조기의 스케치를 보여주고 있다.

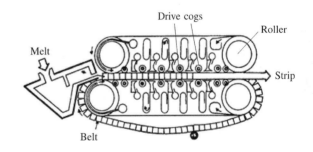

슬래브와 벨트 사이의 열전달 계수는 400 J/m² s K 라고 가정하라. 설비로 주조할 수 있는 최대 슬래브 두께는 20 cm이다. 용탕을 과열하지는 않는다. 구리에 대한 재료 상수는 예제 5.10에 주어져 있다.

슬래브 두께의 함수로서 쓸 수 있는 최대 주조 속도 (m/min)를 계산하고 그림으로 나타내 보라.

힌트 A125

5.12 가는 강선(반경 100~500 µm)을 주조하기 위하여 이용하는 이른바 Michelin 공정은 다음 그림에서 보이는 바와 같다. 노즐을 떠난 뒤, 선재는 응고하고 공기 중에서 식는다. 용탕을 과열하지 않는다.

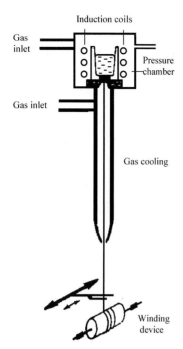

American Institute of Chemical Engineers의 허락을 얻어 인용함.

Material constants for steel	
ρ	$7.8 \times 10^3 \, kg/m^3$
$-\Delta H$	$276 \, kJ/kg$
T_L	$1753 \, K$
c_p	$450 \, J/kg \, K$
σ_B	$5.67 \times 10^{-8} \, J/m^2 \, s \, K^4$
ε	1

(a) 모든 응고 잠열과 냉각 열은 열 복사에 의하여 전달된다고 가정한다. 이 점이 합리적인 가정인지 아닌지를 판정해 보라.

힌트 A121

(b) 선재가 8.0 m/s의 속도로 이동할 때, 선재의 금속 공학적 길이, 즉 완전히 응고가 일어나는 데 필요한 거리를 계산하라.

힌트 A130

(c) 직경 100 μm 선재의 냉각 속도를 계산하라.

힌트 A307

(d) 공정이 성공적이기 위하여 즉 제조한 선재의 두께 (또는 반지름)가 균일하게 되기 위하여 우세할 것으로 예상되는 변수는 무엇인가?

힌트 A94

주조 속도는 선재 반경의 함수인 선재의 응고 시간에 따라 달라진다.

(e) 냉각은 완전히 복사에 의하여 일어나고 용탕의 과열 온도는 작다고 가정할 때 반경의 함수로서 순철 선재에 대한 응고 시간을 계산하라. 함수를 그래프로 나타내보라.

힌트 A240

표에 있는 재료 상수와 그 외 자료를 쓸 수 있다. 주의의 온도는 300 K이다.

6 주조재의 조직과 조직 형성
Structure and Structure Formation in Cast Materials

6.1 머리말

6.1.1 주조재의 조직

금속은 결정질 재료로서 규칙적인 구조를 가진다. 결정의 형상과 크기는 다양하며, 또한 재료에 따라서 결정의 구조가 달라진다.

결정 구조는 금속 재료 특성의 대부분을 결정하므로 금속의 조직을 상세하게 연구하거나 조직과 재료 물성 사이의 관계를 규명할 때에 아주 중요하다. 금속의 조직은 조직 형성 과정에 의해 결정된다.

어떤 특성을 갖는 금속 재료를 생산하기 위해서는, 여러 공정 변수들과 조직 형성 방법 사이의 관계를 이해함으로써 조직과 물성을 효율적으로 제어하는 방법을 찾아야 한다.

금속과 합금 부품은 종종 주조를 통해서 생산되며, 잉곳과 다른 주물들의 물성치는 상당 부분 주조법, 주조 온도, 응고 속도 또는 냉각 과정과 같은 공정 변수와 응고 방법에 의해서 결정된다.

냉각 속도는 금속 조직의 조대화를 결정한다. 열전도 방정식과 조직의 조대화를 표현하는 관계들을 조합함으로써, 각 주조 공정에서 조직의 형성을 수학적으로 분석하는 것이 가능하다. 이 분석을 통해서 예를 들어 잉곳이나 연속 주조 제품의 물성치 예측이 이루어진다. 역으로는 주조 공정을 제어하고 주조 결함을 최소로 줄이는 데 이 분석을 사용할 수 있다.

이 장에서는 다양한 주조 공정에서의 조직과 형성 그리고 이들과 관련된 응고 공정 간의 관계, 주조 조직의 핵 생성, 외양, 형성에 대해 다루고자 한다. 또한 소재가 필요로 하는 특성을 가지도록 주조 공정의 제어 가능성도 다룰 것이다.

6.2 주조재의 조직 형성

6.2.1 핵 생성

용융 금속에서 결정의 형성에 필요한 조건은 용융 금속의 과냉, 즉 용융 금속의 온도가 용융점 T_M 또는 액상선 온도 T_L보다 낮은 것이다.

용융 금속의 원자나 이온 간에는 인력이 작용하는데 원자 간에 서로 자유롭게 움직일 수 있을 정도로 인력이 약하고 결합 에너지가 낮다. 고체 결정질 상에서 원자나 이온 간에 작용하는 힘은 액상에서 작용하는 힘보다 강하다. 원자나 이온은 결정 격자 내에 배열되며 평형 위치에서 진동 형태로 작은 편차만을 만들 수 있다. 격자 원자의 결합 에너지는 액체 원자 간의 결합 에너지보다 높다.

모든 응고는 용융 금속 내의 여러 지역에서 소위 핵이 생성됨으로써 시작되며 이 핵에서 결정이 성장한다. 균일 핵 생성과 불균일 핵 생성에는 차이가 있다. 이종 핵 생성은 용융 금속이나 표면에 있는 이질 입자가 고상의 후속 성장에 있어서 핵으로 작용한다는 것을 의미한다. 본 과정은 자발적으로 일어나지만 적절한 조치가 취해지면 제어가 될 수 있고 응고된 소재에 필요한 조직을 형성할 수 있게 한다.

용융 순금속에서의 균일 핵 생성

용융 금속의 동적 움직임으로 인해 원자 사이에서 끊임없는 충돌이 발생한다. 결정질 방식으로 정렬되고 몇 가지 원자로 구성된 배아라고 불리는 입자들이 자발적으로 그리고 무작위로 발생한다. 배아와 용융 금속 간에는 원자의 교환이 지속적으로 이루어진다. 많은 경우에 배아는 분해되어 사라진다.

동적 움직임이 그렇게 격렬하지 않으면, 즉 온도가 용융점보다 낮으면 때로는 원자 간의 인력이 강해서 일부 배아가 용융 금속 안에서 '생존'할 수 있다. 배아가 일정한 최소 임계 크기에 도달하면 결정으로서 지속적으로 성장한다.

지속적인 성장을 위한 임계 크기에 비해 큰 배아를 **핵**(nuclei)이라고 부르며, 배아가 용융 금속으로부터 원자를 무작위로 추가함으로써 연속적으로 커짐에 따라 핵이 형성된다. 위의 설명으로부터 결론을 내릴 수 있는 것처럼 배아는 용융 금속에 비해 더 높은 자유 에너지를 갖는다. 이 초과 자유 에너지 $-\Delta G_i$를 아래처럼 표기할 수 있다.

$$-\Delta G_i = \left[\frac{V(-\Delta G_m)}{V_m}\right] + \sigma A \tag{6.1}$$

여기에서

$-\Delta G_i = V$ 부피와 A 면적을 가지는 배아를 성형하는 데 필요한 자유 에너지

$-\Delta G_m = $ 용융 금속이 고상으로 변태할 때 kmole당 자유 에너지의 변화

$V_m = $ 몰부피 $= M/\rho$ (m³/kmole)

$\sigma = $ 배아의 단위 면적당 표면 에너지

구상핵의 경우,
$$V = \frac{4\pi r^3}{3} = \frac{4\pi r^2 \times r}{3} = \frac{A \times r}{3}$$
이다.

표면 에너지는 배아와 용융 금속계면에 작용하는 표면장력에 의해 발생하는데, 이들을 통해 배아가 서로 모이고 면적을 최소화시킨다.

함수 $(-\Delta G_i)$(그림 6.1의 곡선)에 대해 일반적인 최대−최솟값 계산을 함으로써 성장할 수 있는 핵의 임계 크기 r^*과 이런 핵의 형성에 필요한 에너지$(-\Delta G^*)$를 얻는다. 여기에서 계산을 수행하지 않겠지만 최종 결과는 다음과 같다.

$$-\Delta G^* = \frac{16\pi}{3} \times \frac{\sigma^3 V_m^2}{(-\Delta G_m)^2} \tag{6.2}$$

여기에서 $-\Delta G^*$는 임계 크기가 r^*인 핵의 형성을 위한 활성화 에너지이다.

추가 성장이 가능한 핵의 형성을 위해서는 배아의 크기가 최소한 임계 크기 r^*는 되어야 한다.

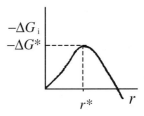

그림 6.1 핵 반경에 따른 배아 형성에 필요한 자유 에너지.

융해열과 온도 또는 성분 차이에 대한 $(-\Delta G_m)$의 식을 알아낼 수 있으면 새로운 결정의 형성을 이해할 수 있다. 순금속의 경우에는 용융 금속의 몰 자유 에너지와 몰 융해열 간에 단순한 관계가 존재하는 데, 용융 금속의 온도 및 용융점 온도를 포함한다.

$$-\Delta G_m = \frac{(T_M - T)}{T_M}(-\Delta H_m^{fusion}) \tag{6.3}$$

여기에서

$-\Delta G_{\mathrm{m}}$ = 용융 금속이 고상으로 변태할 때 kmole당 자유 에너지의 변화

$-\Delta H_{\mathrm{m}}^{\mathrm{fusion}}$ = 금속의 몰 용해열

T_{M} = 순금속의 용융점 온도

T = 용융 금속의 온도

$T_{\mathrm{M}} - T$ = 과냉

합금은 명확하게 잘 정의된 용융점 대신에 응고 구간을 가지고 있기 때문에 식 (6.3)이 유효하지 않다. 합금의 상태도 가 포함돼야 하는데 그림 6.2에 있는 간단한 상태도는 과냉과 과 포화 간의 관계를 설명해 준다. 과포화는 과냉을 대신해서 합금의 $-\Delta G_{\mathrm{m}}$을 설명해 주는 대체 변수이며 이에 대해서는 다음 절에서 다루고자 한다.

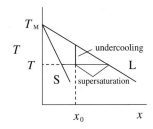

그림 6.2 이원 합금의 상태도.

식 (6.2)와 (6.3)은 순수 용융 금속에서 핵이 생성되는 *시점*과 온도에 대한 어떤 정보도 제공하지 않는다. 하지만 볼츠만의 통계 역학과 성장 및 비수축 과정을 거쳐 다시 배아가 되는 핵의 역할을 설명해 주는 법칙을 조합함으로써 다음의 내용을 유도하는 것이 가능하다.

- 단위 부피당 핵의 수
- 단위 부피와 단위 시간당 형성되는 핵의 수
- 임계 크기의 핵 형성에 필요한 평균 활성화 에너지

이 계산에 의하면 단위 부피당 많은 수의 핵이 어떤 임계 온도 T^*에서 만들어진다는 것을 알 수 있다. 이 온도에서 핵 생성에 필요한 평균 활성화 에너지는 다음과 같이 계산된다.

$$-\Delta G^* = 60\,k_B T^* \tag{6.4}$$

여기에서 k_B는 볼츠만 상수이다. 임계 온도에서 적용된(T는 T^*로 대체된다) 식 (6.3)을 (6.2)와 식 (6.4)와 결합하면 다수의 핵이 성형될 때의 임계 온도 T^*를 알 수 있다. 몰 자유 변태

에너지 $-\Delta G_{\mathrm{m}}$을 제거하면 다음의 식이 주어진다.

$$60\,kT^* = \frac{16\pi}{3} \times \frac{\sigma^3 V_{\mathrm{m}}^2}{\left(\dfrac{(T_{\mathrm{M}} - T^*)}{T_{\mathrm{M}}}\left(-\Delta H_{\mathrm{m}}^{\mathrm{fusion}}\right)\right)^2} \tag{6.5}$$

이 방정식의 해를 통해 임계 온도 T^*가 주어진다.

임계 온도 *아래*에서는 단위 부피와 단위 시간당 매우 적은 핵이 만들어지고, 이 온도 *이상*에서는 단위 시간당 많은 수의 핵이 만들어진다. 임계 온도는 또한 **핵 생성 온도**(nucleation temperature)라고 불리며 과냉 ($T_{\mathrm{M}} - T$)은 응고의 구동력이다. 용융 순금속의 온도 T가 낮을수록 핵 생성 과정은 빨라지게 된다.

이종 성분이 적을 때 용융 금속에서 불균일 핵 생성

식 (6.5)를 이용해서 핵 생성 온도 T^*를 계산하면, 이 값이 용융점보다 훨씬 낮다는 것을 알게 된다. 절대적으로 순수한 용융 금속에서 핵을 생성하려면 아주 큰 과냉이 필요하다. 이렇게 큰 과냉은 통상적인 주조와 응고 과정에서는 매우 비현실적이다. 실제적으로는 상당히 높은 온도, 즉 계산 결과보다 훨씬 낮은 과냉에서 핵이 생성된다. 이는 '순'금속조차도 핵 생성 온도에 강력한 영향을 미치는 적은 양의 이종 성분을 포함한다는 것을 뜻한다.

핵 생성은 용융 금속 내에 석출되어 불균일성이라고 불리는 이종 입자 또는 결정 위에 일어난다. 이런 작은 불균일성에서 결정이 만들어질 때에, 새로운 결정의 형성에 필요한 에너지가 불균일성의 표면 에너지로부터 공급된다. 따라서 식 (6.1)의 우변에 있는 마지막 항이 감소하게 된다. 순금속에 대해 유사한 계산을 하면 불균일성이 있을 때의 임계 온도 T^*는 순금속의 경우보다 훨씬 더 높아진다는 것을 알게 된다.

이 작은 이종 입자는 종종 균일하게 응집한다. 쉽게 용해되지 않는 이종 성분을 포함하는 용융 금속은 그림 6.3과 같은 2

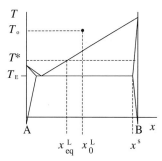

그림 6.3 잘 용해되지 않는 저농도 이종 성분 B를 포함하고 있는 금속의 상태도.

상계 상 태도를 구성한다.

핵 생성 온도 T^*에서 100% B 성분과 거의 동일한 x^s의 조성을 가진 작은 결정이 석출되며, 이 작은 결정들은 연속적으로 냉각이 진행되는 동안 다소 성장한다.

용해도가 매우 낮은 성분이 용융 금속에 있을 경우에, 핵 생성(응고) 시 용융 금속의 몰 자유 에너지 변화 간 관계식은 아래와 같다.

$$-\Delta G_m = RT^* \ln\left(\frac{x_0^L}{x_{eq}^L}\right) \qquad (6.6)$$

여기에서 x_{eq}^L = 온도 T^*에서 용융 금속 내의 이종 성분의 평형 농도(몰분율), x_0^L = 용융 금속 내의 이종 성분의 원래 농도(몰분율)이다. 이 경우에 식 (6.2), (6.4)와 (6.6)을 결합함으로써 임계 온도 T^*를 구할 수 있다. $-\Delta G_m$을 소거하면 다음의 식이 주어진다.

$$60\, k_B T^* = \frac{16\pi}{3} \times \frac{\sigma^3 V_m^2}{\left(RT^* \ln \frac{x_0^L}{x_{eq}^L}\right)^2} \qquad (6.7)$$

이 식의 해는 임계 온도 T^*를 제공하는데 이는 용융 순금속의 임계 온도에 비해 훨씬 높으며 낮은 과냉에 해당된다. 이 온도는 정상적인 주조 및 응고 과정에서 새로운 결정이 쉽게 형성될 수 있을 정도로 충분히 낮다.

6.2.2 접종

식 (6.7)을 사용해서 계산해 보면 불균일성이 형성되는 데 필요한 용융 금속 내의 이종 성분의 농도는 매우 낮다. 이 사실은 응고 과정을 시작하기 위한 소위 금속의 접종에 사용된다. 소량의 성분이 용융 금속에 추가되면 균일 핵 생성에 의해 작은 결정이 만들어진다. 이 결정들이 불균일성이 되어 새로운 결정이 여기에서 핵 생성된다. 이런 메커니즘을 **불균일 핵 생성**(heterogeneous nucleation)이라고 부른다.

주조재의 특성은 형성되는 결정의 수를 증가시킴으로써 개선된다. 그러므로 응고의 공정 기술을 사용하여 결정의 수를 증가시키는 것이 커다란 관심 사항이다. 많은 작은 결정을 얻기 위해서 알루미늄 주조 시 접종이 자주 적용되는데, 이는 주조 후의 소성 가공 시 불량 조직의 형성을 막아준다(어떤 결정학적 방향에서의 불량 소성 변형). 또한 백주철로 응고되는 위험성을 줄이기 위해서 주철의 주조에도 접종이 사용된다(151

쪽). 또한 많은 주조 공정에서 결정의 수의 증가는 1개의 결정이 2개 이상의 새로운 결정으로 분할될 때, 즉 소위 결정 증식을 통해서 일어나는데 6.3.3절에서 이 현상을 다룬다.

용융 금속의 불균일성 위에 핵이 생성될 때에는 특정한 핵 생성 온도를 정의하는 것은 어렵다. 대신에 이는 실험적인 관찰을 기반으로 해야 한다. 많은 경우에 액상선 온도 T_L과 용융 금속의 온도 T 간의 차이인 과냉($\Delta T = T_L - T$)과 단위 부피당 핵 생성된 작은 결정의 수 N 사이의 관계는 다음과 같다는 것이 알려졌다.

$$N = A(T_L - T)^B = A(\Delta T)^B \qquad (6.8)$$

A와 B는 실험을 통해 결정되는 상수이다.

예제 6.1

금속의 접종 과정에서 합금 성분이 용융 금속에 첨가된다. 이에 대한 예로써 약 2.3 at-% C의 용융 강에 FeTi를 첨가하는 것이 있다. FeTi가 첨가되면 TiC가 석출된다.

FeTi가 추가될 때에 C원자가 FeTi 결정립을 향해서 안쪽으로 확산하여 들어가는 동안에(밑줄은 용융 금속에 용해된 원자를 의미) Ti 원자가 용융 금속 속으로 확산된다. 이 과정으로 인하여 발생하는 농도 분포를 아래 그림에 나타내었다. C 및 Ti 농도의 용해도적은 평형상태에서 일정하며, 이 용해도적은 그림 내에 직선으로 표시되어 있다.

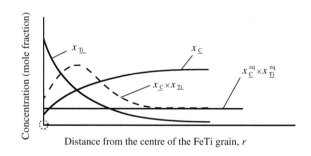

주어진 온도 1500°C에서 TiC의 용해도적은 $x_{Ti}^{eq} x_C^{eq} = 5.2 \times 10^{-6}$ (몰분율)^{2}이며 다른 데이터는 표준 참고 표에서 가져와야 한다.

(a) 원하는 접종 효과를 제공하기 위해 도달해야 하는 FeTi (at-%)의 농도를 계산하라.

(b) Ti와 C 농도의 용해도적은 그림에서 점선으로 표시되어

있으며 결정립에서의 거리에 따라 크게 변한다. 이것이 일정하지 않은 이유는 무엇이며 $x_{Ti}^{eq}\,x_{C}^{eq}$의 용해도적과 동일한 이유는 무엇인가?

풀이

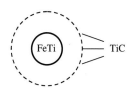

석출에 대한 개략적인 설명을 나타낸 그림이다. FeTi의 각 결정립은 용융 금속에서 불균일성으로 작용하는 많은 분산 TiC 입자를 제공한다. 그러므로 FeTi는 효과적인 접종제로 작용한다. 또한 TiC는 용융 금속 내의 C의 용해도를 낮춘다.

데이터

$R = 8.31 \times 10^3 \, \text{J/kmole K}$
$T = 1500 + 273 = 1773 \, \text{K}$
$V_m = 8 \times 10^{-3} \, \text{m}^3/\text{kmole}$
$\sigma = 0.5 \, \text{J/m}^2$
$k_B = 1.38 \times 10^{-23} \, \text{J/K}$
$x_C^o = 2.3 \, \text{at-\%}$ (at-% = mole fraction × 100)
$x_{Ti}^{eq}x_C^{eq} = 5.2 \times 10^{-6}$ (mole fraction)^2

식 (6.4)와 식 (6.6)을 조합하여 적용하고 $T^* = T$임을 가정하면 다음의 식을 얻게 된다.

$$-\Delta G^* = 60\,k_B T^* = \frac{16\pi}{3} \times \frac{\sigma^3 V_m^2}{(-\Delta G_m)^2} \qquad (1')$$

여기에서 C와 Ti는 모두 합금 성분이기 때문에 아래의 식이 주어진다.

$$-\Delta G_m = RT^* \ln \frac{x_{Ti}x_C}{x_{Ti}^{eq}x_C^{eq}} \qquad (2')$$

식 (2')를 식 (1')에 대입하고 x_{Ti}에 대한 해를 구하면 다음과 같다.

$$x_{Ti} = \left(\frac{x_{Ti}^{eq}x_C^{eq}}{x_C}\right)\exp\left(\frac{1}{RT^*}\sqrt{\frac{16\pi\sigma^3 V_m^2}{3\times 60\,k_B T^*}}\right) = \left(\frac{x_{Ti}^{eq}x_C^{eq}}{x_C}\right)\exp(0.648) \qquad (3')$$

주어진 데이터를 대입하면 $x_{Ti} = 4.36 \times 10^{-4}$의 몰분율이 얻어진다.

답

(a) 용융 금속에서 초기 Ti의 농도가 0.044 at-%가 되도록 FeTi를 첨가해야 한다.

(b) 첨가된 FeTi 입자의 표면에서 소량의 TiC 결정이 일차적으로 핵을 형성한 후에 이곳에 자리 잡게 되며, C와 Ti 원자가 안쪽과 바깥쪽으로 각각 확산된다. 점선과 평형선 간의 차이는 TiC의 과포화가 발생하였다는 것을 나타내며, TiC의 핵이 생성되기에는 FeTi 입자 근처에서의 과포화가 너무 낮기 때문에 초기에는 FeTi 입자 근처에 과포화 구역이 없다는 점을 본문의 그림으로부터 알 수 있다.

원자가 확산되면 시간이 지남에 따라 FeTi 입자의 근처에서 C의 농도는 증가하고 Ti는 감소한다. $x_C x_{Ti}$ 적은 증가하여 용해도적을 넘어선다. 따라서 구동력이 발달되고 FeTi 입자 근처에서 작은 TiC 결정의 구형 셀이 만들어진다.

질문 (b)에 대한 답은 확산을 통해 시스템이 평형 상태가 아니라는 것을 보여준다는 것이다. 모든 FeTi 입자가 용해되면 평형이 만들어진다.

6.3 수지상정의 조직과 성장

수지상정 조직

조직은 금속의 물성치에 매우 중요하기 때문에 과학자들은 오랫동안 조직에 대한 연구에 관심을 두어왔다. 잉곳의 조직이 갖고 있는 가장 분명한 특징은 결정의 크기와 형상이다. 프랑스의 과학자인 **그리뇽**(Grignon)은 이미 18세기에 자세한 연구를 진행하였으며, 주철이 응고될 때에 가지가 있는 침상 결정이 형성되는 것을 발견하였다. 여러 가지 요소가 주조 조직에 미치는 영향을 파악하기 위하여 수많은 최근 조사가 이루어졌다.

18세기에 발견되었던 침상 결정을 오늘날에는 **수지상정**(dendrite)이라고 부른다. 기술적으로 가장 관심이 쏠리는 합금은 수지상정의 1차 석출에 의해 응고된다.

그림 6.4는 수지상정을 보여주고 있으며, 결정 응집체는 특정한 결정의 방향으로 성장하는 경향이 있기 때문에 이러한 결정 응집체가 만들어지게 된다. 결정의 핵에서 수지상정의 선단이 성장하여 본 **가지**(branch) 또는 **1차 가지**(arm)를 형성한다. 이 선단의 바로 뒤에는 측면 팔 또는 2차 수지상정 가지

가 형성된다. 입방체 조직을 갖고 있는 금속의 경우 2차 팔은 통상 서로 수직하고 있는 2개의 면에 자리를 잡는다. 측면 가지는 서로 수직이며 본 가지에도 수직이다. 측면 가지는 성장 중인 선단의 뒤쪽에서 연이어 형성되는데 이런 이유 때문에 각각의 길이가 달라지고 가장 오래된 가지의 길이가 가장 길다.

그림 6.4   1차 및 2차 수지상정 가지를 갖고 있는 수지상정 결정 응집체의 다이어그램. 그림에서 명확하게 알 수 있듯이 2차 가지에서 3차 수지상정 가지가 성장한다. Scandinavian Journal of Metalurgy, Blackwell Publishing의 허락을 얻어 인용함.

6.3.1 수지상정 가지 간격과 성장률 간의 관계

2차 수지상정 가지 간격은 일정하지 않으며 방향성 응고와 성장이 잉곳의 중앙을 향하면서 냉각 표면으로부터의 거리에 따라 가지 간격이 증가하는 것으로 밝혀졌다. 2차 또는 1차 수지상정 가지 간격 λ_{den}와 성장률 v_{growth} 사이에는 다음의 관계가 유효하다는 것이 실험과 이론 모두를 통해서 밝혀졌다.

$$v_{growth}\lambda_{den}^2 = \text{const} \tag{6.9}$$

수지상정 가지 간격은 또한 다른 많은 요소에 따라 달라지는데, 여기에는 합금의 성분과 상태도가 포함되며 이 요소들은 식 (6.9)에 있는 상수의 값에 영향을 미친다.

대부분의 실험 조사에서 수지상정 가지 간격과 총 응고 시간 θ와 같은 몇 가지 다른 실험 변수 간의 관계는 다음과 같이 보고되었다.

$$\lambda_{den} = K\theta^n \tag{6.10}$$

여기에서 K와 n은 상수이며 n은 강 합금의 유형에 따라 1/3과 1/2 사이의 값을 갖는다. 그림 6.5는 현미경으로 측정한 1차 및 2차 수지상정 가지 간격을 용융 금속의 냉각 속도의 함수로서 나타낸 저탄소 합금의 조사 결과이다.

수지상정 가지의 네트워크가 형성되면 팔 사이에는 잔여 용융 금속이 존재하며, 온도가 지속적으로 감소하는 동안에 수지상정 가지 위에 고상이 석출함에 따라 이 용융 금속은 응고된다. 합금의 고상과 용융 금속은 조성이 다르다. 응고 도중에 용융 금속에는 합금 성분이 연속적으로 부화되며 따라서 마지막으로 응고되는 용융 금속 내의 합금 성분의 농도는 초기단계에서 응고된 고상의 농도에 비해 더 높다. 이 현상을 **미세편석**(microsegregation)이라고 부르며 7장에서 다룰 예정이다.

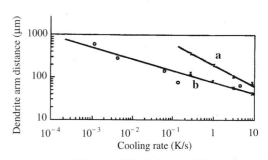

그림 6.5   25% Ni 합금강에 대한 냉각 속도의 함수로서 1차 및 2차 수지상정 가지 간격. (a) 1차 수지상정 가지 (b) 2차 수지상정 가지. 성장과 냉각 속도는 비례한다. Merton C. Flemings의 허락을 얻어 인용함.

6.3.2 성장률과 과냉 간의 관계

우리는 6.2.1절에서 핵의 형성 조건은 용융 금속이 자체의 용융점에 비해 더 낮은 온도를 갖는 것, 즉 용융 금속이 과냉되는 것임을 지적하였다. 수지상정 선단이 성장하기 위한 필수적인 다른 조건은 용융 금속의 과냉이다. 더불어, 응고열은 응고 전단부로부터 멀리 전달되어야 한다. 만일 이 마지막 조건이 만족되지 않으면 응고 과정은 멈추게 된다. 응고 전단부로부터의 열 유속이 성장률을 결정하며 과냉이 클수록 성장률도 커지게 된다. 대부분의 경우에 수지상정 선단의 성장률과 용융 금속의 과냉 간에 다음의 단순한 관계가 성립한다.

$$v_{growth} = \mu(T_L - T)^n \tag{6.11}$$

여기에서 T_L = 용융 금속의 액상선 온도, T = 응고 전단부에서 용융 금속의 온도이다. μ와 n은 상수이며, n은 보통 1과 2 사이의 값을 갖는다.

6.3.3 결정 증식

6.2.2절에서 접종을 결정의 형성 촉진법으로 취급하였다. 제2의 방안을 **결정 증식**(crystal multiplication)이라고 부른다. 이것은 일부의 수지상정 조각이 용융 금속 안으로 이동하여

새로운 결정의 핵으로 작용한다는 것을 의미한다. 결정 증식이 자연 발생하는 다른 메커니즘이 제시되었는데, 그중의 하나는 수지상정 조각이 성장하는 수지상정 선단으로부터 기계적인 힘만으로, 예를 들면 용융 금속 내의 자연 대류의 영향으로 인해서 떨어져 나가는 것이다. 이런 과정의 사례로는 백주철에서 시멘타이트의 빗자루 구조(151쪽), 실루민에서 실리콘에 발생하는 현상(148~149쪽) 및 알루미늄에서 발생하는 깃털 결정의 성장이 있다.

결정 증식의 이런 기계적 메커니즘을 여러 가지 방법으로 의도적으로 사용할 수 있다. 초음파 처리를 통해 많은 소재를 미세 결정립으로 응고시킬 수 있다는 것이 밝혀졌다. 최대한의 효과를 얻으려면 분쇄된 파편이 용융 금속 안으로 효과적으로 들어가도록 초음파 처리를 격렬한 대류와 결합하는 것이 필요하며, 이 방법은 알루미늄 합금과 스테인리스강 양쪽 모두에 성공적이었다.

또한 회전 자기장은 용융된 자성 금속에서 미세 결정립 조직을 생성하는 효과적인 방법이라는 것도 입증되었다. 전자기장은 잉곳 주위에 원 형태로 가해진다. 자성 코일의 교류에 적절한 주파수를 가함으로써 용융 금속이 자기장과 함께 회전하게 할 수 있으며, 자기장의 방향을 주기적으로 바꿈으로서 미세결정립 조직을 증가시킬 수 있다. 용융 금속이 강제로 회전하면, 수지상정 가지를 파괴하고 이를 용융 금속 안으로 이동시키기에 충분한 전단력이 수지상정 가지에서 발생한다. 이 방법은 정적 주조 및 연속 주조 양쪽 모두에 성공적으로 적용되었다.

결정 증식의 두 번째 메커니즘은 *수지상정 가지의 용융분리의 원리*를 기반으로 하며 파파페트루(Papapetrou)가 1930년대에 이 방법을 도입했다. 그는 특정 수지상정 가지가 표면장력의 영향으로 용융 분리되는 것을 발견했는데, 이는 표면장력으로 인해 고/액계면 내부에서 용융 금속의 과잉압이 발생하기 때문이며, 과잉압은 곡률반경에 반비례한다. 이 과잉압은 압력에 비례해서 용융점의 저하를 발생시키며 작은 액적의 표면장력으로 인해 발생하는 과잉압은 큰 액적에서 발생하는 압력보다 크다(그림 6.6).

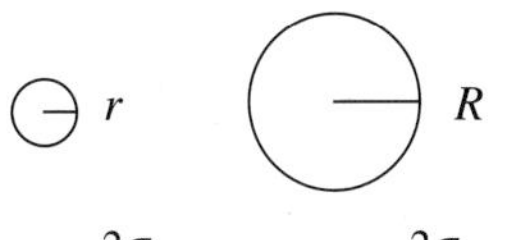

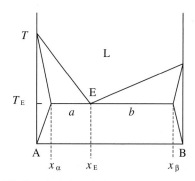

$$\Delta p_1 = \frac{2\sigma}{r} \qquad \Delta p_2 = \frac{2\sigma}{R}$$

$$\Delta p_1 > \Delta p_2$$

그림 6.6 기공 반경에 따른 기공 압력.

2차 수지상정 가지는 항상 뿌리에서 가장 가늘고 곡률 반경이 가장 작으며 과잉압은 가장 크다. 그러므로 수지상정 가지는 주로 뿌리 부분에서 녹아서 분리된다(그림 6.7). 이 현상이 발생하면 떨어진 수지상정 파편은 대류에 의해 용융 금속 안으로 분산되어 새로운 결정의 핵으로 작용한다.

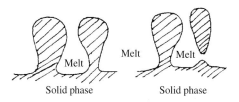

그림 6.7 수지상정 가지의 용융 분리.

실제로 응고 과정에서 온도를 올리는 매우 직접적인 방법으로 용융분리법을 실현할 수 있다. 용융 금속 내의 대류에 의해 이것이 진행될 수 있는데, 성장 중인 결정 쪽으로 뜨거운 액상의 흐름을 유도할 수도 있다. 필요한 온도 상승을 위한 가장 간편한 방법은 응고가 진행되는 도중에 뜨거운 용융 금속을 추가하는 것이다.

6.4 공정 조직과 공정 성장

6.3절에서는 수지상정 응고를 다루었다. 20세기 후반에 공정 합금이 복합 소재로 사용되었는데, 가장 흔하게 사용되는 두 가지 주조 합금은 실루민과 주철로서 공정 합금이다. 그러므로 이런 합금에 우수한 물성치를 제공하기 위하여, 공정의 응고 과정과 응고 과정이 이런 유형의 합금의 조직에 미치는 영향을 이해하는 것이 중요하다.

공정 합금은 이원계 상태도에서 공정점에 해당하는 성분을 가지는 이원 합금이다.

공정 반응 – 공정 합금
그림 6.8은 이원 합금에 대한 간단한 상태도이다.

그림 6.8 이원 합금의 상태도 개략도.

공정 성분을 갖고 있는 용융 금속에서 온도가 감소하면, 공정 온도 T_E에 도달하기 전까지는 고상이 생성되지 않는다. 이 합금은 x_α 및 x_β의 조성을 갖는 2개 고상이 일정한 비율로 석출함으로써 응고된다.

$$\frac{N_A}{N_B} = \frac{b/(a+b)}{a/(a+b)} = \frac{b}{a} \tag{6.12}$$

이 일정한 비율은 고상의 일정한 화학 조성에 상응하며, 이런 이유 때문에 이 응고 과정을 **공정 반응**(eutectic reaction)이라고 부른다. 전체 응고 과정이 진행되는 동안 온도는 T_E 근처에서 일정하게 유지되며, 용융 금속이 모두 응고되고 나면 지속적으로 온도가 내려간다.

공정 합금에는 어떠한 미세편석도 없으며 그림 6.9는 공정 응고 시의 전형적인 온도-시간 곡선을 보여준다.

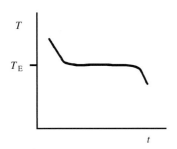

그림 6.9 냉각과 응고 과정에서 이원 공정 합금의 온도-시간 곡선.

정상적인 공정 조직

공정 합금의 조직은 다수의 다른 형태를 나타내며 주된 유형을 표 6.1에 나타내었다. 각 상의 성장 메커니즘에 따라서 동일한 하나의 합금 내에서 여러 형태가 발생할 수 있으며, 상간 계면에서의 상태가 조직을 결정하는 주된 요인이다. 따라서 상의 성장이 분류에 있어서 기본이 된다.

표 6.1 공정 조직

명칭	설명
층상 공정 조직	2개의 고상이 별도의 평면층에 결합되어 있다.
봉상 공정 조직	상들 중 1개의 상이 막대 형태로 석출되어 다른 상에 의해 둘러싸여 있다.
나선형 공정 조직	상들 중 1개의 상이 나선 형태로 석출되어 다른 상에 의해 둘러싸여 있다.
편상 공정 조직	상들 중 1개의 상이 판으로 서로 분리되어 석출되며 다른 상에 의해 둘러싸여 있다.
구상 공정 조직	상들 중 1개의 상이 구형 입자로 석출되어 다른 상에 의해 둘러싸여 있다.

퇴행(degenerated) 공정 반응의 경우에는 2개 상 중에서 1개 상이 나머지 1개 상보다 더 빠르게 성장한다. 정상 공정 반응에 있어서는 2개 상 모두 같은 성장률을 유지하면서 서로 긴밀하게 협동 성장한다. 이것이 정상적인 공정 조직의 정의이며 이 경우에 대한 추가 논의는 다음으로 미룬다.

공정 합금의 미세조직은 다수의 다른 형태를 띠고 있고 그림 6.10과 그림 6.11에 몇 가지 예제를 나타내었다. 이 주제에 대한 추가적인 논의는 다음에 진행하고자 한다. 몇몇 주조 공정 도중에 2개 상이 형성될 때에 성장은 중심으로부터 방사상으로 진행된다[그림 6.10 (a)]. 이때에 이 중심을 공정 셀 또는 단지 셀이라고 부르며 이들이 서로 만나서 전체 용융 체적을 채울 때까지 방사상으로 성장한다.

층상 공정 조직

그림 6.12 (a)처럼 양쪽 석출상이 나란히 성장할 때에 층상 조직이 만들어진다. α-층이 성장하는 동안에 α층의 응고 전단부 앞의 용융 금속에 B 원자가 점점 농축된다. 마찬가지로 A 원자는 β 층의 응고 전단부 앞에 농축되며 이로 인해 그림 6.12 (b)에 나와 있는 대로 A와 B 원자의 확산이 일어난다.

α상, β상과 용융 금속이 만나는 선을 따라 형성되는 3상의 평형은 평면이 아니고 곡면이 된다는 것을 알 수 있다. 층상

그림 6.10 (a) 중심에서부터 방사상으로 성장하여 셀을 형성하는 흑연 결정.

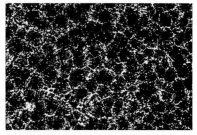

그림 6.10 (b) 그림 6.10 (a)에 나타낸 형태의 셀 다수로 형성된 공정 거시 조직. Pergamon Press, Elsevier Science의 허락을 얻어 인용함.

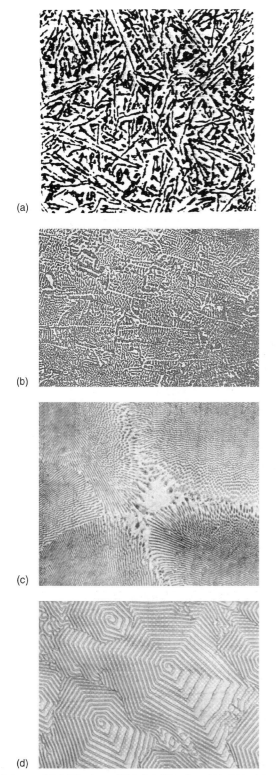

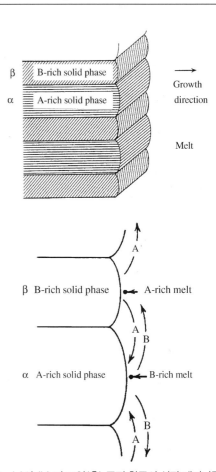

그림 6.12 (a)와 (b) 판 모양(층) 공정 합금의 성장 메커니즘. Robert E. Krieger Publishing Co., John Wiley & Sons, Inc.의 허락을 얻어 인용함.

공정 조직의 형성은 α상과 β상의 표면장력 조건과 연계된다.

6.4.1 층간 간격과 성장률 간의 관계

인접하는 2개 층 간의 거리를 λ_{eut}이라고 부르며 수지상정의 성장에 유효한 관계와 유사하게 층간 간격 λ_{eut}과 공정 구(층의 덩어리)의 성장률 v_{growth} 간의 관계는 대부분의 경우 다음 식으로 표현된다.

$$v_{growth}\lambda_{eut}^2 = \text{const} \tag{6.13}$$

성장이 늦을 때에는 조직이 조대해지며(큰 λ_{eut}) 성장이 빠르면 미세해진다(작은 λ_{eut}). 조직이 미세할수록 소재의 기계적 성질이 우수하다.

6.4.2 성장률과 과냉 간의 관계

공정 성장의 경우에 성장률 v_{growth}과 과냉 간에 다음 식이 존재하며, 수지상정 성장에도 유효한 식이다.

그림 6.11 (a) 공정 Al–Si 합금에서 알루미늄 기지 내의 디스크 형상의 Si판. (b) 공정 Bi–Sn 합금에서의 '중국 한자'형 조직. (c) 0.1% Sn을 함유한 공정 Pb–Cd 합금에서 층과 봉의 혼합 조직. (d) 공정 Zn–Mg 합금에서의 나선형 조직.

$$v_{\text{growth}} = \mu(T_E - T)^n \qquad (6.14)$$

여기에서 T_E = 용융 금속의 공정 온도, T = 응고 전단부에서 용융 금속의 온도, μ와 n은 상수.

공정 합금의 구체적인 사례로서 실루민과 주철에 대해 다루고자 한다. 두 가지 금속 모두 기술적으로 중요도가 크고 주조 산업에서 광범위하게 사용되고 있다.

6.4.3 실루민과 주철의 공정 조직

실루민의 공정 조직
엔진 블록과 같은 다양한 상업용 주물 제품의 생산에 알루미늄–실리콘 합금이 폭넓게 사용된다. 특히 공정 Al–Si 합금 실루민은 기술적으로 매우 중요하다.

그림 6.13은 Al–Si계의 상태도이며 12.6 wt-% Si에서 공정점을 가진다. 공정 온도는 577°C이며 알루미늄상은 최대 1.65 wt-% Si를 고용하는 반면에 실리콘 내의 알루미늄 고용도는 매우 낮아서 무시할 수 있다.

그림 6.14 (a)는 비교적 낮은 냉각 속도에서 형성된 공정 Al–Si 합금의 전형적인 미세조직이다. 이 조직은 알루미늄상 기지에 파묻혀 있는 비교적 조대한 Si 판으로 구성된다.

이 판은 종종 빗자루를 닮은 형상을 갖게 된다는 것을 그림 6.14 (a)에서 알 수 있는데, 디스크 형상과 편상의 Si 결정이 응고 전단부에서 쉽게 부서지고 결과적으로 결정 증식으로 이

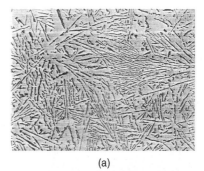

(a)

(b)

그림 6.14   (a) 개량 처리되지 않은 공정 실루민의 조직. (b) 개량 처리된 공정 실루민의 조직.

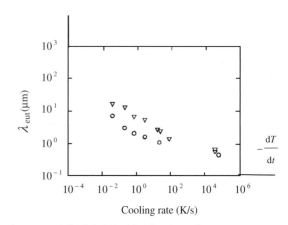

그림 6.15   개량 처리되지 않은 실루민(▽)과 250 ppm Sr으로 개량 처리된 실루민(o)의 냉각 속도에 따른 Si판 사이의 거리.

어지는 것이 그 이유이다. 종종 부서진 결정 파편은 성장하기 전에 다소간 회전하며, 그 결과 실리콘 판의 방향이 분기하고 부채 형상의 조직이 만들어진다.

미국의 금속공학자인 파치(Pacz)는 응고 전에 소량의 나트륨(0.02%)을 실루민 용융 금속에 첨가하면, 실루민의 통상 조직인 편상, 판상 그리고 가지 친 미세조직이 더욱 미세하고 규칙적인 섬유질 미세조직으로 바뀐다는 것을 1920년에 발견했으며[그림 6.14 (b)] 이를 나트륨 **개량 처리된 실루민**(sodi-

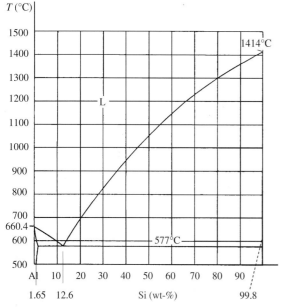

그림 6.13   Al–Si계의 상태도.

ummodified silumin)이라고 부른다. 응고가 빠르면(급냉 개량 처리) 합금 조직이 더욱 미세하게 되는데, 이는 접종이 없을 때에 비해 층간 간격이 작아진다는 것을 의미한다. 개량 처리된 실루민은 보통 실루민에 비해 기계적 특성, 연성 및 경도가 우수하다.

나트륨을 사용하여 실루민을 개량 처리할 경우에 한 가지 문제점은 휘발과 산화로 인해 첨가된 나트륨이 급속하게 소실되어 용융 금속 내의 나트륨 함량을 조절하는 것이 어렵다는 것이다. 이런 이유 때문에 나트륨을 사용해서 얻을 수 있는 합금의 기계적 특성 개선과 유사한 개선 효과를 가지는 스트론튬이 대체 개량 처리제로 사용된다.

Si판 사이의 거리는 냉각 속도와 개량 처리의 정도에 따라 달라진다. 냉각 속도가 빠를수록 조직이 더욱 미세해지며 이는 Si판 사이의 거리가 더 작아진다는 것을 의미한다(그림 6.15). 그림은 또한 Al–Si 합금이 낮은 냉각 속도에서 개량 처리될수록 조직이 더욱 미세해진다는 것을 보여준다.

실루민은 응고 전단부에서 형성된 격자 결함으로 인해 성장률에 따라 용융열이 크게 변하는 합금 중 하나이며, 4장의 75~76쪽에서 이 주제를 다루었다. 성장률은 냉각 속도에 따라 달라지며 용융열은 냉각 속도가 증가함에 따라 감소한다.

예제 6.2

개량 처리하지 않은 공정 Al–Si 합금을 수냉 구리 주형에서 10mm 두께의 판으로 주조하였다. 용융 금속은 100 K만큼 과열되었다. 응고 시간을 계산하고 개량 처리된 Al–Si 합금이 개량 처리되지 않은 합금을 대체하면 응고 시간이 같아지는지 확인하여라.

용융 금속과 주형 간의 열전달 계수 h는 200 W/m² K이며 양쪽 합금의 열용량 c_p는 1.16 kJ/kg K이다. 다른 자료는 표준 참고 표와 Al–Si계의 상태도에서 가져왔다.

풀이

총 응고열은 금속/주형 계면을 통해서 전달된다. 에너지 법칙에 따라:

$$th(T_E - T_{mould}) = \rho(-\Delta H)_{eff}\, s \tag{1'}$$

여기에서 s는 주조판의 두께이다. 응고 시간을 계산하기 위해서는 냉각 속도에 따라 크게 변하는 용융열의 값이 필요하다. 응고 시간을 계산하기 위해서는 냉각 속도를 먼저 계산한 다음에 4장의 그림 4.19에서 용융열을 얻는다.

냉각 속도의 계산

148쪽의 상태도에서 공정 온도(577°C)를 알게 되며, 용융 실루민은 응고되기 이전에 677°C에서 577°C까지 냉각된다. 공정 온도에서 용융 금속의 냉각 속도를 식 (2')를 통해 계산할 수 있다.

$$h(T_E - T_{mould}) = \rho c_p \left(\frac{-dT}{dt}\right) s \tag{2'}$$

| 금속/주형 계면을 통한 열 유속 | 단위 시간과 단위 면적당 냉각 열 |

여기에서 s는 주조판의 두께이다.

$$-\frac{dT}{dt} = \frac{h(T_E - T_{mould})}{\rho c_p s}$$

$$= \frac{200(577 - 373)}{(2.6 \times 10^3)(0.88 \times 10^3) \times 0.010} = 1.57\,\text{K/s}$$

양쪽 합금의 냉각 속도가 같다고 가정하는 것은 합리적이다.

응고열의 계산

1.57 K/s의 냉각 속도에서 실루민의 질량 단위당 유효 응고열을 아래 그림에서 구한다. 축척은 대수(log 1.57 = 0.20)이며 응고열은 다음과 같다는 것을 알게 된다.

개량 처리되지 않은 합금의 경우에 $-\Delta H \approx 250$ kJ/kg
개량 처리된 합금의 경우에 $-\Delta H \approx 220$ kJ/kg

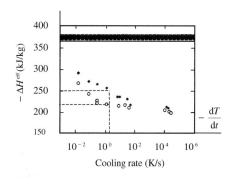

응고 시간의 계산

개량 처리되지 않은 합금의 응고 시간은 식 (1')로부터 계산된다.

$$t = \frac{\rho(-\Delta H)_{eff}\, s}{h(T_E - T_{mould})}$$

$$= \frac{(2.6 \times 10^3)(250 \times 10^3) \times 0.010}{200(577 - 373)} = 159\,\text{s} = 2.66\,\text{min}$$

그리고 개량 처리된 합금의 경우에는:

$$t = \frac{\rho(-\Delta H)_{\text{eff}}\, s}{h(T_E - T_{\text{mould}})}$$
$$= \frac{(2.6 \times 10^3)(220 \times 10^3) \times 0.010}{200(577 - 373)} = 140\,\text{s} = 2.33\,\text{min}$$

답
2개 합금의 응고 시간은 다르다. 개량 처리되지 않은 Al‑Si 합금의 경우에는 2.7분, 개량 처리된 합금의 경우에는 2.3분 이다.

주철의 공정 조직

몇 가지 정의
탄소 함유량이 2 wt-%보다 작은 Fe-C 합금을 강이라고 한다. Cr, Ni, Mn, Mo, V, Si 및 S과 같은 원소의 첨가로 인하여 다양한 특성을 갖는 여러 가지의 합금강이 존재한다. 이에 대한 예로써 중요한 소재군을 형성하는 스테인리스강 합금이 있다. 탄소 함유량이 2 wt-%보다 큰 Fe-C 합금은 주철이다.

산업계에서 활용되는 주철 합금에는 보통 2.5~4.3 wt-%의 탄소가 함유된다. 대부분의 경우에 주철은 공정 조성(그림 6.16의 E점)에 가까운 탄소 농도를 갖는다. 또한 합금에는 다양한 농도의 Si과 Mn이 함유된다. 합금강과 마찬가지로 원래의 주철 합금에 1개 이상의 여러 가지 특성을 부여할 목적으로 특별한 첨가제가 첨가되어 나타나는 주철의 특성이 있다.

주철의 조성, 다양한 응고 및 냉각 과정의 차이로 인하여

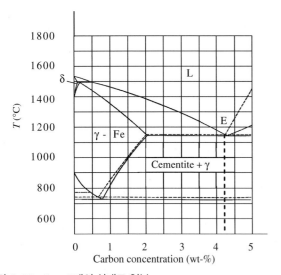

그림 6.16   Fe-C계의 상태도 일부.

상이한 조직을 가진 많은 형태의 주철이 존재한다. 주철은 대부분의 경우에 다른 상들의 혼합물로 구성된다. 지배적인 상은 오스테나이트(감마 철), 흑연, 그리고 Fe₃C의 조성을 가지고 있는 시멘타이트이다.

주철 내에서 탄소는 미결합 흑연이나 화학적으로 결합된 탄화철로 존재한다.

응고 과정이나 용융주철의 조성을 조절함으로써 탄소가 흑연 구조를 가진 미결합 탄소(회주철 응고)나 Fe₃C(백주철 응고)로 결합하게 할 수 있다. 회주철과 백주철은 아래에서 상세하게 다룬다.

회주철
일반적으로 회주철은 다양한 다른 형태를 나타내며, A, B, C 및 D-흑연으로 불리는 상이한 유형으로 분류되었다. 용융 금속의 조성과 냉각 속도 또는 좀 더 정확히 말하면 용융 금속의 과냉을 통해 이와 같은 다른 조직이 형성된다.

A-흑연은 조대한 소위 **편상 흑연**(flake graphite)으로 종종 디스크와 유사한 형상을 가진다. 이는 구형으로 성장한 결정 응집체로서 흑연과 오스테나이트로 구성된다. 그림 6.17은 중심의 핵으로부터 성장하는 오스테나이트와 흑연의 응집체를 나타낸다. 셀은 주로 방사상으로 성장하지만 약간 고르지 않은 응고 전단부를 가지고 있다. 이 사진은 급냉으로 응고가 중단되고 잔여 액상은 백주철(다음 절 참고)로 응고된 것을 나타내고 있다. 그림 6.10 (a)와 (b)에서도 셀 조직을 볼 수 있다.

그림 6.17   회주철 조직. 뒤쪽은 응고된 백주철.

흑연이 성장을 주도하고 주로 편상 흑연의 선단 뒤쪽에서 오스테나이트가 형성된다. 이 성장 과정은 정상적인 공정 반응으로 특징짓기보다 흑연이 우선적으로 석출하고 2차 상으로서 오스테나이트가 형성된다고 말할 수 있다.

편상 흑연은 처음부터 최종 두께에 도달하지 않고 오스테나이트 층을 통한 용융 금속으로부터의 탄소 원자의 확산에 의해 연속적으로 성장한다(그림 6.18).

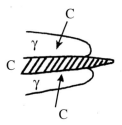

그림 6.18 편상 흑연에서 성장 메커니즘의 개요도. 중심에는 우선 석출된 흑연이 존재하며 C 원자가 오스테나이트 층을 통과하여 확산됨으로써 두꺼워진다.

B-흑연 혹은 **덩어리 흑연**(nodular graphite)은 **구상 흑연**(spheroidal graphite)으로도 불리며 이것이 구상 흑연 조직의 특징이다. 흑연 구는 용융 금속에서 만들어지고 오스테나이트 셀이 이를 둘러싼다. 탄소가 이 셀을 통과하여 확산됨으로써 흑연의 성장이 주로 이루어진다.

모로(Morrogh)와 윌리엄스(Williams)가 1948년에 처음으로 발표하였듯이 세륨을 용융 주철에 첨가함으로써 구상 흑연을 얻게 된다. 후에 이에 상응하는 마그네슘 공정이 제시되었으며 이 기술로 인해 주철의 품질이 상당히 개선되었다. 주철의 구상 흑연 조직으로 상당한 연성을 가진 제품을 만들 수 있게 함으로서 주철의 유용성을 크게 확장하였다.

C-흑연 또는 **버미큘러 흑연**(vermicular graphite, VG)은 끈과 유사한 조직을 갖고 있으며 편상 흑연과 구상 흑연의 중간 형상으로 간주할 수 있다. 결정립은 50 이상의 l/g 비를 가지는 편상 흑연에 비해 l/g 비(l = 길이, g = 두께)가 낮은 특징을 가지고 있다. 버미큘러 흑연은 일반적으로 2와 10 사이의 l/g 비를 가지고 있으며 구상 흑연의 l/g 비는 1이다.

편상 흑연에 비해 매우 미세한 흑연 조직을 가지고 있는 D-흑연은 **과냉 흑연**(undercooled graphite)으로도 불린다. D-흑연에서는 흑연이 봉상으로 존재한다(그림 6.19). 과냉 흑연의 형성 도중에 응고 전단부는 비교적적 평평하다. 형성 과정은 흑연과 오스테나이트 두 상 간의 우수한 협동 성장인 정

그림 6.19 과냉 흑연에서 공정 구의 조직. Georgi Publishing Company의 허락을 얻어 인용함.

상적인 공정 반응으로 특징지어질 수 있다. 과냉 흑연의 형성은 냉각 속도가 빠를 때 잘 일어나지만 몇몇 불순물에 의해서도 촉진된다. 저농도의 황과 산소는 과냉 흑연의 형성을 촉진한다.

백주철
백주철은 시멘타이트와 오스테나이트의 혼합물이다. 공정 조직은 여러 가지 다른 형태(형상)로 나타날 수 있으며, 주로 주철이 공정인지의 여부에 따라 달라진다. 그림 6.20은 과공정 백주철 조직의 예이다.

그림 6.20 백주철의 조직. 부서지기 쉬운 시멘타이트 디스크의 결정 증식에 의한 빗자루 구조. Mats Hillert의 허락을 얻어 인용함.

백주철은 단단하고 부서지기 쉬우며 선반 작업 및 접시형 구멍 내기와 같은 작업이 어렵다. 이런 이유 때문에 가급적 백주철이 만들어지는 것을 피하는 것이 필요하지만 내마모성이 높은 소재가 필요한 응용 분야는 예외이다.

회주철은 기계 가공이 쉽고 백주철보다 기계적 특성이 우수하다. 그러므로 주철이 회주철로 응고되는 것이 바람직하다. 용융 주철의 응고 과정을 제어하여 결과가 백주철이 아니고 회주철이 되도록 하기 위한 방안을 아래에서 다룰 것이다.

주철의 응고 제어
(i) 성분, (ii) 냉각 속도, (iii) 접종 등 3개의 변수가 용융 주철의 백주철과 회주철 형성을 결정한다.

조성 조성 효과에는 주된 원소의 영향 및 미량 원소의 영향과 같은 두 가지 유형이 있다. *주된 원소의 영향*은 농도가 0.5 wt-% 이상인 합금 원소가 상의 열역학적 안정성에 영향을 주는 것을 의미한다.

안정 공정 평형은 그림 6.16과 6.21의 E점에 해당하고, 여기에서 수평선 AE는 (γ + C) 공정의 공정 온도에 해당하며 공정점 E'는 (γ + Fe$_3$C) 공정에 해당한다. 후자의 공정 온도

는 안정(회주철) 공정 상의 공정 온도보다 보통 6°C가 *낮다*는 것을 그림 6.21로부터 알 수 있다. E'는 준안정(백주철) 공정 상에 해당하는데 과냉에 의해 이루어진다. 과냉이 클수록 백주철이 더욱 용이하게 형성된다.

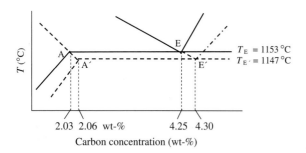

그림 6.21 그림 6.16의 Fe−C계 상태도의 중심부 확대도(크기는 조정을 안 했음). 준안정은 안정에 비해 높은 에너지를 갖는다. 결과적으로 상태도에서 준안정 온도가 안정 온도보다 낮다.

합금 원소는 다양한 방식으로 공정 온도를 바꾼다. 그림 6.22는 일부 합금 원소가 공정 온도 E와 E'에 미치는 영향을 보여준다.

Cr, Ti 및 V에 대한 영향이 가장 명백한데 이들 금속은 백주철의 형성을 촉진시키며 Cu, Co, Si 및 Ni는 대응 효과를 갖는다. 합금 원소는 또한 공정 반응 과정에서 탄소 농도와 탄소 분포에 영향을 미치는데 이 영향은 그림에 나오지 않는다.

미량 원소의 영향은 합금 원소의 농도가 매우 작더라도 구상 흑연 주철에서 흑연의 성장 속도와 회주철에서 공정 셀의 성장에 큰 영향을 미친다. 이런 방법으로 회주철의 형성을 촉진하는 원소로는 S, As, Se, Sb, Te, Pb 및 Bi가 있으며 개별 원소의 효과는 더해질 수 있다.

냉각 속도 냉각 속도가 느리면 성장률이 낮아지고 식 (6.14)에 따라 이는 낮은 과냉에 해당하는데 안정 공정 응고, 즉 회주철의 형성에 유리하다. 반면에 냉각 속도가 빠르면 성장률이 커지고 결과적으로 과냉이 커지는데 이는 준안정 공정 반응을 촉진한다. 냉각 속도가 빠를수록 과냉이 커지게 되고 더 낮은 준안정 공정 온도에 더 쉽게 도달하는데 이로 인해 백주철로 응고할 위험이 증가한다.

수지상정 성장과 유사하게 공정 층 간 간격은 성장률과 냉각 속도의 함수이다. 그림 6.5에 나타내었듯이 결과는 공정 응고에도 성립한다. 냉각 속도가 낮을수록 흑연의 공정 조직이 더 조대하게 된다.

접종 접종의 주요 목적은 백주철 응고의 위험을 줄이는 것이

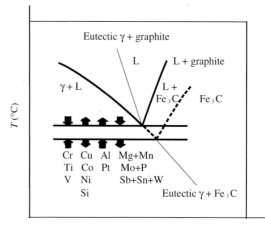

그림 6.22 일부 합금 원소가 안정 및 준안정 Fe−C 공정 온도에 미치는 영향. Plenum Press, Springer의 허락을 얻어 인용함.

며, 주철의 응고 시 이 위험을 줄이고 회주철의 형성을 촉진하려면, 용융 금속에서 핵의 수를 증가시키는 것이 바람직하다. 이는 주조 직전에 접종, 즉 특별한 합금 원소를 첨가함으로써 이루어진다. 셀의 수를 증가시키면 냉각 면적이 커진다. 열 유속이 일정할 때는 성장률과 과냉 모두 감소하기 때문에 백주철로 응고할 위험이 줄어든다. 이 주제에 대해서는 예제 6.5에서 다룬다.

접종제(보통 0.10~0.40 wt-%)를 용융 주철에 혼합함으로써 불균일성이 많이 생성되며, 비접종 용융 금속보다 더 많은 공정 셀이 성장한다. 응고 전단부의 면적은 더욱 커지고 더욱 빠르게 응고열이 방출된다. 이로 인해 성장률은 줄어들고 백주철 조직의 형성 위험이 줄어든다. 동시에 더 낮은 과냉으로 인하여 흑연 조직은 조대화된다.

과열된 용융 금속에서 접종은 특히 중요하다. 결정 핵 생성을 위한 불균일성을 형성하는 대부분의 입자는 높은 온도에서 용해되고 용융 금속으로부터 소멸된다. 냉각 과정에서는 불균일성이 새롭게 만들어지지 않는다. 응고 과정에서 단지 소수의 불균일성만이 성장해서 셀이 되는데 결과적으로 백주철 조직의 형성 위험이 증가한다. 그러므로 용융 금속이 과열되면 준안정 고상과 백주철 응고의 위험이 증가한다. 용융 금속에서 결정으로 성장하게 되는 불균일성을 확보하려면 응고 과정이 시작되기 전에 과열된 용융 금속을 접종하는 것이 중요하다.

상이한 조성을 갖는 비교적 많은 수의 첨가제가 존재하며 이 중 대부분은 실리콘을 기반으로 한다. 순수 흑연도 접종제로 사용된다. 대부분의 접종제는 다양한 함량의 Ca과 Al을 함

유하고 있으며 소량의 Ba, Sr, Zr 또는 Ce이 포함되어 있다. 이들 중 일부는 핵 생성 효과를 갖는 반면에 다른 것들은 주변과 반응하여 좋은 핵이 되는 생성물을 만든다.

접종 기술은 공업용으로 신뢰할 수 있고 유용한 재료인 주철의 명성을 높이는 데 크게 기여하였다.

예제 6.3

특정한 품질을 갖고 있는 주철이 공정 온도 근처에서 0.60 K/s 이상의 냉각 속도를 가질 때 용융 주철은 백주철로 응고된다는 것이 밝혀졌다. 이 주철의 백주철 응고를 피하기 위한 주물의 최소 두께를 계산하여라. 이 주물은 양면으로 냉각이 진행되며, 용융 금속이 사형의 공동부를 채울 때에 용융 금속의 초과 온도는 60°C라고 가정한다. 재료 상수는 표에 나와 있으며 주변 온도는 25°C이다.

Materials constants	
Cast iron:	
T_E	1153 °C
ρ_{metal}	$7.2 \times 10^3 \, \text{kg/m}^3$
c_p^{metal}	420 J/kg K
Sand mould:	
k_{mould}	0.63 J/m K s
ρ_{mould}	$1.61 \times 10^3 \, \text{kg/m}^3$
c_p^{mould}	$1.05 \times 10^3 \, \text{J/kg K}$

풀이

t의 시간 동안에 용융 금속은 $t = 0$일 때의 $T = T_E + \Delta T$에서 $T = T_E$까지 냉각된다. 식 (4.70)과 유사하게 용융 금속에서 사형으로 향하는 열 흐름은 다음처럼 표기할 수 있다.

$$\frac{\partial Q}{\partial t} = A \sqrt{\frac{k_{mould} \, \rho_{mould} \, c_p^{mould}}{\pi t}} (T - T_0) \qquad (1')$$

냉각 중인 용융 금속으로부터 제거된 열 흐름은 다음과 같다.

$$\frac{\partial Q}{\partial t} = -c_p^{metal} A y \rho_{metal} \left(\frac{dT}{dt} \right) \qquad (2')$$

식 (1')와 (2')는 동일한 열 흐름을 표현하며 면적 A로 나누면 다음의 식을 얻는다.

$$\sqrt{\frac{k_{mould} \rho_{mould} c_p^{mould}}{\pi t}} (T_i - T_0) = -\rho_{metal} c_p^{metal} y \left(\frac{dT}{dt} \right) \quad (3')$$

변수를 분리한 후에 식 (3')를 적분하면 다음과 같이 된다.

$$\int_0^t \frac{dt}{\sqrt{t}} = -\frac{\sqrt{\pi} \, \rho_{metal} \, c_p^{metal} y}{\sqrt{k_{mould} \, \rho_{mould} \, c_p^{mould}}} \int_{T_E + \Delta T}^{T_E} \frac{dT}{(T - T_0)} \quad (4')$$

냉각 시간 동안에 $(T - T_0)$ 항은 꽤 일정하고 평균값 $(T_E + \Delta T/2 - T_0)$으로 대체될 수 있으며, 적분 기호 바깥으로 빼내고 적분식하면 다음을 얻는다.

$$2\sqrt{t} = \left(\frac{\sqrt{\pi} \, \rho_{metal} \, c_p^{metal} y}{(T_E + \Delta T/2 - T_0) \sqrt{k_{mould} \, \rho_{mould} \, c_p^{mould}}} \right) \Delta T \quad (5')$$

식 (5')로부터 $1/\sqrt{t}$의 해를 구해서 식 (3')에 대입한다. 새로운 식에서 y의 해를 구하면 주물의 최소 두께를 얻게 된다.

$$y = \sqrt{\frac{2k_{mould} \, \rho_{mould} \, c_p^{mould}}{\pi \Delta T \left(-\frac{dT}{dt} \right)} \left[\frac{T_E + (\Delta T/2 - T_0)}{\rho_{metal} \, c_p^{metal}} \right]} \quad (6')$$

주어진 수치 값을 대입하면 아래의 값을 얻게 된다.

$$y = \sqrt{\frac{(2 \times 0.63)(1.61 \times 10^3)(1.05 \times 10^3)}{\pi \times 60 \times 0.60} \left[\frac{1153 + 30 - 25}{(7.2 \times 10^3)420} \right]}$$
$$= 0.052 \, \text{m}$$

답

백주철 응고를 피하려면 주물의 두께가 최소 11 cm는 돼야 한다.

6.4.4 사형에서 주철의 공정 성장

아래에서는 사형 주조 도중의 결정 성장에 대해 다루고자 한다. 한 예로 공정 주철 합금의 성장을 선택하였는데 두 가지의 선택 이유가 있다. 첫째는, 이론적 분석이 비교적 단순하며, 둘째는, 산업계 생산에 매우 일반적인 금속이기 때문이다.

사형에서 주조된 주철이 응고될 때에 그림 6.23 (a)~(c)에 나타낸 것처럼 응고는 편상 흑연의 석출에 의해 일어난다.

조직의 조대화 정도는 응고되는 셀의 성장률 v_{growth}에 의해 결정된다[식 (6.13)].

$$v_{growth} \lambda_{eut}^2 = \text{const} \qquad (6.13)$$

여기에서 λ_{eut}은 층간 간격이다.

개개의 셀의 성장률을 아는 것은 불가능하지만 평균 성장

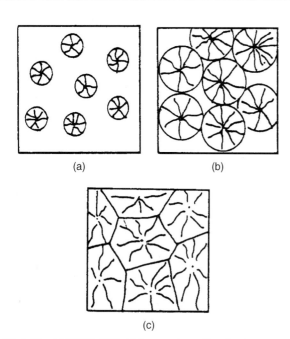

(a)   (b)

(c)

그림 6.23   회주철의 공정 성장. North-Holland, Elsevier Science의 허락을 얻어 인용함.

률을 계산하는 것은 가능하다. 주철의 특성은 각 셀의 내부 구조 즉 거칠기에 따라 달라지므로, 셀 내부의 편상 흑연 간 평균 거리를 조사하고 더불어 이 거리가 셀의 중앙에서 주변까지 어떻게 변하는지 아는 것이 필요하다. 주물이 너무 크기 때문에 이것을 실험을 통해 진행하는 것은 가능하지 않다. 대신에, 일부의 합리적인 가정을 기반으로 이론적인 계산을 수행하고, 구체적인 사례를 통해 이 계산 결과를 설명하려고 한다 (예제 6.4).

예제 6.4

주철은 사형에서 주조된다. 주물은 10 cm 두께의 판 형상을 갖는다. 용융 주철이 응고되기 시작할 때, 과냉이 없는 상태에서 m³당 1.0×10^9개의 성장 공정 군집이 즉시 형성된다. 응고 과정이 지속되는 동안에 더 이상의 군집은 만들어지지 않는다. 응고 실험에 대한 다른 연구로부터 비슷한 경우에 편상 흑연 간의 거리는 다음 그림에서 나타낸 바와 같이 성장률의 함수로서 변하는 것으로 알려져 있다. 이론적인 해석을 통하여 단위 시간당 단위 면적을 통과하여 전달되는 열량은 아래 관계식으로 표현할 수 있다.

$$\frac{dq}{dt} = \frac{0.75 \times 10^6}{\sqrt{t}} \quad \text{W/m}^2 \tag{1'}$$

동시에 생성되고 구형으로 성장하는 N 군집/m³의 고상 분율은 소위 존슨−멜 방정식으로 표현된다.

$$f = 1 - \exp\left(-N\frac{4\pi R_c^3}{3}\right) \tag{2'}$$

여기에서 R_c는 군집의 평균 반지름이다. 존슨−멜 방정식은 통계 법칙으로부터 유도되며 셀 간의 충돌[그림 6.23 (b)와 6.23 (c)]이 고려된다. 재료 상수는 아래에 주어진다.

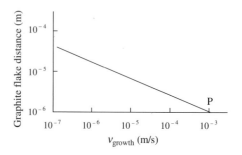

직선은 P점에서 v_{growth} 축과 만난다. P의 좌표는 (10^{-3}m/s와 10^{-6} m)이며, 양 축의 축척은 대수이다(10을 밑으로 함).

Materials constants
Cast iron:
ρ $7.0 \times 10^3 \text{ kg/m}^3$
$-\Delta H$ $1.55 \times 10^5 \text{ J/kg}$

(a) 주물의 총 응고 시간을 계산하라.

(b) 주조 공정 시작 후에 시간 t의 함수로서 고상의 부피 분율 f^s를 계산하라.

(c) 군집이 구형인 경우에 시간 t의 함수로서 군집의 성장률 dR_c/dt를 결정하라.

(d) 응고 진행 중에 시간 t의 함수로서 편상 흑연 사이의 거리를 계산하고 함수를 그래프로 나타내어라.

풀이

(a) 식 (1')를 적분하면 다음 식을 얻게 된다.

$$q = 1.5 \times 10^6 \sqrt{t} \qquad \text{(J/m}^2) \tag{3'}$$

응고는 양쪽에서 진행되며 $y = 0.102/\text{m}$가 주어진다.

$$q = y\rho(-\Delta H) = \frac{0.10}{2}(7.0 \times 10^3)(155 \times 10^3)$$
$$= 1.5 \times 10^6 \sqrt{t} \tag{4'}$$

또는 $t = 1.3 \times 10^3 \qquad s \approx 21.8 \text{ min}$

(b) t 시간에서 응고된 고상의 부피 분율은 단위 시간당 단

위 면적을 통한 열 흐름에 대한 2개의 동일한 식을 사용해서 계산할 수 있다.

$$\frac{dq}{dt} = y\rho(-\Delta H)\frac{df}{dt} \qquad (5')$$

또는

$$\frac{df}{dt} = \frac{\dfrac{dq}{dt}}{y\rho(-\Delta H)} = \frac{(0.75 \times 10^6)/\sqrt{t}}{0.05(7.0 \times 10^3)(1.55 \times 10^5)}$$

$$= \frac{1.4 \times 10^{-2}}{\sqrt{t}} \qquad (6')$$

적분하면 다음의 식을 얻게 된다.

$$f = (1.4 \times 10^{-2})2\sqrt{t} = (2.8 \times 10^{-2})\sqrt{t} \qquad (7')$$

(c) 여러 개의 군집이 동시에 성장하면 성장 과정에서 조만간 서로 간에 충돌이 발생하게 된다. 고상의 부피 분율을 계산할 때에 이 점을 고려해야 하며, 위에서 언급한 존슨–멜 방정식을 통해서 계산된다[식 (2')].

식 (2')에서 R_c의 해를 구한다.

$$\ln(1-f) = \left(-\frac{4}{3}\right)\pi N R_c^3$$

$$R_c^3 = \frac{-\ln(1-f)}{\left(\dfrac{4}{3}\right)\pi N} \Rightarrow R_c = \left(\frac{-3\ln(1-f)}{4\pi N}\right)^{\frac{1}{3}} \quad (8')$$

식 (8')를 시간 t에 대해 미분하면 다음과 같다.

$$\frac{dR_c}{dt} = \left(\frac{-3}{4\pi N}\right)^{\frac{1}{3}}\frac{1}{3}[\ln(1-f)]^{-\frac{2}{3}}\left(\frac{1}{1-f}\right)\left(-\frac{df}{dt}\right) \quad (9')$$

위의 (b)에 있는 식 (6')와 (7')에서 유도한 f와 df/dt의 식을 대입하면 아래의 식을 얻는다.

$$\frac{dR_c}{dt} = \left(\frac{-3}{4\pi N}\right)^{\frac{1}{3}}\frac{1}{3}[\ln(1-(2.8\times10^{-2})\sqrt{t})]^{-\frac{2}{3}}\left(\frac{1}{1-(2.8\times10^{-2})\sqrt{t}}\right)\left(\frac{1.4\times10^{-2}}{\sqrt{t}}\right) \qquad (10')$$

(d) dR_c/dt는 군집의 성장률인 v_{growth}와 같다. 그림에 있는 선을 이용해서 식 (6.13)의 상수를 결정할 수 있다. P점은 선 위에 존재하며 좌표는 $v_{growth} = 10^{-3}$m/s와 $\lambda_{cut} = 10^{-6}$m이다. 이 값을 식 (6.13)에 대입하면 다음의 값을 얻는다.

$$\text{const} = v_{growth}\,\lambda_{eut}^2 = 10^{-3}(10^{-6})^2 = 10^{-15} \qquad (11)$$

상수 값을 알고 있으면 $v_{growth} = dR_c/dt$의 모든 값에 대해

λ_{eut}을 계산하는 것이 쉽다. 0과 1300초 사이에서 많은 t의 값을 선택하고 위에 있는 (c)를 이용해서 상응하는 $v_{growth}=dR_c/dt$의 값을 계산한 다음에, 마지막으로는 이들 각각에 대한 λ_{eut}를 계산한다.

$$\lambda_{eut} = \sqrt{\frac{10^{-15}}{v_{growth}}} \qquad (12)$$

아래에 있는 표는 이에 대한 계산 결과이다.

t	$\dfrac{df}{dt}$	f	$v_{growth}=\dfrac{dR_c}{dt}$	$\lambda_{eut}=\sqrt{\dfrac{10^{-15}}{v_{growth}}}$
(s)	($\times10^{-4}$)		($\times10^{-7}$)	($\times10^{-5}$)
10	44.27	0.0885	389.6	0.51
100	14.00	0.2800	12.42	2.84
200	9.90	0.3960	4.445	4.74
300	8.08	0.4850	2.457	6.38
400	7.00	0.5600	1.627	7.84
500	6.26	0.6261	1.193	9.16
600	5.72	0.6859	0.936	10.34
700	5.29	0.7408	0.772	11.38
800	4.95	0.7920	0.665	12.26
900	4.67	0.8400	0.599	12.92
1000	4.43	0.8854	0.568	13.27
1100	4.22	0.9287	0.585	13.03
1200	4.04	0.9699	0.755	11.51

답

(a) 주물의 총 응고 시간은 22분이다.

(b) $f = (2.8 \times 10^{-2})\sqrt{t}$

(c) $\dfrac{dR_c}{dt} = \left(\dfrac{-3}{4\pi N}\right)^{\frac{1}{3}}\left(\dfrac{1}{3}\right)[\ln(1-(2.8\times10^{-2})\sqrt{t})]^{-\frac{2}{3}}$

$\left(\dfrac{1}{1-(2.8\times10^{-2})\sqrt{t}}\right)\left(\dfrac{1.4\times10^{-2}}{\sqrt{t}}\right)$

(d) 응고가 진행되는 동안 시간의 함수로서, 사형 주조한 주철 판의 셀에서 시간에 따른 편상 흑연 사이의 거리를 그림에 나타내었다. 앞쪽의 표에 있는 값이 곡선을 그리는 데 사용되었다. 이에 대해서는 그림 6.24의 냉각 곡선으로부터 결론 내릴 수 있는데 아래에서 다룬다.

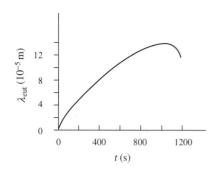

예제 6.4로부터 주철의 층간 간격, 즉 편상 흑연 사이의 거리는 응고 과정의 초기에는 최댓값까지 증가하다가 다시 줄어든다고 결론을 내릴 수 있으며 이에 대한 설명은 아래에 있다.

성장 군집이 원래 작은 면적을 차지하고 있기 때문에 초기에는 성장률이 빠르다. 열 추출은 실질적으로는 일정하기 때문에 각 성장 셀의 면적이 증가하면 성장률은 감소한다. 군집이 서로 충돌하고 응고열을 방출하는 응고 전단부의 면적이 감소할 때에 응고 과정의 끝에서 성장률은 다시 증가하며, 이것을 그림 6.23 (a)와 (b)에 나타내었다.

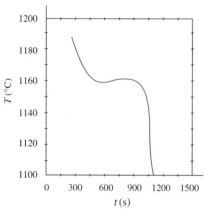

그림 6.24   주물 응고의 온도–시간 곡선.

6.5   냉각 곡선과 조직

4장의 4.3.4절에서, 용융열 및 금속과 합금의 열용량을 냉각 속도와 밀접한 관련이 있는 응고 속도의 함수로서 다루었다. 여기에서는 냉각 곡선으로부터 얻을 수 있는 정보를 보다 상세하게 분석하려고 한다. 열 분석을 통해서 정확한 냉각 곡선을 알아낼 수 있다.

6.5.1   냉각 곡선의 기본 정보

그림 4.18처럼 주물의 냉각 곡선은 대략 3개 영역으로 구분할

수 있다. I 영역은 과열된 용융 금속의 초기 온도에서 응고가 시작되는 온도까지를 포함한다. II 영역은 주물의 응고 시간에 해당되며 이는 거의 일정한 온도를 나타내는 특징을 가진다. 응고 과정이 끝나면 온도가 다시 감소하기 시작하고 이는 III 영역의 특징이다.

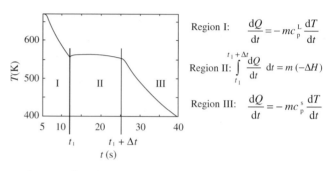

그림 6.25   온도와 단위 시간당 방출 열을 시간의 함수로 동시에 나타냄으로써, 그림 내에 주어진 식을 통해, c_p^L, c_p^s 및 용융열 $(-\Delta H)$ (J/Kg)을 유도할 수 있다. John Wiley & Sons, Inc.의 허락을 얻어 인용함.

금속이나 합금의 시편에 대한 다음의 정보를 사용함으로써 그림 6.25에 표시된 대로 용융 금속과 고상의 열용량, 용융열을 유도할 수 있다.

- 시편의 질량
- 시간 함수로서의 열 흐름
- 시간 함수로서의 온도

6.5.2   냉각 곡선의 조직에 대한 정보

위에서 설명한 재료 상수의 유도 외에 냉각 곡선은 금속과 합금의 조직에 대한 정성적 정보도 제공한다. 금속이나 합금의 응고 중에 온도는 개략적으로는 일정하지만, 정확히 말하면 응고 도중 시간에 따라 약간 변한다. 온도의 변동은 용융 금속에서 결정의 형성 과정과 조직을 반영한다. 이에 대한 한 예로써 주철에 대해 아래에서 다루며 170~171쪽에서는 용융 잉곳의 결정 형성과도 연계해서 다룬다.

6.5.3   주철의 냉각 곡선과 조직

조성이 다른 주철 합금이 응고될 때의 과정은 오스테나이트 결정의 석출로부터 시작된다(그림 6.16). 주형 내의 용융 금속에서 오스테나이트의 핵이 무질서하게 형성되고, 대류에 의한 선회, 성장, 상호 충돌이 일어남으로써 수지상정 네트워크가 형성된다. 오스테나이트의 응고는 응고 곡선의 일정한 냉각

속도로부터의 첫 번째 벗어남을 통해 쉽게 알 수 있으며 그림 6.26에 예를 나타내었다.

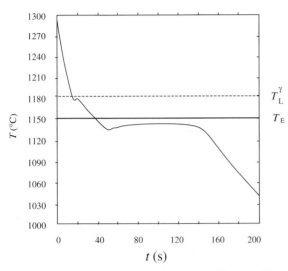

그림 6.26 지름이 20 mm이고 3.8% C의 조성을 갖고 있는 주철 원통의 응고 곡선. 응고는 오스테나이트의 1차 석출로 시작되고 공정 반응으로 이어진다. John Wiley & Sons, Inc. and the Metallurgical Society의 허락을 얻어 인용함.

응고 후에 용융 금속의 온도가 지속적으로 감소하여 Fe–C 계의 공정점에 도달하고 공정 반응이 일어난다(145~146쪽). 주철의 공정 반응은 매우 복잡하고 여러 요인에 따라 달라진다. 20세기 후반에 열전달과 공정 성장에 대한 다양한 대체 가정을 사용해서 공정 반응 모델이 개발되었다. Fe–C계의 대체 공정 반응의 응고 곡선 계산용 컴퓨터 프로그램으로 유도된 모델이 아래에 설명되어 있다. 공정 반응의 결과로 형성되는 고상 조직에 따라 응고 곡선의 모양이 달라진다는 것이 밝혀졌다.

150쪽에서 언급했듯이 주철에는 편상 흑연, 과냉 흑연, 구상 흑연(구형 셀), 버미큘러 흑연(실과 유사한 조직) 및 소위 백주철 조직의 시멘타이트 등 다섯 가지 다른 유형의 흑연 하부조직이 있으며, 잉곳 내의 이 조직의 조대화 정도 및 양에 따라 주철의 특성이 크게 영향을 받는다.

위 다섯 가지 경우를 계산한 결과 네 가지의 다른 응고 곡선이 만들어졌으며 해당하는 조직에 따라 각 곡선의 개별 특성이 있다. 과냉 흑연과 편상 흑연의 응고 곡선은 동일하다. 모든 곡선은 온도 최솟값에 이르기 전에 일정한 온도 구간을 가진다. 응고 곡선은 일정한 온도 구간에서 과냉의 크기에 따라 다르다. 그림 6.27~6.30에서 보듯이 과냉은 핵의 수에 대

한 함수이다.

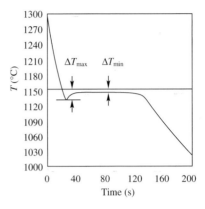

그림 6.27 (a) 주철에서 편상 흑연과 과냉 흑연의 응고 곡선. The Metallurgical Society의 허락을 얻어 인용함.

편상 흑연과 과냉 흑연의 경우에 특성 매개변수 ΔT_{max}와 ΔT_{min}[그림 6.27 (a)]는 핵의 수와 상당히 무관하다[그림 6.27 (b)]. 그림 6.27과 6.28을 비교하면 구상 주철의 성장과 편상 흑연이 있는 회주철의 성장은 매우 다르다는 것을 알 수 있다. 과냉은 편상 흑연 주철보다 구상 흑연 주철에서 단위 부피당 핵의 수에 훨씬 더 민감하다.

버미큘러 주철에 대한 곡선은(그림 6.29) 버미큘러 주철의 과냉이 편상 흑연이 있는 회주철의 과냉에 비해 훨씬 크지만, 구상 주철의 과냉에 비해서는 작다는 것을 보여 준다. 상기 다른 곡선과 비교하면 주철의 모든 조직들 중에서 백주철 조직의 과냉이 가장 낮다는 것을 보여준다(그림 6.30). 다른 조직에 비해 핵의 수에 대한 영향도 덜 민감하다.

6.6 일방향 응고

4장과 5장에서 일방향 응고 도중의 응고 과정을 다루었는데, 이는 발생한 응고열이 응고된 셀을 통해 전도되어 나간다는 것을 의미하며 금속의 응고에 있어서 가장 흔한 경우이다. 이 절에서는 이런 주조 공정 중에 발생하는 금속의 조직을 다룬다.

6.6.1 일방향 응고를 통한 주조

20세기의 마지막 20년 동안 일방향 응고를 통하여 주조된 소재의 생산이 시작되었다. 한 가지 예가 제트 엔진에 사용되는 터빈 날개의 주조이고 이에 대해서는 6.6.2절에서 다룬다. 그

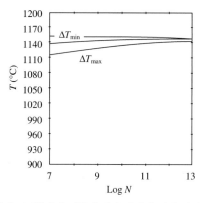

그림 6.27 (b) 주철에서 편상 흑연과 과냉 흑연의 단위 부피당 핵의 수에 따른 최소 및 최대 과냉. The Metallurgical Society의 허락을 얻어 인용함.

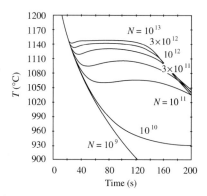

그림 6.28 (a) 단위 부피당 핵의 수 변화에 따른 구상 흑연 주철의 응고 곡선. The Metallurgical Society의 허락을 얻어 인용함.

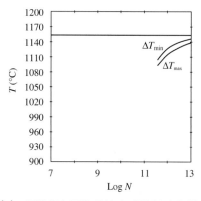

그림 6.28 (b) 주철에서 구상 흑연의 단위 부피당 핵의 수에 따른 최소 및 최대 과냉. The Metallurgical Society의 허락을 얻어 인용함.

림 6.31에 사용 방법에 대한 원리를 나타내었다. 일방향 응고를 통해 주조되는 소재는 주상정 결정이나 단결정으로 구성된다.

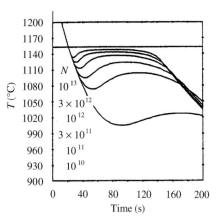

그림 6.29 (a) 단위 부피당 핵의 수 변화에 따른 버미큘러 흑연의 응고 곡선. John Wiley & Sons, Inc. and the Metallurgical Society의 허락을 얻어 인용함.

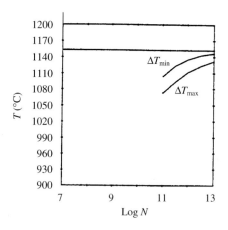

그림 6.29 (b) 주철에서 버미큘러 흑연의 단위 부피당 핵의 수에 따른 최소 및 최대 과냉. John Wiley & Sons, Inc. and the Metallurgical Society의 허락을 얻어 인용함.

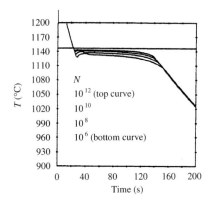

그림 6.30 (a) 단위 부피당 핵의 수 변화에 따른 백주철 조직의 응고 곡선. The Metallurgical Society의 허락을 얻어 인용함.

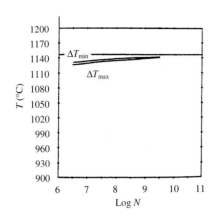

그림 6.30 (b) 백주철 조직에서 단위 부피당 시멘타이트 판의 수에 따른 최소 및 최대 과냉. The Metallurgical Society의 허락을 얻어 인용함.

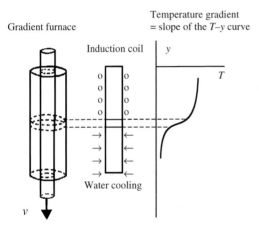

그림 6.31 일방향 응고 제어에 의한 단결정 생산 장치.

일방향 응고를 통한 주조

용융 금속이 들어 있는 주형을 장치에 설치하는 데 장치의 상부는 금속의 용융점보다 높은 온도로 유지된 노로 구성되며 하부는 공기 또는 물로 냉각된다. 장치는 정속으로 위로 끌어당겨지거나 주형이 아래로 움직인다. 용융 금속의 응고 속도는 주형과 장치 간의 상대 속도와 같아지게 된다.

적절한 온도 조절로 일방향 응고가 진행되면 주조 소재가 균일해지고 기계적 특성이 우수해지는 장점이 있다. 주물 전체에 걸쳐서 동일한 조대화 정도를 확보하기 위해서 주조 조직을 적절하게 조절한다. 방향성이 다른 결정들 간에 경쟁 성장이 발생하기 때문에 결정립의 조직 또한 제어하기가 용이하다. 단결정 소재의 일방향 성장에 따른 장점은 보통의 주조재에 비해 기계적 강도가 뛰어나다는 것이다.

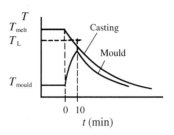

그림 6.32 통상의 부품 주조 도중 시간에 따른 용융 금속과 주형의 온도. 통상의 주조법에서의 총 응고 시간과 냉각 시간이 일방향 주조에서보다 훨씬 짧다. The Metals Society, The Institute of Materials의 허락을 얻어 인용함.

일방향 주조 도중 용융 금속과 주형 온도

용융 금속은 보통 불활성 분위기나 진공 중에서 주조된다. 통상의 주조에서는 주형은 용융 금속의 온도보다 낮은 온도로 유지되며, 주조 작업은 짧은 시간 안에(약 1분) 끝난다. 초합금(Ni 또는 Co 합금강) 일반 터빈 날개의 주조 시 시간에 따른 온도 변화를 그림 6.32에 나타내었다.

일방향 응고의 경우에는 주조 중의 열응력을 방지하기 위해 주형을 고상선 온도보다 높은 온도로 예열한다. 과열된 합금 용융 금속을 예열된 주형 속에 주입한 후 전 방향성 응고 과정 동안에 용융 금속이 냉각판과 접촉을 유지하도록 하면서 노로부터 주형을 빼낸다. 응고와 냉각 시간은 1~10시간 정도의 크기이며(그림 6.33) 시작부터 끝까지 응고에 소요되는 총 시간은 통상의 부품 주조에 비해 일방향 주조에서 훨씬 길다는 것을 그림 6.32와 6.33으로부터 알 수 있다.

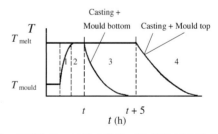

그림 6.33 일방향 응고 도중 시간에 따른 용융 금속과 수형의 온도. 영역: (1) 주형의 예열; (2) 주조 시간; (3) 하단의 냉각과 주물 잔여 부위의 응고; (4) 상단에서의 주물과 주형의 냉각. The Metals Society, The Institute of Materials의 허락을 얻어 인용함.

6.6.2 일방향 주조의 적용 – 단결정 제조

전력 감소 공정

현대적인 자동 제어 장치들이 사용됨으로써 방향성 응고 용산업 설비들은 그림 6.31에서 설명한 단순한 기구보다 훨씬 더 복잡하다.

전기로의 전력 제어는 외인적으로 주조와 무관하다. 주조 온도를 추적할 수 있으며, 일정한 응고 속도를 제공하는 데 필요한 값으로 전력률을 조정할 수 있다. 본 공정은 그림 6.34에서 설명된 것처럼 통상의 정밀 주형(왁스 용해법)과 직접적으로 연동되어 유도 가열로 작동된다. 코일의 권선 구성을 세심하게 설계하고 코일의 부분별 전원 입력을 프로그래밍함으로써 아주 규칙적이고 일정한 냉각 속도를 구현할 수 있다.

터빈 날개의 생산

제트 엔진이나 수력 발전소의 터빈 날개는 매우 강한 힘에 노출된다. 따라서 날개의 기계적 강도에 대한 요구가 매우 높다. 제트 엔진에서 연료가 연소될 때에 온도가 높게(900~1100℃) 올라가기 때문에 터빈 날개의 온도에 대한 요구 사항이 높다. 제트 엔진의 터빈 날개는 연료나 공기로 냉각되며, 아래에 터빈 날개의 생산에 대해서 간략히 설명한다.

첫째 단계는 높은 온도에 견딜 수 있는 충분한 강도의 주형을 만드는 것이며 이 공정은 1장의 1쪽에서 설명한 내용과 동일하다. 왁스 모형을 여러 층의 세라믹 분말[미세한 결정립의 ZrSiO₄, 알루미나(Al_2O_3) 또는 규사(SiO_2)]로 도포하고, 콜로이드 규사나 규산 에틸 중 한 가지를 결합제로 사용하여 서로를 결합시켜서 주형을 제작한다. 그다음으로는 주형을 건조시키고 왁스를 제거한 후 최종적으로 소성하여 기계적 강도를 증가시키고 왁스의 잔여물을 제거한다.

터빈 날개에는 냉각 채널이 포함되어야 하기 때문에 복잡하다. 채널의 형상에 상응하는 세라믹 코어를 주형 안으로 삽입해야 한다. 코어 소재는 주조 중에 용융 금속과의 반응이 일어나지 않도록 충분한 안전성을 가져야 하며, 주조 후에 채널로부터 탈락이 가능하여야 한다.

단결정의 생산

159~160쪽의 일방향 응고법과 그림 6.31에 나타낸 방법은 다양한 목적을 위한 단결정의 생산에도 사용된다. 실제로 장비의 설계는 그림 6.34에서 나타낸 것과 유사하다.

주물의 상부를 단결정으로 성장시키기 위해서 단결정 부품의 생산 중에 협착부가 주형에 삽입되기도 한다. 이 협착부는 다양한 형상이 있고 성공적으로 작동된다. 아래에서는 일방향 주조재의 거시 조직 형성을 고찰하고 분석한다.

6.6.3 일방향 응고 시 결정의 성장

그림 6.35에 강냉되는 구리판과 밀접하게 접촉하고 있는 주형 내의 부분적으로 단열된 용융 금속을 나타내었다. 열은 용융

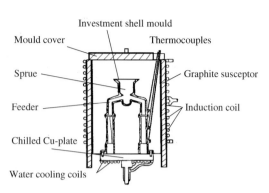

그림 6.34 전력 감소 공정을 사용하여 일방향으로 응고되는 터빈 날개 주조용 유도 가열 주형 장치의 개략도. The Metals Society, The Institute of Materials의 허락을 얻어 인용함.

금속에서 제거되고 용융 금속 내에서 온도 분포가 빠르게 형성된다. 이 경우에 용융 금속 내의 온도 기울기는 수직이며 다음과 같이 표기할 수 있다.

$$|\text{grad } T| = \frac{dT}{dy}$$

온도는 스칼라양이며 온도 기울기는 낮은 온도에서 높은 온도로 향하는 벡터이다(4장의 61쪽와 비교).

바닥에 있는 용융 금속이 임계 핵 생성 온도에 도달하면 무질서 방위를 갖는 작은 결정들이 용융 금속에서 핵형성되며, 일정한 방향을 갖는 온도 기울기의 영향하에서 여러 방향으로 성장을 시작한다. 이런 이유 때문에 본 과정을 일방향 응고 라고 부른다. 일방향 응고 중에는 결정들의 방향은 주로 온도 기울기의 방향으로 향하는데, 이는 소위 경쟁 성장 때문이다.

수지상정의 성장 시 1차 팔이 2차와 3차 팔보다 빠르게 성장한다. 초기에는 결정이 무질서 방위를 가지는데, 응고 과정의 초기에 핵 생성에 의해 만들어진다. 응고 방향의 1차 팔을 가지고 있는 결정은 성장이 다른 모든 결정보다 빠르며 여유 공간을 차지하려는 다른 결정과의 경쟁에서 이긴다. 다른 방위를 가져서 느리게 성장하는 결정의 1차 팔이 성장하려고 하면 더 빨리 성장한 수지상정의 1차, 2차, 3차 팔 네트워크가 1차 팔 앞의 공간을 이미 차지하고 있다. 짧은 시간 내에 온도 기울기의 방향으로 성장하는 평행한 결정의 패턴이 분명하게 만들어지며, 아래에서 구체적인 예를 통하여 경쟁 성장을 설명하고자 한다.

예제 6.5

2개의 수지상정이 일정한 온도 기울기를 갖고 있는 용융 금속에서 y 방향으로 성장한다. 이 중 하나는 온도 기울기 방향으

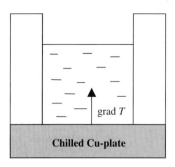

그림 6.35 하단의 온도 기울기는 차가운 바닥면에서 용융 금속 안으로 향한다. 용융 금속의 겉면은 단열 되어 있다.

로 성장한다. 다른 하나는 기울기에 대해 45° 기울어진 방향으로 성장한다.

수지상정의 성장률은 용융 금속의 과냉의 함수로 표기할 수 있다.

$$v = \mu(T_L - T)^n$$

여기에서 T_L은 액상선 온도이고 T는 수지상정 선단의 용융 금속의 온도이다.

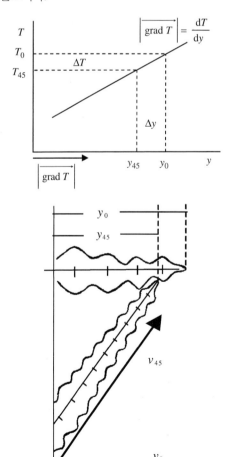

(a) 온도 기울기와 평행으로 성장하는 수지상정의 성장률 v_0의 함수로 2개의 수지상정 선단의 y 방향의 길이 차이 $\Delta y = y_0 - y_{45}$를 구하라.

(b) '평행' 수지상정의 2차 수지상정 가지가 '경사' 수지상정의 1차 수지상정 가지보다 먼저 성장할 수 있게 해주는, Δy와 '평행' 수지상정의 가지 간격 λ_{den} 간의 조건을 구하라.

풀이

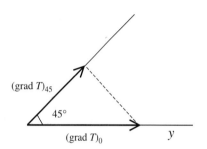

(a) 온도 기울기는 벡터[1]이다. 평행 방향과 경사 방향의 성분은 위의 그림에서 주어진다. 성분 간의 비율은 다음과 같다.

$$\frac{(\text{grad }T)_0}{(\text{grad }T)_{45}} = \sqrt{2} \tag{1'}$$

평행하게 성장하는 수지상정과 경사 방향으로 성장하는 수지상정의 성장률 간 비율을 구하고자 한다.

(dT/dt) 관계는 다음과 같이 표기할 수 있다.

$$\frac{dT}{dt} = \left(\frac{dT}{dy}\right)\left(\frac{dy}{dt}\right) = \text{grad }T \times v \tag{2'}$$

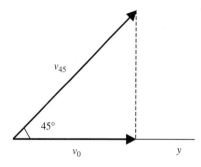

이 식은 방향과는 무관하다. 그러므로 온도 기울기와 성장률의 곱은 평행 수지상정과 경사 수지상정에 대해 동일하게

---

[1] 여기에서 $\overrightarrow{\text{grad }T}$는 y의 양방향 벡터이며 그 크기를 grad T라고 부른다. i 방향으로의 기울기 성분을 $(\text{grad }T)i$로 표기한다.

된다.

$$(\text{grad } T)_0 v_0 = (\text{grad } T)_{45} v_{45} \qquad (3')$$

또는 식 (1')와 결합하여 다음의 식을 얻는다.

$$\frac{(\text{grad } T)_0}{(\text{grad } T)_{45}} = \frac{v_{45}}{v_0} = \sqrt{2} \quad \Rightarrow \quad v_{45} = \sqrt{2} \times v_0 \qquad (4')$$

다음 단계는 y_0와 y_{45}를 계산하는 것이다. 이 경우에 온도 기울기의 크기는 일정하며 다음처럼 표기할 수 있다.

$$|\text{grad } T| = \frac{dT}{dy} = \frac{\Delta T}{\Delta y} = \frac{T_0 - T_{45}}{y_0 - y_{45}} \qquad (5')$$

또는

$$y_0 - y_{45} = \frac{T_0 - T_{45}}{\text{grad } T} \qquad (6')$$

또는

$$y_0 - y_{45} = \frac{(T_L - T_{45}) - (T_L - T_0)}{\text{grad } T} \qquad (7')$$

다음의 식에서 $(T_L - T_0)$와 $(T_L - T_{45})$를 구할 수 있다.

$$v_0 = \mu(T_L - T_0)^n \qquad (8')$$
$$v_{45} = \mu(T_L - T_{45})^n \qquad (9')$$

그리고 식 (4')와 함께 식 (7')에 대입한다.

$$\Delta y = y_0 - y_{45} = \frac{\left(\dfrac{\sqrt{2} \times v_0}{\mu}\right)^{\frac{1}{n}} - \left(\dfrac{v_0}{\mu}\right)^{\frac{1}{n}}}{|\text{grad } T|} \qquad (10')$$

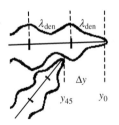

$y_0 > y_{45}$는 명백한 사실이고 평행 수지상정은 경사 수지상정을 앞서는데, 이것은 경사 수지상정이 도착하기 전에 평행 수지상정이 이미 공간을 차지하고 있기 때문에 평행 수지상정이 경사 수지상정을 차단한다는 것을 의미한다.

(b) $\Delta y \geq \lambda_{den}$이면, 평행 수지상정의 2차 수지상정 가지가 도착한 후에 경사 결정의 1차 수지상정이 도착한다.

답
(a) 원하는 차이 Δy는 식 (10')로 주어진다.
(b) 경쟁 성장의 조건은 $\Delta y \geq \lambda_{den}$이다.

6.7 주조재의 거시 조직

공정 성장과 수지상정의 성장은 이번 장의 앞 부분에서 다루었다. 공정 성장은 공정 조성을 가지고 있는 합금에서만 발생하기 때문에 공정 성장은 응고의 특별한 경우이다.

대부분의 합금과 순수 금속에서 응고는 용융 금속에서 핵 생성된 결정의 수지상정 성장에 의해 일어난다. 이 사실은 1세기 이상 알려져 왔으며 주조 후 용융 금속의 응고 과정에 적용될 것이다.

배경
19세기 말에 러시아의 금속공학자인 체르노프(Tschernoff)가 강 잉곳의 응고에 대한 획기적인 보고서를 발표하였다. 그는 현미경 관찰을 통하여 강 잉곳의 수축공에서 발견한 노출 결정과 함께 빽빽하게 성장하는 결정의 형상에 대해 상세한 연구를 수행하였다. 그는 강 잉곳의 육안 조직이 3개의 명확한 영역으로 나눠질 수도 있다는 것을 발견했다(그림 6.36).

그림 6.36 표면 영역, 주상정 영역, 잉곳 중앙에 있는 등축 영역의 거시 조직의 대체적인 스케치. 중간 주조 온도. The Metals Society, The Institute of Materials의 허락을 얻어 인용함.

- 거의 같은 크기의 작은 결정들로 구성된 표면 영역, *표면 결정 영역*
- 긴 주상정 결정으로 구성된 영역, *주상정 영역*
- 비교적 큰 등축정으로 구성된 중앙의 영역, *등축정 영역*

단조와 압연이 가능한 큰 강 잉곳의 생산은 베서머마틴 법 (Bessemer and Martin Processes)과 같은 새로운 제강법이

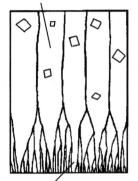

그림 6.37 잉곳의 주상정 영역 내의 등축정.

(a)

그림 6.38 (a) 잉곳의 표면 영역과 주상정 영역의 거시 조직의 대체적인 스케치. 높은 주조 온도.

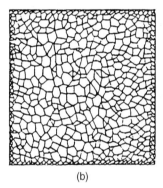

(b)

그림 6.38 (b) 잉곳의 거시 조직의 대체적인 스케치. 주상정 영역을 대신하여 등축 영역이 늘어났다. 낮은 주조 온도.

개발된 19세기 중엽에 시작되었다. 금속 조직에 대한 지식이 크게 확산되었으며 그 이후로 응고 시 금속 조직에 대한 많은 연구를 통해 최종 제품의 주조법과 특성이 크게 개선되었다.

일방향 주조재의 거시 조직

여러 가지 방법을 이용한 후속 실험을 통해 체르노프가 발표한 내용이 확인되었고, 이 내용은 주조 금속의 거시 조직에 대한 현대적 개념의 기초이다. 거시 부식시킨 시편의 결정을 맨눈으로 보면 거시 조직, 즉 표면 영역, 주상정 영역 및 중심 영역을 확인할 수 있다. 예제 6.5와 그림 6.37에서 설명된 메커니즘에 따라서 주상정 영역의 결정 지역이 증가하였다.

형상과 크기가 다르고 무질서 방위를 갖는 더 작고 더 큰 단결정을 주상정 영역에서 관찰할 수 있다(그림 6.37). 이들은 중심 영역에 있는 결정과 같은 종류의 등축정이며 이들의 근원에 대해서는 165~166쪽에서 다룰 예정이다.

이 3개 기본 영역은 사용된 주조법에 관계없이 최종 제품에 존재한다. 아래에서는 거시 조직에 영향을 끼치는 다양한 매개변수의 영향에 대한 실험적 증거를 다룬다. 그리고 3개 영역 각각의 형성에 대해 6.7.1절, 6.7.2절과 6.7.3절에서 별도로 다룬다.

주조 온도와 다른 매개변수가 결정 구조에 미치는 영향

현대에 와서 주조 조직에 영향을 미치는 다양한 요소를 설명하기 위한 많은 연구가 진행되었다. 스웨덴의 금속공학자인 Hultgren이 1920년대부터 발간을 시작한 일련의 발행물은 이 분야의 기준이 되었으며 관련 연구들이 21세기 내내 진행되어 현재에 이르고 있다.

Hultgren은 주조 온도를 바꿈으로써 주상정의 길이를 바꾸는 것이 가능하다는 것을 입증하였다. 주조 온도를 올리면 중심 영역이 줄어든 만큼 주상정 영역이 증가한다[그림 6.38 (a)]. 주조 온도가 감소하면 이미 소개했던 그림 6.36의 조직이 만들어진다.

온도가 낮으면 주상정 영역이 전혀 없을 수도 있다[그림 6.38 (b)].

Hultgren은 또한 응고 진행 중에 용융 금속의 교반, 주형으로의 늦은 출탕 및 응고 중 재충진과 같은 다른 요소들도 조직에 영향을 미친다는 점을 발견하였다. 소량의 다른 성분을 추가하거나 합금의 조성을 바꾸면 주형의 특성으로 인해서 유사한 조직 변경이 가능하다는 점이 그 이후로 밝혀졌다.

실험에 의하면 표면 결정 영역은 항상 작지만, 다음과 같은 요소에 따라서 주상정과 중심 영역의 형상과 상대적 크기는 상당히 달라진다.

- 용융 금속의 주조 온도
- 주조법
- 성장률
- 냉각 속도

표 6.2는 가장 흔한 주조법에 대한 개략적인 특징 사항, 금속의 거시 조직과 표에 열거되어 있는 몇 가지 가장 중요한 요소와의 관계에 대한 내용이다. 용융 금속, 응고된 금속과 주형의 온도 분포로 인해 각 주조법의 고유 특성이 만들어지며 냉각 조건을 바꿈으로써 변화가 일어난다.

표 6.2 일부 매개변수가 주물의 거시 조직에 미치는 영향

주조법	냉각 속도	성장률	주상정 영역	육안조직
연속 주조	매우 강하다	높다	길다	그림 6.38 (a)
잉곳 주조	강하다	중간	짧다	그림 6.36
사형	약하다	낮다	없다	그림 6.38 (b)

6.7.1 표면 결정 영역의 형성

금형주조에서 용융 금속은 실온 상태에 있거나 수냉되는 금속/주형의 접촉면과 밀착되어 주조가 이루어진다. 용융 금속은 핵 생성에 필요한 임계 온도 T^*까지 급속하게 냉각되어, 핵 행성에 의해 무질서 방위를 가진 다수의 작은 결정이 만들어진다. 용융 금속의 온도 기울기는 낮은 쪽 표면에서 grad T(예제 6.5)의 방향으로 결정의 성장을 촉진하며 이런 조직을 **표면 결정 영역**(surface crystal zone)이라고 부른다.

용융 금속의 온도 분포는 고상의 첫 번째 핵이 만들어질 때에 그림 6.39의 곡선 1로 주어진다고 가정한다. 초기에는 이 성장 결정의 표면이 작은데, 이는 성장률이 높아도 단위 시간당 발생되는 응고열은 작다는 것을 의미한다. 이 열량은 냉각에 의해 방출되는 열량과 균형을 이루기에는 충분하지 않고 그림 6.39의 곡선 2에 나타내었듯이 용융 금속의 온도가 떨어진다.

가장 먼 쪽에 있는 층에서조차도 다수의 핵이 만들어질 수 있다. 핵의 숫자가 충분히 크고 총 표면이 충분히 크면, 발생되는 응고열이 매우 커져서 냉각열이 아주 크지만 않으면 냉각에 의한 방출 열과 충분히 균형을 이루고 남는다. 크게 과냉된 구역의 온도는 올라가고 그림 6.39의 곡선 3은 해당 온도의 조건을 설명하고 있으며 새로운 핵은 형성되지 않는다.

형성된 핵의 성장률이 감소하여 외부 냉각과 응고열이 균형을 이루고 그림 6.39의 곡선 4처럼 용융 금속의 온도가 비교적 균일한 온도에 도달할 때까지 용융 금속의 온도는 증가한다.

6.7.2 주상정 결정 영역의 형성

초기의 전체적인 응고 과정은 고상 핵이 성장하여 결정 골조, 즉 수지상정이 되는 것과 연계해서 일어난다. 이 결정 골조의 일부는 주조 직후에 용융 금속에 항상 존재하는 강한 대류로 인해 부서진다는 것이 알려졌다. 이런 이유 때문에 경우에 따라서는 큰 결정 증식이 나타나는데 이로 인해 표면 영역에서 핵의 숫자가 크게 증가된다.

위의 추론은 응고 초기 단계에서 많은 핵의 생성이 예상된다는 것을 보여준다. 이 핵은 소위 표면 결정 영역의 근원이 되며 종종 미세한 결정립으로 된다. 초기 단계가 지나면 그림 6.39의 곡선 3과 곡선 4에 나타낸 것처럼 온도 증가로 인해 통상적으로 핵 생성이 멈춘다.

지속적인 응고는 거의 전적으로 이미 핵 생성된 결정의 성장으로 일어나며 경쟁 성장으로 인해, 결정은 온도 기울기 방향, 즉 표면 영역에서 안쪽으로 용융 금속의 중심을 향해 성장한다. 각 결정은 여러 개의 평행한 1차 수지상정 가지로 구성되는데 모든 팔은 동일하게 성장해서 용융 금속 안으로 들어간다. 처음에는 팔과 가지의 성장에 의해 수지상정이 특정한 결정학적 방향으로 형성되는데 후속 단계에서 이 팔이 함께

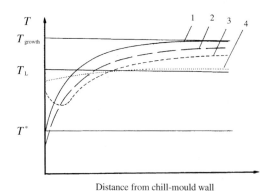

그림 6.39 응고 초기 단계에서 시간에 따른 용융 금속의 온도 분포 - 각 시간 값별로 1개의 곡선.

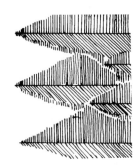

그림 6.40 용융 금속의 안으로 성장하는 평행한 1차 수지상정 가지들이 함께 주상정을 형성한다. 동일한 수평면의 3개의 수지상정 가지.

성장해서 특정한 평면을 형성한다.

표면에서 안쪽의 중심부로 주상정을 관통해서 절단하면 개별 수지상정의 연장부를 따라가는 것이 가능하다. 그림 6.40은 주상정을 보여준다.

주물 표면으로부터의 거리에 따라 응고 전단부의 성장률이 감소한 결과 식 (6.9)에 따라 수지상정 선단 간의 거리는 증가한다. 성장률이 감소할 때에 그림 6.43과 그림 6.45에 명확하게 나와 있듯이 조직이 더 조대해진다.

예제 6.6

일방향으로 주조된 Al 주물의 수지상정 가지 간격을 주물 두께의 함수로 조사하여 주물 표면으로부터 안쪽으로 측정한 내용을 다이어그램으로 표시하였다. 수지상정 가지 간격은 주물 두께의 함수이며 특정 임계 두께까지는 일정하다는 것이 밝혀졌다. 임계 두께를 넘어서면 수지상정 가지 간격은 두께에 따라서 포물선 형태로 증가하였다. 이 결과를 설명하라.

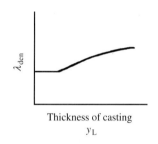

풀이와 답

응고 셀을 통한 열전달이 성장률을 조절하는데 다음 식에 따라 궁극적으로는 수지상정 가지 간격도 조절된다.

$$v_{growth}\,\lambda_{den}^2 = \text{const} \tag{1'}$$

이 방정식은 다음의 의미를 갖는다.

$$\lambda_{den} = \frac{\text{const}}{\sqrt{v_{growth}}} \tag{2'}$$

4장의 식 (4.46)으로부터 응고 속도에 대한 일반식을 사용한다.

$$v_{growth} = \frac{dy_L}{dt} = \frac{T_L - T_0}{\rho(-\Delta H)}\frac{h}{1+\dfrac{h}{k}y_L} \tag{3'}$$

예 I: 얇은 주물 또는 응고 층이 얇은 응고 시작 시점, 즉 Nusselt 수는:

$$\text{Nu} = \frac{h}{k}\,y_L \ll 1$$

1과 비교하여 $\left(\frac{h}{k}\right)y_L$ 항을 무시할 수 있고 식 (3')를 다음처럼 정리할 수 있다.

$$v_{growth} = \frac{dy_L}{dt} = \frac{T_L - T_0}{\rho(-\Delta H)}h \tag{4'}$$

즉 v_{growth}는 일정하다. 따라서 수지상정 가지 간격은 주조 공정의 초기에는 일정하며 이는 실험 결과와 일치한다.

예 II: 두꺼운 주물, 즉 Nusselt 수가 1에 비해 작지 않다.

이 경우에 식 (3')를 아래와 같이 표기할 수 있다:

$$v_{growth} = \frac{dy_L}{dt} = \frac{T_L - T_0}{\rho(-\Delta H)}\frac{h}{1+\dfrac{h}{k}y_L} \tag{5'}$$

그리고 다음 식을 얻는다.

$$\lambda_{den} = \frac{\text{const}}{\sqrt{\dfrac{dy_L}{dt}}} = \text{const}\sqrt{1+\frac{h}{k}y_L} \tag{6'}$$

$\left(\frac{h}{k}\right)y_L \gg 1$일 때에 식 (6')를 아래와 같이 표기할 수 있다.

$$\lambda_{den} = \text{const}\sqrt{y_L} \tag{7'}$$

즉, 수지상정 가지 간격은 주물 두께에 따라서 포물선 형태로 증가하며 이는 실험 결과와 일치한다.

6.7.3 중심 결정 영역의 형성 – 무질서 방위의 등축정

체르노프는 과학 문헌을 통해 가장 먼저 등축정의 형성과 중심 구역에 대해 언급하였다. 그가 잉곳에 대해 발견한 내용은 현미경을 이용한 연구와 설득력 있는 다른 실험 증거에 의해 확인되었다.

결정은 무질서 방위를 가지고 있는데 모든 방향으로 골고루 퍼져 있다. 이 결정들을 설명할 수 있는 적합한 기술 용어는 **무질서 방위 등축정**(equiaxed crystals of random orientation)이다. 결정들이 용융 금속에서 석출될 때에 다양한 방향(그림 6.41)을 갖는다는 사실은 결정들이 별도의 핵으로부터 만들어진다는 것을 보여준다. 때로는 석출 과정 중에 이 결정들이 용융 금속에서 자유롭게 떠다니기도 한다. 이 단계에서 이 결정들을 자유 결정 또는 자유 부유 결정으로 명명한다.

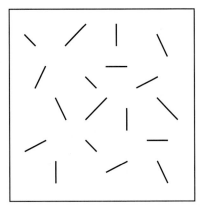

그림 6.41 중심 영역에서 무질서 방위를 갖는 등축정의 결정학적 방향도.

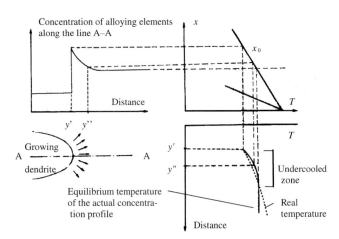

그림 6.42 금속에서 성장 중인 수지상정 선단 앞의 과냉 영역의 형성.

반응이 지속되는 동안에 급속 냉각을 기반으로 하는 응고 과정의 연구는 용융 금속에서 자유롭게 떠다니는 이 결정들이 상당한 크기로 성장할 수 있다는 것을 보여준다.

무질서 방위 등축정의 형성
자유 부유 결정의 핵 생성에 대해서는 여러 가지 상이한 이론들이 존재한다. 이 이론들은 아래 본문에서 잉곳에 적용되었으나 다른 유형의 주물에도 유효하다.

한 가지 이론은 용융 금속 안에서 결정 증식에 의해 새로운 핵이 생성된다는 것이며 이 공정에 대해서는 6.3.3절에서 이미 다루었다. Hultgren과 Southin은 중심 구역에서 결정의 일부가 잉곳 윗면에 있는 결정과 동일한 조직을 갖고 있다는 것을 밝혀냈다. 윗면에 있는 고체 금속 층으로부터 생성된 수지상정 파편이 용융 금속의 대류로 인해 부서지고 중심 영역에서 등축정의 핵 생성을 위한 불균일성으로 작용할 수 있다는 것으로 이를 설명할 수 있다(그림 6.37 참고). 물론 결정 파편이 잉곳의 윗면에서 특별히 부서질 필요는 없다. 결정의 팔이 파괴될 수 있는 적절한 조건이 존재하면 이런 현상은 잉곳의 모든 곳에서 발생할 수 있다.

Howe가 발표한 다른 이론은 응고 전단부 앞의 원소 편석은 용융 금속의 과냉을 야기하여 낮은 온도에서 새로운 결정을 형성한다는 것이다. Hultgren이 이 이론을 조사하여 응고 전단부 앞에서의 확산으로 인해 과냉 영역이 나타날 수 있으며 전단부 앞에서 생성되는 새 등축정의 핵이 과냉 영역에서 발생할 수 있다고 주장하였다. 그림 6.42는 이런 과냉 영역이 어떻게 발생할 수 있는지를 보여준다. 그림의 좌측은 성장하고 있는 수지상정 선단 앞의 용융 금속에서 합금 원소의 농도 분포를 보여준다. 그림의 우측은 이 농도 분포가 어떻게 곡선

으로 변형될 수 있는지를 보여주는데, 이는 용융 금속 내의 모든 지점이 용융 금속에서 고상이 존재할 수 있는 가장 높은 온도인 액상선 온도가 되도록 하기 위해서 온도가 어떻게 이론적으로 변해야 하는지를 설명해 준다. 실제 온도 분포가 충분히 얕으면 과냉 영역이 발생할 수 있고, 이는 자유 부유 결정의 형성 조건이다.

많은 경우에 수많은 불순물이 용융 금속에 존재하고 이 불균일성에서의 핵 생성으로 인해 새로운 등축정이 쉽게 형성될 수 있다. 또한 용융 금속에서 대류에 의해 강화된 결정 증식이 성장 결정의 수를 증가시킬 수 있다.

중심 영역의 형성
자유 부유 결정의 수가 충분히 크고 성장 결정이 특정 임계 크기에 도달하면 이 결정들은 주상정 결정이 더 이상 성장하는 것을 효과적으로 차단하게 된다. 그리고 나서 중심 영역이 주상정 영역을 대체하게 된다. 하지만 방출된 형성 열이 멀리 방출되지 않으면 새로운 결정의 성장과 영역 변경은 없게 된다. 예로써 170쪽의 잉곳을 통해 이 주제를 논의한다.

예제 6.7
다음의 특성을 갖고 있는 스텔라이트 합금에서 주상정이 무질서 방위의 등축정으로 급격하게 변하는 것을 피하기 위해 일방향 응고를 위한 장비에서 제어해야 하는 상대 인출 속도와 온도 기울기 간의 관계식을 구하라.

(1) 성장률과 성장 온도 T 전단 간의 관계식은 다음과 같다.

$$v_{growth} = 10^{-4}(T_L - T_{front}) \text{ m/s}$$

여기에서 T_L은 액상선 온도이다.

(2) 1차 수지상정 가지 간격은 아래처럼 표기된다.

$$v_{growth}\,\lambda_{den}^2 = 10^{-12}\,\mathrm{m^3/s}$$

풀이

2개의 성장 대상에는 응고 전단부와 핵 생성된 결정이 있는데 이들은 과냉 영역의 어디인가에서 성장한다. 응고 전단부는 주물에 대해 v_{front}의 성장률로 상향 이동한다. 동시에 전체 주물은 같은 속도로 하향 이동한다. 결과적으로 응고 전단부는 주변에 대해 정지 상태를 유지한다. 따라서 인출 속도의 크기는 v_{front}와 동일하나 방향은 정반대이다.

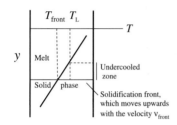

응고 전단부의 움직임

위의 조건 1을 $T = T_{front}$인 성장 수지상정의 응고 전단부에 적용하면 다음의 식을 얻는다.

$$\frac{dy}{dt} = v_{front} = 10^{-4}(T_L - T_{front}) \tag{1'}$$

응고 전단부 근처의 온도 기울기는 다음과 같다.

$$|\mathrm{grad}\ T| = (dT/dy) \tag{2'}$$

식 (2')에 dy/dt와 동일한 v_{front}를 곱하면:

$$v_{front}|\mathrm{grad}\ T| = \left(\frac{dy}{dt}\right)\left(\frac{dT}{dy}\right) = \frac{dT}{dt} \tag{3'}$$

식 (3')는 적분할 수 있다. 응고 전단부가 $T = T_{front}$인 위치에서 $T = T_L$인 위치까지 이동(주물에 대해)하는 데 걸리는 시간인 t_{max}가 필요하다.

v_{front}와 $\mathrm{grad}\ T$가 모두 일정하며 다음의 식이 주어진다.

$$v_{front}|\mathrm{grad}\ T|\int_0^{t_{max}} dt = \int_{T_{front}}^{T_L} dT$$

또는 식 (1')를 통해서 다음의 식을 얻는다.

$$t_{max} = \frac{T_L - T_{front}}{v_{front}|\mathrm{grad}\ T|} = \frac{10^4}{|\mathrm{grad}\ T|} \tag{4'}$$

등축정의 성장

다음으로는 용융 금속의 과냉 영역에서 핵 생성되고 성장한 등축정의 최대 크기를 계산하고자 한다.

임계 온도 $T^* \approx T_L$이면 $t = 0$에서 온도가 T_L인 과냉 영역의 상단에서 핵이 생성되는 경우에 결정의 최대 크기를 얻는다. 그다음에 주물이 하향 이동할 때에 결정 근처에서 온도가 떨어지고 결정이 응고 선단부와 만날 때까지 결정이 성장한다. 성장 온도 $T_{crystal}$은 T_L에서 T_{front}까지 선형으로 떨어지며, 결정 성장은 다음의 법칙을 따른다.

$$\frac{dr}{dt} = v_{crystal} = 10^{-4}(T_L - T_{crystal})$$

이로부터 다음의 식을 얻는다.

$$dr = 10^{-4}(T_L - T_{crystal})dt \tag{5'}$$

$$\begin{array}{llll}
\text{At } t=0 & T=T_L & \text{and} & T_L - T = 0 \\
\text{At } t=t & T=T_{crystal} & \text{and} & T_L - T = T_L - T_{crystal} \\
\text{At } t=t_{max} & T=T_{front} & \text{and} & T_L - T = T_L - T_{front}
\end{array}$$

이로부터 다음의 식을 얻는다.

$$\frac{t_{max}}{t} = \frac{T_L - T_{front}}{T_L - T_{crystal}} \quad \text{or} \quad T_L - T_{crystal} = \left(\frac{T_L - T_{front}}{t_{max}}\right)t \tag{6'}$$

$T_L - T_{crystal}$에 대한 이 식을 식 (5')에 대입한다.

$$dr = 10^{-4}\left(\frac{T_L - T_{front}}{t_{max}}\right)t\ dt \tag{7'}$$

식 (7')을 적분한다.

$$\int_0^{r_{max}} dr = 10^{-4}\left(\frac{T_L - T_{front}}{t_{max}}\right)\int_0^{t_{max}} t\ dt$$

위 식에서 다음 식을 얻는다.

$$r_{max} = 10^{-4}\left(\frac{T_L - T_{front}}{t_{max}}\right)\frac{t_{max}^2}{2} \tag{8'}$$

식 (4')에서 t_{max}의 값을 식 (8')에 대입한다.

$$r_{max} = 10^{-4}\left(\frac{T_L - T_{front}}{2}\right)\frac{10^4}{|\mathrm{grad}\ T|} \tag{9'}$$

식 (1')를 사용하면 다음의 식을 얻는다.

$$r_{max} = \frac{v_{front} \times 10^4}{2|\mathrm{grad}\ T|} \tag{10'}$$

주상정이 무질서 방위의 등축정으로 급격하게 변하는 것을 피하려면 다음의 조건이 충족되어야 한다(예제 6.5 끝에 있는 본문과 그림 비교):

$$r_{max} < \lambda_{den} \qquad (11')$$

예제의 조건 2로부터 다음의 식을 얻는다.

$$\frac{v_{front} \times 10^4}{2|grad\ T|} < \sqrt{\frac{10^{-12}}{v_{crystal}}}$$

성장률 $v_{crystal}$이 인출 속도와 같다[$|v_{withdrawal}| = |v_{front}|$고 가정하면 아래와 같은 답을 얻는다[실제로는 $v_{crystal}$이 약간 낮다. 연습문제 6.8 (c) 참고].

답

필요한 관계식은 $|grad\ T| > \frac{10^{10}}{2}|v_{withdrawal}|^{\frac{3}{2}}$ 이다.

응고 도중에 주상정 영역에서 중심 영역으로의 변화 시간

고체 셀을 관통하는 열 유속은 주조법, 주물의 형상 및 크기에 따라 달라지기 때문에 영역 변화 시간과 주상정 영역의 길이에 관한 일반식을 구할 수가 없다. 이런 계산에 대한 예로는 용융 금속에서의 대류가 고려된 잉곳에 대하여 6.8절에 나와 있다.

6.8   잉곳 주조재의 거시 조직

6.7절에서는 주물의 거시 조직에 대한 일반적인 논의를 다루었다. 이 절과 후속 2개 절에서는 주조 공장에서 주된 주조법으로 주조된 소재의 거시 조직에 대해 몇몇 추가적인 특성을 논의한다.

6.8.1   잉곳의 주상정 영역

원래 영국의 금속공학자인 Stead가 1920년에 경쟁 성장 이론을 제안하였으며(6.6.3절), 이후에 Hultgren이 이 이론을 확인하였다. 오늘날에는 주상정 구역을 설명해 주는 이론으로 이를 일반적으로 받아들이고 있다.

결정의 주상정에 대한 특성은 그림 6.43에 나와 있으며 이 특성은 여러 수지상정 결정이 동시에 나란히 성장하면서 발생한다. 그림은 또한 주상정 결정의 단면적이 냉각된 표면으로부터의 거리에 따라 증가한다는 것을 보여주는데, 그 이유는 덜 바람직한 방위를 가지고 있는 주상정 결정이 제거되어 남아 있는 주상정 결정의 단면 지름을 증가시키기 때문이다.

그러므로 주형 표면에 수직인 결정 면적은 주상정 결정 영

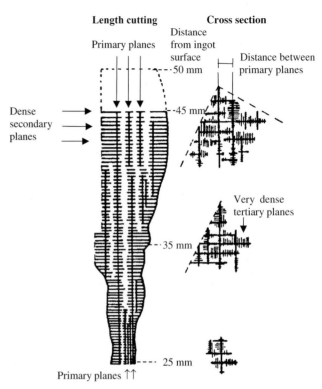

그림 6.43   강 결정의 길이 축을 관통한 절단. The Scandinavian Journal of Metallurgy, Blackwell의 허락을 얻어 인용함.

역이 발달하는 동안에 증가하게 된다. 그림 6.44는 2개의 볼 베어링강 잉곳에 대하여 잉곳 표면으로부터의 거리의 함수로서 결정의 면적을 보여준다. 잉곳 표면으로부터의 거리에 따라 응고 전단부의 성장률이 감소한다는 사실의 결과로서 수지상정 선단 간의 거리는 증가하며 그림 6.45에 이에 대해 나타내었다.

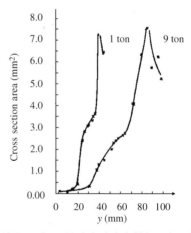

그림 6.44   잉곳 표면으로부터의 거리의 함수로서 2개의 잉곳에 있는 주상정 결정의 횡단면적. The Scandinavian Journal of Metallurgy, Blackwell의 허락을 얻어 인용함.

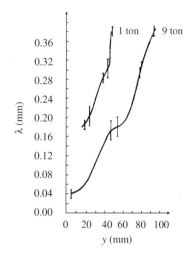

그림 6.45 잉곳 표면으로부터 거리의 함수로서 그림 6.44에 나타낸 잉곳의 주상정 영역의 2차 평면 간격. The Scandinavian Journal of Metallurgy, Blackwell의 허락을 얻어 인용함.

그림 6.45는 수지상정 가지의 거리와 냉각면으로부터의 거리에 관하여 예제 6.6에서 다룬 식 (7′)의 단순한 포물선 관계식에는 해당되지 않는다. 그 이유는 성장 조건과 이에 따른 조직 형태도 일정하지 않기 때문이다. 수지상정 가지와 결정의 단면은 둘 또는 세 가지 단계로 성장하는 것으로 보인다. 각 단계에서 관계식 '$v_{growth}\lambda_{den}^2 = $ 상수'는 유효하나 단계마다 상수 값이 다르다.

계면 근처에는 약하게 발달된 2차 팔을 가진 셀 모양의 수지상정 조직을 갖는 부 구역이 있다(셀 결정은 높은 성장률과 큰 온도 기울기에서 형성되며 2차 팔이 없는 결정). 정상적인 수지상정을 가진 2번째 부 구역이 이 구역을 잇는다. 잉곳 표면으로부터 거리가 먼 곳에서는 초수지상정의 3번째 부 구역을 찾을 수 있다(초수지상정은 1차 팔 간 간격이 매우 크다는 특징이 있으며 Bolling이 1968년에 처음으로 언급했다). 초수지상정의 형성은 성장 중인 수지상정 앞에서 용융 금속의 과열과 관련된 것 같다.

6.8.2 주상정 영역에서 중심 영역으로의 변화

주상정 영역에서 중심 영역으로의 변화가 동축정과 연계되는지에 대해서는 오랫동안 논의되어 왔다. 형성 과정을 언급했던 최초의 과학자 중 한 명은 영국의 금속공학자인 Stead이며, 그는 잉곳의 중앙에 어느 정도의 침강 경향이 있기 때문에 이곳에 있는 자유 결정은 상당한 크기로 성장할 수도 있다고 주장하였다. 그는 이런 방법을 통해 그가 발견한 다른 결과, 즉

그림 6.46 Stead의 이론에 따른 잉곳 중심의 등축정 영역도. 검은 부위는 용융 상태이며 별 모양의 밝은 부위는 등축정. The Scandanavian Journal of Metallurgy, Blackwell의 허락을 얻어 인용함.

잉곳 소재는 상부보다 하부에서 더 순수하다는 것을 설명할 수도 있었다(그림 6.46). 등축정 영역은 침강에 의해 잉곳의 바닥으로부터 형성된다는 본 이론은 Hultgren과 같은 사람들에 의해 더욱 발전하여 오늘날에는 완전하게 받아들여지고 있다.

잉곳의 수직 응고 전단부에서 주상정의 성장을 막는 부유 결정의 역할에 대해 다양한 의견이 제시되었다. 이런 변화를 설명하기 위하여 나머지 용융 금속이 부유 결정의 형성을 막을 수 있는 충분히 높은 온도를 갖는 한 주상정 영역은 지속적으로 성장한다는 의견이 원래부터 제시되었다. 그렇지만 Hensel은 용융 금속이 깜짝 놀랄 정도로 빠르게 냉각되고, 주상정이 성장을 멈추기 오래전에 용융 금속이 주상정의 응고 전단부 온도와 거의 같은 온도에 종종 도달한다는 것을 밝혀냈으며, 용융 금속의 대류를 급속 냉각 과정의 원인으로 제시하였다.

오늘날 잉곳의 주상정에서 등축정으로의 변화에 대한 설명은 다음과 같다. 용융 금속의 부유 결정은 일반적으로 어느 정도의 침강 경향을 가지는데 이는 결정이 성장할수록 점점 증가한다. 마침내는 결정이 너무 커서 더 이상 떠다니지 않고 바닥으로 가라앉게 된다. 도중에 일부 자유 결정은 수직 응고 전

단부에 있는 수지상정 선단에 달라붙어서 성장을 멈추게 한다. 단위 부피당 결정의 수에 따라 결정이 수직 응고 전단부에 달라붙는 확률이 증가하기 때문에 용융 금속에서 자유 결정의 숫자가 커지는 경우에는 이런 변화가 일찍 발생하게 된다. 주조 온도가 낮으면 용융 금속에서 수많은 자유 결정의 핵이 형성된다. 온도가 액상선 온도보다 낮으면 대류와 결정 증식 때문에 주조 작업 중에 용융 금속에서 다수의 자유 결정이 형성된다. 이 경우에 잉곳으로부터 열 유속이 충분하면 주상정 구역이 끝나게 되고 잉곳 조직은 작은 등축정으로 구성된다.

주상정에서 무질서 방위의 등축정으로의 변화는 주변으로의 열전달이 아주 빨라서 성장하는 결정으로부터 방출된 열에 의해 온도 기울기가 비교적 변하지 않고 유지되는 경우에만 발생할 수 있다.

6.8.3　중심 영역 내의 조직

등축정에 대한 상이한 형성 조건으로 인하여 침강을 통해서 형성되는 등축 영역과 수직 응고 전단부에서 형성되는 등축 영역 간에 조직 차이가 발생하며, 이로 인해 잉곳의 여러 부위 간에 물성치 차이가 생긴다. 실제적인 관점에서 보면 잉곳 중심에 있는 무질서 방위의 결정 구역이 사실상 두 개의 다른 구역으로 구성된다는 것을 이해하는 것이 중요할 수 있으며, 그들 사이의 차이는 잉곳이 클수록 더욱 두드러질 것이다.

수직 응고 전단부에 달라붙고 성장을 막는 결정은 종종 어느 정도는 스스로 성장한다. 그런 다음에 이 결정들은 침강 영역에 있는 결정보다 커지며 어느 정도 긴 형상을 갖게 된다. 이런 점 때문에 과학 문헌에서 이 구역을 종종 분기 주상정 영역이라고 명명한다.

구상 수지상정 영역(globular dendrite zone)은 용융 금속에서 성장하고 결정이 침강되기 전에 둥근 모양이 되는 침강된 자유 성장 결정으로 구성된다. 그러므로 침강 영역의 결정은 종종 구상 형태를 보인다.

응고 시간이 긴 대형 잉곳에서 새로운 자유 부유 결정의 수는 응고 과정에서 감소하게 되고 분기 주상정의 중심 영역은 그림 6.47처럼 잉곳 상부의 전체 단면에 걸쳐서 확장된다.

6.8.4　응고 중에 잉곳의 주상정 영역에서 중심 영역으로 변화 시간－주상정 영역의 길이

잉곳의 주상정 영역에서 중심 영역으로의 변화에 걸리는 시간은 시간의 함수로서 잉곳 내부의 용융 금속 온도 T_{melt}와 밀접한 관련이 있다. 이 함수는 5장의 5.3.2절에서 등축정의 형성이나 자유 부유 결정이 무시되는 경우에 대해서 계산이 이루

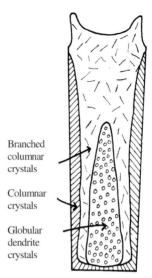

그림 6.47　9톤 잉곳에서 영역의 확장도. The Scandinavian Journal of Metallurgy, Blackwell의 허락을 얻어 인용함.

어진다. 우리는 이 계산식을 사용하고 등축정 형성의 영향을 고려하여 이 계산식을 수정하고자 한다.

자유 부유 결정의 형성을 고려하지 않은 시간 함수로서의 열 유속

5장의 5.3.2절에서 잉곳 내부의 용융 금속에서 주변으로의 열 유동을 분석하였고, 시간 t의 함수로서 냉각 용융 금속의 온도 T_{melt}와 온도 T_{solid}를 유도하였다

T_{solid}에 대한 해석식을 찾아내었고, 그래프를 통해 아래에 있는 미분 방정식 (6.18)의 해로 T_{melt}를 나타내었다. 냉각 용융 금속에서 응고되는 셀을 통해 주변에 전달되는 열 유동은 다음과 같다는 것이 알려졌다.

$$\frac{dQ}{dt} = -c_p \rho abd \left(\frac{dT_{melt}}{dt} \right) \qquad (6.15)$$

용융 금속에서 고체로의 이 열 유동은 용융 금속의 대류를 통해 전달된다.

$$\frac{dQ}{dt} = \left(\frac{8kg^{\frac{1}{4}}}{3B} \right) ad^{\frac{3}{4}} [T_{melt} - T_{solid}]^{\frac{5}{4}} \qquad (6.16)$$

또는

$$\frac{dQ}{dt} = \left(\frac{8kg^{\frac{1}{4}}}{3B} \right) ad^{\frac{3}{4}} \left[T_{melt} - T_L + \left(\frac{C}{2\mu\sqrt{t}} \right)^{\frac{1}{2}} \right]^{\frac{5}{4}} \qquad (6.17)$$

열 균형을 위해서는 식 (6.15)가 식 (6.17)과 동일해야 하며, 이

를 통해 다음의 미분 방정식을 얻는다.

$$\frac{dT_{\text{melt}}}{dt} = \frac{-8k\,g^{\frac{1}{4}}}{3B(b_0 - 2C\sqrt{t})(d_0 - C\sqrt{t})^{\frac{1}{4}}\rho c_{\text{p}}} \left[T_{\text{melt}} - T_{\text{L}} + \left(\frac{C}{2\mu\sqrt{t}}\right)^{\frac{1}{2}} \right]^{\frac{5}{4}}$$

여기에서

(6.18)

여기에서

c_{p} = 용융 금속의 열용량(J/kg)

T_{melt} = 잉곳 내부의 용융 금속 온도

B = 식 (5.6)의 상수

C = 식 $y_{\text{L}} = C\sqrt{t}$의 상수

g = 중력 상수

k = 용융 금속의 열전도도

a_0, b_0, d_0 = 주형의 치수(그림 6.48)

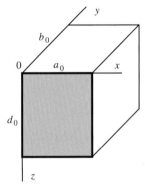

그림 6.48 식 (6.18)에서 사용된 주형 치수의 정의.

식 (6.18)에서 응고 셀 두께의 영향을 고려하였다. 식 (6.18)을 도출하는 방법은 5장의 98~99쪽에 단계적으로 나와 있으며 T_{melt}의 해석해는 나와 있지 않다.

자유 부유 결정의 형성을 고려한 시간 함수로서의 열 유속

자유 부유 결정의 성장을 고려하면 식 (6.15)는 더 이상 성립되지 않는다. 성장하는 결정의 응고열로 인한 열 유동을 표현하는 항을 추가해야 한다. 잉곳 중심부의 용융 금속에서 멀리 방출되는 총 열 유동을 다음처럼 표기할 수 있다.

$$\frac{dQ}{dt} = -c_{\text{p}}\rho\,abd\left(\frac{dT_{\text{melt}}}{dt}\right)$$

Cooling heat flow
from the melt

(6.19)

$$+ 4\pi r^2\left(\frac{dr}{dt}\right)fN\rho\,abd(-\Delta H)$$

자유 부유 결정으로부터의 응고열 유동

a, b, d = 주물의 치수

r = 구형이라고 가정한 자유 부유 결정의 반지름

dr/dt = 결정의 성장률

f = 결정 내의 고상 부피 분율

$-\Delta H$ = 융해열(J/kg)

N = 용융 금속 내의 단위 부피당 자유 결정의 수

결정은 이상적인 구형의 고체는 아니고 사실상 용융 금속으로 둘러싸인 고체 수지상정 가지로 구성되기 때문에 f 인자를 추가해야 한다. 수지상정 가지에 해당하는 부피만 응고되어 있다.

응고를 위한 필수 조건은 **과냉각**(undercooling)이다. 식 (6.11)에 의하면 결정의 성장률을 다음처럼 표기할 수 있다.

$$\frac{dr}{dt} = \mu(T_{\text{L}} - T_{\text{crystal}})^n$$

(6.20)

여기에서 μ = 성장 상수, T_{crystal} = 부유 결정의 표면 온도이다. μ와 n은 결정과 응고 전단부 양쪽, 즉 용융 금속의 주상정 성장에 대해 동일한 값을 갖는다고 가정한다($n = 2$). 식 (6.20)을 식 (6.19)에 대입하고 $T_{\text{crystal}} \sim T_{\text{melt}}$라고 가정하면 다음의 식을 얻는다.

$$\frac{dQ}{dt} = -c_{\text{p}}\rho\,abd\left(\frac{dT_{\text{melt}}}{dt}\right)$$
$$+ \mu(T_{\text{L}} - T_{\text{melt}})^2 4\pi r^2 f(-\Delta H)N\rho abd$$

(6.21)

자유 부유 결정의 형성을 고려한 시간 함수로서의 T_{melt}의 계산

위에서 식 (6.15)와 식 (6.17)을 동일하게 설정함으로써 자유 부유 결정을 고려하지 않고 물질 균형(식 6.18)을 알아내었다. T_{melt}에 해당하는 미분 방정식을 얻기 위해서 자유 부유 결정의 응고열을 고려할 때, 식 (6.15)를 식 (6.21)로 대체하고 식 (6.21)을 식 (6.17)과 동일하게 만든다.

$$-c_{\text{p}}\rho\,abd\left(\frac{dT_{\text{melt}}}{dt}\right) + \mu(T_{\text{L}} - T_{\text{melt}})^2 4\pi r^2 f(-\Delta H)N\rho abd$$

$$= \left(\frac{8k\,g^{\frac{1}{4}}}{3B}\right)ad^{\frac{3}{4}}\left[T_{\text{melt}} - T_{\text{L}} + \left(\frac{C}{2\mu\sqrt{t}}\right)^{\frac{1}{2}}\right]^{\frac{5}{4}}$$

이 식을 다음과 같이 변환할 수 있다.

$$\frac{dT_{melt}}{dt} = \left(\frac{-8k\,g^{\frac{1}{4}}}{3B \cdot (b_0 - 2C\sqrt{t})(d_0 - C\sqrt{t})^{\frac{1}{4}}\rho c_p}\right)\left[T_{melt} - T_L + \left(\frac{C}{2\mu\sqrt{t}}\right)^{\frac{1}{2}}\right]^{\frac{5}{4}} + \left(\frac{\mu}{c_p}\right)(T_L - T_{melt})^2 4\pi r^2 f(-\Delta H)N \qquad (6.22)$$

식 (6.22)는 T_{melt}의 해에 대한 미분 방정식이며 정확한 해를 찾는 것은 어렵지만 그림 6.49에서 설명된 것처럼 수치 계산으로 식의 해를 구할 수 있다. 이에 대해서는 다음 절에서 알아보겠다.

주상정 영역에서 중심부 영역으로의 변화의 시간 계산

식 (6.22)의 *첫째* 항은 식 (6.18)의 우변 및 식 (5.20)과 동일하다. *둘째* 항은 용융 금속에서 자유롭게 떠다니는 등축정의 성장으로 인해 추가되어야 하는 것이다. 용융 금속이 과냉될 때까지 결정 성장이 일어날 수 없기 때문에, T_{melt}가 액상선 온도 T_L보다 낮을 때에만 둘째 항이 미분 방정식의 해에 영향을 미친다. 성장하는 등축정으로부터의 응고열로 인해서 그림 6.49에서 점선으로 표시된 것처럼 용융 금속의 온도가 올라가는데, 이것이 점선에서 최솟값을 보이고 최솟값 이후에 온도가 올라가는 이유이다.

처음에는 결정이 작고 따라서 성장 과정에서 발생하는 응고열의 영향도 작다. 결정이 단위 부피당 결정의 수에 의존하는 특정 크기로 성장했을 때에 용융 금속의 온도는 증가하고 액상선 온도에 근접한다. 온도 증가로 인해서 대류가 증가하고 이에 따라 결정의 성장률이 증가한다. 이와 동시에 자유 결정이 응고 전단부에 들러붙고 주상정의 성장을 지연시킬 확률을 높인다. 전면적으로 지연이 발생하는 시점을 결정할 수 있다면 등축정으로의 변화 시간을 계산할 수 있게 된다.

주상정 영역에서 중심 영역으로의 변화에 대한 정확한 시간을 찾는 작업은 어렵다. 하지만 잉곳 *내부의 용융 금속이 최저 온도에 도달할 때에 변화가 발생한다*고 가정하면 실험 결과와 잘 일치한다(그림 6.49).

주상정 영역의 길이

등축정으로의 변화 시간을 알게 되면 주상정 영역의 길이를

계산하는 것이 쉬우며 5장의 식 (5.16)에서 이를 계산할 수 있다.

$$y_L = C\sqrt{t} \qquad (6.23)$$

주상정 영역의 길이는 용융 금속에서 단위 부피당 결정의 수가 증가하고 초과 온도 $T_{melt} - T_L$이 감소함에 따라 감소한다. 그 이유는 단위 부피당 결정의 수가 증가하면 결정이 응고 전단부에 들러붙는 확률을 높이기 때문이다. 초과 온도가 낮으면 더 짧은 시간 안에 최저 온도에 도달하게 되고 주상정 영역의 길이가 짧아진다.

6.9   연속 주조재의 거시 조직

연속 주조재의 거시 조직은 잉곳에서 발견할 수 있는 거시 조직을 닮는다. 결정 유형과 결정 영역의 형성 메커니즘은 양쪽의 경우에서 동일하고 차이점은 다른 주조 조건에 기인한다. 두 가지 경우에 연속 주조재의 거시 조직에 대해서 아래에서 분석하고 논의한다.

그림 6.50는 연속 주조용 만곡형 연주기에서 주조한 슬랩의 거시 조직을 보여준다. 시편은 슬랩의 작은 조각으로서, 평행한 2개의 단면을 따라 슬랩을 절단하고 동일한 크기를 갖는 2개 조각으로 나눈 것이다. 그림은 2개 조각 중의 1개이며 이

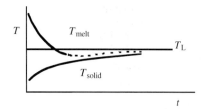

그림 6.49   시간의 함수로서 잉곳의 용융 금속과 고상의 온도.

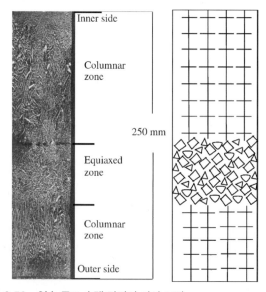

그림 6.50   연속 주조 슬랩 단면의 거시 조직.

슬랩의 폭은 250 mm이다.

그림의 상부는 내경 측에 형성된 조직, 하부는 반대쪽, 즉 외경 측에 형성된 조직을 보여준다. 중심부에는 길이 방향으로 검은 선이 있는데 이는 균열 및 중심선 편석이라고 불리는 편석된 소재에 해당되며 이는 조직과는 전혀 상관이 없다. 거시적 편석은 11장에서 다룬다. 이 조직은 매우 미세한 표면 영역을 가지고 있는데, 잉곳에서와 같이 수많은 미세 결정립의 결정이 아닌 그물처럼 퍼져 있는 얇은 수지상정 가지의 미세 네트워크로 구성되어 있다.

탕면(meniscus)에 가까운 냉간 주형에서 셸이 만들어질 때에 몇몇 결정이 표면을 따라 주조 방향으로 성장한다. 하지만 냉간 주형에서의 냉각은 매우 강력하고 수지상정은 매우 얇아진다. 온도 기울기가 높기 때문에 얇은 수지상정이 안쪽으로 성장해서 주상정을 형성한다. 주상정의 성장은 용융 금속에서 자유롭게 성장한 등축정의 형성에 의해 멈춰진다. 그림에서 주상정 영역의 성장이 슬랩의 안쪽 면에서보다 외측(그림의 하부)에서 일찍 멈췄다는 것을 보여주는데, 그 이유는 잉곳에 대해 논의한 것과 같은 방식으로 결정이 성장하는 동안에 발생하는 등축정의 침강 때문이다.

안쪽 면의 주상정은 슬랩의 중심부를 향해서 때로는 심지어 외측을 향해서 성장하는데(그림 6.50의 하부), 그 이유는 2개의 성장 구역 사이에 있는 용융 금속이 안쪽 면에 있는 주상정을 효과적으로 멈출 정도로 충분한 등축정을 포함하고 있지 않기 때문이다.

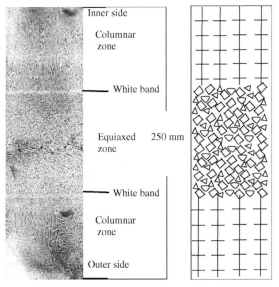

그림 6.51 전자기 교반을 거친 연속 주조 슬랩 단면의 거시 조직. 용융 금속에 수많은 등축정이 있으면 패턴이 달라지게 된

다. 그림 6.51은 자유롭게 성장하는 등축정의 수를 증가시키기 위한 조치가 취해진 연속 주조재의 조직을 보여준다. 용융 금속의 전자기 교반을 통해 대류가 증가했고 대류로 인해 그림 6.51에 나와 있는 흰색 띠(ghost lines)가 형성된다. 결정의 수는 이런 방법으로 결정 성장의 기회가 커짐과 동시에 결정 증식에 의해 증가된다. 또 중심부와 흰색 띠의 출현은 무시한다. 이런 효과는 거시 조직과는 상관이 없으며 이에 대해서는 이어지는 장에서 다룬다.

그림 6.51은 주상정 영역에서 중심 영역으로의 변화가 슬랩의 안쪽과 바깥쪽에 있는 차가운 벽으로부터 같은 거리에서 발생한다는 것을 보여준다. 교반을 통해 그림 6.50에서 나타낸 2개 면 간의 침강과 비대칭이 제거된다.

6.10 최종 형상 근접 주조재의 거시 조직

1970년대 이후에 다른 유형의 급속 응고법이 개발되었다. 새로운 급속 응고법을 사용함으로써 종래의 주조법을 사용했을 때보다 우수한 특성을 가진 주강이 생산되었다. 빠른 냉각 속도의 효과는 다음과 같이 요약할 수 있다.

- 결정립 크기의 미세화와 초석 탄화물의 더욱 균일한 분산
- 기지에서 더욱 균일한 합금 원소의 분포와 특히 강 가공을 진행한 후에도 편석이 제거되지 않는 고합금강에서 합금 편석의 감소
- 탄소와 합금 원소의 고용도 증가
- 더욱 우수한 조직
- 비평형 결정질 상이나 비정질 상의 형성

6.10.1 급속 응고된 강판의 조직

그림 6.52는 오스테나이트 결정(γ-철)과 Cr-Fe-Mo 공정 탄화물로 구성된 합금강의 조직을 보여준다. 그림 6.52 (a)는 조직이 급냉 영역 A와 세포상 또는 수지상정 영역 B의 2개 부분으로 구성된다는 것을 보여준다.

A 영역은 판재와 판재 주조기의 휠 간 접촉이 우수한 판재의 표면에 국한되는데, 이 영역은 응고가 시작될 때에 만들어지는 매우 미세한 결정립의 등축정으로 구성된다. 휠 표면에서 얼마간 떨어진 영역에서는 A 영역 내의 상부 결정이 성장하기 시작한다. 금속조직학적 검사는 이 결정들이 매우 미세한 세포상 형태와 낮은 미세편석 또는 미세편석도 없는 상태로 성장한다는 것을 보여준다.

B 영역은 냉각 속도의 국부적 변화에 따라 주상정이나 등축정으로 구성되며 주상정에서 등축 영역으로의 전이 메커니즘은 앞에서 논의했던 것과 동일하다. 냉각 속도가 커지면 주상정의 길이가 증가하게 된다.

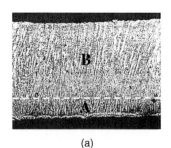

(a)

그림 6.52 (a) γ-철과 Cr-Fe-Mo 탄화물의 혼합물로 구성된 판재의 조직. A = 하부 영역, B = 상부 영역. Elsevier Science의 허락을 얻어 인용함.

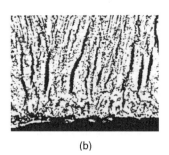

(b)

그림 6.52 (b) 그림 6.52 (a)의 하단에 있는 휠 표면에 가까운 A-영역의 확대도. Elsevier Science의 허락을 얻어 인용함.

6.10.2 격자 결함이 급속 응고 과정에 미치는 영향

4장의 4.3.4절에서 응고 진행 도중에 고체 내에 격자 결함이 만들어진다는 것을 밝혔는데, 냉각 속도가 커질수록 이 결함이 더욱더 두드러지게 된다. 균열이 형성된다는 것은 격자의 결함을 의미한다. 이런 균열을 그림 6.52 (b)에서 관찰할 수 있는데, 길고 검은 색이면서 거의 수직인 줄무늬는 확장된 균열이다.

격자 결함이 형성되는 과정에서 에너지가 필요한데, 결함이 생기면 고체의 에너지가 결함의 양에 비례해서 증가하고 결함의 유형에 따라 달라진다. 4장의 4.3.4절에서 언급했던 것처럼 결함은 소재의 잠열에 영향을 미치며, 금속의 결함 비율은 또한 액상선과 고상선 온도에도 영향을 미친다. 따라서 이는 응고 과정 전체에 영향을 미치게 되는 것이다.

6.11 비정질 금속

응고의 속도론은 식 (6.11)에서 상수 μ를 통해 간략하게 설명이 가능하다. 용융 금속의 불규칙 조직에서 고체의 규칙 조직으로 시스템을 변환하는 데 있어서의 어려움으로 인해 μ 값이 작아지는데, 이는 주로 접촉면을 가로지르는 확산 과정 때문이다.

속도론이 어려울수록, 즉 응고 과정이 늦을수록 그리고 새로운 등축정의 핵 생성이 쉬울수록 주상정 영역이 되는 시간은 짧아진다. 속도론(핵 생성과 성장 과정)이 충분히 느리면, 결정화 과정이 완전하게 멈추고 소위 **유리 전이**(glass transition)가 발생하게 되는 온도에서 액체의 과냉이 이루어진다.

유리 온도는 원자의 확산이 매우 낮아서 결정화가 발생할 수 없는 온도로 정의된다. 유리 온도 T_{glass}에서는 **비정질 상**(amorphous phase)이 만들어진다.

6.11.1 비정질 상의 물성

비정질 상에는 조직이 없고 원자들은 액체 상태를 연상시키는 불규칙 상태에 있다. 규칙 조직이나 결정질 조직의 결핍 여부는 비정질 소재의 X-ray 검사로 확인한다. 결정질 소재의 특징인 날카로우면서 강렬한 선은 나타나지 않고 액체의 대표 특징인 산만하고 넓은 선이나 환형만 나타난다.

유리 전이 온도에서는 비용적, 점성 및 열용량의 갑작스럽고 급격한 변화만 관찰된다. 그림 6.53은 비정질 금속의 온도 함수로서 비용적의 변화를 보여준다.

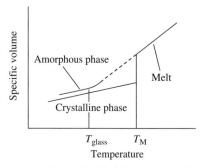

그림 6.53 비정질 금속에 대한 온도 함수로서의 비용적. 점선은 해당 온도에서 측정이 불가능하다는 것을 의미한다.

유리 전이 온도는 재료 상수이고 각 합금마다 다르다. 비정질 금속은 뛰어난 기계적 특성을 갖고 있으며 결정질 금속에 비해 딱딱하지만 가소성이 매우 좋다. 또한 비정질 금속은 연자성 특성이 매우 우수하며, 결정질 상으로 전이될 위험이 있기 때문에 유리 전이 온도 이상으로 가열하지 않는다.

6.11.2 비정질 상의 형성

비정질 상의 형성에 필요한 조건은 *핵 생성과 결정화를 피하기 위해서 용융 금속이 충분히 빠르게 냉각되어야 한다는 것*이다. 온도가 낮을수록 응고 속도가 느려진다.

금속의 임계 냉각 속도는 약 10^4 K/s이거나 이보다 크다. 아주 특별한 경우에는 10^2 K/s 크기의 냉각 속도에서 비정질 금속을 얻을 수 있다. 실험에 의한 증거에 따르면 다음의 경우에 비정질 금속의 형성이 증진된다.

- 합금의 용융점이 순금속의 용융점에 비해 낮은 경우
- 유리 전이 온도가 합금의 용융점에 비해 높은 경우

이에 대한 사항은 그림 6.54의 소위 온도 – 시간 – 전이 다이어그램(TTT 다이어그램)에 설명되어 있는데, 여기에서 비정질 상의 형성을 촉진하는 변화는 화살표로 표시된다.

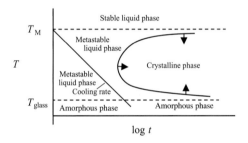

그림 6.54 비정질 금속의 TTT 다이어그램.

곡선의 형상은 (i) 용융점 온도 T_M, (ii) 임계 전이 온도 T_{glass}, (iii) 성장 속도론에 따라 달라진다. 비정질 소재의 형성은 용융점이 낮고(그림 6.54의 ↓) 유리 전이 온도가 높으며(↑) 핵 생성과 결정 성장이 빠른(→) 소재에서 발생한다.

6.11.3 비정질 금속의 생산을 위한 주조법

비정질 상의 형성에 필요한 임계 냉각 속도는 재료 상수이며, 이는 비정질 소재를 얻을 수 있는 가능한 최저의 냉각 속도로서 TTT 다이어그램에서 T_M점으로부터 곡선까지의 접선으로 그려질 수 있다. 이런 사실로 인해서 비정질 금속의 생산을 위해 가능한 주조법에 제약이 발생한다.

약 12 K/s의 냉각 속도로 가압 다이캐스팅법을 사용할 수 있다. 더 높은 임계 냉각 속도에서는 분무 주조법이 최적이다. 판재의 연속 생산에 있어서는 용융 금속–드래그, 용융 금속–회전 성형, 트윈 롤러 기술이 사용된다.

예제 6.8

용융 금속–회전 성형 공정을 사용하는 얇은 금속 판재의 주조 중에 용융 금속이 회전하는 구리 휠에 분사된다.

합금강의 결정질 응고를 막는 데 필요한 가능한 최저 냉각 속도를 찾기 위해서 해당 그림을 사용할 수 있다. 해당 곡선은 시간의 함수로서 임계 온도 T_{glass}를 나타낸다(대수 축척).

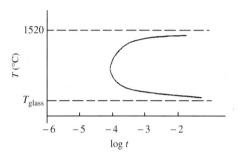

임계 냉각 속도는 판재의 두께에 따라 달라진다. 용융 금속이 비정질 판재로 응고되기 위하여 용융 금속이 가질 수 있는 최대 두께를 계산하라.

휠과 판재 간의 열전달 계수 h는 2.0×10^4 W/m² K이다. 용융 금속의 초과 온도는 무시할 수 있다.

풀이

휠/금속의 접촉면을 가로지르는 열전달은 다음 식으로 표기할 수 있다.

$$Ah(T_{melt} - T_0)dt = -A\delta\rho_L c_p^L dT \qquad (1')$$

dt의 시간 동안에	$dT(< 0)$만큼 열이
용융 금속에서	감소되었을 때 용융
휠로 전달되는 열	금속으로부터의 '열
	함유량' 변화

용융 금속의 온도가 처음에는 액상선 온도와 동일하다. 판재 두께 δ의 해는 식 (1')로부터 구할 수 있다.

$$\delta = \frac{h(T_L - T_0)}{\rho_L c_p^L \left(-\dfrac{dT}{dt}\right)} \qquad (2')$$

최소 냉각 속도를 식 (2')에 대입하면 용융 금속의 최대 두께를 얻는다. 용융 금속의 온도가 1520°C인 $t = 10^{-6}$ s에서 시작해서, 곡선에 접선을 그린 후에 접선과 수평 로그 t축 간의 교차점에 해당하는 시간을 유도한다.

그림으로부터 다음의 식을 얻는다.

$$\Delta t = 10^{-2.45} = 10^{0.55-3} \approx 3.55 \times 10^{-3} \text{ s}$$
$$\Delta T = 0 - 1520 = -1520\,°C$$

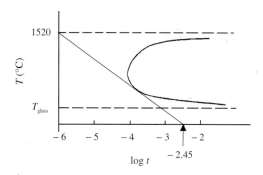

다음의 식을 얻는다.

$$\frac{dT}{dt} = \frac{\Delta T}{\Delta t} = -\frac{1520}{3.55 \times 10^{-3}} = -4.3 \times 10^5 \text{ K/s} \quad (3')$$

액상선 온도와 유리 온도의 평균값을 용융 금속 온도의 근사치로 사용한다.

$$\overline{T_{\text{melt}}} = \frac{T_L + T_{\text{glass}}}{2} \quad (4')$$

유리 온도를 알지 못하지만 아래의 식을 통해 개략적으로 설명할 수 있다.

$$T_{\text{glass}} = T_L - t_{\text{glass}}\left(-\frac{dT}{dt}\right) \quad (5')$$

식 (4')와 식 (5')를 조합하면 다음의 식을 얻는다.

$$T_{\text{melt}} = T_L - \frac{t_{\text{glass}}}{2}\left(-\frac{dT}{dt}\right) \quad (6')$$

식 (2')와 식 (6')를 조합하면 원하는 두께를 얻는다.

$$\delta = \frac{h\left[(T_L - T_0) - \dfrac{t_{\text{glass}}}{2}\left(-\dfrac{dT}{dt}\right)\right]}{\rho_L c_p^L\left(-\dfrac{dT}{dt}\right)} \quad (7')$$

그림으로부터 $t_{\text{glass}} = 10^{-3} - 10^{-6} \approx 10^{-3}$ s를 얻는다.

본문으로부터 값, 표준 참고 표의 계산값 및 $T_0 = 20°C$를 사용해서 다음의 식을 얻는다.

$$\delta = \frac{2.0 \times 10^4\left[(1520 - 20) - \left(\dfrac{10^{-3}}{2}\right)4.3 \times 10^5\right]}{6780 \times 650(4.3 \times 10^5)}$$

$$= 1.36 \times 10^{-5} \text{ m}$$

답

비정질 응고를 위한 용융 금속의 최대 두께는 13 mm이다.

6.11.4 결정질에서 비정질 응고로의 전이

상기 예제 6.8의 결론은 비정질 상을 형성할 수 있는 충분히 높은 냉각 속도를 얻기 위해서는 매우 얇은 판재로 주조하는 것이 필요하다는 것이다.

실제로 단일 롤 주조기가 사용되며 롤은 약 4×10^3 m/s의 주변 속도로 회전한다. 좁은 슬릿이 있는 도가니가 롤의 상단에 설치되어 있고 가스 압력이 작용하면 용융 금속이 슬릿을 통해서 도가니로부터 빠져나오며, 이런 공정을 종종 용융 금속-회전(melt-spinning) 공정이라고 부른다. 롤의 각속도를 바꾸면 판재의 두께가 조정된다.

아래에서는 비정질(부족한) 조직을 가지고 있는 판재에 대해 두 가지 경우를 다룬다. 첫 번째 경우에는 비정질에서 결정질 상으로 전이가 발생한다. 두 번째 경우에는 결정 조직에서 비정질 상으로 전이가 발생한다.

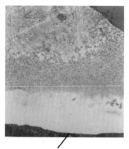

Cooled surface

그림 6.55 Al-Y 합금에서 부분적으로 결정질을 가지고 있는 판재의 조직. 그림 하단의 검은색 부위는 베이클라이트로 만들어진 시료 홀더의 일부이다.

그림 6.55는 용융 금속-회전 공정을 이용해서 주조된 Al-Y 합금의 단면 조직을 보여준다. 이 합금은 정상적인 냉각 속도에서는 형성되는 첫 번째 상이 Al_3Y인 아공정 합금이다. 이 경우에 비정질 상은 냉각된 표면 근처에서 형성된다. 이후에 비정질 상의 형성 조건이 더 이상 충족되지 않을 때에 다수의 작은 결정이 냉각된 표면으로부터 멀리 떨어진 곳에서 만들어진다.

그림 6.56은 용융 금속-회전 공정을 통해서 생산된 판재의 조직이며 주조 합금은 아공정 Fe-B 합금이다. 정상적인 조건 아래에서 응고가 진행되면 Fe-B 결정의 1차 수지상정 조직

그림 6.56 Fe–B 합금에서 부분적으로 결정질을 가지고 있는 판재의 조직. 그림 하단의 검은색 부위는 베이클라이트로 만들어진 시료 홀더의 일부이다.

이 된다. 냉각 속도가 빠르면 이 조직이 비정질이 된다는 것이 관찰되었다. 이 그림은 롤의 냉각 면 근처에서 Fe–B 결정의 핵이 형성된 판재의 조직을 보여주며 결정은 안쪽으로 성장한다(그림 6.56에서 위쪽 방향). 결정질에서 비정질 상으로의 전이를 그림에서 명확하게 볼 수 있다.

이것처럼 다른 유형의 조직 형성을 분석하는 것은 어렵다. 하지만 그림 6.56에 있는 조직의 해석을 시도하고자 한다. 이 경우에 액상선 온도 근처에서 결정의 핵이 형성된다고 가정한다.

결정은 성장률이 증가함에 따라 안쪽(그림에서 위쪽 방향)으로 성장하는데 이는 냉각된 표면으로부터의 거리가 증가함에 따라 수지상정 가지의 간격이 감소한다는 사실로부터 내려진 결론이다($v_{growth}\lambda_{den}^2 = $ const). 그러므로 응고 전단부에서 과냉은 증가하게 된다. 판재의 온도가 일정(Nu ≪ 1)하다고 가정하는 것은 합리적인데, 이는 판재가 매우 얇다는 사실의 결과이다.

판재에서의 온도 분포와 성장률

그림 6.57은 2개의 다른 시간에 그림 6.56 판재의 온도 분포를 보여준다. 판재에서의 열전달에 대한 열 균형의 설정 및 논의는 아래에서 한다. 판재 온도는 일정하고 판재와 구리 휠 간의 열전달에 의해 열 유속이 결정된다.

판재에서 응고가 시작되면 다음의 열 균형에 의해 열전달이 발생한다.

$$\underset{\substack{\text{total heat flux across}\\\text{the interface}}}{h(T_{i\,melt} - T_0)}$$

$$= \underset{\substack{\text{solidification}\\\text{heat flux}}}{\frac{dy_L}{dt}\rho(-\Delta H)} + \underset{\substack{\text{cooling}\\\text{heat flux}}}{\rho c_p y_L \left(\frac{-dT_{front}}{dt}\right)} \quad (6.24)$$

여기에서

$$
\begin{aligned}
T_{i\,melt} &= \text{용융 금속의 온도}\\
T_{front} &= \text{응고 전단부 근처에서 용융 금속의 온도 } T_{i\,melt}\\
h &= \text{용융 금속/고상의 접촉면을 통한 열전달 계수}\\
T_0 &= \text{휠의 온도}\\
y_L &= \text{판재의 두께}\\
dy_L/dt &= \text{고상의 성장률}\\
\Delta H &= \text{융해열(J/Kg)}\\
\rho &= \text{고체 합금의 밀도}\\
c_p &= \text{합금의 열용량}
\end{aligned}
$$

식 (6.24)에서 우변의 첫 항은 응고 진행 중의 열방출에 의한 열 유속이다. 우변의 두 번째 항은 주조 판재의 열 함유량 변화를 나타낸다. 4장과 5장에서는 Nu ≪ 1인 경우에 이 항을 무시했고 판재 혹은 판재 내부의 온도는 일정하며 액상선 온도와 같다고 가정하였다. 이 경우에 열전달과 냉각 속도가 매우 빨라서 방출 융해열에 의해 성장에 필요한 온도를 유지하는 것이 충분하지 않고 냉각 속도가 빨라서 판재의 응고된 부위의 온도가 감소한다. 그러므로 냉각 속도가 빠른 박편 주조법에서는 둘째 항을 무시할 수 없다.

판재의 **성장률**(growth rate)은 다음 식에 의해 응고 전단부의 온도와 관련된다[식 (6.11) 참고]:

$$v_{growth} = \frac{dy_L}{dt} = \mu(T_L - T_{front})^n \quad (6.25)$$

여기에서 n은 1과 2의 사이의 값을 갖는다.

식 (6.25)를 식 (6.24)에 대입해서 다음의 식을 얻는다.

$$
\begin{aligned}
&h(T_{i\,melt} - T_0)\\
&= \mu(T_L - T_{front})^n \rho(-\Delta H) + \rho c_p y_L \left(\frac{-dT_{front}}{dt}\right)
\end{aligned} \quad (6.26)
$$

이 미분 방정식의 해는 시간의 함수로서 판재의 전단부 온도를 제공한다. T_{front}가 임계 전이 온도 T_{glass}에 도달했을 때에 결정질에서 비정질 상으로 전이가 발생하게 된다.

그림 6.55에 있는 조직에 대해 같은 분석을 진행할 수 있다. 하지만 이 경우에 유리 전이 온도보다 높은 온도에서 새로

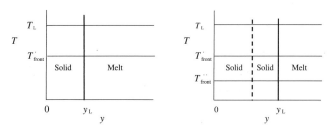

그림 6.57 응고 과정에서 2개의 다른 시간에 그림 6.56 판재의 온도 분포. y축은 휠에 수직이고 용융 금속 쪽을 향한다.

운 결정의 균일 핵 생성이 일어난다. 속도 상수 μ의 값이 낮아서 핵 생성된 결정의 성장은 느리다. 결정 사이에 있는 용융 금속은 결정이 완전히 크기 전에 비정질 상태로 옮겨진다.

요약

■ 핵 생성
용융 금속에서 핵이 성형되면서 응고가 시작되며, 이 과정에서 필수적인 조건은 용융 금속의 과냉이다.

핵이 용융 금속으로부터 직접 생성되면 균일 핵 생성이다. 불균일 핵 생성은 이물질 위에 형성된다.

■ 수지상정의 성장
성장률과 수지상정 가지 간격 간의 관계

$$v_{growth}\ \lambda_{den}^2 = const$$

성장률과 과냉 간의 관계

$$v_{growth} = \mu(T_L - T)^n$$

■ 공정 성장
공정 합금의 석출은 일정한 공정 온도 T_E에서 일어난다.

x_α와 x_β의 조성을 가진 2개의 상이 만들어진다. 정상적인 공정 층상 구조는 2개 상이 협력하면서 나란히 성장할 때에 만들어진다.

성장률과 층간 간격 간의 관계

$$v_{growth}\ \lambda_{eut}^2 = const$$

여러 가지의 주조법에서 성장은 중심에서 방사상으로 일어난다. 이 공정 셀들은 서로 간에 충돌하고 전체 공간을 다 채울 때까지 성장한다.

성장률과 과냉 간의 관계:

$$v_{growth} = \mu(T_E - T)^n$$

■ 사형 주조재의 거시 조직
사형 주조 시에는 보통 주상정이 형성되지 않고 대개 등축정만 형성된다.

주철이 사형에서 자주 주조되는 공정 합금의 예이고 회주철과 백주철의 2개의 공정 조직으로 응고된다.

주철은 초정 오스테나이트의 석출에 의해 응고되고 공정점(탄소 함유량 4.3 wt-%)에 도달하면 복잡한 공정 반응이 일어나고 흑연이 석출된다.

응고 중의 조직 형성은 응고 곡선의 형태에 뚜렷하게 반영된다. 주철의 조직은 네 가지 유형의 회주철(A, B, C 및 D-흑연)과 백주철로 크게 분류된다.

- 조대한 편상 흑연
- 구상 흑연 주철
- 버미큘러 주철
- 미세한 과냉 흑연
- 백주철, 오스테나이트/시멘타이트

회주철은 백주철보다 가공이 쉽고 기계적 특성이 더 우수하다. 그러므로 주철이 회주철로 응고되는 것이 바람직하다.

낮은 냉각 속도와 낮은 성장률은 회주철로의 응고를 촉진한다.

높은 과냉과 높은 성장률을 만들어내는 모든 요인은 주철의 응고 시 백주철의 형성을 촉진한다.

■ 일방향 주조
온도 기울기를 이용해서 용융 금속의 온도 기울기 방향으로 용융 금속의 응고를 제어하는 것이 가능하며 이런 응고를 **일방향 응고**(unidirectional solidification)라고 부른다.

온도 기울기 방향을 뺀 다른 방향으로의 결정 성장은 억제된다. 터빈 날개와 같은 부품의 단결정 생산에는 일축 응고가 사용된다. 단결정 기술의 장점은 보통의 주조와 비교했을 때에 생산된 소재의 기계적 강도가 뛰어나다는 것이다.

■ 주조 재의 거시 조직
모든 유형의 주물이 갖고 있는 거시 조직은 3개의 기본 영역으로 구성된다. 영역의 상대적 크기는 많은 요인에 따라 달라지는데 용융 금속의 온도, 주물의 냉각률 및 두께가 여기에 포함된다.

표면 결정 영역(surface crystal zone)은 용융 금속이 강하게 과냉될 때에 형성된다. 새로운 결정들이 응고열을 방출함에 따라 표면 영역의 온도가 올라가면 핵 생성이 멈춘다.

표면 영역(columnar crystal zone)에서 이미 핵 생성된 결정의 수지상 성장으로 인해 **주상정 영역**(columnar crystal zone)이 형성되며 성장은 온도 기울기 방향으로 냉각된 표면에 수직으로 일어난다.

등축정 영역(equiaxed crystal zone) 또는 **중심 영역**(central zone)은 무질서 방위의 결정들이 핵 생성되고 용융 금속 안에서 성장할 때에 발생한다. 발생 이유는 결정 증식으로 추정되는데, 이는 수지상정 가지의 파편들이 부서지고 대류로 인해 용융 금속 안으로 들어와 핵으로 작용하는 것 그리고/또는 수지상정 선단 앞의 용융 금속의 과냉각 때문이다.

주상정 영역에서 등축정이 있는 중심 영역으로의 변화는 중심 영역이 주상정 성장을 멈출 정도의 크기로 충분히 성장했을 때에 발생한다. 용융 금속에 있는 다수의 등축정 침전물이 수지상정 선단에 달라붙어서 추가 성장을 멈춘다.

주조법과 조직 간의 관계
아래 표의 제목에 있는 요소들은 주조품의 조직에 매우 중요하다.

주조법	냉각률	성장률	주상정 영역	거시 조직
연속 주조	매우 강하다	높다	길다	그림 6.38 (a)
잉곳 주조	강하다	중간	짧다	그림 6.36
사형	약하다	낮다	없다	그림 6.38 (b)

최종 형상 근접 주조에서의 거시 조직
박판 주조는 급속 응고의 특별한 경우이다. 급속 응고를 통해서 생산되는 주조 금속은 통상의 주조법으로 생산되는 주조 금속보다 기계적 성질이 우수하다. 가장 중요한 급냉 효과로는 다음과 같은 것들이 있다.

- 보통 때보다 결정립의 크기가 작다.
- 합금 원소의 분포가 더 균일해진다. 즉, 보통 때보다 미세 편석이 적다.
- 합금 원소의 고용도가 증가한다.
- 비평형 결정질 상이나 비정질 상의 형성.

비정질 금속
용융 금속이 핵 생성과 결정화를 피할 정도로 충분히 빠르게 냉각이 되면 비정질 금속이 형성될 수 있다. 임계 냉각 속도는 재료 상수이다. 조건들 중의 하나는 유리 전이 온도보다 낮은 온도를 유지하는 것인데, 이 온도는 원자의 확산도가 매우 낮아서 결정화가 발생할 수 없는 온도이다.

금속의 용융점이 낮고 유리 전이 온도가 높으며 임계 값 아래에서 냉각 속도가 매우 빠르면 비정질 상의 형성이 촉진된다.

연습문제

6.1 강의 조직을 보다 미세한 결정립으로 만들기 위해서 강 분말을 강 잉곳에 첨가한다. 이런 효과를 얻기 위해 필요한 강 분말의 최소량을 계산하라. 강의 용융점은 1470°C, 용융 금속의 과잉 온도는 50°C이다.

힌트 A4

강의 재료 상수	
c_p^L	0.52 kJ/kg K
c_p^s	0.65 kJ/kg K
$-\Delta H$	272 kJ/kg

6.2 주조재에서 수지상정 가지 간격은 대부분의 경우에 성장률과 '$v_{growth} \lambda_{den}^2 = $ 일정'의 관계식에 의해 결정되는데 여기에서 v_{growth}는 성장률이고 λ_{den}은 수지상정 가지 간격이다. 성장률을 m/s로, 수지상정 가지 간격을 미터로 측정하면 철계 저탄소 합금의 상수 값은 1.0×10^{-10} m³/s가 된다. 성장률은 다음에 의해 설명이 된다고 가정하라.

$$\frac{dy}{dt} = \frac{1.5 \times 10^{-2}}{\sqrt{t}} \text{ m/s}$$

잉곳 표면으로부터의 거리의 함수로서 λ_{den}의 다이어그램을 그려라.

위의 식에 의하면 $t = 0$일 때 성장률의 한도는 무한대이기 때문에 응고 층의 두께가 1 mm일 때에 다이어그램을 시작하라.

힌트 A9

6.3 주조재에서 수지상정의 팔 간격은 소재의 특성에 큰 영향을 미친다. Al기 합금의 경우에 수지상정 가지 간격은 다음 식에 나타낸 바와 같이 응고 속도에 따라서 달라진다.

$$v_{growth} \lambda_{den}^2 = 1.0 \times 10^{-12} \text{ m}^3/\text{s}$$

압력 주조법에서는 압력이 커짐에 따라 열전달 수가 증가하기 때문에, 압력이 응고 시간에 영향을 미치는데, 이는 $h = 400 \, p$로 표현할 수 있다. 여기에서 p는 기압, h는 W/m² K로 측정된 열전달 수이다. 압력의 함수로서 수지상정 가지 간격을 계산하여라. 주변의 온도는

25°C이고 Al기 합금의 융해열은 398 kJ/kg이다. 다른 재료 상수는 표준 참고 표를 참조하여라.

힌트 A11

6.4 Cu 합금의 잉곳 주조에서 응고 진행 중에 잉곳 중앙부의 온도 – 시간 곡선을 측정하였으며, 다음과 같은 곡선이 얻어진다.

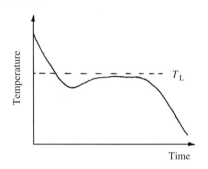

곡선을 부분으로 나누고 온도 – 시간 곡선의 형태를 설명하라. 곡선의 각 부분을 잉곳의 거시 조직과 연계하여라.

힌트 A5

6.5 시멘타이트 공정의 석출에 의한 응고를 피하기 위해서, 용융 주철은 주조 전에 종종 접종을 한다. 접종을 하면 조직 내 회색 셀의 수가 증가한다. 성장하는 회색 셀의 수가 증가할 때에 조직이 더 조대해진다는 것이 밝혀졌다.

(a) 단순한 해석적인 관계를 통해 이 현상을 물리적으로 설명하라.

힌트 A52

(b) 기계적 성질이 저하될 것이라는 것을 알고 있음에도 불구하고 주조 작업을 하기 전에 용융 금속을 접종해야 하는 이유를 한 가지 또는 두 가지 제시하라.

힌트 A280

6.6 주상정 영역의 길이를 줄이고 중심 영역을 늘리기 위해 전자기 교반이 여러 주조법에서 자주 사용된다. 논란 중 하나는 교반이 응고 전단부에 너무 많은 열을 공급해서 후속 성장이 억제되고 모든 후속 성장이 용융 금

속에서의 자유 부유 불균일성에 의해 발생한다는 점이었다.

이 논란이 맞는가? 응고 중인 주물의 열 균형의 고찰로 본 질문에 답하라.

힌트 A59

6.7 연속 주조로 주조된 회주철 봉이 때때로 백색 테두리를 보인다. 너무 높은 냉각 속도가 백주철 응고의 원인이다. 회주철 응고와 백주철 응고 간의 경계는 $\nu_{growth} = 4 \times 10^{-4}$ m/s이다.

Material constants	
ρ_{Fe}^s	7.0×10^3 kg/m³
$-\Delta H$	272 kJ/kg
T_L	1150 °C

성장률이 이 값을 넘어서면 백주철 응고의 위험이 있다. 백주철 응고를 피하기 위해 허용될 수 있는 최고 열전달 수를 추정하라.

힌트 A7

주변 온도는 20°C이다. Nu ≪ 1이라고 가정할 수 있다.

6.8 대류는 중심 영역의 핵 생성과 등축정의 성장에 큰 영향을 미친다.

(a) 대류가 등축정의 핵 생성에 미치는 영향을 설명하라.

힌트 A31

(b) 열은 강 잉곳의 중앙에 있는 용융 금속으로부터 응고 전단부를 거쳐서 주변까지 대류에 의해 전달된다. 응고 전단부로의 열전달은 다음의 식으로 표현된다.

$$\frac{dq}{dt} = h_{con} \, \Delta T_{melt}$$

여기에서 h_{con}은 대류의 열전달 계수 평균 값이고 ΔT_{melt}는 잉곳 내부의 용융 금속 온도와 응고 전단부 근처에 있는 경계층에서의 용융 금속 온도 간 차이이다. 용융 금속 내부로부터의 열 유속으로 인해 용융 금속에서 자

유 부유 결정의 성장이 가능해진다. 용융강의 온도의 함수로서 자유 결정의 성장률을 다음과 같이 가정한다.

$$v_{crystal} = \frac{dr}{dt} = \mu(T_L - T_{crystal})$$

같은 성장 법칙이 응고 전단부에도 유효하다고 가정한다($\mu_{crystal} = \mu_{front} = \mu$).

Given data	
Dimensions of the ingot (height × width × length) = 1.50 × 0.40 × 0.60 m	
h_{con}	40×10^3 W/m² K
ΔT	0.5 K
μ	0.010 m/s K
ρ_{steel}	7.0×10^3 kg/m³
$-\Delta H_{steel}$	272×10^3 J/kg

단위 부피당 파편 숫자 N의 함수로서 이 파편들의 평균 성장률을 계산하라. 계산을 위해서 10 cm의 셀 두께를 사용하고 등축정은 평균 반지름이 10 μm인 구로 간주할 수 있다.

힌트 A67

(c) 계산된 자유 결정 성장률과 응고 전단부의 성장률을 비교하고 주상정에서 동축 응고로의 전이 가능성을 논하라.

힌트 A42

6.9 사형에서 주철을 생산할 때에 백주철로 응고되는 주철의 경향성을 테스트하기 위해서 쐐기 형상의 시편이 자주 사용된다. 테스트할 공정 용융 주철을 고려하라.

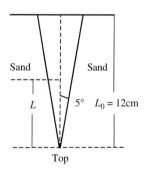

용융 주철 테스트를 위한 쐐기 형상 사형의 단면. 용융 금속이 주형으로 주입된 후에 응고와 냉각 과정을 거친다. 그다음에 고체 쐐기를 절단하고 단면의 조직을 검사한다.

(a) 상단각이 10°인 쐐기 시편에서 쐐기 가장자리(그림 참고)로부터의 거리 L의 함수로서 냉각 속도를 계산하라. 용융 금속의 초기 초과 온도는 100°C이다.

힌트 A46

(b) 60°C/s의 냉각 속도에서 백주철 응고를 일으키는 주물에서 백주철에서 회주철로 변화가 발생하는 쐐기 바닥으로부터의 높이 L을 예측하라.

힌트 A250

아래 내용은 주철과 사형의 재료 상수와 기타 상수이다.

주철의 재료 상수		기타 상수	
ρ^L	7.0×10^3 kg/m³	ρ_{mould}	1.61×10^3 kg/m³
c_P^L	0.42 kJ/kg K	k_{mould}	0.63 J/m s K
		c_p^{mould}	1.05 kJ/kg K
T_E	1153 °C	T_0	25 °C

6.10 아래의 그림은 '회전수 내 용융방사법'을 사용한 와이어 주조 기구를 보여준다. 용융 금속의 얇은 금속 줄기가 노즐로부터 회전 드럼 내부로 주입되며 와이어를 급속하게 응고시키기 위해서 드럼에 지속적으로 물을 분사한다.

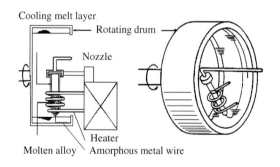

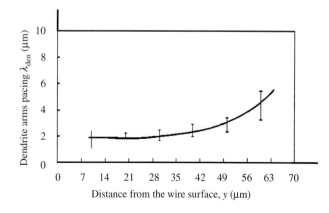

소재 상수와 기타 상수	
ρ	$7.0 \times 10^3 \, \text{kg/m}^3$
$-\Delta H$	$280 \, \text{kJ/kg}$
T_L	$1450 \, ^\circ\text{C}$
T_0	$20 \, ^\circ\text{C}$

이 경우에는 주조 와이어의 조직을 분석하여, 수지상정 가지 간격이 와이어 표면으로부터의 거리 y의 함수로서 상기 다이어그램처럼 변한다는 것이 밝혀졌다.

주조 속도는 10 m/s였고 수지상정 가지 간격은 성장률에 따라 다음 식과 같이 변한다는 것이 밝혀졌다.

$$v_{\text{growth}} \; \lambda_{\text{den}}^2 = 1.0 \times 10^{-11} \, \text{m}^3/\text{s}$$

용융 금속은 초과 온도가 없다. 주조 과정 중에 셀 두께 $y = (r_0 - r)$의 함수로서 열전달 계수 h의 식을 유도하고, 와이어를 따라, 즉 노즐로부터의 거리 z에 따라 h가 어떻게 변하는지 설명하라. 주조 와이어의 반지름 r_0는 65 μm이었다.

힌트 A6

7

합금의 미세편석 – 포정 반응과 변태

Microsegregation in Alloys – Peritectic Reactions and Transformations

7.1 머리말

합금이 수지상정 응고에 의해 응고가 되면 합금 원소의 농도는 금속에서 불균일하게 분포하게 되는데 이런 현상을 미세편석이라고 부른다. 이 장에서는 **미세편석(microsegregation)**의 원인과 수학 모델을 다루고 미세편석의 형태를 지배하는 요인을 논의할 것이다. 또한 포정 반응과 변태에 대한 내용도 짧게 다루게 된다.

7.2 냉각 곡선, 수지상정의 성장, 미세편석

수지상정 결정이 형성되면 수지상정의 팔에 있는 고상이 성장함으로써 응고가 지속된다. 냉각 곡선과 냉각 중에 용융 금속에서 발생하는 과정의 분석을 통해 이 공정을 설명할 수 있다.

이 곡선은 그림 7.1에 나와 있는데 이는 사형에서 냉각이 이루어진 Fe – C 합금의 온도 – 시간 관계식을 보여준다. 이 곡선은 원칙적으로 5개의 다른 구역 또는 시간대로 나누어질 수 있다. 1구역은 응고가 시작되기 전에 용융 금속의 냉각을 나타낸다. 2구역은 수많은 수지상정 결정이 용융 금속에서 형성되고 구형이나 별 모양으로 성장하는 과정에 해당한다. 3구역은 수지상정 가지 간의 용융 금속이 점차 응고될 때에 응고 과정의 일부를 설명한다. 응고가 끝날 때에 남아 있는 용융 금속의 조성은 공정이 된다. 4번째 시간대에서 남아 있는 용융 금속은 일정 온도에서 공정적으로 응고된다. 5번째 시간대는 고상의 냉각 과정에 해당된다.

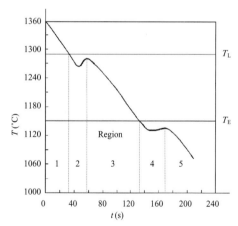

그림 7.1 사형에서 냉각이 이루어진 Fe – C 합금의 냉각 곡선. 오스테나이트의 1차 석출 후에 상대적으로 짧은 공정 반응이 뒤따른다.

그림 7.2는 2차원의 알루미늄 수지상정 조직을 보여준다.

에너지 균형과 열 제거율이 모든 응고 과정을 제어하며 수지상정 형태로 성장 중인 구형 결정을 갖고 있으면서 응고 중인 용융 금속의 총 엔탈피를 다음과 같이 표기할 수 있다.

$$Q = V_0\rho_\text{m}c_\text{p}^\text{m}(T - T_\text{ref}) + V_0\rho_\text{m}fN\frac{4}{3}\pi R^3(-\Delta H_\text{a}) \quad (7.1)$$

용융 금속과 고체의   수지상정 결정의
열 함유량   응고열

여기에서

Q = 계의 총 엔탈피

V_0 = 계의 총 부피

ρ_m = 금속의 밀도

c_p^m = 금속의 열용량

T = 절대 온도

T_ref = 기준 온도

f = 고상 분율

N = 단위 부피당 결정의 수

R = 결정의 반지름

$-\Delta H_\text{a}$ = 금속의 원자당 융해열

용융 금속이 응고될 때에 T, f 및 R의 양이 변한다. 식 (7.1)을 시간 t에 대해 미분을 하면 다음의 식을 얻는다.

$$\frac{dQ}{dt} = V_0\rho_\text{m}c_\text{p}^\text{m}\frac{dT}{dt} + V_0\rho_\text{m}f N(-\Delta H_\text{a})4\pi R^2\frac{dR}{dt} + V_0\rho_\text{m}N(-\Delta H_\text{a})\left(\frac{4\pi}{3}R^3\right)\frac{df}{dt} \quad (7.2)$$

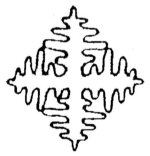

그림 7.2 50%의 고상을 포함하는 수지상정 조직의 2차원 개략도.

식 (7.2) 우변의 첫 항은 냉각열에 해당된다. 둘째 항은 반지름 R이 커질 때 결정 성장 중에 방출되는 응고열이며 2구간을 좌우한다. 세 번째 항은 고상 분율의 변화로 인한 엔탈피의 변화를 나타내는데 이 변화는 새롭게 형성된 결정 내부의 온도 변화로 인해 발생하며 3구간을 좌우한다.

1과 5의 과정에서 식 (7.2)의 두 번째와 세 번째 항은 0이다.

처음의 2개 항에 의해 발생되는 열전달을 4장과 5장에서

다루었고 여기에서 둘째 항의 고상 분율은 1(사형의 응고에서 공정 반응의 분석에 따름) 또는 0.3(주상정 결정에서 등축 결정으로의 변화)이라고 가정한다. 이 절에서는 세 번째 항을 다루어 f와 df/dt를 계산하고자 한다.

df/dt 도함수는 상평형도와 열 제거율에 의해 결정되며 다음의 등식으로 알 수 있다.

$$\frac{df}{dt} = \frac{df}{dx}\frac{dx}{dT}\frac{dT}{dt} \quad (7.3)$$

여기에서 x는 용융 금속 내 합금 원소의 몰 분율이다. df/dt를 상평형도의 액상선 기울기 dT/dx로부터 유도할 수 있으며 $(-dT/dt)$는 용융 금속의 냉각 속도이다.

df/dx는 고상 분율의 작은 변화로 인해 용융 금속의 조성이 어떻게 변경되는지를 역으로 측정한 것이다. 이 장의 뒷부분에서는 용융 금속의 합금 원소 몰 분율 x^l과 고상 분율 간의 관계를 유도할 것이다.

상평형도를 보면 대부분의 경우에 고상과 용융 금속이 다른 조성을 가지며, 고상에서는 일반적으로 합금 원소의 농도가 용융 금속보다 낮다는 것을 보여준다. 이 차이는 분배 상수

로 설명이 된다.

$$k_\text{part} = \frac{x^\text{s}}{x^\text{L}} \quad (7.4)$$

여기에서

k_part = 분배 계수 또는 분배 상수

x^s = 고상 합금 원소의 몰 분율

x^L = 용융 금속 합금 원소의 몰 분율

분배 상수 $k_\text{part} < 1$이면 합금 원소가 남아 있는 용융 금속에 몰리게 된다. 고상의 확산 속도가 느리면 처음에 응고된 부위보다 나중에 응고된 부위에 더 높은 농도의 합금 원소가 있게 된다. $k_\text{part} > 1$이면 위와 반대의 현상이 벌어진다. 합금 원소가 응고 소재 안에서 이렇게 불균일하게 분포되는 것을 미세편석이라고 부른다.

양쪽의 경우 모두에 미세편석의 패턴은 결정이 성장하는 중에 결정의 기하학적 형상을 간접적으로 다시 만든다. 그림

7.3(위)는 이에 대한 내용이며 Fe – Ni – Cr 합금의 수지상정 가지 근처에서의 니켈 농도를 보여준다. 응고 소재를 마이크로프로브(EPMA)로 측정하여 이 그림에 대한 기본 정보를 얻는다[그림 7.3(아래)].

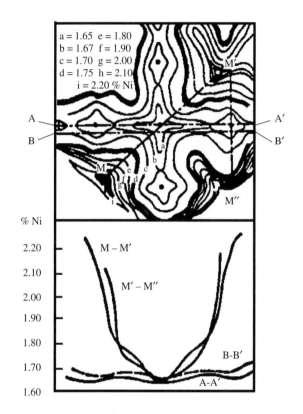

그림 7.3 (위) 그림 7.2에 예시된 수지상정 근처에 있는 등농도 곡선. (아래) 위에 예시된 수지상정을 관통하는 상이한 측정선을 따라 측정된 농도의 차이. The Minerals, Metals & Materials Society의 허락을 얻어 인용함.

7.3 샤일의 편석 방정식 – 미세편석 모델

그림 7.2와 7.3에 나온 것과 같은 복잡한 기하학적 형상을 수학적으로 처리할 때에 식 (7.2)에서 df/dx를 정확하게 계산하는 것이 불가능하다. 다양한 요소가 합금 원소의 분포에 어떤 영향을 미치는지 분석하기 위해서 기하학적 구조를 아주 단순화해야 한다. 미세편석 현상을 수학적으로 처리하기 위하여 가장 단순하게 만들 수 있는 기하학적 구조를 선택하고 그림 7.4에서 주어진 부피 요소를 고려한다. 이 부피 요소가 수지상정 간의 작은 부피를 나타낸다고 가정하고 다음과 같은 가정도 이루어진다.

(1) 요소의 길이는 수지상정 가지 거리의 반, 즉 $\lambda_{den}/2$과 동일하다.
(2) 부피 요소가 너무 작아서 요소 안의 온도는 모든 순간에 동일하다.
(3) 고체 상과 액체 상의 몰 부피 V_m은 동일하다.

마지막 가정이 충족되지 않으면 응고를 통해 소재의 부피 변화가 발생한다. 기공이 만들어지거나 용융 금속이 부피 요소 안으로 흘러 들어오는데 이로 인해 거시적 편석이 발생할 수 있다. 이 장에서는 이런 복잡한 내용을 무시하고 11장에서 거시적 편석을 다룰 예정이다.

7.3.1 샤일의 미세편석 모델

미세편석을 다룰 때에 처음에는 다음의 가정하에 시작한다.

- 대류와 확산이 용융 금속에서 아주 활발하고 빨라서 용융 금속의 조성은 매 순간 균일하다.
- 고상의 확산이 매우 느려서 완전히 무시할 수 있다.
- 고상과 용융 금속 간에 국부적인 평형이 존재하며 이 평형을 분배 상수로 표현할 수 있다.

$$k_{part} = \frac{x^s}{x^L} \tag{7.4}$$

그림 7.4를 보면 응고 소재가 dt의 시간 동안에 y 두께에 도달하였고 dy의 양만큼 성장했다. Ady의 조각이 응고되려면 합금 원소의 농도가 x^L에서 x^s로 줄어야 한다. $(x^L = x^s)Ady = V_m$에 해당하는 합금 원소의 양이 용융 금속 안으로 이동해야 한다. 그다음에 농도는 dx^L만큼 증가한다.

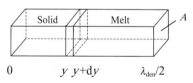

그림 7.4 응고 중인 부피 요소.

상기 양의 합금이 응고된 조각 Ady로부터 A ($\lambda_{den}/2 - y - dy$) 양의 용융 금속 안으로 들어가며 농도는 x^L에서 $x^L + dx^L$로 증가한다. 합금 원소의 소재 균형으로부터 다음의 식을 얻는다.

$$\frac{(x^L - x^s)\,Ady}{V_m} = \frac{A\left(\dfrac{\lambda_{den}}{2} - y - dy\right)dx^L}{V_m} \tag{7.5}$$

$dy dx^L$을 줄이고 무시하면 식 (7.5)는 다음과 같이 단순화된다.

$$\left(\frac{\lambda_{den}}{2} - y\right) dx^L = (x^L - x^s)\, dy \qquad (7.6)$$

k_{part}를 대입하면 x^s를 제거할 수 있다. 식 (7.6)을 $y = 0$에서 y까지 그리고 $x^L = x_0^L$에서 x^L까지 적분하면 다음의 식을 얻는다.

$$\int_{x_0^L}^{x^L} \frac{dx^L}{x^L - k_{part} x^L} = \int_0^y \frac{dy}{\left(\frac{\lambda_{den}}{2} - y\right)} \qquad (7.7)$$

여기에서 x_0^L는 용융 금속에 있는 합금 원소의 초기 농도이며 적분 후에 다음의 식을 얻는다.

$$\frac{1}{1 - k_{part}} \ln \frac{x^L}{x_0^L} = -\ln \frac{\lambda_{den}/(2 - y)}{\lambda_{den}/2} \qquad (7.8)$$

다음과 같이 식 (7.8)을 x^L에 대해 푼다.

$$x^L = \frac{x^s}{k_{part}} = x_0^L \left(1 - \frac{2y}{\lambda_{den}}\right)^{-(1 - k_{part})} \qquad (7.9)$$

식 (7.9)를 유도하는 것은 어느 정도 부피 요소의 기하학적 형태와 관련이 있다. $2y/\lambda_{den}$이 더 일반적인 변수 f로 대체되면 본 공식이 모든 기하학적 형태에 대해 성립하며 이는 고상화된 소재의 비율을 나타낸다. f를 **고상화도**(degree of solidification) 또는 **고상분율**(fraction of solid phase)이라고 하며 식 (7.9)를 다음처럼 보다 일반적인 형으로 표기한다.

$$x^L = x_0^L (1 - f)^{-(1 - k_{part})} \qquad \text{Scheil's equation} \qquad (7.10)$$

식 (7.10)은 고안자의 이름을 따서 **샤일의 편석 방정식**(Scheil's segregation equation)으로 불린다. x^L은 용융 금속에서 합금 원소의 순간적인 농도를 나타내는 반면에 x^s는 마지막으로 고상화된 소재의 합금 원소 농도를 나타낸다는 것에 주목해야 한다. 그림 7.5는 $k_{part} = 0.5$인 특별한 경우에 f가 0에서 1로 변할 때에 이 두 가지 농도가 응고 중에 어떻게 변하는지를 보여준다.

점선은 세 가지 다른 경우에 대한 농도를 보여준다. 첫 번째 경우에 용융 금속은 x_0^L을 약간 초과하는 조성을 갖는다. 두 번째와 세 번째의 경우에서 이 농도가 지수적으로 증가하였고 응고 과정의 끝에서는 무한대에 수렴한다.

물론 실질적으로는 무한대에 도달하지 않는다. 공정 반응

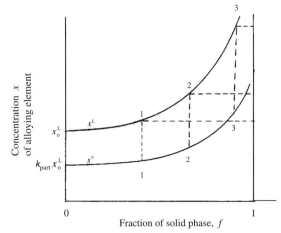

그림 7.5 $k_{part} = 0.5$인 경우에 고상 분율의 함수로서 응고 중에 용융 금속과 마지막 고상화 소재에서 합금 원소의 농도.

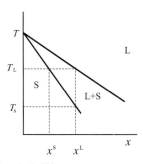

그림 7.6 이원 합금의 상평형도.

이 발생할 수 있고 또는 응고 중에 균질화가 있게 된다. 역확산으로 알려진 균질화 과정을 7.5.1절에서 알아보겠다. 또한 농도값 x가 낮은 경우에만 분배 계수 k_{part}가 일정하기 때문에 샤일의 방정식은 합금 원소의 농도가 작은 경우에만 성립한다.

상기 응고 과정에서 미세편석을 처리할 때에 시간과 온도의 측면을 무시하였다. 응고 과정은 부피 요소에서의 열 제거율에 의해 제어된다. 보통 응고열이 좌우하고 방출 열량에서 고상화도, 즉 고상분율을 정확하게 추정할 수 있다.

온도는 2차 변수를 나타내는데 이는 합금 원소 농도 x^L의 순간적인 값이 합금 상평형도의 액상선 위에 있어야 한다는 조건에 필요한 값을 자동적으로 받아들인다(그림 7.6). 하지만 외부로부터 온도가 결정되는 **제어 응고**(controlled solidification)라는 실험법이 있다.

이 방법은 사전에 결정된 온도 기울기에 따라 온도를 바꿔서 응고 과정을 제어한다(6장, 157~159쪽).

공정 응고

용융된 이원 합금이 식어서 응고가 되기 시작할 때에 용융 금속과 고상 양쪽의 조성이 점차 변하고 액상선과 고상선을 따라간다. 이 선들이 아주 직선 형태를 띠면 분배 계수 k_{part}는 일정하고 이 경우에 합금 원소의 농도는 낮다.

샤일의 방정식[식 (7.10)]이 여전히 공정 온도에서 유효한 경우를 고려해 보자. 이 온도에서 다음의 식을 얻는다.

$$x_E^L = x_0^L (1 - f_E)^{-(1-k_{partE})} \qquad (7.11)$$

여기에서

x_E^L = 공정 온도에서 나머지 용융 금속의 합금 원소 농도

x_0^L = 용융 금속에서 합금 원소의 초기 농도

k_{partE} = 공정 온도에서 합금 원소의 분배 계수

f_E = 공정 온도에서의 고상 분율

공정 온도에서 남아 있는 액체의 분율 f_E^L은 $(1-f_E)$와 동일하며 식 (7.11)을 사용해서 해를 구한다.

$$(1 - f_E)^{-(1-k_{partE})} = \left(\frac{x_0^L}{x_E^L}\right)^{-1}$$

또는

$$f_E^L = (1 - f_E) = \left(\frac{x_0^L}{x_E^L}\right)^{\frac{1}{1-k_{partE}}} \qquad (7.12)$$

여기에서 f_E^L는 공정 온도, 즉 공정 반응 초기에서의 고상 분율이다. 남아 있는 용융 금속은 공정 온도에서 공정 조성 및 조직과 함께 고상화될 것이라고 가정하는 것이 합리적이다. 그러므로 식 (7.12)에서 분율 $(1-f_E)$은 용융 합금이 완전하게 응고되었을 때 공정 조성을 갖고 있는 고체의 비율도 나타낸다.

예제 7.1

Al-Cu계의 상평형도에서 보듯이 고체 알루미늄 상은 공정 온도에서 최대 2.50 at-% Cu의 용해도를 갖는다. 구리의 농도는 공정 온도에서 17.3 at-%이다.

상평형도에 의하면 고상 내부에서 Cu 원자의 불균일한 분포를 초래할 수 있는 미세편석이 무시될 수도 있으면 2.50 at-%의 초기 구리 농도를 갖고 있는 용융 금속은 치환된 Cu 원소를 갖고 있는 균일 Al 상으로 응고될 수 있을 것이다. 그렇지

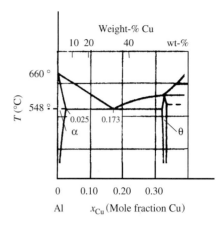

Al-Cu계의 부분 상평형도.

만 미세편석이 무시될 수는 없다. 샤일의 방정식을 적용해서 미세편석을 감안하고, 공정 조성 및 조직과 함께 응고되는 소재의 분율을 계산하라.

풀이

온도가 공정 온도까지 떨어졌을 때에 남아 있는 용융 금속이 공정적으로 고상화될 것이라고 가정하는 것은 합리적이다. 필요한 분율을 계산하기 위해서 용융 금속이 공정 조성에 도달했을 때에 샤일의 방정식으로부터 응고도 f_E만 계산하면 된다. 샤일의 방정식을 적용하려면 분배 상수 k_{part}를 알아야 하며 근삿값은 다음과 같다.

$$k_{part} = \frac{x^s}{x^L} = \frac{2.50}{17.3} = 0.1445 \qquad (1')$$

샤일의 방정식은 공정 용융 금속에도 적용된다.

$$x_E^L = x_0^L(1 - f_E)^{-(1-k_{part})}$$

또는

$$0.173 = 0.0250\,(1 - f_E)^{-(1-0.1445)}$$

이 방정식은 아래처럼 단순화할 수 있다.

$$1 - f_E = 0.1445^{1/0.8555} = 0.1023 \qquad (2')$$

공정 온도에서 f_E 부분은 고체이고 나머지, 즉 $(1 - f_E)$ 부분은 공정 조직과 함께 고상화된다.

답

합금의 10%가 공정 조성과 함께 고상화된다.

7.3.2 샤일의 편석 방정식의 타당성 - 용융 금속의 대류. 고상 및 액상에서의 확산. 지렛대 원리

샤일의 방정식을 유도하기 위한 조건들 중 하나는 용융 금속이 매 순간 균일하다는 것이었다. 이 가정은 용융 금속에 대류와 신속한 확산이 있으면 타당성을 갖는다. 대류와 신속한 확산의 과정은 시간 의존적이고, 남아 있는 용융 금속의 대류와 확산에 비해 응고 과정이 빠르면 가정이 충족되지 않는다. 미세편석을 제어하는 요소를 이해하기 위하여 대류와 확산의 크기를 파악해야 한다.

대류

중요성을 갖는 대류는 용적의 두께가 1 mm를 넘을 때에만 발생한다고 한다. 수지상정 간 용적의 두께는 보통 1 mm 미만이다. 이런 이유 때문에 여기에서는 미세편석과 관련된 대류를 무시할 것이다. 11장에서는 수지상정 간 대류가 거시적 편석에 미치는 영향을 알아보겠다.

용융 금속에서 합금 원소의 확산

확산이 미세편석에 미치는 영향을 파악하기 위하여 아인슈타인의 무작위 보행 관계식을 사용할 것이다.

$$l = \sqrt{2Dt} \tag{7.13}$$

여기에서

  l = t의 시간 동안 합금 원자의 평균 확산 거리

  D = 확산 상수(m²/s)

  t = 확산 시간

수지상정 안의 합금 원소 농도 분포를 추정하기 위해 식 (7.13)을 사용할 수 있다. 수지상정의 총 응고 시간을 t 시간으로 선택하고 확산 상수의 크기가 10^{-10} m²/s 이상이라는 합리적인 가정을 한다면 평균 확산 거리를 계산할 수 있다. 원자는 이 시간 동안에 응고 과정에서 생성되는 수지상정 가지 거리의 반이 넘게 이동할 수 있다는 것을 계산 결과가 보여준다.

용융 금속에 있는 합금 원소의 확산 상수는 보통 10^{-9} - 10^{-8} m²/s 또는 >10^{-10} m²/s의 크기를 갖는다. 탄소, 질소, 수소 및 격자간 용해가 진행된 기타 원자(결정 격자의 원자 간 이종 원자)는 합금강, 즉 예를 들면 오스테나이트와 페라이트의 크기를 갖는다. 결론적으로 응고 중에 용융 금속에서는 농도 기울기가 발생하지 않을 가능성이 크다.

용융 금속에서 확산 속도가 빠르기 때문에 이런 기울기를 방지할 수 있다. 그렇지만 **고상**(solid phase)에서는 용질의 농도 차이가 있을 수 있다. 이 주제는 아래에서 다룬다.

고체 금속에서 합금 원소의 확산

샤일의 방정식을 유도했을 때 고상에서의 확산을 무시할 수도 있다고 가정하였다. 철기 합금의 오스테나이트와 페라이트에 있는 탄소, 질소 및 수소처럼 격자간 용해된 원자의 경우에는 어떤 농도 기울기도 발견되지 않았다. 합금의 고상에 있는 격자간 용해된 원자의 확산은 *빠르며* 농도 기울기도 없다.

치환되어 용해된 합금 원소(결정 격자에서 합금 원자가 금속 원자를 대체)는, 경우에 따라서 농도 기울기가 존재한다. 결론적으로 이런 원소의 경우에 고상에서의 확산 속도를 무시할 수 있다는 가정이 언제나 맞는 것은 아니며 확산을 고려해야 한다.

면심 입방(FCC) 조직(그림 7.7)을 갖고 있는 대부분의 금속에서는 치환되어 용해된 원소의 확산 상수가 10^{-13} m²/s 이하의 크기를 갖는다. FCC 조직을 갖는 금속들로는 γ-Fe(오스테나이트), 구리, 알루미늄과 납이 있다. 이 경우에는 확산 응고가 끝날 때에 고상에서 일정한 확산이 있을 수 있는데 농도 기울기가 커졌을 때에 이런 현상이 발생한다. 결과적으로 고상에서 확산이 없다는 가정은 FCC 금속의 경우에 비교적 유효하다.

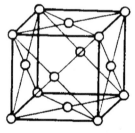

그림 7.7 면심 입방(FCC) 구조. 각 측면의 중앙에 원자가 있다.

예를 들어 강의 페라이트와 구리 합금의 β-상처럼 고상이 체심 입방(BCC) 조직(그림 7.8)을 갖는다면 가정이 더욱 불

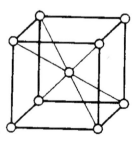

그림 7.8 체심 입방(BCC) 조직. 단위 셀의 중앙에 원자가 있다.

확실하다. 페라이트에서 합금의 확산 상수는 1400°C에서 약 10^{-11} m^2/s이다. 페라이트에 있는 황의 경우에 확산 상수는 10^{-10} m^2/s이다.

BCC 조직을 갖는 금속들로는 δ−Fe(페라이트), β-황동, Li 및 V가 있다. 위에서 주어진 확산 상수 값을 보면 확산이 고상에서 조성의 차이, 즉 농도 기울기를 없앨 수 있을 만큼 충분히 빠른 경우가 있다는 것이 명백하다. 용융 금속이 완전히 사라지기 전에 이것이 발생하면 용융 금속과 이미 응고된 소재 간에 합금 원소의 교환이 있게 되는데 이런 현상을 **역확산**(back diffusion)이라고 한다. 응고가 끝나기 전에 역확산이 발생하면 이를 **균질화**(homogenization)라고 부른다. 역확산이 존재하는 경우에는 샤일의 방정식 (7.10)이 미세편석을 적절하게 설명하지는 못하고 수정을 해야 한다. 이에 대해서는 197쪽에서 다룬다.

지렛대 원리

고상에서 합금 원소의 확산이 매우 빠르면 샤일의 방정식을 전혀 사용할 수 없다. 합금 원소가 빠르게 확산이 되면 합금 원소의 분포, 즉 고상과 용융 금속 양쪽 모두 조성이 고르게 된다.

질량 요소 dm을 고려해 보자. 질량 요소 분율 f는 응고가 되었고 잔여 분율 $(1-f)$는 용융 상태이다. 합금 원소가 고른 밀도 x_0^L를 보이는 대신에 용융 금속 모든 곳에서의 농도는 x^L, 고상 모든 곳에서의 농도는 x^s이다. 합금 원소의 소재 균형은 다음처럼 된다(그림 7.9).

$$f\,dm(x_0^L - x^s) = (1 - f)\,dm(x^L - x_0^L) \qquad (7.14)$$

고상에서 제거된   용융 금속으로 전달된
합금 원소의 양   합금 원소의 양

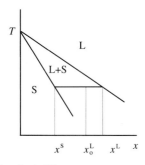

그림 7.9 이원 합금의 상평형도.

식 (7.4)를 사용하면 다음의 식을 얻는다.

$$x^L = \frac{x^s}{k_{part}} = \frac{x_0^L}{1 - f(1 - k_{part})} \qquad \text{Lever rule} \qquad (7.15)$$

여기에서
> x_0^L = 합금 원소의 초기 농도
> f = 질량 요소에서의 고상 분율
> k_{part} = 합금 원소의 분배 계수(x^s/x^L)

방정식 (7.15)를 **지렛대 원리**(lever rule)라고 부르며 고상과 응고되는 용융 금속 모두에서 합금 원소가 빠르게 확산이 될 때에 성립한다. 실제적으로는 이런 극단적인 경우(고상에서의 빠른 확산)와 샤일의 방정식(고상에서 확산 전혀 없음)으로 대표되는 극단적인 경우가 혼합되어 발생할 가능성이 크다.

7.4 합금의 응고 과정

샤일의 편석 방정식[식 (7.10)]은 용융 금속의 냉각 속도와는 독립적이다. 이제까지 언급한 것처럼 지금까지 시간은 미세편석의 처리에 관련되지 않았다. **시간**(time)과 **확산 속도**(diffusion rate)를 좀 더 정확하게 처리하기 위해서는 고상을 반드시 참작해야 한다. 합금 조직의 조대화는 냉각 속도와 관련되며 확산에 이용 가능한 시간을 결정한다. 그러므로 조직의 조대화가 간접적으로 관련이 되는 것이다.

역확산에 대해 논의하고 샤일의 미세편석 모델을 수정하기에 앞서 응고 구간이 넓은 합금의 응고 과정을 분석하는 것이 필요하다.

7.4.1 합금의 응고 구간

4장과 5장에서 응고 계면이 평면이라고 가정한 상태에서 일반적인 열전도 방정식의 해를 구해서 합금의 응고 과정을 다루었다. 하지만 대부분의 합금에서는 소위 **응고 구간**(solidification interval)(그림 7.10)이라고 불리는 일정 온도 범위에 걸쳐서 응고가 발생하며 응고 계면은 1개의 평면이 아니고 용융 금속과 고상 모두를 포함하면서 2상 영역을 둘러싸는 2개의 평면으로 묘사된다.

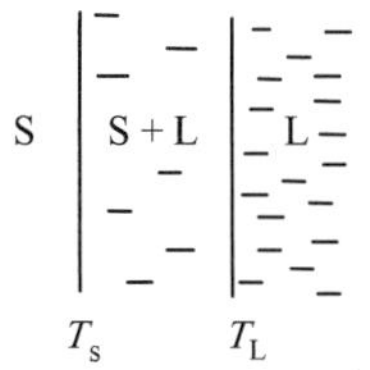

$$
\begin{array}{c|c|c}
S &
\begin{array}{c}
- \\ S+L \\ - \\ -
\end{array} &
\begin{array}{c}
- \\ L \\ - \\ -
\end{array} \\
& T_s & T_L
\end{array}
$$

그림 7.10 응고 구간 $T_L - T_s$.

정의가 잘된 2상 영역이 존재하는 경우에 이 영역은 고상선 온도 T_s와 액상선 온도 T_L에 의해 주어진 2개의 응고 계면에 의해 제한이 되며 (i) 시차 또는 거리로 표현이 되는 2상 영역의 폭과 (ii) 응고 시간을 계산하는 것이 가능하다.

등축 결정이 있는 용융 금속처럼 정의가 잘된 2상 영역이 없어지는 경우에는 응고 시간만 계산할 수 있다. 이 계산에는 **고상에서의 확산 속도**(rate of diffusion in the solid phase)와 **용융 금속의 냉각 속도**(cooling rate of the melt)가 포함된다.

수치 계산은 보통 컴퓨터를 사용해서 진행되지만 이 절차는 실제 과정에 대한 정보를 거의 제공하지 않는다. 이해도를 높이기 위해 아래에서 2개의 대체 계산법을 논의할 예정이다. 이 계산법 중의 한 가지는 샤일의 방정식을 기반으로 하고 해당 가정은 이 방정식과 관련되었다. 다른 계산법은 기본 방정식으로 지렛대 원리를 이용하며 관련 조건은 이 경우에 유효하다.

7.4.2 합금의 응고 간격 폭과 응고 시간의 계산

그림 7.11은 응고계면 근처에서의 응고 구간과 온도 분포, 농도 분포, 고상 분율의 윤곽선을 갖고 있는 합금을 나타낸다. 온도 분포와 상평형도를 알고 있으면, 농도 분포와 고상 분율을 계산할 수 있다.

응고 구간 내부의 온도 분포를 계산하기 위해서 4장의 계산을 유추해서 일반적인 열전도 방정식의 해를 구해야 한다.

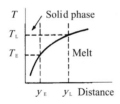

그림 7.11 (a) 그림 7.11 (d)에 있는 합금의 냉각면으로부터 거리의 함수로서 응고 전단부 주변의 온도 분포. Merton C. Flemings의 허락을 얻어 인용함.

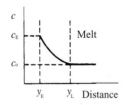

그림 7.11 (b) 그림 7.11 (d)에 있는 합금의 냉각면으로부터 거리의 함수로서 응고계면 주변의 농도 분포. Merton C. Flemings의 허락을 얻어 인용함.

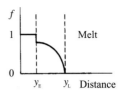

그림 7.11 (c) 그림 7.11 (d)에 있는 합금의 냉각면으로부터 거리의 함수로서 응고계면 주변의 고상 분율 f. Merton C. Flemings의 허락을 얻어 인용함.

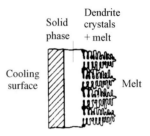

그림 7.11 (d) 응고 구간이 있는 응고 합금. 수지상정 결정이 있는 영역은 용융 금속도 포함하는 2상 영역이다. Merton C. Flemings의 허락을 얻어 인용함.

응고 구간 내부에서 성립하는 해당 방정식을 4장과 동일한 명칭으로 다음과 같이 표기할 수 있다.

$$\left(\rho c_p + \rho \left(-\Delta H\right) \frac{df}{dT}\right) \frac{\partial T}{\partial t} = k \frac{\partial^2 T}{\partial y^2} \qquad (7.16)$$

여기에서 k = 고체 금속의 열전도성이며 열전도성 k를 분배 계수 k_{part}와 명확하게 구분해야 한다는 점에 유의해야 한다.

이 두 가지 경우의 해에 있어서 그 핵심은 열 방정식 (7.16)에 있는 수량 df/dT이며 아래에서는 이 두 가지 경우의 해당 항에 대한 식을 찾는 데 집중한다.

T의 함수로서 df/dT의 계산

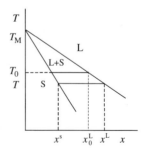

이 그림은 좌표 x^L과 T 간의 관계식을 제공한다.

$$\frac{x^L}{T - T_M} = \frac{1}{m_L} \qquad (m_L < 0) \qquad (1')$$

여기에서 T_M은 순금속의 용융점이다. T_0와 x_0^L은 상수인 반면에 x^L과 T는 액상선을 따라 변하는 변수이다. T_0는 초기 조성이 x_0^L인 합금이 응고되기 시작하는 온도이다. 식 (1′)는 x^L과 합금 원소의 초기 밀도인 x_0^L로 만들어진다.

$$x_0^L = \frac{1}{m_L}(T_0 - T_M) \tag{2′}$$

$$x^L = \frac{1}{m_L}(T - T_M) \tag{3′}$$

x^L과 x_0^L에 대한 식들을 식 (7.10)에 대입한다.

$$T_M - T = (T_M - T_0)(1 - f)^{-(1 - k_{part})} \tag{4′}$$

위 방정식은 아래처럼 변형될 수 있다.

$$(1 - f) = \left(\frac{T_M - T}{T_M - T_0}\right)^{\frac{-1}{1 - k_{part}}} \tag{5′}$$

예제 7.1의 Al–2.5 at-% Cu 합금에 대한 온도의 함수로서 고체 분율 f가 그림 7.12 (a)에서 주어진다.

Df/dT를 알아내는 가장 쉬운 방법은 식 (5′)의 로그를 취하고 새 방정식을 T에 대해 미분하는 것이다.

$$\ln(1 - f) = \frac{-1}{1 - k_{part}}[\ln(T_M - T) - \ln(T_M - T_0)] \tag{6′}$$

이를 정리하면 다음과 같은 미분 방정식을 얻을 수 있다.

$$\frac{df}{dT} = \frac{-(1 - f)}{(1 - k_{part})(T_M - T)} \tag{7′}$$

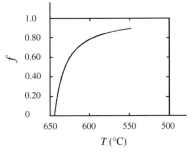

그림 7.12 (a) 샤일의 방정식이 성립할 때 온도의 함수로서 고체 분율.

다음으로 위 두 가지 경우의 해에 대한 조건을 제공하는 식 (7.16)에 이 식을 대입한다. 주요 맥락을 최대한 명확하게 유지하기 위해서 아래 계산의 일부를 박스로 처리했다.

대안 I: 샤일의 방정식이 성립하는 경우

샤일의 방정식 (식 7.10)이 성립할 때에 df/dT를 계산하기 위해서 이 방정식을 사용할 수 있다. x^L을 온도에 대해서 표현해야 하는데 합금의 액상선이 일정한 기울기 m_L을 갖는 상평형도를 이용해서 이를 쉽게 표현할 수 있다. 도출 과정은 박스에 나와 있다.

대안 I에 필요한 관계식을 위해서 식 (5′)의 $(1 - f)$ 인수를 식 (7′)에 대입한다.

$$\frac{df}{dT} = \frac{-1}{1 - k_{part}}(T_M - T)^{-\left(\frac{2 - k_{part}}{1 - k_{part}}\right)}(T_M - T_0)^{\frac{1}{1 - k_{part}}} \tag{7.17}$$

예제 7.1에 나온 Al–2.5 at-% Cu 합금에 대한 함수 (7.17)은 그림 7.12 (b)에 나와 있다.

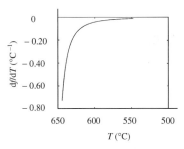

그림 7.12 (b) 샤일의 방정식이 성립할 때 온도의 함수로서 온도의 도당 고체 분율 df/dT.

도당 분율의 형성 df/dT은 응고 시작 시점에 가장 크다는 것을 그림으로부터 알 수 있다. 함수 (7.17)은 온도가 공정 온도까지 떨어질 때에만 성립한다는 것을 주목하라. 예제 7.1에 따르면 이 온도에서 10%의 공정 조직이 석출된다.

대안 II: 지렛대 원리가 성립하는 경우

지렛대 원리[식 (7.15)]가 성립할 때에 df/dT의 계산을 위해서 사용할 수 있다.

$$x^L = \frac{x^s}{k_{part}} = \frac{x_0^L}{1 - f(1 - k)} \tag{7.15}$$

x^L을 온도에 관해서 표현해야 하는데 미분 df/dT는 아래 박스에 나와 있다.

T의 함수로서 df/dT의 계산

앞 쪽의 박스에 있는 식 (2′)과 식 (3′)의 일반식을 지렛대 원리[식 (7.15)]에 대입을 하면

$$x_0^L = \frac{T_0 - T_M}{m_L} \qquad (1')$$

및

$$x^L = \frac{T - T_M}{m_L} \qquad (2')$$

다음의 식을 얻는다.

$$\frac{T_M - T}{m_L} = \frac{T_M - T_0}{m_L\,[1 - f(1 - k_{part})]}$$

이는 다음과 같이 될 수 있다.

$$1 - f(1 - k_{part}) = \frac{T_M - T_0}{T_M - T} \qquad (3')$$

또는

$$f = \frac{1}{1 - k_{part}} - \frac{T_M - T_0}{(1 - k_{part})(T_M - T)} \qquad (4')$$

식 (4')의 함수는 0.70 wt-% C를 함유하고 있는 철기합금에 대해 그림 7.13에서 도식된다. 같은 합금은 예제 7.3에 있다.

온도 T의 변화에 따른 식 (4')의 변형은 아래 식 (7.18)에서 주어진다.

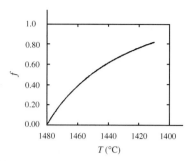

그림 7.13 (a) 지렛대 원리가 성립할 때 온도의 함수로서 고체 분율 f.

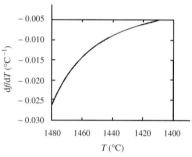

그림 7.13 (b) 지렛대 원리가 성립할 때 온도의 함수로서 온도 도당 성형된 고체 분율 df/dT.

대안 II에서의 원하는 관계는 다음과 같다.

$$\frac{df}{dT} = \frac{-(T_M - T_0)}{(1 - k_{part})(T_M - T)^2} \qquad (7.18)$$

함수 (7.18)은 그림 7.13에 의해 보여지는데, 이는 예제 7.3과 같이, 0.70 wt-% C를 함유하고 있는 철기합금에 대해 설명한다. 그림 7.13 (b)는 온도에 따른 고상화가 고상화 단계의 시작에서 가장 크다는 것을 보여준다(f의 작은 변화).

함수 df/dT를 알게 되면, 일반 열 방정식[식 (7.16)]에 대입을 하고 경계 조건을 사용해서 미분 방정식의 해를 구한다. 컴퓨터 프로그램을 써서 수치 계산을 하는 것이 편리하다.

아래의 예제에서 하나의 합금에 대한 고상화 간격을 계산하고 다른 하나의 합금에 대해서는 고상화 시간을 유도한다. 4장에서 유도한 분석식을 합금의 상평형도와 함께 적용함으로써 일반 열 방정식보다는 간단한 계산법을 사용하고자 한다.

응고 구간이 넓은 합금의 응고 구간 계산
아래의 예제 7.2는 합금이 고상화될 때에 고상화 구간의 폭, 즉 2상 영역의 폭을 계산하는 법을 보여준다.

예제 7.2
냉각된 구리판과 접촉이 있으면서 2.5 at-% 구리를 함유한 Al 합금에서 열전달 함수로서 고상화 구간, 즉 2상 영역의 폭을 계산하라. 공정 고상화 계면이 주조 금속의 안쪽으로 각각 10 mm, 50 mm 및 100 mm 들어간 세 가지 경우에 대한 계산을 수행하라. 온도 분포는 그림에 나와 있다.

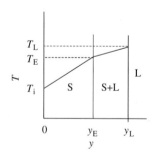

예제 7.1을 통해 미세편석으로 인해 $f_E = 0.90$의 분율까지 가변 조성으로 고상화가 되고 나머지 $(1 - f_E = 0.10)$는 공정 조성으로 고상화가 된다는 것이 알려져 있다. 합금의 열전도성은 202 W/m K이며 Al–Cu의 상평형도는 187쪽에 나와 있다. 주변 온도는 20°C이다.

풀이

고상화가 진행되는 동안에 고상화 열이 전체 2상 영역에 걸쳐 [그림 7.11 (d)와 그림 4.10] 동시에 발생한다. 계산을 간단하게 하기 위하여 다음의 사항을 가정한다.

- 임의의 부피 요소가 완전하게 고상화되었을 때에 분율 f_E는 T_L 온도의 수지상정 선단에서 고상화되고 나머지는, 즉 분율 $(1 - f_E)$는 T_E 온도의 공정 고상화 전단부에서 고상화된다.
- 합금의 고상화 열은 두 곳의 고상화 전단부에서 동일하다: $(-\Delta H_E) = (-\Delta H_{dendrite}) = (-\Delta H)$

이런 가정에서 출발해서 수지상정 선단과 공정 선단에 각각 하나씩 두 개의 열전달 방정식을 설정할 예정이다.

수지상정 고상화의 경우에 열 유속을 다음처럼 표기할 수 있다.

$$\frac{dq_{den}}{dt} = -(1 - f_E)\,\rho\,(-\Delta H)\,\frac{dy_L}{dt} = -k\frac{T_L - T_E}{y_L - y_E} \qquad (1')$$

수지상정 고상화   2상 영역을 관통
열 유속   하는 열 유속

공정 고상화 전단부를 관통하는 총 열 유속 dq_E/dt는 수지상정 및 공정 고상화 유속의 합이다. 이것을 다음과 같이 표기할 있다.

$$-k\frac{T_L - T_E}{y_L - y_E} - f_E\,\rho\,(-\Delta H)\,\frac{dy_E}{dt} = -h\,(T_i - T_0) \qquad (2')$$

수지상정   공정   고체 합금/주형의
열 유속   열 유속   접촉면을 가로지르는
                               총 열 유속

여기에서

h = 구리판과 합금 고상 간의 열전달 계수
k = 2상 영역의 열전도성
y_E, y_L = 2개 응고 전단부의 좌표
T_E = 합금의 공정 온도
T_L = 합금의 액상선 온도
T_0 = 주변 온도
f_E = 공정 온도에서의 고상 분율
ρ = 합금의 밀도

고상화 전단부의 위치 y_E와 y_L은 모두 시간의 함수이다. 고체 합금의 열용량은 고상화 열 $(-\Delta H)$에 비해 작다. 그러므로 고상화 열과 비교하여 냉각 열을 무시하는 것이 합리적이다. 이 경우에 식 (4.45)와 식 (4.46)은 응고 전단부에서 성립된다.

$$T_i = \frac{T_E - T_0}{1 + \dfrac{h}{k}y_E} + T_0 \qquad (3')$$

$$\frac{dy_E}{dt} = \frac{T_E - T_0}{\rho(-\Delta H)}\frac{h}{1 + \left(\dfrac{h}{k}\right)y_E} \qquad (4')$$

dy_E/dt의 식 (4')를 식 (2')의 좌변에 대입을 하고 T_i의 식 (3')를 식 (2')의 좌변에 대입을 하면 다음의 식을 얻는다.

$$k\left(\frac{T_L - T_E}{y_L - y_E}\right) + f_E\,\rho\,(-\Delta H)\left(\frac{T_E - T_0}{(-\Delta H)}\right)\frac{h}{1 + \dfrac{h}{k}y_E}$$
$$= h\frac{T_E - T_0}{1 + \dfrac{h}{k}y_E} \qquad (5')$$

Al–Cu 합금에서 2상 영역의 폭은 $y_L - y_E$이며 식 (5')를 정리하면 다음과 같이 $(y_L - y_E)$의 해를 구할 수 있다.

$$y_L - y_E = \frac{k + hy_E}{h(1 - f_E)}\frac{T_L - T_E}{T_E - T_0} \qquad (6')$$

$y_L - y_E$를 h의 함수로 표시하고자 하며 독립 변수인 h를 제외하고는 식 (6') 우변의 모든 값을 알고 있다. 아래 목록에 있는 값을 대입하고 $h(200\ \text{W/m}^2\,\text{K} < h < 2000\ \text{W/m}^2\,\text{K})$에 대해서는 편리한 값을 택함으로써 $(y_L - y_E)$의 값을 계산하고 원하는 함수를 그래프로 표현할 수 있다.

$y_E = 0.010\ \text{m},\ 0.050\ \text{m},\ 0.100\ \text{m}$(본문)
$f_E = 0.90$(본문)
$k = 202\ \text{W/m K}$(본문)
$T_0 = 20\,^\circ\text{C}$(본문)
$T_L = 660\,^\circ\text{C}$(187쪽의 Al–Cu 상평형도)
$T_E = 548\,^\circ\text{C}$(187쪽의 Al–Cu 상평형도)

답

고상화 구간 $T_L - T_E = 112\,^\circ\text{C}$

2상 영역의 폭 = $y_L - y_E$

필요 함수 $y_L - y_E = \dfrac{k + hy_E}{h(1 - f_E)}\dfrac{T_L - T_E}{T_E - T_0}$

본문에서 주어진 대로 3개의 y_L에 대한 함수가 아래 그림에 그래프로 나와 있다.

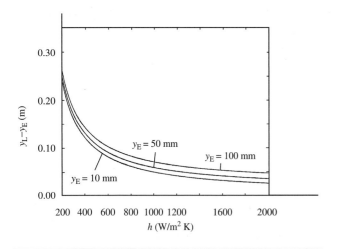

예제 7.2의 답에 있는 그림은 h의 증가에 해당하는 냉각 속도의 증가에 따라 2상 영역의 폭이 매우 급속하게 감소한다는 것을 보여준다. 냉각 속도가 낮을 때에 소재는 주물 전체를 덮는 2상 영역과 등온이며 이 상황은 아래에서 설명이 된다.

응고 구간이 넓은 합금으로 만들어진 주물의 응고 시간 계산

이 장의 그림 7.1에 나온 것처럼 온도 – 시간 곡선으로부터 주물의 응고 시간을 유도할 수 있다. 예를 들어 사형에서 응고되는 주물의 응고 시간은 곡선으로부터 직접 읽어낼 수 있다.

두 번째 방법은 Chvorinov의 법칙을 이용해서 사형에서 주조된 주물의 응고 시간을 계산하는 것이다(예를 들어 예제 4.4).

얇은 주물의 제조를 위한 세 번째 방법은 4장의 4.4.5절에 언급되어 있다. 얇은 주물은 응고 과정과 냉각 과정에서 등온을 유지하며 이 방법은 응고 구간이 넓으면서 합금으로 만들어진 얇은 주물에도 유효하다. 간단한 공식을 사용하면 응고 시간을 계산할 수 있다[식 (4.85)].

응고 구간이 넓은 합금으로 만들어진 주물의 응고 시간

응고 시간을 계산하기 위한 일반적인 방법은 식 (7.2)의 해를 구하는 것이다. 4장에서 이 방정식 우변의 마지막 항을 무시할 수도 있다는 가정하에 방정식의 해를 구했다.

응고 구간이 넓은 합금에서는 식 (7.2)에서 우변의 중간 항을 무시할 수 있다. 수지상정 망이 매우 얇은 팔로서 즉시 성형이 되고 전체적인 응고 과정은 이 팔의 2차 고상화에 의해 발생한다고 가정할 수 있다는 것에 이런 가정의 물리적인 중요성이 있다. 실제로는 샤일의 방정식을 유도했을 때에 같은

가정을 하였다.

식 (7.2) 우변의 둘째 항을 무시하고 식 (7.3)과 조합을 하면 다음의 미분식을 얻는다.

$$\frac{dQ}{dt} = V_0 \rho_{\text{metal}} \left[c_p^{\text{metal}} \frac{dT}{dt} + (-\Delta H) \frac{df}{dT} \right] \quad (7.19)$$

여기에서 $(-\Delta H)$는 금속의 고상화 열이다(J/kg). 식 (7.19)를 적분하면 응고 시간을 계산할 수 있다. 이런 계산에 대한 구체적인 사례는 아래의 예제 7.3에 나와 있다.

예제 7.3

0.70 wt-% C를 함유하고 있는 철기 합금을 1580°C의 온도에서 사형 주조하여 두께 20 mm의 판을 만들려고 한다.

(a) 주물 응고 이전의 냉각 시간과 주물의 응고 시간을 계산하라.

(b) 상응하는 냉각 과정과 응고 과정에 대한 온도–시간 곡선을 그래프로 작성하라.

재료 상수는 일반 참조표에 나와 있으며 다음 그림은 Fe – C 계의 상평형도이다.

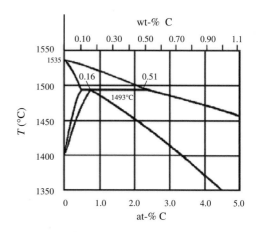

풀이

온도 – 시간 곡선을 그리기 위해서는 2개의 함수를 알아야 한다.

(1) 응고가 시작될 때에 1580°C에서 액상선 온도 T_L까지 떨어지는 냉각 과정의 $T - t$ 관계식

(2) 온도가 T_L에서 고상선 온도 T_S까지 떨어지는 냉각 과정의 $T - t$ 관계식

응고 이전의 냉각 곡선

사형에서 응고 중인 합금의 열 유속을 다음처럼 표기할 수 있다[식 (4.70) 참고].

$$\frac{dq}{dt} = \sqrt{\frac{k_{mould}\ \rho_{mould}\ c_p^{mould}}{\pi t}}(T_i - T_0) \qquad (1')$$

그리고

$$\frac{dq}{dt} = \rho_{melt}\ c_p^{melt}\ l\left(-\frac{dT}{dt}\right) \qquad (2')$$

여기에서 l은 판의 두께이다. 표면 온도 T_i는 일정하고 액상선 온도 T_L과 동일하다고 가정한다[4장의 식 (4.60)]. $T_i = T_L$일 때에만 식 (1')이 성립한다.

식 (2')에 마이너스 기호가 붙은 이유는 열 유속이 양수인 경우에 온도가 *저하*되기 때문이다. 열 유속에 대한 2개의 식이 동일하며 이로부터 세 번째 방정식이 주어진다.

$$\int_0^t \frac{dt}{\sqrt{t}} = \int_{1580}^T \rho_{melt}\ c_p^{melt}\ l\sqrt{\frac{\pi}{k_{mould}\ \rho_{mould}\ c_p^{mould}}} \times \frac{-dT}{(T_L - T_0)} \qquad (3')$$

이 식을 적분하면 다음의 식이 주어진다.

$$\sqrt{t} = \frac{\rho_{melt}\ c_p^{melt}\ l}{2}\sqrt{\frac{\pi}{k_{mould}\ \rho_{mould}\ c_p^{mould}}}\left(\frac{1580 - T}{T_L - T_0}\right)$$

이 방정식을 다음처럼 변형할 수 있다.

$$T = 1580 - \frac{2\sqrt{k_{mould}\ \rho_{mould}\ c_p^{mould}}\ (T_L - T_0)}{\rho_{melt}\ c_p^{melt}\ l\sqrt{\pi}} \times \sqrt{t} \qquad (4')$$

식 (4')는 응고가 시작되기 전의 온도 – 시간 곡선을 나타내는 관계식이다. 냉각 구간은 1580°C에서 시작해서 $T = T_L$일 때에 끝난다.

계산

아래의 계산은 다음의 재료 상수를 사용해서 진행이 되었다.

$$k_{mould} = 0.60\ W/mK \qquad l = 0.020\ m$$
$$\rho_{Fe} = 7.3 \times 10^3\ kg/m^3$$

$$\rho_{mould} = 1.5 \times 10^3\ kg/m^3 \qquad T_0 = 20°C$$
$$c_p^{Fe} = 6.70 \times 10^2\ J/kgK$$

$$c_p^{mould} = 1.13 \times 10^3\ J/kgK \qquad T_L = 1480°C$$
$$\text{(Fe–C 상평형도)}$$

계산에 따른 결과식은 다음과 같다

$$T = 1580 - 17t^{0.5} \qquad (5')$$

t (s)	$T = 1580 - 17\,t^{0.5}$ (°C)
0	1580
5	1542
10	1526
15	1514
20	1508
25	1495
30	1487
35	1480

계산이 된 값들은 위의 표에 나와 있다.

$T = T_L = 1480°C$를 식 (5')에 대입을 하면 다음의 식을 얻는다.

$$t_{cool} = 34.6\ s \approx 35\ s.$$

응고 곡선

응고 중에는 식 (2') 대신에 식 (7.19)를 적용해야 한다.

식 (1')를 사용하고, 부피 $V_0 = Al$ 및 단위 면적당 열 $q = Q/A$을 대입해서 식 (7.19)를 식 (6')의 우변으로 변환할 수 있다.

$$\frac{dq}{dt} = \sqrt{\frac{k_{mould}\ \rho_{mould}\ c_p^{mould}}{\pi t}}(T_i - T_0)$$
$$= l\rho_{metal}\left(-\frac{dT}{dt}\right)\left[c_p^{metal} + (-\Delta H)\frac{df}{dT}\right] \qquad (6')$$

탄소의 원자는 Fe에 비해 비교적 작으며 고체 합금의 탄소 확산이 고려되어야 한다. 지렛대 원리가 성립되며 이 경우에는 식 (7.18)이 적용될 수 있다고 가정한다.

$$\frac{df}{dT} = \frac{-(T_M - T_L)}{(1 - k_{part})(T_M - T)^2} \qquad (7')$$

사형에서의 주조 중에 표면 온도 T_i는 T_L[식 (4.60)]과 같다. 식 (7')를 식 (6')에 대입을 하고 변수 t와 T를 분리한 후에 적분을 하면 다음의 식을 얻는다.

$$\left(\sqrt{\frac{k_{\text{mould}}\,\rho_{\text{mould}}\,c_{\text{p}}^{\text{mould}}}{\pi}}\right)\int_{t_{\text{cool}}}^{t}\frac{dt}{\sqrt{t}}$$

$$=-\int_{T_{\text{L}}}^{T}\frac{l\rho_{\text{metal}}\left[c_{\text{p}}^{\text{metal}}+(-\Delta H)\dfrac{-(T_{\text{M}}-T_{\text{L}})}{(1-k_{\text{part}})(T_{\text{M}}-T)^{2}}\right]}{(T_{\text{L}}-T_{0})}\,dT \quad (8')$$

$$\left(2\sqrt{\frac{k_{\text{mould}}\,\rho_{\text{mould}}\,c_{\text{p}}^{\text{mould}}}{\pi}}\right)\left(\sqrt{t}-\sqrt{t_{\text{cool}}}\right)$$

$$=\frac{l\rho_{\text{metal}}\,c_{\text{p}}^{\text{metal}}}{(T_{\text{L}}-T_{0})}(T_{\text{L}}-T)+\frac{l\rho_{\text{metal}}(-\Delta H)}{(T_{\text{L}}-T_{0})}\frac{T_{\text{L}}-T}{(1-k_{\text{part}})(T_{\text{M}}-T)}$$

또는

$$\sqrt{t}=\sqrt{t_{\text{cool}}}+\left(\frac{\sqrt{\pi}\,l\rho_{\text{metal}}}{2\sqrt{k_{\text{mould}}\,\rho_{\text{mould}}\,c_{\text{p}}^{\text{mould}}}}\right)\frac{(T_{\text{L}}-T)}{(T_{\text{L}}-T_{0})}\left[c_{\text{p}}^{\text{metal}}+\frac{-\Delta H}{1-k_{\text{part}}}\frac{1}{(T_{\text{M}}-T)}\right] \quad (13')$$

여기에서

T_{M} = 순금속(철)의 용융점
T_{L} = 초기 응고 온도
T_{s} = 최종 응고 온도
T_{0} = 주변의 온도

식 $(8')$는 $T_{\text{L}} \geq T \geq T_{\text{s}}$ 구간에 걸쳐 유효하며 이 방정식을 I_{1}, I_{2} 및 I_{3}의 3개 적분식으로 분리한다.

해석을 거쳐서 다음처럼 정리된다.

$$I_{1}=\sqrt{\frac{k_{\text{mould}}\,\rho_{\text{mould}}\,c_{\text{p}}^{\text{mould}}}{\pi}}\left(2\sqrt{t}-2\sqrt{t_{\text{cool}}}\right) \quad (9')$$

$$I_{2}=\frac{l\rho_{\text{metal}}\,c_{\text{p}}^{\text{metal}}}{(T_{\text{L}}-T_{0})}(T_{\text{L}}-T) \quad (10')$$

$$I_{3}=\left[-\frac{l\rho_{\text{metal}}(-\Delta H)}{(1-k_{\text{part}})}\right]\frac{-(T_{\text{M}}-T_{\text{L}})}{(T_{\text{L}}-T_{0})}\frac{-1}{(T_{\text{M}}-T)}\Big|_{T_{\text{L}}}^{T} \quad (11')$$

또는

$$I_{3}=\left[\frac{l\rho_{\text{metal}}(-\Delta H)}{(1-k_{\text{part}})}\right]\frac{(T_{\text{M}}-T_{\text{L}})}{(T_{\text{L}}-T_{0})}\left[\frac{1}{(T_{\text{M}}-T_{\text{L}})}-\frac{1}{(T_{\text{M}}-T)}\right]$$

또는

$$I_{3}=\frac{l\rho_{\text{metal}}(-\Delta H)}{(1-k_{\text{part}})}\frac{T_{\text{L}}-T}{(T_{\text{L}}-T_{0})(T_{\text{M}}-T)} \quad (12')$$

이 3개의 적분식을 조합하고 $\sqrt{t}$의 해를 구하면 다음과 같다.

식 $(13')$는 응고 중의 온도 – 시간 곡선을 나타내는 관계식이며 응고 구간은 $T = T_{\text{L}}$일 때 시작해서 $T = T_{\text{S}}$일 때에 끝난다.

계산

냉각 곡선의 계산을 위해 사용된 재료 상수 이외에 $t_{\text{cool}} = 35$ 초(상기 계산 결과), $-\Delta H = 272 \times 10^{3}$ J/kg 및 $T_{\text{S}} \approx 1410°C$ 를 사용할 것이다($c_{0} = 0.70$ wt-%일 때 Fe – C의 상평형도에서 읽어 들임). 분배 계수 k_{part}를 계산하기 위해서 예를 들면 상기 상평형도의 포정선 $T = 1493°C$(7.7절)를 이용해서 포정선, 고상선, 액상선 간의 교점에 상응하는 중량 백분율을 파악한다.

$$k_{\text{part}}=\frac{c^{\text{s}}}{c^{\text{L}}}=\frac{0.16}{0.51}=0.314$$

식 $(13')$는 T에 대한 2차 방정식이지만 t의 함수로서 T에 대한 해를 구할 필요가 없고 대신에 계산 값과 알려진 다른 값을 식 $(13')$에 대입해서 다음의 식을 얻게 된다.

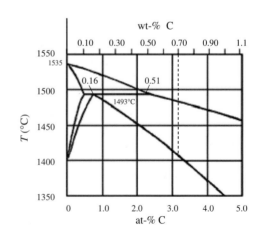

$$\sqrt{t} = \sqrt{t_{\text{cool}}} + \frac{\sqrt{\pi}\, l\rho_{\text{metal}}}{2\sqrt{k_{\text{mould}}\, \rho_{\text{mould}}\, c_p^{\text{mould}}}} \frac{T_{\text{L}} - T}{T_{\text{L}} - T_0}$$

$$\left[c_p^{\text{metal}} + \left(\frac{-\Delta H}{l - k_{\text{part}}} \right) \frac{l}{(T_{\text{M}} - T)} \right]$$

그리고 다음의 식을 얻는다.

$$\sqrt{t} = \sqrt{34.6} + \frac{\sqrt{\pi} \times 0.020 \times (7.3 \times 10^3)}{2\sqrt{0.60(1.5 \times 10^3)(1.13 \times 10^3)}} \frac{1480 - T}{1480 - 20}$$

$$\left[6.7 \times 10^2 + \left(\frac{272 \times 10^3}{1 - 0.314} \right) \frac{1}{(1535 - T)} \right]$$

또는

$$t \approx \left[5.88 + (8.86 \times 10^{-5})(1480 - T) \right.$$

$$\left. \left(6.7 \times 10^2 + \frac{3.965 \times 10^5}{(1535 - T)} \right) \right]^2 \qquad (14')$$

식 $(14')$는 응고가 진행되는 동안의 온도–시간 곡선을 그리기 위한 기초이다. 주어진 다수의 T 값을 식 $(14')$에 대입할 수 있고 상응하는 t 값의 계산이 이루어진다. $T = T_s = 1410°C$를 통해 $t = 890$초 $= 14.8$분을 얻게 된다.

이 값의 쌍들을 다이어그램에 도해함으로써 온도–시간 곡선을 그릴 수 있다. 계산이 이루어진 냉각과 응고 곡선이 아래의 그림에 나와 있다.

답

(a) 응고 이전의 냉각 과정에는 35초가 필요하다.
(b) 냉각과 응고 시간은 약 15분이다.

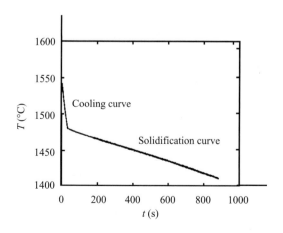

7.5 고상의 역확산이 합금의 미세편석에 미치는 영향

샤일의 방정식과 지렛대 원리를 유도했을 때 응고 중에 합금 원소의 분포에 대한 기하학적 영향을 고려하지 않았다. 그림 6.4에서 알 수 있듯이 수지상정의 응고 구조는 매우 복잡하다. 1차와 2차 팔은 동시에 성장하며 성장 과정에서 일부 2차 팔은 다른 팔보다 빠르게 성장한다. 따라서 고체 합금에서 합금 원소의 농도 분포는 3차원 패턴의 최대와 최소 농도 다수를 포함하게 된다.

이런 이유 때문에 특별한 확산 거리를 명시하고 역확산을 계산하는 것이 어렵다. 아래에서 이 문제를 처리하는 방법에 대해 논하고, 역확산의 영향을 포함하는 미세편석에 대해 개선된 성공적인 모델을 유도한다. Flemings가 이를 주로 유도하였으며 응고학에서 자주 사용된다.

7.5.1 샤일의 수정 편석 방정식

샤일의 방정식을 유도할 때에 7.3.1절(그림 7.4)과 동일한 부피 요소를 고려한다. 역확산을 고려하여 용융 금속에서 역으로 고상에 전달되는 합금 원소의 양을 나타내는 항을 통해 기본 소재 균형 방정식 (7.6)의 우변을 완성해야 한다.

$$\text{합금 원소의 양} = \int_0^y \Delta x^s \mathrm{d}y \qquad (7.20)$$

이 항을 식 (7.6)에 포함시키고 고상의 몰 부피와 용융 금속이 동일하다고 가정한 후에 정리를 거치면 다음의 식을 얻는다.

$$\left(\frac{\lambda}{2} - y \right) \mathrm{d}x^{\text{L}} = (x^{\text{L}} - x^s)\mathrm{d}y - \int_0^y \Delta x^s \mathrm{d}y \qquad (7.21)$$

용융 금속에서 합금 원소의 증가	응고 용적으로부터 합금 원소의 첨가	용융 금속에서 고체로 합금 원소의 복원(역확산)

식 (7.21)을 식 (7.6)과 비교해야 한다. 그림 7.14에서 빗금 친 부분은 식 (7.21)에서 우변의 마지막 항, 즉 역확산의 영향을 나타낸다.

접촉면 근처의 고상에서 농도 기울기의 식을 찾아야 하며, 원칙적으로 픽(Fick)의 두 번째 법칙을 고상 전체와 농도 분포의 계산에 적용하는 것이 여기에서 필요하다. 이 절차는 복잡하고 지금까지는 분석적으로 진행되지 않았다. 다음의 등식을 가정한다면 대략적인 계산을 진행할 수 있다.

$$dx^s = k_{\text{part}} dx^L \tag{7.22}$$

이 외에 응고 중인 부피 요소에 대한 열 균형 방정식을 설정한다. 부피 요소에서 방출된 열량을 아래와 같이 표기할 수 있다.

$$\frac{dQ}{dt} = A\rho(-\Delta H)\frac{dy}{dt} + A\rho c_{\text{p}}\left(-\frac{dT}{dt}\right)\left(\frac{\lambda_{\text{den}}}{2}\right) \tag{7.23}$$

여기에서 $(-dT/dt)$는 응고 과정에서의 냉각 속도이다. 식 (7.23)의 첫 번째 항은 융해열을 나타내고 두 번째 항은 온도 감소와 연관된 열량인데 통상 첫 번째 항에 비해 작다. 따라서 식 (7.23)에서 우변의 두 번째 항을 무시할 수 있다.

나아가서 단위 시간당 제거되는 열량(dQ/dt)은 일정하다고 가정한다. 이런 가정을 하면 식 (7.23)에서 알 수 있듯이 dy/dt 또한 일정해진다. dy/dt를 $\lambda_{\text{den}}/2\theta$로 대체할 수 있는데 여기에서 λ_{den}은 수지상정 가지의 거리이고 θ는 **총 응고 시간** (total solidification time)이다. 이 값을 식 (7.21)에 대입하면 다음의 식을 얻는다.

$$D_{\text{s}}\frac{2\theta}{\lambda_{\text{den}}}k_{\text{part}}dx^L + \left(\frac{\lambda_{\text{den}}}{2} - y\right)dx^L = (x^L - x^s)dy \tag{7.24}$$

여기에서 D_{s}는 고체에서 합금 원소의 확산 상수이다(188쪽 참고).

$x^s = k_{\text{part}}x^L$ 관계식을 적분해서 사용하면 다음의 식이 주어진다.

$$\int_{x_0^L}^{x^L}\frac{dx^L}{x^L(1-k_{\text{part}})} = \int_0^y\frac{dy}{D_{\text{s}}\dfrac{2\theta}{\lambda_{\text{den}}}k_{\text{part}} + \dfrac{\lambda_{\text{den}}}{2} - y}$$

$$\frac{1}{1-k_{\text{part}}}\ln\frac{x^L}{x_0^L} = -\ln\frac{D_{\text{s}}\dfrac{2\theta}{\lambda_{\text{den}}}k_{\text{part}} + \dfrac{\lambda_{\text{den}}}{2} - y}{D_{\text{s}}\dfrac{2\theta}{\lambda_{\text{den}}}k_{\text{part}} + \dfrac{\lambda_{\text{den}}}{2}}$$

위 식을 다음처럼 정리할 수 있다.

$$\left(\frac{x^L}{x_0^L}\right)^{\frac{-1}{1-k_{\text{part}}}} = \frac{D_{\text{s}}\dfrac{2\theta}{\lambda_{\text{den}}}k_{\text{part}} + \dfrac{\lambda_{\text{den}}}{2} - y}{D_{\text{s}}\dfrac{2\theta}{\lambda_{\text{den}}}k_{\text{part}} + \dfrac{\lambda_{\text{den}}}{2}}$$

또는

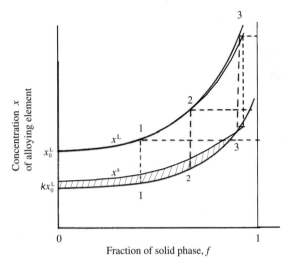

그림 7.14   역확산을 고려한 경우와 고려하지 않은 경우에 고체 분율의 함수로서 $k = 0.5$일 때 용융 금속과 응고 중에 마지막으로 응고된 소재의 합금 원소 농도. 빗금 친 부분은 역확산의 영향을 나타낸다.

$$x^L = x_0^L\left(\frac{D_{\text{s}}\dfrac{2\theta}{\lambda_{\text{den}}}k_{\text{part}} + \dfrac{\lambda_{\text{den}}}{2} - y}{D_{\text{s}}\dfrac{2\theta}{\lambda_{\text{den}}}k_{\text{part}} + \dfrac{\lambda_{\text{den}}}{2}}\right)^{-(1-k_{\text{part}})}$$

이 식은 이와 같이 변형될 수 있다.

$$x^L = x_0^L\left(1 - \frac{\dfrac{2y}{\lambda_{\text{den}}}}{1 + D_{\text{s}}\dfrac{4\theta}{\lambda_{\text{den}}^2}k_{\text{part}}}\right)^{-(1-k_{\text{part}})}$$

$$= x_0^L\left(1 - \frac{f}{1 + D_{\text{s}}\dfrac{4\theta}{\lambda_{\text{den}}^2}k_{\text{part}}}\right)^{-(1-k_{\text{part}})} \tag{7.25}$$

식 (7.25)는 샤일의 편석 방정식을 수정한 형태이다. 식 (7.25)와 식 (7.10)을 비교하면 분모에서 보정항 B가 다르다는 것을 보여준다.

$$B = \frac{4D_{\text{s}}\theta k_{\text{part}}}{\lambda_{\text{den}}^2} \tag{7.26}$$

이 보정항은 역확산에 의해 만들어진다. 보정항 $\ll$ 1이면 보정항이 중요하지 않지만 f가 1의 값에 가까워질 때에 역확산은 응고의 끝에서 점점 더 중요해진다는 것을 식 (7.25)로부터 알 수 있다.

좀 더 자세한 계산을 하기 위해서는 수지상정 가지의 거리가 냉각 속도에 따라 달라지기 때문에 응고 시간을 직·간접적으로 포함하는 매개변수 B의 값에 대해 아는 것이 필요하다. 매개변수 B는 $4\theta/\lambda_{den}^2$ 비를 포함하고 수지상정 가지의 거리는 냉각 속도가 증가함에 따라 감소한다. 총 응고 시간도 냉각 속도가 증가함에 따라 감소하므로 인수 λ_{den}와 2θ는 서로 상쇄 작용을 한다.

예제 7.4

이 그림은 다수의 Al–Cu 합금에 대한 냉각 속도가 알려진 경우에 합금 조성의 함수로서 수지상정 가지의 거리를 보여준다. 이 정보를 이용해서 Al–Cu 합금에서 역확산의 중요성이 냉각 속도에 따라 증감하는지 여부를 결정하라.

풀이

냉각과 응고 중에 열 유속이 일정하다고 가정하는 것은 합리적이며 다음의 식을 얻게 된다.

$$c_p^L\left(-\frac{dT}{dt}\right) = (-\Delta H)\frac{df}{dt} \qquad (1')$$

총 응고 시간은 $f = 1$일 때에 해당한다. 따라서 $df/dt = (1-0)/(\theta-0) = 1/\theta$이고 이 값을 식 (1')에 대입하여 θ에 대한 해를 구한다.

$$\theta = \frac{-\Delta H}{c_p^L\left(-\dfrac{dT}{dt}\right)} \qquad (2')$$

다음으로는 두 가지의 다른 냉각 속도에서 역확산을 설명하는 데 필요한 보정항을 비교한다.

$$B_1 = \frac{4D_s\theta_1 k_{part}}{\lambda_1^2} = \frac{4D_s k_{part}(-\Delta H)}{\lambda_1^2 c_p^L\left(-\dfrac{dT_1}{dt}\right)} \qquad (3')$$

그리고

$$B_2 = \frac{4D_s\theta_2 k_{part}}{\lambda_2^2} = \frac{4D_s k_{part}(-\Delta H)}{\lambda_2^2 c_p^L\left(-\dfrac{dT_2}{dt}\right)} \qquad (4')$$

식 (3')를 식 (4')로 나누면 다음의 식을 얻는다.

$$\frac{B_1}{B_2} = \left(-\frac{dT_2}{dt}\right)\lambda_2^2 \Big/ \left(-\frac{dT_1}{dt}\right)\lambda_1^2, \qquad (5')$$

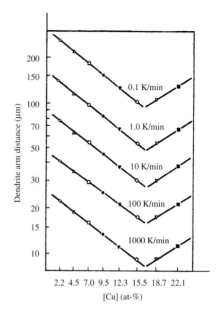

다수의 Al–Cu 합금에 대한 합금 원소와 냉각 속도(매개변수) 농도의 함수로서 수지상정 가지의 거리. 공정 반응은 17.3 at-% Cu에서 발생한다. Cu의 농도가 17.3 at-%보다 높으면 θ상이 석출되어 그림에 나온 곡선이 된다.

상기 그림은 냉각 속도가 빠를수록 수지상정 가지의 거리가 작아지게 된다는 것을 보여준다. 정량적으로는 합금의 조성과 관계없이 냉각 속도가 10^4배 증가하면 수지상정 가지의 거리가 약 12배 정도 줄어들게 된다는 것을 알 수 있다.

그림으로부터 얻어진 $\left(-\dfrac{dT_2}{dt}\right)\Big/\left(-\dfrac{dT_1}{dt}\right) = 10^4$과 $\dfrac{\lambda_2^2}{\lambda_1^2} = \dfrac{1}{12^2}$의 값을 식 (5')에 대입하면 다음의 식을 얻는다.

$$\frac{B_1}{B_2} = \frac{10^4}{12^2} \qquad \text{또는} \qquad B_2 = B_1 \times 0.014$$

냉각 속도가 증가할 때 매개변수 B는 감소한다.

답

냉각 속도가 증가할 때에 Al–Cu 합금에서 역확산의 중요도는 감소한다.

$\lambda_{den} = \theta^{0.5}$[식 (6.10) 참고]이면 Al–Cu 합금의 역확산은 상기 예제 7.4에 의거하여 냉각 속도와는 관련이 없어진다. 실제로는 지수가 0.5보다 낮다. 역확산이 낮을수록 미세편석은 커지게 된다. 그러므로 예제 7.4로부터 냉각 속도가 빠를수록 미세편석이 더 커진다고 결론지을 수 있다. 응고 후에 균질화가 빨라지면 미세편석에 대한 보충이 자주 일어날 수 있다.

7.6절과 8장에서 이 주제를 다시 다루고자 한다.

우리는 매개변수 B가 일정하다는 가정하에 식 (7.24)를 적분하였다. 이 조건은 많은 경우에 합금의 응고 구간이 좁을 때 잘 충족된다. 하지만 응고 구간이 넓으면 D^s의 온도 의존성이 상당히 크다. 냉각 열이 제거되면 부피 요소에서 온도가 감소하기 때문에 냉각 열 감소도 고려되어야 한다.

샤일의 편석 방정식 (7.10)은 역확산이 작으면 가장 먼저 응고된 소재가 조성 $k_{part}x_0^L$을 획득한 후에 유지한다는 것을 보여준다. 역확산이 강한 경우에는 응고가 지속되는 동안에 초기에 응고된 소재의 안정이 이루어지게 된다. 이 경우에 단순한 근사해는 없지만 특별한 경우에 대한 수치 계산이 진행되었으며 그림 7.15에서 설명된 Al-Cu 합금이 이에 해당하는 한 가지 경우이다. 그림 7.15는 4.5 wt-% Cu를 함유하고 있는 Al 합금의 해당 수치 계산 결과를 보여준다. 계산된 분배 상수는 $k_{part} = 0.136$이다. 그러므로 첫 번째 소재는 성형이 될 때에 아래의 조성을 갖게 된다.

$$c^s = k_{part}c_0^L = 0.136 \times 4.5 = 0.61\text{wt-\% Cu}$$

이 값은 그림 7.15에서 가장 낮은 지점에 해당되고 고상 분율이 0.1일 때에 가장 먼저 응고된 소재의 Cu의 농도가 증가하였다. 이 사실은 $f = 0.1$일 때에 종결되는 짧은 곡선에 의해 설명이 된다. 윗부분에 있는 곡선들은 응고된 층이 어떻게 성

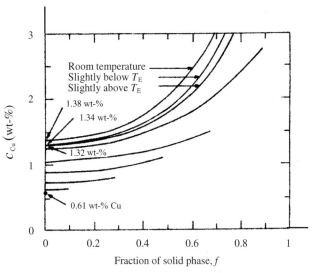

그림 7.15 응고진행의 함수로서 Al-4.5 wt-% Cu 합금에서 Cu의 농도 분포. The Minerals, Metals & Materials Society의 허락을 얻어 인용함.

장하는지 그리고 층의 조성이 어떻게 변하는지를 보여준다. 그림 7.15의 곡선들은 $6.1 \times 10^6 D_s$를 B 값으로 사용해서 계산된 것이다. 확산 상수는 시간이 변함에 따라 기하급수적으로 변한다고 가정하였다.

7.5.2   합금 조성 계산법의 선택

고상 분율 $f = 2y/\lambda_{den}$의 함수로서 합금 원소 밀도의 계산은 다음과 같이 진행된다.

- 확산 속도가 높을 때 지렛대 원리가 성립한다[식 (7.15)].
- 확산 속도가 낮을 때 샤일의 수정 편석 방정식이 성립한다 [식 (7.25)].
- $D_s = 10^{-11}$ m²/s일 때에 어떤 방정식을 사용해야 하는지 결정하는 것이 어렵다. 냉각 속도는 결정할 수 있다.
- 냉각 속도가 낮을 때 지렛대 원리가 성립한다.
- 냉각 속도가 높을 때 샤일의 수정 방정식이 현실을 가장 잘 반영한다.

7.5.3   미세편석도

마이크로프로브를 이용해서 응고 소재의 미세편석을 결정할 수 있다. 합금강에 대해 이런 조사가 아주 많이 이루어졌으며, 소재가 오스테나이트로 응고되면 대부분의 경우에 수지상정 가지의 중앙에서 합금 원소의 농도는 전체 응고 과정에서 일정하다는 것이 이런 조사를 통해 나타났는데 그 이유는 응고가 진행되는 동안에 매우 작은 범위에 걸쳐서 균질화(189쪽)가 발생하기 때문이다. 1차 석출물이 오스테나이트일 때 수지상정 간 부위의 농도 분포는 샤일의 수정 편석 방정식[식 (7.25)]에 의해 설명이 된다.

여러 가지 합금 원소가 매우 다른 분배 상수와 편석의 경향성을 갖는다. 편석의 경향성을 설명하기 위하여 편석도의 개념이 도입되었다.

미세편석도는 수지상정 결정의 응집체에서 합금 원소 농도의 최고 측정값과 최저 측정값 사이의 비이다.

$$S = \frac{x_{max}^s}{x_{min}^s} \qquad (7.27)$$

$x^s = k_{part}x^L$ 관계식은 항상 성립하기 때문에, 샤일의 수정 편석 방정식[식 (7.25)]을 편석도 계산에 사용할 수 있다. 편석이 가장 높을 때 $(2y/\lambda_{den} = f = 1)$에 x_{max}^L의 비, 편석이 가장 낮을 때 $(f = 0)$에 x_{min}^L이 만들어진다.

$$x_{\text{max}}^{\text{L}} = x_0^{\text{L}} \left[\left(1 - \dfrac{\dfrac{2y}{\lambda_{\text{den}}}}{D_{\text{s}} \left(\dfrac{4\theta}{\lambda_{\text{den}}^2} \right) k_{\text{part}} + 1} \right)^{-(1-k_{\text{part}})} \right]_{f=\frac{2y}{\lambda_{\text{den}}}=1}$$

$$= x_0^{\text{L}} \left(1 - \dfrac{1}{B+1} \right)^{-(1-k_{\text{part}})} = x_0^{\text{L}} \left(\dfrac{B}{1+B} \right)^{-(1-k_{\text{part}})}$$

그리고

$$x_{\text{min}}^{\text{L}} = x_0^{\text{L}} \left[\left(1 - \dfrac{\dfrac{2y}{\lambda_{\text{den}}}}{D_{\text{s}} \left(\dfrac{4\theta}{\lambda_{\text{den}}^2} \right) k_{\text{part}} + 1} \right)^{-(1-k_{\text{part}})} \right]_{f=\frac{2y}{\lambda_{\text{den}}}=0} = x_0^{\text{L}}$$

이 방정식으로부터 다음의 식을 얻게 된다.

$$S = \frac{x_{\text{max}}^{\text{s}}}{x_{\text{min}}^{\text{s}}} = \frac{k_{\text{part}} x_{\text{max}}^{\text{L}}}{k_{\text{part}} x_{\text{min}}^{\text{L}}} = \frac{x_{\text{max}}^{\text{L}}}{x_{\text{min}}^{\text{L}}} = \left(\frac{B}{1+B} \right)^{-(1-k_{\text{part}})} \quad (7.28)$$

삼원 Fe – Cr – C 합금에서 탄소의 함유량이 증가하면 크롬의 편석도가 증가한다는 사실이 오랫동안 알려져 왔는데 그 이유는 편석과 탄소의 함유량이 증가함에 따라 오스테나이트와 용융 금속 간의 크롬 분배 상수가 감소하기 때문이다. 합금강에는 오스테나이트와 용융 금속 사이에서 1에 가깝거나 이보다 작은 분배 상수를 갖는 합금 원소나 불순물, 분배 상수가 매우 작은 물질이 있다.

편석도 S는 식 (7.28)에서와 같이 분배 상수 k^{part}에 따라 직 · 간접적으로 달라지기 때문에(k_{part}는 B와도 관련됨), 편석도를 분배 상수의 함수로 표현할 수 있다. 오스테나이트로 응고되는 합금강의 계산 결과는 그림 7.16에 나와 있다. 9톤 잉곳의 중심부와 표면 구역에 가까운 곳에서의 냉각 속도를 시뮬레이션하는 2개의 다른 냉각 속도에 대한 계산을 수행하였다.

예상대로 낮은 k_{part}은 매우 높은 편석도 값에 해당된다. $k_{\text{part}} \geq 0.90$인 경우에는 소재가 실질적으로 균질이 된다. 그림 7.16에는 가장 일반적인 합금 원소의 분배 상수에 대한 근사치가 도식화되어 있으며 인이 가장 높은 편석도를 보인다.

냉각 속도는 중앙보다 표면 구역(점선)에서 빠르다. 따라서 그림 7.16은 냉각 속도가 증가할수록 편석도가 증가한다는 것을 보여주며 미세한 조직에 의해 이 증가분이 상쇄된다. 확산

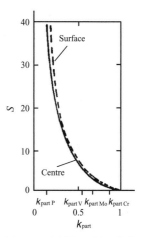

그림 7.16 분배 상수 k_{part}의 함수로 합금강의 편석도 S에 대한 이론적인 계산. 그림의 연속선은 9톤 잉곳의 중앙에 해당된다. 점선은 같은 잉곳의 표면 구역 근처에 존재하는 편석도를 보여준다.

거리, 즉 고체에서 수지상정 가지의 거리가 작을수록 냉각과 열 처리 과정에서 후속적인 균질화 작업이 더 빠르게 된다.

철기 합금의 미세편석과 응고 과정이 기술적으로 중요하기 때문에 7.6절에서는 이들에 대해 보다 자세히 다룰 예정이다.

7.6 철기 합금의 응고 과정과 미세편석

철기 합금의 응고 과정은 그림 7.17에 나와 있듯이 수지상정의 응고와 페라이트(δ) 또는 오스테나이트(γ)의 석출로 시작된다.

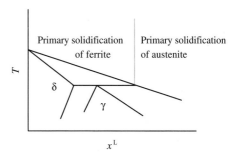

그림 7.17 페라이트와 오스테나이트의 석출에 대한 응고 영역.

이 두 가지 경우에서의 미세편석은 완전히 다르며 두 가지 요소에 따라 차이가 발생한다.

- 페라이트와 오스테나이트 합금 원소의 확산 속도 간 차이
- 페라이트와 오스테나이트 합금 원소의 분배 계수 간 차이

7.6.1   1차 석출 페라이트의 미세편석

페라이트의 1차 석출 중에 대부분의 합금 원소에 대한 미세편석은 낮은데 그 이유는 분배 계수 k_{part}가 1에 가깝거나 역확산이 매우 크기 때문일 수 있다. 이로 인해 응고 후의 균질화, 즉 합금 원소의 농도가 고상과 용융 금속 간에 변동이 없게 된다. 위의 상평형도는 페라이트의 1차 석출 중에 분배 계수가 1이 아니라는 것을 보여준다. 페라이트는 BCC 조직(189쪽)을 갖고 있다. 치환이 되고 특히 격자 간 용해가 진행된 원자의 확산 속도는 BCC 조직에 대해 비교적 높다는 것이 알려져 있다. 그 결과 페라이트의 1차 석출에서 미세편석에 가장 중요한 것은 확산 속도이다.

종종 확산 속도가 높기 때문에 지렛대 원리는 많은 경우에 있어서 응고 과정과 합금 원소의 분포를 잘 설명한다. 하지만 예외는 있는데 일부 합금 원소는 페라이트에서 낮은 확산 속도를 갖는다. 이 경우에, 냉각 속도가 특히 높다면 지렛대 원리는 현실을 잘 설명해 주지 못한다. 대신에 분배 계수, 고상의 확산 속도 및 냉각 속도의 함수로서 편석도 S의 계산은 아래에서 주어진 수학 모델로부터 시작한다.

1차 수지상정 가지는 평행한 평면에 위치하며 응고가 완료된 후에 수지상정 가지를 가로지르는 고상에서의 합금 원소 농도는 사인 함수에 의해 설명될 수 있다고 가정한다(그림 7.18). 평행한 1차 평면 간의 거리를 λ_{prim}이라고 하는데 이것을 1차 수지상정 가지의 거리라고 부를 수 있으며 2차 수지상정 가지의 거리 λ_{den}과 동일하지 않다는 것을 강조한다. λ_{den}은 λ_{prim}보다 훨씬 작다.

사인 함수는 수지상정 가지의 중앙에서 최솟값을 가지며

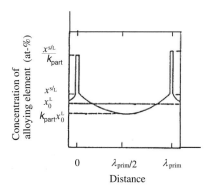

그림 7.18 λ_{prim} 구간 내에서 수지상정 가지를 가로지르는 합금 원소의 농도 분포. The Metal Society, Institute of Materials, The Minerals & Mining의 허락을 얻어 인용함.

(가장 먼저 응고된 부위) 팔 사이의 중간에 있는 수지상정 부위에서 최댓값을 갖는다(용융 금속에서 마지막에 응고된 부위). 고상에서 합금 원소의 농도는 시간 t와 위치 y의 함수이며 다음과 같은 함수로 설명할 수 있다고 가정한다.

$$x^s(y,t) = x^s(t) - \left[x^s(t) - k_{part}x_0^L\right] \exp\left(\frac{-\pi^2 D_s t}{\lambda_{prim}^2}\right) \sin\frac{\pi y}{\lambda_{prim}}$$

(7.29)

여기에서

$$t = \text{시간}$$
$$\lambda_{prim} = \text{평행한 1차 평면 간의 거리}$$
$$y = \text{구간 내 원점에서의 거리}$$
$$0 - \lambda_{prim} \ (\text{그림 7.18 참고})$$
$$k_{part} = x^s/x^L = \text{페라이트와 용융 금속 간의 합금 원소}$$
$$\text{분배 계수}$$
$$x_0^L = \text{용융 금속에서 합금 원소의 초기농도}$$
$$x^s(t) = x^s(0,t) = y = 0\text{에서 합금 원소의 농도}$$
$$D_s = \text{고상에서 합금 원소의 확산 계수}$$

식 (7.29)를 사용할 수 있으려면 합금 원소의 농도 $x^s(t)$에 대한 식을 찾아야 한다. λ_{prim} 구간 내에서 응고 과정을 고려하고 합금 원소의 양에 대한 소재 균형을 설정한다.

$$x_0^L \lambda_{prim} = \int_0^\lambda \left[x^s(t) - \left(x^s(t) - k_{part}x_0^L\right)\exp\left(\frac{-\pi^2 D_s t}{\lambda_{prim}^2}\right)\sin\frac{\pi y}{\lambda_{prim}}\right]dy \quad (7.30)$$

적분을 한 후에 $x^s(t)$에 대한 해를 찾는다.

$$x^s(t) = x_0^L \left[\frac{1 - \left(\dfrac{2k_{part}}{\pi}\right)\exp\left(-\dfrac{\pi^2 D_s t}{\lambda_{prim}^2}\right)}{1 - \left(\dfrac{2}{\pi}\right)\exp\left(-\dfrac{\pi^2 D_s t}{\lambda_{prim}^2}\right)}\right] \quad (7.31)$$

식 (7.31)을 식 (7.29)에 대입하고 y와 t의 함수로서 x^s에 대한 유용한 관계식을 얻는다. 이 함수는 사인 함수가 0일 때 최댓값을 갖고 1일 때 최솟값을 갖는다.

우리는 편석도 S에 대한 식도 필요하다[식 (7.27)]. 위에서 논의한 함수 x^s의 최댓값과 최솟값을 대입함으로써 t의 함수로서 S에 대한 다음의 식을 얻는다.

$$S = \left\{ 1 - \left[1 - \frac{k_{\text{part}}\left(1 - \frac{2}{\pi}\exp\left(\frac{-\pi^2}{\lambda_{\text{prim}}^2}D_s t\right)\right)}{1 - \left(\frac{2k_{\text{part}}}{\pi}\right)\exp\left(-\frac{\pi^2}{\lambda_{\text{prim}}^2}D_s t\right)} \right]\exp\left(-\frac{\pi^2}{\lambda_{\text{prim}}^2}D_s t\right) \right\}^{-1} \tag{7.32}$$

t와 λ_{prim}을 냉각 속도를 포함하는 항으로 대체하면 식 (7.32)가 계산에 더욱 도움이 된다[예제 7.4의 식 (2′)와 비교하라].

$$t = \theta = \frac{-\Delta H}{c_p\left(-\dfrac{dT}{dt}\right)} \tag{7.33}$$

$$\lambda_{\text{prim}} = A\left(-\frac{dT}{dt}\right)^n \tag{7.34}$$

여기에서 A와 n은 상수이다.

위의 방정식들을 식 (7.32)에 대입하면 상평형도(분배 계수 및 응고 구간), 확산 속도 및 냉각 속도에 따라 달라지는 S에 대한 마지막 식을 얻게 된다.

식 (7.35)를 사용해서 강에 있는 상이한 합금 원소에 대한 편석도를 계산할 수 있다. 우리는 k_{part} 값과 확산 속도가 페라이트의 1차 석출 편석도에 어떤 영향을 미치는지 분석할 것이다. 이를 위해서 Nb, C 및 Cr의 3개 합금 원소를 선택하는데 그림 7.19, 7.20 및 7.21에는 이들의 상평형도가 나와 있다.

그림 7.19와 7.21에서 알 수 있듯이, Nb와 C[1]에 대한 값의 계산은 간단하다. 공정선과 포정선의 눈금값이 사용되고 용융 금속이 페라이트로 고응고될 때(δ-상)에 x^s/x^L의 비가 계산된다. 그림 7.20의 Fe–Cr의 경우에 고상선과 액상선($T\sim1535°C$)이 매우 가깝고 분해되지 않았다. 분해능이 더 나은 평형도에서는 Cr에 대한 $k_{\text{part}}^{\delta/L}$을 유도할 수 있으며 이 값은 1보다 아래이지만 1에 가깝다.

페라이트의 응고에 있어서 분배 계수와 확산 속도가 합금 원소의 미세편석에 미치는 영향

분배 계수가 편석도에 미치는 영향
Fe–Nb, Fe–C 및 Fe–Cr의 3개 합금에 대해 냉각 속도의 함수로서 편석도 연구를 진행하였으며 결과는 그림 7.22에 나와 있다.

[1] 밑줄이 그어진 합금 원자는 이들이 액상이나 고상에 용해되어 있다는 것을 나타낸다. 이런 표기법은 이 장의 뒷부분, 6장 및 9장에서 자주 사용된다.

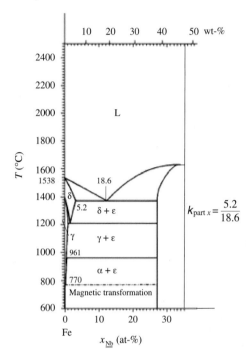

그림 7.19 Fe–Nb계의 상평형도 일부.

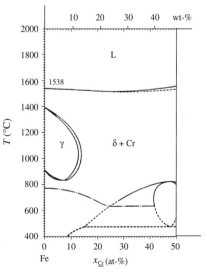

그림 7.20 Fe–Cr계 상평형도의 일부. The American Society for Metals의 허락을 얻어 인용함.

$$S = \left\{ 1 - \left[1 - \frac{k_{part} \left(1 - \left(\frac{2}{\pi} \right) \exp \left[\dfrac{-\pi^2}{A^2 c_p \left(-\dfrac{dT}{dt} \right)^{1+2n}} D_s(-\Delta H) \right] \right)}{1 - \left(\dfrac{2k_{part}}{\pi} \right) \exp \left[-\dfrac{\pi^2}{A^2 c_p \left(-\dfrac{dT}{dt} \right)^{1+2n}} D_s(-\Delta H) \right]} \right] \exp \left[-\dfrac{\pi^2}{A^2 c_p \left(-\dfrac{dT}{dt} \right)^{1+2n}} D_s(-\Delta H) \right] \right\}^{-1} \quad (7.35)$$

상평형도에서 알 수 있듯이 <u>Cr</u>과 <u>Nb</u>은 페라이트에서 확산 속도가 거의 같지만 k_{part} 값은 다르다. 값은 그림 7.19와 7.20에서 유도하거나 그림 7.16을 통해서 알 수 있다.

그다음에 식 (7.35)를 사용해서 편석도를 계산한다. 그림 7.22는 k_{part} 값이 1에 가까워질수록 편석도는 더 낮아지게 된다는 것을 보여준다.

확산 속도가 편석도에 미치는 영향

<u>Nb</u>와 <u>C</u>는 거의 동일한 값을 갖지만 확산 속도는 매우 다르다. 치환되어 용해된 <u>Nb</u> 원자는 확산 속도가 낮고, 작으면서 격자 간 용해가 진행된 <u>C</u> 원자는 페라이트를 통해서 급속하게 확산된다. 그림 7.22는 확산 속도가 높을수록 편석도는 낮아지게 된다는 것을 보여준다. 그림 7.22는 또한 냉각 속도가 매우 높지 않으면 <u>C</u>와 <u>Cr</u>의 편석도 S가 1에 가깝다는 것도 보여준다. <u>Nb</u>의 경우에는 냉각 속도가 높을 때와 낮을 때 모두 편석도가 크다.

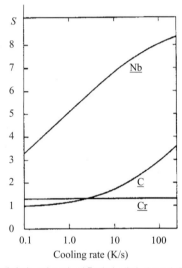

그림 7.22   페라이트의 1차 석출에서 냉각 속도의 함수로서 <u>Nb</u>, <u>C</u> 및 <u>Cr</u>의 편석도. The Metal Society, Institute of Materials, Minerals & Mining의 허락을 얻어 인용함.

그림 7.22는 응고가 완료되는 때, 즉 응고 과정 끝에서의 상황을 나타낸다. 후속 냉각 과정에서 균질화가 지속되고 실온에서 소재 내의 편석 형성 가능성이 매우 낮다.

*지렛대 원리*가 유효할 때에 소재 내에 미세편석이 없으며 $S = 1$이 된다. 그림 7.22는 또한 응고가 진행되는 동안에 냉각 속도가 낮을 때 지렛대 원리를 통해 페라이트의 합금 원소에 상대적으로 우수한 농도 근사치가 제공된다는 것을 보여준다. <u>C</u>, <u>N</u> 및 <u>H</u>처럼 격자 간 용해가 진행된 원소의 경우에 특히 맞는다는 점을 덧붙여야 한다(급속 확산).

7.6.2   1차 석출 오스테나이트의 미세편석

오스테나이트의 1차 석출에 의해 응고되는 대부분의 합금은 페라이트의 1차 석출에서 나타나는 패턴과는 완전하게 다른 편석 패턴을 보여준다. 이런 현상이 나타나는 이유는 일반적

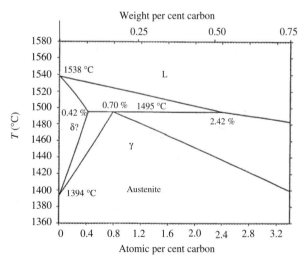

그림 7.21   Fe – C계의 단순 상평형도: $k_{part_C}^{\delta/L} = 0.42/2.42$. The American Society for Metals의 허락을 얻어 인용함.

으로 오스테나이트(FCC 조직)의 확산 속도가 페라이트(BCC 조직)의 속도에 비해 훨씬 낮기 때문이다. 그러므로 오스테나이트의 1차 석출에서의 역확산이 페라이트에 비해 덜 중요하지만 완전하게 무시할 수는 없다.

오스테나이트의 1차 석출에서 응고 중에 편석 패턴을 가장 잘 설명해 주는 수학 모델은 샤일의 수정 방정식이다.

$$x^L = x_0^L \left(1 - \frac{\frac{2y}{\lambda_{\text{den}}}}{1 + D_s \left(\frac{4\theta}{\lambda_{\text{den}}^2} \right) k_{\text{part}}} \right)^{-(1-k_{\text{part}})}$$

$$= x_0^L \left(1 - \frac{f}{1+B} \right)^{-(1-k_{\text{part}})} \qquad (7.36)$$

여기에서

x^L = 용융 금속의 합금 원소 농도

x_0^L = 용융 금속에서 합금 원소의 초기 농도

f = 고상 분율

$k_{\text{part}} = x^s / x^L$ = 오스테나이트와 용융 금속 간의 분배 계수

매개변수 B는 다음처럼 정의된다.

$$B = \frac{4D^s \theta}{\lambda_{\text{den}}^2} k_{\text{part}} \qquad (7.37)$$

여기에서

θ = 총 응고 시간

D^s = 고상에서 합금 원소의 확산 속도

λ_{den} = 수지상정 가지의 거리

B는 샤일의 방정식에서 보정항이다[식 (7.10)]. 식 (7.36)은 B≪1의 조건 아래에서 샤일의 단순 방정식이 합금 원소의 농도 분포를 만족스럽게 나타낸다는 것을 보여준다. 응고가 끝날 때에 $(1-f)$이 감소하면 역확산은 증가한다. 이는 오스테나이트와 남아 있는 용융 금속 간의 응고가 끝날 때에 발생하는 매우 큰 농도 기울기의 결과이다.

식 (7.28)로부터 다음의 식을 얻는다.

$$S = \frac{x_{\text{max}}^s}{x_{\text{min}}^s} = \left(\frac{B}{1+B} \right)^{-(1-k_{\text{part}})} \qquad (7.28)$$

페라이트의 1차 석출(202쪽)과 같은 방식으로 응고 시간 θ와

냉각 속도를 편석도의 식에 대입한다. 그다음에 식 (7.28)을 다음과 같이 적을 수 있다.

$$S = \left(\frac{1+B}{B} \right)^{(1-k_{\text{part}})} = \left(\frac{1 + \left(\frac{4D_s \theta}{\lambda_{\text{den}}^2} \right) k_{\text{part}}}{\left(\frac{4D_s \theta}{\lambda_{\text{den}}^2} \right) k_{\text{part}}} \right)^{(1-k_{\text{part}})} \qquad (7.38)$$

여기에서

$$t = \theta = \frac{-\Delta H}{c_p \left(-\frac{dT}{dt} \right)} \qquad (7.33)$$

그리고

$$\lambda_{\text{den}} = A \left(-\frac{dT}{dt} \right)^n \qquad (7.34)$$

θ과 λ_{den}에 대한 이 항들을 식 (7.38)에 대입하면 다음의 식을 얻게 된다.

$$S = \left(k_{\text{part}} 1 + \frac{4k_{\text{part}} D_s (-\Delta H)}{A^2 c_p \left(-\frac{dT}{dt} \right)^{1+2n}} \middle/ \frac{4k_{\text{part}} D_s (-\Delta H)}{A^2 c_p \left(-\frac{dT}{dt} \right)^{1+2n}} \right)^{(1-k_{\text{part}})}$$

$$(7.39)$$

여기에서 n과 A는 상수이다. 식 (7.39)는 오스테나이트의 1차 석출에 대한 냉각 속도의 함수로서 편석도 S를 제공한다.

식 (7.39)를 이용해서 합금의 상평형도(분배 상수와 응고 구간), 확산 속도와 냉각 속도의 함수로써 편석도를 계산할 수 있다. Fe–P, Fe–Mo, Fe–V, Fe–Cr에 대한 해당 계산의 결과는 다음 절에, Fe–Cr계에 대한 상평형도는 203쪽에 나와 있다. Fe–P계, Fe–Mo계, Fe–V계의 상평형도는 그림 7.23, 7.24 및 7.25에 각각 나와 있다. 철기 합금이 페라이트 또는 오스테나이트로 응고될 때에 k_{part} 값이 같지 않다는 점에도 주목해야 한다. 한 가지 사례는 $k_{\text{part}Cr}^{\delta/L} \neq k_{\text{part}\underline{Cr}}^{\gamma/L}$인 크롬이다. 아래에서는 $k_{\text{part}\underline{Cr}}^{\gamma/L}$을 어떻게 Fe–Cr계의 상평형도에서 유도할 수 있는지 설명하겠다.

γ와 L 상은 이들 사이에 있는 2상 영역의 어디에서도 인접해 있지 않기 때문에 $k_{\text{part}\underline{Cr}}^{\gamma/L}$를 직접적으로 유도할 수는 없다. 분배 상수 $k_{\text{part}\underline{Cr}}^{\gamma/L}$은 두 단계에 걸쳐 간접적으로 유도된다. 처음에는 $k_{\text{part}\underline{Cr}}^{\delta/L}$과 $k_{\text{part}\underline{Cr}}^{\gamma/\delta}$를 계산해야 한다.

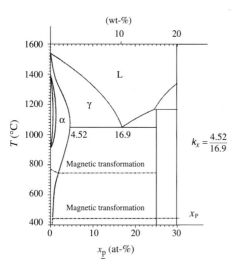

그림 7.23 Fe – P계 상평형도의 일부. The American Society for Metals의 허락을 얻어 인용함.

분배 상수 $k_{part Cr}^{\delta/L}$를 유도하는 방법은 203쪽에 나와 있고 Fe – Cr의 상평형도에서 $k_{part Cr}^{\gamma/\delta}$를 유도할 수 있다. $T \approx 1000\,°C$ 일 때의 폐곡선(204쪽의 그림 참고)에서 x^γ와 x^δ 값을 읽어서 이들의 비를 계산한다.

k_{part}의 정의로 되돌아가면 $k_{part Cr}^{\gamma/L} = k_{part Cr}^{\gamma/\delta} k_{Cr}^{\delta/L}$의 관계식

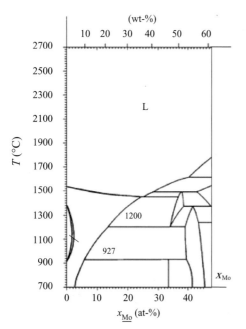

그림 7.24 Fe – Mo계 상평형도의 일부. The American Society for Metals의 허락을 얻어 인용함.

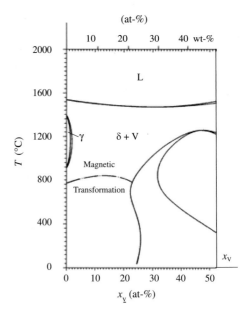

그림 7.25 Fe – V계 상평형도의 일부. The American Society for Metals의 허락을 얻어 인용함.

을 얻게 되고, $k^{\gamma/L}$의 2개 값을 알게 되면 이 식으로부터 $k_{part Cr}^{\gamma/L}$을 얻게 된다. 그림 7.23에서 알 수 있듯이 $k_{part P}^{\gamma/L}$의 계산은 간단하다. Fe – Mo 및 Fe – V의 상평형도는 Fe – Cr의 상평형도와 같은 유형이고 $k_{part Mo}^{\gamma/L}$과 $k_{part V}^{\gamma/L}$은 $k_{part Cr}^{\gamma/L}$과 같은 방법으로 유도가 된다.

오스테나이트 응고에 있어서 분배 계수와 확산 속도가 합금 원소의 미세편석에 미치는 영향

P, Mo, V 및 Cr의 k_{part} 값은 그림 7.16에 나와 있으므로 해당 쪽에서 이 값들을 참고할 수 있다. 그림 7.26은 k_{part} 값이 감소하고 냉각 속도가 증가함에 따라 편석도가 증가한다는 것을 분명하게 보여준다. 격자 간 용해가 진행된 원소는 치환되어 용해된 원소보다 쉽게 확산이 된다. 격자 간 용해가 진행된 원소는 치환되어 용해된 원소에 비해 확산 속도가 높고 편석도가 낮은데 이들은 결정 격자의 일부이다.

탄소와 격자 간 용해가 진행된 다른 원소의 편석도

Fe – C는 격자 간 용해가 진행된 합금 원자를 갖고 있는 합금의 예이다. 그 결과 탄소의 확산 속도는 비교적 높으며 식 (7.39)를 편석도 계산에 사용할 수 없다. 대신에 식 (7.35)를 사용할 수 있다. 이에 대한 계산 결과는 그림 7.27에 나와 있다. 그림 7.21은 Fe – C계의 상평형도를 보여준다.

$S = 1$일 때에 지렛대 원리가 성립되며, 응고 중에 낮은 냉

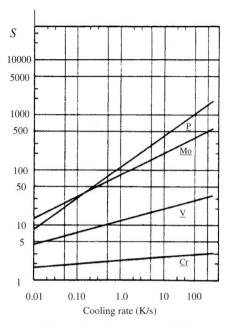

그림 7.26 오스테나이트의 1차 석출 중에 냉각 속도의 함수로서 P, Mo, V 및 Cr의 편석도. 온도 기울기는 냉각 중에 일정하고 6×10^3 K/m의 값을 갖는다. 계산을 위해 그림 7.22에서와 같이 상수 n 과 A에 대해 동일한 값이 사용되었다. The Metal Society, Institute of Materials, Minerals & Mining의 허락을 얻어 인용함.

각 속도에서 오스테나이트의 탄소 농도를 계산할 때 *지렛대 원리*를 통해 우수한 근삿값을 얻게 된다. N과 H처럼 격자 간 용해가 진행된 다른 원소에도 이런 주장이 타당성이 있다.

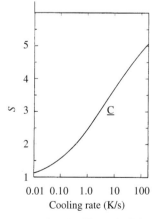

그림 7.27 오스테나이트의 1차 석출 중에 냉각 속도의 함수로서 탄소의 편석도. 온도 기울기는 냉각 중에 일정하고 6×10^3 K/m의 값을 갖는다. 계산을 위해 그림 7.22에서와 같이 상수 n과 A[식 (7.34)]에 대해 동일한 값이 사용되었다. The Metal Society, Institute of Materials, Minerals & Mining의 허락을 얻어 인용함.

7.7 이원 철기 합금의 포정 반응과 변태

미세편석 외에도, 경우에 따라서는 소위 **포정 반응**(peritectic reaction)과 **변태**(transformation)가 응고 과정에서 발생할 수 있는데 이들이 합금의 구조와 성분을 바꾸기도 한다. 예를 들면 Fe‑C 합금처럼 기술적으로 중요한 많은 합금이 이 경우에 해당한다.

포정 반응은 1차 고상 α와 합금 원소 B를 갖고 있는 합금의 용융 금속 간에 일어나는 반응이다.

$$L + \alpha \rightarrow \beta$$

2차 상 β가 성형된다. 이 포정 반응에 이어서 고상 중 하나가 다른 것으로 변형되는 포정 변태가 발생하는데 이 반응은 합금의 상평형도로 설명이 가능하다. 그림 7.28은 1차 상 α와 B가 풍부한 β‑상이 있는 상평형 개략도이다. 이 포정 반응 $L + \alpha \rightarrow \beta$는 포정 온도 T_P 또는 가벼운 과냉각 약간 아래에서 시작된다.

평형 상태에서는 수직선 I에 상응하는 농도보다 적은 조성을 가진 모든 합금이 α‑상으로 1차 응고된다. 수직선 III에 상응하는 농도보다 큰 조성을 가진 모든 합금은 β‑상으로 1차 응고된다.

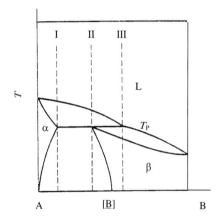

그림 7.28 포정 반응 을 표현한 상평형도.

II선과 III선 간의 영역 안에서 조성을 가진 합금의 경우에 용융 금속은 우선 α‑상으로 응고가 진행되며 나중에 안정된 β‑상으로 변태가 된다. I선과 II선 간의 영역 안에서 조성을 가진 합금도 우선 α‑상으로 응고가 되고 난 후에 부분적으로 β‑상으로 변태가 된다.

포정 반응과 포정 변태 간에는 차이가 있다. 포정 반응에서

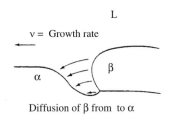

그림 7.29   2차 β-상이 1차 α-상의 표면을 따라 성장하는 포정 반응. The Metal Society, Institute of Materials, Minerals & Mining의 허락을 얻어 인용함.

는 α, β 및 용융 금속의 3개 상이 통상적으로 서로 간에 직접적인 접촉을 한다. 그림 7.29는 성장 원리를 보여준다. B 원자는 용융 금속을 통하여 B가 거의 없는 α-상으로 확산되어 β-상의 층이 α-상 주변에 성형이 된다. 용융 금속에서 확산속도가 빠르며 측면 성장률과 표면장력이 2차 β-상의 두께와 신장을 결정한다.

포정 변태에서는 2차 β-상에 의해 용융 금속과 1차 α-상이 갈라지며(그림 7.30) 변태는 α/β의 접촉면에서 발생한다. 2차 β-상을 관통해서 합금 원소 B의 확산이 이루어지면 변태 [α + B → β]가 가능해진다. β/L접촉면과 α/β 접촉면 모두에서의 성장으로 인해 냉각 중에 β-층의 두께가 성장한다.

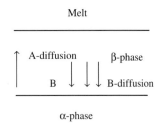

그림 7.30   용융 금속을 1차 α-상으로부터 단열하는 2차 β-상이 있는 포정 변태.

β/L 접촉면에서 용융 금속으로부터 직접적으로 발생하는 β-상의 석출은 상평형도의 형상과 냉각 속도에 따라 달라진다. B 원자의 β-층을 관통하는 확산과 α/β 접촉면에서 β-상의 석출은 확산 속도, 상평형도의 형상 및 냉각 속도에 따라 달라진다.

일부 합금에는 그림 7.28의 상평형도와 비교했을 때 거울에 비친 전도 형태의 상평형도가 있다. 그러면 1차 α-상에는 2차 β-상보다 더 많은 B가 있게 된다. 이 경우에 β-상은 포정 변태 중에 α-상으로 변태가 이루어진다. 나중에 포정 반응과 변태에 대한 몇몇 구체적인 사례를 언급하겠다.

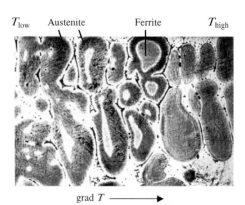

그림 7.31   Fe – 0.3% C의 포정 반응과 변태, L + δ → γ. 온도 기울기를 갖고 있는 온도장에서 응고된 시편. 그림에서 오른쪽의 온도가 왼쪽의 온도 보다 높다. δ-결정립(페라이트)을 둘러싸는 γ-상(오스테나이트)이 냉각 중에 더 두꺼워진다.

7.7.1   Fe – C계의 포정 반응과 변태

포정 반응과 변태는 급속하게 발생하기 때문에(C는 Fe에서 격자 간 용해가 진행된다) 이 부문에서의 신중한 실험 조사 진행이 매우 어렵다. 이런 실험의 한 가지 사례는 Fe – 0.3% C 합금에 대해 Stjerndahl이 진행했던 포정 반응 연구이다.

그림 7.31의 우변에 있는 조직은 페라이트가 있는 수지상정(회색 또는 흰색)과 응고된 수지상정 간 용융 금속(결정립 사이의 밝은 부위)으로 구성된다. 포정 반응은 페라이트 수지상정 가지의 주위에서 오스테나이트 층(짙은 회색)이 성형됨으로써 시작된다.

페라이트(δ)의 변태와 오스테나이트(γ)로의 용융에 의해 오스테나이트 층의 두께는 지속적으로 증가한다. 마침내 반응이 이제까지 진행되어 페라이트 부위가 완전하게 사라진다. 변태는 매우 빠르게 진행되고 섭씨 몇 도 이내의 온도 구간에서 발생한다.

포정 변태 이론
간단한 수학 모델을 사용해서 Fe – C계의 포정 변태 속도를 계산할 수 있다. 페라이트가 오스테나이트로 변태하는 것은 매우 빠르며 포정 반응의 구동력이 되는 것은 작은 과냉각이다($T_p - T$).

오스테나이트 층의 성장률 계산
성장률을 계산하기 위해서 수지상정이 평행 판으로 구성되고 이웃하고 있는 판들 간의 거리가 수지상정의 거리 λ_{den}과 같다고 가정한다(그림 7.32).

처음에는 오스테나이트(γ) 층으로 둘러싸인 페라이트(δ)로

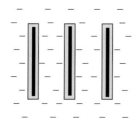

그림 7.32 거리 λ_{den}이 동일한 평행 수지상정 가지의 모델로서의 평행 판. 주변의 오스테나이트(회색 부위)로 페라이트(흑색 부위)의 변태가 진행 중.

각 판의 내부가 구성된다. 따라서 페라이트는 용융 금속과 단열이 되며 다음의 사항들을 가정한다.

(i) C-원자는 용융 금속으로부터 오스테나이트 층을 통과하여 δ-상에 확산되며 이의 구동력은 상 간의 농도 차이이다.

(ii) C-농도는 γ/L 접촉면으로부터 γ/δ 접촉면까지 선형적으로 감소한다.

(iii) Fe-C계의 상평형도가 L-상, γ-상 및 δ-상의 평형 농도를 결정한다. 그림 7.33는 상평형 개략도와 C의 농도 분포이다.

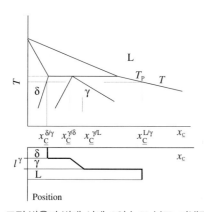

그림 7.33 포정 반응과 변태 시에 C의 농도 분포. 과냉각 = $T_P - T$.

γ/δ 접촉면과 γ/L 접촉면에서 1개씩, 총 2개의 소재 균형이 설정된다(그림 7.34).[2]

$$\delta \to \gamma : \quad \frac{AD_{\underline{C}}^{\gamma}}{V_{\text{m}}^{\gamma}} \frac{x_{\underline{C}}^{\gamma/\text{L}} - x_{\underline{C}}^{\gamma/\delta}}{l^{\gamma}}$$

확산으로 인해 단위 시간당 추가된 C-원자의 양

[2] 이원 합금의 2개 상인 α와 β 간의 경계를 고려하라. 경계 근처에 있는 α상에서 at-% 합금 원소의 농도를 $x^{\alpha/\beta}$라고 한다. $x^{\beta/\alpha}$는 경계 근처에 있는 β상에서 at-% 합금 원소의 농도를 의미한다.

$$= A \frac{dl^{\gamma/\delta}}{dt} \frac{x_{\underline{C}}^{\gamma/\delta} - x_{\underline{C}}^{\delta/\gamma}}{V_{\text{m}}^{\delta}} \quad (7.40)$$

새로운 γ-상 부피 요소에서 단위 시간당 추가된 C-원자의 양

$$L \to \gamma : \quad \frac{AD_{\underline{C}}^{\gamma}}{V_{\text{m}}^{\gamma}} \frac{x_{\underline{C}}^{\gamma/\text{L}} - x_{\underline{C}}^{\gamma/\delta}}{l^{\gamma}}$$

$$= A \frac{dl^{\gamma/\text{L}}}{dt} \frac{x_{\underline{C}}^{\text{L}/\gamma} - x_{\underline{C}}^{\gamma/\text{L}}}{V_{\text{m}}^{\text{L}}} \quad (7.41)$$

여기에서

$dl^{\gamma/\delta}/dt$ = 접촉면 γ/δ에서 γ-상의 성장률

$dl^{\gamma/\text{L}}/dt$ = 접촉면 γ/L에서 γ-상의 성장률

$D_{\underline{C}}^{\gamma}$ = γ-상에서 C-원자의 확산 상수

l^{γ} = γ-상의 두께

$V_{\text{m}}^{\gamma}, V_{\text{m}}^{\delta}, V_{\text{m}}^{\text{L}}$ = 오스테나이트, 페라이트 및 용융 금속의 몰 부피

γ-층의 총 성장률은 2개 접촉면에서의 성장률의 합이다.

$$\frac{dl^{\gamma}}{dt} = \frac{dl^{\gamma/\delta}}{dt} + \frac{dl^{\gamma/\text{L}}}{dt} \quad (7.42)$$

또는

$$\frac{dl^{\gamma}}{dt} = \frac{D_{\underline{C}}^{\gamma}}{l^{\gamma}} \frac{x^{\gamma/\text{L}} - x^{\gamma/\delta}}{V_{\text{m}}^{\gamma}} \left[\frac{V_{\text{m}}^{\delta}}{x^{\gamma/\delta} - x^{\delta/\gamma}} + \frac{V_{\text{m}}^{\text{L}}}{x^{\text{L}/\gamma} - x^{\gamma/\text{L}}} \right] \quad (7.43)$$

식 (7.43)은 γ-층의 총 성장률이다.

$(x^{\gamma/\text{L}} - x^{\gamma/\delta})$ 식은 포정 온도에서 0이고 과냉각이 증가함에 따라 크게 증가한다는 것을 그림 7.33으로부터 알 수 있다. 식 (7.43)에서 우변의 두 번째 인수는 양의 값의 가지며 Fe-C계에 대한 과냉각이 증가함에 따라 역시 증가한다. 더불어,

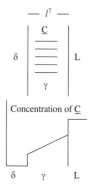

그림 7.34 용융 금속으로부터 오스테나이트를 통과하여 왼쪽의 페라이트로 확산되는 탄소 원자.

식 (7.43)은 성장률이 오스테나이트 층의 탄소 확산 상수에 따라 크게 달라진다는 것을 보여준다. 격자 간 용해가 진행된 합금 원소는 종종 10^{-9} m²/s 크기로 매우 높은 확산 상수를 갖는다. 탄소 원자는 오스테나이트에서 격자 간 용해가 진행되는데, 이는 C 원자의 확산이 오스테나이트 층의 성장률에 이처럼 큰 영향을 미치는지에 대한 이유를 설명해 준다.

포정 변태의 온도 구간 계산

식 (7.43)은 포정 온도 T_p 약간 아래의 일정한 온도 T에서 성립되며 이 식의 유도를 위해서 포정 변태는 일정한 냉각 속도에서 발생한다고 가정하였다. 이 경우에 포정 변태가 발생하는 온도 구간을 계산할 수 있으며 다음의 내용을 가정한다.

$$x^{\gamma/L} - x^{\gamma/\delta} = \text{const}(T_p - T) \qquad (7.44)$$

여기에서

$$T_p = \text{포정 온도}$$
$$T = \text{용융 금속의 온도}$$
$$(T_p - T) = \text{과냉각}$$

식 (7.44)를 방정식 (7.43)에 대입하고 dl^γ/dt를 다음의 식으로 대체한다.

$$\frac{dl^\gamma}{dt} = \frac{dl^\gamma}{dT} \times \frac{dT}{dt} \qquad (7.45)$$

위의 결과 방정식을 적분한다. 여기에서 적분 과정에 대한 내용을 표기하지는 않지만 최종 결과를 아래와 같이 표기할 수 있다.

$$l^\gamma = \text{const} \times \Delta T \qquad (7.46)$$

여기에서 ΔT는 포정 변태가 발생하는 온도 구간이다. 상수의 값은 냉각 속도와 식 (7.43)에 관련된 수에 따라 달라진다. 농도 차이와 식 (7.46)의 기타 수에 대한 합리적인 값을 갖고 ΔT를 계산하면 포정 변태는 대부분의 경우에 매우 빠르게 진행되며 냉각 속도에 따라서 포정 온도보다 낮은 6~10°C 범위에서 완성이 된다는 것을 보여준다.

7.7.2 Fe–M계의 포정 반응과 변태

포정 반응은 합금 원소 M이 치환되어 용해된 합금에서도 발생하며 이런 이원 합금의 예로는 Fe–Ni 합금과 Fe–Mn 합금이 있다.

스테인리스강과 Fe–Ni–S 합금에 대한 실험 조사는 오스테나이트 층이 1차 수지상정 결정을 둘러싼다는 것을 보여준다. 오스테나이트 층의 두께는 온도가 감소함에 따라 성장한다. γ-층은 페라이트와의 반응에 의해 안쪽으로, 용융 금속으로부터 오스테나이트의 석출에 의해 바깥쪽으로 성장한다. 오스테나이트를 통과하는 합금 원소의 확산으로 인해서, 변태에 의한 오스테나이트 층의 성장은 거의 완전하게 없어지는데 이는 치환되어 용해된 원소의 확산 속도가 오스테나이트에서 매우 낮기 때문이다.

Fe–C합금과 Fe–M 합금 간의 기본적인 차이는 격자 간 용해가 진행된 C 원자는 결정 격자에서 확산 속도가 높은 반면에 예를 들어 Ni, Cr 및 Mo 원자는 치환되어 용해되며 확산 속도가 *매우 낮다*는 것이다. 아주 소량의 이런 유형 원자가 용융 금속으로부터 페라이트의 수지상정까지의 오스테나이트 층을 통과할 수 있다.

오스테나이트 층의 성장

포정 변태에서 위치의 함수로서 합금 원소의 농도를 계산하기 위한 수학 모델을 앞의 절에서 설명하였다. 오스테나이트 층에서의 M 원자 분포를 계산하기 위해서는 이 모델을 사용할 수가 없는데 이는 지렛대 원리가 성립한다고, 즉 현실적인 경우는 아니지만 M 원자의 확산 속도가 고상에서 매우 높다고 가정하였기 때문이다. 대신에 아래에서 설명한 간단한 모델을 사용할 수 있다.

지렛대 원리를 기반으로 포정 반응이 시작되기 전에 석출된 페라이트의 양을 통해 대략적으로 추정을 한다. 포정 반응이 시작되면 오스테나이트가 페라이트와 용융 금속 사이에서 석출되고 페라이트를 완벽하게 둘러싼다. 다음의 포정 변태에서는 오스테나이트의 석출에 의해 오스테나이트/페라이트의 접촉면과 오스테나이트/용융 금속의 접촉면 모두에서 오스테나이트 층이 성장한다.

오스테나이트에서 합금 원소의 확산 속도가 0이면 샤일의 방정식을 통해 위치의 함수로서 두 개 접촉면의 반응에 대한 오스테나이트에서의 합금 원소 농도를 우수한 근사치로 계산할 수 있다. 그림 7.35는 Fredriksson과 Stjerndahl이 수행했던 Fe–4% Ni 합금에 대한 이런 계산의 예를 보여준다. 그림 7.35 (a)는 포정 반응이 시작되기 전의 Ni 분포를 보여준다. 그림 7.35 (b)는 포정 반응 직후, 포정 변태 시작 직전의 Ni 분포이다. 그림 7.35 (c)는 포정 변태 끝에서의 Ni 분포를 보여준다.

두 번째 합금 원소를 추가하면 종종 첫 번째 합금 원소의 미세편석이 상당히 영향을 받는다는 것이 알려져 있다. 하지만 다른 합금 원소 간의 상호 작용이 다성분계의 미세편석에 어떻

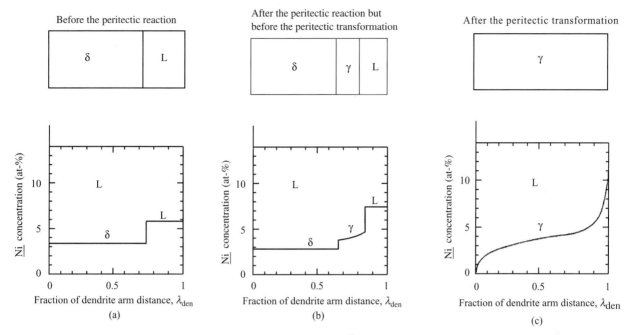

그림 7.35 Fe-4 at-% Ni 합금에서의 Ni 분포. 사용된 온도 기울기 6×10^3 K/m. 응고 속도는 0.01 cm/분. (a) 포정 반응 전 (b) 포정 반응 후, 변태 전 및 (c) 포정 변태 후의 Ni 분포. The Metal Society, Institute of Materials, Minerals & Mining의 허락을 얻어 인용함.

게 영향을 미치는지에 대하여 극소수의 정량적 연구가 수행되었으며 이 주제에 대해서는 7.9절에서 간략하게 논할 예정이다.

7.8 다성분 합금의 미세편석

이 장에서는 지금까지는 이원 합금의 미세편석에 대해서만 논의하였다. 하지만 기술적으로 가장 관심을 모으는 합금은 두 가지 이상의 성분으로 구성된다. 삼원계의 응고 과정을 설명하는 것은 상당히 쉽지만 2개 이상의 합금 원소를 갖고 있는 좀 더 복잡한 합금에서는 어렵다. 후자의 경우에는 컴퓨터 계산이 필요하지만 대부분의 경우에 이것은 정성적인 결과만을 제공한다.

이 주제에 대한 논의를 삼원 합금에서의 미세편석에 대한 기본 원리를 검토하는 것으로 국한하고 Al-Si-Cu와 Fe-Cr-C와 같은 중요한 두 가지 삼원 합금으로 이것을 설명할 예정이다(7.9절).

7.8.1 삼원 합금의 응고 과정

그림 7.36은 A-B-C 성분을 갖고 있는 삼원계의 3차원 모델을 보여주며 3개의 이원계인 AB, AC 및 BC의 상평형도를 포함하고 있다.

3개의 이원 상평형도는 삼원 합금의 3차원 상평형도 벽에 투영된 것이다. 그림 7.36 (b)에서는 이들을 농도 삼각형과 동일한 수평면에 전개하였다. 3개의 상평형도는 모두 고체 상태에서 합금 원소의 용해도가 낮은 공정 유형이며(그림 7.37) 이 유형이 삼원 합금에서 단순하면서 가장 일반적인 유형이다.

온도가 감소할 때에 생성되는 1차 고용체를 α, β 및 γ로 부른다. 공정 골짜기(점 대신에 선들)는 삼원 평형도에서 아래 방향으로 이어지며 삼원 공정점 E에서 만난다. E는 합금이 액체로서 존재하는 가능한 최저 온도에 해당된다. 이 온도에서는 오직 한 가지 조성만이 가능하다. 그림 7.36 (b)는 공정 골짜기와 3차원 상평형도를 바닥면에 투영한 것을 보여준다. 이 그림에서는 선 위에 있는 점들의 온도 차이를 볼 수가 없다.

그림 7.36 (a)의 2상 영역에서 임의의 점 P에 해당하는 초기 조성을 가진 합금의 경우에, 응고는 일반적으로 α-수지상정인 순수 성분 A의 1차 석출로 시작된다. 응고가 지속되는 중에 석출된 α-상과 액체 양쪽의 성분은 그림 7.36 (a)에 있는 공정 골짜기선 $E_{AB}-E$ 위의 Q점에 도달할 때까지 점차 변한다. 그다음에 공정 반응 L → α + β가 이어진다. 이 과정은 145~147쪽에 설명된 이원 합금에 대한 과정과 유사하다.

공정 반응은 용융 금속의 조성이 E점과 일치할 때까지 진행된다. 이 공정의 진행 중에 용융 금속의 조성 변화는 Q점에서 삼원 공정점 E까지 공정선 $E_{AB}-E$를 따라가는 움직임으로 설명

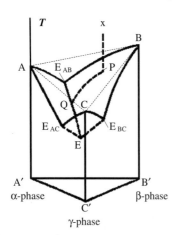

그림 7.36 (a) x점에 해당하는 조성을 가진 용융 금속이 냉각되면 P점에서 응고가 되기 시작하고, PQ선을 따라 발생하는 미세편석으로 인하여 용융 금속의 조성이 바뀐다. 그다음에 조성점이 공정선을 따라 삼원 공정점 E까지 아래로 이동된다. 이 움직임이 응고 과정을 설명해 준다.

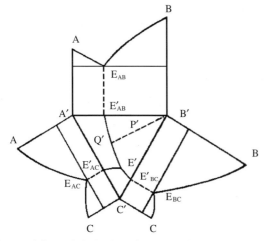

그림 7.36 (b) 3개의 면 A′ABB′, C′CBB′ 및 A′ACC′을 종이면 쪽으로 전개하였을 때 이원 상평형도와 바닥면 A′B′C′는 동일한 면에 자리 잡게 된다. E′$_{AB}$–E0, E′$_{AC}$–E′ 및 E′$_{BC}$–E′ 공정선은 삼원 공정점 E의 투영점인 E′에서 만난다. E의 점에서 용융 금속과 α, β 및 γ상은 서로 평형을 이룬다. 공정 온도 T_E는 용융 금속에서 가능한 최저 온도이다.

할 수 있다. 삼원 공정점 E에서 공정 반응은 L → α + β + γ로 변한다. 새롭게 석출된 고상이 함께 삼원 공정의 조성을 형성하는데 이는 E점과 일치한다. 다른 초기 조성을 가진 합금에서 유사한 과정이 발생하는데, 여기에서 석출은 β–석출이나 γ–석출로 시작된다.

7.8.2 삼원 합금 미세편석의 단순 모델

삼원계의 경로는 이원 합금에 대한 것과 동일한 식을 써서 계

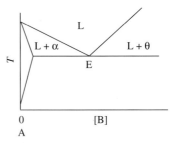

그림 7.37 전형적인 이원 공정의 상평형도. 수평축에서 파악할 수 있는 고체 α–상에서의 합금 원소 농도(용해도).

산할 수 있다. 계산을 단순화하고 좀 더 명확하게 하기 위하여 응고 중에 1차 석출 상(α– 수지상정, β– 수지상정 및 γ–수지상정)에 역확산이 없다고 가정할 것이다. 이원 합금의 미세편석에 대한 샤일의 편석 방정식으로 이어지는 기본 가정은 185쪽에 나와 있다.

1차 수지상정의 응고 중에 용융 금속의 성분

예를 들면 그림 7.36 (b)의 PQ 경로를 따라가는 A와 B 성분의 경우에, 삼원계에서 고상의 1차 석출 중의 미세편석을 설명하기 위해서 샤일의 방정식[식 (7.10)]을 이용한다. 이 방정식은 다음처럼 B와 C 성분에도 동시에 적용될 수 있다.

P에서 Q로 이어지는 경로에서는 α–상만 석출된다(L → α). 이런 이유 때문에, B와 C 원소에 대한 분배 계수 $k_{part}^{α/L}$는 식 (7.47)과 식 (7.48)에서 발생한다.

$$x_B^L = x_B^{0L}\left(1 - f_\alpha\right)^{-\left(1 - k_{partB}^{\alpha/L}\right)} \tag{7.47}$$

$$x_C^L = x_C^{0L}\left(1 - f_\alpha\right)^{-\left(1 - k_{partC}^{\alpha/L}\right)} \tag{7.48}$$

여기에서

$x_{B,C}^L$ = PQ선을 따라 있는 임의의 점에서 용융 금속의 합금 원소 B와 C의 농도

$x_{B,C}^{0L}$ = 용융 금속의 원소 B와 C의 초기 농도

f_α = α 상의 부피 분율

$k_{partB,C}^{\alpha/L}$ = α 상과 용융 금속 간에 있는 원소 B와 C의 분배 계수

분율 f는 주어진 온도에서 양쪽 성분에 동일하기 때문에, f_α는 양쪽 방정식에서 동일하며 이를 통해 f_α와 2개 성분의 농도 간에 다음의 관계식을 얻게 된다.

$$1 - f_\alpha = \left(\frac{x_B^L}{x_B^{0L}}\right)^{-\frac{1}{1 - k_{partB}^{\alpha/L}}} = \left(\frac{x_C^L}{x_C^{0L}}\right)^{-\frac{1}{1 - k_{partC}^{\alpha/L}}} \tag{7.49}$$

식 (7.47)과 식 (7.48)로부터 $(1 - f_\alpha)$의 해를 구해서 식 (7.49)를 유도한다. 온도가 감소할 때에 f_α가 증가하고 식 (7.47), 식 (7.48) 및 해당 관계식을 사용해서 3개 성분의 농도를 조절한다.

$$x_A^L = 1 - x_B^L - x_C^L \qquad (7.50)$$

반응 중에 분율 f_α와 합금 원소의 농도 간에 성립되는 이 관계식은 응고 과정이 그림 7.36 (a)의 PQ선을 따라간다는 것을 의미한다. α–석출은 Q점에 도달될 때까지 지속된다.

응고가 평형 조건하에서 발생하고 역확산을 무시할 수 있다면, 관계식 (7.49)는 용용 금속의 응고중에 용융 금속에 있는 B와 C 성분의 농도를 잘 설명한다는 점을 입증하게 된다. 이 관계식은 반응 온도에 대한 정보를 제공하지는 않는다. 각 세트의 합금 원소 농도에 대한 온도는 상평형도에서 읽어 들이거나 상평형도의 계산을 위해 사용되는 열역학 관계식을 통해 유도할 수 있다.

이원 공정 응고 중에 용융 금속의 성분

그림 7.36 (a)의 Q점에서 α–상의 석출이 멈추고 온도가 감소할 때에 α+ β 공정 상의 석출에 의해 대체가 된다. 편석 때문에 용융 금속의 조성은 공정 반응 중에 변하고 그림 7.36 (a)의 Q점에서 삼원 공정점 E까지 아래로 공정선을 따라간다. α–상과 β–상은 QE선을 따라 동시에 석출된다.

공정 조직에서 각 상의 부피 분율과 이에 상응하는 분배 계수가 알려지면 다음의 관계식은 공정 반응 중에 편석의 경로를 설명한다.

$$x_B^{L\ bin} = x_B^{LQ}\left(1 - f_{bin\ eut}^{\alpha+\beta}\right)^{-\left[(1-k_{part\,B}^{\alpha/L})f_{bin\ eut}^\alpha + (1-k_{part\,B}^{\beta/L})f_{bin\ eut}^\beta\right]} \quad (7.51)$$

$$x_B^{L\ bin} = x_B^{LQ}\left(1 - f_{bin\ eut}^{\alpha+\beta}\right)^{-\left[(1-k_{part\,B}^{\alpha/L})f_{bin\ eut}^\alpha + (1-k_{part\,B}^{\beta/L})f_{bin\ eut}^\beta\right]} \quad (7.52)$$

여기에서

$x_{B,C}^{L\ bin}$ = 이원 공정 반응 중에 QE선에 있는 임의의 점에서 용융 금속에 있는 B와 C 원소의 농도

$x_{B,C}^{LQ}$ = 이원 공정 반응의 출발점(Q점)에서 용융 금속에 있는 B와 C 원소의 농도

$f_{bin\ eut}^{\alpha+\beta}$ = 용융 금속에서 응고된 이원 공정, 즉 (α + β) 조직의 부피 분율

$f_{bin\ eut}^{\alpha,\beta}$ = 이원 공정 조직에 있는 α–상과 β–상의 부피 분율

공정 조직의 부피 분율뿐만아니라 분배 계수도 거의 일정하다고 가정하는 것은 합리적이다. 이들이 일정하다고 가정하면,

이원 상평형도로부터 식 (7.51)과 식 (7.52)의 값과 f 값을 평가할 수 있다. 값은 고상선과 액상선을 통해 유도가 된다. 이원 상평형도의 공정 온도에서 지렛대 원리를 이용해서 부피 분율을 알아낸다. 이 값들은 삼원 상평형도에서 동일하다고 가정한다.

삼원 공정의 응고

삼원 공정점에서 용융 금속의 조성은 나머지 응고 과정 중에 일정하게 유지된다. 나머지 용융 금속은 E점에서 삼원 공정 반응 L → α + β + γ에 따라서 일정한 온도 T_E에서 응고된다.

초기 부피 분율 f_α은 PQ 경로를 따라 응고된다. *나머지 용융 금속의 분율 $f_{bin\ eut}^{\alpha+\beta}$, 즉 부피 분율 $(1-f_\alpha)$는 QE 경로를 따라 응고된다.* 따라서 E점에서 초기 부피의 전체 고체 분율 f_E는 다음과 같게 된다.

$$f_E = f_\alpha + f_{bineut}^{\alpha+\beta}(1 - f_\alpha) \qquad (7.53)$$

나머지 용융 금속 분율 $(1-f_E)$은 일정한 삼원 공정 조직 $(\alpha + \beta + \gamma)$로 응고되며 식 (7.47), (7.48), (7.51), (7.52)와 성분계의 이원 상평형도를 사용해서 이것을 계산할 수 있다. 아래에 있는 예제 7.5는 이를 보여준다.

위의 공식은 몰 분율로 표현된 농도에 대해서 유도되었다. *분배 계수 $k_{part}x$를 $k_{part}c$로 대체하면 이 방정식들은 중량 백분율에 대해서도 성립된다.*

미세편석 모델의 적용

삼원 합금에서 미편석에 대한 간단한 모델을 적용한 예로써 Al – 10 wt-% Cu – 6.0 wt-% Si 합금의 응고 패턴을 분석하고자 한다. 그림 7.38 (a)는 응고된 합금 표본의 미세조직이다.

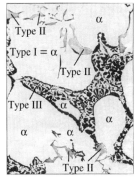

그림 7.38 (a) 삼원 합금 Al – 10 wt-% Cu – 6.0 wt-% Si의 조직. 흰색 부위 = α–상 = Al; 회색 부위 = β–상 = Si; 검은 부위 = θ– 상 = Al₂Cu. I 유형 영역은 L → α 반응에서 발생. II 유형 영역은 L → α + β에서 발생. III 유형 영역은 L → α + β + θ 반응에서 발생.

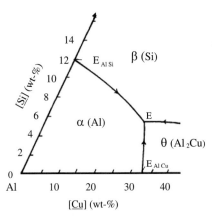

그림 7.38 (b)   Al–Cu–Si 삼원계에서 알루미늄이 풍부한 모서리. 이 그림은 공정선 E_{AlSi}–E와 E_{AlCu}–E 그리고 삼원 공정점 E를 보여준다.

- 그림 7.38 (a)에서 I 유형이라고 불리는 커다란 흰색 영역은 순 알루미늄으로 구성된다. 이 영역은 합금의 기지를 형성하고 α-상의 1차 석출 중에 성형된다. 이는 L → α 반응에 해당된다.

- 그림 7.38 (a)에서 II 유형이라고 불리는 흰색 상과 면체 회색 결정의 혼합물은 공정 반응 L → Al + Si의 결과이다.

- 그림 7.38 (a)에서 III 유형이라고 불리는 흰색 상, 회색 상 및 검은 상의 혼합물은 공정 반응 L → Al + Si + Al_2Cu의 결과이다.

그림 7.38 (b)는 Al–Si–Cu 삼원계에서 알루미늄이 풍부한 모서리의 바닥 면 위에 투영한 것이다. 아래에 있는 예제 7.5에 나온 것처럼, Al–Si과 Al–Cu 이원계의 상평형도는 두 가지의 가능한 공정 반응이 있다는 것을 보여준다.

$$L \to Al + Si \quad (\alpha + \beta)\text{와 } L \to Al + Al_2Cu \quad (\alpha + \theta)$$

합금의 초기 성분은 α-상의 석출 후에 공정 반응 중 어떤 반응이 발생하게 되는지를 결정한다. 그림 7.38 (b)에서 공정선 E_{AlSi}–E와 E_{AlCu}–E은 E점에서 만난다. (α + β) 또는 (α + θ)와 분리된 조성의 혼합물은 석출이 된다. 이 반응은 삼원 공정점 E에 도달될 때까지 온도가 낮아지면서 발생한다. 이원 공정 반응은 E점에서 멈추고 삼원 공정 반응으로 대체된다.

$$L \to Al + Si + Al_2Cu$$

이 반응은 3개 고상과 일정한 삼원 공정 조성의 혼합물 석출로 이어진다. 나머지 모든 용융 금속은 E점에서 이 조성과 함께 응고된다.

예제 7.5

용융된 Al – 10 wt-% Cu – 6.0 wt-% Si 합금이 응고될 때에 고체 소재 내 세 가지 유형의 조직, 즉 순 Al–상, (Al + Si) –상의 혼합 조직 및 Al + Si + Al_2Cu 상의 혼합물로 구성된 삼원 공정 조직이 확인된다.

구리는 실리콘에서 극도의 불용성을 띤다. AlSi 및 AlCu의 이원 상평형도와 Al – Si – Cu계 삼원 상평형도의 Al 모서리가 아래에 나와 있다.

(a) 이원 공정 반응 L → Al + Si가 시작될 때에 용융 금속의 조성을 계산하라.

(b) 응고가 끝난 후에 합금에 있는 세 가지 상이한 조직, I 유형(Al), II 유형(Al + Si) 및 III 유형(Al + Si + Al_2Cu)의 부피 분율을 계산하라.

풀이

(a): Al 상과 공정 Al+Si 상의 1차 석출

Al 상의 1차 석출 중에 용융 금속에서 합금 원소 Si와 Cu의 농도는 식 (7.47)과 식 (7.48)에 의해 설명이 된다. B = Si와 C = Cu를 가정하면 다음의 식을 얻는다(모든 농도는 wt-%로 표시되며 $k_{part}x$-값 대신에 적절한 $k_{part}c$-값이 사용되면 이것이 맞는다).

$$c_{\underline{Si}}^{L} = c_{\underline{Si}}^{0L}\left(1 - f_{Al}\right)^{-\left(1 - k_{part\,\underline{Si}}^{\alpha/L}\right)} \tag{1'}$$

그리고

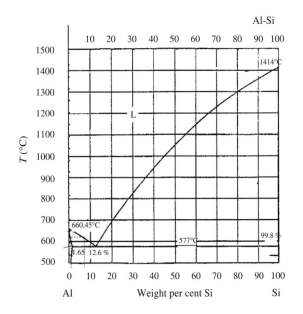

$$c_{\underline{Cu}}^{L} = c_{\underline{Cu}}^{0L}(1 - f_{Al})^{-(1-k_{part\underline{Cu}}^{\alpha/L})} \qquad (2')$$

여기에서 초기값 $c_{\underline{Si}}^{0L} = 6.0$ wt-%과 $c_{\underline{Cu}}^{0L} = 10$ wt-%는 본문에서 주어지며 아래에 있는 그림의 삼원 상평형도에서 P로 표시된다. 식 (1')과 (2')는 PQ 경로를 따라 성립된다[그림 7.36 (a)].

Al-상의 분율 f_{Al}를 계산하고자 하며 (i) Si의 분배 계수 유도 (ii) Q점의 좌표 ($c_{\underline{Cu}}^{LQ} ; c_{\underline{Si}}^{LQ}$) 계산을 통하면 계산 값을 얻을 수 있다.

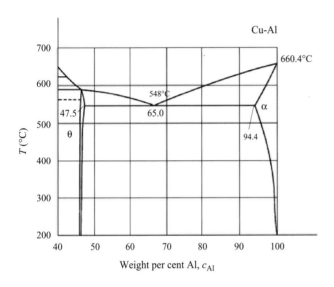

$k_{part\underline{Si}}^{\alpha/L}$와 $k_{part\underline{Cu}}^{\alpha/L}$의 계산

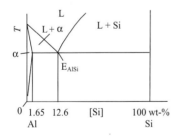

상평형도의 액상선과 고상선은 거의 직선이다. 이 경우에 위에 나온 2개의 상평형도에 있는 공정선의 값을 통해 분배 계수를 쉽게 유도할 수 있다.

$$k_{part\underline{Si}}^{Al/L} \approx \frac{1.65}{12.6} = 0.13 \quad 및 \quad k_{part\underline{Cu}}^{Al/L} \approx \frac{100 - 94.4}{100 - 65} = 0.16$$

($c_{\underline{Cu}}^{LQ} ; c_{\underline{Si}}^{LQ}$)의 계산

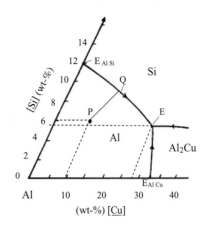

본문에서 나온 좌표, 계산된 좌표, 상평형도에서 파악한 좌표

P점:	(10;6)	wt-%
E_{AlSi}점:	(0;126)	wt-%
Q점:	(14;9)	wt-%
E점:	(28;5.5)	wt-%

삼원 상평형도에서 $E_{AlSi}E$ 선이 직선이라고 가정하며 이 선은 삼원 상평형도로부터 읽어 들인 $E_{AlSi} = (0;12.6)$과 $E = (28;5.5)$의 두 점에 의해 결정된다. 선의 방정식은 다음과 같다.

$$c_{\underline{Si}}^{L} = 12.6 - 0.25\, c_{\underline{Cu}}^{L} \qquad (3')$$

Q점은 $E_{AlSi}E$ 선에 있다. 따라서 식 (3')은 Q점에서 성립된다. Q점은 또한 PQ선 위에도 있다. 식 (1')과 식 (2')를 Q점에 적용하고 $(1 - f_\alpha)$의 해를 구한다. 양쪽 성분의 분율 f_α는 동일하고 다음의 식을 얻는다.

$$1 - f_\alpha = \left(\frac{c_{\underline{Si}}^{LQ}}{c_{\underline{Si}}^{0L}}\right)^{-\frac{1}{1-k_{part\underline{Si}}^{\alpha/L}}} = \left(\frac{c_{\underline{Cu}}^{LQ}}{c_{\underline{Cu}}^{0L}}\right)^{-\frac{1}{1-k_{part\underline{Cu}}^{\alpha/L}}} \qquad (4')$$

Si와 Cu의 초기 농도를 알고 있고 분배 계수 값은 214~215쪽의 Al-Si 및 Al-Cu계 이원 상평형도로부터 유도된다. Q점의 좌표는 식 (3')와 식 (4')로부터 구할 수 있으며 식 (3')의 Si 농도를 식 (4')에 대입한다.

$$\left(\frac{12.6 - (0.25 \times c_{\underline{Cu}}^{LQ})}{6.0}\right)^{-\frac{1}{1-0.13}} = \left(\frac{c_{\underline{Cu}}^{LQ}}{10.0}\right)^{-\frac{1}{1-0.16}}$$

식 (4')의 해는 $c_{\underline{Cu}}^{LQ} \approx 14$ wt-%이다.

식 (3')에서 $c_{\underline{Si}}^{LQ} = 12.6 - 0.25 \times 14 \approx 9.1$ wt-%를 얻게 된다.

(b): Al 상과 Al + Si 상의 분율

I, II, III 유형의 부피 분율을 원하며 우리가 계산할 수 있고 f_α $= f_{Al}$과 $f_{bin\ eut}^{Al+Si}$이면, 식 (7.53)을 사용해서 f_E를 쉽게 알아낼 수 있으며 부피 분율을 유도할 수 있다.

f_{Al}의 계산

Q점의 좌표를 알면 Si나 Cu의 값을 사용해서 식 (4′)로부터 f_{Al}를 계산할 수 있다.

Cu 값:

$$1 - f_{Al} = \left(\frac{c_{\underline{Si}}^{LQ}}{c_{\underline{Si}}^{0L}}\right)^{-\frac{1}{1-k_{part\underline{Si}}^{\alpha/L}}} = \left(\frac{9.1}{6.0}\right)^{-\frac{1}{1-0.13}} = 0.620$$

$$1 - f_{Al} = \left(\frac{c_{\underline{Cu}}^{LQ}}{c_{\underline{Cu}}^{0L}}\right)^{-\frac{1}{1-k_{part\underline{Cu}}^{\alpha/L}}} = \left(\frac{14}{10}\right)^{-\frac{1}{1-0.16}} = 0.670$$

평균값을 선택한다.

$$f_{Al} = 1 - 0.645 = 0.355 \tag{5′}$$

$f_{bin\ eut}^{Al+Si}$의 계산

이원 공정 반응 L → Al + Si 중에 식 (7.51)이 성립된다. 반응은 Q점에서 시작되고 삼원 공정점 E에서 끝나며 E점에서 다음의 식을 얻는다.

$$c_{\underline{Si}}^{LE} = c_{\underline{Si}}^{LQ} (1 - f_{bin\ eut}^{Al+Si})^{-\left[(1-k_{part\underline{Si}}^{Al/L})f_E^{Al} + (1-k_{part\underline{Si}}^{Si/L})f_E^{Si}\right]} \tag{6′}$$

여기에서 f_E^{Al}와 f_E^{Si}는 공정점 E에서 Al과 Si 상의 부피 분율이다.

부피 분율 f^{AL}과 f^{Si}는 이원계와 삼원계에서 동일하다고 가정한다. 따라서 지렛대 원리를 이용해서 Al–Si 상평형도로부터 다음의 식을 얻는다.

$$f_{bin\ eut}^{Al} = f_E^{Al} = \frac{100 - 12.6}{100 - 1.65} = 0.89$$

그리고

$$f_{bin\ eut}^{Si} = f_E^{Si} = 1 - 0.89 = 0.11$$

삼원 공정점 E의 Si 좌표는 (a)에서 결정되었으며 5.5 wt-%인 것으로, Q점의 Si 좌표는 (a)에서 계산되었으며 9.1 wt-%인 것으로 밝혀졌다. Q점과 E점에 대한 $k_{part\underline{Si}}^{\alpha/L}$와 $k_{part\underline{Si}}^{Si/L}$ 값을 계산하고 이들의 평균값을 이용한다.

$$Q : k_{part\underline{Si}}^{Al/L} \approx \frac{1.65}{9.1} = 0.18 \quad \text{및} \quad k_{part\underline{Si}}^{Si/L} = \frac{100}{9.1} = 11$$

$$E : k_{part\underline{Si}}^{Al/L} = \frac{1.65}{5.5} = 0.30 \quad \text{및} \quad k_{part\underline{Si}}^{Si/L} = \frac{100}{5.5} = 18$$

평균값은 $k_{part\underline{Si}}^{\alpha/L} = 0.24$와 $k_{part\underline{Si}}^{Si/L} = 14.5$이다.

농도 $c_{\underline{Si}}^{LE}$와 $c_{\underline{Si}}^{LQ}$, f_E^{Al} 값과 f_E^{Si} 값, k_{part} 값(위에서 계산)을 식 (6′)에 대입하면 부피 분율 값 $f_{bin\ eut}^{Al+Si}$를 계산할 수 있다.

$$f_{bin\ eut}^{Al+Si} = 1 - \left(\frac{5.5}{9.1}\right)^{\frac{-1}{(1-0.24)0.89 + (1-14.5)0.11}} = 0.455$$

이제는 3개의 조직에 대한 부피 분율을 계산하기에 필요한 모든 정보를 갖고 있다.

조직 유형의 부피 분율 계산

Q점에서 고체 Al 상(I 유형 조직)의 분율은 f_{Al}이고 나머지 용융 금속의 분율은 $1 - f_{Al}$이다.

E점에서 나머지 용융 금속의 (Al + Si)상 고체 혼합물의 분율은 $f_{bin\ eut}^{Al+Si}$이다. 초기 부피와 관련된 II 유형 조직에서 이에 상응하는 분율은 $f_{bin\ eut}^{Al+Si}(1 - f_{Al})$이다. 삼원 공정점 E에서 총 고체조직의 분율은 다음과 같다.

$$f_E = f_{Al} + f_{bin\ eut}^{Al}(1 - f_{Al}) = 0.355 + 0.455(1 - 0.355) = 0.648 \tag{7′}$$

E점에서 나머지 용융 금속의 분율은 다음과 같다.

$$1 - f_E = 1 - 0.648 = 0.352 \tag{8′}$$

이 부분은 삼원 공정 조직으로 응고된다.

I 유형 조직의 부피 분율: $f_{Al} = 0.355$

II 유형 조직의 부피 분율:

$$f_{bin\ eut}^{Al+Si}(1 - f_{Al}) = 0.455 \times 0.645 = 0.293$$

III 유형 조직의 부피 분율:

$$1 - f_{Al} - f_{bin\ eut}^{Al+Si}(1 - f_{Al}) = 1 - 0.355 - 0.455 \times 0.645 = 0.352$$

답

(a) 이원 공정 반응이 시작될 때 용융 금속의 조성은 9 wt-% Si, 14 wt-% Cu 및 77 wt-% Al이다.

(b) I 유형 조직, II 유형 조직, III 유형 조직의 부피 분율은 각각 36%, 29%, 35%이다.

초기 성분이 다르면 석출된 상과 고체 합금의 조직이 다르게 된다. 1차 α-상의 석출이 E_{AlCu}-E 선상의 한 점에서 끝나면 α-상과 Al_2Cu의 혼합물이 α와 Si 대신에 석출되게 된다. 이 경우에 대해 유사한 계산을 수행할 수 있다.

삼원 상평형도의 P점으로부터 삼원 공정점 E까지 일직선으로 감으로써(그림 7.39) 위에 소개된 방법보다 더 간단한 방법으로 유형과는 독립적인 E점에서의 고체 총 부피 분율 f_E를 계산할 수 있다.

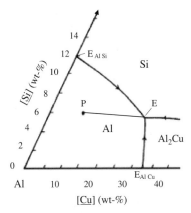

그림 7.39 P점에서 삼원 공정점 E까지의 경로를 가진 Al-Cu - Si의 삼원 상평형도.

7.9 다성분 철기 합금의 미세편석, 포정 반응과 변태

7.7절에서 냉각 중의 포정 반응, 변태 및 미세편석이 합금의 조직과 성분을 바꾼다고 언급하였다. 이 장의 앞 절에서는 이원 합금의 미세편석에 대해 폭넓게, 삼원 합금의 미세편석에 대해서는 간단하게 다루고 있다. 기술적으로 중요한 이원 철기 합금의 포정 반응은 7.7절에서 다룬다. 철기 합금은 종종 두 가지 이상의 성분을 함유하며 이런 이유 때문에 이 장에서는 일부 삼원 철기 합금의 미세편석에 대한 절을 추가하였다.

7.9.1 삼원 철기 합금의 미세편석, 포정 반응과 변태

삼원 철기 합금에서 미세편석의 사례로써 Fe - Cr - C 합금들에 대해 다룰 예정이다. 이들은 정량적으로 조사가 된, 상업적으로 중요한 일군의 합금에 속한다.

합금의 동태는 합금의 삼원 상평형도와 아주 밀접한 관련이 있기 때문에 추가 논의를 위한 기초로 Fe - Cr - C계의 상평형도에 대한 설명을 하고 시작한다.

Fe - Cr - C계의 상평형도
Fe - Cr - C 상평형도에 대해 많은 조사 내용이 과학 문헌에

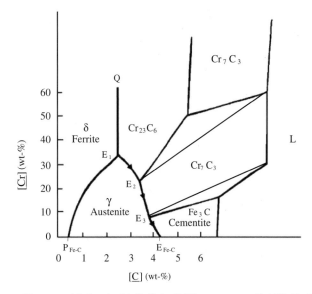

그림 7.40 분가트가 단순화해서 제시한 Fe - Cr - C계 삼원 상평형도의 Fe 모서리. Verlag Stahleisen GmbH, Dusseldorf, Germany의 허락을 얻어 인용함. ©1958 Verlag Stahleisen GmbH, Du sseldorf, Germany.

소개되어 있다. 분가트(Bungart)와 그의 동료들은 가장 자세한 연구들 중 한가지 연구를 수행하였다. 그림 7.40에는 그의 연구 결과에 대한 요약 내용이 나와 있다.

그림 7.40의 상평형도는 7.8절에 소개된 삼원 상평형도와는 달라 보이는데, 7.8절의 내용은 수평면에 투영이 된 것이기 때문에 온도 축이 고려되지 않았다. 이것은 Fe - Cr - C 삼원 상평형도의 Fe 모서리를 설명해 주지만 성분의 농도를 정상적으로 표현해 주는[그림 7.38 (b)] 농도 삼각형을 사용하지 않는다. 그렇지만 이 차이가 특별히 놀라운 일은 아니다. 그림 7.40에서 Cr과 C의 농도는 삼각형의 2개 변을 따라가는 축 대신에 평범한 직교 축을 따라 그려졌다.

응고 중인 Fe - Cr - c 용탕의 공정과 포정 반응
두 가지 유형의 금속 탄화물이 형성되고, 냉각 중에 응고 중인 Fe - M - C 용탕에서 용해된다.

23-탄화물 = $M_{23}C_6$

7-탄화물 = M_7C_3

여기에서 M은 금속의 원자이고 이 경우에는 Cr이다.

합금 용탕이 비교적 저탄소 농도의 조성을 갖고 있다면, 용융 금속이 냉각될 때의 1차 석출은 페라이트가 될 것이다. $\underline{C}$ 농도가 높고 $\underline{Cr}$ 농도가 중간일 때에는 오스테나이트의 1차 석출이 발생하게 된다. 이 경우에 페라이트의 석출은 결코 생기지 않는다. 그림 7.40의 포정선 $P_{Fe-C} - E_1$은 액상선 표면 L/δ과 L/γ 간의 교차 지점이다. P_{Fe-C}는 이원 Fe – C 상평형도의 포정점이다.

δ–상의 액상선 표면은 $\underline{Cr}$ 농도가 높을 때에 소위 23–탄화물의 액상선 표면과 만나며 공정 골짜기를 얻는다. Q–E_1 골짜기를 따라서 $L \rightarrow \delta + M_{23}C_6$ 반응이 발생하며 이로부터 냉각 중에 δ–상과 23–탄화물이 생성된다. 공정 골짜기는 L, δ, γ 및 23–탄화물의 4개 상이 서로 평형을 이루는 E_1점에서 끝난다. E_1점에서는 포정 반응과 변태에 의해 δ–상이 용해되고 γ–상으로 변태가 된다.

이어지는 냉각 중에 용융 금속의 조성은 $E_1 - E_2$의 공정 골짜기를 따라가며 공정 반응으로 인해 γ–상과 23–탄화물 공정 조직의 석출이 발생한다. E_2 공정점에서 냉각 중에 포정 반응과 변태에 의해 23–탄화물이 용해되고 소위 7–탄화물로 변태가 된다.

냉각 과정이 지속됨에 따라 용융 금속의 조성은 $E_2 - E_3$의 공정 골짜기를 따라가며 γ–상과 7–탄화물 공정 조직의 석출이 발생한다. E_3 공정점에서는 L, γ, 7–탄화물 및 세멘타이트라고 부르는 탄화철(Fe_3C)의 4개 상이 서로 평형을 이룬다. E_3점에서 냉각 중에 포정 반응과 변태에 의해 7–탄화물이 용해되고 소위 세멘타이트로 변태가 된다.

후속 냉각으로 인해 γ–상과 세멘타이트 공정 조직의 석출이 발생하며 이 과정은 응고가 끝날 때까지 지속된다. Fe – Cr – C계에는 삼원 공정점이 없으며 E_{Fe-C}점은 이원 Fe – C 상평형도의 공정점이다. 위에서 설명된 냉각 과정은 표 7.1에 요약되어 있다.

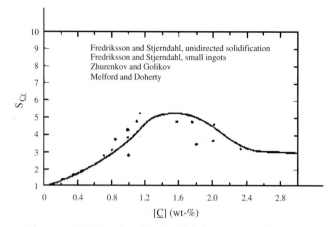

그림 7.41 일정한 $\underline{Cr}$ 농도를 갖는 일련의 Fe – Cr – C 합금에서 $\underline{C}$의 농도(wt-%로 측정) 함수로서 $\underline{Cr}$의 편석도. 그림에 그려져 있는 값들은 서로 다르면서 독립적인 네 가지 조사에서 가져왔다. The Scandinavian Journal of Metallurgy, Blackwell의 허락을 얻어 인용함.

탄소 농도가 크롬의 미세편석에 미치는 영향 및 철기 합금 탄화물의 석출을 어떻게 제어할 수 있는지에 대해 끼치는 영향을 설명하기 위하여 상평형도가 사용된다.

Fe – Cr – C 합금에서 탄소가 $\underline{Cr}$의 미세편석에 미치는 영향

$\underline{C}$ 농도가 증가하는 일련의 Fe – 1.5% Cr강에서 $\underline{C}$ 농도의 함수로서 $\underline{Cr}$의 편석도를 실험적으로 조사하였으며 실험 결과는 그림 7.41에 나와 있다. 이 그림은 이원 Fe – Cr 합금에 편석이 전혀 없다($\underline{C}$ 농도 = 0일 때 $S = 1$)는 것을 보여준다. 초기에는 $\underline{C}$ 농도가 증가할 때에 $\underline{Cr}$의 편석도가 증가하지만 추가되는 $\underline{C}$가 많아질 때에 다시 감소한다. 1.6 wt-% $\underline{C}$의 경우에 $\underline{Cr}$의 편석도는 최댓값인 $S = 5$에 도달한다.

$\underline{C}$ 농도가 $\underline{Cr}$의 편석에 영향을 미치는 이유는 과학 문헌을 통해 상세하게 확인이 되었다.

$\underline{C}$ 농도가 낮을 때에 $\underline{Cr}$의 편석도가 증가하는 현상은 오스

표 7.1 응고 중인 Fe–Cr–C 용융 금속의 포정 반응과 공정 반응 개관

반응 포정 반응 = (Pe) 공정 반응 = (Eu)		상평형도 내 점/선	온도 (°C)	$\underline{Cr}$ 농도 (wt-%)	$\underline{C}$ 농도 (wt-%)	의견
$L + \delta \rightarrow \gamma$	(Pe)	E_1	1275	34	2.4	δ 용해, γ 투입
$L \rightarrow \gamma + Cr_{23}C_6$	(Eu)	E_1 E_2				γ와 $Cr_{23}C_6$의 석출
$L + Cr_{23}C_6 \rightarrow Cr_7C_3$	(Pe)	E_2	1255	23	3.5	$Cr_{23}C_6$ 용해, Cr_7C_3 투입
$L \rightarrow \gamma + Cr_7C_3$	(Eu)	E_2 E_3				γ와 Cr_7C_3의 석출
$L + Cr_7C_3 \rightarrow Fe_3C$	(Pe)	E_3	1175	8.0	3.8	Cr_7C_3 용해, Fe_3C 투입
$L \rightarrow \gamma + Fe_3C$	(Eu)	E_3 E_{Fe-C}				γ와 Fe_3C의 석출

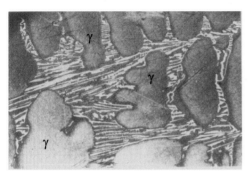

그림 7.42 빗자루 형태의 7-탄화물 공정 조직. 그림에서 흰색 선은 탄화물 판이고 판 사이의 검은 부위는 γ-상으로 구성된다.

테나이트와 용융 금속에서 $\underline{C}$와 $\underline{Cr}$ 원자 간의 상호 작용으로 발생되는 분배 계수 k_{part}의 감소로 설명이 될 수 있다. 그림 7.40에 있는 Fe – Cr – C 삼원계의 상평형도는 탄소 농도가 증가할 때에 편석도 S가 감소하는 것을 설명하기 위해 사용될 수 있는데 이에 대한 내용은 그림 7.41에 나와 있다. $\underline{C}$ 함유량이 증가하고 $\underline{Cr}$ 함유량이 일정한 음의 경사를 가진 합금은 음의 경사를 가진 공정선으로 인해 탄소의 함유량이 증가할 때에 $\underline{Cr}$ 함유량이 더 낮은 곳에서 E$_1$ E$_2$ E$_3$ 공정선을 만난다는 것을 상평형도로부터 알 수 있다.

Cr – 베어링강의 포정 반응과 기타 응고 과정
Fe – Cr – C계의 삼원 상평형도에 대한 논의와 관련하여 고상화 중에 다른 탄화물이 성형되었다가 사라진다는 것을 발견하였다. 그림 7.42은 7-탄화물 공정 혼합물의 미세조직이다. 팔 사이에 γ + M$_7$C$_3$ 공정 조직을 갖고 있는 단면에서 오스테나이트–수지상정 가지의 단상 영역을 관측할 수 있다.

아래에서는 문제가 해결된 사례를 통해서 이 주제를 보다 심도 있게 논의할 것이며, 응고가 끝난 후에 고체 소재에서 불필요한 탄화물을 피하는 방법에 초점을 맞춘다.

예제 7.6
크롬을 함유하고 있는 강 용탕이 응고할 때에 7-탄화물, 즉 Cr$_7$C$_3$가 석출될 위험성이 있다.

(a) Cr$_7$C$_3$의 석출을 피하고자 하는 경우에 강에 허용되는 최대 탄소 농도 $c_{\underline{C}}^0$와 최대 크롬 농도 $c_{\underline{Cr}}^0$ 간의 관계식 계산법을 제시하라.

(b) 강의 탄소 농도를 2.0 wt-%으로 하고 Cr$_7$C$_3$의 석출을 피

하고자 하는 경우에 wt-%로 표시되는 크롬의 최대 허용 농도는 얼마인가?

217쪽의 상평형도를 사용할 수 있다. 크롬과 탄소의 분배 상수는 각각 $k_{part\underline{Cr}} = 0.88$, $k_{part\underline{C}} = 0.42$이다.

풀이
상평형도로부터 Cr$_7$C$_3$의 용해도적을 파악할 수 있다.

$$c_{\underline{Cr}}^7 \times c_{\underline{C}}^3 = \text{const} \tag{1'}$$

앞의 표 7.1에 있는 자료를 이용해서 Fe – Cr – C 상평형도의 E$_3$ 공정점에 대한 상수의 값을 간단하게 구할 수 있다. 용융 금속은 이 점에서 7–탄화물과 평형을 이룬다.

$$\text{const} = c_{\underline{Cr}}^7 \times c_{\underline{C}}^3 = 8.0^7 \times 3.8^3 \ (\text{wt-\%})^{10} \tag{2'}$$

여기에서 $\underline{Cr}$과 $\underline{C}$의 농도는 공정점에서의 농도이며 각각 8.0 wt-%와 3.8 wt-%이다. 용융강이 응고할 때에 용융강의 성분은 미세편석에 의해 점차 변한다. 다양한 응고분율 f에서 용융 금속에 있는 $\underline{C}$와 $\underline{Cr}$의 농도를 계산하려면 편석 방정식을 이용하게 된다.

고상에 있는 $\underline{Cr}$ 원자의 확산은 늦으며 따라서 용융 금속의 $\underline{Cr}$ 농도에 대해 샤일의 방정식(186쪽)이 성립한다고 가정하는 것은 합리적이다.

$$c_{\underline{Cr}}^L = \frac{c_{\underline{Cr}}^s}{k_{part\,Cr}} = c_{\underline{Cr}}^0 (1-f)^{-(1-k_{part\,Cr})} \tag{3'}$$

반면에 $\underline{C}$ 원자의 확산은 *빠르므로* 지렛대 원리(189쪽)를 통해서 용융 금속에서의 $\underline{C}$ 농도가 가장 잘 설명된다.

$$c_{\underline{C}}^L = \frac{c_{\underline{C}}^s}{k_{part\,Cr}} = \frac{c_{\underline{C}}^0}{1-f(1-k_{part\,Cr})} \tag{4'}$$

(a): 가장 먼저 $\underline{C}$의 농도가 최대 값인 $c_{\underline{C}}^L = 3.8$ wt-%에 도달할 때에 공정 조성에서 고상 분율을 계산한다. 용융 금속에서 $\underline{C}$의 초기 농도는 용융 금속에서 $\underline{C}$ 농도의 평균값과 같다 (예제 7.1과 비교하라). 분배 상수는 알고 있고 원칙적으로 식 (4')로부터 f의 해를 구하는 것이 가능하다. 공정 조성인 $c_{\underline{Cr}}^L = 8.0$ wt-%에서 알고 있는 f와 $\underline{Cr}$의 농도의 값을 식 (3')에 대입하면, $\underline{Cr}$이 응고가 시작되기 전에 $\underline{Cr}$의 최대 농도를 계산할 수 있다. 이 농도 값은 필요한 $\underline{Cr}$의 최대 허용 농도이다.

(b): 알고 있는 값을 식 (4')에 대입한다.

$$c_{\underline{C}}^{L} = \frac{c_{\underline{C}}^{0}}{1 - f(1 - k_{part\,\underline{Cr}})} \qquad (4')$$

그리고 다음의 식을 얻는다.

$$3.8 = \frac{2.0}{1 - f(1 - 0.42)}$$

이 식에서 $f = 0.817$이 되며, 알고 있는 다른 수치와 함께 이 값을 식 (3')에 대입한다.

$$c_{\underline{Cr}}^{L} = \frac{c_{\underline{Cr}}^{s}}{k_{part\underline{Cr}}} = c_{\underline{Cr}}^{0}(1 - f)^{-(1 - k_{part\underline{Cr}})}$$

$$\Rightarrow 8.0 = c_{\underline{Cr}}^{0}(1 - 0.817)^{-(1 - 0.88)}$$

이 식에서 $c_{\underline{Cr}}^{0} = 6.52$ wt-%를 얻는다.

답

(a) 상기 설명을 참고하라.

(b) $\underline{C}$의 농도가 2.0 wt-%이면 7–탄화물의 석출을 피하기 위하여 $\underline{Cr}$의 농도가 6.5 wt-% 미만이어야 한다.

요약

■ 미세편석

수지상정의 성장에 의해 합금이 응고할 때에 합금 원소의 농도는 소재에 불균일하게 분산이 되며 이런 현상을 미세편석이라고 부른다.

분배 상수 $k_{part} = x^s/x^L < 1$이면 합금 원소는 응고 중에 나머지 용융 금속에 농축이 된다. 고상에서의 확산 속도가 낮으면 나중에 응고되는 부위가 이전에 응고된 부위보다 더 많은 양의 합금 원소를 갖게 된다.

$k_{part} > 1$이면 위와 반대의 현상이 벌어진다.

■ 샤일의 편석 방정식

다음의 경우에 적용된다.

- 매 순간 용융 금속에서 합금 원소의 대류와 확산이 매우 격렬해서 용융 금속의 모든 곳에서 조성이 동일한 경우
- 고상에서 합금 원소의 확산이 너무 느려서 확산을 완전히 무시할 수 있는 경우
- 고상과 용융 금속의 접촉면에서 국부적인 평형이 존재하는

경우

분배 상수로 평형을 설명할 수 있으며 그다음에 샤일의 편석 방정식이 성립된다.

$$x^{L} = \frac{x^{s}}{k_{part}} = x_{0}^{L}(1 - f)^{-(1 - k_{part})}$$

공정 조직 f_{E}를 갖고 응고되는 부위가 다음의 합금 원소 농도를 갖고 있는 경우는 특별한 경우이다.

$$x_{E}^{L} = x_{0}^{L}(1 - f_{E})^{-(1 - k_{part})}$$

■ 지렛대 원리

고상에서의 확산이 빠르면 지렛대 원리가 성립된다.

$$x^{L} = \frac{x^{s}}{k_{part}} = \frac{x_{0}^{L}}{1 - f(1 - k_{part})}$$

■ 합금의 응고 과정

응고 과정

합금에는 2개의 응고 전단부가 있으며 첫 번째 응고 전단부에서 합금이 응고되는 시작하고 온도는 액상선 온도 T_{L}이다. 2차 응고 전단부에서 응고가 완료되며 온도는 고상선 온도 T_{s}이다. 2개의 응고 전단부 간에는 고상과 용융 금속이 있는 2상 영역이 존재한다.

온도, 합금 원소의 농도 및 고상 분율을 계산하기 위해 열 방정식이 기초로 이용된다.

$$\left(\rho c_{p} + \rho(-\Delta H)\frac{df}{dT}\right)\frac{\partial T}{\partial t} = k\left(\frac{\partial^{2} T}{\partial y^{2}}\right)$$

df/dT에 대한 간단식을 대입한 후에 이 식을 적분한다. 샤일의 방정식이 성립되면 df/dT에 대해 2개의 대안이 존재한다.

$$\frac{df}{dT} = \frac{-1}{1 - k_{part}}(T_{M} - T)^{-\frac{2 - k_{part}}{1 - k_{part}}}(T_{M} - T_{0})^{\frac{1}{1 - k_{part}}}$$

지렛대 원리가 성립하면 다음의 식이 주어진다.

$$\frac{df}{dT} = \frac{-(T_{M} - T_{0})}{(1 - k_{part})(T_{M} - T)^{2}}$$

간단하게 열 방정식의 해를 구할 수 있는 대안은 열전달 방정식을 통해서 필요한 수치를 계산하는 것이다.

합금의 응고 구간 및 응고 시간

응고 구간:

$$[\Delta T = T_L - T_s]$$

응고 시간:

응고 구간이 넓은 합금에서는 미분·방정식을 적분해서 응고 시간을 계산할 수 있다.

$$\frac{dQ}{dt} = V_0 \rho_{metal} \left[c_p^{metal} \frac{dT}{dt} + (-\Delta H) \frac{df}{dT} \right]$$

냉각과 응고 과정에서 열 유속이 일정하면 다음의 식이 주어진다.

$$c_p^L \left(-\frac{dT}{dt} \right) = (-\Delta H) \frac{df}{dt}$$

총 응고 시간은 $f = 1$에 해당한다.

$$\theta = \frac{-\Delta H}{c_p^L \left(-\dfrac{dT}{dt} \right)}$$

■ 샤일의 수정 편석 방정식

역확산

고상에서 빠르게 확산이 되면 합금 원소의 농도 기울기가 줄어들며 이는 액상과 고상 간의 원자 교환으로 이어진다. 합금 원자가 액체에서 고체로 복귀하는 것을 역확산이라고 한다.

샤일의 수정 편석 방정식

고상의 역확산이 고려되면, 샤일의 수정 방정식이 성립된다.

$$x^L = x_0^L \left(1 - \frac{f}{1 + D_s \left(\dfrac{4\theta}{\lambda_{den}^2} \right) k_{part}} \right)^{-(1-k_{part})}$$

$$= x_0^L \left(1 - \frac{f}{1+B} \right)^{-(1-k_{part})}$$

여기에서 $B = \dfrac{4D_s \theta k_{part}}{\lambda_{den}^2}$는 보정항이며 고상의 역확산에 따라 달라진다.

■ 고상 분율의 함수로서 합금 원소의 농도 계산

- 확산 속도가 높을 때 지렛대 원리가 성립한다.

- 확산 속도가 낮을 때 **샤일의 수정 편석 방정식**(Scheil's modified segregation equation)이 성립한다.

- $D_s = 10^{-11}$ m²/s일 때에 어떤 관계식을 써야 하는지 결정하는 것은 어려우며 냉각 속도를 통해 이것을 결정할 수 있다.

- 냉각 속도가 낮을 때 지렛대 원리가 성립한다.

- 냉각 속도가 높을 때 **샤일의 수정 방정식**(Scheil's modified equation)이 현실을 가장 잘 반영한다.

■ 미세편석도

$$S = \frac{x_{max}^s}{x_{min}^s} = \left(\frac{B}{1+B} \right)^{-(1-k_{part})} \quad \text{where} \quad B = \frac{4D_s \theta k_{part}}{\lambda_{den}^2}$$

- k_{part} 값이 높을수록 S가 낮아지게 된다.
- 확산 속도가 높을수록 S가 낮아지게 된다.
- 냉각 속도가 높을수록 S가 높아지게 된다.

격자 간 용해가 진행된 원소는 격자의 일부이며 치환되어 용해된 합금 원소에 비해 결정 격자를 통해서 더욱 쉽게 확산된다. 그러므로 격자 간 용해가 진행된 원소가 치환되어 용해된 합금 원소에 비해 확산 속도는 더 높고 그 결과 편석도는 더 낮다.

■ 철기 합금의 응고 과정과 미세편석

철기 합금의 응고 과정은 페라이트(δ) 또는 오스테나이트(γ)의 수지상정 응고와 석출로 시작된다.

이 두 가지 경우의 미세편석은 두 가지 요소에 따라 다르다.

- 페라이트와 오스테나이트에서 합금 원소의 확산 속도 차이.

- δ/L 및 γ/L에서 합금 원소의 분배 상수의 차이.

상평형도, 합금 원소의 확산 속도 및 냉각 속도를 이용해서 편석도 S를 계산할 수 있다.

1차 석출 페라이트의 미세편석(BCC)

합금 원소의 확산 속도가 일반적으로 비교적 높으므로 미세편석이 상대적으로 작다.

- k_{part} 값이 높을수록 S가 작아지게 된다.
- 확산 속도가 높을수록 S가 작아지게 된다.

지렛대 원리가 유효하고 냉각 속도가 낮을 때 $S = 1$이 된다. $\underline{C}$, $\underline{N}$ 및 $\underline{H}$처럼 격자 간 용해가 진행된 원소(급속 확산)에 특히 유효하다.

■ 1차 석출 오스테나이트의 미세편석(FCC)

조직으로 인해 오스테나이트의 확산 속도가 페라이트의 확산 속도에 비해 일반적으로 훨씬 더 낮기 때문에 오스테나이트의 미세편석이 페라이트의 미세편석보다 더 크다. 하지만 $\underline{C}$처럼 격자 간 용해된 원자는 오스테나이트에서도 높은 확산 속도를 가지며 편석도는 작다.

포정 반응과 변태

포정 반응은 용융 금속이 1차로 성형된 α 상과 반응하고 2차 상 β가 성형될 때 일어나는 반응이다.

$$L + \alpha = \beta$$

포정 반응 뒤에는 **포정 변태**(peritectic transformation)가 따르며 포정 반응과 포정 변태 간에는 차이가 있다.

포정 반응(peritectic reaction)에서 α, β 및 용융 금속의 세 개 상은 일반적으로 서로 간에 직접 접촉한다. 합금 원소 B는 용융 금속을 통해서 2차 상으로부터 1차 상까지 확산되고 β 층이 α-상 주변에 성형된다.

용융 금속과 1차 α-상은 포정 변태에서 2차 β-상에 의해 분리가 된다. B 원자는 2차 β-상을 통해 α-상까지 확산이 되고 α-상은 B가 풍부한 β-상으로 변태가 이루어진다. β-층의 두께는 냉각 과정에서 증가하며, 상평형도가 거울에 비친 도치 형태가 되면 β-상은 α-상으로 변태가 된다.

Fe–C의 포정 반응과 변태

Fe–C 합금의 포정 반응과 변태는 급속하게, 즉 섭씨 몇 도 정도의 ΔT 온도 구간 내에서 발생한다.

$\underline{C}$는 페라이트의 수지상정 주변에 있는 오스테나이트 층을 통과하여 확산된다. 접촉면에서 소재의 균형을 설정함으로써 오스테나이트에서의 $\underline{C}$ 확산 속도 및 접촉면에서 $\underline{C}$ 농도의 함수로서 **포정 변태 속도**(peritectic transformation rate)에 대한 식을 구하는 것이 가능하다. 오스테나이트 층의 두께는 다음과 같이 표기할 수 있다.

$$l^\gamma = \text{const}(\Delta T)$$

Fe–M 합금의 포정 반응과 변태

포정 반응은 합금 원소가 치환되어 용해된 합금에서도 발생한다. 이런 이원 합금의 예로는 Fe–Ni 및 Fe–Mn 합금이 있다.

Fe–C와 Fe–M 합금의 기본적인 차이는 격자 간 용해가 진행된 $\underline{C}$ 원자가 결정 격자에서 높은 확산 속도를 갖는 반면에 예를 들어 $\underline{M}$ 원자는 치환되어 용해되고 확산 속도가 매우 낮다는 것이다. 매우 소량의 이런 원자들이 오스테나이트 층을 통하여 용융 금속으로부터 페라이트의 수지상정까지 통과할 수 있다. 고체에서 M의 확산 속도가 매우 작기 때문에 샤일의 방정식을 써서 오스테나이트 층의 M 농도를 계산할 수 있다.

■ 다성분 합금의 미세편석

기술적으로 가장 관심을 끄는 합금에는 두 가지 이상의 여러 가지의 합금 원소가 함유되어 있으며 기타 합금 원소가 미세편석에 영향을 미친다.

삼원 합금의 응고 과정

3차원 상평형도를 벽에 투영한 것이 A–B, A–C 및 B–C계의 세 가지 이원 상평형도이며, 3차원 상평형도에는 아래 방향으로 이어지며 삼원 공정점 E에서 끝나는 3개의 공정 골짜기가 포함되어 있다.

합금은 높은 온도에서 용융이 된다. 응고는 α-상, β-상 또는 γ-상의 1차 석출로 시작된다. 이원 공정의 응고는 공정 골짜기 중 하나를 따라 발생하고 E점에서 끝난다. E점은 세 가지 성분 및 용융물이 동시에 존재할 수 있는 유일한 온도 및 조성에 해당한다. 합금의 나머지는 3상의 삼원 공정 혼합물로 응고된다.

■ 삼원 합금의 미세편석

1차 석출 조직(I 유형)

샤일의 방정식은 2개의 합금 원소에 동시에 적용된다. 방정식은 1차 석출 중에, 예를 들면 α-상(I 유형 구조) 중에 성립된다.

$$x_B^L = x_B^{0L}(1 - f_\alpha)^{-(1 - k_{\text{part}_B}^{\alpha/L})}$$

$$x_C^L = x_C^{0L}(1 - f_\alpha)^{-(1 - k_{\text{part}_C}^{\alpha/L})}$$

합금의 초기 성분이 침전되는 상을 결정한다(α-상, β-상 또는 γ-상).

공정 골짜기를 따르는 이원 공정 조직(II 유형)

$$x_B^{\text{Lbin}} = x_B^{\text{LQ}}(1 - f_{\text{bin eut}}^{\alpha+\beta})^{-[(1 - k_{\text{part}_B}^{\alpha/L})f_{\text{bin eut}}^\alpha + (1 - k_{\text{part}_B}^{\beta/L})f_{\text{bin eut}}^\beta]}$$

$$x_C^{\text{Lbin}} = x_C^{\text{LQ}}(1 - f_{\text{bin eut}}^{\alpha+\beta})^{-[(1 - k_{\text{part}_C}^{\alpha/L})f_{\text{bin eut}}^\alpha + (1 - k_{\text{part}_C}^{\beta/L})f_{\text{bin eut}}^\beta]}$$

E점에서의 삼원 공정 조직(III 유형)

삼원 공정점에서 남아 있는 용융 금속은 일정한 온도하에 응고되며, α–상, β–상 및 γ–상의 3개 상에 대한 공정 혼합물이 석출된다.

I 유형 조직의 부피 분율 = f_α

II 유형 조직의 부피 분율 = $f_{\text{bin eut}}^{\alpha+\beta}(1-f_\alpha)$

III 유형 조직의 부피 분율 = $1-f_\alpha-\left[f_{\text{bin eut}}^{\alpha+\beta}(1-f_\alpha)\right]$

E점에서 석출 조직의 총 분율:

$$f_E = f_\alpha + \left[f_{\text{bin eut}}^{\alpha+\beta}(1-f_\alpha)\right]$$

삼원 공정 조직의 분율: 총 응고 후

$$1-f_E = 1-f_\alpha-\left[f_{\text{bin eut}}^{\alpha+\beta}(1-f_\alpha)\right]$$

철기 삼원 합금의 미세편석과 포정 반응

Fe–Cr–C 삼원계의 상평형도

Fe–Cr–C 합금이 응고될 때에, 가장 먼저 석출된 상은 합금의 조성에 따라 페라이트이거나 오스테나이트이다. 상평형도에는 공정 골짜기와 포정선이 포함된다. 2개의 고체 Cr 탄화물이 석출되고 응고 중에 용해된다(그림 7.40). 이 계에는 삼원 공정점이 없다. 최종적으로 안정된 상은 오스테나이트와 Fe_3C(탄화철)이다.

Cr–베어링강의 탄화물

Fe–Cr–C의 상평형도를 이용해서 <u>C</u>가 Cr–베어링강의 <u>Cr</u> 미세편석에 미치는 영향을 설명할 수 있다. Fe–Cr–C 합금의 탄소 농도가 더 높아지면 α–상+탄화절을 제공하기 위해서 공정 반응에 의한 탄화철이 성형된다. Fe–Cr–C계 삼상 평형도의 공정선 E_3E_{Fe-C}이 갖는 음의 경사로 인해 탄소의 농도가 높아질수록 <u>Cr</u>의 편석도가 감소한다.

연습문제

7.1 20 at-% Al을 함유하고 있는 Al–Zr 합금을 주조하려고 한다. 1350°C에서 형성되는 공정 조직의 분율을 계산하라.

힌트 B1

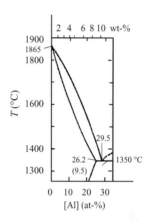

Al–Zr계의 상평형도는 주어진다.

7.2 40 at-% Al을 함유하고 있는 Al–Mg 합금을 주조하려고 한다. 상황에 따라 샤일의 방정식이 성립한다고 가정하는 것은 합리적이다 Al–Zr계의 상평형도는 아래에서 주어진다.

용융 합금이 응고될 때에 형성되는 공정 조직의 분율을 계산하라.

힌트 B12

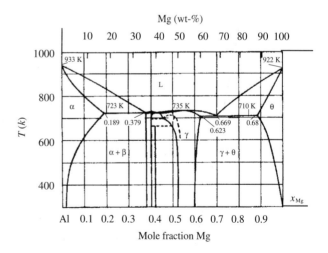

계산에 필요한 값은 본문이나 상평형도로부터 얻을 수 있다.

7.3 편석도에 대한 개념이 기술 문헌에서 자주 언급되며, 이는 고상의 수지상정 거리에 걸쳐 합금 원소의 최대 농도를 최소 농도로 나눈 것으로 정의된다. 역확산이 크면 편석도 $x_{max}^s / x_{min}^s = 1$이 된다는 것을 쉽게 알 수 있다.

(a) 세 개의 다른 확산 계수인 (i) $D^s = 10^{-15}$ m²/s; (ii) $D^s = 10^{-12}$ m²/s 및 (iii) $D^s = 10^{-9}$ m²/s에서 합금 조성의 편석도를 계산하라.

힌트 B28

알고 있는 데이터:
용융 금속에서 합금 원소의 초기 농도 = 17 at-%
냉각 속도 = 5.0℃/분
온도 구간 = 40℃
수지상정의 가지 거리 = 150 μm
분배 계수 = 0.85

(b) (a)로부터 얻은 결론은 무엇인가?

힌트 B52

7.4 15%의 Ni을 포함하고 있는 Fe – Ni 합금을 일방향 응고가 가능한 주형에서 주조한다. 셀의 두께가 mm로, 시간이 초로 측정된 포물선 성장 법칙 $y = 0.50\sqrt{t}$에 따라, 등온선이 표면으로부터 용융 금속에서 마지막으로 응고된 부위를 향해서 움직인다는 것을 응고 중의 온도를 측정해서 알아냈다. 응고 시간 θ의 함수로서 수지상정 가지의 거리 λ_{den}는 아래처럼 주어진다.

$$\lambda_{den} = 2.0 \times 10^{-6} \times \theta^{0.4} \quad \text{m}$$

Ni의 확산 상수는 다음과 같다.

$$D_{Ni} = (11 \times 10^{-4})e^{-\frac{38062}{T}} \quad \text{m}^2/\text{s}$$

여기에서 T는 온도이다. 응고 온도는 1470℃이고 분배 계수 $k_{part\,Ni}^{\gamma/L}$는 0.73이다.

주물 표면으로부터의 거리에 따라 편석도가 어떻게 변하는지 계산해서 다이어그램으로 작성하라.

힌트 B8

7.5 여러분은 스테인리스 오스테나이트 강에서 <u>Cr</u>, <u>Ni</u> 및 <u>Mo</u>의 편석 효과를 추정하길 원한다. 매우 큰 주물을

주조하려고 하며 주물의 중앙에서 이 합금 원소의 미세편석을 파악하는 것에 관심이 있다. 시편 추출과 측정이 불가능하고 이론적인 계산에 국한된다.

중앙에서의 냉각 속도가 5℃/분이고 합금의 응고 구간이 40℃임을 알고 있다. 더불어, 측정을 통해 수지상정 가지의 거리는 위의 냉각 속도에서 150 μm라는 것을 발견하였다. 오스테나이트/용융 금속의 접촉면에서 <u>Ni</u>, <u>Cr</u> 및 <u>Mo</u>의 분배 계수는 각각 0.90, 0.85 및 0.65이다. 또한 동료가 합금의 용융점에서 확산 상수를 측정했다는 것을 알고 있고 측정값은 다음과 같다.

$$D_{Ni}^{\gamma} = 2.0 \times 10^{-13} \text{ m}^2/\text{s}$$
$$D_{Cr}^{\gamma} = 7.5 \times 10^{-13} \text{ m}^2/\text{s}$$
$$D_{Mo}^{\gamma} = 7.5 \times 10^{-13} \text{ m}^2/\text{s}$$

13% Ni, 17% Cr 및 2% Mo을 함유하고 있는 강에 대해 수지상정 거리에 걸쳐 최대 농도를 최소 농도로 나눈 것으로 정의된 <u>Ni</u>, <u>Cr</u>과 <u>Mo</u>의 편석도를 계산하라.

힌트 B44

7.6 주조 공장에서 새로운 Fe – Ni – V – C 강을 개발하고 있다. 오스테나이트 응고를 위해 오스테나이트 – 페라이트의 변태를 조절하는 <u>Ni</u> 농도로서 충분히 높은 값을 선택하였다. <u>C</u> 농도로는 3.0 at-%를 선택하였다. 남아 있는 문제는 바나듐의 농도 선택이다. 응고 중에 석출되는 $L \rightarrow \gamma + VC$ 유형의 공정 조직량에 의해 <u>V</u> 농도에 대한 부분적인 제약이 이루어진다.

<u>V</u> 농도의 함수로서 석출된 공정 조직의 분율을 계산해서 <u>V</u> 농도 결정을 위한 기초를 개선하고 그 결과를 다이어그램에 도식하라.

힌트 B18

삼원 상평형도로부터 VC 석출과 분배 계수의 용해도적을 유도하며 다음의 방정식을 얻는다.

$$x_{\underline{C}}^L \times x_{\underline{V}}^L = 2.5 \times 10^{-4} \quad \text{(mole fraction)}^2$$

그리고

$$k_{part\,\underline{C}}^{\gamma/L} = k_{part\,\underline{V}}^{\gamma/L} = 0.40$$

7.7 이것은 Cu와 Si의 합금 원소를 함유하고 있고 경화 가

능한 석출물인 알루미늄기의 주조 합금을 생산하기 위한 목적이다. 합금 원소의 농도는 가급적 높은 것이 바람직하다. 가공 기술상의 이유와 기계적 이유 때문에 다음의 2개 반응을 피해야 한다.

$$L \rightarrow Al(\alpha) + Al_2Cu \quad 및 \quad L \rightarrow Si(\alpha) + Al_2Cu$$

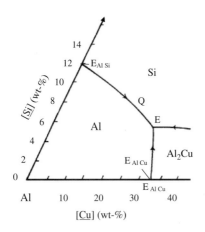

반면에 3개 상의 공정 석출은 어느 정도까지 허용된다.

$$L \rightarrow Al(\alpha) + Al_2Cu + Si$$

이원 조직의 석출을 피하려면 이 조직을 5.0부피-% 이내로 유지하면 된다. Al-Cu-Si 합금에서 위에 주어진 조건과 일치하는 <u>Si</u>와 <u>Cu</u>의 최대 농도는 얼마인가?

힌트 B4

Al-Si계와 Al-Cu계의 상평형도, Al-Cu-Si의 삼원 평형도는 예제 7.5에 나와 있다.

7.8 오스테나이트와 흑연 모두의 고상에서 매우 낮은 용해도를 보이는 소량의 인이 종종 주철에 포함된다. 결과적으로 인이 뚜렷하게 분리된다. 응고 과정은 종종 공정 반응 후에 삼원 공정 상의 석출로 끝이 난다.

$$L \rightarrow Fe(\gamma) + C(graphite) + Fe_3P$$

삼원 공정 Fe-C-P계에서 이 반응은 960℃, 3.5 wt-% C와 7.2 wt-% P의 조성에서 발생한다.

(a) 초기 P 농도의 함수로서 삼원 공정 상 Fe(γ) + C(흑연) + Fe_3P의 부피 분율을 계산하라.

힌트 B2

(b) 초기 P 농도가 0.1 wt-%이면 삼원 공정 상의 부피 분율은 어떻게 되는가?

힌트 B137

7.9 그림 7.41은 1.5 wt-% <u>Cr</u>과 다양한 농도의 <u>C</u>을 함유하고 있는 일련의 합금강에 대한 탄소 농도의 함수로서 편석비를 보여준다. 크롬의 편석비 S_{Cr}은 1.6 wt-% <u>C</u> 정도에서 최대이며, 이후에 <u>C</u>의 농도가 증가함에 따라 점차 감소한다는 것을 보여준다.

<u>C</u>의 농도가 높아질 때에 비율 S가 줄어드는 것은 <u>C</u>의 농도가 낮을 때보다 높을 때에 $L \rightarrow Fe(\gamma) + Fe_3C$의 공정 반응이 보다 일찍 시작되고, <u>C</u>의 농도가 증가함에 따라 Cr의 농도가 공정 용탕에서 감소한다는 사실에 따라 달라지는 것으로 추정된다.

계산 작업을 위해서 다음의 사항을 가정할 수 있다.

(a) 용융 금속에서 <u>Cr</u>의 농도

힌트 B231

(b) 공정 용탕에서 <u>Cr</u>의 편석도 $S_{\underline{Cr}}$

힌트 B175

이 내용을 확인하기 위해 0.1 wt-%의 단계에서 1.5 wt-% $\leq c_{\underline{C}}^0 \leq$ 2.8 wt-% 구간에 대한 용융 금속 내 초기 탄소 농도의 함수로서 다음의 사항들을 계산하라.

$$k_{part\underline{C}}^{\gamma/L} = k_{part\underline{C}} = 0.50 \quad 및 \quad k_{part\underline{Cr}}^{\gamma/L} = k_{part\underline{Cr}} = 0.73.$$

<u>C</u> 농도가 높을 때에 분배 상수가 일정하고 실질적으로 <u>Cr</u>의 역확산이 없다고 가정한다. Fe-Cr-C계의 Fe 골짜기에 대한 상평형도는 그림 7.40에 나와 있다.

8 열처리 및 소성 가공
Heat Treatment and Plastic Forming

8.1 머리말

합금강과 주철이 주조 후의 냉각 과정 중에 여러 가지의 상 변태를 거친다는 것은 잘 알려져 있다. 열처리 합금의 특성을 개선하기 위해서 이런 변태를 상이한 유형의 열처리에서 사용한다.

잘 알려진 방법으로는 풀림, 불림, 담금 경화 및 등온 처리가 있다. 석출 경화는 Al기 합금과 Ni기 합금 모두의 특성을 개선하기 위해서 사용되는 또 다른 방법이다.

균질화는 주물의 응고 중에 불가피하게 성형되는 미세편석을 없애주고 합금의 특성을 개선시켜 주는 매우 중요한 과정이다.

일부 합금에서는 원하지 않는 제2상이 만들어진다. 일정한 온도에서 일정 시간 동안 열처리를 하면 제2상이 용해된다.

용해 처리는 사실상 일종의 균질화이기도 하다.

이 장에서는 등온 열처리 중의 균질화 및 제2상의 용해에 대해 폭넓게 다룰 예정이다. 또한 주물 및 잉곳을 위해 특별히 설계된 다양한 유형의 처리 및 주물의 기공을 제거하기 위해 사용하는 고온 및 고압에서의 열처리에 대해서도 논할 것이다. 더불어, 균질화 과정에서 상 변태가 합금 조직에 미치는 영향과 소성 변형의 영향을 논할 것이다.

8.2 균질화

7장(197~198쪽)에서 미세편석의 발생을 다뤘을 때에 고상 내의 역확산이 미세편석의 발생을 상쇄시키고 낮춘다는 것을 알게 되었다. 응고과정 중, 역확산의 영향은 다음에 의해 변화한다.

- 합금 원소의 확산 계수 값
- 응고 속도
- 고상 내의 수지상정 가지 거리

위의 세 번째 항목으로부터 응고 중이나 후에 냉각 속도가 늦어지면 고상에서 확산의 영향이 강해질 수 있다는 결론을 얻게 된다. 냉각이 중단되고 소재의 온도가 일정하게 유지되면, 즉 소재가 등온으로 처리되면 이 영향이 더욱 강해지게 된다. 더불어 이 처리는 실온까지 냉각이 된 후의 재가열 및 소재의 소성 가공 혹은 이 두 가지 중 하나에 의해 진행이 될 수 있다.

이러한 등온 처리는 합금 원소의 농도를 균질화해 주는 효과를 갖는다. 처음에는 소재가 전체 열처리 중에 단지 하나의 상만을 포함하는, 수학적으로 가장 간단한 경우를 다루며 이런 과정을 **균질화**(homogenization)라고 한다.

전술한 바와 같이, 수지상정 가지의 거리를 λ_{den}로 표기하였다. 이 장에서는 사인함수를 통해 농도 분포를 설명하고 수학적 파장인 λ를 소개할 예정이다. 수지상정 가지의 거리를 λ_{den}로 부르기 때문에, 이 둘을 구분하는 데 어려움이 없을 것이다.

8.2.1 위치와 시간의 함수로서 조직 내 합금 원소 분포의 수학적 모델

미세편석에 대해 다룬 6.3절(143~145쪽) 및 7.3절(185~186쪽 및 197~198쪽)에서 수지상정 조직을 다루었다. 샤일 방정식은 고체 수지상정 가지에서, 상응하는 미세편석을 반영하며, 최종 응고부($f = 1$)에서, 용질 농도가 무한대라고 예측한다.

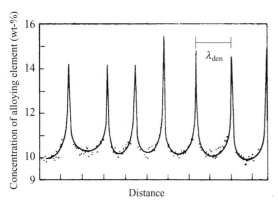

그림 8.1 고망간강의 2차 수지상정 가지 사이의 <u>Mn</u> 농도 분포. M. Hove, McMaster University의 허락을 얻어 인용함.

그림 8.1는 주조된 고망간강의 망간 농도를 보여준다. 2개의 수지상정 가지가 완전하게 응고되어 만나는 최종 응고 부위에서는 용질 값이 측정되지 않는다. 역확산으로 인해 농도 허용치는 유한 최대 값 이내가 된다. 대부분의 주조한 이원 합금에서 그림 8.1과 비슷한 합금 원소의 농도 변화가 관찰된다.

등온 열처리 중에는 수지상정 가지에서 농도가 높은 곳으로부터 낮은 곳으로 용질 원자의 확산이 발생하고 균일하지 않은 용질 농도는 균일하게 된다.

이 과정은 1차 및 2차 수지상정 가지에 동일하게 발생한다. 2차 수지상정 가지에 비해 1차 수지상정 가지의 확산 거리, 즉 수지상정 가지의 거리가 훨씬 길기 때문에 1차 가지의 균질화에 필요한 시간이 2차 가지에 필요한 시간보다 훨씬 길다.

양쪽의 경우에 적용되는 이론은 동일하며 유일한 차이점은 1차 가지의 간격이 2차 가지의 간격에 비해 최대 30배가 크다는 것이다. 이에 관해서는 그림 6.5로부터 알 수 있다. 1차 가지에 대한 균질화 시간이 2차 가지의 균질화 시간보다 1000배만큼 더 소요되는데 균질화 시간이 수지상정 가지의 거리에 대한 포물선 함수이기 때문이다[(8.10) 방정식].

균질화의 수학적 모델

그림 8.1은 균질화가 되기 이전에 2차 수지상정 가지를 가로지르는 합금 원소의 농도 분포가 단순 함수가 아니라는 것을 보여준다. 열처리 중에 시간의 함수로서 농도 분포가 시간에 따라 어떻게 변하는가에 대한 설명을 알아보려면 다음 사항들이 필요하다.

1. $t = 0$일 때 위치 y의 함수로서 조직 내 초기 농도 분포 x를 설명해 주는 간단한 수학적 모델의 파악
2. Fick의 2차 법칙을 사용해서 위치와 시간 함수로서의 합금 원소 농도를 계산함으로써 균질화 과정을 시뮬레이션

$$\frac{\partial c}{\partial t} = D\left(\frac{\partial^2 c}{\partial x^2} + \frac{\partial^2 c}{\partial y^2} + \frac{\partial^2 c}{\partial z^2}\right)$$

[Fick의 2차 법칙]

초기 농도 분포

합금 원소의 농도 분포를 위치의 함수로 표현하기 위해서는 가능한 한 간단한 모델을 찾는 것이 필요하다.

첫 번째 근사법은 농도를 단지 1개 좌표의 함수로서 다루는 것, 즉 문제를 1차원으로 다루는 것이다. 이것은 중대한 제약이 되며 그 결과를 조심스럽게 분석해야 한다. 우리는 앞선 여러 가지 경우, 예를 들면 6장에서 일방향 응고를 논의하였을 때와 7장에서 미세편석을 다루었을 때에 이런 근사법을 사용하였다.

문제를 더 단순화하기 위해서 대부분의 경우에 농도 분포를 사인 함수로 설명한다. 아쉽게도 농도선은 실제로 사인 곡선의 형태인 경우가 거의 없거나 절대로 없으며, 푸리에 분석을 적용하여야 이런 어려움을 해결할 수 있다. 예를 들어, 직사각형의 방형파(그림 8.2)를 포함해서 모든 임의의 선은 다중 주파수의 사인 항과 코사인 항의 함수로 표시할 수 있다. 사인 항과 코사인 항의 계수를 결정해서 논의 대상인 선에 대해 적용이 이루어진다.

균질화 과정 중에 농도선의 진폭은 감소하나 균일하지는 않다. 초기의 선은 기본 톤과 오버 톤으로 구성되며 오버 톤으로 인해 선의 형태가 변한다. 오버 톤은 기본 톤에 비해 아주 급속하게 사라지는데 이에 대해서는 230쪽에 있는 박스에서 설명한다. 일반적으로는 농도선의 초기 형태와 관계없이 짧은 시간 후에 기본 톤만 유지된다.

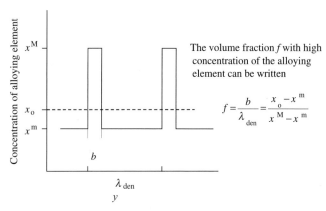

그림 8.2 위치의 함수로서 합금 원소 농도의 방형 분포. 합금 원소의 양은 곡선 아래의 면적에 비례한다. x_0 = 평균 농도.

사실상 초기의 농도선은 균질화 과정 연구에 그리 중요하지 않다. 그러므로 예를 들어 방형파(그림 8.2) 혹은 단순 사인 파(그림 8.3)를 사용해서 농도선의 근사값을 구하는 것이 가능하다. 종종 이 두 가지 대안은 근사값을 구할 때에 유용하며 아래에서 별도로 다룰 예정이다.

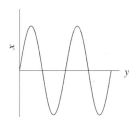

그림 8.3 위치의 함수로서 용질 농도의 단순 사인 분포.

방형 농도선
예를 들어 그림 8.1의 농도 분포처럼 방형파는 많은 경우에 있어서 근사값을 구할 때에 만족할 만한 결과를 만들어낸다. 나중에 이 장에서 다른 사례를 다룰 예정이다.

'오버 톤'은 매우 빠르게 사라지고 기본 톤만 남기 때문에 정사각형파의 현실적인 농도선은 그리 중요하지 않다. 처음부터 사인파를 사용하는 과감한 근사치 작업이 효과를 나타내며 기본 톤의 진폭을 찾는 것이 과제이다.

용질 농도는 시편의 어떤 곳에서도 최솟값 x^m보다 낮을 수 없다. 기본파를 농도 분포로 사용할 때에 평균 농도 분포가 실제의 농도 분포와 동일한 것을 소재의 균형에서 필요로 한다.

이런 이유 때문에, 기본 파는 $x_0 - x^m$의 진폭을 가진 단순한 사인 파이어야 하며 평균 농도는 x^0이다. 이는 현실과 크게

동떨어져 있지만 실험을 통해 근사치가 입증이 되었고 잘 작동하고 있다. 예제 8.2에서 이 모델을 사용하게 된다.

사인 곡선 형태의 농도선
수지상정의 용질 분포 농도가 그림 7.3 (b)에 2차원으로 나와 있으며, 그림 8.4에서는 이 분포를 연속 곡선으로 보여주고 있다. 이 경우에 방형파는 만족스럽지 않은 근사값을 보이는 반면에 단순한 사인 방정식은 기본파로서 적절하다. 푸리에 항이 추가되면 초기의 실제 농도선을 제공하는 데 도움이 된다.

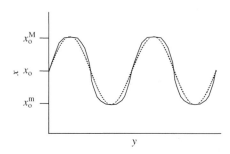

그림 8.4 응고 직후에 수지상정 가지의 용질분포선. 점선은 기본 톤을 나타낸다.

그림 8.4에서 점선으로 표시된 사인파는 초기의 실제 용질 분포선을 대신해서 위치의 함수로서 농도선을 설명할 때에 사용될 수 있다. 그림 8.5는 응고가 완료되기 이전에 인접한 2개의 수지상정 농도를 도식적으로 보여준다. 최솟값은 중앙에서 나타나며 가장 높은 농도는 최종 응고된 수지상정 부위에서 나타난다.

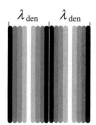

그림 8.5 최종 응고 직전에 2개의 수지상정에서의 도식적인 농도 분포.

2차 수지상정의 중심에서 나타나는 최솟값은 그림 8.4에서 x_0^m으로, 최댓값은 x_0^M으로 표기되어 있다. 균질화가 시작되기 전에 사인 파의 최대 진폭은 다음과 같다.

$$진폭 = \frac{x_0^M - x_0^m}{2} \tag{8.1}$$

그림 8.4에서 좌표계 원점으로부터 임의의 거리 y의 함수로서 용질 농도 x는 아래처럼 표기가 가능하다.

$$x = x_0 + \frac{x_0^M - x_0^m}{2} \sin \frac{2\pi y}{\lambda} \qquad (8.2)$$

여기에서 x_0는 수지상정의 평균 용질 농도이다. 이 경우에 첫 번째의 푸리에 구성요소(기본 톤)에 대한 사인 파의 파장 λ는 λ_{den}과 동일하다. 다음의 방정식을 이용해서 오버 톤의 다중 주파수를 설명할 수 있다.

$$\lambda_n = \frac{\lambda}{n} = \frac{\lambda_{den}}{n} \qquad (8.3)$$

여기에서 n은 정수이다.

시간과 위치의 함수로서 농도 분포
Fick의 제2 법칙은 고체 수지상정에서의 확산, 즉 균질화 과정을 제어한다.

1차원의 경우에 있어서는 다음처럼 Fick의 제2 법칙을 표기할 수 있다.

$$\frac{\partial x}{\partial t} = D \frac{\partial^2 x}{\partial y^2} \qquad (8.4)$$

여기에서

D = 확산 계수

x = 합금 원소의 농도(몰 분율)

y = 위치 좌표

위치 y의 함수로서 용질 분포 x가 식 (8.2)에 주어지며 이 식을 식 (8.4)에 대입한다. (8.4) 편미분 방정식의 해를 구함으로써 열처리 중에 시간과 위치 양쪽의 함수로서 합금 원소의 농도에 대해 필요한 식을 얻게 된다. 기본 파에 대한 Fick의 제2 법칙의 해는 다음과 같다.

$$x = x_0 + \frac{x_0^M - x_0^m}{2} \sin\left(\frac{2\pi y}{\lambda_{den}}\right) \exp\left(-\frac{4\pi^2 D}{\lambda_{den}^2} t\right) \qquad (8.5)$$

(8.5) 방정식을 y에 대해 두 번, t에 대해 한 번 미분하고, 이 도함수들을 식 (8.4)에 대입함으로써 해를 검증할 수 있다. $t = 0$을 대입하면 식 (8.5)가 식 (8.2)와 같아진다는 것이 추가적으로 검증이 된다.

확산 계수 D는 온도에 따라 크게 변화하며 실온보다 열처리 중에 값이 훨씬 커진다는 것을 관찰하는 것이 중요하다.

모든 푸리에 구성 요소에 대한 일반해는 아래의 박스에 나

균질화에 대한 Fick 제2 법칙의 해

각각의 푸리에 구성 요소는 식 (8.4)에 대해 각각의 해를 갖고 있으며 이 해는 (8.2) 방정식 대신에 푸리에 구성 요소에 대한 유효 방정식에 따라 달라진다. 오버 톤 n의 해는 다음처럼 표기할 수 있다.

$$x_n = A + B \sin \frac{2\pi y}{\lambda_n} \exp\left(-\frac{4\pi^2 D}{\lambda_n^2} t\right) = A + B \sin \frac{2\pi n y}{\lambda} \exp\left(-\frac{4\pi^2 n^2 D}{\lambda^2} t\right) \qquad (8.6)$$

여기에서 A와 B는 정수인 상수이다. 이 경우에 있어서 λ는 기본파($n = 1$)에 대한 수지상정 가지의 거리 λ_{den}과 동일하다. 식 (8.6)으로부터 $t = 0$일 때에 지수 인자는 1이라고 결론을 내릴 수 있다.

식 (8.4)의 해 식 (8.6)은 다음의 특성을 갖는다.

1. 해당 해는 다른 요소들과는 관계없이 각각의 구성 요소에 발생하는 것이 무엇인지 설명을 한다(중첩의 원리).
2. 해당 해는 시간이 흐름에 따라 진폭이 감소해도 임의의 사인 곡선 형태의 구성 요소가 그 형태를 지속적으로 유지한다는 것을 보여준다.
3. 구성 요소 n에 대한 진폭의 감소 속도는 지수식의 인수 n^2 때문에 파장에 따라 크게 달라진다.

다중 푸리에 구성 요소 즉 오버 톤의 '파장'은 짧고($\lambda_n = \lambda/n, n \geq 2$) 지수 함수가 0을 향해서 매우 신속하게 감소하기 때문에 빠르게 사라진다. 따라서 대부분의 경우에 λ의 파장을 갖고 있는 기본 톤에 비해 오버 톤을 무시할 수 있으며 이 경우에 λ는 λ_{den}과 동일하다.

와 있다. 박스의 내용 중에 세 번째 항의 내용은 열처리 중의 편석 패턴이 그림 8.4에 나와 있는 초기 형상에서 사인 곡선의 형상으로 붕괴되는 것을 나타낸다. 시간에 따라 진폭은 감소하며 이를 통해 균질화 시간의 계산이 가능해진다.

8.2.2 균질화 시간

$t = 0$일 때에 수지상정의 응고가 끝났으며 균질화는 시작되지 않았다. 이 시간에 y 위치에서 기본 파의 진폭(용질 농도)은 다음처럼 표기할 수 있다 [$t = 0$에서의 식 (8.5)].

$$\text{진폭}(t = 0) = \frac{x_0^M - x_0^m}{2} \sin\left(\frac{2\pi y}{\lambda_{den}}\right) \exp\left(-\frac{4\pi^2 D}{\lambda_{den}^2} \cdot 0\right) \tag{8.7a}$$

t 시간, y 위치에서 파의 진폭은 다음처럼 감소하였다.

$$\text{진폭}(t) = \frac{x_0^M - x_0^m}{2} \sin\left(\frac{2\pi y}{\lambda_{den}}\right) \exp\left(-\frac{4\pi^2 D}{\lambda_{den}^2} t\right) \tag{8.7b}$$

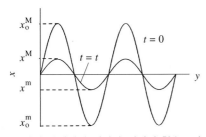

그림 8.6 수지상정 가지에서 시간과 위치의 함수로서 합금 원소의 농도.

그림 8.6에서 정의된 대로 농도 x^M과 x^m을 통해서 감쇠파의 진폭을 표기할 수 있다.

$$\text{진폭}(t) = \frac{x^M - x^m}{2} \sin\left(\frac{2\pi y}{\lambda_{den}}\right) \tag{8.8}$$

(8.7b) 식 및 (8.8) 식으로부터 다음 식을 얻게 된다.

$$\frac{x^M - x^m}{x_0^M - x_0^m} = \exp\left(-\frac{4\pi^2 D}{\lambda_{den}^2} t\right) \tag{8.9}$$

(8.9) 식은 균질화에 무한대의 시간이 필요하기 때문에 균질화가 완료되지 않는다는 것을 보여준다. 초기 진폭 값 대비 10%까지 진폭이 감소되는 데 걸리는 시간을 종종 균질화 시간으로 사용한다.

(8.9) 식으로부터 균질화 시간에 대한 해를 구할 수 있다.

$$t = \frac{\lambda_{den}^2}{4\pi^2 D} \ln\left(\frac{x_0^M - x_0^m}{x^M - x^m}\right) \tag{8.10}$$

처리 시간은 수지상정 가지의 거리의 제곱에 비례하고 확산 계수에 반비례한다는 것을 알 수 있다.

(8.10) 식을 통해 주조재의 열처리 효과에 대한 아이디어를 얻게 되고, 이 방정식을 이용하여 진폭비가 주어질 때의 균질화 시간을 계산할 수 있다. 아래에 있는 예제 8.1에 이 방법이 소개되어 있다.

예제 8.1

주물에서 2차 수지상정 가지(y 방향)에 수직 방향으로 합금 원소의 분포는 사인 파의 형태를 띤다. 주어진 온도에서의 확산 계수를 알고 있으며 D로 표기한다. 수지상정 가지의 간격은 λ_{den}과 동일하다.

열처리를 거치는 주물에서 합금 원소의 최대 농도와 최소 농도의 차이를 초깃값의 1/10로 줄이는 데 시간이 얼마나 걸리는가?

풀이

그림 8.6을 참고하라.

본문으로부터 다음의 사항을 알게 된다.

$$x^M - x^m = (x_0^M - x_0^m)/10$$

이 비율을 알게 되면 (8.10) 방정식으로부터 균질화 시간을 얻게 된다.

$$t = \frac{\lambda_{den}^2}{4\pi^2 D} \ln\frac{x_0^M - x_0^m}{x^M - x^m} = \frac{\lambda_{den}^2}{4\pi^2 D} \ln\frac{1}{0.1}$$

또는

$$t = \frac{\lambda_{den}^2}{4\pi^2 D} \ln\frac{1}{0.1} = \frac{\ln 10}{4\pi^2} \frac{\lambda_{den}^2}{D} = \frac{2.3}{4\pi^2} \frac{\lambda_{den}^2}{D}$$

답

균질화 시간은 $t = 0.058\lambda_{den}^2/D$이다.

예제 8.1로부터 진폭이 1/100로 줄어드는 데 소요되는 열처리 시간은, 진폭이 1/10로 줄어드는 데 필요한 시간의 2배에 불과하다고 결론을 내릴 수 있다.

일반적인 경우, 진폭감소 인자는 열처리 시간에 미미한 영향을 미친다는 것을 (8.10) 식으로부터 알 수 있다. 처리 시간은 수지상정 가지 거리의 값에 더욱더 민감하고 확산 계수 D를 기하급수적으로 변경시키는 절대 온도에 대해서는 특히 민감하다.

예제 8.2

주물에서 수지상정의 가지 사이의 합금 원소 농도는, 그림 8.2에서 언급하였고 다음에서 설명된 값을 갖고 있는 방형파에 의해 대략적으로 설명이 가능한 분포를 보여준다.

$$\frac{b}{\lambda_{\text{den}}} = \frac{x_0 - x^{\text{m}}}{x^{\text{M}} - x^{\text{m}}} = 0.09$$

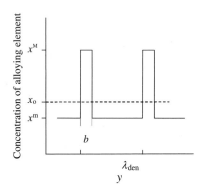

주물은 일정한 온도에서 열처리된다. 논의 대상 온도에서 소재의 수지상정 가지의 거리 λ_{den}과 확산 계수 D는 알고 있다.

합금 원소 농도의 진폭을 초기 농도의 1/10로 줄이는 데 시간은 얼마나 걸릴까?

풀이

방형파는 기본 톤과 기본적인 주파수 v의 다중 주파수를 갖고 있는 다수의 '오버 톤'의 합이라고 설명이 가능하다.

$$v_n = nv \tag{1'}$$

오버 톤의 파장 λ_n은 기본 파 $\lambda = \lambda_{\text{den}}$ 파장의 정수 부위에 해당한다[방정식 (8.3)].

$$\lambda_n = \lambda_{\text{den}}/n \tag{2'}$$

오버 톤은 매우 짧은 시간 안에 붕괴된다고 가정한다. 229쪽에서 논의한 내용에 따라서 현실적인 농도 분포를 무시하고 균질화 과정의 시작 시점에 진폭 $x_0 - x^{\text{m}}$을 갖춘 기본 사인파에 의해 초기 농도의 분포를 설명할 수 있다고 가정한다.

열처리의 마지막 단계에서의 실제 농도 분포는 초깃값에 비해 더 낮은 진폭을 가진 사인파에 해당한다고 가정하는 것

이 현실적이며 초기 사인파의 진폭에 지수 붕괴 인자를 곱한 값과 동일하다.

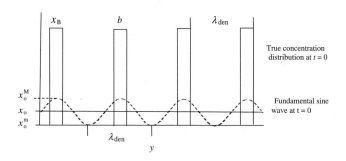

본문에 의하면 농도 분포의 진폭이 열처리 시간 후에 초깃값의 10%까지 감소했다. 이 조건을 통해 t 시간 후에 진폭에 대한 다른 식을 얻게 된다. 사인 파를 기반으로 하는 2개의 식은 동일해야 하며 다음의 식이 주어진다.

$$(x_0 - x^{\text{m}}) \exp\left(-\frac{4\pi^2 D}{\lambda_{\text{den}}^2}t\right) = 0.10(x^{\text{M}} - x_0) \tag{3'}$$

사인 파의 경우에 $x_0^{\text{L}} - x^{\text{m}} = x^{\text{M}} - x_0^{\text{L}}$를 얻게 되며 다음의 식이 주어진다.

$$-\frac{4\pi^2 D}{\lambda_{\text{den}}^2}t = \ln 0.10 \tag{4'}$$

또는

$$t = \frac{\lambda_{\text{den}}^2}{4\pi^2 D}\ln\left(\frac{1}{0.1}\right) = \frac{\ln 10}{4\pi^2}\frac{\lambda_{\text{den}}^2}{D} = \frac{2.3}{4\pi^2}\frac{\lambda_{\text{den}}^2}{D} = 0.058 \times \frac{\lambda_{\text{den}}^2}{D} \tag{5'}$$

답

합금 원소 농도의 진폭은 $t = 0.058\lambda_{\text{den}}^2/D$ 시간 후에 초기 농도의 1/10까지 감소한다.

열처리 시간은 b/λ_{den}의 값과 관계없다는 점에 주목하는 것이 중요하다. 이 비율은 예제 8.1 또는 예제 8.2에 나온 계산과 관련이 없으며 평균 용질 농도에 영향을 미치지만 균질화 시간에는 영향이 없다.

예제 8.3

상기 예제 8.2에 나온 주물을 고려해서 아래의 목적 (a)에 따른 합금 원소의 분포를 계산하라.

(a) 최대 및 최소 농도의 차이가 원래 값의 75%로 감소할 때

까지 시간이 얼마나 걸리는가?

(b) 예제 8.2 및 예제 8.3의 결과를 비교하라.

풀이

(a) 상기 예제 8.2에서 '오버 톤'이 붕괴되었고, 계산을 통해 푸리에 시리즈의 첫째 항으로만 초기 및 최종 상태 모두에 대한 근사값을 구할 수 있다고 가정하였다. 이 경우에는 추가 항을 무시할 수 없고 푸리에 법칙을 사용해서 문제를 푸는 것이 복잡할 것이다. 대신에 더 근사치에 가깝지만 간단하고 신속하면서 완전히 다른 법칙을 통해 문제를 풀 것이다.

합금 원소에서 농도가 높은 곳은 원래 폭이 b인 좁은 범위에 국한된다. 합금 원소의 분포에 있어서 방형은 열처리 중에 유지되지 않으며 초기에는 농도가 높은 영역으로부터의 거리에 따라 농도가 선형으로 붕괴된다고 가정을 한다. 그다음에 분포는 오버 톤이 완전하게 붕괴되었을 때 사인 곡선에 의해 최종적인 근사값이 구해지기 전에 2개의 삼각형에 의해 설명이 될 수 있다. 삼각형 형상은 열처리의 시작 시점에 합금 원소의 확산으로 인해 나타난다.

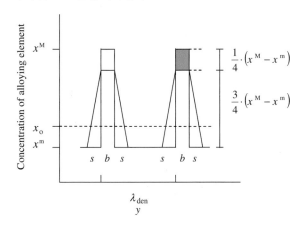

곡선 아래의 면적은 합금 원소의 총량에 비례하므로 일정하고 형상과는 무관하다. 열처리는 b 영역으로부터의 합금 원자가 옆으로 확산된다는 것을 의미한다. 합금 원소의 농도는 열처리의 시작 시점에 선형으로 붕괴된다고 가정한다.

음영 부위 = 2개 삼각형의 면적 합.

소재 균형을 이용해서 각 삼각형의 밑변 s를 다음처럼 계산할 수 있다.

$$Cb\frac{x^{M} - x^{m}}{4} = C \times 2 \times \frac{1}{2} \times s\frac{3(x^{M} - x^{m})}{4} \qquad (1')$$

여기에서 C는 합금 원소의 양과 곡선 아래 면적 간의 비례 상수이다.

$$s = b/3 \qquad (2')$$

t의 시간 동안 원자는 소재 안에서 D의 확산 계수를 갖고 평균 거리 s'에 확산이 된다.

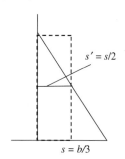

점선 사각형의 면적은 삼각형의 면적과 같다.

Random walk(임의보행) 법칙에 의하면 다음의 관계식이 성립된다.

$$(s')^2 = 2Dt \qquad (3')$$

고농도 영역 외부에서의 평균 확산 거리 s'는 삼각형 밑변 s의 반과 같다.

$$s' = s/2 = b/6 \qquad (4')$$

s'를 (3') 방정식에 대입하면 다음의 식을 얻게 된다.

$$\left(\frac{b}{6}\right)^2 = 2Dt$$

이 방정식으로부터 다음의 간단식을 얻게 된다.

$$t = b^2/72D \qquad (5')$$

(b) 상기의 시간을 예제 8.2의 결과와 비교를 할 수 있으려면 b 대신에 λ_{den}을 상기 (5') 방정식에 대입해야 한다. 예제 8.2의 설명에 따르면 다음의 식을 얻는다.

$$b/\lambda_{den} = 0.09 \qquad (6')$$

(6') 방정식을 (5') 방정식에 대입하면 다음의 식을 얻게 된다.

$$t = \frac{b^2}{72D} = \frac{(0.09\lambda_{den})^2}{72D} = 0.00011 \times \frac{\lambda_{den}^2}{D} \qquad (7')$$

이제 예제 8.2 및 예제 8.3의 결과를 직접적으로 비교할 수가 있다. 예제 8.2가 최대 농도와 평균 농도 간의 차이 또는 최대 농도와 최소 농도 간의 차이를 다루는지 여부는 중요하지 않은데 전자의 차이가 후자의 차이에 비례하기 때문이다. 양쪽의 경우에 시간은 같게 된다.

시간 사이의 비는 0.0058/0.00011 = 527이 된다.

답

(a) 최대 농도 및 평균 농도 간의 차이는 시간 $t = 0.00011$ $\lambda_{\mathrm{den}}^2/D$ 안에 원래 값의 75%로 감소된다.

(b) 최대 농도와 최소 농도의 차이를 원래 값의 3/4이 아닌 1/10로 줄이는 데 500배 이상의 시간이 걸린다.

열처리 시간의 마지막에 '오버 톤'이 완전히 사라진다는 가정은 매우 타당성이 있다.

실험에 따르면 균질화 정도가 증가함에 따라 주조재의 특성, 특히 연성이 지속적으로 향상된다.

위의 예제는 가능한 한 짧은 시간 안에 균질한 소재가 필요하다면, 수지상정 가지의 거리가 짧은 소재로 시작하는 것이 중요하다[식 (8.10)과 비교]는 것을 보여준다. 응고와 냉각 속도가 빠르면 수지상정 가지의 거리가 짧아진다.

후속 압연 공정을 통해 얇게 만들어지는 대형 잉곳을 주조하는 것보다 연속 주조를 이용해서 단면이 얇은 주물을 주조하면 매우 큰 이점이 있다.

8.3   제2상의 용해

석출된 제2상은 종종 복잡한 구조를 갖는다. 석출된 제2상의 용해에 필요한 열처리 시간을 계산하려면 관심 대상 부위의 기하학적 구조를 이해하고 이를 수학적으로 표현하는 것이 필요하다.

조직의 기하학적 구조를 설명함에 있어서 종종 단순화 작업이 파격적으로 이루어져야 한다. 아래에서는 우리의 논의를 1차원의 경우로 국한할 예정인데, 여기에서는 합금 원소 농도가 낮은 기지로 둘러싸인 농도가 높은, 좁은 판으로 영역을 개략화한다.

8.3.1   1차원 제2상의 용해(열처리)를 위한 단순 모델

여기에서는 이원 합금, 예를 들면 Al-Cu 합금을 고려하고자 한다. 그림 8.7는 이 계의 평형상태도를 보여준다.

그림 8.7에 나온 교차점에 해당하는 x_0의 조성을 가진 용융 금속이 응고를 거쳐 냉각이 될 때에, 미세편석으로 인해 합금 원소 B의 농도가 점차 증가함에 따라 고상이 처음에는 α-상

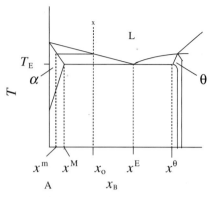

그림 8.7   Al-Cu계 평형상태도의 일부.

으로 구성된다. 응고 과정의 마지막에 온도가 공정 온도로 떨어지면 B 농도가 낮은 α-상과 B 농도가 높은 θ-상으로 이루어진 공정 조직이 석출된다. θ-상은 불필요하게 석출된 제2상이다.

용융 금속의 조성 x_0를 알고 있다면, 샤일의 편석 방정식을 통해서 석출된 공정 조직의 양을 계산할 수 있으며(7장, 186쪽) 따라서 θ-상의 양도 계산이 가능하다(예제 7.1).

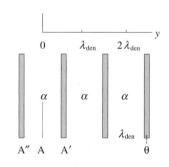

Matrix: α Secondary phase: θ

그림 8.8   주조 조직에 관찰되는 제2상 석출 개략도. McGraw-Hill의 허락을 얻어 인용함.

공정 온도에 가까운 온도에서 전체 θ-상을 용해하기 위해 필요한 열처리 시간을 계산하고자 하며, 1차원 모델로 시작하여 석출된 θ-상 영역을 일정한 간격의 기지로 나누어진 평행한 판으로 설명할 예정이다(그림 8.8). $2y/\lambda_{\mathrm{den}}$ 비율의 함수로서 합금 원소의 농도가 그림 8.9에 나와 있으며 이를 두 가지 경우로 구별하여야 한다.

1.   각 판으로부터의 농도장이 겹친다.

2. 각 판으로부터의 농도장이 겹치지 않는다.

케이스 I : 농도장의 겹침

근접한 판으로부터의 확산장(거리의 함수로서의 농도)이 판 외부에서 겹친다. 각 점에서의 농도는 각 판으로부터의 확산에 의해 발생한 2개 항의 합이다(중첩의 원리).

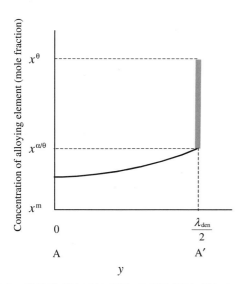

그림 8.9 위치의 함수로서 주물 조직의 합금 원소 농도. Mc-Graw-Hill의 허락을 얻어 인용함.

겹침이 발생하면 석출 시 소위 '충돌', 즉 두 가지의 석출물이 동일한 합금 원소를 두고 서로 다투는 것과 유사한 결과로 이어진다. 이로 인해 농도의 기울기가 감소하기 때문에 열처리 시에 용해 속도가 줄어든다. 판과 주변 간의 합금 원소 농도차가 작을수록 확산 속도가 늘어지게 된다.

판의 폭은 판의 거리에 비해 작다고 가정을 하며 이런 이유로 인해서 기지와 판 간의 접촉면이 거의 고정되었다고 간주할 수 있다. 판이 완전히 용해되기 전까지는 이 접촉면에서의 합금 원소 농도가 평형 조성 $x^{\alpha/\theta}$와 동일하다[그림 8.10 및 (뒤에 나오는) 그림 8.14].

229쪽에서 사용하였던 추론을 이 경우에도 동일하게 사용할 수 있다. Fick의 법칙에 대한 해[230쪽의 박스 안에 있는 (8.6) 방정식]에는 열처리 중에 빠르게 붕괴하는 푸리에 시리

즈의 오버 톤이 포함된다. 결국 기본 톤, 즉 첫 번째 사인 항만 남게 된다.

농도선이 사인 형태가 되었을 때에[(8.7) 방정식과 유사] 다음처럼 표기할 수 있다(그림 8.10 참고).

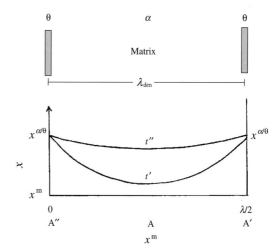

그림 8.10 케이스 I. 근접한 판으로부터의 확산장이 겹칠 때에 위치의 함수로서 합금 원소의 농도. $t'' > t'$. 이 경우에는 사인파의 반만 $\lambda_{den}(\lambda_{den}=\lambda/2)$ 거리 내에 포함된다.

$$x = x^{\alpha/\theta} - B \exp\left(-\frac{4\pi^2 D}{\lambda^2}t\right)\sin\left(\frac{2\pi y}{\lambda}\right) \quad (8.11)$$

여기에서
$x^{\alpha/\theta} = \alpha/\theta$ 접촉면에서의 평형 조성
$B = $ 상수

그림 8.10에서 알 수 있듯이 λ 파장을 가진 사인 파의 반이 λ_{den}의 거리 안에 있고 이로부터 다음의 식을 얻게 된다.

$$\lambda_{den} = \frac{\lambda}{2} \quad (8.12)$$

$\lambda = \lambda_{den}$을 (8.11) 방정식에 대입하고, 시간 t에서 판에서의 확산에 의해 추가된 합금 원소의 양 m을 다음처럼 표기할 수 있다[C는 합금 원소의 양과 적분으로 표시되는 부위 간의 비례 상수이다(233쪽 비교)].

$$m = C\int_0^{\lambda_{den}}(x - x^m)\mathrm{d}y = C\int_0^{\lambda_{den}}\left[x^{\alpha/\theta} - B\exp\left(-\frac{4\pi^2 Dt}{4\lambda_{den}^2}\right)\sin\left(\frac{2\pi y}{2\lambda_{den}}\right) - x^m\right]\mathrm{d}y \quad (8.13)$$

$$m = C(x^{\alpha/\theta} - x^{\mathrm{m}})\lambda_{\mathrm{den}} - BC\exp\left(-\frac{\pi^2 Dt}{\lambda_{\mathrm{den}}^2}\right)\int_0^{\lambda_{\mathrm{den}}}\sin\left(\frac{\pi y}{\lambda_{\mathrm{den}}}\right)dy \tag{8.14}$$

적분을 통해 다음의 식을 얻는다.

$$m = C(x^{\alpha/\theta} - x^{\mathrm{m}})\lambda_{\mathrm{den}} - BC$$
$$\times \exp\left(-\frac{\pi^2 Dt}{\lambda_{\mathrm{den}}^2}\right)\left[-\cos\left(\frac{\pi y}{\lambda_{\mathrm{den}}}\right)\frac{\lambda_{\mathrm{den}}}{\pi}\right]_0^{\lambda_{\mathrm{den}}} \tag{8.15}$$

또는

$$m = C(x^{\alpha/\theta} - x^{\mathrm{m}})\lambda_{\mathrm{den}} - BC\exp\left(-\frac{\pi^2 Dt}{\lambda_{\mathrm{den}}^2}\right)\frac{\lambda_{\mathrm{den}}}{\pi}\times 2 \tag{8.16}$$

상수 B는 $t = 0$에서 $m = 0$의 경계 조건에 의해 결정이 되며 다음의 식이 주어진다.

$$B = (x^{\alpha/\theta} - x^{\mathrm{m}})\frac{\pi}{2} \tag{8.17}$$

B의 값을 (8.16) 방정식에 대입하면 다음의 식이 주어진다.

$$m = C(x^{\alpha/\theta} - x^{\mathrm{m}})\lambda_{\mathrm{den}} - C(x^{\alpha/\theta} - x^{\mathrm{m}})\frac{\pi}{2}\exp\left(-\frac{\pi^2 Dt}{\lambda_{\mathrm{den}}^2}\right)\frac{2\lambda_{\mathrm{den}}}{\pi} \tag{8.18}$$

또는

$$m = C(x^{\alpha/\theta} - x^{\mathrm{m}})\lambda_{\mathrm{den}}\left[1 - \exp\left(-\frac{\pi^2 Dt}{\lambda_{\mathrm{den}}^2}\right)\right] \tag{8.19}$$

판이 완전하게 용해되기 위한 조건은, m이 기지의 용질농도보다 높은 판의 합금 원소 함량과 동일한 것이다.

$$m = C(x^{\theta} - x^{\mathrm{m}})b \tag{8.20}$$

θ−상의 초기 부피 분율 f_0^θ은 아래와 같이 표기할 수 있다 (그림 8.2 비교).

$$f_0^\theta = \frac{b}{\lambda_{\mathrm{den}}} = \frac{x_0 - x^{\mathrm{m}}}{x^\theta - x^{\mathrm{m}}} \tag{8.21}$$

또는

$$b = \lambda_{\mathrm{den}}\frac{x_0 - x^{\mathrm{m}}}{x^\theta - x^{\mathrm{m}}} \tag{8.22}$$

(8.19) 방정식과 (8.20) 방정식에서 m에 대한 2개의 식은 동일하다.

$$m = C(x^\theta - x^{\mathrm{m}})b = C(x^{\alpha/\theta} - x^{\mathrm{m}})\lambda_{\mathrm{den}}\left[1 - \exp\left(-\frac{\pi^2 Dt}{\lambda_{\mathrm{den}}^2}\right)\right] \tag{8.23}$$

$b = f_0^\theta\lambda_{\mathrm{den}}$ 식[(8.21) 방정식]을 (8.23) 방정식에 대입하면 다음의 식이 주어진다.

$$(x^\theta - x^{\mathrm{m}})f_0^\theta\lambda_{\mathrm{den}} = (x^{\alpha/\theta} - x^{\mathrm{m}})\lambda_{\mathrm{den}}\left[1 - \exp\left(-\frac{\pi^2 Dt}{\lambda_{\mathrm{den}}^2}\right)\right] \tag{8.24}$$

위 식은 다음처럼 변형이 가능하다.

$$f_0^\theta = \frac{x^{\alpha/\theta} - x^{\mathrm{m}}}{x^\theta - x^{\mathrm{m}}}\left[1 - \exp\left(-\frac{\pi^2 Dt}{\lambda_{\mathrm{den}}^2}\right)\right] \tag{8.25}$$

여기에서 f_0^θ, $x^{\alpha/\theta}$, x^{m}, x^θ, λ_{den}와 D는 알고 있는 수이다. 그러므로 (8.25) 방정식에서 제2상이 완전히 용해되는 데 걸리는 시간을 계산하는 것은 쉽다.

$$t = -\frac{\lambda_{\mathrm{den}}^2}{\pi^2 D}\ln\left[1 - \frac{f_0^\theta(x^\theta - x^{\mathrm{m}})}{x^{\alpha/\theta} - x^{\mathrm{m}}}\right] \tag{8.26}$$

또한 주어진 시간 t_g 후에 용해되는 고상의 분율 g를 계산할 수도 있다. 부분 용해 조건은 m이 용해된 판의 부위에 있는 합금 원소의 함량과 동일하다는 것이다[상기 (8.20) 방정식과 비교].

$$m = C(x^\theta - x^{\mathrm{m}})gb \tag{8.27}$$

(8.22) 방정식의 b에 대한 식을 (8.27) 방정식에 대입하고, m에 대한 식을 (8.19) 방정식에 대입하면 다음을 얻는다.

$$m = C(x^\theta - x^{\mathrm{m}})g\lambda_{\mathrm{den}}\frac{x_0^{\mathrm{L}} - x^{\mathrm{m}}}{x^\theta - x^{\mathrm{m}}}$$
$$= C(x^{\alpha/\theta} - x^{\mathrm{m}})\lambda_{\mathrm{den}}\left[1 - \exp\left(-\frac{\pi^2 Dt_g}{\lambda_{\mathrm{den}}^2}\right)\right] \tag{8.28}$$

이 식을 다음처럼 정리할 수 있다.

$$g = \frac{x^{\alpha/\theta} - x^{\mathrm{m}}}{x_0^{\mathrm{L}} - x^{\mathrm{m}}}\left[1 - \exp\left(-\frac{\pi^2 Dt_g}{\lambda_{\mathrm{den}}^2}\right)\right] \tag{8.29a}$$

$b = f_0^\theta\lambda_{\mathrm{den}}$ [(8.21) 방정식]을 (8.27) 방정식에 대입하고 여

기에 (8.19) 방정식을 조합하면 다음의 식을 얻는다.

$$m = C(x^\theta - x^m)gf_0^\theta \lambda_{\text{den}}$$
$$= C(x^{\alpha/\theta} - x^m)\lambda_{\text{den}}\left[1 - \exp\left(-\frac{\pi^2 Dt_g}{\lambda_{\text{den}}^2}\right)\right] \quad (8.29b)$$

이 식을 다음처럼 정리할 수 있다.

$$g = \frac{x^{\alpha/\theta} - x^m}{f_0^\theta(x^\theta - x^m)}\left[1 - \exp\left(-\frac{\pi^2 Dt_g}{\lambda_{\text{den}}^2}\right)\right] \quad (8.29c)$$

$g = 1$인 경우에 (8.29c) 방정식은 당연히 (8.25) 방정식과 같게 된다. 다른 수들을 알고 있을 때에 방정식으로부터 원래의 부피 분율 f_0^θ로부터 주어진 분율 g를 용해하는 데 걸리는 시간 t_g를(8.29c) 계산할 수 있다.

$$t_g = -\frac{\lambda_{\text{den}}^2}{\pi^2 D}\ln\left[1 - \frac{gf_0^\theta(x^\theta - x^m)}{x^{\alpha/\theta} - x^m}\right] \quad (8.30)$$

그림 8.11은 분율 g를 판 간의 거리 λ_{den}의 제곱으로 시간 t_g를 나눈 함수로 표시한 그래프이다.

그림 8.11은 온도가 낮을수록 용해에 시간이 더 오래 걸린다는 것을 보여준다. 그림 8.12에는 이에 대한 명백한 설명이

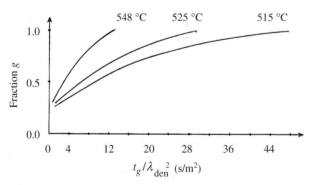

그림 8.11 판 간의 거리 λ_{den}의 제곱으로 시간 t_g를 나눈 함수로서 제2상의 분율 g. McGraw-Hill의 허락을 얻어 인용함.

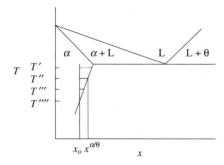

그림 8.12 Al-Cu계 평형상태도의 일부.

나와 있다.

평균 농도 x^0와 평형 농도 $x^{\alpha/\theta}$ 간의 농도 차이가 클수록 확산과 용해 속도는 빨라진다. 온도가 낮을수록 농도 차이는 작아지고 용해 과정은 늦어진다. 온도가 평형 한계($T^{한계}$)와 같으면 제2상이 완전히 용해될 때까지 무한대의 시간이 필요하다.

예제 8.4

Al-Cu 용탕이 2.5 at-% Cu를 함유하고 있다. 이 용탕이 응고할 때에 온도가 공정 온도로 감소할 때까지 조성이 점차 변화(미세편석)하여, θ-상과 고상으로 이루어진, 2상이 석출된다. 이후, 남은 용탕은 공정 조성으로 응고한다.

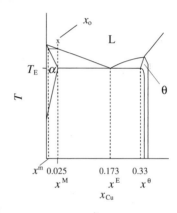

공정 온도 부근의 온도에서 알루미늄 내에서 구리 원자의 확산 계수는 1.0×10^{-13} m^2/s라고 가정한다. 용탕의 냉각 속도는 5 K/분이다. 수지상정 가지의 거리는 7장 199쪽의 그림에서 파악할 수 있다.

(a) 고체 금속에는 얼마나 많은 공정 상(%)이 포함되는가?
(b) 고체 금속에는 얼마나 많은 θ-상(%)이 포함되는가?
(c) 공정 온도보다 약간 높은 온도에서 열처리를 통해 θ-상을 용해하는 것이 바람직하다. 모든 θ-상을 용해하려면 최소 몇 시간 동안 열처리가 지속돼야 하는가?
(d) 1시간 동안 열처리한 후에 θ-상의 몇 %가 용해되었는가?

풀이

(a) 예제 7.1과 마찬가지로 샤일 방정식을 통해서 공정 상의 분율을 계산할 수 있다.

온도가 공정 온도로 떨어졌을 때 남아 있는 나머지 용융 금속은 공정 조성으로 응고가 된다. 그러므로 용융 금속이 공정 조성에 도달했을 때에 샤일 방정식으로부터 분율 f_E를 계산할

수 있다. 분배 계수 k_{part}는 평형상태도에서 유도할 수 있다.

$$k_{part} = \frac{x^s}{x^L} = \frac{2.50}{17.3} = 0.1445 \quad (1')$$

샤일 방정식, $x^L = x_0^L(1 - f_E)^{-(1-k_{part})}$에서 다음의 식을 얻게 된다.

$$0.173 = 0.025(1 - f_E)^{-(1-0.1445)}$$

또는

$$1 - f_E = 0.1445^{1/0.855} = 0.1023$$

이 방정식에서 $f_E = 0.90$을 얻게 된다.

온도가 공정 온도로 떨어졌을 때 용융 금속의 약 90%가 응고되었다. 나머지 10%는 공정 조성으로 응고된다.

(b) 고체 금속의 약 10%는 공정 조직, 즉 α-상과 θ-상의 혼합물로 구성된다. 얼마나 많은 θ-상(%)이 고체 금속에 포함되어 있는지 알고자 한다. 본문의 평형상태도와 지렛대 원리를 통해서 다음의 식을 얻게 된다.

$$f_0^\theta = (1 - f_E)\frac{x^E - x^M}{x^\theta - x^M} \quad (2')$$

합금 원소의 농도 x^M은 본문의 평형상태도에서 $x^M = 0.025$로 주어지며 열처리 전에 θ-상의 분율을 얻는다.

$$f^\theta = f_0^\theta = (1 - f_E)\frac{x^E - x^M}{x^\theta - x^M} = 0.10 \times \frac{0.173 - 0.025}{0.33 - 0.025} = 0.049$$

(c) 용해 시간을 계산하기 위해서는 농도 x^m과 수지상정 가

그림과 분배 계수[방정식 (1′)]를 통해서 다음의 방정식을 얻는다.

$$x^m = x_0^L k_{part} = 0.025 \times 0.1445 = 0.0036 \quad \text{mole fraction}$$

λ_{den}의 계산 :

예제 7.4에 있는 그림에서 5 K/분의 냉각 속도에 대한 보간 곡선을 그래프화하고 2.5 at-% Cu에 대한 λ_{den} 값이 90×10^{-6} m라는 것을 알게 된다.

총 용해 시간:

(8.26) 방정식으로부터 공정 온도에서 제2상의 총 용해($g = 1$) 시간을 계산할 수 있다.

$$t = -\frac{\lambda_{den}^2}{\pi^2 D}\ln\left[1 - \frac{f_0^\theta(x^\theta - x^m)}{x^{\alpha/\theta} - x^m}\right] \quad (3')$$

공정 온도에서 $x^{\alpha/\theta} = x^M = 0.025$이고 이 값을 (3′) 방정식에 대입하면 다음의 식을 얻는다.

$$t = -\frac{(90 \times 10^{-6})^2}{\pi^2 \times 1.0 \times 10^{-13}}\ln\left[1 - \frac{0.049(0.33 - 0.004)}{0.025 - 0.004}\right]$$
$$= 12 \times 10^3 \text{ s} = 200 \text{ min}$$

(d) $t = 3600$ s을 (8.29c) 방정식에 대입을 한다.

$$g = \frac{x^{\alpha/\theta} - x^m}{f_0^\theta(x^\theta - x^m)}\left[1 - \exp\left(-\frac{\pi^2 D t}{\lambda_{den}^2}\right)\right]$$

그리고 g를 계산한다.

$$g = \frac{0.025 - 0.004}{0.049(0.33 - 0.004)}\left\{1 - \exp\left[-\frac{\pi^2 \times 1.0 \times 10^{-13} \times 3600}{(90 \times 10^{-6})^2}\right]\right\} = 0.47$$

지의 거리를 알아야 한다.

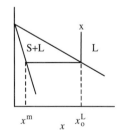

x^m의 계산 :

고상은 합금 원소의 농도가 가장 낮다. 이 상은 용융 금속이 합금 원소의 농도 x_0^L로 응고되기 시작할 때 석출이 된다. 상기

답

(a) 고체 금속은 10%의 공정 상을 함유한다.

(b) 고체 금속은 약 5%의 θ-상을 함유한다.

(c) 최대 3.5시간 후에 전체 θ-상이 용해된다.

(d) 1시간 후에 약 50%의 θ-상이 용해된다.

케이스 II: 농도장이 겹치지 않음

제2상에서 근접 판의 확산장(거리의 함수로서 농도선)은 겹치지 않으며(그림 8.13), 이는 기지에 있는 합금 원소의 농도가 포화 상태와는 차이가 커서 용해의 종료 시까지 확산장이 겹치지 않을 때 발생하는 극단적인 경우이다.

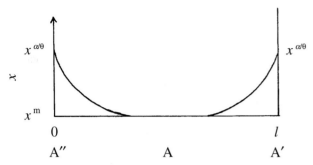

그림 8.13 케이스 II. 위치의 함수로서 합금 원소의 농도이며 근접 띠의 확산 장 간에 겹침이 없다.

이 경우에 합금 조성이 x^θ인 판의 용해 속도는 석출 시에 이 입자의 성장에 유효한 같은 법칙을 이용해서 계산이 가능하다. 기지에서 합금 원소의 초기 농도는 x^m이다. 판과 기지 간의 접촉면에서 θ–상이 완전히 용해되기 전까지의 합금 조성은 $x^{\alpha/\theta}$이다(그림 8.14 참고). Fick의 제1 법칙을 통해(단위 때문에 C는 일정) 다음의 식을 얻는다.

$$\frac{\mathrm{d}m}{\mathrm{d}t} = -D\frac{\mathrm{d}x}{\mathrm{d}y}C \qquad (8.31)$$

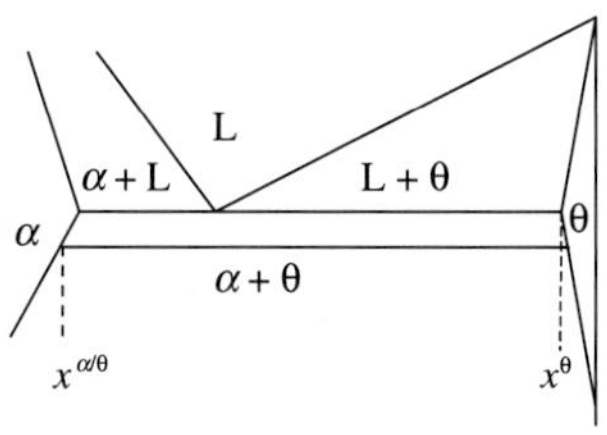

그림 8.14 α–θ계의 평형상태도.

그리고 고상으로 확산된 합금 원소의 농도는 거리 y에 따라 선형으로 감소하며 그림 8.15를 통해서 다음의 식을 얻는다.

$$\frac{\mathrm{d}x}{\mathrm{d}y} = \frac{-\left(x^{\alpha/\theta} - x^m\right)}{s} \qquad (8.32)$$

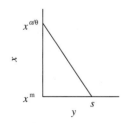

그림 8.15 합금 조성이 x^θ인 판으로부터 거리 y의 함수로서 기지의 합금 조성.

소재 균형을 통해서 거리 s를 결정할 수 있다. 주변에 확산되었던 합금 원소의 양은 두 가지 방법으로 표기할 수 있다(그림 8.16 참고).

$$m = \underbrace{C(x^\theta - x^m)gb}_{\substack{\text{주변에 확산된 합금 원소의 양으로서}\\\text{분율 } g\text{가 용해되었을 때 } x^m\text{의 합금}\\\text{조성을 갖는다.}}} = C\int_0^s x\,\mathrm{d}y = \underbrace{C\frac{2(x^{\alpha/\theta} - x^m)s}{2}}_{\substack{\text{기지 안으로 확산된 합금}\\\text{원소의 양=그림 8.15에서}\\\text{곡선 아래의 면적=2개}\\\text{삼각형 부위의 합}}} \qquad (8.33)$$

합금 원소가 두 방향으로 확산된다는 것을 고려하는 것이 필요하다. (8.33) 방정식의 우변에 있는 정수 2는 입자 양편에 하나씩 있는 2개의 삼각형 때문이다.

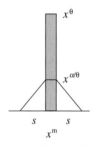

그림 8.16 열처리 전후의 판의 농도선. 음영 처리된 부위는 열처리 전의 θ 분포를 보여주며 아랫부분의 삼각형은 열처리 후의 θ 분포를 나타낸다.

식 (8.27)를 시간에 대해 미분을 하면 다음의 식을 얻는다.

$$\frac{\mathrm{d}m}{\mathrm{d}t} = C(x^\theta - x^m)b\frac{\mathrm{d}g}{\mathrm{d}t} \qquad (8.34)$$

(8.33) 방정식에서 s의 해를 구한다.

$$s = \frac{(x^\theta - x^m)gb}{x^{\alpha/\theta} - x^m} \qquad (8.35)$$

그리고 (8.32) 방정식에 대입한다.

$$\frac{\mathrm{d}x}{\mathrm{d}y} = \frac{-(x^{\alpha/\theta} - x^m)}{s} = \frac{-(x^{\alpha/\theta} - x^m)^2}{(x^\theta - x^m)gb} \qquad (8.36)$$

$\mathrm{d}x/\mathrm{d}y$의 값과 $\mathrm{d}m/\mathrm{d}t$[식 (8.34)]를 (8.31) 방정식에 대입하면 다음의 식이 주어진다.

$$\frac{\mathrm{d}m}{\mathrm{d}t} = C(x^\theta - x^m)b\frac{\mathrm{d}g}{\mathrm{d}t} = -DC\frac{-(x^{\alpha/\theta} - x^m)^2}{(x^\theta - x^m)gb} \qquad (8.37)$$

이 방정식은 다음처럼 변형될 수 있다.

$$b^2 \int_0^1 g \, dg = \int_0^t D \frac{(x^{\alpha/\theta} - x^m)^2}{(x^\theta - x^m)^2} \, dt \qquad (8.38)$$

적분을 하고 나서 다음의 식을 얻는다.

$$\frac{b^2}{2} = D \, t \frac{(x^{\alpha/\theta} - x^m)^2}{(x^\theta - x^m)^2} \qquad (8.39)$$

또는

$$t = \frac{b^2}{2D} \frac{(x^\theta - x^m)^2}{(x^{\alpha/\theta} - x^m)^2} \qquad (8.40)$$

용해가 끝나는 시간은 (8.40) 방정식에서 계산할 수 있다. (8.38) 방정식에서 좌변의 적분 상한을 g로, 우변의 적분 상한을 t_g로 바꾸면 용해 분율과 부분 용해 시간 간의 관계식을 다음과 같이 얻는다.

$$\frac{b^2}{2} = \frac{D \, t_g}{g^2} \frac{(x^{\alpha/\theta} - x^m)^2}{(x^\theta - x^m)^2} \qquad (8.41)$$

(8.21) 방정식 ($b = f_0^\theta \lambda_{den}$)을 통해서 b 대신에 λ_{den}을 대입하면 다음의 2개 식을 얻는다.

$$g = \frac{\sqrt{2D t_g}}{f_0^\theta \lambda_{den}} \frac{(x^{\alpha/\theta} - x^m)}{(x^\theta - x^m)} \qquad (8.42)$$

및

$$t_g = \frac{(g f_0^\theta \lambda_{den})^2}{2D} \frac{(x^\theta - x^m)^2}{(x^{\alpha/\theta} - x^m)^2} \qquad (8.43)$$

$g = 1$을 (8.43) 방정식에 대입하면 총 용해 시간을 얻는다.

8.4 냉각과 소성 변형 중 주조조직의 변화

합금강은 냉각 과정에서 여러 가지의 상변태를 거친다는 사실을 Fe–C계의 평형상태도를 포함한 7장의 평형상태도로부터 알 수 있다. 많은 스테인리스강 및 저탄소 합금강도 1차적으로 페라이트(δ–철)로 응고되고 이후에 오스테나이트(7.6절 및 7.7절)로 변태가 이루어진다. 그다음에 저탄소 합금강은 다시 페라이트와 펄라이트로 변태가 된다(그림 8.17). 냉각 조건은 물론 미세편석의 패턴 및 조직의 조대화가 상변태에 영향을 미친다.

잉곳 또는 연속 주조 합금은 일반적으로 소성 변형 과정을 거치며 이는 균질화 과정 및 조직이나 이 중 하나에 영향을 미친다. 소재는 미세화되고 수지상정 간 공극이 닫힌다. 소성 변형의 이런 영향에 대해서는 이 장의 후반에서 간략하게 다루고자 한다.

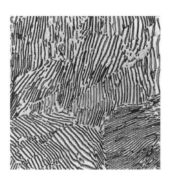

그림 8.17 펄라이트는 저탄소강(~0.8 wt-% C)이며 박편 조직을 갖고 있다. 층들은 페라이트와 탄화철로 구성된다. American Society of Metals(ASM)의 허락을 얻어 인용함.

소성 변형

모든 소재는 다소간의 탄성을 보이며 인장력과 압축력 각각으로 인해 팽창과 수축 과정을 거친다. 이 힘들이 없어지면 소재는 원래의 형상으로 돌아온다. 반면에 **소성 변형**(plastic deformation)은 **영구적인 변형**(permanent deformation)이며 하중이 없어져도 원래의 형태로 돌아가지 않는다.

낮은 온도 (냉간 가공)에서나 고온(열간 가공)에서 소성 변형이 가능하다. 처리된 소재는 소성 가공을 통해 미세화가 이루어지고 기계적 특성이 개선된다. 소성 가공에는 압연, 단조, 압출가공, 스탬핑, 인발 및 프레스와 같은 다양한 공정이 포함된다.

금속에 소성 변형이 일어나면, 편석의 패턴도 변하게 된다. 소성 변형에서, 다른 농도의 합금 원소를 갖는 부위는 변형 방향으로 bands 형태로 늘어난다. 조직은 띠 형태, 즉 기술적인 표현으로는 층상 형상이 된다.

저합금강에서 이 층상 조는 페라이트 또는 펄라이트의 띠로 나타나며 그림 8.18 및 8.19는 각각 가공된 저탄소강의 미세조직 및 육안조직의 예를 보여준다.

소성 변형이 일어난 소재의 기계적 특성은 변형 방향에 따라 각 방향별로 다르게 된다. 일반적으로 층상 조직에 의거하여 연신, 항복점 한계 및 노치 값이 변형 방향보다는 수직 방향으로 더 낮아지는 것이 사실이다.

그림 8.18 가공된 저탄소강의 미세조직. John Wiley & Sons, Inc. 의 허락을 얻어 인용함.

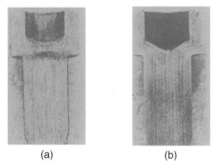

(a)   (b)

그림 8.19 저탄소강 가공 전후의 육안조직.

8.4.1 변형에 의한 잉곳 및 연속 주조재의 균질화

잉곳의 강한 변형에도 불구하고 완전히 균일한 소재를 얻는 것이 항상 가능한 것은 아니며 이에 대한 내용을 간단한 사례 분석을 통해서 아래에서 설명한다.

가공 작업, 예를 들면 압연 압출을 통해서 잉곳을 늘리는 것이 가능하다. 수지상정의 기하학적 구조가 복잡하기 때문에 이런 가공 작업의 결과를 자세히 설명하는 것은 어렵지만, 소재의 입방체 원소를 고려하면 보다 잘 이해할 수 있다. 그림 8.20에서는 다이에서의 소성 변형을 2차원으로 표시하였다.

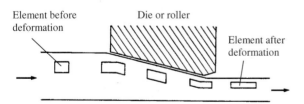

Element before deformation

Die or roller

Element after deformation

그림 8.20 압축력이 주로 가해지고 인장력도 가해지는 금속 원소의 소성 변형. The Institute of Materials의 허락을 얻어 인용함.

그림 8.20에서 설명이 된 것처럼 소성 가공은 소재를 변형시키고 늘린다. 소성 변형은 형상의 기하학적 변화 이외에 합금 원소의 분포도 변하게 한다.

간단한 입방 결정상 구조와 비균질 합금 원소 분포를 갖는 합금으로 만들어진 입방체를 고려하라. 여러 영역에서 용질 농도와 평균 값의 편차를 + 및 − 기호로 표시한다. 변형 과정 중에 최대 농도 및 최소 농도의 위치에 따라서 두 가지 경우가 존재하며 다음 쪽에서 이들을 다룬다.

주조 소재 및 제품의 소성 변형

소성 변형의 목적은 다음과 같은 두 가지이다.

- 일련의 완제품 가공에 있어서 하나의 단계로서 소재의 형상 및 두께의 변경
- 균열 및 기공의 폐쇄, 즉 소재의 특성 및 품질 개선

압연 및 단조를 통해 주조 소재의 변형이 일어난다. 소성 변형의 효과는 압연의 방향에 따라 달라지는데 이를 설명하기 위해서 수지상정 합금으로 만들어진 입방체를 2개의 수직 방향으로 압연할 때의 효과를 고려하려고 한다.

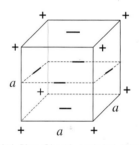

그림 8.21 일반적인 합금 원소의 수지상정 분포를 가진 합금 입방체. 분포는 3개의 수직 방향으로 대칭. The American Society for Metals의 허락을 얻어 인용함.

그림 7.3 (a)는 수지상정 소재에서 합금 원소의 비균질 분포를 보여준다. 등농도 곡선은 최대 농도 영역을 나타내며 곡선 사이에는 최소 농도 영역이 존재한다.

그림 8.21의 입방체에서 합금 원소의 비균질 분포는 + 및 − 기호로 표시되며 이 기호들은 전하와는 관계가 없다. 모서리의 농도가 가장 크며 측면의 농도가 가장 낮다. 연속적인 + 기호 간의 거리는 수지상정 가지의 거리를 나타낸다.

소재가 압연이 될 때 거리가 어떻게 변하는지 고려하고자 하며 변형 시에 입방체의 체적은 일정하게 유지된다.

그림 8.22 (a)에서 설명된 방향으로 압연이 되기 전인 그림 8.21의 입방체를 고려하라. 여러 가지 방법으로 이를 할 수가 있는데 그중 두 가지 방법을 논하고자 한다[그림 8.22 (b)].

첫 번째 경우에서는 입방체의 단면이 방형이 되고 높이는 $1/n$만큼 줄며, 반면에 반대쪽은 일정하게 유지되는 방향으로

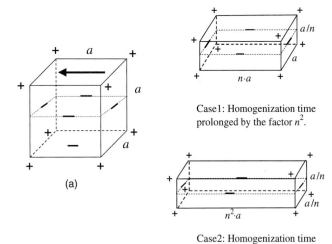

Case1: Homogenization time prolonged by the factor n^2.

Case2: Homogenization time prolonged by the factor n^4.

(b)

그림 8.22　(a) 지정된 방향으로 압연이 진행되기 전 그림 8.21의 입방체. (b) 두 가지의 극단적인 경우에서 압연을 한 후 변형된 입방체. 그림을 깨끗하게 보여주기 위해 상단과 하단의 − 기호는 생략. The American Society for Metals의 허락을 얻어 인용함.

변형이 진행된다. 체적이 일정하기 때문에 변형 방향으로 측면의 새로운 길이는 na가 된다.

　두 *번째* 경우에서는 단면이 정사각형을 유지하고 양쪽 측면은 $1/n$만큼 준다. 변형 방향으로 측면의 새로운 길이는 a에서 n^2a로 늘어나게 된다.

　측면이 압연 방향으로 길어질 때에 다른 모든 길이, 심지어는 수지상정 가지의 거리조차 이 방향으로 같은 양만큼 길어지게 된다.

　열간 프레스 후에, 균질화를 얻기 위해서 소재를 열처리한다. 식 (8.10)은 균질화에 소요되는 *시간이 수지상정 가지 거리의 제곱에 비례한다*는 것을 보여준다. 이런 이유 때문에 위에 나온 두 가지 극단적인 경우에서의 체적불변 입방체와 비교를 해보면 균질화 시간이 n^2 및 n^4만큼 커지게 된다. 정상적인 절차에서는 이들이 혼합되어 발생한다.

　소재는 두 가지 극단적인 경우의 중간 상태로 변형이 된다. 변형이 강하면 초기에 균질화가 일어나나 불가피하게 최종 상태에 도달할 때까지 상당히 지연되거나 균질화 시간 내에 일어나지 않을 수도 있다.

8.4.2　잉곳의 제2상 조직

용융 금속에서의 직접적인 1차 수지상정 성장에 의해 잉곳의 주상정 결정이 항상 형성되는 것은 아니며 이 점은 그림 8.23 (a)

및 그림 8.23 (b)에 나와 있다. 이 그림들은 일반적인 18/8 스테인리스강의 조직을 보여준다.

　그림 8.23 (a)는 용융 금속으로부터 직접적으로 성장한 결정에 의해 형성된 1차 조직을 보여준다. a, b 및 c의 글자는 그림 6.47에서 정의된 다른 구역들을 나타낸다.

　그림 8.23 (b)는 매우 커다랗고 굽은 주상정 결정을 보여준다. 이 결정은 고체 상태에서 페라이트가 오스테나이트(150쪽의 평형상태도 참고)로 변태될 때에 형성이 되며 이 과정은 그림 8.24 (b)에 도식화되어 있다.

　그림 8.24 (a) 및 8.24 (b)는 잉곳의 모서리이다. 언급된 형상을 얻도록 액상선 등온(점선) 및 '등거리' 전이 등온을 가정한다.

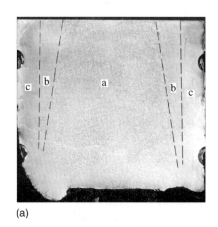

(a)

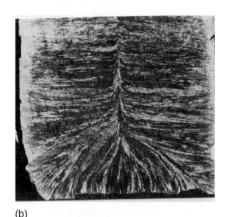

(b)

그림 8.23　(a) 18/8 스테인리스강의 용융 금속으로부터 직접적으로 성장한 결정의 1차 조직. 조직의 다른 구역: (a) 구상 수지상정 결정; (b) 분기 주상정 결정; (c) 주상정 결정.

　(b) 고체 상태에서의 재결정화 또는 2차 결정화($\delta \rightarrow \gamma$)에 의해 페라이트가 오스테나이트로 변태가 되어 형성된 커다란 주상정 오스테나이트 결정립. 이 과정은 그림 8.24 (b)에 도식화되어 있음. Merton C. Flemings의 허락을 얻어 인용함.

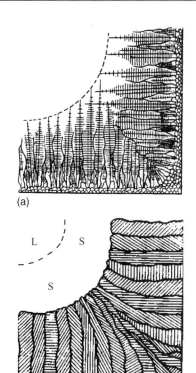

(a)

(b)

그림 8.24 (a) 스틸(강) 잉곳에서 모서리의 1차 결정화. 수지상정 선단의 점선은 등온 $T = T_L$을 나타낸다. (b) (a) 코너의 2차 결정화 (고체 상태에서의 재결정화). 점선은 등온 $T = T_L$을 나타내며 나중의 선은 온도가 낮은 2차 등온선이며 여기에서 $\delta \rightarrow \gamma$의 변태가 발생한다. Jernkontorets Annaler의 허락을 얻어 인용함.

그림 8.24 (b)는 δ-Fe로부터 γ-Fe의 형성을 보여주며 이 그림은 길쭉한 γ-결정의 성장도 보여준다. 이 결정들의 성장은 어떤 특정한 결정학적 방향에 국한되지도 않는다.

하지만 응고 중에 수지상정 결정의 1차 성장은 특정한 결정학적 방향에 국한된다. 이 경우에 수지상정 선단을 등온선 방향으로 조정하는 데 소요되는 시간이 너무 길어지고 결정들은 자체적인 방향을 유지하게 된다.

페라이트에서 오스테나이트로의 형성($\theta \rightarrow \gamma$)은 주상정으로부터 등축정으로 전이에는 영향을 주지 않는다. 잉곳 중심부에서 오스테나이트 결정은 등축정보다 우선 성장하는데, 이는 오스테나이트 결정이 결정 구역 사이에서 경계선의 영향을 받지 않고 성장한다는 것을 의미한다. 미세편석 패턴은 ($\theta \rightarrow \gamma$) 변태의 영향을 받지 않는다.

8.4.3 소성 변형에 의한 제2상의 조직 변화

석출된 제2상의 외형과 분포는 소성 변형에 의해서도 영향을 받는다. 이 경우의 최종 상태는 기지에 따른 제2상 입자의 소

성 특성에 의해 영향을 받는다.

세 가지 상이한 경우가 존재한다.

1. 입자가 기지에 비해 더 단단하고 강함. 소성 변형 효과 없음.
2. 입자가 기지에 비해 더 부드러움. 입자들이 변형의 방향으로 길어짐.
3. 입자가 취성을 가짐. 변형 과정에서 부서지고 입자가 변형 방향과 평행한 선을 따라 분포.

이 세 가지 경우는 그림 8.25에 나와 있으며 입자가 취성을 갖고 있고 부드러우면 변형에 따라 입자 간 거리가 줄어든다는 것을 알 수 있다. 이는 사전 변형이 없이 열처리를 할 때보다 위 유형의 혼입물이 있는 소재가 변형된 후에 용해를 위한 열처리를 하면 해당 시간이 짧아진다는 것을 의미한다.

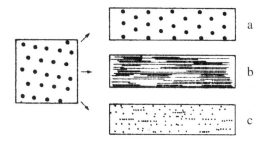

그림 8.25 제2상 입자에서 변형의 효과. (a) 단단한 입자, 무변화; (b) 부드러운 입자, 소성 변형; (c) 취성 입자, 입자가 부서짐. McGraw-Hill의 허락을 얻어 인용함.

8.5 냉각 수축 및 응력 제거 열처리

8.5.1 주물 수축의 발생

잉곳이나 주물이 응고되었을 때 응고 온도에서 실온으로의 냉각 수축이 즉시 시작된다. 주물의 수축으로 인해 여러 가지 문제가 발생한다. 냉간 주형의 어디서라도 응고 과정과 냉각 과정 중에 수축의 **방해**(obstruction)가 일어나면 기계적 응력이 생기게 된다.

하지만 주조에서 기계적 응력의 주된 이유는 **불균일한 온도 분포**(non-uniform temperature distribution)이고 이는 고르지 않은 수축으로 이어지며 다음의 현상을 야기한다.

- 고온에서의 소성 변형
- 주조 소재의 기계적 응력

소성 변형은 주조 부품의 변형을 야기하며 잔여 기계적 응력은 지나치게 낮은 주물의 기계적 강도로 이어지고 냉간 균열의 위험성을 발생시킨다. 주조 소재의 응력은 냉각 전에조차 또는 직후에 소재의 자생적인 균열로 이어질 수 있다. 가벼운 망치질로 부품이 부서지거나 부품을 떨어뜨리는 경우에 무용지물이 된다.

냉각 수축으로 인한 다른 부정적인 결과는 극도의 정확성이 요구되는 경우에 최종 주조품의 제원을 예상하기 어렵다는 것이다.

8.5.2   탄성 형상과 소성 변형

응력의 유발은 냉각 중의 초기변형이 소성이라는 사실에 달려 있다. 예를 들어, 연신에 의해 야기된 형상 변화는 소재에 어떠한 응력도 야기하지 않고 유지된다. 온도가 각 합금의 특성인 특정한 값 아래로 떨어졌을 때에, 변형은 탄성이 되고 소재의 기계적 응력을 일으킨다. 예를 들면 주철의 경우에, 소성 변형과 탄성 변형 간의 경계 온도는 거의 650°C이다.

소위 '수축 하프(Shrikage harp)'를 통해, 변형을 측정하고 상이한 소재에서 발생하는 응력을 계산하는 것이 가능하다.

그림 8.26 (a)에 나와 있는 윤곽 형상은 주조물이다. 2개의 얇은 바깥쪽 봉은 가장 급속하게 냉각이 된다. 봉의 탄성 한계가 초과되면, 더 두꺼운 중간 봉의 수축은 아직 소성을 띠며 온도가 소성 한계 아래로 떨어질 때까지 어떠한 기계적 응력도 야기하지 않는다. 그러므로, 이는 얇은 봉보다 짧아지며 이런 현상이 발생할 때에 두꺼운 중간 봉과 얇은 바깥쪽 봉 간의 온도 차이는 최대 200°C가 될 수 있다.

냉각이 진행된 후에 그림 8.26 (b)에 나타난 외형이 된다. 중간 봉이 축을 가로지르는 방향으로 잘리면 틈이 만들어진다. 이 틈새의 크기로부터 앞 부분의 소재 내 기계적 변형을 계산할 수 있다.

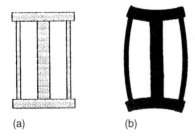

그림 8.26   수축 하프: (a) 탄성 한계 이상의 온도에서 (b) 실온에서. Karlebo의 허락을 얻어 인용함.

8.5.3   소재의 응력 회피법

주조 소재의 응력 문제를 피하거나 줄이려면 온도가 주물의 여러 부위에서 균일하게 감소하도록 노력을 기울여야 한다.

제품의 형상과 두께는 이 조건이 가능한 한 충족되도록 설계되어야 한다. 얇은 부품은 더 작은 부품보다 훨씬 더 빨리 냉각되기 때문에 얇은 부품이 돌출되지 않도록 해야 한다. 다른 간단한 정리 작업도 가능하다.

예를 들어 원형판을 주조하는 경우에, 두께가 고르면 주변부가 우선적으로 냉각이 되고 중심부는 마지막에 냉각되며(그림 8.27과 그림 8.28) 이로 인해 소재에 잔여 응력이 발생한다. 앞으로 원형판을 사용할 때 잔여응력이 있으면 안 되는 경우에 가운데 부위를 제거해서 링 형태를 주조할 수 있고, 링의 바깥쪽 부위를 더 두껍게 만들 수 있다. 이 두 가지 방안은 판이 작고 두께가 균일할 때보다 소재의 온도 분포가 더 균일해지고 응력이 작아진다.

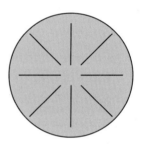

그림 8.27   두께가 균일한 원형판 주물.

다른 경우에는, 고르지 않은 냉각을 통해 소재 두께의 차이를 보완할 수 있고 주물에서 더 균일한 온도 분포를 유지할 수 있다.

관, 즉 원통형 셸을 주조할 때에, 특별한 예방 조치를 취해야 한다. 중앙에 있는 커다란 모래 코어는 차가우며 뜨거운 용융 금속에 의해 가열된다. 모래 원통은 확대되는 경향이 있다. 동시에, 주형 내 용융 금속은 응고되고 냉각이 되며 이는 관 내부 공간의 수축으로 이어진다. 이렇게 서로 충돌하는 영향은 관의 강력한 기계적 응력으로 이어지며 결과적으로 관에 균열이 생길 수 있고 관을 버려야 할 수도 있다.

사형의 안쪽 부위에 내구성이 떨어지는 점결제를 쓰면 관에 균열이 만들어지는 것을 피할 수 있다. 기계적 압력 때문에 관이 파손되고 응고와 냉각 수축이 제한 없이 발생할 수 있다 (그림 8.29).

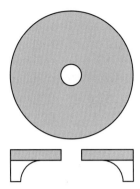

그림 8.28 중앙보다 주변부가 더 두꺼운 링 형상의 주물. 위 방향과 측면에서 본 주물.

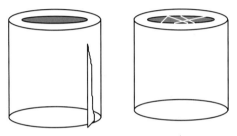

그림 8.29 냉각 후의 2개 관 주물−하나는 단단한 다른 하나는 쉽게 부서지는 코어. 강한 기계적 응력으로 인해 왼쪽 주물의 냉각 중에 균열 발생.

응력은 주물의 형상과 크기에 따라 달라지며 최적의 설계 및 적당한 소재 선택 모두 또는 이 중 하나의 선택에 의해서 응력을 줄이거나 제거할 수도 있다. 주철은 다른 주조 합금에 비해 팽창계수가 더 낮으므로 선호도가 높다.

잔류 응력은 금속 물체에 형상 변화나 심지어는 균열과 같은 심각한 결함도 야기하게 된다. 냉각 수축 시의 응력을 피하기 위해 조치를 취했어도 종종 불가피하게 잔류 응력이 주조 부품에 포함되며 소위 응력 제거 처리를 이용해서 응력을 제거하거나 적어도 많이 줄일 수가 있다.

8.5.4 응력 제거 열처리

응력 제거 열처리는 일반적으로 다음의 방법을 통해 진행된다. 주물은 금속에서 소성 변형이 쉽게 이루어지는 온도까지 가열이 되어 일정 시간 동안 이 온도로 유지된다.

열처리 후에 새로운 응력이 주물에서 생기는 것을 막기 위해서 주물의 **냉각 속도**(cooling rate)는 일반적으로 낮아야 한다.

일반적으로 주물을 냉각시키기 위해 노의 전원이 꺼져 있을 때에 주물을 노 안에서 로냉시킨다.

온도와 시간의 선택

응력 제거 열처리에 있어서 시간과 온도의 선택이 중요하다. 오히려 응력 제거가 목표인 경우에는 온도가 높을수록 좋다. 반면에 금속의 조직이 변할 정도로 높게 선택할 수는 없다. 예를 들어 주철에서는 약 600°C에서 조직의 변화가 시작된다. 고온의 단점은 합금의 기계적 강도가 감소하게 되는 것이다. 온도의 선택은 상이한 관심사를 절충하는 형태여야 한다. 시간 선택은 시간 경과에 따라 응력이 얼마나 빨리 감소하는지 그리고 얼마나 많은 잔류 응력을 수용할지에 따라 달라진다.

합금의 선택

응력 제거에 필요한 온도와 시간은 합금의 유형에 따라 달라진다. 구리 주물의 우수한 열전도도가 소재의 낮은 온도 기울기 및 낮은 응력 위험성으로 이어지기 때문에 구리 주물에는 응력 제거 처리가 필요하지 않다. 같은 이유로 사형에서 주조가 되는 알루미늄 주물은 열처리 후에 잔류 응력 수준이 낮다.

심각한 응력이 예상되는 분야에서는 알루미늄기 합금 및 마그네슘기 합금을 권장한다. 일반적으로 주철과 강 제품에는 열 완화 처리가 필요하다. 표 8.1은 경험을 바탕으로 한, 적절한 시간과 온도의 몇 가지 예이다.

고온에서 등온 열처리가 진행되는 모든 경우에 냉각 속도가 반드시 낮아야 하는데, 그렇지 않으면 새로운 열응력이 소재에서 형성되기 때문이다. 온도와 시간에 대한 몇 가지 경험칙이 표 8.1에 나와 있다.

표 8.1 철기 합금의 응력 제거 열처리를 위한 경험칙

소재	온도 (°C)	처리 시간 (hours/cm)
회주철	480~590	2~0.4
탄소강	590~680	0.4
Cr−Mo 강	730~760	0.8~1.2
18-8 Cr-Ni 강	815	0.8

8.6 열간 등압성형

열간 등압성형(HIP)은 주물을 고온에서 열처리하고 동시에 고압에 노출시키는 방법이다. 이 방법은 Al기 합금 및 Ni기 합금을 위주로 상업적으로 개발되었으며 20세기 말의 20년 동안 사용할 수 있었다.

이런 방법으로 처리된 주물의 특성은 단조 제품의 특성과 비슷하다.

8.6.1 열간 등압성형의 원리

이 공정은 보통 최대 10^4 atm의 압력이 가해지는 아르곤 환경의 고압실에서 진행된다. 고압실의 온도는 응력 제거 열처리와 같은 이유로 가능한 한 높은 온도로 선택을 한다(소성 변형, 244쪽). 고압과 고온이 결합한 상태에서, 주물 내부의 기공과 균열은 융착 혹은 소결된다.

그림 8.30은 500℃에서 열처리한 Al 주물의 기공이 시간에 따라 어떻게 감소되는지를 보여준다. 초기에는 기공 부피의 감소가 매우 빠르다.

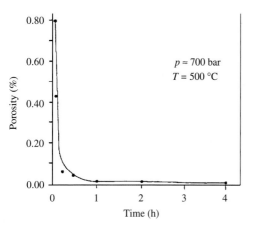

그림 8.30 열간 등압성형이 이루어지는 알루미늄 주조 합금에서 시간의 함수로서 기공률(기체 기공의 부피 분율). Bodycote Powermet의 허락을 얻어 인용함.

아래의 예제에서 알 수 있듯이 고압으로 인해서 기공의 부피는 크게 줄어든다. 고온은 부피 감소를 약간 억제하지만 소성 변형으로 인해 영구적인 부피 감소가 이루어진다.

예제 8.5

1 bar의 압력, 실온(20℃)에서 초기 부피가 V_0인 기공에는 수소 기체가 포함된다. 500℃와 10 kbar에서 열간 등압성형으로 처리되는 합금에는 기공이 있다. 이 온도 및 압력에서의 기공 부피를 계산하라.

풀이

열간 등압성형 처리 중에 기공에 대해 일반적인 기체의 법칙이 성립된다고 가정한다.

$$pV = nRT \qquad (1')$$

여기에서

p = 기공의 압력
V = 기체 기공의 부피
n = 수소 기체의 킬로몰 수
T = 기체 기공의 절대 온도

기체 기공의 킬로몰 수는 2개 지점에서 동일하므로 다음의 식을 얻는다.

$$n = \frac{p_0 V_0}{RT_0} = \frac{pV}{RT} \qquad (2')$$

이 식으로부터 다음의 식이 주어진다.

$$V = V_0 \frac{p_0 T}{pT_0} = V_0 \frac{1 \times (500 + 273)}{10^4 \times (20 + 273)} \approx \frac{V_0}{3.8 \times 10^3} \qquad (3')$$

답

기체 기공의 부피는 3800배 줄어든다.

위의 예제는 그림 8.30에서 설명된 공정을 시작할 때 기공 부피의 급격한 감소에 대한 설명이며, 처음에는 기공 부피의 가역적인 온도와 압력 변화 때문이다. 기공 부피를 영구적으로 줄이려면, 기공에 포함된 기체의 양을 줄이는 것이 필요하다. 이 공정의 뒤에 있는 메커니즘은 기공으로부터 고체를 거쳐서 주변으로 기체의 확산이며 해당 과정이 아래의 예제에 나와 있다.

예제 8.6

소재의 기체 기공을 제거하기 위하여 Al 주물을 열간 등압성형을 한다. 열간 등압성형 처리는 500℃와 10 kbar의 아르곤 분위기에서 진행된다.

(a) 처리 공정 중에 기공으로부터 표면까지 거리 및 시간의 함수로서 초기 부피(1 bar의 압력 및 실온, 즉 20℃에서)가 4.2×10^{-3} mm^{3}인 구형 수소 기공의 반지름을 계산하라. 기공 및 표면 간의 몇몇 다른 거리 값에 대한 다이어그램에서 시간의 함수로서 기공의 반지름을 그려라.

(b) 기공이 주물의 표면에서 10 mm의 거리에 위치한다면 기공을 제거하는 데($V_{pore} = 0$) 필요한 시간을 계산하라.

수소는 Al 주조에서 $\underline{H}$ 원자로 용해된다. 평형 상태인 주물의 기공 근처에서 수소의 몰 분율 $x_{\underline{H}}$은 기공 속에 포함된 수소 기체의 압력에 비례한다.

$$x_{\mathrm{H}} = C\sqrt{p_{\mathrm{H}_2}} = 5 \times 10^{-8}\sqrt{p_{\mathrm{H}_2}}$$

여기에서 x_{H}는 몰 분율로, 압력은 bar로 측정한다. Fick의 확산 법칙을 이용하여 Al 주물을 통한 H 원자의 확산을 설명할 수 있다.

$$\frac{dn}{dt} = -D_{\mathrm{H}}\frac{A}{V_{\mathrm{m}}^{\mathrm{H}}}\cdot\frac{dx_{\mathrm{H}}}{dy}$$

Al 합금에서 H 원자에 대한 확산 계수는 $1.0 \times 10^{-7}\ \mathrm{m^2/s}$이고, Al 합금에서 수소 원자의 몰 부피는 0.010 $\mathrm{m^3/kmol}$이라고 가정한다.

풀이

(a) 합금을 통한 H−원자의 확산에 대한 Fick의 법칙을 적용하고 기공으로부터의 H_2 분자 소멸을 대입하면 다음의 식을 얻는다.

$$\frac{dn_{\mathrm{H}_2}}{dt} = \frac{1}{2}\frac{dn_{\mathrm{H}}}{dt} = -\frac{1}{2}D_{\mathrm{H}}\frac{A}{V_{\mathrm{m}}^{\mathrm{H}}}\frac{dx_{\mathrm{H}}}{dy} \qquad (1')$$

여기에서

$n_{\mathrm{H}_2} =$ 기공에서 H_2 분자의 킬로몰 수

$n_{\mathrm{H}} =$ 해당하는 H 원자의 킬로몰 수(기체에서는 해당이 안 되지만 원자가 연속적으로 주물에서 용해되고 기공으로부터 주물을 통해서 주변에 확산될 때에 해당)

$D_{\mathrm{H}} =$ 주물을 통해서 확산되는 H 원자의 확산 계수

$A =$ 기공의 면적

$V_{\mathrm{m}}^{\mathrm{H}} =$ 주물에서 H 원자의 몰 부피

$x_{\mathrm{H}} =$ 주물에 용해된 H 원자의 농도

$y =$ 좌표

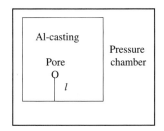

용해된 H 원자는 합금을 통해 기공으로부터 표면(주변)에 확산이 되며 이 경우에 다음의 식을 얻는다.

$$\frac{dn_{\mathrm{H}_2}}{dt} = \frac{1}{2}\frac{dn_{\mathrm{H}}}{dt} = -\frac{1}{2}D_{\mathrm{H}}\frac{A}{V_{\mathrm{m}}^{\mathrm{H}}}\frac{x_{\mathrm{H}}^{\mathrm{pore}} - x_{\mathrm{H}}^{\mathrm{surface}}}{l} \qquad (2')$$

여기에서 l은 그림에서 알 수 있듯이 기공과 주물의 바깥쪽 표면 간의 거리이며, 시간의 함수로서 반지름 r_{pore}를 얻고자 한다. 기공의 부피는 초기 부피 V_0에서 0으로 변하며 부피는 $(2')$ 방정식에 포함되지 않는다.

기공에 포함된 수소 기체(H_2)에 대한 일반적인 기체 법칙을 적용하면 다음의 식을 얻는다.

$$pV = n_{\mathrm{H}_2}RT \qquad (3')$$

이 방정식을 시간에 대해 미분을 한다. 처리 시간 동안에 p 및 T가 일정하기 때문에 다음의 식을 얻는다.

$$\frac{dn_{\mathrm{H}_2}}{dt} = \frac{p}{RT}\frac{dV}{dt} \qquad (4')$$

예제에 있는 첫 번째 방정식에 의하면 기공 근처의 주물에서 H의 농도는 기공 안의 H_2 압력에 비례하며 기공 부피가 감소할 때 기공 안의 압력은 일정하다고 가정하는 것이 합리적이다.

주변 기체가 아르곤이기 때문에 주물의 표면 근처에서 H의 농도는 압력이 실질적으로는 0인 가압실의 압력 H_2에 비례한다.

$$x_{\mathrm{H}}^{\mathrm{pore}} = C\sqrt{p_{\mathrm{H}_2}^{\mathrm{pore}}} \qquad (5')$$

$$x_{\mathrm{H}}^{\mathrm{surface}} = C\sqrt{p_{\mathrm{H}_2}^{\mathrm{surface}}} = 0 \qquad (6')$$

$(4')$ 방정식의 n_{H_2} 도함수를 $(5')$ 방정식과 $(6')$ 방정식의 H 농도와 함께 $(2')$ 방정식에 대입을 하면 다음의 식을 얻는다.

$$\frac{p}{RT}\frac{dV}{dt} = -\frac{1}{2}D_{\mathrm{H}}\frac{A}{V_{\mathrm{m}}^{\mathrm{H}}}\frac{C\sqrt{p_{\mathrm{H}_2}^{\mathrm{pore}}} - 0}{l} \qquad (7')$$

V 및 A 모두 반지름에 따라 달라진다. 변수를 분리한 후에 $(7')$ 방정식을 적분하면 기공 시간의 함수로서 다음처럼 기공의 부피를 얻는다.

$$\frac{p}{RT}\int_{V_0}^{V_{\mathrm{pore}}}\frac{dV}{A} = -\frac{1}{2}D_{\mathrm{H}}\frac{1}{V_{\mathrm{m}}^{\mathrm{H}}}\frac{C\sqrt{p_{\mathrm{H}_2}^{\mathrm{pore}}}}{l}\cdot\int_0^t dt$$

부피 및 기공의 면적 대신에 반지름을 대입한다. 그다음에 다음처럼 적분식을 표기할 수 있다.

$$\frac{p}{RT}\int_{r_0}^{r_{\text{pore}}}\frac{4\pi r^2\mathrm{d}r}{4\pi r^2} = -\frac{1}{2}D_{\underline{H}}\frac{1}{V_{\mathrm{m}}^{\underline{H}}}\frac{C\sqrt{p_{\mathrm{H}_2}^{\text{pore}}}}{l}\int_0^t\mathrm{d}t$$

원하는 함수는 다음과 같다.

$$r_{\text{pore}} = r_0 - \frac{RTD_{\underline{H}}C}{2pV_{\mathrm{m}}^{\underline{H}}}\frac{\sqrt{p_{\mathrm{H}_2}^{\text{pore}}}}{l}t \qquad (8')$$

다음으로는 r_0의 값을 유도해야 한다. 압력 및 온도가 열간 등압성형 조건까지 상승할 때에 부피가 V_0에서 $V_0/3800$으로 변하는 예제 8.5로부터의 결과를 이용한다. 따라서 다음의 식을 얻게 된다.

$$\frac{4\pi}{3}r_0^3 = \frac{4.2\times10^{-3}}{3800}\times10^{-9}\,\mathrm{m}^3 \quad\Rightarrow\quad r_0 = 6.41\times10^{-6}\,\mathrm{m}$$

방정식 (8')에 수치를 대입하면 다음의 식을 얻는다.

$$r_{\text{pore}} = 6.41\times10^{-6} - \frac{8.31\times10^3\times(500+273)\times1.0\times10^{-7}\times5\times10^{-8}\sqrt{10^4}}{2\times10^4\times10^5\times0.010}\frac{t}{l}$$

또는

$$r_{\text{pore}} = 6.41\times10^{-6} - 1.6\times10^{-13}\frac{t}{l} \qquad (9')$$

(b) $r_{\text{pore}} = 0$ 및 $l = 0.010\,\mathrm{m}$를 (9') 방정식에 대입하면 원하는 시간을 얻게 된다.

$$t_{\text{pore}} = \frac{6.41\times10^{-6}l}{1.6\times10^{-13}} = \frac{6.41\times10^{-6}\times0.010}{1.6\times10^{-13}}$$
$$= 4.0\times10^5\,\mathrm{s} = 1.1\times10^2\,\mathrm{h}$$

답

(a) 시간의 함수로서 기공의 반지름(시간 단위 = 시)은 다음 과 같다.

$$r_{\text{pore}} = r_0 - \frac{RTD_{\underline{H}}C}{2pV_{\mathrm{m}}^{\underline{H}}}\frac{\sqrt{p_{\mathrm{H}_2}^{\text{pore}}}}{l}t\times3600$$

또는 주어진 수치 값을 통해서 다음의 식을 얻는다.

$$r_{\text{pore}} = 6.4\times10^{-6} - \frac{1.6\times10^{-13}\times3600}{l}t$$

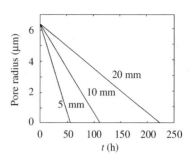

(b) 기공을 비우는 데 필요한 시간은 약 110시간이다.

열간 등압성형 처리에는 긴 시간이 필요하기 때문에 열간 등압성형으로 처리된 합금은 가격이 높다. 그래서 예를 들어 항공기 부품처럼 최고의 품질이 필요한 특별한 용도에만 사용 이 된다.

확산 공정은 비가역적이다. HIP 처리 중에 초고압이 기공 벽을 함께 누르고 수 시간 후에, 초기 기공 또는 균열 벽의 완

전한 금속학적 융착으로 이어진다. 수소의 확산 속도가 매우 빠르기 때문에 기공이 H_2로 구성이 된다면 시간이 가장 짧아 지게 된다. N_2 또는 O_2를 포함하는 기공의 경우에는, 주형에

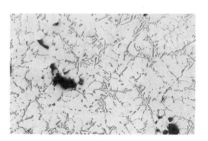

(a)

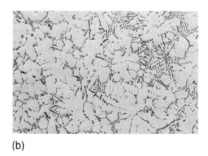

(b)

그림 8.31   열간 등압성형 처리 전(a)과 후(b)의 Al – Si 합금의 미세조직. Bodycote Powdermet의 허락을 얻어 인용함.

서 질화물 또는 산화물이 석출되지 않는다면 시간이 더욱 길어지게 된다. Ar을 함유하는 기공은 결코 없어지지 않는다.

더불어 합금의 미세조직은 거의 변하지 않는다는 점에 주목할 수 있으며 이는 열간 등압성형의 일반적인 특성이다. 압력이 등압, 즉 모든 방향으로 같기 때문에 소재의 일반적인 변형이 발생하지 않는다. 그림 8.31 (a) 및 그림 8.31 (b)는 이런 열간 등압성형의 효과를 보여주며 이 그림들의 합금은 열간 등압성형 처리 전후에 동일하다. 그림 8.31 (a)에서 검은 기공은 열간 등압성형 처리 후에 완전히 사라졌다.

요약

■ 균질화
합금 원소의 농도는 항상 주조 소재에서 고르지 않게 분포되는데 미세편석이 주된 요인이다.

일정한 온도에서 열처리를 함으로써, 농도 차이를 고르게 할 수 있다. 열처리 및 소성 변형 또는 이 중 한 가지를 통해서 소재를 균일하게 할 수 있다.

■ 단상 소재의 균질화
단상 소재는 합금 원소의 농도가 단지 1개의 위치 좌표에 따라 달라지는 소재이다.

합금 원소의 1차원 농도 분포는 압연 소재에 상대적으로 우수한 근사값을 제공한다. 다른 주조 소재에 경우에는 신뢰도가 떨어진다.

(i) 위치의 함수로서 합금의 초기 농도 분포를 위한 단순 모델을 설정한다.

(ii) 그 다음에 Fick의 2차 법칙의 해로써, 시간 함수로서의 합금 조성 농도를 계산할 수 있다. 이 해는 열처리 중의 균질화 과정을 나타낸다.

수지상정 가지에 대한 용질의 농도선은 위치의 주기 함수이다. 임의의 선은 기본 주파수 및 다중 주파수에 대한 푸리에 급수의 사인과 코사인 함수로 설명이 가능하다. 오버 톤의 진폭은 급속하게 붕괴되며 $\lambda = \lambda_{den}$인 기본 톤만 남게 되며 다음처럼 표기할 수 있다.

$$x = x_0 + \frac{x_0^M - x_0^m}{2}\sin\left(\frac{2\pi y}{\lambda_{den}}\right)\exp\left(-\frac{4\pi^2 D}{\lambda_{den}^2}t\right)$$

균질화 시간
x_0^M에서 x^M까지 기본 파의 진폭을 줄이기 위해 필요한 열처리 시간은 다음과 같이 주어진다.

$$\frac{x^M - x^m}{x_0^M - x_0^m} = \exp\left(-\frac{4\pi^2 D}{\lambda_{den}^2}t\right) \text{ 또는 } t = \frac{\lambda_{den}^2}{4\pi^2 D}\ln\left(\frac{x_0^M - x_0^m}{x^M - x^m}\right)$$

열처리 시간은 종종 붕괴 비 = 1/10에 대해 계산이 된다. 붕괴 비는 균질화 시간에 대해 중간 정도의 영향을 미친다. 처리시간은 수지상정 가지의 거리에 훨씬 더 민감한데, 특히 절대 온도에 민감하며 이로 인해 확산 상수 D가 기하급수적으로 변한다.

최대한 짧은 시간 안에 균일한 소재를 얻기 위해서는 수지상정 가지의 거리가 짧은 소재로 시작을 하는 것이 중요하며, 응고와 냉각 속도가 높으면 거리가 짧은 수지상정 가지를 얻는다.

나중에 얇게 압연이 되는 큰 잉곳보다는 연속 주조를 통해 얇은 단면을 주조하는 것이 중요한 이점이다.

■ 제2상의 용해
이원 합금이 냉각될 때, 1차 α-상의 석출이 이루어진다. T가 공정 온도까지 떨어졌을 때에는 합금 원소의 농도가 높은 α-상과 θ-상이 모두 석출된다.

원하지 않는 θ-상은 제2상이며 열처리를 통해 용해가 된다. 1차원 경우, 즉 제2상이 서로 간에 일정한 거리를 갖는 평행 판으로 구성되는 경우에 대해 논의한다.

■ 제2상의 용해 조건
케이스 I: 농도장의 겹침
근접한 판으로부터의 확산장(거리의 함수로서의 농도장)이 겹친다. 두 개 판 사이 각 점에서의 농도는 각 판으로부터의 확산에 의해 발생한 2개 항의 합이다.

제2상의 완전한 용해에 필요한 시간은 다음과 같다.

$$t = -\frac{\lambda_{den}^2}{\pi^2 D}\ln\left[1 - \frac{f_0^\theta(x^\theta - x^m)}{x^{\alpha/\theta} - x^m}\right]$$

t_g의 처리 시간 동안 용해된 판의 분율 g는 다음과 같다.

$$g = \frac{x^{\alpha/\theta} - x^m}{f_0^\theta(x^\theta - x^m)}\left[1 - \exp\left(-\frac{\pi^2 D t_g}{\lambda_{den}^2}\right)\right]$$

판의 분율 g가 용해되는 데 필요한 시간은 다음과 같다.

$$t_g = -\frac{\lambda_{\text{den}}^2}{\pi^2 D} \ln\left[1 - \frac{gf_0^\theta(x^\theta - x^{\text{m}})}{x^{\alpha/\theta} - x^{\text{m}}}\right]$$

용해 시간은 수지상정 가지 거리의 제곱에 비례한다. λ_{den}가 클수록 용해 시간이 길어진다. 처리 온도가 높을수록 용해 시간이 짧아진다.

케이스 II: 농도장이 겹치지 않음
제2상에서 인접 band의 확산장(거리의 함수로서 농도선)은 겹치지 않는다.

이것은 극단적인 경우이며, 기지 내 합금 원소의 농도가 너무 강하게 포화되어 용해가 완료될 때까지 확산장이 겹치지 않을 때 발생한다.

제2상의 완전한 용해에 필요한 시간은 다음과 같다.

$$t = \frac{b^2}{2D} \frac{(x^\theta - x^{\text{m}})^2}{(x^{\alpha/\theta} - x^{\text{m}})^2}$$

t_g의 처리 시간 동안 용해된 띠의 분율 g는 다음과 같다.

$$g = \frac{\sqrt{2Dt_g}}{f_0^\theta \lambda_{\text{den}}} \frac{(x^{\alpha/\theta} - x^{\text{m}})^2}{(x^\theta - x^{\text{m}})^2}$$

띠의 분율 g가 용해되는 데 필요한 시간은 다음과 같다.

■ 냉각과 소성 변형 중에 주조 조직의 변화
금속이 소성 변형되면 일반적으로 편석 패턴이 변하게 된다. 소성 변형 상태에서는 다른 농도의 합금 원소를 갖고 있는 부위가 변형 방향 쪽으로 띠 속으로 신장이 된다.

층상 구조가 발생한다. 이 층상 구조가 저합금강에서는 페라이트 또는 펄라이트의 띠로 나타난다.

소성 변형된 소재에서는 소재의 기계적 특성이 변형 방향에 따라 각 방향별로 다르게 된다.

주조 소재 및 제품의 소성 변형
소성 변형의 목적은 다음과 같다.

(i) 일련의 완제품 가공에 있어서 하나의 단계로서 소재의 형상 및 두께의 변경
(ii) 균열 및 기공의 폐쇄, 즉 소재의 특성 및 품질 개선

압연 및 단조를 통해 주조 소재의 변형이 일어난다. 이 공정 중에 소재의 부피는 일정하게 유지된다.

소성 변형의 효과는 압연의 방향에 따라 달라진다. 측면이 압연 방향으로 길어질 때에 다른 모든 길이, 심지어는 수지상정 가지의 거리조차 이 방향으로 같은 양만큼 길어지게 된다.

두 가지의 극단적인 경우가 있는데 균질화 시간은 수지상정 가지 거리의 제곱에 비례한다.

소재는 실제로 위의 두 가지 경우 사이의 상태로 변형된다. 정상적인 절차에서는 이들이 섞여서 발생한다.

소성 변형에 의한 제2상의 조직 변화
석출된 제2상의 외형과 분포는 소성 변형에 의해서도 영향을 받는다. 이 경우에 최종 상태는 기지에 따른 제2상 입자의 소성 특성에 의해 영향을 받는다.

1. 입자가 기지에 비해 더 단단하고 강함. 소성 변형 효과 없음.
2. 입자가 기지에 비해 더 부드러움. 입자들이 변형의 방향으로 길어짐.
3. 입자가 취성을 가짐. 변형과정에서 부서지고 입자가 변형 방향과 평행한 선을 따라 분포.

■ 냉각 수축
주조에서 기계적 응력의 주된 이유는 불균일한 온도 분포이고 이로 인해 수축이 고르지 않게 되며 아래의 현상을 야기한다.

(i) 고온에서의 소성 변형
(ii) 잔류하는 파괴적 기계 응력

주물에서 상이한 부위의 온도가 균일하게 감소하는 것이 중요하다. 낮은 냉각 속도는 열응력을 피하는 데 있어서 필수적이다.

수축 하프를 통해서 소재의 기계적 응력을 측정할 수 있다. 응력을 피할 수 없다면 열처리에 의해 제거하거나 최소한 줄일 수 있다.

■ 응력 제거 열처리
열처리 온도를 가능한 한 높은 온도로 선택을 하되 소재의 조직이 변하도록 높아서는 안 된다.

처리 시간은 주조의 유형과 주물의 형상에 따라 달라진다. 구리기지 합금은 열처리가 필요하지 않다.

■ 열간 높은 등압
주물은 고온(500~600°C) 및 고압(크기 10 kbar)에서 수 시간 동안 처리된다.

HIP 처리 중에 초고압이 기공 벽을 함께 누르고 수 시간 후에 초기 기공 또는 균열 벽의 완전한 금속 융착으로 이어진다. 합금의 미세조직은 거의 변하지 않는다.

연습문제

8.1 공정 합금은 보통 2개의 고상으로 구성된 층상조직을 형성한다. 가열을 하면, 2개의 상 사이에 용융 금속이 만들어진다. 층간 거리 λ_{eut} 및 확산 속도 D의 함수로서 이런 용융 금속의 균질화에 필요한 시간을 계산하라. 평형상태도는 아래에 주어져 있다.

힌트 B3

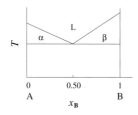

8.2 제2상을 용융점 이상의 온도에서 열처리하면 용해가 신속해질 것이라고 제시되었다. 그림 8.10 및 여기에서 설명된 내용을 참고하라 .

2.5 at-% Cu를 함유하고 있고 예제 8.4에서 논의했던 Al-Cu 합금에 대해 공정 온도보다 15°C 높은 온도에서 공정 용융 금속의 용해 시간을 계산해서 위에서 언급한 제시 사항을 검사해 보라. 조직의 조대화는 냉각 속도에 따라 달라진다. 이 경우의 관계식을 찾기 위해 예제 7.4의 다이어그램을 이용할 수 있다.

제안이 적합한가?

힌트 B22

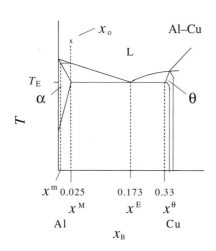

8.3 예를 들면, 오랫동안 고속도강의 균질화에 적용되어 온 원리는 공정 온도보다 높은 온도에서 소재를 열처리한

다는 것이다. 고속도강에는 약 10%의 공정 탄화물이 포함되어 있고 공정 상은 열처리 중에 용융된다. 용융 금속은 균질화 중에 늦게 응고가 되는 반면에 합금 원소는 고상의 안쪽으로 확산된다.

이 원리는 액체 상의 소결에도 적용될 수 있다. 이 경우에 고탄소와 저탄소 농도의 두 가지 분말이 혼합된다.

공정 주철과 혼합이 되는 저탄소강을 고려하라. 분말 혼합물은 Fe-C의 공정 온도 바로 위의 온도로 가열된다. 온도가 10°C 이상을 초과하면 공정 철 분말이 용융된다.

용융 과정 중에 공정 용융 금속의 박막이 저탄소강의 결정립 주변에 성형된다. C 원자가 용융 금속으로부터 저탄소강으로 확산되는 과정은 1차원인 것처럼 다룰 수 있다.

다이어그램의 0~20% 구간에서 공정 철 분말의 부피 분율의 함수로서 용융 주철 분말에 대한 용해 시간을 도해하라.

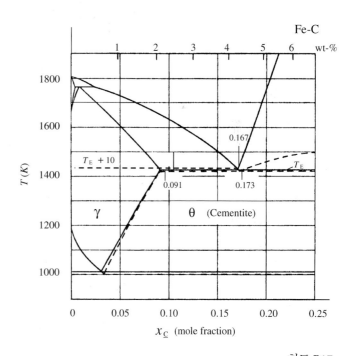

힌트 B17

확산 상수 $D_C^{\gamma} = 1.0 \times 10^{-10}$ m/s이고 수지상정 가지의 거리는 100 μm이다. 다른 상수는 Fe-C계의 평형상태도에서 유도할 수 있다.

8.4 Al-Cu기 주조 합금은 석출 경화가 가능하다. 대부분의 경우에 이런 합금의 경도를 가능한 한 최고로 하기 위

해서 구리 농도를 가급적 최고로 높이는 것이 바람직하며 이는 응고 과정 중에 θ-상의 석출로 자주 이어진다. 이후에 열처리를 거쳐 위 상의 용해가 이루어진다.

(a) 상기의 열처리와 공정 온도하에서 가능성이 있는 장점을 설명하라.

힌트 B33

(b) 아래의 평형상태도를 활용하여 최적의 용해 온도를 논하라.

힌트 B46

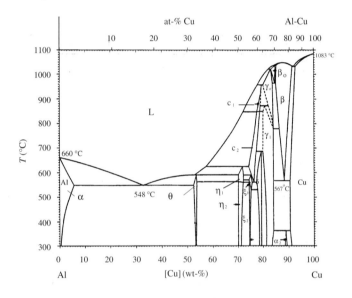

8.5 흑연 분말이 때때로 주철의 접종 수단으로 사용된다. 아래 사항을 계산함으로써 흑연이 접종 효과를 갖는 시간을 추정하라.

(a) 흑연 입자의 용해 시간.

힌트 B9

(b) 용해 후에 탄소의 차이를 완화하기 위해 필요한 균질화 시간.

힌트 B39

용용 금속에서 탄소 농도의 차이가 <0.10 wt-% $\underline{C}$일 때에 접종 효과가 사라진 것으로 간주한다. 주철이 4.3 wt-% $\underline{C}$를 함유하고 1300°C에서 흑연이 추가된 것으로 가정한다.

흑연 입자는 두께가 0.10 mm인 디스크의 형상이고 확산 계수는 $D_{\underline{C}} = 1.0 \times 10^{-9}$ m^2/s이다. Fe–C의 평형 상태도는 아래에서 주어진다.

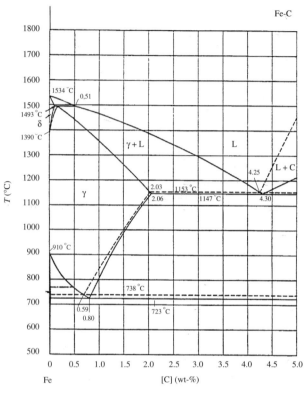

McGraw-Hill의 허락을 얻어 인용함.

8.6 3 wt-% Cu를 함유하고 있는 Al–Cu 합금을 주조하였다. 주물 조직의 금속조직학적 검사는 θ-상이 석출되었다는 것을 보여준다. θ-상의 양은 2 vol%로 추정된다.

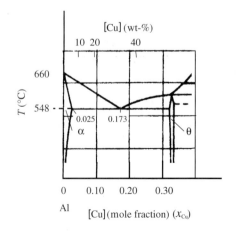

열처리 주물을 이용해서 θ−상을 용해할 수 있으며 열처리 온도는 500°C이다. 수지상정 가지의 거리는 50 μm이고 주어진 온도에서 구리의 확산 계수는 4.8 × 10^{-14} m²/s이다. θ−상을 완전하게 용해하기 위해 필요한 시간이 얼마인가?

힌트 B7

8.7 Cr−합금강의 주조 중에 크롬 탄화물을 얻고자 한다. 대부분의 경우에 이 탄화물은 불필요하며 응고 과정 후에 용해가 되어야 한다. 조직의 조대화는 냉각 속도와 주물 두께에 따라 달라진다.

잉곳 두께 y의 함수로서 용해 시간에 대한 식을 구하고 그 결과를 통해 최단 용해 시간을 얻을 수 있는 방법에 대해 논하라. 잉곳 조직은 전체적으로 주상정 결정으로 구성된다고 가정한다.

힌트 B25

8.8 소위 직접 주조법의 목표는 최종 제품의 제원에 가능한 한 가장 가깝게 만드는 것이다. 이상적인 경우로서 사람들은 모든 종류의 열간 가공을 피하고 냉간 가공과 열처리만 수행하기를 원한다.

1.0 mm의 슬래브 두께를 갖도록 Fe−1 wt-% Cr−C 합금을 트윈 롤러기에서 주조한다. 슬래브와 롤러 간의 열전달 계수는 1.0 × 10^3 W/m² K이고 확산 계수를 다음처럼 표기할 수 있다.

$$D = D_0 \exp\frac{Q_D}{RT}$$

γ−철에서 Cr 원자의 확산에 대한 활성화 에너지 Q_D는 292 × 10^6 J/kmol이고 $D_0 = 10.8 \times 10^{-4}$ m²/s이다.

수지상정 가지의 거리 λ_{den}과 총 응고 시간 θ_{sol} 간의 관계는 다음과 같다.

$$\lambda_{den} = 2.0 \times 10^{-3} \theta_{sol}^{0.5}$$

양쪽 수량 모두 SI 단위로 측정된다.

1000°C에서 열처리를 함으로써 주조판에서 미세편석을 제거하는 데 필요한 시간을 계산하라. 철의 재료 상수는 표에서 주어진다.

Material constants:
$\rho \quad = 7.2 \times 10^3$ kg/m³
$-\Delta H = 272 \times 10^3$ J/kg
$T_L \quad = 1500\,°C$

힌트 B11

8.9 일반적인 열처리의 균질화에 대한 대체 방법은 열처리 및 변형을 조합하는 것이며 대표적인 예는 아래에서 주어진다.

예제 8.8의 Cr−베어링 합금을 0.20 m 두께의 슬래브로 주조하고 그다음으로 두 단계의 압연을 거쳐 1.0 mm 두께로 만든다. 슬래브를 0.5 × 10^3 W/m² K의 평균 열전달 계수로 연속 주조를 통해서 주조하며 열간 압연을 통해 200 mm의 두께를 2.0 mm로 줄인 후에 냉간 압연으로 1.0 mm 두께로 줄이고 열처리로 최종 마감을 한다. 슬래브에서 수지상정 가지의 거리와 응고 속도는 다음의 관계식에 따라서 상호 영향을 미친다.

$$\lambda_{den}^2 v_{growth} = 1.0 \times 10^{-10} \ m^2/s$$

예제 8.8의 온도와 같은 온도에서 열처리를 하며 합금의 열전도도는 30 W/m K이다. 균질화 시간을 계산하라.

힌트 B40

예제 8.8의 합금에 유효한 재료 상수와 다른 관계식이 이 경우와 동일하며 따라서 여기에서도 사용할 수 있다.

8.10 0.50 at-% Mn을 함유하고 있는 강의 주조 및 응고 과정에서, 평균 두께가 3.0 μm인 박막의 형상으로 FeS의 석출을 얻게 되며 이 막으로 인해 소재가 취약하게 된다.

주물을 열처리함으로써 이 막은 MnS으로 변태가 이루어질 수 있고 이에 따라 소재의 취성이 줄어들게 된다. 막에 가까운 용융 금속에서 Mn의 농도는 0.25 at-%이고 열처리의 전체 과정에서 이 값이 일정하다고 가정한다. FeS 막을 둘러싸고 있는 용융 금속으로부터 Mn 원자가 나오게 된다.

열처리를 1150°C에서 진행하는 경우에 변태에 소요되는 시간을 계산하라. 이 온도에서 강의 용융 금속에 있는 Mn 원자의 확산 계수 D_{Mn}^{γ}는 1.0 × 10^{-12} m²/s이다.

힌트 B16

9 주조 과정 중의 기공과 슬래그 개재물의 석출

Precipitation of Pores and Slag Inclusions during Casting Processes

9.1 머리말

주조를 이용한 잉곳의 생산 및 제품의 제조는 향후 제품의 용도를 고려하여 결정된 요구 사항에 의해 관리가 이루어진다. 예를 들어 터빈 날개 등과 같은 많은 부품을 생산함에 있어서 주조재의 균질성, 탄성 특성 및 기계적 강도에 대한 요구 조건이 높다.

고온의 용융 금속과 주변 소재 간의 화학 반응은 고온의 금속 주조에서 불가피하며, 이런 반응 생성물은 소위 **2차 상** (secondary phase), 즉 주물의 응고와 냉각 시에 기공 또는 슬래그 개재물의 석출이 될 수 있다.

금속이 용융되고 어느 정도까지 주조가 진행될 때에, 주변의 기체가 용융 금속에 용해될 수 있으며 이는 주물의 공동부, 소위 기공으로 이어질 수 있다. 그렇지 않으면 고온에서 용융 금속과 용해 기체 간의 화학 반응으로 인해 응고와 냉각 후에 주물 안에서 2차 고상, 소위 슬래그 생성물이 만들어질 수 있다. 용융 금속이 응고되고 냉각이 될 때에 용융 금속과 접촉하는 비금속 주형 소재와 용융 금속 간에 발생하는 화학 반응에 의해 이런 2차 고체 상이 형성될 수 있다.

응고 중에 용융 금속과 반응하는 기체에 따라서 금속 산화물 및 질화물이 슬래그 개재물 형상의 2차 고체 상으로 형성되고 석출된다. 용융 금속의 불순물로부터 형성되는 이런 개재물에 대해 다른 유형의 예로는 합금강의 황화물과 알루미늄기 합금의 철 알루미네이트가 있다.

기공 및 2차 고체 상 모두 주물의 질을 저하시킨다. 산소가 볼 베어링강의 피로 특성에 미치는 부정적인 영향을 보여주는 예가 그림 9.1에 나와 있다.

금속의 내충격성도 낮아지고 균열이 발생할 수 있는데, 특히 기계적 강도가 높은 금속의 경우에 발생할 수 있다. 그러므로 기공 및 슬래그 개재물을 가능한 한 피해야 한다.

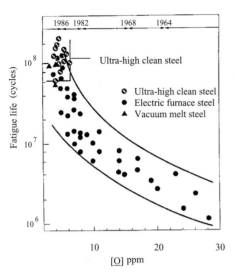

그림 9.1 볼 베어링강의 피로 수명과 산소 함유량 간의 관계. The Iron & Steel Institute of Japan의 허락을 얻어 인용함.

이 장에서는, 기체 및 비금속 슬래그 석출 이면의 일반적인 원리와 반응 메커니즘을 주로 논의할 예정이다. 그런 다음에 일반 법칙을 알루미늄 합금, 구리 합금, 강과 철 합금, 주철 및 니켈기 합금과 같은 다른 유형의 합금에 적용할 것이다.

용용 금속에서 가장 흔한 기체의 용해도 및 가장 중요한 유형의 비금속 개재물과 관련된 문제는 각 합금군에 대해 별도로 논의하고 다양한 유형의 기체 석출에 대해 그 이유를 파악하려고 한다. 합금에서 거시 슬래그 개재물을 예방하거나 제거할 수 있는 방법을 논의하고, 각 합금군의 기공 및 슬래그 개재물에 대한 부정적인 영향을 상쇄할 수 있는 다른 방법들을 제시할 예정이다.

9.2 단위 및 법칙

여러 합금에서 다양한 기체의 용해도 및 석출 위험성에 대한 논의를 촉진하기 위해서 특수한 개념 및 단위가 필요하게 되며, 표 9.1에 그 목록이 나와 있다. 표 9.2에는 앞으로 계속 적용할 가장 중요한 물리적 법칙 및 화학적 법칙을 나타내었다. 9.1의 예는 일반적인 몇 가지 유형의 단위 변환을 보여준다.

표 9.1 본문에서 사용한 단위 및 기호

양	기호	단위	설명
압력	p	N/m^2, atm	
부피	V	m^3	
몰	n	kmol	몰 중량의 질량(kg)
절대 온도	T	K	
농도	[ ]		일반 명칭
		ppm	(중량) 100만 분의 일부
	c	중량-%	첨자 0 = 초기값
		(wt-%)	첨자 L = 액상
		Kml/l	첨자 s = 고상
	x	몰 분율	물질의 kmol 수
		원자-%	/kmol 총수
		(at-%)	첨자는 위의 표기와 동일
분배 계수 고상/액상	k_{part}, $k_{part\,x}$, $k_{part\,c}$		
용융 금속 또는 고체에서의 기체용해도 기체 용해도	S	ppm cm^3/100 g wt-%	(중량) 100만 분의 일부 cm^3(NTP)/100 g 당 첨자는 위의 표기와 동일

표 9.2 몇 가지 기본적인 물리 법칙 및 화학 법칙

- $p^V = nRT$ *일반 기체의 법칙*

- 용융 금속에 용해된 기체의 농도 포화값은 기체 압력의 제곱근에 비례한다.

  $c = 상수 \times \sqrt{p}$ *Sievert의 법칙*

  여기에서 p = 기체의 분압

- 용융 금속에서 기체 석출에 대한 조건

  $p_{gas} = p_a + p_h + 2\sigma/r$

  여기에서

  p_{gas} = 기공 내부의 총 압력

  p_a = 대기압(기체의 분압이 아님)

  $p_h = \rho g h$ = 정수압

  ρ = 용융 금속의 밀도

  h = 기공에서 용융 금속의 자유 표면까지의 거리

  σ = 용융 금속의 단위 면적당 표면 에너지

  r = 기공의 반경

- $p + \rho g h + \dfrac{\rho v^2}{2} = 일정$ *베르누이 방정식*

  여기에서

  p = 액체 또는 기체의 압력

  h = 임의로 선택된 제로 수준에서의 높이

  v = 유동 액체 내의 입자 속도

- $aA + bB \rightleftharpoons cC + dD$에 대해서 다음의 식을 얻는다.

  $\dfrac{[C]^c \times [D]^d}{[A]^a \times [B]^b} = 일정$ *Guldberg-Waage의 법칙*

  흡열 반응   에너지 공급 필요

  발열 반응   에너지 방출

상수의 값은 농도 단위 및 온도에 따라 달라진다. 온도가 변할 때에 평형이 변화한다.

- $\dfrac{dm}{dt} = -DA\dfrac{dc}{dy}$ *Fick의 1법칙*

Fick의 법칙을 적용할 때 농도 c에 대해 무차원 단위, 예를 들면 wt-%, ppm, 몰 분율 또는 at-%를 단순히 사용해서는 안 된다.

이 주제에 대해 특별한 분석이 필요하면 304쪽을 참고하라.

예제 9.1

이원 합금이 질량 및 몰 중량 m_A, M_A와 m_B, M_B로 각각 표현되는 조성을 가지고 있다. 이 조성을 ppm, 중량-% (wt-%), 몰 분율 및 원자-% (at-%)로 표현하라. 더불어, c (wt-%)를 x (at-%)로, x를 c로 변환하라.

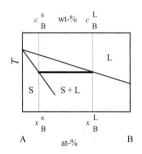

풀이와 답

$$c_B = \frac{m_B}{m_A + m_B} \times 10^6 \, ppm = \frac{m_B}{m_A + m_B} \times 100 \, wt\text{-}\%$$

$$c_B = \frac{x_B M_B}{x_A M_A + x_B M_B} \times 100 \, wt\text{-}\%$$

$$x_B = \frac{\dfrac{m_B}{M_B}}{\dfrac{m_A}{M_A} + \dfrac{m_B}{M_B}} \; (\text{mole fraction}) = \frac{\dfrac{m_B}{M_B}}{\dfrac{m_A}{M_A} + \dfrac{m_B}{M_B}} \times 100 \, at\text{-}\%$$

$$x_B = \frac{\dfrac{c_B}{M_B}}{\dfrac{c_A}{M_A} + \dfrac{c_B}{M_B}} \times 100 \, at\text{-}\%$$

다음의 관계식도 이원계에 대해 성립한다.

중량 백분율:

$$c_A + c_B = 100$$

몰 분율:

$$x_A + x_B = 1$$

9.3 용융 금속에서 기체의 석출

9.3.1 용융 금속에서 기체의 반응 및 석출

기체의 석출은 철, 강, 알루미늄, 구리 합금의 주조 시에 발생하는 가장 심각한 문제들 중 하나이다. 따라서 주조 중에 기공 형성의 조절 메커니즘을 분석하는 것이 시급하다.

금속 용탕에서 가장 흔한 기체

금속은 용융 중에 오랫동안 주변과 접촉이 이루어지는데, 일반적으로 공기와 접촉이 이루어진다. 따라서, 산소 및 질소는 항상 존재하며 경우에 따라서는 용융 금속에 용해될 수 있다. 수증기가 공기에 항상 존재하기 때문에, 수소도 고려하여야 한다.

모든 강과 철 합금은 탄소를 함유한다. 이 경우에 용융 금속에 모두 용해되어 있는 탄소와 산소가 일산화탄소를 발생시킬 가능성이 존재한다.

비교적 짧은 시간 동안 지속되는 주조 중에 용융 금속은 공기를 기계적으로 동반할 수 있다. 주조공정과 주형을 적절하게 설계함으로써 이런 복잡한 문제를 예방할 수 있다.

용융 금속과 접촉하는 기체는 용융 금속과 주형 재료 간의 화학 반응에 의해서도 발생한다. 몇몇 반응 생성물은 기체일 수 있으며 수소, 산소, 일산화탄소, 이산화탄소 및 이산화황 등이 여기에 포함된다. 중요한 예는 사형에 포함된 수분인데, 이로부터 용융 금속과 접촉하여 수증기가 만들어진다. 기체는 분해되어 수소를 발생시키며, 이런 수소의 원천을 제거하기는 어렵다.

기체 석출의 원인과 조건

보통의 모든 금속에서 기체의 용해도는 고상보다 용융 금속에서 훨씬 높다. 압력, 온도와 용융 금속의 화학조성은 기체의 용해도, 즉 용융 금속 내의 기체의 농도에 영향을 미치며 이에 대한 구체적인 예는 나중에 제공할 예정이다.

용융 금속이 응고되기 시작할 때 기체는 용융 금속에서 점차 농축된다. 용해도가 포화 값에 도달하면 두 가지 경우 중의 한 가지가 발생하게 된다.

적절한 응축 핵이 없고, 응고 과정이 용해 상과 기체 상 간 평형에 도달하는 데 필요한 시간보다 빠르면 또는 이 중 하나가 발생을 하면 **과포화 용액**(supersaturated solution)이 형성되고, 기체 석출이 발생하지는 않는다. 반대의 조건에서는, 용융 금속 내에서 기공이 핵형성되고 성장한다. 기공 내부의 압력(그림 9.2)은 평형식에 의해 제어된다.

$$p_{gas} = p_{atm} + p_h + 2\sigma/r \qquad (9.1)$$

여기에서

p_{gas} = 기공 내부의 총 압력
p_{atm} = 대기압(기체의 분압이 아님)
$p_h = \rho gh$ = 정수압
ρ = 용융 금속의 밀도
h = 기공에서 용융 금속의 자유 표면까지의 거리

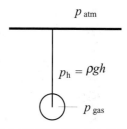

그림 9.2   표면 아래 h 깊이에서 용융 금속의 기공.

σ = 용융 금속의 단위 면적당 표면 에너지
r = 기공의 반지름

실제 상황에 따라서 거품은 응고 후에 다양한 형상, 크기와 분포를 가질 수 있고 이 장의 뒷부분에서 이에 대해 논할 예정이다.

식 (9.1)은 기체 석출을 위한 필요 조건이기는 하지만 충분 조건은 아니다. 기체 석출 과정은 특히 복잡하며, 이 과정은 다음과 같은 많은 요인에 따라 달라진다.

- 용융 금속 내의 용해 기체 농도
- 합금 내 기체의 포화 농도
- 합금의 성분
- 화학 반응의 속도
- 용융 금속과 고상에서 기체의 확산 속도
- 적절한 응축 핵의 이용
- 용융 금속의 표면장력

이 요인들을 보다 상세하게 고려할 예정이다.

9.3.2   금속의 기체 용해도 – Sievert의 법칙

Sievert의 법칙

용융 금속과 응고 후 고상 간의 기체 용해도 차이가 주조 시 금속 내에서 기체 석출이 발생하는 기본 원인이다.

용융 금속 내의 기체 용해도는 주변의 분압에 따라 달라진다. 가장 흔한 기체는 실온에서 두 개의 원자를 갖는다. 금속 원자 M이 고온(용융 금속의 온도)에 있을 때에, G_2 기체의 해리가 금속 표면에서 발생한다

$$M + G_2 \rightleftharpoons M + 2\underline{G}$$

용해된 기체 원자 $\underline{G}$와 주변 기체 간의 화학 평형이 이루어지고, Guldberg – Waage의 법칙이 평형을 조절한다.

$$\frac{[\underline{G}]^2}{p_{G_2}} = 일정 \qquad (9.2)$$

여기에서 상수의 값은 온도에 따라 달라진다. 그다음에 기체의 원자가 용융 금속과 고상 안이나 이 둘 중의 하나 속으로 확산이 되고, 고용된 형태로 그곳에 머물게 된다. 용액에서의 농도를 [$\underline{G}$]로 표기하는데, 여기에서 밑줄은 기체가 금속에 G_2 분자가 아니고 G 원자로 용해된다는 것을 의미한다.

평형 상태에서 용융 금속 또는 고상에 용해된 기체 원자의 농도는 주변 기체의 분압의 제곱근에 비례한다.
이 내용은 아래와 같이 표기할 수 있다.

$$[\underline{G}] = 일정 \times \sqrt{p_{G_2}} \qquad Sievert의 법칙 \qquad (9.3)$$

Sievert의 법칙은 (9.2) 식에서 직접적으로 만들어진다.

문헌에 따르면 금속의 기체 용해도는 종종 표준 압력 1 atm에서 주어지며, Sievert의 법칙은 주변의 분압을 아는 상태에서 평형에서의 용해도[$\underline{G}$]를 계산하는 데 아주 유용하다. [$\underline{G}$]는 일반적으로 c_G(wt-%) 또는 x_G(몰 분율)로 표현된다.

분배 상수

Sievert의 법칙은 주변과 평형 상태인 용해 기체의 농도를 제공한다. 이와 유사하게, 용융 금속과 고상에 용해된 기체의 농도 간에 평형이 존재하며 평형 상태에서 이들의 비는 일정하다.

$$\frac{x^s}{x^L} = k_{part\,x} \quad or \quad \frac{c^s}{c^L} = k_{part\,c} \qquad (9.4)$$

상수 k_{part}는 **분배 상수**(partition constant) 또는 **분배 계수**(partition coefficient)이며, 이 장의 전체에 걸쳐서 이 중요한 개념이 자주 사용된다.

k_{part} 값은 사용된 농도의 단위에 따라 달라진다.

용해도 다이어그램

그림 9.3은 온도의 함수로서 순금속에서의 기체 용해도에 대한 전형적인 경우를 보여준다.

다음의 내용을 알 수 있다.

- 기체의 용해도는 고상보다 용융 금속에서 훨씬 크다.
- 기체의 용해도(농도)는 용융 금속과 고상 모두에서 온도에 따라 증가한다.

(9.5) 식으로 후자의 정보를 대체하여 (9.3) 식에 포함시킬 수 있다.

$$[\underline{G}] = 상수 \times \exp\left(\frac{-\Delta H_S}{RT}\right) \times \sqrt{p_{G_2}} \qquad (9.5)$$

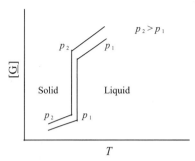

그림 9.3 용해 과정이 흡열성인 경우에 온도의 함수로서 금속의 기체 용해도. 기체의 용해도도 기체의 압력에 따라 달라진다.

여기에서
$$[\underline{G}] = 기체의 용해도$$
$$-\Delta H_S = 기체의 kmol당 용융 열$$
$$R = 기체 상수$$
$$T = 절대 온도$$

수소가 용융 금속에 용해될 때에 에너지가 공급되어야 하는데, 이는 흡열 반응이며 $-\Delta H_S$는 양수이다. (9.5) 식을 T에 대해 미분하면 다음의 식을 얻는다.

$$\frac{d[\underline{G}]}{dT} = 상수 \times \exp\left(\frac{-\Delta H_s}{RT}\right) \times \frac{-(-\Delta H_s)}{R} \times \frac{-1}{T^2} \times \sqrt{p_{G_2}}$$

또는

$$\frac{d[\underline{G}]}{dT} = 상수 \times \exp\left(\frac{-\Delta H_s}{RT}\right) \times \frac{-\Delta H_s}{RT^2} \times \sqrt{p_{G_2}} \qquad (9.6)$$

$-\Delta H_S$가 양수이면 도함수, 즉 곡선의 기울기가 양수이다. 이는 그림 9.3과 일치하며 Fe, Al, Mg 및 Cu처럼 가장 흔한 금속 내의 수소에 유효하다.

예를 들어 수소가 Ti 또는 Zr에 용해되면 에너지가 방출되는 반응, 즉 **발열**(exothermic) 반응이 일어난다. 이 경우에 용해도 곡선은 음의 기울기를 갖는다(그림 9.4).

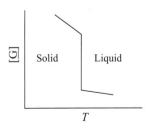

그림 9.4 용해 과정이 발열일 때 온도의 함수로서 금속의 기체 용해도.

용융 금속은 일반적으로 포화값보다 적은 기체를 함유하며, 이는 응고 과정 중에 기체 석출 가능성이 없다는 것을 의미한다.

9.3.3 반응 메커니즘 및 반응 속도론

기체의 흡수는 용융 금속에서 3단계로 발생한다.

1. 표면까지 주변 기체의 확산
2. 표면에서의 화학 반응
3. 하나 이상의 반응 생성물 원자가 용융 금속 안으로 확산

이 단계 중 가장 느린 단계가 기체 흡수 속도를 결정한다.

일반적으로 1단계는 빠르기 때문에 더 이상 논할 필요가 없다. 논의 대상이 되는 대부분의 기체는 H_2, N_2 및 O_2처럼 두 개의 원자로 구성된 기체이다.

2단계는 아래처럼 금속 표면에서 발생하는 해리가 주를 이룬다.

$$M + H_2 \rightleftharpoons 2H + M$$

여기에서 M은 용융 금속의 화학 기호이며, 반응 과정에서 소모되지 않는다. 많은 경우에 이 단계가 가장 느리고 이에 의해 반응 속도가 결정된다.

3단계는 원자가 용융 금속으로 확산되어 용액으로서 존재하는 것을 시사한다. 위에서 언급한 대로, 원자 기호의 밑줄은 예를 들어 $\underline{H}$ 또는 $\underline{N}$와 같은 단원자의 기체 원자가 용융 금속에 용해된 것을 가리킨다. 확산 과정은 종종 용융 금속의 대류에 의해 확대되는데, 이를 통해 3단계의 속도가 크게 증가한다.

기체가 용융 금속에 용해되는 속도는 2단계나 3단계에 의해 결정된다. 이 점은 기체의 석출에서 역순으로 동일하게 이루어진다. 3단계는 응고 과정 중에 기공 성장을 제어한다. 용융 금속에서 대류가 없는 경우에는, 응고 중에 고상과 액상의 2상 영역에서 확산이 발생한다.

기체 흡수

래들로부터 주형 또는 냉간 주형으로의 주조 도중에 금속의 흐름으로부터 주변으로 방출되는 열 때문에, 용융 금속의 온도가 감소한다. 동시에 넓은 면적이 공기에 노출되기 때문에 산소, 수소 및 질소의 흡수가 강하게 일어난다. 여기에는 수증기가 포함되는데, 금속과 반응하여 금속 산화물 또는 용해 산소와 단원자 수소가 만들어지게 된다.

흐름이 나누어지면 반응 면적이 수배 커지게 되며, 실험에 따르면 흐름의 길이 및 형상이 매우 중요하다.

예제 9.2는 강의 수소 농도가 주조 공정 진행 중에 증가한다는 것을 보여준다. 강의 수소 농도는 응고 중의 기공 형성에 매우 중요하다.

예제 9.2

10톤의 잉곳을 주조하려고 한다. 주조 시간은 2분이다. 경험에 의하면 래들로부터 주형까지의 주조 중에, 용강의 온도가 20°C(1520°C에서 1500°C까지) 낮아질 것으로 예상된다. 화학 분석에 따르면 4 ppm의 수소가 주조 시작 전에 강에 함유되어 있다. 본 예제에서는 세 번째 단계(상기 참고)인 경계층을 통한 용융 금속으로의 H 원자 확산이 가장 느린 과정이며, 이것이 흡수 속도를 결정한다. 이 경계층의 평균 두께는 10 μm라고 가정한다.

주조 작업 중에 강에서 수소 농도의 증가를 표현하기 위한 대략적인 계산을 진행하라.

다음의 정보를 문헌에서 발췌하였다.

용강에서 수소의 확산 속도 = 1.0×10^{-9} m²/s. 현재의 온도와 습도에서 강의 최대 수소 용해도 = 20 ppm. 강의 열용량 = 0.76 kJ/kg K.

스테판 – 볼츠만 법칙의 상수는 5.67×10^{-8} J/sm² K⁴이다. 용강은 이상적인 흑체가 아니므로 환원 인자, 즉 방사율 ε을 대입해야 하며 이 경우에 0.6으로 추정한다.

풀이

1단계:

용융 금속이 20°C 냉각된다는 정보를 통해서, 흐름의 유효 면적 A를 계산할 수 있다. 열 손실은 흐름의 방출 에너지와 동일하다.

$$c_p M \Delta T = \varepsilon \sigma (T^4 - T_0^4) A t \qquad (1')$$

여기에서

M = 잉곳의 질량
ΔT = 용융 금속의 온도 감소
T = 용강의 온도 = 1520°C = 1793 K
T_0 = 주변의 온도 = 20°C = 293 K
t = 주조 시간 = $2 \times 60 = 120$ s

T_0^4는 T^4에 비해 무시할 수 있으며, 다음의 등식을 통해서 $A = 3.58$ m²을 얻게 된다.

$$0.76 \times 10^3 \times 10 \times 10^3 \times 20$$
$$= 0.6 \times 5.67 \times 10^{-8} \times 1793^4 \times A \times 120$$

2단계:

단원자 수소가 용강 안으로 확산된다. Fick의 확산 법칙을 이용해서 주조가 끝날 때에 잉곳의 수소 농도를 계산할 수 있다.

Fick의 첫째 법칙을 아래와 같이 표기할 수 있다.

$$\frac{dm}{dt} = -DA\frac{dc}{dy} \tag{2'}$$

여기에서

m = 확산된 수소의 질량

D = 강의 수소 확산 계수

A = 흐름의 총 유효 면적

c = 강 밀도를 곱한 농도(wt-%)(305쪽 참고)

y = 표면에 수직으로의 확산 거리

비유동 흐름에서는 (2′) 방정식을 다음처럼 표기할 수 있다.

$$\frac{dm}{dt} = -DA\frac{\rho_{Fe}\Delta c}{\Delta y} = -DA\frac{\rho_{Fe}(c - c_{eq})}{\delta} \tag{3'}$$

여기에서 δ는 경계층의 두께, c_{eq}는 주어진 온도에서 강 내 수소의 용해도 한도이다.

dt의 시간 동안에 용강으로 수송되는 수소의 질량 dm으로 인해서 용강의 수소 농도가 dc의 양만큼 증가하고, $dm = dcM$의 등식을 얻게 되는데 (3′) 식을 아래와 같이 표기할 수 있다.

$$\frac{Mdc}{dt} = -DA\rho_{Fe}\frac{c - c_{eq}}{\delta} \tag{4'}$$

(4′) 식을 적분하면 시간의 함수로서 잉곳의 수소 농도를 얻으며, $t = 120$ s, 1 ppm $= 10^{-4}$ wt-%를 대입함으로써 이 관계식으로부터 필요한 수소 농도를 얻을 수 있다.

$$\int_{4\times10^{-4}}^{c}\frac{dc}{c - c_{eq}} = -\frac{DA\rho_{Fe}}{M\delta}\int_0^c dt \tag{5'}$$

또는

$$\left[\ln(c - c_{eq})\right]_{4\times10^{-4}}^{c} = -\frac{DA\rho_{Fe}}{M\delta}t$$

이 식을 다음처럼 변환할 수 있다.

$$\frac{c - 20\times10^{-4}}{4\times10^{-4} - 20\times10^{-4}} = \exp\left(-\frac{DA\rho_{Fe}}{M\delta}t\right)$$

여기에서 c는 wt-%로 표시되며, c에 대해 풀면 다음의 식을 얻는다.

$$c = 20\times10^{-4} - 16\times10^{-4}\times\exp\left(-\frac{DA\rho_{Fe}}{M\delta}t\right) \tag{6'}$$

알고 있는 값을 (6′) 식에 대입해서 c의 값을 계산할 수 있다. 이미 주어진 값 이외에 $\rho_{Fe} = 7.8 \times 10^3$ kg/m³(표준 참고 표로부터) 및 $\delta = 1.0 \times 10^{-5}$ m(본문에서)를 얻게 되며 이로부터 다음의 값이 주어진다.

답

수소 농도가 주조 작업 중에 두 배가 된다.

금속의 흐름은 래들에서 주형으로 떨어진다. 이로 인해 주형 내의 용융 금속에 요동과 흐름이 발생한다. 흐름이 주형에서 용융 금속의 표면과 충돌하면, 강욕 내부에서 아래 방향으로 기포가 움직이게 된다(그림 9.5).

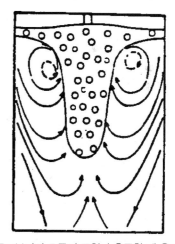

그림 9.5 래들로부터의 흐름이 주형과 충돌할 때 용강의 흐름.

흐름이 층류이면 공기가 제트 기류와 용융 금속 간의 공간으로 이동하여 용융 금속과 함께 주형으로 들어간다. 흐름이 난류이면 제트 기류 안에 포집된 기포가 용융 금속을 따라서 주형으로 들어간다. 주형 내의 기포가 위로 올라가서 표면에서 사라질 때에, 강한 움직임이 용강에서 발생한다. 위로 올라가는 거품은 제트 기류의 침투 깊이도 줄인다.

거품 안에 포집된 기체는 용융 금속과 화학 반응을 한다.

기체가 공기이면 이로 인해 슬래그 개재물이 발생하고, 이 때문에 가능한 한 불활성 분위기를 갖는 것이 중요하다.

하향식 주조에서는 주조 중에 증발을 하는 타르로 주형의 내부를 도포함으로써 이런 효과를 만들어낼 수 있다. 주조관(10장)이 없는 연속 주조에서는 주형 내 용융 금속의 표면과 공기와의 화학 반응을 막기 위해 유채 기름을 첨가할 수 있다.

9.3.4 기공의 형성

주조에서는 주된 두 가지 유형의 공동부 또는 기공, 즉 수축공 및 기공이 주물과 잉곳에서 나타날 수 있으며, 이들은 완전히 다른 발생 유래 및 형태를 기준으로 분류한 것이다.

고상은 일반적으로 용융 금속보다 더 높은 밀도를 갖고 있다는 것이 잘 알려져 있다. 통상 응고 수축은 응고 중에 새로운 용융 금속이 두상 영역에 공급됨으로써 보충이 된다. 많은 경우에 있어서, 특히 응고 과정이 빠른 경우에는 전체 응고 수축을 보충하는 것이 매우 어렵고, 대신 기공이 만들어진다.

용융 금속이 좁은 통로를 이동할 때 만들어지는 저항으로 인해서, 공동부가 수지상정 간 영역의 나머지 용융 금속에 형성되어 수축 기공이 발생한다. 일부는 용융 금속의 점성에 의해, 일부는 채널 주변의 수지상정에 의해 저항이 발생한다. 이런 이유 때문에 용융 금속의 이동로는 일반적으로 곡선이다. 이 경우에 기공의 표면은 가시처럼 울퉁불퉁해지고 고르지 않게 된다. 수축공에 대해서는 10장에서 보다 자세하게 다룰 예정이다.

기공은 매끄럽고 표면이 고른 것이 특징이다. 용융 금속에 흡수된 기체는 대부분의 경우 고상보다 용융 금속에서 용해가 더 잘된다. 금속이 응고되면 수지상정 간 영역에 기체 석출이 일어난다. 방출된 기체는 용융 금속에 비해 부피가 큰데, 용융 금속이 두상 영역에서 빠져나오기 때문에 이로 인해 대부분의 경우에 커다란 기공을 만들어낸다. 이런 기공의 크기는 용해된 기체의 농도 및 용융 금속과 고상에서의 기체 용해도 차이에 의해 결정이 된다.

기공은 구형 기공 및 길쭉한 기공의 두 개 하위군으로 나눌 수 있으며, 아래에서 별도로 이들을 다룰 예정이다.

7장에서 응고 마지막 단계의 공정 조직 석출을 다루었을 때, 이해를 촉진하기 위해서 상태도를 이용하였다. 기공의 석출에 관련해서도 이 방법을 사용할 수 있다.

기공의 석출

그림 9.3과 유사한 용해도 곡선을 가진 기체를 고려하라. 이 그림에서 축을 교환하여 그림 9.6과 같은 그림을 얻으며 이것이 금속 – 기체계의 상태도이다.

고상선과 액상선이 추가되면 이 다이어그램은 훨씬 더 '공정' 상태도와 같은 형태가 된다. 그림 9.6에서 알 수 있듯이 공정점 E의 위치는 압력 p에 매우 민감하다.

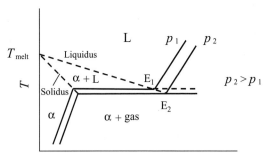

그림 9.6   금속 – 기체계의 상태도.

구형 기공

용융 금속의 구형 기공은 기체 농도가 현재 온도에서 기체의 용해도를 초과할 때에 만들어지며, 그림 9.6에 나타내었듯이 기체 농도가 용융 금속에서의 기체 공정 농도보다 높을 때에 이런 현상이 발생한다.

기공은 잉곳의 상부에서 주로 형성된다. 이 경우에 식 (9.1)에 따라 용융 금속의 표면장력 및 압력이 기공 내부의 압력을 결정한다.

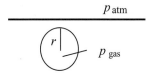

그림 9.7   용융 금속의 표면 아래로 h 깊이에서의 구형 기공.

기공 성장, 즉 시간의 함수로서 기공 반지름을 분석하기 위해서 용융 금속의 표면 아래로 h 깊이에 있는 구형 기공을 고려하고(그림 9.7) 식 (9.1)에 있는 $p_{atm} + \rho gh$ 항을 p_{total}로 대체할 수 있는데 이를 통해 다음의 식이 주어진다.

$$p_{gas} = p_{total} + \frac{2\sigma}{r} \tag{9.7}$$

여기에서

p_{gas} = 기공 내부의 총 압력
p_{total} = 대기압(기체의 분압이 아님) + 정수압
σ = 용융 금속의 단위 면적당 표면 에너지
r = 기공의 반지름

이 외에 기체가 두 개의 원자를 갖고 있으며, 원자로서 용융 금속에 용해된다고 가정한다. 용융 금속/기공 접촉면에서 다음의 반응이 발생할 때 기공이 성장한다.

$$2\underline{G} \rightarrow G_2$$

기체는 기공 안에서 이원자 분자로 석출된다. 일반 기체의 법칙을 이용해서 기공 내의 이원자 기체 분자의 수(kmol)를 계산할 수 있다.

$$n_{G_2} = \frac{p_{gas}V_{pore}}{RT} \tag{9.8}$$

여기에서

nG_2 = 기공 내의 이원자 기체의 kmol
p_{gas} = 기공 내부의 압력
V_{pore} = 기공의 부피
R = 일반 기체 상수
T = 용융 금속의 온도

식 (9.8)을 식 (9.7)과 결합하면 기공을 형성하는 데 필요한 용융 금속에 용해된 기체 원자(kmol)의 수 n_G가 반지름 r의 함수로서 주어진다. 기체 원자의 수는 기체 분자 수의 두 배이다.

$$n_{\underline{G}} = 2n_{G_2} = \frac{2\left(p_{total} + \frac{2\sigma}{r}\right)\frac{4\pi r^3}{3}}{RT} \tag{9.9}$$

식 (9.9)를 시간에 대해 미분하면 기공에서 단위 시간당 용해된 기체 원자(kmole) 수의 감소와 단위 시간당 기공 반지름 증가 간의 관계식을 얻는다.

$$-\frac{dn_{\underline{G}}}{dt} = \frac{2dn_{G_2}}{dt} = \left(\frac{2dn_{G_2}}{dr} = \frac{8\pi}{3R}\right)\frac{dr}{dt} = \frac{(3p_{total}r^2 + 4\sigma r)}{T}\frac{dr}{dt} \tag{9.10}$$

용융 금속으로부터 용융 금속/기공 계면으로의 기체 원자의 확산을 고려해서, 단위 시간당 기체 원자의 수(kmol)에 대한 또 다른 식을 얻을 수 있으며, Fick의 제1법칙(표 9.2 참고)이 적용된다. 단위 시간당 질량의 증가는 면적 및 농도 기울기에 비례한다.

기공의 성장률은 농도 기울기에 비례하며, 용해된 기체 원자의 농도는 기공 표면에서의 $x_G^{L/pore}$로부터 기공 표면에서 거리 r만큼 떨어진 용융 금속 내의 기체 농도까지 선형적으로 증가한다고 가정한다. 후자 농도의 근사값은 용융 금속 내 용해

기체의 평균 농도인 $x_{\underline{G}}^L$이다.

$$\frac{dn_{\underline{G}}}{dt} = -D_{\underline{G}} \times 4\pi r^2 \frac{x_{\underline{G}}^L - x_{\underline{G}}^{L/pore}}{V_m r} \tag{9.11}$$

여기에서

$n_{\underline{G}}$ = 기공 내 기체 원자의 kmol
V_m = 몰 부피(농도를 몰 분율과 킬로몰의 질량으로 측정하기 때문에 추가되어야 함)
$D_{\underline{G}}$ = 용융 금속에 용해된 기체 원자의 확산 상수
$x_{\underline{G}}^L$ = 용융 금속 내의 기체의 평균 몰 분율(kmol)
$x_{\underline{G}}^{L/pore}$ = 기공 표면에 가까운 용융 금속 내에 용해된 기체 원자의 몰 분율(kmol)

식 (9.10) 및 식 (9.11)을 결합해서 dr/dt의 해를 구하면 다음과 같은 식을 얻게 된다.

$$\frac{dr}{dt} = \frac{3RD_{\underline{G}}T}{2V_m} \frac{x_{\underline{G}}^L - x_{\underline{G}}^{L/pore}}{3p_{total}r + 4\sigma} \tag{9.12}$$

위의 식은 시간의 함수로서 구형 기공의 성장률의 표현에 필요하며, 이 식이 유용하려면 기공 표면 근처의 용융 금속과 기공에서의 기체 농도를 아는 것이 필요하다.

$x_{\underline{G}}^L$는 용융 금속 내 기체의 원래 몰 분율이다. $x_{\underline{G}}^{L/pore}$는 온도에 따라 크게 달라지며 다음의 식을 통해 계산이 가능하다 [(9.5) 방정식과 비교]:

$$x_{\underline{G}}^{L/pore} = \text{constant} \times \sqrt{\frac{p_{total} + \frac{2\sigma}{r}}{p_0}} \times \exp\left(-\frac{\text{constant}}{T}\right) \tag{9.13}$$

여기에서 p_0는 기체의 표준 압력이며, 일반적으로 1 atm이다. 제곱근 식은 Sievert의 법칙(257쪽)을 적용해서 나온 것인데, 압력이 1 atm이 아니고 제곱근 식의 분모에 주어진 값을 가지기 때문이다.

길쭉한 기공

길쭉한 기공은 용융 금속의 원래 기체 농도가 기체의 용해도보다 낮을 때, 즉 용해된 기체 원자의 공정 농도보다 낮을 때에 형성된다(그림 9.6). 이런 유형의 기공은 응고 전단부에서 핵 생성되어 응고 도중에 점차 성장한다.

기공 성장의 구체적인 예로는 용융강이 있으며, 고상에서 8 ppm의 수소, 1 atm(그림 9.8)의 액상에서 27 ppm의 수소를 용해할 수 있다.

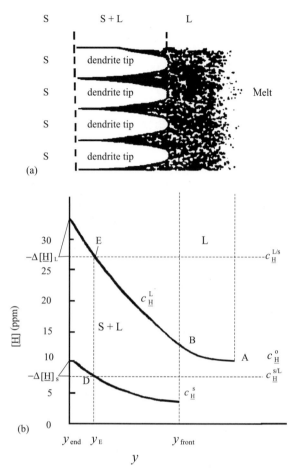

그림 9.8 (a) 두 개 응고 전단부 간의 용융 금속과 2상 영역의 그림. (b) 응고 전단부에 가까운 2상 영역 내 용융 금속과 고상의 $\underline{H}$ 용해도에 대한 주요 그림. 과포화 용융 금속과 과포화 고상 간의 농도 차이 $\Delta[\underline{H}]$와 기공에서 가까운 용융 금속과 고상의 $\underline{H}$ 농도는 용융 금속과 고상으로부터 기공까지의 $\underline{H}$ 원자 확산에 대한 구동력이다(그림 9.9). 밑줄이 그려진 $\underline{H}$는 용융 금속에 용해된 수소 원자를 나타내는 기호이다. S = 고상; S + L = 고상 + 액상; L= 액상.

그림 9.8 (b)는 응고 전단부로부터 거리의 함수로서, 용융 금속($c_{\underline{H}}^L$)과 고상($c_{\underline{H}}^s$)에서의 $\underline{H}$ 농도를 보여준다($y = y_{end}$에서 100% 고상). 용융 금속 내의 $\underline{H}$의 초기 농도는 10 ppm[그림 9.8 (b)의 A점]이고, 그 후에 수지상정의 선단 앞에 있는 영역에서 약간 증가한다. B점(y_{front})에서는 저농도 $\underline{H}$의 고상이 석출되기 시작한다($c_{\underline{H}}^s = 3$ ppm). 고상이 많이 석출될수록 남아 있는 용융 금속에서 수소의 농도가 더 높아지게 된다.

농도비 $c_{\underline{H}}^s / c_{\underline{H}}^L$는 일정한데, 이는 고체 전단부까지의 거리 y_{end}가 감소함에 따라 고상의 수소 농도가 증가한다는 것을 의미한다. 아래쪽의 점선은 고상에서 수소 농도의 포화 값에 해당된다.

고상은 y_E보다 2상 영역의 끝에 가까운 거리에서 과포화가 된다. $y = y_{end}$에서 수소 농도가 10 ppm이고, 수소가 사라지지 않았기 때문에 용융 금속에서 수소의 원래 농도와 동일하다.

위쪽의 점선은 용융 금속에서 $\underline{H}$의 포화값인 27 ppm에 해당된다. E점(y_E)보다 $y = y_{end}$에 가까운 거리에서 용융 금속이 과포화된다. 응고 전단부의 끝($y = y_{end}$)에서 마지막으로 응고된 용융 금속의 수소 농도가 33 ppm까지 증가하였다.

위의 분석으로부터 수소가 용강에서 석출될 이론적 가능성이 있다는 것이 명백하다. 기공의 자발적인 형성을 위해서는 이론적인 과포화 한도보다 더 높은 농도가 종종 필요하다. 현재의 경우에는 이 조건이 충족된다. 기공의 핵 생성은 매우 어렵고 불균질 핵 생성에 의해 발생할 수 있다. 기공이 핵 생성될 때에 과포화된 고체 또는 액체로부터 $\underline{H}$ 원자가 기공 속으로 확산이 된다. 기공이 응고 전단부와 같은 속도로 성장하는 것이 보통이다.

그림 9.9는 응고 전단부와 같은 속도로 성장하는 기공의 그림이다. 수소 기공의 압력이 1 atm의 외압과 일치하면 과포화 용융 금속과 고상으로부터의 $\underline{H}$ 유입에 의해 기공이 성장하는데(그림 9.9), 양쪽의 경우 모두 확산을 통해 유입이 발생한다.

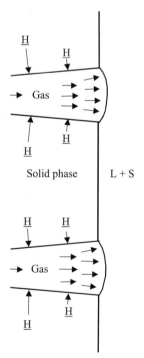

그림 9.9 고상에서 수소 기공 성장의 주요 그림. 응고 전단부가 그림 9.8 (b)의 y_{end}와 일치한다. 용융 금속으로부터의 $\underline{H}$ 원자 확산은 그림 9.8 (a)에 나와 있지 않다.

계면에서는 용해된 H 원자와 기체 이원자 수소 간의 평형 상태가 이루어진다.

$$2\underline{H} \rightleftharpoons H_2$$

성장률, 즉 응고 전단부의 속도와 수소 농도가 기공의 성장을 제어한다. 응고 전단부가 서서히 움직이면, 속도가 빠른 경우보다 기공의 부피가 더 빠르게 증가한다. 수소 농도가 높을수록 기공의 부피는 더욱 빠르게 성장한다.

응고 전단부의 성장률이 낮고 과포화가 높을 때 또는 이 중 한 가지 상황이 발생할 때, 기공이 응고 전단부와 접촉을 하지 않고 응고 전단부의 앞에 있는 용융 금속 안으로 흘러갈 정도로 기공의 성장이 아주 빠를 수 있다.

다양한 경우에 있어서 기공의 크기, 형상과 분포는 각 특별한 경우의 조건에 따라 크게 달라진다. 그림 9.10에는 다른 대체 사례들이 몇 가지 나와 있다.

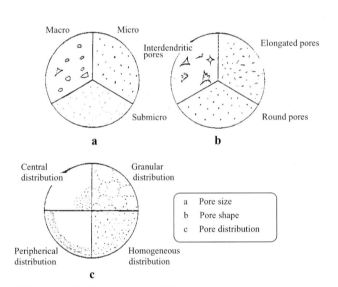

그림 9.10   유형이 다른 기공 조직의 예. Hodder Headline의 허락을 얻어 인용함.

9.4   용융 금속에서 개재물의 석출

슬래그 개재물은 금속과 비금속 성분의 화학적 화합물이거나 비금속 성분만의 화학적 화합물이다. 이에 대한 예로는 금속 산화물, 질화물 및 황화물이 있는데, 이 물질들은 용융 금속에 잘 용해되지 않는다. 이들을 제거하기 위한 몇 가지 야금법으로는 여과, 부유(래들 또는 턴디쉬에 몇 시간 동안 유지), 진공 탈가스 및 또는 기체 세정이 있다.

주조 작업 전에 금속이 노 또는 래들에서 용융된다. 금속은 래들들을 덮고 있는 내화물과 반응할 수 있고, 이로 인해 용융 금속의 조성이 바뀔 수 있다. 내화물은 종종 산화물로 이루어지며, 주조와 응고 과정 중에 내화 성분이 석출될 수 있다.

열역학, 즉 화학 퍼텐셜의 관점에서 또는 자유 에너지 함수를 이용해서 화학 반응을 분석할 수 있다. 후자의 방법을 택하여 야금 반응을 반응계의 자유 에너지 측면에서 간략하게 다룰 예정이다.

9.4.1   화학 반응의 열역학

모든 계는 평형, 즉 에너지 최소에 해당하는 상태에 도달하려고 노력한다. 계를 설명해 주며 다수의 반응물 및 반응 생성물로 이루어지는 에너지 함수는 Gibbs의 자유 에너지이다.

$$G = H - TS \tag{9.14}$$

여기에서
G = 계의 자유 에너지
H = 계의 엔탈피
T = 절대 온도
S = 계의 엔트로피

자발적인 화학 반응의 조건은 계에서 자유 에너지의 총 변화가 음수, 즉 계의 에너지가 감소하는 것이다. 자유 에너지의 변화는 다음과 같이 정의된다.

$$\Delta G = G_{products} - G_{reactants} \tag{9.15}$$

따라서 **자발적인 화학 반응**(spontaneous chemical reaction)의 조건을 다음과 같이 표기할 수 있다.

$$\Delta G = G_{products} - G_{reactants} < 0 \tag{9.16}$$

계의 자유 에너지 변화가 클수록 반응의 구동력이 커지게 되는데, 이는 반응이 더 쉽게 발생하게 된다는 것을 의미한다.

계의 평형(equilibrium of the system) 조건은 다음과 같다.

$$\Delta G = G_{products} - G_{reactants} = 0 \tag{9.17}$$

원소의 Gibbs 자유 에너지와 원소의 농도 간에 관계식이 존재하며, 이상용액의 경우에는 아래와 같이 관계식을 표기할 수 있다.

$$G = G° + RT \ln x \tag{9.18}$$

여기에서
G = 원소의 자유 에너지
$G°$ = 원소의 표준 자유 에너지

T = 절대 온도

x = 원소의 농도(몰 분율).

9.4.2 용해도적

Guldberg - Waage의 법칙

다음과 같은 화학 반응을 고려하라.

$$aA + bB \rightleftharpoons cC + dD$$

여기에서 A, B, C 및 D는 반응물 및 반응 생성물이고, a, b, c 및 d는 화학 반응 계수이다.

화학 반응과 관련된 모든 원소에 적용된 식 (9.17)의 조건 및 식 (9.18)을 통해서, 다음처럼 계의 평형에 대한 조건을 얻게 된다.

$$G_{products} = G_{reactants}$$

또는

$$c(G_{\underline{C}}^{\circ} + RT \ln x_{\underline{C}}) + d(G_{\underline{D}}^{\circ} + RT \ln x_{\underline{D}})$$
$$= a(G_{\underline{D}}^{\circ} + RT \ln x_{\underline{A}}) + b\left(G_{\underline{B}}^{\circ} + RT \ln x_{\underline{B}}\right)$$

위의 식을 아래와 같이 표기할 수 있다.

$$cRT \ln x_{\underline{C}} + dRT \ln x_{\underline{D}} - aRT \ln x_{\underline{A}} - bRT \ln x_{\underline{B}} = aG_{\underline{A}}^{\circ} + bG_{\underline{B}}^{\circ} - cG_{\underline{C}}^{\circ} - dG_{\underline{D}}^{\circ}$$

또는

$$RT(\ln x_{\underline{C}}^{c} + \ln x_{\underline{D}}^{d} - \ln x_{\underline{A}}^{a} - \ln x_{\underline{B}}^{b}) = aG_{\underline{A}}^{\circ} + bG_{\underline{B}}^{\circ} - cG_{\underline{C}}^{\circ} - dG_{\underline{D}}^{\circ}$$

위의 식을 다음처럼 변환할 수 있다.

$$\ln\left(\frac{x_{\underline{C}}^{c} x_{\underline{D}}^{d}}{x_{\underline{A}}^{a} x_{\underline{B}}^{b}}\right) = \frac{aG_{\underline{A}}^{\circ} + bG_{\underline{B}}^{\circ} - cG_{\underline{C}}^{\circ} - dG_{\underline{D}}^{\circ}}{RT}$$

또는

$$\frac{x_{\underline{C}}^{c} x_{\underline{D}}^{d}}{x_{\underline{A}}^{a} x_{\underline{B}}^{b}} = \exp\left(\frac{aG_{\underline{A}}^{\circ} + bG_{\underline{B}}^{\circ} - cG_{\underline{C}}^{\circ} - dG_{\underline{D}}^{\circ}}{RT}\right) \qquad (9.19)$$

주어진 온도에서 식 (9.19)를 다음처럼 표기할 수 있다.

$$\frac{x_{\underline{C}}^{c} x_{\underline{D}}^{d}}{x_{\underline{A}}^{a} x_{\underline{B}}^{b}} = 상수$$

상수의 값은 선택한 농도 단위에 따라 달라지며 단위의 선택을 보류하면 식 (9.19)를 다음과 같이 표기할 수 있다.

$$\frac{[C]^{c}[D]^{d}}{[A]^{a}[B]^{b}} = 상수 \qquad (9.20)$$

이 식은 반응물 및 반응 생성물이 각각 두 개씩인 특별한 경우의 Guldber-Waage 법칙이다. 이 식은 일반적인 경우에 임의 개수의 반응물 및 반응 생성물에 대한 평형 상태에서 유효하며, 상수의 값은 온도와 선택한 농도 단위에 따라 달라진다.

용해도적

용융 금속에 용해된 두 가지 종류의 원자를 고려하라. 이들 원자는 서로 화학 반응을 하여 용융 금속에 용해도가 낮은 반응 생성물을 만들어낸다.

$$aA + bB \rightleftharpoons A_{\underline{A}}B_{\underline{B}}$$

평형 상태의 계에 Guldber-Waage의 법칙을 적용하여 아래의 식을 얻는다.

$$\frac{[A_a B_b]}{[A]^{a}[b]^{b}} = 상수 \qquad (9.21)$$

반응 생성물인 $A_a B_b$가 용융 금속에서 낮은 용해도를 보이기 때문에, 이들 대부분은 석출되어 개재물로 나타난다.

인자 $[A_a B_b]$는 일정하고 식 (9.21)의 상수에 포함시킬 수 있으므로 다음처럼 표기가 가능하다.

$$[A]^{a}[b]^{b} = K_{A_a B_b}$$

여기에서 $K_{A_a B_b}$를 용해도적이라고 부른다.

상수 a와 b는 정수이다. 야금 반응에 있어서 성분들 중 하나는 금속이고 다른 하나는 O, N, S, C 또는 Si와 같은 비금속 화합물이다. 이에 대한 예로는 산화물, 질화물, 황화물 및 탄화물이 있다. 정수의 값은 개재물의 조성에 따라 달라지며 7장에서 다루었던 $Cr_{23}C_6$, Cr_7C_3 및 Fe_3C가 이런 예이다.

화학 반응 및 자유 에너지 다이어그램

대다수의 원소에 대한 표준 자유 에너지는 표 형태로 알려져 있다. 반응과 관련된 모든 원소의 표준 자유 에너지를 알면, 어떤 반응에 대한 표준 Gibbs 자유 에너지 변화를 계산할 수 있다.

다양한 온도에서 수많은 화학 반응이 일어나는데 이에 대한 표준 자유 에너지는 알려져 있다. ΔG°를 온도의 함수로 그

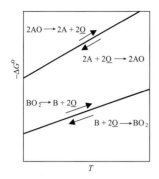

그림 9.11 온도의 함수로서 두 가지 반응에 대한 표준 자유 에너지의 변화. Hodder Headline의 허락을 얻어 인용함.

리면, 반응에 대한 결과를 도출할 수 있다. 한 가지 예로 산소와 금속 A 또는 금속 B를 이용한 두 가지 금속 산화물의 형성에 대해 논할 예정이며 해당 반응을 아래와 같이 표기할 수 있다.

$$2A + 2\underline{O} \rightleftharpoons 2AO$$
$$B + 2\underline{O} \rightleftharpoons BO_2$$

그림 9.11에 이 두 가지 반응의 표준 자유 에너지 – 온도 곡선을 나타내었다.

온도가 올라갈 때에 두 가지 반응에 대한 $(-\Delta G°)$가 증가한다는 것을 다이어그램으로부터 알 수 있다. 이 두 가지 경우에 있어서 온도가 상승하면 금속 산화물의 분해가 촉진된다. 용융 금속의 턴디쉬 및 래들에는 내열 금속의 산화물이 사용된다. 산화물은 고온에서 안정성이 떨어지며 오염이 될 위험이 있다.

금속 A의 곡선 기울기가 금속 B보다 가파르며 금속 B는 금속 A보다 쉽게 산화되는 경향을 보인다. 이 특성을 이용해서 금속 A를 탈산할 수 있다.

$\underline{O}$ 원자를 포함하는 A의 용융 금속에 금속 B를 넣으면, B 원자는 용융 금속에 있는 산소 원자와 반응하여 BO_2 분자가 생성된다. 통상적인 온도에서 BO_2 산화물의 밀도가 액체 기지보다 낮을 경우에, 산화물은 용융 금속으로부터 기계적으로 분리될 수 있다.

온도의 함수로서 용해도적

자유 에너지 함수를 이용하면 주조 작업 중에 발생하는 개재물의 석출, 용융 금속의 조성 변화와 다양한 유형의 결함을 분석하는 것이 가능하다. 여기에서는 아래의 반응을 분석할 예정이다.

$$B + 2\underline{O} \rightleftharpoons BO_2$$

여기에서 B와 O는 A 원소의 용탕에 용해된다.

비이상용액의 용해도적을 아래와 같이 표기할 수 있다.

$$x_B x_{\underline{O}}^2 = \frac{1}{\gamma_B \gamma_{\underline{O}}^2} \exp\left(-\frac{\Delta G°}{RT}\right) \qquad (9.23)$$

여기에서

$x_{B,O}$ = 용융 금속에 용해된 $\underline{B}$와 $\underline{O}$ 원소의 농도(몰 분율)
$\gamma_{B,O}$ = 용융 금속에 용해된 $\underline{B}$와 $\underline{O}$ 원소의 활성도 계수
$-\Delta G°$ = 반응의 표준 자유 에너지 변화

온도가 일정하면, Gibbs 자유 에너지(G = H – TS)의 정의를 이용해서 식 (9.23)을 표기할 수 있다.

$$x_B x_{\underline{O}}^2 = \frac{1}{\gamma_B \gamma_{\underline{O}}^2} \exp\left[-\left(\frac{\Delta S°}{R} - \frac{\Delta H°}{RT}\right)\right] \qquad (9.24)$$

여기에서

$\Delta S°$ = 반응에 의한 표준 엔트로피 변화
$-\Delta H°$ = 반응에 의한 표준 엔탈피 변화

활성도 계수는 많은 계에서 거의 일정하고, 식 (9.24)를 다음처럼 단순화할 수 있다.

$$x_B x_{\underline{O}}^2 = 상수 \times \exp\left(\frac{-\Delta H°}{RT}\right) \qquad (9.25)$$

이 식은 용해도적이 온도에 의존한다는 사실을 설명해 준다.

7장에서는 상태도가 응고 과정을 분석할 때에 매우 유용한 도구라는 것을 파악하였다. 식 (9.25)는 A – B – O 3상계의 면을 나타낸다.

이 장의 다음 절에서는 가장 일반적인 금속에 대해 매우 중요한 몇몇 야금 반응과 관련된 조사 내용을 제시하고, 이를 금속 주조 시의 문제와 연관 짓고자 한다.

9.5 알루미늄 및 알루미늄 합금

9.5.1 알루미늄 산화물

Al 용융 금속은 적절한 온도에서 쉽게 산화가 되며, 용융 금속의 표면이 추가적으로 산화되는 것을 막아주는 Al_2O_3의 박막이 형성된다. 온도가 증가함에 따라 산화 속도가 증가하며, 얇은 산화물 층이 즉시 용융 알루미늄 표면을 덮는다.

Al 금속이 순수할수록, 대기 중 산소와의 산화 과정이 늦어진다. 용융 알루미늄에서는 대기 중 수증기와의 화학 반응을 통한 산화물도 형성된다.

$$2Al + 3H_2O \rightleftharpoons Al_2O_3 + 6H$$

반응 중에 수소가 방출되어 용융 금속 안으로 확산이 이루어진다. 알루미늄 산화물과 수소가 함께 빈번하게 발생하는 것은 문제가 된다. 알루미늄 용탕에서 Al_2O_3가 발생하는 다른 경로는 알루미늄 생산에 있어서 스크랩을 쓸 경우에 알루미늄 스크랩에 있는 산화된 표면이다. 노와 래들에서의 부주의한 교반으로 인해 발생하는 용융 금속의 난류도 Al_2O_3의 농도가 증가하는 원인이다.

미세 입자 산화물과 다른 비금속 불순물이 알루미늄 용탕에 현탁액으로 존재한다. 알루미늄 산화물의 밀도는 용융 금속의 밀도보다 높지만, 침강이 없거나 매우 느린 침강이 발생한다. 이에 대한 한 가지 이유는 Al_2O_3 입자가 다공성이고 기공에 포함된 기체를 함유하기 때문이다. 이 입자의 평균 밀도는 비다공성 Al_2O_3의 평균 밀도보다 낮고 Al 용탕의 평균 밀도와는 거의 동일하다.

Al 용탕에서 Al₂O₃ 및 다른 불순물의 제거

알루미늄 산화물은 매우 안정적인 화학적 화합물로서 정상적인 조건에서는 알루미늄으로 환원될 수 없다. 용융 금속에서 Al_2O_3를 제거하려면 용융염 혼합물을 소위 융제로서 사용하는 것이 필요한데, 융제로서는 통상 불화물 또는 염화물이 쓰이며 불순물을 기계적 또는 화학적으로 침식한다.

종종 융제가 용융 금속의 표면을 덮으며, 이는 대기 중의 산소 및 수증기로부터 표면을 보호하고 수소 및 산소가 용융 금속으로 확산해 들어가는 것을 어느 정도 효과적으로 막아준다. 일부 융제는 알루미늄 산화물과 화학적으로 반응하여 용융 금속을 효과적으로 정제한다.

알루미늄은 전기분해를 통해 생산된다. 염 화합물, 특히 불화물을 사용하여 알루미늄 용탕으로부터 Al_2O_3 슬래그 및 다른 비금속 불순물을 제거하는 것은 중요한 역할을 하며 이런 이유 때문에 신중하게 연구되어 왔다. 과량의 NaF가 있는 경우에는 예를 들어 다음과 같은 반응이 발생한다.

$$4NaF + 2Al_2O_3 \rightleftharpoons 3NaAlO_2 + NaAlF_4$$

$$2NaF + Al_2O_3 \rightleftharpoons NaAlO_2 + NaAlOF_2$$

Al 용탕으로부터 Al_2O_3 슬래그 개재물 및 다른 불순물을 제거하기 위한 간단한 기계적인 방법으로서 산업체에서 일반적으로 쓰이는 방법은, 몇몇 적절한 소재를 통해 용융 금속을 여과하는 것이다. 이 방법은 알루미늄 주조공장에서 소규모로 오랫동안 사용되어 왔다.

여과기는 3.6절에서 다루었다. 용기 간의 이송 또는 주조 중에 용융 금속을 직접적으로 여과할 수 있다. 때로는 여과기가 주형과 일체형으로 만들어지기도 한다. 대부분의 여과계는 다공성 내열 소재를 포함하는데, 이를 통해 1 μm 정도의 매우 미세한 비금속 개재물을 제거할 수 있다.

9.5.2 알루미늄 및 알루미늄 합금 내의 수소

알루미늄에서 기체 석출을 주로 일으키는 기체는 **수소**(hydrogen)이다. 수소는 다음의 반응을 거쳐서 물로부터 만들어진다.

$$3H_2O + 2Al \rightleftharpoons Al_2O_3 + 3H_2$$

수소는 용융 금속의 표면에서 해리가 된다.

$$M + H_2 \rightleftharpoons 2H + M$$

용융 금속에서 $\underline{H}$의 평형 농도는 용융 금속 위의 수소 압력의 제곱근에 비례한다.

$$[\underline{H}] = 상수 \times \sqrt{p_{H_2}} \quad \text{Sievert의 법칙} \qquad (9.26)$$

그림 9.12는 용융 금속에서의 수소의 고용도가 고상에서의 용해도에 비해 훨씬 높다는 것을 보여준다. $\underline{H}$ 용액은 처음부터 포화되는 일은 거의 없다. 그럼에도 불구하고 응고 과정 중에 수소 농도가 아주 많이 증가하여 포화값을 초과할 수 있기

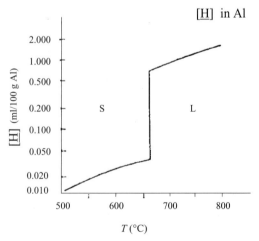

그림 9.12 1 atm에서 알루미늄 내의 수소의 고용도. Addison-Wesley Publishing Co. Inc., Pearson의 허락을 얻어 인용함.

표 9.3   750°C, 1 atm에서 알루미늄 및 알루미늄 합금 용융 금속에서의 수소 용해도

합금	ppm
Al 100%	1.20
Al+7% Si+0.3% Mg	0.81
Al+4.5% Cu	0.88
Al+6% Si+4.5% Cu	0.67
Al+4% Mg+2% Si	1.15

때문에 기체 석출의 위험성이 있다.

예를 들어, <u>H</u> 농도가 최초에 750°C의 알루미늄 용탕에서 0.4 ppm이라면, 금속의 90%가 응고되었을 때에 나머지 용융 금속에서의 농도가 3.6 ppm까지 상승하게 된다는 것을 계산 (지렛대 원리)을 통해 알게 된다. 하지만, 용해도 한도가 3배 초과했기 때문에 기체 석출이 발생하게 되고(표 9.3), [H] = 3.6 ppm의 농도는 용융 금속에서 결코 도달되지 않는다.

다른 원소가 첨가되면 수소의 용해도가 붕괴된다는 것을 표 9.3으로부터 알 수 있다.

알루미늄 및 알루미늄 합금에서 수소의 제거

아르곤 또는 질소 버블링을 통해 수소를 제거할 수 있다. 전체적인 버블 면적이 크면, 즉 버블이 작으면 공정에 유리하다.

캐리어 기체가 0.01 m³/s의 속도로 10톤의 용융 금속을 관통하면서 버블화되면, 100초 안에 수소 농도를 0.9 ppm에서 0.2 ppm으로 줄일 수 있다. 이 작업은 초기에 가장 효과적이며, 수소 농도가 감소되면 수소 농도를 더 낮추는 것이 더욱 더 어려워진다.

염소를 첨가하면 위의 결과가 개선된다는 것이 밝혀졌다. 개방형 노에서 탈가스 시간의 함수로서 응고 후의 Al 금속 밀도를 보여주는 그림 9.13 (a)와 (b)에서 알 수 있듯이, 염소를 이용해서 탈가스를 하는 것이 불활성 기체를 이용해서 탈가스 하는 것보다 더 효율적이다. 수소 농도가 감소되면, 금속의 밀도는 증가한다. 결과적으로 가벼운 기공의 분율이 감소한다.

염소가 첨가되면, 염산이 만들어진다.

$$2H + Cl_2 \rightleftharpoons 2HCl$$

캐리어 기체가 수소를 운반하는데 일부는 H_2로, 일부는 HCl 로 운반한다. 더불어, 염소 기체는 알루미늄과 반응해서 매우 작은 버블의 형태로 용융 금속에 들어가는 염화 알루미늄 기체가 만들어진다.

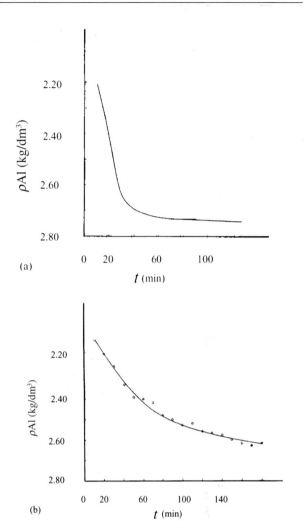

그림 9.13   개방형 오븐에서 (a) 순수 염소 기체 및 (b) 순수 질소를 통한 200kg Al 용탕의 탈가스. 온도는 750°C, 기체 유동은 140리터/분. Elsevier Science의 허락을 얻어 인용함.

$$2Al\,(l) + 3Cl_2(g) \rightleftharpoons 2AlCl_3(g)$$

이 버블들은 또한 H_2 및 HCl을 제거하는 데 도움이 된다.

염소와 질소의 혼합물이 자주 사용되는데, 이런 혼합물은 순수 염소로 탈가스를 하는 것과 같은 효과를 갖지만 공정 시간이 더 길어진다.

예제 9.3

알루미늄기 합금의 주조에 있어서 수소 기공이 형성되는 것은 큰 문제이다. 주조와 응고 중에 기공의 형성을 줄이기 위해, 주조 전에 용융 금속의 탈가스를 자주 진행한다.

그림 9.13 (a)에서 설명한 탈가스 방법을 사용한 것과 같은 노에서 200리터/분의 기체 유동으로 400 kg 알루미늄 용탕을 탈가스하는 경우에 시간이 얼마나 걸리는가? 기체는 순수 염소이다.

풀이

버블링을 통해서 용융 금속을 탈가스할 때의 기본은 용융 금속에 용해된 수소 기체 [H]의 농도가 버블 안에 있는 수소 기체의 분압과 평형을 이루지 않는 것이다. 분압은 Sievert의 법칙에 해당하는 압력보다 더 낮다. 평형이 이루어지지 않으면 용해된 수소 원자가 용융 금속으로부터 기포로 확산되고 수소 분자가 형성된다. 수소 원자는 버블 기체와 혼합이 되고 버블과 함께 용융 금속의 외부로 이동하게 된다.

정제의 효율을 결정하는 요소들은 다음과 같다.

1. 노출된 버블의 총면적, 즉 기체/용융 금속의 접촉 면적
2. 노출 시간, 즉 각 버블이 용융 금속과 접촉하는 시간

결론적으로 상승 속도가 낮은 다수의 작은 거품을 통해 최적의 정제가 가능하다.

그림 9.13 (a)는 용융 금속용 평로 오븐에서 Al 금속의 밀도와 탈가스 시간의 길이 간 관계를 보여준다. 금속의 밀도는 가스 농도의 측정값이고 이 값이 낮을수록 Al 용탕의 밀도는 높아진다. 모든 수소가 거의 없어지면 밀도가 일정해진다.

현 사례의 경우는 400 kg의 용융 금속에 기체 유동이 200 리터|분인 경우 탈가스 시간을 계산하려고 한다. 용융 금속이 더 많다는 것은 용해된 기체의 양이 더 많다는 것, 즉 캐리어 기체의 유동이 일정한 상태에서 탈가스 시간이 용융 금속의 질량에 비례해서 길어지게 된다는 것을 뜻한다.

유동이 증가한다는 것은 단위 시간당 더 많은 수의 버블이 발생한다는 것을 시사한다. 부피 유동이 증가할 때 일정량의 용융 금속에 대한 탈가스는 더 빠르게 되며 다음처럼 수학적으로 표현할 수 있다.

$$t = \text{constant} \times \frac{m}{\text{volume flow}} \qquad (1')$$

여기에서 t는 탈가스 시간, m은 용융 금속의 질량이다.

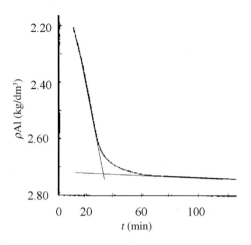

그림 9.13 (a)의 곡선에 접선을 그린다. 이 접선의 기울기는 단위 시간당 밀도의 증가를 나타낸다. 접선이 수평선과 만나는 시간을 알 수 있고, 이는 수소가 없는 알루미늄의 밀도를 나타낸다.

$$t = 33분$$

질량이 M인 많은 용융 금속에 필요한 시간 t_x는 다음과 같다.

$$t_x = \text{constant} \times \frac{M}{\text{Volume flow}} \qquad (2')$$

식 (2')를 식 (1')로 나누고, t_x에 대한 해를 구한 다음에 그림 9.13 (a)에서 주어진 정보를 사용하면 다음의 식을 얻게 된다.

$$t_x = t \times \frac{M}{m} \times \frac{\text{volume flow}}{\text{Volume flow}} = 33 \times \frac{400}{200} \times \frac{140}{200} = 46 \, \text{min}$$

답

알루미늄 용탕의 탈가스에 필요한 시간은 약 45분이다.

9.5.3 Al – Fe 화합물

철은 상업용 알루미늄에 있어서 주요 불순물이고, 전기분해 직후에 비정제 알루미늄에서도 발생한다. 알루미늄의 용해 및 주조 시 강 및 또는 주철 도구를 사용할 때 의도하지 않게 철이 종종 혼입된다. 그렇지 않으면, 재용해 시에 철이나 녹이 추가될 수도 있다.

그림 9.14는 Al – Fe계의 상태도이며, 알루미늄과 평형을 이루고 있는 상은 일반적으로 Al_3Fe로 표기된다. 그렇지만 Fe_2Al_7과 거의 일치하는 조성을 가진 결정이 발견되었다. 이 결정 구조는 이 결정이 Fe_4Al_{13}과 Fe_6Al_{19} 사이에 대체 가능한 조성을 가질 수 있다는 것을 가리킨다. 표 9.4에서 알 수 있듯

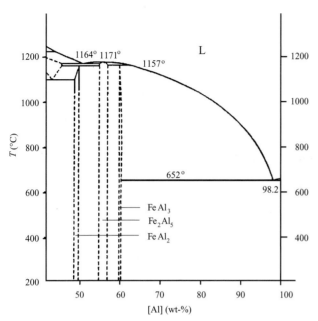

그림 9.14 Al-Fe계 상태도의 일부. ASM International의 허락을 얻어 인용함.

이, 이 모든 화합물은 거의 같은 중량 백분율의 Fe를 함유한다.

표 9.4 일부 Al-Fe의 조성

Formula	Fe (wt-%)
$FeAl_3$	40.7
Fe_2Al_7	37.3
Fe_4Al_{13}	38.9
Fe_6Al_{19}	39.5

철 화합물은 주조 알루미늄의 기계적 특성에 부정적인 영향을 미친다. 철은 위에서 논의한 유형의 철 알루미늄산염의 결정이나 Al-Fe-Si 화합물로 존재하며, 이들이 금속의 강도는 올려주지만 피로 저항은 나빠진다.

알루미늄 용탕으로부터 철의 제거
Fe-Al 화합물에서 화학적으로 철을 간단하게 분리해 주는 방법은 없다. 특허를 통해 많은 방법이 제시되었지만 결과가 만족스러운 방법은 하나도 없다.

알루미늄 용탕에서 철을 분리하는 데는 전기분해가 유일하게 성공적인 방법이다. 이 방법을 통해서 고농도의 불순물, 특히 Fe와 총 15 wt-%까지의 Si, Cu, Ni, Mg 및 Zn을 갖고 있는 알루미늄을 99.990~99.999 wt-%의 아주 높은 정제도를 갖는 알루미늄으로 정제할 수 있다. 정제 과정에는 많은 에너지가 필요하며 전기분해로 만들어지는 알루미늄의 생산에도 많은 에너지가 필요하다.

9.5.4 알루미늄 합금의 결정립 미세화

시편의 표면을 거시 부식시키면 알루미늄 합금의 응고 조직에 있는 결정립을 육안으로 관찰할 수 있다. 결정립의 크기는 응고 속도와 성분에 따라 크게 달라지나, 사형 주조에서는 지름이 1 mm를 넘는 경우가 드물지 않다.

소위 **결정립 미세화제**(grain refiner)가 첨가되면 조직은 1 mm보다 훨씬 미세하게 된다. Ti, B, Zr, V 및 Co와 같은 원소는 조직을 개선한다고 입증이 되었으며, 가장 효과적인 방법은 Ti 및 B를 동시에 첨가하는 것이다. Ti 및 B를 첨가하는 방법에는 여러 가지가 있을 수 있는데, 칼륨염인 KBF_4 및 K_2TiF_6를 용용 금속에 첨가하는 것이 한 가지 방법이다. 좀 더 대중적인 다른 방법은 소위 모합금을 첨가하는 것인데, 일반적으로 5%의 Ti 및 1%의 B가 여기에 함유된다. Ti 및 B 원자가 용용 금속에 용해되어 AlB_2, TiB_2 및 Al_3Ti와 같은 중간 상으로 석출된다.

또 다른 잠재적인 미세화제는 Sc이다. 초정 알루미늄은 미세한 Al_3Sc 입자 위에서 핵 형성된다고 여겨진다. 반면에 Al-Mg계와 같은 합금계에서는 붕소와 반응함으로써 미세화 효과가 차단된다.

9.5.5 Al-Si 합금에서 공정 조직의 개량처리

6장의 6.4.3절에서 개량처리되지 않은 Al-Si 공정 조직과 개량처리된 Al-Si 공정 조직을 다루었다. Al-Si 합금에서 개량처리되지 않은 공정 조직은 Si 조각으로 구성되는데, 이는 알루미늄(FCC)과 함께 부채 형상의 형태로 성장한다. Na 또는 Sr을 첨가함으로써, 합금의 형태가 더욱 미세한 조직으로 변경될 수 있는데, 여기에서 수 마이크로미터 이하의 직경을 갖고 있는 Si 봉이 알루미늄(FCC)과 함께 성장한다. 개량처리를 통해 합금의 기계적 특성이 향상된다.

Na은 급속하게 산화하며 증기압이 높다. 따라서 휘발성이 있고 주조 직전에 충분하게 첨가해야 하며, 사형 주조의 경우에 있어서 권장 농도는 150~200 ppm이다.

Sr을 통해 약간 거친 미세조직과 Na보다 다소 떨어지는 기계적 특성이 만들어지지만, 용용 금속에서 더 천천히 사라진다는 이점이 있다. 개량처리 효과가 없어지지 않고 소재를 재용용하는 것이 가능하다. 보통 7~13%의 Si를 포함하는 합금만이 개량처리의 가치가 있다.

Na과 Si 모두 수소 흡수의 위험성을 키운다.

9.6 구리 및 구리 합금

구리와 구리기 합금을 용융하는 것은 아주 쉽지만 한 가지 문제가 있다. 용융 금속은 종종 대기 중의 수증기와 반응을 하게 되며, 반응 중에 성형되는 수소가 구리 용탕에 용해된다. 냉각과 응고 과정 중에 수소가 기공으로 석출되거나 산소와 반응하여 용융 금속이나 주물에서 수증기 기공으로 석출될 수 있다.

질소는 구리와 구리기 합금에서 기체의 석출을 발생시키지 않지만, 구리 용탕에 황이 있으면 이산화황의 기공이 석출될 수 있다.

만족할 만한 품질의 주물을 얻으려면 이 문제를 예방하는 것이 중요하다.

9.6.1 구리와 구리 합금 내의 수소

소량의 수소로도 커다란 문제가 발생한다. 특별한 조치를 취하지 않으면 3 ppm 수준의 저농도 H로도 수소가 석출되며, 이는 금속 부피의 거의 45%에 해당된다. 그림 9.15는 구리, 구리 합금 및 주석에서의 수소 용해도를 보여준다.

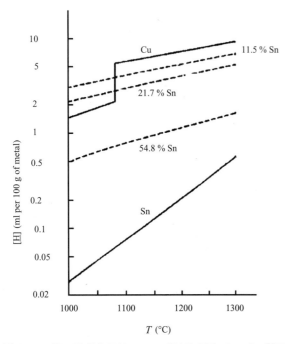

그림 9.15 온도의 함수로서 1 atm에서의 구리, Cu‒Sn 합금 및 주석의 수소 용해도. Addison-Wesley Publishing Co. Inc., Pearson의 허락을 얻어 인용함.

용융 금속에서의 수소 용해도는 고상에서의 용해도에 비해 높다. 수소 석출의 메커니즘은 이 장의 앞에서 자세하게 설명했던 것과 같다. 수소는 용해도 한도가 초과될 때까지 용융 금속에서 농축이 된다.

응고 과정의 끝에서 H와 O의 농도가 높기 때문에 화학 반응을 통해 금속에 석출이 되는 H_2O가 형성될 수 있으며 이 과정은 늦은 석출 단계에서 가장 자주 발생한다. 이에 대해서는 아래에서 다룰 예정이다.

대부분의 경우에 다른 물질을 첨가하면 수소의 용해도가 감소하는데 이는 구리에도 동일하며, 그림 9.15에 도식적으로 나타내었다. 1200°C의 순수 구리에서 수소의 용해도는 6.5 ppm이다. 약 50%의 구리와 50%의 Sn을 함유하고 있는 합금에서 수소의 용해도는 ~1 ppm이다. 하지만 Ni을 첨가하면 수소의 용해도가 증가한다. 90%의 구리와 10%의 Ni 합금에서 용해도는 예를 들어 10 ppm이다(그림에 나와 있지 않음).

구리와 구리 합금의 수소 제거

수소 석출을 예방하기 위하여 산화와 버블링의 두 가지 방법이 사용된다. 산화법은 다음 9.6.2절에서 다룰 예정이다.

반송 기체로 질소를 사용한 버블링은 인과 주석을 함유한 구리 합금을 대상으로 특별히 사용된다. Cu‒Zn 합금에서는 수소 석출과 관련된 문제가 거의 없다. Zn는 증기압이 높아서 내부 버블링을 통해 용융 금속에 용해된 수소를 멀리 보낸다.

예제 9.4

용융 도중에 구리 용탕의 수소 농도는 탈산 공정에 의해 흔히 결정된다. 수소 농도가 너무 높아지면, 주조 중에 수소 기공이 석출된다. 수소 기공을 피하기 위해 주조 중에 압력이 올라가는 주조공정이 개발되었다.

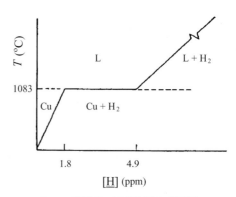

1 atm에서 Cu-H계의 단순 상태도.

용융 금속 내의 원래 수소 농도와 주물이 응고될 때에 기공 석출을 피하기 위해 필요한 최소 수소 압력 간의 관계식을 구하고, 함수를 도형으로 작도하라. Cu – H의 상태도는 상기 그림에 주어져 있다.

풀이

수소는 높은 확산 속도를 갖고 있다. 그러므로 다른 상들이 서로 평형 상태라고 가정하는 것이 합리적이다. 이 가정하에서 응고 분율 f_c에서 용융 금속의 순간적인 수소 농도(ppm)는 다음처럼 표기가 가능하다[지렛대 원리, 식 (7.15)].

$$c^L = \frac{c_0^L}{1 - f_c(1 - k_{part\,x})} \qquad (1')$$

여기에서 $k_{part\,x}$는 분배 계수이다.

$$k_{part\,x} = \frac{c^s}{c^L} \qquad (2')$$

Sievert의 법칙을 적용함으로써, 용융 금속에서 순간적인 수소 농도와 평형을 이루는 수소 압력(atm 단위로)을 얻는다.

$$c^L = K\sqrt{p} \qquad (3')$$

상태도를 통해 1 atm의 용융 금속에서 수소 농도의 포화값을 4.9 ppm으로 파악할 수 있다. 이 값을 식 (3')에 대입하면 다음의 식을 얻는다.

$$4.9 = K\sqrt{1}$$

또는

$$K = 4.9\,ppm/\sqrt{atm}.$$

수소 농도는 응고가 끝나기 전에 용융 금속의 마지막 부위에서 가장 높다. 응고 분율 = 1을 식 (1')에 대입해서 최소 압력 p를 얻게 되며, 이를 Sievert의 법칙과 결합해서 다음의 식을 얻는다.

$$c^L = \frac{c_0^L}{k_{part\,x}} = 4.9\sqrt{p} \qquad (4')$$

상기 본문에 있는 그림을 이용해서 $k_{part\,x}$를 계산할 수 있다.

$$k_{part\,x} = \frac{c^s}{c^L} = \frac{1.8}{4.9} \qquad (5')$$

그리고 식 (5')를 이용해서 다음의 식을 얻는다.

$$c_0^L = k_{part\,x} \times 4.9\sqrt{p} = \frac{1.8}{4.9} \times 4.9\sqrt{p} = 1.8\sqrt{p}$$

답

$$p = \left(\frac{c_0^L}{1.8}\right)^2 = 0.31\left(c_0^L\right)^2 \text{ atm}$$

$(c_0^L \text{ in ppm})$.

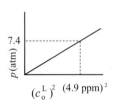

9.6.2 구리와 구리 합금 내의 산소, 수소 및 수증기

수증기 – 산소 – 수소는 복잡계이며, 수소가 단독으로 있을 때보다 훨씬 더 심각한 문제를 일으킨다.

고상 및 액상에서 H_2O, O_2 및 $\underline{O}$, 그리고 H_2 및 $\underline{H}$는 동시에 서로 간에 평형을 이루어야 한다. 유효한 평형 상수(표 9.5), Cu – O 및 Cu – H(그림 9.16 및 9.17)의 상태도를 이용해서, 다양한 수증기 압력에서 산소 및 수소의 농도를 표현하는 곡선을 그릴 수 있다. 노 분위기의 기체 분압을 알고 있는 상태에서 수소 및 수증기의 석출 위험을 추정하기 위해서 이 곡선을 사용할 수 있다.

표 9.5 Sievert의 법칙을 따라 두 가지 다른 온도에서, 구리 용탕의 수소 용해도

$H_2O \rightleftharpoons 2\,H + O$	
$[\underline{H}] = 3.0 \times 10^{-7} \times \sqrt{\dfrac{p_{H_2O}}{[\underline{O}]}}$	at 1083 °C
$[\underline{H}] = 8.0 \times 10^{-7} \times \sqrt{\dfrac{p_{H_2O}}{[\underline{O}]}}$	at 1250 °C
$2\,\underline{H} \rightleftharpoons H_2$	
$[\underline{H}]_{melt} = 2.5 \times 10^{-4} \times \sqrt{p_{H_2}}$	at 1083 °C
$[\underline{H}]_{solid} = 1.8 \times 10^{-4} \times \sqrt{p_{H_2}}$	at 1083 °C

The pressures are measured in atm and the concentrations in wt-%. The melting point of Cu = 1083 °C

앞에서 가스의 용해도가 온도의 함수로 그려지는 유형의 용해도 곡선을 보여주었다. 이번과 같은 좀 더 복잡한 경우에는 $\underline{H}$와 $\underline{O}$ 곡선이 서로 의존하기 때문에 이 곡선을 분리해서 보여줄 수가 없다. 따라서 용해도 곡선은 매개변수로 수증기 압력을 가지는 $\underline{O}$와 $\underline{H}$ 간의 관계로, 즉 주어진 온도에 대한 삼원 상태도로서 주어진다. 평형은 온도에 따라 달라지며, 온도가 달라질 때에 다른 값의 평형 상수를 제공한다(표 9.5).

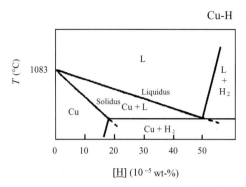

그림 9.16   1 atm에서 Cu–H계의 단순 상태도.

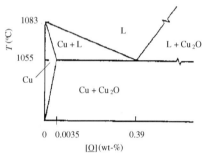

그림 9.17   1 atm에서 Cu–O계의 단순 상태도.

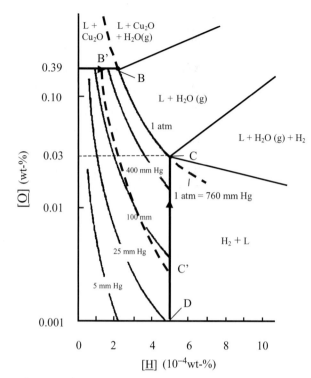

그림 9.18   상이한 수증기 압력에서 용융된 구리와 평형 상태에 있는 산소, 수소 및 수증기(매개 변수)의 삼원 상태도. 온도는 1083°C로서 Cu의 용융점과 동일. Addison-Wesley Publishing Co. Inc., Pearson의 허락을 얻어 인용함.

그림 9.18은 수증기–수소–산소–구리계의 삼원 상태도를 보여주며, 이는 7장의 212쪽의 삼원 합금과 유사하게 삼원 상태도를 바닥에 투영한 것이다. 그림 9.18의 점들의 온도는 다르다(T 축은 나와 있지 않다). Cu–H와 Cu–O의 이원계 상태도는 좌표축을 통해 수직면에 포함된다.

그림 9.18의 곡선은 구리 용탕이 순수 수증기의 주변과 평형 상태일 때 몇몇 상이한 수증기 압력에서의 산소 및 수소의 농도를 나타낸다. 이 곡선 세트는 다양한 수증기 압력치에 대한 [H] 및 [O]의 관계에 해당한다(그림에 표시). 주어진 온도에서 물의 용해도적을 이용해서 각 곡선을 얻게 된다. 온도에 따라서 용해도적이 변하기 때문에 온도를 구체화하는 것이 필요하며, 이 경우에는 1083°C이다.

용융 금속에서 수증기 압력 및 한 가지 기체의 용해도가 주어지면, 상태도로부터 용융 금속에서의 다른 기체 농도를 즉시 파악할 수 있다.

1 atm의 수증기 압력을 함께 만드는 O 및 H의 농도는 놀랄 정도로 낮다. Cu의 용탕에 존재할 수 있는 산소의 최고 농도는 0.39%로서, Cu–O의 이원 상태도 공정점에서 발견된다(그림 9.17). 그림 9.18에서 B점을 통과하는 선이 이 O의 농도

에 해당된다. Cu–H의 이원 상태도에서 이에 해당하는 공정점(그림 9.16)은 C점에서의 ~5 × 10⁻⁴ wt-%이다. 따라서 H의 농도는 C점에서 ~5 × 10⁻⁴ wt-%이며, 이는 1 atm에서 Cu 용탕의 최대 H 농도를 나타낸다. 이에 해당하는 O의 농도는 0.03 wt-%이며 [O]축 상의 곡선은 대수라는 점에 주목해야 한다.

그림 9.18을 좀 더 자세하게 분석해 보자. 이 그림의 위쪽에 있는 수평선은 0.39 wt-%의 산소 농도를 나타내며, 이는 Cu–O 상태도에서의 공정점에 해당되며(그림 9.17) 산소 농도는 이 값을 초과할 수 없다. 대신에, Cu₂O는 슬래그로 석출이 된다.

$$2Cu(L) + \underline{O} \rightleftharpoons Cu_2O$$

1 atm의 수증기와 평형 상태에 있는 구리 용탕은 0.03 wt-%과 0.39 wt-% 사이의 산소 농도를 가질 수 있다. 이와 유사하게 수소 농도는 5 × 10⁻⁴ wt-%를 초과할 수 없다. 대신에, H₂가 석출된다.

H_2 및 수증기 혼합물의 석출

그림 9.18은 주조 과정의 초기에 구리 용탕에 대한 상황을 대략적으로 보여준다. 미세편석으로 인해 산소 및 수소가 용융 금속에 농축되기 때문에, 낮은 수증기 압력에서도 용융 금속에서의 $\underline{O}$ 및 $\underline{H}$ 농도가 응고 중에 증가하게 된다. 앞에서 언급하였듯이 기체 석출에 대한 조건은 석출된 기체의 분압의 합이 외부 압력과 동일한 것이다. 작은 고상 분율에서도 수소 및 수증기의 평형 압력은 1 atm에 도달하게 된다. 이 압력에 도달하게 되면, 수소와 수증기의 혼합물 또는 양쪽 모두 잔여 응고 과정 중에 기공으로 석출된다.

용융 금속 안에서 수소 및 수증기로 채워진 기공의 형성 조건은 기체 압력이 최소한 바깥쪽 압력, 즉 대기압에 용융 금속의 정수압을 합한 것과 동일해야 한다는 것이다. 윗면 근처의 기공을 고려한다면, 정수압을 무시할 수 있고 다음의 식을 얻게 된다.

$$p_{H_2} + p_{H_2O} = p_{total} \qquad (9.27)$$

여기에서 p_{total}은 주변의 총 압력이며, 분위기의 수소와 수증기 혼합물의 분압이 아니다.

표 9.5에서 주어진 평형 상수의 관계식과 식 (9.27)을 결합한 결과는 $\underline{H}$와 $\underline{O}$ 농도 간의 관계식[식 (9.28)]이며, 이는 구리에서 수소와 수증기 혼합물 기공의 성형 위험성을 설명한다.

$$\frac{(c_{\underline{H}})^2}{(2.5 \times 10^{-4})^2} + \frac{(c_{\underline{H}})^2 c_{\underline{O}}}{(3.0 \times 10^{-7})^2} = 1 \qquad (9.28)$$

식 (9.28)이 그림 9.18에 그려져 있으며 B'C'의 점선 곡선에 해당된다. 수증기 압력 및 수소 압력의 합은 1 atm이다. 다른 외부 압력의 경우에는 유사한 다른 곡선이 성립된다. 그림 9.18의 BC 곡선은 $p_{H_2O} = 1$ atm 및 $p_{H_2} = 0$일 때의 식 (9.28)을 나타낸다.

구리와 구리 합금에서 수소 및 산소의 제거

구리 용탕과 용용된 구리기 합금이 주조되어 응고될 때에 수증기 석출과 관련된 심각한 문제를 피하기 위해서는, 주조 전에 수소 및 산소 모두를 용융 금속에서 줄이는 것이 바람직하다.

주조 작업의 기본으로서 산소가 풍부한 구리 용탕을 사용해서 수소 농도를 줄인다. 그 다음으로 주조 직전에 탈산제(282쪽)를 첨가하면 산소 농도가 크게 줄어든다. 보통 인(0.02

~0.005% 첨가)을 사용하지만 붕소화 칼슘, 칼슘 탄화물과 리튬도 사용될 수 있다.

9.6.3 구리와 구리 합금 내의 일산화탄소

구리 용탕에 용해된 탄소와 산소로부터 일산화탄소의 기체가 석출될 수 있다.

$$\underline{C} + \underline{O} \rightleftharpoons CO$$

산소 농도가 0.01% 이하이면, CO 석출의 위험성은 일반적으로 적다. 탈산에 의해(282쪽) H_2O 및 CO의 석출이 모두 예방된다.

9.6.4 구리와 구리 합금 내의 이산화황

구리 금속은 처음부터 용해된 황을 포함할 수 있거나 용융 또는 주조 중에 황이 용해될 수도 있다. 이산화황은 노의 분위기에 존재하거나 용융 금속과 주형 간의 반응에서 만들어질 수 있다.

구리에서 황의 용해도는 용융 금속보다 고상에서 더 낮으며 이로 인해 응고 중에 이산화황의 석출 위험성이 생긴다.

평형 상수는 표 9.6에 나와 있다.

표 9.6 Cu 용탕의 상이한 두 개의 온도에서 황과 산소의 용해도적

$$SO_2 \rightleftharpoons \underline{S} + 2\,\underline{O}$$

$p_{SO_2} = \dfrac{[S] \times [O]^2}{0.98 \times 10^{-5}}$	at 1083 °C
$p_{SO_2} = \dfrac{[S] \times [O]^2}{3.3 \times 10^{-5}}$	at 1250 °C

The pressures are measured in atm and the concentrations in wt-%. The melting point of Cu = 1083 °C

$Cu-H-O-H_2O$계와 같이 $Cu-S-O-SO_2$계에 대해 해당 계산을 수행할 수 있다(9.6.2절).

그림 9.19는 $Cu-S$계의 상태도를, 그림 9.20은 1083°C에서 $Cu-O-S$계의 삼원 상태도를 보여준다. 수평선은 0.39%의 산소 농도를 나타내며, 이는 $Cu-O$ 상태도(그림 9.17)의 공정점에 해당된다. 이 산소 농도에서 Cu_2O의 석출이 시작된다. 제한 곡선 AB는 1 atm 압력의 SO_2에 해당되며, Cu_2S의 석출은 B점에서 시작된다. 그림 9.20의 수직선은 그림 9.19에 있는 이원 상태도 공정점의 황 농도에 해당된다. 그림 9.20의 오른쪽에 있는 수직선에서 끝나는 응고 과정 중에 Cu_2S가 석출된다.

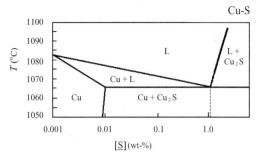

그림 9.19 Cu–S계의 단순 상태도.

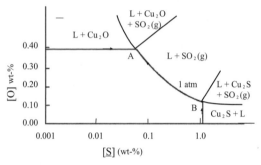

그림 9.20 1083°C에서 용융된 구리와 평형 상태에 있는 SO_2의 삼원 상태도. Addison-Wesley Publishing Co. Inc., Pearson의 허락을 얻어 인용함.

구리와 구리 합금에서 이산화황의 제거

$\underline{O}$의 농도를 줄이면 SO_2의 석출 위험성이 가장 효과적으로 제거된다. 이는 탈산(282쪽 참고)을 통해 이루어지며, 용융 금속에 용해된 $\underline{O}$의 양이 줄어든다.

9.7 강과 철 합금

주철과 강의 생산을 위한 초기 소재는 철광석이며, 소량의 인, 황 및 원하지 않는 다른 성분을 종종 함유하는 다양한 철 산화물의 혼합물로 구성된다. 그림 9.21은 요즘 가장 흔한 방법인 강과 철 제품의 제조법을 보여준다. 주된 방법은 연속 주조(세계 총 생산의 90% 이상)이며, 나머지는 잉곳으로 주조된다.

필수적인 화학적 과정은 다음과 같다.

1. 탄소와 일산화탄소를 통해 용광로에서 산화물로부터 강으로 철광석의 환원

$$Fe_2O_3 + 3CO \rightarrow 2Fe + 3CO_2$$

2. 탄소의 산화를 통해 강의 탄소 함유량 감소

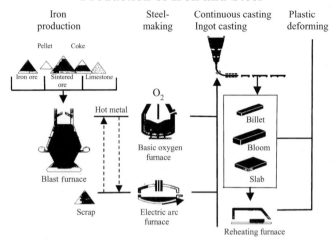

그림 9.21 강과 철의 제조법에 대한 조사. JFE 21st Century Foundation의 허락을 얻어 인용함.

두 가지 생산법은 두 번째 단계에서 차이가 난다. 가장 흔한 방법은 염기성 산소로를 사용하는 것이다. 그렇지 않으면, 전기 아크로의 철 용탕에 스크랩을 첨가하는 것이다. 산소는 산소 기체나 철광석으로 첨가된다. 용융강은 전기 아크로에서 시작하여 이어서 연속 주조기에서 주조되거나 잉곳으로 주조된다.

용광로–염기성 산소로 공정을 통해 용융강에 필요한 성분을 얻게 되고, 그다음으로는 주어진 온도에서 잉곳으로 주조되거나 연속 주조기를 통해 슬래브, 블룸 및 빌릿을 얻게 된다.

용광로에서의 환원 작업 중에, 코크스의 산화로 인해 일산화탄소가 발생한다. 용선은 약 4%의 탄소를 함유하는데, 이는 Fe–C계의 공정 조성에 해당하며(6장 150쪽) **선철**(pig iron) 또는 **생철**(raw iron)이라고 부른다.

염기성 산소로 내에서 순수 O_2 개스 및 철 산화물, 즉 Fe_2O_3를 이용해서 탄소를 산화시킴으로서 강의 탄소 함유량이 감소된다. 남아 있는 산소는 Si와 Al과 같은 탈산제를 통해서 제거되거나(283쪽), 후속되는 진공탈가스 공정에서 CO_2로 제거된다. 그러면 용강은 주조할 수 있게 된다.

주조 작업 중에 기체가 기공으로 석출될 수 있다. 수소, 질소, 산소 및 *일산화탄소*는 강과 철 합금에서 기체 석출의 위험성이 있는 기체이다.

슬래그 개재물은 탈산 작업 중에 만들어져서 용융 금속에 떠다니고, 주조 공정 진행 중에 용융 금속을 따라다닌다. 9.7.5절에서는 주조 및 응고 과정 중에 존재하는 다른 유형의 슬래

그 개재물에 대해 논할 예정이다. 슬래그 입자는 황화물 또는 산화물로 구성된다.

9.7.1 강과 철 합금 내의 수소

수소는 수증기의 분해와, 주형 내의 수증기와 용강에 있는 용해 탄소 간의 화학 반응에 의해 발생한다.

$$2H_2O \rightleftharpoons 2H_2 + O_2$$

$$\underline{C} + H_2O \rightleftharpoons CO + H_2$$

수소의 분해는 용용 금속의 표면에서 일어난다.

$$M + H_2 \rightleftharpoons M + 2H$$

반응이 일어난 후에, 단원자 수소가 용용강으로 확산되어 용액으로서 존재하게 된다. Sievert의 법칙을 이용해서 수소 농도를 계산할 수 있다.

$$[H] = constant \times \sqrt{p_{H_2}} \qquad (9.29)$$

철 용탕에서 수소의 근원

용강은 수소를 매우 쉽게 흡수한다. 강에서 수소의 주요 근원은 수증기이고, 수증기의 주요 근원은 용강욕과 접촉하고 있는 공기 중의 수증기이다. 다른 근원으로는 슬래그 생성제 및 라이닝 재에 포함된 수분이다.

용강의 H 농도는 주변 분위기의 수소 분압에 따라 달라지지만, 용융 금속에서의 O 농도도 이에 따라 달라진다. 용해도적에 의해 수소 농도의 한도가 만들어지며, 산소 농도와 관련성이 있다.

$$[\underline{H}]^2 \times [\underline{O}] = constant \qquad (9.30)$$

상수의 값은 온도에 따라 변한다.

그림 9.22는 다양한 환경, 다른 상황에 따른 용강의 결과적인 수소 농도에서 수증기의 압력 크기를 나타낸다.

온도가 낮으면 수증기의 분압이 매우 낮다. 겨울에는 공기가 건조하다. 여름에 해변 근처에서는 위와 반대의 현상이 벌어지는데 사막은 예외이다. 습한 공기는 건조한 겨울 공기에 비해 분압이 훨씬 높다. 유기 화합물이 종종 많은 수소를 함유하기 때문에, 기름 연소로에서는 평균적인 여름날의 분압보다 높은 수증기 압력이 만들어진다.

그림 9.22는 산소 농도가 미치는 강력한 영향을 보여준다. 산소 농도를 가급적 낮게 유지하는 것이 중요하고(그림 9.1 참고), 탈산제를 용융 금속에 첨가한다(282쪽). 물 용해도적의 결과로서 산소 농도가 줄어들면 수소 농도가 증가하게 된다.

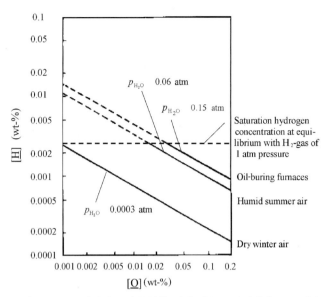

그림 9.22 주변의 수증기 분압을 매개 변수로 하여 용융 금속에서 산소 농도의 함수로서 용강의 수소 농도. 수증기 압력: 건조한 공기에서 ~2 mm Hg, 습한 공기에서 ~32 mm Hg, 기름 연소 기체에서 ~90 mm Hg, 자연 기체에서 ~150 mm Hg. Castings Technology International의 허락을 얻어 인용함.

모든 곡선의 기울기는 음수이다. 양쪽 좌표축의 눈금이 대수이기 때문에 곡선은 직선이다.

강의 수소 용해도

그림 9.23은 온도의 함수로서 철의 수소 용해도를 보여준다.

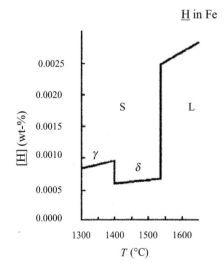

그림 9.23 온도의 함수로서 1 atm의 H_2와 평형 상태인 철의 수소 용해도. Castings Technology International의 허락을 얻어 인용함.

(i) 수소의 용해도는 고상보다 용융 금속에서 훨씬 크다.

(ii) 수소의 용해도는 철 고상의 유형에 따라 달라진다. 용해도는 페라이트(δ)의 경우보다 오스테나이트(γ)의 경우에 더 크다.

(iii) 수소의 용해도는 온도에 따라 증가한다.

용융 금속은 일반적으로 용해도 값보다 적은 산소를 함유한다. 이는 수소 석출이 시작되기 전에 다량의 고상이 형성될 수 있다는 것을 의미한다. 과포화 현상을 무시할 수 있다면, 기체 석출이 시작되기 전에 응고될 수 있는 용융 금속의 분율을 계산할 수 있다.

수지상정 응고를 하는 합금을 묘사하는 작은 용적을 고려하라. 모든 종류의 거시편석을 무시하고, 용적 내의 평균 조성이 일정하며 합금 용탕의 원래 수소 농도, 몰 분율 x_0^L 또는 중량 백분율 농도 c_0^L와 동일하다고 가정한다. 또한 고려 대상 용적이 일정한 온도를 가지며, 각 상의 조성이 일정하다고 가정한다. 마지막 가정은 합금 금속에는 비현실적일 수 있지만 확산 속도가 높은 기체에는 현실적이다.

용융 금속의 순간적인 수소 농도를 x^L 또는 c^L이라고 하고, 고상의 순간적인 수소 농도는 x^s 또는 c^s라고 한다. 논의가 되고 있는 용적 내 두 개의 상 간에 평형 상태에서 다음의 식을 얻는다.

$$\frac{x^s}{x^L} = k_{\text{part}\,x} \quad \text{또는} \quad \frac{c^s}{c^L} = k_{\text{part}\,c} \qquad (9.31)$$

여기에서 분배 상수 $k_{\text{part}\,x}$를 그림 9.24의 상태도로부터 유도할 수 있다.

우리가 만든 가정을 통해 지렛대 원리[식 (7.15)]를 사용해서 용융 금속의 순간적인 수소 농도를 계산할 수 있다. 그러므로 분율 고상으로 표현되는 응고 분율 f는 다음과 같이 된다.

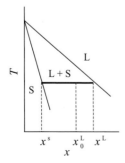

그림 9.24   Fe–H의 상태도.

$$f = \frac{x^L - x_0^L}{x^L - x^s} = \frac{x^L - x_0^L}{x^L\left(1 - k_{\text{part}\,x}\right)} \qquad (9.32)$$

식 (9.32)에서 x^L에 대한 해를 구하면 다음의 식을 얻게 된다.

$$x^L = \frac{x_0^L}{1 - f\left(1 - k_{\text{part}\,x}\right)} \qquad (9.33)$$

농도를 중량 백분율로 표현하면 다음의 식을 얻게 된다.

$$c^L = \frac{c_0^L}{1 - f\left(1 - k_{\text{part}\,c}\right)}$$

k_{part}의 정의가 다르고 농도의 단위 즉 몰 분율 또는 중량 백분율인지에 따라 달라진다는 것에 주목하는 것이 중요하다. c_0^L 및 $k_{\text{part}\,c}$는 알려진 양이다. 용융 금속에서의 수소 용해도 한도를 알고 있으면, 한도가 초과되어 기체 석출의 위험이 존재하는 고상 분율을 계산할 수 있다. 그래프로 계산하는 것이 편리하다.

예제 9.5

특정 부류의 강은 12 ppm의 H를 함유하며, 1 atm의 압력에서 용융 금속에서 24 ppm, 고상에서 10 ppm을 용해시킬 수 있다.

(a) 응고 과정 중에 응고 분율의 함수로서 용융 금속에서의 수소 농도를 계산하고 함수를 그래프로 나타내어라.

(b) 1 atm의 압력에서 용해도 한도가 초과되는 응고 분율은?

풀이

f	c^L (ppm)
0	12
0.2	13.6
0.3	14.5
0.4	15.6
0.5	16.9
0.6	18.5
0.7	20.3
0.8	22.5
0.9	25.3
1	28.8

(a) 본문에서 $k_{\text{part}\,x} = 10/24$ 및 $c_0^L = 12$ ppm를 얻는다. 이 값을 식 (9.33)에 대입한다.

$$c^L = \frac{c_0^L}{1 - f\left(1 - k_{\text{part}\,x}\right)} = \frac{12}{1 - \dfrac{14f}{24}} \qquad (1')$$

몇 가지 f 값을 임의로 선택하면 상응하는 c^L 값이 계산된다. 응고 분율에 따른 용융강 내의 $\underline{H}$ 농도 곡선이 그려진다.

(b) 0.86의 응고 분율에서 용해도 한도에 도달된다는 것을 다이어그램에서 알 수 있다.

답

(a) 상기 (1′) 방정식과 이에 상응하는 아래의 다이어그램을 참고하라.

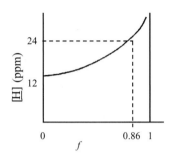

(b) 응고 분율은 용융 금속에 있는 수소의 용해도 한도에서 0.86이다.

강과 철 합금에서 수소의 제거

수소 석출의 위험성을 줄이기 위해서는, 용융 금속과 접촉하고 있는 수소의 분압이 가능한 한 낮아야 한다.

용융 금속이 수증기와 접촉하는 것을 세심하게 막아야 하고, 용융강과 접촉이 이루어지기 전에 내벽재를 예열해야 한다. 석회와 그 외 슬래그를 형성하는 재료와 같은 흡습 소재를 예열해야 하고, 그 이후에 용융강과 접촉이 이루어지기 전에는 물과의 접촉을 피해야 한다.

Sievert의 법칙, 즉 용해된 $\underline{H}$ 원자와 주위 분위기의 H_2 기체 간 평형에 따라, 수소 압력이 감소하거나 거의 0이 될 때에 $[\underline{H}]$가 감소하거나 사라진다.

산소 농도가 높으면 수증기의 분해가 감소하고 그 결과 수소의 용해 가능성도 감소한다. 생산 작업의 후반에서 탈산하는 것이 바람직하다.

또 다른 적절한 방법은 예를 들어 Ar과 같은 몇몇 불활성 기체의 거품을 용융 금속 내에 만드는 것이다. $\underline{H}$는 반송 기체 내부로 충분히 빠르게 확산이 되므로 이 방법이 실제로 유용하다. $0.005\ m^3/s$ 속도의 Ar 버블링으로, 11톤의 Fe + 4.5% C 용융 금속에서 $\underline{H}$의 농도를 20분 안에 4 ppm에서 1.6 ppm 으로 낮출 수 있다.

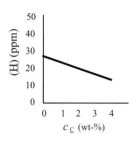

그림 9.25 $\underline{C}$ 농도의 함수로서 1550°C에서 Fe–C 합금의 수소 용해도. The American Society for Metals(ASM)의 허락을 얻어 인용함.

그림 9.25에서 알 수 있듯이, Fe–C 합금에서의 수소 용해도는 합금의 탄소 농도에 의해서도 낮아질 수 있다.

9.7.2 강과 철 합금 내의 질소

질소는 대부분의 경우 주조에 있어서 원하지 않는 기체이다. 질화물의 석출은 주물의 탄성 특성에 부정적인 영향을 미친다. 질소는 Sievert의 법칙을 따르고

$$[\underline{N}] = \text{constant} \times \sqrt{p_{N_2}} \qquad (9.35)$$

공기 중에서 질소의 분압은 크다.

그림 9.26에는 여러 온도와 고상 조직의 1 atm에서 철의 질소 용해도가 나와 있으며, 공기와 평형 상태인 용융 금속에서의 질소 용해도가 온도가 올라감에 따라 증가한다는 것을 가리킨다. 이 경우에 용해 과정은 흡열성이며, 이는 그림 9.3 및 259쪽의 설명과 일치한다.

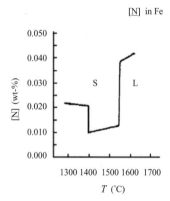

그림 9.26 온도의 함수로서 1 atm의 압력에서 철의 질소 용해도. The American Society for Metals(ASM)의 허락을 얻어 인용함.

오스테나이트(austenite)의 경우에 용해 과정은 발열성이며, 공기와 평형 상태인 오스테나이트의 질소 용해도는 온도가 증가함에 따라 감소한다(그림 9.26). 이는 식 (9.6) 및 그림

9.4와 일치한다(259쪽).

수소와 유사하게, 용융점에서 용융 금속과 고상 간의 질소 용해도 차이는 매우 크다. 수소의 경우와 같이 질소 석출의 위험이 줄어드는데, 강에서 C의 농도가 N의 용해도를 상당하게 낮추기 때문이다(그림 9.27). Si를 첨가하면 질소의 용해도가 더욱더 줄어든다.

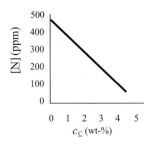

그림 9.27   C 농도의 함수로서 1550°C에서 Fe – C 합금의 질소 용해도. The American Society for Metals(ASM)의 허락을 얻어 인용함.

N의 농도는 C의 농도가 증가함에 따라 오스테나이트보다 용융 금속에서 더 감소한다. C의 농도가 높을 때 N의 용해도는 용융 금속보다 오스테나이트에서 더 높다. 이를 통해 고탄소강 합금에서 질소 기공의 형성이 상당히 줄어든다. 그렇지만 응고 과정의 끝부분에서 용융 금속의 미세편석으로 인해 0은 아니다.

용융강 내의 H 및 N의 용해도는 서로 독립적이지 않다. 첨가된 기체의 압력이 1 atm이 되자마자 기공 석출의 위험성이 있다. 그림 9.28에서 알 수 있듯이 80 ppm의 N과 4 ppm의 H에서 이미 N_2 및 H_2의 석출 위험성이 있다. 곡선 위의 영역에서는 기공 석출 가능성이 있다. 곡선 아래의 영역에서는 용

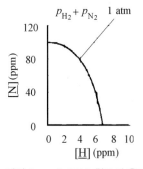

그림 9.28   1 atm에서 Fe + 3.8%C 합금의 응고 과정 끝에서의 H와 N 농도 간의 관계. The Metal Society, Institute of Materials, Minerals & Mining의 허락을 얻어 인용함.

해도 한도는 최댓값보다 작으며 기공 석출이 발생하지 않는다. 하지만 위에서 설명한 높은 C 농도의 효과로 인해 절대적으로 확신할 수는 없다.

0.02% 이하의 N_2를 함유한 저질소강과 0.04% 이상의 N_2를 함유한 고질소강 간에 차이가 있다. 어떤 경우에는 합금에 몇 가지 특성을 추가하기 위해서 질소가 첨가되는데, 예를 들면 페라이트 조직 대신에 오스테나이트를 안정화시키기 위해서이다. 또 다른 예는 아래와 같다.

표 9.7   두 가지 스테인리스강의 조성

합금	C(%)	Cr(%)	Ni(%)	Si(%)	N(%)
1	0.15	25	20	2.0	0.0
2	0.15	22	13	1.4	0.2

표 9.7에 설명이 된 1과 2의 두 개 합금의 특성은 상당히 동일하다. 질소 농도가 증가함에 따라 니켈 농도가 낮아질 수 있기 때문에, 2의 합금이 원료 비용 측면에서 명백히 저렴하다.

강과 철 합금에서 질소의 제거

아르곤 세정을 통해서는 합리적인 시간 안에 질소를 눈에 띌 정도로 제거할 수 없다. 질소 석출의 위험성을 줄일 수 있는 다른 더 좋은 방법은 아래와 같다.

1. 합금 조성이 변해서 응고 시 페라이트(δ-철) 대신에 오스테나이트(γ-철)가 형성될 수 있다. 이 경우에 용융 금속과 고상 간 질소 용해도의 차이는 더 작아지게 된다.
2. 다른 금속을 첨가함으로써 고상의 질소 용해도가 증가할 수 있다.
3. O(0.03%) 및 S(0.03%)과 같은 계면 활성 물질이 첨가되어 용융 금속의 표면 대부분을 덮게 되면 공기 중 질소의 분해가 매우 느려지는 결과를 얻을 수 있다.
4. 소량의 P, Pb, Bi 및 Te를 첨가하면 반응 속도가 낮아질 수 있다(0.50 ppm의 Bi 및 Te를 추가하면 [N]을 각각 80%와 90% 줄인다).
5. 가급적 Ti 또는 Zr을, 아니면 알루미늄을 첨가하면 N_2 기공 대신에 다루기 쉬운 질화물을 석출시킬 수 있다.

9.7.3   강과 철 합금 내의 산소 및 일산화탄소

C와 O 모두 모든 강과 철의 용탕에 존재한다. 강이 응고될 때에 C와 O 모두 용융 금속에서 농축되어 포화 한도를 초과할 수 있다.

$$\underline{C} + \underline{O} \rightleftharpoons \underline{CO}$$

Guldberg-Waage의 법칙을 CO 기체에 적용하면 다음의 식을 얻는다.

$$\frac{c_{\underline{C}} c_{\underline{O}}}{p_{CO}} = \text{constant} \tag{9.36}$$

철광석에서 강을 생산하는 공정에서 이런 평형 상태는 매우 중요하다.

상수의 온도 의존성은 오히려 낮고, 1500~1550°C의 온도 구간 중간에 유효한 평균값이 자주 사용될 수 있다.

$$c_{\underline{C}}^{L} c_{\underline{O}}^{L} = 0.0019 p_{CO} \quad \text{(wt-\% and atm)} \tag{9.37}$$

온도 의존성을 고려하는 경우에는 다음의 경험 관계식을 자주 사용한다.

$$c_{\underline{C}}^{L} \times c_{\underline{O}}^{L} = p_{CO} \times \exp\left(\frac{-2960}{T} - 4.75\right) \quad \text{(wt-\%, atm and K)} \tag{9.38}$$

수지상정 간 영역에서의 CO 석출 조건을 검토하고자 한다. 고상의 분율 f로 응고의 진행을 표현한다.

용강(277쪽)의 수소에 적용했던 같은 추론을 여기에서 사용할 수 있고, 같은 식이 성립된다. 분배 계수에 대한 다음의 값이 유효하다.

$$k_{part_{\underline{O}}} = c_{\underline{O}}^{s} / c_{\underline{O}}^{L} = 0.054 \tag{9.39}$$

$$k_{part_{\underline{C}}} = c_{\underline{C}}^{s} / c_{\underline{C}}^{L} = 0.20 \tag{9.40}$$

수지상정 간 용융 금속에 있는 $\underline{O}$와 $\underline{C}$의 상대적 농도가 응고 분율 f의 함수로서 응고 과정 중에 어떻게 증가하는지 식 (9.34)를 이용해서 계산할 수 있다.

$$y_{\underline{O}} = c_{\underline{O}}^{L} / c_{\underline{O}}^{\circ} = \frac{1}{1 - f(1 - 0.054)} \tag{9.41}$$

$$y_{\underline{C}} = c_{\underline{C}}^{L} / c_{\underline{C}}^{\circ} = \frac{1}{1 - f(1 - 0.20)} \tag{9.42}$$

예제 9.5에서와 마찬가지로 임의의 f 값을 선택해서 두 개의 곡선을 그릴 수 있다. 이 경우에는 또 다른 곡선을 작성하였는데 이는 다음과 같이 두 개 곡선의 곱을 나타낸다.

$$y_{CO} = y_{\underline{C}} y_{\underline{O}} = \frac{c_{\underline{C}}^{L} c_{\underline{O}}^{L}}{c_{\underline{C}}^{\circ} c_{\underline{O}}^{\circ}} \tag{9.43}$$

이 곡선들이 그림 9.29에 그려져 있는데, 위쪽에 있는 곡선이

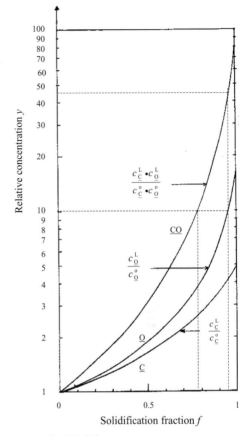

그림 9.29 $\underline{C}$와 $\underline{O}$의 편석.

$\underline{CO}$에 대한 곡선이다.

예제 9.6

0.050 wt-%의 $\underline{C}$와 0.0040 wt-%의 $\underline{O}$를 함유하고 있는 용강의 수지상정 간 영역에서 CO의 기체 석출이 시작될 것으로 예측되는 응고 분율을 계산하라. 핵 생성 시 있을 수 있는 어려움과 정수압의 영향은 무시할 수 있다.

풀이

강의 조성은 본문에 나와 있다.

$$c_{\underline{C}}^{\circ} c_{\underline{O}}^{\circ} = 0.050 \times 0.0040 = 0.000200 \, (\text{wt-\%})^{2}$$

$p_{co} = 1$ atm에서의 포화값은 식 (9.37)로 주어진다.

$$c_{\underline{C}}^{L} c_{\underline{O}}^{L} = 0.0019 \times 1 \, (\text{wt-\%})^{2}$$

다음의 식에 상응하는 f의 값을 그림 9.29에서 파악하면 $f = 0.78$을 얻는다.

$$y_{\underline{CO}} = \frac{c_{\underline{C}}^L c_{\underline{O}}^L}{c_{\underline{C}}^\circ c_{\underline{O}}^\circ} = \frac{0.0019}{0.00020} \approx 10$$

답

$f \geq 0.78$이면 기체 석출의 위험성이 있다.

용융 금속에서 $\underline{C}$와 $\underline{O}$ 간의 상호 작용을 이해하기 위해 Fe–O–C의 삼원계를 분석해야 한다. Fe–O 및 Fe–C의 이원계 상태도는 그림 9.30 (b)와 그림 7.21에 각각 나와 있다. 이 두 상태도는 그림 9.30의 Fe–O–C계의 두 수직면에 포함되어 있다.

Fe–O계의 액상선은 삼원 Fe–O–C계의 액상면에 상당하며 그림 9.30 (a)에서 2로 표시되어 있고, 이는 FeO의 석출을 나타낸다. CO의 석출은 식 (9.36)으로 표현되며, 이 식은 1 atm의 CO에 적용되어 그림 9.30 (a)에서 3으로 표시된 면을 나타낸다.

CO 및 FeO의 석출 가능성을 논하기 위해서 그림 9.30 (a)

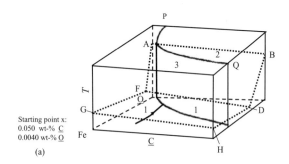

Starting point x:
0.050 wt-% $\underline{C}$
0.0040 wt-% $\underline{O}$

(a)

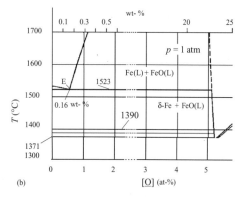

(b)

그림 9.30 (a) Fe–O–C계의 삼원 상태도. 1, 페라이트(δ–철)의 액상면 1: FGHD; 2, FeO(슬래그)의 액상면 2: ABDF; 3, CO 기체의 액상면 3: 위쪽 곡선 PQ를 포함하는 수직 곡면. 좌표축: Fe–O, Fe–C. (b) Fe–O의 상태도. Jernkontorets Annaler(a) and the American Society for Metals(ASM)(b)의 허락을 얻어 인용함.

을 사용할 수 있다. 이 상태도는 $\underline{C}$의 농도가 충분히 낮고 용융 금속이 그림 9.30 (b)의 E점에 도달하면, FeO가 형성될 수 있다는 것을 보여준다. FeO의 석출 조건에 대해서는 예제 9.7에서 다루고자 한다.

예제 9.7

FeO가 성형되기 쉬운 CO의 석출을 피하려면 0.016 wt-%의 산소를 함유하고 있는 용융강의 탄소 농도에 대해 무슨 조건이 필요한가? FeO는 1500°C에서 0.155 wt-%의 산소 농도에서 형성된다.

풀이

FeO는 상대 농도에 해당하는 응고 분율에서 형성된다.

$$y_{\underline{O}} = \frac{c_{\underline{O}}^L}{c_{\underline{O}}^\circ} = \frac{0.155}{0.016} \approx 10 \tag{1'}$$

그림 9.29의 $\underline{O}$ 곡선을 이용해서 $f \approx 0.95$인 경우에 $y_{\underline{O}} \approx 10$이 성립된다는 것을 알 수 있다. 동시에, $y_{\underline{CO}}$ 값은 $\underline{CO}$의 포화가 발생하는 값보다 낮아야 한다. $f \approx 0.95$인 경우에 그림 9.29의 $\underline{CO}$ 곡선으로부터 이 값을 얻을 수 있다.

$$y_{\underline{CO}} = \frac{c_{\underline{C}}^L c_{\underline{O}}^L}{c_{\underline{C}}^\circ c_{\underline{O}}^\circ} \approx 45 \tag{2'}$$

더불어, CO에 대한 평형식[식 (9.37)]은 $p_{CO} = 1$ atm일 때에 성립한다.

$$c_{\underline{C}}^L c_{\underline{O}}^L = 0.0019 \times 1 \, (wt\text{-}\%)^2 \tag{3'}$$

(1′), (2′) 및 (3′) 식을 결합하면 다음의 식을 얻는다.

$$c_{\underline{C}}^\circ = \frac{c_{\underline{C}}^L c_{\underline{O}}^L}{y_{\underline{CO}} c_{\underline{O}}^\circ} \approx \frac{0.0019}{45 \times 0.016} \approx 0.0026 \, wt\text{-}\% \tag{4'}$$

답

탄소 농도는 0.0026 wt-% 또는 안전을 위해 0.002 wt-%보다 작아야 한다.

강과 철 합금에서 산소의 제거

강에서 $\underline{O}$의 농도를 낮추는 것은 소위 탈산에 의해 이루어진다. $\underline{O}$를 포함하고 있는 용강 M_a에 소량의 M_b를 첨가한다. 금속 M_b는 다음의 조건을 충족해야 한다.

1. M_bO는 M_aO보다 안정해야 한다.

2. M_bO를 용융 금속으로부터 쉽게 분리할 수 있어야 한다.

3. 용융 금속에 남아 있는 M_b가 M_a에 부정적인 영향을 미치지 않아야 한다.

4. 잔류 $\underline{O}$가 주조 합금의 특성을 저하시키지 않아야 한다.

Si, Mg 및 Al은 강 용탕에서 탈산제로 쓰인다.

9.7.4 림드 철 잉곳의 기체 석출

진정강은 치밀한 반면에 림드강은 다양한 규모의 기공을 포함하는데, 응고 과정 중에 기체 석출로 인하여 이런 차이가 존재한다. 기체의 주요 성분은 *일산화탄소*이다. 그러므로 림드강이 응고될 때에 발생하는 기체 석출은 주로 탄소와 산소의 농도에 의존한다.

림드강 잉곳은 그림 9.31에 나타내었으며 대략 다음과 같은 방식으로 응고된다.

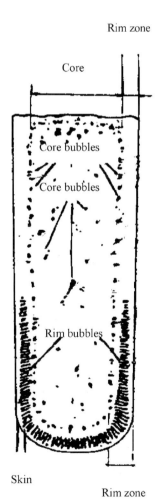

Rim zone

Core

Core bubbles

Core bubbles

Rim bubbles

Skin

Rim zone

그림 9.31 림드 잉곳의 단면도. The Scandinavian Journal of Metallurgy, Blackwell의 허락을 얻어 인용함.

주조 중 또는 직후에 이미 기체 석출이 맹렬하게 일어나는데, 이로 인해 용강욕 내의 유동이 시작된다. 이 유동은 주변부에서는 위 방향으로, 중심부에서는 아래로 발생한다. 주형이 용강을 상대적으로 강력하게 냉각시키고, 주형벽에서는 특정 핵이 생성된다. 1차적으로 생성된 이 핵들은 용강욕의 강한 유동으로 인해 용융 금속 안으로 이송된다. 이 핵들은 용융 금속 안에서 부유, 성장, 분리 그리고 새로운 핵을 형성한다. 이런 방법으로 형성되고 성장하는 다수의 새로운 결정으로 인해, 용융 금속이 점성을 가지게 된다.

이런 과정으로 소위 림드 구역이라고 불리는 결정 구역이 잉곳의 표면에 발달된다. 이 구역은 비교적 빈 데가 없는 소재로 이루어지며, 주형에 의한 강력한 냉각으로 인해서 만들어진다.

이 구역은 다수의 작은 결정으로 이루어지는데, 이는 처음에는 자유로운 상태였다가 그다음에 응고 전단부의 잔존부에 추가되었다. 욕에서의 움직임이 림 구역의 형태를 주로 결정한다.

기체 석출이 늦거나 낮으면 림 거품이 형성된다. 거품의 길이 방향은 주형과 고체 소재로부터의 강력한 냉각 때문에 주형벽에 수직이다. 강한 기체 석출 또는 격렬한 욕의 움직임으로 인해 림 구역에는 실질적으로 거품이 없을 수 있다. 첫 번째 경우에서 마지막 경우로의 전이 시 기포는 먼저 림 구역의 위쪽에서 사라진다. 기체 석출이 증가함에 따라 거품은 이 구역의 하부에서도 사라진다.

격렬한 기체 석출로 인해서 림 구역에 기포가 형성되지 않는 이유는 아마도 부유 결정과 기포가 응고 전단부를 효율적으로 세척하기 때문일 것이다. 그 결과 전단부에서 성형된 기체가 멀리 사라지고 전단부에 머무르지 않는다. 이런 현상은 양도 더 많고 크기도 더 큰 거품이 응고 전단부를 지나치는 잉곳의 상부에서 분명히 가장 쉽게 일어난다.

림 구역의 형성 중에 잉곳의 윗면에 소위 림이라고 불리는 모서리가 만들어지며(그림 9.32) 이 모서리는 중앙을 향해서 성장한다. 최종적으로 잉곳의 윗면 전체를 덮는 딱딱한 고체층이 형성된다.

딱딱한 층이 형성되면 용융 금속 중심부의 압력이 증가하고 기체 석출이 멈춘다. 경우에 따라서는 딱딱한 층이 깨질 정도로 압력이 높을 수 있으며 기체 석출이 다시 시작될 수 있다. 결과적으로 욕에서 새로운 격렬한 움직임이 잉곳의 중심부에서 시작된다.

이 움직임이 더 격렬할수록 더 적은 수의 거품이 잉곳 내부

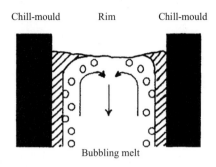

그림 9.32 림의 형성. The Scandanvian Journal of Metallurgy, Blackwell의 허락을 얻어 인용함.

에 형성된다. 소위 코어 거품의 위치를 그림 9.31에서 파악할 수 있다. 강력한 욕의 움직임으로 인해 상단의 딱딱한 층 또는 림이 부서질 때에 림과 코어 거품 간에 무거품 구역이 만들어진다. 욕의 움직임 또는 기체 석출이 또다시 감소할 때에 코어 거품이 만들어진다. 림이 잉곳 내부로부터의 압력을 견딜 수 있을 정도로 충분히 두꺼울 때, 나머지 부분이 응고된다. 잉곳의 내부는 일반적으로 용융 금속과 결정의 점성 혼합물로 구성된다. 용융 금속은 응고 과정 중에 어느 정도 성장할 수 있는 기공을 일부 포함할 수 있다. 이 기공은 소위 핵 생성 거품이라고 불린다.

Fe – C – O에 대한 상태도를 이용해서 림이 형성되고 압력이 증가할 때에 벌어지는 현상을 설명할 수 있다. 그림 9.33은 액상선 면을 바닥면 위에 투영한 것을 보여주는데 그림 9.30 (a)에서 1로 표시되어 있다.

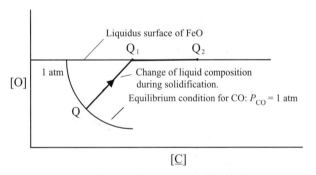

그림 9.33 기체 석출이 방지될 때에 림드 잉곳의 응고 과정. Fe – C – O계의 상태도로 이 과정을 표현. 이 그림은 그림 9.30의 삼원 상태도를 투영한 것임. Jernkontorets Annaler의 허락을 얻어 인용함.

기체 석출을 방지할 수 있을 만큼 압력이 충분히 높다고 가정한다. Q점에 해당하는 조성을 가진 용융강에서 δ – 철이 석출된다. 압력이 1 atm이면, CO 기체의 석출이 동시에 시작된

다. 후속 응고 중에, 온도 감소와 동시에 δ – 철의 석출로 인해 고상의 조성이 변한다. 조성의 변화는 QQ_1 곡선으로 설명이 된다. 이 곡선의 형상에 대해서는 아무 정보가 없어서 직선으로 그렸다.

조성이 많이 변하여 Q_1점에 도달될 때에 δ – 철, FeO 및 CO가 동시에 석출된다. 용융 금속의 조성은 Q_1Q_2의 편정선을 따라 지속적으로 변화한다. 이는 석출 산화물이 림드 잉곳의 중심부에서 발견되는 이유를 설명해 준다.

강이 주조 과정의 초기에 매우 많은 양의 기체를 방출하면, 소위 부트 레그가 형성된다[그림 9.34 (a)]. 주형이 채워질 때, 다량의 기포가 용융강에 존재하게 된다. 기포가 사라지면, 주형 내 용융 금속의 윗면이 가라앉고 그 결과 잉곳의 위쪽은 얇은 셀로 덮인다.

기체의 석출이 다소 약하면, 림드강의 잉곳 특성을 얻게 된다[그림 9.34 (b) 및 (c)]. 림 거품의 양은 매우 작을 수 있고 가스의 석출이 충분히 많이 발생하면, 예를 들어 바닥 근처에서 적은 양의 거품으로 발생할 수 있다.

기체 석출이 더 약하면 대부분의 림 구역에서 거품이 만들어진다. 이런 거품의 형성으로 인해 강의 높이가 주형에서 상승한다. 이 강은 동요되었다고 한다[그림 9.34 (d)].

많은 경우에 있어서 표면을 냉각시키기 위해 표면에 가스를 불어넣거나 표면을 강판으로 덮음으로써 주조 후 일정 시간에 인공 림이 생성된다. 림의 거품이 멈춰지고 중심부에 기공이 만들어진다.

Fermentation after casting

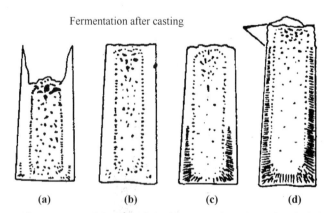

(a)   (b)   (c)   (d)

그림 9.34 (a) 매우 강한 기체 석출. 부트 레그 잉곳. 거품이 거의 없는 림 구역. (b) 강한 기체 석출. 거품이 거의 없는 림 구역. (c) 특별히 강하지 않은 기체 석출. 잉곳 하부의 거품. (d) 상당히 약한 기체 석출. 림 구역 대부분에서의 거품. 응고 중에 강의 동요. The Scandanvian Journal of Metallurgy. Blackwell Publishing의 허락을 얻어 인용함.

기체의 석출 속도는 림 거품의 수직 위치뿐만 아니라 표피의 두께, 즉 림 구역과 주형 사이에 있는 잉곳 부위의 두께에도 영향을 미친다(그림 9.31). 이 부위는 잉곳 표면의 특성에 매우 중요하다. 후속 가열 중에 거품이 표면에 너무 가까운 곳에서 형성될 수 있고 심각한 표면 결함이 발생될 수 있다. 일반적으로 최고 품질의 조직을 가진 강을 얻기 위해서 어떤 산소 농도를 가져야 하는지 예측하는 것은 매우 어렵다. 탄소와 산소의 농도뿐만 아니라 규소 및 알루미늄 농도를 고려하는 것이 중요하다.

주조 속도를 올바르게 조정하는 것도 중요하다. 림드강이 주형을 급속하게 채우면, 기체 석출은 정수압이 0인 잉곳의 상단에서 시작되게 된다. 욕에서의 움직임이 없기 때문에 림 거품이 표면 근처에서 형성되게 된다.

주조 속도가 적절하게 조정이 되면, 바닥 근처의 철 기둥 높이의 증가로 인해 발생하는 철정압으로 인해 기체 석출이 지연되어 바닥 근처에서 기포가 만들어지지 않게 된다. 주조가 완료되면, 하부에서의 응고에 의해 셀 내부 용융 금속의 높은 압력을 보완하기에 충분히 큰 CO의 과포화가 발생된다. 이런 이유 때문에, 이상적인 경우에 잉곳의 바닥으로부터 상단까지 거의 동시에 기체의 석출이 일어난다.

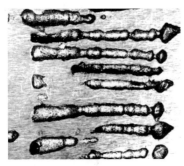

그림 9.35 주기적인 수축 및 확대를 거치는 림 기공의 예. 이 형상은 잉곳 하부에서 관찰된다. The Scandanvian Journal of Metallurgy. Blackwell Publishing의 허락을 얻어 인용함.

림 기공의 형상은 잉곳의 하부와 상부에서 다르다. *하부에서의 기공*은 그림 9.35에 있는 것처럼 거품의 방출로 인해 형성되고, 주기적으로 수축하고 확대되는 회전체 형상을 갖는다. *상부의 림 기공*은 발달이 더디며 그림 9.36에 나와 있는 것처럼 진주의 열들처럼 보인다. V-형의 편석 패턴이 각 기공을 둘러싼다.

이 두 가지 형태의 형성 과정이 다음과 같다고 가정한다. 그림 9.9에서 설명한 대로 림 기공의 성장 메커니즘은 수소 기

그림 9.36 그림에 나와 있는 형상의 림 기공은 잉곳의 상부에서 흔하다. 림 기공이 만들어질 때에 용융 금속이 기공 벽을 관통한다. The Scandanvian Journal of Metallurgy. Blackwell Publishing의 허락을 얻어 인용함.

공의 성장 과정과 동일하다(264쪽). 이 경우에 기공 표면에 확산 되는 것은 H 대신에 C와 O이다. 이 과정은 아래에서 언급된 대로 단계적으로 발생한다고 가정한다.

1. 기공이 응고 전단부에서 만들어진다[그림 9.37 (a)].
2. 응고 전단부가 전진하고 수지상정 간 영역에 모이는 C와 O가 기공으로 확산된다. 기공은 응고 전단부보다 빠르게 성장한다[그림 9.37 (b)].
3. 기공이 용융 금속에서의 유동 속도에 따라 달라지는 특정 임계 크기에 도달하면, 기공에 있는 기체의 일부가 방출되어 위로 상승하는 분리된 거품을 형성한다[그림 9.37 (b) 및 (c_1)]. 용융 금속에서의 흐름이 느리거나 없으면, 새로운 기공의 성형에 충분한 기체가 남게 되는데, 기체의 유실로 인하여 이전의 기공보다 크기가 작다. 다음에 응고가 되는 강의 층은 기공을 분리하기 시작한다[그림 9.37 (c_1) 및 (d_1)].
4. 지속되는 기체 석출로 인하여 새로운 팽창 과정이 분리 과정을 대체한다[그림 9.37 (d_1)]. 그림 9.35는 이런 유형의 림 거품의 예를 보여준다.
5. 성장하는 기공을 지나가는 용융 금속의 유동 속도가 빠르면, 기체가 휩쓸려 가고 용융 금속이 타원형 기공 벽에 들어갈 수 있다[그림 9.37 (c_2)]. 강의 다음 층이 타원형 벽에서 응고될 때에, 움푹한 흔적이 만들어지거나 전체적인 분리가 발생하고[그림 9.37 (d_2)] 바깥쪽 거품이 성장한다. 다음에 기체가 기공에서 방출될 때에 용융 금속이 기공으로 다시 들어가고 이 과정이 반복된다. 그림 9.36은 이런 유형의 림 기공의 예를 보여준다.

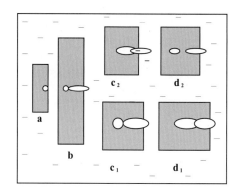

그림 9.37 림 거품 및 림 통로의 형성. 잉곳의 상부: a‒b‒c$_2$‒d$_2$. 잉곳의 하부: a‒b‒c$_1$‒d$_1$. 고상은 음영 처리된 사각형으로 표시. (c$_2$)의 개략도는 용융 금속의 일부가 기공 안으로 관통하여 기공의 크기를 줄이고, 두 개의 기공으로 분리하는 것을 의미한다.

5단계에서 설명이 된 과정은 잉곳의 상부에서 흔하다. 이곳에서는 철정압이 낮기 때문에 기체의 석출이 빠르다. 잉곳 하부로부터의 커다란 기공은 용융 금속을 통과하며 상부의 작은 기공을 잉곳 표면까지 가져온다. 기체의 양은 기체 교반을 유발할 정도로 충분히 커진다. 교반을 통해 거품이 만들어지는데, 그렇지 않으면 거품은 잉곳의 상부에서 응고 전단부에 의해 포집되어 위 표면 근처에서 거품을 발생시켰을 것이다.

9.7.5 강의 거시 슬래그 및 미세 슬래그 개재물

선철에서 탄소를 제거할 때에 산소를 첨가하면 탄소가 제거되는데 이 작업을 보통 전로에서 진행하거나 전기로에서 철 스크랩을 선철과 함께 재용융하여 진행한다. 동시에 석회, 즉 CaCO$_3$를 첨가하여 황과 인 대부분을 제거한다.

탄소가 탄소 제거 과정에서 산화되면, 규소 일부가 이산화규소로, 철이 철 산화물로 동시에 산화된다. 산소의 일부도 용융 금속에 용해된다. 후속 주조 작업 중에, 용해된 산소가 철 및 탄소 원자와 반응한다. 특별한 조치가 없으면, 철 산화물의 개재물 및 일산화탄소의 기포가 형성된다.

철 산화물의 석출을 피하기 위해서, 철보다 산소와 더 쉽게 반응하는 개재물을 첨가한다(283쪽). 이런 물질로는 Si, Mn 및 Al이 있으며, 강은 탈산된다. 이 탈산 과정에서 슬래그 입자 또는 슬래그 방울이 용융 금속에서 만들어진다. 이 슬래그 개재물은 주조 중에 용융강과 함께 이동하여 응고될 때에 조직에 포함된다.

강의 슬래그 개재물은 소재에 부정적인 영향을 미치며, 소재의 특성을 크게 파괴한다. 주조 후에 소재를 가공할 때에, 이 개재물이 많은 경우에 매우 성가시며, 많은 소재가 낭비되고 폐기되어야 하기 때문에 수율이 상당히 감소한다.

거시 슬래그 개재물과 미세 슬래그 개재물 간에는 차이가 있다. 거시 슬래그 개재물은 선반 작업 또는 밀링 작업 면 위에서 육안으로 보이는 개재물로 정의가 된다. 거시 슬래그 개재물과 미세 슬래그 개재물 간의 실질적인 경계는 0.1 mm이다.

미세 슬래그 개재물 < 가시 한도 0.1 mm

가시 한도 0.1 mm < 거시 슬래그 개재물

용강에서의 거시 슬래그 개재물은 주조 중, 2차 처리 중 또는 용융 금속의 냉각 중과 같이 슬래그 물질의 용해도가 감소할 때에 형성된다. 따라서 거시 슬래그 개재물은 결정화 과정 전에 형성되고 주로 다음의 것들로 구성이 된다.

- 용융 금속과 내벽재 간 화학 반응에 의한 반응 생성물
- 탈산 생성물

미세 슬래그 개재물은 미세편석의 결과로 수지상정 간 영역의 응고 중에 가장 빈번하게 형성된다.

강의 거시 슬래그 형성으로 논의를 시작한 다음에 강의 미세 슬래그 개재물 형성을 다룰 예정이다.

9.7.6 강에서 산화물의 거시 슬래그 개재물

내벽재로부터의 슬래그 개재물

노, 래들 및 주조 상자에는 보통 벽돌인 세라믹 소재가 붙여져 있다. 소재는 고온에서 기계적 응력을 견딜 수 있어야 하고, 화학적으로 용융 금속을 견딜 수 있어야 하며 우수한 단열재가 될 수 있어야 한다. 거의 모든 유형의 내벽재가 산화물로 구성되며 가장 흔한 산화물은 MgO, SiO$_2$ 및 Al$_2$O$_3$이다.

우수한 단열을 확보하기 위해 내벽재는 다공성 구조로 되어 있다. 소재가 조밀할수록 다공성 소재에 비해 기계적 특성이 우수하다. 내벽재의 우수한 기계적 성질을 얻기 위한 목적에도 불구하고, 마식이 발생하고 주조 중에 파편이 떨어져 나간다. 이 파편은 용융 금속에 의해 이송되어 작업이 완료된 강에서 개재물이 된다. 이들은 탈산 생성물의 핵 생성과 석출에 효율적인 불균일성으로 작용한다.

많은 조사를 통해 거시 개재물의 50% 이상이 내벽재의 반응 생성물로 구성된다는 것을 알게 되었다.

탈산 생성물에서의 슬래그 개재물

탈산제를 첨가하기 전에도, 용융 금속이 이산화규소와 철 산화물 입자를 함유한다. 탈산 물질을 첨가하면 일반적으로 다

수의 작은 산화물 입자가 성형되며, 작은 산화물 입자가 그 크기를 유지할 수 있다면 강의 품질에 부정적인 영향을 미치지 않는다. 하지만 입자 간 충돌, 소결 또는 합체 때문에 주조 전, 주조 중 및 응고 과정 중에 개재물이 성장한다.

SiO_2의 경우에는 이 공정이 매우 급속하게 발생한다. 결정질인 Al_2O_3 개재물의 경우에는, 소결 과정이 SiO_2에 비해 훨씬 더 천천히 발생한다. 결과적으로 소위 **클러스터**(cluster)라고 불리는 긴 사슬이 성형되며, 여기에는 수백 개 또는 그 이상의 1차 개재물이 함유된다. 그림 9.38은 이런 클러스터의 예를 보여준다.

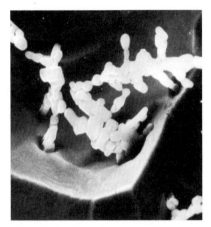

그림 9.38 강의 Al_2O_3 클러스터 전자 현미경 사진. The American Society for Metals의 허락을 얻어 인용함.

잉곳 주조에서의 거시 슬래그 분포

하향식 주조 잉곳에서의 거시 슬래그 개재물 분포가 그림 9.39에 나와 있다. 사진에서 음영 처리된 부위는 슬래그 개재물 농도가 높다.

그림 9.39는 거시 슬래그 개재물의 일부가 잉곳의 하부에 집중되는 것을 보여주는데, 이는 일반적으로 '슬래그 개재물 부유'로 알려져 있으며 일부는 잉곳의 원통형 부위 상부에 집중된다. 이 그림의 우측은 잉곳의 중심축을 따른 산소 농도를 보여준다. 슬래그 개재물의 존재는 잉곳의 산소 농도에 대략적으로 비례한다.

슬래그 개재물이 하부의 잉곳에 집중되는 이유는 여러 가지가 있을 수 있다. 개재물은 오히려 소위 **침강 결정추**(sedimentation crystal cone)에 존재하기 때문에, 슬래그 개재물이 용융 금속에서의 자유 결정을 위한 핵 생성제가 된다고 가정하는 것이 합리적이다. 자유 결정이 잉곳 바닥에 안착하기

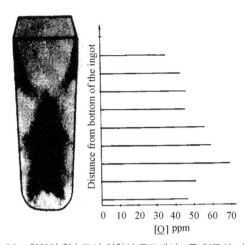

그림 9.39 위치의 함수로서 하향식 주조에서 5톤 잉곳의 커다란 슬래그 개재물 분포. 이 그림의 우측은 잉곳의 중심축을 따른 산소 농도를 보여준다. Jernkontorets Annaler의 허락을 얻어 인용함.

전에, 성장하는 자유 결정이 슬래그 개재물을 포집하는 것도 가능하다.

자연 대류도 매우 중요할 수 있다. 커다란 개재물이 용융 금속과 함께 이송이 이루어진다. 개재물이 응고 전단부와 충분히 가까워지면 서로 합해질 수 있다. 이 점은 잉곳의 원통형 부위 상부에서 거시 슬래그 개재물의 농도를 설명해 준다.

잉곳 윗면의 가열은 거시 슬래그 개재물 농도의 감소를 시사하며, 이는 자연 대류가 잉곳에서의 거시 슬래그 개재물 분포에 영향을 미친다는 이론에 강력한 힘을 실어준다(5.2절). 잉곳의 윗면이 가열될 때에 자연 대류가 감소한다는 것은 잘 알려져 있다.

연속 주조의 거시 슬래그 분포

거시 슬래그 개재물은 잉곳에서와 같이 연속 주조 빌릿에서 빈번하게 존재한다. 개재물의 원천과 성형 메커니즘 또한 양쪽의 경우에 동일하다. 반면에 잉곳 주조와 연속 주조 빌릿에서 거시 슬래그 개재물의 분포는 다르다. 슬래그 입자의 크기도 잉곳 주조보다 연속 주조에서 더 작다.

연속 주조 빌릿의 거시 슬래그 개재물 일부는 표면 슬래그 개재물로, 일부는 소재 내부에서 발생한다. 표면 슬래그 개재물의 성형은 다음 사항에 따라 달라진다.

1. 쇳물목의 용융 금속이 주형에 낙하될 때 주형 내 유동 패턴(그림 9.5)
2. 공기의 산소가 용융강과 반응하는 강욕을 향해 아래쪽으로 운반되는 기포

석출이 순조로울 때에는, 강 제트 기류에 의해 주형에 운반되었던 주조 슬래그 개재물이 두 가지 이유로 표면에 떠오를 수 있다. 이 개재물의 농도는 용융강의 농도보다 낮고, 기포가 거시 슬래그 개재물을 움직임에 따라 위쪽으로 표면까지 운반할 수 있다. 주형에서 욕의 표면으로 상승하는 일부 슬래그 개재물은 주형 벽 및 강 표면 사이에서 아래 방향으로 당겨질 수 있으며, 이는 주물용 분말이 사용되는 경우에 빌릿 표면의 슬래그 개재물 또는 주조용 분말에 슬래그 개재물의 전달로 이어진다.

빌릿 크기가 감소함에 따라 분리가 좋아지는 조건이 감소한다. 단면이 줄어들면, 주조 속도가 증가한다. 주편 및 기계의 반지름이 커질수록, 더 많은 슬래그 개재물이 주편의 중심을 향해서 집중된다. 그림 9.40에 나와 있듯이 수직형 기계에서의 중심부 슬래그 개재물 분포는 굽은 기계에서의 분포와 다르다.

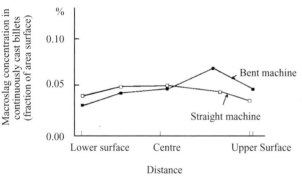

그림 9.40 연속 주조 빌릿에서의 거시 슬래그 농도.

거시슬래그 개재물 생성 방지법

방법의 조사
슬래그 개재물은 강의 품질에 아주 부정적인 영향을 미치기 때문에, 주조 공정 진행 중에 슬래그 성형을 가능한 한 많이 줄이는 것이 바람직하다. 슬래그 개재물은 용융 금속보다 밀도가 아주 낮으며, 턴디쉬는 가능한 한 많은 슬래그 개재물이 주조 시작 전에 분리가 되도록 설계가 된다(21쪽).

적절한 주물법의 설계를 통해 슬래그 개재물이 나타나는 것을 예방하기 위한 노력이 이루어지며, 사용 가능한 방법은 다음과 같다.

1. 노, 쇳물목, 턴디쉬 및 주형의 내벽에 적절한 소재의 선택
2. 용융 금속을 공기 중의 산소로부터 차단

3. 최적의 주조 온도 선택
4. 잉곳 주조에서의 윗면 단열을 위해 소위 '보통쌍정'의 사용
5. 연속 주조에서 기계의 최적 설계

이 장의 앞 부분에서(286쪽) 1의 내용을 다루었다. 슬래그 개재물의 대부분은 산화물이다.

용융 금속과 공기 중 산소와의 효율적인 차단이 이루어질 수 있다면, 거시 슬래그 개재물이 줄어들게 되며 아래에서 이 방법을 다룰 예정이다.

잉곳 주조의 윗면을 단열함으로써, 슬래그 개재물의 분리가 촉진되고 용융 금속에서의 자연 대류가 감소한다. 경험에 의하면 응고 과정의 초기에 많은 열을 발생시키는 몇몇 발열 소재로부터 만들어진 보통쌍정이 분리를 도와준다. 그림 9.41에서 이 점을 명확하게 알게 된다.

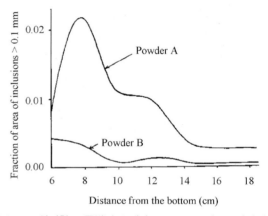

그림 9.41 상이한 보통쌍정 소재가 0.1 mm보다 큰 거시 슬래그 개재물의 분리에 미치는 영향. The Scandanvian Journal of Metallurgy, Blackwell Publishing의 허락을 얻어 인용함.

자연 대류가 감소하면 슬래그 입자가 용융 금속에서 위로 운반되어 주물용 분말에 들러붙을 가능성이 증가하며, 이는 잉곳의 거시 슬래그를 줄여준다.

경험에 따르면 주조 온도가 거시 슬래그 농도에 영향을 미친다. 주조 온도가 높으면 낮은 분율의 거시 슬래그 개재물이 자주 만들어지는데 그 이유는 용융 금속에서의 산소 용해도가 온도에 따라 증가하고, 평형 상수의 온도 의존성으로 인해 평형이 변하기 때문이다. 커다란 개재물이 용해되고 그다음에 각종 작은 개재물이 냉각 중에 석출된다.

하지만 슬래그 개재물의 발생과 관련해서만 주조 온도를 올리는 것은 가능하지 않으며 다른 요인들도 고려해야 한다.

주조 온도가 높으면 내벽재의 부식 증가와 균열 성형의 추세
증가와 같은 단점이 수반된다.

실드 주조

N_2 또는 Ar 기체의 소위 실드 주조는 슬래그 농도를 크게 줄
여준다. 따라서 오랫동안 실드 주조에 대해 지대한 관심이 쏠
려왔다. 예를 들어 주조 공정 진행 중에 진공 처리 강이 기체
를 재흡수하는 것을 막는 것은 매우 시급하다.

실드 주조에서는 세심한 '윤활'을 통해 불활성 기체가 주형
의 공기를 대체하고, 보호용 기체가 항상 금속 제트 기류를 둘
러싼다는 두 가지 내용을 가정한다. 연속 주조에서 턴디쉬 및
주형 간의 제트 기류를 차단하는 최선의 방법은 주형에 있는
욕의 높이까지 오는 세라믹관을 사용하는 것이다. 주조용 분
말의 덮개가 윗면을 보호하는데, 이런 방법으로 금속 제트 기
류와 윗면에 있는 두 가지 기체 흡수의 원천을 제거한다.

주형 크기가 14 cm보다 작으면 주조관을 사용할 수 없다
(그림 9.42). 작업상의 이유로 인해 가장 작은 크기의 빌릿에
대해서는 관을 생산할 수가 없으므로 작은 빌릿에 대해 적절
한 주조용 차폐 수간을 찾는 것이 어렵다. 때로는 N_2 또는 Ar
이 공급되는 관 '커튼'이 제트 기류를 둘러싼다.

그림 9.42 주조관이 사용될 때 용융 금속에서의 유동 패턴.

하지만 가장 흔한 방법은 유채 기름을 첨가하는 것이다. 기
름은 분해되어 공기 중의 산소로 연소되어 불활성 기체가 만
들어진다. 이것은 불활성 기체를 얻기 위해 타르가 사용되는
잉곳의 하향식 주조에서 사용되는 방법과 유사하다.

전극재용해법

어떤 예방 조치를 취하든지, 주조 소재에서 거시 슬래그 개재
물을 완전히 피할 수는 없다. 몇몇 경우에는 표면을 갈아서 표
면의 슬래그 개재물을 제거할 수 있다. 개재물이 소재의 내부
에 존재한다면 이 방법을 사용할 수 없다. 이 경우에는 전극재
용해법(ESR)을 사용할 수 있다. 2장에서 ESR의 원리를 서술
하였고(27쪽), 해당 공정을 5장에서 추가적으로 다루었다

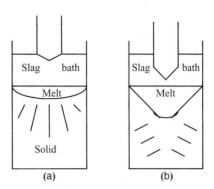

그림 9.43 (a)와 (b). 두 개의 전극 위치에서 ESR에 의한 온도 기울
기 방향과 결정의 방향.

(117~118쪽).

재용융 과정 중에 결정이 온도 기울기의 방향, 즉 응고 전
단부에 수직으로 성장한다. 전극의 위치를 바꿔서 온도 기울
기의 방향을 조절할 수 있고 이에 의해 방사형 위치 및 축 위
치 사이에서 임의의 각도로 결정의 방향을 유도할 수 있다. 그
림 9.43 (a)와 (b)에는 이 예가 나와 있다. 온도 기울기와 이에
따른 결정의 방향이 축 방향이면 소재가 최선의 특성을 얻게
된다[그림 9.43 (a)].

재용융을 사용하는 슬래그 정제

ESR에 의한 슬래그 정제는 전극 선단 및 슬래그욕에서의 화
학적 그리고 물리적 정제에 의해 발생한다. 전극 선단에서는
금속과 슬래그 간의 경계 표면을 증가시키는 용융 금속의 박
막이 성형된다. 이 영역에서의 온도는 높으며, 이는 접촉면에
서 슬래그 개재물의 분리 조건이 좋다는 것을 의미한다.

전극 선단에서 성형된 액적이 슬래그를 거쳐서 낙하하는
경우에, 추가적으로 금속과 슬래그 간에 우수한 접촉이 이루
어질 기회가 있다. 마지막으로 금속욕과 슬래그욕 간에 세 번
째 접촉면이 있다.

따라서 정제가 발생할 수 있는 세 개의 다른 부위가 있다.
첫 번째 부위는 가장 중요하다고 여겨진다. 일부 작업자는 정
제의 최대 80%가 전극 선단에서 발생하고, 나머지는 액적이
용융 슬래그를 통해 통과하는 동안에 발생한다고 보고하였다.

ESR에 의한 슬래그 정제는 효과적이다. 특히, 개재물의 크
기는 최대 5 mm로 감소되고 규산염 및 황화물의 분율은 비
ESR 재용융 소재에 비교해서 크게 감소한다. 대신에, Al_2O_3
가 함유된 슬래그가 사용되면 작은 알루민산염 슬래그 개재물
이 존재하고, 그렇지 않으면 작은 규산염 슬래그 개재물이 존
재한다.

이 내용은 전극 소재의 슬래그 발생을 ESR 재용융 소재와 비교한 그림 9.44에 나와 있다. 첫 번째 경우에는, 모든 크기의 개재물이 다섯 가지 크기의 등급 안에 비교적 고르게 분포되어 있다. 반면에 ESR 소재에서는 두 가지의 최소 크기 등급에 속하는 개재물만 존재한다.

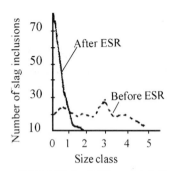

그림 9.44   ESR 재용융 전후에 다양한 크기의 슬래그 개재물 빈도.

9.7.7   강에서 산화물의 미세 슬래그 개재물

강에서 대부분의 슬래그 개재물은 산화물로 구성되는데, 주로 FeO, SiO2, MnO 및 Al₂O₃이다. 예제 9.7에서는 응고 과정 중에 CO의 석출 대신에 FeO 석출의 가능성을 다루었다. 일반적으로는 FeO 및 CO의 석출 모두를 피하는 것이 필수적이다.

강 용탕에서는 $\underline{C}$와 $\underline{O}$의 농도가 주어진다. 적절한 양의 탈산제를 첨가함으로써 $\underline{O}$의 농도가 효과적으로 감소하며 원리는 간단하다.

용융강에서 $\underline{C}$와 $\underline{O}$의 원래 농도는 알려져 있으며, (9.41) 방정식 및 (9.42) 방정식에서는 이들이 응고 중에 어떻게 변하는지에 대해 설명이 나와 있다. 그림 9.29에서는 응고 분율의 함수로서 $\underline{C}$와 $\underline{O}$의 편석이 그래프로 표현되어 있다.

탈산화 물질인 M이 용융 금속에서 $\underline{O}$와 반응한다.

$$xM + y\underline{O} \rightleftharpoons M_xO_y$$

산화물의 용해도적은 다음과 같다.

$$[\underline{M}]^x \times [\underline{O}]^y = K_{M_xO_y} \tag{9.44}$$

용해도적 $K_{M_xO_y}$는 온도에 따라 달라지며, 논의가 되고 있는 물질에 대한 온도 의존성은 표에서 주어진다.

모든 탈산제는 FeO 및 CO 모두의 석출이 성형되기 전에 슬래그 석출이 발생하도록 $K_{M_xO_y}$ 값을 가져야 한다. 탈산 슬래그는 종종 문제가 있지만, CO 기체의 석출보다 몇 배나 더 좋

으며, 이는 종종 탈산 강에 부정적인 영향을 미친다(9.7.4절).

이 절에서는 응고 중에 용융강의 SiO₂ 및 Al₂O₃에 대한 석출을 다루고자 한다. 대부분의 경우에 수지상정 간 영역에서 성형되는 슬래그 개재물은 작으며, 그러므로 미세 슬래그 개재물의 특징을 갖는다. 이 개재물의 석출 과정에 대해서는 아래에서 다루고자 한다. 균질 핵의 생성에 대한 이론을 간단히 다시 모아서 이 절을 시작하며, 강의 산화물 개재물에 이 수집 내용을 적용한다.

산화물 개재물의 균질 핵 생성

6장에서(140~141쪽) 균질 핵 생성의 이론을 다루었다. 여기에서는 용융 금속의 산소를 제거하기 위하여 탈산제가 첨가되는 탈산 과정에 이 이론을 적용할 예정이다(282쪽). $\underline{O}$ 원자가 산화 개재물로 침전이 될 때에 $\underline{O}$ 원자는 중성화가 되며, 표면장력이 개재물의 핵 생성 과정에 강력하게 영향을 미친다.

(6.2)와 (6.4) 방정식에 의하면, 균질 핵 생성의 활성화 에너지($-\Delta G^*$)를 아래와 같이 표기할 수 있다.

$$-\Delta G^* = 60\,kT^* = \frac{16\pi\sigma^3 V_m^2}{3(-\Delta G_m)^2} \tag{9.45}$$

또는

$$-\Delta G_m = \sqrt{\frac{16\pi}{3} \times \frac{\sigma^3 V_m^2}{60 k_B T^*}} \tag{9.46}$$

여기에서

$-\Delta G^*$ = 핵 생성의 활성화 에너지, 즉 산화물 입자의 성형을 위해 필요한 최소 에너지

$-\Delta G_m$ = 핵 생성의 구동력 또는 핵 생성시 자유 에너지의 몰 변화(kmol)

k_B = 볼츠만 상수

T^* = 임계 핵 생성 온도

σ = 산화 개재물과 주변 용융 금속 간의 표면장력

V_m = 산화물의 몰 부피(m³/kmol)

6장에서는 용융 금속에서 낮은 용해도를 갖는 1차 상의 핵 생성에 필요한 과포화에 대한 식[(6.6) 방정식]을 유도하였다. 이 이론은 용융 금속에서 화학적 화합물의 석출에도 유효하도록 확장될 수 있다. (6.6) 방정식을 적용하고 265~267쪽에 있는 열역학 관계식을 사용함으로써 M_xO_y 개재물의 균질 핵 생성에 필요한 $-\Delta G_m$ 값을 얻게 된다.

$$-\Delta G_{\mathrm{m}} = RT\,\ln\left[\frac{a_{\underline{M}}^{\mathrm{x}}a_{\underline{O}}^{\mathrm{y}}}{(a_{\underline{M}}^{\mathrm{x}}a_{\underline{O}}^{\mathrm{y}})^{\mathrm{eq}}}\right]$$

여기에서

$a_{\underline{M}}$ = 용융 금속에서 $\underline{M}$ 원자(금속, 비금속)의 활성도

$a_{\underline{O}}$ = 용융 금속에서 $\underline{O}$ 원자의 활성도

$(a_{\underline{M}})^{\mathrm{eq}}$ = 평형 상태인 용융 금속에서 $\underline{M}$ 원자의 활성도

$(a_{\underline{O}})^{\mathrm{eq}}$ = 평형 상태인 용융 금속에서 $\underline{O}$ 원자의 활성도

(9.46) 방정식과 (9.47) 방정식을 결합하면 다음의 식을 얻는다.

$$-\Delta G_{\mathrm{m}} = RT\,\ln\left[\frac{a_{\underline{M}}^{\mathrm{x}}a_{\underline{O}}^{\mathrm{y}}}{(a_{\underline{M}}^{\mathrm{x}}a_{\underline{O}}^{\mathrm{y}})^{\mathrm{eq}}}\right] = \sqrt{\frac{16\pi}{3} \times \frac{\sigma^3 V_{\mathrm{m}}^2}{60 k_{\mathrm{B}} T^*}} \quad (9.48)$$

여기에서 σ는 석출된 입자와 주변 용융 금속 간의 표면장력, T는 용융 금속의 온도이다.

표 9.8에서는 다양한 표면장력 값에 대한 철 용탕의 산화물 개재물에 대해서, 균질 핵 생성에 필요한 구동력($-\Delta G_{\mathrm{m}}$)이 나열되어 있다.

표 9.8 σ의 함수로서 고체 산화물 개재물의 $-\Delta G_{\mathrm{m}}$ 값 ($V_{\mathrm{m}}=25\times10^{-3}\,\mathrm{m^3/kmole}$)

σ (J/m^2)	$-\Delta G_{\mathrm{m}}$ (10^{-3} J/kmole) 산화물 개재물
0.50	7.0
1.00	19.9
1.50	36.5
2.00	56.3
2.50	78.6

구체적인 예로써 1550°C에서의 Fe‑50% Ni 용탕을 고려할 예정이다. 산소를 함유하고 있는 이 용융 금속과 평형을 이루고 있는 일부 산화물의 용해도적이 표 9.9에 나와 있다.

표 9.9 1550°C에서 Fe–50% Ni 용탕의 산화물 용해도적

Oxide	K
FeO	9.12×10^{-2} (wt-%)^2
SiO$_2$	2.09×10^{-6} (wt-%)^3
Al$_2$O$_3$	1.72×10^{-16} (wt-%)^5

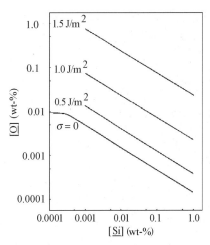

그림 9.45 표면장력과 용융 금속의 조성이 SiO$_2$(s)의 핵 생성에 미치는 효과. ASM International의 허락을 얻어 인용함.

그림 9.45는 용융 금속에서 SiO$_2$의 용해도적을 기반으로 한다.

$$[\underline{Si}] \times [\underline{O}]^2 = K_{\mathrm{SiO_2}} \quad (9.49)$$

활성도를 농도와 대체하면, (9.48) 방정식 및 (9.49) 방정식을 아래와 같이 표기할 수 있다.

$$\ln[\underline{Si}] + 2\ln[\underline{O}] = \text{constant} \times \sigma^{1.5} \quad (9.50)$$

또는

$$\ln[\underline{O}] = \frac{1}{2} \times 상수 \times \sigma^{1.5} - \frac{\ln[\underline{Si}]}{2} \quad (9.51)$$

(9.51) 방정식을 그림 9.45에 그렸다. $\underline{O}$의 농도는 Si 농도와 평형 상태이나, $\underline{Fe}$ 농도와도 평형 상태이다. $\sigma = 0$일 때 이 그림으로부터 $[\underline{O}]$를 파악한다. $[\underline{O}]$축 근처에서 직선이 굽혀지고 FeO와의 평형 상태에서 O의 농도에 가까워진다.

그림 9.46은 용융 금속에서 Al$_2$O$_3$의 용해도적을 기반으로 한다. (9.50) 방정식과 유사한 방정식을 Al$_2$O$_3$에 대해 유도할 수 있다.

$[\underline{O}]$는 $\sigma = 0$일 때에 그림으로부터 읽어 들인다. 그림 9.45 및 그림 9.46의 위쪽 곡선은 용융 금속과 산화물 입자 간의 다른 표면장력 값에 대해, SiO$_2$ 및 Al$_2$O$_3$ 각각의 균일한 핵 생성을 위해서 산소, Si 및 Al 각각에 필요한 과농도를 설명한다. 표면장력을 추정하는 것은 종종 어려우며, 예제 9.8에 나와 있듯이 이 목적을 위해서 앞서 설명한 곡선을 사용할 수 있다.

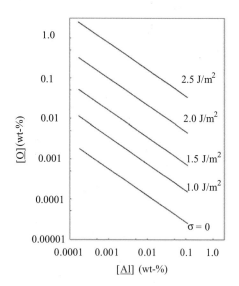

그림 9.46   표면장력과 용융 금속의 조성이 Al₂O₃(s)의 핵 생성에 미치는 효과. ASM International의 허락을 얻어 인용함.

예제 9.8

그림 9.45 및 그림 9.46에 나와 있는 용융강을 0.01 wt-% 이하의 농도로 첨가되는 Al을 이용해서 탈산을 한다. 용융 금속은 탈산제가 첨가되기 전에 FeO와 평형 상태였다. Al이 첨가되었을 때 작은 산화물 입자의 석출이 다수 관찰되었다.

산화물 입자는 Al₂O₃로 구성되며 이는 균질 핵 생성 과정 중에 성형이 되었다고 가정한다. 그림 9.45 및 그림 9.46을 이용해서 Al₂O₃ 입자와 용융 금속 간의 표면장력을 추정하라.

풀이

그림 9.45는 용융 금속에서 산소의 초기 농도가 0.01 wt-% ($\sigma = 0$)였다는 것을 보여준다. 용융 금속이 같기 때문에 이 값은 그림 9.46에서도 유효하다.

본문에서 주어진 Al 농도는 0.01 wt-%이다. 이 값들은 그림에서 표시된 점을 정의한다. 이 점을 통과하면서 다른 선들과 평행한 곡선이 그려진다. 보간에 의해 원하는 표면장력 값을 얻는다.

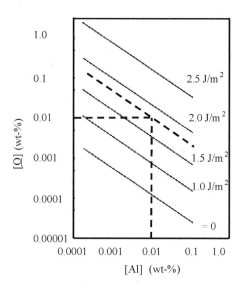

답

용융 금속과 Al₂O₃ 입자 간의 추정 표면장력 값은 약 1.8 J/m² 이다.

산화물의 석출 조건

슬래그 산화물은 대부분의 경우에 응고가 시작되기 전에 석출된다. 하지만 산화물은 수지상정 간 영역에서도 빈번히 관측되는데, 이는 또한 개재물이 응고 과정 중에 석출되었다는 것을 가리킨다. 이런 사실을 설명해 주는 한 가지 이론은 개재물이 응고 전단부에 앞서서 밀려난다는 것이다. 이 가능성에 대해서는 294쪽에서 다룰 예정이다.

또 다른 가능성은 새로운 개재물의 핵이 수지상정 간 영역 안에서 성형될 수 있다는 것이다. 이 경우에 핵 생성을 위해서 필요한 조건은 높은 과포화이며(290쪽), 예제 9.9가 이를 보여준다.

예제 9.9

철기 합금의 용융 금속이 0.4 wt-% <u>Si</u>와 0.004 wt-% <u>O</u>를 함유하며 SiO₂와 평형 상태이다.

(a) SiO₂ 개재물의 균질 핵 생성을 위해서 Si와 O의 어떤 결합 과포화가 필요한가?

(b) 어떤 분율의 응고 소재에서 미세편석에 의해 이 과포화가 도달되는가?

용융 금속의 온도는 1500°C이며 재료 상수는 아래에서 주어진다.

재료 상수	값
$\sigma_{\text{oxide/melt}}$	1.0 J/m^2
$V_m^{\text{SiO}_2}$	$25 \times 10^{-3} \text{ m}^3/\text{kmol}$
k_B	$1.38 \times 10^{-23} \text{ J/K}$
R	8.31 kJ/kmol K
$k_{\underline{O}}$	0.054
$k_{\underline{Si}}$	$2/3$

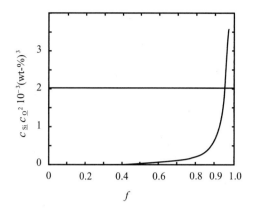

풀이

(a) SiO$_2$ 개재물의 성형을 위한 임계 단계는 균질 핵 생성이
다. (9.47) 방정식은 핵 생성을 위한 킬로몰당 활성화 에
너지를 제공하며, $T^* \approx T$이면 아래와 같이 표기할 수
있다.

$$-\Delta G_m = RT\ln\left[\frac{a_{\underline{Si}}a_{\underline{O}}^2}{(a_{\underline{Si}}a_{\underline{O}}^2)^{\text{eq}}}\right] = \sqrt{\frac{16\pi}{3} \times \frac{\sigma^3(V_m^{\text{SiO}_2})^2}{60\,k_B T}} \quad (1')$$

이 경우에 낮은 농도를 얻게 되며, 활성도를 농도로 대체하는
것이 합리적이다. 대체를 한 후에 결합 과포화, 즉 용해도적의
해를 구하면 다음의 식을 얻는다.

$$c_{\underline{Si}}c_{\underline{O}}^2 = c_{\text{Si}}^{\circ}(c_{\text{O}}^{\circ})^2 \times \exp\left[\frac{\sqrt{\frac{16\pi}{3}\frac{\sigma^3(V_m^{\text{SiO}_2})^2}{60k_B T}}}{RT}\right] \quad (2')$$

재료 상수의 수치와 주어진 다른 값을 대입하면 다음의 식을
얻는다.

$$c_{\underline{Si}}c_{\underline{O}}^2 = 0.4 \times (0.004)^2 \times \exp\left[\frac{\sqrt{\frac{16\pi}{3} \times \frac{10^3 \times (25 \times 10^{-3})^2}{60 \times 1.38 \times 10^{-23}(1500 + 273)}}}{8.31 \times 10^3(1500 + 273)}\right] = 0.0020 \text{ (wt-\%)}^3$$

(b) 격자 간 용해가 이루어지면서 고상을 통해서 아주 급속하
게 확산이 되는 $\underline{O}$는 비교적 작은 원자이기 때문에 $\underline{O}$의
편석은 지렛대 원리에 의해 설명이 된다.

$$c_{\underline{O}} = \frac{c_{\text{O}}^{\circ}}{1 - f(1 - k_{\text{part}\underline{O}})} \quad (3')$$

$\underline{Si}$ 원자는 $\underline{O}$ 원자보다 크지만 Fe 원자만큼 크지는 않다. 샤
일 방정식도 지렛대 원리도 용융 금속과 고상에서의 Si 편석
을 설명하기에 이상적인 모델은 아니다. 하지만 샤일 방정식

이 지렛대 원리보다는 어느 정도 우수한 모델이며, 여기에서
는 정확한 컴퓨터 수치 계산 대신에 샤일 방정식을 사용할 예
정이다. 따라서 고상에서의 확산을 무시하고 다음의 식을 얻
는다.

$$c_{\underline{Si}} = c_{\text{Si}}^{\circ}(1 - f)^{-(1 - k_{\text{part Si}})} \quad (4')$$

다음으로는 결합 과포화를 설정한다.

$$c_{\underline{Si}}(c_{\underline{O}})^2 = c_{\text{Si}}^{\circ}(1 - f)^{-(1 - k_{\text{part Si}})}\left[\frac{c_{\text{O}}^{\circ}}{1 - f(1 - k_{\text{part}\underline{O}})}\right]^2$$

또는 정렬을 거친 후에 다음의 식을 얻는다.

$$c_{\underline{Si}}(c_{\underline{O}})^2 = c_{\text{Si}}^{\circ}(c_{\text{O}}^{\circ})^2 \frac{(1 - f)^{-(1 - k_{\text{part Si}})}}{[1 - f(1 - k_{\text{part}\underline{O}})]^2} \quad (5')$$

주어진 값을 대입하면 다음의 식을 얻는다.

$$c_{\underline{Si}}c_{\underline{O}}^2 = 0.4 \times 0.004^2 \times \frac{(1 - f)^{-(1 - 2/3)}}{[1 - f(1 - 0.054)]^2} \text{ (wt-\%)}^3 \quad (6')$$

그래프로 이 방정식의 해를 구하며, 응고 소재의 분율 대 함수
를 그린다.

다이어그램의 수평선은 필요한 결합 과포화로서 0.0020
(wt-%)^{3}이며 $f \approx 0.95$에서 곡선과 만난다.

답

(a) 결합 과포화는 0.0020 (wt-%)³이다.

(b) 소재의 약 95%가 응고되었을 때 SiO₂ 개재물이 만들어
진다.

응고 과정 중에 미세 슬래그 개재물의 거동

슬래그 개재물의 석출은 주조 작업 후의 응고 과정 중에 단일
슬래그 소입자에 무엇이 발생하는지에 따라 달라진다. 요점은
입자가 응고 전단부와 결합하여 고상에 포함되는지 아니면 입
자가 응고 전단부에 앞서 밀려나서 나머지 용융 금속에 점차
쌓이는지이다.

잘 통제된 조건의 투명 재료에서 응고 과정 중의 슬래그 소
입자, 용융 금속, 고상 간의 상호 작용을 신중하게 연구하였고
해당 실험의 결과는 다음과 같다.

슬래그 입자는 응고 전단부에 도달할 때까지 정지 상태를
유지한다. 중간 정도의 응고 속도에서 입자는 응고 전단부에
앞서 밀려나와 뒤따라간다. 입자는 특정 임계 응고 속도에서
응고 전단부에 의해 포집이 되어 고상에 혼입된다는 것도 파
악하였다.

임계 응고 속도는 입자의 반지름에 따라 달라지며 표면장
력도 매우 중요하다. 입자가 응고 전단부에 앞서 밀려나서 고
상에 흡수되지 않기 위한 조건은 다음과 같다는 것을 알 수
있다.

$$\sigma_{sp} > \sigma_{sL} + \sigma_{Lp} \qquad (9.54)$$

여기에서

σ_{sp} = 고상과 입자 간의 표면 에너지/m²

σ_{sL} = 고상과 용융 금속 간의 표면 에너지/m²

σ_{Lp} = 용융 금속과 입자 간의 표면 에너지/m²

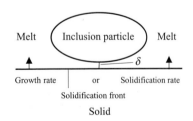

그림 9.47 거리 δ는 작고 모세관력이 입자에 작용한다. 용융 금속의
얇은 층이 입자와 응고 전단부 간의 영역으로 빨려 들어간다.

(9.54) 방정식의 조건이 충족되면, 표면장력이 입자와 고상
간의 영역에 지속적으로 공급이 되는 용융 금속의 박막을 만

든다. 이 과정은 표면장력 조건과 응고 속도에 의해서뿐만 아
니라, **용융 금속의 점성**(viscosity of the melt), **자체 확산 상
수**(self-diffusion constant), **입자의 형상과 매끄러움**(shape
and smoothness of the particle)에 의해서 순차적으로 제어
가 된다.

강의 응고 과정 중에 슬래그 석출에 대해 비슷한 조사가 이
루어졌다. 용선 산화물/황화물의 석출물이 고상에 즉시 혼입
되는 데 반하여, 응고 속도가 낮은 규산염은 응고 전단부에 앞
서 밀려나, 수지상정 간 영역에서 가장 마지막에 응고된 부위
에 쌓인다는 것이 발견되었다.

석출 조건과 입자의 형상이 매우 다르다는 사실은 이들의
분포가 기지에서 달라진다는 것을 시사한다.

고상에 의해 쉽게 흡수된 석출 입자는 나중에 응고된 부위
에 쌓인 입자에 비해 기지에서 훨씬 많이 분리가 되고 훨씬 균
일하게 분포가 된다. 일반적으로 후자의 입자는 상대적으로
거칠고, 원칙적으로 석출 과정 중의 응집(소입자로부터 커다
란 입자의 성장) 또는 상호 충돌에 의해 크기가 커질 수 있다.

9.7.8 강에서 황화물의 미세 슬래그 개재물

앞 절에서는 강에서 산화물의 슬래그 개재물 석출 조건을 논
하였다. 황화물에 대해 해당하는 조건을 설정할 수 있다. 하지
만 산소가 항상 존재하고 산화물과 황화물이 혼합된 슬래그
개재물이 얻어져서 이 경우의 조건은 더 복잡하며, 아래에서
는 논의를 황화물의 슬래그 개재물 석출에 대한 정성적인 설
명에 국한한다.

황을 함유하는 가장 중요한 슬래그 개재물은 MnS로 구성
된다. 일반적으로 산소가 용융 금속에 있기 때문에, MnO -
MnS처럼 MnS 슬래그 개재물과 산화물의 개재물이 혼합된
물질도 존재한다.

MnS의 석출에 대해 다루기 전에 FeS - FeO의 석출을 설명
하고자 한다. 이는 Flemings에 의해 분석이 이루어졌고 응고
중의 슬래그 석출에 대한 좋은 사례이다.

FeO - FeS 슬래그 개재물의 석출

그림 9.48 (a), (b) 및 (c)는 다양한 조성 및 모양으로 석출된
일련의 슬래그 입자를 보여준다. 어두운 상은 FeO를, 밝은 상
은 FeS를 나타내며 이들은 동일한 강 표본에서 석출되었으나
시편에서의 위치는 다르다.

그림 9.48에 있는 3개 유형의 슬래그 개재물에 대한 성형
과정을 이해하고, 상호 간의 석출이 언제 발생했는지 알아보
기 위한 기초로서 삼원계의 상평형도를 사용한다.

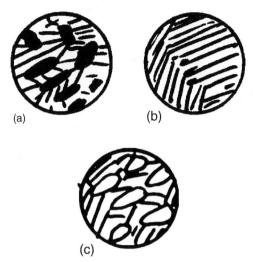

그림 9.48 용융강에서 FeO – FeS 유형의 슬래그 입자.

그림 9.49는 7장(212쪽)의 삼원 평형도와 유사한 Fe – FeO – FeS계의 삼원 상평형도를 투영한 내용이며 온도 축은 나와 있지 않다. 그림 9.49에 있는 다른 점들의 온도는 같지 않으며 삼원 공정점 E의 온도가 가장 낮다. Fe – O 및 Fe – S의 이원 상평형도는 Fe 모서리에서의 선을 포함하는 평면에 존재한다.

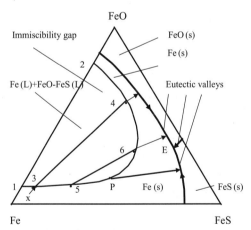

그림 9.49 '바닥면'에 투영된 Fe – FeO – FeS계의 삼원 상평형도[7장의 그림 7.36 (a)와 그림 7.36 (b)를 비교]. E점은 3개의 공정 골짜기가 만나는 삼원 공정점에 해당하며, 이들은 Fe – O, Fe – S 및 FeO – FeS계의 3개 이원 상평형도의 공정점으로부터 나온다.

그림 9.49는 Fe – FeO – FeS 삼원계에서 액상선 면의 개략도를 보여주며, 특정 온도에서의 Fe – O 이원 상평형도를 갖고 논의를 시작하고자 한다. Fe 모서리와 1의 점 간 영역은 단상 영역(용융 금속)으로 구성된다. 2의 점과 FeO 모서리 간의

영역도 단상 영역이다. 1의 점과 2의 점 간에 있는 선 부위는 Fe(L) 및 FeO(L)의 2개 액체에 대한 두상 영역을 나타내며, 이 영역을 **불혼화성 간격**(immiscibility gap)이라고 한다. 1의 점과 2의 점은 2개 상의 조성을 정의한다.

삼각형 부분의 '포물선부'는 조성이 변하는 2개 용융 금속이 있는 두상 영역을 나타낸다[Fe(L) + FeO – FeS(L)]. 이 두상 영역은 불혼화성 간격과 철의 액상선 면 사이에 있는 교차 곡선 1 – 3 – 5 – P – 6 – 4 – 2를 따라서 액상선 면과 교차한다. 3개의 공정 골짜기는 삼각형 측에 포함되어 있는 이원 다이어그램의 각 공정점으로부터 아래 방향으로 이어지며, 이들에 의해 온도가 감소할 때의 용융 금속 변화가 설명이 된다. 이 골짜기들은 그림에서 E의 점으로 표시된 삼원 공정점에서 만나는데, 이는 마지막으로 응고된 용융 금속의 조성을 나타낸다.

초기 조성이 x인 합금 용융 금속이 식으면, 다음의 응고 과정이 발생하게 된다. 식게 되면 수지상정 형상의 δ–상 또는 γ–상 1차 석출이 발생한다. 수지상정이 성장할 때에 산소 및 황이 수지상정 가지 사이에 남아 있는 용융 금속에서 급속하게 농축되고, 용융 금속의 조성이 변한다. 이 과정은 다이어그램에서 x점으로부터 3의 점까지 경로에 의해 설명이 될 수 있다. 용융 금속의 조성이 3의 점과 일치하면, 4의 점으로 정의된 조성을 가진 FeO – FeS(L) 용융 금속의 액적이 만들어지며, 이 액적들은 고상에 급속하게 혼입이 되고 남아 있는 수지상정 간 용융 금속과 격리가 된다.

그다음에 편정 반응에 의한 고체 Fe와 FeO – FeS(L)의 석출로 응고가 지속되며, 이 다음으로는 용융된 잔여 기지의 조성이 점차 변하게 된다. 이는 3의 점으로부터 5의 점까지 곡선을 따른 이동으로 설명이 된다. 예를 들어, 용융 금속의 조성이 5의 점과 일치하면, 6의 점에 의해 정의되는 조성을 가진 FeO – FeS(L) 용융 금속의 액적이 만들어진다. 이 액적들은 고상에 혼입이 되고, 남아 있는 수지상정 간 용융 금속 및 다른 것들과 격리가 된다. 액체가 P의 점에 해당하는 조성을 갖게 되면, 불혼화성 간격을 떠나서 Fe 고체만 성형이 된다.

각 액적을 별도의 용융 금속으로 간주할 수 있다. 냉각 과정이 지속되는 동안에 개재물의 조성은 그림 9.49에서 화살표로 표시된 경로를 따라가며, 아래 방향으로 공정 골짜기까지 그리고 추가적으로 E의 점에 이르게 된다.

그림 9.48 표본의 조직 분석 및 상기 논의 사항을 통해서, 그림 9.48 (a)에 나온 유형의 슬래그 입자는 3의 점과 4의 점에 해당하는 조성을 가지면서 1차로 응고가 된다고 결론을 내

릴 수 있다. 그림 9.48 (b) 유형의 슬래그 입자는 5의 점과 6의 점에 해당하는 조성으로, 그림 9.48 (c) 유형의 슬래그 입자는 그림 9.49의 P점에 해당하는 조성으로 응고된다.

FeS 개재물은 매우 해롭기 때문에 이를 피하는 것이 아주 중요하다.

MnS 슬래그 개재물의 석출

망간은 두드러지게 황과 반응을 하는 경향이 있으므로, MnS 개재물은 매우 흔하다. MnS의 성형 과정과 이 과정에 영향을 주는 조건들은 문헌에서 빈번하게 다루어졌다. 영국의 금속공학자인 심스(Sims)는 망간 황화물의 개재물 형태(형상)가 주강의 특성에 강력하게 영향을 미친다는 것을 보여주었다.

그림 9.50 (a)~(d)에서는 네 가지 유형의 MnS를 구분해서 설명이 가능하다.

유형 II 및 IV는 유형 I 및 III에 비해 훨씬 더 해로우며, 아주 해로운 유형 II를 피하는 것이 특히 중요하다. 유형 II는 소재의 기계적 특성에 최대로 영향을 미치며, 인성 및 파단 한도를 크게 약화시킨다. 유형 II의 개재물을 가진 강은 압연 시에 가로 방향으로의 충격 강도를 많이 잃는다. 유형 II는 또한 소위 자동 절단강의 절단 능력을 크게 감소시킨다.

MnS 슬래그 개재물 성형 메커니즘

다음에 나오는 짧은 조사를 통해서 상이한 유형의 MnS 개재물 및 석출 야기 조건을 설명할 수 있다.

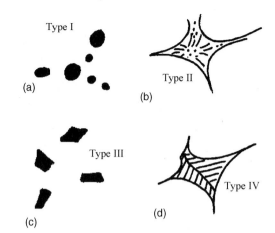

그림 9.50   (a) 개재물은 구형이며 기지에 불균일하게 분포한다. 개재물의 크기는 넓은 범위 내에서 달라진다. (b) 진주를 꿰어 놓은 줄처럼 기지에 배열된 작고 겉으로 구형으로 보이는 개재물. 이 줄의 일부는 늘어져서 봉처럼 보일 수 있다. (c) 큰 모서리의 거대한 면체 개재물로서 일반적으로 기지에 불균일하게 분포한다. (d) 판의 공정 반응, 상호 간에 종종 일정한 각을 이룬다.

유형 I	유형 II	유형 III	유형 IV
퇴행 편정 반응	정상 편정 반응	퇴행 공정 반응	정상 공정 반응
	늦은 냉각 속도 또는 낮은 핵 생성 속도에서 성형		
빠른 냉각 속도 또는 높은 핵 생성 속도에서 성형			

공정 반응은 L 액체가 2개의 고상 α와 β에 응고되는 과정이다.

$$L \rightarrow \alpha + \beta$$

편정 반응은 용융 금속 L_1이 고상 α와 또 다른 액상 L_2를 제공하는 과정이다.

$$L_1 \rightarrow \alpha + L_2$$

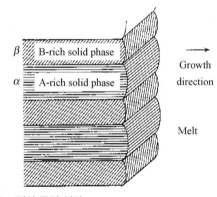

그림 9.51   정상 공정 성장.

보통의 공정 성장이나 편정 성장에서 2개 상의 성장률이 동일하며(6장의 146~147쪽), 이 상들이 공생을 한다고 한다 (그림 9.51). 이를 **정상 공정 반응**(normal eutectic) 또는 **정상 편정 반응**(normal monotectic reaction)이라고 한다.

2개의 고상이 응고 시에 공생을 하지 않으면 다른 성장률로 석출되고 상호 간에 독립적으로 성장하며, 이를 **퇴행 공정 반응**(degenerated eutectic) 또는 **편정 반응**(monotectic reaction)이라고 부른다.

네 가지 기본 유형의 MnS에 대한 석출 과정과 가장 해로운 유형들을 피하는 방법에 대해 아래에서 논할 예정이다.

유형 I 및 유형 II 개재물의 석출

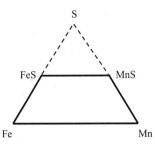

그림 9.52 4개 성분 Fe–Mn–MnS–FeS계의 상평형도.

그림 9.53은 Fe–Mn–MnS–FeS계의 삼원 상평형도가 투영된 바닥면의 Fe 모서리를 보여주고 있으며(그림 9.52), Fe–Mn–S 삼원계의 일부로서 무시할 수 있다(7장 212쪽의 삼원 상평형도를 비교).

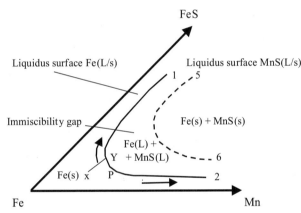

그림 9.53 Fe–Mn–MnS–FeS계 삼원 상평형도의 Fe 모서리. 상평형도의 온도 축은 나와 있지 않다. 냉각으로 인해 온도는 x–Y 경로를 따라 감소한다. 1차 δ–상은 점차 γ–상으로 변형되는데, 이런 이유로 Fe 고체 상을 Fe(s)로 표기한다.

그림 9.53의 상평형도는 2상 영역[Fe(L) + MnS(L)]이 굽은 곡선 1–P–2를 따라 액상선 면 Fe(L/s)과 교차하는 것을 보여준다. 2상 영역은 FeS와 유사하게 2개의 액상으로 구성되고 불혼화성 간격이다(그림 9.49).

더불어 이 상평형도는 2상 영역과 액상선 면 MnS(L/s) 간의 교차선을 보여주며 준안정계의 일부이다. 교차 곡선은 그림 9.53에서 점선으로 표시된다.

유형 I 및 유형 II의 MnS 개재물은 편정 반응을 통해서 성형되며, 이는 저탄소 농도의 강에서 발생한다. 294~296쪽의 Fe–FeO–FeS계에 대한 논의와 유사하게, S, Mn 및 C의 농도가 낮은 합금의 응고 과정을 그림 9.53의 삼원 상평형도를

이용해서 논할 예정이다.

이런 용융 금속의 조성은 그림 9.53에 있는 삼원 상평형도의 투영도에 있는 Fe 모서리 근처의 x점으로 설명이 된다고 가정한다. 용융 금속이 냉각될 때에, 응고 과정은 페라이트 [Fe(d)]의 1차 석출로 시작이 되고 수지상정 망이 만들어진다. 석출 과정 중에, 황과 망간이 미세편석 때문에 나머지 용융 금속에서 농축이 된다. 나머지 용융 금속의 조성은 액상선 곡선 1–P–2의 Y점에 도달될 때까지 x–Y를 따라 점차 변한다. 바로 지금 액체 MnS의 석출이 편정 반응(monotectic reaction)에 의해서 용융 금속에서 시작되며

$$Fe(L) + \underline{Mn} + \underline{S} \rightarrow Fe(\delta) + MnS(L)$$

이는 1–P–2 곡선을 따라 발생한다.

P점은 1–P–2 곡선에서 온도가 최대인 곳이다. 응고 과정이 지속되는 중에 수지상정 용탕은 P점을 기준으로 한 용융 금속의 조성에 따라 편정 반응 중에 Mn 함유량이 낮은 쪽이나 높은 쪽으로 그 조성을 바꾼다.

용융 금속이 P점의 왼쪽에 있는 Y점과 일치하는 조성을 갖는다면, 반응 중에 S가 농축되고 Mn이 고갈될 것이다. 용융 금속의 조성 Y가 P점의 우변에 존재하면, 위와 반대의 현상이 벌어진다. 전자의 경우는 그림 9.53에 나와 있다.

저탄소강에서 두 개 유형의 MnS 개재물인 유형 I과 II의 성형은 핵 생성 속도에 따라 달라진다. 유형 I(그림 9.54)은 높은 핵 생성 속도에 알맞고, 유형 II는 낮은 핵 생성 속도에 알맞다.

유형 II의 MnS 개재물은 군집으로 빈번히 관측된다. 그림 9.55 (a)는 유형 II의 군집이 중심점에서부터 구상으로 성장한 것과 MnS 용융 금속이 봉상으로 석출된 경우를 보여준다. 이 반응은 정상 공정 반응과 유사하지만 편정 반응이다.

유형 II는 모든 MnS 개재물 중에 가장 해로우며 가능한 한 피해야 한다(299쪽).

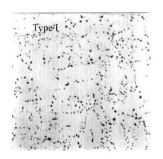

그림 9.54 MnS 유형 I의 퇴행 편정 석출. The Scandanvian Journal of Metallurgy, Blackwell의 허락을 얻어 인용함.

(a)

(b)

그림 9.55   (a) 유형 I의 MnS 개재물. (b) 주사 전자 현미경을 통해 본 유형 II의 MnS 개재물. The Scandanvian Journal of Metallurgy, Blackwell의 허락을 얻어 인용함.

FeS 개재물의 위험

강의 Mn 농도가 낮으면(Y점이 P점의 왼쪽에 있는 경우), 용융 금속의 조성은 S로 더욱더 농축이 되고 마지막으로 FeS가 석출된다. Mn을 첨가해서 이 공정을 피할 수 있으며, 그다음에 Y점이 P(그림 9.53)의 우측에 자리 잡게 되고 MnS(L)가 FeS 대신에 석출이 된다.

FeS 석출은 종종 막과 같은 형상을 띠며, 소재의 최종 특성에 아주 강력하게 부정적인 영향을 미친다. 이들은 유형 II의 MnS 개재물보다 더 나쁘므로 FeS 개재물을 피하는 것이 매우 중요하다.

유형 III 및 IV 개재물의 석출

유형 I 및 유형 II의 MnS 개재물이 저탄소강 합금의 편정 반응에 의해 발생한다고 위에서 언급하였다. 유형 III 및 유형 IV는 **고탄소 합금강**(high-carbon steel alloy)과 **주철**(cast iron)에서 성형된다. 또 다른 차이는 1차 석출이 페라이트 대신에 오스테나이트로 구성된다는 것이다.

유형 III 및 유형 IV MnS 개재물의 석출 메커니즘은 유형 I 및 유형 II에 대해 설명된 것과 동일하지만, 높은 탄소 함유량은 Fe‒Mn‒MnS‒FeS계의 삼원 상평형도에 영향을 미친다. 철의 액상선 면은 더 낮은 온도로 변위가 되며, 이는 준안

정 공정 반응을 안정시켜 준다. 그림 9.56에는 변화된 상평형도가 나와 있는데 이는 탄소 함유량이 높을 때에 유효하다고 가정할 수 있다.

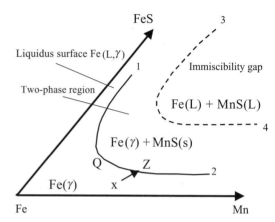

그림 9.56   Fe‒Mn‒MnS‒FeS계의 수정 상평형도. 그림 9.53에 비해 곡선이 역순으로 출현. 여기에 있는 고농도의 탄소 합금에 의해 발생한 변화.

조성이 x인 용융 금속이 식으면, γ–수지상정의 석출이 발생하게 된다. S 및 Mn 농도는 용융 금속의 수지상정 용탕에서 농축이 된다. 용융 금속의 조성이 Z점에서 공정선 1‒Q‒2에 도달하면, MnS(s)의 석출이 시작된다.

핵 생성 속도가 높으면, MnS 개재물은 보통 **퇴행 공정 반응**(degenerated eutectic reaction)에 의해 따로 성장하고, 용융 금속에서 자유롭게 떠다닌다. 이런 환경에서, 상생도는 작고 2개 상의 성장은 서로 독립적으로 발생하며 2개 상은 양쪽 모두 1차 석출임을 나타내는 형상을 갖는다. MnS 개재물은 이 경우에 예리한 모서리를 가진 유형 III의 등축 결정 형상을 갖게 된다. 그림 9.57 (a)는 이런 유형 III 개재물의 예를 보여준다.

핵 생성 속도가 늦으면, 일반적으로 **정상 공정 반응**(normal eutectic reaction)이 발생하게 된다. MnS(s) 및 오스테나이트의 2개 상은 상생을 하며 유형 IV의 정상 공정 군집이 석출된다. 그림 9.57 (b)는 한 가지 사례를 보여준다.

유형 III 또는 유형 IV 개재물의 석출은 S 농도와 냉각 속도에 의해 영향을 받으며, 이로 인해 거의 동일한 조건에서 응고되는 용융 금속이 완전히 다른 모양의 MnS 석출물로 만들어진다.

하나의 MnS 유형에서 다른 유형으로의 이동

MnS 개재물의 유형은 많은 변수에 따라 달라진다. 주요 인자는 다음과 같다.

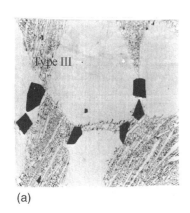

(a)

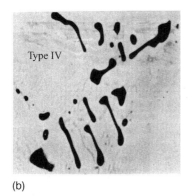

(b)

그림 9.57 (a) 유형 III의 MnS 개재물. (b) 유형 IV의 MnS 개재물. The Metal Society, Institute of Materials, Minerals & Mining의 허락을 얻어 인용함.

- 냉각 속도, 즉 용융 금속의 응고 속도
- 용융 금속에서 Mn과 S의 농도
- 용융 금속에서 C의 농도
- 용융된 MnS+Fe에서 합금 원소의 용해도
- 용융 금속의 탈산 과정

296~299쪽의 석출 과정과 연계해서 처음의 3개 사항을 논하였다.

합금 원소의 용해도는 하나의 MnS 유형에서 다른 유형으로의 이동과 밀접한 관련이 있다. 탈산 과정의 영향에 대해서는 아래에서 다룰 예정이다.

반트 호프(van't Hoff)의 법칙:

$\Delta T_M = -$상수$\times c$

용액(용융 금속)의 용융점 감소는 (용융 금속) 용해된 물질(합금 원소)의 농도에 비례한다.

용선에서는 쉽게 용해되지만 용융된 MnS에서는 거의 용해되지 않는 탄소에 대해 위에서 다루었던 대로, 합금 원소는 MnS보다 철의 용융점을 더 낮추게 된다(상기 van't Hoff의 법칙에 따름). 이 결과 공정 반응이 편정 반응을 지배하게 되고, 유형 III 및 유형 IV가 우선적으로 석출된다.

반면에 철 용탕보다 MnS(L) 용탕에서 더 용이하게 용해되는 산소와 같은 합금 원소로는, 편정 반응이 공정 반응을 지배하게 된다. 불혼화성 간격의 크기가 커지고, 편정 반응이 Fe 모서리에 접근하게 된다(그림 9.53). 이 결과로 유형 I 및 유형 II의 MnS가 우선적으로 석출된다.

탈산 과정이 MnS 유형에 미치는 영향

앞에서 탈산에 대해 설명하였다(282쪽). 흔한 탈산제로는 Si와 Al이 있다. O의 농도를 줄이는 다른 방법으로는 진공 탈가스가 있다. 탈산 수단은 또한 MnS 핵 생성에 영향을 미친다.

다양한 크기의 개재물이 관찰되며, *전체 응고 과정 중에 새로운 개재물에 핵이 형성되는 것을 증명한다.*

Si로 탈산을 하면 유형 I의 $(MnSi)O_2$ 및 MnS의 구형 개재물이 성형된다. 그러므로 Si는 MnS 석출에 유리한 영향을 미친다.

알루미늄은 우수한 탈산제이지만, MnS에 대해 충분히 효과적인 조핵제로 작동하지 않는다. 알루미늄을 탈산제로 첨가하면, MnS의 정상 편정 석출, 즉 유형 II의 불량 MnS 개재물이 성형된다.

산화물 개재물은 MnS 개재물의 석출에 매우 결정적인 영향을 미치며, MnS에 대한 핵 생성 조건은 가용한 산화물 개재물의 양에 매우 민감하다. 산화물 개재물이 몇 가지만 있을 때, MnS 개재물의 핵을 생성하는 것은 어렵고, 탈산으로 인해 매우 낮은 용융 금속의 O 농도가 만들어진다. 충분한 양의 조핵제가 없을 경우에는, 공정 또는 편정 군집으로서 MnS이 석출된다.

불필요한 유형의 MnS 개재물 회피법

이전의 절은 불량 유형의 MnS 개재물을 억제하는 수단을 제시하는 데 있어서 기초이다. 적절한 조치는 다음과 같다.

- 높은 냉각 속도 활용
- 탈황
- 유형 II 및 유형 IV보다는 유형 I 및 유형 III에 알맞은 원소의 첨가

높은 냉각 속도를 사용할 때에는 절충을 해야 한다. 높은 냉각 속도에는 균열의 위험과 같은 단점이 있으며, 두 번째와 세 번째 요구 사항을 묶을 수 있다. 안정한 황화물을 성형하기 위해 Mn보다 훨씬 더 선호하는 물질을 첨가하면 MnS 개재물의 총량이 감소하며, 이는 유리하다. 유형 I 및 유형 III MnS의 석출을 발생시키는 이런 추가 물질은 손상을 최소화하므로 선택이 된다. 열역학 자료에 따르면 Zr, Ti, Mg, Ca 및 Ce가 이런 용도에 사용할 수 있는 물질이다.

질화물 및 탄화물의 석출 때문에 높은 탄소와 질소 농도를 갖는 강에는 지르코늄과 티타늄을 사용할 수 없는데, 이런 강은 취성을 갖는다.

황화물 형태의 제어를 위해 세륨을 '미시 금속'으로 첨가하는데, 이는 세륨이 주요 성분인 희토류 금속의 혼합물이다. 이 외에, 세륨은 우수한 탈산제로 작동한다. 그러므로 석출된 비금속 개재물은 산황화물로 구성된다.

9.8 주철

주철은 중요하고 특별한 Fe – C 합금으로서, 낮은 가격과 함께 기타 유리한 특성으로 인해 널리 사용된다. 이런 이유 때문에 주철에 대해 별도로 논하고, 상이한 요구 사항 및 절충 사항 간의 균형에 대해 설명할 예정인데, 이는 주조 산업계에서 일상적인 과제이다.

주철은 탄소가 풍부한 합금이며(6장의 150쪽 참고), 9.7절에서 설명한 대로 철광석으로부터 생산이 된다(276쪽). 기체 및 슬래그 개재물과 함께 강과 철 합금을 다루는 9.7절의 항은 주철에 대해서도 유효하다. 여기에서는 논의를 주철과 관련된 문제로만 국한하고자 한다.

9.8.1 용해 공정

주조 산업에서 모든 종류의 금속을 용융하기 위한 주요 장비는 전기로이며, 용융 작업 및 주조 전의 홀더 용광로(holder furnaces)로 양쪽에 걸쳐 쓰인다. 중요 순서에 따라 가장 중요한 유형의 전기로는 다음과 같다.

- 유도로
- 아크로
- 전기저항로

유도로가 가장 빈번히 사용되는 유형이며, 주철, 강 및 무용광로 금속(non-furnace metal)을 대상으로 사용된다.

재래의 전기 아크로는 일반적으로 여러 종류의 강을 용융하고 정제를 하기 위해서만 사용된다. 예를 들면 티타늄처럼 반응성 금속의 용융에는 소위 진공 아크로가 주로 사용된다.

전기저항로는 중소형 주조 공장에서 쓰며, 복잡하지 않은 비철금속의 용융에 주로 사용된다.

유도로
유도로는 철 및 비철금속의 용융을 위해 널리 사용되어 왔으며, 이런 유형의 노가 가진 장점은 야금 작업을 훌륭하게 제어할 수 있고, 상대적으로 오염이 발생하지 않는다는 점이다.

유도로에는 무코어형과 채널형의 두 가지 종류가 있다. 이 두 가지 종류가 비슷한 전기 원리를 사용할지라도, 용량과 조작에 있어서 근본적인 차이가 있다. 무코어형 노는 용융에 광범위하게 사용되며, 채널형 노는 무코어형 노보다 보온 및 과열에 더 적합하다.

용선로
주철의 생산과 특히 회주철의 용융에 가장 빈번히 사용되는 노의 유형은 소위 용선로이다. 이는 기본적으로 원통형 고로로 구성되는데, 송풍구를 통해 공기를 불어넣어 코크스를 연소시킨다. 금속과 코크스를 교대로 노의 상단에 층층이 채우며, 노가 하강하는 중에 연소된 코크스로부터 나오는 고온의 역류 가스와 금속이 직접 접촉함으로써 용해가 된다. 용융 금속은 노의 바닥에 쌓이며 간헐적 출탕 또는 연속 흐름을 통해 방출이 된다.

용선로는 넓은 범위의 대량 스크랩을 용융할 수 있는데, 예를 들면 주철 스크랩, 강 스크랩, 노의 회수분말 및 선철(비정제철)이 여기에 속한다. 용선로 철을 제어하는 것은 비정제 용융 공정이기 때문에, 합금 원소의 조성 면에서 용선로 철을 제어하는 것은 더 어렵다.

조성이 일정하지 않아서 생기는 문제는 용선로와 전기로를 결합해서 극복할 수 있다. 후자는 용선의 보온로 역할을 하는데, 조성과 온도의 조절 및 조정을 위한 시간과 기회를 제공하며 동시에, 용융 장치와 주조 장치 간에 완충 역할을 한다.

9.8.2 결절 주철의 생산

주철에서 탄소의 조직과 분포
탄소는 공정 주철에서 흑연과 탄화철(Fe_3C)로 나타난다. 예전에는 파단면의 색이 주철의 특징이었다.

백주철은 반사면을 갖고 있으며 탄화철이 석출되는 것이 특징이다.

회색철은 회색류의 모양을 띠고 있으며 기지에는 석출된 흑연이 함유된다. 회색철에 있는 흑연의 형체와 모양은 다양하게 변한다. 회색철은 다섯 가지의 상이한 유형으로 분류가 되며(6장, 158쪽) 주요 유형은 편상 주철과 구상 주철이다.

20세기 중반에 결절 주철이 생산되기 시작되었을 때, 주철의 기계적 특성(연성)이 대폭적으로 향상되었으며 주철을 적용할 수 있는 새로운 분야가 활짝 열렸다. 결절 주철 또는 구상 흑연(SG)은 오스테나이트가 둘러싼 구형 구상체로 구성된다.

결절 주철의 생산. Mg의 처리

결절 주철은 기계적 특성이 뛰어난데, 특히 연성이 뛰어나다. 이런 이유 때문에 결절 주철 대신에 **연성 주철**(ductile cast iron)이라고도 불린다.

결절 주철의 생산은 세심한 금속공학적 그리고 금속조직학적 통제하에서 진행된다. 기본 소재는 불순물이 없고 인 함유량이 낮은 순수 주철이다. 표 9.10에는 결절 주철의 평균 조성이 나와 있다. 생산 공정에 있어서의 필수적인 부분은 마그네슘을 용융 금속에 첨가하는 것이다.

표 9.10 결절 주철의 합금 원소

원소	함유량(wt-%)
C	3.3~3.8
Si	1.8~2.5
Mn	0.1~0.7
P	≤ 0.1
S	≤ 0.1

생산 공정 중에 마그네슘 처리를 하면, 결절 주철이 흑연 개재물의 특징적인 구상 조직 및 우수한 기계적 특성을 갖게 된다[그림 9.58 (a)]. 마그네슘은 약 1100°C에서 비등하고 폭발의 위험성이 있어서 철 용탕 $T_M \approx 1200°C$)에는 첨가될 수 없다. Mg을 주철 용탕에 안전하고 효과적으로 첨가하기 위해서, Mg를 종종 Ni 또는 Si와 합금 처리한다.

Mg의 처리 후에는 산화와 증발로 인해 마그네슘이 사라진다. Mg의 처리 후에는 즉시 그리고 제한된 총 주조 시간 이내에 용융 금속을 주조하는 것이 필요하며, 그렇지 않으면 결절 조직의 일부가 사라지고 생성물은 만족스럽지 않게 된다[그림 9.58 (b)]. 그림 9.59는 다양한 초기 Mg 농도의 함수로서 Mg 처리와 주조 간의 최대 시간 간격을 결정하기 위한 몇몇 붕괴 곡선이다.

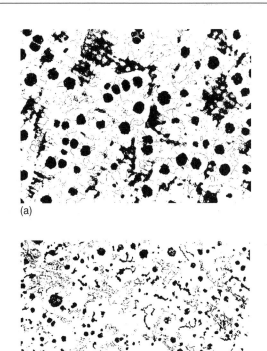

그림 9.58 (a) 높은 결절 밀도를 가진 결절 주철 – 매우 유용한 생성물. (b) 낮은 결절 밀도를 가진 결절 주철 – 만족스럽지 않은 생성물.

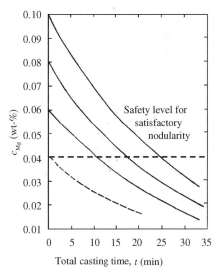

그림 9.59 Mg의 붕괴 곡선. The Swedish Foundry Association의 허락을 얻어 인용함.

결절 주철을 얻기 위해서 Mg 대신에 세륨을 사용할 수 있으며, 이는 용융 금속에 NiCe 또는 SiCe를 첨가하여 진행된다. 가장 비용이 적게 드는 방법은 SiCe를 첨가하는 것이나,

예를 들면 발열, 급속 반응 및 부유 선광과 같은 여러 가지의 실질적인 문제가 있다. Ce의 허용 한도로서 좁은 간격을 유지해야 하는데, 그렇지 않으면 Ce가 탄소와 반응하여 탄화물을 성형할 수 있기 때문이다. Ce는 또한 산소 및 황 양쪽과 쉽게 반응하며, NiCe도 자주 사용되는데 SiCe보다 다루기 쉽기 때문이다.

9.8.3   기체 및 황의 제거. 주철의 야금 처리

기체의 제거
같은 이유 때문에 그리고 강의 경우와 같은 방법으로 용융 주철에서 $\underline{H}$, $\underline{N}$, $\underline{O}$ 및 $\underline{CO}$를 제거해야 한다(9.7.1~9.7.3절).

산소 조절
주철의 산소는 강의 산소와 동일한 관계를 따르나, $\underline{C}$ 및 $\underline{Si}$ 함유량 역시 일반적으로 강보다 주철에서 훨씬 더 많다. 그림 9.60은 상이한 온도에서 주철 용탕의 $\underline{Si}$와 $\underline{O}$ 간 평형 관계와 $\underline{C}$ 및 $\underline{O}$에 대한 평형 조건도 보여주는데, 후자는 온도 변동의 영향을 매우 적게 받는다. 이런 이유 때문에, 단지 한 개의 곡선만 주어진다.

그림 9.60은 SiO_2가 1400~1450°C 아래에서 안정적인 산화물이라는 것을 보여준다. 고온에서는 CO가 성형된다. 하지만 용융 금속에서 $\underline{O}$의 농도가 매우 낮기 때문에 CO 거품의 석출이 발생되지 않게 된다.

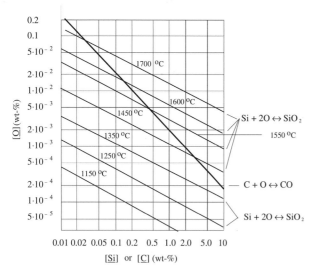

그림 9.60   용융 주철에서 [Si]와 [O] 간, [C]와 [O] 간의 평형 관계. The American Society for Metals(A.S.M.)의 허락을 얻어 인용함.

Al과 Mg는 Si와 C보다 더 강력한 탈산제이므로, 용융 금속에 첨가되면 $\underline{O}$의 평형 농도를 결정하게 된다.

황의 감소
황 함유량을 가능한 한 많이 줄이는 것이 주된 조치이다. 낮은 황 함량이 달성되어야 하는데, 그렇지 않으면 흑연의 형체에 영향을 미치고 연성 철 또는 압축 흑연 철이 성형될 수 없다.

동시에 주철의 결절 조직을 얻기 위해 사용되는 Mg (MgNi) 또는 Ce (SiCe) 처리는 주철의 황 농도를 줄이기 위한 효과적인 방법이다.

때로는 Mg, Ce, Ca, Ti, Si 및 Al를 좀 더 복합적으로 조합해서 사용한다. 그렇지 않으면, 탈황을 위해 CaO를 사용할 수 있으며 용융 금속에서 황과 화학 반응을 일으킨다.

$$CaO + \underline{S} \rightleftharpoons CaS + \underline{O}$$

SiO_2를 제공하는 Si를 첨가하면 용융 금속에서 산소 함유량이 줄어든다(상기 참고).

접종 과정
백주철의 성형 위험을 줄이기 위해서는 보통 주철을 접종하며, 고품질의 연성 주철 생산을 위해서는 이것이 가장 중요하다. 다양한 유형의 접종제를 효과적이고 통제된 방법으로 용융 금속에 제공하며, 주조 공정에서 두 가지 방법, 즉 조기에나 가능한 한 늦게 접종제를 첨가할 수 있다.

조기 접종
조기 접종에서는 접종제를 쇳물목에 첨가하며, 3개의 대안이 사용된다.

1. 입상 소재를 쇳물목의 용융 금속에 쏟아붓는다.
2. 공기를 불어넣어 작은 입자를 쇳물목의 용융 금속에 투입한다.
3. 접종 제선을 쇳물목의 용융 금속에 투입한다.

선을 쓰는 방법이 공기의 도움을 받는 투입 방법보다 효과적인데 접종제의 손실이 적기 때문이다. 조기 접종 방법에서는 접종제가 사라지고, 접종제가 주형에 도달할 때 작은 분율만 남을 수 있는 단점이 있다.

늦은 접종
예를 들어 마그네슘으로 처리되는 합금처럼, 사라지는 것이 문제가 될 때에 늦은 접종이 유리하고 매우 효율적이다. 세 가지 대안을 사용한다.

- 주형으로 향하는 도중에 용융 금속의 유동 내 접종
- 주형으로 향하는 도중에 용융 금속의 선 접종
- 주형 내 접종

주형 내 접종은 접종제를 탕구계 내의 적절한 지점, 예를 들면 하향 탕구의 기초부 또는 탕도봉에 둔다는 것을 의미한다. 그림 9.61에는 두 가지 사례가 나온다. 금속의 유동은 작은 접종실 주변이나 접종실의 위를 통과한다. 접종제는 이런 방법으로 점차 용해가 되고, 이를 통해 접종제가 일정하게 지속적으로 공급된다.

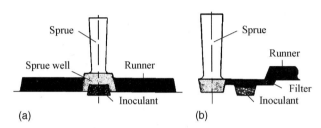

그림 9.61   주형 내 접종 중에 접종실의 2개 위치: (a) 하향 탕구 아래쪽. (b) 탕도 안, 주철 용탕에서 $\underline{Si}$와 $\underline{O}$ 간 그리고 $\underline{C}$와 $\underline{O}$ 간. Elsevier Science의 허락을 얻어 인용함.

9.9 니켈 및 니켈기 합금

Ni기 합금은 특별한 합금군으로 여겨진다. 저렴하고 매우 흔한 주철에 반해, 니켈기 합금은 비싸고 특별한 목적을 위해서만 사용된다. 이 합금은 예를 들어 항공기 엔진 및 기체 터빈 장치처럼 부식성이 높은 환경과 온도가 높은 적용 분야에서 폭넓게 사용된다.

9.9.1 니켈기 합금에 필요한 조건

고온과 부식성이 있는 환경에 노출되는 엔진 소재에 대한 수요가 아주 높다. 이러한 소재의 제조 절차, 특히 공정의 일관성 및 재현성에 대한 요구도 매우 높다. Ni기 합금에 필요한 조건은 다음과 같다.

- 저농도 기체
- 저농도 슬래그 개재물
- 부식 저항
- 고온 저항

마지막 두 가지에 필요한 조건은 합금의 조성에 의해 충족이 된다. 앞의 두 가지는 생산 공정에 따라 달라지며 아래에서 다룰 예정이다.

9.9.2 니켈기 합금에서 기체의 제거

Ni기 합금에 대한 고수준의 요구 조건 때문에 금속 생산 및 주조에서 일반적으로 사용되는 기술과는 다른 기술이 필요하다.

대부분의 경우에 용융 금속은 공기 중의 기체, 수증기, 쇳물목과 다른 용기의 내벽제와 반응하며 단순히 진공이나 불활성 기체의 분위기에서 작업을 함으로써 이런 유형의 화학 반응을 예방한다.

유일하게 원하지 않는 기체는 금속에 용해된 기체이며, 용융 금속을 진공에 둠으로써 이를 제거한다. 용해 금속 표면에서의 분압이 거의 0에 가깝고, 그래서 Sievert의 법칙에 의거하여 표면 근처 용해 금속에서의 가스 농도도 거의 0이기 때문에 용해된 가스의 원자가 표면으로 확산된다.

기체 원자는 용융 금속을 통해 표면까지 확산되고, 남아 있는 용융 금속으로부터 연속적으로 방출이 된다. 용융 금속에 용해된 기체의 농도는 이런 방법을 통해 크게 줄어들고, 매우 낮은 수준을 유지할 수 있다.

9.9.3 니켈기 합금에서 슬래그 개재물의 제거

슬래그 개재물은 가능한 한 많이 피하는 것이 중요하며, 이런 이유 때문에 비정제 소재로서의 처녀 소재와 함께 스크랩이 자주 사용된다. 처녀 소재는 화학적으로 순수한 금속으로 구성되며, 전기 분해를 통하거나 특수 화학 분리 공정을 통해 만들어진다.

스크랩에 대한 통제는 엄격하며, 극미량의 P, Pb, Sn, Sb 및 As와 같은 원소를 함유하는 스크랩이 허용되지 않는다. 슬래그 처리를 통해 황을 제거할 수 있으므로 황 함유 소재를 폐기할 필요가 없다.

합금에 0.2% 이상의 Al, Ti 및 Zr 금속이 함유되어 있으면, 공기 중에서의 용융 및 주조가 부적절하다. 합금 농도가 높으면 이 원소들이 손쉽게 산화되며, 이는 커다란 개재물, 산화물 괴 및 불량한 조성 통제로 이어진다. 불활성 공기나 진공이 사용되면 금속과 산소의 접촉이 차단되고, 슬래그 개재물의 성형이 불가능하다.

9.9.4 니켈기 합금의 용융 및 정제

공정

제조, 주조 및 정제 공정의 모든 단계에서 Ni기 합금이 영향을 받는다. 그러므로 모든 공정에서 진공이나 불활성 공기를 사용하는 것이 필요하다. 많은 유형의 전기 아크 공정이 개발되었고 다양한 기술이 사용된다. 진공 유도 용융은 상업적으로 크게 중요하며, 진공 탈가스를 통해 Bi 및 Pb와 같은 휘발성 금속 불순물을 제거한다.

주조에서 Ni기 합금의 오염물을 피하기 위해 최대한으로 주의가 필요하며, 장입물, 용탕 및 주형실의 청소가 극히 중요하다. 바닥과 도가니의 벽에서 산화물을 제거하는 것도 중요하다. 작업 중에 노가 열리는 것을 피하기 위해 사용하기 전에 장비를 세심하게 살펴봐야 한다. 도가니 내열 소재의 균열 또는 손상을 피하기 위해 장입물, 특히 커다란 스크랩 조각의 처리에 아주 유의해야 한다.

대부분의 Ni기 합금을 용융할 때에 순수 마그네슘 산화물이 유리하나, 알루미늄 산화물도 사용된다. 주조 중에 열 충격을 피하려면 마그네시아 탕도 및 탕구를 예열해야 한다.

정제

진공 용해 중의 탈산은 H, O 및 N과 같은 용해 기체를 완벽하게 제거하지 못한다. 수소는 금속 용탕을 통해 쉽게 확산이 되며, 5 ppm 수준의 낮은 수소 함유량을 달성할 수 있다. 산소 및 질소를 제거하는 것은 더 어려우며, 산소 수준을 20~30 ppm으로 내려서 유지할 수 있다.

Ni기 합금은 질화물을 성형하며, Ni기 합금의 우수한 기계적 특성에 커다란 문제가 되는 Ti 및 V를 항상 함유하기 때문에, 질소가 Ni기 합금의 용융에 아주 중요하며, 질소를 제거하는 것은 어렵다. 40~50 ppm까지의 질소 잔류량을 얻을 수 있으면 운이 좋은 것이다. 질소 문제에 대한 근본적인 해결책은 단 하나, 다시 말하면 경제적으로 가능한 한 장입물에서 가능한 가장 낮은 질소 함유량을 유지하는 것이다.

진공 중에 황을 제거하는 것이 문제이며, 황은 원래의 장입물에서 최소량을 유지하여 가장 잘 처리될 수 있는 또 다른 물질이다. 황이 많은 장입물 소재를 석회를 통해 별도의 전기로에서 미리 정제함으로써 소재 내의 황 함유량을 낮출 수 있다.

진공 아크 재용융과 ESR 정제가 정제 방법이다. 진공 아크 재용융의 공정 상 장점은 기체 함유량이 낮고 용융 금속과 도가니 간의 반응이 없으며, 개재물 함유량이 매우 낮고 낮은 거시 편석 및 미세편석을 통해 응고 조직을 엄격하게 통제하는 것이다. 단점은 고품질의 비싼 전극, 상대적으로 낮은 생산성 그리고 장비가 복잡하며 자본 비용이 매우 높다는 것이다.

ESR 공정 중에는 용융 금속 액적이 전극으로부터 슬래그 욕을 통해 낙하하여 정제가 된다. 슬래그욕은 바닥 부분에 있는 정제 용융 금속이 주변 공기에 의해 오염되는 것을 막아주며, 액적을 청소해 주고 정제 작업을 진행한다. 이 공정은 그

어떤 탈황 공정보다 더 효과적이라고 여겨진다. Ti 및 Al 모두 공정 중에 슬래그 안으로 손실되는 경향이 있기 때문에, Ti 및 Al 함유량이 높은 Ni기 합금은 특별한 문제를 발생시킨다.

요약

■ 금속에서 기체의 용해도

그림 9.3을 참고하라.

기체의 용해성은 대부분의 경우에 고상보다 용융 금속에서 더 좋다. 용융 금속이 응고될 때에, 이는 수지상정 간 부위의 기체 석출로 이어진다.

기체를 용융 금속에서 용해시키기 위해 가열을 해야 한다면(**흡열성 반응(endothermic reaction)**), 용해도 곡선은 양의 기울기를 갖고 기체 석출이 발생할 수 있다. 이런 점은 대부분의 일반적인 금속, 예를 들면 Fe, Al, Cu 및 Mg에 해당된다.

용해가 **발열**(exothermic) 과정이라면, 용해도 곡선은 **음**(negative)의 기울기를 갖고 기체 석출이 발생하지 않는다.

기공

기공은 주물과 잉곳의 질을 떨어뜨린다. 기공 성형을 막기 위해서 다양한 방법의 노력이 시도되고 있다.

기체 농도

용융 금속의 기체 농도와 주변 기체의 분압은 상호 평형을 이룬다.

$$[G] = \text{constant} \times \sqrt{p_{G_2}} \qquad \text{Sievert's law}$$

용융 금속의 기체 농도가 비록 처음에는 낮고 용해도 한도에서 멀지라도, 용융 금속이 특정 응고 분율에 도달했을 때에 기체 석출이 발생할 수 있다.

용융 금속의 기체 농도, 응고 분율과 분배 계수 간의 관계는 다음의 식으로 주어진다.

$$x^L = \frac{x_0^L}{1 - f(1 - k_{\text{part}\,x})} \qquad c^L = \frac{c_0^L}{1 - f(1 - k_{\text{part}\,c})}$$

■ Fick의 제1 법칙에서 농도 단위의 선택

케이스 I: 중량 백분율 또는 ppm

통상적인 SI 단위에서 Fick의 법칙의 차원 해석:

$$\frac{dm}{dt} = -DA\frac{dc}{dy}$$

$$\left[\frac{\text{kg}}{\text{s}}\right] = \left[\frac{\text{m}^2}{\text{s}} \times \text{m}^2\right] \times \frac{[dc]}{[\text{m}]} \rightarrow [dc] = \left[\frac{\text{kg}}{\text{m}^3}\right]$$

Fick의 법칙에서 농도 dc는 질량/단위 부피의 치수를 갖는다.

더 이상 어떤 것도 없이 둘 다 치수가 0인 중량 백분율 또는 *ppm*의 단위로 표현된 dc 값을 대입해서는 안 된다.

특별한 인수를 이용해서 중량 백분율 또는 ppm으로 주어진 농도를 Fick의 법칙에 적절한 단위로 변환해야 한다.

케이스 I에서는 다음의 관계식이 성립한다.

$$c = w\rho$$

여기에서

w = 중량 분율

ρ = 금속의 밀도(kg/m^3)

wt-% 또는 ppm으로 표시된 농도를 알고 있으면 중량 분율 w를 계산할 수 있다.

$$w = (w \times 100)\text{wt-\%} = (w \times 10^6)\,\text{ppm}$$
$$\Rightarrow 1\text{ppm} = 10^{-4}\text{wt-\%}$$

케이스 II : 몰분율 또는 원자 백분율

질량이 kmol로 주어지면, 케이스 I에서와 같은 방식으로 Fick의 법칙에 대한 차원 해석을 해서 다음의 식을 얻는다.

$$\frac{dm}{dt} = -DA\frac{dx_A}{dy}$$

$$\left[\frac{\text{kmol}}{\text{s}}\right] = \left[\frac{\text{m}^2}{\text{s}} \times \text{m}^2\right] \times \frac{[dx_A]}{[\text{m}]} \qquad [dx_A] = \left[\frac{\text{kmol}}{\text{m}^3}\right]$$

상기 Fick의 법칙에서 농도 dx_A는 kmol/단위 부피의 치수를 갖는다.

더 이상 어떤 것도 없이 둘 다 치수가 0인 몰 분율 또는 원자 백분율의 단위로 표현된 dx_A 값을 대입해서는 안 된다.

케이스 II에서는 다음의 관계식이 성립한다.

$$c = \frac{x_A}{V_m}$$

여기에서

V_m = 몰 부피, 즉 1 kmol의 금속에 대해 m^{3}로 표시한 부피

여기에서 몰 분율 x_A 또는 원자 백분율을 안다면 c를 계산할 수 있다.

$$x_A = \text{몰 분율} = \frac{\text{at-\%}}{100}$$

■ 기체 석출의 원천

기체 석출이 발생하는 가장 중요한 원천을 난이도 순서에 따라 1, 2, 3의 3개 그룹으로 순위를 매겼으며, 1그룹이 최악의 문제를 일으킨다. 아래 표는 산소가 $\underline{H}$와 $\underline{N}$을 제외한 모든 기체와 관련이 된다는 것을 보여준다.

Gas	$\underline{H}$	$\underline{O}$	$\underline{N}$	H_2O	CO	SO_2
Metal/alloy:						
Endothermic reaction:						
Aluminium	1					
Copper	1		1		3	2
Iron and low-$\underline{C}$ steel	2				1	
Steel alloys	1		2		1	
Cast iron	1		2			
Nickel alloys	1	1	1			
Exothermic reaction:						
Titanium	No gas precipitation					
Zirconium	No gas precipitation					

■ 슬래그 개재물

슬래그 개재물은 금속과 비금속 성분의 화학적 화합물이거나 비금속 성분만의 화학적 화합물이다. 예를 들어, 금속 산화물, 질화물 및 황화물과 같은 개재물은 용융 금속에서 잘 용해되지 않으며, 저용해도적이 용융 금속에서 초과되면 석출이 발생한다.

$$[A]^a \times [B]^b = K_{A_aB_b}$$

이는 $a\underline{A} + b\underline{B} \rightleftharpoons A_aB_b$ 반응과 일치한다.

거시 슬래그 개재물

거시 슬래그 개재물: 가시 한도 > 0.1 mm

거시 슬래그 개재물은 결정화 과정 전에 용융 금속에서 성형되며, 내벽재와 탈산 생성물이 있는 반응 생성물로 구성된다. 작은 입자들이 성형되는데 이들은 긴 사슬의 클러스터로 함께 소결이 된다. SiO_2의 경우에 이 과정이 빠르고 Al_2O_3의 경우에는 느리다.

미세 슬래그 개재물

미세 슬래그 개재물: 가시 한도 < 0.1 mm

미세 슬래그 개재물은 미세편석으로 인해 수지상정 간 영역에서의 응고 중에 자주 성형된다.

■ 거시 슬래그 개재물의 제거 또는 감소 방법

ESR을 사용하는 슬래그 정제는 주로 전극 선단에서 발생하나, 액적이 용융 슬래그 층을 통해 통과하는 동안에도 발생한다.

ESR 재용용은 슬래그 개재물의 크기를 줄이고, 소재의 기계적 특성을 크게 개선시킨다.
여과.

■ 거시슬래그 개재물 생성 방지법

- 노, 쇳물목, 턴디쉬 및 주형의 내벽에 적절한 소재.
- N_2 또는 Ar 분위기에서 실드 주조를 통해 용융 금속을 공기 중의 산소로부터 차폐
- 최적의 주조 온도 선택. 온도가 높으면 슬래그 개재물이 줄어든다.
- 잉곳 주조에서 윗면 보호를 위해 소위 보통쌍정의 사용
- 연속 주조에서 주조기의 최적 설계

■ 금속과 합금의 개재물

합금에서 혼합물의 원천은 기체와 응고 과정 중에 석출된 기체와 고체 슬래그인데, 고체 슬래그는 하나의 금속과 하나 이상의 비금속 성분으로 만들어진 화합물 또는 비금속 원소만의 화합물로 구성된다.

개재물 문제는 연관된 합금의 조성 및 금속계의 상평형도에 따라 변하기 때문에, 이들의 순위를 난이도에 따라 정하지 않는다.

석출은 합금의 조성에 따라 기체의 기공이나 고체 슬래그 개재물이 나타날 수 있다. 따라서 기체와 슬래그 석출물 사이에서 확고한 구분을 유지할 이유가 없다.

개재물	산화물	질화물	황화물	기타
금속/합금:				Al_3Fe
알루미늄	Al_2O_3		Cu_2S	
구리	Cu_2O		MnS	
합금강	Al_2O_3, SiO_2		MnS	Fe_3C,
주철				Al_3Fe

알루미늄 및 알루미늄기 합금

금속 또는 합금	반응 작용제	석출 기체 또는 슬래그 개재물	개재물 예방 또는 제거법
Al 및 Al기 합금	H_2O	H_2	Ar 또는 N_2로 세정 (결국 Cl_2로)
	O_2	Al_2O_3	NaF 또는 NaCl 용탕을 이용해서 여과 또는 정제 전기분해
	Fe	Fe-Al 화합물	

구리 및 구리기 합금

금속 또는 합금	반응 작용제	석출 기체 또는 슬래그 개재물	개재물 예방 또는 제거법
Cu 및 Cu기 합금	H_2O	H_2, H_2O	N_2로 세정한 후에 아래의 방법으로 탈산
	O_2	Cu_2O	C, P, Li 또는 Ca로 탈산
	S	SO_2, Cu_2S	위와 같은 방법으로 탈산

■ 주조 공장 공정에서의 거시 슬래그 분포

잉곳 주조의 거시 슬래그 분포

거시 슬래그 개재물의 주요부는 산화물로 구성된다. 거시 슬래그 개재물의 일부는 잉곳의 하부로 몰리고 다른 일부는 잉곳의 원통형 부위 상부에 몰린다.

잉곳의 산소 농도는 대략적으로 거시 슬래그 개재물의 존재를 따라간다. 자연 대류는 잉곳의 거시 슬래그 개재물 분포에 매우 중요하다.

잉곳의 기체 석출

림드 잉곳은 주조 중 주변에 대한 보호가 없는 기체 석출의 우수 사례이다. 특유의 CO 기포가 주로 성형된다.

연속 주조의 거시 슬래그 분포

연속 주조의 거시 슬래그 개재물은 잉곳 주조에서의 개재물과 유사하다. 연속 주조 빌릿에서의 거시 슬래그 개재물은 표면 슬래그 개재물 및 내부 소재 양쪽으로 발생한다. 거시 슬래그 개재물의 분포는 기계에 따라 달라진다.

슬래그 개재물은 쇳물목의 용융 금속이 주형에 낙하되고, 기포가 용융 금속과 함께 이송이 될 때에 성형된다. 공기 중 산소는 용융 금속과 반응한다.

■ 응고 과정 중에 미세 슬래그 개재물의 석출

슬래그 입자는 입자 반지름에 따라 달라지는 특정 임계 응고 속도 아래에서 응고 전단부에 앞서 밀려난다.

입자는 임계 응고 속도 이상에서 응고 전단부에 의해 포집이 되어 고상으로 혼입이 된다.

표면장력도 소재의 슬래그 분포에 영향을 미친다. 입자가 응고 전단부에 앞서 밀려나고, 고상에 의해 흡수되지 않기 위한 조건은 다음과 같다.

$$\sigma_{sp} > \sigma_{sL} + \sigma_{Lp}$$

철 및 철기 합금

금속 또는 합금	반응 작용제	석출된 기체나 슬래그 개재물	개재물 예방 또는 제거법
철 및 합금강	H_2	H_2, H_2O	CO '탄소 비등'
	O_2	CO, CO_2, 복합 Fe 산화물	Si, Mn, Al, Ti, Zr, Ca, Mg 또는 이들의 배합물로 탈산
	내벽재	MgO, SiO_2	아래 본문 참고
		Al_2O_3	
	N_2	N_2, 복합 질화물	CO '탄소 비등' 예를 들어 Al 또는 Ti로 중화
	S	FeS, 복합 Fe‑O‑S 화합물	Mn 첨가
		MnS, 복합 Mn‑O‑S 화합물	Mn보다 안정된 황화물을 더 쉽게 성형하는 합금 원소의 첨가. 이에 해당하는 원소는 Zr 및 Ti([C]<0.2%인 경우에만), Mg, Ca 및 Ce(미시 금속으로서). 효과는 유형 I 및 III의 MnS 혼입물의 석출이며 이 유형은 유형 II 및 IV에 비해 손상이 적다.
Cr-베어링강		Cr 탄화물	<u>Cr</u>과 <u>C</u> 농도의 한정
주철	H_2, N_2, O_2	H_2, N_2, O_2, CO_2, 질화물, 탄화물	강과 같은 방법
	S	SO_2, 황화물	NiMg 또는 SiCe 또는 Mg, Ce, Ca, Ti, Si 및 Al의 복합 혼합

강에서 산화물의 미세 슬래그 개재물

강의 슬래그 개재물 주요부는 산화물, 특히 FeO, SiO_2, MnO 및 Al_2O_3로 구성이 된다.

탈산 수단 M(금속 또는 비금속)을 용융강에 첨가하는 것은 CO 기체와 FeO 모두에서 석출을 예방할 수 있다는 것을 뜻한다. 대신에 용해도적이 초과될 때에 M_xO_y의 석출이 발생한다.

$$[\underline{M}]^x \times [\underline{O}]^y = K_{M_xO_y}$$

$K_{M_xO_y}$는 온도에 따라 달라진다.

강에서 황화물의 미세 슬래그 개재물

산소는 항상 강의 용탕에 존재하고 Mn은 통상적인 탈산제이다. 황이 있는 경우에 Fe‑O‑S계 및 Mn‑O‑S계를 모두 고려하는 것이 필요하다. 황을 함유하는 가장 중요한 슬래그 개재물은 MnS으로 구성된다.

FeO‑FeS 슬래그 개재물

용융강이 <u>Mn</u> 없이 식어서 응고될 때에 Fe‑FeO‑FeS 슬래그 개재물이 만들어진다. 성형 과정은 에너지 상평형도에 따라 달라진다. 슬래그 입자의 조성은 온도가 감소함에 따라 점차 변한다.

FeS 슬래그 개재물은 매우 해롭고 피해야 하는데, 용융 금속에 Mn을 첨가해서 이를 이룰 수 있다.

Mn 슬래그 개재물

MnS 개재물은 I, II, III 및 IV의 상이한 네 개 유형으로 분류가 되며, 유형 II가 소재의 기계적 특성에 가장 부정적인 영향을 미친다. 특히 유형 II 및 IV를 피하는 것이 바람직하다.

Mn‑O‑S의 상평형도를 이용해서 MnS 개재물의 성형 과정을 설명할 수 있다. 이에 대해서는 이 장에서 간단히 다룬다.

유형 I 및 II는 저탄소강 합금에서 흔하며, **편정**(monotectic) 반응에 의한 MnS의 석출로 인해 발생한다.

$$Fe(L) + \underline{Mn} + \underline{S} \rightarrow Fe(\delta) + MnS(L)$$

Fe(L)는 페라이트, Fe(δ)로 응고되는데, 이는 나중에 오스테나이트, Fe(γ)로 변형이 된다.

유형 III 및 IV는 보통 망간과 황을 함유하는 고탄소 합금강과 주철에서 성형된다. MnS 개재물은 **공정**(eutectic) 반응에 의한 MnS의 석출로 인해 발생한다.

$$Fe(L) + \underline{Mn} + \underline{S} \rightarrow Fe(\gamma) + MnS(s)$$

Fe(L)은 오스테나이트, 즉 Fe(γ)로 응고된다.

■ 주철

Ni과 합금이 된 Mg을 용융 주철에 첨가하면, 기계적 특성이 매우 우수한 결절 주철 또는 구상 주철을 얻게 된다.

MgNi 또는 CaO을 첨가해서 탈황 작업을 할 수 있다.

주철은 고농도의 탄소와 규소를 함유하고 있고, 탈산제로 작동한다. SiO_2는 1400℃ 아래에서 안정적인 산화물이다. 백색 응고를 피하기 위해 용융 주철을 접종한다.

■ 니켈 및 니켈기 합금

Ni기 합금은 고온 및/또는 부식성이 강한 환경에서 사용하도록 고안된 특수 합금군이다.

비정제 소재 및 주조 장비에서 슬래그 개재물, 기체, 특히 산소와 같은 모든 종류의 불순물을 제거하는 것이 필요하다. 비정제 소재는 처녀 금속과 스크랩으로 구성되며, 불순물 금속이 가능한 한 없어야 한다.

정제법

진공 탈가스를 이용해서 기체를 제거한다.

Ni기 합금의 슬래그 정제법은 진공 아크 재용융 및 ESR 정제이다.

연습문제

9.1 주조 합금에서 세 가지 종류의 기공을 흔히 찾을 수 있다.

1. 수지상정 간 기공, 흔히 수축 기공이라고 함.
2. 구형 기공, 소재에 일정하지 않게 분포되거나 윗면 근처에 흔히 집중됨.
3. 주상정 결정 구역의 길쭉한 기공.

세 가지 유형의 성형 메커니즘을 설명하고, 세 가지 유형의 성형에 필요하며 나타날 수 있는 기체 농도를 거론하라(아래의 다이어그램 참고).

힌트 B20

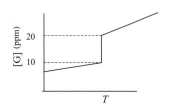

9.2 (a) 주물을 생산할 때에 왼쪽 그림에 있는 유형의 거품이 나타난다. 거품의 성형 이유에 대한 한 가지 설명은 주물 표면의 수소 원자가 고체/용융 금속 접촉면을 통해서 확산되어 거품의 표면에서 석출된다는 것이다.

확산 속도 이외에 어떤 매개 변수가 기공 성장에 영향을 미치는가? 영향을 미치는 방법은 무엇인가?

힌트 B61

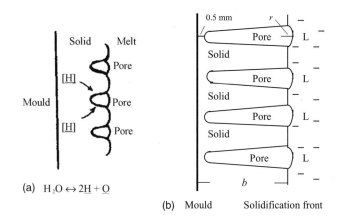

(a) $H_2O \leftrightarrow 2\underline{H} + \underline{O}$

(b) Mould   Solidification front

(b) 강의 주조 중에 주물이 오른쪽 그림에 있는 유형의 거품을 함유하는 것이 자주 관측된다. 위에서 언급이 되었고 책자에서 논의되었던 것처럼, 거품의 성형 이유에 대해 설명하면 주물 표면의 수소 원자가 고체 표면층을 통해서 확산되어 거품의 표면에서 석출된다는 것이다.

기공의 성장률을 계산해서 이런 설명이 합리적인지 그 가능성을 확인하고, 기공 성장을 위한 조건을 제시하라.

힌트 B102

계산을 할 때에 2 atm 압력에서의 평형 농도에 의해 주물 고체 표면에서의 수소 농도가 주어지고, 거품 안의 수소 압력이 1 atm이라고 가정하라.

1450℃에서 수소 기체와 평형을 이루는 고상에서, $\underline{H}$의 몰 분율은 다음의 관계식으로 설명이 된다.

$$x_{\underline{H}} = 4 \times 10^{-4} \sqrt{p} \quad (p \text{ in atm})$$

고상에서 $\underline{H}$ 원자의 확산 상수는 1×10^{-6} m^2/s, $\underline{H}$의 몰 부피는 is 7.5×10^{-3} m^3/kmol이다.

9.3 구리 합금의 생산에 있어서 수소 및 산소가 용융 금속에 용해되고, 금속의 주조가 이루어지고 응고될 때에 이는 기공의 성형으로 이어진다. 기공은 수증기의 석출에 의해 성형이 된다.

응고 과정 중에 수증기의 성형을 피하려고 할 경우에, 처음부터 존재할 수 있는 0.01 wt-%의 <u>O</u>가 함유된 구리 용탕에서 최대 수소 농도를 계산하라. Cu_2O가 수증기 대신에 석출된다.

힌트 B158

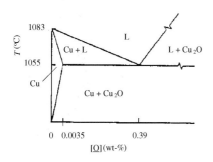

1 atm의 O_2에서 Cu‒O계의 단순 상평형도.

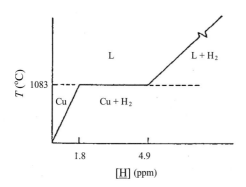

1 atm의 H_2에서 Cu‒H계의 단순 상평형도.

$2\underline{H} + \underline{O} \rightleftharpoons H_2O$ 반응의 용해도적은 다음과 같다.

$$c_{\underline{H}}^2 c_{\underline{O}} = 2 \times 10^{-11} p_{H_2O}$$

여기에서 p_{H_2O}는 atm으로 측정되고, $c_{\underline{H}}$와 $c_{\underline{O}}$는 wt-%로 표시된다.

Cu‒O계 및 Cu‒H계의 이원 상평형도가 위에서 주어진다.

9.4 림드 잉곳이 응고될 때 윗면이 얼면 CO 기체의 석출이 정지된다. 그 후에 지속되는 응고 중에 잉곳 안의 압력이 증가한다. 압력 증가의 결과로 FeO 석출이 CO 석출을 대체한다.

(a) 0.050 wt-% <u>C</u>와 0.050 wt-% <u>O</u>를 함유하고 있는

강에서 FeO의 석출이 시작될 때에 잉곳과 탄소 농도 안에서의 CO 압력을 계산하라.

힌트 B130

(b) 전체 잉곳이 응고되었을 때에 잉곳 내부의 압력(최대 압력)을 계산하라.

힌트 B296

다음의 관계식에 의해 $C + O \rightleftharpoons CO$ 평형을 서술한다.

$$c_{\underline{C}}^L c_{\underline{O}}^L = \exp\left(\frac{-2960}{T} - 4.75\right) p_{CO}$$

여기에서 농도는 wt-%, 압력은 atm으로 표현된다.

탄소와 산소의 분배 상수는 각각 0.20 및 0.054이다 (281쪽). Fe‒C계와 Fe‒C‒O‒CO계의 상평형도는 아래에서 주어진다.

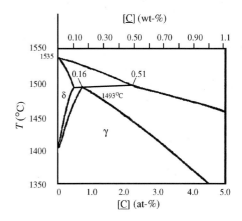

Fe‒C계 상평형도의 일부.

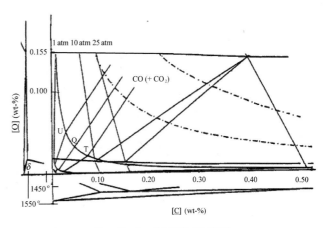

Fe‒C‒O‒CO계의 상평형도.

9.5 0.050% <u>C</u>의 강을 제철소에서 주조한다. 림드강의 응고 과정 중에 기체의 석출은 용해된 기체의 분압의 합으로 결정된다.

주조 직후에 기체의 침전이 확실하게 시작되도록 하기 위해서 산소 및 수소의 농도가 어떻게 변해야 하는지를 그래프로 설명하라.

힌트 B314

용융 금속에서 <u>O</u>와 <u>C</u>의 농도 간 평형과 용융 금속 외부의 CO 기체 압력이 281쪽의 관계식에 의해 설명이 된다고 가정한다.

$$c_{\underline{C}}^{L} c_{\underline{O}}^{L} = 0.0019 p_{CO} \quad \text{(wt-\% and atm)}.$$

그림 9.23에는 1 atm의 수소와 평형을 이루는 철에서 온도의 함수로서의 수소 용해도가 나와 있다.

9.6 0.040 w-t% <u>O</u>와 0.030 wt-% <u>C</u>가 용융강에 함유되어 있다. CO의 석출을 예방하기 위해서 용융 금속에 망간을 첨가한다. 용융 금속의 온도는 1500°C이다.

CO 기체의 성형 예방에 필요한 <u>Mn</u>의 최소 농도를 계산하라.

힌트 B128

<u>O</u>와 <u>C</u>의 분배 개수는 각각 0.054 및 0.20이고, <u>Mn</u>의 분배 개수는 0.67이다. 용융 금속에서 MnO의 용해도적을 아래와 같이 표기할 수 있다.

$$K_{MnO} = c_{\underline{Mn}}^{L} c_{\underline{O}}^{L} = \exp\left[-\left(\frac{12\,760}{T} - 5.68\right)\right] \text{(wt-\%)}^2$$

9.7 황은 강에서 불순물로 자주 발생되고, 강의 특성에 부정적인 영향을 미친다. 이런 부정적인 효과를 줄이기 위해서 황을 황화물로 결합시켜 주는 물질을 첨가한다. 황화물의 형태가 소재의 특성을 결정한다. 망간 황화물의 성형을 위해 대부분 유형의 강에서 망간이 사용된다.

네 가지 다른 유형의 망간 황화물이 있다. 얻어지는 MnS의 형태 유형에 탄소 농도가 영향을 미친다고 알려져 있다.

(a) 탄소농도가 석출 과정에 미치는 영향을 설명하라.

힌트 B303

(b) 몇몇 유형의 강에서는 황화물 대신에 티타늄을 성형하기 위해서 소량의 티타늄을 첨가한다. 티타늄은 저탄소강에만 사용할 수 있다. 고탄소강에 티타늄을 사용할 수 없는 이유를 설명하라.

힌트 B255

9.8 강의 황은 종종 해롭고 강의 기계적 특성에 부정적인 영향을 미친다. Mn을 첨가하여 황의 부정적 영향을 줄이고 MnS이 응고 중에 석출된다.

MnS이 0.50 wt-%의 <u>Mn</u>과 0.0020 wt-%의 <u>S</u>을 포함하는 강에 석출되기 시작하는 응고 과정 중의 응고 분율은 어떻게 되는가?

힌트 B81

MnS의 용해도적은 다음과 같다.

$$K_{MnS} = c_{\underline{Mn}}^{L} c_{\underline{S}}^{L} = \exp\left[-\left(\frac{34\,200}{T} - 15.4\right)\right] \text{(wt-\%)}^2$$

황의 분배 계수 $k_{\text{part } \underline{S}}$는 0.010이다. 망간의 경우에 $k_{\text{part Mn}} = 0.67$이다. 용융 금속의 온도는 1500°C이다.

9.9 세륨이 Mg 대신에 구상 주철의 생산에 자주 사용된다. Ce_2O_3는 흑연의 접종제로 작용한다고 주장되어 왔다. 산소 농도가 규소 농도와 평형을 이루고 있는 주철 용탕에 0.05 wt-% Ce가 첨가되는 경우에, Ce_2O_3가 균질 핵 생성에 의해 성형될 수 있는지 여부를 계산으로 확인하라.

힌트 B277

용융 금속의 <u>Si</u> 농도는 2.0 wt-%이다. 철 용탕의 절대 온도 T에서 Ce_2O_3의 용해도적을 아래와 같이 표기할 수 있다.

$$[\underline{Ce}]^2 \times [\underline{O}]^3 = 10^{\frac{-341\,810 + 86T}{4.575T}} \text{(wt-\%)}^5$$

주철의 용융점은 1150°C이다. [<u>Si</u>]와 [<u>O</u>] 농도 간의 평형 관계는 302쪽의 다이어그램에 설명되어 있다. Ce_2O_3의 몰 부피는 25×10^{-3} m³/kmol로 추정된다. 용융 금속과 입자 간의 표면장력은 1.5 J/m²이다.

9.10 스토크스(Stokes)의 법칙은 주조 작업 중에 부유 선광에 의한 슬래그 개재물의 포집 가능성을 논의할 때에 매우 유용하다.

　Stokes의 법칙:

$$F = 6\pi\eta r v$$

이는 반지름이 r인 구형 입자에 대해 유효하며, 입자들은 F의 힘 아래에서 η의 점성 계수를 갖고 있는 점성 매질에서 이동한다. 용융 금속에 상대적인 입자의 속도는 v이다.

(a) Stokes의 법칙을 용융 금속에서 r의 반지름을 갖는 SiO_2 슬래그 입자에 적용하고, 입자의 속도를 반지름 r의 함수로 설정하라. 입자 속도는 어떤 방향을 갖고 있는가?

힌트 B2

(b) 반지름이 각각 1 μm와 10 μm인 SiO_2 입자의 속도를 계산하라.

힌트 B247

　용융 금속의 밀도는 7.8 × 10^3 kg/m³이고 SiO_2의 밀도는 2.2 kg/m³이다. 강의 점성 계수를 다음처럼 표기할 수 있다.

$$\ln\eta = \frac{13\,368}{RT} - 2.08$$

여기에서 T는 켈빈으로 측정한 용융 금속의 온도(1550°C)이고 점성 계수 η는 Pa (Ns/m^2)로 측정된다.

(c) (b)에서 언급된 입자가 시간 t의 함수로서 움직이는 거리 L을 보여주는 다이어그램에 두 개의 곡선을 그려라.

힌트 B336

(d) 용융 금속이 응고되기 시작한 시점에서 용융 금속의 아래쪽 면에 가깝게 있는 SiO_2 입자를 고려하라. 슬래그 입자가 벗어나기 위해, 즉 고체에 포집되는 것을 피하기 위해 충족해야 하는 조건은 무엇인가?

힌트 B150

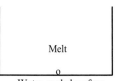

용융 금속과 수냉 표면 간의 열전달 계수는 500 W/m² K이고 강의 융해열은 272 × 10^3 J/kg이다. 실내 온도는 25 °C이다.

10 금속 및 합금의 응고와 냉각 수축
Solidification and Cooling Shrinkage of Metals and Alloys

10.1 머리말

액체 상태의 순금속 또는 합금이 응고되고 냉각이 될 때, 대부분의 경우에 부피가 줄어든다. 이런 부피의 감소로 인해 주물 및 잉곳의 수축이 심각한 문제를 야기할 수 있다. 이 중 가장 중요한 사항들은 다음과 같다.

- 응고 과정의 초기에 표면 셀의 붕괴로 인한 주물의 변형
- 주물 내부 기공의 생성
- 주물 내부 및 외부 수축공 생성
- 주물 내부의 주조 변형, 수축, 균열 및 결함 발생

주조 시 부피의 감소는 심각한 문제가 발생할 수 있는데, 비록 다른 뛰어난 특성을 갖고 있더라도 합금의 사용을 포기해야 할지도 모른다.

이 장에서는 순금속 및 합금의 응고와 냉각 수축에 대한 원인 및 영향과, 이를 주조할 때 부정적인 영향을 제거하거나 줄이기 위한 적용 가능한 방법을 다룬다.

10.2 응고 및 냉각 수축

10.2.1 응고와 냉각 수축의 근원

모든 물질의 원자는 끊임없이 움직이는 상태에 있다. 결정 또는 고체 상태에서의 원자/이온은 주변으로부터의 힘에 노출되고, 평형 위치에서 앞뒤로 진동을 한다. 온도가 높을수록, 진동의 진폭이 커지고 각 원자/이온에 더 많은 공간이 필요하다. 따라서 온도가 증가할 때에 금속의 크기가 커진다.

금속이 용융될 때에, 원자/이온 간의 강한 결합이 끊어진다. 가장 가까운 원자/이온 간에 여전히 강력한 힘이 작용하고 근거리상의 일정한 질서가 남아 있어도, 상호 간 상당히 자유롭게 움직일 수 있다. 원자/이온 간의 평균 거리는 고체 상태보다 액체 상태 금속에서 더 크다. 그러므로 대부분의 경우에 금속의 용융으로 인해 부피가 증가한다.

액체 상태의 금속 온도가 증가하면, 원자/이온의 동적 운동이 증가하고 추가적으로 부피의 변형이 일어난다. 응고와 냉각 중에는 위에서 설명한 내용과는 반대의 과정이 발생한다.

10.2.2 순금속과 합금의 응고 및 냉각 수축

금속을 용해 주입 후 금속 용탕의 응고와 냉각은 다음 세 단계

로 진행된다.

- 주조 온도로부터 응고 시작 온도까지 액상 금속의 냉각 수축
- 액상 금속에서 고상까지의 전이에서 응고 수축
- 고상을 실온까지 냉각할 때의 냉각 수축

액상 금속의 냉각 수축은 대부분의 경우에 중요한 문제를 일으키지 않는다. 응고 수축의 경우에는 용탕을 더 추가하면 응고 수축을 보완할 수 있다.

그림 10.1과 그림 10.2는 비체적을 보여주는데, 이는 1 kg 금속의 부피가 순금속과 합금 각각의 냉각과 응고 중에 온도의 함수로서 어떻게 변화하는지를 보여주는 것이다.

그림 10.1에 나와 있듯이 순금속의 용융점 및 응고 온도는 명확하다. 반면에 **합금**(alloy)은 그림 10.2에 설명되어 있듯이 액상선과 고상선 온도에 의해 정의된 **온도 구간**(temperature interval) 안에서 응고된다.

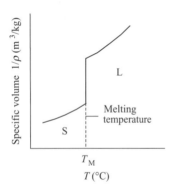

그림 10.1 순금속의 응고와 냉각 과정.

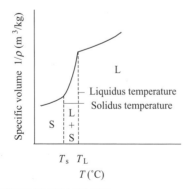

그림 10.2 합금의 응고와 냉각 과정.

이 두 가지 경우에 있어서 **응고 수축**(solidification shrink-age) 현상 차이는 현저히 다르며 매우 중요하고 완전히 다른

응고 과정이 된다. 이에 대해서는 10.2.3절 및 10.2.4절에서 다룬다.

냉각 수축(Cooling shrinkage)은 주물의 형상 변화 및 소재의 기계적 변형을 일으킨다. 수축에 대해서는 10.6절 및 10.7절에서 알아보겠다.

주조 중의 응고와 냉각 수축은 10.4절~10.6절에서 폭넓게 다룬다. 10.7절에서는 열응력 및 균열 성형을 간단하게 다룬다.

10.2.3 잉곳에서 순금속 수축공 생성의 응고 수축

순금속은 주변에 전달되는 열에 의해 제어되는 속도로 윤곽이 확실한 응고 전단부를 따라 응고가 된다. 용탕이 주형 안으로 주입될 때에, 용탕에서 주형을 통해 나가는 열전달에 의해 응고되기 시작한다. 차가운 주형 표면에서 고상의 핵이 형성되고, 표면의 수직 방향으로 용탕까지 안쪽으로 성장하는 층이 성형된다.

잉곳 주조 중의 응고 수축은 대부분의 경우에 불가피하게 일어난다. 내부 기공, 즉 수축 기공과 좀 더 개방형의 응고 수축 기공인 소위 수축공이 구분된다. 기공이 잉곳에 자리 잡는 위치는 원칙적으로 다른 세 개의 위치가 있으며, 이는 실제로 아주 중요한 의미가 있다(그림 10.3).

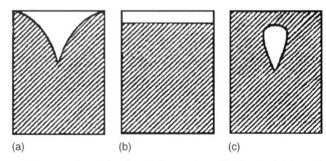

그림 10.3 잉곳에서 수축공이라고 불리는 수축 기공이 생성될 수 있는 세 곳의 위치. John Wiley & Sons, Inc의 허락을 얻어 인용함.

실제 주물 및 잉곳의 경우 위의 경우들이 혼합되어 발생한다. 수축 기공, 즉 수축공의 위치와 형상은 액상 금속의 조성과 응고 방식, 특히 잉곳으로부터 발생하는 열전도 메커니즘에 따라 달라진다.

*a*의 경우에는 잉곳이 바닥과 측면 또는 주변부로부터 냉각이 되었으며, 전형적인 잉곳의 응고를 나타낸다. 이런 유형의 기공을 수축공이라고 부른다. *b*의 경우는 오직 바닥으로의 냉각에 의한 잉곳 응고의 예를 보여준다. *c*의 경우에는 윗면, 측

면 및 바닥에서 동시에 냉각이 진행되었다. 이 경우에는 수축 기공, 즉 내부 기공이 발생한다.

최종 제품에는 내부 기공 또는 수축공이 조금이라도 포함 되어서는 *안 된다*. 주조 중에 주형 외부의 편리한 곳에 위치하고 있고 용탕으로 채워져 있는 별도의 공간에 수축공이 들어가도록 응고 과정을 제어하는 것이 바람직하며, 이런 용기를 *압탕*이라고 부른다. 압탕에 있는 액상 금속이 주형에 있는 마지막 용탕보다 더 천천히 냉각되도록 하는 것이 중요하다. 이 방법에 대해서는 10.5.1절에서 자세하게 알아보겠다.

10.2.4 합금의 응고 수축

합금은 합금의 조성, 즉 합금의 상태도에 의해 정의된 온도 구간 안에서 응고된다.

6장에서 설명이 된 바와 같이 합금의 응고 시에는 응고 전단부의 형상이 명확하지 않은 대신에 고체 금속이 용탕 내 아무 곳에서나 석출된다. 수지상정 결정은 성장해서 수지상정 간에 거의 곡선형 채널 형태로 액상 금속으로 둘러싸인 그물망 형태로 생성된다.

처음에는 수지상정이 얇고, 채널은 액상 금속이 흐르기에 충분히 넓다. 용탕은 채널을 통해 들어와서 기공을 채워 응고 수축을 보충할 수 있다. 합금의 응고 과정은 일반적으로 순금속과 비슷하고 수축공을 생성하나, 응고 시 수축공을 가로질러 수지상정의 네트워크가 만들어지며 이것이 330쪽에 사례가 나와 있다.

응고 과정이 진행이 될 때에, 수지상정은 점차 더 두꺼워지고 채널은 점차 더 얇아진다. 따라서 주형에 가까운 최초 응고 부위에 채널을 통해 용탕을 공급하는 것은 더욱더 어려워진다. 그래서 용탕 부족이 발생하고 이는 **내부 기공**(internal pore)으로 이어진다. 또한 최종 응고 부위의 수축으로 인해서 주물

또는 잉곳의 모든 곳에 기공 형상의 수축공이 발생할 수 있다 (그림 10.4). 표면 셀의 강도가 특별하게 크지 않은 응고 과정의 초기에 수축으로 인해 소위 **외부 수축 기공**(external shrinkage cavity)이라고 불리는 전체적인 주조 셀이 붕괴될 수 있다. 외부 및 내부 기공은 일반적으로 거시기공이라고 불리며 석출된 결정의 부피 감소로 인해 결정 사이의 미시적 기공, **미세기공**(micropores) 또는 입계간 기공이 발생할 수 있다.

수축기공의 특징은 거친 결정질의 모양이며 강에서는 이 금속의 특징인 '독일 가문비나무' 조직을 볼 수 있다. 부드러운 표면을 갖고 있는 기체 기공과 수축 기공은 구별이 가능하다.

수축 기공 및 미세기공으로 인해 주물의 기계적 강도가 낮아지고 주물이 약해진다. 단, 주물 표면에서는 소재 결함을 볼 수 없고, 금속의 선형 수축만으로는 결함을 판단하기 어렵다. 물론, X레이 및 감마선 검사가 있으나 비싼 검사 방법으로서, 매우 고품질의 주물이 필요한 경우에만 사용된다.

수축공의 성형을 가능한 한 많이 방지하기 위해 여러 방법들 중에서 주로 아래 방법을 사용한다.

- 균일한 주물 두께의 설계
- 주형과 냉각체의 사용
- 주입 온도의 조절
- 탕구 및 압탕의 적절한 위치와 설계
- 최적의 합금 조성
- 최적의 냉각 조건

이때 마지막 두 가지 방법이 가장 중요하며, 적절한 합금의 선택도 매우 중요하다. 예로 황동 및 저탄소강의 경우처럼 합금의 응고 간격이 비교적 작으면 이런 문제를 해결할 수 있다. 주철은 문제 해결이 잘되는데 수축보다는 팽창하는 성질이 있기 때문이다. 응고 종료 시점에서의 석출에 의한 '적색 금

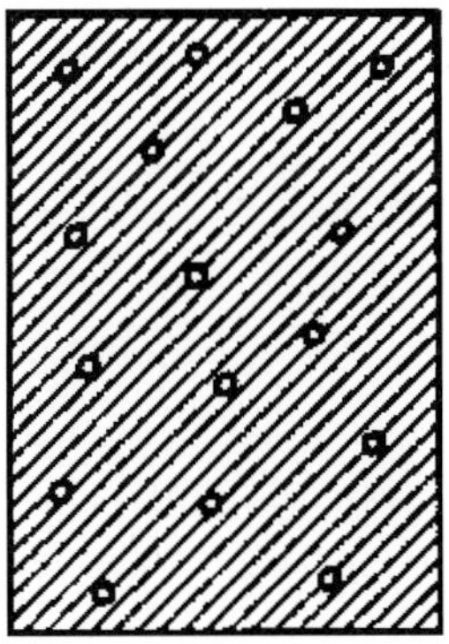

그림 10.4 합금 내 수축 기공의 모양. John Wiley & Sons, Inc.의 허락을 얻어 인용함.

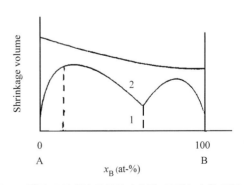

그림 10.5 합금 조성 함수로서의 수축량. 1구역, 수축 기공; 2구역, 수축공. Edward Arnold Hodder Headline의 허락을 얻어 인용함.

속'(85% Cu, 5% Zn, 5% Sn, 5% Pb)도 상황이 동일하다.

그림 10.5의 상부 곡선은 2원 합금이 응고될 때에 발생하는 수축 기공의 총 부피 및 수축공의 부피를 보여준다. 1의 구역 내부, 즉 액상선 아래에서의 수축은 전체 주물 및 잉곳 내부에 분포된 미세기공 또는 거시기공의 형상으로 나타난다. 잔여 용탕의 부족량만큼 수축공이 생성되며, 합금의 조성이 응고 중에 변하기 때문에(그림 10.6), 수축공과 분산된 수축 기공 모두를 얻게 된다.

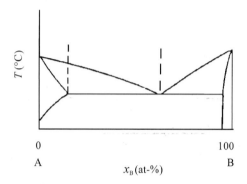

그림 10.6   2원계 합금의 상태도. Edward Arnold Hodder Headline의 허락을 얻어 인용함.

10.3   개념 및 법칙. 측정 방법

10.3.1   개념 및 법칙

압탕 또는 핫탑을 적절하게 설계하기 위해 응고 과정의 모델을 설정하는데, 예를 들어 압탕의 부피, 수축공의 깊이 및 핫탑의 높이를 이론적으로 계산하는 것이 필요하다. 이런 계산에 있어서는 박스 안의 개념 및 법칙이 필요하다.

10.3.2   측정 방법

작은 부피 변형의 측정

금속의 밀도, 부피 변형 계수 및 응고 수축 과정의 계산에 있어서는 작은 부피의 변화를 신중하게 측정하는 것을 기본으로 하며, 주물의 온도를 측정하는 것도 필요하다. 온도 측정은 일반적으로 열전대를 사용한다.

금속은 용융점이 높으므로 부피 계산이 어렵다. 많은 직·간접적 방법이 사용되는데 그중에서도 다음에 설명된 방법들이 사용된다.

- 비용적 = 질량 단위의 부피(m^3/kg)
- 길이 변형

$$l = l_0[1 + \alpha_l(T - T_0)]$$

여기에서

$\alpha_l = \Delta l/l_0\Delta T$ = 길이 변형 계수

T = 온도

- 부피 변형

$$V = V_0[1 + \alpha_V(T - T_0)]$$

여기에서

$\alpha_V = \Delta V/V_0\Delta T$ = 부피 변형 계수

대략적으로 $\alpha_V = 3\alpha_l$가 된다.

- 응고 수축은 다음과 같이 정의할 수 있다.

$$\beta = \frac{\rho_s - \rho_L}{\rho_s} = \frac{V_L - V_s}{V_L}$$

여기에서

ρ_s = 고상의 밀도

ρ_L = 액상의 밀도

V_s = 고상의 부피

V_L = 액상의 부피

Chvorinov의 법칙(4장, 80~81쪽)

$$t = C\left(\frac{V}{A}\right)^2$$

여기에서

A = 주형과 용탕 간의 접촉 구역

V = t의 시간에서 응고 부피

다음 식으로 상수 C를 계산할 수 있다.

$$C = \frac{\pi}{4}\frac{\rho_{metal}^2(-\Delta H)^2}{(T_i - T_0)^2 k_{mould}\, \rho_{mould}\, c_p^{mould}}$$

여기에서

ρ_{metal} = 금속의 밀도

$-\Delta H$ = 금속의 융해열

T_1 = 사형에 가까운 금속 표면의 온도 $\approx T_L$

T_0 = 실온

k_{mould} = 주형 소재의 열전도성

ρ_{mould} = 주형 소재의 밀도

c_p^{mould} = 주형 소재의 열 유전율

고상의 밀도와 부피 변형 계수의 계산

- 서로 다른 온도에서 금속의 격자 상수(결정 내 인접 원자 간의 거리) 측정은 X선 회절을 이용해서 진행된다. 시편의 질량 및 부피도 측정하며, 다양한 온도와 부피 확산 계수에서의 금속 밀도를 측정 자료로부터 계산할 수 있다.

- 온도의 함수로서 금속 시편의 연신률을 직접 측정

  측정 자료로부터 부피 확산 계수를 계산할 수 있다.

용탕의 밀도 측정

- 그림 10.7의 장치를 이용해서 용탕의 밀도를 정확하게 측정할 수 있으며, 이 방법의 기반은 도가니 관 안의 알곤 압력 p와 아르곤 거품이 방출될 수 있을 때 알곤 가스 선단에서의 용탕 압력 간의 평형이다.

  두 개의 다른 h 값에 대해 압력 p를 측정하는데, 이는 용탕의 표면장력을 없애 준다. 주어진 온도에서의 용탕 농도를 측정값으로부터 계산할 수 있다.

이 방법을 통해 용탕의 밀도를 매우 정확하게 얻게 되고, 오차는 약 0.05%인 것으로 추정된다. 더불어, 온도의 함수로서 용탕의 밀도를 안다면 액상 금속의 부피 변형 계수도 계산할 수 있다.

- 알루미늄 산화물의 비중병에 담긴, 부피를 알고 있는 용탕의 무게 측정. 비중병을 용탕에 넣어서 채우고, 꺼낸 다음에 냉각을 시켜서 무게를 측정한다.

- 공기 중과 액상 금속에 잠긴 상태 모두에서 납으로 만든 물체의 무게 측정

- 액상 금속의 자유 표면 아래 특정 깊이에 있는 관의 기포 방출에 필요한 압력의 측정. 두 곳 이상의 깊이가 다른 곳에서 측정해서 액상 금속의 밀도를 계산할 수 있다.

응고 수축의 측정

- 액상 금속의 밀도와 용융점의 고상으로부터 간접 계산
- 용융점 근처에서 응고 전후에 금속 시편과 접촉하는 일정

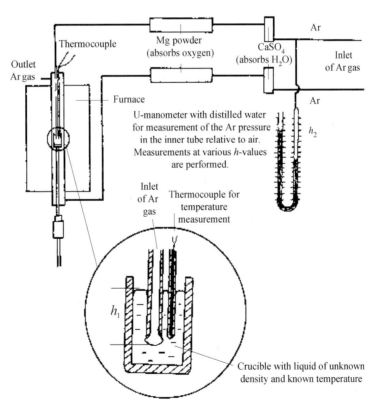

그림 10.7 액상 금속의 정확한 밀도 측정용 장치. $p_1 = p_0 + \rho_L g h_1 + 2\sigma/r$의 조건이 충족될 때 거품이 발생하며, p_0는 표면에서의 압력이고, r은 도가니 관의 반지름이다. h_2의 높이에서는 $p_2 = p_0 + \rho_L g h_2 + 2\sigma/r$을 얻으며, 위 방정식 간의 차이는 $p_2 - p_1 = \rho g (h_2 - h_1)$이다. 4개의 측정값을 알고 있으며 ρ_L을 계산할 수 있다.

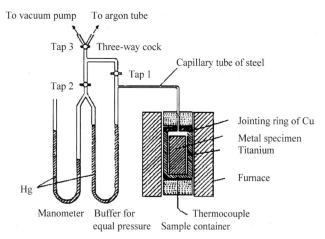

그림 10.8   응고 수축 측정 장치. 기체는 얇은 강관을 거쳐 압력계에 연결되는 표본 용기에 담긴다. 탭 2가 열리고 완충기 압력계의 수은주 높이가 같아질 때까지 탭 3을 통해 두 개 압력계의 압력이 조정된다 (해당 그림 참고). 그다음에 좌측 압력계에 있는 오른쪽 수은주의 압력이 밀폐 기체의 압력과 동일하며, 좌측 압력계를 판독함으로써 이를 쉽게 측정할 수 있다.

한 외부 부피의 기체에서 압력의 측정. 시편이 응고될 때에, 부피가 줄어들고 기체의 내부 부피는 증가하며 압력은 감소한다(그림 10.8).

압력을 측정해서 기체의 내부 부피의 증가, 즉 시편의 부피 감소 및 금속의 응고 수축을 계산할 수 있다. 지면의 제약으로 인해 적용 범위, 결함의 근원 및 다양한 방법들의 정확도는 여기에서 다루지 않는다.

몇 가지 측정 결과
연구가 가장 많이 이루어졌고 가장 많이 알려진 금속은 철 및 철 합금이며 문헌을 통해 수많은 자료가 발표되었다. 예를 들어 페라이트에서 오스테나이트까지의 결정질 변태가 일어나 고체 상태의 강도 부피 변형을 일으킨다.

표 10.1은 몇 가지 다른 금속에 대한 자료의 예이다.

10.4   주조 중의 응고와 냉각 수축

주물이 응고될 때에, 응고와 냉각 수축으로 인해 대부분의 경우 주물 중심부에 기공이 생성된다. 수축공의 일부라도 주물 안에 자리 잡는 것은 바람직하지 않다. 그림 10.9 (b)의 상황을 피하기 위하여 주형의 상단에, 주조 중 액상 금속으로 채워져 있는 별도의 공간, 소위 압탕 또는 핫탑을 둘 수 있다.

표 10.1   금속의 부피 변형 및 응고 수축

Metal Alloy	Melting point/melting interval (°C)	Density of the solid phase at 20 °C (kg/m³)	Density of the solid phase at the melting point (kg/m³)	Density of the melt at the melting point at (kg/m³)	Length strain coefficient in the solid phase at 20 °C (K⁻¹)	Length strain coefficient in the solid phase at high temperature (K⁻¹)	Solidification shrinkage β close to the melting point (%) indicates expansion
Pure iron	1535	7878	7276	7036	12.2×10^{-6}	14.6×10^{-6} (800 °C)	3.3
Cast iron:							
Grey iron	1090–1310	7000–7500			10.6×10^{-6}	14.3×10^{-6} (500 °C)	−1.9*
White iron		7700					4.0–5.5
Low-C steel	1430–1500	7878–7866			11.8×10^{-6}	14.2×10^{-6} (600 °C)	2.5–3.0
High-C steel	1180–1460	7800–7860			12.5×10^{-6}	13.6×10^{-6} (600 °C)	4.0
18-8 stainless steel		7500			15.9×10^{-6}	28.1×10^{-6} (1000 °C)	4
Al	660	2699		2365	23.5×10^{-6}	26.5×10^{-6} (400 °C)	6.6
Al-bronze: 90 % Cu + 10 % Al	1070	7500			18.0×10^{-6} (20–300 °C)		~5
Cu	1083	8940		7930	17.0×10^{-6}	20.3×10^{-6} (1000 °C)	3.8
Brass: 63 % Cu + 37 % Zn	915	8400			20.5×10^{-6} (20–300 °C)		~5

10.4.1 압탕계

압탕을 사용하는 방법이 작동을 하게 되면, 응고 과정에서 생성되는 모든 응고 기공이 압탕에서 마무리가 되도록 조절하는 것이 필요하다.

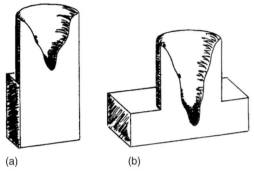

그림 10.9 두 개의 다른 주물, 즉 (a) 입방체와 (b) 판에 설치된 원통형 압탕. 판의 응고 시간은 입방체와 같지만 부피는 더 크다. 압탕의 부피, 형상 및 응고 시간은 양쪽의 경우에 동일하다. John Wiley & Sons, Inc.의 허락을 얻어 인용함.

압탕에 위치한 용탕이 주물의 마지막 부분보다 더 느리게 응고되도록 적절한 냉각을 통한 응고를 유도하기 위해 노력한다.

압탕의 부피를 측정하는 것이 필요하며 Chvorinov의 법칙을 적용하면 쉽게 계산 가능하다(4장, 316쪽). 압탕의 응고 시간과 동일한 주물의 응고 시간을 선택함으로써, 주물의 부피를 알면 이 방정식을 통해 압탕 부피를 계산할 수 있다.

그림 10.9에서 보는 바와 같이 위 법칙으로는 정확한 계산을 할 수 없다. 즉, 그림 10.9 (a)와 (b)에서 주물은 다른 형상과 부피를 갖고 있지만 응고 시간은 동일하다. 반면 Chvorinov의 법칙은 양쪽 경우에 동일한 압탕값을 제공한다.

(b)의 경우에는 압탕 부피가 주물의 총 응고 수축을 보충할 정도로 충분히 크지 않다는 것이 명백하다. 판의 부피가 입방체의 부피보다 크기 때문에 (a)의 경우보다 (b)의 경우가 더 크다.

따라서 다음과 같은 두 개의 조건이 충족되는 방식으로 압탕의 부피를 맞추어야 한다.

- 압탕의 응고 시간은 주물의 응고 시간과 동일하거나 길어야 한다. 그러면 압탕의 액상 금속이 주물의 응고 수축을 보충한다.
- 압탕의 부피는 최소한 압탕 내부의 전체 응고 수축을 둘러싸기에 충분히 큰 크기를 가져야 한다.

따라서 양쪽 모두에 충족되어야 할 시간 조건과 부피 조건이 있으며, 이들을 아래에서 이론적으로 다룰 예정이다.

압탕의 시간 조건

1950년대 초기에, 미국의 금속공학자인 케인(Caine)은 동일한 응고 시간이 압탕의 효율적인 기능에 충분한 조건이 아니라는 점을 처음으로 지적하였다. 그는 또한 수축공이 종종 동일한 응고 시간에 주물에 생성된다는 점도 지적하였으며, 압탕이 주물과 정확하게 같은 시간에 응고되면, 압탕의 부피가 주물의 부피보다 훨씬 더 커야 한다고 주장하였다. 반면에 압탕이 주물보다 좀 더 천천히 응고되면, 압탕의 부피는 응고 중에 주물의 부피 감소보다 약간 더 크게 선택할 수 있다.

아담(Ada)과 테일러(Taylor)는 Caine의 생각을 이론적으로 실행하였으며, 응고 수축, 압탕 부피 및 주물 간의 관계식을 이들이 액상 금속과 접촉하는 면적의 함수로서 유도하였다.

아래에서 다음의 명칭을 사용할 예정이다.

A_c = 주물과 주형 간의 접촉 면적
A_f = 압탕과 주형 간의 접촉 면적
V_c = 주물의 부피
V_f = 압탕의 부피
V_{sm} = 압탕에서 응고된 금속의 부피
β = 응고 수축 = $\dfrac{\rho_s - \rho_L}{\rho_s}$

압탕에서 응고된 금속의 양은 압탕의 부피에서 압탕의 총 응고 수축 및 주물을 뺀 것과 동일하다.

$$V_{sm} = V_f - \beta(V_c + V_f) \tag{10.1}$$

Chvorinov의 법칙(316쪽)이 주물 및 압탕에 유효하다고 가정하면, 이들의 응고 시간은 다음과 같다.

$$t_c = C_c \left(\frac{V_c}{A_c}\right)^2 \tag{10.2}$$

및

$$t_f = C_f \left(\frac{V_{sm}}{A_f}\right)^2 \tag{10.3}$$

여기에서 C_C와 C_f는 비례 상수이다. 압탕의 최소 응고 시간은 주물의 응고 시간과 동일하며, 이 조건에서 다음의 관계식이 주어진다.

$$C_c \left(\frac{V_c}{A_c}\right)^2 = C_f \left(\frac{V_{sm}}{A_f}\right)^2 \tag{10.4}$$

(10.4) 방정식에서 V_{sm}/V_c의 해를 구하면 다음과 같다.

$$\frac{V_{sm}}{V_c} = \left(\frac{C_c}{C_f}\right)^{\frac{1}{2}} \frac{A_f}{A_c} \qquad (10.5)$$

(10.1) 방정식을 V_c로 나누면 다음의 식을 얻는다.

$$\frac{V_{sm}}{V_c} = \frac{V_f}{V_c} - \beta\left(1 + \frac{V_f}{V_c}\right) \qquad (10.6)$$

(10.6) 방정식을 정리하면 다음처럼 표시할 수 있다.

$$(1-\beta)\frac{V_f}{V_c} = \frac{V_{sm}}{V_c} + \beta \qquad (10.7)$$

V_{sm}/V_c 값[(10.5) 방정식]을 (10.7) 방정식에 대입하여, 다음과 같이 유도된다.

$$(1-\beta)\frac{V_f}{V_c} = \left(\frac{C_c}{C_f}\right)^{\frac{1}{2}}\frac{A_f}{A_c} + \beta \qquad (10.8)$$

또는

$$V_f = V_c \frac{\left(\dfrac{C_c}{C_f}\right)^{\frac{1}{2}}\dfrac{A_f}{A_c} + \beta}{(1-\beta)}$$

(10.9) 방정식은 *압탕의 부피에 대한 일반적인 시간 조건*이다. 압탕 및 주물을 모래로 만들면, C_c는 C_f와 동일하고 C_c/C_f = 1이며 (10.9) 방정식과 같은 특별한 경우를 얻는다.

$$V_f = V_c \frac{\dfrac{A_f}{A_c} + \beta}{(1-\beta)} \qquad \text{Sand mould} \qquad (10.10)$$

기타 모든 값을 알면 (10.9) 방정식과 (10.10) 방정식으로부터 압탕의 부피를 계산할 수 있다.

압탕의 부피 조건
압탕의 효율성은 주물과 압탕의 부피에 추가된 압탕의 액상 금속의 부피비 ε로서 정의가 된다.

$$V_{add} = V_f - V_{sm} \qquad (10.11)$$

그리고 다음 식을 얻는다.

$$\varepsilon = \frac{V_f - V_{sm}}{V_f} \qquad (10.12)$$

압탕에서 필요한 용탕은 주물과 압탕에서의 응고 수축의 합과 동일하다.

$$V_f - V_{sm} = \beta(V_f + V_c) \qquad (10.13)$$

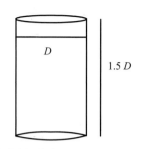

그림 10.10   일반적인 유형의 압탕.

(10.12) 방정식과 (10.13) 방정식으로부터 압탕의 부피 조건을 얻는다.

$$V_f = \frac{\beta V_c}{\varepsilon - \beta} \qquad (10.14)$$

지름의 1.5배에 해당하는 높이를 가진 일반적인 원통형 압탕(그림 10.10)은 14%의 효율성을 갖으며, 알루미늄 주조 중에 7% 이하의 응고 수축을 가진 압탕을 사용하면 (10.14) 방정식으로부터 다음의 식을 얻는다.

$$V_f = V_c$$

이는 압탕의 부피가 주물의 부피와 같아야 한다는 것을 의미한다.

응고 수축이 3%이고 위와 동일한 압탕의 형상 및 효율성을 가진 강의 경우에, 압탕의 부피는 훨씬 작아진다.

$$V_f = 0.27 V_c$$

압탕의 효율성은 매우 중요하며, 압탕 부피가 가능한 한 작은 것이 바람직한데, 큰 제품을 주조할 때 특히 바람직하다. (10.14) 방정식은 효율성이 증가할 때에 압탕의 부피가 감소한다는 것을 보여준다.

압탕의 크기를 줄이기 위해 압탕 내 용탕 온도를 올리는 것은 효율적인 접근법이 아니다. 그림 10.11에서 알 수 있듯이

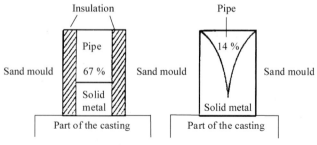

그림 10.11   겉면의 단열 유무별 압탕. 효율성 ε(%)은 주어짐. Elsevier Science의 허락을 얻어 인용함.

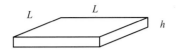

그림 10.12 '경험식': $h > L/7$이고 압탕의 부피가 충분히 크면, 수축 기공이 없이 판이 응고된다. $h < L/7$이면 압탕이 충분히 크더라도 수축 기공이 판에서 만들어진다.

압탕을 단열처리함으로써, 응고 시간을 연장하고 효율성을 높일 수 있다.

시간과 부피의 조건이 충족되기만 하면 압탕은 만족스럽게 작동하게 된다.

조밀한 주물(compact casting)의 경우에, **시간 조건**(time condition)이 적용되는 시점은 수축공이 압탕 내에서 완전히 둘러싸일 정도로 큰 압탕 부피를 가질 때이다. **얇고 평평한 주물**(thin flat casting)(그림 10.12)의 경우에는 **부피 조건**(volume condition)이 압탕의 부피를 결정한다. 이런 주물은 압탕 내 용탕보다 훨씬 이전에 급속하게 응고된다. 그러므로 이 경우에는 시간 조건이 동시에 충족된다. 주물이 두꺼워지면, 시간 조건을 고려해야 한다.

예제 10.1

옆면의 길이가 20 cm인 입방체를 탄소강으로 주조하려고 하며, 오스테나이트로 응고된다고 하자. 이때 조밀한 주물을 얻기 위해 입방형 압탕을 사용한다. 주물이 응고되기 시작할 때에 열 손실로 인해서 용탕 온도가 압탕의 온도보다 200℃ 낮아진다. 조밀한 주물을 얻기 위해 압탕 옆면의 최소 길이가 얼마여야 하는가? 응고 수축은 0.050이다.

풀이

입방형 압탕의 옆면 길이가 x이고 다음의 명칭을 사용한다고 가정한다.

T_L	액상선 온도(응고 온도)
T_0	주변 온도
ρ	용융강의 밀도
$-\Delta H$	강의 용융에너지(잠열)
C_p	강의 비열
T_f	압탕의 온도
k_{mould}	주형의 열전도도
ρ_{mould}	주형의 밀도
c_p^{mould}	주형의 비열

문제를 해결하기 위해서 (10.8) 방정식을 적용하며, 316쪽의 박스 안에 있는 방정식을 사용하여 압탕 및 주물 각각에 대한 Chvorinov의 법칙에서 C_f 및 C_c 상수에 대한 식을 설정한다. 응고 이전의 냉각 열을 계산에 포함해야 한다.

압탕 상수:

$$C_f = \frac{\pi}{4}\left[\frac{\rho(-\Delta H) + c_p\rho(T_f - T_L)}{T_L - T_0}\right]^2 \frac{1}{k_{mould}\,\rho_{mould}\,c_p^{mould}} \tag{1'}$$

주물 상수:

$$C_c = \frac{\pi}{4}\left[\frac{\rho(-\Delta H)}{T_L - T_0}\right]^2 \frac{1}{k_{mould}\,\rho_{mould}\,c_p^{mould}} \tag{2'}$$

C_c/C_f비를 만들어내면 ρ, k_{mould}, ρ_{mould}, 및 $(T_L - T_0)$의 수치가 나눗셈에서 사라지고 다음의 식을 얻는다.

$$\frac{C_c}{C_f} = \left[\frac{-\Delta H}{(-\Delta H) + c_p(T_f - T_L)}\right]^2 \tag{3'}$$

이 식을 (10.8) 방정식에 대입하면 다음의 식을 얻는다.

$$(1-\beta)\frac{V_f}{V_c} = \frac{A_f}{A_c}\left(\frac{C_c}{C_f}\right)^{\frac{1}{2}} + \beta = \frac{-\Delta H}{(-\Delta H) + c_p(T_f - T_L)}\frac{A_f}{A_c} + \beta \tag{4'}$$

주어진 값과 표의 값($c_p = c_p^{Fe} = 0.45$ J/kg K)을 (10.8) 방정식에 대입하면 다음의 식을 얻는다.

$$0.95 \times \frac{x^3}{0.20^3} = \frac{276}{276 + 0.45 \times 200}\cdot\frac{5x^2}{5 \times 0.20^2} + 0.050 \tag{5'}$$

방정식의 한 근은 $x \approx 0.173$ m, 충분한 여유를 두고 입방형 압탕의 옆면을 선택해야 한다.

답

압탕은 주물만큼 커야 한다. 즉 압탕 입방체의 옆면은 20 cm여야 한다.

예제 10.2

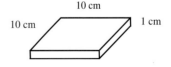

옆면이 10 cm이고 높이가 1.0 cm인 사각형 판을 주조하려고 한다. 조밀한 주물을 얻기 위한 압탕의 최소 부피는 얼마여야

하는가?

압탕의 효율성은 14%, 강의 응고 수축은 4%이다.

풀이

주물의 높이가 옆면에 비해 작다. 압탕의 부피를 계산하기 위해서 부피 조건을 사용하는 것이 합리적이며, 따라서 (10.14) 방정식이 사용된다.

$$V_f = \frac{\beta V_c}{\varepsilon - \beta} = \frac{0.04 \times 0.01 \times 0.10^2}{0.14 - 0.04} = 40 \times 10^{-6}\,\text{m}^3$$

답

압탕의 부피는 최소한 40 cm³여야 하며, 이는 주물 부피의 40%에 해당된다.

10.4.2 합금 원소 및 주형 소재가 수축공 생성에 미치는 영향–중심선 급탕 저항

합금 원소가 수축공 생성에 미치는 영향

합금 원소의 농도 및 주형의 소재는 수축공의 형상과 크기에 큰 영향을 미친다. 순금속의 수축공 모양(그림 10.13)과 넓은 응고 구간을 갖는 합금의 모양(그림 10.14)에는 커다란 차이가 있다.

- 순금속의 경우에는 주물의 위쪽과 중심부에 수축공이 집중된다.
- 합금의 경우에는 응고 수축이 전체에 걸쳐 기공으로 분포한다.

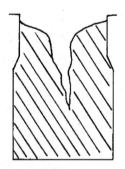

그림 10.13 순금속 주조의 수축공. Merton C. Flemings의 허락을 얻어 인용함.

이미 언급한 것처럼 이런 기본적인 차이가 생기는 이유는 순금속이 뚜렷한 온도에서 평평한 전단부를 따라 응고되는 데

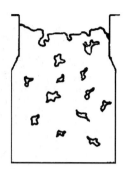

그림 10.14 넓은 응고 구간을 가진 합금 주물의 수축공. Merton C. Flemings의 허락을 얻어 인용함.

반해서, 합금은 다소 넓은 응고 온도 구간에 걸쳐서 응고되기 때문이다. 후자의 경우에는 수지상정 네트워크가 있고 전체 부피에 걸쳐서 동시에 용융이 이루어진다. 예제 10.3 및 예제 10.4에서 알 수 있듯이, 고상이 없는 균일한 액상 금속보다 이런 수지상정 네트워크를 통해 응고되는 영역에 액상 금속을 투입하는 것이 더욱 어렵다.

급탕 채널의 압력 강하

다소 점성이 있는 액체에서, 액체의 내부 마찰을 이겨내고 액체는 소위 관 또는 채널을 통해 흐르도록 만들어주는 구동력이 존재해야 한다. 구동력은 중력 또는 관의 양쪽 끝단 간에 가해진 외부 압력의 차이 때문에 발생할 수 있다. 유체, 즉 지금 다루고 있는 용탕의 압력은 유체 움직임 방향으로 감소한다. 유체속도론의 법칙을 이용해서 압력 강하를 계산할 수 있다.

예제 10.3

표시 그림에서 응고 중에 시간 t와 주물을 따라서의 거리 x의 함수로서 액상 금속의 압력 강하를 계산하라. 길이 L, 반지름 r_0 및 용탕의 점성 η는 알고 있다.

D'Arcy의 법칙:

$$\frac{dP}{dx} = -\frac{8\eta}{r^2} v$$

이 식은 유체의 유동에 따른 채널의 압력 강하 P를 나타낸다.

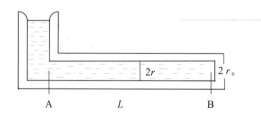

풀이

순금속의 용탕이 그림에 있는 형태의 주형에서 응고될 때 응고와 냉각 수축이 발생한다. 수축 기공은 개방형 중심 채널을 통해 지속적으로 흘러 들어가는 용탕으로 채워지며, 이 유동으로 인해 용탕에서 유동 방향으로의 압력 강하가 발생한다.

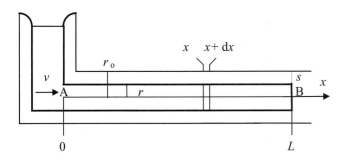

응고 수축 및 냉각 수축을 보충하기 위해서 용탕이 채널을 흐르기 때문에 B점에서의 압력은 A점에서의 압력보다 낮다.

설명을 위해 다음의 명칭을 사용한다.

η = 용탕의 점성
r = 채널의 반지름
v = 용탕의 유동 속도
s = 응고되는 셀의 두께 = $r_0 - r$

유동하는 유체가 있는 채널에서의 압력 강하 P를 아래와 같이 표기할 수 있다.

$$\frac{\mathrm{d}P}{\mathrm{d}x} = -\frac{8\eta}{r^2}v \qquad (1')$$

Δt의 시간 동안에 다음의 부피를 가진 층이 응고된다.

$$\Delta V_\mathrm{s} = \Delta s \times 2\pi rx \qquad (2')$$

이 층이 응고되기 전에, 액상의 부피는 다음과 같다.

$$\Delta V_\mathrm{L} = \frac{\Delta s \times 2\pi rx}{1-\beta} \qquad (3')$$

(3') 방정식의 양변을 Δt로 나누고 Δt가 0에 수렴하면 다음의 식을 얻는다.

$$\frac{\mathrm{d}V_\mathrm{L}}{\mathrm{d}t} = \frac{\mathrm{d}s}{\mathrm{d}t}\frac{2\pi rx}{1-\beta} \qquad (4')$$

동일한 방식으로 (2') 방정식으로부터 다음의 식을 얻는다.

$$\frac{\mathrm{d}V_\mathrm{s}}{\mathrm{d}t} = \frac{\mathrm{d}s}{\mathrm{d}t}2\pi rx \qquad (5')$$

응고 수축인 $V = V_\mathrm{L} - V_\mathrm{s}$를 대입하고, (4')에서 (5') 방정식을 빼면 다음의 식을 얻는다.

$$\frac{\mathrm{d}V}{\mathrm{d}t} = \frac{\mathrm{d}V_\mathrm{L}}{\mathrm{d}t} - \frac{\mathrm{d}V_\mathrm{s}}{\mathrm{d}t} = \frac{\mathrm{d}s}{\mathrm{d}t}2\pi rx\left(\frac{1}{1-\beta}-1\right) = \frac{\mathrm{d}s}{\mathrm{d}t}2\pi rx\frac{\beta}{1-\beta} \qquad (6')$$

단위 시간당 응고 수축을 속도가 v인 새로운 액상 금속으로 대체한다.

$$\frac{\mathrm{d}V}{\mathrm{d}t} = v\pi r^2 \qquad (7')$$

(6') 방정식과 (7') 방정식을 πr^2으로 나누면 다음의 식이 주어진다.

$$v = \frac{\beta}{1-\beta}\frac{\mathrm{d}s}{\mathrm{d}t}\frac{2\pi rx}{\pi r^2} \qquad (8')$$

Chvorinov의 법칙(316쪽)을 적용해서 다음의 식을 얻는다.

$$t = C\left(\frac{V}{A}\right)^2 = C\left(\frac{\pi r_0^2 x - \pi r^2 x}{2\pi\frac{r_0+r}{2}x}\right)^2 = C(r_0-r)^2 = Cs^2 \qquad (9')$$

0으로부터 t까지의 시간 간격 동안 면적 A의 평균값을 여기에서 선택하였다. C는 Chvorinov 법칙의 상수이다.

$$s = \sqrt{\frac{t}{C}} \qquad (10')$$

(10') 방정식을 t에 대해 미분을 하면 다음의 식을 얻는다.

$$\frac{\mathrm{d}s}{\mathrm{d}t} = -\frac{\mathrm{d}r}{\mathrm{d}t} = \frac{1}{2\sqrt{Ct}} \qquad (11')$$

(1'), (8') 및 (11') 방정식을 조합하면 다음의 식을 얻는다.

$$\mathrm{d}P = -\frac{8\eta}{r^2}\frac{\beta}{1-\beta}\frac{1}{2\sqrt{Ct}}\frac{2\pi r}{\pi r^2}x\mathrm{d}x \qquad (12')$$

r이 x와 독립적이라고 가정하면, (12') 방정식의 양변을 다음처럼 적분할 수 있다.

$$\int_{P_0}^{P_x}\mathrm{d}P = P_x - P_0 = -8\eta\frac{\beta}{1-\beta}\frac{1}{r^3\sqrt{Ct}}\int_0^x x\mathrm{d}x \qquad (13')$$

아래의 식을 대입하면

$$r = r_0 - s = r_0 - \sqrt{\frac{t}{C}}$$

다음의 식이 주어진다.

$$P_x - P_0 = -4\eta \frac{\beta}{1-\beta} \frac{x^2}{\left(r_0 - \sqrt{\dfrac{t}{C}}\right)^3 \sqrt{Ct}} \qquad (14')$$

답

$$P_0 - P_x = 4\eta \frac{\beta}{1-\beta} \frac{x^2}{\left(r_0 - \sqrt{\dfrac{t}{C}}\right)^3 \sqrt{Ct}}$$

예제 10.3의 답은 순금속에 유효하다. 넓은 응고 구간을 갖는 합금이 응고될 때에 존재하는 조건이 예제 10.4에서 나온다.

예제 10.4
아래 첫 번째 그림에서 응고 중의 시간 t와 주물을 따라서의 거리 x의 함수에 대한 압력 강하를 계산하라. 길이 L, 반지름 r_0 및 용탕의 점성은 알고 있다. 두 번째 그림은 합금의 응고 과정을 보여준다.

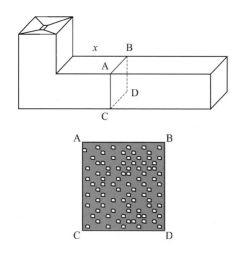

검은 구역은 응고된 금속이고, 밝은 구역은 용탕이 담긴 좁은 채널의 단면이다.

풀이
작고 좁은 각각의 단일형 채널에서 다음과 같은 단위 시간당 응고 수축 식을 얻게 된다.

$$\frac{\mathrm{d}V}{\mathrm{d}t} = \frac{-\mathrm{d}r}{\mathrm{d}t} 2\pi r x \frac{\beta}{1-\beta} \qquad (1')$$

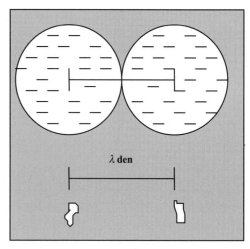

그림 10.15 위: 응고 시작 시점의 모습; 아래: 응고가 끝날 때의 모습.

[예제 10.3에 있는 (6') 방정식을 비교하고 $\mathrm{d}s = -\mathrm{d}r$의 식을 사용]. 여기에서 r은 채널의 반지름이다. 응고 수축은 속도가 v이며 반지름이 r인 채널을 통해 흐르는 새로운 용탕으로 보충이 되고, 예제 10.3과 유사하게 다음의 식을 얻는다.

$$\frac{\mathrm{d}V}{\mathrm{d}t} = v\pi r^2 \qquad (2')$$

(1') 방정식과 (2') 방정식의 동일 항을 조합하면 다음의 식을 얻는다.

$$v = \frac{\beta}{1-\beta} \frac{2x}{r} \left(\frac{-\mathrm{d}r}{\mathrm{d}t}\right) \qquad (3')$$

추가적인 추론은 예제 10.3의 추론과 동일하며, r_0를 $\lambda_{\mathrm{den}}/2$로 대체하면 기대 압력 차이가 예제 10.3과 동일하게 된다.

답

$$P_0 - P_x = 4\eta \frac{\beta}{1-\beta} \frac{x^2}{\left(\dfrac{\lambda_{\mathrm{den}}}{2} - \sqrt{\dfrac{t}{C}}\right)^3 \sqrt{Ct}}$$

여기에서 λ_{den}은 수지상정 가지의 거리이고, 합금의 채널 간 평균 거리와 동일하다.

r_0가 $\lambda_{\mathrm{den}}/2$과 같은 이유는 다음과 같다. 예제 10.3에서는 응고가 시작되기 전에 채널의 반지름이 r_0이다. 예제 10.4에서의 같은 경우는 고상이 없고 많은 채널이 서로 접촉하는 경우이다. 따라서 이들의 초기 반지름은 채널 간 평균 거리의 반과 동일하다(그림 10.15의 위).

넓은 채널 대신에 다수의 좁은 채널이 있을 때에, 압력 강하가 훨씬 커지고 $\lambda_{den}/2 \ll r_0$가 된다. 이런 이유 때문에, 순금속을 통과할 때보다 응고 구간이 넓은 소재를 통하는 용탕의 움직임이 훨씬 더 어렵다. 순금속의 경우에 압력 강하가 더 커지고, 따라서 수축 기공량이 증가한다.

효과적 급탕 거리

응고 수축을 보충하기 위해서 용탕을 공급해 주는 채널의 압력은 채널의 길이에 따라서 감소한다는 것을 예제 10.3 및 10.4로부터 결론을 내릴 수 있다.

그러므로 압탕의 위치가 매우 중요하며, 압탕은 소위 **효과적 급탕 거리**(effective feeding distance)로 불리는 일정 거리 내에서만 주물에 용탕을 공급할 수 있다. 만일 한 개의 압탕만 사용하고 주물의 크기가 효과적 급탕 거리보다 크면, 중심선에서 얇은 수축공이 생기고 압탕의 효과가 없는 결과가 만들어진다.

각 주물의 형상은 대략적으로 입방체, 판 및 봉의 구성으로 설명이 가능하다. 이 기본 단위에 대한 효과적 급탕 거리를 알면, 논의가 되고 있는 산출물에 대해 효과적 급탕 거리를 추정할 수 있다.

입방체에 있어서 급탕의 문제는 미미하지만, 봉이 너무 길지 않아야 주물 결함을 방지한다. 신중하고도 광범위한 실험을 거쳐서 길이가 다르면서 정사각형 단면을 가진 봉의 응고 과정을 조사하였다. 두께와 단면이 각양각색인 정사각형 판에 대해서도 위와 같은 검사가 이루어졌다. 이 검사의 결과는 아래에 나와 있다.

압탕의 위치에 대한 주요 일반 법칙은 아래와 같다.

- 용탕이 다른 모든 영역보다 압탕이 있는 곳에서 나중에 응고되도록 응고 과정을 조절하는 것이 필요하다.

하나의 예로서 그림 10.16에 있는 정사각형 봉을 선택한다. 우리는 4장에서 주물의 기하학적 형상이 미치는 영향을 다루

었고, 냉각과 응고 속도는 평면보다 모서리에서 더 빠르다는 것을 발견하였다. 이 경우에 있어서 이런 사실이 말단면의 냉각에 영향을 미친다. 따라서 이 영역에서의 응고가 주물의 다른 부위보다 빠르다. 액상 금속은 차가운 영역의 응고 수축을 보충하기 위해서 따뜻한 영역에서 차가운 영역으로 쉽게 이동이 이루어진다.

냉각과 응고 속도는 그 어떤 영역보다 전이 영역에서 훨씬 늦으며, 열이 부분적으로 압탕에서 주형으로 전도가 되고 일부는 주물에서 전도가 되기 때문에 압탕 및 주물 간의 냉각처럼 이런 영역에서의 냉각은 말단면보다 훨씬 서서히 이루어진다는 것을 또한 4장에서 파악하였다. 그 결과 액상 금속은 압탕에서 영역 주물의 말단까지 쉽게 흐르고, 채널이 충분히 넓기만 하면 수축 기공을 채우게 된다.

그림 10.16의 예로부터 말단면 및 압탕 근처에서 조밀한 주물을 얻는 것이 어렵지 않다는 점이 명백하다. 결함이 없는 주물을 얻기 위해서는 중간 영역에서 수축공 성형을 피하는 것이 필요하다. 이때 사용되는 개념은 **효과적 급탕 거리**(effective feeding distance)이며, 다음과 같이 정의한다.

D_{max} = 수축공 성형을 피해야 할 경우에 수축공이 없는 주물이 가질 수 있는 총 최장 길이로서 압탕의 가장자리로부터 측정.

정사각형 봉의 효과적 급탕 거리

봉이 효과적 급탕 거리보다 길면, 좁은 중심부의 수축공을 얻

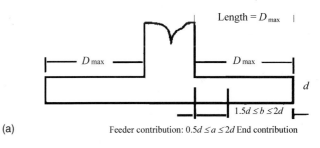

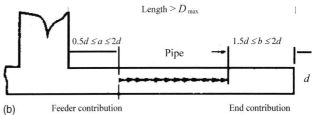

그림 10.17 단일 압탕의 경우에 정사각형 단면을 가진 봉의 효과적 급탕 거리. (a) 봉 길이 = 효과적 급탕 거리; (b) 봉 길이 > 효과적 급탕 거리. Elsevier Science의 허락을 얻어 인용함.

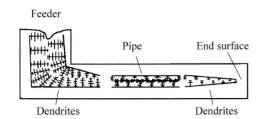

그림 10.16 압탕이 있는 상태에서 응고 중인 정사각형 봉. 수축공과 일부 결정 조직이 그려진 상태. Elsevier Science의 허락을 얻어 인용함.

는다. 압탕의 가장자리와 봉 끝면에서 고온의 기울기로 인해 발생한 경계 영향 때문에, 일부 중심선에 결함이 없어진다(그림 10.16).

저탄소강 합금으로 주조된 정사각형 봉의 경우에, 효과적 급탕 거리 D_{max}가 정사각형 단면의 변 길이인 d의 두 배에서 네 배의 길이가 된다는 것이 실험을 통해 밝혀졌다.

$$2d \leq D_{max} \leq 4d \qquad (10.15)$$

이 조건은 그림 10.17에 나와 있다.

그림 10.17 (b)와 같은 결과를 피하려면, 하나의 압탕으로 충분하지 않은 경우에 두 개의 압탕을 사용한다. 그러면 말단 면이 없어지고 냉각 조건이 다르게 되는데, 각 압탕은 이 경우에 최대 거리 $2d$의 액상 금속을 제공하게 되며 해당 조건은 그림 10.18에 나와 있다.

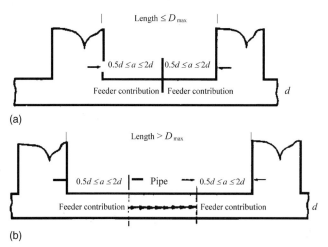

(a)

(b)

그림 10.18 이중 압탕의 경우에 정사각형 단면을 가진 봉의 효과적 급탕 거리. (a) 압탕 간 거리 = 효과적 급탕 거리; (b) 압탕 간 거리 > 효과적 급탕 거리. Elsevier Science의 허락을 얻어 인용함.

판상의 효과적 급탕 거리

저탄소강으로 주조된 두께 d의 정사각형 판 형상의 경우에, 압탕에서의 온도 기울기가 $5d$의 성형에 관여하고 판의 모서리 가장자리의 온도 기울기가 $6d$ 이상을 결정짓는다는 것이 밝혀졌다. 따라서 압탕의 폭에 $(5d + 6d) \times 2 = 22d$를 더한 값과 동일한 크기의 대각선을 가진 판에는 한 개의 압탕이면 충분하고, 이 압탕이 충분하지 않으면, 판의 중심부에서 정사각형 형상의 수축공이 발생한다. 자유자재로 자리를 잡고 있는 네 개의 압탕을 이용해서, 두 개 압탕의 폭에 $5d \times 2 + (5 + 6d) \times 2 = 32d$를 더한 값과 동일한 크기의 대각선을 가진 판을 문제없이 주조할 수 있다(그림 10.19).

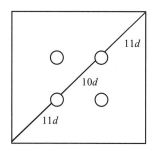

그림 10.19 네 개의 압탕을 갖고 있으며 두께가 d인 정사각형 판.

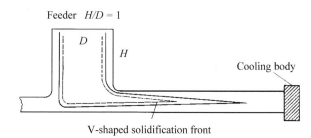

그림 10.20 효과적 급탕 거리를 늘리기 위해 방향성 응고를 사용한다. K. Strauss, Applied Science in the Casting Materials 인용, Foseco International Limited의 허락을 얻어 인용함.

효과적 급탕 거리를 늘리는 또 다른 방법은 그림 10.20에 나온 대로 특별한 냉금(chill)을 사용하는 것이다.

기체 발생이 응고 수축이 용해도 한계 및 핵 생성에 미치는 영향

예제 10.3 및 예제 10.4에서 응고 중에 응고 수축으로 인해 액상 금속에서 발생하는 압력 강하를 계산하였다. 수지상정 간 영역에서 압력 감소의 결과로, 이들 영역에서 기체의 용해도 한계가 감소한다. 더 많은 소재가 응고될수록, 압력이 커지고 액상 금속에서 기체의 용해도도 감소하게 된다.

이런 효과를 보여주는 사례로서, Fe 합금의 수소 편석을 선정하며 앞서 해결된 9장의 예제 9.5를 통해 이를 다루었다(그림 10.21).

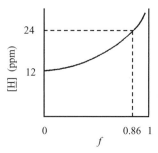

그림 10.21 응고 수축을 고려하지 않은 응고분율의 변화에 따른 용강의 수소 농도 분포.

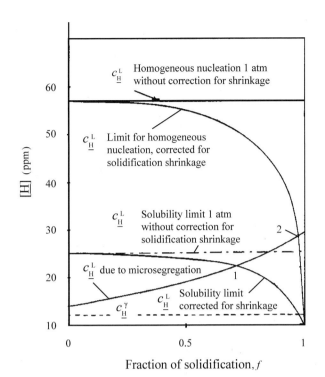

그림 10.22 그림 10.21과 같은 용강으로 응고 수축이 수소 용해도 한계에 미치는 영향을 고려한 수소의 농도 분포. 이 그림은 응고 수축으로 인한 압력이 수소의 용해도 한계에 미치는 영향을 보여준다. 공정 임계 압력이 크게 감소할 때에 응고 과정의 끝에서 기공 핵 생성의 가능성이 극적으로 증가한다. 이 그림은 주어진 특별한 응고 속도에서 유효하다. ASM International의 허락을 얻어 인용함.

예제 10.4의 답을 통해 용탕의 압력 강하를 계산할 수 있다. 응고 정도와 액상 금속에서 압력의 함수로서 액상 금속에서의 수소 농도를 계산하기 위해 이 방정식과 Sievert의 법칙(9장, 259쪽)을 조합한다. 응고 정도는 열 균형 방정식을 통해 얻는다. 해당 결과는 그림 10.22에서 그래프로 설명이 된다.

응고 수축을 무시하면(그림 10.22 참고), 전체 응고 중에 1 atm의 압력에서의 용해도 한계가 일정하고 24 ppm의 평형 농도와 같아진다(9장, 279쪽). 그림 10.22에서 파악할 수 있듯이, 실제로 수소의 용해도 한계는 응고 수축 때문에 응고가 끝날 때에 강하게 감소하며, 기공 성형과 수소 석출의 위험성이 크다.

기공의 핵은 자연적으로 잘 생성되지 않는다. 기공의 균일 핵 생성을 위해서 필요한 과포화는 열역학 관계를 이용해서 계산할 수 있다. 수소의 경우에 균일 핵 생성을 위한 농도는 1 atm에서 57 ppm임이 밝혀졌다(그림 10.22의 상부 수평선). 이 값은 압력이 감소함에 따라 감소하는데, 이는 응고 수축의 효과이다.

수소 편석 및 수지상정 간 구역에서의 압력 강하로 인해서, 액상 금속은 1의 지점에서 <u>H</u>로 과포화된다. 이처럼 낮은 과포화에서는 기공의 핵 생성이 어려워진다. 2의 지점은 $f = 0.96$의 응고 분율에서 기공의 균일한 핵 생성 가능성을 보여준다. 그림 10.22에서 파악할 수 있듯이, 응고 수축에 의해 핵 생성이 강하게 촉진된다.

주형 소재가 응고 과정에 미치는 영향

주형 소재는 응고 과정에도 크게 영향을 미친다. 사형에서는 매우 긴 시간 동안 고상과 액상의 혼합물이 주물의 중앙에 존재한다. 열을 더 급속하게 전달하는 주철금형을 사용하면 이 시간이 상당히 짧다. 이 차이는 합금의 응고 구간 차이로 인한 것과 마찬가지로 수축공의 모양에 영향을 미친다.

강하게 냉각되는 주형[그림 10.23 (a)]에서 수축공은 그림 10.13의 모양, 즉 순금속에서 같은 모양을 갖는다. 사형에서[그림 10.23 (b)]의 수축공은 넓은 응고 구간(그림 10.14)을 갖는 합금의 수축공과 비슷한 모양을 갖는다.

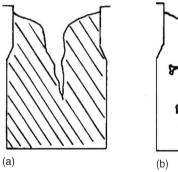

(a)   (b)

그림 10.23 (a) 응고 중 금형의 빠른 냉각에 따른 수축공의 모양. (b) 주조 사형에서의 주조에 따른 수축공의 모양. McGraw-Hill의 허락을 얻어 인용함.

응고 구간을 갖고 있는 합금의 급탕-급탕 저항

응고 구간을 갖고 있는 합금의 주조 중의 급탕은 순금속이나 공정 합금 주물의 급탕보다 어려워 급탕의 정량적인 측정으로 유형을 구별할 수 있다. 이런 측정은 총 응고 시간과 독립적이어야 하며, 독립적이 되면 상이한 주형 소재, 주형 크기 및 합금을 비교할 때에 이를 사용할 수 있다.

주물 중심부에서의 고상이 길수록, 급탕이 더 어려워질 수 있다. **중심선 급탕 저항**(centreline feeding resistance, CFR)이 급탕의 정량적 척도로 종종 사용되며 다음과 같이 정의된다.

$$\text{CFR} = \frac{t_{\text{total}} - t_{\text{initial}}}{t_{\text{total}}} \times 100 \qquad (10.16)$$

여기에서

CFR = 중심선 급탕 저항(%)

t_{total} = 총 응고 시간

t_{initial} = 응고가 중심선에서 시작될 때의 시간

중심선에서의 응고 인자는 실제로 응고 구간의 폭을 측정하는 것이라는 점에 주목해야 한다. 필수적인 사실은 CFR이 총 응고 시간의 분율 또는 백분율을 나타내며 절대 시간 구간이 *아니라는* 점이다.

중심선을 급탕하는 것이 가장 어려우며, 따라서 주물의 이 부분에 대해 응고 구간의 폭을 이해하는 것이 특히 중요하다. 하지만 중심선에 존재하는 소량의 고상이 급탕을 심각하게 방해한다고 단정할 수 없다. 응고 과정의 시작은 단지 시간 척도에서 실험적으로 적합한 기준점이다. 용탕이 수지상 네트워크로 침투할 수 없는 시간을 사용하는 것이 더 낫겠지만, 실험을 통해 이를 결정하는 것이 더 어렵고 더불어 금속의 기체 농도에 의존한다.

순금속의 고상이 응고 시간이 끝날 때 중심선에서 처음으로 석출이 되면, 응고의 시작 시간은 총 응고 시간, 즉 CFR ≈ 0과 거의 동일하다. 합금의 응고 구간이 넓을수록, 합금의 CFR이 더 높아지게 된다. $t = 0$일 때에 응고가 중심부에서 시작되면 합금의 CFR 값은 100%이다. 표 10.2는 사형에서 응고된 몇몇 합금의 CFR 값에 대한 예를 보여준다.

표 10.2 사형에서 응고된 몇 가지 일반 합금의 중심부 급탕 저항 (CFR)

합금	CFR(%)
18-8 강(0.2% C)	35
Cr 강(12% C)	38
구리	0
황동	26
강(0.6% C)	54
모넬	64
Al-청동	95
92% Al + 8% Mg	91
95% Al + 4.5% Cu	96

CFR의 함수로서 압탕의 부피

압탕의 크기를 계산하기 위해서 CFR을 사용할 수 있다. 주물

의 총 응고 시간 t_c 및 압탕의 총 응고 시간 t_f를 비교하는 대신에, t_c를 압탕의 중심에서 응고 시작 시간 t_{bscf}와 비교할 예정이다.

CFR의 정의를 압탕에 적용한다.

$$\text{CFR} = \frac{t_f - t_{\text{bscf}}}{t_f} \times 100 = \left(1 - \frac{t_{\text{bscf}}}{t_f}\right) \times 100 \quad (10.17)$$

또는

$$t_{\text{bscf}} = t_f \left(1 - \frac{\text{CFR}}{100}\right) \qquad (10.18)$$

(10.3) 방정식에서 t_f의 값을 가져와서 (10.18) 방정식에 대입한다.

$$t_{\text{bscf}} = C_f \left(\frac{V_{\text{sm}}}{A_f}\right)^2 \left(1 - \frac{\text{CFR}}{100}\right) \qquad (10.19)$$

주물의 응고 시간이 압탕 중심에서의 응고 시작 시간과 동일하다는 조건을 대입하면

$$t_c = t_{\text{bscf}} \qquad (10.20)$$

Chvorinov의 법칙을 이용해서 다음의 식을 얻는다.

$$C_c \left(\frac{V_c}{A_c}\right)^2 = C_f \left(\frac{V_{\text{sm}}}{A_f}\right)^2 \left(1 - \frac{\text{CFR}}{100}\right) \qquad (10.21)$$

C_f를 (10.4) 방정식에 있는 $C_f(1 - \text{CFR}/100)$로 대체하면, (10.21) 방정식과 같아지며, (10.8) 방정식을 같은 방법으로 수정할 수 있다. $t_c = t_{\text{bscf}}$ 조건이 유효하다고 가정하면, (10.8) 방정식의 C_f를 $(C_f - \text{CFR}/100)$로 대체하여 다음의 관계식을 얻는다.

$$(1 - \beta)\frac{V_f}{V_c} = \left[\frac{C_c}{C_f\left(1 - \dfrac{\text{CFR}}{100}\right)}\right]^{\frac{1}{2}} \frac{A_f}{A_c} + \beta \quad (10.22)$$

이것은 (10.21) 방정식과 유사하며 압탕 크기의 계산을 위해서 이를 사용할 수 있다. $t_c = t_f$ 관계식을 적용하면 $t_c = t_{\text{bscf}}$ 조건을 사용할 때와는 명백하게 다른 결과를 얻는다. CFR이 높아질수록, 압탕의 부피는 더 커지게 된다.

냉각 속도가 감소하고 응고 온도 구간이 증가함에 따라 CFR가 증가한다. CFR를 사용하면 주조 중에 주형 소재의 영향과 합금 조성을 이해하는 데 큰 도움이 된다. CFR은 일반적으로 냉각 곡선을 이용해서 실험을 통해 결정된다(6장).

10.5 잉곳 주조 중의 응고 수축

10.5.1 잉곳의 수축공 생성

용탕이 주형으로 주입될 때, 열이 용탕에서 주형을 통해 외부로 나가면서 응고가 시작된다. 고상은 주형면 위에 핵을 생성하고, 면에 수직하여 내부로 성장하는 층을 성형한다.

고상의 셀이 주형의 바닥과 벽에서 만들어지는데, 이에 의해 잉곳의 외부 형상이 결정된다[그림 10.24 (a)]. 이때 냉각 수축으로 인해 용탕의 자유 표면이 낮아진다[그림 10.24 (b)].

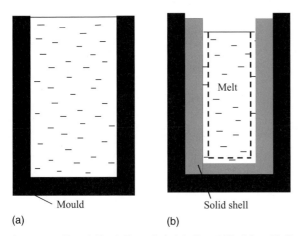

(a)   (b)

그림 10.24 응고 수축 시 응고 과정. (a) 응고 없음 (b) 고상 셀 + 용강.

응고 과정은 그림 10.25에 나와 있다. 응고 수축이 진행되어 중심에 있는 나머지 용탕의 자유 표면이 점차 낮아진다. 전체 잉곳이 응고되었을 때에, 깔때기 형상의 빈 부분이 잉곳의 상단에 생성되었으며 이런 부분을 수축공이라고 부른다.

수축공의 벽은 산화되기 쉬워 압연 시 결함이 발생하기 때

그림 10.25 잉곳의 전형적인 수축공 형상.

문에 잉곳이 수축공을 포함하면 사용할 수가 없다. 따라서 최대 수율을 얻기 위해서는 수축공 부피를 가능한 한 작게 만드는 것이 바람직하며, 수축공의 높이를 줄이기 위해서 소위 핫탑을 사용해서 잉곳의 *위*쪽을 단열한다. 그러면 이 부위가 잉곳의 나머지 부위보다 좀 더 서서히 냉각이 된다. 이 방법이 적절하게 적용이 되면, 그림 10.26에서 알 수 있듯이 좋은 결과를 만든다. 핫탑이 좋을수록, 수축공의 부피가 더 작아진다.

이 방법은 334쪽에서 상세하게 다루게 된다.

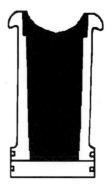

그림 10.26 핫탑이 있는 응고 잉곳. K. Strauss, Applied Science in the Casting of Materials 인용, Foseco International Limited의 허락을 얻어 인용함.

잉곳의 수축공 성형

20세기 초에 영국의 금속공학자인 브리얼리(Brearley)가 잉곳이 응고될 때에 수축공의 생성을 연구하기 위한 모의 실험에서 스테아린 액상 금속을 사용하였다.

용융된 스테아린은 작은 주형에서 주조되었고, 특정 시간 하에서 다양한 길이로 응고되었다. 그다음에 잉곳을 빠르게 옮겨 붓는다(비워진 용융 스테아린). 스테아린 잉곳을 길게 절단하였고, 수축공의 생성과 발달에 대한 일련의 즉석 사진을 얻었다.

그림 10.27은 Brearley가 진행했던 독창적 실험에 대한 개요이며, 응고 과정은 잉곳의 측면으로부터 중심을 향해 수직으로 성장하는 스테아린 결정에 의해 진행된다. 동시에 거꾸로 된 원뿔 형상의 수축 기공이 잉곳의 상단에 생성이 된다. 금속 잉곳에 대한 나중의 실험은 Brearley의 관찰과 잘 일치함을 보여주었다.

또한 고상의 브릿지가 금속의 수축공을 가로질러 나타난다는 점에도 주목해야 한다. 고체 탕 두께와 액상 금속 간에 닫힌 기공이 생성되면, 윗면에서의 방열이 파격적으로 줄어든다. 위쪽의 표면은 단열 덮개에 해당되며, 이 모델은 10.5.2절 및 10.5.3절에서의 이론적인 처리를 위해 사용된다.

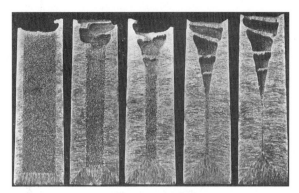

그림 10.27   수축공의 성형 과정에서 서로 다른 5개의 단계.

그림 10.28   주상정 결정 조직을 가진 잉곳 수축공의 확대.

그림 10.29   등축 결정 조직을 가진 잉곳 수축공의 모습.

Brearley는 또한 등축 결정만 가진 잉곳과 스테아린 잉곳 (그림 10.28)을 통해서 주상정 구조를 가진 잉곳(그림 10.29)에서 수축공 확대의 차이를 보여주었다. 그림 10.28과 그림 10.29을 비교하면 등축 결정 조직을 갖고 있는 잉곳이 주상정 결정 조직을 갖고 있는 잉곳에 비해 더 작은 수축공을 갖는다는 것을 보여준다. 그 이유는 아마도 수축공 외에 등축 결정을 갖고 있는 잉곳에도 많은 수의 미세기공이 포함되어 있기 때문일 것이다.

주상정 결정 조직을 갖고 있는 잉곳에서는 수지상정 가지 간의 채널이 얇고 자유로울수록 수지상정 망을 통한 액상 금속의 이동이 더욱더 천천히 이루어진다.

응고 간격이 넓은 합금에서는 수축공이 비슷한 모양을 갖는다. 이 경우에 응고 전단부가 매우 불균일하다. 이런 이유 때문에 수지상정의 일부를 구성하는 수축공이 깊어질 수 있고, 이로부터 나머지 액상 금속이 빠져나갔다.

수축공의 부피는 소위 핫탑이라고 하는 응고 과정 중의 잉곳 윗면을 단열함으로써 줄어들 수 있다고 앞에서 언급하였다. 이런 방법으로 유용한 소재의 수율을 높일 수 있다.

다음 절에서는, 핫탑이 있는 경우와 없는 경우에 수축공 성형의 이론적인 처리를 다룬다. 핫탑을 사용할 때의 이점은 두 가지 해결 사례에 대한 비교를 통해 나와 있다.

10.5.2   핫탑이 없는 잉곳의 수축공 생성 이론

스테아린 액상 금속에 대한 Brearley의 시뮬레이션 실험을 통해 수축공 생성의 이론적 모델이 시작되었다.

응고 전단부는 잉곳의 바깥쪽에서 액상 금속의 중앙으로 이동한다. 응고되는 각각의 층에 있어서, 액상 금속의 윗면은 응고된 층의 응고 수축에 해당하는 거리만큼 낮아지고(그림 10.30), 이 모델이 수축공 형상에 대한 이론적 계산의 기초를 형성한다.

아래에 주어진 데이터를 갖는 주형으로 시작하고, 다음과 같이 가정한다.

1.   주형의 내부 폭 = x_0
2.   주형의 내부 길이 = y_0
3.   주형의 내부 높이 = z_0

냉각 수축을 무시하고 다음과 같이 추가적으로 가정한다.

4.   응고가 시작될 때에 주형이 용탕으로 채워진다.

5. 주형이 액상 금속을 균일하게 냉각한다.
6. 액상 금속이 매우 좁은 응고 구간을 갖는다.

 우리는 수축공의 형상을 수학적으로 설명하고자 하며, 응고를 얇은 층이 점차 응고되고 응고 수축을 통해 액상 금속면이 단계적으로 낮아지는 비연속 과정으로 간주하는 것이 좋은 방법이다.

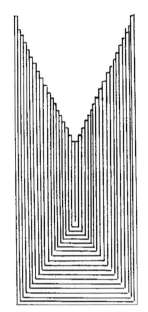

그림 10.30 셀 모델의 수축공 성형.

 그림 10.32는 위에서 냉각 주형(그림 10.31)을 본 형상이다. 응고가 몇 시간 진행되었을 때, Δx 및 Δy의 두께를 갖는 고체 금속층이 주형에서 생성되었다고 하자. 바깥쪽 사각형 $x_0 y_0$와 안쪽 사각형 xy 간의 구역은 고체 금속으로 채워지고, 액상 금속은 xy 사각형 내부에 자리를 잡는다.

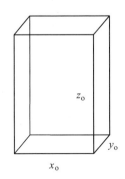

그림 10.31 측면 길이가 x_0, y_0 및 z_0인 주형.

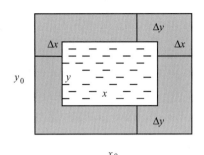

그림 10.32 위에서 본 주형의 수평 단면도. The Scandinavian Journal of Metallurgy, Blackwell Publishing의 허락을 얻어 인용함.

 그림 10.33는 냉각 주형의 두 개 수직 단면을 보여주며, Δx, Δy 및 Δz의 두께를 갖는 주형의 내부 벽 주위에서 응고된 층이 바닥에서 수축됨으로써 윗면을 dZ만큼 낮추었다. 다음 단계에서 응고되며 두께가 dx 및 dz인 얇은 층이 그림 10.33 (b)에 나와 있다.

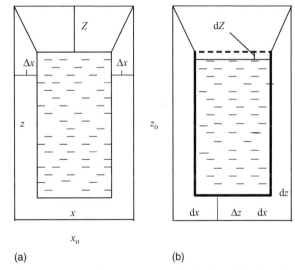

(a)   (b)

그림 10.33 (a) 주형의 수직 단면도. (b)에 있는 얇은 층이 응고되기 전에 xyz 체적에 있는 액상 금속을 고려하라. (b) 얇은 층의 측벽 두께는 dx, dy이고 바닥면의 두께는 dz이다. 층에서의 응고 수축으로 인해 액상 금속의 윗면이 dZ만큼 낮아졌다.

 소재의 균형을 이용해서 위에서 주어진 수량, 고체 금속의 밀도 ρ_s 및 용탕의 밀도 ρ_L 간 관계식을 얻을 수 있다.
 얇은 층이 응고되기 전의 용탕량은 xyz이고, 얇은 층이 응고되었을 때 나머지 액상 금속의 부피는 $(x - 2dx)(y - 2dy)(z - dz - dZ)$이다. 앞에 있는 두 개 항에서의 숫자 2는 용탕을 둘러싸는 4개 수직면에서 dx 및 dy의 두께를 갖는 2개 층으로부터 온 것이다.

얇은 층은 총 부피가 $2yzdx+2xzdy+xydz$인 5개의 평판으로 구성된다. 용탕 일부가 응고된다고 해서 질량이 변하지는

$$\rho_L xyz = \rho_L(x - 2dx)(y - 2dy)(z - dz - dZ) + \rho_s(2yzdx + 2xzdy + xydz)$$

않는다.

모든 2차 항($dxdy$ 유형의)을 무시할 수 있고, 전환 후에 관계식을 다음과 같이 표기할 수 있다.

$$\rho_L xydZ = (\rho_s - \rho_L)\, 2yzdx + (\rho_s - \rho_L)\, 2xzdy + (\rho_s - \rho_L)xydz$$

또는

$$\frac{dZ}{dx}xy = \frac{\rho_s - \rho_L}{\rho_L}\left[\left(2yz + 2xz\frac{dy}{dx}\right) + xy\frac{dz}{dx}\right] \quad (10.23)$$

(10.23) 방정식을 응고 수축의 정의와 조합하면 다음의 식을 얻는다.

$$\beta = \frac{\rho_s - \rho_L}{\rho_s} \quad (10.24)$$

위 식을 다음처럼 표기할 수 있다.

$$\beta = 1 - \frac{\rho_L}{\rho_s} \Rightarrow \frac{\rho_s}{\rho_L} = \frac{1}{1 - \beta} \quad (10.25)$$

(10.25) 방정식을 사용해서 다음 식을 계산할 수 있다.

$$\frac{\rho_s - \rho_L}{\rho_L} = \frac{\rho_s}{\rho_L} - 1 = \frac{1}{1 - \beta} - 1 = \frac{\beta}{1 - \beta} \quad (10.26)$$

(10.26) 방정식을 (10.23) 방정식에 대입하면 다음의 식을 얻는다.

$$\frac{1 - \beta}{\beta}\frac{dZ}{dx} = \frac{2yz + 2xz\frac{dy}{dx}}{xy} + \frac{dz}{dx} \quad (10.27)$$

이 식은 x, y 및 z의 함수로서 Z를 얻기 위해 풀어야 하는 미분 방정식으로서 다소 복잡하며 대부분의 경우에 수치 해를 구해야 한다.

응고 속도가 수직 면을 따라서 동일하면, $dx = dy$를 얻는다. 대부분의 경우에 $dz/dx = C$도 얻으며, 여기에서 C는 상수이다. 그다음에 (10.27)의 미분 방정식을 다음처럼 단순화한다.

$$\frac{1 - \beta}{\beta}\frac{dZ}{dx} = \frac{2(x + y)z}{xy} + C \quad (10.28)$$

몇몇 특별한 경우를 제외하고는 이 방정식을 정확히 풀 수 없으며 추가 진행을 위해 x, y 및 z를 다음처럼 대체한다.

$$x = x_0 - 2\Delta x$$
$$y = y_0 - 2\Delta y = y_0 - 2\Delta x$$
$$z = z_0 - C\Delta x - Z$$

이 식들을 (10.28) 방정식에 대입하면 다음의 식을 얻는다.

$$\frac{1 - \beta}{\beta}\frac{dZ}{dx} = \frac{2(x_0 + y_0 - 4\Delta x)(z_0 - C\Delta x - Z)}{(x_0 - 2\Delta x)(y_0 - 2\Delta x)} + C \quad (10.29)$$

본 편에서는 미분 방정식의 수치 해를 구할 수 있고, 그 결과는 그림 10.34와 같으며 잉곳의 수축공이 매우 깊다는 것을 알 수 있다. 더 나은 수율을 얻기 위해서는 핫탑을 사용하는 것이 매우 바람직하다.

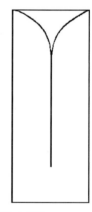

그림 10.34 계산된 잉곳 수축공.

주형이 정사각형 또는 원형 단면을 가진 경우와 측면 및 바닥에서의 응고 속도가 동일한 경우처럼 몇몇 단순하면서 특별한 경우에서 (10.29) 방정식의 분석 해가 존재한다. 이 경우에 (10.29) 방정식은 선형 미분 방정식으로 변환이 되며 표준 방법을 통해 이 방정식을 풀 수 있다.

주형의 단면이 정사각형이고 측면 및 바닥에서의 응고 속도가 동일하면, 다음의 관계식이 성립된다.

$$x_0 = y_0 \qquad C = 1$$
$$x = y$$

그리고

$$dx = dy = dz \qquad \Delta x = \Delta y = \Delta z$$

이 식들을 (10.29) 방정식에 대입하고 미분 방정식의 해를 구하면, 이 특별한 경우에 대한 해가 된다.

$$Z = z_0 - \frac{x_0}{2} - \frac{3\beta}{1 - 5\beta}(x_0 - 2\Delta x) + \left(\frac{3\beta x_0}{1 - 5\beta} - z_0 + \frac{x_0}{2}\right)\left(\frac{x_0 - 2\Delta x}{x_0}\right)^{\frac{4\beta}{1-\beta}} \tag{10.30}$$

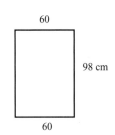

이 경우에 유효한 (10.30) 방정식에 이 값을 대입한다.

$$Z = 0.98 - \frac{0.60}{2} - \frac{3 \times 0.050}{1 - 5 \times 0.050}(0.60 - 2\Delta x) + \left(\frac{3 \times 0.050}{1 - 5 \times 0.050} - 0.98 + \frac{0.60}{2}\right)\left(\frac{0.60 - 2\Delta x}{0.60}\right)^{\frac{4 \times 0.050}{1-0.050}} \tag{1'}$$

예제 10.5

그림에서 주어진 치수로 2.6톤 잉곳을 주형에서 주조하려고 한다. 해당 주형의 단면은 다양하게 변한다. 응고 수축은 0.050이다.

(a) 주형 벽까지 거리의 함수로서 수축공의 오목 윤곽을 계산하고 그 결과를 그림에 그려라.

(b) 수축공의 최대 깊이를 계산하라.

계산을 간단하게 하기 위하여 주형의 형상에 대해 근사화하는 것이 바람직하다.

풀이

(a) 주형의 단면이 정사각형이기 때문에, 실제의 주형을 단면이 일정한 직선형 주형으로 근사화하는 것이 합리적이다. 측면을 60 cm로 선택하고, 두 가지 경우에 있어서 부피가 같아지도록 높이를 조정한다.

$$x_0 = 0.60\,\text{m}$$
$$z_0 = 0.98\,\text{m}$$

위 방정식을 다음처럼 전환할 수 있다.

$$Z = 0.68 - 0.200(0.60 - 2\Delta x) - 0.48\left(\frac{0.60 - 2\Delta x}{0.60}\right)^{0.210} \tag{2'}$$

여기에서 $0 < \Delta x < x_0/2 = 0.30$이다.

(2') 방정식은 원하는 함수이다. 이 함수를 그리기 위해서 적절한 Δx 값을 선택하여 해당하는 Z 값을 계산한다.

Δx	Z
0.00	0.00
0.05	0.04
0.10	0.09
0.15	0.14
0.20	0.20
0.25	0.28
0.27	0.32
0.29	0.40
0.295	0.44
0.30	0.68

(b) 수축공의 최대 깊이는 $\Delta x = x_0/2$이다. 응고 속도가 전체 잉곳의 모든 면에서 동일하다고 가정했을 때, 값은 $z_0 - x_0/2 = 0.98 - 0.60/2 = 0.69$ m이 된다.

답

(a) (1') 방정식 및 위의 그림 참고

(b) 수축공의 깊이는 최대 70 cm이다.

10.5.3 핫탑이 있는 잉곳의 수축공 생성 이론

열간 압연을 거치게 될 잉곳 내부에 존재하는 단열 기공이 생길 경우, 공기가 기공의 벽에 닿지 않고 기공을 산화시키지 않는데, 이런 기공은 잉곳의 품질에 나쁜 영향을 미치지 않는다.

반면에 수축공은 항상 공기와의 접촉에 노출되어 산화를 피할 수 없다. 수축공이 있는 잉곳을 열간압연할 때에 소위 '생선 꼬리'가 나타나는데(그림 10.35), 수축공의 표면에 남아 있는 산화물이 이런 결함의 원인이다. 수축공 내 산화물은 산화막을 형성하여 결함을 만들며, 수축공이 커질수록 결함이 두드러질 수 있는데 압연 잉곳의 상당 부분을 버려야 하는 결과를 초래할 수 있다.

그림 10.35 '생선 꼬리'. K. Strauss, Applied Science in the Casting of Materials 인용, Foseco International Limited의 허락을 얻어 인용함.

이를 피하기 위해서 잉곳의 윗면을 단열하거나 가열하여 이 영역이 다른 모든 영역보다 나중에 응고되도록 노력하며, 최선의 방법은 잉곳의 윗면에 소위 핫탑을 두는 것이다.

핫탑은 단열된 용기로 설명될 수 있다. 단열로 인해 해당 잉곳은 전체 잉곳에 비해 더 천천히 응고된다. 이것은 단지 원하는 효과이다. 중심부에서 응고가 늦으면 깊은 수축공의 출현을 막고, 핫탑이 없을 때보다 있을 때에 수율이 필히 훨씬 더 좋아진다(그림 10.36).

핫탑의 부피는 잉곳 총 부피의 10~15%이고, 핫탑이 우수할수록 핫탑의 부피는 더 작아진다. 우수한 핫탑은 열용량 및 열전도가 낮은 소재로 만들어진다. 유감스럽게도, 높은 단열 성능을 갖는 다공성 소재는 종종 기계적 강도가 낮아지기 때문에 사용이 불가능하다. 핫탑은 용탕으로 인해 변형되지 않아야 한다.

핫탑의 치수가 올바르지 않으면, 즉 높이가 너무 작으면 수축공이 핫탑 아래의 잉곳 속에서 발생하는 결과를 초래할 수

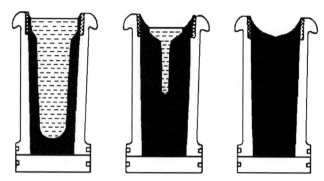

그림 10.36 핫탑이 있는 잉곳의 응고 과정. Elsevier Science의 허락을 얻어 인용함.

있으며 이는 피해야 한다. 잉곳의 중심이 응고되기 전에 이러한 상황이 발생하면 수축공이 잉곳 속으로 매우 깊숙하게 들어갈 수 있다.

핫탑이 수축공의 이론적 모델

핫탑의 이론적 모델을 사용함으로써, 핫탑에 대한 대략적인 근사화를 하고 적절한 크기를 계산하는 것이 가능하다.

그림 10.37은 잉곳의 핫탑 근처에서 계산된 고상선 등온선을 보여준다. 등온선은 잉곳과 핫탑 간의 경계에 가까운 비교적 좁은 영역 내에서만 교란됨을 알 수 있다. 결론은 간단한 분석에서 잉곳과 핫탑을 별도의 두 개 개체로 다룰 수 있고, 이들 각각의 응고 시간을 별도로 계산할 수 있다는 것이다.

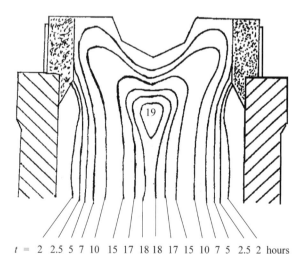

$t = $ 2 2.5 5 7 10 15 17 18 18 17 15 10 7 5 2.5 2 hours

그림 10.37 핫탑이 있는 잉곳 응고 전단부의 시간별 위치. 응고 시작 이후에 몇 시간 동안의 위치. The Scandanavian Journal of Metallurgy, Blackwell의 허락을 얻어 인용함.

액상 금속에서의 열 유동에 대한 수학 모델을 통해, 컴퓨터

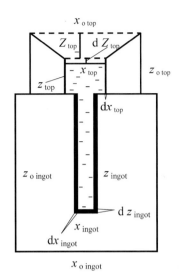

그림 10.38 핫탑이 있는 잉곳. 명칭의 정의.

를 이용하여 용탕 내 온도장 및 응고 계면 위치를 계산할 수 있다. 이 방법에서는 응고 중의 핫탑 수축을 고려하지 않는다. 이런 계산에 있어서는 잉곳의 응고에 대한 상기 방법처럼 간단한 방법을 이용해서 응고 수축에 집중하는 것이 편리하다.

상단의 윗면이 응고되지 않는다고 가정하면, 상단과 잉곳에서 응고된 금속량의 함수로써 상단의 수축을 제공하는 간단한 물질 균형식을 설정할 수 있다. 얇은 층이 상단과 잉곳에서 응고면, 수축에 의한 부피 차이를 채워주는 액상 금속을 통해서 응고 수축을 보충한다. 잔여 용탕의 상단면은 배출된 용탕에 비례해서 하부로 이동한다.

이동된 용탕의 질량은 잉곳의 부피 변형에 따른 질량과 동일하다(그림 10.38).

$$\rho_L A_{top} \, dZ_{top} = (\rho_s - \rho_L)(dV_{top} + dV_{ingot}) \quad (10.31)$$

여기에서

응고 부피에 대한 식을 유도하기 위해서는 핫탑, 잉곳 및 잉곳 바닥에서의 상대적 응고 속도를 이해해야 하며, 이를 위해서 x 방향으로의 응고 속도를 기초로 상단 및 잉곳 바닥에서의 상대적 응고 속도에 대한 특별한 명칭을 도입한다.

$$n = \frac{dx_{top}}{dx_{ingot}} \quad (10.32)$$

$$m = \frac{dz_{ingot}}{dx_{ingot}} \quad (10.33)$$

주형과 핫탑이 깔때기 형태라는 것을 무시하고 이는 A_{top}이 주어진 시간에서 높이와 독립적이라는 것을 의미한다. 응고 부피는 또한 계산하는 것이 간편하며, 직사각형 잉곳에 대해 다음의 식을 얻는다.

$$A_{top} = x_{top} \, y_{top} \quad (10.34)$$

핫탑의 응고 층에는 4개의 수직면이 있는데, x 및 y 방향으로의 응고 속도가 같으면, 다음의 식을 얻는다.

$$dV_{top} = 2(x_{top} + y_{top}) z_{top} \, dx_{top} \quad (10.35)$$

잉곳의 응고 층은 4개의 수직면과 바닥으로 구성된다.

$$dV_{ingot} = 2(x_{ingot} + y_{ingot}) z_{ingot} \, dx_{ingot} + x_{ingot} \, y_{ingot} \, dz_{ingot} \quad (10.36)$$

(10.32)~(10.36) 방정식을 (10.31) 방정식에 대입한다.

$$\rho_L x_{top} y_{top} \, dZ_{top} = (\rho_s - \rho_L)[2(x_{top} + y_{top}) z_{top} \, dx_{top} \\ + 2(x_{ingot} + y_{ingot}) z_{ingot} \, dx_{ingot} + x_{ingot} y_{ingot} \, dz_{ingot}] \quad (10.37)$$

응고 수축의 정의인 $\beta = (\rho_s - \rho_L)/\rho_s$를 이용해서, (10.26) 방정식과 같이 $(\rho_s - \rho_L)/\rho_L$비를 β의 함수로서 표현할 수 있다. (10.37) 방정식은 다음처럼 변환이 된다. (10.38) 방정식의 수치 해를 쉽게 구하기 위하여 다음의 식들

$$dZ_{top} = \frac{2\beta}{1-\beta} \cdot \frac{dx_{ingot}}{x_{top} y_{top}} \left[n z_{top}(x_{top} + y_{top}) + z_{ingot}(x_{ingot} + y_{ingot}) + \frac{m x_{ingot} y_{ingot}}{2} \right] \quad (10.38)$$

A_{top} = 핫탑의 단면적

dZ_{top} = 잉곳과 핫탑에서 얇은 층의 총 응고 수축 때문에 액상 금속의 윗면에서 낮아진 거리

dV_{top} = 응고된 상단에서 얇은 층의 부피

dV_{ingot} = 응고된 잉곳의 얇은 층의 부피

ρ_s = 고체 금속의 밀도

ρ_L = 액상 금속의 밀도

도 도입한다.

$$x_{ingot} = x_{0\,ingot} - 2\Delta x \quad (10.39)$$

$$y_{ingot} = y_{0\,ingot} - 2\Delta x \quad (10.40)$$

$$z_{ingot} = z_{0\,ingot} - m\Delta x \quad (10.41)$$

(10.38) 방정식의 x_{ingot}, y_{ingot} 및 z_{ingot}을 (10.39), (10.40) 및 (10.41) 방정식으로 각각 대입할 수 있으며, 종종 컴퓨터

프로그램의 형태를 갖추는 잉곳의 응고 속도에 대한 설명과 얻게 된 식을 조합한다.

해당 방법은 예제 10.6에서 단순한 형태로 나와 있다.

예제 10.6

$30 \times 30 \times 150$ cm^{3}의 크기를 갖는 정사각형 강 잉곳을 주조하려고 한다. 표면을 덮을 석영 모래층 모양의 핫탑이 잉곳에 장착된다. 핫탑의 적정한 높이를 결정해야 한다.

핫탑의 초기 높이를 가정한다.

(a) 잉곳의 총 응고 시간을 계산하라.
(b) 수축공의 형상을 계산하고, 주형의 마지막 액상 금속이 응고된 그 순간에 잉곳과 핫탑을 보여주는 그림을 그리고 수축공의 깊이를 계산하라.
(c) 잉곳 전체가 응고되었을 때에 통 안에 남아 있는 액상 금속의 양을 계산하라.

계산에 필요한 합리적인 상수값은 표준 참고 표에서 가져온다. 강의 응고 수축은 0.050이다. 포물선 성장 법칙을 이용 상수 $S_1 = 3.2 \times 10^{-3}$ m/s$^{0.5}$으로 주어질 수 있다는 것을 실험 데이터가 보여준다. 석영 모래에서의 철 주조에 있어서 상수의 값은 8×10^{-4} m/s$^{0.5}$이다.

준비 토론. 적정한 상단 높이 값의 선정

응고 속도 계산을 위한 다양한 모델 및 응고될 때의 온도 분포에 대해 4장과 5장에서 논하였다.

응고 중 응고 셀 두께는 상당한 근사치로 다음과 같은 유형의 관계식으로 설명할 수 있다.

$$x(t) = S_1\sqrt{t} \qquad (1')$$

여기에서

x = 응고 셀의 두께
t = 시간
S_1 = 상수

(1') 방정식을 시간에 대하여 미분함으로써 셀의 성장률을 구한다.

$$\frac{dx(t)}{dt} = \frac{S_1}{2\sqrt{t}} \qquad (2')$$

(2') 방정식은 잉곳의 폭이 두께보다 크다는 가정하에서만 성립이 된다(1차원 응고). 이런 조건에도 불구하고 이와 같이

간단한 관계식을 사용하며, 단면이 정사각형일 때에 응고의 끝에서의 응고 속도가 증가한다는 사실을 무시한다.

핫탑은 재질은 주로 모래 또는 다른 단열 소재로 만들어진다. 모래는 용탕보다 밀도와 용융점이 낮고, 응고 과정 중에 화학적으로 변하지 않는다는 장점이 있다. 상수가 다른 포물선 성장 법칙으로 응고 중의 상단 셀 두께를 설명할 수 있다.

$$x(t) = S_2\sqrt{t} \qquad (3')$$

핫탑의 적정 높이를 계산하기 위하여 대략적인 계산을 진행하라. 핫탑의 단면은 잉곳의 단면과 동일하게 선택할 수 있다.

응고 전의 잉곳 부피는 $0.30 \times 0.30 \times 1.50 = 0.135$ m^{3}이다. $\beta = 0.050$이므로 $1-\beta = 0.95$이다. 응고 후에 잉곳의 부피는 대략 0.128 m^3(0.95×0.135)이다. 응고 후에 잉곳의 부피는 $z_{ingot} \times 0.30 \times 0.30$로 계산이 된다.

상기 그림의 명칭을 통해서 다음의 식을 얻는다.

$$z_{ingot} = \frac{0.128}{0.30 \times 0.30} = 1.42 \text{ m}$$

따라서 핫탑은 최소한 다음과 같아야 한다.

$$z_{0\,top} = 1.50 - 1.42 = 0.08 \text{ m} = 8 \text{ cm}$$

핫탑을 관통하는 수축공의 위험을 제거하기 위하여 안전을 위해 $z_{0\,top}$을 15 cm, 즉 대략적인 계산 값의 거의 두 배를 선택한다.

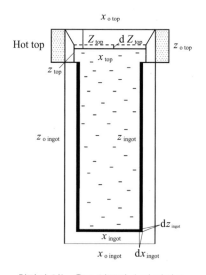

핫탑이 있는 응고 잉곳의 수직 단면도.

풀이

(10.31) 방정식을 적용하는데, 이 식은 상단 및 잉곳에서 응고

된 액상 금속 양의 함수로서 핫탑의 낮아진 거리가 얼마인지를 알려준다.

$$\rho_L A_{top} dZ_{top} = (\rho_s - \rho_L)(dV_{top} + dV_{ingot}) \qquad (4')$$

상단의 부피는 잉곳의 부피에 비해 작으므로 무시할 수 있다. $(\rho_s - \rho_L)/\rho_L$는 $\beta/(1 - \beta)$로 변환이 가능하다[(10.26) 방정식]. A_{top}은 상단에 있는 용탕의 면적이고, 전체 측면에서 두 개의 응고 층을 빼어 이를 제곱한 것과 동일한 값을 갖는다.

$$(x_{0\,top} - 2S_2\sqrt{t})^2 dZ_{top} = \frac{\beta}{1-\beta}\left[4(x_{0\,ingot} - 2S_1 \cdot \sqrt{t})(z_{0\,ingot} - S_1\sqrt{t}) + (x_{0\,ingot} - 2S_1\sqrt{t})^2\right]\frac{S_1 dt}{2\sqrt{t}} \qquad (10')$$

$$A_{top} = x_{top}^2 = (x_{0\,top} - 2S_2\sqrt{t})^2$$

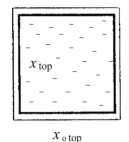

위에서 본 핫탑의 응고 과정.

여기에서 상수는 본문에 따라 $S_2 = 8 \times 10^{-4} \text{ m/s}^{0.5}$이다.

잉곳에서 응고될 때에 x, y 및 z 방향으로 속도가 동일하다고 가정한다. 본문에 의하면 $S_1 = 3.2 \times 10^{-3} = \text{m/s}_{0.5}$인 곳에서 응고 층의 두께는 $S_1\sqrt{t}$이며 다음의 식을 얻는데

$$x_{ingot} = (x_{0\,ingot} - 2S_1\sqrt{t}) \qquad (6')$$

$$y_{ingot} = (x_{0\,ingot} - 2S_1\sqrt{t}) \qquad (7')$$

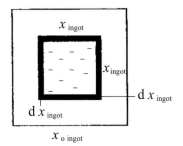

위에서 본 잉곳의 응고 과정.

이유는 주형의 단면이 정사각형이고 다음식과 같기 때문이다.

$$z_{ingot} = (z_{0\,ingot} - S_1\sqrt{t}) \qquad (8')$$

표면의 수는 총 다섯 개, 즉 네 개의 수직 측면과 한 개 바닥면이다. 응고 층의 총면적은 dx_{ingot}을 곱하여 dV_{ingot}이 되며, (2') 방정식을 적용함으로써 dx_{ingot}을 얻는다.

$$dx_{ingot} = \frac{S_1 dt}{2\sqrt{t}} \qquad (9')$$

이 모든 수량을 (10.31) 방정식에 적용하면 다음의 식이 주어진다.

상단의 부피는 잉곳 부피의 거의 10%(15 cm/150 cm)이다. 따라서 잉곳의 응고 수축에 비해 상단의 수축을 무시하는 것이 합리적이다.

(a) 처음에는 잉곳의 총 응고 시간을 계산한다. 전체 잉곳은 응고된 금속의 두께가 주형 정사각형 측면의 절반일 때에 응고되었다.

$$S_1\sqrt{t_{ingot}} = \frac{x_{0\,ingot}}{2}$$

또는

$$t_{ingot} = \left(\frac{x_{0\,ingot}}{2S_1}\right)^2 = \frac{0.30^2}{(2 \times 3.2 \times 10^{-3})^2}$$
$$= 2197\,s \approx 2200\,s = 37\,min$$

t	dt	x_{top}	x_{ingot}	z_{ingot}	dZ_{top}	Z_{top}
0	—	0.30	0.30	1.50	0.000	0.000
220	220	0.28	0.21	1.45	0.020	0.020
440	220	0.27	0.17	1.43	0.012	0.032
660	220	0.26	0.14	1.42	0.008	0.041
880	220	0.25	0.11	1.41	0.006	0.047
1100	220	0.25	0.09	1.39	0.005	0.052
1320	220	0.24	0.07	1.38	0.003	0.055
1540	220	0.24	0.05	1.37	0.002	0.057
1760	220	0.23	0.03	1.37	0.001	0.059
1980	220	0.23	0.02	1.36	0.001	0.059
2200	220	0.22	0.00	1.35	0.000	0.059

(b) 시간을 간격이 동일하게 10개 구간으로 나누고, 이 값들을 (10') 방정식에 대입한 후에 값을 알고 있는 S_1과 S_2를 이

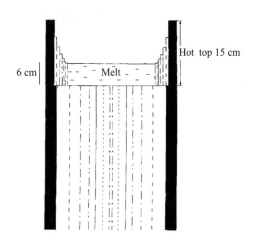

응고 시작 시 용탕과 잉곳. 응고 중의 다양한 시간에 따라 잉곳과 상단의 응고계면 위치에 대한 여러 구간의 그림들이 그려져 있다.

용해서 x_{top}, x_{ingot}, z_{ingot}, dZ_{top}과 $Z_{top} = \Sigma dZ_{top}$을 연속적으로 계산한다.

(c) 나온 표를 통해 전체 잉곳이 응고되었을 때 $x_{top} = 22$ cm와 $Z_{top} = 6$ cm를 판독할 수 있다.

상단에서 응고된 금속의 부피를 무시하면, 전체 잉곳이 응고됐을 때에 핫탑에 있는 나머지 액상 금속의 부피는 아래와 같다.

$$22 \times 22 \times (15 - 6)\,\text{cm} = 22 \times 22 \times 9\,\text{cm}$$

철의 밀도는 7.8×10^3 kg/m³이기 때문에, 나머지 액상 금속의 질량은 다음처럼 된다.

$$m = 0.22 \times 0.22 \times 0.09 \times 7.8 \times 10^3 = 34\,\text{kg}$$

답

(a) 전체 잉곳이 37분 이내에 응고된다.

(b) 나온 그림을 참고하라.

(c) 잉곳이 응고됐을 때에 상단에 있는 나머지 액상 금속의 무게는 34 kg 이내이다.

(d) 15 cm의 핫탑 높이가 불필요하게 커 본인다. 상단의 냉각 수축을 무시했으므로, 이를 고려하여 낮아진 거리인 6 cm의 10% 이내를 추가해야 하며, 이는 대략적인 예비 계산과 완벽하게 일치하는 80 mm의 석영 모래 층에 충분해야 하는데 10 cm가 확실한 상한선이다.

예제 10.5 및 예제 10.6을 비교하면 핫탑의 이점이 설득력을 갖는다.

10.6   연속 주조 중의 응고와 냉각 수축

주편이 기계로부터 배출될 때에 어떠한 용강도 주편에 남아 있으면 안 되기 때문에 용강은 연속 주조 중에는 빠르고 강하게 냉각돼야 한다(그림 10.39).

연속 주조 주형의 벽과 바닥이 강하게 냉각이 되면, 용강에서의 온도 기울기가 커진다. 수지상정은 주로 온도 기울기의 방향으로 성장하고 수축 기공부는 중심에서 좁은 수축공의 형상을 갖는다(그림 10.40). 잉곳의 이런 현상에 대해서 이미 10.5절에서 다루었다.

주편의 벽이 연속 주조 주형 아래의 냉각 구역에서 분사되는 물로 냉각이 될 때에, 온도 기울기가 강한 해당 냉각 조건도 연속 주조 중에 유효하다. 수축공은 금속 턴디쉬로부터 새로운 용강의 공급이 중지되었을 때에 주편의 응고 끝에서 나

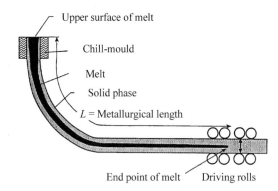

그림 10.39   아래에서 연속 주조 주형 아래에 만곡이 있는 만곡형 연속 주조기. 그림에는 없지만 연속 주조 주형 위에 턴디쉬가 있다. 만곡형은 공장 바닥의 기계적 응력이 감소된 낮은 빌딩을 건설하기 위한 실질적인 조치이다. ASM International의 허락을 얻어 인용함.

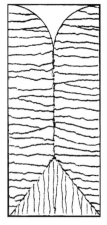

그림 10.40   큰 온도 기울기를 가진 잉곳의 응고 중에 수지상정의 성장.

타난다.

연속 주조에서의 수축공 발생은 아래에서 다루며, Fredriksson과 Raihle이 개발한 이론적 모델을 도입한다.

10.6.1 연속 주조 중의 수축공 생성

수축공 생성은 일반적으로 잉곳 주조와 연계된다. 수축공은 잉곳 주조 중에 주로 응고 수축으로 인해 발생한다.

연속 주조에서는 용강이 연속적으로 주형에 첨가되므로 응고와 냉각 수축으로 인해 발생하는 부피 감소가 보충된다. 주형 위에 있는 턴디쉬로부터 용강의 공급이 중지되면 주조 공정 마지막에 상황이 변한다. 이후에 잉곳 주조에 유효한 조건과 비슷한 조건이 되며 주조 공정 마지막에 수축공이 만들어진다.

다른 실질적인 방법을 통해 수축공의 부피를 감소시킬 수 있으며, 대부분 연속 주조법에서는 중요한 문제는 아니다. 하지만 연속 주조 주편에서 수축공 성형의 메커니즘은 중심선 편석의 메커니즘과 같은데, 이는 심각한 문제이다. 이에 대해서는 11장에서 다룰 예정이다.

빌렛에서는 수축공이 잘 만들어지지만 슬래브 주조에서는 눈에 덜 띄는데, 두 가지 경우에 있어서의 주조기 설계 및 주조 조건에서 이런 차이가 나는 이유가 발견된다. 여기에서는 주로 빌렛 주조에 대해 다룰 예정이다. 하지만, 경우에 따라서는 일반적인 계산 과정을 보여주기 위하여 슬래브 주편과 비슷한 1차원 모델에 유효한 계산이 포함된다.

실험에 의하면 연속 주조 중의 수축공 부피가 너무 커서 응고 수축을 통한 전체적인 설명이 불가능하다는 것을 보여준다.

연속 주조에서의 중심 기공부는 응고와 냉각 수축이 결합되어 발생한다.

10.6.2 연속 주조 중의 수축공 생성 이론

냉각 수축과 연계된 응고 수축으로 인해 주물 공정의 마지막 단계에서 주편의 수축공 생성이 시작된다. 그림 10.41은 응고 중에 주편의 개략도를 보여주며 주편의 단면은 측변의 길이가 x_0인 정사각형이라고 가정한다.

용강의 공급이 $t = 0$일 때 중지된다고 가정한다. 이 시간에 용강의 윗면은 ABCD의 초기 위치를 갖는다. 시간 t에서는 A'B'C'D'의 위치를 가지며, $t + dt$에서는 점선 위치로 가라앉는다. dt의 시간 간격 동안에 dV_s의 부피가 응고되었는데, 이로 인해 $dV_{sol} = dV_s\beta$의 응고 수축이 발생하며, 여기에서 β는 응고 수축(332쪽)이고 냉각 수축은 dV_{cool}이다.

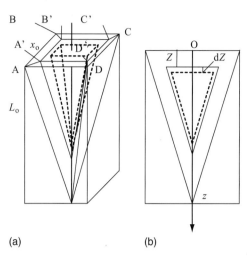

그림 10.41 응고 중인 주편의 개략도. (a) 세개의 다른 시간에서 응고 계면의 위치: 각각의 안쪽에 각뿔 존재. 중심부에 있는 각뿔은 점선으로 표시. (b) 중심축을 통과하는 수직면에서 2개의 수직면과 평행을 이루는 주편의 단면. 실제로는 주편의 길이가 이 그림에 나온 것보다 더 길며, 또한 만곡이 되어 있다. ASM International의 허락을 얻어 인용함.

z축이 주편의 움직임 방향이고, xy 평면이 z축에 수직인 좌표계를 도입한다. 만곡형 기계에서 z축의 방향은 처음에 수직이고(그림 10.41) 모든 용강이 응고되었을 때에 수평이 된다(그림 10.39).

응고와 냉각 수축으로 인해서 표면은 dt의 시간 동안에 양의 z축 방향으로 dZ만큼 하부로 이동한다. 또한 고체 및 용강의 밀도가 Z와 독립적이라고 가정할 때 다음과 같이 부피 균형이 소재 균형을 대체할 수 있다. 그림 10.41에 있는 O의 점에서 Z 떨어진 거리에서의 체적 요소 dV_{pipe}를 다음과 같이 표기할 수 있다.

$$dV_{pipe} = AdZ = dV_{sol} + dV_{cool} = dV_s\beta + dV_{cool} \quad (10.42)$$

여기에서

V_{pipe} = 수축공의 부피

dZ = dt의 시간 간격 동안 거리 Z의 변화

A = 주편을 따라 O에서 z만큼 거리가 떨어진 곳에서 용강의 단면

dV_s = dt의 시간 간격 동안 응고된 부피의 변화

dV_{sol} = 응고 수축으로 인한 dt의 시간 간격 동안 응고된 부피의 변화

β = 응고 수축 = $(\rho_s - \rho_L)/\rho_s$(332쪽)

dV_{cool}= 냉각 수축으로 인한 dt의 시간 간격 동안 응고된 부피의 변화

(10.42) 방정식의 좌변은 dt의 시간 동안에 수축공 부피의 변화를 나타낸다. 우변의 첫 항은 dt 시간 동안의 응고 수축에 해당하고 둘째 항은 dt 시간 동안의 냉각 수축에 해당된다. 총 수축공 부피는 (10.42) 방정식을 시간에 대하여 적분함으로써 얻게 된다.

그림 10.42는 수평 위치에서의 수축공을 보여준다.

응고 수축의 계산

응고 수축의 부피

연속 주조 중의 응고 수축 계산은 핫탑이 없는 잉곳에서 성형된 수축공의 계산에 사용되었던 방법과 동일한 방법으로 주로 진행된다(332쪽).

단면이 정사각형이고 높이가 dZ인 그림 10.43의 체적 요소를 고려하라. 바깥쪽 원주는 $4x_0$이고 응고 층의 두께는 x이다. dt의 시간 동안에 dx만큼 두께가 증가하면, 해당 시간 동안에 dV_s만큼 응고된 부피가 증가하고 다음의 식을 얻는다.

$$\frac{dV_s}{dt} = 4(x_0 - 2x)\frac{dx}{dt}dZ \qquad (10.43)$$

여기에서

x_0 = 정사각형 주편의 변
x = 응고된 셀의 두께
Z = 주편을 따른 좌표(그림 10.41의 O에서 $z = 0$)
V_s = 응고 부피

(10.43) 방정식은 주편을 따라 항상 유효하다. 두께 x 및 두께의 시간 도함수 dx/dt는 일정하지 않지만 시간과 위치에 따라 변한다. dx/dt 함수를 알면 총 응고 부피를 계산할 수 있다. 포물선 성장 법칙을 가진 합리적인 사례는 아래에서 제공이

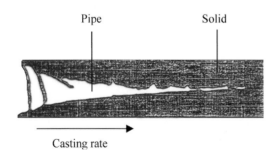

그림 10.42 연속 주조 중에 주편의 중심 구역에서 수축공의 수직 단면도. 수축공의 비대칭성은 주조기가 만곡이 되어 있고, 액상 금속이 중심 구역에서 완전히 응고되기 전에 수축공의 평평한 면이 아래쪽을 향한 상태에서 수축공이 수평이기 때문에 발생한다. ASM International의 허락을 얻어 인용함.

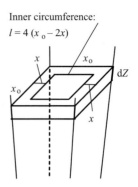

그림 10.43 연속 주조 중에 주편의 수축공 계산을 위한 체적 요소.

된다. 수축공의 형상은 나중에 다룬다.

예제 10.7

수축공의 연속 주조 깊이가 L일 경우 변화량이 x_0인 정사각형 주편의 응고 수축 부피에 대한 식을 유도하라. 성장 상수 S가 있는 포물선 성장 법칙이 성립한다.

$$x = S\sqrt{t}$$

풀이

성장 법칙을 시간에 대하여 미분하면 다음의 식이 주어진다.

$$\frac{dx}{dt} = \frac{S}{2\sqrt{t}} \qquad (1')$$

x와 dx/dt의 값을 (10.43) 방정식에 대입하면 그림 10.43을 통해 다음의 식을 얻는다.

$$V_s = \int_0^{V_s} dV_s = \int_0^Z dZ \int_0^t 4(x_0 - 2S\sqrt{t})\frac{Sdt}{2\sqrt{t}} \qquad (2')$$

여기에서 z는 연속 주조 주형의 위쪽 레벨 아래에 있는 체적 요소의 거리이다.

주조 속도 v_{cast}가 일정하다고 가정하면 시간 t와 거리 z는 간단한 관계식에 의해 상관 관계를 갖는다.

$$t = \frac{Z}{v_{cast}} \qquad (3')$$

t에 대한 (3')의 방정식을 (2') 방정식에 대입하면 다음처럼 총 응고 수축에 대한 식을 얻게 된다.

$$V_s = \int_0^L dZ \int_0^{\frac{Z}{v_{cast}}} 4(x_0 - 2S\sqrt{t})\frac{Sdt}{2\sqrt{t}} \qquad (4')$$

여기에서 L은 수축공의 깊이이다. 이중적분은 두 단계로 풀며, t에 대하여 적분을 하면 다음의 식이 주어진다.

$$\int_{0}^{V_s} dV_s = \int_{0}^{L} dZ \int_{0}^{\frac{Z}{v_{cast}}} \left(2x_0 S \frac{dt}{\sqrt{t}} - 4S^2 dt \right)$$

$$= \int_{0}^{L} \left(4x_0 S \sqrt{\frac{Z}{v_{cast}}} - 4S^2 \frac{Z}{v_{cast}} \right) dZ$$

그리고 z에 대하여 적분을 하면 다음의 식이 주어진다.

$$V_s = \int_{0}^{V_s} dV_s = \left[\frac{8x_0 S}{3\sqrt{v_{cast}}} Z^{\frac{3}{2}} - \frac{4S^2}{v_{cast}} \frac{Z^2}{2} \right]_{0}^{L}$$

또는

$$V_s = \frac{8x_0 S}{3\sqrt{v_{cast}}} L^{\frac{3}{2}} - \frac{2S^2}{v_{cast}} L^2 \tag{5'}$$

용강의 공급이 중단되고 포물선 성장 법칙이 성립할 때에 주편을 따른 응고 부피를 설명하는 식을 갖게 된다. 응고 중에 용강의 윗면은 지속적으로 낮아지고 수축공이 성형된다.

답

총 응고 수축은 다음의 양만큼 수축공 부피에 영향을 미친다.

$$\Delta V_{sol} = \beta V_s = \beta \left(\frac{8x_0 S}{3\sqrt{v_{cast}}} L^{\frac{3}{2}} - \frac{2S^2}{v_{cast}} L^2 \right)$$

냉각 수축의 계산

합금은 $T_L - T_s$과 동일한 온도 범위에 걸쳐서 응고된다. 이 온도 구간에서 응고열이 점차 방출이 되고, 응고 계면과 만난 후의 유효 조건과는 대조적으로 주편의 중심 온도는 일정하거나 변화가 아주 작다(그림 10.44). 모든 액상 금속이 응고된 후에 추가적인 열 방출이 없고, 그 후에 중심의 온도가 급속하게 감소한다(그림 10.44).

냉각 수축은 두 부분의 합으로 설명이 가능하며, 주편의 중앙 및 표면의 온도조건에 따라 달라진다.

응고 계면이 만나기 전에, 첫 *번째* 부분은 응고 계면이 주편의 중앙에서 만나기 전에 응고된 셀의 수축부이다.

응고 계면이 만나기 전에, 주편 내부의 응고 계면 온도는 거의 일정하고 액상선 온도와 동일하다. 따라서 응고 계면에서의 온도 변화로 인한 내부 수축을 무시할 수 있으며, 이로

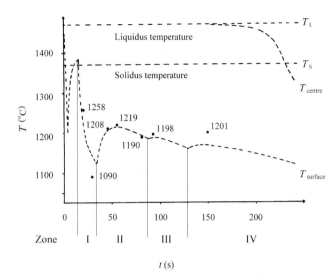

그림 10.44 시간의 함수로서 연속 주조 중에 정사각형 주편의 중심과 측면 가운데에서의 온도. 응고 구간 = $T_L - T_s$.

인한 수축공 성형을 무시할 수 있다.

수냉은 표면의 온도 변동(균열 회피용)을 조절해 주고 가급적 일정하게 유지해 주는 수단이다(그림 10.44보다 우수하게). 따라서 표면의 수축에 미치는 순효과는 상대적으로 작고, 여기에서는 냉각 수축에 미치는 영향을 무시한다. 응고 계면과 만남 후의 두 *번째* 부위는 주편의 중앙에서 응고 전단부와 합쳐진 후의 수축 또는 변형이다. 응고 계면이 주편의 중앙에서 만나게 되면 상황이 완전히 달라진다.

응고 계면을 만났을 때 중앙에서의 갑작스럽고 **빠른** 온도 감소(그림 10.44)로 인해 주편 전체에 냉각 수축이 발생하는데, 이는 총 냉각 수축에 영향을 준다.

응고 계면을 만났을 때에 냉각 수축의 주요 부위가 도달하게 되며, 수냉의 목표는 이제 주편의 온도를 낮추는 것이다. 온도는 중앙 및 표면 양쪽에서 낮아져서 주편 전체의 냉각 수축에 영향을 미치며, 이는 주편의 총 냉각 수축에 영향을 준다.

$$\Delta V_{cool} = \Delta V_{surface} + \Delta V_{centre} \tag{10.44}$$

이런 부피 변형에 대해 분석식을 유도하는 것은 어렵고, 향후 작업에 있어서는 약간의 단순화 작업을 거쳐야 한다.

냉각 수축량

시간의 함수로서 온도 변화는 수직 방향보다 길이 방향(z축을 따라)이 훨씬 짧다. 그 결과, 길이 방향의 냉각 수축을 무시하고 **부피**(volume) 변화 대신에 **단면적**(area) 변화만을 고려할

수 있다. 그러면 다음의 식을 표기할 수 있다.

$$\Delta A_{\text{cool}} = \Delta A_{\text{surface}} + \Delta A_{\text{centre}} \tag{10.45}$$

또는

$$\Delta A_{\text{centre}} = \Delta A_{\text{cool}} - \Delta A_{\text{surface}} \tag{10.46}$$

중심의 기공부인 수축공의 생성을 보면 중심에서의 냉각 수축이 바깥 방향을 향하며 $\Delta A_{\text{surface}}$와 ΔA_{centre}는 그림 10.45에 나온 대로 반대의 기호를 갖는다.

그림 10.45를 다음의 방법으로 해석할 수 있다.

1. ΔA_{centre}가 $\Delta A_{\text{surface}}$보다 크면, 주편의 중심부는 바깥쪽 틀, 즉 표면에 허용된 것보다 더 수축이 되며, 이는 중심 영역에 *기공부가 생성된다*는 것을 뜻한다. 이 기공부는 위에서부터 용강으로 채워지므로 주편 상단의 수축공에 영향을 준다.

2. ΔA_{centre}가 $\Delta A_{\text{surface}}$보다 작으면, 주편의 중심부는 바깥쪽 틀, 즉 표면보다 덜 수축이 되며, 이는 중심 영역이 수축되어 *기공부가 성형되지 않는다*는 것을 뜻하며 주편 상단에 수축공이 성형되지 않는다.

첫 번째 대체 방안을 아래에서 다룰 예정이다. 총 냉각 수축 ΔA_{cool}을 알아내는 가장 간단한 방법은 $\Delta A_{\text{surface}}$와 ΔA_{centre}를 따로 계산한 후에 이들을 더하는 것이다.

$\Delta A_{surface}$의 계산

표면은 바깥으로부터 냉각이 되고, 주편의 표면에서 $\Delta T_{\text{surface}}/dt$의 냉각 속도를 발생시키며 주편 중심부에서의 온도는 일정하다(그림 10.44).

온도는 중심부에서 바깥쪽으로 표면까지 선형으로 감소한다고 가정한다. 온도가 표면에서 dT_{surface}만큼 감소하면, 표면

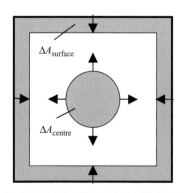

그림 10.45 열 수축에 의한 주편 표면과 중앙에서의 면적 수축. 중심 수축이 표면 수축을 초과하면, 주편 상단에 수축공이 만들어진다.

으로부터 x의 거리가 떨어진 곳에서 아래의 양만큼 가라앉는다[그림 10.46 (b) 참고].

$$dT_{\text{surface}}(x) = \frac{\dfrac{x_0}{2} - x}{\dfrac{x_0}{2}} dT_{\text{surface}} \tag{10.47}$$

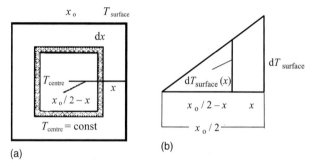

그림 10.46 T_{surface}가 단면 부위에서 선형으로 변할 때의 온도 분포.

표면의 수축이 정사각형 단면의 총 냉각 수축에 미치는 영향을 계산하려고 한다. 표면 변형의 기본 방정식은 다음과 같다.

$$\Delta A = \alpha_A A \Delta T \tag{10.48}$$

이 방정식을 그림 10.46 (a)의 검은색 부위에 적용하고 전체 단면에 걸쳐서 적분을 한다.

(10.47) 방정식, (10.48) 방정식 및 $\alpha_A = 2\alpha_l$ 관계식을 이용해서, 4개 부위 요소에 대한 수축식을 얻는다.

$$dA_{\text{surface}} = 2\alpha_l \times 4(x_0 - 2x)dx \times \frac{\dfrac{x_0}{2} - x}{\dfrac{x_0}{2}} dT_{\text{surface}}$$

$$\quad\alpha_A \qquad \text{4개 부위 요소} \quad dT_{\text{surface}}(x)$$

T_{centre}가 ΔT_{centre}의 양만큼 감소되면, 단면 전체의 냉각 수축은 다음과 같다.

$$\Delta A_{\text{surface}} = \int_0^{\frac{x_0}{2}} 2\alpha_l \times 4(x_0 - 2x)dx \frac{\dfrac{x_0}{2} - x}{\dfrac{x_0}{2}} \Delta T_{\text{surface}} \tag{10.49}$$

$$= \frac{4}{3}\alpha_l x_0^2 \Delta T_{\text{surface}}$$

ΔA_{centre}의 계산

응고가 완료되면 응고열은 더 이상 발생하지 않는다. T_{surface}가 일정으로 간주될 수 있는 한 온도 T_{centre}는 급격히 감소한다.

위와 같이 온도가 선형으로 감소한다고 가정하는데, 이 경우에는 주편의 중심부에서 바깥쪽으로 표면까지 선형으로 감소한다. 중심부에서의 온도 감소가 ΔT_{centre}이면, 검은색 부위 요소의 온도 하락[그림 10.47 (f)]은 다음과 같다.

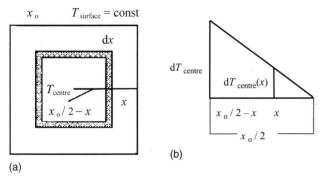

그림 10.47 T_{centre}가 단면부에서 선형으로 변할 때의 온도 분포.

$$dT_{\text{centre}}(x) = \frac{x}{\dfrac{x_0}{2}} dT_{\text{centre}} \tag{10.50}$$

상기와 마찬가지로, 부위 요소의 수축식인 [그림 10.47 (a)]를 얻는다.

$$dA_{\text{centre}} = 2\alpha_l \times 4(x_0 - 2x)dx \times \frac{x}{\dfrac{x_0}{2}} dT_{\text{centre}}$$

$$\qquad \alpha_A \qquad \text{4개 부위 요소} \quad dT_{\text{surface}}(x)$$

T_{centre}가 ΔT_{centre}의 양만큼 감소되면, 단면 전체의 냉각 수축은 다음과 같다.

$$\Delta A_{\text{centre}} = \int_0^{\frac{x_0}{2}} 2\alpha_l \times 4(x_0 - 2x)dx \frac{x}{\dfrac{x_0}{2}} \Delta T_{\text{centre}} = \frac{2}{3}\alpha_l x_0^2 \Delta T_{\text{centre}} \tag{10.51}$$

총 냉각 수축 면적 ΔA_{cool}의 계산
(10.45) 방정식은 수축공이 성형될 때의 순 냉각수축 면적을 제공한다.

$$\Delta A_{\text{cool}} = \Delta A_{\text{centre}} + \Delta A_{\text{surface}}$$
$$= \frac{2}{3}\alpha_l x_0^2 \Delta T_{\text{centre}} - \frac{4}{3}\alpha_l x_0^2 \Delta T_{\text{surface}} \tag{10.52}$$

여기에서
ΔA_{cool} = 단면의 총 수축=주편에서 성형된 수축공의 평균 면적

$\Delta A_{\text{surface}}$ = 표면의 수축으로 인한 ΔA_{cool}의 분율
ΔA_{centre} = 중심부의 수축으로 인한 ΔA_{cool}의 분율

342쪽에서 언급된 것처럼, ΔA_{cool}은 양의 값을 가질 때에만 물리적 중요성을 갖는다. (10.52) 방정식에서 음의 기호가 나타나는 데 바깥쪽 표면의 움직임이 중심 구역의 이동과 반대이기 때문이다(본문 및 342쪽의 그림 참고).

냉각 속도 측면에서 수축공의 성형 조건
342~343쪽에서의 유도 과정을 통해 다음의 결론을 얻을 수 있다.

$$G = \frac{\Delta T_{\text{surface}}}{\Delta T_{\text{centre}}} = \frac{dT_{\text{surface}}}{dT_{\text{centre}}} = \frac{\dfrac{dT_{\text{surface}}}{dt}}{\dfrac{dT_{\text{centre}}}{dt}} \tag{10.53}$$

(10.53) 방정식에서 정의된 G 인자를 통해 ΔT_{centre}로 ΔA_{cool}를 표현하고, 중심부 및 주편 표면에서 냉각 속도의 비를 표현하는 데 사용할 수 있다. $\Delta T_{\text{surface}} = G\Delta T_{\text{centre}}$이기 때문에, (10.52) 방정식을 아래와 같이 표기할 수 있다.

$$\Delta A_{\text{cool}} = \frac{2}{3}\alpha_l x_0^2 (1 - 2G)\Delta T_{\text{centre}} \tag{10.54}$$

여기에서
α_l = 길이 변형 계수
x_0 = 주편 단면의 변
dT_{surface}/dt = 주편 표면의 냉각 속도
dT_{centre}/dt = 주편 중심부의 냉각 속도
G = G인자, 냉각 속도의 비,
$\qquad (dT_{\text{surface}}/dt)/(dT_{\text{centre}}/dt)$
ΔT_{centre} = 중심부의 온도 변화

기공의 생성 여부를 결정짓는 것은 G인자, 즉 표면에서의 냉각 속도 대 중심부에서의 냉각 속도 비라고 (10.54) 방정식으로부터 결론을 내릴 수 있다.

- $G < 0.5 \Rightarrow \Delta A_{\text{cool}} > 0$이면 수축공이 만들어진다.

  표면에서의 냉각 속도는 중심부 냉각 속도의 반보다 작다. 기공이 생성되고 용강이 아래로 흡수되어 기공을 채운다. 채널이 좁아서 용강이 앞으로 나가지 못하기 때문에, 주편에서 수축공이 만들어진다.

- $G > 0.5 \Rightarrow \Delta A_{\text{cool}} < 0$이면 수축공이 만들어지지 않는다.

  표면에서의 냉각 속도는 중심부의 냉각 속도의 반을 넘으며,

수축공이 만들어지지 않는다. 중앙부는 열응력에 노출되며, 이는 중심부에서 크랙을 발생시킬 수 있다. 이 문제는 10.7.8 절에서 다룬다.

수축공의 부피 및 형상의 계산

수축공의 부피

(10.53) 방정식 및 (10.54) 방정식은 주편 표면의 냉각 속도가 기공 부피에 커다란 영향을 미친다는 것을 보여준다.

주조기의 냉각 구역에서 수냉의 냉각 속도와 효율성이 냉각 속도에 영향을 미치며, 5장에서 주어진 열 방정식의 해를 구해서 냉각 속도를 계산할 수 있다.

ΔA_{cool}은 (10.54) 방정식에서 계산이 된다. 시간 적분의 하한 적분 한계는 응고 전단부가 만나는 시간이며, 상한은 중앙부의 온도가 고상선 온도에 도달하는 시간이다.

이런 방법으로 계산된 면적은 열 수축으로 인한 총면적의 수축이다. 수축공의 부피에 미치는 영향을 찾기 위해서는 면적에 이런 수축이 발생하는 주편의 길이를 곱해야 한다. ΔA_{cool}를 수축공의 평균 단면으로 간주할 수 있고, 이 경우에는 수축공의 총 깊이, 즉 금속의 길이 L을 주편의 길이로 사용하는 것이 합리적이다.

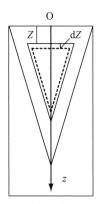

그림 10.48   주편 중심부의 2상 영역.

수축공의 부피는 응고 수축과 냉각 수축의 합이다. (10.42) 방정식 및 (10.52) 방정식에 의하면, 정사각형 주편의 수축공 부피에 대한 일반식(그림 10.48)을 아래와 같이 표기할 수 있다.

$$V_{pipe} = \beta V_s + \left(\frac{2}{3}\alpha_l x_0^2 \Delta T_{centre} - \frac{4}{3}\alpha_l x_0^2 \Delta T_{surface}\right)L \quad (10.55)$$
$$\Delta V_{sol} \qquad\qquad \Delta V_{cool} = \Delta A_{cool}L$$

또는 (10.54) 방정식을 이용해서 다음의 식을 얻는다.

$$V_{pipe} = \beta V_s + \frac{2}{3}\alpha_l x_0^2(1 - 2G)\Delta T_{centre}L \quad (10.56)$$

수축공의 부피를 계산하는 방법은 아래에서 설명이 된다.

예제 10.8

중앙부의 온도가 합금의 고상선 온도, T_s와 같을 때에, 연속 주조 중 단면의 변 길이가 x_0인 정사각형 주편의 수축공 부피에 대한 식을 설정하라.

주편에서 응고된 층의 두께는 성장 법칙인 $x = S\sqrt{t}$를 따른다.

풀이와 답

예제 10.7의 답에 있는 식과 $\Delta T_{centre} = T_L - T_s$의 관계식을 (10.56) 방정식에 대입함으로써 수축공의 부피를 얻는다.

$$V_{pipe} = \beta\left(\frac{8x_0 S}{3\sqrt{v_{cast}}}L^{\frac{3}{2}} - \frac{2S^2}{v_{cast}}L^2\right) + \frac{2}{3}\alpha_l x_0^2(1 - 2G)(T_L - T_s)L$$

여기에서

$$\beta = \text{응고 수축} = (\rho_s - \rho_L)/\rho_s$$
$$S = \text{성장 상수}$$
$$L = \text{금속의 길이(그림 10.39)}$$
$$v_{cast} = \text{주조 속도}$$
$$G = \text{주편의 표면과 중앙에서 냉각 속도비}$$
$$\alpha_l = \text{길이 변형 계수}$$
$$x_0 = \text{정사각형 주편의 변 길이}$$
$$T_{L,s} = \text{합금의 액상선과 고상선 온도}$$

수축공의 형상

깊이 z를 응고된 셸의 두께인 x의 함수로서 계산을 하면 수축공의 형상이 설명이 된다(그림 10.49).

수축공의 성형 중에 용탕이 턴디쉬로부터 공급되지 않으면 용탕의 위쪽이 가라앉는다. 원칙적으로 10.5.2절에 나왔던 잉곳 응고의 경우와 동일한 방법으로 액체 표면의 감소 Z를 계산할 수 있다(332쪽).

연속적인 정사각형 주편의 경우에는(그림 10.43 참고), 다음의 관계식이 성립한다.

$$AdZ = (x_0 - 2x)^2 dZ = \beta dV_s + LdA_{cool} \quad (10.57)$$

하지만 연속 주조 중 수축공의 경우에 대한 계산은 잉곳 수축공의 경우보다 복잡하다. 후자의 경우에는, 온도를 상수로 간주할 수 있기 때문에 응고 수축만 관련이 된다.

연속 주조 중에 주편 표면과 중심부에서의 온도 조건과 냉각 속도, 기하 좌표의 함수로서 고체 셀의 성장도 수축공의 형상에 영향을 미친다. 모든 함수와 수량을 (10.57) 미분 방정식에 대입을 해서 해를 구할 수 있으나 여기에서는 이를 생략한다. 대부분의 경우에 수치 해만 가능하다.

이론과 실험의 비교
그림 10.49에서 알 수 있듯이 응고와 냉각 수축에 대한 이론적인 계산은 수축공 깊이에 대한 관측값과 아주 잘 맞는다. 우리가 설정한 가정은 분명히 현실적이다. 위에서 주어진 연속 주조 중의 수축공 성형 모델은 만족할 만하다. 그림 10.42는 연속 주조 중의 전형적인 수축공 모양이다.

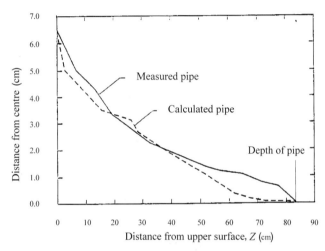

그림 10.49 계산된 수축공의 형상과 연속 주조의 끝에서 성형된 수축공(주조 속도 1.9 m/분)의 비교. ASM International의 허락을 얻어 인용함.

10.7 응고와 냉각 과정 중의 열 력 및 균열 생성

10.7.1 기본 개념과 관계식

바이메탈 온도계는 다른 금속으로 만들어진 2개의 리브로 구성되며 서로 단단히 붙어 있다. 이중 리브는 특정 온도에서 직선이며, 온도가 올라가거나 내려가면 한쪽 방향 또는 반대 방향으로 구부러진다. 리브의 움직임은 포인터로 전송이 되며, 온도계는 교정이 되고 등급이 분류된다(그림 10.50).

일부 개념 및 정의
바이메탈 온도계의 사례에서 양쪽 리브는 초기 온도에서 길이가 동일하며, 온도가 변하면 리브는 각각 다른 길이로 커지거나 줄어든다. 이는 리브의 굽힘으로 이어지는 기계적 힘을 소재에 발생시키고, 온도 변화의 함수로서 새로운 평형 위치를 생성한다.

온도가 변하면, 소재는 열 변형으로 인해 길이를 변경시키려고 한다. 열 변형이 자유롭게 형성이 되면, 응력이 발생하지 않는다. 열 변형이 예방되면, 소재에 응력이 나타나게 된다.

온도 변화에 의해 발생한 고체 소재의 힘을 **열력**(thermo-force)이라고 하며, 이를 정량적으로 다룰 수 있도록 하기 위해 고체 역학의 몇 가지 개념 및 법칙을 반복할 예정이다.

응력(stress)은 **단위 면적당 힘**(force per unit area)을 뜻한다. 면적이 A인 면에 F의 힘이 수직으로 가해지며, 이 응력을 **수직 응력**(normal stress)이라고 부르고 σ로 표기한다.

$$\sigma = \frac{F}{A} \qquad (10.58)$$

힘이 표면 평면에 있는 경우에 이 응력을 **전단 응력**(shear stress)이라고 하며 τ로 표기한다.

$$\tau = \frac{F}{A} \qquad (10.59)$$

변형은 상대적 길이 변화, 즉 길이 변화 대 길이의 비를 뜻한다.

$$\varepsilon = \frac{\Delta l}{l} \qquad (10.60)$$

여기에서 ε은 무차원 수량이다.

인장 응력과 전단 응력에 대한 훅(Hooke)의 법칙
물체가 응력에 노출되면 변형이 되는데, 변형에는 아래와 같은 두 가지의 대체적 원천이 있을 수 있다.

- 기계적 힘
- 소재의 온도 차이

인장 응력에 따른 변형
인장 응력(tensile stress) σ로 인해 봉에서 발생하는 상대적 길이 변화 또는 변형 ε이 작으면, 그다음에 인장 응력이 변형에 비례한다.

$$\sigma = E\varepsilon \qquad \text{Hooke의 법칙} \qquad (10.61)$$

여기에서 E는 재료 상수이고, **탄성 계수**(modulus of elasticity)라고 부른다.

응력 σ는 인장력에 대해서는 양수, 압축력에 대해서는 음

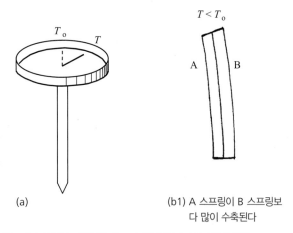

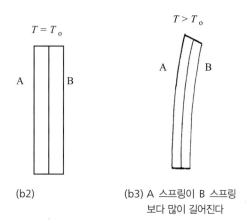

(a)   (b1) A 스프링이 B 스프링보   (b2)   (b3) A 스프링이 B 스프링
다 많이 수축된다   보다 많이 길어진다

그림 10.50   (a) 쌍금속 온도계. (b1~b3) 쌍금속 온도계의 원리.

수이고, 양쪽 모두 수직 응력이다. 변형 ε는 연신의 경우에 양수, 수축의 경우에 음수이다.

횡방향 수축

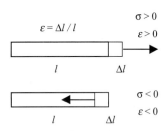

그림 10.51   인장력(위) 및 압축력(아래)에 노출된 막대기의 변형.

그림 10.51의 봉이 인장 응력 σ로 인해 늘어날 때에, 단면은 수축하게 된다. 인장 응력이 작을 때에, **상대적 횡단 수축** (relative transverse contraction) ε_{trans}는 길이 방향의 변형에 비례한다.

$$\varepsilon_{trans} = -v\varepsilon \qquad (10.62)$$

여기에서 비례 상수 v를 *Poisson's number*라고 부른다. 금속의 경우에 이 수는 보통 0.3 이하의 값을 갖는다.

전단 응력에 따른 변형
전단 응력(표면 평면에서의 힘)은 물체나 요소에 변형을 일으키며 전단 응력에 의해 발생한 변형은 전단이라고 불린다. 전단 γ는 원래 직각(그림 10.52 참고)의 변화이고, 부하가 작을 때, 전단에 대한 혹의 법칙이 유효하다.

$$\tau = G\gamma \qquad (10.63)$$

여기에서 G는 **전단 계수**(modulus of shearing)이다.

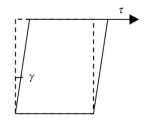

그림 10.52   직사각형 판에서의 전단 응력.

탄성 계수와 전단 계수의 관계
많은 소재, 특히 금속은 등방성을 갖는데, 이는 모든 방향으로 같은 특성을 갖는다는 것을 뜻한다. 이런 소재에 대해서는 탄성 계수 E, 전단 계수 G 및 Poisson ratio v 간의 관계식을 유도하는 것이 가능하다.

$$G = \frac{E}{2(1+v)} \qquad (10.64)$$

온도 차이에 의한 소재의 응력과 변형
길이가 l인 봉이 ΔT의 온도 변화에 노출되어 있고, 외부의 힘은 가해지지 않고 있다(그림 10.53). 그러면 다음의 식을 얻는다.

$$l + \Delta l = l(1 + \alpha\Delta T) \qquad (10.65)$$

여기에서
l = T의 온도에서 봉의 길이
Δl = ΔT의 온도 변화에서 길이의 변화
α = 길이 변형 계수

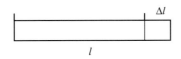

그림 10.53 봉의 열 변형.

온도 변화 ΔT는 Δl의 길이 변화를 가져온다.

$$\Delta l = l\alpha\Delta T \qquad (10.66)$$

$\Delta l/l$은 변형 ε와 동일하며 다음의 식을 얻는다.

$$\varepsilon = \alpha\Delta T \qquad (10.67)$$

봉이 온도 변화 ΔT와 응력 σ에 동시에 노출되면, 서로 독립적으로 나타나는 변형을 계산할 수 있고 그다음에 이들을 더한다(중첩의 원리). 따라서 총 변형을 아래와 같이 표기할 수 있다.

$$\varepsilon = \frac{\sigma}{E} + \alpha\Delta T \qquad (10.68)$$

(10.68) 방정식을 사용해서 다음과 같이 봉의 열응력을 계산할 수 있다. 봉의 초기 위치는 그림 10.54 (a)에 나와 있으며, 봉이 x 방향으로 자유롭게 늘어날 수 있다면[그림 10.54 (b)], 변형은 $\alpha\Delta T$가 된다. 반면에 봉이 견고한 두 개의 벽에 고정되어 있다면, 늘어나는 것이 불가능하게 된다[그림 10.54 (c)]. $\Delta l = 0$의 조건이 유효하며, 그 결과 $\varepsilon = 0$이 되고 소재에서 열응력이 발생한다.

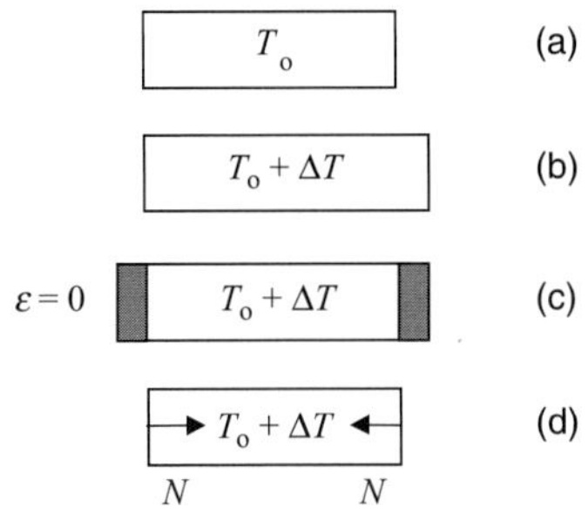

그림 10.54 (a) 초기 위치; (b) 자유 변형; (c) 막힌 변형; (d) 막힌 변형. 수직력이 견고한 벽을 대신한다.

온도가 ΔT만큼 증가하면, $\varepsilon = 0$의 조건을 (10.68) 방정식에 대입해서 고정된 봉의 단면에 작용하는 열응력 σ를 계산할 수 있다.

$$0 = \frac{\sigma}{E} + \alpha\Delta T \qquad (10.69)$$

즉 열응력을 아래와 같이 표기할 수 있다.

$$\sigma = -E\alpha\Delta T \qquad (10.70)$$

(10.70) 방정식에서 음의 기호는 응력이 내부로 향하고 힘은 수축력이라는 것을 가리킨다.

훅의 일반 법칙

등방성 소재로 만들어져 있고, σ의 인장 응력 및 ΔT의 온도 증가(그림 10.55)에 노출된 작은 체적 요소를 고려하라. 이들로 인해 발생하는 변형을 계산하려고 한다.

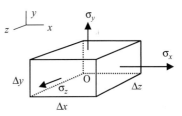

그림 10.55 명확하게 표현하기 위해서 6개의 면 중 3개에만 x, y 및 z 방향의 인장 응력 성분을 표현하였다. 다른 면에는 해당하는 크기의 수직 응력 $-\sigma_x$, $-\sigma_y$ 및 $-\sigma_z$가 반대 방향으로 작용한다.

일반적인 경우에는 (10.68) 방정식으로 시작해서, x, y 및 z 방향으로 변형의 성분을 계산하며, 횡방향의 수축을 계산에 고려해야 한다. (10.62) 방정식 및 (10.68) 방정식을 이용해서 성분에 따른 훅의 일반 법칙이 유도 가능하며 이를 표 10.3에 보였다.

$$\varepsilon_x = \frac{1}{E}\left[\sigma_x - v(\sigma_y + \sigma_z)\right] + \alpha\Delta T \qquad (10.71a)$$

$$\varepsilon_y = \frac{1}{E}\left[\sigma_y - v(\sigma_x + \sigma_z)\right] + \alpha\Delta T \qquad (10.71b)$$

$$\varepsilon_z = \frac{1}{E}\left[\sigma_z - v(\sigma_x + \sigma_y)\right] + \alpha\Delta T \qquad (10.71c)$$

표 10.3 성분 계수에서 훅의 일반적인 법칙

	σ_x	σ_y	σ_z	ΔT
ε_x	$\dfrac{1}{E}$	$-\dfrac{v}{E}$	$-\dfrac{v}{E}$	α
ε_y	$-\dfrac{v}{E}$	$\dfrac{1}{E}$	$-\dfrac{v}{E}$	α
ε_z	$-\dfrac{v}{E}$	$-\dfrac{v}{E}$	$\dfrac{1}{E}$	α

아래에서는 알고 있는 온도 분포를 기초로 1차원의 열응력 계산에 국한할 예정이다. 처음에는 계산의 원리를 보여주는 간단한 경우에 대해 논할 예정이다.

소재의 열응력

주조법으로 생산된 주물에 열응력이 존재할 수 있고, 설계 또는 사용과 연계해서 적절한 방법으로 주조하거나 열처리를 한다. 예를 들어 유리창과 공예 유리가 내부에 열응력을 포함할 수 있고, 외부로부터 가해지는 명확한 이유가 없어도 이로 인해 깨질 수 있다. 다른 사례로는 터빈, 제트 엔진 및 원자로가 있으며, 이들의 제조, 건설 및 사용에 열응력을 고려해야 한다.

다음 유형의 방정식을 설정해서 탄성 문제를 푼다.

1. 힘과 응력을 포함하며, 소재에 작용하는 평형 방정식
2. 호환성을 위해 변형이 충족해야 하는 기하학적 관계
3. 소재를 설명해 주고(예를 들어 훅의 법칙) 응력, 변형 및 온도 차이를 포함하는 방정식

위의 방정식은 열응력 및 열 변형이 계산되어야 하는 모든 문제에서 발생한다. 더불어 각각의 특별 문제에는 아래의 사항들이 있다.

4. 특정 경계 조건

나열된 많은 방정식은 선형 편미분 방정식이다. 해들은 부가적인데 이는 결합된 문제를 여러 가지 별개의 부차적 문제로 구분할 수 있고, 이 부차적 문제들을 별개로 푼 다음에 합해서 최종 해를 얻는 것을 의미한다(중첩의 원리).

1차원 변형을 고려하는 경우에는, 가상의 소위 고정 수직력이 도입되면 계산이 종종 아주 간단하게 된다.

$$dN(\Delta T) = -E\alpha\Delta T dA$$

온도가 ΔT 올라갈 때에 변형을 예방하기 위하여 수직력이 각각의 작은 요소에 작용한다(그림 10.56). ΔT는 좌표를 결정해 주는 1개 이상 위치의 함수이다. 고정 수직력은 실제로는 존재하지 않으므로, 고정 수직력과 크기가 같고 방향이 반대인 힘을 추가 도입하는 것이 필요하다.

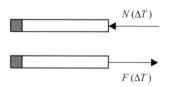

그림 10.56 봉에 작용하는 가상의 고정 수직력 N과 반대로 작용하는 힘 F.

$$F(\Delta T) = \iint\limits_A E\alpha\Delta T dA \tag{10.72}$$

A 단면에 작용하는 **평균 응력**(average stress)을 (10.72) 방정식에서 계산할 수 있다.

$$\sigma_{ave} = \frac{F}{A} \tag{10.73}$$

계산할 때에 평균 응력을 사용하는 이유는 종단 표면으로부터 약간 벗어난 위치에 모든 부차적 힘이 어떻게 분산되어 있는지가 중요하지 않기 때문이며, 이를 **생 베낭의 원리**(Saint-Venant's principle)라고 부른다. 그러므로 계산할 때에 작으면서 실제적인 모든 힘 대신에 F를 사용하고 실제 응력 대신에 평균 응력을 사용할 수 있는데, 이들은 표면 요소에 작용한다.

내부 부위 요소에 작용하는 열응력은 힘 $F(\Delta T)$에 의해 발생되는 평균 응력과 음의 고정 수직력의 합이다.

$$\sigma^T = \frac{\iint\limits_A E\alpha\Delta T dA}{A} - E\alpha\Delta T \tag{10.74}$$

다음의 사례는 계산의 원리를 설명한다.

예제 10.9

두께가 $2c$로 일정한 직사각형 금속 판의 온도는 y의 선형 함수이고 x 및 z와는 독립적이다(그림 참고). 이 판은 y 방향으로만 자유롭게 길어지며, 아래의 조건에서 x 및 z 방향으로의 열응력을 계산하라.

$$\Delta T = \frac{y}{c}\Delta T_0$$

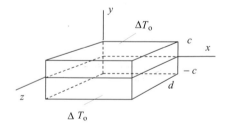

변의 길이가 $2l$ 및 $2c$인 얇은 직사각형 금속 판의 온도 분포.

풀이

판이 y 방향으로 자유롭게 길어지기 때문에, 이 방향으로는 응력이 나타나지 않는데, 이는 다음 조건을 뜻한다.

$$\sigma_y = 0 \tag{1'}$$

x 및 z 방향으로는 길이 변화가 없는데, 다음의 식으로 표현이 된다.

$$\varepsilon_x = \varepsilon_z = 0 \qquad (2')$$

(1') 방정식 및 (2') 방정식을 (10.71a) 방정식에 대입을 하면 다음의 식이 주어진다.

$$0 = \varepsilon_x = \frac{1}{E}(\sigma_x - v\sigma_z) + \alpha\Delta T \qquad (3')$$

(1'), (2') 및 (3') 방정식을 (10.71c) 방정식에 대입하면 다음의 식이 주어진다.

$$0 = \varepsilon_z = \frac{1}{E}(\sigma_z - v\sigma_x) + \alpha\Delta T \qquad (4')$$

(3') 방정식과 (4') 방정식을 결합하면 고정 수직 응력을 얻는다.

$$\sigma_x = \sigma_z = \frac{-E\alpha\Delta T}{1 - v} \qquad (5')$$

$\Delta T = (y/c)\,\Delta T_0$ 관계식을 (5') 방정식에 대입하면 다음의 식이 주어진다.

$$\sigma_x = \sigma_z = \frac{-E\alpha\Delta T_0}{1 - v}\frac{y}{c} \qquad (6')$$

평균 응력은 다음과 같이 된다.

$$\overline{\sigma_x} = \overline{\sigma_z} = \frac{F_x}{2cd} = \frac{1}{2cd}\int_{-c}^{+c} E\alpha\,\Delta T\,d\,dy = \frac{E\alpha\,\Delta T_0\,d}{2cd}\int_{-c}^{+c}\frac{y}{c}\,dy = 0$$

$$(7')$$

(6') 방정식, (7') 방정식 및 주어진 관계식을 (10.74) 방정식에 대입하면, 다음의 식이 주어진다.

$$\sigma_x = \sigma_z = 0 - \frac{E\alpha\,\Delta T_0}{1 - v}\frac{y}{c}$$

그러므로 총 열응력은 (6') 방정식과 같게 된다.

답

응력은 $\sigma_x = \sigma_z = \dfrac{-E\alpha\,\Delta T_0}{1 - v}\dfrac{y}{c}$ 이다.

예제 10.9의 최대 열응력은 다음과 같게 된다($y = c$).

$$\sigma_x = \sigma_z = \frac{-E\alpha\,\Delta T_0}{1 - v} \qquad (10.75)$$

판의 두께가 (7') 방정식에 포함되지 않지만, 두꺼운 판이 얇은 판에 비해 평행한 두 개 면 사이의 온도 차이가 커진다. 그러므로 취성 소재로 만들어진 판이 열응력으로 인해 손상될 가능성은 두꺼운 판이 얇은 판보다 크다.

다수의 적용 사례를 보면, 판의 한 면이 가변 온도의 뜨거운 기체와 접촉을 유지하며, 그 결과 온도 차이와 소재에 교대로 발생하는 양과 음의 변형으로 인해 판을 통과하는 다양한 열 유동이 발생한다. 이로 인해 장시간 사용 후에 소재가 균열될 위험성이 있다.

10.7.2 응고 및 주조 과정 중의 열 응력 및 변형

잉곳 주조 및 연속 주조 중에 응고되는 셀은 액상 금속이 냉각 주형과 접촉하는 즉시 성형이 된다. 온도는 응고 및 냉각 과정 중에 위치와 시간의 함수로서 크게 변한다. 강한 열응력은 응고되는 셀에서 온도 기울기의 결과로서 나타난다.

열응력이 아주 커서 탄성 한계를 초과하면, 표면 크랙, 중간 크랙 또는 중앙 크랙이 소재에서 나타나고 최종 제품의 심각한 품질 저하가 발생한다.

열응력의 크기는 소재의 온도 변동 속도에 따라서도 달라지는데 속도가 매우 빠르면 늦을 때보다 영향이 커지며, 이를 열충격으로 설명한다.

소재가 반복 주기의 온도 변동에 노출이 되면 소재의 열 피로로 이 효과를 설명할 수 있다. 건설과 제품의 생산 중에는 이 현상을 고려해야 한다. 더불어 열 피로를 유의해서 살펴봐야 하는데, 이로 인해 크랙이 발생할 수 있고, 예를 들어 비행기의 제트 엔진과 핵 발전소의 관처럼 특별한 상황에서 끔찍한 결과를 가져올 수 있다.

아래에서는 다른 유형의 열응력, 열응력과 이에 상응하는 변형의 계산을 위해 수학 모델 및 연속 주조 시의 열응력 및 변형도 논할 예정이다.

10.7.3 일방향 응고 중의 열응력에 대한 수학 모델

열응력의 계산 조건은 위치와 시간의 함수로서 소재의 온도를 완전하게 이해하는 것이다.

열응력의 계산에는 두 *가지* 수학 모델이 필요한데, 한 가지는 위치와 시간에 따라 알고 있는 온도 분포를 기반으로 온도 변동을 계산하는 것이고 두 번째는 위의 기반에서 기계적 응력 변형 과정을 계산하는 것이다.

이는 어렵고 시간이 많이 드는 작업이다. 일반적인 경우에는 정확하고, 분석적인 해가 거의 없다. 다소 정확한 해를 제공하는 다수의 다른 계산법이 개발되었는데 가장 일반적인 수치법은 유한요소법(FEM)을 기반으로 하며, 또 다른 방법은 막대이론(bar theory)을 기반으로 한다.

일부 경우에는 3차원 대신에 1차원이나 2차원에서 계산하는 것이 계산을 단순화할 수 있으며, 예를 들면 응력 또는 변형이 평면에서 이루어진다고 가정할 수 있다.

평면 응력의 한 가지 사례는 온도가 $T(x, y)$인 얇은 판으로서, 판이 있는 평면에서만 응력이 변하고 두께의 방향인 z 방향으로는 일정하다. z 방향의 응력은 무시할 수 있는데. 이는 응력이 xy 평면에서만 발생한다는 것을 뜻한다.

1차원이 지배적이고 온도가 1차원의 함수일 때에 평면 변형을 가정하는 것은 합리적이다. 한 가지 사례는 양단이 고정되어 있는 긴 원통으로서, 축 방향의 움직임이 없는데 이는 $\varepsilon_z = 0$을 의미한다.

가장 단순한 열응력의 분석에는 탄성 응력만 포함된다(수직 응력과 전단 응력). 소재가 매우 연성이고 열응력이 충분히 강하면, 변형은 더 이상 응력에 선형으로 의존하지 않지만 비선형 소성항(소성 응력)을 추가해야 하고, 이로 인해 해를 구하는 것이 상당히 복잡하게 된다.

일방향 응고 중의 열응력

잉곳 주조, 또는 특별히 연속 주조 중에, 다른 유형의 크랙 및 다른 결함이 소재에 나타난다. 이 크랙은 강의 온도가 고상선 온도보다 약간 낮을 때에 냉각 중에 발생한다. 따라서 응력 그 자체보다는 변형을 연구하는 것이 좀 더 중요하다.

일방향 응고 중에 열응력 및 변형의 계산은 비유동 온도장을 가졌던 예제 10.9에서보다 훨씬 더 복잡하다. 일방향 응고에서 온도는 위치와 시간 양쪽의 함수이다.

일방향 응고 중에 온도 분포를 신중하게 계산하기 위해서, 응고 중인 셀과 2상 영역 모두에서 온도장을 고려하는 것이 필요하다.

고상에서 온도 분포의 계산

원칙적인 일방향 응고 중 온도 분포가 그림 10.57에 나와 있다.

y 방향으로 열 유동이 발생하므로 이 문제를 1차원으로 처리할 수 있다. T_L은 일정한 반면에 금속 셀의 표면 온도 T_{im}, 두께 s 및 응고 전단부의 위치인 y_L은 시간의 함수이다.

응고와 냉각 중에 온도 분포와 열응력의 계산을 세 가지의 다른 방법으로 진행할 수 있다.

1. $T(y, t)$를 y의 2차 함수로 가정하고, 알고 있는 경계 조건을 이용해서 상수를 계산할 수 있다.

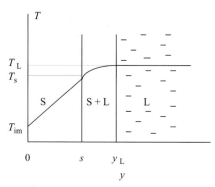

그림 10.57   온도가 초과되지 않은 일방향 응고에서의 온도 분포.

2. $T(y, t)$를 y의 3차 함수로 가정하고, 알고 있는 경계 조건을 이용해서 상수를 계산할 수 있다.
3. FEM을 사용한다.

FEM은 가장 정확한 방법이며, 최선의 답으로 간주할 수 있다. FEM 계산과 두 번째 방법을 기반으로 한 계산의 차이가 그림 10.58에 나와 있다.

열응력 및 변형의 계산

위에 나온 대로 일방향 응고 중에 열응력 및 변형의 계산에는 위치 y와 시간 t 양쪽의 함수로서 온도 T가 포함된다.

FEM과 y의 3차 함수를 이용해서 유도가 된 대체 온도장을 기반으로, 변형 및 열응력을 계산할 수 있다. 이 작업은 예제 10.9에서 수행했던 계산에 비해 훨씬 더 어렵다. 예제 10.9의 경우에 비유동 온도장을 가졌었는데, T가 시간의 함수가 아니고 위치의 함수였다.

일방향 응고 중에 y와 t의 함수로 총 변형 ε^u를 다음과 같이 표기할 수 있다는 것을 알 수 있다.

$$\varepsilon^u(y, t) = \int_{t*}^{t} \left[\frac{1}{s} \int_0^s \frac{\partial \varepsilon^T}{\partial t} \, dy \right] dt + \varepsilon^T(T_{rigid}) - \varepsilon^T(T) \quad (10.76)$$

여기에서

ε^u = 일방향 응고에 따른 총 변형

ε^T = 열응력과 마이너스 고정 수직 응력의 합에 의해 발생하는 열 변형(347쪽)

s = t의 시간에서 응고 전단부의 위치

$t*$ = 응고 전단부가 y의 위치에 도달할 때의 시간

T = 위치 y 및 시간 t에서의 온도

T_{rigid} = 소재가 압축 응력 및 인장 응력을 견뎌내기에 충분한 온도로서 T_L 및 T_s 사이의 온도에서 선택하며, 종종 고체 분율이 0.60일 때의 온도를 선택한다.

좌표계는 셀의 표면에서 $y = 0$로 하여 응고 전단부에 수직으로 선정하였고, s는 t의 시간에서 응고 전단부의 위치이며 y는 고상 내, 즉 $0 \leq y \leq s$의 한도 내에 있게 된다.

(10.76) 방정식의 우변이 y의 함수라는 것을 첫눈에 알기는 어렵다. 하지만 t^*는 응고 전단부가 y의 위치에 도달하는 시간이므로 하한 t^*는 y의 함수이며, 다음과 같이 관계식을 표기할 수 있다.

$$s(t^*) = y \qquad (10.77)$$

컴퓨터 계산 결과[알고 있는 온도 분포와 조합이 된 (10.76) 방정식]는 그림 10.58에 나와 있다. 3차의 온도장은 '가장 좋은 답'인 FEM과 잘 일치하며, 특히 y의 값이 낮을 때에 잘 일치한다는 것을 알 수 있다.

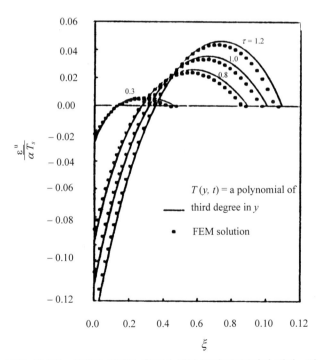

그림 10.58 다양한 시간에 응고된 셀의 표면으로부터의 거리 y의 함수로서 일방향 응고에 따른 변형 ε^u의 계산. 그림에서는 무차원수를 사용한다: $\xi = (Q_0^*/kT_s)y$, 여기에서 Q_0^*는 $t = 0$ 및 $y = 0$일 때의 열유동; $\tau = (Q^*/T_s)^2 (t/\rho ck)$, 여기에서 Q^*는 $t = 0$ 및 위치 y일 때의 열유동.

열 변형은 열응력과 관련이 있기 때문에 매우 중요한 수량이며, (10.70) 방정식이 기본적인 관계식이다. 소재 내 응력은 균열의 성형으로 이어질 수 있는 강력한 힘을 발생시킨다. 균열의 위험성을 제거하기 위해서는 응력이 일정한 최대 값을 초과하지 않아야 한다. 최대 응력은 최대 변형에 해당하며, 균열을 피하려면 최대 응력을 초과하지 않아야 한다.

오랜 '경험칙'은 변형을 0.2% 이하로 유지하는 것이다. 오늘날에는 허용 변형에 대해 '더 날카롭지만' 더 복잡하고 덜 '투명한' 기준이 사용되며, 그림 10.58에 대한 기반으로서 위에 제시된 계산의 유형을 기초로 한다. 단순화된 내용은 아래의 예제 10.10에서 주어진다.

일방향 응고 중에 변형의 계산을 위해 단순화된 방법

그림 10.58에서 곡선의 배후에 있는 계산은, 컴퓨터를 사용해도 광범위하고 시간이 소요되는 일이다. 단순화된 가정이 필요하더라도 계산에 대해 단순화된 방법을 찾으려고 노력할 가치가 있을 수 있다. 현실과 비교해 봤을 때 이런 단순화가 위에서 설명한 방법보다 나쁜 결과로 이어질 것이라는 점이 명백하다. 비교적 신속하고 상당히 우수한 정보를 얻게 된다는 것이 장점이고, 업계에서 이를 즉시 적용하고 시험할 수 있다. 나아가서는 계산 과정을 더 잘 이해하게 된다.

우리는 다음과 같이 가정을 한다.

1. 합금의 응고 구간을 고려하지 않는다. 알고 있는 온도 분포로 시작을 하며, 이는 순금속에 대해 유효하다. 가정은 $T_s = T_L$임을 시사한다.
2. 온도 분포, 표면 온도와 응고되는 셀의 두께에 대한 함수는 4장과 5장에서 가져온다.

계산 방법은 해가 구해진 사례로서 구체적으로 설명이 된다. 보다 정확한 계산과 유사하게, 변형의 계산을 위해 (10.71) 방정식을 사용하게 된다.

예제 10.10

주조 공장의 작업자는 연속 주조 중의 크랙 생성을 걱정해서 열응력에 의해 발생하는 크랙 및 다른 결함을 최소화하는 방법으로 주물 공정을 설계하고자 한다. 첫 번째 단계는 크랙 생성의 위험을 알아내는 것이며, 당신에게 이 작업이 맡겨졌다.

다음에 대해 개략적인 식을 유도하라.

(a) 시간의 함수로서 응고되는 셀의 두께
(b) 셀의 두께 s의 함수로서 응고되는 셀의 표면 온도 T_{im}

(c) 위치 y의 함수로서의 변형 ε^u

(d) 다이어그램에서 위치 y의 함수로서 ε^u를 그려라.

(a)~(c)를 계산하고 두 가지의 대체 셀 두께인 $s = 0.01$ m 와 0.02 m에서 표 및 다이어그램의 형태로 y의 함수로서 변형률을 제공하라.

재료 상수	
k	30 W/m K
h	750 W/m^2 K
$-\Delta H$	2.17×10^{10} J/m^3
T_s	1500 °C
α	10^{-5} K^{-1}

계획된 주조법의 경우에 표로 주어진 자료가 유효하며, 냉각수 온도 T_0는 100°C 이하이다.

주어진 두께 y[74쪽의 (4.48) 방정식]를 달성하기 위해서 필요한 표면 온도 T_{im}[74쪽의 (4.45) 방정식] 및 시간에 대해 알려진 함수를 계산에서 사용할 수 있으며, 아래에서 (1′) 방정식 및 (2′) 방정식으로 주어진다. T와 y 간의 관계식(그림 4.17도 아래에서 주어진다.)은 다음과 같다.

$$T_{im} = \frac{T_L - T_0}{1 + \frac{h}{k}y_L(t)} + T_0 \tag{1′}$$

그리고

$$t = \frac{\rho(-\Delta H)}{T_L - T_0}\frac{y_L}{h}\left(1 + \frac{h}{2k}y_L\right) \tag{2′}$$

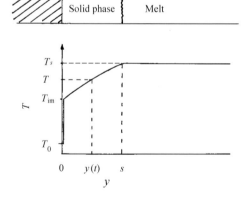

풀이

(a) 시간의 함수로서 응고되는 셀의 두께를 얻기 위해서, 새로운 명칭을 가진 (2′) 방정식으로 시작한다.

$$t = \frac{\rho(-\Delta H)}{h(T_s - T_0)}s\left(1 + \frac{h}{2k}s\right) \tag{3′}$$

그리고 이 2차 방정식으로부터 t의 함수로서 s를 풀고

$$s^2 + \frac{2k}{h}s = \frac{2k(T_s - T_0)}{\rho(-\Delta H)}t \tag{4′}$$

이는 양의 해를 갖는다.

$$s = -\frac{k}{h} + \sqrt{\left(\frac{k}{h}\right)^2 + \frac{2k(T_s - T_0)}{\rho(-\Delta H)}t} \tag{5′}$$

이는 필요한 해이다.

(b) (10.76) 방정식에서 사용된 명칭에 맞게 (1′) 방정식 및 (2′) 방정식을 조정해야 하며, y_L의 명칭을 s로, T_L을 T_s로 대체한다.

T_{im}은 주형 가까이에서 응고되고 있는 셀의 온도이고, 따라서 다음의 식을 직접 얻게 된다.

$$T_{im} = \frac{T_s - T_0}{1 + \frac{h}{k}s} + T_0 \tag{6′}$$

(c) 필요한 함수를 찾기 위해서 일방향 응고에 유효한 (10.76) 방정식으로 시작한다.

$$\varepsilon^u(y,t) = \int_{t^*}^{t}\left[\frac{1}{s}\int_0^s \frac{\partial \varepsilon^T}{\partial t}dy\right]dt + \varepsilon^T(T_s) - \varepsilon^T(T) \tag{7′}$$

여기에서 t^*는 응고 전단부가 y의 위치를 통과할 때의 시간이다.

$$s(t^*) = y \tag{8′}$$

예제 10.9(345쪽)로부터 $\varepsilon^T = \alpha\Delta T$라는 것을 알고, α는 상수로서 시간 및 온도와는 독립적이라고 가정해서 다음의 식을 얻는다.

$$\alpha = \frac{d\varepsilon^T}{dT} = \text{일정}$$

그리고 다음의 식을 얻는다.

$$\varepsilon^T(T_s) - \varepsilon^T(T) = \alpha(T_s - T) \tag{9′}$$

$\partial \varepsilon^T/\partial t$의 함수도 필요하며, (9′) 방정식을 시간에 대하여 편미분 함으로써 이를 얻는다.

$$\frac{\partial \varepsilon^T}{\partial t} = \alpha\frac{\partial T}{\partial t} \tag{10′}$$

$\partial T/\partial t$에 대해 유용한 식을 얻기 위해서 이 쪽의 그림에서 경사선에 대한 방정식을 설정한다.

$$T(y, t) = \frac{T_s - T_{im}}{s} y + T_{im} \qquad (11')$$

$(11')$ 방정식을 시간에 대해 편미분하면 다음의 식이 주어진다.

$$\frac{\partial T}{\partial t} = \frac{s\left(-\dfrac{\partial T_{im}}{\partial t}\right) - \dfrac{\partial s}{\partial t}(T_s - T_{im})}{s^2} y + \frac{\partial T_{im}}{\partial t} \qquad (12')$$

$(12')$ 방정식에는 알지 못하는 또 다른 도함수 $\partial T_{im}/\partial t$가 도입되는데, $(6')$ 방정식을 이용해서 이를 얻을 수 있으며 변환을 거쳐 다음의 식이 된다.

$$T_{im} = \frac{T_s - T_0}{1 + \dfrac{h}{k}s} + T_0 = \frac{T_s + T_0 \dfrac{h}{k}s}{1 + \dfrac{h}{k}s} \qquad (13')$$

$(13')$ 방정식을 시간에 대하여 편미분하면 다음의 식이 주어진다.

$$\frac{\partial T_{im}}{\partial t} = \frac{T_0 \dfrac{h}{k}\dfrac{\partial s}{\partial t}\left(1 + \dfrac{h}{k}s\right) - \dfrac{h}{k}\dfrac{\partial s}{\partial t}\left(T_s + T_0\dfrac{h}{k}s\right)}{\left(1 + \dfrac{h}{k}s\right)^2} \qquad (14')$$

또한 $\partial s/\partial t$에 대한 식도 구해야 하며, $(5')$ 방정식을 시간에 대해 편미분해서 이를 얻을 수 있다.

$$\frac{\partial s}{\partial t} = \frac{\dfrac{k(T_s - T_0)}{\rho(-\Delta H)}}{\sqrt{\left(\dfrac{k}{h}\right)^2 + \dfrac{2k(T_s - T_0)}{\rho(-\Delta H)}t}} \qquad (15')$$

$(9')$, $(10')$, $(12')$ 및 $(14')$ 방정식을 $(7')$ 방정식에 대입해서 적분을 하면 다음의 식이 주어진다.

또는

$$\varepsilon^u(y, t) = \alpha \int_{t^*}^{t} \left[\int_0^s \frac{\dfrac{\partial T_{im}}{\partial t}}{2} - \frac{\dfrac{\partial s}{\partial t}(T_s - T_{im})}{2s} \right] dt + (T_s - T) \qquad (16')$$

t^*가 y의 함수이기 때문에 이 식은 y의 함수이다.

(d) ε^u를 계산하기 위해서 $\partial T_{im}/\partial t$, $\partial s/\partial t$, T_{im}, s 및 T에 대한 식을 $(14')$, $(15')$, $(5')$, $(6')$ 및 $(11')$ 방정식에서 각각 가져온다. t^*는 $(8')$ 방정식에서 계산이 된다.

컴퓨터를 이용해서 계산이 이루어지며, 계산 결과는 아래 표에서 주어진다.

y_t (m)	t^* (s)	$\varepsilon^u(y, t)$ for $s = 0.010\,\text{m}$	y (m)	t^* (s)	$\varepsilon^u(y, t)$ for $s = 0.020\,\text{m}$
0.0001	0.18	−0.156	0.0001	0.18	−0.49
0.0010	1.85	−0.099	0.0020	3.74	−0.30
0.0019	3.55	−0.052	0.0039	7.45	−0.14
0.0028	5.24	−0.015	0.0058	11.36	−0.02
0.0037	7.07	0.013	0.0077	15.41	0.06
0.0046	8.88	0.033	0.0096	19.63	0.11
0.0055	10.73	0.045	0.0115	24.01	0.14
0.0064	12.61	0.050	0.0134	28.56	0.15
0.0073	14.54	0.047	0.0153	33.27	0.13
0.0082	16.51	0.038	0.0172	38.15	0.09
0.0091	18.50	0.022	0.0191	43.20	0.03
0.0100	20.54	0.000	0.0200	45.64	0.00

답

(a) $s = -\dfrac{k}{h} + \sqrt{\left(\dfrac{k}{h}\right)^2 + \dfrac{2k(T_s - T_0)}{\rho(-\Delta H)}t}$

(b) $T_{im} = \dfrac{T_s - T_0}{1 + \dfrac{h}{k}s} + T_0$

(c) $(16')$ 방정식을 참고하라.

(d) 위의 표와 아래 다이어그램을 참고하라.

$$\varepsilon^u(y, t) = \alpha \int_{t^*}^{t} \left[\frac{1}{s} \int_0^s \frac{s\left(-\dfrac{\partial T_{im}}{\partial t}\right) - \dfrac{\partial s}{\partial t}(T_s - T_{im})}{s^2} y + \frac{\partial T_{im}}{\partial t} \, dy \right] dt + (T_s - T)$$

$$= \alpha \int_{t^*}^{t} \left[\frac{1}{s} \int_0^s \frac{s\left(-\dfrac{\partial T_{im}}{\partial t}\right) - \dfrac{\partial s}{\partial t}(T_s - T_{im})}{s^2} \frac{s^2}{2} + \frac{\partial T_{im}}{\partial t} s \right] dt + (T_s - T)$$

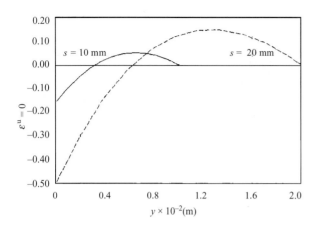

이런 유형의 변형에 대한 계산은 10.7.6절에서 논한 고체 합금의 기계적 특성에 대한 지식과 함께 사용되며, 이에 대해서는 뒤에 나오는 예제 10.11에서 설명된다. 이런 계산은 크랙의 위험에 대한 구체적인 기준으로 이어지는데, 서로 다른 유형의 크랙을 피하기 위해서 금속과 합금의 주조 작업 및 응고 과정을 조절하는 것이 목표이다. 이 주제는 10.7.7절~10.7.9절에서 다룬다.

10.7.4 열 수축에 의한 공기 틈새의 생성

5.5.1절과 5.5.2절(105~110쪽)에서 주형과 응고되는 셀 간의 에어갭의 생성을 논하였다. 논의의 기초는 에어갭을 건너서 셀을 통과하는 열전달이었다. 에어갭의 생성을 응고된 셀의 수축으로 간단하게 설명하였다.

여기에서는 에어 갭에 대한 설명을 완료하고, 열응력의 측면에서 현상을 분석하며 몇 가지 일반적인 실험 결과를 발표할 예정이다.

에어 갭의 생성에 대한 주요 설명

일정한 정수압이 가해지고 있는 원통형 냉각 주형의 벽(그림 10.59)을 고려하라. 순간적으로 일어난다고 가정을 한 주조 직후에 냉각 주형의 벽 가까이에서 얇은 셀이 성형된다. 셀의

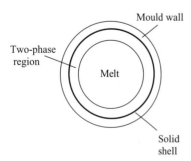

그림 10.59 응고 중인 용탕이 있는 원통형 주형. 주형벽과 고체 셀 사이에서 생성된 공기 틈새.

두께가 커지고 평균 온도는 감소하며 온도 기울기는 가파르게 된다.

냉각 셀이 점차 성장함에 따라 용탕에서의 정수압이 주형 쪽으로 셀을 누르지만, 일정 시간 후에 온도 감소가 이 효과를 압도하며 냉각 셀이 모든 방향으로 수축이 된다.

주조 금속이 넓은 응고 구간을 갖고 있는 합금이라면, 셀 전체가 초기에는 조밀하지 않지만 결정 사이와 각 결정의 수지상정 사이에 고상보다 더 높은 농도의 합금 원소가 있는 액상 금속을 함유한다. 이런 상황은 지속된 응고 과정 중의 주물 내부에서도 존재한다.

냉각 주형의 표면 벽은 고형 셀의 열전달로 인해 예열이 된다. 벽의 온도가 점차 올라가서 표면의 벽이 약간 확장되며 초기에는 내부로 움직인다. 하지만 셀의 수축은 주형 벽의 확대보다 크다. 특정 두께가 되면 셀과 냉각 주형의 접촉이 사라지고, 지속적으로 성장하는 에어 갭이 만들어진다.

에어 갭의 폭과 열전달 계수 간의 상관관계

종합적인 열전달 계수와 계수의 시간 의존성을 계산하기 위해 노력이 집중되었다. 이러한 종류의 모든 실험은 일정하게 같은 결과를 보여준다. 그림 10.60에 대표적인 예가 나와 있으며, 이는 시간의 함수로서 영구 주형 주조에서의 열전달 계수를 보여준다.

열전달 계수는 급격하게 커졌다가 최대치에 도달하고, 점차 감소한 후에 일정한 값을 유지한다.

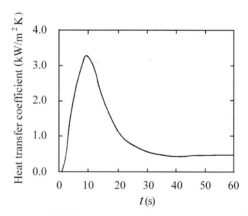

그림 10.60 시간의 함수로서 영구 주형 주조 중에 Al–Si 합금의 열전달 계수. ASM International의 허락을 얻어 인용함.

처음 몇 초 동안의 급격한 증가는 주형에 주입 중에 용탕 내부의 압력이 점차 누적되는 것으로 설명할 수 있다.

용탕 내부의 압력 및 주형 표면의 거칠기를 포함한 다수의

매개 변수가 h의 최대 값에 영향을 미친다. 최대 값에 도달한 후에, 에어 갭의 생성으로 인해 h가 감소하기 시작한다. 에어 갭의 생성 과정을 측정하면 복잡한 문제가 드러난다. 그럼에도 불구하고 다수의 성공적인 결과가 보고되었다. 대부분의 경우에 변환기가 사용되었으며, 이런 측정의 사례를 여기에서 다룰 예정이다.

온도 차이로 확대와 수축이 발생하며 이로 인한 주형과 금속의 상대 변위를 측정하고, 그림 10.61에 측정 결과가 나와 있다. 원통의 중앙을 향한 이동은 양의 값으로 간주하며, 마이너스 값은 주변을 향한 이동에 해당한다.

그림 10.61의 위에 있는 곡선은 금속의 수축을 보여주며, 아래의 곡선은 응고된 셸이 금속 조직압을 견딜 정도로 충분히 강할 때에 주형의 확대를 나타낸다.

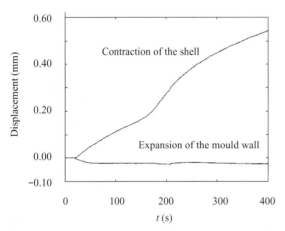

그림 10.61 시간의 함수로서 금속(위의 선) 및 주형(아래의 선)의 평균 변위. Castings Technology International의 허락을 얻어 인용함.

측정 결과를 이론적으로 분석하였고, 온도 기울기에 의한 열 수축을 사용해서 에어 갭을 계산하였다. 응고 과정 중에 일정한 격자 결함 부위가 만들어지고, 결함을 열풀림하며 이 과정 중에 소재는 수축이 된다.

그림 10.62 및 10.63에 나온 것처럼 에어 갭으로부터 유도된 에어 갭 및 열전달 계수의 계산 값은 시간에 따라 변한다.

응고 시작 시점에 시간은 0이며, 그림 10.62에서 공격자점 응축으로 인한 에어 갭의 계산 값은 이 두 가지 영향의 합과 함께 표시된다.

계산 결과에 따르면 열 수축만으로 인한 에어 갭의 계산 값을 측정 값에 맞추는 것은 불가능하다. 공격자점 응축에 의한 효과를 열 수축에 추가하면 응고 중의 주물 수축에 대한 측정

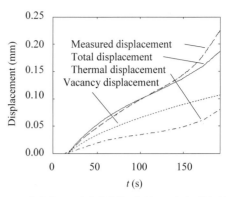

그림 10.62 열 수축, 공격자점 응축 및 이 두 가지 영향의 합으로 인해 응고 중인 셸의 변위. 총 변위 계산 값과 실험 값의 비교. Castings Technology International의 허락을 얻어 인용함.

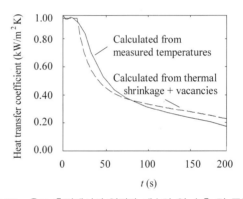

그림 10.63 온도 측정에서의 열전달 계수와 열 수축 및 공공(vacancy) 응축으로 인한 에어 갭으로부터 계산이 된 열전달 계수. Castings Technology International의 허락을 얻어 인용함.

데이터에 맞추어지는 결과를 제공한다.

이 실험에서 발견되며 포집이 된 소량의 공공조차 에어 갭의 생성에 큰 영향을 미친다.

에어 갭의 효과는 유명한 관계식을 통해 에어 갭의 열전달 계수로서 거시적으로 표현이 된다.

$$h = \frac{k}{\delta} \qquad (10.78)$$

여기에서
  h = 공기의 열전달 계수
  k = 공기의 열전도성
  δ = 에어 갭의 폭

계산된 에어 갭에 해당하는 열전달 계수는 (10.78) 방정식을 이용해서 유도할 수 있다. 이 h 값을 시간의 함수로 그리면, 그림 10.63의 점곡선을 얻는다.

실험 온도의 측정을 통해서도 열전달 계수가 계산되었다. 이 값을 시간의 함수로 그리면 그림 10.63의 연속 곡선을 얻게 되며, 이 두 개의 곡선은 만족스럽게 일치한다.

10.7.5 잉곳에서 공기 틈새의 생성

용탕이 주형에 주입이 될 때에, 열이 용탕으로부터 발산되고 주형을 통해 바깥쪽으로 퍼져 응고되기 시작한다. 고상이 주형 표면에 핵을 생성하고, 안쪽으로 성장하면서 표면에 수직인 층을 성형한다.

응고 속도는 응고 과정의 초기에 응고되는 셀에서 주형에 전달되는 열에 의해 주로 조절이 된다. 응고된 고상 셀은 차가운 주형의 바닥과 벽에서 만들어지는데, 이로 인해 잉곳의 외부 형상이 결정된다. 얇은 셀은 용탕 내 압력을 견딜 수 없으나, 주형의 벽 쪽으로 압력이 가해지며 셀의 외형 치수가 초기에 일정하게 유지되도록 성형이 이루어진다.

고상 셀이 두꺼워지면, 용탕으로부터의 압력을 견뎌낼 정도로 기계적 강도가 커진다. 셀이 식어서 수축이 되고, 잉곳과 냉각 주형 벽의 접촉이 사라지는데 용강의 압력이 가장 낮은 주형의 위쪽에서 먼저 시작이 된다[그림 10.64 (a)].

셀이 주형 벽과의 접촉이 사라지는 시점에 열전달 조건이 급격하게 변하게 된다. 열전달은 잉곳과 냉각 주형 간의 공기에 의한 단열효과로 인해 크게 감소한다. 열전달은 잉곳의 하부에서 더 효율적이기 때문에 이곳의 온도가 더 낮아지며, 이로 인해 아래로 갈수록 잉곳 셀이 두꺼워진다. 나중에는 잉곳과 냉각 주형 벽 간의 접촉이 완전히 사라진다[그림 10.64 (b)]. 고상 셀을 통한 지속적인 열전달이 횡방향의 응고 속도를 조절한다.

그림 10.65는 잉곳의 상대적 높이에 대한 함수로서 에어 갭의 폭이다. 벽과의 접촉이 균일하게 사라지지 않는다.

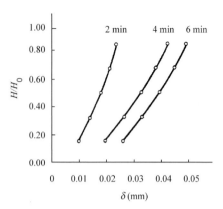

그림 10.65 잉곳의 상대 높이 H/H_0와 응고 시간(매개 변수)의 함수로서 에어 갭의 두께 δ. Elsevier Science의 허락을 얻어 인용함.

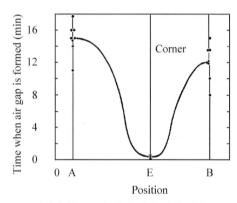

그림 10.66 위치의 함수로서 에어 갭의 생성 시간. $t = 0$는 주물 과정의 시작에 해당한다. A점과 B점은 그림 10.67에서 설명된다. Verlag Stahleisen GmbH, Düsseldorf, Germany 1972의 허락을 얻어 인용함.

이는 위치의 함수로서 에어 갭의 생성 시간을 보여주는 그림 10.66으로부터 알 수 있다. 에어 갭이 처음에는 모서리에서, 나중에는 주형의 측면에 성형된다. 그림 10.67은 잉곳의 단면이다.

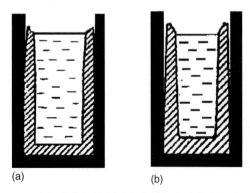

그림 10.64 (a) 냉각 주형 상부와의 접촉이 사라지기 시작하는 고상 셀. (b) 냉각 주형과의 접촉이 일부 사라진 고상 셀.

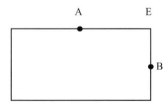

그림 10.67 위에서 본 잉곳의 단면도.

대부분의 경우에 다양한 강도의 냉각으로 인해 수축 응력이 모서리와 잉곳의 측면에 비균질적으로 분포되기 때문에, 잉곳 셀의 수축이 잉곳 단면의 변형을 야기한다.

10.7.6 고온에서 강의 탄성 특성. 연성. 열 크랙

금속 소재의 응고 및/또는 열간 가공 중에, 소위 열 크랙이 고상선 온도 바로 아래 온도의 소재에서 나타나게 된다. 비숍(Bishop), 애커린드(Ackerlind) 및 펠리니(Pellini)는 액상 금속의 박막이 수지상정 간 영역 및 결정의 경계에서 발생한다는 것을 증명하였으며, 이런 막은 소성 특성의 저하로 이어지고 소재의 연성을 상당히 저하시킨다. 열 크랙은 소재의 열 변형에 의해 야기되며, 결정립의 경계를 따라 퍼진다. 격자 결함의 응축은 또한 금속이 취성을 갖도록 만들며, 이에 대해서는 359~360쪽에서 논한다.

외력 또는 부적절하게 설계된 주형이 열 크랙에 영향을 주며, 이런 크랙의 원천을 가능한 한 많이 제거함으로써 열 크랙의 위험이 감소하게 된다. 열 변형의 크기와 확대, 이로 인한 열 크랙의 위험을 판단하기 위해서 온도의 함수로서 소재의 소성 특성을 이해하는 것도 중요하다.

실험 방법

주강 온도의 함수로서 주강의 연성 실험을 통해 측정하는 것은 여러 가지 문제를 가져오는데, 한 가지 이유는 논의가 되고 있는 높은 온도에서 측정 기술이 어렵기 때문이다. 또 다른 이유는 소재의 미세조직이 결과에 영향을 미치기 때문이다. 직접 응고된 소재(측정 온도까지 응고되었고 냉각이 된 액상 금속) 및 예열이 된 소재(실온에서 측정 온도까지)에 대해 측정이 진행되면 일정한 측정 온도에서 동일한 연성 및 열 변형이 얻어지지 않는다.

Fredriksson과 Rogberg는 고온에서 연신 응력을 측정하기 위한 장비를 개발하였다(그림 10.68 및 10.69). 열의 원천은 세 개의 타원형 반사판 및 세 개의 800 W 할로겐 등으로 구성된다. 각각의 등에 있는 가열 필라멘트는 타원체 초점 중 한 곳에 있으며, 표본은 세 개 타원체 모두의 다른 공통 초점에 있다. 이런 방법으로 통해 표본을 3~4분 만에 액상선 온도까지 가열할 수 있다. 용융 구역은 배의 모양이 되고, 표면장력에 의해 제자리를 유지한다. 온도는 열전대로 측정한다.

열 조절 장비를 이용해서 미리 정해진 냉각 속도와 주물법을 모의실험할 수 있는 방법으로 용융 구역을 냉각할 수 있다. 온도가 필요한 값에 도달했을 때에, 표본에 연성 응력이 가해진다. 연성력과 변형은 동시에 측정되어 기록계에 직접 등록이 된다.

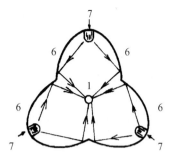

그림 10.68 1, 표본 소재; 6, 타원형 거울; 7, 열 원천. 그림 10.69도 참고. The Scandinavian Journal of Metallurgy, Blackwell의 허락을 얻어 인용함.

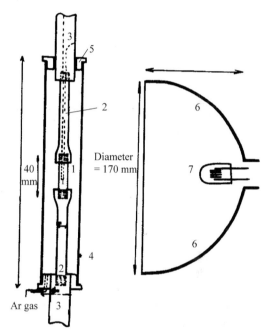

그림 10.69 연성 시험 장비의 그림. 1, 표본; 2, 고정구 ; 3, 인장봉; 4, 규산 관; 5, 밀봉 이음매; 6, 타원형 거울; 7, 열의 원천. The Scandanvian Journal of Metallurgy, Blackwell의 허락을 얻어 인용함.

고온에서 강의 연성

연성을 측정하는 데 상대 면적 감소(%)를 사용한다.

$$\psi = \frac{A_{\text{before}} - A_{\text{after}}}{A_{\text{before}}} \times 100 \qquad (10.79)$$

여기에서 A_{before}와 A_{after}는 각각 연성 시험 전후의 단면적이다.

고상에서 용해도와 확산 속도가 낮은 합금 원소나 불순물은 일반적으로 연성을 감소시키고, 균열 성형의 경향성을 놀랄 정도로 증가시킨다. 한 가지 사례는 인인데, 이는 25% Cr‐10% Ni 오스테나이트 강의 균열 성형을 증가시킨다. 반면에 인은 페라이트로 응고되는 강의 균열 성형 경향성을 변화시키지 못하는데, 이는 페라이트에서의 용해도와 확산 속도가 오스테나이트보다 훨씬 높기 때문이다.

그림 10.70은 세 가지 다른 유형의 탄소 강에 대한 온도의 함수로서 면적의 감소 ψ를 보여주는데, 하나는 직접 응고 강, 둘째는 재가열된 강 그리고 셋째는 열처리된 강이며 다음으로부터 알 수 있다.

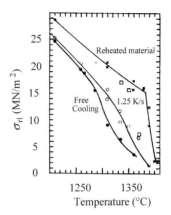

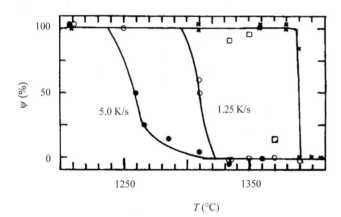

그림 10.70 온도의 함수로서 강의 연성. × 재가열 소재; ○ 직접 응고된 소재, 냉각 속도 1.25 K/s; ●, 직접 응고된 소재, 냉각 속도 5.0 K/s; □, 열처리 소재. The Scandinavian Journal of Metallurgy, Blackwell의 허락을 얻어 인용함.

- 연성 소재에서 취성 소재(낮은 연성)로의 천이는 **천이 온도**(transition temperature), 즉 T_{tr}이라고 불리는 좁은 온도 구간 내에서 재가열된 소재에서 발생한다. 다른 경우에는 천이 간격이 더 넓다.
- 재가열된 소재는 직접 응고된 소재에 비해 상당히 높은 전이 온도를 갖고 있는데, 균질화도에 따라 70~100°C 더 높다.
- 냉각 속도가 높을수록, 천이 온도는 더 낮아지게 된다.

취성 소재에서 연성 소재로의 천이는 다른 방법으로도 관측할 수 있는데, 온도의 함수로서 표본을 분리하는 데 필요한 기계적 파단 한계 σ_{rl}를 측정할 수 있다.

그림 10.71에는 1210~1410°C의 온도 구간에서 온도의 함수로서 σ_{rl}이 그림 10.70과 같은 탄소강에 대해 나와 있다. 재가열된 소재의 경우에, 취성 소재에서 연성 소재로의 천이는 그림 10.70에서와 같이 갑자기 일어난다. 천이 온도는 1390°C 이다.

그림 10.71 온도의 함수로서 탄소강의 연성 응력 곡선. 그림 10.70과 같은 기호. The Scandinavian Journal of Metallurgy, Blackwell의 허락을 얻어 인용함.

직접 응고된 소재의 경우에는 천이가 동일하게 명백하지는 않다. 1350°C에서 자유 냉각(5 K/s)을 거치는 표본은 연성이 낮음에도 불구하고 여전히 파단 한계(연성 강도)가 상대적으로 높다.

고온에서 스테인리스강의 연성
일반적으로 스테인리스강은 18-8 강처럼 상대적으로 높은 백분율의 Cr과 Ni을 함유하고 있으나, 예를 들어 C, Si, Mn, P 및 N처럼 소량의 다른 원소도 함유한다.

Fredriksson과 Rogberg가 약 20가지의 다른 스테인리스 합금강에 대해 연성 시험을 진행했는데, 이들 중 일부는 페라이트(δ-응고)로 응고되는 낮은 Ni 농도의 합금강이고, 일부는 주로 오스테나이트(γ-응고)로 응고되는 높은 Ni 농도의 합금강이다. 이를 통해 다른 조직을 갖고 있는 합금 간의 비교가 가능하게 되었다.

그림 10.72 (a)와 (b)는 온도의 함수로서 δ-응고 및 γ-응고 각각에 대한 면적의 감소를 보여주며, γ-합금의 천이 온도가 δ-합금의 천이 온도보다 낮다는 것이 명백하다. γ-합금과 δ-합금 간의 또 다른 차이는 냉각 속도가 천이 온도에 미치는 영향이며, 이에 대해서는 359쪽에서 다룬다.

δ-합금 및 γ-합금에 대한 온도의 함수로서 기계적 파단 한계 σ_{rl}이 그림 10.73에 나와 있다. 양쪽 합금은 직접 응고된 합금강(그림 10.71)과 유사성을 보인다. 연성에 대해 측정된 것과 같이, 파단 한계에 대해 뚜렷한 천이 온도를 구분할 수가 없다.

스테인리스강도 천이 온도 T_{tr}보다 높은 온도에서 아주 큰 강도를 가지며, 이들의 σ_{rl} 값은 탄소강의 값과 같은 크기를 갖는다.

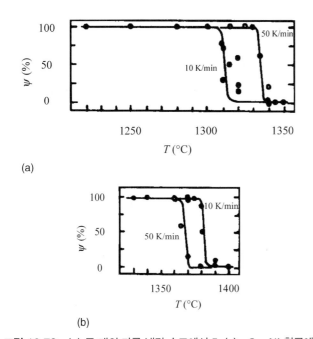

(a)

(b)

그림 10.72 (a) 두 개의 다른 냉각 속도에서 Fe(γ) – Cr – Ni 합금에 대한 온도 함수로서의 연성. γ-합금에 대한 냉각 속도가 증가함에 따라 천이 온도 T_{tr}이 증가한다. (b) 두 개의 다른 냉각 속도에서 Fe(δ) – Cr – Ni 합금에 대한 온도 함수로서의 연성. δ-합금에 대한 냉각 속도가 증가함에 따라 천이 온도 T_{tr}이 감소한다. The Scandinavian Journal of Metallurgy, Blackwell의 허락을 얻어 인용함.

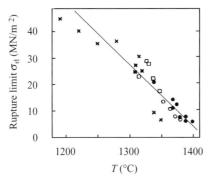

그림 10.73 γ-합금과 δ-합금에 대한 두 개의 다른 냉각 속도에서 온도의 함수로서 최대 연성 응력, 즉 파단 한계. 냉각 속도(K/분): γ-합금, × 10 및 □ 50; δ-합금, • 10 및 ○ 50. The Scandinavian Journal of Metallurgy, Blackwell의 허락을 얻어 인용함.

열 크랙 생성 이론

모든 합금은 고상선 온도 근처에서 또는 이 온도 바로 아래의 온도에서 취성으로부터 연성 조직까지 천이가 된다. 취성 영역은 많은 주조 및 응고 과정 중에 균열 성형의 원인이 되며, 이 균열을 열 크랙 또는 응고 크랙이라고 부른다.

응고 크랙은 연성 응력, 예를 들어 열응력이 가해질 때 액

체 막이 있는 곳에서 발생하는 것으로 자주 설명이 되며, 수지상정 간 부위 또는 결정립의 경계에서 발견이 되는 이 액체 막은 열 크랙의 위험을 줄인다.

하지만 이런 상황이 관측 내용과 항상 일치하는 것은 아니다. 그림 10.72 (a)와 (b)는 Fe – Cr – Ni기 합금이 오스테나이트로 응고될 때에 이 합금의 고상선 온도 훨씬 아래에서 천이 온도가 발생한다는 것을 보여준다.

액체 막 이론이 정확하다면 냉각 속도가 증가함에 따라 미세편석이 증가하기 때문에, 냉각 속도가 증가하면 천이 온도가 감소해야 하며, 따라서 응고 온도가 감소해야 한다. 이 점은 δ-조직으로 응고되는 Fe – Cr – Ni 합금에도 해당된다. 하지만 γ-조직으로 응고되는 Fe – Cr – Ni 합금에 대해서는 실험을 통해 이런 예측이 검증되지 않는다. γ-합금의 경우에는 냉각 속도가 증가함에 따라 천이 온도가 증가한다(358쪽).

Fredriksson은 응고 중에 성형된 공공(Vacancy)의 영향을 포함하는 새로운 응고 모델을 1990년대에 제시했다. 응고 중에 성형이 된 공공은 이후에 전위 또는 결정립의 경계에서 응축이 되며, 이로 인해 응고 중에 변형 및 응력이 발생하고, 응고 후 소재의 수축으로 이어진다. 예를 들어 공공이 결정립 경계에서 응축이 되면, 결과적으로 열 크랙이 생성된다. 연성 응력은 또한 새로운 공공을 생성하고, 이들의 응축이 열 크랙의 형성에 영향을 준다.

본 이론의 주장은 공공이 과포화되면 크랙의 핵이 생성되고, 크랙 성장이 순조롭게 된다는 것이다. 크랙의 핵은 이종 핵의 생성에 의해 발생한다고 가정하는데, 이는 고체의 공공 과포화에 따라 달라진다. 그림 10.74는 크랙을 생성하기 위해 넘어서야 하는 열응력과 크랙의 핵 생성에 필요한 공공 과포화 간의 관계를 보여준다. 과포화는 공공의 평형 분율을 곱한 인자로 설명이 된다.

이 열응력을 철계 합금에서 쉽게 얻을 수 있는데, 특히 황, 인 및 산소를 첨가하면 쉽게 얻을 수 있다. 합금 내 황과 인의 농도가 낮아서 혹시 액막이 생성될 수 없더라도, 이를 통해 응고 중에 황과 인이 열 크랙을 일으키는 원소인지에 대한 이유를 설명할 수 있다. 점선은 변형장에서 크랙의 핵이 생성된 경우를 보여준다.

이 모델에 의하면 대량의 고체로부터 크랙 선단까지 공공의 확산이 크랙의 성장을 조절한다. 크랙 확산의 구동력은 과포화된 고체와 크랙 선단에서 공공의 농도 간 차이이다. 그러므로 크랙 확산은 과포화된 고체로부터 크랙 선단까지 공공의 확산 속도 또는 단순히 공공의 과포화 함수에 비례하게 된다.

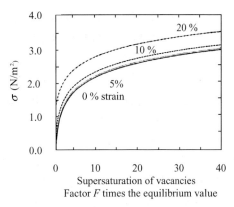

그림 10.74 1500°C의 γ-Fe 표본에서 다른 변형 값에 대한 균열의 핵 생성을 위한 공공 과포화 함수로서의 열응력.

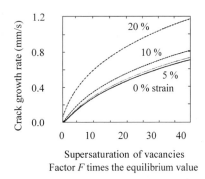

그림 10.75 세 개의 다른 변형 값 및 $\Delta\sigma = 1$ J/m^{2}에서 공공 과포화의 함수로서 균열의 성장률. $T = 1500$°C에서 γ-Fe의 시편.

그림 10.75는 공공 과포화의 함수로서 크랙 성장률이다. 변형이 전혀 없는 경우의 성장률은 약 100 mm/s가 된다. 그림 10.75의 점선은 변형이 5% 이하일 때 크랙의 성장률에 거의 영향을 미치지 않는다는 것을 보여준다.

크랙 성장률은 상당히 빠르므로 본 모델은 연성 변태 온도가 크랙의 핵 생성과 관련이 있다는 점을 시사한다. 응고 중에 고체에서 생성된 공공 과포화가 유지될 수 있는 것이 크랙의 핵 생성에 중요하다. 이것은 바람직하지 않으며 공공 과포화, 예를 들면 온도 감소를 줄이는 열풀림 과정을 찾는 것이 중요하다.

취성 조직에서 연성 조직으로의 변태 온도는 다음의 사항들에 의해 영향을 받는다.

- 공공의 과포화
- 공공의 확산 속도
- 공공 수축, 즉 조직의 거칠기
- 냉각 속도와 관련된 공공의 확산 시간

10.7.7 성분의 주조 중 열 크랙의 생성

주물의 소성과 탄성 변형에 대해서는 8장에서 논하였다(241, 243쪽). 잔류 응력이 종종 주물에 남게 되는데, 이는 제품의 뒤틀림 위험성으로 이어진다. 열처리를 통해 응력을 해소할 수 있다(8장).

주물의 잔류 응력을 해소하기 위한 열처리 온도는 실온에 가깝다. 열 수축은 또한 합금이 취성 영역에 있을 때 고온에서 중요해지며, 따라서 열 크랙이 발생하게 된다.

주물은 응고 진행 중에 완전히 자유롭게 수축되지 않는다. 그림 10.76 (a)와 (b)에 설명이 된 대로 주형이 변형 수축을 억제한다.

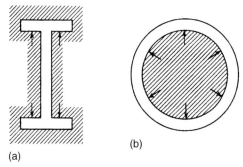

그림 10.76 (a) 전형적인 설계상의 특징인 수축 응력을 발생시키는 주형의 수축 억제. (b) 전형적인 설계상의 특징인 수축 응력을 발생시키는 코어의 수축 억제. Elsevier Science의 허락을 얻어 인용함.

주물이 취성 조직에서 연성 조직까지의 변태 온도 아래 온도에 도달하는 즉시, 크랙 생성 위험성은 거의 없다.

그러므로 크랙 생성 위험은 고체 분율이 응력을 견뎌낼 정도로 충분히 큰 변태 온도와 고체–액체의 2상 영역 온도 사이의 온도 구간에 집중된다. 온도 구간이 클수록, 소재에서 크랙의 위험이 더 커진다.

예제 10.11

그림 10.76 (a)에 있는 주물을 아래 설명이 된 특성을 가진 합금강으로 주조하려고 하며, 크랙 생성 위험을 분석하는 것이 필요하다. 해당 강에 대해 온도의 함수로서 응력의 실험 값을 알고 있으며, 그림에 설명이 되어 있다.

강의 열 확산 계수는 2.0×10^{-5} K^{-1}이며, 강의 탄성 계수를 온도의 함수로 다음처럼 표기할 수 있다.

$$E = [1.1 + 0.10(T_{cr} - T)] \times 10^3 \text{ N/mm}^2$$

여기에서 T_{cr}은 탄성 변형에 대한 임계 온도이다.

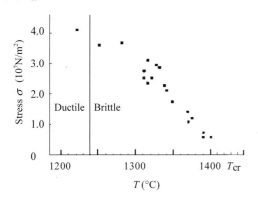

(a) 소재가 자유롭게 수축될 수 없다는 가정 아래 온도의 함수로서 주물 내 열응력을 계산하라. 훅의 법칙이 성립한다고 가정한다. 표시된 그림에 함수를 그려라. 함수는 시험 온도의 함수로서 소재의 파단 한계를 나타낸다. 취성 조직과 연성 조직 간의 전이 온도는 그림에 나와 있다.

(b) 그림의 실험 값을 기초로 소재의 열 크랙 생성 위험을 논하라.

풀이

(a) 훅의 법칙[(10.61) 방정식]을 다음처럼 표기할 수 있다.

$$\sigma = \varepsilon E \tag{1'}$$

(10.67) 방정식에 의하면, 변형 ε을 아래와 같이 표기할 수 있다.

$$\varepsilon = \alpha \Delta T = \alpha(T_{cr} - T) \tag{2'}$$

(1') 방정식 및 (2') 방정식을 본문에서 주어진 E에 대한 식과 조합하여 SI 단위로 변환한다.

$$\sigma = \alpha(T_{cr} - T)E = 2.0 \times 10^{-5}(T_{cr} - T) \\ [1.1 + 0.10(T_{cr} - T)] \times 10^3 \times 10^6 \tag{3'}$$

이 함수는 답에 있는 그림에 그려져 있다.

평균값 직선이 본문에 있는 그림에 그려져 있는데, 이는 온도의 함수로서 파단 응력을 나타내며 답에 있는 두 개의 그림에 그려져 있다.

소재가 파괴되는 온도는 열응력이 파단 한계, 즉 열응력 곡선이 직선과 교차하는 지점과 같거나 클 때에 얻어지게 된다. 교차점이 취성 영역에 있으면, 소재는 파괴된다. 교차점이 연성 영역에 있으면, 소재가 커지고 파단 한계에 도달하지 않는다.

답

(a) 온도의 함수로서 열응력을 나타내는 필요한 함수는 다음과 같다.

$$\sigma = 2.0 \times 10^4(T_{cr} - T)[1.1 + 0.10(T_{cr} - T)]$$

이 함수는 아래 그림 중 하부에 있는 그림에 그려져 있다.

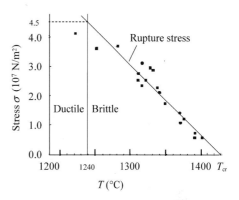

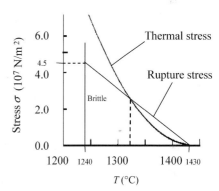

(b) 위 그림에 있는 직선은 온도의 함수로서 소재의 파단 응력에 해당한다. 이는 두 개의 지점인 $(1240°C, 4.5 \times 10^7 N/m^2)$ 및 $(1430°C, 0)$을 이용한다. 교차점은 $T = 1320°C$에 해당한다. 따라서 열응력이 파단 한계를 초과하는 $1320°C$ 이하의 온도에서 열 크랙 생성의 위험이 크다.

10.7.8 연속 주조 중의 열응력 및 크랙 생성

연속 주조 중에 1차 및 2차 냉각 모두 크고 냉각 속도가 높다. 액상 금속이 연속 주조 주형에 주입되어 차가운 벽을 만날 때에, 응고 셸이 매우 급속하게 성형된다. 처음에는 셸과 냉각 주형 간의 접촉이 우수하기 때문에 응고된 셸이 급속하게 냉각된다. 셸이 냉각될 때 수축이 되고, 셸이 누출 현상을 견딜 수 있도록 충분히 안정이 되는 즉시 냉각 주형과 셸 간에 에어 갭이 만들어진다. 에어 갭이 증가함에 따라 열전도는 감소하고 셀의 표면 온도는 증가한다.

응고되는 셀의 두께 및 온도 간 복잡한 상호작용으로 인해 셀의 길이 방향과 주변 방향 양쪽을 따라 성장 속도가 변하게 된다. 셀 성장률의 모든 미미한 변화가 셀의 표면 온도를 자동적으로 달라지게 만들며, 이런 온도 변화가 열응력을 발생시키고 표면 균열의 위험으로 이어진다.

그러므로 응고되는 셀의 성장률을 이해하는 것은 열응력의 크기를 계산하고, 냉각 주형과 2차 냉각을 최적으로 설계하는 데 있어서 최고로 중요하다.

셀이 금속의 길이 끝에 있는 주편의 단면 중앙에 도달했을 때에, 처음에는 아주 일정했던 중앙의 온도가 급속하게 하강하게 된다. 이 과정으로 인해 주편의 내부에서 열응력이 발생하고, 중앙 크랙의 위험으로 이어진다.

크랙으로 생기는 위험은 연속 주조에서 심각한 문제이다. 아래에서 에어 갭에 대해 보다 자세하게 다루고, 그다음으로 열응력 및 크랙 생성으로 돌아와 논할 예정이다.

셀과 연속 주조 주형 간의 에어 갭

실험 조사에 의하면 연속 주조 주형 내부에 있는 셀의 두께가 변한다(그림 10.77). 이 변화로 인해 응고 중에 셀의 표면 온도와 성장률의 변화가 발생한다.

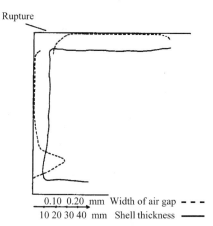

그림 10.78 용강의 윗면 아래 27 cm에서 빌렛의 셀 두께(연속선) 및 에어 갭의 폭(점선). The Scandinavian Journal of Metallurgy, Blackwell의 허락을 얻어 인용함.

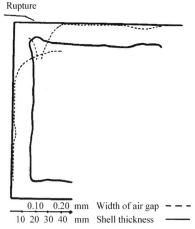

그림 10.79 용강의 윗면 아래 37 cm에서 빌렛의 셀 두께(연속선) 및 에어 갭의 폭(점선). The Scandinavian Journal of Metallurgy, Blackwell의 허락을 얻어 인용함.

그림 10.78 및 10.79는 주편 주변 근처의 에어 갭 변화를 설명하며, 이런 유형의 변화는 또한 주변 근처와 길이 방향으로 셀의 표면 온도의 변화를 일으킨다.

에어 갭은 일차적으로 모서리에서 성형이 된다. 그림 10.80 (a)는 주조가 시작된 후 몇 초 만에 에어 갭이 어떻게 만들어지는지 그리고 시간이 지남에 따라 어떻게 증가가 되는지를 보여준다.

그림 10.80 (b)는 에어 갭이 매우 큰 모서리 근처의 온도가 측면의 가운데보다 훨씬 높다는 것을 보여준다. 열전도 감소에 대응하기 위해서, 주형을 원뿔 형태로 만들어 에어 갭을 줄인다. 주형 원뿔의 상부가 하부보다 크면 최선의 결과를 얻게 된다.

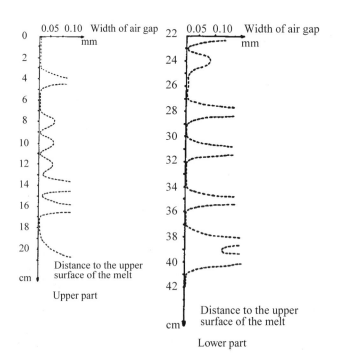

그림 10.77 강 빌렛(14 × 14 cm)용 용강의 윗면을 기준으로 한 깊이의 함수로서 셀과 연속 주조 주형 간 에어 갭의 폭. The Scandinavian Journal of Metallurgy, Blackwell의 허락을 얻어 인용함.

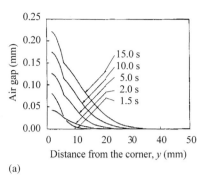

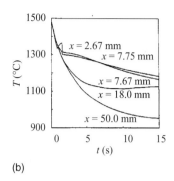

(a) (b)

그림 10.80 (a) 2.8 m/s의 주조 속도와 70 cm의 연속 주조 주형 높이에서 10 × 10 cm 빌렛에 대한 에어 갭 계산. (b) (a)와 동일한 빌렛의 모서리부터 주편까지의 거리에 따른 표면 온도 계산 결과. The Scandinavian Journal of Metallurgy, Blackwell의 허락을 얻어 인용함.

표면 크랙의 위험과 연속 주조 주형의 사용 정도 간에 관계가 있다. 이 관계를 조사하기 위해서 여러 번 사용했던 주형과 새로운 주형 모두를 대상으로 주물 공정을 모의실험하였다.

그림 10.81의 a와 b 곡선은 주형의 모형과 실제 원형을 보여준다(그림 5.22 참고). 간단하게 하기 위해서 주형 모형의 정사각형 부분의 측면 길이를 100 mm로 하였다.

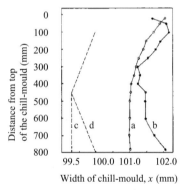

그림 10.81 빌렛 윤곽선의 형상. (a) 새로운 양산 주형; (b) 350번 사용된 양산 주형; (c) 모의실험을 한 새로운 주형; (d) 모의실험을 한 중고 주형. The Scandinavian Journal of Metallurgy, Blackwell의 허락을 얻어 인용함.

모의실험 계산의 결과가 그림 10.82 및 10.83에 나와 있고, 모의실험 계산의 결과가 그림 10.84에 요약이 되어 있으며, 이는 두 가지 경우의 모서리로부터 네 개의 상이한 거리에 대한 시간의 함수로서 표면 온도의 계산값을 보여준다.

그림 10.84는 오래된 냉각 주형의 큰 에어갭이 주형의 하부에서 온도를 상당히 올린다는 것을 보여준다.

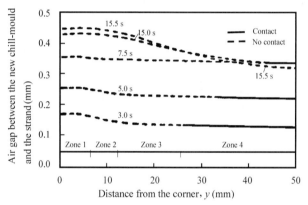

그림 10.82 5개의 다른 시간에 모서리로부터 거리의 함수로서 새로운 주형과 주편 표면 간의 거리 계산. 연속선은 셸과 주형 간의 접촉을 가리키고, 점선은 주편 표면이 공기로 둘러싸였다는 것을 가리킨다. The Scandinavian Journal of Metallurgy, Blackwell의 허락을 얻어 인용함.

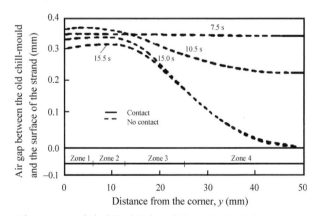

그림 10.83 5개의 다른 시간에 모서리로부터 거리의 함수로서 오래된 주형과 주편 표면 간의 거리 계산. 연속선은 셸과 주형 간의 접촉을 가리키고, 점선은 주편 표면이 공기로 둘러싸였다는 것을 가리킨다. The Scandinavian Journal of Metallurgy, Blackwell의 허락을 얻어 인용함.

표 10.4   연속 주조된 주강 주편에서 관측된 크랙의 설문 조사

내부 균열	표면 균열
A: 중간 균열	E: 면 중앙부의 세로 방향 균열
B: 삼중점 균열	F: 모서리의 세로 방향 균열
C: 중앙선 균열	G: 면 중앙부의 횡단 균열
D: 대각선 균열	H: 모서리의 횡단 균열
	I: 별 모양 균열

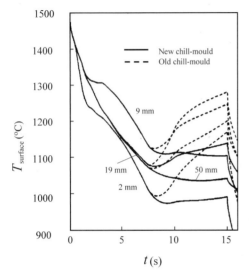

그림 10.84   사용 전후 주형에서 코너로부터 4개의 다른 거리에서의 시간에 따른 계산된 표면 온도(곡선의 파라미터). 처음 7.5초 간격에서는 두 가지 경우가 같으나 이후에는 전혀 다르다. 냉각 주형 내에서 불규칙한 열응력 분포는 서로 다른 파라미터 거리에 따라 곡선이 불규칙하게 달라진다. The Scandinavian Journal of Metallurgy, Blackwell의 허락을 얻어 인용함.

크랙은 두 개의 주요 그룹으로 나누어질 수 있다.

- 내부 크랙
- 표면 크랙

가장 중요한 유형에 대한 검토 내용은 표 10.4에 나와 있다.

표면 크랙

연속 주조 주형 내부의 크랙
열응력은 응고되는 셀의 다른 부위 간 냉각 속도의 차이에 의해 발생한다. 주편이 주형의 내부에 있는 한, 셀 내부의 냉각 속도가 표면에서의 냉각 속도보다 더 커지게 된다. 이 결과 응고 전단부 근처에서 열응력이 발생하고 표면이 수축된다.

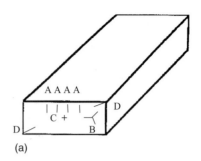

(a)

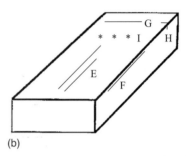

(b)

그림 10.85   (a) 몇 가지 다른 유형의 내부 균열이 있는 주편부. A, 중간 균열; B, 삼중점 균열; C, 중앙선 균열; D, 대각선 균열. (b) 몇 가지 다른 유형의 표면 균열이 있는 주편부. E, 면 중앙부의 세로 방향 균열; F, 모서리의 세로 방향 균열; G, 면 중앙부의 횡단 균열; H, 모서리의 횡단 균열; I, 별 모양 균열. The Scandinavian Journal of Metallurgy, Blackwell의 허락을 얻어 인용함.

연속 주조 중의 열응력에 대한 구체적인 그림을 제공하기 위하여, 오래된 연속 주조 주형의 경우에 대해 모의실험 계산을 지속하려고 한다[그림 10.81 (d)]. $t = 15$초일 때 xy 평면(주편의 길이 방향은 z축 방향)의 상이한 지점에서 열응력을 계산하였고, 다이어그램에 벡터로 그려졌다. 주편이 냉각 주형을 통과하는 데 15초가 소요되므로, 그림 10.86은 냉각 주형 출구 바로 전에서의 응력 패턴을 보여준다.

그림 10.86에서 고상선 곡선 T_s와 계산된 전이 온도 곡선 $T_{tr} = T_s - 100°C$를 대입하였으며, 소재가 이 두 개의 곡선 간 영역에서 취성을 갖는다고 가정한다.

더불어 x 방향으로의 기계적 변형 ε_x^m을 그림으로 그렸다. 이 변형은 소재가 취성을 갖는 구역에서 최댓값을 갖는다는 것을 알 수 있다. 따라서 표면에 수직으로 세로 방향의 내부 균열 위험이 크다.

연속 주조 주형 외부

냉각 주형의 출구와 2차 냉각 구역의 입구에서 수냉에 의해 갑작스러운 열전도가 표면 전체로부터 발생한다. 열응력 및

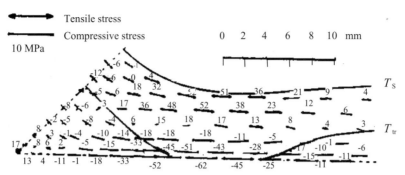

그림 10.86 연속 주조 주형의 출구($t = 15.0$초)에서 xy 평면에 있는 열응력의 방향과 크기 계산 그리고 변형의 계산. The Scandinavian Journal of Metallurgy, Blackwell의 허락을 얻어 인용함.

기계적 응력의 분포가 완전히 바뀌고, 주편 내부의 안쪽 영역 대신에 표면 영역에서 변형이 나타난다. 그림 10.87은 새로운 응력 조건을 보여준다.

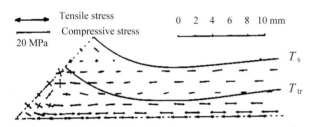

그림 10.87 연속 주조 주형에서 배출 후에 xy-평면에서의 응력($t = 15.5$초). 주편의 길이 방향은 z축 방향. The Scandinavian Journal of Metallurgy, Blackwell의 허락을 얻어 인용함.

오래된 연속 주조 주형에서 주조 후의 응력을 $t = 15.5$초, 즉 냉각 주형 바로 아래에서 계산하였으며, 등온선 T_s 및 T_{tr}와 함께 그림 10.87에 그려져 있다. 이 열응력은 급속하게 감소한다. 모의실험 계산 내용을 보면, 몇 초 후에 누출 현상에 의해 발생한 비틀림 응력에 의해 열응력이 대체된다는 것을 보여준다.

새로운 연속 주조 주형에 대한 모의실험 계산은 이 과정이 원칙적으로 위에서 설명된 내용과 동일하지만, 이제 논의를 하려는 중요한 차이도 있다는 것을 보여준다(그림 10.88 및 그림 10.89).

크랙 생성의 위험 영역

크랙 생성의 위험 영역에 대한 구체적인 예를 제공하기 위하여, 오래되었으며 자주 사용된 연속 주조 주형과 새로운 주형에 대해 363쪽에서 했던 모의실험 계산과 비교 내용을 그림 10.88 및 10.89의 기초로 사용하였다.

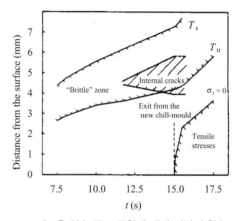

그림 10.88 새로운 연속 주조 주형에 대해 시간의 함수로서 표면에서의 거리 y. 폭 x가 19 mm일 때 일부 특별 관심 영역에 대한 위치와 확대가 표시된다. The Scandinavian Journal of Metallurgy, Blackwell의 허락을 얻어 인용함.

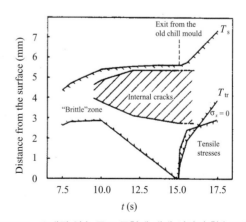

그림 10.89 오래된 연속 주조 주형에 대해 시간의 함수로서 표면에서의 거리 y. 폭 x가 19 mm일 때 일부 특별 관심 영역에 대한 위치와 확대가 표시된다. The Scandinavian Journal of Metallurgy, Blackwell의 허락을 얻어 인용함.

그림 10.88 및 그림 10.89는 균열 성형의 위험 영역에 관하여 새로운 연속 주조 주형과 오래된 주형을 비교하고 있으며, 이들은 모서리로부터 일정한 거리($x = 19$ mm)에서 면에 수직인 평면 내의 다양한 선/영역에 대한 시간의 함수로서 주편면으로부터 계산된 거리를 보여준다. 이 거리는 양쪽의 경우에서 모서리로부터 열면 영역까지의 거리에 해당된다(그림 10.84 참고).

내부 크랙의 생성($\varepsilon_x^m > 0.2$ %)에 대한 위험 구역의 폭 및 취성의 차이는 새로운 주형 대비 오래된 주형이 냉각 과정과 내부 균열의 위험에 미치는 영향을 보여준다.

연속 주조 주형을 통과한 후에($t > 15$초), 열응력 영역이 증가하고 전진하는데, 이는 표면으로부터의 거리가 증가한다는 것을 뜻한다. 오래된 주형의 경우에(그림 10.89), 주형으로부터 배출 직후 1초 이내에 인장 응력이 취성 영역에도 도착하는데, 이로 인해 당연히 심각한 균열 성형의 위험이 초래된다.

내부 크랙

주편의 중심부와 '중도'에 균열이 생기는 주요한 이유는 응고된 셀의 열 수축이다. 금속 길이의 끝부분에서 표면과 중심부 간의 냉각 속도 차이에 의해 위의 크랙이 발생한다. 중심부가 응고되기 시작할 때에, 10.6.2절에서 밝혀진 대로 중심축을 따라 급속한 온도 저하가 있다. 주편의 표면에서 이에 상응하는 온도 저하가 없기 때문에, 열 수축이 발생한다. 슬래브의 경우에 주편이 부풀어지고 세로 방향의 크랙이 만들어진다. 빌렛의 경우에는 별 모양의 크랙이 주편의 중심부에 성형된다.

중도 크랙은 연속 주조된 빌렛과 슬래브에서 발견되는 가장 흔한 유형의 내부 크랙이다. 생성 메커니즘을 유추할 수 있는데, 크랙 예측은 서로 다른 경계 조건하에서 측정 치수 및 열역학적 변형 분석 결과 모두를 기반으로 한다.

중도 크랙은 주상정 구역에서 1차 수지상정 가지에 평행으로 성형이 된다. 크랙은 소재에서 발달되는 열 변형에 수직으로 퍼지게 된다. 크랙을 만드는 응력의 주요 원천은 슬래브 표면의 재가열이다. 중도 균열을 발생시키는 응력은 다음의 사항들에 주로 의존한다.

- 표면 재가열의 크기
- 고체 셀의 두께
- 고액공존대의 폭

표면 재가열 크기는 2차 냉각 주기의 설계 및 표면 온도의 수준과 관련이 된다.

10.7.9 열응력의 부정적 영향 감소법

주조 중 일반적인 주의 사항

주조 및 냉각 중에는 소재의 강력한 온도 변화를 피할 수가 없다. 반면에 균열의 성형 위험을 최소화하는 방법으로 주물 생산을 설계할 수 있다. 이 절의 앞에서 논했던 유형에 대한 이론적이면서 실질적인 지식이 최선의 방법을 판단하기 위한 기초가 된다.

다음의 일반적인 원리가 유효하다.

- 주형과 연속 주조 주형을 설계할 때 예리한 가장자리와 모서리가 가급적 없도록 권장한다.
- 사용될 합금의 조성은 제품에 대한 기타 요구 사항의 한도 내에서 소재가 최대의 연성을 갖도록 선택되어야 한다.
- 응고 및 냉각 과정 중에 주물의 서로 다른 부품 간 온도 차이가 가능한 한 작도록 냉각이 설계되어야 한다.
- 연성 소재부터 취성 소재까지 고상선 온도와 전이 온도 간 민감한 온도 구간에서 주물에 대한 기계적 작용이 가능한 한 작게 유지되어야 하는데, 그러면 열 균열 위험이 상당하기 때문이다.
- 강력 냉각은 약한 냉각에 비해 종종 커다란 열응력의 원인이 된다(그림 11.34).

연속 주조 중의 추가적인 주의 사항

커다란 온도 기울기 및 급속한 표면 온도의 변화로 인해, 연속 주조 중에 균열의 성형 위험이 빈번히 높다는 것을 10.7.8절에서 파악하였다.

- 냉각 중에 표면 온도를 가능한 한 일정하게 유지함으로써 표면 균열의 위험을 줄일 수 있으므로, 응고 중에 공기 틈새를 가능한 한 일정하게 유지하기 위해서 주형을 원뿔형으로 만드는 것이 중요하다. 주형 원뿔의 상부가 하부보다 크면 최선의 결과를 얻게 된다. 온도 조건에 커다란 변화를 일으키게 되는 열전달이 크게 감소하는 것을 이런 방법으로 피할 수 있다(그림 10.86 참고).
- 금속 길이의 끝부분에서 표면의 냉각을 강하게 증가시킴으로써(열 감소) 중앙 균열의 위험이 줄어들 수 있으며, 이를 통해 표면과 중심부에서의 커다란 냉각 속도 차이를 줄이게 되는데, 이는 중심부가 응고되었을 때에 일반적으로 발생한다. 기계적 감소에 의해, 즉 주편이 금속 길이의 끝부분에서 강한 기계적 압력에 노출이 될 때 같은 효과를 얻을 수 있다.

요약

■ 응고와 냉각 수축

순금속 용탕이나 합금이 응고되고 냉각이 될 때, 대부분의 경우에 부피가 줄어든다. 이런 부피의 감소 때문에 주조에서 나타나는 수축이 비교적 크고, 수단이 강구되지 않으면 심각한 문제가 발생할 수 있다

- 응고 과정의 초기에 표면 셀의 붕괴로 인한 주물의 변형
- 주물 내부에서 수축공의 성형
- 수축공 성형
- 주물 내부에서 주조 응력, 수축 균열 및 뒤틀림의 출현

■ 수축공의 생성

순금속

순금속은 뚜렷한 용융점과 윤곽이 명확한 응고 전단부를 갖는다. 수축공은 금속이 응고되고 냉각이 될 때에 성형이 된다. 또한 주형을 강력하게 냉각하면 수축공이 순조롭게 출현한다.

합금

합금은 온도 구간에 걸쳐서 응고된다. 냉각이 시작되면 고체 금속이 액상 금속 전체에 걸쳐서 수지상정의 형상으로 성형이 된다. 액상 금속이 수지상정 사이의 좁은 채널을 통해 이동하는 것이 어렵기 때문에 응고로 인한 수축을 보충할 수 없다.

　수축공, 소위 수축 기공은 소재 내 모든 곳에서 발생한다.
　사형의 주조(낮은 냉각 속도)에서도 비슷한 수축 기공의 분포가 발생한다.

■ 잉곳 주조에서 수축공을 최소화하거나 제거하는 방법

압탕

주물의 생산 중에 수축공 전체가 압탕에 자리 잡고 주물이 조밀해지도록 주조 과정을 제어하기 위한 노력이 이루어진다.
　압탕의 크기와 위치는 아주 중요하며, 다음과 같은 두 가지 조건이 충족되어야 한다.

- 압탕의 응고 시간은 주물의 응고 시간과 동일하거나 길어야 한다. 그다음에 압탕 내 용탕이 주물의 응고 수축을 보충한다.
- 압탕의 부피는 최소한 압탕 내부의 전체 응고 수축을 둘러싸기에 충분히 큰 크기를 가져야 한다.

　적정 압탕 부피를 계산하기 위한 여러 가지 방법이 있다.
급탕 난이도의 척도로 중심선 급탕 저항의 개념이 사용된다.

$$\mathrm{CFR} = \frac{t_{\mathrm{total}} - t_{\mathrm{initial}}}{t_{\mathrm{total}}}$$

잉곳 주조의 핫탑

잉곳 주조 중에 핫탑을 이용해서 수축공의 생성을 예방할 수 있다. 핫탑이 없으면 수축공이 깊어지고, 이로 인해 잉곳의 대부분이 부서진다. 압연 중에는 수축공을 용접할 수 없다.

■ 연속 주조 중 수축공의 생성

연속 주조 중에는 주조 공정의 마지막에 수축공이 만들어진다. 주조 속도 및 주조 공정 마지막의 냉각 속도를 신중하게 설계함으로써 수축공의 위험을 예방할 수 있다.

$$\Delta V_{\mathrm{pipe}} = \Delta V_{\mathrm{sol}} + \Delta V_{\mathrm{cool}}$$

응고 수축

응고 수축 = 응고 부피 × β

$$\Delta V_{\mathrm{sol}} = \Delta V_{\mathrm{s}}\beta$$

냉각 수축

냉각 수축 = 중심부 냉각 수축 및 표면 냉각 수축의 합

$$\Delta V_{\mathrm{cool}} = \Delta V_{\mathrm{centre}} + \Delta V_{\mathrm{surface}}$$

또는

$$\Delta A_{\mathrm{cool}} = \Delta A_{\mathrm{centre}} + \Delta A_{\mathrm{surface}}$$

$\Delta A_{\mathrm{centre}}$ 및 $\Delta A_{\mathrm{surface}}$는 기호가 반대이다.

- $\Delta A_{\mathrm{centre}}$가 $\Delta A_{\mathrm{surface}}$보다 크면, 주편의 중심부는 바깥쪽 틀, 즉 표면에 허용된 것보다 더 수축이 되며, 이는 중심 영역에 *기공부가 생성된다*는 것을 뜻한다. 용강이 주편의 상단에서 위에서부터 기공부를 채우고, 나중에 용강이 더 이상 좁은 채널을 통해 흐르지 못할 때, 기공부가 수축공에 영향을 준다.
- $\Delta A_{\mathrm{centre}}$가 $\Delta A_{\mathrm{surface}}$보다 작으면, 주편의 중심부는 바깥쪽 틀, 즉 표면보다 덜 수축이 되며, 이는 중심 영역이 수축되어 *기공부가 생성되지 않는다*는 것을 뜻한다. 수축공에 주는 영향은 없다.

　열 수축으로 인한 수축공의 총 부피는 ΔA_{cool}에 금속의 길이를 곱한 값이다.

$$\Delta V_{\mathrm{cool}} = \Delta A_{\mathrm{cool}}L$$

측면의 변 길이가 x_0인 정사각형 주편에 대하여 계산이 진행된다.

응고 계면이 주편의 중심부에서 만나면, 주편의 중심부 및 표면 모두에서 온도가 감소하며, 양쪽 모두 총 냉각 수축에 영향을 준다.

$$\Delta A_{surface} = \frac{4}{3} \alpha_l x_0^2 \Delta T_{surface}$$

$$\Delta A_{centre} = \frac{2}{3} \alpha_l x_0^2 \Delta T_{centre}$$

열 수축으로 인해 성형되는 총 수축 면적은 다음과 같다.

$$\Delta A_{cool} = \frac{2}{3} \alpha_l x_0^2 (1 - 2G) \Delta T_{centre}$$

표면에서의 냉각 속도비 G와 냉각 속도 중심부에서의 냉각 속도비 G는 수축공의 생성에 영향을 미친다.

- $G < 0.5 \Rightarrow \Delta A_{cool} > 0$이면 수축공 생성
- $G > 0.5 \Rightarrow \Delta A_{cool} < 0$이면 수축공 비생성

■ 응고와 냉각 과정 중 열응력과 크랙 생성

고체 소재의 열력은 온도 차이에 의해 발생하며 열응력 및 변형은 열력으로부터 발생한다.

기본적인 법칙

응력 σ 및 온도 차이 ΔT로 인해 소재에서 변형 ε이 발생할 수 있다.

푸아송 수: $v = -\dfrac{\varepsilon_{trans}}{\varepsilon}$

1차원의 기본 방정식: $\varepsilon = \dfrac{\sigma}{E} + \alpha \Delta T$

훅의 3차원 일반 법칙:

$$\varepsilon_x = \frac{1}{E}[\sigma_x - v(\sigma_y + \sigma_z)] + \alpha \Delta T$$

$$\varepsilon_y = \frac{1}{E}[\sigma_y - v(\sigma_x + \sigma_z)] + \alpha \Delta T$$

$$\varepsilon_z = \frac{1}{E}[\sigma_z - v(\sigma_x + \sigma_y)] + \alpha \Delta T$$

■ 일방향 응고 중의 열응력

변형 ε을 계산하기 위해서 위치 x 및 시간 t의 함수로서 온도를 이해하는 것이 필요하다.

$$\varepsilon^u(y, t) = \int_{t^*}^{t} \left[\frac{1}{s} \int_0^s \frac{\partial \varepsilon^T}{\partial t} dy \right] dt + \varepsilon^T(T_{rigid}) - \varepsilon^T(T)$$

■ 소재의 소성 특성

크랙의 생성은 소재의 소성 특성과 밀접한 관련이 있다.

소재 연성의 척도로 상대 면적의 감소가 연성 시험에서 사용된다.

$$\psi = \frac{A_{before} - A_{after}}{A_{before}} \times 100$$

여기에서 A_{before}와 A_{after}는 각각 연성 시험 전후의 단면적이다.

ψ값이 낮으면 소재가 취성을 갖고, 높으면 연성을 갖는다. ψ가 작을수록 크랙 생성 위험이 커진다.

취성 소재에서 연성 소재까지의 변태는 좁은 온도 구간, 소위 전이 온도에서 발생한다. 소재는 고상선 온도와 변태 온도 간의 온도 구간에서 취성을 갖는다.

고상에서 용해성과 확산 속도가 낮은 합금 원소 및 불순물은 일반적으로 연성을 낮추고 크랙 생성 위험을 상당히 증가시킨다.

냉각 속도와 소재의 조직이 취성 소재에서 연성 소재까지의 변태 속도에 영향을 미친다. 냉각 속도가 높을수록 크랙의 위험이 커지게 된다.

■ 에어 갭의 생성

에어 갭의 생성은 열응력과 밀접한 관련이 있다. 주형의 벽이 약간 확대되고 주물은 수축된다.

$$h = \frac{k}{\delta}$$

에어 갭이 생성됐을 때, 열전달, 즉 냉각이 대폭 감소된다.

■ 크랙

크랙의 유형

표면 크랙 및 내부 크랙.

연속 주조 중 크랙 생성

응고와 냉각 과정 중에 주편 표면과 중심부 간의 온도 차이가 크기 때문에 크랙 생성에 대한 문제는 연속 주조 중에 특히 심각하다.

주형에서 에어 갭의 크기는 매우 중요하며, 셀 두께로 인해 표면 온도와 셀의 상부 성장률이 변하게 된다.

중고 주형은 신형 주형에 비해 에어 갭이 더 큰데, 이로 인해 오래된 주형에서의 표면 온도가 새로운 주형에 비해 높으며 이는 크랙의 위험을 증가시킨다.

고상선 온도와 변태 온도(취성 소재과 연성 소재 간) 간 온도 구간에서 내부 크랙 및 표면 크랙의 위험이 두드러진다.

■ **연속 주조 중 부정적 열응력의 영향 감소법**

• 일정한 크기의 에어 갭을 만들기 위해서 주형을 원뿔형으로 만든다.

• 주조 중에 표면 크랙을 피하기 위해서 표면 온도를 가능한 한 균등하게 유지한다.

• 표면의 냉각은 금속 길이의 끝부분에서 크게 증가한다(부드러운 열 감소).

이런 방법으로 중심부가 응고되었을 때 일반적으로 나타나는 표면과 중심부에서의 커다란 냉각 속도가 감소한다. 기계적 감소, 즉 주편이 금속 길이의 끝부분에서 강한 기계적 압력에 노출되었을 때 같은 효과를 얻을 수 있다.

연습문제

10.1 (a) 측면의 변 길이가 20 cm인 주강 입방체를 주조하려고 한다. 지름이 20 cm인 원통형 압탕이 입방형 주형의 상단에 있다. 압탕과 주형이 모래로 만들어지는 경우에 압탕의 최소 높이를 계산하라.

힌트 B36

(b) (a)와 같은 크기로 단열성이 더 우수한 소재로 만들어졌으며, 지름이 10 cm인 원통형 압탕이 있는 사형에 위의 강 입방체를 주조할 수 있다. 이 경우의 응고 시간은 (a)의 경우보다 4배의 시간이 걸린다. 새로운 압탕의 높이를 계산하라. 두 가지 방법 중에 어떤 방법이 최고의 방법인가?

힌트 B101

표 10.1을 사용해서 합리적인 응고 수축의 값을 파악하라.

10.2 외부 지름이 40 cm, 내부 지름 20 cm, 높이가 30 cm인 중공형 원통을 구리 합금으로 주조한다. 이 원통을 황동이나 알루미늄-청동으로 주조할 수 있다.

재료 상수

Cylinder sand:

k_c	14.5×10^{-4} J/m s K
ρ_c	1.5×10^3 kg/m³
c_p^c	0.27 kJ/kg K

Feeder material

k_f	4.1×10^{-4} J/m s K
ρ_f	0.90×10^3 kg/m³
c_p^f	0.20 kJ/kg K

원통 주조 시에 필요한 것은 완전한 조밀성이다. 이런 이유 때문에 각각의 지름이 10 cm인 두 개의 원통형 압탕을 선정하였다. 압탕의 소재, 크기와 설계에 따라 어떤 합금을 선택할지 결정이 되며, 압탕의 크기는 가능한 한 작게 선택한다.

원통형 주형은 모래로, 압탕은 단열성이 아주 뛰어난 세라믹 소재로 제작이 된다. 주형과 압탕의 재료 상수는 표에서 주어진다. 합금에 필요한 재료 상수를 찾기 위해서 표 10.1 및 표 10.2를 사용할 수 있다.

두 가지 방안에 있어서 압탕의 높이를 계산하고, 선택할 소재를 제시하라.

힌트 B180

10.3 그림 10.36은 핫탑이 있는 잉곳의 응고 과정을 보여주며, 오른쪽에 있는 그림은 응고된 최종 잉곳을 보여준다.

다음의 사항을 선택한 경우에 윗면의 모양을 세 가지 그림으로 표시하라.

(a) 최적 높이보다 낮은 핫탑
(b) 최적 높이보다 높은 핫탑
(c) 최적 높이의 핫탑

이 세 가지 경우에 윗면 모양이 나타나는 물리적 배경을 설명하라.

힌트 B244

10.4 지름이 0.20 × 1.00 m이고 높이가 1.30 m인 잉곳을 두꺼운 주형을 이용하여 주강을 주조하려고 한다. 잉곳과 단면적이 동일하며 모래로 만들어진 핫탑이 잉곳에 장착되어 있다. 주조 직후에 단열재인 30 mm의 실리카 모래층이 잉곳의 윗면을 덮고 있다.

하지만 핫탑의 높이가 적절하게 설계되었는지 의심스럽다. 이런 이유 때문에 핫탑의 최소 높이를 계산하는 것이 중요하다.

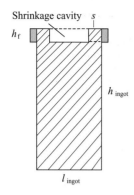

(a) 첫 번째 대략적인 추정으로서, 다음과 같이 간단하지만 오히려 비현실적인 방법을 사용할 수 있다.

총 수축량이 핫탑의 빈 공간과 동일하다고 가정한다. 핫탑에서 응고된 셀의 두께가 잉곳의 총 응고 시점에 15 mm라고 추정이 될 경우에, 핫탑의 높이인 h_f를 대략적으로 계산하라.

이 방법을 이용해서 핫탑의 높이를 계산하라.

힌트 B348

(b) 핫탑은 잉곳의 응고 후에도 일부 용탕을 유지할 수 있도록 충분히 커야 하기 때문에 (a)의 방법을 통한 핫탑의 값은 너무 낮다.

핫탑의 높이에 대해 좀 더 정확한 계산을 수행하라. 셀의 두께가 15 mm라는 정보는 더 이상 유효하지 않다. 잉곳의 총 응고 시점에 응고된 핫탑의 셀 두께를 계산해야 한다.

힌트 B222

재료 상수:

강:	모래로 제작된 핫탑:
$\rho = 7.5 \times 10^3 \, \text{kg/m}^3$	$\rho = 1.6 \times 10^3 \, \text{kg/m}^3$
$k = 30 \, \text{W/m K}$	$k = 0.63 \, \text{W/m K}$
$-\Delta H = 272 \times 10^3 \, \text{J/kg}$	$c_p = 1.05 \times 10^3 \, \text{J/kg K}$
$T_L = 1550 \, °\text{C}$	

(c) (a)의 방법이 유용한가?

힌트 B208

10.5 연속 주조 공장에서 사형을 통해 구리판을 생산하기 위해서 $0.200 \times 0.800 \times 1.200 \, \text{m}^3$(폭 × 두께 × 높이)의 크기를 갖는 구리 잉곳을 주조한다.

재료 상수:

k_{Cu}	$398 \, \text{W/m K}$
ρ_{Cu}	$8.94 \times 10^3 \, \text{kg/m}^3$
$T_L(Cu)$	$1083 \, °\text{C}$
k_{sand}	$0.63 \, \text{W/m K}$
ρ_{sand}	$1.6 \times 10^3 \, \text{kg/m}^3$
c_p^{sand}	$1.05 \times 10^3 \, \text{J/kg K}$

연속 주조 주형의 상부에 단열 핫탑이 있는 수냉식 주형으로 잉곳을 주조한다. 핫탑은 모래로 구성되며, 냉각 주형 – 잉곳의 열전달 계수는 $400 \, \text{W/m}^2 \, \text{K}$이다. 만족스럽게 사용할 수 있는 핫탑의 최소 높이를 계산하라.

힌트 B164

10.6 y의 함수로서 두께가 동일한 얇은 직사각형 금속 판의 x 방향 열응력을 계산하라. 열응력을 일으키는 판의 온도 변화는 y의 2차 함수이고, x 및 z와는 독립적이다.

$$\Delta T = \Delta T_0 \left(1 - \frac{y^2}{c^2} \right)$$

힌트 B268

아래의 오른쪽 그림은 변의 길이가 $2l$ 및 $2c$인 얇은 판에서의 온도 분포를 보여준다. 이 판은 y 및 z 방향으로는 자유롭게 커지지만, x 방향으로는 그렇지 않다.

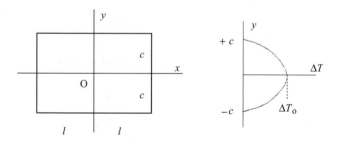

10.7 제시된 그림은 정사각형 빌렛의 연속 주조 중에 표면을 따라서 일반적인 온도 분포를 보여준다. 탕면(연속 주조 주형의 상부 액체 표면)에서 일정 거리가 떨어진 곳에서 온도가 증가하는 원인은 주편 표면의 수냉이 냉각 영역 사이에서 짧은 시간 동안 정지하기 때문이다.

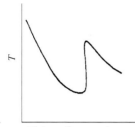

Distance from meniscus, *y*

제시된 두 개의 다이어그램을 고려해서 다음 두 가지 경우의 온도 분포에서 빌렛에 생성 가능한 결함의 종류를 논하라.

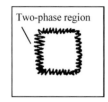

Two-phase region

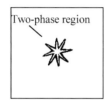

Two-phase region

(a) 단면적의 2/3이 응고되었고 수냉이 정지되었을 때
힌트 B224

(b) 응고 전단부가 중심부에서 만나고 50%의 액상 금속이 빌렛 중앙에 남아 있을 때
힌트 B337

10.8 연속 주조 주형과 주편 간의 에어 갭은 연속 주조에서 매우 중요하다. 길이가 70 cm인 연속 주조 주형을 고려하라. 액상선 온도 $T_L = 1450°C$이고 고상선 온도 $T_s = 1350°C$인 합금의 주조 속도는 1.0 m/분이고, $T_0 = 100°C$이다.

재료 상수:

k	29 W/m K
$-\Delta H$	276×10^3 kJ/kg
k_{air}	0.24 W/m K
ρ	7.3×10^3 kg/m³

에어 갭의 함수로서 연속 주조 주형의 출구에서 주편의 셀 두께와 표면 온도를 계산하라. 공기 틈새 δ는 냉각 주형을 따라 거의 일정하다고 가정한다. $\delta = 10^{-5}$, 10^{-4} 및 10^{-3} m일 때 셀 두께와 표면 온도 값을 나열하라.
힌트 B68

10.9 슬래브의 연속 주조 중에, 응고 선단이 만날 때 발생하는 열응력으로 인해 주편의 중앙에서 크랙이 일어날 가능성이 있다.

응고 과정의 마지막에 슬래브 중심 구역의 팽창과 열응력을 계산해서 크랙의 위험성을 설명하고, 소재에서의 응력으로 인해 발생 가능한 결과를 논하라.
힌트 B124

슬래브 소재는 다음의 재료 상수를 갖고 있는 저탄소강이다. 합금의 액상선 온도는 1480°C이고 고상선 온도는 1350°C이다. 합금의 선형 변형 계수는 2×10^{-5} K^{-1}이고, 합금의 탄성 계수는 20×10^{10} N/m²이다.

10.10 연속 주조 중에 발생하는 표면 크랙은 주조 중에 에어 갭이 생성될 때 표면이 재가열되기 때문이라고 제시되었다(그림 10.84). 이의 진위 여부를 확인하기 위해서, 제시된 그림을 통해 설명이 된 연속 주조 작업에서 열응력을 분석하고자 한다. 이는 시간의 함수로서 주편 표면 부분의 온도를 보여준다.

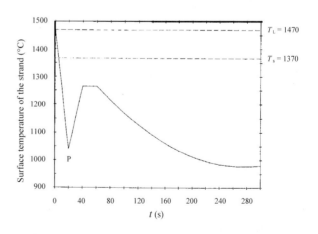

Material constants of the shell	
T_L	1470 °C
T_s	1370 °C
α	5.0×10^{-5} K^{-1}
E	100×10^9 N/m²
Transition temperature between the ductile and brittle zones:	
T_{tr}	1330 °C

표면에서의 거리 y의 함수로서 표면의 가열 기간 이후에 고체 셸을 가로지르는 다음의 값을 계산하라.

(a) 온도 증가 $\Delta T(y)$

힌트 *B15*

(b) 변형 $\varepsilon(y)$와 응력 $\sigma(y)$

힌트 *B56*

2개의 다이어그램에 이들을 y의 함수로 그려라.

(c) 온도의 함수로서 응력 σ를 그리고 크랙 생성의 위험성을 논하라.

힌트 *B190*

표면을 재가열하는 시간에 주변의 셸 두께는 3.0 cm이다. 계산을 간단하게 하기 위해서, 가열 중에 응고 속도가 0이고, 응고된 셸의 온도 분포는 선형이며, P점에서 셸에 응력이 걸리지 않는다고 가정할 수 있다. 또한 훅의 법칙이 유효하다고 가정할 수 있다. 합금강의 재료 상수는 표에 나와 있다.

11 합금의 거시편석
Macrosegregation in Alloys

주조 작업의 재료 가공   H. Fredriksson and U. Åkerlind
Copyright © 2006 John Wiley & Sons, Ltd.

11.1 머리말

7장에서는 응고 중인 합금의 미세편석을 논의하였고, 미세편석에 관한 간단한 수학 모델, 즉 샤일 방정식[(7.10) 방정식]을 소개하였다. 용융 금속과 고상이 같은 몰 부피를 가졌다고 가정하였는데, 이는 용융 금속과 고상의 밀도가 동일하다는 것을 의미하였다.

이 가정은 현실과 일치하지 않는다. 금속이 응고될 때에 밀도가 증가하게 되는데, 이는 몰 부피가 감소하는 것이다. 10장에서 논의하였듯이 응고와 냉각 수축으로 인해서 기공이 금속 안에서 성형될 수 있다. 용융 금속 안의 압력은 매우 낮은데 실질적으로 0이고, 낮은 압력으로 인해 용융 금속이 수지상정망을 통해 빨려 들어간다. 평균 조성과 비교해 봤을 때 이 과정에서 합금 조성상의 국부적인 차이가 나타나게 된다. 이런 현상을 **거시편석**(macrosegregation)이라고 부르며, 이 장에서 다루게 된다.

응고와 냉각 수축으로 인해 발생하는 거시편석이 연속 주조에서 특히 중요하지만, 압탕을 통한 주조 중에도 거시편석이 나타나게 된다.

한 가지 사례로서, 평균 탄소 농도가 0.8 wt-%인 10 × 10 cm 크기의 빌릿을 연속 주조할 때에 1.0 wt-% 이상의 탄소 농도를 중심부에서 얻게 된다. 그림 11.1은 위 빌릿에 대해 측

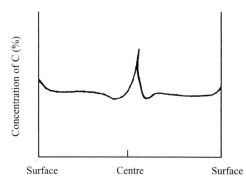

그림 11.1 측면으로부터 거리의 함수로서 연속 주조 빌릿의 탄소 농도 분포. 빌릿의 중심과 측면의 중심점을 관통하는 축을 따라서 C의 농도를 측정.

면의 중앙에서 중심부까지 탄소 농도의 변화를 보여준다.

측면으로부터 다양한 거리에 따라 수행한 시편의 화학 분석에서는 탄소 농도가 크게 변한다는 것을 알게 된다. 탄소 농도는 내부보다 표면에서 더 높으며, 중심부 근처에서의 탄소 농도는 처음에 감소하다가 그 이후에는 급격하게 최대까지 증가한다.

서술이 된 탄소 분포는 실질적으로 모든 강 주편에서 비슷하며, 금속의 조직이 탄소 분포에 크게 영향을 미치지는 않는다. 반면에 냉각 조건이 결정적으로 중요하며 이를 통해 거시편석의 패턴이 완전하게 조절되는데, 거시편석의 기본 이론에 의해 이것이 확인이 된다.

다음 절에서는 측면에 가까운 영역(역편석) 및 중심부(중심 편석)에서의 거시편석을 각각 다룬다. 향후에 다른 유형의 거시편석도 다룰 예정인데, 여기에는 자연 대류와 결정의 침강으로 인한 거시편석이 포함된다.

11.2 응고 수축으로 인한 거시편석

응고 수축의 결과로서 거시편석이 나타나는 것을 이해하기 위해서, 합금의 응고 과정으로부터 시작을 하고자 한다.

4.3.1절과 5장에서 합금의 응고 과정을 서술한 후에 이에 대해 폭넓게 논의하였다. 합금은 응고 구간 안에서 응고되며, 응고는 액상선 온도인 T_L의 온도를 갖는 응고 전단부에서 시작된다.

응고 전단부의 뒤에는 수지상정 망 형상의 용융 금속과 고상이 함께 있는 2상 영역이 있다. 모든 용융 금속이 응고되었다는 것을 뜻하는 2차 응고 전단부가 2상 영역을 뒤따르며, 이 전단부에서의 온도는 고상선 온도 T_s이다(그림 11.2).

혀 모양의 용융 금속과 고상이 있는 지그재그 패턴의 이상 영역이 그림 11.3에 나와 있는데, 이는 수지상정 망을 상징한다.

이상 영역에서 용융 금속의 조성은 온도 감소와 합금의 상평형도에 의해 결정이 되며, 온도가 낮을수록 고상과 나머지 용융 금속 간 조성의 차이, 즉 이들 간의 합금 원소 농도 차이가 커진다는 것을 그림 11.4로부터 알 수 있다.

거시편석에서 가장 흔한 경우 중의 하나는 응고와 고상의 냉각 수축이다. 수축에 의해 수지상정 간 망이 파이기 때문에 용융 금속이 수지상정으로 빨려 들어간다. 연속 주조에서는 용융 금속이 위에서 흘러온다. 압탕이 있는 주조에서는 압탕으로부터 용융 금속이 공급되며, 수축 공간으로 빨려 들어와서 이를 채운다.

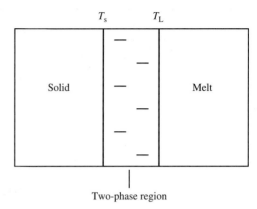

그림 11.2 2상 영역의 정의.

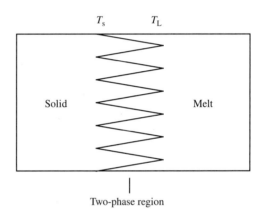

그림 11.3 2상 영역용 상징인 지그재그 패턴.

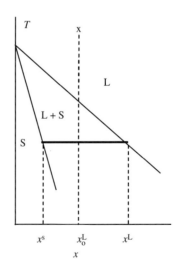

그림 11.4 이원 합금의 상평형도.

11.2.1 압탕을 이용한 주조에 있어서 거시편석 관련 간단한 수학 모델

체적 요소에서 응고 분율의 함수로서 합금 원소의 농도에 대한 식을 유도하기 위해서 미세편석에 대한 샤일 방정식을 유도하기 위해 사용한 것과 유사한 그림을 사용할 예정이다(7장 186쪽). 이 경우에 고상의 농도가 용융 금속의 농도보다 높고

$$\frac{\left(\frac{\lambda}{2} - y\right)Ax^{L}}{V_{m}^{L}} + Ady\left(\frac{V_{m}^{L}}{V_{m}^{s}} - 1\right)\frac{x^{L'}}{V_{m}^{L}} = Ady\frac{x^{s}}{V_{m}^{s}} + \frac{A\left[\frac{\lambda}{2} - (y + dy)\right]}{V_{m}^{L}}(x^{L} + dx^{L}) \tag{11.3}$$

몰 부피는 작으며, 응고 수축을 보충하기 위해서 용융 금속이 체적 요소로 빨려 들어오는 것을 고려하는 것에 차이가 있다. 고상에서의 확산은 0으로 가정한다.

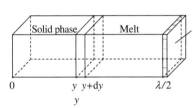

그림 11.5 응고 수축을 보여주는 체적 요소.

그림 11.5에 있는 단면적 A, 길이 $\lambda/2$의 체적 요소에 대해 다음과 같이 정의한다.

V_{s} = 고상의 부피
V_{m}^{s} = 고상의 몰 부피
V_{L} = 용융 금속의 부피
V_{m}^{L} = 용융 금속의 몰 부피

부피 dV_{L}이 응고될 때에 dV_{s}의 고상 부피가 만들어진다. 응고되는 킬로몰 수인 dV_{L}/V_{m}^{L}은 새롭게 성형된 고상의 킬로몰 수 dV_{L}/V_{m}^{s}이다.

$$\frac{dV_{L}}{V_{m}^{L}} = \frac{dV_{s}}{V_{m}^{s}} \tag{11.1}$$

또는

$$dV_{L} = V_{m}^{L}\frac{dV_{s}}{V_{m}^{s}} \tag{11.2}$$

고상의 두께가 dy만큼 증가할 때, 다음과 같은 용융 금속의 부피가 사라진다.

$$dV_{L} = Ady\frac{V_{m}^{L}}{V_{m}^{s}}$$

기공이 성형되지 않으면, $Ady(V_{m}^{L}/V_{m}^{s} - 1)$ 부피의 용융 금속이 외부에서 공급되어야 한다. dy의 고체 부피가 성형되는 용적 내 합금 원소 B에 대한 물질 수지는 다음처럼 표기가 가능하다.

여기에서

x^{L} = 체적 요소에서 B 원소의 농도
$x^{L'}$ = 외부에서 체적 요소에 추가된 용융 금속의 B 원소 농도
x^{s} = 체적 요소에서 고상의 B 원소의 농도

7장에서 나온 샤일 방정식[(7.10) 방정식]의 유도와 유사하게, (11.3) 방정식에서 고상의 확산을 무시하였다.

(11.3) 방정식의 좌변은 처음부터 체적 요소 $A(\lambda/2 - y)$에 함유된 물질 B의 킬로몰에 응고 수축의 결과로서 외부로부터 공급된 물질 B의 킬로몰 수를 더한 것이다.

(11.3) 방정식의 우변은 부피 Ady의 응고 후에 체적 요소에 존재하는 합금 원소 B의 킬로몰 수를 나타낸다. 첫 번째 항은 고상의 킬로몰 수와 동일하며 두 번째 항은 체적 요소 내에 남아 있는 용융 금속의 킬로몰이다. 빨려 들어온 용융 금속의 조성은 약간 변하였다.

(11.3) 방정식을 통분하고, $dydx^{L}$항을 무시하면 다음의 식이 주어진다.

$$\frac{\left(\frac{\lambda}{2} - y\right)dx^{L}}{V_{m}^{L}} = \frac{x^{L}dy}{V_{m}^{L}} - \frac{x^{s}dy}{V_{m}^{s}} + \frac{x^{L'}dy}{V_{m}^{L}}\left(\frac{V_{m}^{L}}{V_{m}^{s}} - 1\right) \tag{11.4}$$

이 방정식에 V_{m}^{L}를 곱한 후, $k = x^{s}/x^{L}$ 관계식을 사용하면 다음의 식을 얻게 된다.

$$\left(\frac{\lambda}{2} - y\right)dx^{L} = \left[x^{L}\left(1 - k_{part}\frac{V_{m}^{L}}{V_{m}^{s}}\right) + x^{L'}\left(\frac{V_{m}^{L}}{V_{m}^{s}} - 1\right)\right]dy \tag{11.5}$$

이 식은 x_{L}을 y의 함수로서 표시하기 위해 풀어야 할 미분 방정식이다.

방정식을 풀기 위해서는 x^{L}의 함수로서 $x^{L'}$을 아는 것이 필

요하다. $x^{L'}$과 x^L 간의 관계는 응고 중의 온도 분포에 따라 달라지며, 네 가지의 특별한 경우에 대해 아래에서 논할 예정이다.

Ia의 경우

가정:

1. 고상에서 합금 원소의 확산이 낮고 무시할 수 있다.
2. 추가된 용융 금속은 체적 요소 내의 용융 금속과 조성이 같다. 즉 $x^L = x^{L'}$

Ia의 경우는 압탕이 있는 주조에 적용될 수 있는데, 이 압탕은 주물과 같은 속도로 응고된다(그림 11.6). 이 경우에 (11.5) 방정식을 아래와 같이 표기할 수 있다.

$$\left(\frac{\lambda}{2} - y\right)dx^L = x^L(1-k)\frac{V_m^L}{V_m^s}dy \tag{11.6}$$

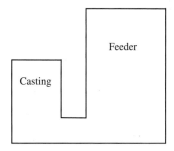

그림 11.6 Ia의 경우.

(11.6) 방정식은 단순화가 가능하고, 쉽게 적분을 할 수 있다.

> 미세편석에 대해 샤일 방정식의 비교 목적
>
> $$x^L = \frac{x^s}{k_{part}} = x_0^L(1-f)^{-(1-k)}$$

$$\int_0^y \frac{dy}{\frac{\lambda}{2} - y} = \int_{x_0^L}^{x^L} \frac{dx^L}{(1 - k_{part})\frac{V_m^L}{V_m^s}x^L} \tag{11.7}$$

아래와 같이 해를 표기할 수 있다.

$$x^L = \frac{x^s}{k_{part}} = x_0^L\left(1 - \frac{2y}{\lambda}\right)^{-(1-k)\frac{V_m^L}{V_m^s}} \tag{11.8a}$$

또는

$$x^L = \frac{x^s}{k_{part}} = x_0^L(1-f)^{-(1-k)\frac{V_m^L}{V_m^s}} \tag{11.8b}$$

여기에서

x_0^L = 용융 금속에서 합금 원소의 초기 농도
$2y/\lambda$ = 체적 요소의 분율 고상
f = 응고 분율

(11.8b) 방정식은 고상에서 합금 원소의 확산 속도가 낮고 농도 $x^{L'} = x^L$일 때에 Ia의 경우에 유효하며, 이는 응고 중에 체적 요소 내의 합금 원소 농도를 응고 분율 f의 함수로 서술한다.

(11.8b) 방정식은 샤일 방정식을 연상시킨다. 응고 수축을 감안했기 때문에 몰 부피비는 샤일 방정식에서 지수의 인수로 나타난다. 그림 11.7에서는 농도 x^s가 응고 수축을 고려한 경우와 고려하지 않은 경우에 응고 분율 f의 함수로 그려진다. 후자의 경우에는 지수의 몰 부피비가 1이다.

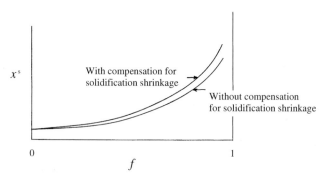

그림 11.7 응고 수축을 고려한 경우와 고려하지 않은 경우에 응고 분율의 함수로서 고체 내 합금 원소의 농도.

응고 수축을 고려하면 합금 원소의 농도가 증가한다는 것을 그림 11.7로부터 알 수 있다.

$f = 0 - 1$ 영역 내에서 곡선 아래의 면적은 체적 요소 내 합금 원소의 측정량이며, (11.8b) 방정식을 적분해서 이를 계산할 수 있다. 이 주제에 대해서는 거시편석 크기의 계산과 연계해서 나중에 다룰 예정이다.

Ib의 경우

가정:

1. 고상에서 합금 원소의 확산이 높다.
2. 추가된 용융 금속은 체적 요소 내의 용융 금속과 조성이 같다. 즉 $x^L = x^{L'}$

이 경우에 (11.8b) 방정식은 유효하지 않은데 고상에서의 확산을 무시할 수 있다고 가정하기 때문이다. 격자 간 용해가 진행된 물질, 예를 들어 탄소는 확산 속도가 높으며, 이 경우에 대해서는 새롭게 미분을 수행해야 한다.

우리는 앞에서와 동일한 체적 요소를 사용하며(그림 11.5), 물질 수지를 설정한다. 외부에서 공급이 된 용융 금속을 계산에 포함하면 합금 원소의 킬로몰 수가 응고 전후에 동일해야 한다.

물질 수지는 아래와 같이 표기할 수 있다.

$$\underbrace{\frac{x^s y A}{V_m^s}}_{\substack{\text{No. of kmol}\\\text{in the solid phase}}} + \underbrace{\frac{x^L\left(\frac{\lambda}{2}-y\right)A}{V_m^L}}_{\substack{\text{No. of kmol}\\\text{in the melt}}} + \underbrace{x^{L'}\left(\frac{1}{V_m^s}-\frac{1}{V_m^L}\right)dyA}_{\substack{\text{No. of added kmol due to}\\\text{solidification shrinkage}}} = \underbrace{\frac{(x^s+dx^s)(y+dy)A}{V_m^s}}_{\substack{\text{No. of kmol}\\\text{in the solid phase}}} + \underbrace{\frac{(x^L+dx^L)\left[\frac{\lambda}{2}-(y+dy)\right]A}{V_m^L}}_{\text{No. of kmol in the melt}} \qquad (11.9)$$

$x^L = x^{L'}$을 대입하고 나서 단순화를 한 후에 $\mathrm{d}x\mathrm{d}y$ 유형의 모든 항을 무시하면 다음의 식을 얻는다.

$$\left(\frac{V_m^L}{V_m^s}-1\right)\frac{x^L}{V_m^L}dy + \left(\frac{x^L}{V_m^L}-\frac{x^s}{V_m^s}\right)dy = \frac{y\,dx^s}{V_m^s} + \frac{\left(\frac{\lambda}{2}-y\right)dx^L}{V_m^L} \qquad (11.10)$$

$x^s = k_{part}x^L$을 대입하고 V_m^L를 곱하면 다음의 식이 주어진다.

$$\left(yk_{part}\frac{V_m^L}{V_m^s}+\frac{\lambda}{2}-y\right)dx^L = x^L\frac{V_m^L}{V_m^s}(1-k_{part})dy \qquad (11.11)$$

(11.11) 방정식을 x_0^L과 x^L의 한계, 0과 y를 하한과 상항으로 해서 적분을 하면 다음의 식을 얻는다.

$$\int_{x_0^L}^{x^L}\frac{dx^L}{x^L\frac{V_m^L}{V_m^s}(1-k_{part})} = \int_0^y\frac{dy}{y\left(k_{part}\frac{V_m^L}{V_m^s}-1\right)+\frac{\lambda}{2}} \qquad (11.12)$$

그리고 다음의 식을 얻는다.

$$\frac{1}{\frac{V_m^L}{V_m^s}(1-k_{part})}\ln\left(\frac{x^L}{x_0^L}\right) = \frac{1}{k_{part}\frac{V_m^L}{V_m^s}-1}\ln\left[\frac{y\left(k_{part}\frac{V_m^L}{V_m^s}-1\right)+\frac{\lambda}{2}}{\frac{\lambda}{2}}\right] \qquad (11.13)$$

(11.13) 방정식은 다음과 같이 변형이 가능하다.

$$x^L = \frac{x^s}{k_{part}} = x_0^L\left[1-\frac{2y}{\lambda}\left(1-k_{part}\frac{V_m^L}{V_m^s}\right)\right]^{-\frac{(1-k)\frac{V_m^L}{V_m^s}}{1-k_{part}\frac{V_m^L}{V_m^s}}} \qquad (11.14a)$$

또는

$$x^L = \frac{x^s}{k_{part}} = x_0^L\left[1-f\left(1-k_{part}\frac{V_m^L}{V_m^s}\right)\right]^{-\frac{(1-k)\frac{V_m^L}{V_m^s}}{1-k_{part}\frac{V_m^L}{V_m^s}}} \qquad (11.14b)$$

(11.14b) 방정식은 Ib의 경우에서 유효한데, 이는 합금원소

고상에서의 확산분율이 높고 농도가 $x^{L'} = x^L$ 때이다. 이는 응고 중에 체적 요소 내의 합금 원소 농도를 응고 분율 f의 함수로 설명한다.

IIa의 경우

가정:

1. 고상에서 합금 원소의 확산이 낮고 무시할 수 있다.
2. 추가된 용융 금속은 일정한 조성을 갖고 있다. 즉 $x^{L'} = x_0^L$이다.

IIa의 경우는 압탕이 있는 주조에 적용될 수 있는데, 이 압탕은 단열성이 아주 좋고 주물보다 훨씬 천천히 응고된다(그림 11.8). 이 경우에 (11.5) 방정식을 아래와 같이 표기할 수 있다.

$$\left(\frac{\lambda}{2}-y\right)dx^L = \left[x^L\left(1-k_{part}\frac{V_m^L}{V_m^s}\right)+x_0^L\left(\frac{V_m^L}{V_m^s}-1\right)\right]dy \qquad (11.15)$$

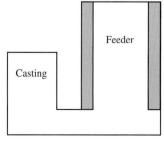

그림 11.8 IIa의 경우.

(11.15) 방정식은 단순화가 가능하고, 쉽게 적분을 할 수 있다.

$$\int_{x_0^L}^{x^L} \frac{dx^L}{x^L\left(1 - k_{part}\frac{V_m^L}{V_m^s}\right) + x_0^L\left(\frac{V_m^L}{V_m^s} - 1\right)} = \int_0^y \frac{dy}{\frac{\lambda}{2} - y} \quad (11.16)$$

적분을 통해 아래의 식이 주어진다.

$$\frac{1}{1 - k_{part}\frac{V_m^L}{V_m^s}} \ln\left[\frac{x^L\left(1 - k_{part}\frac{V_m^L}{V_m^s}\right) + x_0^L\left(\frac{V_m^L}{V_m^s} - 1\right)}{x_0^L \frac{V_m^L}{V_m^s}(1 - k_{part})}\right] = -\ln\left(\frac{\frac{\lambda}{2} - y}{\frac{\lambda}{2}}\right) \quad (11.17)$$

(11.17) 방정식을 다음과 같이 변형이 가능하다.

$$x^L = \frac{x^s}{k_{part}} = x_0^L\left[\left(1 - \frac{2y}{\lambda}\right)^{-\left(1 - k_{part}\frac{V_m^L}{V_m^s}\right)} - \frac{\frac{V_m^L}{V_m^s} - 1}{1 - k_{part}\frac{V_m^L}{V_m^s}}\right] \quad (11.18a)$$

또는

$$x^L = \frac{x^s}{k_{part}} = x_0^L\left[(1 - f)^{-\left(1 - k\frac{V_m^L}{V_m^s}\right)} - \frac{\frac{V_m^L}{V_m^s} - 1}{1 - k_{part}\frac{V_m^L}{V_m^s}}\right] \quad (11.18b)$$

(11.18b) 방정식은 IIa의 경우에, 즉 고상의 합금 원소 확산이 낮고 공급된 용융 금속이 일정한 조성을 가질 때 유효하고,

$$\frac{1}{1 - k_{part}\frac{V_m^L}{V_m^s}} \ln\left[\frac{x^L\left(1 - k_{part}\frac{V_m^L}{V_m^s}\right) + x_0^L\left(\frac{V_m^L}{V_m^s} - 1\right)}{x_0^L \frac{V_m^L}{V_m^s}(1 - k_{part})}\right] = \frac{1}{-\left(1 - k_{part}\frac{V_m^L}{V_m^s}\right)} \ln\left[\frac{\frac{\lambda}{2} - y\left(1 - k_{part}\frac{V_m^L}{V_m^s}\right)}{\frac{\lambda}{2}}\right]$$

이는 응고 중에 체적 요소 내의 합금 원소 농도를 응고 분율 f의 함수로 설명한다.

IIb의 경우
가정:

1. 고상에서 합금 원소의 확산이 높다.
2. 추가된 용융 금속은 일정한 조성을 갖고 있다. 즉 $x^{L'} = x_0^L$이다.

물질 수지는 Ib의 경우와 같아지게 되고, (11.9) 방정식을 사용할 수 있다.

$$\frac{x^s y A}{V_m^s} + \frac{x^L\left(\frac{\lambda}{2} - y\right)A}{V_m^L} + x^{L'}\left(\frac{1}{V_m^s} - \frac{1}{V_m^L}\right)dy A = \frac{(x^s + dx^s)(y + dy)A}{V_m^s} + \frac{(x^L + dx^L)\left[\frac{\lambda}{2} - (y + dy)\right]A}{V_m^L} \quad (11.9)$$

$x^{L'} = x_0^L$을 대입하고 나서 단순화를 한 후에 $dxdy$ 유형의 모든 항을 무시하면 다음의 식을 얻는다.

$$\left(\frac{V_m^L}{V_m^s} - 1\right)\frac{x_0^L}{V_m^L}dy + \left(\frac{x^L}{V_m^L} - \frac{x^s}{V_m^s}\right)dy = \frac{y dx^s}{V_m^s} + \frac{\left(\frac{\lambda}{2} - y\right)dx^L}{V_m^L} \quad (11.19)$$

$x^s = s : x^L$을 대입하고 V_m^L를 곱하면 다음의 식이 주어진다.

$$\left(y k_{part}\frac{V_m^L}{V_m^s} + \frac{\lambda}{2} - y\right)dx^L = \left[x^L\left(1 - k_{part}\frac{V_m^L}{V_m^s}\right) + x_0^L\left(\frac{V_m^L}{V_m^s} - 1\right)\right]dy \quad (11.20)$$

(11.20) 방정식을 x_0^L과 x^L의 한계, 0과 y를 하한과 상항으로 해서 적분하면 다음의 식을 얻는다.

$$\int_{x_0^L}^{x^L} \frac{dx^L}{x^L\left(1 - k_{part}\frac{V_m^L}{V_m^s}\right) + x_0^L\left(\frac{V_m^L}{V_m^s} - 1\right)} = \int_0^y \frac{dy}{\frac{\lambda}{2} - y\left(1 - k_{part}\frac{V_m^L}{V_m^s}\right)} \quad (11.21)$$

그리고 다음의 식을 얻는다.

또는

$$\frac{x^L\left(1 - k_{part}\frac{V_m^L}{V_m^s}\right) + x_0^L\left(\frac{V_m^L}{V_m^s} - 1\right)}{x_0^L \frac{V_m^L}{V_m^s}(1 - k_{part})} = \left[1 - \frac{2y}{\lambda}\left(1 - k_{part}\frac{V_m^L}{V_m^s}\right)\right]^{-1} \quad (11.22)$$

이는 다음과 같이 변형이 가능하다.

$$x^L = \frac{x^s}{k_{part}} = x_0^L \left\{ \left[1 - \frac{2y}{\lambda}\left(1 - k_{part}\frac{V_m^L}{V_m^s}\right) \right]^{-1} - \frac{\frac{V_m^L}{V_m^s} - 1}{(1 - k_{part})\frac{V_m^L}{V_m^s}} \right\}$$

(11.23a)

또는

$$x^L = \frac{x^s}{k_{part}} = x_0^L \left\{ \left[1 - f\left(1 - k_{part}\frac{V_m^L}{V_m^s}\right) \right]^{-1} - \frac{\frac{V_m^L}{V_m^s} - 1}{(1 - k_{part})\frac{V_m^L}{V_m^s}} \right\}$$

(11.23b)

(11.23b) 방정식은 IIb의 경우에, 즉 고상의 합금 원소 확산이 높고 공급된 용융 금속이 일정한 조성을 가질 때 유효하고, 이는 응고 중에 체적 요소 내의 합금 원소 농도를 응고 분율 f의 함수로 설명한다.

예제 11.1

강을 연속 주조할 때에 탄소 농도의 증가가 중심부에서 빈번히 관측된다(그림 11.1 참고). 응고와 냉각 수축을 보충하기 위해서 표시된 다이어그램에 따라 용융 금속이 위에서 공급이 될 때 이런 편석이 발생한다.

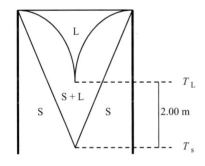

$T_L - T_s = 100\ °C$

특정 종류의 강은 0.80 wt-%의 탄소 농도와 $\beta = 0.0275$의 응고 수축을 가진다. 두상 영역의 길이는 2.00 m이고, 이 영역에서 상부와 하부 간 온도 차이는 100°C이다. 수지상정 가지의 거리가 약 100 μm라고 가정하는 것은 합리적이다.

(a) 냉각 수축을 무시하고 응고 수축만을 고려하는 경우에 중심부에서의 최대 탄소 농도를 계산하라. 이는 잉곳 주조에 합당하며, 중량-%로 답을 표기해야 한다.

(b) 완전히 응고된 소재의 냉각 수축도 고려한다면 중심부의 탄소 농도가 증가하는가 또는 감소하는가? 이는 연속 주

조 중에 필요하며, 이에 대한 답에는 정량적 토의가 아니고 정성적인 토의가 필요하다.

풀이

(a) 전체의 길이 간격에 걸친 평균 수직 온도 기울기 = $100/2.0 = 50.0\ K/m$

이웃하고 있는 두 개의 수지상정 가지 사이에서 온도 차이가 매우 작기 때문에, 위로부터 들어오는 용융 금속이 수직 길이가 $\lambda/2$인 체적 요소 안의 용융 금속과 같은 조성을 갖는다고 가정을 하면 이 오류는 미미하다.

응고 수축은 역편석을 불러 일으키며, 길이가 $\lambda/2$인 작은 수직 체적 요소의 탄소 농도를 계산하기 위해 압탕이 있는 잉곳 주조 중의 역편석에 대해 했던 추론을 여기에도 적용할 수 있다. 강에서는 탄소의 확산 속도가 높기 때문에, Ib의 경우가 유효하다.

그 결과, $x^L = x^{L'}$이 되고 완전히 응고되었을 때에 체적 요소의 탄소 농도를 계산하기 위해 (11.14b) 방정식을 적용할 수 있다.

$$x^L = \frac{x^s}{k_{part}} = x_0^L \left[1 - f\left(1 - k_{part}\frac{V_m^L}{V_m^s}\right) \right]^{-\frac{(1 - k_{part})\frac{V_m^L}{V_m^s}}{1 - k_{part}\frac{V_m^L}{V_m^s}}}$$

(1')

중심부에서의 탄소 농도는 모든 소재가 응고되었을 때, 즉 $f = 1$일 때에 (1') 방정식으로부터 계산이 된다.

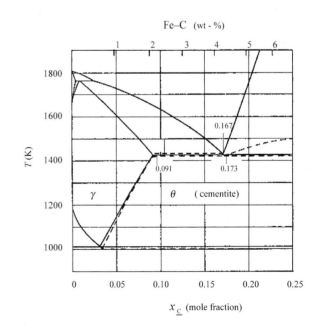

Fe–C계에 대한 상평형도로부터 다음의 식을 얻는다.

$$k_{\text{part}} = \frac{x^s}{x^L} = \frac{0.091}{0.173} = 0.526$$

또한 다음의 식도 얻는다.

$$\frac{V_m^L}{V_m^s} = \frac{\dfrac{M_{\text{Fe}}}{\rho^L}}{\dfrac{M_{\text{Fe}}}{\rho^s}} = \frac{\rho^s}{\rho^L} = \frac{1}{1-\beta} = \frac{1}{1-0.0275} = 1.03$$

여기에서 β는 고응고 수축이다(10장 329쪽 참고).

농도의 계산에 있어서는 몰 분율 또는 원자-%를 사용해야 한다. 중량-%로 주어진 탄소 농도를 원자-%로 다시 계산해야 한다(9장 257쪽).

$$x_0^L = \frac{\dfrac{c_0^L}{M_C}}{\dfrac{c_0^L}{M_C} + \dfrac{1-c_0^L}{M_{\text{Fe}}}} = \frac{\dfrac{0.80}{12}}{\dfrac{0.80}{12} + \dfrac{99.2}{55.85}} = 0.0362 = 3.62 \text{ at-\%}$$

이 값을 (1′) 방정식에 대입하면 다음의 식을 얻는다.

$$x^s = k_{\text{part}} x_0^L \left[1 - f\left(1 - k_{\text{part}} \frac{V_m^L}{V_m^s}\right)\right]^{-\frac{(1-k_{\text{part}})\frac{V_m^L}{V_m^s}}{1 - k_{\text{part}}\frac{V_m^L}{V_m^s}}}$$

또는

$$x^s = 0.526 \times 0.0362[1 - (1 - 0.526 \times 1.03)]^{-\frac{(1-0.526)1.03}{1-0.526 \times 1.03}}$$
$$= 0.0366$$

탄소 농도 계산값이 몰 분율로 주어지며, 중량-%로 다시 계산해야 한다(9장 257쪽).

$$c^s = \frac{M_C x^s}{M_{\text{Fe}} - (M_{\text{Fe}} - M_C)x^s} \times 100$$
$$= \frac{12 \times 0.0366 \times 100}{55.85 - (55.85 - 12) \times 0.0366} = 0.81 \text{ wt-\%}$$

처음부터 중량-%로 계산을 수행하였을 수 있지만 (11.14b) 방정식은 더 이상 유효하지 않으며 새로운 물질 수지를 설정해야 한다. 농도의 단위 변환보다 더 많은 노력이 여기에 필요하다. 11.9.3절에서는 전체에 걸쳐서 중량-%를 사용할 예정이다.

(b) 냉각 수축이 고려되는 경우에, 외부로부터 공급되는 용융 금속이 냉각 수축에 해당하는 부피를 채우기 때문에 또 다른 항이 물질 수지에서 추가되어야 한다.

(11.9) 방정식의 좌변에 있는 물질 수지에 네 번째 항을 추가해야 한다. 냉각 수축에는 외부로부터의 용융 금속이 필요

하며, 그 결과 더 많은 합금 원소가 외부로부터 공급되고, 이는 중심부의 농도 증가로 이어진다.

답

(a) 응고로 인해 중심부의 탄소 농도는 0.81 wt-%로 계산이 된다. 이 경우에 냉각 수축의 영향을 무시한다.

(b) 응고와 냉각 수축 모두를 고려할 때, 중심부에서 탄소 농도의 계산값이 높아지게 된다.

실제로는 예제 11.1b에서의 중심부 거시편석이 예제 11.1a에 대한 답보다 훨씬 더 크다. 응고 수축 및 냉각 수축 모두를 연속 주조에서 고려해야 한다.

연속 주조 중에 냉각 수축의 결과로 나타나는 거시편석에 대해서는 11.5절에서 다루고자 한다.

11.2.2 거시편석도

지난 절에서의 일반적인 결론은 거시편석으로 인한 체적 요소가 거시편석만으로 인한 양보다 *더 많은* 합금 원소의 양을 함유한다는 것이다.

합금 원소에서의 농도 증가를 **거시편석도**(degree of macrosegregation)라고 부르며 다음의 관계식으로 정의한다.

$$\Delta x = \overline{x^s} - x_0^L \tag{11.24}$$

여기에서

$\overline{x^s}$ = 응고 완료 후의 체적 요소에서 합금 원소의 평균 농도
x_0^L = 초기 용융 금속에서 합금 원소의 농도

아래의 관계식으로부터 합금 원소의 평균 농도를 계산할 수 있다.

$$\overline{x^s} = \frac{\displaystyle\int_0^{\lambda/2} x^s \, dy}{\displaystyle\int_0^{\lambda/2} dy} \tag{11.25}$$

(11.24) 방정식은 거시편석도에 대한 일반식이며, (11.25) 방정식은 거시편석도를 계산하기 위해서는 y의 함수로서 x^s를 알아야 한다는 것을 보여준다.

Ia, Ib, IIA와 IIb의 네 가지 경우에 대한 합금 원소의 평균 농도를 아래에서 논하며, 다음 쪽의 박스 안에 그 내용들이 나열되어 있다. $\overline{x^s}$에 대한 계산이 완료되었으면, (11.24) 방정식을 이용해서 거시편석도를 쉽게 얻을 수 있다.

거시편석도는 원자-% 또는 중량-%로 측정되는 반면에 **미세편석도**(degree of microsegregation)(7장 200쪽)는 무차원비라는 것에 주목하는 것이 중요하다.

고상에서 합금 원소의 평균 농도 $\overline{x^s}$의 계산

Ia와 IIa의 경우
이들의 경우에 있어서는 합금 원소의 확산이 매우 낮고 샤일 방정식이 성립된다(그림 11.9). 수축을 고려하는 경우에 다음의 방정식을 이용하게 된다.

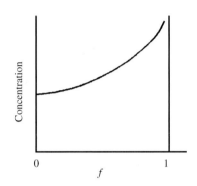

그림 11.9 샤일 방정식: $x^s = k_{part}x_0^L(1-f)^{-(1-k_{part})}$.

$$x^L = \frac{x^s}{k_{part}} = x_0^L\left(1 - \frac{2y}{\lambda}\right)^{-(1-k_{part})\frac{V_m^L}{V_m^s}} \quad (11.8a)$$

응고 분율 f의 함수로서 x^s를 그릴 때에 만곡선을 얻게 된다. (11.25) 방정식을 이용해서 $\overline{x^s}$를 얻으려면 적분이 필요하다.

(11.18a) 방정식의 형상은 IIa의 경우에도 (378쪽 참고) 적분이 필요하다는 것을 보여준다.

Ib와 IIb의 경우
이들의 경우에는 합금 원소가 고상을 통해 쉽게 확산된다. 고상에서의 합금 원소 농도는 고상의 모든 곳에서 동일하고 **지렛대 원리**(lever rule)[(7.15) 방정식]가 성립한다.

$$x^L = \frac{x^s}{k_{part}} = \frac{x_0^L}{1 - f(1-k_{part})} \qquad \text{lever rule} \quad (11.26)$$

하지만 (11.26) 방정식은 응고 수축을 무시할 때만 유효하다. 이 경우에 사용할 수 없다. 대신에 위에 나온 내용을 사용하고, 응고가 끝날 때, 즉 $f=1$일 때 평균 농도 $\overline{x^s}$가 x^s의 값과 동일해야 한다고 결론을 내린다.

$$\overline{x^s} = x^s \qquad (11.27)$$

그러므로 Ib와 IIb의 경우에는 적분을 하지 않고도 직접 평균값을 얻을 수 있으며, $f=1$을 (11.14b) 및 (11.23b) 방정식에 대입할 때에 $\overline{x^s}$ 값을 얻게 된다.

예제 11.2
주물 공정에서 2.50 at-% Cu를 가진 Al-Cu 용융 금속을 주형과 압탕에 주입한다. 주물과 압탕의 용융 금속은 같은 속도로 응고된다. 합금의 몰 부피 간의 비 V_m^L/V_m^s는 1.04이다.

Al-Cu계에 대한 상평형도에 의하면, 고체 알루미늄 상은 공정 온도에서 2.50 at-% Cu의 용해도를 갖고, 공정 용융 금속은 17.3 at-% Cu의 조성을 갖는다.

Ia의 경우:
고체에서 확산이 낮고 $x^L = x^{L'}$.

$$\overline{x^s} = \frac{\int_0^{\lambda/2} x^s\,dy}{\int_0^{\lambda/2} dy} = \frac{\int_0^{\lambda/2} k_{part}x_0^L\left(1-\frac{2y}{\lambda}\right)^{-(1-k_{part})\frac{V_m^L}{V_m^s}}dy}{\frac{\lambda}{2}}$$

$$(11.28)$$

Ib의 경우:
고체에서 확산이 높고 $x^{L'} = x^L$.

$$\overline{x^s} = k_{part}x_0^L\left(k_{part}\frac{V_m^L}{V_m^s}\right)^{-\frac{(1-k_{part})\frac{V_m^L}{V_m^s}}{1-k_{part}\frac{V_m^L}{V_m^s}}} \quad (11.29)$$

IIa의 경우:
고체에서 확산이 낮고 $x^{L'} = x_0^L$.

$$\overline{x^s} = \frac{\int_0^{\lambda/2} k_{part}x_0^L\left[\left(1-\frac{2y}{\lambda}\right)^{-(1-k_{part})\frac{V_m^L}{V_m^s}} - \frac{\frac{V_m^L}{V_m^s}-1}{1-k_{part}\frac{V_m^L}{V_m^s}}\right]dy}{\frac{\lambda}{2}}$$

$$(11.30)$$

IIb의 경우:
고체에서 확산이 높고 $x^{L'} = x_0^L$.

$$\overline{x^s} = k_{part}x_0^L\left[\left(k_{part}\frac{V_m^L}{V_m^s}\right)^{-1} - \frac{\frac{V_m^L}{V_m^s}-1}{(1-k_{part})\frac{V_m^L}{V_m^s}}\right] \quad (11.31)$$

(a) 합금의 어느 부분이 공정 조직으로 응고되는가?

(b) 합금이 완전하게 응고되었을 때 합금의 평균 조성을 계산 하라.

(c) 거시편석도를 계산하라.

풀이

몰 부피를 동일하게 간주할 수 없기 때문에 거시편석이 예상 되며, 압탕 및 주물의 용융 금속이 같은 속도로 응고되기 때문 에 I의 경우가 성립된다.

방정식을 사용하려면 분배 계수 k_{part}의 값을 알아야 하며, 예제 7.1에서와 같은 방식으로 계산을 한다.

$$k_{part} = \frac{x^s}{x^L} = \frac{2.50}{17.3} = 0.1445 \qquad (1')$$

(a) 온도가 공정 온도까지 낮아졌을 때 남아 있던 용융 금

속이 공정 조직으로 응고된다고 가정하는 것은 합리적이다. 따라서 용융 금속이 공정 농도에 도달했을 때에 응고도 $f = 2y/\lambda$를 계산해서 문제를 해결할 수 있으며, Ia의 경우에 유효 한 방정식(11.8a)을 적용한다

$$x^L = x_0^L \left(1 - \frac{2y}{\lambda} \right)^{-\left(1-k_{part}\right)\frac{V_m^L}{V_m^s}} \qquad (2')$$

또는

$$0.173 = 0.0250 \times (1 - f_E)^{-(1-01445)\times 1.04} \qquad (3')$$

여기에서 공정 분율 f_E는 $2y_E/\lambda$이다.

공정점에 도달하면 응고 전단부 y가 y_E에 있게 되고, 나머 지 용융 금속은 공정 조직으로 응고된다. 공정 조직으로 응고 되는 분율을 (3') 방정식으로부터 얻게 된다.

$$1 - f_E = 1 - 2y_E/\lambda = \left(\frac{0.173}{0.0250} \right)^{\frac{-1}{0.8555 \times 1.04}} = 0.114 \qquad (4')$$

(b) 이 경우에 더 이상의 예고 없이 방정식(11.25)을 적용

할 수 없다. 용융 금속의 조성은 $y = y_E$까지 (11.8a) 방정식을 따르며, 그 후에 x_E로 일정하게 된다. Cu의 평균 농도는 다음 처럼 된다.

$$\frac{x_{cu}^s}{V_m^s} \frac{\lambda}{2} = \frac{1}{V_m^s} \int_0^{y_E} x^s dy + \frac{x_E \left(\frac{\lambda}{2} - y_E \right)}{V_m^E} \qquad (5')$$

$V_m^s \approx V_m^E$으로 가정을 하고 (11.8a) 방정식을 (5')의 방정식에 적용하면 다음의 식을 얻는다.

$$\overline{x_{Cu}^s} = \frac{2}{\lambda} \int_0^{y_E} k_{part} x_0^L \left(1 - \frac{2y}{\lambda} \right)^{-(1-k_{part})\frac{V_m^L}{V_m^s}} dy + x_E \left(y - \frac{2y_E}{\lambda} \right) \qquad (6')$$

적분을 한 후에 다음의 식을 얻는다.

$$\overline{x_{Cu}^s} = \frac{k_{part} x_0^L}{1 - (1 - k_{part}) \cdot \frac{V_m^L}{V_m^s}} \left[1 - \left(1 - \frac{2y_E}{\lambda} \right)^{1-(1-k_{part})\frac{V_m^L}{V_m^s}} \right] + x_E \left(y - \frac{2y_E}{\lambda} \right) \qquad (7')$$

값을 대입하면 다음의 식이 주어진다.

$$\overline{x_{Cu}^s} = \frac{0.1445 \times 0.0250}{1 - 0.8555 \times 1.04} \left[1 - 0.114^{(1-0.8555 \times 1.04)} \right] + 0.173 \times 0.114 = 0.0267$$

(c) 거시편석도는 다음과 같이 정의가 된다.

답

(a) 거의 11.4%가 공정 조직으로 응고된다.

(b) 응고 합금에서 <u>Cu</u>의 평균 농도는 2.7 at-%이다.

(c) 거시편석은 거의 0.2 at-%이다.

11.3 일방향 응고 중의 거시편석

1960년대 초에 Flemings와 공동 작업자들은 예제 11.2에서와 같은 다수의 응고 실험을 진행하였고, 일방향 응고 중에(6장 159쪽) 응고 수축으로 인한 합금의 거시편석을 연구하고 분석 하는 것이 목적이었다.

진행된 실험 중 하나에서 4.6 wt-% Cu를 가진 알루미늄 합 금이 응고되었다. 그들이 사용한 기구는 그림 11.10에 나와 있 다. 응고 후에 합금의 조성을 검사하였고 시험 표본의 위치를 함께 기록하였다. 측정된 구리 농도를 냉각된 표면에서의 거

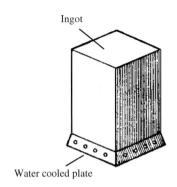

그림 11.10 Al – 4.6 wt-% Cu 합금 잉곳의 일방향 응고. The Minerals, Metals & Materials Society의 허락을 얻어 인용함.

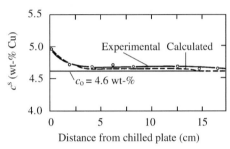

그림 11.11 냉경판으로부터 거리의 함수로서 고체 잉곳의 구리 농도.

리 함수로서 그렸다. 그림 11.11에 결과가 나와 있는데, 이는 냉각된 표면 근처에서 구리의 농도가 합금 내부의 평균값보다 4~5% 높다는 것을 가리킨다.

아래에서는 이러한 유형의 실험에서 합금 원소의 분포를 정성적으로 논의하고, 표면 근처와 연속적으로 주조된 주편의 내부에서 거시편석의 출현에 대해 설명을 시도한다.

11.3.1 일정한 표면 온도에서의 거시편석

응고 수축으로 인해 용융 금속 내부의 용융 금속이 용융 금속 – 고상의 2상 영역으로 빨려 들어가는데, 2상 영역이 확장되는 모든 곳에서 이런 현상이 발생한다.

그림 11.12 (a)에 따라 체적 요소를 고려하라. 체적 요소 아랫면의 초기 위치는 응고 전단부와 일치한다. 체적 요소는 일방향 응고 중에 정지 상태에 있고, 응고 전단부는 점차 위쪽으로 이동한다[그림 11.12 (a)~(d)].

체적 요소로 들어오는 용융 금속이 많아질수록 고상이 연속적으로 석출되기 때문에, 용융 금속에서 합금 원소의 농도가 수지상정 간 영역 내에서 더욱 증가하게 된다. 결과적으로

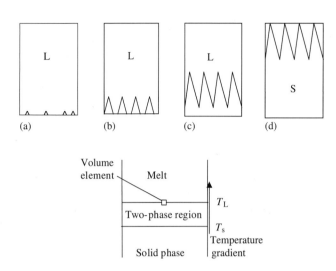

(e) Unidirectional solidification

그림 11.12 (a)~(d) 일방향 응고 과정 중 시간의 함수로서 두상 영역의 위치. (e) 체적 요소의 위치.

합금 원소의 농도가 두상 영역에서 점차 증가하며, 체적 요소의 가장 낮은 부위에서 농도가 가장 높다. 두상 영역의 하부로 공급되는 용융 금속은 강하게 농축된다. 따라서 농도는 냉각된 표면에서 최대가 되고 안쪽 방향으로 감소가 되는데, 이는 알고 있는 관찰 내용과 일치한다(그림 11.11).

시편의 맨 위에는 두상 영역에 들어갈 용융 금속이 남아 있다. 기공이 수지상정 가지 사이에서 성형이 되고, 맨 위에서 측정된 농도는 수지상정 가지 중심부에서의 농도와 일치한다.

합금 원소의 농도가 정확하게 어떻게 변할지는 냉각 조건과 추가된 용융 금속의 농도에 따라 달라지며, 합금의 상평형도와 밀접한 관련이 있다(그림 11.13).

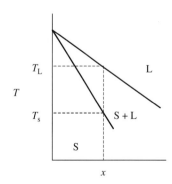

그림 11.13 이원 합금 상평형도의 개략적 원리. 응고 구간 $T_L – T_S$의 폭은 합금 원소의 농도 x에 따라 달라진다는 것을 알 수 있다.

거시편석의 크기는 냉각 조건에 전적으로 달려 있다. 2상의 폭이 크고 응고 중에 증가하도록 냉각이 설계가 되면, 용융 금속이 수지상정 망을 통해 더욱 먼 거리를 통과해야 한다. 결과적으로 용융 금속이 진행하면서 냉각이 되고 고상이 석출되며 합금 원소가 나머지 용융 금속에서 축적된다. 2상 영역이 넓을수록, 축적과 거시편석이 커지게 된다.

반면에 2상 영역이 좁고 응고 중에 2상 영역의 폭이 감소하도록 냉각 설계가 되면, 남아 있는 용융 금속에서 합금 원소의 축적량은 보통이다. 2상 영역이 좁을수록, 합금 원소의 축적 및 거시편석이 작아지게 된다.

11.3.2 가변 표면 온도에서의 거시편석

정상적인 응고 조건에서 주편의 표면으로부터 안쪽으로 주편 내부의 평균 조성의 편차는 보통 수준이다. 하지만 합금강에서 탄소 농도의 변화는 그림 11.11에서 설명이 된 것처럼 간단하지도 규칙적이지도 않으며, 그림 11.14에서 나와 있는 것과 같은 파형을 보인다.

연속 주조 중에는 주편의 표면과 중심부에서의 온도 변화가 강하며, 이에 대해서는 그림 10.44에 나와 있다.

표면에서 온도가 극심하게 증가하거나 감소하면, 냉각 수축으로 인해 응고된 쉘이 확대되거나 수축한다. 이런 이유 때문에 용융 금속이 2상 영역에 빨려 들어가거나 빠져나오게 되며, 그림 11.14에서 파악할 수 있듯이 이로 인해 주편의 내부에서 평균 조성의 변화가 발생하게 된다. 이 주제에 대해서는 다음 절에서 좀 더 신중하게 분석하고자 한다.

11.4 역거시편석

11.4.1 역거시편석의 정의

거시편석은 커다란 잉곳의 주조 중에 우선적으로 관측되고 조사가 이루어졌다. 평균 조성과의 농도 편차에 대해서는 다른 유형이 관측되었다.

양의 거시편석은 영역 내 합금 원소의 농도가 평균 농도보다 높다는 것을 의미한다. 국부적 농도가 평균 농도보다 낮다면 거시편석이 음이라고 한다.

초기 관측에 따르면 표면과 표면 근처의 구역은 양의 거시편석을 보여주었다(그림 11.11과 11.14). 이런 현상을 역거시편석이라고 불렀는데, 아마도 중심부에 있는 강한 양의 거시편석을 보충하는 것으로 추정되는 반대 신호의 거시편석을 예상했기 때문일 것이다(그림 11.1).

11.4.2 역거시편석의 수학 모델

샤일은 1940년대에 처음으로 소위 역거시편석의 배경이 되는 메커니즘을 조사하였으며, Flemings 및 공동 작업자들이 그 이후에 이 현상을 좀 더 자세하게 다루었다(382쪽).

연속 주조 소재의 역편석을 다루기 위해 11.2절에서 사용되었던 수학 모델은 설명이 될 현실과 비교하여 크게 단순화된다. 예를 들면, 용융 금속과 온도에 따른 고상의 밀도 변화는 고려되지 않았다.

Fredriksson과 Rogberg가 개발했던 좀 더 복잡한 1차원 모델을 이 절에 도입할 예정인데, Rogberg는 고탄소강의 역편석을 계산하기 위해서 이 모델을 사용하였다. 그는 컴퓨터 계산을 통해서 연속 주조 중의 조건에 대한 모의 실험 진행 및 밀도 차이, 상이한 냉각 조건, 표면의 확산과 수축이 고탄소강의 탄소 거시편석에 어떻게 영향을 미치는지에 대한 연구를 수행할 수 있었다.

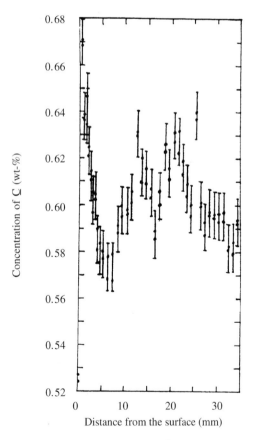

그림 11.14 단면적이 160 × 160 mm²인 주편의 중심부를 향해 표면에서 안쪽으로 C̲ 농도의 측정값. Bo Rosberg의 허락을 얻어 인용함.

계산의 원리를 설명하기 위하여 모델에 대한 미분 방정식의 간단한 분석해가 아래에 주어지고 있는데, 이 모델은 연속 주조 중의 잉곳 및 주편 양쪽에 대해 일반적이며 유효하다. C 농도의 증가와 주편 표면에 가까운 곳에서의 감소를 설명하기 위해 아래에서 이를 이용한다.

역편석의 수학 모델

그림 11.15는 일방향으로 응고된 표본으로서 주편의 일부를 차지한다. 주편이 주조기에서 아래로 이동함과 동시에 응고 전단부는 u의 속도로 주편의 중심부를 향해서 이동한다. 두상 영역의 폭은 L이다.

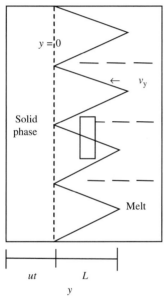

그림 11.15 u의 속도로 2상 영역을 통해 이동하는 연속 주조의 주편. Bo Rosberg의 허락을 얻어 인용함.

2상 영역에서 얇은 조각의 형상을 갖는 작은 체적 요소를 고려한다. 이 요소의 두께는 dy이고 단면적은 A이다. 해당 부위를 A_L 및 A_s의 두 개 부분으로 나눔으로써, 2상 영역에서 용융 금속과 고상의 분율을 도식적으로 설명할 수 있다. 체적 요소는 응고 분율 f에 대해 신뢰할 만한 값을 제공할 수 있도록 충분히 커야 하지만, 동시에 극소량으로 취급될 만큼 충분히 작아야 한다. 체적 요소는 2상 영역에 있으며 내부로 이동할 때 응고 전단부를 따르지 않는다.

편석의 원인은 응고 중에 용융 금속이 수지상정 망으로 빨려 들어오기 때문이다. 들어오는 용융 금속의 조성이 체적 요소의 합금 원소 농도를 결정한다.

연속 주조 중에 냉각 조건이 상당히 변하는데, 이는 응고

전단부의 속도가 변하며, 때로는 온도 변화의 결과로 수축이 되기까지 한다는 것을 의미한다.

체적 요소에 대한 물질 수지를 설정하기 위해서 다음의 다섯 가지 가정을 세운다(합금 원소의 농도를 중량-%로 표시).

1. 고상은 체적 요소의 용융 금속과 평형을 이룬다. 평형은 다음의 관계식으로 설명이 된다.

$$\frac{c^s}{c^L} = k_{part} \qquad (11.32)$$

여기에서 k는 분배 계수이다.

2. 질량은 용융 금속의 흐름에 의해서만 공급이 되고 체적 요소에서 제거가 된다.

3. 체적 요소 내에서 기공이 만들어지지 않는다.

4. 체적 요소의 부피는 온도의 함수이고 측면 A_L(그림 11.16)의 변화에 의해 바뀐다. 이 변화로 인해 체적 요소의 안팎으로 용융 금속의 흐름이 발생한다.

5. 수지상정 가지의 거리는 2상 영역의 폭 L에 비해 매우 작다. 그 결과 연속 함수를 이용해서 응고 분율 또는 용융 금속의 분율을 표현할 수 있다.

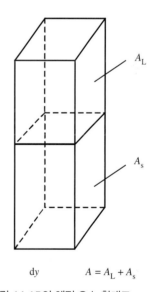

그림 11.16 그림 11.15의 체적 요소 확대도.

이 모델에는 온도의 변화에 따른 고상과 용융 금속의 밀도 변화가 감안이 되며, A_L의 변화에 의한 2상 영역의 증가와 감소가 가능하다.

응고 전단부에 좌표계 원점이 있고, 응고 전단부의 이동 방향이 y축인 좌표계를 선택한다(그림 11.15). 그러면 체적 요소

의 질량을 다음처럼 표기할 수 있다.

$$dm = A_s \rho_s dy + A_L \rho_L dy + A_L \rho_L (-v_y) dt \qquad (11.33)$$

여기에서

$A_{s, L}$ = 체적 요소에서 고상과 용융 금속 각각의 측면적

$\rho_{s, L}$ = 고상과 용융 금속 각각의 밀도

v_y = 용융 금속의 속도; 음의 y 방향으로 이동하며, 따라서 v_y는 음수이다.

(11.33) 방정식의 앞쪽에 있는 두 개 항은 체적 요소 내의 질량에 해당된다. 세 번째 항은 dt의 시간 간격 동안에 유입으로 인한 질량의 영향을 나타낸다. 용융 금속의 속도 v_y는 음수이고, 용융 금속이 어떻게 음의 y축 방향으로 유입되는지 설명하기 위해 마이너스 기호를 덧붙인다. 용융 금속의 영향은 양수이다.

체적 요소의 질량은 분명히 y와 t 두 개 변수의 함수이며, 다음의 미분 방정식으로 수학적인 표현이 가능하다.

$$dm = \frac{\partial m}{\partial y} dy + \frac{\partial m}{\partial t} dt \qquad (11.34)$$

(11.34) 방정식과 (11.33) 방정식은 항등 관계가 가능하고 다음의 식을 얻게 된다.

$$\frac{\partial m}{\partial y} = A_s \rho_s + A_L \rho_L \qquad (11.35)$$

그리고

$$\frac{\partial m}{\partial t} = A_L \rho_L (-v_y) \qquad (11.36)$$

(11.35) 및 (11.36) 방정식은 상호 의존 관계에 있다. (11.35) 방정식을 t에 대하여 편미분하고, (11.36) 방정식을 y에 대하여 편미분하여 혼합 2차 도함수를 만든다. 결과가 미분의 차수에 의존하지 않기 때문에 편도함수는 동일하다.

$$-\frac{\partial}{\partial y}(A_L \rho_L v_y) = (A - A_L)\frac{\partial \rho_s}{\partial t} + \rho_s\left(\frac{\partial A}{\partial t} - \frac{\partial A_L}{\partial t}\right) + \rho_L \frac{\partial A_L}{\partial t} + A_L \frac{\partial \rho_L}{\partial t} \qquad (11.44)$$

$$-\frac{\partial}{\partial y}(A_L \rho_L v_y) = \frac{\partial}{\partial t}(A_s \rho_s + A_L \rho_L) \qquad (11.37)$$

이와 유사하게, 해당하는 합금 원소의 총 물질 수지로부터 다음의 식을 얻게 된다.

$$-\frac{\partial}{\partial y}(A_L c^L \rho_L v_y) = \frac{\partial}{\partial t}(A_s c^s \rho_s + A_L c^L \rho_L) \qquad (11.38)$$

또한 정의에 의거해서 다음의 식을 얻는다.

$$A = A_s + A_L \qquad (11.39)$$

그리고

$$\frac{\partial A}{\partial t} = \frac{\partial A_s}{\partial t} + \frac{\partial A_L}{\partial t} \qquad (11.40)$$

$c^s = k_{part} c^L$ 관계식을 시간에 대해 편미분하면 다음의 식이 주어진다.

$$\frac{\partial c^s}{\partial t} = k_{part} \frac{\partial c^L}{\partial t} \qquad (11.41)$$

우리는 여섯 개의 방정식[(11.32) 및 (11.37)~(11.41)]을 갖고 있으며, c^L 및 이의 시간 편도함수를 포함하는 미분 방정식을 찾고자 한다.

(11.38) 방정식의 우변을 전개하고, (11.32) 및 (11.39)~(11.41) 방정식을 이용해서 A_s 및 c_s 그리고 이들의 시간 편도함수를 소거한다. 그러면 (11.38) 방정식을 다음처럼 표기할 수 있다.

$$-\frac{\partial}{\partial y}(A_L c^L \rho_L v_y) = c^L \rho_L \frac{\partial A_L}{\partial t} + A_L \rho_L \frac{\partial c^L}{\partial t} + A_L c^L \frac{\partial \rho_L}{\partial t} + k_{part} c^L \rho_s \left(\frac{\partial A}{\partial t} - \frac{\partial A_L}{\partial t}\right) + k_{part} c^L (A - A_L)\frac{\partial \rho_s}{\partial t} + k_{part} \rho_s (A - A_L)\frac{\partial c^L}{\partial t} \qquad (11.42)$$

(11.42) 방정식의 좌변을 전개해서 다음의 식을 얻는다.

$$-\frac{\partial}{\partial y}(A_L c^L \rho_L v_y) = -c^L \frac{\partial}{\partial y}(A_L \rho_L v_y) - A_L \rho_L v_y \frac{\partial c^L}{\partial y} \qquad (11.43)$$

(11.37) 방정식의 우변을 전개하고 (11.39) 및 (11.40) 방정식을 이용해서 A_s 및 $\partial A_s/\partial t$를 소거한다. 그러면 (11.37) 방정식을 다음처럼 표기할 수 있다.

(11.44) 방정식의 우변을 (11.43) 방정식과 치환하고, 새로운 식을 (11.42) 방정식에 대입한다. 이런 작업을 거친 후에 (11.42) 방정식은 다음과 같이 된다.

$$[A_L\rho_L + k_{part}\,\rho_s(A - A_L)]\frac{\partial c^L}{\partial t} + c^L\rho_s(k_{part} - 1)\left(\frac{\partial A}{\partial t} - \frac{\partial A_L}{\partial t}\right) + c^L(A - A_L)(k_{part} - 1)\frac{\partial \rho_s}{\partial t} = -A_L\rho_L v_y \frac{\partial c^L}{\partial y} \qquad (11.45)$$

(11.45) 방정식은 원하던 기초 미분 방정식이다. ρ_s, ρ_L 및 A는 분명히 시간과 온도에 대해 알려진 함수이다(11.45). 방정식의 해를 구하기 위해서는, A_L이나 c^L을 알아야 한다. A_L을 알고 있다면, c^L을 계산할 수 있으며 반대의 경우도 가능하다.

용융 금속의 유동 속도 v_y는 (11.37) 방정식을 적분해서 얻게 된다.

$$v_y = \frac{-1}{A_L(y)\rho_L(y)} \int_{y_L}^{y} \frac{\partial}{\partial t}[A_s(y)\rho_s(y) + A_L(y)\rho_L(y)]\mathrm{d}y \qquad (11.46)$$

적분의 하한은 온도가 액상선 온도 T_L인 첫 번째 응고 전단부에 해당된다.

11.5 연속 주조 중의 거시편석

거시편석은 연속 주조 중에 중요하며 피할 수 없다. 생산량 기준으로 볼 때에 연속 주조로 가장 흔하게 주조가 되는 것은 강이다. 이런 이유로 아래에서 강에 대한 연속 주조의 거시편석에 대해 논할 예정이나, 해당 설명과 개요는 다른 금속에도 유효하다.

11.4.2절에서 소개되었던 역거시편석 이론을 적용할 예정이며, 그림 11.14는 연속 주조 후에 주편의 표면과 안쪽 방향으로 탄소의 분포를 보여준다. 383쪽에서 언급이 되었듯이 냉각 조건이 거시편석도에 강한 영향을 미친다. 주편 표면의 온도는 냉각 조건에 따라 변한다(5장과 10장 참고). 이는 응고

가 존재한다는 것이다. 좀 더 복잡한 경우에는 수치 해만 사용할 수 있다.

11.5.1 주편의 표면에서 역거시편석 모델의 간단한 적용

단순한 경우에는 (11.45) 미분 방정식에 상대적으로 간단한 분석해가 존재한다. 용융 금속과 고상에 대한 일정한 밀도의 함수로서 강 주편 표면에서의 거시편석을 계산하고자 한다.

공교롭게도 탄소 농도가 다양할 때에 철강의 밀도에 대해 이용 가능한 자료가 충분하지 않다. 오스테나이트로 응고되는 강의 응고 수축이 4%라고 가정하는 것은 관례적이며, 본문에서 다른 값이 주어지지 않으면 계산을 할 때 이 값을 사용한다.

밀도가 일정한 경우에 주편 표면에서의 거시편석

다양한 ρ_s 및 ρ_L 값에서 거시편석이 어떻게 정량적으로 변하는지 파악하고, 이론값을 실험 자료와 비교하는 것은 흥미로운 일이다.

- 그림 11.15는 빨려 들어오는 용융 금속이 표면에서(응고 전단부) 정지해야 한다는 것을 보여주는데, 즉 $v_y = 0$이다.
- 또한 체적 요소의 면적 A가 일정하다고 가정한다.
- 상대 부피에 대한 명칭 g를 도입한다. 그림 11.16에 의하면 액상 및 고상의 분율을 다음과 같이 표기할 수 있다.

$$g_L = A_L/A \qquad 및 \qquad g_s = A_s/A \qquad (11.47)$$

이 값과 명칭을 (11.45) 방정식에 대입하면 다음의 식을 얻는다.

$$[g_L\rho_L + k_{part}\,\rho_s(1 - g_L)]\frac{\partial c^L}{\partial t} - c^L\rho_s(k_{part} - 1)\frac{\partial g_L}{\partial t} + c^L(1 - g_L)(k_{part} - 1)\frac{\partial \rho_s}{\partial t} = -g_L\rho_L v_y \frac{\partial c^L}{\partial y} = 0 \qquad (11.48)$$

속도와 쉘의 변형 또는 수축에도 변화를 일으키며, 위의 모든 변화는 부피 변형으로 이어지고 거시편석에 영향을 미친다.

표면에서의 탄소 농도가 매우 높고, 최대 10~15%에 이를 수 있다는 점도 관측이 된다. 표면에서의 높은 거시편석을 설명할 때에 중요한 매개 변수는 용융 금속과 고상의 밀도비이며, ρ_L 및 ρ_s가 모두 일정한 가장 간단한 사례로 논의를 국한하려고 한다. 더 복잡한 경우와 유감스럽게도 실제의 경우에도 온도 및 합금의 조성에 따라 이들이 변한다.

단순화의 장점은 밀도가 일정할 때 미분 방정식에 분석 해

이 방정식은 $v_y = 0$인 표면에서 유효하며, 아래의 해에 대한 검사의 기초가 된다.

(11.45) 방정식을 ρ_s로 나누면, 새로운 방정식에 ρ_L/ρ_s비 및 $(\partial \rho_s/\partial t)/\rho_s$ 비만 포함이 된다. 이 경우에 시간 도함수는 0이고, 따라서 유일한 매개변수는 상수비 ρ_L/ρ_s이다. 분배 상수 k_{part}의 값인 0.33을 계산에 사용하게 된다.

밀도가 일정할 때 초기 탄소 농도의 함수로서 거시편석의 계산

이 경우에 표면에서 $v_y = 0$ 및 $\partial \rho_s/\partial t = 0$이고, (11.48) 방정식은 단지 세 개의 항만 포함한다.

$$[g_L \rho_L + k_{part} \rho_s (1 - g_L)] \frac{\partial c^L}{\partial t} - c^L \rho_s (k_{part} - 1) x^2 \frac{\partial g_L}{\partial t} = 0$$

$$(11.49)$$

g_L의 함수로서 c^L의 해를 구하려고 한다. (11.49) 방정식은 분리가 가능하며 다음의 식을 얻는다.

$$\int_{c_0^L}^{c^L} \frac{dc^L}{c^L} = \int_1^{g_L} \rho_s (k_{part} - 1) \frac{dg_L}{g_L(\rho_L - k_{part} \rho_s) + k_{part} \rho_s}$$

또는

$$\ln\left(\frac{c^L}{c_0^L}\right) = \frac{\rho_s(k_{part} - 1)}{\rho_L - k_{part} \rho_s} \ln\left[\frac{g_L(\rho_L - k_{part} \rho_s) + k_{part} \rho_s}{\rho_L}\right]$$

c^s를 계산하기 위해서 c^L의 해를 사용할 수 있다.

$$c^s = k_{part} c^L = k_{part} c_0^L \left[\frac{\rho_L}{g_L(\rho_L - k_{part} \rho_s) + k_{part} \rho_s}\right]^{\frac{1-k_{part}}{\frac{\rho_L}{\rho_s} - k_{part}}}$$

$$(11.50)$$

그러면 거시편석도를 다음과 같이 표기할 수 있다.

$$\Delta c = c^s - c_0^L = k_{part} c_0^L \left[\frac{\frac{\rho_L}{\rho_s}}{g_L\left(\frac{\rho_L}{\rho_s} - k_{part} \rho_s\right) + k_{part}}\right]^{\frac{1-k_{part}}{\frac{\rho_L}{\rho_s} - k_{part}}} - c_0^L$$

$$(11.51)$$

(11.51) 방정식은 농도가 일정한 경우에 거시편석도와 초기 탄소 농도 간의 관계식이다. 그림 11.17에서는 몇 가지 상

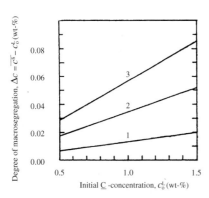

그림 11.17 합금강의 연속 주조 중에 초기 탄소 농도의 함수로서 표면 근처에서의 이론적 거시편석도. ρ_L 및 ρ_s는 일정하다고 가정한다. 곡선 1, $\rho_L/\rho_s = 0.98$; 곡선 2, $\rho_L/\rho_s = 0.95$; 곡선 3, $\rho_L/\rho_s = 0.92$. Bo Rosberg의 허락을 얻어 인용함.

이한 상수비 ρ_L/ρ_s의 값에 대해 Δc를 c_0^L의 함수로 그린다. 그림 11.17은 초기 탄소 농도가 세 배 증가할 때 거시편석도의 차이는 중량-%의 수백 분의 1에 불과하다는 것을 보여준다.

역편석 이론은 주편 표면에서의 거시편석이 응고 수축뿐만 아니라 고상에서의 밀도 변화에 의존한다는 것을 보여준다. 온도와 시간에 따라 달라지는 밀도가 있는 좀 더 복잡한 경우에 (11.45) 방정식을 수치적으로 풀 수 있다.

모든 경우에서 표면에서의 역거시편석 계산값이 관측값보다 10~15% 낮다는 것은 곤혹스러운 사실이다. 강의 연속 주조 중에 주편의 표면에서 탄소 농도의 실험값이 높은 것에 대해 설명을 하면 온도 증가로 인해서 표면이 변형이 되어 그럴 수 있다는 것이다. 일방향 응고 중의 변형에 대해서는 10.7.3 절에서 간단히 논하였고, 그림 10.58에 나와 있다. 변형이 탄소 농도에 미치는 영향에 대해서는 아래에서 추정을 한다.

주편 표면이 변형이 될 때 거시편석의 계산

표면이 변형되면 (11.50) 방정식은 더 이상 성립되지 않는다. 초기 탄소 농도 c_0^L을 다음의 식으로 대체해야 한다.

$$\overline{c_{0\ strain}^L} = \frac{\overline{c_0^L} + \varepsilon \frac{c^L}{k_{part}}}{1 + \varepsilon}$$

$$(11.52)$$

여기에서

$\overline{c_{0\ strain}^L}$ = 변형된 표면에 대해 주어진 응고 분율에서 용융 금속의 평균 탄소 농도

$\overline{c_0^L}$ = 변형이 안 된 표면에 대해 주어진 응고 분율에서 용융 금속의 평균 탄소 농도

c^L = 변형된 체적에서 빨려 들어온 용융 금속의 탄소 농도

ε = 변형 예정 = $\Delta l / l$

변형이 발생한 경우에 평균 탄소 농도의 계산을 위해, 주어진 온도에서 평균 탄소 농도를 갖고 있으면서 용융 금속으로 채워진 비변형 체적 요소 $\overline{c_0^L}$을 고려한다. 온도가 상승하면 체적 요소의 표면에 변형이 발생하고 평균 탄소 농도가 $\overline{c_{0\ strain}^L}$로 증가한다.

$\overline{c_{0\ strain}^L}$을 계산하기 위해서는 온도의 함수로서 ε과 농도 c^L을 알아야 한다. 변형 ε은 용융 금속의 열확산 계수 및 온도 변화와 관련이 있으며 이들의 수량으로부터 유도가 가능하다. 온도를 알고 있을 때 상평형도를 이용해서 c^L을 얻는다.

ε과 c^L 값을 유도하였으면 (11.52) 방정식을 이용해서 $\overline{c_{0\,\text{strain}}^L}$을 계산할 수 있으며, 다음의 관계식을 이용해서 변형된 거시편석을 얻게 된다.

$$\Delta c_{\text{strain}} = c^s - \overline{c_{0\,\text{strain}}^L} \qquad (11.53)$$

변형의 효과를 추가하면 (11.51) 방정식으로부터 총 거시편석을 얻는다.

$$\Delta c_{\text{total}} = \Delta c + \Delta c_{\text{strain}} \qquad (11.54)$$

거시편석도에 대한 계산값과 실험값을 비교할 때 변형의 영향이 추가되면 만족스러운 일치성을 보인다.

11.5.2 연주 주편 내부의 거시편석

주편 내부에서의 거시편석에 대한 실험값이 그림 11.14에 나와 있다. 역편석 이론을 주편의 내부에 적용해서 모의실험 계산의 결과를 실험값과 비교하는 것이 중요하다.

연속 주조를 통한 빌릿의 거시편석 계산에는 다음과 같은 동시 해가 필요하다.

1. 거시편석 모델의 미분 방정식
2. 3번과 연계된 경계 조건을 포함하는 열전도 일반 법칙
3. 합금 상평형도의 평형 조건

첫 번째 방정식은 (11.45) 방정식과 동일하며, 이 방정식을 이용해서 거시편석을 유도할 수 있다.

두 번째 방정식[푸리에의 제2법칙, (4.10) 방정식]은 열전달과 온도장, 따라서 합금의 응고 속도를 조절한다.

충족이 돼야 하는 *세 번째* 조건을 수학적으로 설명할 수는 없지만, 충족되어야 하는 평형 조건을 나타낸다. 고상과 액상에서 합금 원소의 농도는 상호 간에 평형을 이루어야 하며, 이들은 온도의 함수이다.

방정식은 방정식계를 구성하며, 이 계의 해는 응고 과정 및 동시적 거시편석의 성형에 대해 필요한 정보를 제공한다.

이론적인 계산은 다음의 정보를 제공한다.

- 냉각된 표면으로부터 거리의 함수로서 거시편석
- 위치와 시간의 함수로서 온도
- 예를 들면 냉각 조건과 주편의 팽창/수축이 거시편석에 미치는 영향처럼 다양한 조건하에서 거시편석에 대한 정보

세 번째 내용에 대해서는 아래에서 다룰 예정이다.

11.5.3 냉각 조건과 주편의 팽창/수축이 주편 내부의 거시편석에 미치는 영향

상이한 냉각 조건과 주편의 확산 또는 수축을 모의실험하기 위해서 적절한 가정하에 이론적인 계산을 수행할 수 있다.

냉각 조건의 영향

서로 다른 냉각 조건을 모의실험하기 위해 주편의 냉각에 있어서 세 개의 상이한 냉각 장치를 선정하였다. 모든 경우에 초기의 탄소 농도는 1.0 wt-%였다.

두께가 100 mm인 슬래브가 모델로서 연속 주조를 거쳤다고 가정하였다. 1차원 열 유동 중에 상이한 열전달 계수를 이용해서 냉각 조건을 모의실험하였다.

1. 전체 응고 중에 $h = 500 \ \text{J/m}^2 \ \text{K}$; $\rho_L/\rho_s = 0.95$
2. 처음 15초 동안 $h = 1500 \ \text{J/m}^2 \ \text{K}$이고 그다음에 500 $\text{J/m}^2 \ \text{K}$; $\rho_L/\rho_s = 0.95$
3. 처음 45초 동안 $h = 500 \ \text{J/m}^2 \ \text{K}$이고 그다음에 1500 $\text{J/m}^2 \ \text{K}$; $\rho_L/\rho_s = 0.95$

계산의 결과는 그림 11.18~11.20에 나와 있다.

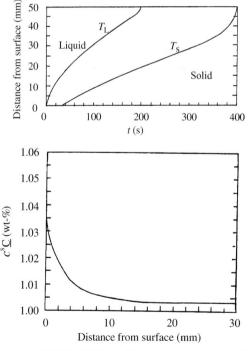

그림 11.18 1의 경우. 위쪽의 그림은 응고 전단부의 움직임을 보여준다. 아래쪽 그림은 표면으로부터 거리의 함수로서 응고 전단부의 움직임에 따른 C 농도를 보여준다. Bo Rosberg의 허락을 얻어 인용함.

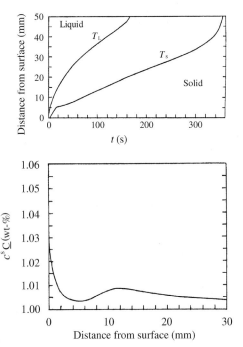

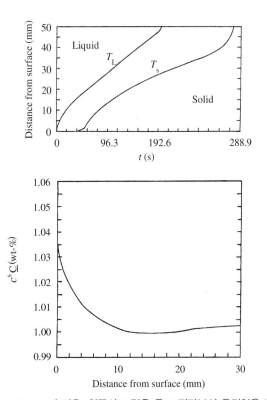

그림 11.19 2의 경우. 위쪽의 그림은 응고 전단부의 움직임을 보여준다. 아래쪽 그림은 표면으로부터 거리의 함수로서 응고 전단부의 움직임에 따른 $\underline{C}$ 농도를 보여준다. Bo Rosberg의 허락을 얻어 인용함.

세 개의 경우를 비교하면 지금 다루고 있는 경우에서 변동하는 냉각 조건이 응고 속도에 미치는 영향이 작으며, 그림 11.14에 나온 것보다 훨씬 작다는 것이 나타난다. 일반적인 경우에는 미치는 영향을 무시할 수 없다.

주편 팽창과 수축의 영향

주편 부위의 변화가 미치는 영향을 보여주기 위한 모의실험의 계산에 있어서 냉각 조건을 일정하게 유지하였고, 면적 A는 시간의 변화에 따라 A에서 $1.01A$로 선형 변화하였다. 상이한 세 개의 시간 간격을 연구하였다. 열전달 계수 h는 1000 J/m² K였고 밀도비 ρ_L/ρ_s은 0.95였다. 결과는 그림 11.21에 나와 있다.

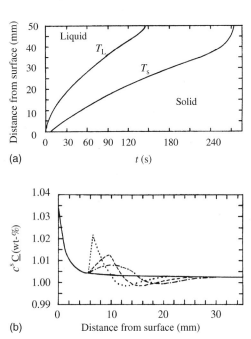

그림 11.21 (a) 응고 전단부의 움직임, 즉 시간의 함수로서 T_L(응고 시작) 및 T_s(응고 끝)로 표시된 응고 전단부의 위치. (b) 주편의 상이한 세 개 팽창 시간 간격인 30~33, 30~50 및 30~70초 동안에 표면으로부터 거리의 함수로서 $\underline{C}$ 농도. Bo Rosberg의 허락을 얻어 인용함.

결론적으로 이 경우에 커지거나 수축하는 주편은 응고 중의 고상에서 소소한 농도 변화를 일으킨다. 하지만 길이 변형 계수가 0.01보다 크면 그 영향이 훨씬 커진다.

11.6 연속 주조 중의 중심 편석

위에서 파악했던 것처럼 연속 주조 중에 주편의 표면과 내부

그림 11.20 3의 경우. 위쪽의 그림은 응고 전단부의 움직임을 보여준다. 아래쪽 그림은 표면으로부터 거리의 함수로서 응고 전단부의 움직임에 따른 $\underline{C}$ 농도를 보여준다. Bo Rosberg의 허락을 얻어 인용함.

에서의 역거시편석은 작다. 중심 편석의 경우에는 위와 반대의 현상이 벌어진다.

중심음의 편석과 수축공의 형성은 연속 주조에 있어서 가장 심각한 두 가지 문제이다. 연속 주조 중의 거시편석은 수축공 형성과 밀접한 관련이 있는데, 이 두 가지 현상의 기원이 같기 때문이다. 연속 주조 중의 수축공 성형은 10장에서 다루었고, 이 장에서 언급된 내용을 참고할 예정이다.

슬래브, 빌릿 및 블룸의 수율은 잉곳 주조보다 연속 주조에서 훨씬 크다. 이런 이유 때문에 연속 주조법은 경제적인 측면에서 큰 관심을 끌고 있다. 수율을 낮추는 수축공이 포함된 주편 부위는 버리고 재용융을 해야 한다. 그러므로 수축공의 형성을 가능한 한 많이 줄이는 것이 중요하다.

수축공의 형성보다 거시편석을 줄이는 것이 훨씬 더 중요하다. 농도가 낮은 합금보다 농도가 높은 합금 원소를 가진 합금을 주조하는 것이 더 어렵다는 것은 잘 알려져 있다. 후자가 전자보다 내외부의 균열 및 중심부에서의 거시편석을 형성하는 경향이 강하다.

위에서 언급된 문제로 인해 연속 주조법의 적합성에 제약이 만들어진다. 연속 주조 중에 수축공 성형과 중심 편석이 연관된 문제를 해결하기 위해서는 이 현상들에 대해 완전한 지식을 습득해야 한다. 또한 이런 문제의 출현 원인을 조사하고 유용한 이론을 알아내며, 연속 주조 중에 수축공 형성과 거시편석을 최소화하기 위한 예방 조치를 확립하기 위해 이 이론을 사용하는 것이 필요하다.

11.6.1 중심 편석

Fredriksson, Rogberg 및 Raihle이 1980년대 초에 단면이 10 × 10 cm(그림 11.22)인 강 주편을 연속 주조할 때에 발생하는 수축공 형성과 거시편석에 대해 광범위한 실험 조사를 진행하였다. 이 연구는 특히 주조 속도와 냉각 조건이 수축공 성형과 거시편석에 미치는 영향에 초점을 맞추었다.

실험 방법
주조 속도는 변할 수도 있으며, 강의 질에 따라 분당 2.5미터와 3.5미터 사이의 속도를 사용하였다. 자동 제어를 통해서 냉각 주형 안에서의 용융 금속 높이를 일정하게 유지하였다.

실험용 기계에는 주형 바로 아래에 물 분사링이 있었고, 더 아래쪽에는 두 개의 추가적 수냉 구역이 있었다. 냉각 강도는 부분적으로 수압과 달라지는 노즐의 단면적 그리고 이들 간의 거리에 의해 조절이 될 수 있다. 표면 온도를 일정하게 유지하기 위해서 냉각 강도는 주편을 따라 점차적으로 감소한다.

탄소 농도를 변화시키면서 각종 실험을 수행하였다. 각 실험에서는 정상 상태의 지점에서 채취한 단면 표본을 이용해서 주조 소재의 미세조직을 분석하였으며, 표본을 70°C에서 염산으로 부식해서 신중하게 조사하였다.

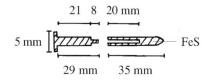

그림 11.23 FeS 못의 개략도. 앞부분의 공동부가 FeS로 채워지고, 그다음의 두 개 부위는 서로 밀어 넣는다. The Scandanavian Journal of Metallurgy의 허락을 얻어 인용함.

용융 금속의 유동을 주편의 중심부에 사상하기 위해서, 주조 중에 FeS를 주편에 사출하는 방법을 사용하였다. 응고가 끝난 후에 소위 '황프린트'법을 이용해서 사출된 FeS의 위치를 관측할 수도 있다. FeS는 '못'을 이용해서 주편에 사출이 된다. 이런 못을 설계하는 사례는 그림 11.23에서 주어진다.

실험 결과
다양한 탄소 농도와 주편의 냉각 속도가 달라지는 주조 속도로 각종 실험을 수행하였다. 거시편석은 대부분 냉각 조건에 의존한다고 판명이 되었다. 수축공 형성과 거시편석은 $\underline{C}$ 농도와는 아주 독립적이었다. 그 결과 두 가지 경우에 있어서 $\underline{C}$ 농도가 달라도 실험 결과를 비교할 수 있다.

수축공을 닮은 공동부가 중심축을 따라 자주 형성이 되었다(그림 11.24). 이 공동부는 주조 작업이 마무리될 때 형성되었고 10.6.2절에서 논의했던(339~340쪽 참고) 큰 수축공 바닥에서의 기공과 비슷하였다. 기공은 아래에서 논의가 될 메

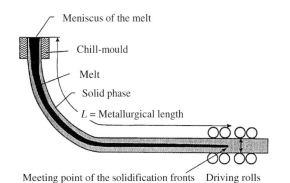

그림 11.22 실험에 사용했던 연속 주조기의 개략도. 여러 구역으로 나뉜 2차 냉각. The American Society for Metals(ASM)의 허락을 얻어 인용함.

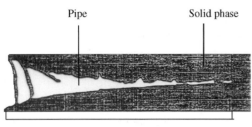

그림 11.24   연속 주조의 끝에 성형된 전형적인 수축공. 황프린트의 인화 후에 그려진 그림. The American Society for Metals의 허락을 얻어 인용함.

커니즘에 의해 형성이 된다.

못을 주편 쪽으로 쏘면, 수축공이 주편 아래에 즉시 성형이 된다. 그림 11.25 및 11.26은 이런 실험의 결과를 보여준다.

황프린트를 이용해서 용융 금속의 유동을 중심 영역에 사상할 수가 있다. 주편이 수직인 경우에 중심부에서의 응고와 냉각 수축으로 인해 용융 금속이 아래 방향으로 흐르고, 채널이 개방되어 있는 동안에 공동부를 채운다.

그림 11.25는 두 개의 응고 전단부가 만나기 직전에(10장의 340~341쪽 참고) FeS 못이 주편에 맞추어질 때의 상황을 보여준다. 못은 중심부에서의 용융 금속이 응고되기 전에 용융 금속이 아래 방향으로 더 흐르는 것을 차단하였다. 다리가 성형되었고 그 아래에는 수축공이 있다.

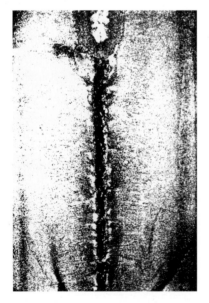

그림 11.25   수축공의 위와 주변의 황프린트. The Scandanavian Journal of Metallurgy, Blackwell의 허락을 얻어 인용함.

용융 금속은 두상 영역의 수지상정 망을 통해 다리 위의 영역으로부터 흐름이 발생했다. 용융 금속의 통과로 인해 그림 11.26의 A-A 수준 아래에 나온 것처럼 U자형 패턴이 만들어졌다. 다리에 가까운 영역과 다리 바로 위에 있는 중심부 영역은 C 농도가 평균보다 낮은(역편석) 소재로 구성된다. 다리 위의 약 3 cm(A-A 수준)에서 중심부 C 농도는 평균(강력한 양의 편석)보다 훨씬 높으며, 수축공의 끝부분인 못 아래의 10 cm에서 중심음의 편석은 약한 양의 편석이다. 수축공 아래로 멀리 떨어진 거리에서의 C 농도는 못 위로 3 cm(A-A)인 곳의 농도와 거의 같은 분포를 갖는다. 이것이 주편에서의 정편석 패턴이다.

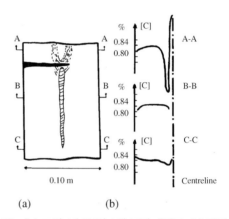

그림 11.26   (a) 그림 11.25의 1차 조직 개략도. (b) 주편 표면으로부터 거리의 함수로서 못을 기준으로 한 다양한 수준에서의 C 농도. The Scandanavian Journal of Metallurgy, Blackwell의 허락을 얻어 인용함.

중심 편석의 출현과 관련하여, 소위 V-편석도 형성이 된다. 용융 금속 유동의 특징인 단순형 V-편석과 심도밀집형 V-편석의 두 가지 다른 유형의 V-편석이 황프린트를 통해서 관측이 되었다.

중심축과 ~45°의 각도를 이루는 조밀충진형 V-편석(그림 11.27)은 작으면서 무작위 방향성을 띠는 다수의 결정을 갖고 있는 넓은 등축 영역이 있을 때에 나타난다. 이런 유형의 조직은 중심부에서의 온도가 크게 감소했을 때 연속 주조의 마지막에 나타난다(10장 340~341쪽).

등축 구역의 두께가 주상정 구역에 유리하도록 감소하면, V-편석 간의 거리는 증가하고 이들을 단순형 V-편석으로 특징지을 수 있다. 이런 유형의 편석 아래에서 수축공이 자주 나타난다(그림 11.25 및 11.28).

주편의 중심 편석 및 수축공 형성은 대부분 냉각 조건과 주

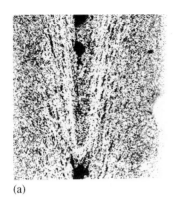

(a)

(b)

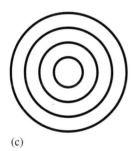

(c)

그림 11.27 (a) 조밀충진형 V-편석의 황프린트. 주편의 길이 방향 절단. (b) 조밀충진형 V-편석의 개략도. 주편의 길이 방향 절단. (c) 조밀충진형 V-편석의 개략도. 주편의 단면. The Scandanavian Journal of Metallurgy, Blackwell의 허락을 얻어 인용함.

조 속도에도 의존하며, 이 장의 뒷부분에서 이 내용을 다시 다루겠다.

11.6.2 중심 편석의 수학 모델

수축공의 형성 모델

10.6.2절에서 연속 주조 중의 수축공 형성에 대해 다루었다. 해당 절에서 유도했던 방정식으로 시작해서 처음에는 몇 가지 중요한 개념과 명칭을 반복한다.

물질 수지를 통해 다음의 관계식이 주어진다.

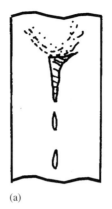 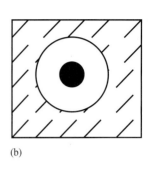

(a)

(b)

그림 11.28 주편을 따라서의 단순형 V-편석 개략도 (a) 주편의 길이 방향 절단; (b) 주편의 단면도. The Scandanavian Journal of Metallurgy, Blackwell의 허락을 얻어 인용함.

$$\Delta V_{cool} = \Delta V_{surface} + \Delta V_{centre} \qquad (11.55)$$

여기에서

ΔV_{cool} = 열 확산 또는 수축에 의한 주편의 부피 변형

$\Delta V_{surface}$ = 면 온도의 변화로 발생한 열 확산 또는 수축에 의한 주편의 부피 변형

ΔV_{centre} = 열 수축에 의한 중심부의 부피 변형

길이 방향의 온도 변화가 길이 방향에 수직인 시간의 함수로서 온도 변화보다 훨씬 작기 때문에, 길이의 수축을 무시하고 단면적의 변화로 발생한 부피 변형만을 고려할 수 있다. 이 경우에 면적 변화를 이용해서 부피 변형을 표현할 수 있고(그림 11.29), 다음의 식을 얻는다.

$$\Delta A_{cool} = \Delta A_{surface} + \Delta A_{centre} \qquad (11.56)$$

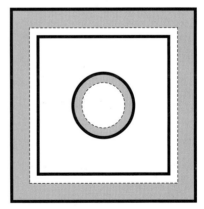

그림 11.29 회색 정사각형 = $\Delta V_{surface}$; 회색 원형 링 = ΔV_{centre}; 검은색 사각형(실선) 간의 부분 = ΔV_{cool}.

(11.56) 방정식에 있는 3개의 면적을 10장 342~344쪽에서 계산하였다. 정사각형 주편의 경우에 각각 다음과 같다 [(10.49), (10.51) 및 (10.52) 방정식 참고].

$$\Delta A_{surface} = \int_{0}^{\frac{x_0}{2}} 2\alpha_l \times 4(x_0 - 2x)\,dx\, \frac{\frac{x_0}{2}-x}{\frac{x_0}{2}}\Delta T_{surface}$$
$$= \frac{4}{3}\alpha_l x_0^2 \Delta T_{surface} \qquad (11.57)$$

$$\Delta A_{centre} = \int_{0}^{\frac{x_0}{2}} 2\alpha_l \times 4(x_0 - 2x)\,dx\, \frac{x}{\frac{x_0}{2}}\Delta T_{centre}$$
$$= \frac{2}{3}\alpha_l x_0^2 \Delta T_{centre} \qquad (11.58)$$

$$\Delta A_{cool} = \Delta A_{centre} + \Delta A_{surface}$$
$$= \frac{2}{3}\alpha_l x_0^2 \Delta T_{centre} - \frac{4}{3}\alpha_l x_0^2 \Delta T_{surface} \qquad (11.59)$$

여기에서

$$\alpha_l = 길이 변형 계수$$
$$x_0 = 주편의 폭 = 정사각형 주편의 측면$$
$$\Delta T_{surface} = 주편 표면에서의 온도 변화$$
$$\Delta T_{centre} = 주편의 중앙에서의 온도 변화$$

중심 편석의 수학 모델

그림 11.25 및 11.26은 못을 주편으로 쏘았을 때 다리가 성형되는 것을 보여준다. 못 위에서는 용융 금속이 2상 영역을 통해 아래로 흘러서 중심부 수축에 의해 발생한 공동부를 채운다. 그림 11.28에 있는 단순형 V-편석 구조는 등축 결정의 축이 두 개의 응고 전단부 간에 나타날 때 비슷한 방법으로 형성이 된다.

이런 소재의 다리는 지속된 용융 금속의 하향 흐름을 방지하며, 다리를 통과하는 용융 금속의 일부가 응고된다. 평균보다 C의 농도가 낮은 소재는 다리에서 응고되며, 상평형도에 따라 용융 금속이 추가적으로 하향 통과를 하는 중에 탄소가 축적된다(그림 11.30).

그림 11.27 (a)는 등축 결정으로 구성되는 전형적인 조직인 조밀충진형 V-편석을 보여준다. V 형상의 편석은 중심부로부터 일정 거리가 떨어진 곳에서 시작된다. 이런 유형의 조직에 대한 못 실험에서는 용융 금속이 차가운 바깥쪽 영역으로부터 따뜻한 안쪽 영역으로 흐른다. 용융 금속의 이송은 V-편석의

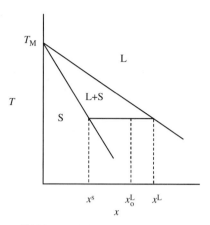

그림 11.30   이원 합금의 상평형 개략도.

채널에서 발생한다.

이런 유형의 소재 이송은 열응력에 의해 발생한다. 온도가 중심 영역에서 크게 떨어질 때 2상 영역이 축소되고, 용융 금속은 중심 쪽으로 안으로 향하게 된다. 이들 열이력은 중심축과 45°의 각도에 해당하는 방향을 갖는다고 가정한다. 그러므로 용융 금속은 상 영역을 관통하는 비스듬한 채널을 성형할수밖에 없고, 이는 최소 저항의 법칙과 일치한다.

하향 이동해서 중심의 기공을 채우는 용융 금속은 고상과 평형을 이루며, 더 따뜻한 영역에서 더 차가운 영역으로 흐르거나 2상 영역의 더 차가운 부위에서 따뜻한 부위로 흐를 때 방향의 흐름에 따라 냉각이나 용융에 의해 용융 금속은 자체의 조성을 바꾸게 된다.

이 조건을 알게 되면 중심 구역에서의 평균 C-농도를 계산할 수 있다.

2상 영역의 면적 A에 높이 h를 곱한 값인 부피 V(그림 11.31)의 2상 영역에서 체적 요소를 고려하라. 그러면 C 농도의 평균을 아래와 같이 표기할 수 있다.

$$\bar{c} = c_T^L \frac{k_{part}\rho_s A_s + \rho_L A_L}{\rho_s A_s + \rho_L A_L} \qquad (11.60)$$

여기에서

$$\rho_s = 고상의 밀도$$
$$A_s = 체적 요소에서 고상의 면적$$
$$k_{part} = 분배 계수$$
$$\rho_L = 용융 금속의 밀도$$
$$A_L = 체적 요소에서 용융 금속의 면적$$
$$c_T^L = T의 온도에서 고상과 평형을 이루는 용융 금속의 평형 농도$$

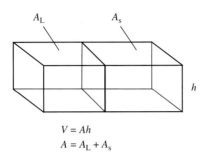

$$V = Ah$$
$$A = A_L + A_s$$

그림 11.31 체적 요소.

일정한 온도에서 면적 요소의 변화 dA가 일어나면 부피의 변화를 보충하기 위해서 용융 금속이 안팎으로 흐르기 때문에 평균 농도의 변화로 이어진다. 체적 요소의 새로운 평균 농도를 다음과 같이 표기할 수 있다.

$$\bar{c} + \bar{d}c = c_T^L \frac{k_{part} \rho_s A_s + \rho_L(A_L + dA)}{\rho_s A_s + \rho_L(A_L + dA)} \quad (11.61)$$

(11.60) 방정식을 (11.61) 방정식에서 빼면 중심 편석, 즉 면적의 변화 dA에 의한 체적 요소의 농도 변화에 대한 식을 얻게 된다.

$$d\bar{c} = c_T^L \frac{\rho_L \rho_s A_s(1 - k_{part})dA}{(\rho_s A_s + \rho_L A_L)[\rho_s A_s + \rho_L(A_L + dA)]} \quad (11.62)$$

우리는 A의 분율로서 A_L 및 A_s를 표현하기 위해 앞에서 소개한 g-함수를 이용한다(387쪽의 11.5.1절).

$$A_s = g_s A \quad (11.63)$$
$$A_L = g_L A \quad (11.64)$$

A_L 및 As에 대한 이 식들을 (11.62) 방정식에 대입하면 다음의 식이 주어진다.

$$d\bar{c} = c_T^L \frac{\rho_L \rho_s g_s(1 - k_{part})}{(\rho_s g_s + \rho_L g_L)\left[\rho_s g_s + \rho_L\left(g_L + \dfrac{dA}{A}\right)\right]} \frac{dA}{A} \quad (11.65)$$

이 방정식은 중심 편석에 대한 수치 계산의 기초이다. g_s 및 g_L의 항은 온도 T의 함수이며, 이 함수는 아래에서 미분 없이 주어진다.

$$g_s = 1 - g_L = \frac{T_L - T + \dfrac{2}{\pi}(T_s - T_L)\left\{1 - \cos\left[\dfrac{\pi(T - T_L)}{2(T_s - T_L)}\right]\right\}}{(T_L - T_s)\left(1 - \dfrac{2}{\pi}\right)}$$
$$(11.66)$$

여기에서

g_s = 고상 분율
g_L = 용융 금속의 분율
T_L = 액상선 온도
T_s = 고상선 온도
T = 체적 요소의 온도

중심 편석은 특히 온도 의존적이다. 아마도 k_{part}를 제외하고 (11.65) 방정식의 모든 수량은 온도에 따라 변한다. k_{part}는 시간 의존적이고 열전도에 대한 미분 방정식을 동시에 풀어서 결정이 되며, 단계적인 수치 계산이 필요하다. (11.65) 방정식을 A와 dA를 서술하는 식과 조합하면 주편의 중심 구역에서 거시편석을 계산할 수 있다.

dA가 dA_{centre}와 같도록 선택한다. A에 대한 구체식을 얻기 위해 수치 계산에서 A의 실제적인 초기값을 선택해야 한다. 크기가 10 × 10 cm인 주편의 중심에서 거시편석의 합리적인 면적은 예를 들어 $A = 2.5 \times 10^{-5}$ m²인데, 이는 반지름이 2.8 cm인 원의 면적이다.

(11.65)와 (11.66) 방정식은 중심부 거시편석이 온도, 주편의 중심과 표면에서 냉각 속도 각각에 의해 크게 영향을 받는다는 것을 보여준다. 주편 표면에서의 온도가 영향을 받을 수 있기 때문에, 중심부 거시편석이 감소될 가능성이 열리며 이 문제를 아래에서 논의하고자 한다.

11.6.3 중심 편석의 제거법

위에서 알 수 있듯이 연속 주조 중의 중심 편석은 응고와 냉각 중에 중심 구역의 수축에 크게 의존한다. 중심 편석 및 수축공 성형을 피하는 것이 바람직하기 때문에 응고 중의 수축을 최소로 줄이는 방법을 찾는 것이 중요하며, 기계적 영향 및 열 영향의 두 가지 주요 방법이 있다.

응고 중의 기계적 영향
응고 중에 주편이 외부 압력에 노출되면 중심 편석을 제거할 수 있다는 것을 실험을 통해 보여주었다.

경험에 따르면 중심 편석은 압력이 적용되는 *방법*과 *위치*에 상당히 민감하며, 주편이 완전하게 응고되기 전에 압력 처리를 중단하지 않는 것도 중요하다.

그림 11.32는 응고 과정의 마지막에 주편이 추가 외압에 노출이 될 때에 얻어지는 강한 효과의 예이다.

응고 중의 열 영향
슬래브에 대해 중심선 편석의 위험을 줄이기 위한 가장 흔한

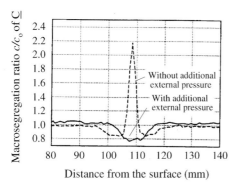

그림 11.32 마지막 응고 중에 외력이 없는 경우와 있는 경우에 슬래브 중간 부위에서의 탄소 편석도. The Scandanavian Journal of Metallurgy, Blackwell의 허락을 얻어 인용함.

방법은 위에서 논의한 기계적인 방법이며, 이를 **기계적 경압하**(mechanical soft reduction)라고 부르는데 이 방법을 빌릿에 사용하기는 쉽지 않다. 대신에 소위 **열적 경압하**(thermal soft reduction)가 사용되는데, 이는 주편의 2차 냉각을 최적으로 설계한 것이다.

다음 식을 통해 알 수 있다.

$$d\bar{c} = c_T^L \frac{\rho_L \, \rho_s \, g_s (1 - k_{part})}{(\rho_s \, g_s + \rho_L \, g_L)\left[\rho_s \, g_s + \rho_L \left(g_L + \dfrac{dA}{A}\right)\right]} \frac{dA}{A} \quad (11.65)$$

중심부에서의 거시편석은 주편 중심부에서의 온도 변화에 크게 의존한다는 것을 방정식과 그림 (11.58)로부터 알 수 있다. 하지만 ΔA_{centre}, $\Delta A_{surface}$ 및 A_{cool}은 상호 간에 독립적이지 않다. 10장과 (11.66) 방정식에서 했던 것처럼 온도가 표면과 중심부에서 선형적으로 변한다고 가정하면 (11.59) 방정식을 이용해서 주편 표면의 순수축 값을 얻는다.

G 인자(10장 344쪽)를 도입하면 다음의 식을 얻는다.

$$\Delta A_{cool} = \frac{2}{3} \alpha_l x_0 (1 - 2G) \Delta T_{centre} \quad (11.67)$$

여기에서

α_l = 길이 변형 계수

x_0 = 주편 단면의 변

$dT_{surface}/dt$ = 주편 표면에서의 냉각 속도

dT_{centre}/dt = 주편 중앙에서의 냉각 속도

$G = (dT_{surface}/dt)/(T_{centre}/dt)$

G 인자, 즉 중심부에서의 냉각 속도 대비 표면에서의 냉각 속도의 비가 ΔA_{cool}의 기호를 결정한다는 것을 (11.67) 방정

식으로부터 알 수 있다. 해당 식은 양의 값을 가질 경우에만 물리적인 의미를 가지며, $G > 0.5$이면 중심 편석이 음수가 되고 수축공이 만들어지지 않으며 거시편석이 나타나지 않는다. 수축공 성형과 중심 편석 모두를 피하려면, 다음의 조건이 아주 중요하다.

중심부에서의 전체 응고 중에 $G > 0.5$ 조건이 만족되도록 2차 냉각이 설계되어야 한다.

그림 11.33은 응고 중에 주편의 온도분포에 대한 대표적인 예이다. 응고 전단부가 마주치기 전에 중심부에서의 온도는 일정하고 액상선 온도와 동일하다. 응고 전단부가 마주쳤을 때 응고열의 공급이 중지되고 내부 온도가 급속하게 떨어진다.

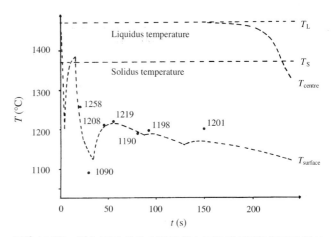

그림 11.33 연속 주조 중에 시간의 함수로서 정사각형 주편의 중심부와 측면 가운데에서의 온도.

주편 표면에서의 온도는 2차 냉각의 설계에 의해 영향을 받으며, 모든 곳에서 $G > 0.5$의 조건이 충족되도록 2차 냉각을 설계해야 한다. 실제로는 이 조건의 충족이 그렇게 쉽지는 않다. 응고 전단부가 마주치고 중심부에서의 온도가 급속하게 감소할 때, 중심 편석의 위험성이 응고 과정의 마지막에 나타난다는 것을 그림 11.33에서 알 수 있다.

Fredriksson과 Raihle은 수축공 형성과 중심 편석에 대한 조건을 사용하여 수축공의 형성을 최소화하고 중심 편석(거시편석비 $c_{centre}/c_0^L = 1$)을 완전히 피할 수 있다는 것을 발견하였는데, 응고 과정의 마지막에 **추가 냉각**(extra cooling)을 적용하였다. 계산의 결과는 그림 11.34에 나와 있다. 강력 2차 냉각과 약한 2차 냉각을 통해 두 가지의 대안에 대한 모의실험을 하였으며, 추가 냉각의 위치는 달라졌다. 냉각은 그림 11.34에서 주어진 위치에서 시작되어 냉각이 끝날 때까지 지

속되었다.

중심 편석비 c_{centre}/c_0^L이 1(그림 11.34의 점선)인 것이 바람직하다.

그림 11.34로부터 다음과 같은 결론을 내릴 수 있다.

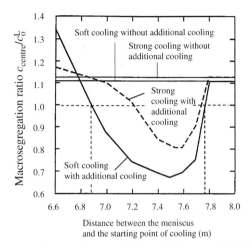

그림 11.34 추가 냉각 위치의 함수로서 연속 주조 중 중심 편석의 모의실험 결과. 두 개의 수평 점선은 강력한 추가 냉각(위쪽 선)과 약한 추가 냉각(아래쪽 선)이 있는 거시편석이다. ASM International의 허락을 얻어 인용함.

- 약한 냉각과 강력 냉각 모두에 있어서 추가 냉각이 중심 편석에 막대한 영향을 미친다.
- 주편 표면의 수축이 너무 커서 중심 편석 $c - c_0^L$이 음수가 되며 1보다 작은 c/c_0^L의 비가 주어진다.
- 추가 냉각이 있는 연한 냉각은 추가 냉각이 없는 강력 냉각보다 우수한 결과를 제공한다.
- 추가 냉각이 최적의 위치 이전에 시작되면 효과가 반대일 수 있는데, 이는 비율이 1보다 훨씬 클 수 있다는 것을 의미한다.

수축공 형성의 경우에 해당 모델이 실험 결과와 잘 일치한다는 점을 명심하면(10장 345쪽), 추가 냉각이 있는 방법도 중심 편석에 적용된다고 가정하는 것이 합리적이다. 이는 산업 규모의 실험을 통해 확인이 되었다.

11.7 프레클(Freckles)

응고 잉곳 내부와 잉곳의 표면에는 특정한 경우에 소재의 조성이 주변과 다른 수직 채널이 있으며, 이런 현상을 *freckles*이라고 한다.

부식 기술을 이용한 검사는 과량의 공정 소재, 예를 들면 기공 및 작으면서 방향성이 무작위인 결정과 같은 2차상의 입자가 자국에 포함될 수 있다는 것을 보여주었다. Freckles은 거시편석의 형태이며 연필을 닮은 형상을 갖는다. 표면에서 연필은 점처럼 보이며, 이를 통해 Freckles라는 용어가 설명이 된다.

Freckles은 특정한 경우에 전기 아크를 사용한 재용융법 또는 전극재용해법 중에 나타나는 주조 결함이며, 일방향 응고가 관련된 공정 중에 형성이 될 수도 있다. 그림 11.35는 이절 뒤에서 다룰 대표적인 예를 보여준다.

Freckles의 기원은 오랫동안 알려지지 않았다. NH_4Cl-H_2O계를 통한 모델 실험, 즉 Freckles에 대한 이론의 개발 및 금속 계통에 대한 후자의 시험을 한 후에 아래에 주어진 설명이 일반적으로 허용된다.

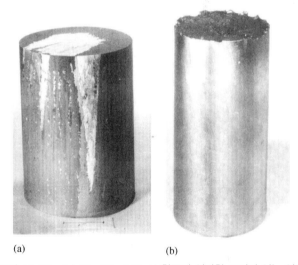

(a)   (b)

그림 11.35 (a) Ni – 20 at-% Al 합금의 일방향 조직이 있는 잉곳의 Freckles. (b) Ni – 13 at-% Ta 합금의 일방향 조직이 있는 잉곳. Freckles 없음. ASM International의 허락을 얻어 인용함.

11.7.1 NH_4Cl-H_2O계를 통한 모델의 실험

대부분의 금속처럼 수지상정 조직으로 응고되는 NH_4Cl-H_2O계를 통한 모델 실험에 의해, 응고 과정을 상세하게 연구하고, 용액과 고체 NH_4Cl 및 얼음 모두가 투명성의 커다란 장점을 갖기 때문에 심지어는 이것을 영상화하는 것이 가능하게 되었다. 매개 변수는 한 번에 하나씩 변경되었으며, 각 매개 변수로 인해 발생하는 변경 사항을 별도로 연구하였다. 이런 방법으로 freckles 현상에 대한 기본적인 지식을 얻게 되었다.

Copley와 공동 작업자들은 30 wt-% NH₄Cl 용액을 사용하였고, 수많은 실험을 수행했다. 그림 11.36 (a)와 (b)는 기구의 개략적인 모습과 계의 상평형도를 보여준다. 상이한 조성을 가진 다른 상과 영역을 시각적으로 구별하고, 굴절률 차이로 인해 사진을 촬영할 수도 있다. 굴절률 차이는 밀도나 온도 차이로 인해 발생할 수 있다.

제트 기류 및 반점

응고 중인 $NH_4Cl - H_2O$ '잉곳'은 상부 액체 구역, 수지상정이 있는 두상 영역, 냉각 구리판과 접촉하는 고액상의 세 개 영역으로 구분이 가능하다.

Cu판으로부터 일정한 거리에는, 예를 들어 니켈기 합금에서와 같은 금속에서 가끔 발생하는 freckles과 확실하게 유사성을 가진 뚜렷한 흔적이 있다. 2상 영역에서 위로 향하는 기류인 소위 강한 제트에 의해 이 흔적들이 만들어지는 것을 관찰할 수 있었다. 이 제트가 위로 향하면서 수지상정 망을 파편으로 부순다(그림 11.37). 이런 방법을 통해 수많은 새로운 핵이 만들어지는데, 이는 새로운 수지상정 형성의 원천이다. 제트 기류는 2상 영역의 바닥에서 시작되기 때문에, 기류가 공정 온도와 조성을 갖는다고 가정하는 것이 합리적이다.

그림 11.37 수지상정 파편들, ASM International의 허가를 얻어 인용함.

제트 기류의 단면은 4개에서 9개의 수지상정 가지에 걸쳐서 퍼진다. 더 큰 입자는 흔적이 되어 무작위 방향으로 결정립을 성형한다. 더 작은 입자(2차 수지상정 가지)들은 제트 기류와 함께 멀리 이송이 되어 따뜻한 주변에서 재용융된다. 이는 거시편석, 즉 새로운 주변과 비교했을 때 다른 조성의 기류로 이어진다. 양의 편석($k_{part} < 1$)을 가진 물질은 제트 기류에 쌓이는 반면에, 액체의 조성은 미세편석에 의해 조절되기 때문에 음의 편석($k_{part} > 1$)을 가진 물질은 격감한다.

유리 주형의 외면을 따라 이 조직들의 전형적인 구조를 관찰할 수 있다(그림 11.38). 각종 수지 상정 가지의 흔적의 주변에서 성장했다는 것도 발견할 수 있다. 이는 제트 기류의 액체가 주변의 액체보다 차갑다는 것을 가리킨다. 또한 제트 기류가 위로 분출하듯이 나오면 기류의 밀도가 주변 액체의 밀도보다 낮다는 것을 보여준다.

다양한 매개 변수가 흔적에 미치는 영향을 사상하기 위해 설계된 특별한 실험을 통해 다음의 결과를 얻는다.

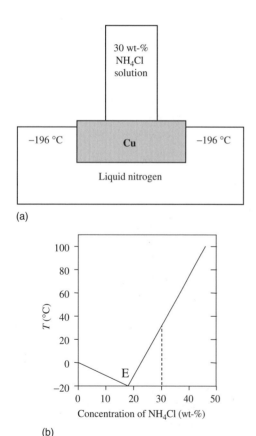

(a)

(b)

그림 11.36 (a) $NH_4Cl - H_2O$계의 응고 과정 연구용 실험 장비. 유리 주형 또는 플라스틱 주형이 설치되어 있고 구리판과의 열접촉이 우수하며 액체 질소로 냉각(−196℃). (b) $NH_4Cl - H_2O$계의 상평형도. ASM International의 허락을 얻어 인용함.

- Freckles 채널 또는 단지 freckles만이 냉각 표면에서 일정 거리 떨어진 곳에서만 나타난다.
- 2상 영역의 단면부가 평면이면 freckles이 단면부에 고르게 분포된다.
- 2상 영역의 단면부가 볼록하면 주형의 내부에서만 freckles이 나타난다. 이 단면부가 오목하면 주형의 외부에서만 나

그림 11.38 유리 외면에서 NH_4Cl-H_2O의 전형적인 freckles의 흔적. ASM International의 허락을 얻어 인용함.

타난다.

- 2상 영역이 수직선과 각도를 이루도록 주형이 경사지게 되면, 이는 제트 기류의 수직 방향에 영향을 미치지 않으며 중력과 평행 상태를 유지한다[그림 11.39 (a)와 (b)].
- 제트의 성형은 수지상정의 온도 기울기 및 응고 속도가 감소할 때 증가한다.

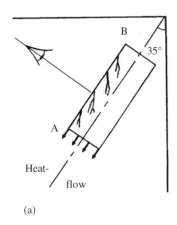

(a)

(b)

그림 11.39 (a) 원통형 잉곳 합금 Mar-M200의 위쪽을 따라 반점이 줄을 이룬다. 원통은 응고 중에 수직선과 35° 경사를 이루었다. (b) Freckles이 있는 원통 표면의 출현. 원통은 경사진 위치에서 응고되었다. The American Society for Metals(ASM)의 허락을 얻어 인용함.

- 제트 기류가 수지상정 파편을 이송하기 때문에, 양의 편석 ($k_{part} < 1$)을 가진 합금 원소는 쌓이고 음의 편석($k_{part} > 1$)을 가진 합금 원소는 격감한다.

제트 기류의 구동력

온도가 증가함에 따라 정상적인 길이 확산 계수를 갖고 있는 모든 액체와 용융 금속의 밀도는 감소한다(그림 11.40 및 표 11.1).

하지만 온도 기울기가 응고 중인 NH_4Cl 용액의 2상 영역에서 역밀도의 유일한 원인은 아니다. 온도 기울기와 함께 움직이는 농도 기울기도 역밀도에 영향을 미치며, 이에 대해서는 그림 11.41에 나와 있다. 역밀도는 대류로 이어지는데, 제트 기류의 원천이면서 Freckles의 원인이다.

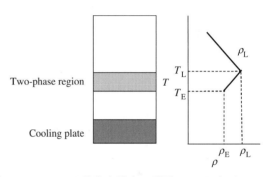

그림 11.40 NH_4Cl 용액의 역밀도. 색인 E = 공정. The American Society for Metals의 허락을 얻어 인용함.

표 11.1 정규밀도와 역밀도의 정의

온도 분포	T_1 낮음 T_2 높음
Normal density	$\rho_1 > \rho_2$
Inverse density	$\rho1 < \rho_2$

11.7.2 금속 Freckles의 원인

NH_4Cl-H_2O형 수계통과 금속 계통을 비교하면 제트 기류 및 freckles의 원인인 대류의 기원은 양쪽에서 동일하다. 하지만 재료 상수 값과 제트 기류의 구동력인 밀도 역전의 크기 간에는 커다란 차이가 있다.

금속 계통의 농도 주도 대류

금속 계통에서 농도 주도 대류의 존재 여부는 밀도 역전의 크기와 이송 과정의 두 가지 요소에 달려 있는데, 이들은 수지상정의 성장 속도, 용융 금속과 고상에서의 확산, 용융 금속과 고상의 밀도 및 온도 조건과 같은 재료 상수에 의해 결정이 된다.

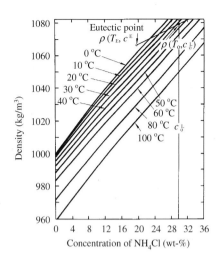

그림 11.41 매개 변수로서 온도에 따른 농도의 함수로서 NH₄Cl 용액의 밀도. ASM International의 허락을 얻어 인용함.

2상 영역의 밀도 역전은 다음의 상황에서 가능하다.

- 양의 편석 또는 정상 편석을 가진 더 가벼운 원소의 금속 계통($k_{part} < 1$)
- 음의 편석 또는 역편석을 가진 더 무거운 원소의 금속 계통 ($k_{part} > 1$)

오직 이 두 가지의 대안만 freckles 출현의 필요 조건인 역밀도의 분포로 이어진다.

*가벼운 원소*는 합금의 기본 원소보다 밀도가 낮은 합금 원소를 의미한다. 이와 유사하게 *무거운 원소*는 기본 원소보다 밀도가 높은 합금 원소를 의미한다.

양의 편석은 온도가 감소하는 용융 금속이 초기 원소보다 높은 합금 원소의 농도에 도달한다는 것을 의미하며(그림 11.42), *음의* 편석 온도가 감소하는 용융 금속이 초기 원소보다 낮은 합금 원소의 농도에 도달한다는 것을 의미한다(그림 11.42).

합금 원소의 농도와 Zn – Al 용융 합금 온도의 함수로서 밀도를 측정함으로써 금속 계통에서 밀도 역전의 크기에 대해 결정을 하였다. 결과적으로 농도 변화에 의한 2상 영역에서의 용융 금속 밀도 변화가 온도 변화에 의한 밀도 변화보다 훨씬 컸다. 또한 계산에 따르면 금속 계통의 밀도 역전이 NH₄Cl – H₂O 계통의 밀도 역전을 10배 이상 초과하였다.

이송 과정과 관련하여 수계통과 금속 계통 간의 주요 차이는 열 확산의 크기인데, 수계통보다 금속 계통에서 이 값이 약 100배 정도 크다.

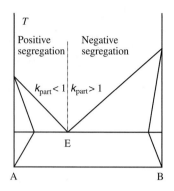

그림 11.42 이원 상평형도에서 양과 음의 편석 영역.

밀도와 확산이 크면 대류에 유리하기 때문에, 일방향 응고 및 진공에서 아크로 이루어지는 재용융 공정 중에 freckles이 출현하는 현상을 설명하기에 좋은 기회가 된다.

예제 11.3

Freckles이 Ni – 13 at-% Ta 합금의 주조 중에는 절대로 나타나지 않고 Ni – 20 at-% 합금의 주조 중에 나타나는 이유가 무엇인지 이 두 개 합금의 상평형도를 이용해서 설명하라.

이는 그림 11.35 (a)와 (b)를 통해 검증이 된다.

풀이와 답

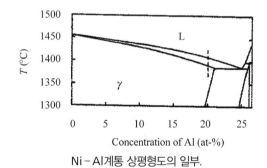

Ni – Al계통 상평형도의 일부.

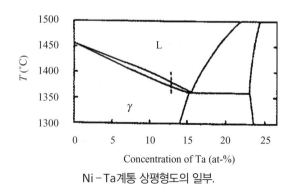

Ni – Ta계통 상평형도의 일부.

위쪽에 있는 상평형도는 알루미늄이 정상 편석 또는 *양의* 편석을 가진다는 것을 보여준다. Al은 Ni보다 *가벼운* 원소이기 때문에, 반점 출현 조건이 충족된다. 아래쪽의 상평형도는 탄탈럼도 정상 편석을 가진다는 것을 보여준다. 하지만 Ta는 Ni보다 *무거운* 원소이기 때문에 반점이 나타날 수 없다.

11.7.3 Freckles에서 거시편석의 수학 모델

Freckles은 2상 영역에서의 농도 주도 대류에 의해 나타나고 주위와 다른 조성을 가진 채널로 이루어진다. freckles에 대한 간단한 수학 모델을 도입해서 이런 주조 결함이 출현하는 조건을 유도하고자 한다.

Raleigh는 1916년에 그림 11.43에서 주어진 유형의 비유동 흐름 패턴에 대한 조건을 예측하였으며, 이런 유형의 유동에 대한 조건은 Grashof 수와 Prandtl 수의 곱이 1700 이상이어야 한다는 것을 밝혀냈다.

$$Gr \times Pr \geq 1700 \tag{11.68}$$

이 조건을 적용해서 freckles의 출현 조건을 파악한다. Grashof 수와 Prandtl 수를 다음처럼 정의한다.

$$Gr = \frac{g\beta L^3 \Delta T}{v_{\text{kin}}^2} \tag{11.69}$$

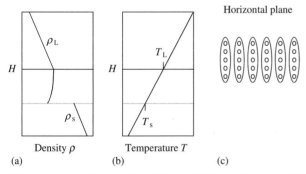

그림 11.43 수평 응고 전단부가 있는 일방향 응고. (a) 높이 H의 함수로서의 밀도 (b) 높이 H의 함수로서의 온도 (c) 2상 영역의 freckles 근처에서 위로부터 본 대류 패턴.

$$Pr = \frac{v_{\text{kin}}}{\alpha} \tag{11.70}$$

여기에서

g = 중력에 의한 가속도

β = 부피 변형 계수(K^{-1})

L = 특성 길이

v_{kin} = 동적 점성 계수(η/ρ)

α = 열 확산성($k/\rho c_p$)(4장 62쪽)

T_F = 응고 전단부의 온도

T_s = 용용 금속의 고상선 온도

이 경우에 대류는 2상 영역에서 발생한다. 따라서 2상 영역의 폭을 특성 길이 L로 선택하는 것은 합리적이다.

ΔT는 응고 전단부 T_F의 온도와 고상선 온도 T_s 간의 온도 차이이다. 이 경우에 액상선 온도 T_L로 응고 전단부의 온도에 대한 근사치를 계산할 수 있다.

이 경우에 합금 원소의 농도가 밀도에 미치는 영향을 서술하기 위해서 Prandtl 수 대신에 Smidt 수를 사용할 예정이다.

$$S = \frac{v_{\text{kin}}}{D} \tag{11.71}$$

여기에서 v_{kin}은 동적 점성 계수, D는 확산 계수이다.

온도 차이를 온도 기울기 G로 나누어 두상 영역의 길이를 얻는다.

$$L = \frac{T_L - T_s}{G} \tag{11.72}$$

Freckles 형성에 대한 최종 조건은 아래와 같다.

$$\frac{K_p\, g\, \beta (T_L - T_s)^4}{v_{\text{kin}} D G^3} \geq 1700 \tag{11.73a}$$

β 대신에 $[-(1/\rho)(\Delta\rho/(T_L - T_s))]$를 도입함으로써(예제 11.4 참고) 이 식을 다음의 식으로 변환이 가능하다.

$$-\frac{K_p\, g\, \Delta\rho (T_L - T_s)^3}{\rho\, v_{\text{kin}} D G^3} \geq 1700 \tag{11.73b}$$

여기에서

K_p = 투과 계수

$\Delta\rho = \rho_{\text{top}} - \rho_{\text{bottom}}$ = 2상 영역에서 용용 금속의 상단 및 바닥에 있는 용용 금속의 밀도 차이

G = 2상 영역의 온도 기울기

투과 계수 K_p는 수지상정과 용용 금속 간의 마찰과 관련이 있다. 투과 계수는 용용 금속이 수지상정 망으로 침투해서 들어가는 능력의 측정값이다. 이 계수가 높을수록, 용용 금속이 2상 영역 안팎으로 흐르는 것이 *더 쉬워진다*. K_p는 0(무침투)과 1(완전 침투) 사이에서 변한다.

계통의 상평형도가 온도와 농도 간의 관계식을 제공하기

때문에, G와 T 간의 (11. 73b) 방정식 대신에 온도 기울기 G, 농도 c^L 및 c^E 간의 관계식을 얻을 수 있다. 전자의 관계식은 예제 11.4에서 유도되며, freckles 성형이나 반점을 피하기 위한 유용한 조건을 찾는 데 이를 사용할 수 있다.

$$G \leq \left[\frac{g\, m_L^3 \left(m_L \dfrac{\partial \rho}{\partial T} + \dfrac{\partial \rho}{\partial c} \right)}{\rho_L\, v_{kin}\, D \times 1700} \right]^{\frac{1}{3}} (c^E - c^L)^{\frac{4}{3}} \quad (11.74)$$

Freckles을 피하기 위한 조건

Freckles은 주물의 품질을 저하시키고, 내부와 외부에서 균열 형성의 잠재적 위험을 나타내므로 이의 형성을 예방하는 것이 바람직하다. Freckles의 발생 위험이 있는 합금에서는 예제 11.4에 예시된 종류의 계산을 수행하고 이런 주조 결함이 예방되도록 주조 과정을 설계하는 것이 좋다.

(11.73b) 방정식은 freckles에 대한 기본 조건이다. 액상선과 고상선 온도는 논의가 되고 있는 합금의 상평형도를 통해 합금 원소의 농도와 관련이 되고, (11.73b) 조건을 합금 원소의 농도와 온도 기울기 간 (11.74) 방정식으로 대체할 수 있다. 예로써 그림 11.44 (a)에서 주어진 Pb‐Sn계용 곡선을 그림 11.44의 상평형도와 (11.74) 방정식을 이용해서 계산을 하였다.

합금 원소 Sn[그림 11.44 (a)]에 대한 각 농도값에 있어서, 반점의 형성을 피해야 할 경우에 허용이 되는 온도 기울기의 최솟값 G_{cr}을 판독할 수 있다. 등호가 (11.74) 방정식에서 사용이 되면 임계 온도 기울기 G_{cr}을 얻게 된다.

그림 11.44 (a)와 (11.74) 방정식은 freckles을 피하려는 경우에 온도 기울기 G는 임계값 G_{cr}을 초과해야 한다는 것을 보여준다.

$$G > G_{cr} \Rightarrow \text{no freckles} \quad (11.75)$$

온도 기울기는 실제로 안정을 위해 충분한 여유를 두고 임계값을 초과해야 한다.

그림 11.44 (a)는 또한 g 값이 *커지는* 경우에 임계 값 G_{cr}과 freckles 형성의 위험성이 *증가한다*는 것을 보여주며, 이는 원심 주조의 경우에 중요하다.

반면에 g 값이 *낮아지는* 경우에 임계 곡선이 그림 11.44 (a)의 좌측에 들어서기 때문에 G_{cr}과 freckles 형성의 위험성이 *감소한다.* 이 상황은 11.8.1절에서 논의한다.

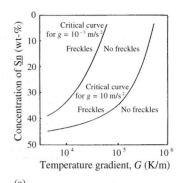

(a)

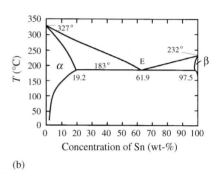

(b)

그림 11.44   (a) 합금 원소의 농도와 Pb‐Sn 합금에 대한 온도 기울기 간의 관계. 거시편석의 출현과 비출현 간 한계는 중력 g로 인한 가속도 값에 의존한다. 두 개의 상이한 g 값에 대한 곡선이 그려졌다. (b) Pb‐Sn계의 상평형도.

예제 11.4

몇 가지 상이한 Pb-Sn 합금에 대해 Sn 농도의 함수로서 임계 온도 기울기의 계산을 통해 어떤 응고 조건에서 Pb-Sn 합금의 반점 성형 위험이 발생하는지를 검사하라. Sn의 초기 농도가 20, 30, 40, 50 및 60 wt-%인 합금에 대해 계산을 수행하라.

(a) 표와 (b) 임계 온도의 기울기 함수로서 Sn 농도의 그림으로 결과를 제시하라. Freckles 형성의 위험이 있을 때와 freckles 형성의 위험이 없는 곳을 그림에 표시하라.

그림 11.44 (b)에 Pb‐Sn계의 상평형도가 나와 있다. 확산 상수가 3.0×10^{-9} m^2/s, $K_p = 1$이라고 가정한다. 표준 참고표에서 잔여 재료 상수를 가져와야 하며, g는 9.8 m/s^{2}이다.

풀이

계산의 기초는 (11.73a) 방정식이다.

$$\frac{K_p\, g\beta\, (T_L - T_S)^4}{v_{kin}\, D G^3} \geq 1700 \quad (1')$$

이 방정식을 적용하려면 누락된 수량을 알고 있는 다른 수량이나 사용이 가능한 수량으로 표현해야 한다.

$$V = V_0 + \beta V \, \Delta T \qquad 또는 \qquad \Delta V = \beta V \, \Delta T \qquad (2')$$

이 식을 아래와 같이 표기할 수 있다.

$$\beta = \frac{1}{V} \frac{\Delta V}{\Delta T} \qquad (3')$$

아래는 알고 있는 사항이다.

$$V\rho = \text{constant} \qquad (4')$$

대수 미분 방정식 (4')로부터 아래의 식이 주어진다.

$$\frac{\Delta V}{V} = -\frac{\Delta \rho}{\rho} \qquad (5')$$

(3') 및 (5') 방정식을 이용해서 다음의 식을 얻는다.

$$\beta = \frac{1}{V} \frac{\Delta V}{\Delta T} = -\frac{1}{\rho} \frac{\Delta \rho}{\Delta T} \qquad (6')$$

더불어 가능성은 가장 낮지만 $T_s = T_E$일 때 다음의 식을 갖게 된다.

$$L = \frac{T_L - T_s}{\dfrac{dT}{dy}} \approx \frac{T_L - T_E}{G} = \frac{m_L (c^L - c^E)}{G} \qquad (7')$$

여기에서

$m_L = dT/dc = (T_L - T_E)/(c^L - c^E) =$ 액상선 기울기
$G = dT/dy =$ 온도 기울기

L에 대한 (7') 방정식을 (11.73b) 방정식에 대입하면, $K_p = 1$이고 $T_L - T_s \approx T_L - T_E$일 때에 다음의 식을 얻게 된다.

$$\frac{-g \, \Delta \rho}{\rho v_{kin} D} \frac{(T_L - T_E)^3}{G^3} \geq 1700$$

또는

$$\frac{-g \, \Delta \rho}{\rho v_{kin} D} \frac{m_L^3 (c^L - c^E)^3}{G^3} \geq 1700 \qquad (8')$$

밀도 ρ는 두 개의 변수인 온도 T 및 농도 c의 함수이고, 논의가 되고 있는 온도와 농도 영역 내에서 ρ를 다음처럼 표기할 수 있다고 가정한다.

$$\rho = \rho_L + \frac{\partial \rho}{\partial T} (T - T_L) + \frac{\partial \rho}{\partial c} (c - c^L) \qquad (9')$$

$T = T_E$의 경우에 (9') 방정식을 적용하면 다음의 식이 주어진다.

$$\Delta \rho = \rho_E - \rho_L = \frac{\partial \rho}{\partial T} (T_E - T_L) + \frac{\partial \rho}{\partial c} (c^E - c^L) \qquad (10')$$

$T_E - T_L = m_L(c^E - c^L)$을 (10') 방정식에 대입하면 다음의 식을 얻는다.

$$\Delta \rho = \frac{\partial \rho}{\partial T} m_L (c^E - c^L) + \frac{\partial \rho}{\partial c} (c^E - c^L) \qquad (11')$$

$\Delta \rho$의 이 값을 (8') 방정식에 대입하면 다음의 식을 얻는다.

$$\frac{-g \left(m_L \dfrac{\partial \rho}{\partial T} + \dfrac{\partial \rho}{\partial c} \right) (c^E - c^L)}{\rho v_{kin} D} \frac{m_L^3 (c^L - c^E)^3}{G^3} \geq 1700 \qquad (12')$$

ρ_L이 (12') 방정식의 좌변에 가능한 가장 낮은 값을 제공하기 때문에 ρ의 값으로 ρ_L을 선택한다.

$$\frac{g \, m_L^3 \left(m_L \dfrac{\partial \rho}{\partial T} + \dfrac{\partial \rho}{\partial c} \right) (c^E - c^L)^4}{\rho_L v_{kin} D G^3} \geq 1700 \qquad (13')$$

(13') 방정식은 거시편석의 freckles에 대한 조건이며, 이 방정식으로부터 G의 해를 구한다.

$$G \leq \left[\frac{g \, m_L^3 \left(m_L \dfrac{\partial \rho}{\partial T} + \dfrac{\partial \rho}{\partial c} \right)}{\rho_L v_{kin} D \times 1700} \right]^{\frac{1}{3}} (c^E - c^L)^{\frac{4}{3}} \qquad (14')$$

이 방정식은 freckles의 형성에 대한 조건이며, 임계값 G_{cr}은 등호가 사용될 때에 (14') 방정식으로부터 유도할 수 있다.

$g = 9.8 \text{ m/s}^2$, $D = 3.0 \times 10^{-9} \text{ m}^2/\text{s}$, $m_L = -2.33 \text{ K/wt-\% Sn}$(상평형도에서 유도) 및 $c^E = 61.9 \text{ wt-\% Sn}$(상평형도에서 판독)의 값을 대입함으로써 (14') 방정식으로부터 $c^E - c^L$의 함수로서 G_{er}을 계산할 수 있다.

밀도의 편도함수는 온도와 Sn 농도의 함수로서 ρ에 대한 표를 사용해서 계산한다. 계산값은 아래와 나와 있는 표를 통해 주어진다.

c^L	$\left(\frac{\partial \rho}{\partial T}\right)_{c^L, T_L}$	$\left(\frac{\partial \rho}{\partial c}\right)_{c^E, T_E}$	$c^E - c^L$	ρ_L	ν_{kin}	G_{cr}
(wt-% Sn)	(10^3 kg/m^3 K)	(10^3 kg/m^3 wt-%)	(wt-% Sn)	(10^3 kg/m^3)	(104 m^2/s)	(10^2 K/m)
20	-10.48	-46.8	41.9	9.67	2.73	152
30	-10.11	-41.1	31.9	9.24	2.81	1836
40	-9.71	-37.1	21.9	8.85	2.92	4218
50	-8.76	-35.2	11.9	8.49	3.06	7205
60	-8.69	-31.8	1.9	8.16	3.26	10728
From text	Table values	Table values	Calculated	Table values	Table values	Calculated from Equation (14′)

답

(a) 원하는 표는 아래에 나와 있다.

(b) 원하는 다이어그램은 아래에 나와 있다. 곡선의 우측에서는 반점의 성형 위험이 없다.

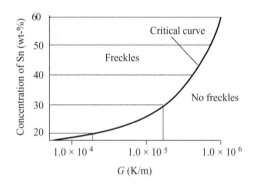

[cSn]	G_{cr}
(wt-%)	(K/m)
20	1.5×10^4
30	1.8×10^5
40	4.2×10^5
50	7.2×10^5
60	1.1×10^6

온도 기울기 G_{cr}은 응고 중의 온도 분포에 의해 결정되며, 응고 속도도 이에 의해 결정된다. G가 클수록 응고 속도가 커지게 되고 반점의 위험은 작아지게 된다.

11.8 수평 응고 중의 거시편석

그림 11.45 (a)는 중력장에 수직인 일방향으로 응고되는 합금의 밀도 분포를 보여준다. 고상의 밀도는 온도가 감소함에 따라 선형으로 증가하며, 용융 금속보다 밀도가 크다. 용융 금속

의 밀도는 2상 영역에서 감소하고, 고상 근처에서 최소가 된다고 가정하였다. 2상 영역 안에서 용융 금속의 밀도는 외부의 밀도보다 높을 수도 있고 낮을 수도 있는데, 위에 있는 11.7절에서 이에 대해 확인하였다. 이 밀도 분포는 그림 11.45 (b)에서 예시된 패턴에 따라 용융 금속과 2상 영역 내에서 자연 대류를 일으킨다.

2상 영역 내에서 용융 금속의 속도는 확실히 매우 낮지만, 2상 영역 주위의 자연 대류를 통해 용융 금속의 일부가 고액 공존대에서 멀리 이송이 된다. 미세편석으로 인해 2상 영역의

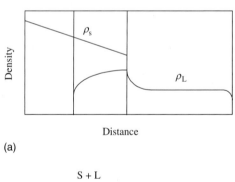

(a)

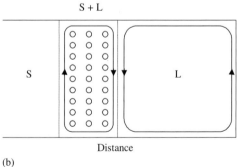

(b)

그림 11.45 (a) 일방향 응고 중 용융 금속과 고상에서의 밀도 분포. (b) (a)의 밀도 분포에 대하여 용융 금속과 2상 영역 내부에서의 자연 대류.

용융 금속은 외부의 용융 금속보다 합금 원소의 농도가 더 높다. 따라서 자연 대류는 기본의 용융 금속 내 합금 원소 농도의 점진적인 증가로 이어진다.

11.8.1 수평 응고 중에 중력이 거시편석에 미치는 영향

Fredriksson과 공동 작업자들은 두 개의 Pb‒Sn 합금으로 정상 중력이 작용하는 지구 위에서 그리고 공간 내의 미세중력 하에서 일련의 실험을 수행하였다. 표본의 크기는 100 × 100 × 25 mm이었다.

두 개의 Pb‒Sn 합금은 일방향 응고에 의해 응고되었다. 응고의 방향과 온도 기울기는 중력장에 수직이었다. 실험의 목적은 수평 응고 중에 중력이 거시편석에 미치는 영향을 연구하는 것이었다.

두 개 합금 중 하나는 Pb의 농도가 높았고(Pb‒15 wt-% Sn) 2상 영역에서 용융 금속의 밀도는 초기 밀도보다 낮았다. 또 다른 합금은 Sn의 농도가 높고(Sn‒10 wt-% Pb) 2상 영역에서 용융 금속의 밀도는 초기 농도보다 높았다. 양쪽 모두의 경우에 컴퓨터 계산을 통해 유동 패턴을 모의 실험하였고, 기대되는 거시편석을 계산하였다. 그림 11.46 및 그림 11.47의 사진 설명에서 나온 것처럼 실험 결과는 컴퓨터 계산과 훌륭하게 일치하였다.

우주 실험

무중력 공간에서의 Pb‒Sn 합금 응고에 상응하는 실험이 1990년대 초에 수행되었다. 중력을 줄이거나 제거함으로써 대류가 크게 줄었고 거시편석을 피할 수 있었다.

Case I: Pb‒15 wt-% Sn
수지상정 간 용융 금속의 밀도는 초기 용융 금속보다 낮다.

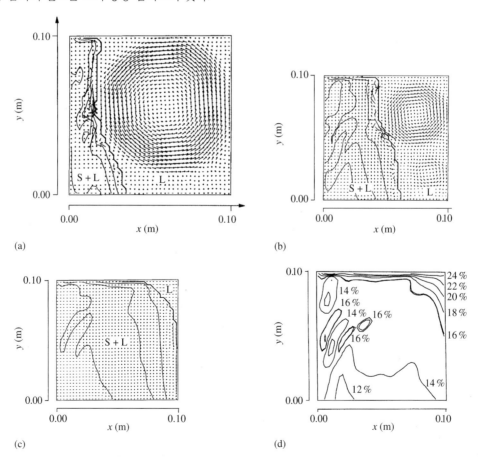

그림 11.46 (a)~(c) Pb‒15 wt-% Sn 합금의 일방향 응고. 계산을 거친 유동 패턴 및 응고 과정. 곡선들은 주조 시작 12분, 24분 및 36분 후에 각 상의 위치이다. (d) 응고가 끝난 후에 주물의 여러 곳에서의 합금 원소(Sn) 농도. 2상 영역에서의 밀도가 용융 금속보다 낮으면, 주물의 위쪽에서 높은 양의 거시편석을 얻는다. 백분율 숫자는 Sn의 농도를 나타낸다. ASM International의 허락을 얻어 인용함.

Case II: Sn – 10 wt-% Pb

수지상정 용융 금속의 밀도는 초기 용융 금속보다 낮다.

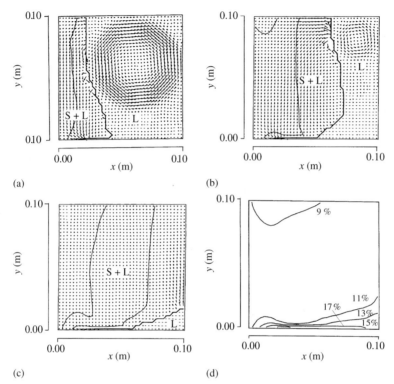

(a)

(b)

(c)

(d)

그림 11.47   (a)~(c) Sn – 10% Pb 합금의 일방향 응고. 계산을 거친 유동 패턴 및 응고 과정. 곡선들은 주조 시작 (a) 3분, (b) 6분 및 (c) 9분 후에 각 상의 위치이다. (d) 응고가 끝난 후에 주물의 여러 곳에서의 합금 원소(Pb) 농도. 2상 영역에서의 밀도가 용융 금속보다 낮으면, 주물의 아래쪽에서 높은 양의 거시편석을 얻는다. 백분율 숫자는 Pb의 농도를 나타낸다. ASM International의 허락을 얻어 인용함.

수치 계산에 따르면 수지상정 간 영역에서의 대류가 두 가지 경우에서 다르며, 용융 금속에서 Sn과 Pb의 밀도 효과에 의해 제어가 된다. 중력의 방향을 바꾸면 중력 벡터 및 응고 방향과 반대의 방향으로 아래에서 위로 응고시킴으로써 Sn – 10 wt-% Pb 합금에서의 대류를 줄일 수 있다.

Pb – Sn 합금의 경우에는 어떤 응고의 방향도 대류를 제거할 수 없다. 응고 방향이 중력 벡터와 반대인 경우에는 거시편석, 즉 freckles이 형성된다. 대류를 제거하기 위한 유일한 방법은 중력을 최소화하는 것이며, 우주공간에서 이를 수행할 수 있다.

11.9   강 잉곳의 거시편석

상이한 유형의 거시편석이 강 잉곳에서 많이 나타난다. 그림 11.48은 일반적으로 발생하는 육안 조직과 거시편석의 유형에 대한 조사 내용을 보여준다. 양의 편석은 합금 원소의 농도가 평균 농도를 초과하는 것을 의미한다. 대신에 음의 편석에서는 합금 원소가 국부적으로 부족하다.

그림 11.48은 합금 원소의 농도가 잉곳의 상단에서 증가했고 바닥에는 더 많은 순 소재가 있다는 것을 보여준다. 이 그림의 좌측은 잉곳의 바닥에 등축 결정 구역이 있다는 것을 보여준다. 11.9.1절에 나온 것처럼 양과 음의 거시편석은 응고 중에 용융 금속의 자유 결정이 침강되면서 시작된다.

그림 11.48의 오른쪽은 소위 A-편석이 발생한 것을 보여준다. 이들의 형상은 freckles과 동일하며, 합금으로 채워져 있고 고농도의 합금 원소를 함유하고 있는 연필 모양의 채널로 서술할 수 있다. 잉곳의 중앙에는 또한 V-편석도 있다. 이들의 형상은 동일하며 연속 주조의 주편에 존재하는 유형이다. V-편석에 대해서는 11.9.3절에서 좀 더 자세하게 다룰 예정이다.

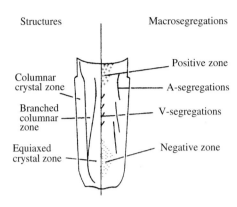

Structures / Macrosegregations

Positive zone
Columnar crystal zone — A-segregations
Branched columnar zone — V-segregations
Equiaxed crystal zone — Negative zone

그림 11.48 커다란 잉곳을 자주 발생시키는 거시편석 조직 및 유형의 조사. The Scandanavian Journal of Metallurgy, Blackwell의 허락을 얻어 인용함.

11.9.1 침강 중의 거시편석

작은 결정들은 용탕에 많이 있는 열 운동, 주로 대류에 의해 용융 금속에서 계속 떠다닌다. 결정은 용융 금속의 연속 응고에 의해 수지상으로 성장한다. 결정이 일정한 임계 크기에 도달했을 때, 열 운동이 더 이상은 중력에서 부력을 뺀 힘을 이겨내지 못하므로 결정이 바닥을 향해 가라앉는 현상, 즉 침강이 발생한다.

침강하는 성장 결정은 아직 완전하게 응고되지 않았지만, 수지상정 간 조성의 용융 금속을 포함한다. 결정 외부의 용융 금속은 상이하며 낮은 농도의 합금 원소를 갖는다('기본액체'). 결정이 침강할 때 더 낮은 합금 조성을 갖고 영역을 통과하며, 결정에 의해 운반된 수지상정 간 용융 금속의 일부는 주변의 용융 금속에 의해 씻겨져서 대체가 된다. 결정 안의 용융 금속은 주변 용융 금속의 농도와 결정 내 수지상정 간 영역의 용융 금속의 고농도 사이에서 중간 조성을 획득하게 된다.

교환된 수지상정 간 용융 금속은 잉곳과 결정의 위쪽에 머무르며, 동시에 좀 더 순수한(더 낮은 농도의 합금 원소) 용융 금속 일부는 바닥을 향해 가라앉는다. 결과적으로 잉곳 상부에는 양의 편석이, *하부에는 음의 편석이 있게 된다.*

침강 편석의 간단한 수학 모델

몇 가지 정의
자유 결정의 침강에 의한 거시편석을 이론적으로 다루었다. 자유 결정은 수지상정 간 용융 금속을 함유하며, 침강할 때에 추가적으로 대량의 용융 금속을 운반한다. 이런 방법으로 결정의 한 부분이 침강 구역에 자리 잡고 있는 대량 액체의 W 부분과 함께 움직이게 된다. 침강 구역에서 합금 원소의 평균 농도를 아래의 관계식을 통해 계산할 수 있다.

$$c^+ = \frac{c^s + Wc^L}{1 + W}$$ (11.76)

여기에서
c^s = 결정에서 합금 원소의 농도
c^L = 대량 용융 금속에서 합금 원소의 농도
c^+ = 침강 구역에서 합금 원소의 평균 농도

분배 계수는 c^s/c^L로 정의가 된다. 침강에 의한 편석을 효과적 분배 계수 $k_{part}{}^+$로 서술할 수 있으며, (11.75) 방정식을 c^L로 나누어 이를 계산할 수 있다.

$$k_{part}{}^+ = \frac{c^+}{c^L} = \frac{k_{part} + W}{1 + W}$$ (11.77)

침강 구역 상대 높이의 계산
가능성이 있으며 단순화된 등축 영역의 성형 메커니즘은 다음과 같다.

1. 주어진 과냉각 액체에서 자유 결정의 핵이 형성되고 성장을 하며 동시에 안착을 한다.
2. 안착 시간 중에 더 이상의 결정 형성이 용융 금속에서 이루어지지 않는다.

용융 금속에서 합금 원소의 농도는 지렛대 원리를 이용해서 계산될 수 있다[(7.15) 방정식].

$$c^L = \frac{c_0^L}{1 - f\left(1 - k_{part}\right)}$$ (11.78)

여기에서
c_0^L = 합금 원소의 초기 농도
f = 침강 시 용융 금속에서 고상의 부피 분율

(11.77) 방정식으로부터 고상의 부피 분율을 계산할 수 있다.

$$f = \frac{c^L - c_0^L}{c^L\left(1 - k_{part}\right)}$$ (11.79)

관련 용융 금속을 포함하는 결정의 부피 분율은 f보다 $(1 + W)$배 큰 인수이다.

$$f_{crystal} = f\left(1 + W\right)$$ (11.80)

그림 11.49에 의하면 관련 용융 금속을 포함하는 결정의 부피 분율을 다음과 같이 표기할 수 있다.

$$f_{\text{crystal}} = \frac{h}{H} \qquad (11.81)$$

여기에서 H와 h는 각각 침강 전후의 높이이다.

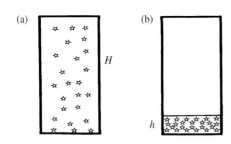

그림 11.49 (a) 침강 전에 용융 금속에서의 등축 결정. (b) 침강 후에 관련 용융 금속을 포함하는 등축 결정. The Scandanavian Journal of Metallurgy, Blackwell의 허락을 얻어 인용함.

(11.79) 방정식 및 (11.80) 방정식에서 다음의 식이 주어진다.

$$f = \frac{\dfrac{h}{H}}{1 + W} \qquad (11.82)$$

예제 11.5

c_0^L, k_{part} 및 W에 관한 c^L 및 c^+의 식을 찾아라.

풀이

(11.77) 방정식의 f를 (11.81) 방정식으로 대체하면 다음의 식을 얻는다.

$$c^L = \frac{c_0^L}{1 - f\left(1 - k_{\text{part}}\right)} = \frac{c_0^L}{1 - \left(1 - k_{\text{part}}\right)\dfrac{\dfrac{h}{H}}{1 + W}}$$

$$= \frac{c_0^L\left(1 + W\right)}{\left(1 + W\right) - \left(1 - k_{\text{part}}\right)\dfrac{h}{H}}$$

c^L에 대한 식을 (11.75) 방정식과 조합하면 다음의 식이 주어진다.

$$c^+ = \frac{c^s + W c^L}{1 + W} = \frac{k_{\text{part}} c^L + W c^L}{1 + W} = \frac{k_{\text{part}} + W}{1 + W} c^L$$

또는

$$c^+ = \frac{k_{\text{part}} + W}{1 + W} c^L = \frac{k_{\text{part}} + W}{1 + W} \frac{c_0^L\left(1 + W\right)}{\left(1 + W\right) - \left(1 - k_{\text{part}}\right)\dfrac{h}{H}}$$

$$= \frac{c_0^L\left(k_{\text{part}} + W\right)}{\left(1 + W\right) - \left(1 - k_{\text{part}}\right)\dfrac{h}{H}}$$

답

$$c^L = \frac{c_0^L\left(1 + W\right)}{\left(1 + W\right) - \left(1 - k_{\text{part}}\right)\dfrac{h}{H}}$$

및

$$c^+ = \frac{c_0^L\left(k_{\text{part}} + W\right)}{\left(1 + W\right) - \left(1 - k_{\text{part}}\right)\dfrac{h}{H}}$$

침강 편석의 계산

이 이론은 합금 원소의 평균 농도가 침강 구역에서 상대적 높이의 단순 함수라고 예측을 하며, 다음과 같이 표기할 수 있다.

$$c^+(h) = c^+(0)\left(1 - h/H\right)^{\left(k_{\text{part}}^+ - 1\right)} \qquad (11.83)$$

이 식에서 침강 편석이 주어진다.

$$c^+(h) - c_0^L = c^+(0)\left(1 - h/H\right)^{\left(k_{\text{part}}^+ - 1\right)} - c_0^L \qquad (11.84)$$

(11.83) 방정식과 (11.76) 방정식의 조합을 거쳐 분배 상수인 침강 구역의 상대적 높이와 W를 알게 되면 등축 결정의 침강에 의한 거시편석이 설명이 된다.

작은 침강 구역 h는 잉곳의 바닥에 커다란 음의 거시편석을 만들지만, 상단에서 양의 거시편석에 미치는 영향은 작다.

결정의 크기가 침강 편석에 미치는 영향

침강된 결정의 평균 조성이 초기 조성에서 벗어나는 또 다른 이유는 침강된 결정이 침강 중에 주변 결정보다 더 낮은 과냉각에서 성장하여서일 수 있다.

커다란 결정의 등축 영역이 있는 잉곳보다 미세 결정립 등축 결정 구역이 있는 잉곳 바닥에서 음의 편석에 대한 경향성이 크다는 것이 밝혀졌다. 다수의 자유 결정이 용융 금속에 있을 때에, 이 결정들은 소수의 커다란 결정이 있을 경우보다 더 낮은 과냉각으로 성장을 한다. 용융 금속이 좁은 채널보다 넓은 채널에서 보다 쉽게 흐르기 때문에, 이는 수지상정 간 영역에서 용융 금속의 교환을 촉진한다.

11.9.2 A-편석

Freckles라고 불리는 주물의 채널은 잉곳의 응고 과정 중에 2상 영역에서의 온도와 특히 농도 기울기에 의한 자연 대류에 의해 발생한다는 것을 11.7절에서 발견하였다.

앞선 절에서 언급된 유형의 대류가 수직 응고 전단부에서 나타난다[그림 11.45 (b)]. 이 유동이 freckles의 형성과 유사하게 채널을 성형시킬 수 있으며, 이런 채널을 **A-편석**(A-segregation)이라고 부른다. 그러므로 A-편석은 응고 과정 중에 용융 금속에서의 자연 대류와 밀도 차이로 인해 발생하며 소재에서 거시편석을 발생시킨다.

A-편석은 커다란 잉곳에서 발생하며, 잉곳의 상단 1/3 지점에서 상단 표면까지에 걸쳐 일반적으로 나타난다. 이들은 때때로 '유령선'이라고 불리며, 전형적인 예는 그림 11.50에 있다.

Centreline

그림 11.50 톤 잉곳의 A-편석 황프린트. The Scandanavian Journal of Metallurgy, Blackwell의 허락을 얻어 인용함.

고농도의 합금 원소를 가진 용융 금속이 더 고온의 영역과 더 낮은 합금 조성을 가진 용융 금속으로 이동이 되면 원형이면서 거의 수직인 채널이 만들어진다. 외부로부터 용융 금속이 추가되면 해당 영역의 조성 변화로 이어지고, 이는 액상선 온도 저하의 원인이 되며 이로 인해 일부 결정은 용융이 된다. 수지상정 망을 통과해서 흐르는 용융 금속은 유동 저항이 가장 작은 곳으로 흐르게 된다.

용융 금속이 차가운 영역에서 따뜻한 영역으로 흐를 때, 이미 형성이 된 수지상정 망의 일부가 용융되고 freckles의 형성에 유효한 원리와 같은 원리에 따라 채널이 만들어진다.

그림 11.46에서 서술된 것과 같은 방법으로, 이 경우에 상단에서도 양의 편석을 얻게 된다. 커다란 잉곳의 상단에서 양의 편석은 주로 A-편석 채널의 대류에 의해 발생하며, 상대적으로 간단한 방법을 통해 이를 정량적으로 설명할 수 있다.

A-편석에 대한 간단한 수학 모델

A-편석 채널의 대류는 용융 금속에서의 밀도 차이로 주도가 되며, 그 패턴은 원칙적으로 그림 11.51에 예시된 대로 나타난다. 그림 11.51의 만곡 곡선은 두 개의 유선이며, 이는 2상 영역에서 용융 금속의 흐름을 보여준다. 채널의 형성은 차가운 영역에서 따뜻한 영역으로 전이할 때에 시작이 되며, 그림 11.51에는 이 위치에 P가 표시되어 있다.

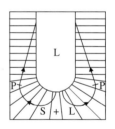

그림 11.51 응고 중인 잉곳의 대류 패턴.

채널의 방향은 흐름선의 방향과 일치한다. 채널은 수직 응고 전단부와 일정 각도로 '교차'하며, 전면과 타원형으로 교차한다(그림 11.52).

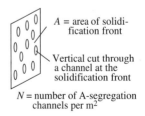

A = area of solidification front

Vertical cut through a channel at the solidification front

N = number of A-segregation channels per m²

그림 11.52 A-편석 채널은 완전한 수직이 아니다. 그 결과 이 채널들은 수직면과 교차한다.

밀도 차이, A-편석의 수와 크기가 편석 패턴, 즉 거시편석의 크기를 결정한다.

A-편석 채널을 관통해서 흐르는 용융 금속의 물질 수지를 다음과 같이 설정한다.

$$\frac{dc}{dt}V \quad = \quad v_A A_A \left(c_A - c\right) \qquad (11.85)$$

단위 시간당 받는   단위 시간당 공급되는
합금 원소의 양   합금 원소의 양

여기에서

c = 용융 금속에서 합금 원소의 농도
V = 용융 금속의 부피
c_A = A-채널에서 용융 금속의 농도
v_A = A-채널에서 용융 금속의 평균 유속
A_A = A-채널의 총 단면적
t = 시간

(11.84) 방정식의 해를 구하기 위해서 A_A, v_A 및 V에 대한 식을 찾아야 한다.

다음의 관계식을 이용해서 A_A를 응고 전단부의 면적과 연결할 수 있다(그림 11.52 참고).

$$A_A = A\,N\,\pi r_A^2 \qquad (11.86)$$

여기에서

A = 응고 전단부의 면적
N = 단위 면적당 A-편석 채널의 수
r_A = A-채널의 반경(그림 11.53)

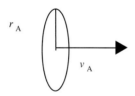

그림 11.53　A-채널에서 용융 금속의 유속.

관에서 흐르는 액체에 유효한 Hagen-Poiseuille의 법칙을 이용해서 평균 유속 v_A를 계산할 수 있다[(3.20) 방정식].

$$v_A = \frac{r_A^2 \Delta p}{8\eta l} = \frac{r_A^2 \Delta\rho g l}{8\eta l} = \frac{r_A^2 \Delta\rho g}{8\eta} \qquad (11.87)$$

여기에서

Δp = 관이나 채널 양단의 압력 차이

$\Delta\rho$ = 두상 영역 내의 밀도 차이
η = 용융 금속의 점성 계수
l = 관(채널)의 길이

(11.84)~(11.86) 방정식을 조합해서 시간의 함수로서 용융 상의 농도 변화를 계산할 수 있다. 마지막 방정식은 다음처럼 된다.

$$\frac{dc}{dt} = Bc\,\frac{A}{V} \qquad (11.88)$$

여기에서 B는 요약 상수이며, 적분 후에 다음의 식을 얻는다.

$$c = c_0^L \exp\left(B \int_0^t \frac{A}{V}\,dt\right) \qquad (11.89)$$

여기에서 c_0^L은 용융 금속의 초기 농도이다.

A와 V 모두 시간의 함수이므로 (11.88) 방정식의 적분 기호 내부에 있어야 한다는 것을 강조해야 한다. 응고 중에 응고 전단부의 움직임에 대해 가정을 하면, 응고 중에 시간의 함수로서 A와 V에 대한 식을 찾을 수 있으며 그다음에 잉곳의 바닥으로부터 다양한 높이에서 거시편석에 대해 근사치를 계산하였다.

그림 11.54는 거시편석의 계산에 대한 예와 실험을 통한 측정값과의 비교 내역을 제공하며, 거시편석이 상당하다는 것을 알 수 있다. 잉곳의 상단에서 합금 원소의 농도는 잉곳 내부에 비해 두 배가 크다. 상단에서의 양의 편석은 잉곳 내부의 결정 침강(407쪽의 11.9.1절 참고)에 의해서도 영향을 받는다.

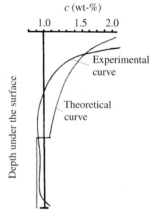

그림 11.54　잉곳의 중심축을 따른 거시편석. The Scandanavian Journal of Metallurgy, Blackwell의 허락을 얻어 인용함.

11.9.3 V-편석

주편의 연속 주조 중에 중심 편석의 처리와 연결해서 V-편석을 간단하게 논의하였다(392~393쪽의 11.6절). 그림 11.48로부터 V-편석이 잉곳에서도 발생한다는 것을 분명히 알 수 있다.

콘(Kohn)은 방사성 추적원자를 이용해서 응고 중에 응고 전단부가 3.5톤 잉곳에서 움직이는 방법을 연구하였다. 실험의 결과는 그림 11.55에 나와 있으며, 다음의 내용을 알 수 있다.

- 고체/액체의 소재층은 잉곳의 측면보다 바닥에서 더 빠르게 만들어진다.
- 응고 중에 때때로 중심부 소재가 34~50분의 시간 간격에 걸쳐 강하게 낮아지거나 침지가 된다.

결정 테두리와 수지상정 간 용융 금속이 있는 매우 두꺼운 영역이 바닥에서 형성이 되는데 합금 원소가 강하게 축적이 된다.

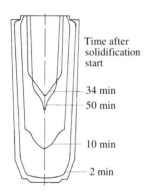

Time after
solidification
start

— 34 min
— 50 min

— 10 min

— 2 min

그림 11.55 시간의 함수로서 3.5톤 잉곳의 응고 중에 응고 전단부의 위치. The Metal Society, Institute of Materials, Minerals & Mining의 허락을 얻어 인용함.

응고 중에 중심부에서의 안착은 새롭게 형성된 결정의 테두리가 철정압을 견뎌낼 수 없지만 압착이 되는 것으로 설명할 수 있다.

Hultgren이 안착에 대해 보다 잘 설명을 하였으며, 잉곳의 하부에서 응고 수축에 의해 발생한 진공 영역은 그 거리가 멀고 수지상정 가지로부터의 저항이 크기 때문에 위에서 흘러 들어온 용융 금속으로 채워질 수 없다는 것이 그의 주장이다. 잉곳의 다른 부위 간에 발생하는 압력 차이로 인해 결정의 일반적인 안착이 발생한다.

이런 안착으로 인해 가운데 영역에서 결정 윤곽선의 변형

또는 이미 상당한 안정성을 확보한 영역을 따라 윤곽선의 균열이 발생한다. 이 균열은 합금 원소 및 불순물을 축적한 용융 금속에 의해 다소간 완전하게 채워진다. 안착의 원인이 되는 압력은 중심부에서 가장 크고, 잉곳의 외주부를 향해 방사형으로 감소하기 때문에 균열부는 V-형상이고 '줄무늬'가 있는 편석의 형태를 띤다.

잉곳 주형의 형상이 V-편석 패턴에 영향을 미친다. 경험에 따르면 주형이 짧고 넓을수록 길고 더 좁은 주형에 비해 V-편석이 적어진다. 큰 원뿔형의 잉곳은 작은 원뿔형의 잉곳에 비해 V-편석이 적다.

요약

■ *거시편석*

합금 원소의 평균 농도에서 국부적으로 벗어나는 것을 거시편석이라고 한다. 거시편석이 발생하는 가장 흔한 원인은 응고와 냉각 수축이다.

거시편석도

$$\Delta x = \overline{x^s} - x_0^L \quad \text{또는} \quad \Delta c = \overline{c^s} - c_0^L$$

■ *연속 주조 중의 중심 편석*

중심 편석은 수축공의 형성처럼 응고와 냉각 수축에 의해 발생한다. 용융 금속은 2상 영역을 관통해서 흐르며, 중심부의 수축에 의해 발생하는 공동부를 채운다.

단순형 V-편석과 심도밀집형 V-편석이 상기 영역과 수축공을 가로지르는 다리 아래에서 나타난다.

연속 주조에서 다음처럼 중심 편석 및 수축공 형성을 최소화할 수 있다.

- 주조의 마지막 단계에서 주조 속도의 축소
- 주형으로부터 최적 거리에서 외압을 주편에 적용
- 주편이 완전하게 응고될 때까지 압력 처리를 중단하지 않음
- 2차 냉각을 최적으로 설계; 특정 최적 위치에서의 추가 냉각이 유리하다.

■ *Freckl*

Freckles은 잉곳 주조를 하고 나서 진공 상태에서 아크로 재용융을 하거나 슬래그 재용융을 하는 중에 특정한 경우에서 나타나는 주조 결함이다.

Freckles은 거시편석의 한 가지 유형으로서, 연필 형태의 모습을 갖고 있고 소재의 단면에서 점처럼 보인다.

Freckles은 농도 주도 대류 중에 나타나는 제트 기류에 의해 발생하며, 이에 대한 조건은 용융 금속에서의 밀도 역전이다. $NH_4Cl - H_2O$ 투명계에 대한 freckles의 형성을 자세하게 연구하였다.

금속 계통에서 농도 주도 대류의 존재 여부는 **밀도 역전** (density inversion)의 크기와 **이송 과정**(transport process) 의 두 가지 요인에 따라 달라지는데, 이들은 수지상정의 성장, 용융 금속과 고상에서의 확산 및 밀도, 온도 조건과 같은 재료 상수에 의해 조절이 된다.

2상 영역의 밀도 역전은 다음의 상황에서 가능하다.

- 더 가벼운 합금 원소(기지 원소와 비교하여)가 양의 편석을 가질 때
- 더 무거운 합금 원소(기지 원소와 비교하여)가 음의 편석을 가질 때

Freckles의 발생 조건은 다음과 같다.

$$\frac{K_p \, g\beta \, (T_L - T_S)^4}{v_{kin} DG^3} \geq 1700$$

또는 그렇지 않으면

$$1700 \leq \frac{K_p g \, \Delta\rho \, (T_L - T_S)^3}{\rho v_{kin} DG^3}$$

주물법은 freckles가 발생하지 않도록 설계되어야 한다. 충분히 큰 온도 기울기 G가 사용되면, freckles가 나타나지 않는다.

$$G > G_{cr} \quad \Rightarrow \quad \text{freckles 없음}$$

■ 일방향 응고 중의 거시편석

합금이 수평의 일방향으로 응고될 때에 밀도 분포로 인해 용융 금속과 2상 영역에서 자연 대류가 발생하며, 이는 소재의 거시편석으로 이어진다.

2상 영역에서는 용융 금속의 밀도가 외부에 있는 용융 금속의 밀도보다 높거나 낮을 수 있다.

중력 상수는 거시편석의 크기에 강하게 영향을 미친다. 중력 감소로 인해 대류가 크게 줄며, 이런 유형의 거시편석을 피할 수 있다는 것을 우주 실험이 보여준다.

■ 잉곳의 거시편석

잉곳의 결정이 침강이 될 때에 결정의 내부에 포함된 수지상정 간 용융 금속과 주변의 대량 용융 금속 간에 교환이 일어난다. 교환이 이루어진 수지상정 간 용융 금속은 잉곳의 위쪽에 남게 되고, 부분적으로 좀 더 순수한 용융 금속이 있는 결정은 바닥으로 가라앉는다. 결과적으로 잉곳의 위쪽에는 양의 편석, 아래쪽에는 음의 편석이 있게 된다.

침강 편석

등축 결정의 침강으로 인해 고르지 않은 합금 원소의 분포가 발생한다. 각 결정은 침강이 될 때에 일정량의 용융 금속을 운반하게 된다.

침강 영역에서 합금 원소의 평균 농도는 다음과 같다.

$$c^+ = \frac{c^s + Wc^L}{1 + W}$$

효과적 분배 계수 k_{part}^+는 다음과 같다.

$$k_{part}^+ = \frac{c^+}{c^L} = \frac{k_{part} + W}{1 + W}$$

대량 용융 금속의 농도 c^L 및 c^+를 c_0^L, k_{part} 및 W에 관해 표현할 수 있다.

침강 편석

$$c^+(h) - c_0^L = c^+(0) \, (1 - h/H)^{(k^+ - 1)} - c_0^L$$

A-편석

A-편석은 거의 수직인 원형 채널이며 주변의 조성에서 벗어나는 조성을 가지고 있으며, freckles을 연상시킨다.

A-편석은 응고 중의 용융 금속과 2상 영역에서의 자연 대류로 인해 발생하며, 대류는 이미 형성된 결정의 재용융으로 이어진다.

A-편석은 커다란 잉곳에서 발생할 수 있는데, 오히려 잉곳의 위쪽으로부터 1/3의 지점에서 발생하고 여기에서 거시편석이 상당히 발생할 수 있다.

V-편석

잉곳이 응고될 때에, 고체/액체의 소재층은 잉곳의 측면보다 바닥에서 더 빠르게 만들어진다. 중심부에서 소재가 크게 낮아지거나 침지가 된다. 이런 안착으로 인해 가운데 영역에서 결정 윤곽선의 변형 또는 이미 상당한 안정성을 확보한 영역을 따라 윤곽선 균열이 발생한다. 균열은 중심부에서 최대가 되며 잉곳의 외주부를 향해 방사형으로 감소한다. 균열부는 V-형상이고 '줄무늬'가 있는 편석의 형태를 띤다.

연습문제

11.1 (a) 1.0 wt-% 탄소를 함유하는 연속 주조 슬래브의 표면에서 탄소 농도를 계산하라. 주조 합금의 분배 계수는 0.33이고, 액체와 고체의 밀도비 ρ_L/ρ_s는 0.96이다.

힌트 B5

(b) 더불어 주편 표면의 70%가 응고된 경우에 주편이 3% 변형이 된다면 주편 표면에서의 평균 탄소 농도를 계산하라.

힌트 B83

11.2 0.50 wt-%의 탄소를 함유하는 철강 표본이 온도 기울기로 유지된다. 표본의 일부가 액체이고 나머지는 고체이다. 뜨거운 쪽에서 차가운 쪽으로 열이 전달되면 온도 기울기가 일정하게 유지된다. 합금의 분배 계수는 0.33이고, 액체와 고체의 밀도비 ρ_L/ρ_s는 0.96이다. 표본은 변형이 된다.

(a) 액체 분율과 총 변형의 함수로서 액체/고체 영역의 평균 탄소 농도를 계산하라.

힌트 B27

(b) 다이어그램에서 10% 및 50%의 두 가지 변형 수준에 대해 (a)의 함수를 그려라.

힌트 B111

11.3 (a) 연속 주조 소재에서 중심 편석을 피하기 위해 실질적인 해에 대한 몇 가지 다른 제안을 하라.

힌트 B250

(b) 이런 면에서 슬래브 및 빌릿 간에 차이가 있는지의 여부도 논의하라.

힌트 B122

11.4 철강 공장에서 연속 주조 중의 중심 편석에 미치는 영향을 연구하기 위해 두 가지의 상이한 주조 관행으로 실험을 진행하였다. 첫 번째 경우에는 강력 냉각과 높은 초과 온도(합금의 용융점과 비교)가 사용되었다. 다른 경우에는 연한 냉각과 낮은 초과 온도(용융점 이상)

가 사용되었다. 이 실험들의 결과는 그림 11.33과 여기에 나와 있다.

Soft cooling and low excess temperature

Strong cooling and high excess temperature

이 두 가지 경우에서 조직과 중심 편석에서의 차이를 설명하라.

힌트 B213

11.5 철강 회사가 특수재용해법을 이용해서 1.0 wt-% C와 1.0% Cr을 함유하는 볼베어링강을 생산한다. 때로는 잉곳에서 거시편석이 발생한다. 거시편석은 재용융 과정에서 형성이 되는 freckles과 관련이 있다.

(a) 거시편석의 형성 과정을 서술하라(서술, 수학 모델, 거시편석의 형성을 위한 온도 기울기의 중요성).

힌트 B42

(b) 특수재용해법으로 정제된 볼베어링강 잉곳에는 정제 후에 m²당 93개의 반점이 나타났다. 재용융 속도는 1.5 m/h, 잉곳의 높이는 5.0 m였다. 용탕의 깊이는 0.15 m, 용융 금속 초기의 C 농도는 1.0 wt-%였다. 반점 채널의 C 농도는 1.5 wt-%, 채널의 지름은 5.0 mm였다.

볼베어링강의 소재 상수

$\eta_{melt} = 0.0067$ Ns/m²

2상 영역 내에서 용융 금속의 농도 차이:
$\rho_L^{top} - \rho_L^{bottom} \approx 100$ kg/m³

용융강의 밀도는 탄소 농도에 따라 달라진다. 문제를 단순화하기 위해서 특수재용해법 과정 중에 2상 영역 내에서 용융 금속의 밀도 차이가 일정하다고 가정한다. 정제된 잉곳의 성장 높이 H의 함수로서 용탕 내 용융 금속의 탄소 농도를 추정하라. 시간의 함수로서 [C]를 제공하는 미분 방정식을 설정하라. 방정식의 해를 구하고, 잉곳의 성장 높이 H의 함수로서 [C]를 그려라.

힌트 B316

(c) 잉곳의 성장 높이 H의 함수로서 재용융되어 응고된 잉곳의 탄소 농도를 계산하라. (b) 다이어그램에 함수를 그려라. 용탕이 응고될 때에 어떤 일이 발생하는가?

힌트 B390

11.6 철강 잉곳에는 여러 유형의 거시편석이 있는데, 그중에 잉곳의 상단에는 양의 편석, 바닥에는 음의 편석이 존재한다.

(a) 이 거시편석이 어떻게 발생하는가?

힌트 B305

(b) 주조 온도, 조성 및/또는 주조 관행을 바꾸면 거시편석에 영향을 줄 수 있는가?

힌트 B178

11.7 보통의 주철 주형에서 강을 주조할 때, 다음의 경우에 A-편석을 자주 얻게 된다는 것이 밝혀졌다.

(a) 대형 잉곳에서

힌트 B14

(b) 주형이 더 커지는 경우에

힌트 B288

(c) Si 농도가 높은 경우에

힌트 B205

이런 관측 내용을 설명하라.

11.8 2단계 계단 형태의 산출물을 부분가압주조 할 때에 얇은 부위와 두꺼운 부위 간에 조성의 차이가 관측된다. 주물 과정은 다음과 같이 설명이 될 수 있다.

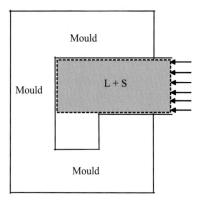

McGraw-Hill의 허락을 얻어 인용함.

Al – 10 wt-% Mg 합금으로 제작된 직사각형 봉을 550°C까지 가열한 후에 즉시 소위 '예비 성형품'(위 그림의 회색 부분) 안으로 옮긴다. 그다음에 이 예비 성형품을 한 단계 압착하여 최종 주물 형상을 만든다.

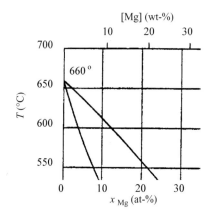

(a) 아래쪽 그림에 있는 Al – Mg계 상평형도를 이용해서 공정 중에 거시편석의 성형과 분포를 설명하라.

힌트 B6

(b) 주물의 상이한 부분에서 나타나는 Mg의 최대 및 최소 농도를 대략적으로 추정하라.

힌트 B80

11.9 철강 회사에서 탄소 농도가 0.50 wt-%인 합금강으로 높이가 1.2 m인 잉곳을 주조한다. 자유 결정의 침강에 의한 거시편석이 침강 결정 구역의 높이에 따라 증가하는지 여부를 아는 것은 흥미롭다. 이론적인 계산을 통해 답이 주어질 수 있다.

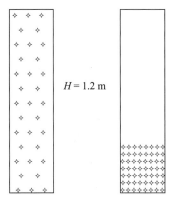

McGraw-Hill의 허락을 얻어 인용함.

유리 결정이 용융강에서 침강을 하면, W에 자체 부피를 곱한 일정량의 액체가 각 결정에 함유된다.

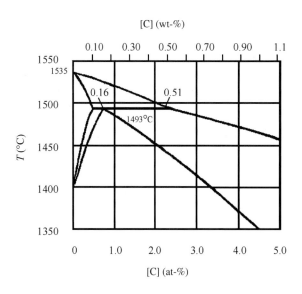

Fe – C 이원계의 상평형도 일부가 그림에 나와 있다.

(a) 높이가 1.2 m인 잉곳의 침강 구역에서 평균 탄소 농도를 계산하라. 결정이 8°C의 과냉각에서 성장했다고 가정한다. 용융 금속의 초기 탄소 농도는 0.50 wt-%이다.

힌트 B48

(b) W = 0.5, 1.0 및 2.0일 때의 세 가지 대안에 대해 거시편석도의 함수로서 침강층의 높이를 그려라.

힌트 B24

연습문제 답 및 힌트에 대한 머리글

이 책의 내용과 이론을 이해했는지 확인할 수 있는 가장 좋은 방법들 중 하나는 응용해 보는 것이다. 문제를 스스로 성공적으로 해결할 수 있다면 목적을 달성한 것이다.

이 책에는 일정 숫자의 문제들이 해답과 함께 수록되어 있다. 하지만 현장에서의 실습을 거치지 않고 스스로 문제를 해결할 수 있는 사람은 극소수에 불과하다.

이 책의 각 장 뒷부분에는 답안과 함께 다수의 연습문제가 수록되어 있다. 학습자가 문제를 풀 수 있다면 이 부록이 필요하지 않다.

본 안내서의 목적은 '실행을 통한 학습'이며, 학습자 스스로 연습문제를 풀 수 있도록 수단을 제공하되 문제에 대한 해결책이 한 단계 내에서 제시되지 않도록 의도하였다. 몇 가지 소규모 단계에서 학습자 자신의 행동과 스스로의 도움을 통해 생각이 떠오르게 되며, 이 생각을 단계별로 적어 내려가지 않으면 해에 대한 명확한 견해를 얻기 어렵다.

또한 힌트는 가급적 적게 참고할 것을 학습자에게 권장한다.

학습자가 자유롭게 활용할 수 있는 일반적이면서 유용한 두 가지 수단이 있는데, 차원 해석과 얻게 된 정답이 합리적인지 파악하는 질문이 이에 해당된다. 이들 두 가지 수단은 강력한 경고 신호로 작동한다. 방정식 양쪽 변의 차원이 다르거나 정답의 크기가 터무니없으면, 오류가 발생한 것이다.

안내서 사용법

가장 먼저 학습자 스스로 문제를 풀기 위해서 노력할 것을 권장하며, 풀 수 없는 경우에는 본 책자의 해당 문제 뒤에 있는 힌트를 참고하기 바란다. 본 책자에 나와 있는 힌트는 실질적인 힌트이며, 학습자는 이를 참고해서 스스로 문제를 해결할 수 있을 것으로 판단한다.

추가 도움이 필요한 경우에는 해당 본문의 하단에 나오는 추가 힌트를 활용하면 된다. 각 단계마다 학습자 스스로 나머지 문제를 풀도록 노력하기 바란다. 각 새로운 힌트 아래에 이전 힌트가 괄호 안에 표기되며, 이를 통해 전후로 이동하면서 지속 연결되는 힌트를 참고할 수 있다. 아래에 나오는 예는 이 원리에 대한 설명이다.

예

이 책의 133쪽에 있는 5.1b 연습문제를 보면 본 안내서 440쪽의 A73와 연결이 된다. 해당 힌트를 참고하면 되며 추가적인 힌트는 필요 없을 것으로 판단한다. 그다음에 본 안내서의 451쪽에 있는 A141과 연결이 되며, 아래에 관련 설명과 함께 이 힌트에 대한 내용이 나와 있다.

연결이 되는 힌트

> **A141 힌트**
>
> 이와 연결된 이전의 힌트는 괄호 안에 표기가 된다.
> ↓
> (A73)
>
> 가장 좋은 방법은 경험을 바탕으로 한 법칙을 사용하는 것이며, 5장의 97쪽에 이에 대한 내용이 나와 있다.
>
> *A207 힌트*
> ↑
> 추가적인 도움이 필요하면 본 힌트로 이동하기

이 책에 수록된 연습문제에서 직접 연결되는 경우에는 괄호 안에 표기되는 힌트가 왼쪽에 나타나지 않는다. 왼쪽에서 괄호 안에 표기가 되는 a, b, c 등의 하위 문제에 대한 모든 최종 힌트가 답에 포함되어 있다.

정답을 얻게 되면 오른쪽에 추천 힌트가 나타나지 않는다. 여러분 스스로를 돕기 바라며 행운을 빈다.

Hasse Fredriksson
U. Åkerlind

연습문제 답
Answers to Exercises

아래에 있는 답들은 대부분 간략하게 표기가 되어 있으며, 보다 상세한 정보는 이 책의 부록인 연습문제 안내서에 수록되어 있다. 단위가 특별히 명시되어 있지 않으면 SI 단위가 사용된다.

3장

3.1 인베스트먼트 주조(대형 계열) 또는 Shaw 주조법(소형 계열)

3.2 상단 지름과 하단 지름의 차이는 약 0.5 mm이며 무시할 수 있다. 직선형 탕구를 사용할 수 있다. 지름 = 13 mm.

3.3 ~50초

3.4 $v_3 = 0.010\sqrt{h}$

3.5 $v_{cast} = 0.54$ m/min; $d_{outlet} = 33$ mm

3.6 13 mm.

3.7a 주형의 냉각 성능 향상 ⇒ 낮은 L_f
표면장력의 증가 ⇒ 낮은 L_f
점성의 증가 ⇒ 낮은 L_f
합금의 넓은 응고 구간 ⇒ 낮은 L_f

3.7b 순금속과 공정 합금 ⇒ 높은 L_f
온도 증가 ⇒ 낮은 점성 ⇒ 높은 L_f
흐름을 크게 막는 수지상정의 형성 ⇒ 낮은 L_f
낮은 전도성 및 높은 융해열로 인한 L_f 증가
층상 유동은 난류보다 더 큰 유동성 길이 제공

3.8 $\Delta T = T - T_L = \left(\dfrac{6\varepsilon\sigma_B}{\rho_L c_p^L R} t + T_i^{-3} \right)^{-\frac{1}{3}} - T_L$

여기에서 $\Delta T \geq 0$

3.9 $L_f = vt_f = $ 상수 $\times \dfrac{v\rho_L c_p^L}{h} \times \ln \dfrac{T_L + (\Delta T)_i - T_0}{T_L - T_0}$

여기에서

상수 $= \dfrac{a\sin\alpha}{4\left(1 + \sin\frac{\alpha}{2}\right)} = 0.0011$

3.9b $L_f = 5.4$ cm

3.10a $R_{Al} = \dfrac{\sigma\sqrt{2}}{\rho_{Al}gh} = \dfrac{8.00 \times 10^{-5}}{h}$

3.10b $R_{Fe} = \dfrac{R_{Al}}{8.7}$

Fe의 모서리가 Al 모서리보다 '날카롭다'.

4장

4.1 10.5분($\lambda = 0.90$)

4.2 11분($\lambda = 0.79$)

4.3a 1.5시간

4.3b 1시간. 낮은 융해열과 높은 구동력으로 인해 Fe 잉곳이 Al 잉곳보다 급속하게 응고된다.

4.4

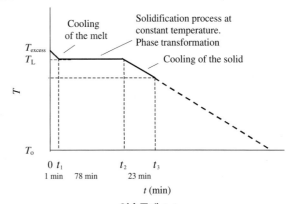

연습문제 4.4

4.5 40분

4.6 $t_{sand} = 13$초; $t_{metal} = 5$초. 후자의 경우에 생산 능력이 2배 이상이 된다.

419

4.7 $t = 77\,z$. 여기에서 z는 상단으로부터의 거리; $t_{\text{total}} \approx$ 8초.

4.8a $t = \dfrac{\rho(-\Delta H)}{(T_{\text{melt}} - T_0)}\left(\dfrac{R^2}{4k} + \dfrac{R}{2h}\right)$

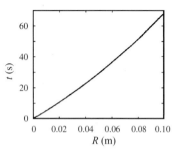

연습문제 4.8a

4.8b $\left|\dfrac{dy_L}{dt}\right| = \dfrac{T_{\text{melt}} - T_0}{\rho(-\Delta H)} \times \dfrac{1}{\dfrac{R_0 - y_L}{2k} + \dfrac{1}{2h}}$

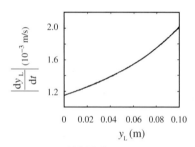

연습문제 4.8b

4.9a 모든 경우에 그림 4.17 적용.

$\mathrm{Nu} = \dfrac{h y_L}{k} \ll 1$이면 그림 4.27 적용.

4.9b 그림 참고

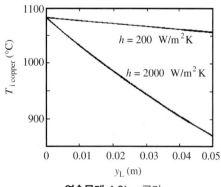

연습문제 4.9b 구리

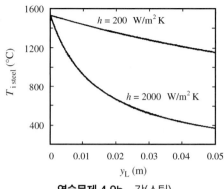

연습문제 4.9b 강(스틸)

4.10a I 영역 선형성장법칙. II 영역 포물선성장법칙.

4.10b I 영역에서 ~1.5×10^2 W/m^2 K

4.11a 연습문제의 그림에 있는 각 곡선에 대해 $T_{i\ \text{metal}}$과 y_L 값을 판독하고, 각 곡선에 대해 h 값을 계산하라. y_L 값이 증가함에 따라 h는 감소한다는 결과를 보여준다.

4.11b 표시된 y_L-t 곡선은 연습문제의 그림에 있는 각 곡선에 상응하는 y_L과 t 값을 그린 것이다.

　　　곡선의 불연속은 공기 틈새의 형성 때문이다. 응고 속도는 곡선의 도함수이다. 응고 전단부의 면적이 감소하기 때문에 이 속도는 끝에서 상당히 증가한다.

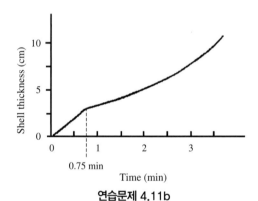

연습문제 4.11b

5장

5.1a ~6%

5.1b 1.5×10^2 MJ

5.1c 15 cm(비현실적). 응고된 셸 아래에서 단열 기공이 종종 형성된다.

5.1d 윗면이 적절하게 단열이 되면 아주 적은 방사능이 방출된다. 위쪽 면은 잉곳의 중심보다 늦게 응고된다.

5.2a $\Delta T =$ 초과 온도에서 $y = \dfrac{k_s}{h_1}\left(\dfrac{h_1}{h_2}\dfrac{T_L - T_0}{\Delta T} - 1\right)$

5.2b ~400°C

5.3 용융 금속의 대류. 자세한 사항은 연습문제 안내서의 힌트 *A246*을 참고하라.

5.4a 상단에서 멀어질수록 기름 또는 주조 분말막의 두께가 감소하며, 상단에서의 거리에 따라 열 유속은 증가한다.

5.4b 막이 증발했다. 금속과 주형 간의 우수한 직접 접촉

5.4c 공기 틈새의 형성과 쉘 두께의 증가로 인해 열 유속이 감소한다.

5.5a 21분

5.5b 0.94 m/min

5.6 각각 1.3, 0.71, 0.54, 0.57 kW/m²

5.7 응고 전단부는 띠판의 윗면에서 0.5 mm 이내에서 만난다.

5.8 $-\dfrac{dT}{dt} = \dfrac{h}{c_p \rho d}\left(T_{strip} - T_0\right) \approx 5.1 \times 10^3 \text{ K/s}$

5.9 $v_{max} = \dfrac{9.4 \times 10^{-3} \text{ m}^2/\text{min}}{d}$

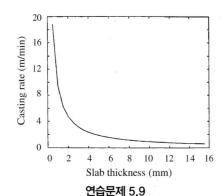

연습문제 5.9

5.10a 0.10 m/s

5.10b 0.10 m/s

5.11 $v_{max} = \dfrac{64 \times 10^{-3} \text{ m}^2/\text{min}}{d}$

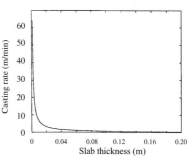

연습문제 5.11

5.12a 타당함

5.12b 0.80미터

5.12c 6.1×10^3 K/s

5.12d 무난류, 산소가 있는 대기, 신속한 응고

5.12e $t = \dfrac{\rho(-\Delta H)}{2\sigma_B \varepsilon\left(T_L^4 - T_0^4\right)} R = 2.0 \times 10^3 R$

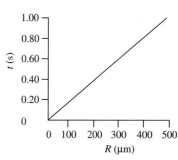

연습문제 5.12e

6장

6.1 >22 g

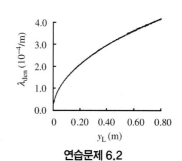

연습문제 6.2

6.2 $\lambda_{den} = 4.7 \times 10^{-4} \sqrt{y_L}$

6.3 $\lambda_{den} = \dfrac{6.5 \times 10^{-5}}{\sqrt{p}}$ m (p in atm)

6.4 그림 참고

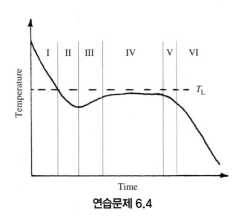

연습문제 6.4

I: 용융 금속의 냉각. 표면 결정 구역 및 후속 주상정 결정 구역이 외부 표면에서 형성된다(그림 6.38 참고).

II: 성장하는 수지상정 앞에 등축 결정이 형성된다.

III: 등축 결정 구역이 주상정 구역을 대체한다.

IV: 정상 상태. 등축 결정이 잉곳의 중심부에서 형성된다.

V: 응고 전단부의 면적이 감소하면 응고 열이 줄어든다. 잉곳이 완전하게 응고된다.

VI: 응고된 주물이 냉각된다.

6.5 기본 방정식으로부터 다음의 식이 주어진다.

$$\frac{dr}{dt} = \frac{1}{6} C \frac{t^{-\frac{5}{6}}}{N^{\frac{1}{3}}}$$

6.5a 식 $v_{growth}\,\lambda_{den}^2 =$ 일정과 조합하면 λ_{den}은 N에 따라 증가한다는 것을 보여준다.

6.5b 식 $v_{growth} = \mu(T_E - T)^n$과 조합하면 N이 증가할 때 과냉각과 시멘타이트의 석출이 감소한다는 것을 보여준다. 접종의 이유는 (1) 백주철 응고의 위험 감소와 (2) 개선된 기계적 특성이다.

6.6 용융 금속이 과냉각되지 않기 때문에 핵이 응고 전단부 앞에서 형성될 수도 있지만 성장하지 않을 수 있다.

6.7 $h < 0.6\,\text{kW/m}^2\,\text{K}$

6.8a 대류로 인해 결정 증식, 결정기지의 재용융, 용융 금속 과열의 빠른 감소가 발생한다.

6.8b $v_{crystal} = 12 \times 10^2/(N + 3 \times 10^6)\,\text{m/s}$

6.8c 4×10^{-4} m/s. $v_{crystal}$은 항상 이보다 작은 값을 가진다. 용융 금속이 접종이 되면, N이 상당히 증가하고 유리 결정이 수지상정의 성장을 막으며, 주상정에서 등축 구역으로의 전이가 발생한다.

6.9a $-\dfrac{dT}{dt} = \dfrac{0.13}{L^2}$

6.9b $L = 4.7\text{ cm}(L > 4.7\text{ cm}$이면 회주철)

6.10 $h = \dfrac{\rho(-\Delta H) \times 10^{-11}}{r_0(T_L - T_0)} \dfrac{r_0 - y}{\lambda_{den}^2}$

또는

$$h = 0.21 \times \frac{65 \times 10^{-6} - y}{\lambda_{den}^2}$$

노즐로부터의 거리가 증가함에 따라 h는 감소한다.

7장

7.1 2.9%

7.2 12%

7.3a 각각 S = 4.2, 1.5 및 1.0

7.3b 고체에서 합금 원소의 확산 속도가 증가할 때 편석은 감소한다.

7.4 $S = \left(\dfrac{B}{1+B}\right)^{-(1-k_{part})} = \left(\dfrac{0.53y^{1/3}}{1+0.53y^{1/3}}\right)^{-0.27}$

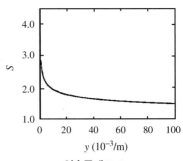

연습문제 7.4

7.5 $S_{Ni} = 1.5$, $S_{Cr} = 1.6$, and $S_{Mo} = 3.1$

7.6 $x_{\underline{V}}^0 = 8.3 \times 10^{-3}[0.4 + 0.6(1 - f_E)](1 - f_E)^{0.6}$

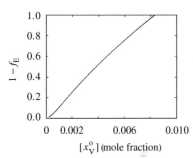

연습문제 7.6

7.7 $[\underline{Si}] \leq 0.4$ wt-%; $[\underline{Cu}] \leq 2$ wt-%

7.8a $c_{\underline{P}}^{0L}/(7.2 \text{ wt-\%})$

7.8b 1.4 %

7.9a

$c_{\underline{C}}^{\,0}$ (wt-%)	$1 - f$	$c_{\underline{Cr}}^{L} = 1.5(1-f)^{-0.27}$ (wt-%)	$S_{\underline{Cr}} = \dfrac{c_{max}^s}{c_{min}^s} = \dfrac{c_{\underline{Cr}}^{L}}{1.5 \times 0.73}$
1.5–2.0	0.0100	5.2	4.8
2.1	0.0332	3.8	3.4
2.2	0.0710	3.1	2.8
2.3	0.114	2.7	2.5
2.4	0.158	2.5	2.3
2.5	0.203	2.3	2.1
2.6	0.249	2.2	2.0
2.7	0.295	2.1	1.9
2.8	0.341	2.0	1.8

실험적 이유 때문에 표에서 1%보다 작은 $(1 - f)$의 값을 모두 0.01로 대체했다. $(1 - f)$에 대한 결정식은 다음과 같다.

$$c_{\underline{Cr}}^L = 68.8 - 16c_{\underline{C}}^L$$

$$c_{\underline{C}}^L = \frac{c_{\underline{C}}^s}{k_{\text{part}\,\underline{C}}} = \frac{c_{\underline{C}}^0}{k_{\text{part}\,\underline{C}} + (1-f)(1 - k_{\text{part}\,\underline{C}})}$$

$$c_{\underline{Cr}}^L = \frac{c_{\underline{Cr}}^s}{k_{\text{part}\,\underline{Cr}}} = c_{\underline{Cr}}^0 (1-f)^{-\left(1 - k_{\text{part}\,\underline{Cr}}\right)}$$

7.9a $S_{\underline{Cr}} = \dfrac{c_{max}^s}{c_{min}^s} = \dfrac{c_{\underline{Cr}}^L}{c_{\underline{Cr}}^0 k_{\text{part}\,\underline{Cr}}}$

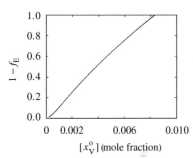

연습문제 7.9b

탄소 농도가 낮은 합금에 있어서는 역확산을 무시할 수 없다. 하지만 여기에서는 그런 계산이 필요하지 않다.

8장

8.1 $t = 0.058 \dfrac{\lambda_{eut}^2}{D}$

8.2 T_E 이하에서 용해 시간은 3.3시간 이하이고, T_E 이상 에서는 6.4시간 이하이다. 답은 아니오.

8.3a $t = 10 \ln\left(\dfrac{1}{1 - 2.0 f_0^L}\right)$

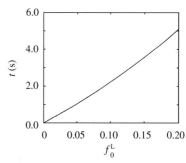

연습문제 8.3

8.4a T_E 이하: 온도는 높을수록 좋다. T에 따라서 농도 차이가 증가하며, 이를 통해 균질화가 촉진된다. D도 T에 따라서 증가하는데, 이도 역시 균질화를 촉진한다.

T_E 이상: T에 따라 농도 차이가 감소하며, 이를 통해 균질화가 지연된다. T에 따라서 D는 증가하지만, 이 효과는 농도 차이의 감소보다 두드러지지 않는다.

8.4b 단지 T_E 이하의 온도를 선택하는 것이 최선이며, 이 경우에 있어서는 540°C가 최선의 표본 온도이다.

8.5a $t_{dis} = 10$시간. 하지만 대류로 인해 시간이 줄어든다.

8.5b $t_{hom} = 11$시간

8.6 1시간

8.7 $t_{dis} = -\dfrac{C_2 + C_3 y}{\pi^2 D} \ln\left[1 - \dfrac{f_0^\theta \cdot (x^\theta - x^m)}{x^{\alpha/\theta} - x^m}\right]$

여기에서

$\lambda_{den}^2 = C_1 \dfrac{\rho(-\Delta H)}{T_L - T_0} \dfrac{k + hy}{hk} = C_2 + C_3 y$

주물이 얇을수록 t_{dis}가 짧아지게 된다. D는 시간에 따라 증가한다. 온도가 올라갈수록 t_{dis}는 짧아지게 된다.

8.8 3.8시간

8.9 12분

8.10 2.1일

9장

9.1 [G] < 10 ppm이면 가시 표면이 있는 응고 기공이 형성된다.

[G] > 20 ppm이면 매끄러운 표면이 있는 원형 기공이 형성된다.

기체 농도가 10 ppm < [G] < 20 ppm의 조건을 충족하면 매끄러운 표면이 있는 늘어진 기공이 형성된다.

9.2a v_{growth}와 [G]. 응고 속도가 낮고 기체 농도가 높으면 기공 성장이 촉진된다.

9.2b $v_{pore} = \dfrac{db}{dt} = -\dfrac{RT}{p} \dfrac{D_H}{V_m} \dfrac{dx_H}{dy} = 0.006\,\mathrm{m/s}$

기공은 반지름이 r이고 길이가 b인 원통이라고 가정한다. $v_{pore} > v_{growth}$이면 기공이 빠져나가서 응고 전단부에 갇힌다.

9.3 2.7×10^{-6} wt-%

9.4a $[\underline{C}] = 0.12$ wt-% 및 $p_{CO} \approx 10$ atm

9.5 $c_{\underline{O}}^0 = \dfrac{0.0019}{0.050}\left[1 - \left(\dfrac{c_{\underline{H}}^0}{0.0025}\right)^2\right]$

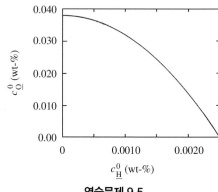

연습문제 9.5

9.6 4.0 wt-%. 안전을 위해 4.0 wt-% Mn 추가.

9.7a $\underline{C}$-농도가 낮으면, δ-상을 제공하는 편정 반응이 발생하고, 이는 나중에 γ-상과 액체 MnS로 변환이 된다. 액체 MnS는 I 유형 또는 II 유형의 MnS 군집으로 응고된다.

$\underline{C}$-농도가 높으면, 강(스틸)이 γ-상으로 응고될 때에 Mn과 S이 나머지 용융 금속에서 농축된다. III 유형 또는 IV 유형의 고체 MnS은 공정 반응에 의해 석출이 시작된다.

9.7b Ti는 S보다 C와 훨씬 쉽게 반응한다. 따라서 MnS 대신에 TiS를 획득하기 위해 Ti를 추가하는 것은 소용이 없다. 강(스틸)의 $\underline{C}$ 농도가 높으면 추가된 Ti는 TiS가 아닌 TiC를 형성한다.

9.8 0.90

9.9 0.05 wt-%는 아주 충분하다. [Ce] $\geq 2 \times 10^{-7}$ wt-% 만 필요하다.

9.10a 입자는 아래의 속도로 상향 이동한다.

$v = \dfrac{2g}{9\eta}(\rho_{melt} - \rho_{particle})r^2$

9.10b 1×10^{-6} 및 1×10^{-4} m/s

9.10c $L_1 \approx 0.06t$ (mm, min) 및 $L_{10} \approx 6t$ (mm, min)

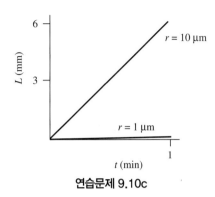

연습문제 9.10c

9.10d $r > 2\,\mu m$ $(v_{particle} > v_{growth})$

10장

10.1a $h_{feeder} > 6$ cm, 안전을 위해서 ~8 cm ($\beta = 0.04$)

10.1b $h_{feeder} > 15$ cm, 안전을 위해서 ~18 cm. 단열 압탕이 필요로 하는 소재는 적으므로 선호도가 높다.

10.2 이 합금의 높은 CFR 값으로 인해 h_f가 음수가 되기 때문에 청동은 대안이 아니다. 선택할 수 있는 유일한 소재는 황동이다.

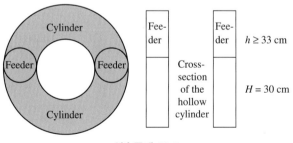

연습문제 10.2

원통에서 수축공을 피하기 위해 두 개의 압탕을 선택한다. 안전을 위해서 압탕의 높이는 40 cm 이하여야 한다. 압탕의 최적 위치는 그림에 표시된다.

10.3 핫탑이 너무 낮으면 수축공과 소재 낭비가 발생한다. 핫탑이 너무 높으면 소재 낭비가 발생한다.

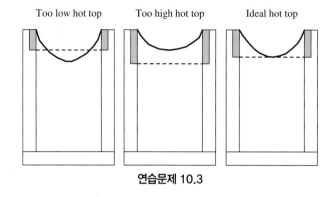

연습문제 10.3

10.4a 대략적이면서 너무 낮은 핫탑의 높이는 6 cm이다($\beta = 0.04$).

10.4b 좀 더 정확한 계산을 하면 8 cm 이하의 값을 얻으며, 안전을 위해서는 10 cm 이하의 값을 선택하라.

10.4c 그렇지 않음

10.5 5.3 cm, 안전을 위해서는 8 cm 이하.

10.6 $\overline{\sigma_x} = \dfrac{2}{3}E\alpha\Delta T_0 - E\alpha\Delta T_0\left(1 - \dfrac{y^2}{c^2}\right)$

10.7a 소선 표면에서의 갑작스러운 온도 증가는 표면에서의 팽창력과 응고 영역에서의 인장력으로 이어진다. 소재는 취성/연성 전이 온도와 고상선 온도 사이의 영역에서 취성을 띤다. 소재는 소선 내부의 2상 영역 근처에서의 균열 형성에 특히 민감하다. 종방향으로 중간 균열의 위험이 상당하다.

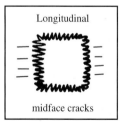

연습문제 10.7a

10.7b 냉각 속도는 표면, 중심부 및 중간 공간에서 모두 다르다. 응력은 전이 온도(취성/연성 구역)와 고상선 온도 사이의 온도를 갖는 소재에서 가장 강하다. 이 영역은 약한데, 특히 균열에 민감하다. 별 모양의 균열이 중심부에서 형성된다.

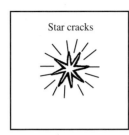

연습문제 10.7b

10.8 $y_L = -121\delta + \sqrt{(121\delta)^2 + 1.63 \times 10^{-3}}$

$T_i = \dfrac{1350}{1 + 8.28 \times 10^{-3}\dfrac{y_L}{\delta}} + 100$

δ (m)	y_L (m)	T_i (°C)
10^{-5}	0.00392	140
10^{-4}	0.00300	487
10^{-3}	0.00656	1380

10.9 변형은 2.6×10^{-3}, 열응력은 $\sim 5 \times 10^7$ N/m²이다. 변형으로 인해 소재에서 매우 큰 응력이 발생하는데 이는 평형에 해당되지 않는다. 소재가 소성 변형, 즉 구부러지거나 또는 부러진다.

10.10a 쉘 내부의 온도는 다음과 같다.

$T = 1260 + 7.0 \times 10^3 y$

온도 감소는 다음과 같다.

$\Delta T(y) = (T_{ss} - T_{so})\left(1 - \dfrac{y}{s}\right)$

또는

$\Delta T(y) = 220\left(1 - \dfrac{y}{0.030}\right)$ °C

10.10b 열 변형

$\varepsilon^T(y) = \alpha(T_{ss} - T_{so})\left(\dfrac{1}{2} - \dfrac{y}{s}\right)$

다음의 방정식이 그림에 나와 있다.

$\varepsilon^T(y) = 5.0 \times 10^{-5} \times 220\left(\dfrac{1}{2} - \dfrac{y}{0.030}\right)$

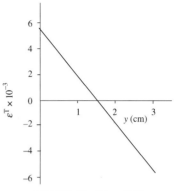

연습문제 10.10b 변형

길이 방향의 응력은 다음과 같다.

$\sigma^T(y) = -E\varepsilon^T(y)$

또는

$\sigma^T(y) = -E\alpha(T_{ss} - T_{so})\left(\dfrac{1}{2} - \dfrac{y}{s}\right)$

다음의 방정식이 그림에 나와 있다.

$\sigma^T(y) = -5.0 \times 10^6 \times 220\left(\dfrac{1}{2} - \dfrac{y}{0.030}\right)$

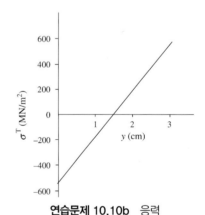

연습문제 10.10b 응력

10.10c 상기 응력 방정식과 10.10a 연습문제에 나온 T와 y 간의 관계식 사이에서 y를 제거하면 하기의 $\sigma(T)$ 식이 주어진다.

$\sigma^T(T) = -5.0 \times 10^6 \times 220\left(\dfrac{1}{2} - \dfrac{T - 1260}{210}\right)$

시간의 함수로서의 응력이 그림에 나와 있다.

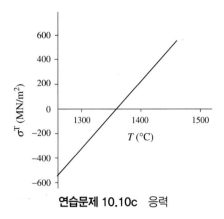

연습문제 10.10c 응력

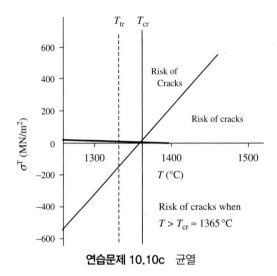

연습문제 10.10c 균열

균열의 위험: 연습문제 10.10c의 응력 그림에 있는 선 $\sigma(T)$는 임계 온도 T_{cr}에서 파단 한계와 교차한다.

10장(358쪽)에 나온 파단 한계 대 온도 다이어그램을 이용해서 파단 한계를 파악할 수 있으며, 연습문제 10.10c의 균열 그림에 표시되어 있다. 이 그림는 $T > T_{cr} = 1365\,°C$일 때에 균열의 위험이 있다는 것을 보여준다.

11장

11.a   1.03 wt-%

11.b   1.15 wt-%

11.2a

$$\overline{c_{stran}^{0}} = \frac{\dfrac{(1-g_{L})k + \dfrac{\rho_{L}}{\rho_{s}}g_{L}}{1 - g_{L} + \dfrac{\rho_{L}}{\rho_{s}}g_{L}} + \dfrac{\varepsilon}{k}}{1 + \varepsilon} \cdot \frac{c_{0}^{L}}{k + g_{L} \cdot (1-k)}$$

11.2b

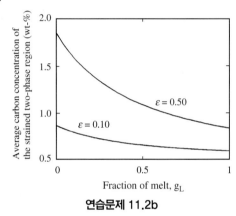

연습문제 11.2b

11.3a   역학적 환원(외압). 다음의 조건으로 열 환원(냉각)

$$G = \frac{dT_{surface}}{dt} \bigg/ \frac{dT_{centre}}{dt} \geq 0.5$$

11.3b   슬래브 주조기에서 역학적 환원. 빌릿 주조기에서 열 환원

11.4   냉각이 강력하고 초과 온도가 높으면 수축공과 중심부 편석이 발생하지 않고 단순한 V-편석이 만들어진다. 냉각이 부드럽고 초과 온도가 낮으면 수축공과 중심부 편석이 발생하고 심도밀집형 V-편석이 만들어진다.

11.5a   2상 영역을 통해 제트 기류를 발생시키는 농도 차이에 기인한 대류에 의해 반점이 발생한다. $\rho_{alloying} < \rho_{matrix}$이면 양의 편석을 통해 이것이 가능하며, 반대의 조건에서는 음의 편석을 통해 이것이 가능하다.

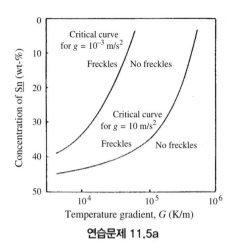

연습문제 11.5a

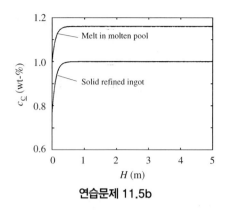

연습문제 11.5b

반점 형성 조건은 다음과 같다.

1. 용융 금속의 정상 유동 패턴
2. 임계 온도 기울기 G_{cr}보다 작은 온도 기울기 G. 이는 다음의 관계식에 의해 주어진다.

$$1700 = \frac{K_p g \Delta\rho (T_L - T_s)^3}{\rho v_{kin} D G_{cr}^3}$$

여기에서 $\Delta\rho = \rho^{top} - \rho^{bottom}$

$G > G_{cr}$이면 반점 비출현

11.5b 필요한 함수를 결정하기 위한 미분 방정식은 다음과 같다.

$$\frac{dc_{melt}}{dt} l_{pool} = \frac{r_F^2 \Delta\rho g}{8\eta} N\pi r_F^2 (c^F - c_{melt}) + v_{growth} c_0^L - v_{growth} c_{melt}$$

해는 다음과 같은 유형이다.

$$c_{melt} = \frac{a - (a - b)e^{-bt}}{b}$$

여기에서 $a = 0.00486$, $b = 0.00417$이다.

정제된 잉곳의 성장 높이 함수로서 용탕에서의 탄소 농도는 다음과 같이 표기할 수 있다.

$$c_{melt} = 1.16 - 0.16e^{-10H}$$

여기에서 $0 \le H \le 5.0$ m이다.

11.5c 정제된 잉곳의 성장 높이의 함수로서 정제된 잉곳의 탄소 농도를 아래와 같이 표기할 수 있다.

$$c_{solid} = c_{melt}\left(1 + \frac{r_F^4 \Delta\rho g}{8\eta} \frac{N\pi}{v_{growth}}\right) - c^F \frac{r_F^4 \Delta\rho g}{8\eta} \frac{N\pi}{v_{growth}}$$

또는

$$c_{solid} = 1.00 - 0.25e^{-10H}$$

용탕은 사방에서 냉각이 되며, 더 이상 반점에 대한 조건은 존재하지 않는다. 용탕은 정상적인 잉곳으로 응고된다. 따라서 응고된 용탕의 평균 탄소 농도는 1.16 wt-%이다. 이 농도는 5.0 m < H < 5.15 m 구간에서 두꺼운 선으로 표시되어 있다.

재용융된 잉곳의 처음 및 마지막 부위의 $\underline{C}$ 농도는 평균보다 각각 더 낮고, 더 높다. 이들로 인해 수율이 떨어지기 때문에 이들을 줄여야 한다.

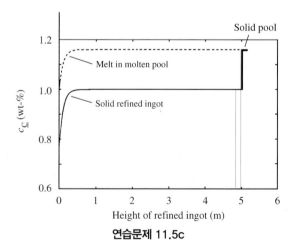

연습문제 11.5c

11.6a 자연 대류로 인해 용융 금속에 떠 있는 작은 결정은 지속적으로 성장한다. 특정 크기가 되면 대류가 더 이상 인력과 결정의 침강물을 보충할 수 없으며, 수지상정 간 용융 금속이 결정을 둘러싼다. 결정의 성장으로 인해 수지상정 간 용융 금속은 대량 용융 금속에 비해 더 높은 합금 원소 농도를 갖는다. 침강 중 용융 금속의 교환으로 인해 바닥 결정의 수지상정 간 용융 금속은 상단 결정 주위의 수지상정 간 용융 금속에 비해 더 낮은 합금 원소 농도를 갖는다. 이를 통해 상단에서는 양의 편석이, 바닥에서는 음의 편석이 주어진다.

11.6b 1. 주조 전에 용융 금속의 온도 증가에 의해 등축 구역의 부피 감소

2. 대류를 줄이기 위해서 매우 효과적인 발열 핫탑 소재를 사용함으로써 용융 금속 윗면의 가열

3. 수지상정 간 영역에서 일정한 용융 금속의 농도를 얻기 위해 적절한 합금 원소의 선택

11.7a 수지상정 간 용융 금속은 결정의 수지상정 망을 통해 위로 이동하려고 하는데, 대량 용융 금속의 농도에 비해 낮기 때문이다. 합금 원소의 평균 농도는 증가하고, 용융점이 감소하게 된다. 재용융이 통로에서 발생하고, 조성이 다른(A-편석) 원형 채널이 형성된다.

11.7b 수지상정 간 용융 금속이 위로 이동하면, 재용융 및 주형 폭의 증가로 인해 수지상정 가지의 폭이 점차 감소한다. 따라서 용융 금속의 통과가 쉬워지고 A-편석의 형성이 촉진된다.

11.7c 다른 곳보다도 수지상정 간 용융 금속에서 더 높은 농도로 발생하는 가벼운 Si 원자는 용융 금속에 대해 특히 낮은 밀도를 제공한다. 밀도 차이가 대류의 원동력

이기 때문에, 다른 잉곳에 비해 Si 농도가 높은 잉곳에 있어서 A-편석의 형성이 촉진된다.

11.8a Al－Mg계의 평형상태도, 알려진 합금 평균 조성과 온도는 회색 부피가 2상 영역이라는 것을 보여준다.

압력이 가해지면 용융 금속이 멀리 흘러 나가기 때문에, 가해진 압력으로 인해 회색 부피의 수지상정 망으로부터 상당한 양의 수지상정 간 용융 금속(23%)이 압착이 된다. 용융 금속이 향후 주조품의 얇고 빈 부분을 채운다.

11.8b 주물의 두꺼운 부분의 7 wt-% <u>Mg</u>
주물의 얇은 부분의 20% <u>Mg</u>

11.9a 0.31 wt-% ($W = 0.5$)   0.36-% ($W = 1.0$)
0.42 wt-% ($W = 2.0$)

11.9b 0.16 m ($W = 0.5$)   0.22 m ($W = 1.0$)
0.33 m ($W = 2.0$)

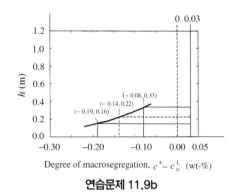

연습문제 11.9b

거시편석은 침강층의 높이가 커짐에 따라 증가한다.

3~6장의 연습문제에서 힌트 A에 대한 안내서

Guide to Exercises Hints A in Chapters 3~6

힌트 A1

연습문제 3.1

정확도가 높고 표면 조도가 우수한 부품의 주조 방법을 생각해 낼 수 있는가? 제시할 방법이 없으면 1장에 나온 정밀주조법을 참고하라.

힌트 A14

힌트 A2

연습문제 4.1

이 경우에 응고는 1차원으로 이루어지며, Cu판과 응고된 금속 간의 접촉은 우수하다. 온도 분포 그림을 그리고 응고 시간의 계산 방안을 제시하라.

힌트 A275

힌트 A3

연습문제 5.1a

잉곳의 초과 복사열 손실 Q_{rad}^{cool}을 계산하기 위해 사용하는 기본 방정식은 무엇인가?

힌트 A173

힌트 A4

연습문제 6.1

실온의 강(스틸) 분말을 용융 금속에 투입하는 경우에 어떤 현상이 발생하는가?

힌트 A127

힌트 A5

연습문제 6.4

표면 결정 구역, 주상정 결정 구역, 중심 결정 구역과 같은 3개의 상이한 결정 구역이 응고된 잉곳에 있다. 곡선을 다수의 상관 시간 구간으로 나누고, 각 구간을 합금의 육안 조직과 연관 지어라.

힌트 A138

힌트 A6

연습문제 6.10

선재 부위의 개략도를 작성하라.

힌트 A22

힌트 A7

연습문제 6.7

회주철 응고는 응고 속도 v_{growth}가 $dy_L/dt < 4.0 \times 10^{-4}$ m/s일 때에 생성된다.

봉의 표면과 내부에서의 온도 분포 개략도를 그리고, 응고 전단부 위치의 함수로서 응고 속도에 대한 분석식 dy_L/dt를 구하라.

힌트 A261

힌트 A8

(A207)

$$Q_{rad}^{sol} = A\varepsilon\sigma_B(T_L^4 - T_0^4)\, t \tag{3}$$

액상선 온도는 1450 K과 273 K를 더해서 1723 K이다. 알고 있는 값(기지수)을 대입하면 아래의 값을 얻게 된다.

$$Q_{rad}^{sol} = 0.4 \times 1 \times 0.2 \times 5.67 \times 10^{-8}$$
$$\times (1723^4 - 293^4) \times 64 \times 60 = 15.3 \times 10^7 \,\text{J}$$

답은 힌트 A26에 나와 있다.

힌트 A26

힌트 A9

연습문제 6.2

잉곳의 주상정 결정 구역 두께의 함수로서 수지상정 가지의 거리인 λ_{den}을 구하려고 한다. v와 λ_{den}의 관계식 및 시간의 함수인 성장 속도 v_{growth}를 알고 있다.

Materials Processing during Casting Guide to Exercises   H. Fredriksson and U. Åkerlind   © 2006 John Wiley & Sons, Ltd.

주상정 결정 구역 두께 y_L과 시간 사이의 관계식을 구하는 방법은 무엇인가?

힌트 A51

힌트 A10

연습문제 3.2

상향 주조에서 탕구 제원의 함수로서 주조 시간에 대한 식을 구하라.

힌트 A81

힌트 A11

연습문제 6.3

열전달 계수가 이 책에 언급되어 있다. 따라서 열 균형 방정식을 조립하는 것이 타당하며, 이 식이 유용할 수 있다.

힌트 A176

힌트 A12

연습문제 5.3

응고 전단부가 평면이 아닌 이유가 무엇인가?

힌트 A178

힌트 A13

(A137)

4장의 그림 4.20은 주형 안의 온도 분포와 사형 주조 작업 중 형 내부에 있는 용융 금속이다.

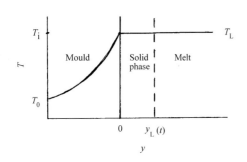

Chvorinov의 법칙을 이용해서 응고 시간을 계산할 수 있다[4장의 (A4.74a) 방정식]. 이 경우에 다음의 식을 얻게 된다.

$$t_{\text{total}} = C\left(\frac{V_{\text{metal}}}{A}\right)^2 = C\left(\frac{Ay_L}{A+A}\right)^2 \tag{1}$$

상수 C에 대한 식을 구하라.

힌트 A293

힌트 A14

(A1)

Shaw 주조법(1장의 7쪽)이나 인베스트먼트 주조법(왁스 주조법, 1장의 7~8쪽)을 선택하는 것이 가장 좋다. 이들을 비교하라.

힌트 A45

힌트 A15

연습문제 5.6

열전달 계수 h_w는 냉각수의 유동과 온도에 따라 달라지며 실증적 관계식들만 이용할 수 있으니 그중 하나를 사용하라.

힌트 A114

힌트 A16

(A35)

유동이 층류라고 가정한다. 이 경우에 베르누이 방정식이 효과적이다[3장의 (3.2) 방정식].

적정한 지점을 1지점과 2지점으로 제시하라. 베르누이 방정식을 구하고, 편리한 변수를 대입한 후에 현재의 계에 이 방정식을 적용하라.

힌트 A88

힌트 A17

(A44)

연속성의 원리를 이용하면 배출구에서의 속도인 v_3를 계산할 수 있다.

$$A_2 v_2 = A_3 v_3$$

여기에서 A_2와 A_3는 알고 있는 값이다. v_2의 식을 대입해서 아래의 식을 얻는다.

$$v_3 = \frac{A_2}{A_3} v_2 = \frac{A_2}{A_3}\sqrt{2gh} = \frac{\pi\left(\frac{0.010}{2}\right)^2}{0.140 \times 0.140}\sqrt{2gh} \tag{3}$$

답

주조 속도 v_3는 $0.010\sqrt{h}$이며, v_3와 h는 SI 단위가 사용된다.

힌트 A18

(A133)

단위 시간당 주변으로의 열 손실은 표준 명칭을 통해 아래처럼 표현이 된다.

$$-\frac{dQ}{dt} = -\pi R^2 dy\ \rho_L c_p^L \frac{dT}{dt} \qquad \left(\frac{dT}{dt} < 0\right) \qquad (1)$$

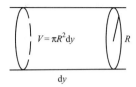

지속하려면 열 균형을 조립해야 한다.

힌트 A254

힌트 A19

(A202)

(A154)

응고 전후의 열전달 구동력은 열 차이인 $(T_L - T_0)$에 비례한다.

항목	$-\Delta H$ (kJ/kg)	$T_L - T_0$ (K)	응고 시간 (h)
알루미늄	398	635	1.5
강(스틸)	272	1510	1.0

답

(a) 알루미늄 잉곳의 응고 시간은 약 1.5시간이다.

(b) 강(스틸) 잉곳의 응고 시간은 약 1시간이다.

강(스틸) 잉곳의 질량이 알루미늄 잉곳보다 훨씬 크지만, Fe가 Al에 비해 융해열이 낮고 열전달 구동력은 높기 때문에 강(스틸) 잉곳이 좀 더 빠르게 응고된다.

힌트 A20

연습문제 3.4

용융강이 들어 있는 턴디쉬의 그림을 작성하라. 강(스틸)의 유동에 효과적인 방정식은 무엇인가? 본 문제를 풀기 위한 방안을 고려하라.

힌트 A95

힌트 A21

연습문제 5.12a

과정을 서술하고 합리적인 가정을 수립하라.

힌트 A109

힌트 A22

(A6)

반지름이 r_0이고 길이가 Δz인 선재 요소를 고려하라. 이 선재는 안쪽으로 응고되어 dt의 시간 동안 반지름이 $r + dr$에서 r로 변한다. 응고 전단부에서의 응고 열은 반대 방향으로의 열 유동에 의해 없어진다.

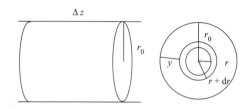

열 균형을 구하라.

힌트 A179

힌트 A23

연습문제 3.9a

나선의 체적 요소에 대한 열 균형을 구하라.

힌트 A195

힌트 A24

(A305)

(2) 방정식으로부터 다음의 식이 주어진다.

$$A_{outlet} = \frac{\pi d_{outlet}^2}{4} = \frac{A_{strand} v_{cast}}{v_{outlet}} \qquad (5)$$

또는

$$d_{outlet} = \sqrt{\frac{4}{\pi} \times \frac{A_{strand} v_{cast}}{v_{outlet}}} = \sqrt{\frac{4}{\pi} \times \frac{1.5 \times 0.20 \times 0.0090}{3.13}} = 0.033\,\mathrm{m}$$

답

주조 속도는 0.0090 m/초 또는 0.54 m/분이다.

턴디쉬의 배출구 지름은 33 mm이어야 한다.

힌트 A25

(A126)

(1)과 (2) 방정식을 조합하면 응고 시간을 얻게 된다.

$$t = \frac{1}{4\alpha_{metal}} \left(\frac{y}{\lambda}\right)^2 = \frac{\rho_{metal} c_p^{metal}}{4\,k_{metal}} \left(\frac{y}{\lambda}\right)^2$$

여기에서 y는 응고된 쉘의 두께이다.

$$t = \frac{7.878 \times 10^3 \times 830}{4 \times 32} \left(\frac{0.10}{0.90}\right)^2 \approx 630 \, \text{s}$$

답

터빈 날개의 응고 시간은 약 10.5분($\lambda = 0.90$)이다.

힌트 A26

(A165)

(A8)

(A221)

(A38)

답

(a) 초과 복사열의 분율은 6%이다.

(b) 응고 중의 총 복사열은 ~1.5×10^2 MJ이다.

(c) 층의 최대 두께는 ~15 cm로 계산이 되는데 이는 비현실적이다 (기공은 종종 응고된 층 아래에서 형성되며, 용융금속과 응고된 쉘 사이에서 단열이 이루어진다.)

(d) 윗면이 적절하게 단열되면 복사열이 거의 없으며, 잉곳의 윗면이 중심보다 늦게 응고된다는 것이 이의 장점이다.

힌트 A27

(A208)

이 값을 (10) 방정식에 대입하면 다음의 식을 얻게 된다.

$$t = \frac{2.7 \times 10^3 \times 390 \times 10^3}{660 - 25} \left(\frac{R^2}{4 \times 220} + \frac{R}{2 \times 1.68 \times 10^3}\right)$$

또는

$$t = 1.66 \times 10^3 \left(\frac{R^2}{0.880} + \frac{R}{3.36}\right) \tag{11}$$

답과 그림은 힌트 A79에 나온다.

힌트 A79

힌트 A28

(A191)

용융 합금의 구성(3장 49~50쪽).

불순물이 조금이라도 들어가면 점성이 크게 증가하고 유동성은 감소한다. 순금속과 공정 합금은 점성이 낮고 유동성 길이가 크다. 액상선-고상선 구간이 커질수록, 점성이 커지게 되고 최대 유동성 길이는 작아지게 된다.

주형 벽에서 금속의 응고가 이루어지고 응고 전단부가 평면이 되면 유동성이 가장 좋아진다. 합금 원소가 합금의 응고 구간으로 이어지는데, 이로 인해 평평한 전단부의 생성이 중단된다. 이 대신에 소위 수지상정(결정 가지의 망)이 형성된다. 점성은 증가하고 유동성은 감소한다.

답은 힌트 A164에 나온다.

힌트 A164

힌트 A29

(A227)

이 책에 의하면 다음의 식을 얻는다.

$$y_L + Y_L = 0.0060 \, \text{m} \tag{5}$$

(4)와 (5) 방정식을 조합하고, 알고 있는 값과 재료 상수를 대입한 후에 Y_L을 푼다. 정확한 계산이 필요하다!

힌트 A156

힌트 A30

연습문제 4.2

주조 조건의 유형을 어떻게 분류하는가? 응고 과정에 사용될 수 있는 모델은 무엇인가?

힌트 A281

힌트 A31

연습문제 6.8a

응고되는 잉곳에서 대류가 등축 결정의 핵 생성에 어떤 영향을 미치는가?

힌트 A223

힌트 A32

(A199)

(4) 방정식을 (3) 방정식에 대입하고, v_{ingot}를 dh/dt로 치환한다.

$$A_{\text{sprue}} \sqrt{2g(H-h)} = 6A_{\text{ingot}} \frac{dh}{dt}$$

이 미분 방정식을 어떻게 푸는가?

힌트 A75

힌트 A33

(A204)

λ에 대해 몇 가지 값을 선택하고 4장의 표 4.4를 사용하라.

λ	erf(λ)	$0.325 + erf(\lambda)$	$\sqrt{\pi}\lambda e^{\lambda^2}$	$\sqrt{\pi}\lambda e^{\lambda^2}[0.325 + erf(\lambda)]$
0.10	0.1125	0.4375	0.1790	0.078
0.70	0.6778	1.0028	2.0252	2.03
0.75	0.7112	1.0362	2.3331	2.42
0.80	0.7421	1.0671	2.6891	2.87
1.00	0.8427	1.1677	4.8180	5.6

보간을 통해 $\lambda = 0.79$를 얻게 된다.

진행 방법은 무엇인가?

힌트 A122

힌트 A34

(A119)

과열된 용융 금속으로부터 주변으로의 열 유동을 두 가지 방법으로 표기할 수 있다.

$$\underbrace{\frac{\partial Q}{\partial t} = -\rho V c_p \frac{dT}{dt}}_{\substack{\text{Cooling heat} \\ \text{per unit time}}} = \underbrace{A\sqrt{\frac{k_{\text{mould}}\rho_{\text{mould}}c_p^{\text{mould}}}{\pi t}}(T_i - T_0)}_{\substack{\text{Heat flow across the interface mould/} \\ \text{melt Compare Equation (4.70) on} \\ \text{page 79 in Chapter 4}}} \quad (5)$$

(5) 방정식을 적분하고 냉각 속도인 t_3를 구하라.

힌트 A180

힌트 A35

연습문제 3.3

강(스틸)의 유동에 대해 몇 가지 합리적인 가정을 수립하라. 난류인가 아니면 층류인가? 어떤 방정식을 적용할 수 있는가?

힌트 A16

힌트 A36

(A116)

용융 금속에서 고상까지의 열 유속을 다음처럼 표기할 수 있다.

$$\frac{dq}{dt} = -h_2(T_{\text{melt}} - T_L) \quad (1)$$

고체 셸을 통과하는 열 유속은 다음과 같다.

$$\frac{dq}{dt} = -k_s \frac{T_L - T_{i\,\text{metal}}}{y} \quad (2)$$

바깥면에서 주변으로의 열 유속은 다음과 같다.

$$\frac{dq}{dt} = -h_1(T_{i\,\text{metal}} - T_0) \quad (3)$$

초과 온도 $\Delta T = T_{\text{melt}} - T_L$의 함수로서 y를 구하려고 한다. 진행 방법은 무엇인가?

힌트 A184

힌트 A37

(A232)

기하 형상과 힌트 A232의 그림 4에 따르면, 정삼각형 $T_1 T_2 T_3$에서 반지름 r은 높이의 $2/3$이다.

$$r = \frac{R\sqrt{2}}{2}\sqrt{3} \times \frac{2}{3} = \frac{R\sqrt{6}}{3}$$

또는

$$R = \frac{r\sqrt{6}}{2} \quad (5)$$

이제 최종 답에 근접했다!

힌트 A183

힌트 A38

연습문제 5.1d

나중에 알 수 있듯이(10장) 용융 금속의 윗면이 잉곳의 중심보다 먼저 응고된다는 것을 수긍하는 것이 불가능하다. 또한 연습문제 5.1c에서 얻은 두께는 터무니없이 크고 비현실적이다.

윗면이 응고된다면 수축이 발생해서 기공은 고체 층 아래에서 형성된다. 이 기공으로 인해 고체 층의 추가 성장이 중단된다.

답은 힌트 A26에 나온다.

힌트 A26

힌트 A39

(A178)

응고 전단부를 가로지르는 열의 유속은 다음과 같다.

$$\underbrace{k_s \frac{T_L - T_{i\,\text{metal}}}{y_L}}_{\substack{\text{Heat flux through} \\ \text{the solidified shell}}} = \underbrace{k_L \frac{T_{\text{melt}} - T_L}{\delta}}_{\substack{\text{Heat flux} \\ \text{through the} \\ \text{boundary} \\ \text{layer}}} + \underbrace{\rho(-\Delta H)\frac{dy_L}{dt}}_{\substack{\text{Solidification} \\ \text{heat per} \\ \text{unit time}}}$$

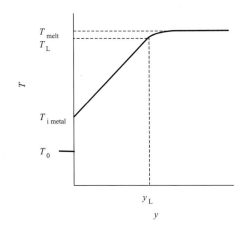

경계층 내에서의 대류열과 이 대류열이 응고 전단부의 형태에 미치는 영향을 논하라.

힌트 A246

힌트 A40

연습문제 4.6

두 가지 경우에 있어서 응고 조건이 다르며, 유효한 방정식은 서로 다르다. 사형에 유효한 방정식은 무엇인가?

힌트 A162

힌트 A41

(A344)

$$\lambda_{den} = \sqrt{\frac{10^{-10}\sqrt{t}}{1.5 \times 10^{-2}}}$$

$$\lambda_{den} = \sqrt{\frac{10^{-10}y_L}{1.5 \times 10^{-2} \times 3.0 \times 10^{-2}}} = 4.71 \times 10^{-4}\sqrt{y_L}$$

답

$$\lambda_{den} = 4.7 \times 10^{-4}\sqrt{y_L}$$

힌트 A42

연습문제 6.8c

v_{front}와 $v_{crystal}$의 값을 비교하라. 힌트 A309와 A171에서 값을 얻을 수 있다.

힌트 A267

힌트 A43

(A258)

$$\rho_L L(\sin 5°)c_p^L\left(-\frac{dT}{dt}\right) = \sqrt{\frac{k_{mould}\rho_{mould}c_p^{mould}}{\pi t_{cool}}(T_E - T_0)} \quad (8)$$

L의 함수로서 냉각 속도를 계산하라.

힌트 A291

힌트 A44

(A95)

$$p_1 + \rho g h_1 + \frac{\rho v_1^2}{2} = p_2 + \rho g h_2 + \frac{\rho v_2^2}{2} \quad (1)$$

용융강의 윗면과 턴디쉬의 배출구에서 1지점과 2지점을 각각 선택하며, 이 높이를 0의 높이로 정한다. A_1은 매우 크기 때문에 $v_1 \approx 0$으로 처리할 수 있다.

$p_1 = p_2 = p_{atm}$, $h_2 = 0$과 $h_1 = h$를 (1) 방정식에 대입하면 다음의 식을 얻는다.

$$p_{atm} + \rho g h + 0 = p_{atm} + 0 + \frac{\rho v_2^2}{2} \Rightarrow v_2 = \sqrt{2gh} \quad (2)$$

v_2 함수를 알고 있는 경우에 진행 방법은 무엇인가?

힌트 A17

힌트 A45

(A14)

Shaw 주조법	인베스트먼트 주조법 (왁스 주조법)
모델은 나무나 석고로 제작 내화재 주형. 점결제는 규산	모델은 왁스로 제작 모델을 점결제인 규산과 세라믹 재료의 혼합물에 담가서 주형 제작.
건조로에서 주형 건조 및 가열(1000°C). 분할 주형	주형이 건조되고 왁스는 녹아서 사라지며 주형은 연소가 된다.
정확성 우수	정확성 매우 우수
대형 부품	소형 부품, 0.1~0.5 kg
경제적 관점에서 가능한 소형 부품 계열 또는 단일 부품	경제적 이유로 인해 필요한 대형 부품 계열

위의 내용을 기반으로 어떤 방법을 선택할 것인가?

힌트 A72

힌트 A46

연습문제 6.9a

쐐기 모양 표본의 중심에서의 냉각 속도를 계산하기 위한 방정식을 어떻게 구할 것인가? 그림으로 시작하고 주변으로의 열 유동에 대한 식을 구하기 위해서 합리적인 가정을 수립하라.

힌트 A247

힌트 A47

(A75)

$h = h_{fill}$를 대입하면 다음의 식을 얻는다.

$$t_{fill} = \frac{6A_{ingot} \times 2}{A_{sprue}\sqrt{2g}}\left(\sqrt{H} - \sqrt{H - h_{fill}}\right)$$

이 책의 그림에서 SI 단위로 주어진 값을 대입하면 다음의 식을 얻는다.

$$t_{fill} = \frac{6 \times 0.5 \times 2}{(0.15)^2\sqrt{2 \times 9.81}}\left(\sqrt{1.7} - \sqrt{1.7 - 1.5}\right) = 51$$

답

충전 시간은 ~50초이다.

힌트 A48

연습문제 4.10b

열전달 계수 값을 어떻게 예측하는가?

힌트 A155

힌트 A49

연습문제 4.9a

표면 온도와 응고된 셸의 두께 간 관계식을 구할 수 있는가?

힌트 A157

힌트 A50

연습문제 3.6

황의 질량 균형을 구하라.

힌트 A112

힌트 A51

(A9)

$v_{growth}(t)$ 관계식을 적분하라. 그런 다음에 t의 함수로서 주상 구역의 두께 y_L을 얻게 된다.

힌트 A282

힌트 A52

연습문제 6.5a

성장 속도가 조직의 거칠기를 결정한다. 이 사실을 수학적으로 서술하라.

힌트 A185

힌트 A53

연습문제 3.5

주조 속도 v_{cast}는 소선이 냉각 주형을 떠날 때의 속도이다. v_{cast}를 어떻게 계산하는가?

힌트 A226

힌트 A54

(A270)

$$v_{max} = \frac{\pi D}{2t} = \frac{\pi D}{2}\frac{4h_{av}(T_L - T_0)}{a\rho(-\Delta H)}$$

또는

$$v_{max} = \frac{2\pi Dh_{av}(T_L - T_0)}{a\rho(-\Delta H)} \tag{7}$$

평균 열전달 계수는 힌트 A321에서 925 W/m² K로 계산되었다. 냉각수의 온도는 100°C라고 가정한다. D는 2.0 m이고 a는 60×10^{-3} m이다. 이 책에서 주어진 이 값들과 재료 상수를 (7) 방정식에 대입하면 아래의 값을 얻는다.

$$v_{max} = \frac{2\pi \times 2.0 \times 925(1083 - 100)}{0.060 \times 8940 \times 206 \times 10^3} = 0.10\,\text{m/s}$$

답은 힌트 A310에 나온다.

힌트 A310

힌트 A55

연습문제 5.2a

흡입구의 단면에 대한 온도 분포 개략도를 작성하라.

힌트 A116

힌트 A56

(A300)

다른 요인들은 온도, 응고된 용융 금속의 조직, 열전도성, 융해열과 유동의 크기이다.

이것들이 어떻게 유동성에 영향을 주는가?

힌트 A164

힌트 A57

(A229)

(5) 방정식에서 ΔT_{melt}에 대한 식을 (4) 방정식에 대입하면 다음의 식을 얻는다.

$$\frac{dr}{dt} = \frac{Ah_{con}\left(v_{front} - \dfrac{dr}{dt}\right)}{\rho \times 4\pi r^2(-\Delta H)\mu}\frac{1}{N} \tag{8}$$

알고 있는 값을 대입하면 아래의 식이 주어진다.

$$\frac{dr}{dt} = \frac{1.76 \times 40 \times 10^3\left(4.0 \times 10^{-4} - \dfrac{dr}{dt}\right)}{7.0 \times 10^3 \times 4\pi(10 \times 10^{-6})^2 \times 272 \times 10^3 \times 0.010}\frac{1}{N}$$

dr/dt를 풀어라.

힌트 A171

힌트 A58

(A173)

T의 온도가 높기 때문에 T의 평균값을 사용하는 것이 합리적이다.

$$T = 1500 + 273 = 1773\,\text{K}$$

주어진 값을 (1) 방정식에 대입하면 초과 복사열을 얻는다.

$$Q_{rad}^{cool} = A\varepsilon\sigma_B(T^4 - T_0^4)t = 0.40 \times 1.00 \times 0.2 \times 5.67$$
$$\times 10^{-8}(1773^4 - 293^4) \times 10 \times 60 = 2.68 \times 10^7\,\text{J}$$

총 초과열을 계산하는 방법은 무엇인가?

힌트 A296

힌트 A59

연습문제 6.6

주물의 온도 분포를 감안하고 그래프로 표시하라. 대류가 감안됐을 때의 주물 열 균형을 구하라.

힌트 A259

힌트 A60

연습문제 5.7

띠판에서의 열전달을 논하라. 그리고 냉각과 응고 과정 중의 띠판 온도 분포를 표시하고 합리적인 근사값에 대해 논하라.

힌트 A152

힌트 A61

(A149)

답

VI 영역.

용융 금속이 모두 응고되면 냉각 속도가 일정해진다. $dT/dt < 0$이다. 고상은 일정한 냉각 속도로 냉각이 된다. 주변으로의 열 유동이 냉각 과정을 조절하며, Cu의 열용량 c_p^s에 의해 설명이 된다.

$$\frac{dQ}{dt} = V\rho c_p^s\left(-\frac{dT}{dt}\right)$$

힌트 A62

연습문제 4.5

(a)의 경우에 응고 시간을 계산하기 위해서 무슨 방정식을 사용할 수 있는가?

힌트 A159

힌트 A63

(A102)

용융 금속의 부피가 V라고 가정한다. 열 균형을 구하라.

힌트 A211

힌트 A64

(A256)

$$-2\pi r L\rho(-\Delta H)\frac{dr}{dt} = -\frac{k \times 2\pi L(T_{melt} - T_i)}{\ln\left(\dfrac{r}{R}\right)} \tag{4}$$

온도 T_i는 일정하지 않지만 응고 전단부 위치의 함수이다. T_i에 대한 식을 구하기 위해서 또 다른 방정식이 필요하다. 필요한 식은 무엇인가?

힌트 A163

힌트 A65

(A339)

주어진 데이터와 재료 상수를 대입하면 아래의 식을 얻는다.

$$t = \frac{\rho(-\Delta H)}{2\sigma_B \varepsilon(T_L^4 - T_0^4)} R$$

$$t = \frac{7.8 \times 10^3 \times 276 \times 10^3}{2 \times 5.67 \times 10^{-8}(1753^4 - 300^4)} R = 2.0 \times 10^3 \, R$$

답

선재가 너무 얇아 온도 구배를 무시할 수 있다면, 선재의 응고 시간은 선재의 반지름에 비례한다.

$$t = \frac{\rho(-\Delta H)}{2\sigma_B \varepsilon(T_L^4 - T_0^4)} R$$

주어진 데이터를 통해 다음의 값을 얻으며,

$$t = 2.0 \times 10^3 \, R \qquad \text{(SI 단위계)}$$

이는 그림에 나와 있다.

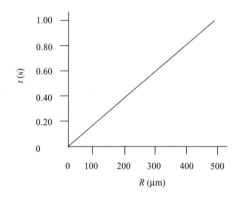

힌트 A66

(A121)

(5) 방정식을 통해 $T_{i\,metal}$을 구할 수 있으며,

$$T_{i\,metal} = \frac{T_L - T_0}{1 + \dfrac{h}{k} y_L} + T_0 \qquad (6)$$

이는 4장의 (4.45) 방정식과 동일하다.

$y_L = 0$이면 $T_{i\,metal} = T_L$임을 (6) 방정식으로부터 알 수 있다. 따라서 $y_L = 0$일 때에 T축으로부터 $T_{i\,metal}$을 읽어 들일 수 있다. y_L의 값은 무엇인가?

상응하는 $T_{i\,metal}$ 값과 y_L 값을 어떻게 얻는가?

힌트 A312

힌트 A67

연습문제 6.8b

열 균형을 조립하는 것은 자연스러운 일이다. 등축 결정을 구체로 간주할 수 있다고 가정하라.

힌트 A160

힌트 A68

연습문제 3.10a

모서리에서 곡선 형태의 금속 표면에 가해지는 힘을 고려하라.

힌트 A115

힌트 A69

(A276)

$T_i = T_E$임을 기억하라.

$$\sqrt{t_{cool}} = \frac{\rho_L L(\sin 5°)c_p^L \sqrt{\pi}}{2(T_E - T_0)\sqrt{k_{mould}\rho_{mould}c_p^{mould}}} \times 100$$

수치 값을 대입하면 아래의 식이 주어진다.

$$\sqrt{t_{cool}} = \frac{7.0 \times 10^3 \times 0.0872 \times 420\sqrt{\pi} \times 100}{2(1153 - 20)\sqrt{0.63 \times 1.61 \times 10^3 \times 1.05 \times 10^3}} L$$
$$= 19.43 \, L$$

L의 함수로서 냉각 속도를 구하기 위한 방법은 무엇인가?

힌트 A258

힌트 A70

(A161)

거리 d는 다음과 같이 주어진다.

$$d = ut = 8 \times 0.10 = 0.80 \, \text{m}$$

답은 힌트 A189에 나온다.

힌트 A189

힌트 A71

(A160)

$$v_{crystal} = \frac{dr}{dt}$$

진행 방법은 무엇인가?

힌트 A140

힌트 A72

(A45)

답

두 가지 방법을 통해 기술적인 요구 사항이 이행된다. 이런 상황에서는 경제적인 측면이 중요하다. 이 책에서는 부품의 수에 대해서 전혀 언급되지 않는다.

소형 부품 계열에서는 Shaw 주조법을 선택한다.

대형 부품 계열에서는 인베스트먼트 주조법을 선택한다.

힌트 A73

연습문제 5.1b

응고 시간 동안에 강(스틸) 윗면으로부터의 방출 열을 계산할 수 있으면, 문제가 해결된 것이다.

이를 위해서 응고 시간을 계산해야 한다. 계산 방법은?

힌트 A141

힌트 A74

연습문제 5.10b

h 값들의 평균을 사용하는 것은 불합리할 수 있는가? 더 많은 계산을 유의해서 하면 이 질문에 대한 답을 얻게 될 것이다. 어떤 방법을 통해 위의 계산을 수정해야 하는가?

힌트 A123

힌트 A75

(A32)

변수들을 분리하고 미분 방정식을 적분하라.

$$dt = \frac{6A_{ingot}}{A_{sprue}\sqrt{2g}}\frac{dh}{\sqrt{H-h}} \Rightarrow \int_0^t dt = \frac{6A_{ingot}}{A_{sprue}\sqrt{2g}}\int_0^h \frac{dh}{\sqrt{H-h}}$$

이를 통해 다음의 식이 주어진다.

$$t = \frac{6A_{ingot}}{A_{sprue}\sqrt{2g}}(-2)[\sqrt{H-h}]_0^h$$

또는

$$t = \frac{6A_{ingot}\times 2}{A_{sprue}\sqrt{2g}}(\sqrt{H}-\sqrt{H-h})$$

어떻게 충전 시간을 구하는가?

힌트 A47

힌트 A76

연습문제 4.8b

어떻게 응고 속도를 구하는가?

힌트 A124

힌트 A77

(A278)

답

곡선 최댓값까지의 거리에서 증발된 기름이나 녹은 주물 분말의 막이 사라지고 강(스틸)과 냉각 주형 간에 양호하면서도 직접적인 접촉이 있다.

힌트 A78

(A301)

$V_{growth} = dr/dt$이기 때문에!

(6) 방정식의 시간에 대한 도함수를 구하면 다음의 식을 얻는다.

$$\frac{dr}{dt} = \frac{1}{6}C\frac{t^{-5/6}}{N^{1/3}} \tag{7}$$

힌트 A185에서 조립한 (1) 관계식을 이용하라. 진행 방법은 무엇인가?

힌트 A251

힌트 A79

(A27)

(A188)

답

(a)

$$t = \frac{\rho(-\Delta H)}{(T_{melt}-T_0)}\left(\frac{R^2}{4k}+\frac{R}{2h}\right)$$

(a)

(b)

$$\left|\frac{dy_L}{dt}\right| = \frac{T_{melt} - T_0}{\rho(-\Delta H)} \frac{1}{\dfrac{R_0 - y_L}{2k} + \dfrac{1}{2h}}$$

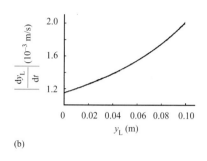

(b)

힌트 A80

(A216)

(A341)

접종을 하는 즉시 주상정 구역의 길이가 감소하며, 이로 인해 기계적 성질의 이방성이 줄어들어 압연과 단조 중에서는 장점이 되는데, 특히 알루미늄판을 생산하는 경우에 장점이 두드러진다.

답

기본 방정식의 도움으로 다음의 관계식을 유도할 수 있다.

$$\frac{dr}{dt} = \frac{1}{6} C \frac{t^{-5/6}}{N^{1/3}}$$

(a) 접종으로 인해 N이 증가하면, 박편 거리인 λ 역시 증가하는 것, 즉 조직이 거칠어지는 것을 $\mu_{growth}\lambda^2 = $ 일정의 방정식을 조합한 이 방정식으로부터 보여줄 수 있는데, 이는 증명이 되어야 한다.

(b) $v_{growth} = \mu(T_E - T)^n$의 방정식을 이 방정식에 조합하여 N이 증가할 때에 과냉각이 감소한다는 것을 보여줄 수 있으며, 이로 인해 백주철 응고의 위험이 줄어들고 용융 주철 접종의 주요 이유가 된다.

모든 금속에 유효한 또 다른 이유는 결정의 수가 용융 금속에서 증가할 때에 기계적 성질이 더 좋아진다는 것이다. 접종을 통해 주조 금속의 질이 개선된다.

힌트 A81

(A10)

필요한 식은 3장의 (3.13) 방정식이다.

$$t_{fill} = \frac{2A_{casting}}{A_{sprue}\sqrt{2g}}\left(\sqrt{h_{total}} - \sqrt{h_{total} - h_{casting}}\right) \tag{1}$$

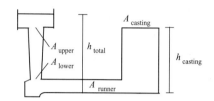

(1) 방정식에서 어떤 수량을 알고 있거나 계산할 수 있는가?

힌트 A166

힌트 A82

(A138)

답

I 영역.

용융 금속의 자연 대류에 의해 조절이 되는 주변으로의 열전달이 곡선의 기울기를 결정한다. 냉각 과정은 Cu의 열용량인 c_p^L로 설명이 된다.

$$\frac{dQ}{dt} = V\rho c_p^L\left(-\frac{dT}{dt}\right)$$

용융 금속과 I 영역은 용융 금속의 초과 온도가 사라질 때까지 지속된다. $T \leq T^*$(핵 생성에 대한 임계 온도)이고 주조 작업 중에 표면 결정 구역이 형성되자마자 등축 결정이 주형에 가까운 잉곳의 외부면에서 형성된다. 표면 구역의 등축 결정에서 주상정 구역의 수지상정까지의 전이를 이 냉각 곡선에서 관찰할 수 없는데 그 이유는 냉각 곡선이 잉곳 중심부의 온도를 보여주기 때문이다. 6장의 그림 6.38을 비교하라. 주상정 결정은 안쪽으로 성장하기 시작한다.

II 영역의 특징을 묘사하라.

힌트 A299

힌트 A83

(A215)

알고 있는 값과 위에서 사용된 y_L과 t의 측정값을 (1) 방정식에 대입하고 위와 같이 진행하라. (1) 방정식을 변환하면 다음의 식이 주어진다.

$$th_{II}(T_L - T_0) = \rho_{metal}(-\Delta H)y_L + \frac{h_{II}\rho_{metal}(-\Delta H)}{2k} y_L{}^2 \quad (4)$$

또는

$$h_{II} = \frac{y_L}{\dfrac{t(T_L - T_0)}{\rho_{metal}(-\Delta H)} - \dfrac{y_L{}^2}{2k}}$$

$$= \frac{14 \times 10^{-3}}{\dfrac{140(1500 - 25)}{7.9 \times 10^3 \times 270 \times 10^3} - \dfrac{(14 \times 10^{-3})^2}{2 \times 30}}$$

$$= 144 \ W/m^2 \ K$$

해당 값을 확인하기 위해서 다른 쌍의 값, 예를 들어 $y_L = 216$ mm과 $t = 100$분 $= 6000$ s를 사용하고, 이 값들을 (1) 방정식에 대입하면 다음의 식을 얻는다.

$$h_{II} = \frac{y_L}{\dfrac{t_{sol}(T_L - T_0)}{\rho_{metal}(-\Delta H)} - \dfrac{y_L{}^2}{2k}} = \frac{0.216}{\dfrac{6000 \times (1500 - 25)}{7.9 \times 10^3 \times 270 \times 10^3} - \dfrac{(0.216)^2}{2 \times 30}} = 64$$

이 값은 '무릎'값의 도움으로 얻게 된 값과 일치하지 않는데, 그 이유는 높은 t 값에서 금속이 주형을 가열하기 때문이다. 이 경우에 T_i이 더 이상 일정하지 않고 T_L과 같기 때문에 (1) 방정식은 유효하지 않다.

답

(b)

열전달 계수 h의 크기는 II 영역의 시작 지점과 I 영역에서 $1.5 \times 10^2 \ W/m^2 \ K$이다.

힌트 A84

(A210)

(2) 방정식에 따르면 $dr/dt = 0$, 즉 핵이 성장할 수 없다.

답

핵은 응고 전단부보다 먼저 형성될 수도 있지만, 용융 금속이 과냉각되기 때문에 성장할 수가 없다. 자유 결정과 응고 전단부 모두 성장할 수 없다.

힌트 A85

연습문제 3.9b

L_f의 수치 값을 얻으려면, 용융 금속의 속도 값이 필요하다. v를 얻을 수 있는 방법은 무엇인가?

힌트 A148

힌트 A86

(A155)

I 영역.

(2) 방정식을 다음처럼 표기할 수 있다.

$$h_I = \frac{\rho_{metal}(-\Delta H)}{T_L - T_0} \frac{y_L}{t} \quad (3)$$

곡선의 '무릎'에서 y_L과 t에 상응하는 값은 각각 14 mm와 $\sqrt{t} = 1.5 \ min^{1/2}$이며, 후자는 $t = 1.5^2 \ min \approx 2.3 \ min = 140 \ s$에 상응한다.

비슷한 방법으로 h_I을 계산하고, h_{II} 구하는 것을 시도하라.

힌트 A215

힌트 A87

연습문제 5.1c

응고된 위쪽 층의 최대 두께를 계산하고자 한다. 열 균형을 구하라.

힌트 A248

힌트 A88

(A16)

그림에서 1지점과 2지점의 자연스런 선택을 파악할 수 있다. 베르누이 방정식은 아래처럼 표기가 가능하다.

$$p_1 + \rho g h_1 + \frac{\rho v_1{}^2}{2} = p_2 + \rho g h_2 + \frac{\rho v_2{}^2}{2} = constant$$

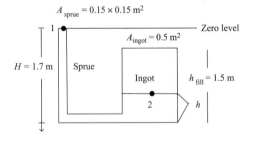

흡입구의 높이를 0으로 하면 다음의 식을 얻는다.

$$p_{atm} + \rho g \times 0 + \frac{\rho v_{sprue}{}^2}{2} = p_{atm} + \rho g(H - h) + \frac{\rho v_{ingot}{}^2}{2} \quad (1)$$

추가적으로 구할 수 있는 방정식은 무엇인가?

힌트 A103

힌트 A89

(A271)

두 개의 식은 동일해야 한다.

$$\rho_L L(\sin 5°)c_p^L\left(-\frac{dT}{dt}\right)=\sqrt{\frac{k_{mould}\rho_{mould}c_p^{mould}}{\pi t}}(T_i-T_0) \qquad (5)$$

(5) 방정식은 미분 방정식이다. 이 방정식을 풀고 적분의 상·하한을 자유롭게 선택해서 용융 금속의 초과 온도를 제거할 때 필요한 시간을 계산하라.

힌트 A276

힌트 A90

(A324)

$$\frac{\pi d_{upper}^2}{4}=A_{upper}\Rightarrow d_{upper}$$
$$=2\sqrt{\frac{A_{upper}}{\pi}}=2\sqrt{\frac{1.21\times10^{-4}}{\pi}}=1.24\times10^{-2}\,m$$

$$\frac{\pi d_{lower}^2}{4}=A_{lower}\Rightarrow d_{lower}$$
$$=2\sqrt{\frac{A_{lower}}{\pi}}=2\sqrt{\frac{1.10\times10^{-4}}{\pi}}=1.19\times10^{-2}\,m$$

답

계산된 위쪽 지름과 아래쪽 지름의 차이는 작고, 약 0.5 mm 이다. 이 값은 아마도 불확실성 한계보다 낮을 것이다. 이 차이를 무시할 수 있으며, 직선형 탐구를 사용할 수 있다.

힌트 A91

(A187)

$$\frac{1.5\times10^{-2}}{\sqrt{t}}\lambda_{den}^2=10^{-10}$$

이로부터 아래의 식이 주어진다.

$$\lambda_{den}=\sqrt{\frac{10^{-10}\sqrt{t}}{1.5\times10^{-2}}} \qquad (4)$$

진행 방법은 무엇인가?

힌트 A344

힌트 A92

(A150)

롤과 금속 사이의 열전달 계수 h는 높지만, Al(그리고 대부분

의 금속)의 열전도성 k는 높고 응고 전단부와 용융 금속 간의 거리는 작다. 아래처럼 가정을 할 이유를 갖게 된다.

$$Nu=\frac{hs}{k}=\frac{hy_L}{k}\ll 1$$

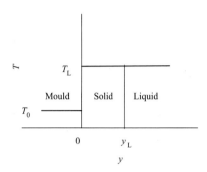

그림에서 이 경우의 온도 분포를 볼 수 있다.

열 유속의 균형을 구하라 (단위 시간당 그리고 단위 단면적 당 에너지).

힌트 A174

힌트 A93

(A176)

dy_L/dt는 응고 속도 또는 성장 속도 v_{growth}를 나타낸다. 이 책에서 $v_{growth}\,\lambda_{den}^2=1.0\times10^{-12}\,m^3/s$ 관계식에 의해 다음의 식을 얻게 된다.

$$\frac{dy_L}{dt}=v_{growth}=\frac{10^{-12}}{\lambda_{den}^2} \qquad (2)$$

이 책에서의 다른 관계식을 어떻게 사용할 수 있는가?

힌트 A298

힌트 A94

연습문제 5.12d

최적의 공정 매개 변수를 논하라.

힌트 A189

힌트 A95

(A20)

배출구 속도 v_2는 턴디쉬 바닥에서 강(스틸) 윗면까지의 높이 h에 따라 달라진다.

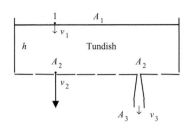

관계식을 구하기 위해서 베르누이 방정식을 이용할 수 있다[3장의 (3.2) 방정식].

힌트 *A44*

힌트 A96

(A213)

4장의 (4.48) 방정식에 의해 다음의 식을 얻게 된다.

$$t = \frac{\rho(-\Delta H)}{T_L - T_w} \frac{y_L}{h} \left(1 + \frac{h}{2k} y_L\right) \tag{3}$$

원하는 거리를 어떻게 얻는가?

힌트 *A227*

힌트 A97

(A284)

답

약 45초 후에 곡선의 불연속성은 냉각되는 쉘의 수축 때문이다. 형성된 공기 틈새는 열전달을 즉각적으로 줄인다.

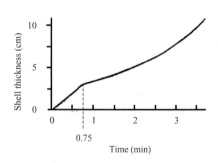

응고 속도는 곡선의 도함수이며, 응고 전단부의 면적이 감소하기 때문에 응고 과정의 마지막에서 증가한다. 고체와 주형의 접촉면에서 냉각이 변하지 않는 동안에 잉곳 내부에서의 열 유동이 감소한다.

힌트 A98

(A261)

$Nu \ll 1$는 $(h/k)y_L$이 1보다 작으며, (1) 방정식에서 무시할 수 있다는 것을 의미한다. 따라서 다음의 식을 간단히 얻게 된다.

$$h = \frac{\rho(-\Delta H)}{T_L - T_0} v_{\text{growth}} \tag{2}$$

h를 계산하라.

힌트 *A134*

힌트 A99

(A128)

1. erf(λ)를 구하기 위해 임의의 λ 값을 선택하고, 4장의 표 4.4를 이용하라. 그리고 $\sqrt{\pi}\,\lambda e^{\lambda^2}$의 근사값을 확인하기 위해 4장의 그림 4.15를 이용하라.

2. (4)의 곱을 구하라. 곱이 4.33이면 λ 값이 맞는 것이다. 그렇지 않으면 4.33에 가까운 값이 되도록 다른 λ 값을 시도하라. 가까운 값이 얻어지면 표 4.4를 이용해서 $\sqrt{\pi}\,\lambda e^{\lambda^2}$를 계산하라. 몇 가지 λ 값을 나열하고 $\sqrt{\pi}\,\lambda e^{\lambda^2} \times (0.410 + \text{erf}(\lambda))$에 상당하는 값을 계산하라. λ의 최종 선택은 보간을 통해 할 수 있다.

$\lambda = 0.5$로 예를 시작하라.

힌트 *A308*

힌트 A100

연습문제 4.10a

주형과 금속의 접촉면을 가로지르는 열전달과 관련하여 4장에서 두 가지의 대안을 다루었다. 대안들이 무엇이었는가?

힌트 *A153*

힌트 A101

연습문제 4.7

쐐기를 90° 회전시킨 후에 상호 거리가 y_L인 2개의 수직면을 갖고 있는 판과 교체를 하면 현재의 문제를 4장의 4.3.3절에 있는 응고 이론과 연관시키는 것이 쉬워진다. 그림을 작성하고 응고 시간에 대한 식을 구하도록 노력하라.

힌트 *A169*

힌트 A102

(A295)

냉각 곡선은 3개 구간, 2개의 냉각기 및 1개의 응고기로 이루어진다. 각 시간 구간을 따로 고려하라.

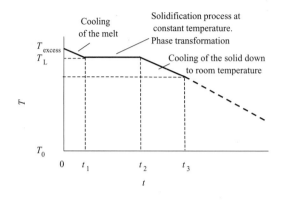

용융 금속의 냉각 시간을 어떻게 계산하는가?

힌트 A63

힌트 A103

(A88)

잉곳을 고려하라. 흡입구 속도는 v_{sprue}이다. 잉곳의 총면적은 6개의 주형에 해당된다.

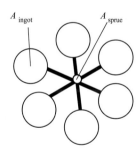

잉곳 부위의 속도는 v_{ingot}이며, 다음처럼 표기가 가능하다.

$$v_{ingot} = \frac{dh}{dt} \qquad (2)$$

연속성의 원리는 비압축성 액체의 경우에 유효하다[3장의 (3.1) 방정식].

$$A_{sprue}v_{sprue} = A_{total}v_{ingot} = 6A_{ingot}\frac{dh}{dt} \qquad (3)$$

갖고 있는 변수와 방정식이 얼마나 많은가? 방정식의 개수가 충전 시간을 찾기에 충분한가? 답이 만족스럽다면, 잉곳을 h의 높이까지 충전하는 데 필요한 시간을 유도하라.

힌트 A104

연습문제 5.5a

이 책의 권장 사항에 의하면 평균 열전달 계수 h_{av}를 계산하는 것이 좋을 것이다.

힌트 A198

힌트 A105

연습문제 5.4a

5장의 그림 5.18을 고려하는 것이 도움이 될 것이다. 냉간 주형에서 강력한 수냉이 이루어진다. 이 책의 그림은 1 영역에서 주형의 상단으로부터의 거리가 멀어질수록 열 유속이 증가한다는 것을 보여준다. 그 이유가 무엇인가?

힌트 A194

힌트 A106

(A238)

따라서 다음의 식을 얻게 된다.

$$\frac{V_{metal}}{A} = \frac{\pi r^2 L}{2\pi r L} = \frac{rL}{2L+2r} = \frac{1160-20}{7.2 \times 10^3 \times 162 \times 10^3}$$
$$\times \left(\frac{2}{\sqrt{\pi}}\sqrt{0.63 \times 1.5 \times 10^3 \times 1.05 \times 10^3}\sqrt{t_{total}} + \frac{1 \times 0.63 t_{total}}{2r} \right)$$

또는

$$\frac{0.15 \times 0.60}{(2 \times 0.60)+(2 \times 0.15)} = \frac{1160-20}{7.2 \times 10^3 \times 162 \times 10^3}$$
$$\times \left(\frac{2}{\sqrt{\pi}}\sqrt{0.63 \times 1.5 \times 10^3 \times 1.05 \times 10^3}\sqrt{t_{total}} + \frac{1 \times 0.63 t_{total}}{2 \times 0.15} \right)$$
$$\times 6.0 \times 10^{-2} = 0.977 \times 10^{-6}(1.124 \times 10^3 \times \sqrt{t_{total}} + 2.1 t_{total})$$

또는

$$2.1 t_{total} + 1.124 \times 10^3 \sqrt{t_{total}} = \frac{6.0 \times 10^{-2}}{0.977 \times 10^{-6}}$$

또는

$$t_{total} + 535\sqrt{t_{total}} = 286 \times 10^2$$

이를 통해 다음의 식이 주어진다.

$$\sqrt{t} = -267.5 \pm \sqrt{267.5^2 + 28600} = -267 + 316 = 49$$

또는

$$t_{total} = 49^2 \text{ s} = 40 \text{ min}$$

답

실린더의 응고 시간은 약 40분이다.

힌트 A107

(A282)

이제 시간의 함수로서 y_L을 알게 되었다. 시간의 함수로서 λ_{den}을 구할 수 있다면, 문제의 해에 가까워지는 것이다. 그 방법은 무엇인가?

힌트 A187

힌트 A108

(A211)

$$-\rho V c_p \int_{T_{start}}^{T_L} dT = A \sqrt{\frac{k_{mould}\,\rho_{mould}\,c_p^{mould}}{\pi}}(T_i - T_0)\int_0^{t_1}\frac{dt}{\sqrt{t}}$$

또는

$$2\sqrt{t_1} = \frac{\rho V c_p (T_{start} - T_L)}{A(T_i - T_0)}\sqrt{\frac{\pi}{k_{mould}\rho_{mould}c_p^{mould}}}$$

또는

$$t_1 = \left[\frac{\rho V c_p (T_{start} - T_L)}{2A(T_i - T_0)}\right]^2 \frac{\pi}{k_{mould}\,\rho_{mould}\,c_p^{mould}} \tag{2}$$

재료 상수와 주어진 다른 값을 대입해서 t_1을 계산하라.

힌트 A332

힌트 A109

(A21)

선재는 공기 중에서 급속하게 응고된다. 응고 후에 선재는 공기 온도까지 냉각이 되기 시작한다. 선재가 너무 얇아 내부에서의 방사상 온도 구배를 무시할 수 있다. 결과적으로 각 선재 요소의 온도가 일정, 즉 표면과 중심부의 온도가 동일하다.

열을 제거할 수 있는 방법을 논하라.

힌트 A277

힌트 A110

연습문제 5.8

띠판에서의 열 유동을 계산하라.

힌트 A192

힌트 A111

(A281)

4장의 (4.26) 방정식은 시간 t의 함수로서 응고 전단부 y_L의 위치를 보여준다.

$$y_L(t) = \lambda\sqrt{4\alpha_{metal}t} \tag{1}$$

여기에서

$$\alpha_{metal} = \frac{k_{metal}}{\rho_{metal}c_p^{metal}} \tag{2}$$

[4장의 (4.11) 방정식].

λ는 상수이다. 이 값을 결정할 수 있는 방법은 무엇인가?

힌트 A313

힌트 A112

(A50)

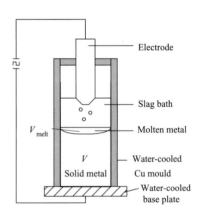

부피가 dV인 방울이 용융 금속에 추가되고 동일한 크기의 부피가 응고될 때에 용융 금속에서 황의 균형은 다음과 같다.

$$c_0 dV \qquad - c_{melt}dV = V_{melt}dc_{melt} \tag{1}$$

전극으로부터 부피 dV가 추가됨으로써 용융 금속에 더해지는 황의 양	부피 dV가 응고됨으로써 용융 금속에서 감소되는 황의 양	용융 금속에서 황의 함유량 변화

V와 c_{melt}는 V_{melt}이 일정할 때의 변수이다.

(1) 방정식은 분리가 가능하고, 해를 구하라!

힌트 A201

힌트 A113

(A332)

$$\frac{\partial Q}{\partial t} = \rho \frac{dV}{dt}(-\Delta H) = A\sqrt{\frac{k_{mould}\rho_{mould}c_{p}^{mould}}{\pi t}}(T_i - T_0)$$

용융 금속의 응고
에 의해 발생한
열의 유동

주형과 금속의 접촉면을
가로지르는 열의 유동.
4장의 (4.70) 방정식을
비교하라

(3) 방정식을 적분해서 응고 시간 t_2를 구하라.

힌트 A224

힌트 A114

(A15)

열전달 계수는 5장의 실증적 관계식 (5.30)에 의하면 다음과
같다.

$$h = \frac{1.57\,w^{0.55}(1 - 0.0075T_w)}{\alpha}$$

여기에서 α = a 기계의 매개 변수 $\approx$ 4, w = 물 유속, T_w =
수온(℃)이다.

다른 구역에 대해 h 값을 계산하려면 해당 구역에 대한 물
유속 w를 알아야 한다.

힌트 A193

힌트 A115

(A68)

대칭이기 때문에 곡면에 작용하는 힘은 그림에 표시가 된 것
처럼 대칭선인 OA의 방향으로 합력을 가진다.

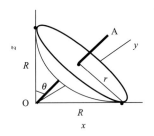

구체 내부의 압력 p_i는 금속 용탕의 압력으로서, 대기압 p_0과
용융 금속의 정압인 ρgh의 합인데 여기에서 h는 자유 금속면
까지의 높이이다. h의 평균값을 사용하는 것이 합리적이다.

구체 외부의 압력인 p는 외부 대기압인 p_0이다. 압력은 표
면에 수직이고 방향과는 무관하다.

또한 경계선을 따라, 즉 반지름이 r인 원을 따라 접선면에
작용하는 표면장력이 있다. 힘의 균형을 사용해서 최종 표면
장력에 대한 식을 r과 θ로 표시하라.

힌트 A144

힌트 A116

(A55)

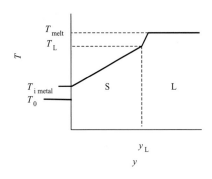

표시된 그림에서 T_0 = 주변 온도, $T_{i\,metal}$ = 바깥쪽 금속면의
온도, T_L = 용융 금속의 액상선 온도, T_{melt} = 초과 온도를 포
함한 용융 금속의 온도이다.

계를 관통하는 열 유속은 정상 상태에서 모든 접촉면에서
같아야 한다.

흡입구에서는 응고가 발생하지 않으며 쉘의 두께는 일정
하다.

전통적인 명칭을 사용하고, 열전달 방정식을 구하라. 접촉
면의 면적이 동일하다고 가정하라.

힌트 A36

힌트 A117

(A294)

2개의 반대쪽 면에 있는 응고 전단부가 마주칠 때 응고가 끝
난다. 2~4 또는 1~3의 쌍 중에 어떤 쌍이 먼저 마주칠까?

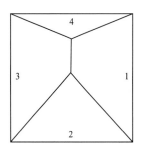

$h_4 < h$이기 때문에 (12) 방정식으로부터 $y_4 < y$라고 결론을 내릴 수 있다. 이런 이유로 4번 면이 다른 3개 면에 비해 천천히 성장하게 된다. 결론적으로 그림에 나왔듯이 1~3번 면이 2~4번 면보다 먼저 마주친다.

1과 3번 면의 응고 전단부가 마주칠 때에 주물은 완전한 고체가 된다. 연습문제 5.10a의 결과와 비교하기 위해서는 응고 시간과 1~3번 면에 대한 응고 속도를 계산해야 한다.

1과 3번 면에 대한 유사 열 균형을 구하라.

힌트 A329

힌트 A118

(A302)

답

사형 주조와 금형 주조 중의 응고 시간은 각각 약 13초와 약 5초이다. 금형 주조에 있어서의 생산 능력은 2배 이상이 된다.

힌트 A119

(A224)

$$(\sqrt{t_2} - \sqrt{t_1})^2 = \left[\frac{2.7 \times 10^3 \times 0.25^3 \times 398 \times 10^3}{2 \times 6 \times 0.25^2 \times (660 - 20)} \right]^2$$
$$\times \frac{\pi}{0.63 \times 1.61 \times 10^3 \times 1.05 \times 10^3} = 3610\,\mathrm{s}$$

이로부터 다음의 식이 주어진다.

$$\sqrt{t_2} - \sqrt{t_1} = \sqrt{3610} = 60.08$$

또는

$$\sqrt{t_2} = \sqrt{79} + 60.08 = 68.97$$

이로부터 다음의 식이 주어진다.

$$t_2 \approx 4757\,\mathrm{s} = 79.3\,\mathrm{min}$$

응고 시간 = 79.3분 − 1.3분 = 78분
최종 냉각 과정에 대한 열 균형을 구하라.

힌트 A34

힌트 A120

연습문제 4.11b

응고된 셸의 시간과 두께 y_L에 상응하는 값을 나열하라. 시간의 함수로서 y_L을 작도하라.

힌트 A284

힌트 A121

(A264)

열 유동은 동일하며 다음의 식이 주어진다.

$$kA\frac{\mathrm{d}T}{\mathrm{d}y} = hA(T_{i\,metal} - T_0)$$

이로부터 다음의 식이 주어진다.

$$h = \frac{k}{T_{i\,metal} - T_0}\frac{\mathrm{d}T}{\mathrm{d}y} \tag{3}$$

온도 구배는 셸에서 거의 일정하고 다음의 식으로 치환이 가능하다.

$$\frac{\mathrm{d}T}{\mathrm{d}y} = \frac{T_L - T_{i\,metal}}{y_L - 0} \tag{4}$$

이 식을 (3) 방정식에 대입을 하면 아래의 식을 얻는다.

$$h = \frac{k}{y_L}\frac{T_L - T_{i\,metal}}{T_{i\,metal} - T_0} \tag{5}$$

상응하는 $T_{i\,metal}$과 y_L 값을 구하기 위해 그림을 사용한다면, 각 곡선에 대해 h를 계산할 수 있다. 곡선으로부터 어떻게 $T_{i\,metal}$를 판독할 수 있는가?

힌트 A66

힌트 A122

(A33)

(1) 방정식을 사용하게 되며, 이런 이유로 다음처럼 열 확산 계수 α_{metal}의 값이 필요하다. [4장의 (4.10) 방정식]

$$\alpha_{metal} = \frac{k_{metal}}{\rho_{metal}c_p^{metal}} = \frac{30}{7500 \times 650} = 6.15 \times 10^{-6}\,\mathrm{m}^2/\mathrm{s}$$

그런 다음에 (1) 방정식을 제곱하며 응고 시간을 푼다.

$$y_L(t) = \lambda\sqrt{4\alpha_{metal}t} \quad \Rightarrow \quad t = \frac{1}{4\alpha_{metal}}\left(\frac{y_L}{\lambda}\right)^2 \tag{5}$$

응고 시간을 구하기 위해서 어떤 y_L 값을 (5) 방정식에 대입해야 하는가?

힌트 A244

힌트 A123

(A74)

(2) 방정식을 대입하지는 않는다. 주물의 다른 면에 대한 쌍에 대해서는 응고 시간을 별도로 계산해야 한다.

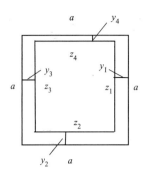

t 시간에서 응고된 쉘의 두께는 그림에 나온다. 다른 열전달 계수 h_4로 인하여 쉘 4의 두께는 다른 쉘의 두께보다 얇으며 다음처럼 가정하라.

$$y_2 \approx y_1 = y_3 = y \quad \text{and} \quad y \neq y_4$$

또한 다음의 식을 얻게 된다.

$$z_1 = z_3 = a - (y + y_4) \tag{8}$$
$$z_2 = z_4 = a - 2y \tag{9}$$

2와 4번 면에 대한 재료 균형을 구하라.

힌트 *A294*

힌트 A124

(A76)

힌트 A208의 (10) 방정식에서 R을 $R_0 - y_L$로 치환하고, 이를 t에 대해 유도하라.

힌트 *A297*

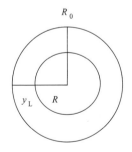

힌트 A125

연습문제 5.11

Nusselt 수를 확인하라!

힌트 *A340*

힌트 A126

(A308)

λ	erf(λ)	$0.410 + \text{erf}(\lambda)$	$\sqrt{\pi}\lambda e^{\lambda^2}$	$\sqrt{\pi}\lambda e^{\lambda^2}[0.410 + \text{erf}(\lambda)]$
0.80	0.7421	1.1521	2.6891	3.10
0.85	0.7707	1.1807	3.1029	3.66
0.90	0.7969	1.2069	3.5859	4.33
0.95	0.8209	1.2309	4.1520	5.11

보간을 통해 $\lambda = 0.90$을 얻는다.

λ을 알고 있을 때에 응고 시간을 어떻게 계산하는가?

힌트 *A25*

힌트 A127

(A4)

용융 금속 1킬로그램당 m 킬로그램의 강(스틸) 분말을 넣는다고 가정하라. 냉각이 이루어지는 용융 금속이 이 분말을 가열하게 된다. 에너지 법칙을 적용하라!

힌트 *A266*

힌트 A128

(A275)

λ를 풀기 위해서 Fe와 Cu의 재료 상수를 (3) 방정식에 대입한다. 그림에 나온 온도 값에 대한 가정은 타당하다.

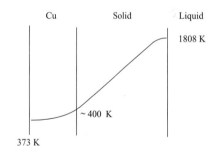

Cu 판의 바깥면에서 가능한 최고 온도 값은 100°C이다.

(3) 방정식에 주어진 값을 대입함으로써 다음의 식을 얻는다.

$$\frac{830 \times (1808 - 400)}{272 \times 10^3} = \sqrt{\pi}\lambda e^{\lambda^2}\left(\sqrt{\frac{32 \times 7880 \times 830}{350 \times 8940 \times 397}} + \text{erf}\,(\lambda)\right)$$

또는

$$4.33 = \sqrt{\pi}\lambda e^{\lambda^2}(0.410 + \text{erf}\,(\lambda)) \tag{4}$$

오차 함수 erf(z)가 기입되어 4장의 그림 4.4, 그림 4.14와 4.15를 사용할 수 있다. 이들을 사용해서 시행착오를 통해 λ의 수치 해를 구하라.

힌트 A99

힌트 A129

연습문제 5.2b

주어진 값을 이용해서 초과 온도를 계산하기 위해 힌트 A237에 있는 (8) 방정식 아니면 차라리 (7) 방정식을 사용하라.

힌트 A200

힌트 A130

연습문제 5.12b

응고 과정을 감안해서 열 균형을 구하라.

힌트 A288

힌트 A131

연습문제 5.10a

정사각형 주물은 4개의 모든 측면에서 좌우로 응고된다.

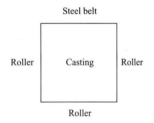

Nusselt 수를 확인해서 임시 온도 분포를 구하라.

힌트 A197

힌트 A132

(A206)

최대 주조 속도는 다음과 같다.

$$v_{max} = \frac{l}{t} = \frac{\pi D}{2t} \quad (17)$$

여기에서 D는 휠의 지름, l는 원주의 반이다.

t에 대한 식을 (17) 방정식에 대입하면 다음의 식을 얻는다.

$$v_{max} = \frac{\pi D}{2} \frac{h(T_L - T_0)}{a\rho(-\Delta H)\left[\frac{1}{2} - \frac{1}{8}\left(1 + \frac{h_4}{h}\right)\right]} \quad (18)$$

재료 데이터 값을 대입하고 v_{max}를 계산한 후에 그 결과를 5.10a에 있는 결과와 비교하라.

힌트 A310

힌트 A133

연습문제 3.8

작은 부피 요소 dy를 고려하고 dt의 시간 동안 에너지 변화를 논하라.

힌트 A18

힌트 A134

(A98)

최대 응고 속도를 (2) 방정식에 대입하면 최대 열전달 계수를 얻게 된다.

$$h_{max} = \frac{\rho(-\Delta H)}{T_L - T_0} v_{growth}^{max} \quad (3)$$

주어진 값과 재료 상수를 대입하면 다음의 식을 얻는다.

$$h_{max} = \frac{7.0 \times 10^3 \times 272 \times 10^3}{1150 - 20} \times 4.0 \times 10^{-4} = 6.7 \times 10^2 \, W/m^2 \, K$$

답

열전달 계수는 0.6 kW/m^2 K(0.67 kW/m^2 K)를 초과하지 않아야 한다.

힌트 A135

연습문제 4.8a

반지름이 r이고 높이가 L인 실린더 요소를 관통하는 열 유동을 고려하고 열 균형을 구하라.

힌트 A315

힌트 A136

(A212)

주형의 냉각 성능:

냉각 성능이 크면 열이 신속하게 없어지고 금속이 빠르게 응고되기 때문에 최대 유동성 길이가 작아진다. 최대 유동성 길이는 냉각 성능이 커질수록 줄어든다. 표면장력의 영향은 어떤가?

힌트 A191

힌트 A137

연습문제 4.3a

주물의 제원으로 인해서 주물을 두께가 100 mm이고 1차원적으로 응고되는 판으로 간주할 수 있다. Al 잉곳은 사형에서 주조가 이루어진다. 주형과 금속에서의 온도 분포를 보여주는 그림을 작성하라. 사형에서 주조할 때에 어떤 방정식이 유효한가?

힌트 A13

힌트 A138

(A5)

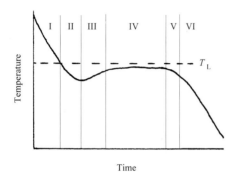

잉곳의 중심부에 대한 온도 – 시간 곡선은 다음의 사항들에 따라 달라진다.

- 냉각속도(주변으로의 열 손실 속도)
- 핵 생성 속도
- 성장 속도
- 응고 열과 열용량

냉각 속도와 응고 열은 일정하다.
I 영역의 특징을 묘사하라.

힌트 A82

힌트 A139

(A311)

주조 속도는 응고 시간 대 냉각 길이의 비율이다.

$$v_{cast} = \frac{l}{t_{total}} \tag{5}$$

(4)의 식이 (5) 방정식에 대입이 된다.

$$v_{cast} = \frac{l}{t_{total}} = \frac{2lh(T_L - T_0)}{\rho d(-\Delta H)} \tag{6}$$

주조 속도와 재료 상수의 함수로서 롤러 간 거리 d를 구하라.

힌트 A205

힌트 A140

(A71)

(2) 방정식을 유도한 후에 그 도함수를 (1) 방정식에 대입하면 다음의 식을 얻는다.

$$Ah_{con}\Delta T_{melt} = N\rho \times 4\pi r^2 \frac{dr}{dt}(-\Delta H) \tag{3}$$

이 식에서 다음의 식이 주어진다.

$$\frac{dr}{dt} = \frac{Ah_{con}\Delta T_{melt}}{\rho \times 4\pi r^2(-\Delta H)} \frac{1}{N} \tag{4}$$

A, ΔT와 N를 제외한 모든 항목의 수량을 알고 있다. 면적 A를 어떻게 계산하는가?

힌트 A328

힌트 A141

(A73)

소위 '경험 법칙'을 사용하는 것이 현명하다. 5장의 97쪽에서 그것을 찾을 수 있다.

힌트 A207

힌트 A142

(A103)

v_{sprue}, v_{ingot}, h 및 t가 변수들이다. 독립 방정식의 수는 3개로서 v_{sprue}와 v_{ingot}를 제거하기에 충분하며, 높이 h의 함수로서 시간 t를 얻게 된다.

높이 h의 함수로서 시간 t를 유도하라.

힌트 A199

힌트 A143

(A326)

냉각 길이 L이 2.5 m라는 것을 이 책의 그림으로부터 알 수 있다. (3) 방정식을 이용해서 최대 주조 속도를 구할 수 있다.

$$v_{max} = \frac{L}{t} = \frac{2Lh(T_L - T_0)}{\rho(-\Delta H)} \frac{1}{d} \tag{4}$$

이 책에서 주어진 재료 상수와 기타 값을 대입하고 v_{max}와 d 간의 관계식을 계산하라.

힌트 A342

힌트 A144

(A115)

표면장력은 반지름이 r인 원을 따라 접선의 방향으로 작용한다. OA 방향으로 표면장력의 합력은 $2\pi r\sigma\cos\theta$이다(3장의 예제 3.6의 그림들을 비교하라). 3개의 힘이 금속 곡면에 작용한다.

$$p\pi r^2 \quad + \quad 2\pi r\sigma\cos\theta \quad = \quad p_i\pi r^2 \qquad (1)$$

중심부를 향하는　　중심부를 향하는　　중심부로부터
외압의 합력　　　　표면장력의 합력　　바깥쪽을 향하는
　　　　　　　　　　　　　　　　　　　내압의 합력

외압은 다음과 같다.

$$p_i = p_0 + \rho gh \qquad (2)$$

(1)과 (2) 방정식을 조합해서 r을 구한다.

힌트 A245

힌트 A145

(A156)

$$\frac{\rho(-\Delta H)y_L}{T_L - T_w}\frac{1}{h}\left(1 + \frac{h}{2k}y_L\right)1 = \frac{\rho(-\Delta H)}{\sigma_B\varepsilon(T_L^4 - T_0^4)}(0.0060 - y_L)$$

$$\frac{1}{640}\frac{y_L}{1000}\left(1 + \frac{1000}{440}y_L\right)$$

$$= \frac{1}{5.67\times10^{-8}(933^4 - 293^4)}(0.0060 - y_L)$$

$$y_L\left(1 + \frac{1000}{440}y_L\right)$$

$$= \frac{640\times10^3}{5.67\times10^{-8}(933^4 - 293^4)}(0.0060 - y_L)$$

$$y_L + 2.2727y_L^2$$

$$= \frac{640\times10^3}{5.67\times10^{-8}\times7.500\times10^{11}}(0.0060 - y_L)$$

$$y_L + 2.2727y_L^2 = 15.050(0.0060 - y_L)$$

$$y_L^2 + 0.44y_L = 0.0397323 - 6.622y_L$$

$$y_L^2 + 7.062y_L = 0.0397323$$

$$y_L = -3.531 \pm \sqrt{3.531^2 + 0.0397323}$$

$$= -3.531 \pm \sqrt{12.467961 + 0.039732}$$

양의 근을 필요로 한다.

$$y_L = -3.531 + \sqrt{12.507693} = -3.531 + 3.5366 = 0.0056\,\text{m}$$

확인하라:

Y_L (힌트 156)과 Y_L의 합은 6.0 mm이며, 연습문제 5.7의 내용과 일치한다.

답

응고 전단부는 띠판의 윗면으로부터 0.5 mm 지점에서 마주친다.

힌트 A146

(A333)

(A268)

답

(a) 그림 4.17은 모든 경우에서 유효하다. 그림 4.27은 Nusselt 수 hy_L/k 값이 작은 경우에 유효하다.

(b) 2개의 h 값에 대한 강(스틸)과 구리 상태도는 아래에 나와 있다.

강(스틸)의 경우에 $T_L = 1530\,°C$ $k_{Fe} = 30\,W/m\,K$			
$h = 2\times10^2\,W/m^2\,K$		$h = 2\times10^3\,W/m^2\,K$	
y_L	$T_{i\,Fe}$	y_L	$T_{i\,Fe}$
0.01	1436	0.01	926
0.02	1352	0.02	667
0.03	1278	0.03	523
0.04	1212	0.04	432
0.05	1152	0.05	368

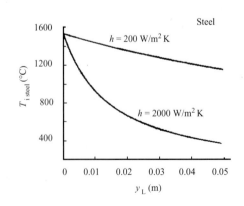

구리의 경우에 $T_L = 1083\,°C$ $k_{Cu} = 398\,W/m\,K$			
$h = 2 \times 10^2\,W/m^2\,K$		$h = 2 \times 10^3\,W/m^2\,K$	
y_L	T_{iCu}	y_L	T_{iCu}
0.01	1078	0.01	1031
0.02	1072	0.02	986
0.03	1067	0.03	944
0.04	1062	0.04	905
0.05	1057	0.05	870

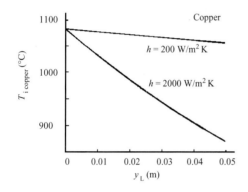

힌트 A147

연습문제 5.5b

주조 속도를 결정하는 조건은 무엇인가?

힌트 A228

힌트 A148

(A85)

다음의 방정식을 사용하고

$$v = \sqrt{2gh} \tag{4}$$

그림에서 용융 금속의 높이를 판독하라.

$$h = (45 + 25 + 50 + 8)\,mm = 128\,mm = 0.128\,m$$
$$v = \sqrt{2 \times 9.81 \times 0.128} = 1.58\,m/s$$

필요한 Al의 재료 상수를 구하고, (2)와 (3) 방정식을 이용하라.

힌트 A322

힌트 A149

(A209)

답

V 영역.

V 영역의 특징은 $dT/dt < 0$이다. 총 응고 열은 주변으로의 열 손실보다 작다. 결정들이 서로 부딪힐 때 응고 전단부의 면적 A가 감소하기 때문에 응고 열이 감소한다.

V 영역은 모든 용융 금속이 응고될 때까지, 즉 $f_s = 1$일 때까지 지속된다. VI 영역의 특징을 묘사하라.

힌트 A61

힌트 A150

연습문제 5.9

고체 금속에서 온도 분포의 유형을 예측하기 위해 Nusselt 수를 확인하라.

힌트 A92

힌트 A151

(A293)

주어진 재료 상수와 온도 값을 대입하면, 다음의 식을 얻는다.

$$C = \frac{\pi}{4}\left[\frac{\rho_{metal}(-\Delta H)}{T_L - T_0}\right]^2 \frac{1}{k_{mould}\rho_{mould}c_p^{mould}}$$

$$C = \frac{\pi}{4}\left(\frac{2.7 \times 10^3 \times 398 \times 10^3}{933 - 298}\right)^2$$
$$\times \frac{1}{0.63 \times 1.61 \times 10^3 \times 1.05 \times 10^3} = 2.1 \times 10^6\,s/m^2$$

응고 시간을 계산하라!

힌트 A202

힌트 A152

(A60)

판으로의 복사와 열전달은 동시에 발생하고 판이 용융점까지 냉각된다.

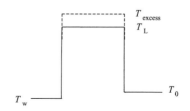

띠판은 얇고 초과 온도가 지속되는 한 띠판의 온도가 일정하다고 가정하는 것이 타당하다. 온도 분포는 그림에 나와 있다.

진행 방법은 무엇인가?

힌트 A306

힌트 A153

(A100)

첫 번째 경우: 주형과 금속 간의 접촉 불량

4장의 (4.48) 방정식을 통해 응고 시간이 주어진다.

$$t = \frac{\rho_{metal}(-\Delta H)}{T_L - T_0} \frac{y_L}{h} \left(1 + \frac{h}{2k} y_L\right) \tag{1}$$

두 번째 경우: $h y_L / 2k \ll 1$

h 및/또는 y_L이 작고 k가 크면, $h y_L / 2k \ll 1$이고 (1) 방정식에서 무시할 수 있다. 이 경우에 응고 시간을 다음처럼 표기할 수 있다.

$$t = \frac{\rho_{metal}(-\Delta H)}{T_L - T_0} \frac{y_L}{h} \tag{2}$$

곡선의 형태를 설명하기 위해서 이 정보를 적용하라.

힌트 A257

힌트 A154

(A286)

다른 재료 데이터를 사용하여 4.3a에서와 완전히 유사한 계산을 하면 다음의 식이 주어진다.

$$t_{total} = C\left(\frac{y_L}{2}\right)^2 = 1.5 \times 10^6 \times 0.05^2 = 1.04\,h$$

응고 시간, 알루미늄과 강(스틸)에 대한 융해열 및 열전달을 위한 구동력의 측정값을 나열하라.

힌트 A19

힌트 A155

(A48)

두 가지 대안에 대한 열전달 계수의 계산을 위한 기초로서 재료 데이터와 온도의 합리적인 값, y_L과 t의 측정값을 사용하는 것이 깔끔한 방법이다.

힌트 A86

힌트 A156

(A29)

$$t = \frac{1}{T_L - T_w} \frac{0.0060 - Y_L}{h} \left[1 + \frac{h}{2k}(0.0060 - Y_L)\right]$$
$$= \frac{1}{\sigma_B \varepsilon (T_L^4 - T_0^4)} Y_L \tag{6}$$

알고 있는 값과 알루미늄의 재료 상수를 대입한 후에 (6) 방정식을 풀어라. $\varepsilon \approx 1$을 가정한다.

$$\frac{1}{660 - 20} \frac{0.0060 - Y_L}{1000}\left[1 + \frac{1000}{2 \times 220}(0.0060 - Y_L)\right]$$
$$= \frac{1}{5.67 \times 10^{-8}(933^4 - 293^4)} Y_L$$

$$(0.0060 - Y_L)\left[1 + \frac{1000}{2 \times 220}(0.0060 - Y_L)\right]$$
$$= \frac{640 \times 10^3}{5.67 \times 10^{-8}(933^4 - 293^4)} Y_L$$

$$0.0060(1 + 2.273 \times 0.0060) - 0.0060 Y_L$$
$$- Y_L(1 + 2.273 \times 0.0060) + Y_L^2$$
$$= \frac{640 \times 10^3}{5.67 \times 10^{-8} \times 7504 \times 10^8} Y_L$$

$$Y_L^2 - 0.0060 Y_L - Y_L \times 1.01364$$
$$- 15.05 Y_L + 0.0060 \times 1.01364 = 0$$

$$Y_L^2 - 16.07 Y_L + 0.0060818 = 0$$

$$Y_L = +8.035 \pm \sqrt{(8.035)^2 - 0.006082}$$

$Y_L < 0.0060$이기 때문에, 가장 작은 근을 갖고자 한다.

$$Y_L = 8.035 - \sqrt{64.561225 - 0.006082}$$
$$= 8.035 - \sqrt{64.555143} = 8.035 - 8.0346$$
$$= 0.0004\,m$$

알고 있는 관련 항목의 정확성이 특별히 만족스럽지는 않다. 확인하기 위해서 (5)와 (6) 방정식 간의 Y_L을 제거할 수 있고 y_L을 풀 수도 있다. 다른 2차 방정식을 푸는 연습을 하고 싶지 않으면 다음 힌트를 참고할 수 있다.

힌트 A145

힌트 A157

(A49)

4장의 (4.45) 방정식을 통해 다음의 식이 주어진다.

$$T_{i\,\text{metal}} = \frac{T_L - T_0}{1 + \dfrac{h}{k} y_L} + T_0 \qquad (1)$$

2개 그림의 유효성을 논하기 위해서 이 관계식과 이 책에서 언급된 그림을 사용하라.

힌트 *A333*

힌트 A158

(A223)

답

1. 용융 금속에서의 움직임으로 인해서 수지상정 가지가 떨어져 나가고, 이는 비균질의 핵 생성으로 인해 결정의 증식이 발생한다.

2. 고온의 용융 금속으로 인해 이미 응고된 수지상정 가지의 부분적 재용융이 발생한다. 용융 금속 안에 있는 새로운 입자가 위 1번 항목과 동일한 방법으로 결정의 증식을 일으킨다.

3. 대류는 용융 금속에서 응고 전단부로의 열전달을 증가시키고, 용융 금속의 과열을 빠르게 감소시킨다. 용융 금속의 온도가 핵 생성 온도 T^*로 감소할 때에 마지막 영향으로 인해 핵이 생존하고 성장할 가능성이 더 양호해진다.

힌트 A159

(A62)

실린더의 제원이 주어지며, 실린더의 부피와 면적을 계산하는 것이 용이하다. 이런 이유로 Chvorinov의 법칙을 이용할 수 있다. 어떤 복잡한 문제가 있는가?

힌트 *A238*

힌트 A160

(A67)

열 유동에 대한 두 가지의 식을 얻을 수 있다.

$$\frac{dQ}{dt} = Ah_{\text{con}}\Delta T = N\frac{d(\rho V)}{dt}(-\Delta H) \qquad (1)$$

여기에서

$$V = \frac{4\pi r^3}{3} \qquad (2)$$

등축 결정의 성장 속도를 어떻게 정의하는가?

힌트 *A71*

힌트 A161

(A288)

$$t = \frac{7.8 \times 10^3 \times 50 \times 10^{-6} \times 276 \times 10^3}{2 \times 5.67 \times 10^{-8} \times 1 \times (1753^4 - 300^4)} = 0.10\,\text{s}$$

이제 총 응고 시간을 알게 되었다. 어떻게 거리를 구하는가?

힌트 *A70*

힌트 A162

(A40)

사형:

건조 사형에서 금속을 주조한다면 4장의 (4.72) 방정식으로부터 쉘 두께와 응고 시간 간의 관계식이 주어진다.

$$y_L(t) = \frac{2}{\sqrt{\pi}} \frac{T_i - T_0}{\rho_{\text{metal}}(-\Delta H)} \sqrt{k_{\text{mould}}\rho_{\text{mould}}c_p^{\text{mould}}}\sqrt{t} \qquad (1)$$

또는

$$t = \frac{\pi}{4}\left[\frac{\rho_{\text{metal}}(-\Delta H)y_L}{T_i - T_0}\right]^2 \frac{1}{k_{\text{mould}}\rho_{\text{mould}}c_p^{\text{mould}}} \qquad (2)$$

재료 데이터를 사용하고 응고 시간을 계산하라.

힌트 *A273*

힌트 A163

(A64)

고체 금속과 주형 간의 열전달을 관계식으로 서술할 수 있다.

$$\frac{dQ}{dt} = h \times 2\pi RL(T_i - T_0) \qquad (5)$$

dQ/dt를 제거하기 위하여 (2)와 (5) 방정식을 조합하라.

힌트 *A316*

힌트 A164

(A28)

(A56)

답

(a) 주형의 냉각 성능 개선 ⇒ 낮은 L_f
　　표면장력의 개선 ⇒ 낮은 L_f
　　점성의 개선 ⇒ 낮은 L_f
　　합금의 넓은 응고 구간 ⇒ 낮은 L_f

(b) 순금속과 공정 합금 ⇒ 높은 L_f

온도 상승 낮은 점성 ⇒ 높은 L_f

수지상정이 형성되면 유동을 강력하게 방해한다 ⇒ 낮은 L_f

낮은 열전도성과 높은 융해열이 L_f를 증가시킨다.

층류는 난류보다 유동성 길이가 크다.

힌트 A165

(A296)

초과 열의 대부분은 용융강에서 주변 주철 주형으로의 대류에 의해 제거된다.

복사를 통해서 제거된 분율 f는 다음과 같다.

$$f = \frac{Q_{rad}^{cool}}{Q_{total}^{cool}} = \frac{2.68}{42} = 0.064$$

답은 힌트 A26에 나온다.

힌트 A26

힌트 A166

(A81)

이 책에 있는 실증 방정식을 통해 t_{fill}를 계산할 수 있는데 여기에서 $A_{casting}$는 πr^2 ($r = 5$ cm)의 실린더의 단면적이고, $h_{casting}$와 h_{total}는 각각 23 cm, 28 cm이다.

$A_{sprue} = A_{runner} = A_{lower}$는 미지수이고, 다른 모든 항목을 알고 있기 때문에 (1) 방정식으로부터 유도할 수 있다. t_{fill}를 계산하고, 그다음에 A_{sprue}를 계산하라.

힌트 A285

힌트 A167

(A343)

(6) 방정식을 유도하고 SI 단위로 바꾸면 다음의 식이 주어진다.

$$v_{front} = \frac{dy}{dt} = \frac{2.5 \times 10^{-2}}{2\sqrt{60t}} \tag{7}$$

v_{front}를 구하기 위해서는 t의 값을 구해야 한다. t를 어떻게 구하는가?

힌트 A241

힌트 A168

(A263)

냉각 길이 l이 휠 원주 길이의 1/2과 같다는 것을 알고 있다. 재시도하라!

힌트 A270

힌트 A169

(A101)

Mould   Solid metal   Metal melt

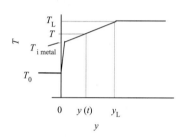

4장의 (4.48) 방정식에 의하면, 두께가 y_L인 쉘의 응고 시간은 다음과 같다.

$$t = \frac{\rho(-\Delta H)}{T_L - T_0} \frac{y_L}{h} \left(1 + \frac{h}{2k} y_L\right) \tag{1}$$

쐐기와 이 방정식을 연관시켜라.

힌트 A252

힌트 A170

(A320)

선도로부터의 λ_{den} 값은 제시된 표에 나열되어 있다.

표의 첫째 열에 대한 h의 계산은 다음과 같다.

$$h = \frac{\rho(-\Delta H) \times 10^{-11}}{r_0(T_L - T_0)} \frac{r}{\lambda_{den}^2} = \frac{7.0 \times 10^3 \times 280 \times 10^3 \times 10^{-11}}{65 \times 10^{-6}(1450 - 20)} \frac{r}{\lambda_{den}^2}$$

이로부터 다음의 식이 주어진다.

$$h = 0.21 \times \frac{r}{\lambda_{den}^2} = 0.21 \times \frac{55 \times 10^{-6}}{(2.0 \times 10^{-6})^2} = 29 \times 10^5 \, W/m^2 \, K$$

다른 값도 같은 방법으로 계산이 되고 표에 나열되어 있다.

$y = r_0 - r$ (μm)	r (μm)	λ_{den} (μm)	h (W/m^2 K)	z (m)
10	55	2.0	29×10^5	
20	45	2.0	24×10^5	
30	35	2.2	15×10^5	
40	25	2.8	6.7×10^5	
50	15	3.5	2.6×10^5	
60	5	4.3	0.6×10^5	

z의 함수로서 h를 얻고자 한다. z를 어떻게 계산하는가?

힌트 A214

힌트 A171

(A57)

$$N \frac{dr}{dt} = 2.94 \times 10^6 \left(4.0 \times 10^{-4} - \frac{dr}{dt} \right)$$

또는

$$v_{\text{crystal}} = \frac{dr}{dt} = \frac{2.94 \times 10^6 \times 4.0 \times 10^{-4}}{N + 2.94 \times 10^6} = \frac{11.76 \times 10^2}{N + 2.94 \times 10^6}$$

답

용융 금속에 있는 자유 결정의 성장 속도는 다음과 같다.

$$v_{\text{crystal}} = \frac{12 \times 10^2}{N + 3 \times 10^6} \text{ m/s}$$

힌트 A172

(A226)

노와 탕도 하나씩을 각각 고려하라.

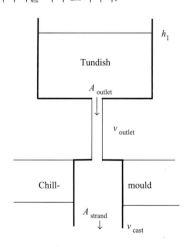

연속성의 원리로부터 다음의 식이 주어진다.

$$A_{\text{outlet}} v_{\text{outlet}} = A_{\text{strand}} v_{\text{cast}} \tag{1}$$

이 책과 학습자 스스로의 계산을 통해 각각 A_{strand}와 v_{cast}를 알고 있다(힌트 A226). 이런 이유로 A_{outlet}을 구하려면 v_{outlet}을 계산해야 한다.

v_{outlet}를 어떻게 구하는가?

힌트 A305

힌트 A173

(A3)

초과 복사열을 다음처럼 표기할 수 있다.

$$Q_{\text{rad}}^{\text{cool}} = A\varepsilon\sigma_B (T^4 - T_0^4) t \tag{1}$$

여기에서 A는 강(스틸) 윗면의 면적, T는 냉각 중인 강(스틸) 윗면의 절대 온도, T_0는 주변의 절대 온도, t는 응고 시간이다.

주어진 값을 (1) 방정식에 대입하고 초과 복사열을 계산하라. 해를 구하는 과정에서 한 가지 어려움이 있는데 냉각 과정 중 윗면 온도의 변화이다. 이 문제를 어떻게 해결하는가?

힌트 A58

힌트 A174

(A92)

온도 분포에는 변화가 없다. 온도는 위치의 함수이지만 시간의 함수는 아니다. 응고 전단부가 dy_L/dt의 속도로 중심을 향해 움직일 때에 응고 전단부에서 발달이 된 응고 열은 냉각된 롤러와 고체 금속 간의 접촉면을 가로질러서 멀리 없어진다.

4장에서 주어진 기본 열법칙을 이용해서 다음의 식을 얻는다.

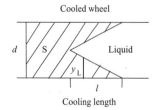

$$\rho(-\Delta H) \frac{dy_L(t)}{dt} = h(T_L - T_0) \tag{1}$$

응고 열 유속　　　　　　금속에서 냉각된 휠로
　　　　　　　　　　　전달된 열의 유속

응고 시간을 구하기 위한 방법은 무엇인가?

힌트 *A217*

힌트 A175

(A323)

(A233)

주철에 상응하는 계산을 하면 다음의 식이 주어진다.

$$R_{Fe} = \frac{\sigma\sqrt{2}}{\rho_{Fe}gh} = \frac{0.5 \times \sqrt{2}}{7.8 \times 10^3 \times 9.81\,h} = \frac{0.92 \times 10^{-5}}{h}$$

반지름비는 다음과 같다.

$$\frac{R_{Al}}{R_{Fe}} = \frac{8.00}{0.92} = 8.7$$

답

(a) 모서리 반지름 $R = \sigma\sqrt{2}/\rho gh$은 표면장력과 용융 금속의 정압에 따라 달라진다. 알루미늄의 경우에는 R_{Al}이 $8.0 \times 10^{-5}/h$(미터로 표시)인데, 여기에서 h는 모서리로부터 금속 용탕 자유면까지의 높이이다.

(b) 주철의 모서리 반지름은 알루미늄의 모서리 반지름보다 8.7배 작다. 따라서 주철의 모서리는 알루미늄의 모서리보다 훨씬 더 '날카로워'진다.

힌트 A176

(A11)

응고 전단부에서 면적이 A인 면을 고려하라. dt의 시간 동안 접촉면을 가로질러서 전달되는 열은 두 가지 방법으로 표기가 가능하다.

$$hA(T_L - T_0)dt = \rho A dy_L(-\Delta H)$$

dt의 시간 동안 접촉　　dt의 시간 동안
면을 가로질러서 전　　응고 열
달되는 열

또는

$$h(T_L - T_0) = \rho(-\Delta H)\frac{dy_L}{dt} \tag{1}$$

진행 방법은 무엇인가? dy_L/dt의 물리적 중요성은 무엇인가?

힌트 *A93*

힌트 A177

(A254)

$T_0^4 \ll T^4$이기 때문에 T_0^4를 무시할 수 있다. 변수를 분리한 후에 적분을 하면 다음의 식이 주어진다.

$$\int_{T_i}^{T} \frac{dT}{T^4} = -\frac{2\varepsilon\sigma_B}{\rho_L c_p^L R}\int_0^t dt$$

계속 진행하라!

힌트 *A314*

힌트 A178

(A12)

열이 대류에 의해 전달되기 때문이다.

용융 금속 내부의 온도 차가 크기 때문에 응고된 금속에 가까운 용융 금속의 경계층 안에서 자연 대류가 나타나게 된다. 경계층의 두께는 다음과 같다.[5장의 (5.6) 방정식]

$$\delta(z) = B\left[\frac{g}{z}(T_{melt} - T_L)\right]^{-1/4} \tag{1}$$

잉곳의 단면에 대해 온도 분포 개략도를 작성하고, 응고 중인 잉곳의 열 유동을 논하라.

힌트 *A39*

힌트 A179

(A22)

$$\frac{dQ}{dt} = h \times 2\pi r_0 \Delta z(T_L - T_0) = -\rho\,2\pi r\frac{dr}{dt}\Delta z(-\Delta H) \tag{1}$$

단위 시간당 주변으　　단위 시간당
로의 열 유동　　응고 열

여기에서 z는 선재의 길이 좌표이다(노즐에서 $z = 0$). 계속 진행하는 방법은 무엇인가?

힌트 *A287*

힌트 A180

(A34)

$$-\rho V c_p \int_{T_L}^{T_{final}} dT = A\sqrt{\frac{k_{mould}\rho_{mould}c_p^{mould}}{\pi}}(T_i - T_0)\int_{t_2}^{t_3}\frac{dt}{\sqrt{t}}$$

또는

$$2(\sqrt{t_3} - \sqrt{t_2}) = \frac{\rho V c_p (T_L - T_{final})}{A(T_i - T_0)} \sqrt{\frac{\pi}{k_{mould} \rho_{mould} c_p^{mould}}}$$

또는

$$(\sqrt{t_3} - \sqrt{t_2})^2 = \left[\frac{\rho V c_p (T_L - T_{final})}{2A(T_i - T_0)} \right]^2 \frac{\pi}{k_{mould} \rho_{mould} c_p^{mould}} \tag{2}$$

재료 상수와 다른 주어진 값을 대입하고 t_3를 계산하라.

힌트 A249

힌트 A181

(A262)

$y = r_0 - r$ (μm)	r (μm)	λ_{den} (μm)	h (W/m² K)	z (μm)
10	55	2.0	29×10^5	
20	45	2.0	24×10^5	40
30	35	2.2	15×10^5	80
40	25	2.8	6.7×10^5	140
50	15	3.5	2.6×10^5	230
60	5	4.3	0.6×10^5	360

답

$$h = \frac{\rho(-\Delta H) \times 10^{-11}}{r_0(T_L - T_0)} \frac{r_0 - y}{\lambda_{den}^2}$$

또는

$$h = 0.21 \times \frac{65 \times 10^{-6} - y}{\lambda_{den}^2}$$

응고된 셸의 두께 $y = r_0 - r$이 커질수록 열전달 계수는 감소한다.

위의 표는 노즐로부터의 거리가 멀어질수록 열전달 계수가 감소한다는 것을 보여준다. 이 점은 연속 주조의 2차 냉각 중에도 동일하다(5장의 연습문제 5.5와 비교하라). 이유는 선재 주변에 증기층이 형성되기 때문일 것이다.

힌트 A182

(A266)

$$m = \frac{1.00 c_p^L (T_{melt} - T_L)}{c_p^s (T_L - T_0) + (-\Delta H)}$$

$$= \frac{1.00 \times 0.52 \times 10^3 (1520 - 1470)}{0.65 \times 10^3 (1470 - 20) + 272 \times 10^3}$$

$$= 21.4 \times 10^{-3} \text{ kg}$$

답

22그램 이상의 강(스틸) 분말을 넣어야 하며, 이 분말은 용해되어 용융 합금의 일부가 된다. 응고 과정에서 강(스틸)의 입자 미세화에 도움이 된다.

힌트 A183

(A37)

(3), (4)와 (5) 방정식을 통해 원하는 용융 금속의 곡률 반경이 얻어진다.

$$R = \frac{r\sqrt{6}}{2} = \frac{2\sigma\cos\theta}{\rho g h} \frac{\sqrt{6}}{2} = \frac{2\sigma}{\rho g h} \frac{1}{\sqrt{3}} \frac{\sqrt{6}}{2} = \frac{\sigma\sqrt{2}}{\rho g h} \tag{6}$$

알고 있는 값을 (6) 방정식에 대입하라.

힌트 A323

힌트 A184

(A36)

(1)과 (2) 방정식을 조합한 후에 y를 풀어라.

$$-h_2 \Delta T = -k_s \frac{T_L - T_{i\,metal}}{y} \tag{4}$$

이로부터 다음의 식이 주어진다.

$$y = \frac{k_s}{h_2} \frac{T_L - T_{i\,metal}}{\Delta T} \tag{5}$$

T_L 값을 알고 있지만 $T_{i\,metal}$을 구해야 한다. 그 방법이 무엇인가?

힌트 A336

힌트 A185

(A52)

$$v_{growth} \lambda^2 = \text{constant} \tag{1}$$

여기에서 핵 성장 속도 v_{growth}는 dr/dt, r은 시간 t에서 구형 핵의 반지름, λ는 박편 거리이다.

셸의 숫자가 증가할 때에 조직이 더 거칠어진다는 것을 증명하기 위해서는 N, 용융 금속 셸의 수 및 박편 거리 간의 관계식을 구해야 한다. 이 관계식을 구하라.

힌트 A234

힌트 A186

(A252)

주형과 고체 금속 간의 공기 틈새는 작다. 1과 비교하여 마지막 인수의 마지막 항을 무시할 수 있다면 (1) 방정식을 단순화하는 것이 가능하다. Nusselt 수를 계산하고자 한다(4장의 4.4.5절).

$$Nu_{max} = \frac{hs}{k} = \frac{hy_{max}}{k} = \frac{2.0 \times 10^3 \times 0.05}{1.84 \times 10^4} = 0.005$$

$Nu_{max} \ll 1$이기 때문에 (1) 방정식을 다음처럼 단순화할 수 있다.

$$t = \frac{\rho(-\Delta H)}{T_L - T_0} \frac{y_L}{h}$$

응고 시간 t를 z의 함수로 표현하고 함수를 유도한 후에, 총 응고 시간을 계산하라.

힌트 A335

힌트 A187

(A107)

이 책의 관계식을 사용하라.

$$v_{growth}\lambda_{den}^{2} = 10^{-10} \tag{3}$$

그리고 이 관계식을 (1) 방정식과 조합하라.

힌트 A91

힌트 A188

(A297)

아래의 조건에서

$$0 \le y_L \le 0.10\,\text{m} \tag{14}$$

$$\left|\frac{dy_L}{dt}\right| = \frac{660 - 25}{2.7 \times 10^3 \times 390 \times 10^3} \cdot \frac{1}{\dfrac{0.10 - y_L}{2 \times 220} + \dfrac{1}{2 \times 1.68 \times 10^3}}$$

또는

$$\left|\frac{dy_L}{dt}\right| = \frac{0.265}{231 - 1000y_L}$$

힌트 A27의 (14)와 (11) 함수를 작도하라.

힌트 A79

힌트 A189

(A277)

(A70)

(A272)

(A94)

최적 매개 변수는 답에서 논의한다.

답

(a) 공기는 열전도가 낮으므로 열전도가 이루어지지 않는다. 용융 금속의 온도 구배가 없어서 대류가 일어나지 않는다. 가정은 타당하다.

(b) 금속의 깊이는 0.80 m이다.

(c) 냉각 속도는 6.1×10^3 K/s이다.

(d) 유동은 난류가 아니고 층류여야 한다. 부드러운 금속 줄기가 필요하며 이는 급속하게 응고된다. 그렇지 않으면 표면장력으로 인해 방울 형성이 촉진될 수 있다. 산화물 보호막이 선재의 표면에 형성되는 것이 유리하다. 선재는 산소가 있는 대기에서 주조되어야 한다. 응고가 급속하게 이루어지지 않으면 금속 줄기가 불안정할 수 있고 반지름이 일정한 선재 대신에 액적이 형성될 수 있기 때문에 급속하게 응고되는 것이 중요하다.

힌트 A190

(A247)

전통적인 표기법을 사용해서 다음의 식을 얻는다.

$$\frac{dQ}{dt} = \rho_L[L(\sin 5°)dA]c_p^L\left(-\frac{dT}{dt}\right) \tag{2}$$

와

$$\frac{dq}{dt} = \rho_L L(\sin 5°)c_p^L\left(-\frac{dT}{dt}\right) \tag{3}$$

냉각 중인 부피 요소로부터 주변으로의 열 유속에 대한 다른 식을 구하라. 사형 주조가 다뤄지고 있는 4장의 해당 절을 참고하라.

힌트 A271

힌트 A191

(A136)

표면장력(3장 52쪽)

용융 금속의 표면장력이 용융 금속의 유동성을 방해한다. 표면장력이 줄어들면 유동성 길이가 커진다.

용융 금속의 조성이 미치는 영향은 무엇인가?

힌트 A28

힌트 A192

(A110)

냉각 중인 띠판으로부터의 열 유동은 다음과 같다.

$$\frac{dQ}{dt} = -c_p m \frac{dT}{dt} = -c_p \rho A d \frac{dT}{dt} \qquad (1)$$

띠판에서 롤러까지의 열 유동은 다음과 같다.

$$\frac{dQ}{dt} = hA(T_{strip} - T_0) \qquad (2)$$

진행 방법은 무엇인가?

힌트 A338

힌트 A193

(A114)

냉각 구역	길이 (m)	물 유동 (l/s)	주변 면적 $= 4al$(m²)	물 유속 w(l/m² s)
분사 구역	0.200	1.33	0.080	16.6
1 구역	1.280	2.92	0.518	5.64
2 구역	1.850	2.50	0.740	3.38
3 구역	1.900	2.92	0.760	3.84

w를 알면 h_w 값을 계산할 수 있다.

힌트 A255

힌트 A194

(A105)

답

1 영역.

용융 금속 또는 고체 쉘과 냉간 주형 간의 마찰을 줄이기 위해서 유채 기름이나 주조 분말을 용융 금속에 넣는 것은 관행이다. 위 오일은 증발되고 주조 분말은 용융 강(스틸)과 만날 때에 용융된다. 강(스틸)과 냉간 주형 간에 박막이 만들어지며, 이 막으로 인해 열 유속이 막히며 h가 낮아진다. 주형의 상단으로부터 거리가 멀어질수록 막의 두께가 줄어들고, 열유속과 열전달 계수는 점차 증가한다.

힌트 A195

(A23)

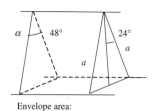

Envelope area:

$$A = \left(2a + 2a\sin\frac{\alpha}{2}\right)dy$$

Volume:

$$V = \frac{a^2 \sin\alpha \; dy}{2}$$

부피 요소의 단면은 삼각형이며, 길이가 동일한 2개의 변이 있다. 부피 요소로부터 주변으로의 시간당 열 손실은 통상적인 표기법을 사용해서 다음과 같이 표현된다.

$$-\frac{a^2 \sin\alpha}{2} dy \rho_L c_p^L \frac{dT}{dt} = h\left(2a + 2a\sin\frac{\alpha}{2}\right)dy(T - T_0) \qquad (1)$$

여기에서 $dT = dt < 0$이고 h는 열전달 계수이다.(3장의 예제 3.5와 비교하라.)

변수들을 분리한 후에 방정식을 풀어라.

힌트 A325

힌트 A196

(A340)

$$\rho(-\Delta H)\frac{dy_L(t)}{dt} \quad = \quad h(T_L - T_0) \qquad (1)$$

응고 열 유속 　　　금속에서 냉각된 벨트로
　　　　　　　　　전달된 열 유속

진행 방법은 무엇인가?

힌트 A326

힌트 A197

(A131)

Nusselt 수에 대한 정의는 4장 84~85쪽에 나온다.

$$h = 1.0 \times 10^3 \, W/m^2 \, K$$
$$s = 30 \times 10^{-3} \, m \; (\text{주물 두께의 반})$$
$$k_{Cu} = 398 \, W/m \, K$$
$$Nu = \frac{hs}{k} \approx \frac{1.0 \times 10^3 \times 30 \times 10^{-3}}{398} = 0.075 \ll 1$$

표면으로부터 응고 전단부까지의 거리 y_L에 대한 함수로서 주물 내 온도 분포의 개략도를 작성하라. 응고 시간을 계산할 수 있는 방법은 무엇인가?

힌트 A253

힌트 A198

(A104)

'가중' 평균값은 면적이 열전달에 영향을 미친다는 것을 보여 준다.

$$\frac{dQ}{dt} = hA(T - T_0)$$

주물의 단면은 4개 냉각 구역에서 동일하다. 이런 이유로 면적은 각 구역의 길이에 비례한다. 그러므로 구역의 길이에 대해서 h 평균 값을 계산하는 것은 자연스러운 일이다.

$$h_{av} = \frac{h_1 L_1 + h_2 L_2 + h_3 L_3 + h_4 L_4}{L_1 + L_2 + L_3 + L_4} \tag{1}$$

이 책에 있는 표의 h와 L 값을 (1) 방정식에 대입하면 다음의 값을 얻는다.

$$h_{av} = \frac{(1000 \times 1.0) + (440 \times 4.0) + (300 \times 5.0) + (200 \times 10.0)}{1.0 + 4.0 + 5.0 + 10.0}$$
$$= 313 \, W/m^2 \, K$$

Nusselt 수를 확인하고 온도 분포도를 작도하라. 이를 계산의 기초로 사용하는 것은 타당하다.

힌트 A283

힌트 A199

(A142)

$A_{sprue} \ll A_{ingot}$이기 때문에 흡입구 속도는 $v_{sprue} \gg v_{ingot}$가 된다 [(3) 방정식]. (1) 방정식에서 후자를 무시할 수 있으며 다음과 같이 축소가 가능하다.

$$v_{sprue} = \sqrt{2g(H - h)} \tag{4}$$

계속 진행 방법은 무엇인가?

힌트 A32

힌트 A200

(A237)

(A129)

(7) 방정식을 다음처럼 변형할 수 있다.

$$\Delta T = \frac{h_1}{h_2} \frac{T_L - T_0}{1 + \frac{h_1}{k_s} y} \tag{9}$$

냉각수 온도 T_0의 최댓값은 100°C, y 값은 슬래브 두께의 반이다. 주어진 값을 (9) 방정식에 대입하면 다음의 식을 얻는다.

$$\Delta T = \frac{1000}{800} \times \frac{1450 - 100}{1 + \frac{1000}{30} \times 0.10} = 389 \, °C$$

답

(a)

$$y = \frac{k_s}{h_1} \left(\frac{h_1}{h_2} \frac{T_L - T_0}{\Delta T} - 1 \right)$$

(b) 초과 온도는 약 400°C여야 한다. 탕도의 폭이 감소하는 추세가 되면, 용융 금속의 속도가 증가한다. 용융 금속의 속도가 증가함에 따라 열전달 계수 h_2가 증가하며, 이는 탕도 개방에 도움이 된다.

힌트 A201

(A112)

c_{melt}의 함수로서 V를 풀어라.

$$\frac{1}{V_{melt}} dV = \frac{dc_{melt}}{c_0 - c_{melt}}$$

적분을 통해 다음의 식이 주어진다.

$$\frac{1}{V_{melt}} \int_{V_0}^{V} dV = \int_{c_{max}}^{c_{max}/2} \frac{-dc_{melt}}{c_{melt} - c_0}$$

또는

$$V - V_0 = V_{melt} \ln \left(\frac{c_{max} - c_0}{\frac{c_{max}}{2} - c_0} \right) \tag{2}$$

이것은 원하는 결과가 아니다! 거리 $y_{1/2}$를 어떻게 구하는가?

힌트 A303

힌트 A202

(A151)

$$t_{total} = C \left(\frac{y_L}{2} \right)^2 = 2.1 \times 10^6 \left(\frac{0.10}{2} \right)^2$$
$$= 2.1 \times 10^6 \times 0.05^2 \, s = 1.46 \, h$$

답은 힌트 A19에 나온다.

힌트 A19

힌트 A203

(A314)

$$\frac{1}{T^3} = \frac{6\varepsilon\sigma_B}{\rho_L c_p^L R} t + \frac{1}{T_i^3}$$

또는

$$T^3 = \left(Ct + \frac{1}{T_i^3} \right)^{-1} \tag{3}$$

여기에서

$$C = \frac{6\varepsilon\sigma_B}{\rho_L c_p^L R}$$

초과 온도는 다음과 같이 된다.

$$\Delta T = T - T_L = \left(Ct + \frac{1}{T_i^3} \right)^{-1/3} - T_L$$

답
초과 온도는 다음과 같다.

$$\Delta T = T - T_L = (Ct + T_i^{-3})^{-1/3} - T_L$$

여기에서

$$C = \frac{6\varepsilon\sigma_B}{\rho_L c_p^L R}$$

이 방정식은 $\Delta T = 0$일 때까지 유효하다.

힌트 A204

(A313)

Fe와 Cu의 재료 상수와 온도 값을 (3) 방정식에 대입해서 λ를 푼다.

재료 데이터를 (3) 방정식에 대입하여 다음의 식을 얻는다.

$$2.82 = \sqrt{\pi}\lambda e^{\lambda^2}[0.325 + \text{erf}\ (\lambda)] \tag{4}$$

이 방정식을 수치적으로 풀어라.

힌트 A33

힌트 A205

(A139)

냉각수의 온도는 100°C이고, 이 값과 이 책에서 주어진 값을 (6) 방정식에 대입한다.

$$v_{\text{cast}} = \frac{2lh(T_L - T_0)}{\rho d(-\Delta H)}$$

$$= \frac{2 \times 0.050 \times 3.0 \times 10^3(933 - 373)}{2.7 \times 10^3 \times 398 \times 10^3 d} = \frac{0.156 \times 10^{-3}}{d} \tag{7}$$

또는

$$v_{\text{cast}} = \frac{1.56 \times 10^{-4}\,\text{m}^2/\text{s}}{d} = \frac{60 \times 1.56 \times 10^{-4}\,\text{m}^2/\text{min}}{d}$$

$$= \frac{9.38 \times 10^{-3}\,\text{m}^2/\text{min}}{d} \tag{8}$$

여기에서 d의 단위는 미터이다.

결과 논의

$Nu = hs/k \ll 1$이면 (8) 방정식이 유효하며, s는 양측 냉각에서 주물 두께의 반이다.

$Nu = 0.10$에 대해 상한을 허용하고 h와 k를 알고 있으면, 주물의 최대 두께를 계산할 수 있다. 열전도성 k_{Al}는 220 W/m K이다. 주물의 최대 두께 d_{max}를 다음처럼 계산할 수 있다.

$$Nu = \frac{hs}{k} = \frac{hy_L}{k} = 0.10$$

이로부터 다음의 식이 주어진다.

$$y_L = \frac{0.10\,k}{h} = \frac{0.10 \times 220}{3.0 \times 10^3} = 7.33 \times 10^{-3}\,\text{m}$$

$$d_{\text{max}} = 2y_L \sim 15 \times 10^{-3}\,\text{m}$$

함수 (8)을 그림으로 그려라.

힌트 A292

힌트 A206

(A329)

$$\int_0^{a/2} \left[a - y\left(1 + \frac{h_4}{h}\right) \right] dy = \frac{ah(T_L - T_0)}{\rho(-\Delta H)} \int_0^t dt$$

$$\left[ay - \frac{y^2}{2}\left(1 + \frac{h_4}{h}\right) \right]_0^{a/2} = \frac{ah(T_L - T_0)}{\rho(-\Delta H)} t$$

$$\frac{a}{2} - \frac{a}{8}\left(1 + \frac{h_4}{h}\right) = \frac{h(T_L - T_0)}{\rho(-\Delta H)} t$$

이 식을 다음처럼 표기할 수 있다.

$$t = \frac{a\rho(-\Delta H)}{h_{\text{av}}(T_L - T_0)} \left[\frac{1}{2} - \frac{1}{8}\left(1 + \frac{h_4}{h}\right) \right] \tag{16}$$

연습문제 5.10a의 힌트 A270, 힌트 A54에서와 같은 방법으로 최대 주조 속도를 구하라.

힌트 A132

힌트 A207

(A141)

경험 법칙은 다음의 관계식이다.

$$y_L = 2.5\sqrt{t} \tag{1}$$

여기에서 y_L의 단위는 센티미터이고 시간의 단위는 분이다. 이 경우에 y_L은 잉곳 최소 제원의 1/2, 즉 20 cm이다. 이로 인해 응고 시간은 다음과 같이 된다.

$$t = \frac{y_L^2}{6.25} = \frac{20^2}{6.25} = 64\,\text{min} \tag{2}$$

이제 응고 중에 잉곳의 비 차폐 윗면을 통과하는 총 복사 손실을 계산할 수 있다.

힌트 A8

힌트 A208

(A265)

r 이 0에 가까워지면 $r^2 \ln(r/R)$의 한계가 0이기 때문에, $r = 0$을 대입하면 다음의 식이 주어진다.

$$t = \frac{\rho(-\Delta H)}{(T_{\text{melt}} - T_0)}\left(\frac{R^2}{4k} + \frac{R}{2h}\right) \tag{10}$$

(10) 방정식은 원하는 함수이다. 재료 상수와 알고 있는 다른 값을 대입하라.

힌트 A27

힌트 A209

(A345)

답

IV 영역.

곡선의 도함수는 0이다. 응고 열과 열 손실이 균형을 이룬다. IV 영역의 특징은 형성의 '정상 상태'와 잉곳 중심부에서 등축 결정의 성장으로 묘사될 수 있다. V 영역의 특징을 묘사하라.

힌트 A149

힌트 A210

(A289)

응고 전단부 가까운 곳에서 자유 핵의 성장에 대한 일반 조건은 다음과 같다.

$$v_{\text{crystal}} = \frac{dr}{dt} = \mu(T_L - T_{\text{crystal}})^n \tag{2}$$

$T_{\text{front}} = T_L$, $dy_L/dt = 0$이면 결과적으로 응고 전단부 앞에 있는 용융 금속의 온도가 T_L이어야 한다. 핵이 응고 전단부 앞의 용융 금속에서 형성되기 때문에, 온도 T_{crystal}은 $T_{\text{front}} = T_L$과 같다.

이 설명의 결론은 무엇인가?

힌트 A84

힌트 A211

(A63)

과열된 용융 금속으로부터 주변으로의 열 유동을 두 가지 방법으로 표기할 수 있다.

$$\frac{\partial Q}{\partial t} = -\rho V c_p \frac{dT}{dt} = A\sqrt{\frac{k_{\text{mould}}\rho_{\text{mould}}c_p^{\text{mould}}}{\pi t}}(T_i - T_0) \tag{1}$$

단위 시간당 냉각열   주형과 용융 금속의 접촉면을 가로지르는 열의 유동. 4장의 (4.70) 방정식을 비교하라.

(1) 방정식을 적분한 후에 냉각 시간 t_1을 풀어라.

힌트 A108

힌트 A212

연습문제 3.7a

일반 지식을 이용하거나, 필요한 경우에 3장의 내용을 참고하라.

힌트 A136

힌트 A213

(A306)

띠판 윗면에 있는 고체 층에서의 열전도와 응고 과정 중의 냉각 열을 무시하면, 다음의 식처럼 상부 띠판 면에서의 열 유동을 얻는다.

$$A\sigma_B\varepsilon(T_L^4 - T_0^4) = \rho A(-\Delta H)\frac{dY_L}{dt} \tag{1}$$

적분을 통해 다음의 식을 얻게 된다.

$$\int_0^t dt = \frac{\rho(-\Delta H)}{\sigma_B \varepsilon (T_L^4 - T_0^4)} \int_0^{Y_L} dY_L$$

또는

$$t = \frac{\rho(-\Delta H)}{\sigma_B \varepsilon (T_L^4 - T_0^4)} Y_L \qquad (2)$$

띠판의 아랫부분에 있는 고체 층 y_L의 응고 시간을 구하라.

힌트 A96

힌트 A214

(A170)
주조 속도 v_{cast}가 10 m/초라는 것을 알고 있다.

$$z = v_{cast} t$$

응고 시간 t를 어떻게 계산하는가?

힌트 A290

힌트 A215

(A86)

$$h_I = \frac{\rho_{metal}(-\Delta H)}{T_L - T_0} \frac{y_L}{t}$$
$$= \frac{7.9 \times 10^3 \times 270 \times 10^3}{1500 - 25} \times \frac{14 \times 10^{-3}}{140} = 144\,\text{W/m}^2\,\text{K}$$

h_{II}를 구하려면 (1) 방정식을 확실하게 이용해야 한다. 그 방법은 무엇인가?

힌트 A83

힌트 A216

(A251)
접종을 하는 즉시 결정의 수가 증가하는데, λ^2는 $N^{1/3}$에 비례한다. 이런 이유로 많은 수의 셀(N이 큼)이 조대한 조직을 갖게 된다(λ이 큼).

답은 힌트 A80에 나온다.

힌트 A80

힌트 A217

(A174)
변수들을 분리하고 (1) 방정식을 적분하라. 적분의 상한과 하한 값은 무엇인가?

힌트 A243

힌트 A218

(A318)
경험 법칙을 사용하라. 5장의 97쪽을 참고하라.

힌트 A343

힌트 A219

(A342)
d 값을 선택하고 (4) 방정식을 통해 v_{max}의 해당 값을 계산한 후에, 이 값들을 선도에 표시하라.

d (m)	v_{max} (m/min)
0.010	6.4
0.020	3.2
0.050	1.3
0.080	0.8
0.10	0.6
0.20	0.3

답

슬래브 두께의 함수로서 최대 주조 속도는 다음과 같다.

$$v_{max} = \frac{64 \times 10^{-3}\,\text{m}^2/\text{min}}{d} \quad (d \leq 0.20\,\text{m}).$$

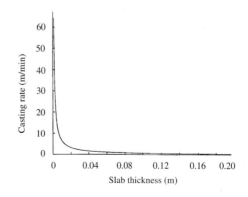

힌트 A220

(A312)

답

(a)

$T_{i\,metal}$ (°C)	y_L (m)	h_{calc} (W/m² K)
635	0.012	1390
615	0.018	1708
600	0.032	1344
610	0.040	868
600	0.048	896
595	0.057	831
580	0.090	681

h의 첫 번째 값은 용융 금속의 초과 온도로 인해서 너무 낮아진다.

열전달 계수는 일정하지 않은데, 그 이유는 응고된 금속의 표면 온도 $T_{i\,metal}$이 일정하지 않기 때문이다.

주형과 금속 간의 접촉면에서 거리가 증가함에 따라 열전달 계수 h_{calc}는 감소한다.

힌트 A221

(A248)

$$y = \frac{\varepsilon\sigma_B(T_L^4 - T_0^4)t}{\rho(-\Delta H)}$$

응고 시간은 힌트 A207에서 64분으로 밝혀졌다.

$$y = \frac{0.2 \times 5.67 \times 10^{-8}(1723^4 - 293^4) \times 64 \times 60}{7.88 \times 10^3 \times 272 \times 10^3}$$

$$\approx 2 \times 10^{-14}(1723 - 293) \times 1723^3 = 0.146\,\text{m}$$

답은 힌트 A26에 나온다.

힌트 A26

힌트 A222

(A325)

이 책에 의하면 용융 금속의 속도가 일정하다고 가정하였고, 다음의 식을 얻는다.

$$L_f = vt_f$$

이로부터 다음의 식이 주어진다.

$$L_f = vt_f = \frac{a\sin\alpha}{4\left(1 + \sin\frac{\alpha}{2}\right)}\frac{v\rho_L c_p^L}{h}\ln\left[\frac{T_L + (\Delta T)_i - T_0}{T_L - T_0}\right] \quad (2)$$

첫 번째 인수는 장비 설계에 의해 결정된다.

$$\frac{a\sin\alpha}{4\left(1 + \sin\frac{\alpha}{2}\right)} = \frac{0.0080 \times \sin 48°}{4(1 + \sin 24°)}$$

$$= \frac{0.0020 \times 0.7431}{1.4067} = 0.001056 \quad (3)$$

답은 힌트 A322에 나온다.

힌트 A322

힌트 A223

(A31)

대류로 인해 작은 핵의 수가 증가한다. 어떤 방법으로 증가되는가?

힌트 A158

힌트 A224

(A113)

$$\rho(-\Delta H)\int_0^V dV = A\sqrt{\frac{k_{mould}\rho_{mould}c_p^{mould}}{\pi}}(T_i - T_0)\int_{t_1}^{t_2}\frac{dt}{\sqrt{t}}$$

또는

$$2(\sqrt{t_2} - \sqrt{t_1}) = \frac{\rho V(-\Delta H)}{A(T_i - T_0)}\sqrt{\frac{\pi}{k_{mould}\rho_{mould}c_p^{mould}}}$$

또는

$$(\sqrt{t_2} - \sqrt{t_1})^2 = \left[\frac{\rho V(-\Delta H)}{2A(T_i - T_0)}\right]^2\frac{\pi}{k_{mould}\rho_{mould}c_p^{mould}} \quad (4)$$

재료 상수와 주어진 다른 값을 대입하고 t_2를 계산하라.

힌트 A119

힌트 A225

(A328)

$$\Delta T_{melt} = T_{crystal} - T_{front}$$

여기에서 $T_{crystal}$은 자유 결정면에 가까운 용융 금속의 온도이고, T_{front}는 응고 전단부에 가까운 용융 금속의 온도이다.

진행하려면 온도와 성장 속도를 연관시켜야 한다. 그 방법은 무엇인가?

힌트 A242

힌트 A226

(A53)

질량 균형을 구하라.

시간당 70톤 질량의 강(스틸)이 턴디쉬를 떠나 냉간 주형으로 주입된다.

$$m = A_{strand} v_{cast} \rho t \tag{1}$$

$m = 70$톤과 $t = 1$시간 $= 3600$초를 (1) 방정식에 대입하면 다음의 식을 얻는다.

$$v_{cast} = \frac{m}{A_{strand}\rho t} = \frac{70 \times 10^3}{0.20 \times 1.5 \times 7.2 \times 10^3 \times 3600}$$
$$= 0.0090\,\text{m/s} = 0.54\,\text{m/min}$$

턴디쉬와 냉간 주형의 개략도를 작성하고, v_{cast}와 v_{outlet}(용융 금속이 턴디쉬에서 나가는 속도)을 그림에 대입하라.

턴디쉬의 배출구 지름이 필요하다. A_{outlet}을 계산할 수 있으면 지름을 유도하는 것이 쉬워진다. A_{outlet}을 구하는 방법은 무엇인가?

힌트 A172

힌트 A227

(A96)

응고 과정이 띠판의 윗면과 아랫면에서 동시에 시작되면, 응고 시간이 동일하다.

$$t = \frac{\rho(-\Delta H)}{T_L - T_w}\frac{y_L}{h}\left(1 + \frac{h}{2k}y_L\right) = \frac{\rho(-\Delta H)}{\sigma_B \varepsilon(T_L^4 - T_0^4)}Y_L \tag{4}$$

방정식은 하나인데 미지 수량은 Y_L과 y_L의 두 가지이다. 두 번째 방정식을 구하는 방법은 무엇인가?

힌트 A29

힌트 A228

(A317)

(A147)

주조 속도는 주물이 최종 냉각 구간을 떠나기 전에 완전하게 응고되어야 한다는 조건에 따라 결정된다. 이런 이유로 최대 주조 속도는 다음처럼 되어야 한다.

$$v_{max} = \frac{L}{t} = \frac{20}{21.2} = 0.943\,\text{m/min}$$

답

(a) 응고 시간은 21분이다.

(b) 최대 주조 속도는 0.94 m/분이다.

힌트 A229

(A309)

힌트 A140의 (4) 방정식을 다시 택해서 힌트 A318의 (5) 방정식과 조합하라. 힌트 A328의 A 값, 힌트 A309의 v_{front} 그리고 알고 있는 다른 모든 값을 조합된 방정식에 대입하라.

힌트 A57

힌트 A230

(A274)

강(스틸)의 재료 상수는 이 책에 나와 있다. T_0가 100°C라고 가정한다.

이들 값과 재료 상수를 대입하면, 다음의 식을 얻는다.

$$-\frac{dT}{dt} = \frac{2.0 \times 10^3}{650 \times 7.8 \times 10^3 \times 100 \times 10^{-6}}(T_{strip} - 100) \tag{5}$$
$$= 3.94(T_{strip} - 100)$$

$T_{strip} = 1400$°C를 (5) 방정식에 대입하면, 다음의 식을 얻는다.

$$-\frac{dT}{dt} = 3.94(T_{strip} - 100) = 3.94(1400 - 100) = 5120\,\text{K/s}$$

답

원하는 관계식은 다음과 같다.

$$-\frac{dT}{dt} = \frac{h}{c_p \rho d}(T_{strip} - T_0)$$

냉각 속도는 $\sim 5.1 \times 10^3$ K/s이다.

힌트 A231

(A334)

$$\lambda_{den} = \sqrt{\frac{\rho(-\Delta H) \times 10^{-12}}{400(T_L - T_0)}}\frac{1}{\sqrt{p}} \tag{5}$$

다음의 온도와 재료 상수, 즉 $T_L = 660$°C, $T_0 = 25$°C, $\rho_{Al} = 2.7 \times 10^3$ kg/m³ 그리고 $(-\Delta H)_{Al} = 398 \times 10^3$ J/kg을 (5) 방정식에 대입하면, 원하는 답을 얻는다.

답

$$\lambda_{den} = \frac{6.5 \times 10^{-5}}{\sqrt{p}}\,\text{m}$$

여기에서 p의 단위는 기압이다.

힌트 A232

(A304)

그림 1과 2:

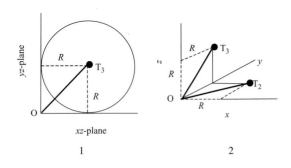

1   2

xy 평면, yz 평면, xz 평면은 구체의 접평면이다. 구석점 O 로부터 각 접점(T_3와 T_2는 그림에 있음)까지의 거리는 $R\sqrt{2}$이 다. 접점 간 거리, 예를 들어 T_3와 T_2 간의 거리도 $R\sqrt{2}$이다.

그림 3과 4:

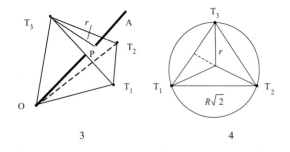

3   4

세 개 거리, 즉 OT_1, OT_2 및 OT_3는 대칭이기 때문에 각 변 의 길이가 $R\sqrt{2}$인 사면체를 정의한다. 3개 접점에 의해 정의 가 되는 평면은 OA선에 수직이며, 이 책의 그림과 힌트 A115 에 나와 있다. 그림 4의 원은 경계선을 나타내며, 이 선을 따 라 표면장력이 작용한다. 이 원의 반지름은 r이고, 힌트 A115 에 대입되었으며 힌트 A245에서 계산이 이루어졌다.

r과 R 간의 관계식을 어떻게 얻는가?

힌트 A37

힌트 A233

연습문제 3.10b

주철의 해당 반지름을 계산하라.

힌트 A175

힌트 A234

(A185)

잉곳에서의 열 유동을 파악하라. 열 유동은 사형을 통과하는 느린 열 유동에 의해 크게 결정된다. 고체 금속과 사형 간의 접촉면을 통과하는 열 유동을 구하려면 4장의 (4.70) 방정식 을 이용할 수 있다.

$$\frac{dQ}{dt} = A\sqrt{\frac{k_{mould}\rho_{mould}c_p^{mould}}{\pi t}}(T_i - T_0) \qquad (2)$$

여기에서 A는 주형과 잉곳 간 접촉면의 면적, T_i는 금속과 주 형 간 접촉면에서 금속의 온도 그리고 t는 시간이다.

잉곳으로부터의 열 유동 식을 구하라. 용융 금속은 N개의 핵으로 접종이 되어 성장한다.

힌트 A279

힌트 A235

연습문제 5.4c

열 유속은 2 영역에서 지속적으로 감소한다. 여기에는 두 가 지 이유가 있는데, 그 이유들은 무엇인가?

힌트 A319

힌트 A236

(A330)

(4) 방정식을 적분하라.

$$N\rho(-\Delta H)\int_0^r 4\pi r^2 dr = A\sqrt{\frac{k_{mould}\rho_{mould}c_p^{mould}}{\pi t}}(T_i - T_0)\int_0^t \frac{dt}{\sqrt{t}}$$

이로부터 다음의 식이 주어진다.

$$N\rho(-\Delta H)\frac{4\pi r^3}{3} = A\sqrt{\frac{k_{mould}\rho_{mould}c_p^{mould}}{\pi t}}(T_i - T_0)\times 2\sqrt{t} \qquad (5)$$

N과 t의 함수로서 r을 풀어라.

힌트 A301

힌트 A237

(A336)

(6) 방정식을 (5) 방정식에 대입하면 원하는 함수를 얻게 된다.

$$y = \frac{k_s}{h_2} \frac{T_L - \left(\dfrac{T_L - T_0}{1 + \dfrac{h_1}{k_s} y} + T_0\right)}{\Delta T} = \frac{k_s}{h_2} \frac{(T_L - T_0)\dfrac{h_1}{k_s} y}{\Delta T \left(1 + \dfrac{h_1}{k_s} y\right)}$$

약분을 통해 다음의 식을 얻는다.

$$1 + \frac{h_1}{k_s} y = \frac{h_1}{h_2} \frac{T_L - T_0}{\Delta T} \tag{7}$$

또는

$$y = \frac{k_s}{h_1}\left(\frac{h_1}{h_2} \frac{T_L - T_0}{\Delta T} - 1\right) \tag{8}$$

(8) 방정식은 원하는 함수이고, 답은 힌트 A200에 나온다.

힌트 A200

힌트 A238

(A159)

4장의 (4.73) 방정식을 사용하라.

$$y_L = \frac{2}{\sqrt{\pi}} \frac{T_i - T_0}{\rho_{metal}(-\Delta H)} \sqrt{k_{mould}\rho_{mould}c_p^{mould}} \sqrt{t} \tag{1}$$

이것은 평면의 응고 전단부(1차원)에 유효하다. 실린더의 경우에는(3차원) (1) 방정식에 보정항을 추가해야 한다. 4장의 (4.76) 방정식에 의하면 다음의 식을 얻는다.

$$\frac{V_{metal}}{A} = \frac{T_i - T_0}{\rho_{metal}(-\Delta H)}$$
$$\times \left(\frac{2}{\sqrt{\pi}} \sqrt{k_{mould}\,\rho_{mould}\,c_p^{mould}} \sqrt{t_{total}} + \frac{nk_{mould}\,t_{total}}{2r}\right) \tag{2}$$

여기에서 실린더의 경우에 n은 1이다.

힌트 A106

힌트 A239

(A280)

다음의 식[6장의 (6.14) 방정식]과 (7) 방정식을 조합하면

$$v_{growth} = \mu(T_E - T)^n \tag{9}$$

다음의 식을 얻는다.

$$v_{growth} = \frac{dr}{dt} = \frac{1}{6} C \frac{t^{-5/6}}{N^{1/3}} = \mu(T_E - T)^n \tag{10}$$

(10) 방정식으로 얻는 결론은 무엇인가?

힌트 A341

힌트 A240

연습문제 5.12e

응고 과정에 대한 열 균형을 구하라.

힌트 A339

힌트 A241

(A167)

10 cm의 쉘 두께에서 계산을 수행하라고 이 책에 언급되어 있다. 이 y 값을 (6) 방정식에 대입을 한 후에 이를 풀어라.

힌트 A309

힌트 A242

(A225)

액상선 온도와 관련된 일반적인 방법을 사용하고, 이 책에 나와 있는 성장 법칙을 적용하라.

힌트 A318

힌트 A243

(A217)

$$\int_0^{y_L} dy_L = \frac{h(T_L - T_0)}{\rho(-\Delta H)} \int_0^t dt \tag{2}$$

$$y_L = \frac{h(T_L - T_0)}{\rho(-\Delta H)} t \tag{3}$$

주물이 완전히 응고됐을 때 y_L 값은 얼마인가?

힌트 A311

힌트 A244

(A122)

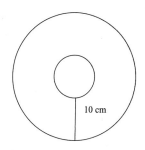

주물이 한쪽에서 냉각되기 때문에 y_L은 주물의 두께와 같아지게 되며, 이 경우에 0.10 m이다. 이로 인해 다음의 식을 얻

는다.

$$t = \frac{1}{4\alpha_{\text{metal}}} \frac{y_L}{\lambda} = \frac{1}{4 \times 6.15 \times 10^{-6}} \frac{0.10}{0.79} = 651\,\text{s} = 10.8\,\text{min}$$

답

응고 시간은 ~11분이다($\lambda = 0.79$).

힌트 A245

(A144)

$$p_0\pi r^2 + 2\pi r\sigma\cos\theta = (p_0 + \rho gh)\pi r^2$$

또는

$$r = \frac{2\sigma\cos\theta}{\rho gh} \tag{3}$$

원하는 곡률 반경은 구체의 반지름 R이다. R은 r의 함수로서 유도되어야 하며, $\cos\theta$를 계산해야 한다. 어떻게 $\cos\theta$을 얻는가?

힌트 A304

힌트 A246

(A39)

답

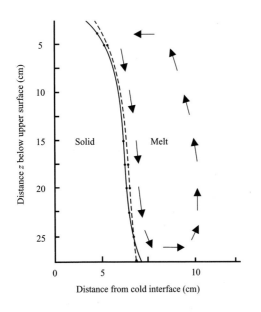

대류의 유동은 그림에 나와 있다. 대류 유동의 방향은 주형의 상단에서 응고 전단부가 성장하는 방향과 반대 방향이다. 상대적으로 고온의 용융 금속이 오른쪽에서 왼쪽으로 이동하며

응고를 지연시킨다. 따라서 쉘이 중간보다 상단에서 얇아지게 된다. 경계층은 상단에서 가장 얇다.

대류 유동은 주형의 바닥에서 응고 전단부의 성장과 같은 방향을 갖는다. 상대적으로 차가우며 쉘 성장의 방향으로 이동하는 용융 금속으로 인해 응고가 촉진된다. 따라서 쉘의 두께는 중간보다 바닥에서 두꺼워진다. 경계층은 바닥에서 가장 크다.

힌트 A247

(A46)

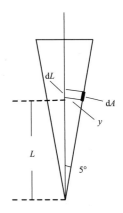

부피 요소 dV를 고려하라. 부피 요소의 길이는(그림에서 보이지 않음) b이다.

$$dV = ydA = L(\sin 5°)dA \tag{1}$$

여기에서 y는 dA로부터 중심축까지의 수직 거리이고, L은 쐐기 가장자리에서 부피 요소까지의 거리이다.

열 유동과 냉각 중인 부피 요소로부터 열 유속에 대한 식을 구하라.

힌트 A190

힌트 A248

(A87)

복사를 통해서 사라지는 모든 응고 열은 응고된 표면 층의 응고 열로부터 발생한다고 가정한다.

$$A\varepsilon\sigma_B(T_L{}^4 - T_0{}^4)t = \rho yA(-\Delta H)$$

y를 풀고 재료 상수와 알고 있는 다른 값을 대입하라.

힌트 A221

힌트 A249

(A180)

$$(\sqrt{t_3} - \sqrt{t_2})^2 = \left[\frac{2.7 \times 10^3 \times 0.25^3 \times 1.25 \times 10^3 \times 50}{2 \times 6 \times 0.25^2 (660 - 20)}\right]^2$$
$$\times \frac{\pi}{0.63 \times 1.61 \times 10^3 \times 1.05 \times 10^3} = 89\,\text{s}$$

이로부터 다음의 식이 주어진다(힌트 119로부터 $t_2 \approx 4757$).

$$\sqrt{t_3} - \sqrt{t_2} = \sqrt{89} \Rightarrow \sqrt{t_3}$$
$$= \sqrt{4757} + \sqrt{89} = 68.97 + 9.43 = 78.40$$

$$t_3 \approx 6146.6\,\text{s} = 102.4\,\text{min}$$

$$\text{Cooling time} = t_3 - t_2 = 102.4 - 79.3 = 23\,\text{min.}$$

답

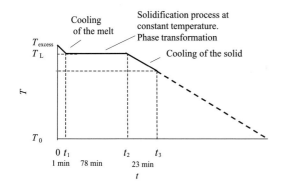

용융 금속의 냉각 시간은 ~1분이다. 응고 시간은 ~78분이다. 고체 금속의 냉각 시간은 ~23분이다. 주형이 응고 과정 중에 가열되기 때문에 응고 후의 냉각 속도는 용융 금속의 냉각 속도보다 훨씬 늦다.

실온까지의 입방체 냉각은 응고 과정보다 시간이 더 오래 걸린다.

힌트 A250

연습문제 6.9b

냉각 속도$(-dT/dt)$가 60 K/초와 같거나 크면, 백주철 응고가 발생한다. 따라서 백주철 응고에서 회주철 응고로의 변화는 60 K/초의 냉각속도에서 얻어지는 높이에서 발생하게 된다.

60 K/초의 냉각 속도를 힌트 A269의 (10) 방정식에 대입하고 L을 풀어라.

힌트 A260

힌트 A251

(A78)

(7) 식을 (1) 방정식에 대입하라.

$$v_{\text{growth}}\lambda^2 = \text{constant} \tag{1}$$

이로부터 다음의 식이 주어진다.

$$\frac{1}{6}C\frac{t^{-5/6}}{N^{1/3}}\lambda^2 = \text{constant} \tag{8}$$

결론이 무엇인가?

힌트 A216

힌트 A252

(A169)

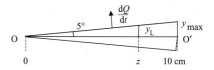

쐐기는 양쪽에서 냉각된다. 열 유동은 표면에 수직이다. 응고는 '쉘'의 두께가 y_L일 때 가장자리로부터 z의 거리에서 완료된다.

$$\frac{y_L}{z} = \tan 5° \approx 0.0875$$
$$y_L \approx 0.0875z \tag{2}$$

$\sin 5° \approx \tan 5°$이기 때문에 다음의 식을 얻는다.

$$y_{\text{max}} = 0.0875 \times 0.10 = 0.00875\,\text{m}$$

이 책에서 나온 Al - Si 합금용 재료 상수를 사용하고, (1) 방정식을 단순화하는 것이 가능한지 여부를 확인하라. 답이 '그렇다'이면, 단순화하라!

힌트 A186

힌트 A253

(A197)

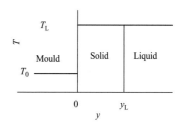

4장의 (4.48) 방정식으로부터 응고 시간이 주어진다. $Nu \ll 1$이면 1과 비교하여 마지막 인수의 마지막 항을 무시할 수 있고, 다음의 식이 주어진다.

$$t = \frac{\rho(-\Delta H)}{T_L - T_0} \frac{y_L}{h} \quad (1)$$

이 방정식을 현재의 경우에 적용하고, 열 균형을 구하라.

힌트 A321

힌트 A254

(A18)

$$-\pi R^2 \mathrm{d}y \rho_L c_p^L \frac{\mathrm{d}T}{\mathrm{d}t} = 2\pi R \mathrm{d}y \varepsilon \sigma_B (T^4 - T_0^4) \quad (2)$$

Emitted heat per unit   Radiated heat per unit
time from the element   time to the surroundings
from the element

t의 함수로서 T를 풀어라.

힌트 A177

힌트 A255

(A193)

$$h_w = \frac{1.57(1 - 0.0075 \times 40)}{4} w^{0.55} = 0.275\, w^{0.55}$$

답
분사 구역의 열전달 계수 h_w는 1.3 kW/m² K이고, 1, 2 및 3 구역의 경우에는 각각 0.71, 0.54 및 0.57 kW/m² K이다.

힌트 A256

(A315)
dQ/dt는 응고 전단부에서의 단위 시간당 응고 열이다.

$$\frac{\mathrm{d}Q}{\mathrm{d}t} = -\frac{2\pi r \mathrm{d}r L \rho(-\Delta H)}{\mathrm{d}t} = -2\pi r L \rho(-\Delta H)\frac{\mathrm{d}r}{\mathrm{d}t} \quad (3)$$

(2)와 (3) 방정식을 통해 dQ/dt를 제거하라.

힌트 A64

힌트 A257

(A153)
곡선의 축은 응고된 층의 두께 y_L과 시간의 제곱근으로 구분된다.

- 힌트 153의 (1) 방정식은 $y_L = A\sqrt{t} + B$ 유형의 포물선 성장 법칙에 대한 것으로서, 여기에 있는 선도의 유형에서 직선에 해당된다.
- 힌트 153의 (2) 방정식은 $y_L = C(\sqrt{t})^2$ 유형의 포물선 성장 법칙에 대한 것으로서, 여기에 있는 선도의 유형에서 곡선에 해당된다(수평축에서 t 대신에 $\sqrt{t}$).

(1) 방정식은 포물선 성장 법칙을 나타내며, II 영역에 해당된다.
(2) 방정식은 선형 성장 법칙을 나타내며, I 영역에 해당된다.

답
(a)

I 영역은 선형 성장 법칙과 관련이 되며 여기에 있는 선도의 유형에서 곡선에 해당된다. II 영역은 포물선 성장 법칙과 관련이 되며 여기에 있는 선도의 유형에서 직선에 해당된다.

힌트 A258

(A69)
초과 온도가 없어졌을 때, 즉 온도가 공정 온도일 때 쐐기 가장자리에서 L 거리 떨어진 곳에서의 냉각 속도를 구하고자 한다. 이때의 시간은 t_{cool}이다.

힌트 A89의 (5) 방정식으로 돌아가서 t를 t_{cool}로, T_i를 T_E로 대체하라.

힌트 A43

힌트 A259

(A59)

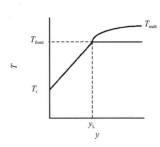

응고 전단부의 온도를 T_{front}라고 부르며, 열 균형을 다음처럼 표기할 수 있다.

$$k_s \frac{T_{front} - T_i}{y_L} = \rho(-\Delta H)\frac{dy_L}{dt} + h_{con}(T_{melt} - T_{front})$$

전도에 의해   응고 전단부에서   용융 금속 내부에서
제거되는 열   발생하는 응고 열   의 대류 열

응고 전단부에서 발생하는 응고 열을 논하라.

힌트 A289

힌트 A260

(A269)

(A250)

다음의 조건이 되면 백주철 응고가 발생한다.

$$L \leq \sqrt{\frac{0.1324}{-\frac{dT}{dt}}} = \sqrt{\frac{0.1324}{60}} = 0.0470 \, \text{m}$$

답

(a) 쐐기 가장자리로부터의 거리 L의 함수로서 냉각 속도는
$-\frac{dT}{dt} = \frac{0.13}{L^2}$ 이다.

(b)

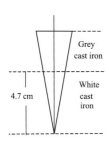

백주철에서 회주철로의 변화는 $L = 4.7$ cm 지점에서 발
생하게 된다.

힌트 A261

(A7)

연속 주조 중에 냉간 주형 벽과의 접촉은 불량하며, 이는 그림
에 나온 온도 분포로 이어진다(4장의 그림 4.17).

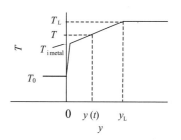

원통형 구조가 있지만, 1차원 모델로 단순화해서 용융 금
속과 금속 간의 접촉면에서 응고 속도를 계산할 것이다.

4장의 (4.46) 방정식으로부터 다음처럼 응고 속도가 주어
진다.

$$\frac{dy_L}{dt} = v_{growth} = \frac{T_L - T_0}{\rho(-\Delta H)}\frac{h}{1 + \frac{h}{k}y_L} \tag{1}$$

(1) 방정식으로부터 열전달 계수 h를 구하라.

힌트 A98

힌트 A262

(A337)

주조 속도는 10 m/초로 일정하다.

$$z_1 = v_{cast}\, t_1 = 40 \times 10^{-6}\,\text{m}$$
$$z_2 = v_{cast}(t_1 + t_2) = 83 \times 10^{-6}\,\text{m}$$
$$z_3 = v_{cast}(t_1 + t_2 + t_3) = 140 \times 10^{-6}\,\text{m}$$
$$z_4 = v_{cast}(t_1 + t_2 + t_3 + t_4) = 230 \times 10^{-6}\,\text{m}$$
$$z_5 = v_{cast}(t_1 + t_2 + t_3 + t_4 + t_5) = 360 \times 10^{-6}\,\text{m}$$

힌트 A170의 표에 있는 마지막 열에 z 값을 나열하라. 표
를 보고 다음의 질문에 답하라.

h는 쉘의 두께 $(r_0 - r)$에 따라 어떻게 변하는가?
h는 노즐로부터의 거리에 따라 어떻게 변하는가?

힌트 A181

힌트 A263

(A321)

$$\int_0^{a/2} (a - 2y)\mathrm{d}y = \frac{ah_{\mathrm{av}}(T_{\mathrm{L}} - T_0)}{\rho(-\Delta H)} \int_0^t \mathrm{d}t \tag{4}$$

$$[ay - y^2]_0^{a/2} = \frac{ah_{\mathrm{av}}(T_{\mathrm{L}} - T_0)}{\rho(-\Delta H)} t \Rightarrow \frac{a}{4} = \frac{h_{\mathrm{av}}(T_{\mathrm{L}} - T_0)}{\rho(-\Delta H)} t$$

이로부터 다음의 식이 주어진다.

$$t = \frac{a\rho(-\Delta H)}{4h_{\mathrm{av}}(T_{\mathrm{L}} - T_0)} \tag{5}$$

이제 응고 시간을 알게 되었다. 어떻게 최대 주조 속도를 얻는가?

힌트 A168

힌트 A264

(A331)

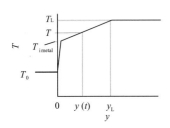

고체 쉘에서의 열 유동은 다음과 같다.

$$\frac{\mathrm{d}Q}{\mathrm{d}t} = -kA\frac{\mathrm{d}T}{\mathrm{d}y} \tag{1}$$

주형과 금속 간 접촉면에서의 열 유동은 다음과 같다.

$$\frac{\mathrm{d}Q}{\mathrm{d}t} = -hA(T_{\mathrm{i\,metal}} - T_0) \tag{2}$$

열전달 계수에 대한 식을 구하라.

힌트 A121

힌트 A265

(A316)

T_{i} [(6) 방정식]를 (4) 방정식에 대입하라.

$$-2\pi r L \rho(-\Delta H)\frac{\mathrm{d}r}{\mathrm{d}t} = \frac{-k2\pi L\left[T_{\mathrm{melt}} - \dfrac{T_0 hR \ln\dfrac{r}{R} - kT_{\mathrm{melt}}}{hR \ln\dfrac{r}{R} - k}\right]}{\ln\dfrac{r}{R}} \tag{7}$$

변수들을 분리할 수 있고 (7) 방정식을 적분할 수 있다. 약분을 하면 다음의 식을 얻는다.

$$r\rho(-\Delta H)\frac{\mathrm{d}r}{\mathrm{d}t} = \frac{khR(T_{\mathrm{melt}} - T_0)}{hR \cdot \ln\dfrac{r}{R} - k}$$

$$\int_0^t \mathrm{d}t = \int_R^r \frac{\rho(-\Delta H)}{khR(T_{\mathrm{melt}} - T_0)}\left(hrR \ln\frac{r}{R} - kr\right)\mathrm{d}r \tag{8}$$

또는

$$t = \frac{\rho(-\Delta H)}{khR(T_{\mathrm{melt}} - T_0)}\int_R^r\left(hrR \ln\frac{r}{R} - kr\right)\mathrm{d}r$$

또는

$$t = \frac{\rho(-\Delta H)}{khR(T_{\mathrm{melt}} - T_0)}\left[hR\left(\frac{r^2}{2}\ln\frac{r}{R} - \frac{r^2}{4}\right)_R^r - k\frac{r^2 - R^2}{2}\right]$$

또는

$$t = \frac{\rho(-\Delta H)}{khR(T_{\mathrm{melt}} - T_0)}\left[hR\left(\frac{r^2}{2}\ln\frac{r}{R} - \frac{r^2}{4} + \frac{R^2}{4}\right) + k\frac{R^2 - r^2}{2}\right] \tag{9}$$

$r = 0$인 경우의 응고 시간을 구하라!

힌트 A208

힌트 A266

(A127)

강(스틸) 분말을 너무 적게 넣으면 용융 금속의 온도까지 가열되고, 온도는 여전히 초과된 상태이다. 따라서 용융 금속의 초과 온도를 제거하기에 충분한 양의 강(스틸) 분말을 넣어야 한다. 강(스틸) 분말을 더 넣으면 추가된 분말을 녹일 '초과 에너지'는 잔류하지 않으며, 용융 금속에 있는 분말을 통해 원하는 미세 입자 효과를 얻게 된다.

강(스틸) 분말을 가열하고 녹이기 위해 필요한 열은 용융 금속의 '초과 열'로부터 발생한다.

$$m[c_{\mathrm{p}}^{\mathrm{s}}(T_{\mathrm{L}} - T_0) + (-\Delta H)] = 1.00c_{\mathrm{p}}^{\mathrm{L}}(T_{\mathrm{melt}} - T_{\mathrm{L}}) \tag{1}$$

방정식을 풀고 수치 값을 대입하라.

힌트 A182

힌트 A267

(A42)

힌트 A309에서 쉘 두께가 10 cm일 때에 v_{front}가 4.0×10^{-4} m/초라는 것을 파악하였다.

N 값이 작을 때에 자유 결정의 최대 성장 속도를 얻는다.

$$v_{\text{crystal}} \leq \left(\frac{dr}{dt}\right)_{\text{max}} = \frac{12 \times 10^2}{3 \times 10^6}\,\text{m/s} = 4 \times 10^{-4}\,\text{m/s}$$

답

$(v_{\text{crystal}})_{\text{max}} = 4 \times 10^{-4}$ m/s.

자유 결정의 성장 속도는 항상 응고 전단부의 수지상정 성장 속도보다 작다.

핵 생성 촉진제를 용융 금속에 넣으면 N이 상당히 증가하고, 자유 부유 결정이 수지상정의 성장을 막게 된다. 주상정 구역에서 중심 구역으로의 전이가 발생하고 v_{front}는 0이 된다.

힌트 A268

연습문제 4.9b

y_L 값을 몇 가지 나열하고, 강(스틸)과 구리에 대한 두 가지 경우인 $h = 2 \times 10^2$ W/m^2 K와 2×10^3 W/m^2 K 각각에 대해 $T_{i\,\text{metal}}$의 해당 값을 계산하라.

힌트 A146

힌트 A269

(A291)

$$-\frac{dT}{dt} = \frac{\sqrt{k_{\text{mould}}\rho_{\text{mould}}c_p^{\text{mould}}}}{\sqrt{\pi}\rho_L L(\sin 5°)c_p^L}\frac{T_E - T_0}{\sqrt{t_{\text{cool}}}} \tag{9}$$

힌트 A69의 $\sqrt{t_{\text{cool}}}$에 대해 파악했던 식을 온도 및 재료 상수와 함께 (9) 방정식에 대입한다.

$$-\frac{dT}{dt} = \frac{\sqrt{0.63 \times 1.61 \times 10^3 \times 1.05 \times 10^3}}{\sqrt{\pi} \times 7.0 \times 10^3 \times 0.0872 \times 420L} \cdot \frac{1153 - 20}{19.43L} = \frac{0.1324}{L^2} \tag{10}$$

이것이 원하는 함수이며, 답은 힌트 A260에 나온다.

힌트 A260

힌트 A270

(A168)

$$v_{\text{max}} = \frac{l}{t} = \frac{\pi D}{2t} \tag{6}$$

(5)와 (6) 방정식을 조합하고 재료 데이터를 나열하라.

힌트 A54

힌트 A271

(A190)

4장의 (4.70) 방정식을 찾고 있었다. 사형 주조의 금속과 주형의 접촉면에서 고체 금속의 온도 T_i가 일정하며, 이 경우에 공정 온도 T_E[4장의 (4.60) 방정식]와 같다는 것에 유의하라.

$$\frac{\partial q}{\partial t} = \sqrt{\frac{k_{\text{mould}}\rho_{\text{mould}}c_p^{\text{mould}}}{\pi t}}(T_i - T_0) \tag{4}$$

(3)과 (4)의 식을 비교하라.

힌트 A89

힌트 A272

(A307)

실린더 전체가 고체이며, 냉각되기 시작한다. 냉각 선재의 열 유동을 다음처럼 두 가지 방법으로 표기할 수 있다.

$$2\pi L R_0 \sigma_B \varepsilon (T^4 - T_0^4)dt = c_p \rho \pi R_0^2 L(-dT) \tag{3}$$

dt의 시간 동안에 복사된 냉각 열　　실린더의 온도가 dT만큼 감소할 때 방출된 냉각 열

냉각 속도는 다음처럼 된다.

$$-\frac{dT}{dt} = \frac{2\sigma_B \varepsilon (T^4 - T_0^4)}{c_p \rho R_0} \tag{4}$$

알고 있는 값을 (4) 방정식에 대입하면 다음의 값을 얻게 된다.

$$-\frac{dT_{\text{melt}}}{dt} = \frac{2 \times 5.67 \times 10^{-8} \times 1 \times (1753^4 - 300^4)}{450 \times 7.8 \times 10^3 \times 50 \times 10^{-6}} = 6.1 \times 10^3\,\text{K/s}$$

답은 힌트 A189에 나온다.

힌트 A189

힌트 A273

(A162)

해당 값을 (1) 방정식에 대입하면 다음의 값을 얻는다.

$$t = \frac{\pi}{4}\left(\frac{2.7 \times 10^3 \times 398 \times 10^3 \times 2.5 \times 10^{-3}}{660 - 25}\right)^2$$

$$\times \frac{1}{0.63 \times 1.61 \times 10^3 \times 1.05 \times 10^3} = 13.2\,\text{s}$$

그다음에 금속의 응고 과정을 고려하라(Cu 주형). 시작하기 전에 주물의 온도 분포를 논하라.

힌트 A302

힌트 A274

(A338)

(3) 방정식의 냉각 속도만 풀면 된다.

$$-\frac{dT}{dt} = \frac{h}{c_p \rho d}(T_{strip} - T_0) \tag{4}$$

이제는 알고 있는 값과 상수를 (4) 방정식에 대입할 시간이다.

힌트 A230

힌트 A275

(A2)

이상적인 냉각에서의 온도 분포와 응고 시간은 4장의 4.3.2절에서 다루었다.

일반적인 열 방정식을 풀고, 해에서의 다섯 개 상수는 경계조건을 통해 결정한다(4장의 69~71쪽).

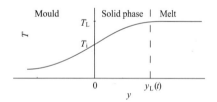

4장의 (4.26) 방정식은 시간 t의 함수로서 응고 전단부의 위치 y_L을 설명해 준다.

$$y_L(t) = \lambda\sqrt{4\alpha_{metal}t} \tag{1}$$

여기에서

$$\alpha_{metal} = \frac{k_{metal}}{\rho_{metal}c_p^{metal}} \tag{2}$$

4장의 (4.11) 방정식에서 α_{metal}은 금속의 열 확산 상수(4장의 예제 4.2를 비교)이고, 4장의 (4.36) 방정식으로부터 결정이 돼야 하는 λ는 상수이다.

$$\frac{c_p^{metal}(T_L - T_0)}{-\Delta H} = \sqrt{\pi}\lambda e^{\lambda^2}\left(\sqrt{\frac{k_{metal}\rho_{metal}c_p^{metal}}{k_{mould}\rho_{mould}c_p^{mould}}} + \text{erf}(\lambda)\right) \tag{3}$$

어떻게 (3) 방정식으로부터 λ를 풀 수 있는가?

힌트 A128

힌트 A276

(A89)

$$\int_0^{t_{cool}} \frac{dt}{\sqrt{t}} = \frac{\rho_L L(\sin 5°)c_p^L\sqrt{\pi}}{(T_i - T_0)\sqrt{k_{mould}\rho_{mould}c_p^{mould}}} = \int_{T_E+100}^{T_E} -dT \tag{6}$$

또는

$$2\sqrt{t_{cool}} = \frac{\rho_L L(\sin 5°)c_p^L\sqrt{\pi}}{(T_i - T_0)\sqrt{k_{mould}\rho_{mould}c_p^{mould}}} \times 100 \tag{7}$$

$\sqrt{t_{cool}}$를 풀고 주어진 온도 수치 값과 재료 상수를 대입하라.

힌트 A69

힌트 A277

(A109)

열 제거가 가능한 방법으로는 복사, 전도 및 대류의 세 가지가 있다.

공기의 열전도성은 매우 떨어지기 때문에 선재와 공기 간의 열전달 계수 값이 낮아지게 되고, 이 방안은 무시해도 좋다.

대류가 선재 주변의 공기에서 발생하나, 주변으로의 열전달이 크지는 않다.

열전달에 있어서의 확실한 주요 대안은 복사이다. 답은 힌트 A189에 나온다.

힌트 A189

힌트 A278

연습문제 5.4b

곡선이 최댓값일 때 냉간 주형에서 무엇이 발생하는가?

힌트 A77

힌트 A279

(A234)

잉곳의 고체와 액체부가 냉각될 때와 용융 금속에서 성장하는 셀이 응고될 때의 열로부터 열 유동이 발생한다. 냉각 속도는 낮고, 냉각 열을 성장하는 셀이 응고될 때의 열과 비교해 보면 무시할 수 있다.

$$\frac{dQ}{dt} = 4\pi r^2 \frac{dr}{dt} N\rho(-\Delta H) \tag{3}$$

여기에서 r은 셀의 반지름, N은 용탕에서 셀의 수, ρ은 등축 결정의 밀도이다.

두 개의 열 유동식을 비교하라.

힌트 A330

힌트 A280

연습문제 6.5b

주철의 기계적 성질이 나빠질 것이기 때문에 주조하기 전에 용융 상태의 잉곳을 접종하는 것은 매우 석연치 않아 보인다. 때로 단점을 압도하는 두 가지 장점을 언급하라.

힌트 A239

힌트 A281

(A30)

원심 주조에서는 Cu 냉간 주형과 금속 간의 접촉이 우수하다. 주조 과정을 1차원 응고로 간주할 수 있다.

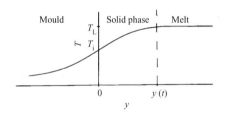

이 경우에는 그림에 나온 것처럼 온도 분포를 가정할 수 있다.

응고 과정에는 어떤 방정식이 유효한가?

힌트 A111

힌트 A282

(A51)

$$v_{\text{growth}} = \frac{dy}{dt} = \frac{1.5 \times 10^{-2}}{\sqrt{t}}\ \text{m/s} \tag{1}$$

적분:

$$\int_0^{y_L} dy = 1.5 \times 10^{-2} \int_0^t \frac{dt}{\sqrt{t}}$$

이로부터 다음의 식이 주어진다.

$$y_L = 1.5 \times 10^{-2} \times 2\sqrt{t}$$

또는

$$y_L = 3.0 \times 10^{-2} \sqrt{t} \tag{2}$$

진행 방법은 무엇인가?

힌트 A107

힌트 A283

(A198)

네 개의 측면으로부터 일방향 응고가 진행된다. 첫 번째 그림을 통해 Nusselt 방정식의 s가 가장 짧은 측면 길이의 반, 즉 $0.5 \times 0.290 = 0.145$ m일 때에 총 응고가 발생한다는 것을 알게 된다.

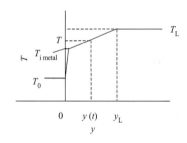

$$Nu = \frac{hs}{k} = \frac{313 \times 0.145}{30} \approx 1.5$$

Nusselt 수가 작지 않기 때문에, 지금의 경우에는 고체 금속 층을 관통하는 열전도를 무시할 수 없다.

이 경우의 응고 시간에는 어떤 방정식이 유효한가?

힌트 A317

힌트 A284

(A120)

y_L(exp) (m)	t (exp) (min)
0.012	0.25
0.018	0.50
0.032	1.0
0.040	1.5
0.048	2.0
0.057	2.5
0.090	3.5

새로운 표를 얻기 위해 계산이 필요하지는 않으며, 이 책의 그림과 힌트 220의 표를 사용하라. 곡선은 힌트 A97에 나온다.

불연속 곡선을 설명하는 방법은 무엇인가?

힌트 A97

이 책의 곡선으로부터 응고 속도를 얻을 수 있는가?

힌트 A97

응고 속도가 응고 과정의 마지막에 커지는 이유는 무엇인가?

힌트 A97

힌트 A285

(A166)
실린더의 질량은 다음과 같다.

$$
\begin{aligned}
m_{casting} &= \pi r^2 h_{casting} \rho \\
&= \pi \times 0.05^2 \times 0.23 \times 6.9 \times 10^3 \, kg = 12.46 \, kg \\
t_{fill} &= 3.4(m_{casting})^{0.42} = 3.4(12.46)^{0.42} = 9.81 \, s \quad (2)
\end{aligned}
$$

(1) 방정식으로부터 A_{sprue}를 푼다.

$$
\begin{aligned}
A_{sprue} &= \frac{2A_{casting}}{t_{fill}\sqrt{2g}}\left(\sqrt{h_{total}} - \sqrt{h_{total} - h_{casting}}\right) \\
&= \frac{2\pi \times 0.05^2}{9.81\sqrt{2 \times 9.81}} \times \left(\sqrt{0.28} - \sqrt{0.28 - 0.23}\right) \\
&= 1.10 \times 10^{-4} \, m^2
\end{aligned}
$$

탕구의 상부 단면적을 어떻게 구하는가?

힌트 A324

힌트 A286

(A327)
강(스틸)의 상수 C를 동일한 방법으로 계산하라.

$$
C = \frac{\pi}{4}\left[\frac{\rho_{metal}(-\Delta H)}{T_L - T_0}\right]^2 \times \frac{1}{k_{mould}\rho_{mould}c_p^{mould}}
$$

$$
\begin{aligned}
C = &\frac{\pi}{4}\left(\frac{7.88 \times 10^3 \times 272 \times 10^3}{1808 - 298}\right)^2 \\
&\times \frac{1}{0.63 \times 1.61 \times 10^3 \times 1.05 \times 10^3} = 1.5 \times 10^6 \, s/m^2
\end{aligned}
$$

강(스틸)의 응고 시간을 계산하라.

힌트 A154

힌트 A287

(A179)
dr/dt가 v_{growth}가 같다는 것을 이해하고, 이 책에 나오는 λ_{den}과 v_{growth} 간의 관계식을 사용하라.

힌트 A320

힌트 A288

(A130)

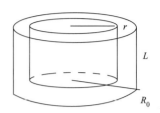

응고 중인 선재의 부피 요소에 대한 열 유동을 두 가지 방법으로 표기할 수 있다.

$$
2\pi R_0 L\sigma_B\varepsilon(T_L^4 - T_0^4)dt = \rho \times 2\pi r(-dr)L(-\Delta H) \quad (1)
$$

반지름이 R_0로 일정한 실린더의 바깥면으로부터 dt의 시간 동안에 복사된 열   반지름 r, 두께 dr, 높이가 L인 원통형 쉘이 응고될 때에 방출되는 응고 열

(1) 방정식을 적분하면 다음의 식이 주어진다.

$$
R_0\sigma_B\varepsilon(T_L^4 - T_0^4)\int_0^t dt = -\rho(-\Delta H)\int_{R_0}^0 r\,dr
$$

이로부터 다음의 식이 주어진다.

$$
t = \left[\frac{\rho(-\Delta H)r^2}{2\sigma_B\varepsilon R_0(T_L^4 - T_0^4)}\right]_0^{R_0} = \frac{\rho R_0(-\Delta H)}{2\sigma_B\varepsilon(T_L^4 - T_0^4)} \quad (2)
$$

주어진 값과 재료 상수를 (2) 방정식에 대입하라.

힌트 A161

힌트 A289

(A259)
주상정 결정의 성장은 $dy_L/dt = 0$ 조건이 만족될 때에만 멈춘다. 이 조건과 방정식의 결과는 $T_{front} = T_L$이다.

$$
v_{front} = \frac{dy_L}{dt} = \mu(T_L - T_{front})^n \quad (1)
$$

응고 전단부에 가까운 용융 금속에서의 대류가 강하면, 불균일성으로 작용하는 수지상정 파편이 많이 만들어지게 되며 작은 결정 핵이 응고 전단부 앞의 용융 금속에서 생성이 된다.

이 핵들의 성장 조건은 무엇인가?

힌트 A210

힌트 A290

(A214)

(1) 방정식을 사용하라.

$$h2\pi r_0 \Delta z(T_L - T_0) = -\rho \times 2\pi r \frac{dr}{dt}\Delta z(-\Delta H) \qquad (4)$$

이 방정식은 다음처럼 변형될 수 있다.

$$dt = \frac{\rho(-\Delta H)}{hr_0(T_L - T_0)}r\,dr$$

이 방정식은 다음처럼 적분이 될 수 있다.

$$\int_0^t dt = \frac{\rho(-\Delta H)}{hr_0(T_L - T_0)}\int_{r_1}^{r_2} r\,dr = \frac{\rho(-\Delta H)}{2r_0(T_L - T_0)}\frac{r_2{}^2 - r_1{}^2}{h} \qquad (5)$$

h는 r의 함수로서 변하기 때문에 적분할 때 주의해야 하며, 단계별로 적분을 함으로써 이 문제를 극복할 수 있다. 각 구간에서 h의 평균값을 사용하라.

힌트 A337

힌트 A291

(A43)

$$-\frac{dT}{dt} = \frac{\sqrt{k_{mould}\rho_{mould}c_p^{mould}}}{\sqrt{\pi}\rho_L L(\sin 5°)c_p^L}\frac{T_E - T_0}{\sqrt{t_{cool}}} \qquad (9)$$

수치 값을 (9) 방정식에 대입하라.

힌트 A269

힌트 A292

(A205)

d 값의 수치를 선택한 후에 (8) 방정식을 통해 해당하는 v 값을 계산하고, 이 값들을 선도에 표시하라.

d (m)	v (m/min)
1×10^{-3}	9.4
2×10^{-3}	4.7
5×10^{-3}	1.9
8×10^{-3}	1.2
10×10^{-3}	0.9
15×10^{-3}	0.6

답

최대 주조 속도는 다음과 같다.

$$v_{max} = \frac{9.4 \times 10^{-3}\,\text{m}^2/\text{min}}{d} \quad (d < 15 \times 10^{-3}\,\text{m})$$

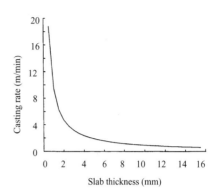

힌트 A293

(A13)

4장의 (4.73)과 (4.74) 방정식을 조합하거나 4장의 예제 4.4를 통해 상수 C에 대한 식을 얻게 된다.

$$C = \frac{\pi}{4}\left[\frac{\rho_{metal}(-\Delta H)}{T_i - T_0}\right]^2 \frac{1}{k_{mould}\rho_{mould}c_p^{mould}} \qquad (2)$$

위의 경우에 $T_i = T_L$이다.

재료 데이터를 통해서 C를 계산하라.

힌트 A151

힌트 A294

(A123)

연습문제 5.10a의 (3) 방정식과 유사하게(힌트 321), 4번 면에 대해 다음의 식을 얻는다.

$$z_4 dl\rho(-\Delta H)\frac{dy_4}{dt} = adlh_4(T_L - T_0) \qquad (10)$$

위와 비슷하게 2번 면에 대해서는 다음의 식을 얻는다.

$$z_2 dl\rho(-\Delta H)\frac{dy_2}{dt} = adlh_2(T_L - T_0) \qquad (11)$$

(9) 방정식과 힌트 A123의 그림으로부터 $z_2 = z_4$임을 알게 되었다. (10)과 (11) 방정식을 나누면 약분 후에 다음의 식을 얻는다.

$$\frac{dy_4}{h_4} = \frac{dy_2}{h_2}$$

또는 적분을 하고 $h_2 = h$과 $y_2 = y$를 대입하면 다음의 식을 얻는다.

$$y_4 = \frac{h_4}{h} y \tag{12}$$

계산을 계속하기 전에 (12) 방정식의 중요성을 고려하라.

힌트 A117

힌트 A295

연습문제 4.4

중앙 열전대의 냉각 곡선은 3개 시간 구간으로 구성된다. 시간의 함수로서 위 열전대의 온도에 대한 개략 곡선도를 그리고, 각 시간 구간에 대한 물리적 과정을 설명하라.

힌트 A102

힌트 A296

(A58)

$$Q_{\text{total}}^{\text{cool}} = c_p m \Delta T \tag{4}$$

혹은

$$Q_{\text{total}}^{\text{cool}} = 420 \times 10^4 \times 100 = 42 \times 10^7 \, \text{J}$$

복사를 통해서 제거되는 총 초과 열의 분율을 계산하라. 몇 가지 다른 메커니즘을 통해 대부분의 초과 열이 제거된다. 그 중 어떤 메커니즘인가?

힌트 A165

힌트 A297

(A124)

$$t = \frac{\rho(-\Delta H)}{T_{\text{melt}} - T_0} \left[\frac{(R_0 - y_L)^2}{4k} + \frac{R_0 - y_L}{2h} \right] \tag{12}$$

시간에 대한 도함수를 구하면 다음의 식이 주어진다.

$$1 = \frac{\rho(-\Delta H)}{T_{\text{melt}} - T_0} \left(\frac{2(R_0 - y_L)}{4k} + \frac{1}{2h} \right) \left(-\frac{dy_L}{dt} \right)$$

또는

$$\left| \frac{dy_L}{dt} \right| = \frac{T_{\text{melt}} - T_0}{\rho(-\Delta H)} \frac{1}{\dfrac{R_0 - y_L}{2k} + \dfrac{1}{2h}} \tag{13}$$

재료 데이터와 다른 상수를 대입하라.

힌트 A188

힌트 A298

(A93)

관계식을 대입하라.

$$h = 400 p \tag{3}$$

그리고 (2) 방정식을 (1) 방정식에 대입하라.

힌트 A334

힌트 A299

(A82)

답

II 영역.

냉각 중인 용탕의 온도가 임계 온도 T^*로 떨어졌을 때에, 성장하는 주상정 결정 앞에 있는 용융 금속에서 새로운 결정의 핵이 생성된다.

처음에는 결정이 작기 때문에 총 응고 열은 주변으로의 열 손실보다 작다. 이 때문에 곡선의 기울기는 여전히 음수, 즉 $dT/dt < 0$이지만 결정이 성장할 때에는 음수가 더 작아진다.

III 영역의 특징을 묘사하라.

힌트 A345

힌트 A300

연습문제 3.7b

다른 영향 요인은 무엇인가?

힌트 A56

힌트 A301

(A236)

$$r = C \frac{t^{1/6}}{N^{1/3}} \tag{6}$$

여기에서 C는 일정하다[(5) 방정식에서 상수 수량의 합].

dr/dt를 유도하기 위해 (6) 방정식을 사용할 수 있다. 이 관계식이 필요한 이유가 무엇인가?

힌트 A78

힌트 A302

(A273)

금속 주형:

가장 먼저 Nusselt 수를 확인하라.

$$Nu = \frac{hs}{k_{metal}} = \frac{hy_L}{k_{metal}} = \frac{900 \times 2.5 \times 10^{-3}}{0.23 \times 10^3} \ll 1$$

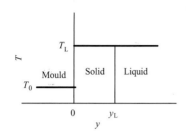

이 경우에 온도는 그림에서 주어지며, 4장의 (4.85) 방정식이 유효하다.

$$t = \frac{\rho_{metal}(-\Delta H)}{T_L - T_0}\frac{y_L}{h} \tag{3}$$

여기에서 y_L은 주물 두께의 반이다.

$$t = \frac{2.7 \times 10^3 \times 398 \times 10^3}{660 - 25} \times \frac{2.5 \times 10^{-3}}{900} = 4.7\,\text{s}$$

비교해서 답을 제시하라.

힌트 A118

힌트 A303

(A201)

$$V - V_0 = A_{ingot}\, y_{1/2} = \frac{\pi D^2}{4}\, y_{1/2} \tag{3}$$

여기에서 A_{ingot}는 잉곳의 단면적이다.

(2)와 (3)의 방정식을 조합하면 다음의 식을 얻는다.

$$\begin{aligned}y_{1/2} &= \frac{V_{melt}}{A_{ingot}}\ln\left(\frac{c_{melt} - c_0}{\dfrac{c_{melt}}{2} - c_0}\right)\\ &= \frac{130 \times 10^{-6}}{\dfrac{\pi \times 0.100^2}{4}}\ln\left(\frac{0.37 - 0.03}{0.185 - 0.03}\right) = 1.30 \times 10^{-2}\,\text{m}\end{aligned}$$

답

황의 농도는 13분 후에 원래 농도의 반으로 감소한다.

힌트 A304

(A245)

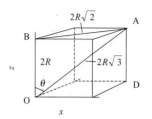

변의 길이가 $2R$인 정육면체에 구체가 내접하고 있다. θ는 OA 선과 좌표축이 이루는 각이다. 대칭이기 때문에 OA가 x축, y축 및 z축 각각과 이루는 각도는 동일하다.

삼각형 OBA를 사용하면 직접적으로 다음의 식을 얻는다.

$$\cos\theta = \frac{2R}{2R\sqrt{3}} = \frac{1}{\sqrt{3}} \tag{4}$$

이 식으로부터 θ는 55°가 된다.

3차원 기하 형상을 통해서 R과 r 간의 관계식을 구할 수 있다.

힌트 A232

힌트 A305

(A172)

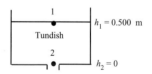

턴디쉬의 1 지점과 2 지점에 베르누이 방정식을 적용하라.

$$p_2 + \rho g h_2 + \frac{\rho v_2^2}{2} = p_1 + \rho g h_1 + \frac{\rho v_1^2}{2} \tag{2}$$

이 2개 지점에서의 압력은 대기압인 p_{atm}이며, $v_2 = v_{outlet}$과 $h_2 = 0$을 대입하면 다음의 식을 얻게 된다.

$$p + \rho g \times 0 + \frac{\rho v_{outlet}^2}{2} = p + \rho g h_1 + \frac{\rho v_1^2}{2} \tag{3}$$

또는

$$v_{outlet}^2 = 2gh_1 + v_1^2$$

$v_1 \ll v_2$이기 때문에 v_1을 무시할 수 있고, 이로부터 다음의 식이 주어진다.

$$v_{outlet} = \sqrt{2gh_1} = \sqrt{2 \times 9.81 \times 0.500} = 3.13\,\text{m/s} \qquad (4)$$

이제 A_{outlet}과 d_{outlet}을 쉽게 계산할 수 있다!

힌트 A24

힌트 A306

(A152)

초과 온도가 사라지고 응고가 시작되면, 온도 분포가 달라질 것이다.

압도적으로 많은 열 유동이 판으로 향하고 복사에 의한 열 전달은 미미하다. 따라서 고체 층 y_L은 Y_L층보다 두꺼워지며, Y_L층의 열전도를 무시하면 그림에 나와 있는 온도 분포를 얻는다.

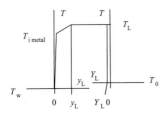

방향이 반대인 두 개의 좌표계가 사용된다.

두께 y_L과 Y_L의 함수로서 두 개 고체 층에 대한 응고 시간을 계산하라.

힌트 A213

힌트 A307

연습문제 5.12c

냉각 과정을 고려하고, 열 균형을 구하라.

힌트 A272

힌트 A308

(A99)

$\text{erf}(z) = \text{erf}(\lambda) = \text{erf}(0.5) = 0.5205$임을 4장의 표 4.4로부터 알게 된다. 그림 4.15에서 $\lambda = 0.5$인 경우의 근삿값 $\sqrt{\pi}\lambda e^{\lambda^2} \approx 1.2$를 얻는다.

그 후에 $\sqrt{\pi}\lambda e^{\lambda^2}(0.410 + \text{erf}(\lambda)) = 1.2 \times (0.410 + 0.52) \approx 1.12$를 얻는데, 이 값은 너무 낮다.

더 높은 λ 값, 즉 0.8과 몇몇 다른 값들을 갖고 시도하라.

힌트 A126

힌트 A309

(A241)

$$10 = 2.5\sqrt{t} \quad \Rightarrow \quad \sqrt{t} = 4 \quad \Rightarrow \quad t = 16\,\text{min}$$

이제 힌트 167의 (7) 방정식으로부터 v_{front}를 계산할 수 있다.

$$v_{front} = \frac{2.5 \times 10^{-2}}{2 \times \sqrt{60t}} = \frac{2.5 \times 10^{-2}}{2 \times \sqrt{60 \times 16}} = 4.0 \times 10^{-4}\,\text{m/s}$$

다음 단계는 무엇인가?

힌트 A229

힌트 A310

(A54)

(A132)

$h = 1.0 \times 10^3\,\text{W/m}^2\,\text{K}; \quad h_4 = 700\,\text{W/m}^2\,\text{K}; \quad D = 2.0\,\text{m}; \quad a = 60 \times 10^{-3}\,\text{m}.$

이 책에 나온 이 값들과 재료 상수를 (18) 방정식에 대입하면 다음의 값을 얻는다.

$$v_{max} = \frac{\pi \times 2.0 \times 1.0 \times 10^3 (1083 - 100)}{2 \times 0.060 \times 8.94 \times 10^3 \times 206 \times 10^3 \left[\frac{1}{2} - \frac{1}{8}\left(1 + \frac{700}{1000}\right)\right]}$$
$$= 0.097\,\text{m/s}$$

답

(a) 최대 주조 속도는 ~0.10 m/초이다.

(b) 좀 더 유의해서 계산을 하면 $v_{max} \approx 0.10$ m/초가 주어진다. (a)의 근삿값은 매우 타당하다.

힌트 A311

(A243)

y_L이 주물 두께의 반일 때에 주물이 완전하게 응고된다.

$$t_{total} = \frac{\rho(-\Delta H)}{h(T_{i\,metal} - T_0)}\frac{d}{2} \qquad (4)$$

주조 속도식을 구하라.

힌트 A139

힌트 A312

(A66)

y_L은 주어진 시간에서 고체 쉘의 두께이다.

곡선 위에 모든 점들은 T와 y_L의 쌍이지만, $T = T_L$의 조건이 충족되는 쌍에만 관심을 둔다. 이 쌍은 각 곡선의 무릎에 해당하며, 이렇기 때문에 각 곡선 무릎에서의 y_L 값을 판독할 수 있다.

해당하는 $T_{i\ metal}$과 y_L 값을 판독하고, 힌트 A66의 (6) 방정식을 통해서 각 곡선에 대한 h 값을 계산하라.

힌트 A220

힌트 A313

(A111)

α_{metal}는 금속의 열 확산 계수(4장의 예제 4.2를 비교)이고 λ는 4장의 (4.36) 방정식으로부터 결정이 돼야 하는 다섯 번째 상수이다.

$$\frac{c_p^{metal}(T_L - T_0)}{-\Delta H} = \sqrt{\pi}\lambda e^{\lambda^2}\left(\sqrt{\frac{k_{metal}\rho_{metal}c_p^{metal}}{k_{mould}\rho_{mould}c_p^{mould}}} + \mathrm{erf}(\lambda)\right) \quad (3)$$

(3) 방정식으로부터 λ를 풀 수 있는 방법은 무엇인가?

힌트 A204

힌트 A314

(A177)

$$\left[\frac{1}{-3T^3}\right]_{T_i}^{T} = -\frac{2\varepsilon\sigma_B}{\rho_L c_p^L R}t \quad \Rightarrow \quad \frac{1}{T^3} - \frac{1}{T_i^3} = \frac{6\varepsilon\sigma_B}{\rho_L c_p^L R}t$$

T를 풀고 초과 온도를 계산하라.

힌트 A203

힌트 A315

(A135)

푸리에의 제1법칙으로부터 실린더 요소를 통하는 열 유동을 얻는다.

$$\frac{dQ}{dt} = -k \times 2\pi r L \frac{dT}{dr} \quad (1)$$

반지름이 R인 실린더 전체를 적분하면 다음의 식이 주어진다.

$$\frac{dQ}{dt}\int_R^r \frac{dr}{r} = -k \times 2\pi L \int_{T_i}^{T_{melt}} dT$$

이로부터 다음의 식이 주어진다.

$$\frac{dQ}{dt}\ln\left(\frac{r}{R}\right) = -k \times 2\pi L(T_{melt} - T_i) \quad (2)$$

여기에서 T_i는 고체 금속과 주형 간 접촉면에서의 온도이다.

열 유동 dQ/dt에 대해 다른 식을 얻을 수 있는가?

힌트 A256

힌트 A316

(A163)

$$h \times 2\pi R L(T_i - T_0) = \frac{-k \times 2\pi L(T_{melt} - T_i)}{\ln\dfrac{r}{R}}$$

또는

$$T_i = \frac{T_0 h R \ln\dfrac{r}{R} - kT_{melt}}{hR\ln\dfrac{r}{R} - k} \quad (6)$$

이제 T_i는 알고 있는 값으로 표현된다. r의 함수로서 응고 시간 t를 얻는 방법은 무엇인가?

힌트 A265

힌트 A317

(A283)

4장의 (4.48) 방정식에 의해 응고 시간을 계산할 수 있다.

$$t = \frac{\rho(-\Delta H)}{T_L - T_0}\frac{y_L}{h}\left(1 + \frac{h}{2k}y_L\right) \quad (2)$$

냉각수의 온도 T_0는 100°C이다.

이 책에서 주어진 재료 값을 (2) 방정식에 대입하면 총 응고 시간을 얻는다.

$$t = \frac{7.88 \times 10^3 \times 272 \times 10^3}{1470 - 100} \times \frac{0.145}{313}$$
$$\times \left(1 + \frac{313}{2 \times 30} \times 0.145\right) = 1273\,\mathrm{s} = 21.2\,\mathrm{min}$$

답은 힌트 A228에 나온다.

힌트 A228

힌트 A318

(A242)

$$\Delta T_{melt} = T_{crystal} - T_{front} = (T_L - T_{front}) - (T_L - T_{crystal})$$

성장 법칙을 적용하면 다음의 식을 얻는다.

$$\Delta T_{melt} = (T_L - T_{front}) - (T_L - T_{crystal}) = \frac{v_{front}}{\mu} - \frac{v_{crystal}}{\mu} \quad (5)$$

μ 값이 이 책에 나와 있다. $v_{crsytal}$은 dr/dt이며 그대로 두어야 한다. ΔT_{melt}의 값을 구하려면 어떤 방법을 쓰건 v_{front}를 계산해야 한다. 방법은 무엇인가?

힌트 *A218*

힌트 A319

(A235)

답

2 영역:

1. 쉘의 두께는 커지고, 열은 전보다 더 멀리 전달되어야 한다. 주형과 접촉하는 쉘의 온도는 응고된 쉘의 두께가 증가할수록 감소하며, 이는 열 유동 감소로 이어진다.
2. 응고된 쉘이 냉각되면 고체 쉘, 주형과 쉘 간의 공기 틈새가 수축된다. 고체 쉘의 온도가 감소함에 따라 공기 틈새의 폭은 점차 커진다. 이런 이유로 주형 상단으로부터의 거리가 멀어질수록 h가 감소하는데, 공기의 열전도성은 매우 낮기 때문이다. 이것이 열 유속 감소의 주요 이유이다.

힌트 A320

(A287)

(1) 방정식과 이 책에 있는 관계식 간의 $dr/dt = v_{growth}$를 제거하면 다음의 식이 주어진다.

$$h = \frac{\rho(-\Delta H) \times 10^{-11}}{r_0(T_L - T_0)} \frac{r}{\lambda_{den}^2} \qquad (2)$$

여기에서 λ_{den}는 이 책의 곡선에 의해 주어진다.

이제 알고 있는 수량, r 및 λ_{den}의 함수로서 h를 알게 되었다. h 값을 구하려면 수치법을 사용해야 하고, λ 값을 구하기 위해 이 책의 선도를 사용하라. $r_0 - r$, r, λ_{den}, h 및 z가 표제인 표를 작성하라. 선도로부터 수지상정 가지의 거리를 판독하고, $r_0 - r$의 몇 가지 값, 예를 들면 10, 20, 30, 40, 50 및 60 μm에 대해 열전달 계수를 계산하라.

힌트 *A170*

힌트 A321

(A253)

(1) 방정식을 사용하려면 처리해야 할 문제가 하나 있다. 응고가 대칭이면 방정식을 사용하기가 쉬운데, 두 가지의 다른 열전달 계수가 있는 지금의 경우에는 해당되지 않는다. 대략적으로 대칭을 유지하고 네 개 측면 모두에 대해 h의 가중 평균 값을 사용하라.

$$h_{av} = \frac{3 \times h_{roller} + h_{belt}}{4} = \frac{3 \times 1000 + 700}{4} = 925 \, \text{W/m}^2 \text{K} \qquad (2)$$

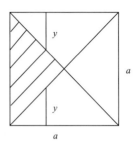

냉각된 강(스틸) 벨트를 따라 길이가 dl인 정사각형 주물의 부피 요소를 고려하라. 열 균형은 다음처럼 표기할 수 있다.

$$\underbrace{(a - 2y)dl\rho(-\Delta H)\frac{dy}{dt}}_{\text{응고 열 유속}} = \underbrace{adlh_{av}(T_L - T_0)}_{\substack{\text{금속에서 주물 표면에} \\ \text{서 나오는 물까지의} \\ \text{열 유속}}} \qquad (3)$$

변수 y와 t는 분리되어 있다. (3) 방정식을 적분하라.

힌트 *A263*

힌트 A322

(A222)

(A148)

알루미늄에 대해 필요한 재료 데이터는 T_L, ρ_L 및 c_p^L 각각에 대해 660°C, 2.36×10^3 kg/m³, 900 J/kg K이다.

$$L_f = 0.001056 \times \frac{0.158 \times 2.36 \times 10^3 \times 900}{300}$$
$$\times \ln\left(\frac{660 + 30 - 20}{660 - 20}\right) = 1.18 \times 0.0459 = 0.0542 \, \text{m}$$

답

(a) $L_f = 상수 = \frac{v \times \rho_L \times c_p^L}{h} \ln \frac{T_L + (\Delta T)_i - T_0}{T_L - T_0}$

여기에서

$$상수 = \frac{a \sin\alpha}{4 \times \left(1 + \sin\frac{\alpha}{2}\right)} = 0.0011$$

(b) 초과 온도인 30°C에서 알루미늄의 최대 유동성 길이에 대한 추정 값은 5.4 cm이다.

힌트 A323

(A183)

$$R_{Al} = \frac{\sigma\sqrt{2}}{\rho_{Al}gh} = \frac{1.5 \times \sqrt{2}}{2.7 \times 10^3 \times 9.81\,h} = \frac{8.00 \times 10^{-5}}{h}$$

답은 힌트 A175에 나온다.

힌트 A175

힌트 A324

(A285)

3장의 (3.9) 방정식에 의하면 다음의 식을 얻는다.

$$\frac{A_{lower}}{A_{upper}} = \frac{A_{sprue}}{A_{upper}} = \sqrt{\frac{h_{casting}}{h_{total}}} \tag{3}$$

또는

$$A_{upper} = A_{lower}\sqrt{\frac{h_{total}}{h_{casting}}}$$

$$= 1.10 \times 10^{-4} \times \sqrt{\frac{0.28}{0.23}} = 1.21 \times 10^{-4}\,\text{m}^2$$

원형부의 지름을 계산한 후에 답을 제시하라.

힌트 A90

힌트 A325

(A195)

$$\int_{T_L+(\Delta T)_i}^{T_L} -\frac{dT}{T-T_0} = \int_0^{t_f} \frac{4h\left[1+\sin\dfrac{\alpha}{2}\right]}{a\sin\alpha\,\rho_L c_p^L}\,dt$$

또는

$$\frac{4h\left[1+\sin\dfrac{\alpha}{2}\right]}{a\sin\alpha\,\rho_L c_p^L}\,t_f = -\ln\frac{T_L-T_0}{T_L+(\Delta T)_i-T_0}$$

여기에서 $(\Delta T)_i$는 초기 초과 온도이고 t_f는 응고 시간이다.

t_f를 알고 있는 경우에 L_f를 구하는 방법은 무엇인가?

힌트 A222

힌트 A326

(A196)

변수들을 분리하고 (1) 방정식을 적분하라.

$$\int_0^{d/2} dy_L = \frac{h(T_L-T_0)}{\rho(-\Delta H)}\int_0^t dt$$

$$d = \frac{2h(T_L-T_0)}{\rho(-\Delta H)}\,t_{sol} \tag{2}$$

이를 다음처럼 표기할 수 있다.

$$\frac{1}{t_{sol}} = \frac{2h(T_L-T_0)}{\rho d(-\Delta H)} \tag{3}$$

여기에서 d는 슬래브의 두께이다. 주조 속도를 구하라.

힌트 A143

힌트 A327

연습문제 4.3b

연습문제 4.3a의 강판과 크기와 모양이 같은 강판의 응고 시간을 계산하라.

힌트 A286

힌트 A328

(A140)

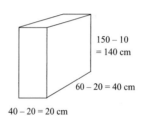

A는 표면으로부터 10 cm 떨어진 거리에 있는 다섯 개 잉곳의 면적이다.

$$A = 2 \times 0.20 \times 1.40 + 2 \times 0.40 \times 1.40 + 0.20 \times 0.40\ \text{m}^2$$

또는 $A = 1.76\ \text{m}^2$이다.

다음으로 $(\Delta T)_{melt}$에 대한 식을 구해야 한다. $(\Delta T)_{melt}$에 대한 정의로 시작하라.

힌트 A225

힌트 A329

(A117)

1과 3 측면의 열 균형은 동일하고 다음처럼 표기할 수 있다.

$$z_1 dl\rho(-\Delta H)\frac{dy_1}{dt} = adlh_1(T_L-T_0) \tag{13}$$

또는 (8) 방정식과 힌트 123의 명칭을 통해서 다음의 식을 얻는다.

$$[a-(y+y_4)]dl\rho(-\Delta H)\frac{dy}{dt} = adlh(T_L-T_0) \tag{14}$$

(12) 방정식을 (14) 방정식에 대입하고, (14) 방정식을 적

분하라.

힌트 A206

힌트 A330

(A279)

에너지 법칙에 의하면 두 개의 식이 같아야 하며, 이로부터 다음의 관계식이 주어진다.

$$4\pi r^2 \frac{dr}{dt} N\rho(-\Delta H) = A\sqrt{\frac{k_{\mathrm{mould}}\rho_{\mathrm{mould}}c_{\mathrm{p}}^{\mathrm{mould}}}{\pi t}}(T_{\mathrm{i}} - T_0) \qquad (4)$$

(4) 방정식은 N, r 및 t 간의 관계식을 구할 수 있도록 가능성을 제공한다. 이 관계식을 유도하라.

힌트 A236

힌트 A331

연습문제 4.11a

그림은 Al 합금이 응고 구간을 갖고 있다는 것을 보여준다. 합금이 온도 $T \geq T_{\mathrm{liquidus}}$에서 용융된다. 응고는 $T \leq T_{\mathrm{solidus}}$일 때에 완료된다. 중간의 온도 구간에서는 고체와 액체의 두 개 상이 있다. 용융 금속에는 초기 초과 온도가 있다.

잉곳의 온도 분포 개략도를 작성하고, 열 유동 방정식을 구하라.

힌트 A264

힌트 A332

(A108)

용융 금속과 사형 간의 접촉은 불량하며 $T_{\mathrm{i}} \approx T_{\mathrm{L}} = 660\,^{\circ}\mathrm{C}$이다. 해당 면적은 정육면체의 총면적과 같으며, 6×0.25^2 m²이다.

$$t_1 = \left[\frac{2.7 \times 10^3 \times 0.25^3 \times 1.18 \times 10^3 \times 50}{2 \times 6 \times 0.25^2 \times (660 - 20)}\right]^2$$
$$\times \frac{\pi}{0.63 \times 1.61 \times 10^3 \times 1.05 \times 10^3} = 79\,\mathrm{s} = 1.3\,\mathrm{min}$$

응고 과정의 열 균형을 구하라.

힌트 A113

힌트 A333

(A157)

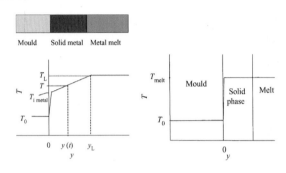

주형과 고체 금속 간에 접촉이 불량한 경우의 일반적인 방정식은 (1) 방정식이고, 이 때문에 4장의 그림 4.17에 대해 유효하다(여기의 좌측 그림).

4장의 그림 4.27(여기의 우측 그림)은 $hy_{\mathrm{L}}/k \ll 1$일 때에 유효한 특별한 경우이고 (1) 방정식에서 무시할 수 있다. 이 경우에 (1) 방정식으로부터 다음의 식이 주어진다.

$$T_{\mathrm{i\,metal}} = \frac{T_{\mathrm{L}} - T_0}{1 + \frac{h}{k}y_{\mathrm{L}}} + T_0 \approx T_{\mathrm{L}} - T_0 + T_0 = T_{\mathrm{L}}$$

이런 특별한 경우에 금속의 온도는 y_{L}과 관련이 없고, 액상선 온도와 동일하며 그림 4.27의 내용과 일치한다.

답은 힌트 A146에 나온다.

힌트 A146

힌트 A334

(A298)

$$400p(T_{\mathrm{L}} - T_0) = \rho(-\Delta H)\frac{10^{-12}}{\lambda_{\mathrm{den}}^2} \qquad (4)$$

이제 최종 답과 상당히 근접해 있다!

힌트 A231

힌트 A335

(A186)

$$t = \frac{\rho(-\Delta H)}{T_{\mathrm{L}} - T_0}\frac{0.0875z}{h} = \frac{2650 \times 371 \times 10^3 \times 0.0875}{(853 - 293) \times 2.0 \times 10^3}z = 77z$$

$$t_{\mathrm{max}} = 77 \times 0.10\,\mathrm{s}$$

답

거리가 z인 지점에서의 응고 시간 t는 $77z$다. 총 응고 시간은 약 8초이다.

힌트 A336

(A184)

(2)와 (3) 방정식을 조합한 후에 $T_{i\,metal}$를 풀어라.

$$k_s \frac{T_L - T_{i\,metal}}{y} = h_1(T_{i\,metal} - T_0)$$

이로부터 다음처럼 표기할 수 있다.

$$T_{i\,melt} = \frac{T_L - T_0}{1 + \frac{h_1}{k_s}y} + T_0 \tag{6}$$

진행 방법은 무엇인가?

힌트 A237

힌트 A337

(A290)

$r_{n+1} - r_n$ (μm)	h_{av} (W/m² K)	$r_{n+1}^2 - r_n^2$ (m²)	t (s)
55–45	26.5×10^5	1000×10^{-12}	4.0×10^{-6}
45–35	19.5×10^5	800×10^{-12}	4.3×10^{-6}
35–25	11.0×10^5	600×10^{-12}	5.7×10^{-6}
25–15	4.65×10^5	400×10^{-12}	9.0×10^{-6}
15–5	1.6×10^5	200×10^{-12}	13.0×10^{-6}

주어진 수치 값을 (5) 방정식에 대입하면 다음의 식을 얻는다.

$$t = \frac{7.0 \times 10^3 \times 280 \times 10^3}{2 \times 65 \times 10^{-6} \times (1450 - 20)} \frac{r_{n+1}^2 - r_n^2}{h_{av}}$$

첫 번째 값은 다음처럼 된다.

$$t = 1.05 \times 10^{10} \times \frac{1000 \times 10^{12}}{26.5 \times 10^5} = 4.0 \times 10^{-6}s$$

다른 값들을 동일한 방법으로 계산한다.

이제 다른 구간의 응고 시간을 알게 되었다. z의 계산 방법은 무엇인가?

힌트 A262

힌트 A338

(A192)

에너지 원리는 (1)과 (2) 방정식의 열 유동이 같다는 것을 보여준다.

$$-c_p \rho A d \frac{dT}{dt} = hA(T_{strip} - T_0) \tag{3}$$

원하는 관계식을 어떻게 구하는가?

힌트 A274

힌트 A339

(A240)

높이가 L, 반지름이 r 그리고 두께가 dr인 선재 요소를 고려하라. 응고 열은 dt의 시간 동안에 높이가 L이고 반지름이 R인 외형 실린더를 통하는 복사 열 유동과 같다. 힌트 A288을 비교하라.

$$2\pi RL\sigma_B\varepsilon(T_L^4 - T_0^4)dt = \rho \times 2\pi r(-dr)L(-\Delta H) \tag{1}$$

$$R\sigma_B\varepsilon(T_L^4 - T_0^4)\int_0^t dt = -\rho(-\Delta H)\int_R^0 r\,dr$$

이로부터 다음의 식이 주어진다.

$$t = \left[\frac{\rho(-\Delta H)r^2}{2\sigma_B\varepsilon R(T_L^4 - T_0^4)}\right]_0^R = \frac{\rho R(-\Delta H)}{2\sigma_B\varepsilon(T_L^4 - T_0^4)} \tag{2}$$

주어진 데이터와 재료 상수를 (2) 방정식에 대입하라.

힌트 A65

힌트 A340

(A125)

이 경우에 k_{Cu}는 398 W/m K이고 h는 400 W/m² K이다.

$$s = y_L = \frac{d_{max}}{2} = 0.10\,\text{m}$$

$$Nu = \frac{hs}{k} = \frac{400 \times 0.10}{398} = 0.10 \ll 1$$

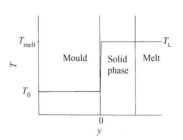

이런 이유로 그림에 표시된 것이 온도 분포라고 가정할 수 있다.

열 유속 균형을 조합하라.

힌트 A196

힌트 A341

(A239)

결정의 수는 접종을 하는 즉시 증가한다. N이 증가할 때에 과냉각($T_E - T$)이 감소하고, 백주철 응고의 위험은 줄어든다.

주철을 접종하는 주 원인은 백주철 응고를 피할 수 있기 때문이다. 첨가물로 인해 주철이 회주철로 응고될 수 있다. 예를 들어 회주철 응고를 얻기 위해서 주철을 FeSi로 접종한다.

다른 장점을 언급하라.

힌트 A80

힌트 A342

(A143)

냉각수의 온도를 100°C로 가정한다. 알고 있는 모든 값을 방정식에 대입하면 다음의 식을 얻는다.

$$v_{max} = \frac{2Lh(T_L - T_0)}{\rho(-\Delta H)} \frac{1}{d} = \frac{2 \times 2.5 \times 400(1083 - 100)}{8.94 \times 10^3 \times 206 \times 10^3 d}$$

$$= \frac{1.07 \times 10^{-3} \, \text{m}^2/\text{s}}{d} = \frac{64 \times 10^{-3} \, \text{m}^2/\text{min}}{d}$$

선도에 함수를 작도하라.

힌트 A219

힌트 A343

(A218)

$$y = 2.5\sqrt{t} \qquad (6)$$

여기에서 두께는 센티미터, 시간 t는 분으로 측정한다.

(6) 방정식을 통해서 응고 전단부의 성장 속도를 구하는 방법은 무엇인가?

힌트 A167

힌트 A344

(A91)

(2)와 (4) 방정식을 사용하고 t를 제거하라.

힌트 A41

힌트 A345

(A299)

답

III 영역.

중앙의 등축 결정 구역은 곡선의 최저점(6장) 근처에서 주상정 결정 구역을 대체한다. 결정의 수와 전체 표면적은 융해열이 커짐에 따라 증가한다. 총 응고 열이 열 손실을 초과하며, 온도는 증가한다. 곡선의 도함수는 양의 값을 갖게 되지만 시간이 지남에 따라 경사는 감소한다.

IV 영역의 특징을 묘사하라.

힌트 A209

7~11장의 연습문제에서 힌트 B에 대한 안내서
Guide to Exercises Hints B in Chapters 7~11

힌트 B1

연습문제 7.1

조건이 무엇이고, 이 조건에 따라 무슨 방정식을 적용할 수 있는가?

힌트 B55

힌트 B2

연습문제 9.10a

SiO_2 입자와 입자에 작용하는 힘에 대해 그림으로 나타내어라.

힌트 B189

힌트 B3

연습문제 8.1

두 개의 고상으로 이루어지는 층상 조직을 보여주는 그림을 그려라. 필요한 명칭을 대입하고, 합금의 주기적인 조성을 설명해 주는 사각파형 '방정식'을 완성하라.

힌트 B132

힌트 B4

연습문제 7.7

삼원계 합금을 갖고 있다. 이 경우에 어떤 편석 방정식이 유효한가?

힌트 B88

힌트 B5

연습문제 11.1a

주강 슬래브 표면에서의 조건을 서술하라. 이 경우에 표면에서의 평균 탄소 농도에 대해 어떤 방정식이 유효한가?

힌트 B129

Materials Processing during Casting Guide to Exercises H. Fredriksson and U. Åkerlind © 2006 John Wiley & Sons, Ltd.

힌트 B6

연습문제 11.8a

용탕 단조 공정을 분석해야 한다. 그렇지 않으면 문제를 푸는 것이 어렵다. 합금 조직이 용탕 단조되면 무슨 일이 발생하는가?

힌트 B369

힌트 B7

연습문제 8.6

주물에서 Cu의 농도를 보여주는 그림을 그려라.

힌트 B94

힌트 B8

연습문제 7.4

편석의 정도에 대한 식이 필요하다.

힌트 B245

힌트 B9

연습문제 8.5a

용해 시간 t를 계산하기 위해 무슨 방정식이 필요한가?

힌트 B144

힌트 B10

(B124)

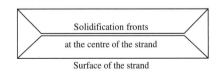

응고 선단부의 접촉 바로 전에 연속주괴의 수직 단면도.

응고 선단부에서의 온도는 T_L이다.

응고 선단부의 접촉이 발생할 때 상황을 알려주는 2차 그림을 그리고, 그 후에 무슨 일이 발생하는지를 서술하라.

힌트 B86

힌트 B11

연습문제 8.8

균질화 시간 계산용 방정식을 제시하라.

힌트 B121

힌트 B12

연습문제 7.2

문제를 풀기 위해 무슨 방정식을 사용할 수 있는가?

힌트 B77

힌트 B13

(B190)

온도 상승 직후에 y와 T 간의 관계식을 사용하는 것은 편리하다. 힌트 B265의 (3) 방정식이 원하는 관계식이다.

$$T = 1260 + \frac{1470 - 1260}{0.030}y \Rightarrow T = 1260 + \frac{210}{0.030}y \quad (16)$$

σ^T와 T 간의 관계식을 유도하고, T의 함수로서 열응력을 그려라.

힌트 B387

힌트 B14

연습문제 11.7a

A 편석과 그 근원을 서술하라.

힌트 B182

힌트 B15

연습문제 10.10a

주어진 그림에서 관심 있는 온도와 해당 시간을 판독하라. 연속주괴와 주형 간의 접촉이 떨어진 시간과 온도는? 재가열 과정을 서술하라.

힌트 B142

힌트 B16

연습문제 8.10

Mn 원자는 열처리 중에 FeS 막에 있는 FeS 분자 중의 Fe 원자들을 대체하게 된다. 이 과정은 FeS 막의 용해에 해당되며, 여기에서 폭 b가 3.0 μm이라는 것을 알게 된다. 같은 폭 b를 가진 MnS 영역이 동시에 생긴다.

막의 상호 거리가 아주 멀어서 확산 구간이 겹치지 않는다고 가정하는 것이 타당성이 있다.

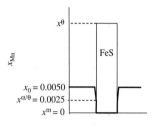

Before heat treatment

열처리 전의 Mn 농도 분포가 그림에 나와 있다. FeS 막의 용해는 MnS 막의 생성과 함께 일어난다. Mn 원자가 점차 Fe 원자를 대체한다. 이 과정은 MnS가 FeS를 대신하여 직사각형을 채울 때에 끝난다. Mn 원자는 주변의 기지로부터 발생한다.

8장에서 균질화와 용해 과정만 다루었고 생성 과정은 다루지 않았다. 이런 어려움을 어떻게 극복하는가?

힌트 B187

힌트 B17

연습문제 8.3

거리의 함수로서 탄소 농도(몰분율)를 보여주는 그림을 그려라(중간 공정 Fe‑C 용탕이 있는 연속적인 1차원 Fe 분말 입자). 분해능 시간 계산용 방정식을 수립하라. Fe‑C계의 상태도로부터 필요한 값을 유도하라.

힌트 B155

힌트 B18

연습문제 7.6

합금에서의 상황을 논하라. 미세편석을 서술하기 위해서 무슨 방정식을 사용할 수 있는가?

힌트 B275

힌트 B19

(B157)

(1) 방정식에서 부피와 면적은 h_f의 함수이다. 따라서 두 개의 합금에 대한 h_f를 계산하기 위해 (1) 방정식을 사용할 수 있다. V_f, V_c, A_f 및 A_c에 대한 식을 수립하라.

힌트 B267

힌트 B20

연습문제 9.1

수지상정 간 기공을 서술하라. 기공들의 근원은 무엇인가?

힌트 B325

힌트 B21

(B123)

$$h_f = \frac{\beta h_{\text{ingot}} l_{\text{ingot}}}{l_{\text{ingot}} - 2s(1+\beta)} \qquad (2)$$

알고 있는 항목들의 값을 (2) 방정식에 대입하라.

힌트 B388

힌트 B22

연습문제 8.2

온도가 공정 온도까지 떨어졌을 때에 응고된 용융 금속의 분율을 계산하라. 7장의 예제 7.1을 참고하라.

힌트 B143

힌트 B23

연습문제 7.8a

Fe‐C‐P계 삼원 상태도의 Fe 모서리를 보여주는 그림을 그려라. 공정 반응 중에 어떻게 편석을 서술할 수 있는가?

힌트 B221

힌트 B24

연습문제 11.9b

고체 결정 및 관련 대량 액체로 이루어진 침강 층의 높이를 계산하려고 한다.

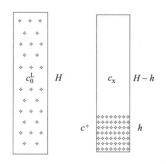

침강된 부피에 대한 부피 분율 g_s 및 g_L을 대입하라. 바닥 면적이 일정하기 때문에, 부피를 높이로 대체할 수 있다.

침강 전후에 '결정 균형'을 수립하라.

힌트 B289

힌트 B25

연습문제 8.7

소재에서의 농도 윤곽 그림을 그려라.

힌트 B168

힌트 B26

(B107)

변형률 ε^T를 계산하라.

(7)과 (9) 방정식에 의하면, 변형률 ε^T을 다음처럼 표기할 수 있다.

$$\varepsilon^T = \frac{\sigma^T}{-E} = -\frac{\iint\limits_A \alpha \Delta T(y)\mathrm{d}A}{A} + \alpha\Delta T(y) \qquad (10)$$

(10) 방정식을 고체 쉘에 적용하라.

힌트 B383

힌트 B27

연습문제 11.2a

강 표본에서 고체‐액체 영역의 상황을 서술하라.

힌트 B321

힌트 B28

연습문제 7.3a

지렛대 원리 및 역확산이 이 책에 서술되어 있는데, 이들 개념은 특별한 미세편석 방정식과 관련이 된다. 무슨 방정식인지 기재하라.

힌트 B93

힌트 B29

(B80)

극단 값은 순 용탕 및 순 고상의 <u>Mg</u> 농도로 표시된다. 이들 값을 어떻게 구하는가?

힌트 B381

힌트 B30

(B195)

(2) 방정식은 y_L의 2차 방정식이다.

$$y_L + \frac{h}{2k}y_L{}^2 = \frac{t \times h(T_L - T_0)}{\rho(-\Delta H)}$$

또는

$$y_L{}^2 + \frac{2k}{h}y_L = \frac{t \times 2k(T_L - T_0)}{\rho(-\Delta H)} \qquad (4)$$

물리적 관심이 있는 해는 다음과 같다.

$$y_L = -\frac{k}{h} + \sqrt{\frac{k^2}{h^2} + \frac{t \times 2k(T_L - T_0)}{\rho(-\Delta H)}}$$

(1) 방정식을 통해 h를 치환하면 다음의 식을 얻는다.

$$y_L = -\frac{k\delta}{k_{air}} + \sqrt{\frac{k^2\delta^2}{k_{air}{}^2} + \frac{2k(T_L - T_0)}{\rho(-\Delta H)}t} \qquad (5)$$

원하는 함수를 얻으려면 냉각 주형의 출구에 해당하는 시간 t를 구해야 한다. 이 t 값을 어떻게 얻는가?

힌트 B229

힌트 B31

(B110)

문제가 되지 않는다. 상 분율을 별도로 알지는 못하지만, 합을 알고 있다. γ-Fe 및 흑연의 2상 혼합물이 정출되며 이로 인해 다음의 식을 얻는다

$$f^{\gamma}_{bin\,eut} + f^{gr}_{bin\,eut} = 1 \qquad (3)$$

이로 인해 (2)와 (3) 방정식을 통해 $(1 - f^{\gamma+gr}_{bin\,eut})$을 분율을 쉽게 유도할 수 있다.

$$c_P^{LE} = c_P^{0\,L}(1 - f^{\gamma+gr}_{bin\,eut})^{-1} \qquad (4)$$

또는

$$1 - f^{\gamma+gr}_{bin\,eut} = \frac{c_P^{0\,L}}{c_P^{LE}} = \frac{c_P^{0\,L}}{7.2\,wt\text{-}\%} \qquad (5)$$

삼원 공정 조성으로 응고되는 용융 금속의 분율은 어떻게 되는가?

힌트 B241

힌트 B32

(B368)

답

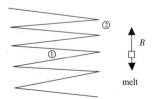

수지상정 간 용융 금속은 부력 B 때문에 수지상정 망상을 통하여 위로 움직이려고 한다. 용융 금속이 1 지점에서(힌트 B368 참고) 위로 움직일 때에, 밀도가 높고 합금 원소의 농도가 낮은 망상의 고상 영역과 마주친다. 용융 금속의 합금 원소 평균 농도 및 해당 영역의 고체를 2 지점과 비교를 하면 증가한다.

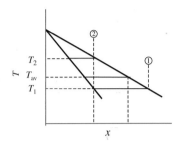

합금 원소의 평균 농도가 증가하였을 때에 해당 영역 내의 용융점 T_{av}는 T_2에 비해 감소한다. 결과적으로 통로에서 재용융이 발생하고 상이한 조성(A 편석)의 원형 채널이 만들어진다.

힌트 B33

연습문제 8.4a

공정 온도 이상과 이하의 두 가지 경우를 논하라.

힌트 B176

힌트 B34

(B395)

반점(freckle) 채널의 유동 속도는 정상 상태의 경우에 일정하다. 이 경우에 다음의 관계식이 지속되며,

$$t_{sol} = \frac{l_{two\text{-}phase}}{v_{growth}} \qquad (13)$$

(12) 방정식을 상당히 단순화시키기 때문에 안심이 된다. 계속 진행하는 방법은 무엇인가?

힌트 B399

힌트 B35

(B291)

4장의 (4.46) 방정식을 사용하고 이 경우에는 $y_L = 0$임에 유의하라.

$$v_{growth} = \frac{dy_L}{dt} = \frac{T_L - T_0}{\rho(-\Delta H)} \frac{h}{1 + \frac{h}{k} y_L} \tag{3}$$

이 식을 (2) 방정식에 대입하고, r을 풀어라.

힌트 B318

힌트 B36

연습문제 10.1a

압탕은 주물에서 파이프 결함을 피하기 위한 용도이며, 두 개의 조건을 충족시켜야 한다. 무슨 조건인가?

힌트 B173

힌트 B37

(B256)

$p_{ingot} \geq p_{CO}$일 때에 CO의 석출이 실패하며, 이런 이유 때문에 p_{CO}를 계산해야 한다. 어떤 방법으로 하는가?

힌트 B317

힌트 B38

(B383)

열응력의 계산

힌트 B107의 방정식과

$$\sigma^T(y) = -E\varepsilon^T(y) \tag{9}$$

(12) 방정식을 통해서 다음의 방정식을 쉽게 얻는다.

$$\sigma^T(y) = -E\varepsilon^T(y) = -E\alpha(T_{ss} - T_{so})\left(\frac{1}{2} - \frac{y}{s}\right) \tag{13}$$

수치 값을 대입하고, (12) 및 (13) 함수를 제시하라.

힌트 B400

힌트 B39

연습문제 8.5b

<u>C</u> 농도의 최대 변화가 0.1 wt-%일 때의 상황을 표시하라.

힌트 B146

힌트 B40

연습문제 8.9

이 문제의 해결 방안을 제시하라. 연습문제 8.8을 어떻게 풀었는가? 연습문제 8.8과 8.9 간의 유사점 및 차이점은 무엇인가?

힌트 B113

힌트 B41

(B229)

답

함수는 다음과 같다.

$$y_L = -121\delta + \sqrt{(121\delta)^2 + 1.63 \times 10^{-3}}$$

$$T_i = \frac{1350}{1 + 8.28 \times 10^{-3}\frac{y_L}{\delta}} + 100$$

δ (m)	y_L (m)	T_i (°C)
10^{-5}	0.00392	140
10^{-4}	0.00300	487
10^{-3}	0.00656	1380

힌트 B42

연습문제 11.5a

반점(freckle)이 어떻게 생성되는지 서술하라.

　반점의 수학적 모델을 간단하게 논하고, 온도 구배 G의 중요성을 설명하라. 온도 구배 및 거시편석의 존재와 관련된 그림을 그려라.

힌트 B398

힌트 B43

(B268)

이 연습문제는 10장의 예제 10.9와 매우 비슷하다. 예제 10.9를 참고한 후에 스스로의 힘으로 이 문제를 다시 풀어보라. 도움이 필요하면 힌트 B103을 참고하라.

힌트 B103

힌트 B44

연습문제 7.5

편석도 계산에 어떤 방정식이 필요한가?

힌트 B217

힌트 B45

(B396)

용탕에 있는 합금 원소 <u>C</u>의 소재 균형은 반점 채널을 통해 흐르는 용융 금속과 관련이 있다. 또한 전극에서 와서 슬래그욕을 통과하는 용융 금속을 추가로 포함해야 한다.

용탕에 있는 합금 원소의 수정된 소재 균형은 다음과 같아진다.

$$\frac{dc_{melt}}{dt}V \quad = \quad v_F A_F(c^F - c_{melt})$$

단위 시간당 용탕 합금 원소의 변화량   반점 채널을 통해 공급되는 단위 시간당 합금 원소의 대체량

$$+ \quad \frac{dy_L}{dt}Ac_0^L \quad - \quad \frac{dy_L}{dt}Ac_{melt}$$

단위 시간당 합금 원소의 공급량으로서, 전극 소재의 용융 방울에서 발생   응고로 인해 단위 시간당 용탕에서 제거된 합금 원소의 양

$$(1)$$

여기에서

C_{melt} = 용탕 내 합금 원소의 농도

V = 용탕의 부피

v_F = 반점 채널 내 용융 금속의 평균 속도

A_F = 모든 반점 채널의 총 단면적

A = 잉곳의 단면적

c^F = 반점 채널 내 합금 원소 농도

y_L = 위로 움직이는 응고 선단부의 좌표

c_0^L = 전극에서 발생하는 용탕의 농도

t = 시간

(1) 방정식을 풀 수 있으려면, A_F, v_F 및 V에 대한 식을 구해야 한다.

힌트 B359

힌트 B46

연습문제 8.4b

공정 온도 이상의 α-상에서 Cu의 용해는 감소하고, 용해 과정에 대한 구동력은 낮아진다. 온도 증가에 따른 확산 속도의 증가에 의해 이 사항이 감쇄되지 않는다. 최선의 온도 선택은 무엇인가?

힌트 B95

힌트 B47

(B213)

중요한 항목은 ΔA_{cool}이며, 이는 연속주괴 총 단면적의 변화

와 동일하다[11장의 (11. 67) 방정식].

$$\Delta A_{cool} = \frac{2}{3}\alpha_l x_0(1 - 2G)\Delta T_c \tag{1}$$

여기에서 ΔA_{cool}는 연속주괴 총 단면적의 변화이고, G는 표면과 주물 중심에서 냉각 속도의 비, $(dT_{surface}/dt)/(dT_{centre}/dt)$이다.

ΔA_{cool}이 양수이면, 주물의 중심부가 외부의 틀보다 더 많이 수축되고 이로 인해 연속주괴의 중심에 공동부가 생긴다.

ΔA_{cool}이 음수이면 주물의 중심부가 외부의 틀보다 덜 수축되며, 이로 인해 연속주괴의 중심에 인장 응력이 생기고 공동부가 나타나지 않는다.

G값이 ΔA_{cool}의 부호를 결정한다.

$G > 0.5 \Rightarrow$ 공동부와 중심부 편석 없음

$G < 0.5 \Rightarrow$ 공동부 생성 및 중심부 편석

이 일반적인 정보를 이 책에 나와 있는 두 가지 경우에 적용하라.

힌트 B351

힌트 B48

연습문제 11.9a

c^s, c^L 및 W의 함수로서 침강층의 평균 탄소 농도 c^+를 표현하라.

힌트 B219

힌트 B49

(B238)

$\underline{C}$와 $\underline{O}$의 원자는 금속 원자보다 작다. 이 경우에 지렛대 원리가 유효하며, 다음의 식이 주어진다.

$$c_{\underline{C}}^L = \frac{c_{\underline{C}}^0}{1 - f(1 - k_{part\,\underline{C}})} \tag{3}$$

$$c_{\underline{O}}^L = \frac{c_{\underline{O}}^0}{1 - f(1 - k_{part\,\underline{O}})} \tag{4}$$

이들 값을 (2) 방정식에 대입한다.

힌트 B331

힌트 B50

(B306)

(2)와 (3) 방정식으로부터 다음의 식이 주어진다.

$$c_{\underline{H}}^{L} = c_{\underline{H}}^{0} = 0.0025\sqrt{p_{H_2}} \Rightarrow p_{H_2} = \left(\frac{c_{\underline{H}}^{0}}{0.0025}\right)^2 \qquad (8)$$

이제 $c_{\underline{H}}^{0}$의 함수로서 p_{H_2}를 얻었다. $c_{\underline{O}}^{0}$의 함수로서 p_{CO}를 구해보라. 그다음에 (1) 방정식을 사용할 수 있고, 이로부터 $c_{\underline{H}}^{0}$과 $c_{\underline{O}}^{0}$ 간의 원하는 관계식을 얻게 된다.

힌트 B352

힌트 B51

(B127)

$$C = \left[\frac{\sqrt{\pi}}{2}\frac{\rho_{steel}(-\Delta H_{steel})}{T_i - T_0}\right]^2 \cdot \frac{1}{k_{feeder}\rho_{feeder}c_p^{feeder}} \qquad (7)$$

알고 있는 항목들의 값을 대입하면, 다음의 식이 주어진다.

$$C = \frac{\pi}{4}\frac{7.5^2 \times 10^6 \times 272^2 \times 10^6}{1500^2}$$
$$\times \frac{1}{0.63 \times 1.6 \times 10^3 \times 1.05 \times 10^3}\ s/m^2$$

이로부터 $C = 1.37 \times 10^6\ s/m^2$이 주어진다.

(4) 방정식을 통하고 (7) 방정식과 비교해서 잉곳에 대한 유사 상수를 유도할 수도 있다.

힌트 B259

힌트 B52

(B125)

연습문제 7.3b

답

(a) $D_s = 10^{-15}\ m^2/초$에서, 편석도 $S = 4.2$
$D_s = 10^{-12}\ m^2/초$에서, 편석도 $S = 1.5$
$D_s = 10^{-9}\ m^2/초$에서, 편석도 $S = 1.0$

(b) 고체에서 합금 원소의 확산 속도가 커질 때에 편석은 감소한다.

힌트 B53

(B168)

이 경우에 탄화물이 매우 가깝게 있으므로 탄화물이 있는 영역과 용해 시간 중에 접하게 된다. 학습자는 8장에서 케이스 I 이라고 불리는 경우를 경험한다. 이 경우에, 8장의 (8.26) 방정식으로부터 용해 시간을 계산할 수 있다.

$$t = -\frac{\lambda_{den}^2}{\pi^2 D}\ln\left[1 - \frac{f_0^\theta(x^\theta - x^m)}{x^{\alpha/\theta} - x^m}\right] \qquad (1)$$

여기에서 f_0^θ는 θ−상의 초기 부피 분율이며, 8장의 (8.21) 방정식으로부터 계산이 가능하다

$$f_0^\theta = \frac{b}{\lambda_{den}} = \frac{x_0 - x^m}{x^\theta - x^m} \qquad (2)$$

문제는 수지상정 가지의 거리가 응고 중의 응고 속도에 따라 변한다는 것이다. 4장으로 돌아가서 응고 속도와 응고 선단부의 위치 y_L 간 관계식을 구해보라. 응고 속도 및 수지상정 가지의 거리가 관련이 있는가? 그렇다면 어떤 방법으로 관련이 있는가?

힌트 B200

힌트 B54

(B148)

6장의 (6.2) 방정식, (6.4) 방정식 및 (6.6) 방정식은 다음의 식을 제공한다.

$$-\Delta G_m = RT\ln\frac{a_{\underline{M}}^x a_{\underline{O}}^y}{(a_{\underline{M}}^x a_{\underline{O}}^y)^{eq}} = \sqrt{\frac{16\pi}{3}\frac{\sigma^3 V_m^2}{60\,kT^*}}$$

여기에서 해당 농도 대신에 활성도(좀 더 정확하게는)를 대입한다. 농도가 낮기 때문에, 이 경우에는 활성도를 농도로 대체하는 것이 타당성이 있으며, 아래의 식을 얻는다.

$$RT\ln\left(\frac{c_{\underline{Ce}}^2 c_{\underline{O}}^3}{K_{Ce_2O_3}}\right) = \sqrt{\frac{16\pi}{3}\frac{\sigma^3 V_m^2}{60\,kT^*}} \qquad (1)$$

$\underline{Si}$ 농도를 알고 있으며, $\underline{O}$ 농도가 필요하게 된다. 이를 어떻게 구하는가?

힌트 B271

힌트 B55

(B1)

Zr 원자의 반지름은 Al 원자의 반지름보다 약 50% 크다. 합금의 고상에서 $\underline{Zr}$의 확산은 늦으며 무시할 수 있다. 이렇기 때문에 7장의 샤일 방정식을 적용해도 된다.

$$x^L = \frac{x^s}{k_{part}} = x_0^L(1-f)^{-(1-k_{part})} \qquad (1)$$

힌트 B104

힌트 B56

연습문제 10.10b

열 변형과 온도 변화 간의 일반적인 관계식은 무엇인가?

힌트 B237

힌트 B57

(B199)

$$S_{\underline{Ni}} = \left(\frac{B_{\underline{Ni}}}{1 + B_{\underline{Ni}}}\right)^{-(1-k_{part})} = \left(\frac{0.0154}{1 + 0.0154}\right)^{-(1-0.90)} = 1.52$$

$$S_{\underline{Cr}} = \left(\frac{B_{\underline{Cr}}}{1 + B_{\underline{Cr}}}\right)^{-(1-k_{part})} = \left(\frac{0.0544}{1 + 0.0544}\right)^{-(1-0.85)} = 1.56$$

$$S_{\underline{Mo}} = \left(\frac{B_{\underline{Mo}}}{1 + B_{\underline{Mo}}}\right)^{-(1-k_{part})} = \left(\frac{0.0416}{1 + 0.0416}\right)^{-(1-0.65)} = 3.09$$

답

고체 강의 $\underline{Ni}$, $\underline{Cr}$ 및 $\underline{Mo}$ 편석도는 각각 1.5, 1.6 및 3.1이다. 미세편석에서 다른 합금 원소의 영향을 무시할 수 있는 동안에는, 합금 원소의 농도가 결과에 영향을 미치지 않는다.

힌트 B58

(B326)

$$c^s = k_{part}c^L = k_{part}c_0^L \left[\frac{\rho_L}{g_L(\rho_L - k_{part}\rho_s) + k_{part}\rho_s}\right]^{\frac{1-k_{part}}{\frac{\rho_L}{\rho_s}-k_{part}}} \tag{1}$$

이 경우에 $g_L = 1 - g_s = 1 - 0.70 = 0.30$이기 때문에, 단순화할 수가 없다. (1) 방정식을 다음과 같이 표기할 수 있다.

$$c^s = k_{part}c^L = k_{part}c_0^L \left[\frac{\frac{\rho_L}{\rho_s}}{g_L\left(\frac{\rho_L}{\rho_s} - k_{part}\right) + k_{part}}\right]^{\frac{1-k_{part}}{\frac{\rho_L}{\rho_s}-k_{part}}} \tag{3}$$

주어진 값과 계산 값을 (3) 방정식에 대입하면, 다음의 식을 얻는다.

$$c^s = 0.33 \times 1.0 \left[\frac{0.96}{0.30(0.96 - 0.33) + 0.33}\right]^{\frac{1-0.33}{0.96-0.33}} = 0.63 \, wt\text{-}\%$$

c^L의 계산 방법은 무엇인가?

힌트 B140

힌트 B59

(B180)

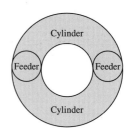

어떤 곳에서도 수축공이 없다는 것을 확인하고 압탕의 크기 (높이)를 가능한 한 작게 유지하기 위해서는, 위 그림처럼 주형 상단에서 서로 반대의 위치에 두 개의 원통형 압탕을 배치해야 한다.

실린더 외경 $D = 0.400$ m
실린더 내경 $D/2 = 0.200$ m
압탕의 지름 $d = 0.100$ m

합금을 주조하고 압탕을 사용할 때의 시간 조건은 무엇인가?

힌트 B282

힌트 B60

(B121)

확산 상수의 온도 의존성은 다음과 같다.

$$D = D_0 e^{-\frac{Q_D}{RT}} = 10.8 \times 10^{-4} \times e^{-\frac{292 \times 10^6}{8.31 \times 10^3 \times (1000+273)}} \\ = 11 \times 10^{-16} \, m^2/s \tag{2}$$

λ_{den}의 계산 방법은 무엇인가?

힌트 B233

힌트 B61

연습문제 9.2a

기공의 성장에 영향을 미치는 두 개의 중요 매개 변수를 언급하라.

힌트 B273

힌트 B62

(B193)

f_E^s = 공정 온도에서 고상의 분율

f_E^L = 공정 온도에서 액상의 분율 및 공정 조직으로 응고된 고체의 분율

x_0^{L} = 합금 원소 Al = 20 at-%의 초기 농도

$x_{\mathrm{E}}^{\mathrm{L}}$ = 29.5 at-%(상태도로부터 판독)

$x_{\mathrm{E}}^{\mathrm{s}}$ = 26.2 at-%(상태도로부터 판독)

공정 온도 $T_{\mathrm{E}} = 1350°C$에서

$$k_{\mathrm{part\,E}} = \frac{x_{\mathrm{E}}^{\mathrm{s}}}{x_{\mathrm{E}}^{\mathrm{L}}} = \frac{26.2}{29.5} = 0.89$$

이들 값을 (1) 방정식에 대입하면, 다음의 식을 얻는다.

$$f_{\mathrm{E}}^{\mathrm{L}} = (1 - f_{\mathrm{E}}^{\mathrm{s}}) = \left(\frac{20}{29.5}\right)^{\frac{1}{1-0.89}} = 0.029$$

답

공정 조직으로 응고된 고체의 분율은 2.9%이다.

힌트 B63

(B155)

$$t = -\frac{(10^{-4})^2}{\pi^2 \times 10^{-10}} \ln\left[1 - \frac{f_0^{\mathrm{L}}(0.173 - 0)}{0.087 - 0}\right]$$

또는

$$t = -10.12 \ln(1 - 1.99 f_0^{\mathrm{L}})$$

답

$$t = 10 \times \ln \frac{1}{1 - 2.0 f_0^{\mathrm{L}}}$$

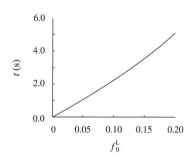

힌트 B64

(B257)

탄소 원자는 작고 고상에서 격자 간 용해가 발생한다. 이로 인해 이 원자들은 비교적 이동성이 있으며, 액상 및 고상이 서로 평형을 이룬다고 가정하는 것은 타당성이 있다. 이 경우에 지

렛대 원리가 유효하고, g_{L}의 함수로서 c^{L}을 계산하기 위해 사용할 수 있다.

$$c^{\mathrm{L}} = \frac{c_0^{\mathrm{L}}}{1 - g_{\mathrm{s}}(1 - k_{\mathrm{part}})} = \frac{c_0^{\mathrm{L}}}{1 - (1 - g_{\mathrm{L}})(1 - k_{\mathrm{part}})}$$
$$= \frac{c_0^{\mathrm{L}}}{k_{\mathrm{part}} + g_{\mathrm{L}}(1 - k_{\mathrm{part}})} \qquad (2)$$

c^{s}의 계산 방법은 무엇인가?

힌트 B159

힌트 B65

(B114)

분율 f_{E} 및 농도 $x_{\underline{\mathrm{V}}}^0$, $x_{\underline{\mathrm{V}}}^{\mathrm{L}}$, 및 $x_{\underline{\mathrm{C}}}^{\mathrm{L}}$은 미지 항목들이다. 알고 있는 항목들은 $x_{\underline{\mathrm{C}}}^0$ 및 탄소 및 바나듐의 분배 계수이다.

　4개의 미지 항목과 2개의 방정식만이 주어지는데, 이는 불충분하다. 상황을 해결하기 위해서 다른 방정식들과는 관계가 없는 세 번째 방정식을 생각해 낼 수 있는가?

힌트 B172

힌트 B66

(B202)

$$\frac{x_{\underline{\mathrm{C}}}^0}{1 - f_{\mathrm{E}}(1 - k_{\mathrm{part\,\underline{C}}}^{\gamma/\mathrm{L}})} \times x_{\underline{\mathrm{V}}}^0 (1 - f_{\mathrm{E}})^{-\left(1 - k_{\mathrm{part\,\underline{V}}}^{\gamma/\mathrm{L}}\right)} = K$$

$x_{\underline{\mathrm{V}}}^0$를 풀고 주어진 수치 값을 대입하라.

힌트 B141

힌트 B67

(B288)

답

수지상정 간 용융 금속이 위로 움직일 때에 재용융 및 주형의 폭의 증가로 인해, 수지상정 가지의 폭은 점차 감소한다. 이로 인해 용융 금속의 이동이 더 쉬워지고 A 편석의 형성이 촉진된다.

힌트 B68

연습문제 10.8

냉각 주형, 공기 틈새 및 응고되는 쉘의 그림을 그리고, 온도 분포를 표현하라. 표면 온도 및 쉘의 두께 계산 방법은 무엇인가? 4장의 기본으로 돌아가라.

힌트 B195

힌트 B69

(B223)

주물에 외부 압력이 가해질 수 있다. 그림을 통해 알 수 있듯이, 적절한 압력이 가해지면 이는 매우 효과적인 방법이다(11장의 그림 11.32).

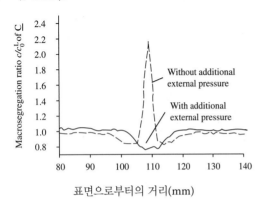

압력은 응고 과정의 끝에 가해져야 하고, 주물이 완전하게 응고될 때까지 지속되어야 한다.

냉각에 의한 열 감소에 대해 논하라.

힌트 B301

힌트 B70

(B136)

80쪽의 Chvorinov의 법칙은 해당 목적에 적격이다. 4장의 (4.73) 방정식을 통해 원하는 두께가 제공된다.

$$y_L(t) = l_{top} = \frac{2}{\sqrt{\pi}} \frac{T_i - T_0}{\rho_{metal}(-\Delta H)} \sqrt{k_{mould}\rho_{mould}c_p^{mould}} \sqrt{t} \qquad (3)$$

재료 상수 $k_{mould} = 0.63$ W/m K(모래), $\rho_{mould} = 1.6 \times 10^3$ kg/m^3(모래), $c_p^{mould} = 1.05 \times 10^3$ J/kg K(모래) 및 알고 있는 t_{ingot} 값을 통해 다음의 식을 얻는다.

$$l_{top} = \frac{2}{\sqrt{\pi}} \frac{1083 - 100}{8.94 \times 10^3 \times 206 \times 10^3}$$
$$\times \sqrt{0.63 \times 1.6 \times 10^3 \times 1.05 \times 10^3} \times \sqrt{468} = 0.0134\,\text{m}$$

진행 방법은 무엇인가?

힌트 B315

힌트 B71

(B337)

이때 연속주괴 표면의 수냉이 멈추었다. 표면 온도는 증가했다. 응고 선단부들이 중심부에서 마주쳤을 때에 중심부 온도가 급격하게 감소하였다. 표면 온도 증가와 중심부 온도의 급격한 감소로 인해 중심부에서 강한 인장 응력이 발생한다.

어떤 유형의 균열을 예상할 수 있는가? 그리고 어디에서 나타나는가?

힌트 B162

힌트 B72

(B225)

$$t = \frac{b^2}{2D} \frac{(x^{gr} - x^E)^2}{(x^{L/gr} - x^E)^2}$$
$$= \frac{(1.0 \times 10^{-4})^2}{2 \times 10^{-9}} \times \frac{(1 - 0.173)^2}{(0.183 - 0.173)^2} = 3.4 \times 10^4\,\text{s} = 9.5\,\text{h}$$

답

용해 시간은 약 10시간인데 이는 길고 오히려 비현실적이다. 용융 금속에서의 대류로 인해 용해 시간이 상당히 줄어든다.

힌트 B73

(B134)

Chvorinov 법칙의 미분으로 돌아가면, 상수 C와 몇몇 재료 상수 간의 관계식을 얻게 된다.

힌트 B243

힌트 B74

(B245)

다음의 식이 이 책에 나와 있다.

$$D_{Ni} = 11 \times 10^{-4} e^{-38062/T}$$

이 경우에 T는 1470°C로 응고 온도이고, 이로부터 다음의 식을 얻는다.

$$D_{Ni} = 11 \times 10^{-4} e^{-\frac{38062}{T}}$$
$$= 11 \times 10^{-4} e^{-\frac{38062}{1470+273}} = 3.6 \times 10^{-13}\,\text{m}^2/\text{s} \qquad (3)$$

θ를 유도하는 방법은 무엇인가? 그 방법은 응고 선단부의 성장과 관련되어야 한다.

힌트 B163

힌트 B75

(B356)

(B334)

$$0.96 \times \frac{\pi \times 0.10^2 h_f}{4 \times 0.20^3} = \left(\frac{1}{4}\right)^{1/2} \times \frac{\pi \times 0.10 h_f}{6 \times 0.20^2 - \frac{\pi \times 0.10^2}{4}} + 0.04 \tag{4}$$

이로부터 h_f는 0.15 m가 된다.

답

(a) 압탕의 높이는 적어도 6 cm여야 하고, 안전을 위해서는 8 cm($\beta = 0.04$)는 돼야 한다.

(b) 압탕의 높이는 적어도 15 cm여야 하고, 안전을 위해서는 18 cm는 돼야 한다. 단열 압탕에 필요한 소재가 비단열 압탕에 비해 적기 때문에 선호도가 높을 것이다.

힌트 B76

(B135)

θ 상이 주물의 부피에서 차지하는 비율은 2%에 불과하다. Cu 원자의 확산에도 불구하고 전체 균질화 시간 동안에 θ 상 영역이 각각 분리가 된다고 가정하는 것은 지극히 타당하다. 그렇다면, 8장에서 케이스 II라고 설명한 경우를 마주치게 된다. 이 경우에 8장의 (8.40) 방정식이 유효한가?

$$t = \frac{b^2}{2D} \frac{(x^\theta - x^m)^2}{(x^{\alpha/\theta} - x^m)^2} \tag{2}$$

D가 이 책에 주어져 있지만, b와 $x^{\alpha/\theta}$ 값이 필요하다. 이들을 어떻게 구하는가?

힌트 B261

힌트 B77

(B12)

이 책에 따르면, 7장 186쪽에 있는 다음과 같은 샤일 방정식을 적용할 수 있다.

$$x^L = \frac{x^s}{k_{part}} = x_0^L(1-f)^{-(1-k_{part})} \tag{1}$$

(1) 방정식으로부터 f를 풀고 이를 공정점에서 적용하면, 다음과 같은 공정 용융 금속의 분율을 얻는다[7장의 (7.12) 방정식].

$$f_E^L = (1 - f_E) = \left(\frac{x_0^L}{x_E^L}\right)^{\frac{1}{1-k_{part}^E}} \tag{2}$$

여기에서 f_E^L은 총 응고 전에 공정점에서 남아 있는 용융 금속의 분율이고, x_E^L은 공정 용융 금속에서 Mg의 몰분율이다.

Al - Mg 상태도를 감안해서 이 특정 문제에 대한 정보를 추출하라.

힌트 B216

힌트 B78

(B373)

g_s에 대한 식[(4) 방정식]을 (3) 방정식에 대입하면 다음의 식을 얻는다.

$$h = H(1 + W)\frac{c^L - c_0^L}{c^L(1 - k_{part})} \tag{5}$$

주어진 값 및 계산 값을 대입하면 다음의 식이 주어진다.

$$h_{0.5} = 1.2(1 + 0.5)\frac{0.53 - 0.50}{0.53\left(1 - \frac{0.20}{0.53}\right)} = 0.16\,\text{m}$$

$$h_{1.0} = 1.2(1 + 1.0)\frac{0.53 - 0.50}{0.53\left(1 - \frac{0.20}{0.53}\right)} = 0.22\,\text{m}$$

$$h_{2.0} = 1.2(1 + 2.0)\frac{0.53 - 0.50}{0.53\left(1 - \frac{0.20}{0.53}\right)} = 0.33\,\text{m}$$

필요한 그림을 그리기 전에, 침강 부분의 위에 있는 용융 금속에서 합금 원소의 농도 c_x를 계산하는 것이 필요하다. c_x를 계산할 수 있는 방법은 무엇인가?

힌트 B160

힌트 B79

(B218)

8장의 (8.26) 방정식에 의하면, 다음의 식을 얻는다.

$$t = -\frac{\lambda_{den}^2}{\pi^2 D}\ln\left[1 - \frac{f_0^\theta(x^\theta - x^m)}{x^{\alpha/\theta} - x^m}\right] \tag{4}$$

여기에서 x^m은 고상의 최소 조성, $x^{\alpha/\theta}$은 공정 온도에서 α/θ 접촉면에 가까운 α 상의 조성으로 0.025 그리고 f_0^θ은 θ상의 분율로서 0.04이다.

x^m은 분배 계수를 통해서 계산할 수 있다.

$$x^m = k_{part}x_0 = 0.1445 \times 0.025 = 0.0036 \approx 0.004$$

7장의 예제 7.4의 그림에서 내삽으로 λ_{den}을 계산할 수 있다. 5 K/분의 냉각 속도 및 0.025의 농도 x_0를 통해 $\lambda_{den} \approx 90 \times 10^{-6}$ m가 얻어진다.

알고 있는 값을 (4) 방정식에 대입하면 다음의 식이 주어진다.

$$t = \frac{(90 \times 10^{-6})^2}{\pi^2 \times 10^{-13}} \ln\left[1 - \frac{0.049(0.33 - 0.004)}{0.025 - 0.004}\right]$$
$$= 12 \times 10^3 \,\text{s} \approx 3.3 \,\text{h}$$

이제 열처리가 공정 온도 바로 아래에서 수행되었을 때의 용해 시간을 알게 되었다. 다음으로는 열처리가 공정 온도보다 15 K 높은 온도에서 수행되었을 때의 용해 시간을 계산해야 한다. 그 방법은 무엇인가?

힌트 B166

힌트 B80

연습문제 11.8b

어떻게 M̲g̲의 최대, 최소 농도를 구할 수 있는가?

힌트 B29

힌트 B81

연습문제 9.8

MnS의 용해도적을 알고 있다. 이를 사용할 수 있으려면 응고 분율의 함수로서 관련된 두 개 농도의 식을 구해야 한다.

힌트 B258

힌트 B82

(B217)

응고 구간이 40°C라는 것을 알고 있다. 또한 냉각 속도도 알고 있다. 관계식으로부터 응고 시간을 얻는다.

$$\theta = \frac{\Delta T}{-\frac{dT}{dt}} = \frac{40}{\frac{5}{60}} = 480 \,\text{s}$$

이제 세 개의 합금 원소에 대한 B 값을 계산할 수 있다.

힌트 B199

힌트 B83

연습문제 11.1b

평균 탄소 농도를 계산할 때에 변형률을 어떻게 계산할 수 있는가?

힌트 B226

힌트 B84

(B211)

C̲ 원자는 균질화 시간 t_{hom} 동안에 확산 상수가 $D_{\underline{C}}$인 철의 용

탕에서 평균 거리 $s'/2$로 확산이 된다. 무작위 보행의 법칙(아인슈타인 방정식)에 따라 다음의 식을 얻는다.

$$\frac{s'}{2} = \sqrt{2D_{\underline{C}}t} \tag{3}$$

또는

$$t_{hom} = \frac{s'^2}{8D_{\underline{C}}} = \frac{0.018^2}{8 \times 1.0 \times 10^{-9}} = 4.05 \times 10^4 \,\text{s} = 11 \,\text{h}$$

답

균질화 시간은 약 11시간이다.

힌트 B85

(B290)

(3), (6) 및 (8) 방정식을 통해 다음의 식을 얻는다.

$$B = D_{\underline{Ni}} \times \frac{4\theta}{\lambda_{den}^2} \times k_{part} = 3.6 \times 10^{-13} \frac{4\theta}{(2.0 \times 10^{-6}\theta^{0.4})^2} \times 0.73$$

또는

$$B = 3.6 \times 10^{-13} \times \frac{4\theta^{0.2}}{4 \times 10^{-12}} \times 0.73$$
$$= 0.36 \times 0.73 \left(\frac{y}{1.25 \times 10^{-2}}\right)^{\frac{0.2}{0.6}}$$

또는

$$B = 0.36 \times 0.73 \left(\frac{y}{12.5 \times 10^{-2}}\right)^{\frac{0.2}{0.6}}$$
$$= \frac{0.36 \times 0.73 \times 100^{1/3}}{12.5^{1/3}} \times y^{1/3} = 0.5256y^{1/3}$$

여기에서 y는 미터 단위로 표현된다.

이제 S를 쉽게 계산할 수 있다.

힌트 B112

힌트 B86

(B10)

그림은 응고 선단부가 마주쳤을 때에 연속주괴의 수직 단면을 보여준다.

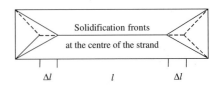

상기 그림은 수축된 중심부의 길이이다. 중심부에서의 짧

은 면과 표면에서의 긴 면 간 거리 차이는 연속주괴의 소성 변형으로 이어진다.

응고 선단부가 중심부에서 마주쳤을 때에, 더 이상 응고 잠열이 발산되지 않고 중심부 온도가 빠르게 떨어진다. 온도 감소로 인해 면적이 수축된다. 온도가 액상선 온도에서 고상선 온도로 떨어질 때에, 1차원의 길이 수축을 관계식으로 서술하라.

$$2\Delta l = \alpha l(T_{\mathrm{L}} - T_{\mathrm{s}}) \tag{1}$$

변형률에 대한 식을 수립하고, 식을 계산하라.

힌트 B194

힌트 B87

(B181)

(B343)

CO 석출이 실패하는 조건은 $p_{\mathrm{ingot}} \geq p_{\mathrm{CO}}$이다.

답

(a) FeO가 석출되기 시작할 때에 탄소 농도는 0.12 wt-%이다. 그다음에 잉곳 내부의 압력은 ~10기압이다.

(b) 잉곳이 완전하게 응고되었을 때에 잉곳 내부의 압력은 ~20기압이다.

힌트 B88

(B4)

합금 원소는 작은 침입형 원자가 아니다. 따라서 고체에서의 확산을 무시할 수 있고 샤일 방정식이 유효하다고 가정하는 것은 타당하다. 7장의 예제 7.5는 Al – Cu – Si 합금의 응고 과정에 적용한 예이다. 예제 7.5와 이 연습문제 간의 유사점과 차이점은 무엇인가?

힌트 B174

힌트 B89

(B169)

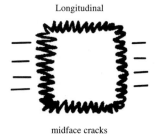

Longitudinal

midface cracks

답

연속주괴의 표면에서 갑작스럽게 온도가 오르면 응고된 영역의 열응력으로 이어진다. 소재는 전이 온도 및 고상선 온도 간의 영역에서 취성이 있고, 특히 연속주괴 내부의 2상 영역 근처에서 균열 형성에 민감하다. 세로 방향의 중앙 면 균열 위험성이 상당하다.

힌트 B90

(B183)

이 책에 의하면 다음의 식을 얻는다.

$$c_{\underline{\mathrm{C}}}^{\mathrm{L}} c_{\underline{\mathrm{O}}}^{\mathrm{L}} = 0.0019 p_{\mathrm{CO}} \tag{4}$$

$\underline{\mathrm{O}}$ 및 $\underline{\mathrm{C}}$의 농도는 응고 중에 변하며, 고상의 분율에 대한 함수이다. 이들 관계식을 구하라.

힌트 B297

힌트 B91

(B163)

(4) 방정식을 제곱하고 시간에 대한 제곱방정식을 유도하라.

$$2y\frac{\mathrm{d}y}{\mathrm{d}t} = 0.00050^2$$

또는

$$\frac{\mathrm{d}y}{\mathrm{d}t} = \frac{12.5 \times 10^{-8}}{y} \tag{5}$$

θ와 λ_{den} 모두를 y_{den}의 함수로서 알고 있다면 문제를 푸는 데 도움이 될 것이다. 이들 함수를 어떻게 구할 수 있는가?

힌트 B156

힌트 B92

(B293)

공정 조직으로 응고되는 부피 분율$(1 - f_\alpha)$을 알고 있고, 그 값은 0.050이다. E 지점에서 (1) 방정식을 적용하는 것은 편리하다.

삼원 상태도를 투영해서 공정점 E의 좌표를 쉽게 판독할 수 있다. 삼원 상태도에는 90도 각도가 없다. 세 개의 공정 골짜기가 마주치는 공정점에서 시작하고, Al 모서리를 형성하면서 두 개의 축과 평행한 두 개 선을 그려라. 이 선들은 $c_{\mathrm{Si}}^{\mathrm{LE}} = 5.5$ wt-% 및 $c_{\mathrm{Cu}}^{\mathrm{LE}} = 27$ wt-% 각각에서 Si 축 및 Cu 축과 교차한다.

분배 계수를 결정할 수 있다면 합금의 조성을 결정할 수 있게 된다. 그 방법은 무엇인가?

힌트 B232

힌트 B93

(B28)

샤일의 수정된 편석 방정식:

$$x^L = x_0^L \left(1 - \frac{f}{1+B} \right)^{-(1-k_{part})} \qquad (1)$$

여기에서

$$B = D_s \frac{4\theta}{\lambda^2} k_{part} \qquad (2)$$

그리고 θ는 총 응고 시간이다.

편석도의 정의를 샤일의 수정 방정식과 결합하라.

힌트 B212

힌트 B94

(B7)

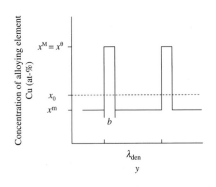

8장의 그림 8.2에 나오는 소재 균형에 의하면 고농도 Cu의 부피 분율 *f*를 다음처럼 표기할 수 있다.

$$f = \frac{b}{\lambda_{den}} = \frac{x_0 - x^m}{x^M - x^m} \qquad (1)$$

이 책에 의하면 부피 분율 *f*는 2%이다. (1) 방정식에서 다른 항목들의 값은 무엇인가?

힌트 B214

힌트 B95

(B46)

답

최선의 균질화 온도는 공정 온도 바로 아래의 온도인데, 예를

들면 540°C이다.

힌트 B96

(B117)

답

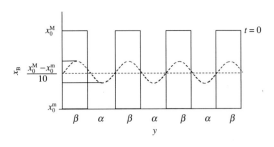

(6) 방정식은 용해 시간과 주물 두께 간의 관계식이다. C_2 및 C_3는 상수이다[힌트 117의 (5) 방정식 참고].

주물이 얇을수록, 용해 시간이 짧아지게 된다.

확산 계수는 온도에 따라 크게 증가한다. 온도가 높을수록, 용해 시간이 짧아지게 된다.

힌트 B97

(B132)

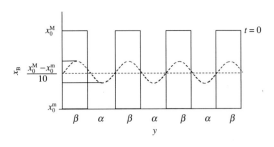

합금을 공정 온도 바로 위의 온도에서 열처리할 때에, A 및 B 원자가 확산되고 편석 패턴은 확산으로 인해 시간이 지남에 따라 점차 변한다. 원래의 편석 패턴과는 무관하게, 시간 의존형 편석 패턴은 진폭이 감소하는 사인파에 가까워진다.

균질화에 대한 시간을 초기 진폭의 1/10까지 진폭을 줄이는 데 필요한 시간으로 정의하는 것이 관례이다. 이 경우에 무슨 식을 얻는가?

힌트 B201

힌트 B98

(B222)

잉곳의 응고 시간을 계산하기 위한 '경험 법칙'을 아마도 들어본 적이 있을 것이다. 5장 97쪽에서 그것을 구할 수 있으니 사용하라!

힌트 B295

힌트 B99

(B145)

샤일 방정식 (1)을 사용하기 위해서는 x_0^l 및 분배 계수 k_{part}의 값이 필요하다.

이 값들을 구하라!

힌트 B281

힌트 B100

(B228)

y가 슬래브 두께의 반이 되면 응고가 끝난다. 열처리는 압연 공정 후, 즉 슬래브 두께가 1.0 mm일 때에 진행된다. 균질화 시간은 재료 상수 및 주물 두께에 따라 달라진다. 주물 두께가 1.0 mm이기 때문에, y는 0.5 mm일 것이다.

주어진 항목들의 수치 값을 대입하고 균질화 시간을 계산하라.

힌트 B263

힌트 B101

연습문제 10.1b

이 경우에 C_c/C_f의 값은 무엇인가? 새 값을 사용해서 h_f를 계산하라.

힌트 B334

힌트 B102

연습문제 9.2b

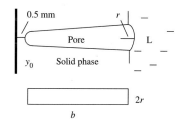

$$V = \pi r^2 b$$

이 식을 시간에 대해 미분하면
$$dV = \pi r^2 db$$이 된다.

수소는 고체 층 y_0을 통해 기공으로 확산된다. 기공이 강성을 띠기 때문에 가스와 용융 금속 간의 접촉면에서만 성장할 수 있다.

기공은 반지름이 r이고 높이가 b인 길쭉한 실린더 형상이라고 근사치로 가정을 한다. 부피 성장 속도를 다음처럼 표기할 수 있다.

$$\frac{dV}{dt} = \pi r^2 \frac{db}{dt} \tag{1}$$

$\underline{H}$ 확산을 설명해 주는 법칙을 완성하라.

힌트 B335

힌트 B103

(B43)

열응력을 포함하는 응력의 기본 방정식은 무엇인가? 방정식을 적고 문제에 적용해 보라. 판이 y 및 z 방향으로 자유롭게 확대될 수 있다는 정보를 해석하는 방법은 무엇인가?

힌트 B235

힌트 B104

(B55)

이 문제를 공정 조직의 분율로 다룬다. 이 문제를 7장의 예제 7.1과 비교하고 재시도하라.

힌트 B193

힌트 B105

(B349)

길쭉한 기공의 표면은 둥근 기공처럼 부드럽다. 용융 금속이 응고될 때에, 가스가 수지상정 간 영역에서 석출된다. 기공은 응고 선단부와 같은 속도로 2상에서 성장한다. 기공 성장은 2상 영역을 통한 가스 확산의 결과이다.

어떤 가스 농도에서 길쭉한 기공이 형성되는가?

힌트 B234

힌트 B106

(B248)

이 책으로부터 기지의 Mn 농도가 0.50 at-%이고, 이로부터 $x_0 = 0.0050$이 주어진다는 것이 분명하다.

이 책으로부터 막에 가까운 Mn의 농도가 0.25 at-%이고, 이로부터 $x^{\alpha/\theta} = 0.0025$가 주어진다는 것을 또한 알게 되었다.

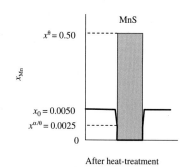

After heat-treatment

Mn의 최소 농도는 0.25 at-%이고, 이로부터 $x^m = x^{\alpha/\theta} = 0.0025$가 주어진다.

순원소에서 $x^\theta = 1$이다. 순 MnS에서 원자 수의 절반은 Mn 원자로 구성되고, 이로부터 $x^\theta = 0.50$이 된다.

알고 있는 수치 값을 (1) 방정식에 대입하고, MnS 막의 용해 시간을 계산하라.

힌트 *B253*

힌트 B107

(B385)

10장의 (10.67) 및 (10.70) 방정식에 의하면 응력 및 변형 간의 일반적인 관계식은 다음과 같다.

$$\sigma = -E\alpha\Delta T = -E\varepsilon \tag{8}$$

위 관계식은 열응력에 대해서도 유효하다고 가정하는 것은 타당성이 있다.

$$\sigma^T = -E\varepsilon^T \tag{9}$$

(8) 및 (9) 방정식을 사용해서 고체 쉘에서 y의 함수로서 열 변형 및 열응력을 유도하라.

힌트 *B26*

힌트 B108

(B273)

응고 속도가 낮아질수록 기공 부피의 성장이 빨라지게 되고, 역으로도 마찬가지이다.

용융 금속에서의 가스 농도가 어떻게 기공 성장에 영향을 미치는가?

힌트 *B323*

힌트 B109

(B361)

10장 348쪽의 (10.72) 및 (10.74) 방정식에 의하면, y의 함수로서 총 열응력은 평균 응력과 같다. 후자는 힌트 B361의 (5) 방정식에 있는 힘을 면적 $d \times 2c$로 나누고, 대입을 한 후에 면적 요소 $d\,dy$에 작용한다고 가정을 한 음의 고정 응력을 더해서 계산할 수가 있다.

$$\sigma_x = \frac{F_x}{2cd} - E\alpha\Delta T \tag{6}$$

마지막 단계를 수행하라! 드디어 해결이 가까워졌다.

힌트 *B186*

힌트 B110

(B192)

오스테나이트 및 흑연에서 P의 용해도가 낮고 무시할 수 있기 때문에 양쪽 분배 상수가 0이다. 이들 값을 (1) 방정식에 대입하면 다음의 식을 얻는다.

$$c_{\underline{P}}^{LE} = c_P^{0\,L}(1 - f_{bin\,eut}^{\gamma+gr})^{-(f_{bin\,eut}^{\gamma}+f_{bin\,eut}^{gr})} \tag{2}$$

분율 $f_{bin\,eut}^{\gamma}$ 및 $f_{bin\,eut}^{gr}$를 모른다는 것은 복잡한 일이다. 진행 방법은 무엇인가?

힌트 *B31*

힌트 B111

연습문제 11.2b

힌트 B197의 (7) 함수를 그림에 그리기 위해서는 알고 있는 항목들의 값을 대입해야 한다.

힌트 *B376*

힌트 B112

(B85)

(1) 방정식을 통해 다음의 식을 얻는다.

$$S = \left(\frac{B}{1+B}\right)^{-(1-k_{part})} = \left(\frac{0.53y^{1/3}}{1+0.53y^{1/3}}\right)^{-(1-0.73)}$$

답

$$S = \left(\frac{0.53y^{1/3}}{1+0.53y^{1/3}}\right)^{-0.27}$$

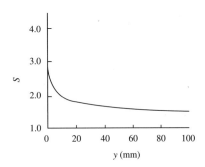

힌트 B113

(B40)

양쪽의 경우에 균질화 시간이 필요하다. 합금과 관련된 동일한 균질화 방정식과 동일한 재료 상수가 유효하다.

이 연습문제와 연습문제 8.8 간의 차이가 무엇인가?

힌트 *B266*

힌트 B114

(B275)

지렛대 원리는 탄소의 미세편석에 유효하다.

$$x_{\underline{C}}^{L} = \frac{x_{\underline{C}}^{0}}{[1 - f_E(1 - k_{part\,\underline{C}}^{\gamma/L})]} \qquad (1)$$

샤일 방정식은 바나듐에 유효하다.

$$x_{\underline{V}}^{L} = x_{\underline{V}}^{0}(1 - f_E)^{-(1 - k_{part\,\underline{V}}^{\gamma/L})} \qquad (2)$$

알고 있는 항목과 모르는 항목은 무엇인가?

힌트 *B65*

힌트 B115

(B280)

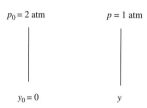

이 책에 나와 있는 관계식을 통해 다음의 식을 얻는다.

$$\frac{dx_H}{dy} = \frac{4 \times 10^{-4}\sqrt{p} - 4 \times 10^{-4}\sqrt{p_0}}{y_0 - 0} = \frac{4 \times 10^{-4}(\sqrt{1} - \sqrt{2})}{0.5 \times 10^{-3}}$$

또는

$$\frac{dx_H}{dy} = -0.8(\sqrt{2} - \sqrt{1}) \qquad (4)$$

dn/dt에 대한 식을 어떻게 구할 수 있는가?

힌트 *B252*

힌트 B116

(B319)

답

(a) 너무 낮은 압탕형(hot top); (b) 너무 높은 압탕형; (c) 이상적인 압탕형.

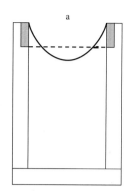

그림 10.3a　단열재가 추가로 장착된 압탕형 아래의 잉곳에 수축공이 침범했다. 압탕형의 용융 금속량이 너무 작아서 전체 응고 수축을 보완할 수가 없다.

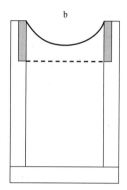

그림 10.3b　잉곳의 중심부가 응고됐을 때 용융 금속이 아직 압탕형에 남아 있다. 다량의 잉곳이 불필요하게 낭비되고 경제적 손실을 야기한다.

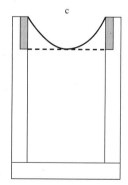

그림 10.3c　마지막으로 응고된 용융 금속의 높이가 압탕형 하부의 가장자리와 같을 때 압탕형의 최적 높이가 된다. 잉곳의 중심부가 응고됐을 때, 용융 금속이 압탕형에 남아 있지 않다.

힌트 B117

(B200)

$$\frac{C_1}{\lambda_{\text{den}}^2} = \frac{T_L - T_0}{\rho(-\Delta H)} \frac{h}{1 + \frac{h}{k}y}$$

이로부터 다음의 식이 주어진다.

$$\lambda_{\text{den}}^2 = C_1 \frac{\rho(-\Delta H)}{T_L - T_0} \frac{k + hy}{hk} = C_2 + C_3 y \qquad (5)$$

여기에서 k는 열전도도이다.

이 식을 (1) 방정식에 대입하라.

힌트 B96

힌트 B118

(B285)

$$(1 - 0.04) \frac{\frac{\pi D^2}{4} h_f}{a^3} = 1^{1/2} \times \frac{\pi D h_f}{6a^2 - \frac{\pi D^2}{4}} + 0.04 \qquad (2)$$

$a = 0.20$ m와 $D = 0.20$ m를 대입하면 h_f의 값을 계산할 수 있다.

힌트 B356

힌트 B119

(B230)

답

공정 온도 아래에서의 용해 시간은 약 3.3시간이다. 공정 온도 위에서의 용해 시간은 6.4시간으로 거의 두 배가 길다. 온도가 더 높으면 고상에서 더 낮은 농도 차이를 얻게 되는데, 균질화 과정을 위한 작은 구동력이 이로부터 주어진다. 용해되어야 하는 공정 조성의 분율이 증가한다. 결과적으로 해당 공정은 더 오랜 시간을 필요로 하며, 이에 대한 생각은 폐기되어야 한다.

힌트 B120

(B351)

소위 V-편석은 이 책에 나와 있는 두 가지 경우의 조직 차이와 밀접하게 연결되어 있다. 단순한 V-편석과 조밀형 V-편석의 형성에 대해 논하라.

힌트 B239

힌트 B121

(B11)

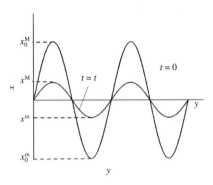

그림은 시간의 함수로서 Cr의 농도 분포를 보여준다. 파장은 수지상정 가지 거리와 동일하다. 진폭은 시간이 지남에 따라 감소한다. 진폭을 시간의 함수로서 서술할 수 있다[8장의 (8.10) 방정식].

$$t = \frac{\lambda_{\text{den}}^2}{4\pi^2 D} \ln \frac{x_0^M - x_0^m}{x^M - x^m} \qquad (1)$$

분명히 확산 상수 D와 수지상정 가지 거리 λ_{den}을 계산해야 한다. D를 어떻게 얻는가?

힌트 B60

힌트 B122

연습문제 11.3b

답

기계적 환원을 사용하고, 슬래브 주조기에서 얇은 연속주괴 위의 롤러를 통해서 기계적 압력을 가하는 것은 매우 쉽다.

빌렛 주조에서 그렇게 하는 것은 더 어렵다. 후자의 경우에 열 환원을 사용하고 설계가 잘된 연속주괴의 냉각을 적용하는 것은 더 쉽다.

힌트 B123

(B348)

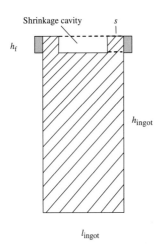

그림의 빗금 부위는 잉곳이 막 응고되었을 때와 s가 15 mm일 때 총 응고된 부피를 나타낸다.

$$h_f(l_{ingot} - 2s)b \quad = \quad \beta(h_{ingot}\, l_{ingot} + h_f \times 2s)b \quad (1)$$

공동부 부피　　　　응고 수축 × 응고된 부피

(1) 방정식으로부터 h_f를 풀어라.

힌트 B21

힌트 124

연습문제 10.9

응고 중에 표면 온도가 일정하다고 가정하라. 응고 선단부가 마주치기 직전에 연속주괴의 수직 단면을 서술해 주는 그림을 그려라.

힌트 B10

힌트 B125

(B212)

$$B = D_s \frac{4\theta}{\lambda_{den}^2} k_{part} \quad (2)$$

B에 포함된 다른 항목들을 결정해야 한다.

$k_{part} = 0.85$　(이 책에 의함)

$$\theta = \frac{\Delta T}{-\dfrac{dT}{dt}} = \frac{40}{\dfrac{5}{60}} = 480\,s$$

수지상정 가지의 거리 $\lambda_{den} = 150\ \mu m$

이들 값과 D_s 값을 (2) 방정식에 대입하면, 다음의 식을 얻는다.

1.

$$B = D_s \frac{4\theta}{\lambda_{den}^2} k_{part} = 10^{-15} \times \frac{4 \times 480}{(150 \times 10^{-6})^2} \times 0.85 = 7.25 \times 10^{-5}$$

이로부터 다음의 식이 주어진다.

$$S = \left(\frac{7.25 \times 10^{-5}}{7.25 \times 10^{-5} + 1} \right)^{-(1-0.85)} = (7.25 \times 10^{-5})^{-0.15} = 4.18$$

2.

$$B = D_s \frac{4\theta}{\lambda_{den}^2} k_{part} = 10^{-12} \times \frac{4 \times 480}{(150 \times 10^{-6})^2} \times 0.85 = 7.25 \times 10^{-2}$$

이로부터 다음의 식이 주어진다.

$$S = \left(\frac{7.25 \times 10^{-2}}{7.25 \times 10^{-2} + 1} \right)^{-(1-0.85)} = \left(\frac{7.25 \times 10^{-2}}{1.072} \right)^{-0.15} = 1.50$$

3.

$$B = D_s \frac{4\theta}{\lambda_{den}^2} k_{part} = 10^{-9} \times \frac{4 \times 480}{150 \times 10^{-6}} \times 0.85 = 72.5$$

이로부터 다음의 식이 주어진다.

$$S = \left(\frac{72.5}{72.5 + 1} \right)^{-(1-0.85)} = \left(\frac{72.5}{73.5} \right)^{-0.15} = 1.00$$

7.3a에 대한 답은 힌트 B52에 나온다.

힌트 B52

힌트 B126

(B279)

c_O^L의 계산 값은 틀렸다! $\underline{O}$의 농도는 0.155 wt-%를 초과할 수 없다. FeO는 이 농도에서 석출이 되며, 이에 의해 $\underline{O}$ 농도가 일정 수준인 0.155 wt-%를 유지한다.

p_{CO}의 계산 방법은 무엇인가?

힌트 B343

힌트 B127

(B330)

Chvorinov의 법칙을 성장 법칙으로 표기할 수 있다[4장의 (4.73) 방정식].

$$y_L(t) = \frac{V_f}{A_f} = C_f \sqrt{t} = \frac{2(T_i - T_0)}{\sqrt{\pi} \rho_{metal}(-\Delta H)} \sqrt{k_{mould} \rho_{mould} c_p^{mould}} \sqrt{t}$$

(5)

또는 다음처럼 보다 간결하게 표기가 가능하다.

$$t = C \left(\frac{V_f}{A_f} \right)^2 \quad (6)$$

(5)와 (6) 방정식을 비교해서 상수 C를 유도할 수 있다.

$$C = \frac{1}{C_f^2} = \left[\frac{\sqrt{\pi}}{2} \frac{\rho_{\text{steel}}(-\Delta H_{\text{steel}})}{T_i - T_0} \right]^2 \cdot \frac{1}{k_{\text{feeder}} \rho_{\text{feeder}} c_p^{\text{feeder}}} \quad (7)$$

알고 있는 값을 (6) 방정식에 대입하라.

힌트 B51

힌트 B128

연습문제 9.6

문제를 풀기 위해 어떻게 시작해야 하는가?

힌트 B357

힌트 B129

(힌트 B5)

용융 금속은 표면에서 가장 먼저 응고된다. 이는 응고 선단부와 멀리 떨어져 있고, 조건은 실질적으로 안정되어 있으며 $d\rho_s/dt = 0$라고 가정하는 것은 타당성이 있다. 빨아들인 용융 금속이 고체의 표면에서 보이는 유동 속도는 0이다.

이 경우에 11장의 (11.50) 방정식이 유효하다. 이 방정식을 사용해서 표면에서의 탄소 농도를 계산하라.

힌트 B370

힌트 B130

연습문제 9.4a

c_O^0가 0.050 wt-%이고 c_C^0가 0.050 wt-%라는 것을 알고 있다.

Fe-C계의 상태도를 사용해서 온도를 구하라.

힌트 B256

힌트 B131

(B231)

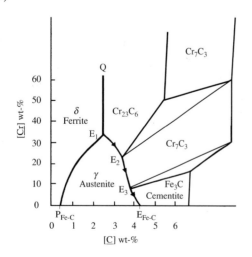

알고 있듯이 그림의 삼원 상태도는 3차원 상태도를 투영한 것이다. 온도 축이 보이지는 않지만 온도 차이를 보여주는 표시가 있다.

E_1-E_2, E_2-E_3 및 E_3-$E_{\text{Fe-C}}$ 곡선은 3개의 공정 골짜기이다. 화살표들은 온도 강하를 보여준다. 용융 금속은 공정 골짜기들 중 하나의 골짜기 위의 점에 해당하는 조성을 갖게 되는 즉시, 온도가 감소할 때 화살표 방향으로 골짜기를 따라간다.

공정선을 따라가는 점의 움직임은 응고 및 냉각 과정에서 남아 있는 용융 금속의 조성을 나타낸다. 이 경우에 어떤 삼원 상태도 부분이 특별히 관심을 끄는가?

힌트 B300

힌트 B132

(B3)

공정 합금은 같은 몰분율의 원소 α 및 β, 즉 순수 A 및 B 원자 각각의 층상으로 구성된다. 층상의 두께는 동일한데, 즉 $l_\alpha = l_\beta$이다. 온도 T는 T_E보다 크거나 동일하다.

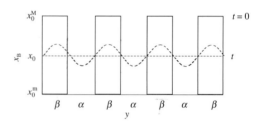

B 원소의 농도를 독립 변수 x로 간주하라.

다음 식으로 합금의 평균 농도(몰분율)를 설명한다.

$$x_0 = x^E = 0.50$$

합금의 조성은 그림에 나와 있는 사각파를 통해 서술할 수 있다.

β 띠판(B 원자만 있음)의 조성에 있어서 $x^M = 1$이다.

기지(A 원자만 있음)의 조성에 있어서 $x^m = 0$이다.

합금을 열처리할 때 무슨 일이 발생하는가?

힌트 B97

힌트 B133

(B296)

9.4a에서 계산했던 것과 동일한 방법으로 c_C^i과 c_O^i을 계산하라. 그다음으로는 얻게 된 값을 (1) 방정식에 대입하라.

힌트 B340

힌트 B134

(B307)

10장의 표 10.1를 통해 $\beta_{bronze} \approx \beta_{brass} = 5\% = 0.05$가 주어진다.

　10장의 표 10.2를 통해 $CFR_{bronze} = 95\%$ 및 $CFR_{bras} = 26\%$가 주어진다.

　두 개 소재에 대해 C_c 및 C_f를 계산해야 한다. 방법은 무엇인가?

힌트 B73

힌트 B135

(B214)

첫 번째 단계는 이 경우에 확산 영역을 고려하는 것이다.

힌트 B76

힌트 B136

(B227)

다음으로 l_{top}, 즉 시간 t_{ingot}에서 압탕형(hot top) 내 응고된 층의 두께를 계산하라.

　무슨 방정식을 사용하는가?

힌트 B70

힌트 B137

(B241)

연습문제 7.8b

힌트 B31의 (5) 방정식을 통해 초기 $\underline{P}$ 농도가 0.1 wt-%일 때에 공정 조직의 분율이 주어진다.

$$1 - f_{bin\ eut}^{\gamma + gr} = \frac{c_{\underline{P}}^{0L}}{7.2\ \text{wt-\%}} = \frac{0.10\ \text{wt-\%}}{7.2\ \text{wt-\%}} = 0.014$$

답

(a) 삼원 공정조직으로 응고되는 용융 금속의 분율은 $c_{\underline{P}}^{0L}/(7.2\ \text{wt-\%})$이다.

(b) 용융 금속에서 초기 $\underline{P}$ 농도가 0.10 wt-%이면 용융 금속의 1.4%가 삼원 공정조직으로 응고된다.

힌트 B138

(B247)

$$\eta = e^{\frac{13368}{RT} - 2.08} \times 10^{-3} = e^{\frac{13368}{8.31 \times 10^3 (1550 + 273)} - 2.08} \times 10^{-3}$$
$$= 0.125 \times 10^{-3}\ \text{Pa}$$

입자의 속도를 계산하라.

힌트 B363

힌트 B139

(B184)

4장의 (4.46) 방정식은 필요로 하는 식이며, 다음과 같이 단순화할 수 있다.

$$\frac{dy_L}{dt} = \frac{T_L - T_0}{\rho(-\Delta H)} \frac{h}{1 + \frac{h}{k} \cdot y_L} \tag{3}$$

이 경우에 판이 매우 얇고, Nusselt 수 hy_L/k가 1보다 작거나 같다고 가정하는 것이 타당성이 있다.

　다음처럼 근사치를 만들 수 있다.

$$\frac{dy_L}{dt} = \frac{T_L - T_0}{\rho(-\Delta H)} \cdot \frac{h}{1 + \frac{h}{k} y_L} \approx \frac{T_L - T_0}{\rho(-\Delta H)} h \tag{4}$$

총 응고 시간의 계산 방법은 무엇인가?

힌트 B298

힌트 B140

(B58)

$$c^L = \frac{c^s}{k_{part}} = \frac{0.63}{0.33} = 1.92\ \text{wt-\%}$$

이제 $\overline{c_0}$를 계산할 수 있게 된다. 방법은 무엇인가?

힌트 B310

힌트 B141

(B66)

$$x_{\underline{V}}^0 = \frac{K}{x_{\underline{C}}^0} \frac{[1 - f_E(1 - k_{part\ \underline{C}}^{\gamma/L})]}{(1 - f_E)^{-(1 - k_{part\ \underline{V}}^{\gamma/L})}} \tag{4}$$

수치 값을 대입할 때에 다음의 식을 얻는다.

$$x_{\underline{V}}^0 = \frac{2.5 \times 10^{-4}}{0.030} \frac{[1 - f_E(1 - 0.40)]}{(1 - f_E)^{-(1 - 0.40)}}$$
$$= 8.3 \times 10^{-3}(1 - 0.6 f_E)(1 - f_E)^{0.6}$$

공정 조직 분율, 즉 $(1 - f_E)$의 함수로서 $x_{\underline{V}}^0$를 구하고자 한다. 마지막 방정식을 다음처럼 변형할 수 있다.

$$x_{\underline{V}}^0 = 8.3 \times 10^{-3}[0.4 + 0.6(1 - f_E)](1 - f_E)^{0.6}$$

답

추가된 바나듐 농도의 함수로서 공정 조직의 분율($1 - f_E$)은 다음에 의해 주어진다.

$$x_{\underline{V}}^0 = 8.3 \times 10^{-3}[0.4 + 0.6(1 - f_E)](1 - f_E)^{0.6}$$

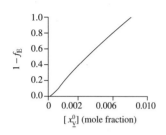

힌트 B142

(B15)

용융 금속의 온도는 냉각 주형의 입구($t = 0$)에서 1470℃이다. 냉각 주형 벽과 형성되는 얇은 쉘 간의 접촉은 처음 20초 동안에 우수하다. 온도는 1040℃까지 빠르게 감소한다.

20초가 지나면 쉘과 연속주괴의 접촉이 없어지고, 열전도가 갑작스럽고 크게 감소한다. 이로 인해 20초 동안에 쉘의 표면에서 1040℃에서 1260℃까지 급속한 온도 증가가 발생한다. 이 시간 동안에 연속주괴와 주형 간의 접촉이 새로 만들어진다. 쉘의 안쪽 표면이 액상선 온도에서 용융 금속과 접촉을 한다.

위치의 함수로서 쉘 내부의 온도를 그려라.

힌트 B367

힌트 B143

(B22)

7장의 예제 7.1에 의해서 상태도로부터 분배 계수를 얻는다.

$$k_{part} = \frac{x^s}{x^L} = \frac{0.025}{0.173} = 0.1445 \tag{1}$$

응고된 용융 금속의 분율을 샤일 방정식을 통해 계산하기 위해 이 값을 이용한다[7장의 (7.10) 방정식].

$$x^L = x_0^L(1 - f)^{-(1 - k_{part})} \tag{2}$$

또는

$$0.173 = 0.0250(1 - f_E^s)^{-(1 - 0.1445)}$$

이 식들은 다음과 같이 축소가 가능하다.

$$1 - f_E^s = 0.1445^{1/0.8555} = 0.10$$

남아 있는 용융 금속은 공정 조성으로 응고된다.

$$f_E^L = 1 - f_E^s = 0.10$$

고상의 공정 조직에서 θ-상의 분율을 어떻게 구하는가?

힌트 B218

힌트 B144

(B9)

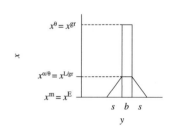

흑연은 0.10 mm의 두께를 가진 디스크로 구성된다. 이는 연속 스트립의 확산 구간이 겹치지 않을 때의 경우에 해당한다. 이 디스크를 용융 주철에서 '단열된 섬'으로 간주할 수 있다. t의 계산 방정식은 8장의 (8.40) 방정식이다.

$$t = \frac{b^2}{2D} \frac{(x^\theta - x^m)^2}{(x^{\alpha/\theta} - x^m)^2} \tag{1}$$

여기에서 b는 θ 상을 나타내는 흑연 띠판의 두께이다. α-상은 이 경우에 용융 금속 L이고 동시에 최저 탄소 농도 $x^m = x^E$를 갖고 있는 상이다. 흑연 상 θ에 가까운 용융 금속에서의 탄소 농도는 $x^{\alpha/\theta} = x^{L/gr}$이다. 이로 인해 이 경우에 (1) 방정식을 다음과 같이 표기할 수 있다.

$$t = \frac{b^2}{2D} \frac{(x^\theta - x^m)^2}{(x^{\alpha/\theta} - x^m)^2} = \frac{b^2}{2D} \frac{(x^{gr} - x^E)^2}{(x^{L/gr} - x^E)^2} \tag{2}$$

이 책에 나와 있는 상태도로부터 값을 구하라.

힌트 B225

힌트 B145

(B216)

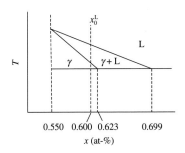

$(\gamma + L)$ 상은 편리한 시작 값인 $x_{\mathrm{Mg}} = 0.55$에서 1차적으로 나타난다. 상태도에서 판독된 다른 값은 그림에 표기된다.

진행 방법은 무엇인가?

힌트 B99

힌트 B146

(B39)

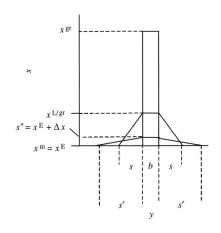

$\Delta c = 0.10$ wt-%는 몰분율로 변형돼야 한다(257쪽 참고).

$$\Delta x = \frac{\dfrac{0.10}{12}}{\dfrac{100 - 0.10}{55.85} + \dfrac{0.10}{12}} = 0.0046$$

이전처럼 $x^{\mathrm{gr}} = 1$이고 $x^{\mathrm{m}} = x^{\mathrm{E}} = 0.173$이다.

균질화 후에 <u>C</u> 농도의 새로운 평균 값은 다음과 같다.

$$x^* = x^{\mathrm{E}} + \Delta x = 0.173 + 0.0046 = 0.1776$$

소재 균형을 완성하고 확산 거리 s'를 계산하라.

힌트 B211

힌트 B147

(B325)

이 책에 나와 있는 그림은 응고가 시작될 때 10 ppm의 가스가 용융 금속에 포함되면, 응고될 때 용융 금속의 가장 마지막 부분에는 20 ppm이 포함된다는 것을 보여준다. 응고 과정의 끝에 기공이 생성될 수도 있다. 응고 수축이 압력을 줄이고 10 ppm보다 낮은 가스 농도에서도 기공이 생성될 수도 있다. 이로 인해 가스 농도 [<u>G</u>]가 10 ppm보다 작으면 수지상정 간 기공의 생성 위험이 있다.

둥근 기공에 대해 서술하라. 이들 기공의 생성 근원은 무엇인가?

힌트 B254

힌트 B148

(B277)

질문은 제시된 <u>Ce</u> 농도가 충분한지 여부이다. 이를 파악하기 위해서는 주어진 <u>Si</u> 농도를 갖고 <u>Ce</u> 농도를 계산해야 한다. Ce_2O_3의 용해도적, 용융 금속에서 [<u>Si</u>]와 [<u>O</u>] 간의 관계식 및 용융 금속의 온도를 사용할 수 있다.

무슨 방정식이 균질 핵 생성에 유효한가?

힌트 B54

힌트 B149

(B232)

$c_{\underline{Si}}^{\mathrm{L}} = c_{\underline{Si}}^{\mathrm{LE}}$인 공정점 E에서 (1) 방정식을 적용하면 다음의 식을 얻는다.

$$c_{\underline{Si}}^{\mathrm{LE}} = c_{\underline{Si}}^{0\mathrm{L}}(1 - f_{\alpha})^{-\left(1 - k_{\mathrm{part\,Si}}^{\alpha/\mathrm{L}}\right)}$$

또는

$$5.5 = c_{\underline{Si}}^{0\mathrm{L}} 0.050^{-(1-0.13)} \Rightarrow c_{\underline{Si}}^{0\mathrm{L}} = 5.5 \times 0.050^{0.87} = 0.41\,\text{wt-%}$$

이와 비슷하게 다음의 식을 얻는다.

$$c_{\underline{Cu}}^{\mathrm{LE}} = c_{\underline{Cu}}^{0\mathrm{L}}(1 - f_{\alpha})^{-\left(1 - k_{\mathrm{part\,Cu}}^{\alpha/\mathrm{L}}\right)}$$

또는

$$27 = c_{\underline{Cu}}^{0\mathrm{L}} \times 0.050^{-(-0.16)} \Rightarrow c_{\underline{Cu}}^{0\mathrm{L}} = 27 \times 0.050^{0.84} = 2.18\,\text{wt-%}$$

답

Si와 Cu의 최대 농도는 각각 0.4 wt-% 이하, 2 wt-% 이하여야 한다.

힌트 B150

연습문제 9.10d

입자 누출 조건은 무엇인가?

힌트 B291

힌트 B151

(B298)

이 책에 따라 다음의 식을 얻는다.

$$\lambda_{den} = 2.0 \times 10^{-3} \theta_{sol}^{0.5} = 2.0 \times 10^{-3} \times 0.66^{0.5} = 1.6 \times 10^{-3}\,\text{m}$$

균질화 시간을 계산하라.

힌트 B240

힌트 B152

(B317)

$\underline{C}$ 및 $\underline{O}$ 모두 빠르게 확산되며, 이로 인해 지렛대 원리를 7장의 (7.15) 방정식에 적용할 수 있다.

$$c^L = \frac{c_0^L}{1 - f(1 - k_{part})} \qquad (2)$$

c^L을 계산하려면 고체 금속의 분율 f의 값을 아는 것이 필요하다. f를 계산하기 위한 조건은 무엇인가?

힌트 B347

힌트 B153

(B294)

슬래브가 변형되어, 즉 눌러서 두께가 200 mm에서 2 mm로 된 경우에, 수지상정 가지의 거리 역시 1/100만큼 감소한다.

$$\lambda_{deform} = \frac{\lambda_{den}}{100} \qquad (4)$$

λ_{deform}^2에 대한 식을 균질화 시간 계산용 방정식에 대입하라.

힌트 B228

힌트 B154

(B350)

B350의 결과와 $k_{part\underline{Cr}}$에 주어진 수치 값을 통해 다음의 식을 얻는다.

$$S_{\underline{Cr}} = \frac{c_{\underline{Cr}}^L}{c_{\underline{Cr}}^0 \, k_{part\,\underline{Cr}}} = \frac{c_{\underline{Cr}}^L}{1.5 \times 0.73} \qquad (9)$$

$(1 - f)$ 값 각각에 대해 $c_{\underline{Cr}}^L$ 및 $c_{\underline{C}}^L$의 수치 값을 이미 계산하

였으며, 힌트 B322의 마지막 표에 나열되어 있다.

각각의 $(1 - f)$ 값에 대해 (9) 방정식을 통해 $S_{\underline{Cr}}$ 값을 계산하고, 계산 결과를 힌트 B345에 있는 표의 마지막 열에 나열하라.

힌트 B345

힌트 B155

(B17)

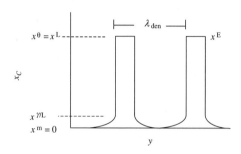

2차 상의 총 용해 시간[케이스 I, θ 상이 용융 금속 L로 대체되는 차이가 있는 8장의 (8.26) 방정식]은 다음과 같다.

$$t = -\frac{\lambda_{den}^2}{\pi^2 D} \ln \left[1 - \frac{f_0^L(x^L - x^m)}{x^{\gamma/L} - x^m} \right] \qquad (1)$$

여기에서

$$x^m = 0$$
$$x^\theta = x^L = x^E = 0.173$$
$$x^{L/\gamma} = 0.167 \quad (\text{at } T = T_E + 10\,\text{K})$$
$$k_{part} = \frac{x^s}{x^L} = \frac{0.091}{0.173} = 0.526$$
$$x^{\gamma/L} = k_{part}\, x^{L/\gamma} = 0.526 \times 0.167 = 0.087$$

알고 있는 값을 (1) 방정식에 대입하고, 함수를 그래프로 표현하라.

힌트 B63

힌트 B156

(B91)

이 책으로부터 관계식을 알게 되었다.

$$\lambda_{den} = 2.0 \times 10^{-6} \theta^{0.4}\,\text{m} \qquad (6)$$

성장 속도 및 θ 그리고/또는 λ_{den} 간의 관계식을 구할 수 있다면, θ와 λ_{den} 그다음에 B 그리고 마지막으로는 y의 함수

로서 S를 표현할 수 있다.

힌트 B290

힌트 B157

(B332)

$$\frac{C_c}{C_f} = \frac{k_f \rho_f c_p^f}{k_c \rho_c c_p^c} = \frac{4.1 \times 10^{-4} \times 0.9 \times 10^3 \times 0.20 \times 10^3}{14.5 \times 10^{-4} \times 1.5 \times 10^3 \times 0.27 \times 10^3} = 0.126$$

이제 두 개의 합금에 대한 β 및 CFR, C_c/C_f 값을 알게 되었다. 압탕의 높이 h_f 값을 구하기 위한 진행 방법은 무엇인가?

힌트 B19

힌트 B158

연습문제 9.3

관계식을 사용할 수 있으려면

$$(c_{\underline{H}}^L)^2 c_{\underline{O}}^L = 2 \times 10^{-11} \times p_{H_2O} \tag{1}$$

용융 금속에서 $\underline{H}$ 및 $\underline{O}$의 농도를 계산해야 한다. 어떤 관계식을 이용하는가?

힌트 B309

힌트 B159

(B64)

분배 계수를 사용하라.

$$c^s = k_{part} c^L \tag{3}$$

시료가 변형됐을 때에 무슨 방정식이 유효한가?

힌트 B270

힌트 B160

(B78)

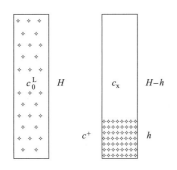

그림을 통해 합금 원소의 소재 균형을 완성하라. 합금 원소의

양은 변하지 않고, 단지 재분배될 뿐이다.

$$Hc_0^L = (H - h)c_x + hc^+$$

이로부터 다음의 식이 주어진다.

$$c_x = \frac{H c_0^L - hc^+}{H - h} \tag{6}$$

힌트 B78 및 B386에 나와 있는 h 및 c^+의 알고 있는 값 각각을 통해 $W = 0.5$, $W = 1$ 및 $W = 2$의 세 가지 경우에 대한 c_x를 계산한다.

$W = 0.5$	$W = 1$	$W = 2$
$c_x = \frac{1.2 \times 0.5 - 0.16 \times 0.31}{1.2 - 0.16}$	$c_x = \frac{1.2 \times 0.5 - 0.22 \times 0.365}{1.2 - 0.22}$	$c_x = \frac{1.2 \times 0.5 - 0.33 \times 0.42}{1.2 - 0.33}$
$c_x = 0.53$ wt-%	$c_x = 0.53$ wt-%	$c_x = 0.53$wt-%

연습문제 11.9a에서 얻은 $\underline{C}$ 농도 c^+의 함수로서 h 값을 이제 그릴 수 있다(힌트 B386).

힌트 B220

힌트 B161

(B304)

모든 값을 대입하면 다음의 식을 얻는다.

$$\frac{0.0020}{1 - f(1 - 0.010)} \times 0.50(1 - f)^{-(1 - 0.67)} = e^{-\left(\frac{34200}{1500 + 273} - 15.4\right)}$$

또는 축소 후에는 다음의 식을 얻는다.

$$(1 - f)^{-0.33} = 20.46(1 - 0.99f) \tag{4}$$

(4) 방정식을 어떻게 푸는가?

힌트 B364

힌트 B162

(B71)

답

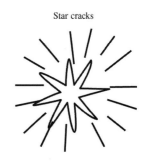

Star cracks

10.7a에서처럼 표면, 중심부 및 중간의 공간 모든 곳에서 냉각 속도가 다르다.

응력은 전이 온도(취성/연성 구역)와 고상선 온도 간의 온도 영역에 있는 소재에서 가장 강하다. 이 영역은 약한데 균열에 특히 민감하다. 별 모양 균열이 중심부에서 생성된다.

힌트 B163

(B74)

이 책으로부터 다음의 식을 얻는다.

$$y = 0.00050\sqrt{t} \quad \text{(SI units)} \tag{4}$$

어떻게 성장 속도를 얻는가?

힌트 B91

힌트 B164

연습문제 10.5

풀기 위한 방안을 구하라.

힌트 B338

힌트 B165

(B344)

힌트 B344 및 B335에서 dn/dt에 대한 두 개의 식은 같아야 한다.

$$\frac{p}{RT}\pi r^2 \frac{db}{dt} = -D_{\underline{H}} \frac{A}{V_m} \frac{dx_{\underline{H}}}{dy}$$

db/dt를 풀고, 알고 있는 값을 대입하라.

힌트 B204

힌트 B166

(B79)

(4) 방정식을 참고하고, 더 높은 온도로 인해 발생하는 변화를 파악하라.

힌트 B230

힌트 B167

(B314)

부유하는 강(스틸)에서는 다음이 성립한다.

$$p_{CO} + p_{H_2} = 1 \text{ atm} \tag{1}$$

이 책에 의하면, $c_{\underline{C}}^0 = 0.050$ wt-%이다.

가스 석출이 즉시, 응고 이전에 시작되기 때문에 f는 0이다.

$c_{\underline{H}}^L$와 $c_{\underline{O}}^L$ 간의 관계식이 필요하다. 따라서 농도에 대한 이들 두 개의 식을 구해야 한다. $c_{\underline{H}}^L$을 어떻게 구하는가?

힌트 B278

힌트 B168

(B25)

잉곳의 조직은 수지상정 간 영역에서 형성되는 주상정 결정(수지상정 성장)과 탄화물로 구성된다. 이로 인해 탄화물 간의 거리는 수지상정의 거리와 동일한 방법으로 달라진다.

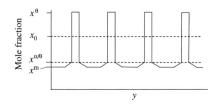

농도 분포가 기재된 그림에 나와 있는데, 여기에서 x^θ는 띠판의 조성(at-%), x_0는 합금 조성의 평균 값, $x^{\alpha/\theta}$는 α/θ 접촉면에서 α-상의 평형 농도 그리고 x^m이 합금 원소의 최소 농도(at-%)이다.

이 경우에 용해 시간이 어떻게 수지상정 가지의 거리에 따라 달라지는가?

힌트 B53

힌트 B169

(B224)

표면의 온도가 갑자기 연속주괴의 표면에서 크게 상승할 때에, 표면은 팽창하는 성질이 있다. 연속주괴의 내부에서는 동일하게 격렬한 온도 변화가 일어나지 않는다.

예상되는 균열의 유형이 무엇이고 발생 위치는 어디인가?

힌트 B89

힌트 B170

(B313)

wt-% 단위가 몰분율 대신에 사용된다.

$$c_{\underline{C}}^L = \frac{c_{\underline{C}}^s}{k_{part\,\underline{C}}} = \frac{c_{\underline{C}}^0}{1 - f(1 - k_{part\,\underline{C}})} = \frac{c_{\underline{C}}^0}{1 - [1 - (1-f)](1 - k_{part\,\underline{C}})}$$
$$= \frac{c_{\underline{C}}^0}{k_{part\,\underline{C}} + (1-f)(1 - k_{part\,\underline{C}})} = \frac{c_{\underline{C}}^0}{0.50 + 0.50(1-f)}$$

$$\tag{3}$$

어떤 편석 방정식이 <u>Cr</u>에 유효한가?

힌트 B342

힌트 B171

(B302)

(5) 방정식에는 상수인 $c_{\underline{Cr}}^0$, 알고 있는 값인 $k_{\mathrm{part}\underline{Cr}} = 0.73$ 및 $k_{\mathrm{part}\underline{C}} = 0.50$이 포함된다. (5) 방정식을 다음처럼 표기할 수 있다.

$$c_{\underline{Cr}}^0 (1-f)^{-(1-k_{\mathrm{part}\underline{Cr}})} = 68.8 - \frac{16c_{\underline{C}}^0}{1-[1-(1-f)](1-k_{\mathrm{part}\underline{C}})} \tag{6}$$

또는

$$c_{\underline{Cr}}^0 (1-f)^{-0.27} = 68.8 - \frac{16c_{\underline{C}}^0}{0.50 + 0.50(1-f)} \tag{7}$$

이는 우리가 $(1-f)$ 및 $c_{\underline{C}}^0$ 간의 관계식을 갖고 있다는 것을 명확하게 보여준다. 따라서 (7) 방정식이 정답이다.

$(1-f)$를 (6) 방정식으로부터 $c_{\underline{C}}^0$의 함수로 명확하게 푸는 것은 불가능하지만, 컴퓨터 계산을 통해 수치적으로 푸는 것은 가능하다. 따라서 $c_{\underline{C}}^0$의 각 값은 액체 상의 분율 $(1-f)$의 값에 해당된다.

$(1-f)$를 계산하고, 1.5, 1.6,..., 2.7, 2.8 wt-%의 $c_{\underline{C}}^0$ 값에 대한 계산 값을 5개의 열이 있는 수직 표에 나열하라. 이 표에는 추가된 3개의 열이 있는데 추후 안내가 있을 때까지는 공란으로 둔다.

힌트 B333

힌트 B172

(B65)

본문에 나온 용해도적에 대한 식을 얻는다.

$$x_{\underline{C}}^L \, x_{\underline{V}}^L = K \tag{3}$$

이제 세 개의 방정식과 네 개의 미지 변수를 갖고 있다. 우리는 이들 항목들의 값을 원하는 것이 아니고 f_E와 $x_{\underline{V}}^0$ 간의 관계식을 원하기 때문에 이는 충분하다.

$x_{\underline{V}}^L$ 및 $x_{\underline{C}}^L$를 제거해서 원하는 관계식을 구하라.

힌트 B202

힌트 B173

(B36)

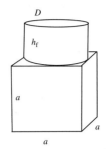

- 압탕의 응고 시간은 주물의 응고 시간과 같거나 길어야 한다. 그다음에 압탕의 용융 금속이 주물의 응고 수축을 보충한다.
- 압탕의 부피는 적어도 압탕 내부의 전체 응고 수축을 에워싸기에 충분한 크기여야 한다.

시간 조건을 방정식으로 표현하라.

힌트 B246

힌트 B174

(B88)

7장의 예제 7.5에서 합금의 조성을 알고 있었고, 세 가지 유형의 조직에 대한 분율을 필요로 했다.

이 경우에 공정 조직의 분율을 알고 있고, 합금의 조성을 계산해야 한다.

예제 7.5에서 알 수 있듯이 석출된 조직의 유형에 따라서 응고 과정을 여러 단계로 분리하는 것은 필요하지 않다. 이로 인해 문제가 상당히 간단해진다.

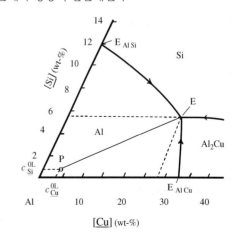

투영된 상태도의 초기 조성을 나타내는 P점으로부터 공정점인 E점까지 직진하는 것으로 충분하다. 이 전이에 대한 방정식을 완성하라.

힌트 B293

힌트 B175

연습문제 7.9b

편석도의 정의는 무엇인가?

힌트 B236

힌트 B176

(B33)

답

공정 온도 이하:
온도가 높을수록, 더 좋다.

- 기지에서의 최소 농도와 Al_2Cu와 접촉하는 기지에서의 농도 간 차이는 온도에 따라 증가한다. 이는 균질화 과정을 촉진한다.
- 확산 계수는 온도에 따라 증가하는데, 이로 인해 균질화 시간이 줄어든다.

공정 온도 이상:

- 용용 금속과 접촉하는 기지에서의 농도는 온도가 증가함에 따라 감소한다. 이로 인해 고상에서의 농도 차이가 작아지고 균질화 과정에 대한 구동력이 낮아진다. 이로 인해 균질화 시간이 길어진다.
- 확산 계수는 온도에 따라 증가하지만, 온도 의존성은 작고 이 영향이 감소된 구동력(연습문제 8.2 참고)보다 우위를 차지하지 않는다.

힌트 B177

(B393)

알고 있는 수치 값을 (5) 방정식에 대입할 때에,

$$\frac{dc_{melt}}{dt} l_{pool} = \frac{r_F^4 \Delta \rho g}{8\eta} N\pi (c^F - c_{melt}) + v_{growth} c_0^L - v_{growth} c_{melt} \quad (5)$$

다음의 식을 얻는다.

$$\frac{dc_{melt}}{dt} \times 0.15 = \frac{\left(\frac{0.005}{2}\right)^4 \times 100 \times 9.8}{8 \times 0.0067}$$

$$\times 93 \times \pi \times (1.5 - c_{melt}) + \frac{1.5}{3600}(1.0 - c_{melt}) \quad (5)$$

이로부터 다음의 식이 주어진다.

$$\frac{dc_{melt}}{dt} = 0.00139(1.5 - c_{melt}) + 0.00278(1.0 - c_{melt})$$

또는

$$\frac{dc_{melt}}{dt} = 0.00486 - 0.00417 c_{melt} \quad (6)$$

명확성과 간결성을 위해 $a = 0.00486$과 $b = 0.00417$을 대입해야 하고, 이로부터 다음의 식이 주어진다.

$$\frac{dc_{melt}}{dt} = a - bc_{melt} \quad (7)$$

(7) 방정식을 풀어라. 적분에 있어서의 한계 값은 무엇인가?

힌트 B391

힌트 B178

연습문제 11.6b

잉곳의 상단과 하단에서 이런 유형의 거시편석을 피하거나 줄이기 위한 방법을 제시하기 위하여 연습문제 11.6a의 정보를 이용하라.

힌트 B379

힌트 B179

(B394)

힌트 B359의 (2)와 (3) 방정식, 힌트 B394의 (4) 방정식을 힌트 B45의 (1) 방정식에 대입하고, 다음의 미분 방정식을 얻어라.

$$\frac{dc_{melt}}{dt} Al_{pool} = \frac{r_F^2 \Delta \rho g}{8\eta} AN\pi r_F^2 (c^F - c_{melt}) + \frac{dy_L}{dt} Ac_0^L - \frac{dy_L}{dt} Ac_{melt}$$

전체 방정식을 A로 나눌 수 있는데, 이는 사라진다.

dy_L/dt를 몇몇 더 유용한 표현으로 대체할 수 있는가?

힌트 B393

힌트 B180

연습문제 10.2

합금을 주조하게 된다. 이 책에 나와 있는 조건을 충족시키기 위하여 압탕의 최적 설계를 논하라.

힌트 B59

힌트 B181

(B284)

(1) 방정식에 따라 다음의 식을 얻는다.

$$p_{CO} = \frac{c_C^L c_O^L}{e^{-\left(\frac{2690}{T}+4.75\right)}} = \frac{0.118 \times 0.155}{e^{-\left(\frac{2690}{1525+273}+4.75\right)}} = 9.43 \text{ atm} \quad (5)$$

답은 힌트 B87에 나와 있다.

힌트 B87

힌트 B182

(B14)

A-편석은 둥글고 거의 수직의 채널이며 주변과는 다른 조성을 갖고 있다. 용융 금속에서의 자연 대류와 응고 과정 중의 2상 영역으로 인해 A-편석이 만들어진다. 대류로 인해 이미 응고된 결정의 재용융이 일어난다.

　자연 대류는 액체에서 발생한다. 자연 대류의 구동력은 액체의 다른 부위 간의 밀도 차이이다.

　이 정보를 문서화된 관찰 내용에 적용하라.

힌트 B368

힌트 B183

(B278)

이 책에서 추천한 그림을 통해 용융 온도에서의 값 $c_H^L = 0.0025$ wt-%와 $p_{H_2} = 1$ atm을 판독하면, 다음의 식이 주어진다.

$$\text{일정} = \frac{c_H^L}{\sqrt{p_{H_2}}} = \frac{0.0025}{\sqrt{1}} = 0.0025 \text{ wt-\%/atm}^{1/2} \quad (3)$$

c_O^L를 어떻게 구하는가?

힌트 B90

힌트 B184

(B233)

주물의 두께를 알고 있다. 응고 속도를 계산할 수 있다면 응고 시간을 쉽게 계산할 수 있다.

　4장으로 돌아가서 응고 속도에 대한 식을 구하라.

힌트 B185

(B272)

S점과 L점은 수평 온도선, 고상선 및 액상선 간 교차점에서의 <u>Mg</u> 농도에 해당된다. 원하는 농도는 c^{solid}와 c^{liquid} 각각 7 wt-% 및 20 wt-%이다.

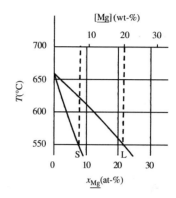

　이들 값을 알고 있을 때에 고체 및 액체의 분율을 어떻게 얻는가?

힌트 B299

힌트 B186

(B109)

힌트 B361에 제시된 대로 (5) 방정식을 사용하라. 이 책에서 ΔT 및 y 간에 주어진 관계식을 통해 2차 항 및 최종 식을 얻는다.

$$\overline{\sigma_x} = \frac{2}{3} E\alpha\Delta T_0 - E\alpha\Delta T_0\left(1 - \frac{y^2}{c^2}\right) \quad (7)$$

답

y의 함수로서 열응력은 다음과 같다.

$$\overline{\sigma_x} = \frac{2}{3} E\alpha\,\Delta T_0 - E\alpha\Delta T_0\left(1 - \frac{y^2}{c^2}\right)$$

힌트 B187

(B16)

생성 과정은 2차 상 용해의 역 과정이다. 이로 인해 새로운 방정식을 유도하는 것은 불필요하다. 과정의 방향이 뒤바뀌어도 용해 방정식을 사용할 수 있다. 시간은 양쪽의 경우에 동일해진다. 따라서 두께가 3.0 μm인 MnS 막의 용해가 동등한 과정이다.

무슨 방정식을 사용할 수 있는가?

힌트 B248

힌트 B188

(B300)

E_3 – E_{Fe-C} 곡선을 직선으로 근사해도 된다. 상태도로부터 선 위의 두 개 점을 판독하되, 가급적 [C]–축 위의 E_{Fe-C}점인 (4.3, 0)과 E_3 점인 (3.8, 8.0)을 판독하라. 첫 번째 그림은 C 농도이고 둘째는 Cr 농도이다. 선의 방정식은 다음처럼 표기 할 수 있다.

$$c_{\underline{Cr}}^{\underline{L}} = A + \underline{B}c_{\underline{C}}^{\underline{L}} \tag{1}$$

계수 A 및 B를 어떻게 구하며, 이에 따라서 선의 방정식은 어떻게 구하는가?

힌트 B203

힌트 B189

(B2)

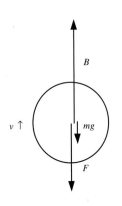

입자가 일정한 속도 v로 위로 움직인다. 중력 mg, 부력 B 및 마찰력 F의 세 가지 힘이 입자에 작용한다. 용융 금속이 입자 보다 밀도가 높기 때문에, $B > mg$이다.

이 세 가지 힘 간의 관계식은 어떻게 되나?

힌트 B276

힌트 B190

연습문제 10.10c

열응력 σ^T를 응고된 쉘 및 재가열된 쉘에서 온도 T의 함수로 서 그릴 수 있으려면, 이들 항목들 간의 관계식을 구해야 한 다. 방법은 무엇인가?

힌트 B13

힌트 B191

(B262)

CO는 $f = 0.235$에서 석출되기 시작한다. CO의 석출을 피하 고 싶으면, 대신 MnO의 석출을 수용해야 한다. MnO가 CO 에 앞서서 확실하게 석출되도록 하려면 MnO 석출을 위해 더 낮은 f 값, 예를 들면 0.22를 선택해야 한다. 어떻게 MnO 석 출을 이룰 수 있는가?

힌트 B311

힌트 B192

(B221)

조성이 변하는 γ–Fe과 흑연의 혼합물이 E점에 도달될 때까 지 석출이 된다. 7장의 (7.51) 방정식을 E점에서 적용할 수 있 다. Q점에서 시작하라.

$$c_P^{LE} = c_P^{0\,L}(1 - f_{\text{bin eut}}^{\gamma+gr})^{-\left[(1-k_{\text{part }P}^{\gamma/L})f_{\text{bin eut}}^{\gamma} + (1-k_{\text{part }P}^{gr/L})f_{\text{bin eut}}^{gr}\right]} \tag{1}$$

$k_{\text{part }P}^{\gamma/L}$과 $k_{\text{part }P}^{gr/L}$ 값을 대입하라.

힌트 B110

힌트 B193

(B104)

7장의 (7.12) 방정식에 따라, 공정 조성과 조직으로 응고된 고 체의 분율을 얻는다. (1) 방정식을 다음처럼 변형할 수 있다.

$$f_E^L = (1 - f_E^s) = \left(\frac{x_0^L}{x_E^L}\right)^{\frac{1}{1-k_{\text{part}}^E}} \tag{2}$$

항목들을 식별해서 그 값들을 (1) 방정식에 대입하라.

힌트 B62

힌트 B194

(B86)

변형률은 상대적인 길이 변화이다. 10장의 (10.67) 방정식에 의하면, 이 경우의 변형률을 다음처럼 표기할 수 있다.

$$\varepsilon = \frac{2\Delta l}{l} = \alpha(T_L - T_s) \tag{2}$$

알고 있는 값을 대입해서 다음의 식을 얻는다.

$$\varepsilon = 2 \times 10^{-5}(1480 - 1350) = 2.6 \times 10^{-3}$$

ε을 알고 있을 때에 열응력을 어떻게 얻는가?

힌트 B366

힌트 B195

(B68)

연속주괴 셸에서 냉각 주형으로의 열전달을 다음처럼 표기할 수 있다.

$$\frac{dQ}{dt} = -k_{air}\frac{T_i - T_0}{\delta} = -h(T_i - T_0) \tag{1}$$

여기에서 $h = k_{air}/\delta$이다.

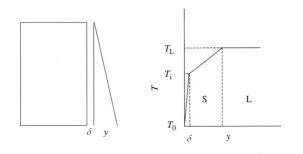

셸 두께와 표면에서의 온도는 4장의 (4.48) 및 (4.45) 방정식으로부터 계산할 수 있다.

$$t = \frac{\rho(-\Delta H)}{T_L - T_0}\frac{y_L}{h}\left(1 + \frac{h}{2k}y_L\right) \tag{2}$$

$$T_i = \frac{T_L - T_0}{1 + \frac{h}{k}y_L(t)} + T_0 \tag{3}$$

시간 t의 함수로서 y_L을 풀어라.

힌트 B30

힌트 B196

(B266)

관계식은 4장의 (4.46) 방정식이다.

$$v_{growth} = \frac{dy_L}{dt} = \frac{T_L - T_0}{\rho(-\Delta H)}\frac{h}{1 + \frac{h}{k}y} \tag{1}$$

이 경우에 슬래브가 얇지 않기 때문에 단순화를 사용할 수 없다.

진행 방법은 무엇인가?

힌트 B294

힌트 B197

(B270)

힌트 B64의 (2) 방정식, 힌트 B159의 (3) 방정식 및 $g_L + g_s = 1$의 관계식을 통해, 힌트 B257의 (1) 방정식을 다음의 식으

로 변형할 수 있다.

$$\overline{c^0} = \frac{(1 - g_L)k_{part}c^L + \frac{\rho_L}{\rho_s}g_Lc^L}{1 - g_L + \frac{\rho_L}{\rho_s}g_L} \tag{5}$$

(5) 방정식을 힌트 B270의 (4) 방정식에 대입한다.

$$\overline{c^0_{strain}} = \frac{\frac{(1 - g_L)k_{part}c^L + \frac{\rho_L}{\rho_s}g_Lc^L}{1 - g_L + \frac{\rho_L}{\rho_s}g_L} + \varepsilon\frac{c^L}{k_{part}}}{1 + \varepsilon} = \frac{\frac{(1 - g_L)k_{part} + \frac{\rho_L}{\rho_s}g_L}{1 - g_L + \frac{\rho_L}{\rho_s}g_L} + \frac{\varepsilon}{k_{part}}}{1 + \varepsilon}c^L$$

최종 함수는 해당 식을 c_L 대신에 (2) 방정식에 대입함으로써 얻어진다.

$$\overline{c^0_{strain}} = \frac{\frac{(1 - g_L)k_{part} + \frac{\rho_L}{\rho_s}g_L}{1 - g_L + \frac{\rho_L}{\rho_s}g_L} + \frac{\varepsilon}{k_{part}}}{1 + \varepsilon}\frac{c^L_0}{k_{part} + g_L(1 - k_{part})} \tag{7}$$

(7) 방정식은 필요한 함수이다. 액체 분율의 함수로서 평균 탄소 농도는 g_L이 0(100% 고상)에서 1(100% 액체 상)까지 변할 때에 전체 2상 구역에 대해 얻어진다. 변형률 ε은 매개 변수이다.

답은 힌트 B376에 나와 있다.

힌트 B376

힌트 B198

(B219)

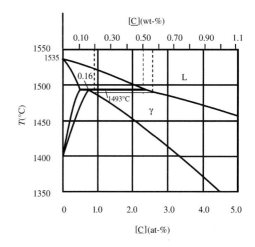

상태도로부터 c^s 및 c^L 값을 판독하라.

C 농도는 0.50 wt-%이고 과냉각은 8°C이다.

액상선과 점선 간의 교차점인 $c^L_0 = 0.50$ wt-%보다 8°C 낮

은 지점에서 수평선을 그려라.

이 수평선 양 끝점에서의 농도는 $c^s = 0.20$ wt-%와 $c^L = 0.53$ wt-%로서 높은 수준으로 판독된다.

W가 0.5, 1.0 및 2.0일 경우에 대해 c^+ 값을 계산하라.

힌트 B386

힌트 B199

(B82)

$$B_{\underline{Ni}} = D_s \frac{4\theta}{\lambda_{den}^2} k = 2.0 \times 10^{-13} \times \frac{4 \times 480}{(150 \times 10^{-6})^2} \times 0.90 = 0.0154$$

$$B_{\underline{Cr}} = D_s \frac{4\theta}{\lambda_{den}^2} k = 7.5 \times 10^{-13} \times \frac{4 \times 480}{(150 \times 10^{-6})^2} \times 0.85 = 0.0544$$

$$B_{\underline{Mo}} = D_s \frac{4\theta}{\lambda_{den}^2} k = 7.5 \times 10^{-13} \times \frac{4 \times 480}{(150 \times 10^{-6})^2} \times 0.65 = 0.0416$$

B 값을 알고 있는 경우에 편석도를 계산할 수 있다.

힌트 B57

힌트 B200

(B53)

응고 속도와 응고 선단부의 위치 간에 원하는 관계식을 4장의 74쪽에서 구할 수 있다.

$$v_{growth} = \frac{dy_L}{dt} = \frac{T_L - T_0}{\rho(-\Delta H)} \cdot \frac{h}{1 + \frac{h}{k} y_L} \tag{3}$$

성장 속도와 수지상정 가지의 거리 간 관계식은 다음과 같다.

$$v_{growth} \lambda_{den}^2 = C_1 \tag{4}$$

성장 속도에 대한 식을 (3) 방정식에 대입하고, λ_{den}^2를 풀어라.

힌트 B117

힌트 B201

(B97)

힌트 B97의 그림과 동일한 명칭을 사용하라. 8장의 (8.10) 방정식에 따라 다음의 균질화 시간을 얻는다.

$$t = \frac{\lambda_{eut}^2}{4\pi^2 D} \ln\left(\frac{x_0^M - x_0^m}{x^M - x^m}\right) \tag{1}$$

또는

$$t = \frac{\lambda_{eut}^2}{4\pi^2 D} \ln 10 = 0.058 \frac{\lambda_{eut}^2}{D} \tag{2}$$

여기에서 λ_{eut}는 합금에서 층상 간의 거리이고, D는 균질화 온도에서의 확산 계수이다.

답

원하는 함수는 $t = 0.058 \lambda_{eut}^2/D$이다.

힌트 B202

(B172)

이 경우의 수학 연산은 단순하다. (1)과 (2) 방정식의 x_V^t 및 x_C^t을 각각 (3) 방정식에 대입하면, 다음의 식을 얻는다.

힌트 B66

힌트 B203

(B188)

알고 있는 점인 E_3 및 E_{Fe-C}의 좌표를 (1) 방정식에 대입하면 A와 B를 결정해 주는 방정식 계를 얻는다.

$$8 = A + B \times 3.8$$
$$0 = A + B \times 4.3$$

이 방정식 계의 해로부터 $A = 68.8$ wt-% 및 $B = -16$이 주어지며, 이에 의해 선의 방정식은 다음과 같이 된다.

$$c_{\underline{Cr}}^L = 68.8 - 16 c_{\underline{C}}^L \tag{2}$$

용융 금속이 응고될 때에, 남아 있는 용융 금속이 합금 원소에 농축된다. 이 경우에 합금 원소에 대해 어떤 법칙을 사용할 수 있는가?

힌트 B313

힌트 B204

(B165)

$$\frac{db}{dt} = -\frac{RT}{p} \frac{D_H}{\pi r^2} \frac{\pi r^2}{V_m} \frac{dx_H}{dy} \tag{8}$$

이 값은 응고 선단부의 성장 속도인 dy_L/dt과 비교가 이루어진다. $db/dt > dy_L/dt$이면 기공이 성장하고, 반대의 경우에는 응고 선단부가 기공을 포집한다.

db/dt의 크기가 합리적이면 db/dt의 값을 계산해서 그 값을 구하라.

힌트 B339

힌트 B205

연습문제 11.7c

Si 농도가 높은 잉곳에서 자주 발생하는 A–편석에 대해 어떻게 설명하는가?

힌트 B380

힌트 B206

(B323)

기공의 성장이 매우 빨라서 기공이 응고 선단부보다 먼저 용융 금속으로 미끄러져 빠져나갈 수도 있다.

답은 힌트 B339에 나와 있다.

힌트 B339

힌트 B207

(B324)

$$c_{\underline{Ce}}^2 c_{\underline{O}}^3 = K_{Ce_2O_3} e^{14.6} = 10^{\frac{(-341810)}{4.575 \times 1423} + \frac{8.6}{4.575}}$$

$$\times e^{14.6} = 10^{-33.7} \times 2.19 \times 10^6 = 4.38 \times 10^{-28} \, (\text{wt-\%})^5$$

$c_{\underline{Ce}}$를 풀어라.

힌트 B362

힌트 B208

(B388)

(B360)

압탕	주물
$V_f = l_{ingot} b h_f$	$V_c = l_{ingot} b h_{ingot}$
$A_f = 2(l_{ingot} + b)h_f$	$A_c = 2(l_{ingot} + b)h_{ingot} + l_{ingot}b$

여기에서 $h_{ingot} = 1.3$ m, $l_{ingot} = 0.20$ m, $b = 1.00$ m.
이로부터 다음의 식을 얻는다.

$$(1 - \beta)\frac{V_f}{V_c} = \left(\frac{C_c}{C_f}\right)^{1/2}\frac{A_f}{A_c} + \beta$$

또는

$$(1 - \beta)\frac{l_{ingot} b h_f}{l_{ingot} b h_{ingot}} = \left(\frac{C_c}{C_f}\right)^{1/2}\frac{2(l_{ingot} + b)h_f}{2(l_{ingot} + b)h_{ingot} + l_{ingot}b} + \beta$$

또는

$$(1 - 0.04)\frac{h_f}{1.3} = \left(\frac{9.58 \times 10^4}{1.37 \times 10^6}\right)^{1/2}$$

$$\times \frac{2 \times (0.20 + 1.00) \times h_f}{2 \times (0.20 + 1.00) \times 1.3 + 0.20 \times 1.00} + 0.04$$

이로부터 $h_f = 0.073$을 얻는다.

답

(a) 대략적이면서 너무 낮은 압탕형의 높이는 6 cm이다($\beta = 0.04$).

(b) 보다 정확한 이론적 계산을 통해 ~8 cm의 값을 얻게 된다. 안전을 위해서 10 cm를 선택하라.

(c) 아니오.

힌트 B209

(B342)

몰분율 대신에 중량-% 단위를 사용한다.

$$c_{\underline{Cr}}^L = \frac{c_{\underline{Cr}}^s}{k_{part\,\underline{Cr}}} = c_{\underline{Cr}}^0(1 - f)^{-(1 - k_{part\,\underline{Cr}})}$$

$$= 1.5(1 - f)^{-(1 - 0.73)} = 1.5(1 - f)^{-0.27} \tag{4}$$

이 책에서는 $c_{\underline{C}}^0$의 함수로서 $c_{\underline{Cr}}^L$를 구하고 있다. 이 함수를 어떻게 구할 수 있는가?

힌트 B242

힌트 B210

(B309)

두 개의 상태도를 사용해서 공정점을 구하라.

$$k_{part\,\underline{H}} = \frac{1.8}{4.9} = 0.37 \tag{4}$$

$$k_{part\,\underline{O}} = \frac{0.0035}{0.39} = 0.0090 \tag{5}$$

이들 값을 (2) 및 (3) 방정식에 대입하라. Cu_2O가 석출될 때에 고상의 분율 f를 계산하는 방법은 무엇인가?

힌트 B251

힌트 B211

(B146)

사각형 면적은 한 개의 띠판에서 $\underline{C}$의 양을 나타낸다. 용해($b = 0$) 및 균질화($\Delta x = 0.1$) 후에, 동일한 양의 $\underline{C}$가 $2s'$ 구간에 걸쳐 퍼진다.

$$b(x^{gr} - x^*) = 2\frac{s'}{2}(x^* - x^E) \tag{2}$$

이로부터 다음의 식이 주어진다.

$$s' = \frac{b(x^{gr} - x^*)}{x^* - x^E} = \frac{1.0 \times 10^{-4}(1 - 0.1776)}{0.0046} = 0.018 \, \text{m}$$

평균 확산 거리 $= s'/2 = 0.0090$ m
평균 확산 거리와 균질화 시간을 어떻게 연결하는가?

힌트 B84

힌트 B212

(B93)

$$S = \frac{x_{max}^s}{x_{min}^s} \tag{3}$$

다음의 식이 7장 200쪽에 나와 있다.

$$S = \frac{x_{max}^s}{x_{min}^s} = \frac{k_{part}x_{max}^L}{k_{part}x_{min}^L} = \frac{x_{max}^L}{x_{min}^L} = \left(\frac{B}{1+B}\right)^{-(1-k_{part})} \tag{4}$$

(2) 방정식에 의하면 편석도 S는 고체에서 합금 원소의 확산 계수에 대한 함수이다.

이 책에 나온 세 가지 대체 확산 계수에 대한 수량 B를 계산하라.

힌트 B125

힌트 B213

연습문제 11.4

중심부 편석에 대한 일반적인 조건을 고려하라.

힌트 B47

힌트 B214

(B94)

x^M = 띠판의 조성(몰분율), 이 경우에는 θ-상이며 이 책에 나와 있는 상태도에서 0.33까지로 판독이 가능하다.

x_0 = 합금 조성의 평균 값이며, wt-%로 표시된 알고 있는 농도를 몰분율로 변형시켜서 계산할 수 있다.

3 wt-%의 농도는 다음과 부합한다(257쪽 참고).

$$x_0 = \frac{\dfrac{3}{M_{Cu}}}{\dfrac{3}{M_{Cu}} + \dfrac{97}{M_{Al}}} = \frac{\dfrac{3}{63.5}}{\dfrac{3}{63.5} + \dfrac{97}{27.0}} = 0.013$$

x^m = 기지의 최소 조성.

f가 2%로 알려져 있기 때문에 (1) 방정식으로부터 계산이 가능하다.

$$f = \frac{x_0 - x^m}{x^M - x^m} = \frac{0.013 - x^m}{0.33 - x^m} = 0.02 \quad \Rightarrow \quad x^m = 0.007$$

균질화 시간을 계산할 수 있는 방법은 무엇인가?

힌트 B135

힌트 B215

(B299)

답

Al-Mg계의 상태도, 합금에 대해 알려진 평균 조성 및 온도는 회색으로 표시된 곳이 2상 영역이라는 것을 보여준다.

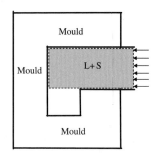

압력이 가해지면 용융 금속이 흘러나오기 때문에 회색 체적의 수지상정 망으로부터 다량의 수지상정 간 용융 금속 (23%)이 눌려 나온다.

향후에 주조품이 될 비어 있으면서 얇은 부위를 용융 금속이 채우고, 거기에서 응고된다고 가정하는 것은 타당성이 있다.

힌트 B216

(B77)

$x_{Al} = 0.40$이기 때문에, Mg 농도인 x_{Mg}는 0.60이다. 이로 인해 용융 금속이 응고되기 시작할 때에 1차 석출은 γ-상이다. 상태도에서 관심이 있는 부분은 γ-(γ + L)-L 영역이다. 이 영역의 개략도를 그려라. 시작하기 편한 x_{Mg}의 값은 무엇인가?

힌트 B145

힌트 B217

(B44)

$$S = \left(\frac{B}{1+B}\right)^{-(1-k_{part})} \tag{1}$$

그리고

$$B = D_s \frac{4\theta}{\lambda_{den}^2} k_{part} \tag{2}$$

θ를 제외하고는 B를 계산하기 위해 필요한 모든 항목을 알고 있다. θ 값의 계산 방법은 무엇인가?

힌트 B82

힌트 B218

(B143)

8장의 예제 8.4를 참고하라. 상태도 및 지렛대 원리를 통해서 θ−상의 분율을 얻는다.

$$f_0^\theta = (1 - f_E) \frac{x_0 - x^M}{x^\theta - x^M} \qquad (3)$$

여기에서

$x_0 = x^E$ = 공정 합금의 조성

x^M = 공정 온도에서 α−상의 농도 = 0.025

x^θ = 0.33(상태도에서).

(3) 방정식을 통해 다음의 식이 주어진다.

$$f_0^\theta = 0.10 \times \frac{0.173 - 0.025}{0.33 - 0.025} = 0.049$$

열처리가 공정 온도에서 진행될 때 2차 상 θ의 용해가 완료될 때까지 걸리는 시간을 어떻게 구하는가?

힌트 B79

힌트 B219

(B48)

침강된 고체 결정 및 결정과 관련된 대량 액체의 가중 평균으로서 c^+를 유도할 수 있다(11장의 408쪽).

$$c^+ = \frac{c^s + Wc^L}{1 + W} \qquad (1)$$

c^s 및 c^L을 어떻게 얻는가?

힌트 B198

힌트 B220

(B160)

이 그림은 답이 아니다! 수평 축에는 탄소 농도가 아니고 거시

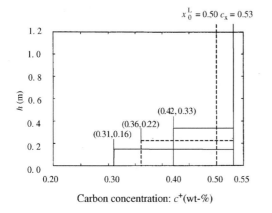

편석도를 그려야 한다.

거시편석도의 정의는 무엇인가?

원하는 그림을 얻기 위해서 그림을 어떻게 바꿔야 하는가?

힌트 B382

소재 균형은 c = 0.50 wt-% 수직선의 왼쪽에 있는 각 사각형의 면적이 같은 선의 오른쪽에 있는 높은 사각형의 면적과 같다는 것을 시사한다.

힌트 B221

(B23)

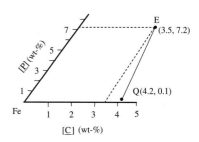

합금의 초기 조성은 삼원 상태도에서 Q점으로 표현이 된다. 주철의 C 농도는 ~4.2 wt-%이다.

용융 금속에서 삼원 공정 조직으로 응고되는 초기 P 농도의 함수로서 부피 분율을 계산하려고 한다.

Q점에서 삼원 공정점 E로 직진할 수 있고, 응고 과정 중에 남아 있는 용융 금속의 농도 P를 응고된 상의 분율 함수로서 서술하라. 이 전이에 대한 방정식을 수립하라.

힌트 B192

힌트 B222

연습문제 10.4b

압탕형(hot top)이나 압탕의 높이는 잉곳의 응고 시간과 밀접한 관계에 있다.

t_{ingot}의 근삿값을 잘 계산할 수 있는 방법은 무엇인가?

힌트 B98

힌트 B223

(B372)

1. 압축에 의한 기계적 환원
2. 냉각에 의한 열 환원

압축에 의한 기계적 환원을 논하라.

힌트 B69

힌트 B224

연습문제 10.7a

열응력은 응고되는 쉘의 다른 부분 간에 존재하는 냉각 속도 차이로 인해 발생한다. 이 문제는 10장의 363~366쪽에서 다루고 있는데, 여기에서 도움이 될 수 있다.

단면적의 2/3가 응고되었을 때와 수냉이 끝났을 때의 상황을 서술하라.

힌트 B169

힌트 B225

(B144)

띠판은 순 흑연으로 구성되는데, x^{gr}은 1이다.

1300°C에서 흑연과 용융 금속 간 접촉면에서의 평형 탄소 농도를 선도에서 판독할 수 있는데($T = 1300$°C와 공정점으로부터 기원된 점선의 교차점), $c^{L/gr} = 4.6$ wt-% $\underline{C}$이다. 이 값은 wt-% 대신에 몰분율로 변환된다. 9장 257쪽의 정보를 사용하면, 다음의 식을 얻는다.

$$x^{L/gr} = \frac{\dfrac{4.6}{12}}{\dfrac{100-4.6}{55.85} + \dfrac{4.6}{12}} = 0.183$$

최저 탄소 농도 c^E를 상평형도로부터 4.3 wt-% $\underline{C}$로 판독하며, 이 농도를 상기 방법과 동일하게 표현한다.

$$x^m = x^E = \frac{\dfrac{4.3}{12}}{\dfrac{100-4.3}{55.85} + \dfrac{4.3}{12}} = 0.173$$

주어진 값과 계산 값 모두를 (2) 방정식에 대입하라.

힌트 B72

힌트 B226

(B83)

용융 금속에만 유효한 11장의 (11.52) 방정식과 유사한 방정식을 사용하라.

$$\overline{c^0_{strain}} = \frac{\overline{c_0} + \varepsilon \dfrac{c^L}{k_{part}}}{1 + \varepsilon} \qquad (2)$$

여기에서

$\overline{c^0_{strain}}$ = 주어진 변형 표면의 응고 분율에서의 평균 탄소 농도

$\overline{c_0}$ = 주어진 무변형 표면의 응고 분율에서의 평균 탄소 농도

c^L = 빨려 들어온 부피 내 용융 금속의 농도

ε = 변형률 = $\Delta l / l$

$\overline{c_0}$의 계산 방법은 무엇인가?

힌트 B326

힌트 B227

(B338)

먼저 고체 및 주형 간의 열전도 유형을 추정해야 한다. Nusselt 수를 사용하라[4장의 (4.84) 방정식].

$$Nu = \frac{hs}{k} \qquad (1)$$

여기에서 s는 응고된 구리 층의 최대 두께의 반이다(양측 냉각). 본문에 나온 값을 통해 다음의 식을 얻는다.

$$Nu = \frac{hs}{2k} = \frac{400 \times 0.20}{2 \times 398} = 0.1 \ll 1$$

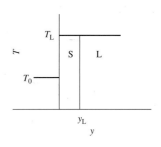

고체 및 주형 간의 접촉은 매우 열악하다. $Nu \ll 1$이기 때문에 4장의 (4.85) 단순 방정식을 통해 응고 시간을 계산할 수 있다.

$$t_{ingot} = \frac{\rho(-\Delta H)}{T_L - T_0} \frac{y_L}{h} \qquad (2)$$

$T_L = 1083$°C, (Cu) $T_0 = 100$°C(수냉), $-\Delta H = 206$ kJ/kg, $\rho = 8.94 \times 10^3$ kg/m³, $y_L = 0.10$ m을 대입하면, obtain $t_{ingot} = 468$초를 얻는다.

진행 방법은 무엇인가?

힌트 B136

힌트 B228

(B153)

균질화 시간은 연습문제 8.8의 힌트 B240과 동일한 방법으로 표기가 가능하다. 또한 8장의 예제 8.1을 비교하라. 힌트 294의 (3) 방정식과 힌트 153의 (4) 방정식을 통해 다음의 식을 얻는다.

$$t = \frac{\lambda_{\text{deform}}{}^2 \times 2.3}{4\pi^2 D} = \frac{\lambda_{\text{den}}{}^2 \times 2.3}{4\pi^2 D \times 100^2}$$
$$= \frac{2.3}{4\pi^2 D \times 100^2} \times \frac{1.0 \times 10^{-10}\rho(-\Delta H)}{hk(T_L - T_0)}(k + hy) \tag{5}$$

주어진 값을 (5) 방정식에 대입할 시간이다. 예제 8.8의 재료 상수는 여기에서 동일하고, 열전도도 k는 이 책에 나온다. 남아 있는 유일한 질문은 y 값이다.

힌트 B100

힌트 B229

(B30)

주조 속도가 일정하기 때문에 다음의 식을 얻는다.

$$t = \frac{L}{v_{\text{cast}}} = \frac{0.70}{1/60} = 42 \text{ s}$$

이로 인해 t 값과 알고 있는 소재 상수 값을 대입하면, 냉간 주형의 끝에서 쉘의 두께 y_L을 δ의 함수로서 얻게 된다.

$$y_L = -\frac{k\delta}{k_{\text{air}}} + \sqrt{\frac{k^2\delta^2}{k_{\text{air}}{}^2} + \frac{2k(T_L - T_0)}{\rho(-\Delta H)}t}$$
$$= -\frac{29\delta}{0.24} + \sqrt{\frac{29^2\delta^2}{(0.24)^2} + \frac{2 \times 29 \times (1450 - 100)}{7.3 \times 10^3 \times 276 \times 10^3} \times 42}$$

또는

$$y_L = -121\delta + \sqrt{(121\delta)^2 + 1.63 \times 10^{-3}} \tag{6}$$

(6) 방정식으로부터 y_L을 계산할 때에, 알고 있는 값을 힌트 B195의 (3) 방정식에 대입하면 표면 온도를 δ의 함수로서 간접적으로 얻게 된다.

$$T_i = \frac{T_L - T_0}{1 + \frac{k_{\text{air}}}{k\delta}y_L} + T_0 = \frac{1450 - 100}{1 + \frac{0.24}{29}\frac{y_L}{\delta}} + 100$$

또는

$$T_i = \frac{1350}{1 + 8.28 \times 10^{-3}\frac{y_L}{\delta}} + 100 \tag{7}$$

이 책에서 주어진 δ 값에 대해 y_L과 T_i를 계산하라.

힌트 B41

힌트 B230

(B166)

공정 온도 이상에서 공정 조직(분율 $f^L = 0.10$, 힌트 B143에서의 계산 값)은 용융되고, 나머지(90%)는 고체가 된다. θ–상

은 없다. 이때 2차 상은 액체 상 L로 구성된다. 액체 상의 조성은 $x^L = x^E \approx 0.173$이다.

전체 액체 상은 열처리 중에 용해되어야 한다. 액체 상 일부가 남아 있으면 열처리 후에 합금이 냉각될 때 원하지 않는 다른 θ–상의 석출이 발생한다.

액체 상의 용해 시간을 계산하고자 할 때, x^θ를 x^L로, f_0^θ은 (4) 방정식의 f^L로 대체해야 한다.

α와 L 간의 접촉면에 가까운 α–상의 조성은 $x^{\alpha/L} \approx 0.022$로 판독된다. 이 값은 $T = T_E + 15$일 때 상태도로부터 판독된 값이다.

이로부터 다음의 식을 얻게 된다.

$$t = -\frac{\lambda_{\text{den}}{}^2}{\pi^2 D}\ln\left[1 - \frac{f^L(x^L - x^m)}{x^{\alpha/L} - x^m}\right] \tag{5}$$

또는

$$t = \frac{(90 \times 10^{-6})^2}{\pi^2 \times 10^{-13}}\ln\left[1 - \frac{0.10(0.173 - 0.004)}{0.022 - 0.004}\right]$$
$$= 23 \times 10^3 \text{ s} \approx 6.4 \text{ h}$$

결과를 설명하라.

힌트 B119

힌트 B231

연습문제 7.9a

삼원계 Fe – C – Cr에 대해 상태도가 필요하게 된다. 7장을 참고하라.

힌트 B131

힌트 B232

(B92)

공정 분배 계수를 계산하기 위해서 Al – Si 및 Al – Cu의 이원 상태도를 사용하라.

Al – Si 상태도에서 해당 값을 판독하라.

$$k_{\text{part Si}}^{\alpha/L} = \frac{c_{\text{Si}}^s}{c_{\text{Si}}^L} = \frac{1.65}{12.6} = 0.13$$

Al – Si 상태도에서 유사하게 값을 얻어라.

$$k_{\text{part Cu}}^{\alpha/L} = \frac{c_{\text{Cu}}^s}{c_{\text{Cu}}^L} = \frac{100 - 94.4}{100 - 65} = 0.16$$

이제 필요한 모든 정보를 얻게 되었다. 유도한 값을 (1)과 (2) 방정식에 대입하고, 합금의 조성을 계산하라.

힌트 B149

힌트 B233

(B60)

$\lambda_{den} = K\theta_{sol}{}^n$ 관계식을 알고 있고 K와 n의 값을 알고 있기 때문에, θ_{sol}을 알면 λ_{den}을 쉽게 얻을 수 있다. 총 응고 시간을 어떻게 구할 수 있는가?

힌트 B184

힌트 B234

(B147)

(B349)

(B105)

가스 농도가 10 ppm보다 크면 길쭉한 기공이 형성되고, 그렇지 않으면 수축 기공이 형성될 수 있다. 더불어 가스 농도는 20 ppm보다 작게 된다. 가스 농도가 이 값을 초과하면, 둥근 기공이 형성된다.

답

[G] < 10 ppm이면 가시 표면의 응고 기공이 형성된다.

[G] > 20 ppm이면 부드러운 표면의 둥근 기공이 형성된다.

가스 농도가 10 ppm < [G] < 20 ppm의 조건을 충족하면 부드러운 표면의 길쭉한 기공이 형성된다.

힌트 B235

(B103)

판이 y 방향과 z 방향으로 자유롭게 확대될 수 있기 때문에, 이들 방향으로 응력이 발생하지 않을 것이라고 가정하는 것은 타당성이 있다.

$$\sigma_y = 0 \quad \text{및} \quad \sigma_z = 0$$

10장의 (10.71a) 방정식을 적용하면 $\sigma_y = 0$ 및 $\sigma_z = 0$의 경우에 대한 식을 얻는다.

$$\varepsilon_x = \frac{\sigma_x}{E} + \alpha\Delta T \tag{1}$$

판이 x 방향으로 고정된다는 정보를 어떻게 해석하는가?

힌트 B283

힌트 B236

(B175)

S에 대한 정의는 7장 200쪽에 나와 있다.

$$S = \frac{x^s_{max}}{x^s_{min}} \tag{7}$$

여기에서 x^s_{max}는 수지상정 결정 응집체의 측정 합금 원소 농도 값에서 최댓값이고, x^s_{min}는 최솟값이다.

현재 다루고 있는 케이스에 이 정의를 적용하라. Cr 농도의 최댓값과 최솟값을 얻는 방법은 무엇인가?

힌트 B350

힌트 B237

(B56)

$$\varepsilon^T(T) = \alpha\Delta T(y) \tag{6}$$

여기에서 ε^T는 열 변형률, α는 합금의 선 팽창 계수, $\Delta T(y)$는 y 위치에서의 온도 증가이다.

y의 함수로서 소재 내 열응력의 계산 방법은 무엇인가?

힌트 B385

힌트 B238

(B357)

CO 가스가 석출될 때에, CO 방울이 용융 금속에서 형성된다. 이로 인해 p_{CO}는 1 atm이 된다.

9장 281쪽에 따라, 1500°C에서 강의 C 및 O에 대해 다음의 식을 얻게 된다.

$$c^{\downarrow}_C c^{\downarrow}_O = 0.0019 p_{CO} \tag{2}$$

C 및 O 농도의 계산 방법은 무엇인가?

힌트 B49

힌트 B239

(B120)

단순 V-편석:

$G < 0.5$일 때에, 관, 즉 공동부가 주물의 중심부에서 형성된다. 공동부를 충전하기 위해 용융 금속이 아래 방향으로 빨아들여진다. V-편석은 등축정의 연결부가 관을 가로질러서 두 개의 응고 선단부 사이에서 형성될 때에(11장 392쪽) 나타난다. 다리는 용융 금속이 아래 방향으로 흐르도록 추가적으로 빨아들여지는 것을 거의 모두 막는다. 다리 아래의 공동부에는 더 많은 용융 금속이 필요하다. 소량의 용융 금속이 다리를 통과해서 응고된다. 다리는 더 거칠어지고, 남아 있는 용융 금속의 합금 원소는 한층 더 농축된다.

심도밀집형 V-편석:

치밀형 편석은 터널 형상이고, 용융 금속이 차가운 영역에서 따뜻한 영역으로 흐를 때에 형성된다(11장 392쪽).

이 일반적인 정보를 이 책에 나와 있는 두 가지 경우에 적용하라.

힌트 *B377*

힌트 B240

(B151)

미세편석을 실제적으로 제거하기 위해서 농도의 진폭을 원래 값의 1/10까지 줄이는 것(8장의 예제 8.1 참고)으로 충분하다고 가정하는 것은 타당성이 있다. 그다음에 다음의 식을 얻게 된다.

$$\ln \frac{x_0^M - x_0^m}{x^M - x^m} = \ln \frac{x_0^M - x_0^m}{\dfrac{x_0^M - x_0^m}{10}} = \ln 10 = 2.3$$

알고 있는 값과 계산 수치 값을 (1) 방정식에 대입하면 다음의 식이 주어진다.

$$t = \frac{\lambda_{\text{den}}^2}{4\pi^2 D} \ln \frac{x_0^M - x_0^m}{\dfrac{x_0^M - x_0^m}{10}} = \frac{(1.6 \times 10^{-3})^2}{4\pi^2 \times 11 \times 10^{-16}} \times 2.3$$
$$= 1.36 \times 10^4 \, \text{s} = 3.8 \, \text{h}$$

답

균질화 시간은 약 3.8시간이다.

힌트 B241

(B31)

$(1 - f_{\text{bin eut}}^{\gamma + \text{gr}})$은 E점에 도달했을 때에 남아 있는 용융 금속의 분율이다. 이 용융 금속은 삼원 공정 조직으로 응고된다. 이런 이유로 힌트 B31의 (5) 방정식은 힌트 B137에서 주어지는 답을 나타낸다.

힌트 *B137*

힌트 B242

(B209)

응고 분율 *f*는 (3)과 (4) 방정식에서 동일하다. 원하는 관계식을 직접적으로 수립할 수 없다. (4) 방정식의 모양으로부터 중간 단계는 응고 분율 *f*를 먼저 구하기 위한 목적일 수 있다는 것을 알게 된다. *f*와 (1 − *f*)가 알려지면, (4) 방정식으로부터 용융 금속에서의 <u>Cr</u> 농도를 유도할 수 있을 것이다.

응고 과정 중에 액체 상 분율 (1 − *f*)를 어떻게 구할 수 있는가?

힌트 *B328*

힌트 B243

(B73)

4장의 (4.74b) 방정식으로부터 다음의 식을 얻는다.

$$C = \frac{\pi}{4} \frac{\rho_{\text{metal}}^2 (-\Delta H)^2}{(T_i - T_0)^2 k_{\text{mould}} \rho_{\text{mould}} c_p^{\text{mould}}} \tag{2}$$

C_c 및 C_f에 대한 식을 수립하기 위해서 이 기본 방정식을 사용하고, 두 개의 합금에 대해 C_c/C_f를 계산하라.

힌트 *B332*

힌트 B244

연습문제 10.3

잉곳에 있는 압탕형(hot top)의 용도를 서술하라.

힌트 *B319*

힌트 B245

(B8)

$$S = \frac{x_{\text{max}}^s}{x_{\text{min}}^s}$$

7장의 200쪽에 다음의 식이 나와 있다.

$$S = \frac{x_{\text{max}}^s}{x_{\text{min}}^s} = \frac{k_{\text{part}} x_{\text{max}}^L}{k_{\text{part}} x_{\text{min}}^L} = \frac{x_{\text{max}}^L}{x_{\text{min}}^L} = \left(\frac{B}{1+B} \right)^{-(1-k_{\text{part}})} \tag{1}$$

또는

$$B = D_{\text{Ni}} \frac{4\theta}{\lambda_{\text{den}}^2} k_{\text{part}}$$

여기에서

D_{Ni} = 합금 원소의 고상에서의 확산 계수

θ = 총 응고 시간

λ_{den} = 수지상정 가지의 거리

k_{part} = 고체 및 액체 간 합금 원소의 분배 계수

S를 유도할 수 있으려면 (2) 방정식의 항목들을 유도해야 한다. D_{Ni}를 어떻게 구하는가?

힌트 *B74*

힌트 B246

(B173)

10장의 (10.8) 방정식에 의해 다음의 식을 얻는다.

$$(1 - \beta) \frac{V_f}{V_c} = \left(\frac{C_c}{C_f} \right)^{1/2} \frac{A_f}{A_c} + \beta \tag{1}$$

여기에서 응고 수축 β는 $(\rho_s - \rho_L)/\rho_s$이다. 상수 C_c 및 C_f는 이들 상수가 주물 및 압탕 각각에 적용됐을 때에 Chvorinov 법칙의 상수, 즉 $t = C(V/A)^2$[4장의 (4.74a) 방정식]이다.

10.1a의 경우에 있어서 C_c 및 C_f 간의 관계식은 무엇인가? C_c/C_f의 비는 무엇인가? 이 경우에 있어서 β 값을 어떻게 구하는가?

힌트 B341

힌트 B247

연습문제 9.10b

주어진 온도에서 η에 대한 계산을 SI 단위로 시작하라.

힌트 B138

힌트 B248

(B187)

확산 구간이 겹치지 않기 때문에 8장에서 논의한 케이스 II를 얻게 되며, 8장의 (8.40) 방정식이 유효하다.

$$t = \frac{b^2}{2D}\frac{(x^\theta - x^m)^2}{(x^{\alpha/\theta} - x^m)^2} \tag{1}$$

동등한 용해 과정에 대한 <u>Mn</u> 농도의 분포도를 그리고, 농도가 주어져 있는 (1) 방정식에서의 농도를 파악하라.

힌트 B106

힌트 B249

(B303)

답

이 설명은 Fe－Mn－S의 삼원 상태도와 밀접한 관계에 있다 (9장의 그림 9.53과 그림 9.56). <u>Mn</u>과 <u>S</u>를 포함하고 있는 강 용탕이 냉각이 되면, 페라이트의 1차 석출이 발생한다.

<u>C</u>－농도가 낮으면 편정 반응이 발생하며, 이로부터 δ－상이 주어진다. 이는 나중에 γ－상과 액체 MnS로 변형된다(그림 9.53). 액체 MnS는 유형 I 또는 II의 MnS 군집으로 응고된다. 9장의 296~298쪽에 보다 광범위한 설명이 나와 있다.

<u>C</u>－농도가 높으면 공정 반응이 발생하며, 이로부터 γ－상과 유형 III 또는 IV의 고체 MnS가 주어진다(9장의 그림 9.56). 9장의 298쪽에 보다 자세한 설명이 나와 있다.

힌트 B250

연습문제 11.3a

주조 소재에서 중심부 편석을 피하기 위한 방법을 제시하려면, 이 현상의 근원을 이해하는 것이 필요하다. 중심부 편석의 근원을 논하라.

힌트 B372

힌트 B251

(B210)

Cu_2O는 공정점에 도달했을 때, 즉 c_O^L가 0.39일 때 석출이 일어난다. 그다음에 (3) 방정식을 통해 f를 계산할 수 있다.

$$c_O^L = \frac{c_O^0}{1 - f(1 - k_{partO})} \Rightarrow f = \frac{1 - c_O^0/c_O^L}{1 - k_{partO}} = \frac{1 - 0.01/0.39}{1 - 0.0090} = 0.98$$

Cu_2O가 석출될 때 c_L^L의 계산 방법은 무엇인가?

힌트 B312

힌트 B252

(B115)

다음과 같은 일반적인 가스 법칙을 사용하라.

$$pV = nRT$$

그리고 이를 시간에 대해 미분하라.

$$\frac{dV}{dt} = \frac{RT}{p} \cdot \frac{dn}{dt}$$

이로부터 다음의 식이 주어진다.

$$\frac{dn}{dt} = \frac{p}{RT}\frac{dV}{dt} \tag{5}$$

힌트 B102에서 dV/dt에 대한 다른 식을 얻는다. 이를 사용하라!

힌트 B344

힌트 B253

(B106)

$$\begin{aligned}
t &= \frac{b^2}{2D}\frac{(x^\theta - x^m)^2}{(x^{\alpha/\theta} - x^m)^2} \\
&= \frac{(3.0 \times 10^{-6})^2}{2 \times 1.0 \times 10^{-12}} \times \frac{(0.50 - 0.0025)^2}{(0.0050 - 0.0025)^2} \\
&= 1.8 \times 10^7 \, \text{s} = 50\,\text{h} \approx 2.1 \, \text{days}
\end{aligned}$$

답

FeS 막에서 Fe 원자를 Mn 원자로 대체할 때에 2일이 조금 넘게 걸린다.

힌트 B254

(B147)

둥근 기공의 표면은 부드럽다. 둥근 기공은 용융 금속에서 형성되어 응고 선단부에 붙게 된다.

둥근 기공 형성의 조건은 무엇인가?

힌트 B349

힌트 B255

연습문제 9.7b

화학적인 이유이다.

힌트 B354

힌트 B256

(B130)

$c_{\underline{C}}^0 = 0.050$ wt-%는 $T \approx 1525°C$에 해당된다는 것을 Fe − C 상태도로부터 알 수 있다.

고상은 1525°C에서 페라이트로 구성된다(δ − 철). 응고로 인해서 잉곳 내부의 압력이 증가한다. CO 가스의 석출을 피하기 위한 조건은 무엇인가?

힌트 B37

힌트 B257

(B321)

11장의 (11.60) 방정식은 힌트 B321에서 서술된 조건에 해당되며, 다음처럼 표기할 수 있다.

$$\overline{c_0} = \frac{\rho_s g_s c^s + \rho_L g_L c^L}{\rho_s g_s + \rho_L g_L}$$

(힌트 B310 비교)

$$\overline{c_0} = \frac{g_s c^s + \dfrac{\rho_L}{\rho_s} g_L c^L}{g_s + \dfrac{\rho_L}{\rho_s} g_L} \tag{1}$$

(1) 방정식을 사용할 수 있으려면 c^L 및 c^s를 알아야 한다. 평균 탄소 농도 $\overline{c_0}$를 아는 경우에, c^L을 계산할 수 있는 방법은 무엇인가?

힌트 B64

힌트 B258

(B81)

S는 금속 원자에 비해 상대적으로 작은 원자이다. 이 경우에 지렛대 원리, 즉 S에 적용하는 7장의 (7.15) 방정식을 적용할 수 있다.

$$c_{\underline{S}}^L = \frac{c_{\underline{S}}^0}{1 - f(1 - k_{\text{part}\,\underline{S}})} \tag{1}$$

Mn은 Fe에 비해 작은 원자가 아니고, (1) 방정식은 유효하지 않다. 이 경우에 샤일 방정식[7장의 (7.10) 방정식]을 사용해야 한다.

$$c_{\underline{Mn}}^L = c_{\underline{Mn}}^0 (1 - f)^{-(1 - k_{\text{part}\,\underline{Mn}})} \tag{2}$$

진행 방법은 무엇인가?

힌트 B304

힌트 B259

(B51)

$$C_c = \frac{t}{s^2} = \frac{1}{c_c{}^2} = \frac{1}{(3.23 \times 10^{-3})^2} = 9.58 \times 10^4 \, \text{s/m}^2$$

h_f를 구하기 위해 이 정보를 어떻게 사용할 수 있는가?

힌트 B274

힌트 B260

(B333)

힌트 B333의 $(1 - f)$ 값, 힌트 B209의 (4) 방정식 및 힌트 B170의 (3) 방정식을 사용하고, 각 $(1 - f)$ 값에 대해 $c_{\underline{Cr}}^L$ 및 $c_{\underline{C}}^L$를 각각 계산하라. 계산 결과를 표에 있는 2개의 빈 열에 기재하라.

힌트 B322

힌트 B261

(B76)

(1) 방정식으로부터 다음의 식을 알고 있다.

$$f = \frac{b}{\lambda_{\text{den}}}$$

이로부터 다음의 식이 주어진다.

$$b = f\lambda_{\text{den}} = 0.02 \times 50 \times 10^{-6} = 10^{-6} \, \text{m}$$

$x^{\alpha/\theta}$는 θ−상과 평형을 이루고 있는 기지의 조성이다.

공정 온도에서 기지의 평형 값 및 상태도의 수평 공정 온도선 끝점에서의 θ−상을 구하라. $x^{\alpha/\theta}$는 0.025까지인 것으로 확인이 된다(이 책에 나와 있는 상태도로부터).

(2) 방정식에 수치 값을 대입하면 다음의 식을 얻는다.

$$t = \frac{b^2}{2D}\frac{(x^\theta - x^m)^2}{(x^{\alpha/\theta} - x^m)^2}$$

$$= \frac{(10^{-6})^2}{2 \times 4.8 \times 10^{-14}} \times \frac{(0.33 - 0.007)^2}{(0.025 - 0.007)^2}$$

$$= 3175\,\text{s} \approx 53\,\text{min}$$

답

θ−상의 완전 용해 시간은 약 1시간이다.

힌트 B262

(B331)

초기 농도 값과 분배 계수를 (5) 방정식에 대입하면 다음의 식을 얻는다.

$$\frac{0.030}{1 - f(1 - 0.20)} \times \frac{0.040}{1 - f(1 - 0.054)} = 0.0019$$

이로부터 다음의 식이 주어진다.

$$0.0012 = 0.0019(1 - 0.80f)(1 - 0.946f)$$

이를 축약하면 다음의 식이 주어진다.

$$f^2 - 2.307f + 0.4868$$
$$= 0 \Rightarrow f = 1.1535 \pm \sqrt{1.1535^2 - 0.4868}$$

$f \le 1$이기 때문에 마이너스 기호를 선택해야 하며, $f = 0.235$이다.

이 특별한 응고 분율에서 무슨 일이 발생하는가?

힌트 B191

힌트 B263

(B100)

$$t = \frac{2.3}{4\pi^2 D \times 100^2} \times \frac{1.0 \times 10^{-10}\rho(-\Delta H)}{hk(T_L - T_0)}(k + hy) \qquad (6)$$

D 값은 연습문제 8.8에서와 동일하다. 힌트 B60을 참고하라.

$$t = \frac{2.3}{4\pi^2 \times 11 \times 10^{-16} \times 10^4}$$

$$\times \frac{1.0 \times 10^{-10} \times 7.2 \times 10^3 \times 272 \times 10^3}{1.0 \times 10^3 \times 30 \times (1535 - 25)}$$

$$\times(30 + 1.0 \times 10^3 \times 0.5 \times 10^{-3})$$

$$t = 7.2 \times 10^2\,\text{s} = 12\,\text{min}$$

답

균질화 시간은 약 12분이다.

힌트 B264

(B352)

답

$c_{\underline{O}}^0$과 $c_{\underline{H}}^0$의 관계식은 포물선이다.

$$c_{\underline{O}}^0 = \frac{0.0019}{0.050}\left[1 - \left(\frac{c_{\underline{H}}^0}{0.0025}\right)^2\right]$$

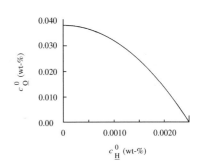

힌트 B265

(B367)

온도 분포는 선형이라고 가정한다.

$$T = T_{\text{surface}} + \frac{T_L - T_{\text{surface}}}{s}y \qquad (1)$$

여기에서 T_{surface}는 표면 온도이고 s는 쉘의 두께이다.

(1) 방정식은 힌트 B367의 그림에 있는 두 개의 선에 적용된다.

온도가 증가되기 전에 쉘의 온도 분포는 다음과 같이 된다.

$$T_{\text{before}} = T_{\text{so}} + \frac{T_L - T_{\text{so}}}{s}y \Rightarrow T_{\text{before}} = 1040 + \frac{1470 - 1040}{0.030}y$$

$$\qquad (2)$$

온도가 증가된 후에 쉘의 온도 분포는 다음과 같이 된다.

$$T_{after} = T_{ss} + \frac{T_L - T_{ss}}{s} y \Rightarrow T_{after} = 1260 + \frac{1470 - 1260}{0.030} y$$

$$(3)$$

최대의 균열 위험은 재가열이 끝날 때에 발생한다. 따라서 우리는 $t = 40$초에서 유효한 조건에 집중할 것이다. 이 경우에 온도가 일정하기 때문에 온도 변화는 y만의 함수이다.

온도 변화 및 y함수로서의 열 팽창 계산 방법은 무엇인가?

힌트 B374

힌트 B266

(B113)

연습문제 8.8에서 항목 y는 슬래브 두께인 1.0 mm이었으며 이 수치는 변하지 않았다. 본 경우에 주물 두께는 상당히 변했는데, 200 mm에서 2 mm를 거쳐 1 mm가 되었다. v_{growth} 및 λ_{den} 간에 주어진 관계식을 통해 λ_{den} 및 농도 분포의 2차 변화가 있게 된다. 압연 과정이 끝날 때 유효한 y와 λ_{den} 값을 통해 균질화 시간을 계산할 수 있다.

4장으로 돌아가서 v_{growth}와 y 간의 관계식을 구하라.

힌트 B196

힌트 B267

(B19)

힌트 B307의 그림을 사용하라.

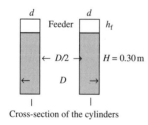

Cross-section of the cylinders

압탕:

$$V_f = 2\frac{\pi d^2}{4} h_f = \frac{\pi}{2} \times 0.10^2 h_f = \frac{\pi}{2} \times 0.0100 h_f$$

$$A_f = 2\underbrace{\left(\frac{\pi d^2}{4}\right.}_{\text{상부 면적}} + \underbrace{\left.\pi d h_f\right)}_{\text{면의 총면적}}$$

$$= 2\left(\frac{\pi \times 0.10^2}{4} + \pi \times 0.10 h_f\right) = \frac{\pi}{2}(0.0100 + 0.40 h_f)$$

실린더:

$$V_c = \frac{\pi[D^2 - (D/2)^2]}{4} H = \pi \times \frac{0.40^2 - 0.20^2}{4} \times 0.30$$

$$= \pi \times 0.00900$$

$$A_c = \underbrace{\frac{\pi[D^2 - (D/2)^2]}{4} - 2\frac{\pi d^2}{4}}_{\text{상부 면적}} + \underbrace{\frac{\pi[D^2 - (D/2)^2]}{4}}_{\text{하부 면적}}$$

$$+ \underbrace{\pi(D + D/2)H}_{\text{외부 및 내부 면의 총면적}}$$

또는

$$A_c = \frac{\pi}{2}\left[\frac{0.40^2 - 0.20^2}{2} - 0.10^2 + \frac{0.40^2 - 0.20^2}{2}\right.$$

$$\left. + 2(0.40 + 0.20) \times 0.30\right]$$

$$= \frac{\pi}{2} \times 0.47 \,\text{m}^2$$

진행 방법은 무엇인가?

힌트 B308

힌트 B268

연습문제 10.6

전에 비슷한 문제를 경험한 적이 있는가?

힌트 B43

힌트 B269

(B329)

(3) 방정식을 적분해서 전체 단면적 $d \times 2c$에 가해지는 총력을 계산할 수 있다.

$$F_x = \int_{-c}^{+c} E\alpha\Delta T d\text{d}y$$

$$(4)$$

함수를 있는 그대로 적분할 수 없다. 진행 방법은 무엇인가?

힌트 B361

힌트 B270

(B159)

11장의 (11.52) 방정식은 유효하고, 변형률이 없는 평균 탄소 농도를 알고 있는 경우에 사용할 수 있다.

$$\overline{c_{\text{strain}}^0} = \frac{\overline{c_0} + \varepsilon \dfrac{c^{\text{L}}}{k_{\text{part}}}}{1 + \varepsilon} \qquad (4)$$

여기에서

$\overline{c_{\text{strain}}^0}$ = 변형된 표면의 주어진 응고 분율에서 평균 탄소 농도

$\overline{c_0}$ = 무변형 표면의 주어진 응고 분율에서 평균 탄소 농도

c^{L} = 부피로 빨려 들어온 용융 금속의 농도

ε = 변형 = $\Delta l / l$

g_{L}, ε 및 알고 있는 항목들의 함수로서 $\overline{c_{\text{strain}}^0}$에 대한 식을 유도하라.

힌트 *B197*

힌트 B271

(B54)

<u>O</u> 농도는 9장의 그림 9.60을 통해 파악할 수 있다. [Si] = 2.0 wt-%이고 용융 금속의 온도가 1150°C라는 것을 알고 있다.

아쉽게도 선들의 교차점은 척도의 외부에 존재하지만 쉽게 외삽을 할 수 있고, <u>O</u> 농도는 [O]−축에서 로그 척도로 2.5 × 10^5 wt-%라고 판독이 가능하다.

다음 단계는 무엇인가?

힌트 *B324*

힌트 B272

(B369)

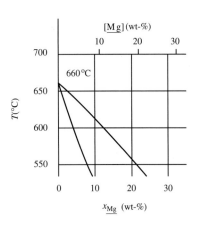

Al − Mg의 확대 상태도를 이용할 수 있다.

주어진 온도에서 합금 조각의 고체 상 및 액체 상에서 <u>Mg</u> 농도를 판독하라.

이 온도에서 고체 및 액체의 분율을 추정하는 방법은 무엇인가?

힌트 *B185*

힌트 B273

(B61)

1. 성장 속도, 즉 응고 선단부의 속도
2. 주조 전에 용융 금속에서의 가스 농도

첫 번째 매개 변수가 기공 성장에 어떻게 영향을 미치는가?

힌트 *B108*

힌트 B274

(B259)

성장 법칙의 두 가지 상수인 C_c 및 C_f를 알면, 10장의 (10.8) 방정식에 나온 압탕에 대한 시간 조건을 적용할 수 있다.

$$(1 - \beta)\frac{V_f}{V_c} = \left(\frac{C_c}{C_f}\right)^{1/2}\frac{A_f}{A_c} + \beta \qquad (8)$$

h_f가 (10.8) 방정식에 어떻게 관련되어 있는가?

힌트 *B360*

힌트 B275

(B18)

<u>Ni</u> 및 <u>V</u> 원자는 <u>Fe</u> 원자 대신에 결정 격자에서 치환되고, 결정 격자를 통과하는 이들의 확산 속도는 매우 늦다. 이런 이유로 인해 니켈과 바나듐의 미세편석은 샤일의 편석 방정식을 따른다. <u>C</u> 원자는 결정 격자의 <u>Fe</u> 원자 사이에서 격자 간 위치를 차지하고, 고상을 통해 아주 쉽게 이동한다. 지렛대 원리는 탄소의 미세편석에 유효하다.

이제 편석 방정식에 대한 기초를 얻게 되었다. 얻게 된 내용을 기재하라.

힌트 *B114*

힌트 B276

(B189)

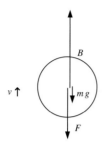

입자가 일정한 속도로 움직이기 때문에, 입자에 작용하는 총 력은 0이어야 한다. 마찰력 F 및 속도 v는 항상 반대 방향을 갖는다.

$$B - mg = F \tag{1}$$

알고 있는 항목으로 세 개의 힘을 표현하고, 이 표현 식을 (1) 방정식에 대입하라.

힌트 B327

힌트 B277

연습문제 9.9

문제를 풀기 위한 방안을 구하라.

힌트 B148

힌트 B278

(B167)

Sievert의 법칙을 사용해서[9장의 (9.3) 방정식] 다음의 식을 얻는다.

$$c_{\underline{H}}^{L} = \text{constant} \times \sqrt{p_{H_2}} \tag{2}$$

9장의 그림 9.23에 있는 상태도를 통해 응고 초기의 $\underline{H}$ 농도를 판독하고, (2) 방정식의 상수를 계산하라.

힌트 B183

힌트 B279

(B340)

전체 잉곳이 완전히 응고됐을 때에 f는 1이다. 이제 $c_{\underline{C}}^{L}$ 및 $c_{\underline{O}}^{L}$ 을 계산할 수 있다.

$$c_{\underline{C}}^{L} = \frac{c_C^0}{1 - f(1 - k_{\text{part}\,\underline{C}})} = \frac{0.050}{1 - 1 \times (1 - 0.20)} = 0.25 \text{ wt-\%}$$

그리고

$$c_{\underline{O}}^{L} = \frac{c_O^0}{1 - f(1 - k_{\text{part}\,\underline{O}})} = \frac{0.050}{1 - 1 \times (1 - 0.054)} = 0.926 \text{ wt-\%}$$

f가 0.72에서 1로 증가할 때에 $c_{\underline{C}}^{L}$이 0.118 wt-%에서0.25 wt-%로 증가하는 것은 타당성이 있다. $c_{\underline{O}}^{L}$의 계산 값은 매우 커 보인다. 타당하다고 생각하는가?

힌트 B126

힌트 B280

(B335)

$$m = nM$$

여기에서 M은 수소의 몰 중량이다(kg/kmol). M이 1이기 때문에 (1) 방정식을 다음처럼 표기할 수 있다.

$$\frac{dn}{dt} = -D_H \frac{A}{V_m} \frac{dx_H}{dy} \tag{3}$$

농도 구배를 계산하라.

힌트 B115

힌트 B281

(B99)

학습자가 힌트 B145에서 작성한 상태도의 일부를 사용하라.

$$x_{Mg}^0 = 0.60 - 0.55 = 0.050 = 5.0 \text{ at-\%}$$

$$k_{\text{part Mg}} = \frac{x_{Mg}^s}{x_{Mg}^L} = \frac{62.3 - 55.0}{69.9 - 55.0} = \frac{7.3}{14.9} = 0.49$$

공정 온도에서 남아 있는 용융 금속은 공정 조직으로 응고 되며, (2) 방정식으로부터 이를 계산할 수 있다.

x_{Mg}^0 및 $k_{\text{part Mg}}$의 계산 값을 (2) 방정식에 대입하면 다음의 식을 얻는다.

$$f_E^L = (1 - f_E^s) = \left(\frac{x_{Mg}^0}{x_E^L}\right)^{\frac{1}{1 - k_{\text{part Mg}}}} = \left(\frac{5.0}{14.9}\right)^{\frac{1}{1 - 0.49}} = 0.118$$

초기 용융 금속의 약 88%가 공정 온도에서 미세편석으로 응고되었고, 나머지 12%는 공정 조성을 가지며 이 조직으로 응고된다.

답

합금 용융 금속의 약 12%가 공정 조직으로 응고된다.

힌트 B282

(B59)

10장의 (10.22) 방정식에 따라 다음의 식을 얻는다.

$$(1 - \beta)\frac{V_f}{V_c} = \left[\frac{C_c}{C_f\left(1 - \dfrac{CFR}{100}\right)}\right]^{1/2} \frac{A_f}{A_c} + \beta \quad (1)$$

여기에서 응고 수축 β는 $(\rho_s - \rho_L)/\rho_s$이다.

중심선의 급탕 저항 CFR은 $[(t_{total} - t_{begin})/t_{total}] \times 100$이고, 응고 구간의 폭을 측정한 값이며 응고 중심선에서의 응고를 설명해 주는 인자이다.

상수 C_c 및 C_f는 주물과 압탕에 각각 적용되었을 때에 Chvorinov의 법칙, 즉 $t = C(V/A)^2$에서의 상수이다[4장의 (4.74) 방정식].

모든 재료 상수와 다른 데이터를 알고 있으면 (1) 방정식을 사용해서 두 개 압탕의 높이 h_f를 계산할 수 있다. 일부 재료 상수는 이 책에 나온다. 추가적으로 필요한 것은 무엇인가?

힌트 B307

힌트 B283

(B235)

온도가 증가하더라도 판이 x 방향으로 커질 수 없기 때문에 ε_x는 0이며, 이로부터 다음의 식이 주어진다.

$$\sigma_x = -E\alpha\Delta T \quad (2)$$

ΔT가 양수이기 때문에 (2) 방정식은 열 팽창을 방지하는 고정 응력이 안쪽으로 향하는 수축 응력이라는 것을 뜻한다.

이 책에 의하면 온도 ΔT는 y의 함수이고, 이는 σ_x 역시 y의 함수라는 것을 뜻한다. 학습자는 판 전체에 대해 열응력을 얻고자 하기 때문에, 판 전체에 대한 평균 응력을 구해야 한다. 이 응력을 어떻게 얻는가?

힌트 B329

힌트 B284

(B347)

$$c_{\underline{C}}^L = \frac{c_{\underline{C}}^0}{1 - f(1 - k_{part\,\underline{C}})} = \frac{0.050}{1 - 0.72 \times (1 - 0.20)} = 0.118 \text{ wt-\%}$$

$$(4)$$

p_{CO}의 계산 방법은 무엇인가?

힌트 B181

힌트 B285

(B341)

힌트 B341의 값, 압탕의 용융 금속과 접촉하는 부피와 면적에 대한 식 그리고 정육면체를 (1) 방정식에 대입하라.

힌트 B118

힌트 B286

(B312)

수증기의 석출 위험이 있으면 p_{H_2O}는 1 atm이다. Cu_2O가 석출될 때에 $c_{\underline{O}}^L$는 0.39 wt-%이기 때문에, 다음의 식을 얻는다.

$$(c_{\underline{H}}^L)^2 = \frac{2 \times 10^{-11} p_{H_2O}}{c_{\underline{O}}^L} = \frac{2 \times 10^{-11} \times 1}{0.39} \quad (6)$$

무슨 항목이 필요하며, 그 계산 방법은 무엇인가?

힌트 B320

힌트 B287

(B305)

답

주로 용융 금속에서의 자연 대류 때문에 작은 결정들이 용융 금속에서 떠다니며, 이 결정들은 지속해서 성장한다. 어떤 특정 임계 크기가 되면 자연 대류로 인한 영향이 중력보다 작아지고, 결정들이 잉곳의 바닥 쪽으로 침강되기 시작한다.

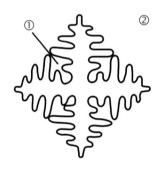

수지상정 간 용융 금속이 성장하는 수지상정 결정을 둘러싼다. 팔이 성장하기 때문에, 수지상정 간 용융 금속 1에 있는 합금 원소의 농도가 초기 대량 용융 금속 2에서의 농도보다 높다. 침강 중에는 수지상정 간 용융 금속과 대량 용융 금속 사이에 교환이 일어난다.

이렇게 지속적인 용융 금속의 교환으로 인해, 잉곳 바닥에서의 결정은 잉곳 상단의 결정 둘레에 있는 수지상정 간 용융 금속보다 합금 원소의 농도가 낮은 수지상정 간 용융 금속의 조성을 갖는다. 또한 잉곳 바닥에서의 결정은 더 큰 고상의 분율을 갖는데, 여기는 상단의 수지상정 간 용융 금속보다 예를 들어 탄소의 농도가 더 낮다.

따라서 대체로 잉곳의 바닥(역편석)에서보다 잉곳의 상단(정편석)에서 합금의 농도가 더 높다.

A-편석을 발생시키는 수지상정 간 유동은 이런 유형의 상단-하단 거시편석을 증가시키기도 한다.

힌트 B288

연습문제 11.7b

넓은 끝단이 위로 향하는 잉곳에서 자주 발생하는 A-편석을 설명하는 방법은 무엇인가?

힌트 B67

힌트 B289

(B24)

용융 금속과 관련이 없는 침강 결정의 부피에 대한 두 개의 식을 구하고, 힌트 B24의 그림을 사용하라.

$$hA\frac{1}{1+W} \qquad = \qquad AHg_s \qquad (2)$$

관련 용융 금속이 있는 침강 이후에 결정의 부피. $1 \cdot (1+W)$ 분율만 결정으로 구성되고 나머지는 용융 금속임

잉곳 부피에서 고체 결정의 부피

(2) 방정식으로부터 다음의 식이 주어진다.

$$h = H(1+W)g_s \qquad (3)$$

g_s에 대한 식을 어떻게 얻는가?

힌트 B373

힌트 B290

(B156)

7장의 (7.24) 방정식 바로 위에 관계식이 있다.

$$\frac{dy}{dt} = \frac{\lambda_{den}}{2\theta} \qquad (7)$$

또는 힌트 B91의 (5) 방정식 및 힌트 B156의 (6) 방정식을 통해 다음의 식을 얻는다.

$$\frac{12.5 \times 10^{-8}}{y} = \frac{\lambda_{den}}{2\theta} = \frac{2.0 \times 10^{-6}\theta^{0.4}}{2\theta} = 10^{-6}\theta^{-0.6}$$

또는

$$\theta = \left(\frac{y}{12.5 \times 10^{-2}}\right)^{1/0.6} \qquad (8)$$

이제는 학습자가 유도한 항목의 함수로서 B를 표현할 때이다.

힌트 B85

힌트 B291

(B150)

입자의 속도는 용융 금속의 응고 속도, 즉 응고 선단부의 성장 속도를 초과해야 한다.

$$v = \frac{2g}{9\eta}(\rho_{melt} - \rho_{particle})r^2 > v_{growth} \qquad (2)$$

응고 속도의 계산 방법은 무엇인가?

힌트 B35

힌트 B292

(B397)

2상 영역은 용탕 아래의 첫 번째 영역이며, 응고된 정제 소재가 여기에 존재한다. 이곳의 부피가 일정하다고 가정하는 것은 타당성이 있다.

2상 영역의 소재 균형을 수립하라.

힌트 B395

힌트 B293

(B174)

Al 상의 1차 석출의 경우에 7장의 (7.47)과 (7.48) 방정식을 얻게 된다.

$$c_{Si}^L = c_{Si}^{0L}(1 - f_\alpha)^{-\left(1 - k_{part\,Si}^{\alpha/L}\right)} \qquad (1)$$

$$c_{Cu}^L = c_{Cu}^{0L}(1 - f_\alpha)^{-\left(1 - k_{part\,Cu}^{\alpha/L}\right)} \qquad (2)$$

여기에서 f_α는 PE선을 따라 좌표가 (c_{Cu}^L, c_{Si}^L)인 임의의 점에서, Al의 1차 석출로 응고된 초기 합금 용융 금속의 총 부피 분율이다. c_{Si}^{0L}와 c_{Cu}^{0L}의 농도를 얻고자 한다. (1)과 (2) 방정식의 다른 항목들과 이 항목들의 유도 가능성을 논하라.

힌트 B92

힌트 B294

(B196)

λ_{den}^2를 성장 속도의 함수로 표현하기 위해서 이 책에 나와 있는 관계식을 사용해도 된다.

$$\lambda_{den}^2 v_{growth} = 1.0 \times 10^{-10} \qquad (2)$$

v_{growth}에 대한 식을 (2) 방정식에 대입한다.

$$\lambda_{den}^2 = \frac{1.0 \times 10^{-10}}{v_{growth}} = \frac{1.0 \times 10^{-10}}{\dfrac{T_L - T_0}{\rho(-\Delta H)}\dfrac{h}{1 + \dfrac{h}{k}y}}$$

$$= \frac{1.0 \times 10^{-10}\rho(-\Delta H)}{hk(T_L - T_0)}(k + hy) \qquad (3)$$

다음 단계는 무엇인가?

힌트 B153

힌트 B295

(B98)

잉곳에 대한 경험 법칙은 검증된 성장 법칙으로서, 이 법칙은 잉곳에 유효하며, 다음처럼 표기할 수 있다.

$$y_L^* = 2.5\sqrt{t^*} \qquad (3)$$

여기에서 y_L^*의 단위는 센티미터, t^*의 단위는 분이다.

$y_L = l_{ingot}/2$을 선택하면 $t^* = t_{ingot}^*$을 얻게 된다.

$$t_{ingot}^* = \left(\frac{y_L^*}{2.5}\right)^2 = \left(\frac{l_{ingot}^*}{5}\right)^2 = \left(\frac{20}{5}\right)^2 = 16\,min = 960\,s$$

(3) 방정식은 잉곳의 성장 법칙이다. 이 방정식을 SI 단위로 변환할 때 가장 단순하고 안전한 방법은 $y_L^* = 0.10$미터와 $t^* = 960$초를 대입하는 것이며, 상수 $0.10 = c_c\sqrt{960}$를 계산하면 $c_c = 3.23 \times 10^{-3}$ m/s$^{0/5}$가 주어진다.

이로 인해 주물의 응고에 대한 성장 법칙은 다음과 같다.

$$s = c_c\sqrt{t} \qquad (4)$$

여기에서 $c_c = 3.23 \times 10^{-3}$ m/s$^{0/5}$이다.

압탕에 대한 해당 성장 법칙은 무엇인가?

힌트 B330

힌트 B296

연습문제 9.4b

잉곳 내부에서의 최대 압력을 어떻게 계산하는가?

힌트 B133

힌트 B297

(B90)

<u>H</u>와 <u>O</u> 원자 모두 작기 때문에 확산 속도가 빠르고, 지렛대 원리를 적용해야 한다[7장의 (7.15) 방정식]. 결과적으로 다음처럼 된다.

$$c_{\underline{O}}^L = \frac{c_{\underline{O}}^0}{1 - f(1 - k_{part\,\underline{O}})} \qquad (5)$$

및

$$c_{\underline{C}}^L = \frac{c_{\underline{C}}^0}{1 - f(1 - k_{part\,\underline{C}})} \qquad (6)$$

(5)와 (6) 방정식을 본 경우에 적용하라.

힌트 B306

힌트 B298

(B139)

(4) 방정식을 통해 판의 응고 시간을 계산한다.

$$\theta_{sol} = \frac{y}{\dfrac{dy_L}{dt}} = \frac{y}{\dfrac{T_L - T_0}{\rho(-\Delta H)}h} = \frac{y\rho(-\Delta H)}{h(T_L - T_0)}$$

$$= \frac{0.0010 \times 7.2 \times 10^3 \times 272 \times 10^3}{2 \times 1.0 \times 10^3 \times (1500 - 25)} = 0.66\,s$$

λ_{den}을 계산하라.

힌트 B151

힌트 B299

(B185)

O점은 수평 눈금에서 좌표의 시초점이며, C는 합금 조각에서 <u>Mg</u>의 초기 농도 값이다(이 책에 나와 있는 그림의 회색 부피). S점과 및 L점에 대한 정의는 힌트 B185에 나와 있다.

용탕 단조를 하기 전에 합금 시편에 있는 고체 및 액체의 분율을 구하기 위해 S, C 및 L점에 지렛대 원리를 사용하라. S점에서 고체의 분율이 100%이고, L점에서는 0%이다.

지렛대 원리와 측정을 통해 고체의 분율은 다음과 같이 된다.

$$f^{solid} = \frac{20 - 10}{20 - 7} \approx 77\,\% \quad and \quad f^{liquid} = 1 - f^{solid} \approx 23\,\%$$

합금 시편이 수지상정 가지 사이에 수지상정 간 용융 금속이 있는 수지상정 망으로 구성된다는 것을 이제 안다. 용탕 단조 과정 및 그 결과를 서술하라.

힌트 B215

힌트 B300

(B131)
연습문제에 대한 내용에서 농도 1.5~2.8 wt-%의 $\underline{C}$가 시멘타이트, 즉 Fe_3C의 공정 반응 및 석출과 결합된다는 것을 언급하였다. 이로 인해 $E_3 - E_{Fe-C}$선이 특별한 관심 영역이다. 이 선의 방정식을 구하라.

7장의 예제 7.5를 비교하라.

힌트 B188

힌트 B301

(B69)
중심부 편석과 수축공의 형성을 피하는 가장 일반적인 방법은 최적의 방법으로 주물의 2차 냉각을 설계하는 것이다. 계산을 통해 다음의 식을 얻는다[11장의 (11.67) 방정식].

$$\Delta A_{cool} = \frac{2}{3}\alpha_l x_0(1 - 2G)\Delta T_{centre} \qquad (1)$$

여기에서 ΔA_{cool}은 연속주괴 단면적의 총 변화, G는 표면과 주물 중심부에서의 냉각 속도비, 즉 $(dT_{surface}/dt)/(dT_{centre}/dt)$이다.

ΔA_{cool}의 음수 값은 물질적인 중요성이 없다. 이로 인해 중앙 편석이 중심에서 존재하지 않기 위한 조건은 $G > 0.5$로 표현될 수 있다.

답
(a)
두 개의 방법을 사용할 수 있다.

기계적 환원
외부 압력이 응고 과정의 끝에서 주물에 가해지고, 압력은 주물이 완전하게 응고될 때까지 지속되어야 한다.

열 환원
2차 냉각은 표면과 주물 중심부에서의 냉각 속도비가 $(dT_{surface}/dt)/(dT_{centre}/dt) > 0.5$ 또는 $G > 0.5$의 조건을 만족하도록 설계되어야 한다.

힌트 B302

(B328)

$$c_{\underline{Cr}}^0(1-f)^{-(1-k_{part\,Cr})} = 68.8 - \frac{16c_{\underline{C}}^0}{1-f(1-k_{part\,\underline{C}})} \qquad (5)$$

(5) 방정식에 대해 의견을 밝혀라.

힌트 B171

힌트 B303

연습문제 9.7a
네 가지 유형의 MnS 슬래그 개재물이 9장의 296쪽에 서술되어 있다. 강 용융 금속의 $\underline{C}$ 농도가 네 가지 유형의 형성에 강한 영향을 미친다. 이 영향에 대해 설명하라.

힌트 B249

힌트 B304

(B258)
(1)과 (2) 방정식을 이 책의 용해도적에 대입하라.

$$\frac{c_{\underline{S}}^0}{1-f(1-k_{part\,S})}c_{\underline{Mn}}^0(1-f)^{-(1-k_{part\,Mn})} = e^{-\left(\frac{34200}{T}-15.4\right)} \qquad (3)$$

용융 금속의 $\underline{S}$ 및 $\underline{Mn}$ 초기 농도 및 분배 계수 그리고 온도가 알려져 있다. 이 값들을 (3) 방정식에 대입하고 이 방정식을 풀어라.

힌트 B161

힌트 B305

연습문제 11.6a
용융 금속의 응고 과정은 작은 결정의 수지상정 성장을 시사하며, 이 사실은 잉곳에서의 거시편석 분포를 설명해 준다.

힌트 B287

힌트 B306

(B297)
이 경우에 f가 0이기 때문에 적용하는 것이 단순하다.

$$c_{\underline{C}}^L = c_{\underline{C}}^0 \quad \text{및} \quad c_{\underline{O}}^L = c_{\underline{O}}^0 \quad \text{및} \quad c_{\underline{H}}^L = c_{\underline{H}}^0 \qquad (7)$$

$c_{\underline{H}}^L = c_{\underline{H}}^0$와 p_{H2} 간의 관계식을 얻을 수 있다. 어떤 식인가?

힌트 B50

힌트 B307

(B282)

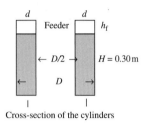

Cross-section of the cylinders

실린더의 크기를 알고 있다. 압탕의 높이 h_f를 계산할 수 있다.

각 소재에 대해 하나씩, 두 번의 계산을 계산해야 한다. 이로 인해 양쪽 소재에 대해 β과 CFR 값이 필요하다. 이들을 구하라!

힌트 B134

힌트 B308

(B267)

힌트 B243의 (2) 방정식을 두 개의 합금에 적용하라. 유도된 모든 값은 힌트 282의 (1) 방정식에 대입된다.

$$(1 - \beta)\frac{V_f}{V_c} = \left[\frac{\dfrac{C_c}{C_f}}{\left(1 - \dfrac{CFR}{100}\right)}\right]^{1/2} \frac{A_f}{A_c} + \beta \tag{1}$$

청동: $\beta_{bronze} = 0.05$, $CFR_{bronze} = 95\%$

$$(1 - 0.05) \times \frac{\frac{\pi}{2} \times 0.0100 h_{f\,bronze}}{\pi \times 0.00900} = \left[\frac{0.126}{(1 - 0.95)}\right]^{1/2}$$

$$\times \frac{\frac{\pi}{2} \times (0.0100 + 0.40 h_{f\,bronze})}{\frac{\pi}{2} \times 0.47}$$

$$+ 0.05 \Rightarrow h_{f\,bronze} = -0.047\,m$$

황동: $\beta_{brass} = 0.05$, $CFR_{brass} = 26\%$

$$(1 - 0.05) \times \frac{\frac{\pi}{2} \times 0.0100 h_{f\,brass}}{\pi \times 0.00900} = \left[\frac{0.126}{(1 - 0.26)}\right]^{1/2}$$

$$\times \frac{\frac{\pi}{2} \times (0.0100 + 0.40 h_{f\,brass})}{\frac{\pi}{2} \times 0.47}$$

$$+ 0.05 \Rightarrow h_{f\,brass} = 0.33\,m$$

결과를 설명하라.

힌트 B353

힌트 B309

(B158)

H 및 O는 작은 원자이기 때문에 지렛대 원리를 사용할 수 있는데, 이들은 용융 금속을 통해서 쉽게 확산이 된다. 7장의 (7.15) 방정식을 적용하면 다음의 식을 얻는다.

$$c_{\underline{H}}^L = \frac{c_{\underline{H}}^0}{1 - f(1 - k_{part\,\underline{H}})} \tag{2}$$

그리고

$$c_{\underline{O}}^L = \frac{c_{\underline{O}}^0}{1 - f(1 - k_{part\,\underline{O}})} \tag{3}$$

분배 계수를 어떻게 얻는가?

힌트 B210

힌트 B310

(B140)

2상 영역의 탄소 농도 가중 평균 값을 계산하라. 11장의 (11.60) 방정식과 유사하게 $A_s/(A_s + A_L)$을 g_s로, $A_L/(A_s + A_L)$을 g_L로 대체하고 $c^s = k_{part}c^L$을 설정하면 다음의 식을 얻는다.

$$\overline{c_0} = \frac{\rho_s g_s c^s + \rho_L g_L c^L}{\rho_s g_s + \rho_L g_L} = \frac{g_s c^s + \frac{\rho_L}{\rho_s} g_L c^L}{g_s + \frac{\rho_L}{\rho_s} g_L} \tag{4}$$

주어진 값과 계산 값을 대입하는 경우에 다음의 식을 얻는다.

$$\overline{c_0} = 1.0 \times \frac{0.70 \times 0.63 + 0.96 \times 0.30 \times 1.92}{0.70 + 0.96 \times 0.30} = 1.006\,wt\text{-}\%$$

$\overline{c_{strain}^0}$을 어떻게 얻는가?

힌트 B375

힌트 B311

(B191)

(1) 방정식을 통해 다음과 같은 CO 석출 전의 MnO 석출 조건을 얻는다.

$$K_{MnO} = c_{\underline{Mn}}^L c_{\underline{O}}^L \geq 0.2187 \tag{6}$$

여기에서 $c_{\underline{O}}^L$은 CO의 석출이 시작될 때의 O 농도이다.

Mn 및 O의 농도를 Mn 및 O 각각의 초기 농도와 응고 분율 f로 표현하라. 이는 O의 경우에 쉽게 이루어진다. 지렛대 원리, 즉 7장의 (7.15) 방정식도 Mn에 적용될 수 있는가?

힌트 *B346*

힌트 B312

(B251)

(1)의 방정식을 사용하라.

$$(c_{\underline{H}}^{L})^2 c_{\underline{O}}^{L} = 2 \times 10^{-11} p_{H_2O}$$

p_{H_2O}의 값은 무엇인가?

힌트 *B286*

힌트 B313

(B203)

가볍고 자유롭게 움직이는 원자인 $\underline{C}$ 편석의 경우에, 지렛대 원리가 유효하다[7장의 (7.15) 방정식].

$$x^{L} = \frac{x^s}{k} = \frac{x_0^{L}}{1 - f(1 - k_{part})}$$

이를 본 경우에 적용하라.

힌트 *B170*

힌트 B314

연습문제 9.5

$\underline{H}$, $\underline{C}$ 및 $\underline{O}$는 부유하는 강(스틸)에서 용해된다. 가스 상에서 H_2 및 CO의 부분 압은 용융 금속의 [$\underline{H}$] 및 [$\underline{O}$] 각각과 평형을 이룬다. $\underline{O}$의 농도는 [$\underline{H}$]에 비해 작다.

이 책에 나온 일부 주어진 관계식 및 값을 나열하라.

힌트 *B167*

힌트 B315

(B70)

이제 h_{top} 계산에 필요한 모든 정보를 갖고 있다.

수축 조건을 수립하라.

힌트 *B358*

힌트 B316

연습문제 11.5b

정제 잉곳은 냉각된 판과 접촉하는 바닥으로부터 응고가 되고, 2상 영역이 발달된다.

응고 과정 중에 역편석이 만들어질 수 있다. 특정 거리 떨어진 곳에 정상 상태가 있게 되고 반점 형성이 시작될 수 있다. 반점은 A-채널과 유사성을 보이며, 이들 모두 분사 쇼트를 통해 형성된다.

반점에 대한 간단한 이론이 11장 400~401쪽에 나와 있고, A-편석에 대해서는 11장의 409쪽에서 논하고 있다. 이들이 학습 시작에 도움을 줄 수 있을 것이다.

ESR 장비를 보여주는 그림을 작성하고, ESR 과정 중에 용탕 내 합금 원소 $\underline{C}$의 소재 균형을 수립하라.

힌트 *B396*

힌트 B317

(B37)

이 책에 따라 다음의 식을 얻는다.

$$c_{\underline{C}}^{L} c_{\underline{O}}^{L} = p_{CO} \times e^{-[(2690/T)+4.75]} \qquad (1)$$

p_{CO}를 구하려면 $c_{\underline{C}}^{L}$ 및 $c_{\underline{O}}^{L}$를 계산해야 한다. 이들에 대한 계산 방법은 무엇인가?

힌트 *B152*

힌트 B318

(B355)

(B363)

(B336)

(B35)

$$v = \frac{2g}{9\eta}(\rho_{melt} - \rho_{particle})r^2 > \frac{dy_L}{dt} = \frac{T_L - T_0}{\rho_{melt}(-\Delta H)}h$$

이로부터 다음의 식이 주어진다.

$$r > \sqrt{\frac{9\eta h}{2g} \frac{T_L - T_0}{\rho_{melt}(-\Delta H)(\rho_{melt} - \rho_{particle})}}$$

또는

$$r > \sqrt{\frac{9 \times 1.25 \times 10^{-4} \times 500}{2 \times 9.81}}$$
$$\times \sqrt{\frac{1550 - 25}{7.8 \times 10^3 \times 272 \times 10^3 \times (7.8 - 2.2) \times 10^3}}$$
$$= 1.9 \times 10^{-6} \text{ m}$$

답

(a) 입자가 $v = (2g/9\eta)(\rho_{melt} - \rho_{particle})r^2$의 속도로 위로 이동한다.

(b) 각각 1×10^{-6} 및 1×10^{-4} m/초

(c) $L_1 \approx 0.06\ t$(mm, 분) 및 L_{10}(mm; 분) $\approx 6\ t$(분)

(d) $r > 2\ \mu m$ ($v_{particle} > v_{growth}$).

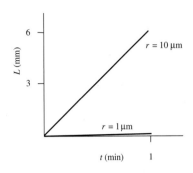

힌트 B319

(B244)

바닥과 측면의 냉각으로 인해 잉곳의 응고가 발생한다. 남아 있는 용융 금속의 표면은 응고 중에 응고 수축으로 인해 가라앉는다. 저밀도 용융 금속은 고밀도 고상으로 변형된다.

압탕형의 용도는 잉곳의 중심부가 응고됐을 때 용융 금속이 잉곳의 상부에 남도록, 상부에서의 응고 속도를 줄이는 것이다. 이는 중공부, 즉 수축공을 최소화하고, 잉곳의 낭비가 최소화된다.

압탕형의 높이가 최적 높이보다 낮거나 높으면 어떤 일이 발생하는가?

힌트 B116

힌트 B320

(B286)

원하는 항목은 $c_{\underline{H}}^0$이며, $c_{\underline{H}}^L$, $k_{part\underline{H}}$ 및 f를 알고 있을 때에 (2) 방정식을 통해서 이를 계산할 수 있다. (2) 방정식은 다음처럼 변형될 수 있다.

$$c_{\underline{H}}^0 = c_{\underline{H}}^L[1 - f(1 - k_{part\,\underline{H}})]$$
$$= \left(\frac{2 \times 10^{-11}}{0.39}\right)^{1/2} [1 - 0.98 \times (1 - 0.37)]$$
$$= 2.7 \times 10^{-6} \text{ wt-\%}$$

답

용융 금속에서 $\underline{H}$의 최대 초기 농도는 2.7×10^{-6} wt-%이다.

힌트 B321

(B27)

온도 영역은 변하지 않는다. 밀도 ρ_L 및 ρ_s, 고체 밀도비 ρ_L/ρ_s 그리고 액체 상은 2상 영역에서 일정하고 시간 경과에 따라 변하지 않는다고 가정할 수 있다.

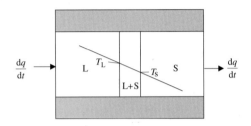

이 경우에 2상 영역에서 평균 탄소 농도를 계산하기 위해 무슨 방정식을 사용할 수 있는가?

힌트 B257

힌트 B322

(B260)

4개 열이 있는 원하는 표에 데이터가 채워져서 아래에 나와 있다. 다섯 번째 열은 크롬의 편석도를 위한 열이다.

하지만 다음과 같이 지금까지 고려하지 않았던 두 가지 문제가 있다.

1. 첫 번째 네 개 또는 다섯 개의 $\underline{Cr}$ 농도 값은 8 wt-%보다 크고, 유도된 힌트 B203의 (2) 방정식은 농도 구간 $0 < c_{Cr} < 8$ wt-%에서만 유효하기 때문에 이치에 맞지 않는다.

2. 1 vol-% 미만의 f 값에 해당하며 7장의 그림 7.41에 나온 편석비 S_{Cr}의 값은 공정 조성에 대한 분석을 기반으로 하지 않으며, 대신에 마지막으로 응고된 오스테나이트 용융 금속 부위의 조성을 기반으로 한다.

이렇기 때문에 0.01 미만의 $(1 - f)$ 값에 대해 $\underline{C}$ 및 $\underline{Cr}$ 농도를 다시 계산해야 하고, 변경된 실험 방법에 주의를 기울여야 한다.

c_C^0 (wt-%)	$1-f$	$c_{\underline{C}}^L = \dfrac{c_{\underline{C}}^0}{0.50+0.50(1-f)}$ (wt-%)	$c_{\underline{Cr}}^L = 1.5(1-f)^{-0.27}$ (wt-%)
1.5	0.000059	(3.0)	(20.8)
1.6	0.000109	(3.2)	(17.6)
1.7	0.000229	(3.4)	(14.4)
1.8	0.000577	(3.6)	(11.2)
1.9	0.00192	(3.8)	(8.12)
2.0	0.0089	(4.0)	(5.37)
2.1	0.0332	4.07	3.76
2.2	0.0710	4.11	3.06
2.3	0.114	4.13	2.70
2.4	0.158	4.15	2.47
2.5	0.203	4.16	2.31
2.6	0.249	4.16	2.18
2.7	0.295	4.17	2.09
2.8	0.341	4.18	2.01

상기 표는 $c_{\underline{C}}^0 < 2.0\,\text{wt-%}$에 대해 계산된 값을 버려야 하고, 용융 금속이 1% 남았을 때 $\underline{C}$ 및 $\underline{Cr}$의 농도를 계산해야 한다는 것을 보여준다.

수정된 표는 아래에 나와 있다.

c_C^0 (wt-%)	$1-f$	$c_{\underline{C}}^L = \dfrac{c_{\underline{C}}^0}{0.50+0.50(1-f)}$ (wt-%)	$c_{\underline{Cr}}^L = 1.5(1-f)^{-0.27}$ (wt-%)
1.5	0.01	3.0	5.2
1.6	0.01	3.2	5.2
1.7	0.01	3.4	5.2
1.8	0.01	3.6	5.2
1.9	0.01	3.8	5.2
2.0	0.01	4.0	5.2
2.1	0.033	4.07	3.76
2.2	0.071	4.11	3.06
2.3	0.114	4.13	2.70
2.4	0.158	4.15	2.47
2.5	0.203	4.16	2.31
2.6	0.249	4.16	2.18
2.7	0.295	4.17	2.09
2.8	0.341	4.18	2.01

답은 힌트 B345에 나와 있다.

힌트 B345

힌트 B323

(B108)

가스 농도가 높을수록 기공 성장이 빨라지게 되고, 역으로도 마찬가지이다.

용융 금속에서의 낮은 성장 속도 및/또는 높은 가스 과포화에서 무엇이 발생하는지 예측하라.

힌트 B206

힌트 B324

(B271)

곱 $c_{\underline{Ce}}^2 c_{\underline{O}}^3$을 계산하기 위해서 알고 있는 값을 (1) 방정식에 대입하라. $T^* \approx T$라고 가정하는 것은 타당성이 있다.

$$\ln\left(\frac{c_{\underline{Ce}}^2 c_{\underline{O}}^3}{K_{Ce_2O_3}}\right) = \frac{1}{RT}\sqrt{\frac{16\pi}{3}\frac{\sigma^3 V_m^2}{60\,k_B T^*}} \tag{1}$$

이로부터 다음의 식이 주어진다.

$$\ln\left(\frac{c_{\underline{Ce}}^2 c_{\underline{O}}^3}{K_{Ce_2O_3}}\right) = \frac{1}{8.31\times10^3\times(1150+273)}$$
$$\times\sqrt{\frac{16\pi}{3}\times\frac{1.5^3\times(25\times10^{-3})^2}{60\times1.38\times10^{-23}\times(1150+273)}}$$

또는

$$\ln\left(\frac{c_{\underline{Ce}}^2 c_{\underline{O}}^3}{K_{Ce_2O_3}}\right) = 14.6$$

$c_{\underline{Ce}}$를 풀기 위해 작업을 지속하라.

힌트 B207

힌트 B325

(B20)

수지상정 간 기공의 표면에는 가시형 돌기가 있고 고르지 않은데, 이런 기공은 응고 수축 때문에 발생한다. 용융 금속의 밀도는 고상의 밀도보다 낮다. 응고 중에 새로운 용융 금속이 2상 영역으로 빨려 들어와서 부피 감소를 상쇄한다. 수지상정의 틀로 인해 용융 금속의 공동부 충전이 힘들어지면, 수축공이 형성된다.

어떤 가스 농도에서 수지상정 간 기공의 발생 위험이 있는가?

힌트 B147

힌트 B326

(B226)

처음에는 힌트 B370의 (1) 방정식을 통해 c^s를 계산하고, 나중에 c^L을 계산한다.

힌트 B58

힌트 B327

(B276)

$$\frac{4\pi r^3}{3}\rho_{\text{melt}}g - \frac{4\pi r^3}{3}\rho_{\text{particle}}g = 6\pi\eta r v$$

입자 반지름의 함수로서 입자의 속도를 구하라.

힌트 B355

힌트 B328

(B242)

힌트 B170의 (3) 방정식과 힌트 B209의 (4) 방정식을 힌트 B203의 (2) 방정식에 대입하고, 그 결과를 참고하라.

힌트 B302

힌트 B329

(B283)

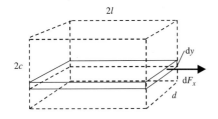

바깥쪽을 향하는 평균 응력에 대한 식을 얻기 위해서 단면이 $d$dy인 좁은 원소를 고려하는데, 여기에서 d는 z 방향으로 판의 두께이다(이를 명확하게 보여주기 위해 그림을 아주 과장해서 표시). 해당 원소에 작용하는 힘은 다음과 같다.

$$dF_x = E\alpha\Delta T d dy \qquad (3)$$

총력 F_x를 계산하라.

힌트 B269

힌트 B330

(B295)

압탕은 모래로 만들어지고, 그의 응고 과정은 Chvorinov의 법칙[4장의 방정식 (4.74a)]으로 설명이 된다. Chvorinov 방정식을 압탕에 적용, 즉 여기에서 사용된 명칭을 대입하라.

힌트 B127

힌트 B331

(B49)

$$\frac{c_{\underline{C}}^0}{1 - f(1 - k_{\text{part}\,\underline{C}})}\frac{c_{\underline{O}}^0}{1 - f(1 - k_{\text{part}\,\underline{O}})} = 0.0019 \qquad (5)$$

$\underline{C}$ 및 $\underline{O}$의 초기 농도와 분배 계수는 이 책에 나온다.

$$k_{\text{part}\,\underline{O}} = c_{\underline{O}}^s/c_{\underline{O}}^L = 0.054$$
$$k_{\text{part}\,\underline{C}} = c_{\underline{C}}^s/c_{\underline{C}}^L = 0.20$$

알고 있는 모든 값을 (5) 방정식에 대입하면 f에 대해 풀 수 있다.

(5) 방정식으로부터 f를 풀어라.

힌트 B262

힌트 B332

(B243)

$$\left(\frac{C_c}{C_f}\right)_{\text{bronze}} = \frac{\dfrac{\pi}{4}\dfrac{\rho_{\text{bronze}}^2(-\Delta H)^2}{(T_i - T_0)^2 k_c \rho_c c_p^c}}{\dfrac{\pi}{4}\dfrac{\rho_{\text{bronze}}^2(-\Delta H)^2}{(T_i - T_0)^2 k_f \rho_f c_p^f}} = \frac{k_f \rho_f c_p^f}{k_c \rho_c c_p^c} \qquad (3)$$

그리고

$$\left(\frac{C_c}{C_f}\right)_{\text{brass}} = \frac{\dfrac{\pi}{4}\dfrac{\rho_{\text{brass}}^2(-\Delta H)^2}{(T_i - T_0)^2 k_c \rho_c c_p^c}}{\dfrac{\pi}{4}\dfrac{\rho_{\text{brass}}^2(-\Delta H)^2}{(T_i - T_0)^2 k_f \rho_f c_p^f}} = \frac{k_f \rho_f c_p^f}{k_c \rho_c c_p^c} \qquad (4)$$

주형의 재료 상수 지수 f와 c는 각각 압탕과 실린더를 나타낸다. C_c/C_f비는 주형 소재의 소재 상수 함수이고, 주조 합금의 재료 상수와는 관련이 없다.

C_c/C_f비를 계산하기 위해서 이 책에 나와 있는 소재 상수의 값을 사용하라.

힌트 B157

힌트 B333

(B171)

주어진 $c_{\underline{C}}^0$ 값을 갖게 되고, 힌트 B171의 (7) 방정식을 통해 해당하는 $(1 - f)$ 값을 계산하라. 결과는 표에 나온다.

$c_{\underline{C}}^0$	$1-f$
1.5	0.000059
1.6	0.000109
1.7	0.000229
1.8	0.000577
1.9	0.00192
2.0	0.0089
2.1	0.0332
2.2	0.0710
2.3	0.114
2.4	0.158
2.5	0.203
2.6	0.249
2.7	0.295
2.8	0.341

$(1 - f)$ 값을 알고 있을 때에 $c_{\underline{Cr}}^L$과 $c_{\underline{C}}^L$ 값을 어떻게 얻게 되는가?

힌트 B260

힌트 B334

(B101)

힌트 B246의 (1) 방정식을 고려하라. 단열이 우수해서 압탕의 응고 시간이 4배 정도 연장되기 때문에, C_f가 4배 정도 증가한다. 이로 인해 C_c/C_f를 제외하고는 모든 것이 변하지 않는다. $C_c/C_f = 1$ 및 $D = 0.10$ cm 대신에 $C_c/C_f = ¼$ 값을 (3) 방정식에 대입하고 h_f를 계산하라.

힌트 B75

힌트 B335

(B102)

Fick의 제1 법칙

$$\frac{\mathrm{d}m}{\mathrm{d}t} = -D_{\underline{H}}\, A\, \frac{1}{V_m}\frac{\mathrm{d}x_{\underline{H}}}{\mathrm{d}y} \tag{2}$$

수소 질량 m 대신에 킬로몰 수를 대입하라.

힌트 B280

힌트 B336

연습문제 9.10c

입자의 속도가 낮다. 곡선을 그릴 때에 시간의 단위로 초 대신에 분을 선택하라.

시간 t를 분으로, 거리 L_1 및 L_2를 밀리미터로 측정하면 반지름이 1 μm 및 10 μm인 두 개 입자의 거리와 시간 간에 다음의 관계식을 얻는다.

$$L_1 = v_1\, t = 0.98 \times 10^{-6} \times 10^3 \times 60t \approx 0.06t$$
$$L_{10} = v_{10}\, t = 0.98 \times 10^{-4} \times 10^3 \times 60t \approx 6t$$

곡선은 힌트 B318에 나와 있다.

힌트 B318

힌트 B337

연습문제 10.7b

연속주괴의 대부분이 응고되었을 때와 수냉이 멈출 때의 상황을 서술하라. 중심부는 이제 2상 영역이다.

힌트 B71

힌트 B338

(B164)

1. 잉곳의 총 응고에 대한 시간 t_{ingot}을 계산하라. 응고 시간은 응고된 쉘을 거치는 열전달에 따라 달라진다.
2. 그다음에 압탕형(hot top)이 적절하게 작동하는지 확인하기 위해서, 잉곳의 총 응고에 대한 시간에서 압탕형 내 고체 쉘의 두께 l_{top}을 계산하라.
3. 마지막으로 수축 조건을 수립하고 h_{top}을 계산하라.

t_{ingot}을 어떻게 구하는가?

힌트 B227

힌트 B339

(B206)

(B204)

알고 있는 항목들을 대입하면 다음의 식이 주어진다.

$$\frac{\mathrm{d}b}{\mathrm{d}t} = -\frac{RT}{p}\frac{D_{\underline{H}}}{V_m}\frac{\mathrm{d}x_{\underline{H}}}{\mathrm{d}y} = -\frac{8.31 \times 10^3 \times (1450 + 273)}{101 \times 10^3}$$
$$\times \frac{1 \times 10^{-6}}{7.5 \times 10^{-3}} \times [-0.8 \times (\sqrt{2} - \sqrt{1})]$$

이로부터 $\mathrm{d}b/\mathrm{d}t = 0.0063$ m/초가 주어진다.

답

(a) 용융 금속에서 응고 선단부의 속도 및 가스 농도도 기공 성장에 영향을 미칠 것이다. 응고 속도가 낮을수록 기공 부피의 성장이 빨라지고, 가스 농도가 클수록 기공 성장이 빨라질 것이다.

(b) 기공의 성장 속도는 다음과 같다.

$$\frac{\mathrm{d}b}{\mathrm{d}t} = -\frac{RT}{p}\frac{D_{\underline{H}}}{V_m}\frac{\mathrm{d}x_{\underline{H}}}{\mathrm{d}y} = 0.006\,\mathrm{m/s}$$

db/dt가 응고 속도보다 크면, 기공이 성장하는데 이는 기공의 지름이 증가하는 것이다. 그렇지 않으면 기공이 응고 선단부에 의해 포집이 된다.

사형에서 기공의 성장 속도 db/dt는 보통 응고 속도보다 빠른데, 이로 인해 기공이 형성된다. 영구 주형에 있어서는 종종 반대의 경우가 유효하다.

힌트 B340

(B133)

C 및 O 모두 확산이 빠르고, 따라서 지렛대 원리가 적용될 수 있다.

$$c_{\underline{C}}^L = \frac{c_{\underline{C}}^0}{1 - f(1 - k_{\text{part }\underline{C}})} \tag{6}$$

$$c_{\underline{O}}^L = \frac{c_{\underline{O}}^0}{1 - f(1 - k_{\text{part }\underline{O}})} \tag{7}$$

전체 잉곳이 응고되었을 때 f 값은 무엇인가?

힌트 B279

힌트 B341

(B246)

압탕 및 주형 모두 모래로 만들어지면, C_c와 C_f가 같고 결과적으로 C_c/C_f가 1이다. 응고 수축 β는 소재 상수이며, 그 값은 10장의 표 10.1에 나온다. 학습자는 강의 정확한 유형을 모른다. $\beta = 4\% = 0.04$를 선택하는 것은 타당성이 있다.

진행 방법은 무엇인가?

힌트 B285

힌트 B342

(B170)

Cr은 용융 금속에서 대체 용해되는 무거운 원자이다. 이 경우에 샤일 편석이 유효하다[7장의 (7.10) 방정식].

$$x^L = \frac{x^s}{k_{\text{part}}} = x_0^L (1-f)^{-(1-k_{\text{part}})}$$

이것을 본 경우에 적용하라.

힌트 B209

힌트 B343

(B126)

(1) 방정식에 의해 다음의 식을 얻는다.

$$p_{CO} = \frac{c_{\underline{C}}^L c_{\underline{O}}^L}{\exp\left[-\left(\dfrac{2690}{T} + 4.75\right)\right]}$$
$$= \frac{0.25 \times 0.155}{\exp\left[-\left(\dfrac{2690}{1525 + 273} + 4.75\right)\right]} = 20 \, \text{atm}$$

잉곳의 내부에서 어떻게 압력을 얻는가?

힌트 B87

힌트 B344

(B252)

$$\frac{dn}{dt} = \frac{p}{RT} \times \pi r^2 \times \frac{db}{dt} \tag{6}$$

이제 dn/dt에 대해 두 개의 식을 갖는다. 진행 방법은 무엇인가?

힌트 B165

힌트 B345

(B322)

(B154)

답

$(1 - f)$ 결정을 위한 방정식은 다음과 같다.

$$c_{\underline{Cr}}^L = 68.8 - 16 c_{\underline{C}}^L$$

(a)

$$c_{\underline{C}}^L = \frac{c_{\underline{C}}^s}{k_{\text{part }\underline{C}}} = \frac{c_{\underline{C}}^0}{k_{\text{part }\underline{C}} + (1-f)(1 - k_{\text{part }\underline{C}})}$$

그리고

$$c_{\underline{Cr}}^L = \frac{c_{\underline{Cr}}^s}{k_{\text{part }\underline{Cr}}} = c_{\underline{Cr}}^0 (1-f)^{-(1-k_{\text{part }\underline{Cr}})}$$

실험상의 이유로 $(1 - f) < 1\%$의 값을 모두 $(1 - f) = 0.01$로 대체한다.

(b)

표와 그림을 참고하라.

$$S_{Cr} = \frac{c_{max}^s}{c_{min}^s} = \frac{c_{Cr}^L}{c_{Cr}^0 k_{part\,Cr}}$$

c_C^0 (wt-%)	$1-f$	$c_C^L = \frac{c_C^0}{0.50+0.50(1-f)}$ (wt-%)	$c_{Cr}^L = 1.5(1-f)^{-0.27}$ (wt-%)	$S_{Cr} = \frac{c_{Cr}^L}{1.5\times0.73}$
1.5	0.01	3.0	5.2	4.8
1.6	0.01	3.2	5.2	4.8
1.7	0.01	3.4	5.2	4.8
1.8	0.01	3.6	5.2	4.8
1.9	0.01	3.8	5.2	4.8
2.0	0.01	4.0	5.2	4.8
2.1	0.033	4.1	3.8	3.4
2.2	0.071	4.1	3.1	2.8
2.3	0.114	4.2	2.7	2.5
2.4	0.158	4.2	2.5	2.3
2.5	0.203	4.2	2.3	2.1
2.6	0.249	4.2	2.2	2.0
2.7	0.295	4.2	2.1	1.9
2.8	0.341	4.2	2.0	1.8

탄소 농도가 낮은 합금에서는 역확산을 무시할 수 없으며, 그런 계산이 여기에서는 필요하지 않다.

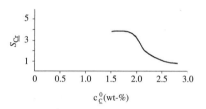

연습문제 7.9b의 계산 결과에 대한 곡선은 C 농도가 높은 끝부분을 제외하고는 그림 7.41의 실험 곡선과 아주 잘 일치한다는 것을 보여준다. 하지만 이 영역의 실험 점수는 보고되지 않았고, 두 가지 대안 중에 어떤 것이 현실 설명과 최고로 일치하는지 판단하는 것은 어렵다.

힌트 B346

(B311)

절대로 그렇지 않다! Mn은 Fe 원자와 질량 크기가 같은 무거운 원자이다. 이 경우에 샤일 방정식을 사용해야 하며[7장의 (7.10) 방정식], 다음의 식을 얻는다.

$$c_{Mn}^L = c_{Mn}^0 (1-f)^{-(1-k_{part\,Mn})} \tag{7}$$

c_{Mn}^0을 계산할 수 있는 방법은 무엇인가?

힌트 B365

힌트 B347

(B152)

FeO가 석출될 때 용융 금속의 O 농도가 0.155 wt-%라는 것을 Fe‑C‑O‑CO 상태도에서 알 수 있다. (2) 방정식은 산소에 적용되고, 다음처럼 표기할 수 있다.

$$f = \frac{1 - c_O^0/c_O^L}{1 - k_{part\,O}} = \frac{1 - 0.050/0.155}{1 - 0.054} = 0.72 \tag{3}$$

f를 알면, c_C^L를 계산할 수 있다.

힌트 B284

힌트 B348

연습문제 10.4a

부피 균형을 수립하고 이 관계식을 통해 h_{top}을 계산하라.

힌트 B123

힌트 B349

(B254)

용융 금속에서의 가스 농도는 20 ppm이 넘는다. 둥근 기공의 형성 조건은 주어진 온도에서 가스 농도가 가스 용융 금속의 가스 용해도를 초과해야 하는 것이다. 이로 인해 [G] > 20 ppm이다.

　길쭉한 기공을 서술하라. 이들 기공의 시초점은 무엇인가?

힌트 B105

힌트 B350

(B236)

이 경우에 중량-%로 표시된 농도를 사용한다.

　최댓값 c_{max}^s는 공정 조직에서 Cr의 농도에 해당하는데, 이 용융 금속이 공정 조직으로 응고되기 때문에 이 값은 c_{Cr}^L과 같다.

　최솟값 c_{min}^s은 고상에서 Cr 농도의 최저 값을 나타내며, 편석이 시작되기 전에 응고 과정의 시작점에서 얻어진다. 이는 용융 금속에서의 초기 Cr 농도에 분배 계수를 곱한 것과 같다.

$$c_{min}^s = c_{Cr}^0 k_{part\,Cr} \tag{8}$$

c_C^L의 함수로서 S_{Cr} 값을 어떻게 구할 수 있는가?

힌트 B154

힌트 B351

(B47)

용융 금속의 강력 냉각과 고초과온도:

중심부 냉각 속도에 비해 커다란 표면 냉각 속도 ⇒ 큰 G 인자 ⇒ 수축공의 형성과 중심부 편석 없음.

용융 금속의 부드러운 냉각과 낮은 과열온도:

표면에서의 작은 냉각 속도 ⇒ 작은 G 인자 ⇒ 수축공의 형성과 중심부 편석 있음.

이 두 가지 경우에서 조직의 차이를 논하라.

힌트 B120

힌트 B352

(B50)

(4) 방정식으로부터 다음의 식이 주어진다.

$$p_{CO} = \frac{c_{\underline{C}}^L c_{\underline{O}}^L}{0.0019} = \frac{0.050\, c_{\underline{O}}^0}{0.0019} \tag{9}$$

(8)과 (9) 방정식에서의 압력을 (1) 방정식에 대입한다.

$$\frac{0.050 c_{\underline{O}}^0}{0.0019} + \left(\frac{c_{\underline{H}}^0}{0.0025}\right)^2 = 1$$

그림이 필요하며, 곡선은 포물선이다. 곡선을 그려라!

힌트 B264

힌트 B353

(B308)

답

h_f가 음수이기 때문에 청동은 대안이 아닌데, 이 합금의 CFR 값이 높기 때문이다.

유일하게 선택이 가능한 소재는 황동이다. 두 개의 압탕을 선택함으로써 수축공이 실린더에서 생성되는 것을 피한다. 안전을 위해서는 앞탕의 높이가 ~40 cm여야 한다.

압탕의 최적 위치는 그림에 나와 있다.

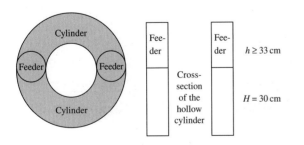

힌트 B354

(B255)

답

Ti는 S보다 C와 더 친화력을 갖고 있는데, 이는 Ti가 S보다 C와 더 쉽게 반응한다는 것이다. C와의 반응을 다음처럼 표기할 수 있다.

$$Ti + C \rightarrow TiC$$

따라서 MnS 대신에 TiS를 얻기 위한 목적으로 Ti를 첨가하는 것은 소용이 없다. 강에서 $\underline{C}$ 농도가 높은 경우에 Ti를 첨가하면 TiS가 아니고 TiC가 형성된다.

힌트 B355

(B327)

단순한 축약을 거쳐 다음의 식이 주어진다.

$$v = \frac{2g}{9\eta}(\rho_{melt} - \rho_{particle})r^2 \tag{2}$$

답은 힌트 B318에 나와 있다.

힌트 B318

힌트 B356

(B118)

$$0.96 \times \frac{\pi \times 0.20^2 h_f}{4 \times 0.20^3} = 1^{1/2} \times \frac{\pi \times 0.20 h_f}{6 \times 0.20^2 - \frac{\pi \times 0.20^2}{4}} + 0.04 \tag{3}$$

이로부터 $h_f = 0.053$ m가 주어진다.

답은 힌트 B75에 나와 있다.

힌트 B75

힌트 B357

(B128)

분명히 MnO의 용해도적이 포함되어야 한다.

$$\begin{aligned} K_{MnO} = c_{\underline{Mn}}^L c_{\underline{O}}^L &= \exp\left[-\left(\frac{12760}{T} - 5.68\right)\right](\text{wt-\%})^2 \\ &= \exp\left[-\left(\frac{12760}{1500 + 273} - 5.68\right)\right] = 0.2187 \end{aligned} \tag{1}$$

Mn 농도가 필요하다. 용해 물질의 농도가 응고 분율에 따라 변화한다는 것은 잘 알려져 있다.

CO가 석출되는 응고 분율에서 용융 금속의 <u>O</u> 농도를 구하라. CO 석출에 관한 내용이 있는 9장의 9.7.3절을 참고하라. 어떤 압력에서 CO가 석출되는가?

힌트 B238

힌트 B358

(B315)

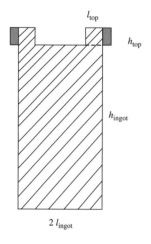

잉곳의 반에 대한 수축 조건을 다음처럼 표기할 수 있다.

$$\underset{\text{공동부 부피}}{h_{\text{top}}(l_{\text{ingot}} - l_{\text{top}})b_{\text{top}}} = \underset{\text{응고 수축 × 응고된 부피}}{\beta \times (h_{\text{ingot}}\, l_{\text{ingot}}\, b_{\text{ingot}} + h_{\text{top}}\, l_{\text{top}}\, b_{\text{top}})}$$

또는, $b_{\text{ingot}} = b_{\text{top}}$이기 때문에 다음의 식을 얻는다.

$$h_{\text{top}} = \frac{\beta\, h_{\text{ingot}}\, l_{\text{ingot}}}{l_{\text{ingot}} - l_{\text{top}}(1 + \beta)} \qquad (4)$$

10장의 표 10.1로부터 3.8%의 구리에 대한 응고 수축 β를 얻는다. 알고 있는 잉곳의 제원과 l_{top} 값을 통해 다음의 식을 얻는다.

$$h_{\text{top}} = \frac{0.038 \times 1.2 \times 0.10}{0.10 - 0.0134(1 + 0.038)} = 0.053\,\text{m}$$

답

압탕형의 높이는 적어도 5.3 cm여야 한다. 안전을 위해서는 8 cm를 선택하라.

힌트 B359

(B45)

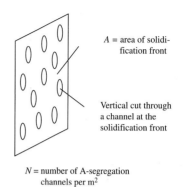

A = area of solidification front

Vertical cut through a channel at the solidification front

N = number of A-segregation channels per m^2

반점 채널의 총면적은 다음과 같다.

$$A_{\text{F}} = A\, N\, \pi r_{\text{F}}^2 \qquad (2)$$

여기에서 N은 단위 면적당 반점의 수이고, r_{F}는 반점 채널의 반지름이다.

관에서 흐르는 액체에 유효한 Hagen – Poiseuille의 법칙을 통해, 반점 채널에서 흐르는 용융 금속에 대한 속도 v_{F}를 계산할 수 있다.

$$v_{\text{F}} = \frac{r_{\text{F}}^2 \Delta p}{8\eta l} = \frac{r_{\text{F}}^2 \Delta\rho g l}{8\eta l} = \frac{r_{\text{F}}^2 \Delta\rho g}{8\eta} \qquad (3)$$

여기에서

Δp = 관(채널) 양단의 압력 차이
$\Delta\rho$ = 2상 영역의 하단과 상단 내 밀도 차이
η = 용융 금속의 점성 계수
l = 관(채널)의 길이

(1) 방정식에서 부피 V에 대한 식을 어떻게 얻는가?

힌트 B394

힌트 B360

(B274)

V_{f}와 A_{f}를 h_{f}와 알고 있는 항목들로 표현하라. 그러면 h_{f}를 계산할 수 있다.

힌트 B208

힌트 B361

(B269)

ΔT에 대한 식을 대입해서 적분하면 다음의 식이 주어진다.

$$F_x = \int_{-c}^{+c} E\alpha\Delta T_0 \left(1 - \frac{y^2}{c^2}\right) d dy$$

$$= E\alpha\Delta T_0 d \int_{-c}^{+c} \left(1 - \frac{y^2}{c^2}\right) dy = E\alpha\Delta T_0 d \frac{4c}{3}$$

(5)

평균 응력을 어떻게 얻는가?

힌트 *B109*

힌트 B362

(B207)

$$c_{\underline{Ce}} = \sqrt{\frac{4.38 \times 10^{-28}}{c_{\underline{O}}^3}} = \sqrt{\frac{4.38 \times 10^{-28}}{(2.5 \times 10^{-5})^3}} = 1.67 \times 10^{-7}\,\text{wt-\%}$$

답

제시된 Ce 농도인 0.05 wt-%는 아주 충분하다. 최소 ~2 × 10^{-7} wt-%의 농도가 필요하다는 것을 계산이 보여준다.

힌트 B363

(B138)

힌트 B355의 (2) 방정식을 통해 다음의 식을 얻는다.

$$v_1 = \frac{2g}{9\eta}(\rho_{\text{melt}} - \rho_{\text{particle}})r^2$$

$$= \frac{2 \times 9.81}{9 \times 0.125 \times 10^{-3}} \times (7.8 - 2.2) \times 10^3 \times (1 \times 10^{-6})^2$$

$$= 0.98 \times 10^{-6}\,\text{m/s}$$

그리고

$$v_{10} = \frac{2g}{9\eta}(\rho_{\text{melt}} - \rho_{\text{particle}})r^2$$

$$= \frac{2 \times 9.81}{9 \times 0.125 \times 10^{-3}} \times (7.8 - 2.2) \times 10^3 \times (1 \times 10^{-5})^2$$

$$= 0.98 \times 10^{-4}\,\text{m/s}$$

답은 힌트 B318에 나와 있다.

힌트 *B318*

힌트 B364

(B161)

(4) 방정식은 다음처럼 변형될 수 있다.

$$(1-f)^{-0.33} + 20.255f = 20.46 \tag{5}$$

이 방정식은 '시행착오'로 풀린다.

f	(5) 방정식의 좌변
0.50	11.4
0.90	20.38
0.91	20.66

답

MnS이 석출되기 시작할 때에 응고 분율은 0.90이다.

힌트 B365

(B346)

$c_{\underline{Mn}}^0$의 임계 값을 계산하기 위해 (6), (7) 및 (4) 방정식을 사용하라.

$$K_{\text{MnO}} = c_{\underline{Mn}}^L c_{\underline{O}}^L = 0.2187 \tag{6}$$

그리고 다음의 식을 얻는다.

$$K_{\text{MnO}} = c_{\underline{Mn}}^0 (1-f)^{-(1-k_{\text{part}\underline{Mn}})} \frac{c_{\underline{O}}^0}{1 - f(1 - k_{\text{part}\underline{O}})} = 0.2187 \tag{8}$$

$\underline{Mn}$의 분배 계수 값, 초기 $\underline{O}$ 농도 및 $f = 0.22$를 (8) 방정식에 대입하면 다음의 식을 얻는다.

$$c_{\underline{Mn}}^0 (1 - 0.22)^{-(1-0.67)} \times \frac{0.040}{1 - 0.22(1 - 0.054)} = 0.2187$$

$$\Rightarrow c_{\underline{Mn}}^0 = 3.99\,\text{wt-\%}$$

답

CO의 석출을 막기 위해 필요한 용융 금속의 최소 Mn 농도는 ~4.0 wt-%이며, 안전을 위해서 4.5 wt-% Mn을 첨가하라.

힌트 B366

(B194)

Hooke의 법칙을 통해 열응력 σ를 추정할 수 있다[10장의 (10.61) 방정식].

$$\sigma = E\varepsilon \tag{3}$$

여기에서 E는 저탄소 고체 강 합금의 탄성 계수이다.

$$\sigma = 20 \times 10^{10} \times 2.6 \times 10^{-3} \approx 5 \times 10^7\,\text{N/m}^2$$

답

변형률은 2.6×10^{-3}이고, 열응력은 5×10^7 N/m²이다.

변형률은 소재에서 높은 응력으로 이어지고, 이는 평형에 해당하지 않는다. 소재는 소성 변형, 즉 구부러지거나 부러진다.

힌트 B367

(B142)

이 책에 따라 온도는 쉘의 온도가 증가하는 중에 선형으로 변한다고 가정한다. 이 정보로부터 그림에 나온 온도 분포가 만들어진다. 온도 증가 시작 시점에는 하부의 선이 유효하다. 온도 증가의 끝에서는 상부의 선이 쉘의 온도 분포를 나타낸다. 쉘 두께는 이 온도의 간격 동안에 일정하다고 가정한다.

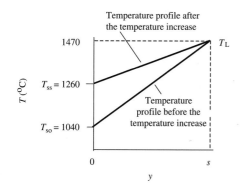

온도 증가가 시작될 때에, 표면 온도는 1040°C이다. 온도 증가 후에는 표면 온도가 1260°C(1040°C + 220°C)이다.

그림은 두께 s가 0.030 m인 쉘 내부의 온도를 보여준다.

상부 및 하부 선에 대한 방정식, 즉 표면으로부터 거리의 함수로서 온도에 대한 방정식을 구하라.

힌트 B265

힌트 B368

(B182)

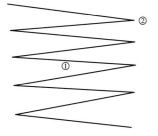

대형 잉곳

수지상정 간 용융 금속은 선단부 전방의 용융 금속보다 훨씬 더 풍부한 합금 원소를 포함한다. 대부분의 합금 원소는 순수 용매(기지 원소)보다 밀도가 낮다. 이로 인해 1 지점에서 수지상정 간 용융 금속의 밀도는 선단부 전방인 2 지점의 용융 금속의 밀도보다 낮다. 이로 인해 $\rho_1 < \rho_2$가 된다.

대류 운동과 운동의 결과를 서술하라.

힌트 B32

힌트 B369

(B6)

압력이 합금 시편(회색 부피)에 가해지며, 조각의 온도는 550°C이다. 합금 시편에 벌어지는 일을 이해하려면 상태도를 참고하고, 시편이 고체인지 또는 액체인지 아니면 다른 것인지를 살펴봐야 한다.

힌트 B272

힌트 B370

(B129)

$$c^s = k_{part} c^L = k_{part} c_0^L \left[\frac{\rho_L}{g_L(\rho_L - k_{part}\rho_s) + k_{part}\rho_s} \right]^{\frac{1-k_{part}}{\frac{\rho_L}{\rho_s} - k_{part}}} \tag{1}$$

g_L = 표면이 완전하게 응고되었기 때문에 0이다. (1) 방정식을 단순화해서 다음처럼 표기할 수 있다.

$$c^s = k_{part} c_0^L \left(\frac{\rho_L}{k_{part}\rho_s} \right) = 0.33 \times 1.0 \times \left(\frac{0.96}{0.33} \right)^{\frac{1-0.33}{0.96-0.33}} = 1.03 \, \text{wt-}\%$$

답은 힌트 B375에 나와 있다.

힌트 B375

힌트 B371

(B399)

(13) 방정식을 통해 t_{sol}을 제거한 후에, (12) 방정식을 다음처럼 표기할 수 있다.

$$c_{solid} A \, l_{\text{two-phase}} = c_{melt} A \, l_{\text{two-phase}} - v_F A_F \frac{l_{\text{two-phase}}}{v_{growth}} (c_{melt} - c^F)$$

$l_{\text{two-phase}}$로 나눈 후에 v_F와 A_F를 대입하면 다음의 식을 얻는다.

$$c_{solid} A = c_{melt} A - \frac{r_F^2 \, \Delta\rho g}{8\eta} N A \, \pi r_F^2 \frac{1}{v_{growth}} (c_{melt} - c^F)$$

A로 나눈 후에 재정리하면 다음의 식을 얻는다.

$$c_{\text{solid}} = c_{\text{melt}}\left(1 - \frac{r_F{}^4 \Delta\rho g}{8\eta}\frac{N\pi}{v_{\text{growth}}}\right) + c^F \frac{r_F{}^4 \Delta\rho g}{8\eta}\frac{N\pi}{v_{\text{growth}}} \quad (14)$$

c_{melt}에 대한 식을 알고 있기 때문에[힌트 B378의 (11) 방정식], c_{solid}에 대한 최종 식을 구하는 길이 열려 있다. 알고 있는 수치 값을 대입하라.

힌트 B392

힌트 B372

(B250)

마지막 용융 금속이 연속 주조 중에 주물의 중심부에서 응고될 때에, 응고 잠열이 더 이상 방출되지 않기 때문에 중심부에서 강력한 온도 감소가 있다. 중심부의 고상은 냉각 후에 수축이 된다. 수축공이 형성되지 않으면, 고체에 인장 응력이 있게 된다.

중심부 편석을 줄이기 위한 두 개의 방법을 논하라.

힌트 B223

힌트 B373

(B289)

C 원자는 작고, 합금에서 침입형으로 용해가 발생한다. 이 원자들은 고체에서 비교적 쉽게 확산이 된다. 고체 상과 액체 상이 서로 평형을 이룬다고 가정하는 것은 타당성이 있다. 지렛대 원리를 통해 다음 식이 주어진다.

$$c^L = \frac{c_0^L}{1 - g_s(1 - k_{\text{part}})}$$

위의 방정식으로부터 g_s를 풀면, 다음의 식을 얻는다.

$$g_s = \frac{c^L - c_0^L}{c^L(1 - k_{\text{part}})} \quad (4)$$

연습문제 11.9a에서 얻은 C 농도에 해당하는 h 값을 계산하라.

힌트 B78

힌트 B374

(B265)

$$\begin{aligned}\Delta T &= T_{\text{after}} - T_{\text{before}} \\ &= T_{\text{ss}} - T_{\text{so}} + \frac{T_L - T_{\text{ss}} - (T_L - T_{\text{so}})}{s}y \\ &= T_{\text{ss}} - T_{\text{so}} - \frac{T_{\text{ss}} - T_{\text{so}}}{s}y \end{aligned}$$

또는

$$\Delta T(y) = (T_{\text{ss}} - T_{\text{so}})\left(1 - \frac{y}{s}\right) \quad (4)$$

힌트 B265의 (2)와 (3) 방정식을 사용함으로써, 다음의 식을 얻는다.

$$\Delta T(y) = (1260 - 1040)\left(1 - \frac{y}{0.030}\right)$$

또는

$$\Delta T(y) = 220\left(1 - \frac{y}{0.030}\right) \quad (5)$$

(4)와 (5) 방정식은 다른 y 값에 대한 온도 증가를 나타낸다. 답은 힌트 B387에 나와 있다.

힌트 B387

힌트 B375

(B370)

(B310)

힌트 B226의 (2) 방정식을 사용하고, 알고 있는 값과 계산 값을 대입하라.

$$\overline{c_{\text{strain}}^0} = \frac{\overline{c_0} + \varepsilon\frac{c_L}{k_{\text{part}}}}{1 + \varepsilon} = \frac{1.006 + 0.03 \times \frac{1.92}{0.33}}{1 + 0.03} = 1.15 \text{ wt-}\%$$

$$(2)$$

답

(a) 고체 표면에서의 평균 탄소 농도는 1.03 wt-%이다.

(b) 변형되고 부분적으로 응고된 표면에서의 평균 탄소 농도는 1.15 wt-%이다.

힌트 B376

(B197)

(B111)

$$\overline{c_{\text{strain}}^0} = \frac{\dfrac{(1 - g_L)k_{\text{part}} + \dfrac{\rho_L}{\rho_s}g_L}{1 - g_L + \dfrac{\rho_L}{\rho_s}g_L} + \dfrac{\varepsilon}{k_{\text{part}}}}{1 + \varepsilon} \times \frac{c_0^L}{k_{\text{part}} + g_L(1 - k_{\text{part}})}$$

$$(7)$$

이 책에 나와 있는 값을 대입하면, 이로부터 다음의 식이 주어진다.

$$\overline{c_{\text{strain}}^0} = \frac{\dfrac{(1-g_\text{L})\times 0.33 + 0.96\,g_\text{L}}{1-g_\text{L}+0.96g_\text{L}} + \dfrac{\varepsilon}{0.33}}{1+\varepsilon} \frac{0.50}{0.33+g_\text{L}(1-0.33)} \tag{8}$$

이 함수는 답에서 $\varepsilon = 0.10$과 $\varepsilon = 0.50$에 대해 표현된 그림에서 작도가 된다.

답

(a)

함수는 다음과 같다.

$$\overline{c_{\text{strain}}^0} = \frac{\dfrac{(1-g_\text{L})k_\text{part} + \dfrac{\rho_\text{L}}{\rho_\text{s}}g_\text{L}}{1-g_\text{L}+\dfrac{\rho_\text{L}}{\rho_\text{s}}g_\text{L}} + \dfrac{\varepsilon}{k_\text{part}}}{1+\varepsilon} \frac{c_0^\text{L}}{k_\text{part}+g_\text{L}(1-k_\text{part})}$$

(b)

함수는 다른 2개의 ε 값에 대한 그림으로 나타난다.

$$\overline{c_{\text{strain}}^0} = \frac{\dfrac{(1-g_\text{L})\times 0.33 + 0.96\,g_\text{L}}{1-g_\text{L}+0.96g_\text{L}} + \dfrac{\varepsilon}{0.33}}{1+\varepsilon} \frac{0.50}{0.33+g_\text{L}(1-0.33)}$$

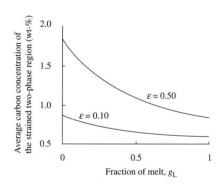

힌트 B377

(B239)

답

용융 금속의 강력 냉각과 높은 과열온도:
　수축공의 형성과 중심부 편석이 없고 단순한 V–편석
용융 금속의 부드러운 냉각과 낮은 과열온도:
　수축공의 형성, 중심부 편석과 조밀형 V–편석

힌트 B378

(B391)

단위가 초인 t와 미터인 H 간의 관계식을 구할 수 있으면, (9) 방정식을 통해 재용융 잉곳의 높이 함수로서의 농도를 얻을 수 있다.

높이가 H인 전체 잉곳을 재용융하기에 필요한 시간은 다음과 같다.

$$t = \frac{H}{v_{\text{growth}}} = \frac{H}{\dfrac{1.50}{3600}} = 2400\,H \tag{10}$$

t에 대한 이 식을 (9) 방정식에 대입한다.

$$c_{\text{melt}} = 1.165 - 0.165\text{e}^{-0.00417\times 2400\,H} = 1.165 - 0.165\text{e}^{-10\,H} \tag{11}$$

이것이 원하는 함수이며, 힌트 B392의 답에 있는 그림에 작도가 된다.

힌트 B392

힌트 B379

(B178)

답

1. 최선의 측정법은 등축 구역의 부피를 줄이는 것이며, 이는 주조 전에 용융 금속의 온도를 올림으로써 진행된다.
2. 다른 측정법은 매우 효과적인 발열 압탕형 소재를 사용함으로써 용융 금속의 상부면을 가열하는 것이다. 이는 자연 대류를 줄여준다.
3. 수지상정 간 구역의 용융 금속에서 일정한 밀도를 이루기 위해 적절한 합금 원소를 선택함으로써 수지상정 간 유동을 줄일 수 있는 것에 대해 기대감을 갖는다.

힌트 B380

(B205)

답

다른 곳보다도 수지상정 간 용융 금속에서 고농도로 발생하는 가벼운 Si 원자로 인해 특히 저밀도의 용융 금속이 만들어진다. 밀도 차이가 대류의 구동력이기 때문에, 다른 잉곳에 비해 고농도 Si 잉곳에 A-편석의 형성이 촉진된다.

힌트 381

(B29)

극단 값은 순 용융 금속 및 순 고상의 Mg 농도에 의해 나타난다. 이 값들을 어떻게 구하는가?

힌트 B384

힌트 B382

(B386)

(B220)

거시편석도 Δc는 다음과 같이 정의된다.

$$\Delta c = \overline{c^s} - c_0^L \tag{7}$$

수평 축의 척도를 수정하는 것이 유일하게 해야 할 일이다. 힌트 B220의 그림에 있는 수평 축의 탄소 농도로부터 0.5 wt-%를 감하라.

답

(a) 평균 C 농도는 다음과 같다.

$$0.31\,\text{wt-\%}\ (W = 0.5);$$
$$0.36\,\text{wt-\%}\ (W = 1);$$
$$0.42\,\text{wt-\%}\ (W = 2).$$

(b) 해당 높이는 다음과 같다.

$$0.16\,\text{m}\ (W = 0.5);$$
$$0.22\,\text{m}\ (W = 1);$$
$$0.33\,\text{m}\ (W = 2).$$

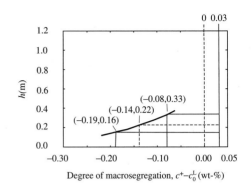

원하는 그림은 그림에 나와 있다.
거시편석은 침강 층의 높이가 증가함에 따라 증가한다.

힌트 B383

(B26)

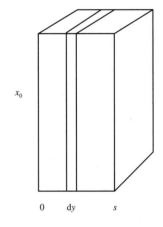

다음에 있는 ΔT에 대한 식[힌트 B374의 (4) 방정식]을

$$\Delta T = (T_{ss} - T_{so})\left(1 - \frac{y}{s}\right) \tag{4}$$

(10) 방정식에 대입한다.

$$\varepsilon^T = -\frac{\iint_A \alpha \Delta T \mathrm{d}A}{A} + \alpha \Delta T \tag{10}$$

(10) 방정식을 면적 $A = x_0 s$ 및 $\mathrm{d}A = x_0 \mathrm{d}y$에 적용하라. (4) 방정식을 통해 다음의 식을 얻는다.

$$\varepsilon^T(y) = \alpha(T_{ss} - T_{so})\left[-\frac{\int_0^s \left(1 - \frac{y}{s}\right)x_0 \mathrm{d}y}{x_0 s} + \left(1 - \frac{y}{s}\right)\right] \tag{11}$$

적분을 통해 다음의 식이 주어진다.

$$\varepsilon^T(y) = \alpha(T_{ss} - T_{so})\left[-\frac{\left[y - \frac{y^2}{2s}\right]_0^s}{s} + \left(1 - \frac{y}{s}\right) \right]$$

$$= \alpha(T_{ss} - T_{so})\left[-\frac{1}{2} + \left(1 - \frac{y}{s}\right) \right]$$

또는

$$\varepsilon^T(y) = \alpha(T_{ss} - T_{so})\left(\frac{1}{2} - \frac{y}{s}\right) \tag{12}$$

열응력에 해당하는 식을 계산하라.

힌트 B38

힌트 B384

(B381)

상태도를 통해 S와 L 지점에서의 Mg 농도를 그냥 판독하라. 이 작업은 이미 힌트 B299에서 진행이 되었다.

답

주물의 얇은 부위에 주로 존재하는 Mg의 최대 농도는 약 20 wt-%이고, 주물의 두꺼운 부위에 주로 존재하는 Mg의 최저 농도는 약 7 wt-%이다.

더불어 결과를 확인할 수 있다. Mg 함량은 일정하고, 재분포만 진행이 된다. 이로 인해 평균 농도는 초기 농도인 10 wt-%여야 하고,

$$\overline{c_{Mg}} = \frac{77c_{min} + 23c_{max}}{77 + 23} = \frac{77 \times 7 + 23 \times 20}{100} = 10\,\text{wt-\%}$$

예상 값과 일치한다.

힌트 B385

(B237)

10장의 (10.74) 방정식에 따라, 내부 면적 요소에 작용하는 소재의 열응력은 평균 응력과 가상의 고정 압축 수직 응력의 합이다.

$$\sigma^T = \frac{\iint_A E\alpha\Delta T\,dA}{A} - E\alpha\Delta T \tag{7}$$

여기에서 E는 고체 쉘의 탄성 계수이다.

소재에서 이에 상응하는 변형률은 무엇인가?

힌트 B107

힌트 B386

(B198)

힌트 B219의 (1) 방정식과 힌트 B198에서 유도했던 c^s 및 c^L 값을 사용하라.

$$c^+ = \frac{c^s + Wc^L}{1 + W} = \frac{0.20 + 0.5 \times 0.53}{1 + 0.5} = 0.31\,\text{wt-\%}$$

$$c^+ = \frac{c^s + Wc^L}{1 + W} = \frac{0.20 + 1.0 \times 0.53}{1 + 1.0} = 0.365\,\text{wt-\%}$$

$$c^+ = \frac{c^s + Wc^L}{1 + W} = \frac{0.20 + 2.0 \times 0.53}{1 + 2.0} = 0.42\,\text{wt-\%}$$

답은 힌트 B382에 나와 있다.

힌트 B382

힌트 B387

(B374)

(B400)

(B13)

힌트 B13, B265 및 B374로부터 다음의 식을 갖게 된다.

$$T = T_{ss} + \frac{T_L - T_{ss}}{s}y \quad \Rightarrow$$
$$T = 1260 + \frac{1470 - 1260}{0.030}y \tag{16}$$

$$\Delta T(y) = (T_{ss} - T_{so})\left(1 - \frac{y}{s}\right) \quad \Rightarrow$$
$$\Delta T(y) = (1260 - 1040)\left(1 - \frac{y}{0.030}\right) \tag{5}$$

그림으로 표시할 함수(힌트 B400으로부터)는 아래에 요약되어 있다.

$$\varepsilon^T = -\frac{\iint_A \alpha\Delta T(y)\,dA}{A} + \alpha\Delta T(y) \Rightarrow \varepsilon^T(y) = \alpha(T_{ss} - T_{so})\left(\frac{1}{2} - \frac{y}{s}\right)$$

또는

$$\varepsilon^T(y) = 5.0 \times 10^{-5} \times (1260 - 1040)\left(\frac{1}{2} - \frac{y}{0.030}\right) \tag{14}$$

$$\sigma^T(y) = -E\varepsilon^T(y) \quad \Rightarrow$$
$$\sigma^T(y) = -5.0 \times 10^6 \times (1260 - 1040)\left(\frac{1}{2} - \frac{y}{0.030}\right) \tag{15}$$

(15)와 (16) 방정식 사이에서 y를 제거하면, 다음의 식을 얻는다.

$$\sigma^T(y) = -5.0 \times 10^6 \times (1260 - 1040)\left[\frac{1}{2} - \frac{(T - 1260)}{210}\right] \tag{17}$$

함수가 선형이기 때문에, 각 선에 두 개의 점을 그리는 것

으로 충분하다. 몇몇 적당한 값들이 아래 표에 나와 있다.

y (m)	ε^T	σ^T (MN/m^2)	$T(y)$ (°C)
0	$+5.5 \times 10^{-3}$	-550	1260
0.015	0	0	1365
0.030	-5.5×10^{-3}	$+550$	1470

답

(a)

쉘 내부의 온도:

$$T = 1260 + 7 \times 10^3 y$$

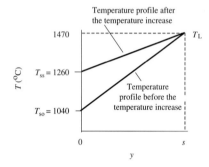

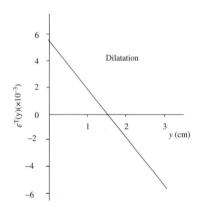

온도 증가는 다음과 같다.

$$\Delta T(y) = (T_{ss} - T_{so})\left(1 - \frac{y}{s}\right)$$

또는

$$\Delta T(y) = 220 \times \left(1 - \frac{y}{0.030}\right) \text{K}$$

(b)

열 변형률은 다음과 같다.

$$\varepsilon^T(y) = \alpha(T_{ss} - T_{so})\left(\frac{1}{2} - \frac{y}{s}\right)$$

그림에 방정식을 작도한다.

$$\varepsilon^T(y) = 5.0 \times 10^{-5} \times 220\left(\frac{1}{2} - \frac{y}{0.030}\right)$$

길이 방향으로의 응력은 다음과 같다.

$$\sigma^T(y) = -E\varepsilon^T(y)$$

또는

$$\sigma^T(y) = -E\alpha(T_{ss} - T_{so})\left(\frac{1}{2} - \frac{y}{s}\right)$$

방정식을 그림에 나타낸다.

$$\sigma^T(y) = -5.0 \times 10^6 \times 220 \times \left(\frac{1}{2} - \frac{y}{0.030}\right)$$

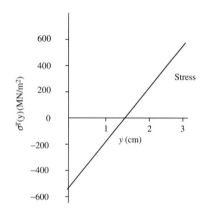

(c)

온도 함수로의 응력:

(17) 방정식을 그림에 나타낸다.

$$\sigma^T(T) = -5.0 \times 10^6 \times 220 \times \left(\frac{1}{2} - \frac{T - 1260}{210}\right)$$

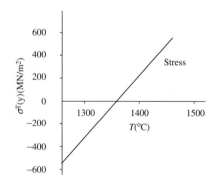

균열 위험성에 대한 논의가 남아 있다. 논의의 배경으로서 10장의 그림 10.70과 10.71을 사용할 수 있고, 냉각 속도가 1.25 K/초라고 가정할 수 있다. 두 개의 균열 조건이 충족돼야 하는데, 그 조건들은 무엇인가?

힌트 B389

힌트 B388

(B21)

10장의 표 10.1에 따라, 강의 β로 0.04%를 선택할 수 있다. 이로부터 다음의 식을 얻는다.

$$h_f = \frac{\beta h_{ingot} l_{ingot}}{l_{ingot} - 2s(1+\beta)} = \frac{0.04 \times 1.3 \times 0.20}{0.20 - 2 \times 0.015 \times (1+0.04)} = 0.062\,\text{m}$$

답은 힌트 B208에 나와 있다.

힌트 B208

힌트 B389

(B387)

답

균열 형성에 대한 두 개의 조건은 다음과 같다.

1. 온도는 취성 상태에서 연성 상태까지 전이 온도 T_{tr}을 초과해야 한다.
2. 소재의 응력은 파단 한계를 초과해야 한다.

10장의 그림 10.70(오른쪽의 상부 그림)은 전이 온도가 약 1320°C라는 것을 보여주는데, 이는 본문에 나온 재료 상수 1330°C에 가깝다. 이는 냉각 속도가 1.25 K/초에 가깝다고 가정하는 것이 타당한 이유이다.

1.25 K/초의 냉각 속도에서 온도의 함수로서 강에 대한 파단 한계가 10장의 그림 10.71(중간 그림)에 나와 있으며, 이는 거의 선형이다. 이 그림은 해당 선 상에 두 개의 점, 즉 (1200°C; 26 MN/m²) 및 (1400°C; 1 MN/m²)이 있도록 선택이 가능하다.

온도의 함수로서 파단 한계를 뜻하는 이 선은 수직 점선 형태의 취성 대 연성 전이선과 함께 힌트 B387의 $\sigma^T - T$ 그림에 표시되어 있다.

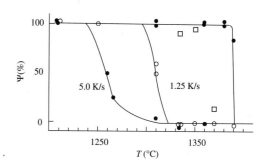

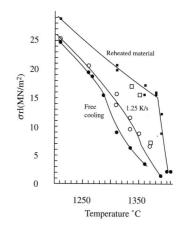

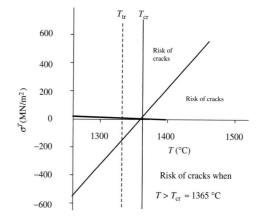

소재의 응력은 가장 하단에 작성된 그림의 사선에 해당되며, 파단 한계는 T-축에 가까우면서 음의 기울기를 갖고 있는 두꺼운 선에 해당된다. 응력선과 파단 한계선 간의 교차점은 내부 균열에 대한 임계온도를 제시한다.

응력 σ^T은 1365°C 약간 위의 임계온도 T_{cr}에서 파단 한계를 넘어선다(힌트 B387의 표 참고). 그다음에 다른 조건인 $T > T_{tr}$이 자동적으로 충족이 된다.

힌트 B390

연습문제 11.5c

용탕의 소재 균형을 통해 용융 금속의 탄소 농도를 계산하였다. 증가 중인 높이 H의 함수로서 정제 잉곳의 탄소 농도를 계산하기 위한 방법을 제시하라.

힌트 B397

힌트 B391

(B177)

(7) 방정식은 분해 가능하며 적분을 통해 다음의 식이 주어지는데,

$$\int_{1.0}^{c_{\text{melt}}} \frac{\mathrm{d}c}{a - bc_{\text{melt}}} = \int_{0}^{t} \mathrm{d}t$$

이는 용탕 내 합금 원소의 초기 농도가 1.0 wt-%이기 때문이다.

적분을 통해 다음의 식이 주어진다.

$$\frac{-1}{b} \ln\left(\frac{a - bc_{\text{melt}}}{a - b}\right) = t$$

또는

$$a - bc_{\text{melt}} = (a - b)\mathrm{e}^{-bt}$$

이로부터 다음의 식이 주어진다.

$$c_{\text{melt}} = \frac{a - (a - b)\mathrm{e}^{-bt}}{b} \tag{8}$$

수치 값을 대입하면 다음의 식을 얻는다.

$$c_{\text{melt}} = 1.165 - 0.165\mathrm{e}^{-0.00417t} \tag{9}$$

t 대신에 높이 H의 함수로서 농도 c를 구하려고 한다. t를 대체하고 H를 대입하라.

힌트 B378

힌트 B392

(B378)

(B371)

c_{melt}에 대한 식과 알고 있는 항목들의 수치 값을 (14) 방정식에 대입하면 다음의 식을 얻게 된다.

$$c_{\text{solid}} = c_{\text{melt}}\left(1 + \frac{r_{\text{F}}^4 \Delta\rho g}{8\eta} \frac{N\pi}{v_{\text{growth}}}\right) - c^{\text{F}} \frac{r_{\text{F}}^4 \Delta\rho g}{8\eta} \frac{N\pi}{v_{\text{growth}}}$$

이로부터 다음의 식을 얻는다.

$$c_{\text{solid}} = (1.165 - 0.165\mathrm{e}^{-10H})$$

$$\times \left[1 + \frac{\left(\frac{0.005}{2}\right)^4 \times 100 \times 9.8}{8 \times 0.0067} \times \frac{93\pi}{\frac{1.5}{3600}}\right] \times -1.5$$

$$\times \frac{\left(\frac{0.005}{2}\right)^4 \times 100 \times 9.8}{8 \times 0.0067} \times \frac{93\pi}{\frac{1.5}{3600}}$$

또는

$$c_{\text{solid}} = (1.165 - 0.165\mathrm{e}^{-10H}) \times 1.5 - 1.5 \times 0.5$$

이 식은 다음과 같이 축소가 가능하다.

$$c_{\text{solid}} = 1.0 - 0.25\mathrm{e}^{-10H} \tag{15}$$

이 식이 원하는 함수이다. 아래에 답이 나와 있다.

답

(b)

원하는 함수를 결정하기 위한 미분 방정식은 다음과 같다.

$$\frac{\mathrm{d}c_{\text{melt}}}{\mathrm{d}t} l_{\text{pool}} = \frac{r_{\text{F}}^2 \Delta\rho g}{8\eta} N\pi r_{\text{F}}^2 (c^{\text{F}} - c_{\text{melt}}) + v_{\text{growth}} c_0^{\text{L}} - v_{\text{growth}} c_{\text{melt}}$$

해는 다음과 같은 유형이다.

$$c_{\text{melt}} = \frac{a - (a - b)\mathrm{e}^{-bt}}{b}$$

여기에서 $a = 0.00486$, $b = 0.00417$이다.

성장하는 정제 잉곳 높이의 함수로서 용탕의 탄소 농도를 다음처럼 표기할 수 있다.

$$c_{\text{melt}} = 1.16 - 0.16\mathrm{e}^{-10H}$$

여기에서 $0 \leq H \leq 5.0$ m이다.

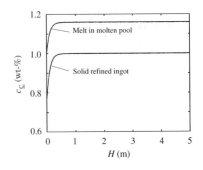

(c)

성장하는 높이의 함수로서 정제 잉곳의 탄소 농도를 다음 처럼 표기할 수 있다.

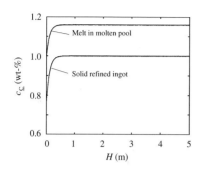

또는

$$c_{\text{solid}} = 1.00 - 0.25e^{-10H}$$

여기에서 $0 \le H \le 5.0\,\text{m}$이다.

함수는 위의 그림에 나와 있다.

용탕의 냉각은 사방에서 진행이 되고, 반점에 대한 조건은 더 이상 없으며 보통의 잉곳으로 응고된다. 따라서 응고된 탕의 평균 탄소 농도는 1.16 wt-%이다. 이 농도는 5.0 m < H < 5.15 m 구간에 대해 두꺼운 선으로 표시된 그림에 나와 있다.

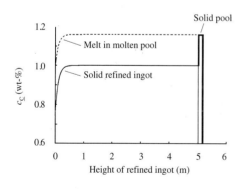

재용융된 잉곳에서 시작 부위의 <u>C</u> 농도는 평균 농도보다 낮고, 마지막 부위는 평균보다 높다. 이들 부위는 제거되는데, 이로 인해 회수율이 감소한다.

힌트 B393

(B179)
dy_L/dt는 정제 잉곳의 재용융 속도 또는 성장 속도와 동일하며, 힌트 B179에서 주어진다.

$$\frac{dc_{\text{melt}}}{dt} l_{\text{pool}} = \frac{r_F^2 \Delta \rho g}{8\eta} N\pi r_F^2 (c^F - c_{\text{melt}}) + v_{\text{growth}} c_0^L - v_{\text{growth}} c_{\text{melt}}$$

(5)

이 식은 최종 미분 방정식이며, 정상 조건에서 유효하다.

알고 있는 수치 값을 (5) 방정식에 대입한 후에 풀어라.

힌트 B177

힌트 B394

(B359)

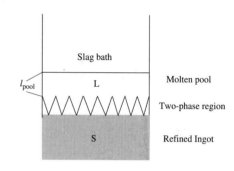

V는 용탕의 부피로서, 잉곳의 단면적 A에 용탕의 높이를 곱한 것과 같다.

$$V = Al_{\text{pool}}$$

(4)

여기에서 l_{pool}은 용탕의 높이이다.

진행 방법은 무엇인가?

힌트 B179

힌트 B395

(B292)

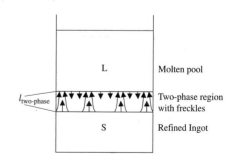

2상 영역의 크기에 해당하는 용융 금속의 양을 고려하여 이 양이 완전히 응고되면, 합금 원소 <u>C</u>의 소재 균형이 얻어진다.

반점 흐름이 용융 금속에서 발생하는데, 이는 응고 시간 동안에 용융 금속의 공급과 손실을 일으킨다.

전에 사용한 명칭과 동일한 명칭 및 일부 새로운 명칭을 통해, 다음처럼 소재 균형을 표기할 수 있다.

$$c_{solid}Al_{two-phase} = c_{melt}Al_{two-phase}$$

응고 완료 후에 2상   응고 시작 전에 앞으로의
층의 탄소 함량   2상 층 내 용융 금속의
                          초기 탄소 함량

$$- c^F A_F v_F t_{sol} + c_{melt} A_F v_F t_{sol}$$ (12)

응고 시간 동안에 제트   응고 시간 동안에 용융
흐름으로 손실되는   금속으로부터 얻어지고,
탄소 함량   위로부터 2상 영역에 진입
                          하는 탄소의 함량

여기에서 c_{solid}는 응고된 2상 영역의 탄소 농도, $l_{two-phase}$는 2상 영역의 높이, t_{sol}은 2상 층의 응고 시간이다.

위의 마지막 두 개 항목은 알려져 있지 않고, 알기가 어렵다. 계속 진행하는 방법은 무엇인가?

힌트 B34

힌트 B396

(B316)

용융 합금의 방울이 슬래그욕을 지난 후에, 슬래그욕 아래에서 용융 금속 L과 결합한다. 용융 금속이 점차 응고되고, 재용융된 잉곳이 연달아 성장한다. 거의 수직인 채널이 2상 영역에서 형성된다. 격렬한 용융 금속의 흐름이 2상 영역을 거쳐가고, 고체 잉곳에서 반점으로 나타난다.

11장의 그림 11.43과 본 그림은 대류의 패턴을 보여준다.

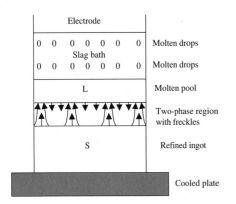

용탕으로부터의 용융 금속은 아래 방향으로 2상 영역 쪽으로 빨아들여지고, C가 풍부하면서 2상 영역의 바닥에서 온 용융 금속은 반점 채널을 통해 위로 용탕까지 흐른다.

11장의 (11.84) 방정식은 소재 균형으로서, 이는 A-편석 채널에 유효하다. ESR의 경우에 있어서 소재 균형이 정확하게 동일하지는 않다. 용융 금속이 전극으로부터 지속적으로 공급되기 때문에 항이 추가돼야 한다.

ESR 과정에 대해 정확한 소재 균형을 구하라.

힌트 B45

힌트 B397

(B390)

2상 영역은 응고된 정제 소재를 포함하는 첫 번째 영역이다. 2상 영역의 소재 균형을 설정하라.

힌트 B292

힌트 B398

(B42)

답

설명

반점은 2상 영역을 통해 격렬한 제트 흐름을 발생시키는 농도 주도형 대류에 의해 형성된다. 정편석에서는 합금 원소의 밀도가 기지 원소의 밀도보다 낮을 때에만 이것이 가능하다. Cr은 강과 동일한 밀도를 갖는다.

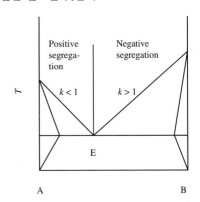

따라서 이 경우에는 <u>C</u>가 아마도 반점의 원인이 될 것이다.

수학 모델

반점에 대한 1차 조건은 정상 유동 패턴이다. 이에 대한 조건은 다음과 같다(11장 405쪽 참고).

$$GrPr \geq 1700$$

이 조건은 중력 상수, 몇몇 재료 상수, 2상 영역의 상단과

하단에서 용융 금속의 밀도 차이, 이원 합금의 상태도 액상선과 고상선 온도 및 온도 구배에 따라 달라진다.

$$1700 \leq \frac{K_p g \Delta\rho (T_L - T_s)^3}{\rho v_{kin} D G^3}$$

여기에서 $\Delta\rho = \rho^{top} - \rho^{bottom}$이다.

등호가 사용되면 임계온도 구배 G_{cr}을 얻는다. 거시편석(반점)의 형성 조건은 온도 구배가 이 값보다 더 낮은 것이다.

반점을 피하기 위해서는 온도 구배 G가 임계값 G_{cr}을 초과해야 한다는 것을 다음 쪽의 그림이 보여준다.

$$G > G_{cr} \Rightarrow \text{무반점}$$

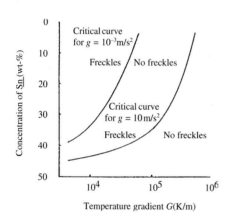

힌트 B399

(B34)

v_F[힌트 B359의 (3) 방정식] 및 A_F[힌트 B359의 (2) 방정식]에 대한 식을 (12) 방정식에 대입하라.

힌트 B371

힌트 B400

(B38)

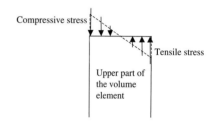

$$\varepsilon^T(y) = \alpha(T_{ss} - T_{so})\left(\frac{1}{2} - \frac{y}{s}\right) \tag{12}$$

또는

$$\varepsilon^T(y) = 5.0 \times 10^{-5} \times 220 \times \left(\frac{1}{2} - \frac{y}{0.030}\right) \tag{14}$$

그림은 표면에서의 온도 증가 전후에 연속주괴의 일부인 응고된 쉘을 보여준다.

표면이 자유롭게 확장되면, 그림에 나온 것처럼 부피 원소가 표면의 형상을 변화시킬 것이다.

변형률은 표면에서 양수, 응고 선단부, 즉 쉘과 용융 금속 간의 접촉면에서는 음수일 것이다.

하지만, 그림의 부피는 긴 연속주괴의 일부이기 때문에 자유롭게 확장되지 않는데, 표면에서의 압축력(음수)과 응고 선단부에서의 인장력(양수)으로 인해 사각형의 단면 형태가 유지된다.

$$\sigma^T(y) = -E\alpha(T_{ss} - T_{so})\left(\frac{1}{2} - \frac{y}{s}\right) \tag{13}$$

$$\sigma^T(y) = -100 \times 10^9 \times 5.0 \times 10^{-5} \times 220 \times \left(\frac{1}{2} - \frac{y}{0.030}\right) \tag{15}$$

두 개의 함수 $\varepsilon^T(y)$와 $\sigma^T(y)$가 힌트 B387의 답에서 그림으로 표시되어 있다.

힌트 B387

찾아보기
Index

주: 기울임꼴로 표시된 페이지 번호는 도표이고, 굵게 표시된 페이지 번호는 표를 나타낸다.